Introductory Electronic Devices and Circuits

SEVENTH EDITION

전자회로공학

ROBERT T. PAYNTER | 최성재 옮김

PEARSON Prentice Hall

教友社

Introductory Electronic Devices and Circuits
by Robert T. Paynter

Authorized translation from the English language edition, entitled INTRODUCTORY ELECTRONIC DEVICES AND CIRCUITS: CONVENTIONAL FLOW VERSION, 7th Edition, 0131716417 by PAYNTER, ROBERT T., published by Pearson Education, Inc, publishing as Prentice Hall, Copyright © 2006

저자 서문

전자회로(Introductory Electronic Devices and Circuits) 7판은 이산 전자소자의 동작과 회로의 동작 연산 증폭기와 연산증폭기 회로의 동작, 전상 보성기의 동작에 내해서 깊이 있게 다루고 있다. 이전 판에서와 마찬가지로 모든 노력은 여러분들의 수업을 수강하는 학생들이 다음과 같은 보다 심화된 과정에서 성공적으로 학습 효과를 이룰 수 있도록 하는데 있다. 이전 판에 비해서 내용이 일부 변화된 부분과 새로이 추가된 부분은 다음과 같다.

- 7장 4절에서 트랜지스터 회로(전압 분배기 바이어스) 해석의 접근법이 수정되었다.
- 8장은 전류증폭기의 새로운 모델이 포함되도록 확장하였다.
- 13장의 CMOS 논리회로에 대한 해석법이 크게 강조되도록 회가 수정되었다.
- 16장에서 연산증폭기 회로가 부가적인 연산증폭기 회로와 응용분야가 새로이 추가 수정되었다.
- 17장에서 능동 필터회로가 수정되었고 능동 필터회로의 동작을 개선시키고 확장시키도록 대대적으로 수정, 보완되었다.

이외에도 교과서의 각 부분이 새로운 시각으로 다양한 고찰을 할 수 있는 주제와 내용으로 새롭게 변경되었다.

학습요령

이 책을 학습하기 전에 학생들이 어떻게 하면 학습 효과를 높일 수 있는가 하는 점에 대해서 조언하고자 한다. 이런 목적을 달성하기 위해서는 이 절에서 강조하고자 하는 바가 무엇인지를 이해할 수 있도록 인터넷을 이용한 자료를 검색하는 것이 필요하다.

① 연결 인식자(인터넷 주소)는 교과서를 통해서 여백에 표시되어지는데 각각은 웹사이트 www.prenhall.com/paynter에 연결되어진다. 여기에는 여러분들이 참고해야 할 보조 자료들이 제공된다.

② 온라인 연구 문제들은 각 장에서 학생들이 이해해야 하는 문제들을 온라인을 통해서 제공하는 것으로 학생들은 회로 해석에 관계되는 특별한 정보를 취득할 수 있다.

이외에도 다음에서 설명하는 학습 도우미를 참조하면 이전 판에서와 마찬가지의 학습 효과를 달성할 수 있다.

③ 각 장의 시작 부분에 표시된 학습목표를 충분히 이해해야 한다. 이것을 통해서 학생들이 습득해야 하는 학습의 목표가 어디에 있는지를 명확하게 설명하는 부분으로 각 장의 학습이 끝난 후에는 학습목표를 설명할 수 있어야 된다는 것을 의미한다.
④ 각 장에 표시된 학습목표의 주제에 대해서 어느 부분에 가면 정확한 자료를 구할 수 있는지에 대해서 이해하는 것이 필요하다.
⑤ 각 장의 목차에 대해서 이해하는 것이 학습내용이 어떻게 설명되어지는지를 이해하는데 도움이 된다.
⑥ 책의 여분에 표시된 노트에는 새로운 용어에 대한 주석이 표시되어 있고 이론과 실제 사이에 존재하는 차이점에 대해서 명확하게 설명하고 있다. 또한 각 장과 이전의 장에서 설명한 바 있는 이론을 기억하게 하는데 도움을 준다.
⑦ 실전연습문제는 예제를 통해서 설명된 내용과 유사한 문제를 실제로 학생 스스로 연습함으로써 이론을 실제 적용하고 증명할 수 있는 능력을 배양시키게 된다. 해답은 장의 말미에 표시되어 있다.
⑧ 요약은 회로 동작의 원리와 공식 응용에 대한 전반적인 리뷰를 제공한다. 또한 두 개 이상의 연관되는 소자나 회로들과의 특성을 비교 설명하기도 한다.

이런 점들을 주의하고 교과서에 포함되어 있는 내용에 대해서 학습하는 것이 필요하다.

1. 각 장의 말미에서 제공되는 복습문제들은 대부분 사고력을 요구하는 생각하는 문제들이 포함되어 있다.
2. 각 장의 말미에는 각종 공식들이 요약되어 제공되고 중요 용어가 제공된다. 또한 각 장의 요약도 제공된다.
3. 각 장의 말미에는 연습문제가 제공되는데 이들 속에는 고장진단 및 수리에 관계되는 실전 연습문제와 각 문제의 수치를 변경시키면서 복습하는 연관되는 문제도 설명되어지고 온라인을 통한 연구문제도 제공된다.

멀티심의 응용

멀티심(Multisim)은 회로 시뮬레이션 프로그램으로 대부분의 대학과 대학교에서 가장 널리 사용되어지는 전자·전기공학 연습 프로그램이다. 이전판과 마찬가지로 7판에서도 멀티심과의 협력에 의해서 연습문제의 일부를 시뮬레이션 하도록 되어 있지만 교수나 학생들이 반드시 이런 프로그램을 사용하여야 한다는 의무는 없다. 교과서에 부록으로 첨부된 멀티심에는 이 교과서에서 제공되는 약 100여개의 응용 파일이 포함되어 있다. 이런 부분들의 업그레이드가 필요한 경우에는 워크벤치 사(Electronic Workbench)에 문의하면 제공받을 수 있고 저자의 홈페이지에 접속해도 자료를 구할 수 있다. 모든 회로파일은 여분의 비용을 제공하여야 하므로 워크벤치 사에 문의하기 바란다.

학습보조자료

전자회로 학습을 위한 교수들과 학생들을 위한 다양한 형태의 교수 보조자료가 준비되어 있다. 저자의 홈페이지에 접속하면 다음과 같은 자료를 다운받을 수 있다.

- 교수용 매뉴얼 : 교재의 실전연습문제와 연습문제에 대한 체계적인 해답이 준비되어있다. 온라인으로도 제공이 가능하다.
- 시험문제 : 시험문제지에는 퀴즈문제, 연습문제가 포함되어 있고 CD와 온라인에서 제공된다.
- power point : power point 자료 역시 CD와 온라인으로 제공된다.
- 웹 사이트 : 웹 사이트에서는 학생용 보조 자료와 교수용 보조 자료가 제공된다.

이런 보조 자료를 온라인에서 구하기 위해서는 반드시 교수용 인식코드가 있어야 한다. 각자 출판사 홈페이지나 저자의 홈페이지에 접속하여 교수 인명등록을 하고 교수용 인식코드를 제공받기 바란다. 접속 후 48시간 이내에 여러분들은 회신을 받을 수 있다. 이와 함께 실험용 교재도 구입할 수 있다. 또한 실험용 매뉴얼도 제공된다. 매뉴얼에는 약 30개의 예제가 포함되어 있다. 또한 멀티심을 이용한 고장진단 시뮬레이션 예제도 접할 수 있다. 멀티심 역시 CD와 온라인으로 제공된다.

감사의 글

7판의 교재를 완성하기 위해서는 개인적인 노력으로는 불가능했고 다양한 분야에서 여러분들의 많은 도움을 받은 것이 사실이다. 우선 나는 나의 절친한 친구이자 이 책을 저술하는데 많은 도움을 준 온타리오 Conestoga college의 Toby Boydell 교수에게 감사한다. Toby Boydell 교수는 실험용 교재의 저술과 멀티심 예제를 구성하는데 많은 도움을 주었다.

다음으로는 이 교재를 교정하고 수정하는데 많은 조언을 아끼지 않으신 Nashville State Community College의 Richard McKinney 교수, North Carolina Charlotte University의

Thomas G.Owen 교수, Bate Technical College의 David Skeen 교수, Norfolk State University의 Munir Sulaiman 교수님을 비롯한 많은 동료 교수들에게 감사를 드린다.

또한 이 책을 만드는데 많은 도움을 주신 Prentice-Hall사의 스태프들에게도 감사를 드린다.

Kate Linsner, Acquisitions Editor, for backing and promoting the revision.
Rex Davidson, Production Editor, for overseeing the production process and helping to keep the project on track.
Lara Dimmick, Editorial Assistant, for finding the answers to all my inquiries and handling a million details.
Steve Botts, Technical Artist, for his tremendous work on the illustrations.
Holly Henjum, Production Editor, GGS Book Services, Atlantic Highlands, for overseeing the production process and keeping the rest of us on track.

끝으로 고통을 감내하고 이해해준 나의 가족과 친구들에게 다시 한 번 감사의 말을 전하고자 한다.

Bob Paynter

학생들에게 대한 조언

나는 왜 이 책을 공부하는가?
여러분들은 이런 질문을 해본 기억이 있는가? 만약 그렇다면 여러분들은 교과서를 읽기 전에 몇 분만 투자하면 된다.
어떤 주제이던 간에 여러분들이 무엇을 배우려는가? 학습목표가 무엇인지에 대해서 이해한다면 학습이 더욱 쉬워진다. 이런 이유 때문에 몇 가지 고찰을 위해서 약간의 시간이 투자되어야 한다.

- 이 책에서 어떤 주제가 전자공학의 기술을 익히는데 도움이 되는가?
- 이런 과정을 어떻게 성취할 수 있는가?

지난 30여년 동안 전자공학 기술은 우리들의 생활에 영향을 미치는 몇 가지 발견이 이루어져왔다. 전자공학은 핸드폰, 무선통신, 소형 컴퓨터, 홈시어터, GPS 시스템, 개인용 오디오 시스템 등이 이런 시기 동안 진보된 기술의 예들이다. 생산 기술의 개선이 이루어져왔다. 그 결과 개인 가정에는 전자제품들이 가득 채워지기 시작했고 개인 역시 전자제품을 손쉽게 취급하게 되었다. 그렇지만 이런 제품들 속에는 복잡한 소자들과 다양한 소자들이 포함되어지고 이런 소자들의 동작은 한 가지 이상의 기본 동작원리를 가지게 되었다.

다양한 전자제품들이 어떻게 동작하는지를 이해하기 위해서는 우선 이런 소자들의 동작원리와 소자의 구성에 대해서 이해하는 것이 필요하게 되었다. 이런 원리들은 제품의 수리에서 필요한 경우도 있고 정확한 제품의 동작을 이해하기 위해서는 학습이 필요하다.

여러분들이 이 책을 열심히 학습한다면 이런 과정의 목표를 달성할 수 있다. 각 전자공학 과정은 다음 과정의 기본이 된다. 예를 들면 여러분들은 저항, 커패시터, 인덕터를 기본과정으로 학습하기 시작한다. 만약 여러분들이 이런 과정을 건너뛰게 된다면 거의 대부분의 회로에서 여러 개의 소자들이 조합된 회로를 해석하게 된다.

따라서 기본적인 소자의 동작원리를 이해하는 것이 필수적이다. 기본적인 소자 동작의 지식과 회로 이론은 이 책에서 제공되는 전자소자와 전자회로를 이해하기 위해서 필수적이다. 이것은 다시 설명하자면 여러분들의 지식이 이 책에서 제공하는 것보다 더 심화되어야 한다는 것이다.

이런 과정에서 대부분 어떻게 구할 수 있는가?

여러분들이 이런 목표를 달성하기 위해서는 단계적인 완벽한 이해가 필요하게 된다. 먼저 전자공학을 학습하기 위해서 여러분 자신의 능동적인 참여가 필수적이다. 만약 여러분들이 이 책에서 재료에 대해서 학습하고자 한다면 여러분들의 교육 분야에서 능동적인 역할이 필요하게 된다. 이것은 마치 여러분들이 음악 악기를 연주하기 위해서 학습하는 것과 유사하다. 여러분들은 정규적인 기초를 연습하는 것이 필요하게 된다. 악보를 읽을 수 없다면 어떻게 연주해야 하는지를 이해할 수 없다. 이것이 전자공학에서도 동일하게 적용된다.

여러분들은 학습 과정에서 능동적으로 참여해야 한다. 학습과정에서 능동적이라는 것은 무엇을 의미하는가? 여러분들이 학습을 성공적으로 이끌기 위해서는 다음과 같은 기본적인 내용을 습관화시켜야 한다.

- 기본을 강의하는 과정에 참여해야 한다.
- 학습시간에 제시된 연습문제는 반드시 해를 구할 수 있어야 한다. (이것은 항상 계산기를 지참하고 휴식 시간에도 문제의 해를 구해야 한다는 것이다.)
- 모두에게 과제를 할당해야 한다. 회로 해석은 기술이다. 여러분들이 해석 기술을

습득하기 위해서는 실전문제를 풀어보아야 한다.

- 수업시간에 토론시간을 가져야 한다. 자주 할 수는 없겠지만 학습시간의 토론은 여러분들이 혼동하고 있는 내용을 분명하게 정리할 수 있게 해준다.
- 토론을 진행하기 전에 반드시 자료를 검토해야 한다. 여러분들이 토론을 시작하기 전에 관련 자료를 읽었다면 토론의 방향이 어떻게 진행될 것인지를 이해할 수 있게 된다.
- 자료를 열심히 읽어라.

능동적인 독자가 된다는 것은 주어진 과제를 열심히 읽는다는 것을 의미한다. 여러분들이 새로운 분야에 대해서 학습하게 된다면 다음과 같은 문제에 직면하게 된다.

- 전문용어를 학습하게 된다. 용어를 언제 어떻게, 사용해야 하는지와 용어의 의미가 무엇인지를 이해하는 것이 필요하기 때문에 새로운 전문 용어를 학습해야 한다. 여러분들이 새로운 전문 용어를 만나게 되면 시간이 지나도 기억할 수 있도록 기록하는 것이 필요하다. 새로운 용어가 소개되어지면 여러분들은 어떻게 이해해야 하는가? 이 책에서는 새로운 용어가 돋움체로 표시된다. 여러분들이 새로운 용어를 접하게 되면 다음 문장으로 넘어가기 전에 잠시 멈추고 용어의 의미가 무엇인지를 생각해보아야 한다.
- 예제를 풀기 위해서 계산기를 사용한다. 예제를 만나면 그냥 지나치지 말고 반드시 자신이 해를 구할 수 있도록 노력해야 한다. 이런 과정을 반복하게 되면 여러분 자신만이 알 수 있는 독보적인 회로 해석 기술을 개발할 수 있다.
- 실전연습문제의 해를 구해야 한다. 각 장의 말미에 제공되는 대부분의 연습문제는 실전연습문제, 예제문제와 특성이 동일하다. 여러분들이 연습문제의 해를 구한다면 책의 말미에 표시된 해답과 일치되는지를 비교해야 한다.
- 학습효과를 높이기 위해서는 각 장의 학습목표를 이해해야 한다. 각 장의 시작부분은 각장에서 이해해야 하는 학습내용을 미리 암시해 주기 때문이다.

Bob Paynter

역자 서문

현대 사회는 하루가 다르게 발전하는 전자 분야의 기술 혁명을 피부로 느끼면서 살아가고 있는데 그 중심에 전자공학이 자리잡고 있다. 또한 전자공학의 중심에는 전자회로의 설계와 해석이 중요한 위치를 차지하고 있는 것이 사실이다.

국내에도 이미 여러 종류의 전자회로 교재가 번역, 출간되어 있는 것이 사실이지만 Robert Paynter 교수가 저술한 Introductory Electronic Devices and Circuits 만큼 중요한 기본 원리에 충실하면서도 학생들이 쉽게 이해할 수 있도록 배려한 책을 찾아보기는 힘들다.

역자도 원저자의 이런 의도를 이해하고 이 책을 번역하는 것이 우리나라 전자공학의 발달에 일조할 수 있다는 생각에 교우사 오판근 사장의 도움으로 prentice hall 출판사와 원저자의 허락 하에 이 책을 번역하게 되었다.

이 책은 고체전자공학의 기본원리, 다이오드 이론, 기본적인 전원공급 장치 회로, 클리퍼와 클램퍼 회로, 전압 체배기 회로, 디스플레이 회로, 특수목적용 다이오드 회로, 쌍극성 접합형 트랜지스터, 직류 바이어스 회로, 공통 이미터 증폭기, 이미터 활로워, 전력용 증폭기, 전계효과 트랜지스터, MOSFET, 증폭기의 주파수 응답, 연산증폭기, 동조용 증폭기, 발진기, 스위칭 회로, 다이리스터와 광전자 소자, 집적회로 전압 조정기 등 21장으로 구성되어 있다. 저자가 20여년에 가까운 오랜 기간 동안 심혈을 기울여 7차의 개정을 통한 결과로 인해서 전자회로에 대한 최신 정보와 이론을 모두 포함하고 있다.

역자는 20여년을 대학에서 전자회로를 강의한 경험을 바탕으로 원저자의 의도에 충실한 번역이 되도록 최선의 노력을 경주하였지만 1000여 페이지에 달하는 원본의 방대한 원고 분량과 역자의 잔학 비재한 소치로 인해서 예기치 않은 오류가 발생되었는지 심히 우려되나 강호제현께서 기탄없는 충언을 해주실 것을 바라마지 않는다.

끝으로 이 책을 번역하는 동안 많은 어려움에도 불구하고 묵묵히 참고 견디며 격려를 아끼지 않았던 가족들, 특히 교정에 힘쓴 승희, 승옥에게 고맙다는 말을 전하고 이 책을 출간하는데 애써주신 교우사의 오판근 사장님께 다시 한 번 감사의 말을 전하며 전자공학을 전공하는 많은 학생들에게 사랑받는 교재가 되기를 진심으로 기원한다.

2008. 역자 씀

차 례

제 1 장 기초 반도체 이론

제 2 장 다이오드

제 3 장 일반 다이오드 응용

제 4 장 일반적인 다이오드 응용

제 5 장 특수목적용 다이오드

제 6 장 쌍극성 접합형 트랜지스터

제 7 장 직류 바이어스 회로

제 8 장 증폭기의 소개

제9장 공통 이미터 증폭기

제10장 다른 형태의 BJT 증폭기

제11장 전력증폭기

제12장 전계효과트랜지스터

제13장 금속 산화 전계 반도체 효과 트랜지스터

제14장 증폭기의 주파수 응답

제15장 연산증폭기

제16장 부가적인 OP 앰프 응용

제17장 동조용 증폭기

제18장 발 진 기

제19장 반도체 스위칭 회로

제20장 사이리스터와 광전자소자

제21장 이산전압 조정기와 집적전압 조정기

Chapter 1

▸기초 반도체 이론◂
(Fundamental Solid state Principles)

학습목표

이 장을 학습하고 나면 여러분은 다음과 같은 내용을 이해하고 설명할 수 있다.

1. 원자(atom)의 구성 및 가전자(valence electron)와 전도도(conductivity) 사이의 관계를 설명할 수 있다.
2. 전자와 궤도 각(orbital shell) 사이의 관련 법칙에 대해서 설명할 수 있다.
3. 온도(temperature)와 전도도 사이의 관계를 설명할 수 있다.
4. 3가 원소(trivalent elements)와 4가 원소(pentavalent elements)의 특성을 비교 설명할 수 있다.
5. n형 반도체(n type semiconductor)와 p형(p type) 반도체 사이의 유사점과 차이점에 대해서 설명할 수 있다.
6. 확산 전류(diffusion current)에 대해서 설명할 수 있다.
7. pn 접합(pn junction) 근처에서 공핍 층(depletion layer)이 어떻게 구성되는지를 설명할 수 있다.
8. 장벽전위(barrier potential)의 생성 원인과 실리콘(silicon)과 게르마늄(germanium)의 전위장벽(potential barrier) 크기에 대해서 설명할 수 있다.
9. 공핍층의 폭(depletion layer width)과 접합저항(junction resistance) 및 접합전류(junction current) 사이의 관계에 대해서 설명할 수 있다.
10. 바이어스(bias)의 의미를 정의할 수 있다.
11. pn 접합의 순방향 바이어스(forward bias)와 역방향 바이어스(reverse bias)의 특성에 대해서 설명할 수 있다.
12. 반도체 소자 제조시 실리콘이 게르마늄보다 널리 사용되는 이유를 설명할 수 있다.

라디오(radio), 텔레비전(television), 컴퓨터(computer)와 같은 초기의 전자 시스템은 진공관(vacuum tube)을 사용해서 제작되었다. 진공관은 일반적으로 교류 신호들(ac signals)의 크기를 증가시키고(증폭), 교류 에너지를 직류 에너지로 변환(convert) 시키기 위해서 사용되었다. 진공관은 이러한 중요한 동작을 아주 잘 수행하지만, 특성상 몇 가지 문제점을 가지고 있었다. 이런 문제점은 크기가 아주 크고, 깨지기 쉽고, 열 손실(heat loss)로 인한 엄청난 양의 전력을 소비한다는 점이다.

1940년대에 Bell 연구소의 과학자들이 교류신호를 증폭할 수 있는 최초의 반도체 소자인 트랜지스터(transistor)를 개발했다. 진공관을 대체할 목적으로 설계된 트랜지스터는 진공관의 속이 비어 있는 것에 비해 고체상태로 되어 있기 때문에 고체 소자라는 용어가 새로이 생겨났다.

트랜지스터와 진공관의 특성을 비교하면 트랜지스터의 크기는 진공관에 비해서 대단히 작고, 충격에는 강하며, 소모하는 전력 역시 대단히 적다. 트랜지스터가 개발된 이후에는 거의 모든 전자 응용 분야에 진공관을 대신하여 고체 소자가 사용되고 있다.

고체 상태 소자는 반도체(semiconductor)로 분류되는 원소로 만들어진다. 반도체 원소는 도체나 절연체(insulator)가 아닌 이들 둘 사이의 중간 특성을 갖는 원소이다. 특정 환경 하에서 반도체의 저항 특성은 도체의 저항 특성과 절연체의 저항 특성 사이에서 변하게 된다. 뒤에서 설명하겠지만 반도체가 가지는 이런 특성으로 인해서 증폭기(amplifier)나 정류기(rectifier)로 사용하게 된다.

1.1 원자 이론(Atomic Theory)

이 단원을 시작하기에 앞서 원자 이론을 살펴보아야 하는 이유에 대해서 생각해보자. 반도체의 특성을 이해하기 위해서는 원자 이론의 일정부분을 이해하는 것이 필수적이다. 그러나 우리가 관심을 가져야 할 부분은 원자의 수준에서 어떤 일이 일어나는가이지 왜 그러한 일이 발생하는가는 아니다. 이 절을 읽어 나가다 보면, 원자의 수준에서 어떤 일이 일어나는지에 대한 기본적인 이해를 하게 될 것이다. 단순히 이런 이론들을 사실로 받아들인다면 여러분들은 반도체에 대한 이론을 더욱 쉽게 이해할 수 있게 될 것이다.

1.1.1 원자(The Atom)

원자는 원자의 핵(nucleus)을 구성하고 있는 양자(proton)와 중성자(neutron), 그리고 핵 주위를 돌고 있는 전자(electron)와 같은 기본적인 세 가지 입자로 구성되어져 있다. Bohr 모델이라고 부르는 원자의 기본 모델이 [그림 1-1]에 표시되어 있다. 전자의 궤도 경로

(orbit path)인 각(shell)은 문자 K에서 Q를 사용해서 구분된다. 가장 안쪽의 각은 K각으로 표시되고 다음은 L각의 순으로 구별된다. 원자의 최외각(outermost shell)을 가전자각(valence shell)이라고 부르는데 가전자각은 원자의 전도도를 결정하기 때문에 대단히 중요하다.

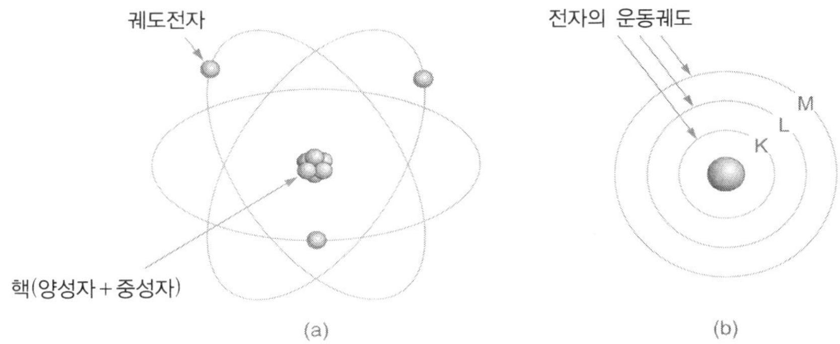

[그림 1-1] 보어의 원자모델

원자의 가전자 각에는 8개까지 전자를 수용할 수 있다. 원자의 전도도는 가전자각 내에 들어 있는 전자의 수에 따라서 결정된다. 원자가 한 개의 가전자를 가지고 있을 때는 거의 완벽한 도체가 된다. 원자가 8개의 가전자를 가지는 경우에는 가전자 각이 충만(complete)되었다고 정의하는데 이런 경우에 원자는 절연체가 된다. 따라서 전도도는 가전자의 수가 증가하면 감소한다는 것을 이해할 수 있다.

1.1.2 반도체(Semiconductor)

반도체는 원자가 4개의 최외각 전자를 가지게 되는 경우이다. 최외각 전자의 개수가 4개라는 것은 도체(1개)와 절연체(8개)의 중간이기 때문에, 반도체 원자는 우수한 도체도 아니면서 동시에 우수한 절연체도 아니다. 반도체 물질로 가장 널리 사용되는 세 가지 원소는 실리콘(Si), 게르마늄(Ge), 탄소(C)이다. 이런 원자들의 보어모델은 [그림 1-2]에 표시된 것과 같다. 세 가지 원소 중 실리콘과 게르마늄이 고체 전자 소자를 생산하기 위해서 가장 일반적으로 사용된다(탄소는 저항과 전위차계를 제조하는데 사용된다). 실리콘은 높은 열에 잘 견디기 때문에 게르마늄보다 선호된다. 이런 이유 때문에 반도체의 특성은 주로 실리콘 소자에 초점이 맞추어져 설명된다.

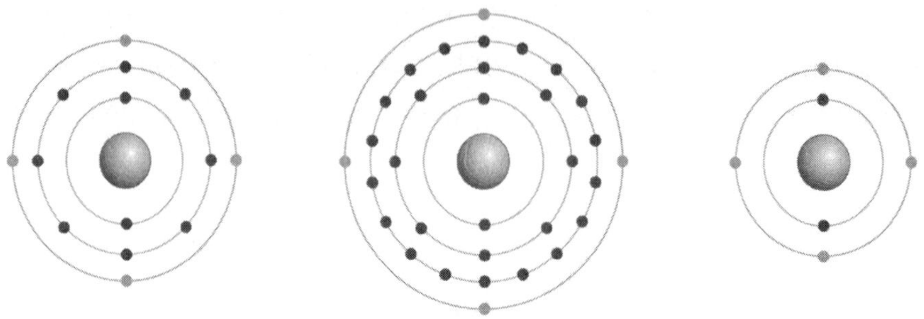

[그림 1-2] 반도체 원자들

1.1.3 전하(Charge)와 전도(Conduction)

전도에 기여하는 외부의 힘이 없다면, 주어진 원자 내에서 전자의 개수와 양자의 개수는 동일하게 된다. 이때 전자의 전하량(−)과 양자의 전하량(+)은 극성이 반대이고 크기가 같기 때문에 원자에서의 전체 전하(net charge)는 영(zero)이다. 만약 원자가 가전자를 하나 잃어버리게 된다면 원자 내의 전자의 개수가 양자의 개수보다 1개 적게 되고 원자의 전체 전하는 positive(+)로 된다. 이와 반대로 최외각이 완전하게 채워지지 못한 원자가 가전자를 하나 얻게 되면, 원자 내의 전자의 개수는 양자의 개수보다 1개 더 많게 되어 전체 전하는 negative(−)로 된다.

전자와 전자의 운동 궤도(각) 사이의 관계식으로 표시되는 몇 가지 사항의 기본 법칙은 다음과 같다.

1. 전자는 각각의 운동 궤도(orbit) 내에서 이동한다. 전자들은 임의의 두 운동 궤도 사이의 공간에는 존재할 수 없다.
2. 각각의 운동 궤도들은 특정의 에너지 범위를 가지고 있다. 따라서 주어진 운동 궤도를 따라 운동하는 모든 전자들은 그에 상응하는 상당량의 에너지를 가진다. 운동 궤도(shell)의 에너지 준위는 원자핵에서 멀어질수록 높아진다. 따라서 항상 가전자의 에너지 준위는 핵에 가까운 곳에서 운동하는 전자들의 에너지 준위보다 높게 된다.
3. 임의의 전자가 임의의 각(shell)에서 다른 각으로 천이(jump)하려면, 자신의 초기 에너지 준위와 천이할 각의 에너지 준위 사이의 차이를 넘어서는 충분한 크기의 에너지를 흡수해야만 한다.
4. 다른 운동 궤도로 천이할 만큼 충분한 에너지를 흡수한 전자는 자신의 운동 궤도에서 다른 운동 궤도로 옮겨가지만 결국은 흡수한 에너지를 내어놓고 원래의 낮은 에너지 준위를 갖는 운동 궤도로 돌아가게 된다.

[그림 1-3]에 표시된 것처럼 각 운동 궤도는 특정한 에너지 준위를 갖는다. 두 개의 운

동 궤도 사이의 에너지 준위 차를 에너지 갭(energy gap)이라고 부른다. 전자는 임의의 운동 궤도에서 다른 운동 궤도로 천이(jump) 이동하기 위해서는 두 운동 궤도 사이의 에너지 갭에 해당하는 크기의 에너지 준위만큼 외부로부터 에너지를 흡수하게 된다. [그림 1-3]에 표시된 것처럼 가전자각(valence shell) 혹은 가전대(valence band)의 에너지 준위는 대략 0.7eV(electron volt)이다. 전도대(conduction band)는 1.8eV의 에너지 준위를 갖는다. 따라서 가전자대의 전자가 전도대로 천이하기 위해서는 반드시 1.1eV의 에너지를 흡수해야만 한다.

$$1.8\text{eV} - 0.7\text{eV} = 1.1\text{eV}$$

도체, 반도체, 절연체의 경우 가전자대에서 전도대까지의 에너지 갭은 각각 0.4eV, 1.1eV, 1.8eV이다. 이런 에너지 갭이 클수록 전도대에 도달하기 위해서 전자가 흡수해야만 하는 에너지가 더 크기 때문에 전도 현상이 발생되기 어렵다. 전자가 가전자대에서 전도대로 천이하기에 충분한 에너지를 흡수했을 때 이런 전자는 여기상태(excited state)에 있다고 말한다. 여기된 전자는 결국에는 흡수한 에너지를 잃고 원래의 에너지 준위로 돌아오게 되는데 이때 전자가 방출하는 에너지는 빛(light)이나 열(heat)의 형태로 방출된다.

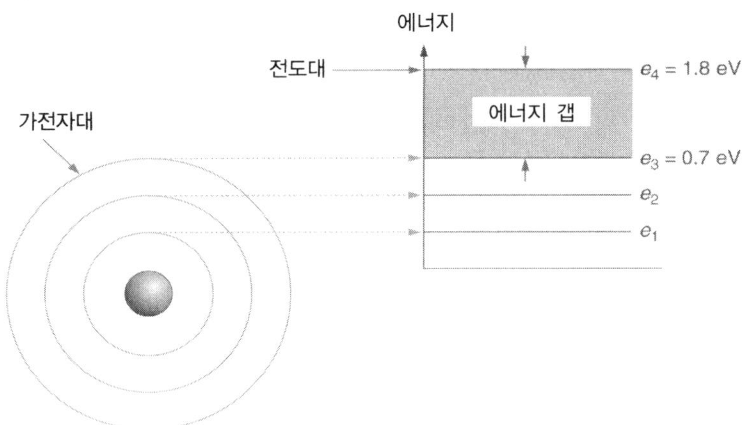

[그림 1-3] 실리콘의 에너지 갭과 전위레벨

1.1.4 공유결합(Covalent Bonding)

공유결합(covalent bonding)은 원자가 이웃한 원자들과 가전자를 서로 공유하면서 자신들의 가전자 각(valence shell)을 완전하게 채우는 결합방법이다. 실리콘 원자들의 공유결합 형태가 [그림 1-4]에 표시되어 있다. 결합이 구성되는 과정을 이해하기 쉽도록 도움을 주기 위해서 각 원자들을 내부에 4각형(square)이 포함되어 있는 8각형(octagon)으로 표시하였다. 8각형은 원자의 가전자 각(valence shell)을 표시하고 4각형은 각각의 원자가 가지고 있는 전자를 구분해서 표시하기 위해서 사용되었다.

그림에서 알 수 있듯이 중앙(center)에 위치한 원자는 8개의 가전자를 가지고 있는데 이것의 구성은 중앙에 위치한 원자가 가지고 있는 전자 4개와 주위를 둘러싸고 있는 4개의 원자들이 가지고 있는 전자들 중 각 한 개씩의 전자를 공유함으로써 이루어진다. 이런 결합의 결과는 다음과 같다.

1. 원자들은 서로 공유되어 고체 물질을 형성하고 있다.
2. 원자들은 모두 최외각을 완전히 채우고 있기 때문에 전기적으로 안정하다.
3. 완전히 채워진 가전자각은 실리콘을 절연체처럼 동작하게 한다.
   따라서 순수한(pure) 진성(intrinsic) 실리콘과 진성 게르마늄은 절연체이다.

반도체 원자가 [그림 1-4]에 표시된 것처럼 일정한 형태로 결합되면 이런 물질을 결정(crystal)이라고 부른다. 결정은 매끈하고 투명한 고체이다. 여러분은 과거에 수정 결정을 보았던 기억을 가지고 있을 것이다. 실리콘과 게르마늄은 일반적으로 동일한 방식에 의해서 결정화된다.

실온(room temperature)에서 실리콘 결정은 게르마늄 결정에 비해서 자유전자의 개수가 더 적은데, 이것은 실온에서 실리콘의 누설전류가 게르마늄의 누설전류보다 더 적다는 것을 의미한다. 이것이 바로 오늘날 산업 분야에서 실리콘이 게르마늄보다 더 널리 사용되는 이유이기도 하다. 탄소(carbon) 역시 실리콘이나 게르마늄과 같은 형태로 결정화되어지지만 탄소 결정은 너무 고가이기 때문에 반도체 소자의 재료로 이용되지 못한다. 탄소 결정은 다이아몬드(diamond)라고 부른다.

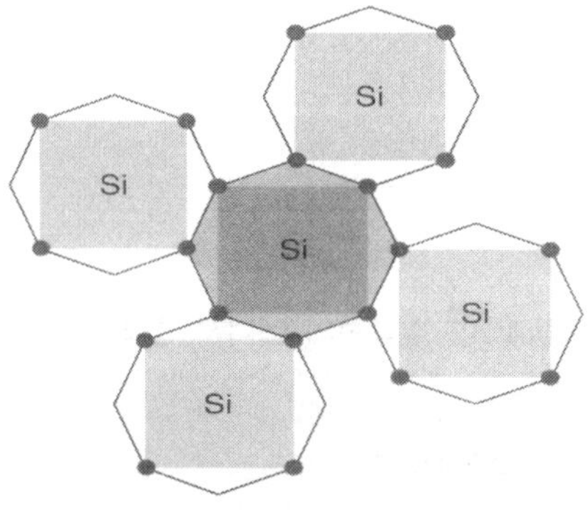

[그림 1-4] 실리콘의 공유결합

1.1.5 전도(Conduction)

가전자가 충분한 에너지를 흡수하면 가전자는 가전자대에서 전도대로 천이(jump) 하게 된다. 이런 동작에서 가전지대는 가전자가 빠져나간 비이 있는 상태를 남겨두게 되는데 이와 같은 빈 상태를 정공(hole)이라고 부른다. 따라서 전도대로 천이한 모든 전자에 대응하여 가전자대에는 정공(hole)이 존재하게 된다. 이런 상태를 설명하기 위해서 전자-정공 쌍(electron-hole pair)이라는 용어를 사용하는데, 전자-정공 쌍의 기본적 개념이 [그림 1-5]에 표시되어 있다. 자유전자가 발생되고 난 후, 수 μs 이내에 전자는 에너지를 잃어버리고 공유결합 내의 정공으로 떨어지게 되는데 이런 과정을 재결합(recombination)이라고 정의한다. 전자 정공 쌍의 발생과 재결합이 일어나기까지의 시간을 전자 정공 쌍의 수명(lifetime)이라고 부른다.

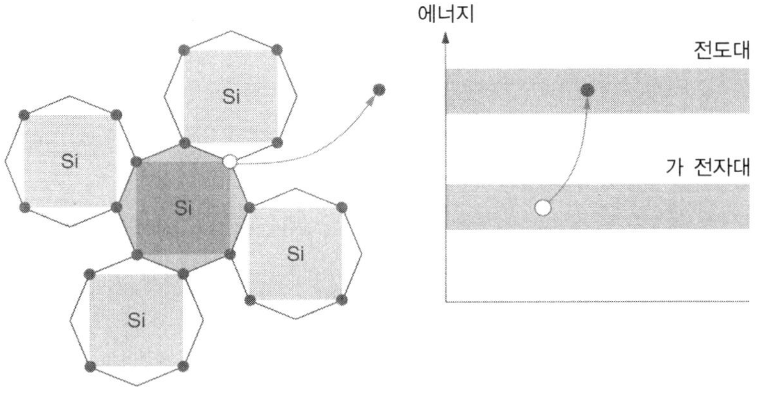

[그림 1-5] 전자-정공 쌍의 발생

1.1.6 전도와 온도(Conduction versus Temperature)

실온(room temperature)에서 열적 에너지는 연속적인 재결합이 발생되는 상황에서도 전자-정공 쌍을 생성시키는 원인이 된다. 따라서 반도체는 전압이 인가되지 않는다고 하더라도 항상 일정한 개수의 자유전자가 존재한다. 여러분들이 온도를 증가시킨다면 공유결합을 깨기에 충분한 에너지를 흡수하는 전자가 더 많아져서 자유 전자의 수가 증가하게 된다.

이와는 반대로 온도가 감소한다면 공유결합으로부터 전자를 방출시키는 열 에너지(thermal energy)가 줄어들게 되고 자유전자의 수가 감소한다. 이러한 상황은 온도가 절대영도(absolute zero)가 될 때까지 계속된다. 정의에 의하면 절대 영도는 열적 에너지가 전혀 존재하지 않는 온도로 −273.16℃(−459.69 °F)이다. 따라서 이런 온도에서는 열적 에너지가 전혀 없기 때문에 자유전자는 존재하지 않는다(전자가 흡수할 수 있는 에너지가 전혀 없기 때문에 전도대로의 천이는 있을 수 없다). 여기에서 중요한 관계는 반도체의 전도도는 온도에 직접 비례한다는 사실이다. 이것이 회로의 주변온도가 증가할수록 회로 내의 전류가 증가하고 온도가 감소할수록 회로 내의 전류가 감소하는 이유이다.

기초 확인문제 1.1

1. 원자를 구성하고 있는 세 가지 미립자들은 무엇인가?
2. 임의의 원소의 가전자의 개수와 전도도 사이에는 어떤 관계가 있는가?
3. 도체 내의 가전자의 개수는 얼마인가? 절연체 내의 가전자의 개수는 얼마인가? 반도체 내의 가전자의 개수는 얼마인가?
4. 전자공학 분야에 가장 널리 사용되는 세 가지 반도체 원소는 무엇인가?
5. 1장 1절에서 설명된 전자와 궤도각 사이의 관계는 무엇인가?
6. 에너지 갭이란 무엇인가? 절연체, 반도체 및 도체의 에너지 갭은 얼마인가?
7. 전도대에서 가전자대로 전자가 떨어질 때 어떤 형태의 에너지를 내어놓는가?
8. 공유결합이란 무엇인가?
9. 진성반도체 물질에서 공유결합의 영향은 무엇인가?
10. 전자-정공 쌍이란 무엇인가?
11. 재결합이란 무엇인가?
12. 전자-정공 쌍의 수명은 일반적으로 얼마인가?
13. 온도와 전도도 사이에는 어떤 관계가 있는가?
14. 반도체의 온도가 절대온도 영도에 도달될 때 반도체 내에서 전자-정공 쌍이 발생되지 않는 이유는 무엇인가?

1.2 도핑(Doping)

앞에서 살펴본 것처럼 진성(intrinsic, pure) 실리콘과 게르마늄은 불량한 도체이다. 이것은 가전자의 개수와 공유결합 및 상대적으로 큰 에너지 갭의 영향 때문이다. 이처럼 도체로서의 양호하지 못한 성질 때문에 진성 실리콘과 진성 게르마늄은 거의 사용되지 않는다.

도핑(doping)이란 반도체의 전도도를 개선시키기 위해서 진성 실리콘과 진성 게르마늄에 불순물(impurity)원자를 첨가하는 과정을 의미한다. 불순물(impurity)이란 용어는 일단 도핑이 이루어지면 실리콘과 게르마늄은 더 이상 순수한 것이 아니기 때문에 도핑하는 원소를 설명하기 위해 사용된 용어이다. 도핑된 반도체는 더 이상 순수하지 않기 때문에 이를 외인성 반도체(extrinsic semiconductor)라고 부른다.

도핑에는 두 가지 종류의 3가 원소(trivalent elements)와 5가 원소(pentavalent elements)가 사용되는데 3가 원소는 3개의 가전자를 갖는 원소이고 5가 원소는 5개의 가전자를 갖는 원소이다. 3가 원소가 진성 반도체에 첨가되면 그 물질을 *p*형 물질(*p* type material)이라고 부르고 5가 원소의 불순물 원자가 사용된 물질을 *n*형 물질(*n* type material)이라고 부른다. 가장 일반적으로 사용되는 도핑 원소들은 〈표 1-1〉에 표시되어 있다.

표 1-1 도핑에 사용되는 일반적인 원소들

3가 불순물	5가 불순물
알루미늄(Al)	인(P)
갈륨(Ga)	비소(As)
붕소(b)	안티몬(Sb)
인듐(In)	비스무스(Bi)

1.2.1 *N*형 물질(*N* Type Materials)

실리콘이나 게르마늄에 5가 원소의 불순물이 첨가되면 공유결합 내에 전자가 과잉으로 존재하게 된다. 예를 들면 [그림 1-6]에 표시된 것처럼 5가의 비소(Arsenic) 원자는 4개의 실리콘 원자에 의해서 둘러싸여 있다. 각각의 실리콘 원자는 비소(As)원자와 전자 1개씩을 공유하면서 결합하고 있지만 비소(As) 원자의 5번째 전자는 주위의 어떤 실리콘 원자와도 공유하지 않은 채 남게 된다.

그 결과 비소(As)의 5번째 전자는 더 적은 에너지로도 결합에서 깨어져 나와서 자유로워지기 때문에 전도대로 들어가게 된다. 만약 정확하게 백만 개의 As 원자가 순수한 실리콘이나 게르마늄에 첨가된다면 공유결합에 참여하지 않은 백만 개의 전자가 존재하게 된다. 이런 모든 전자들은 큰 어려움 없이 물질 내부를 통해서 흐르게 된다.

그렇지만 여기서 이해해야 할 중요한 사실은 공유결합에 참여하지 않은 백만 개의 전자들이 존재한다고 하더라도 이런 물질은 여전히 전기적으로는 중성(neutral)이라는 점이다. 이것은 실리콘이나 게르마늄 원자에서와 마찬가지로 각 As 원자는 같은 개수의 양자와 중성자를 가지고 있기 때문이다. 따라서 물질 내의 전체 양자와 중성자의 개수가 같기 때문에, 물질에서의 전체 전하는 영(zero)이다

*n*형 물질 내에서는 전도 대역의 전자의 수가 가전자대의 정공(hole)의 수보다 많기 때문에, 전자를 다수 캐리어(majority carrier)라고 부르고 가전자대의 정공(hole)을 소수 캐리어(minority carrier)라고 부른다. 이러한 *n*형 물질 내에서의 다수 캐리어와 소수 캐리어의 관계는 [그림 1-7]을 살펴보면 더 잘 이해할 수 있다. 가전자대(valence band)에 정공(hole)들이 다소 존재하지만 이런 정공들은 앞에서 살펴본 것처럼 열적인 에너지에 의해서 여기(excite)된 것이다. 그러나 전도대의 과잉전자가 존재하기 때문에 전자-정공 쌍의 수명은 현저하게 줄어든다. 그 이유는 정공들 중 대부분이 전도대의 과잉전자로 즉시 채워지기 때문이다.

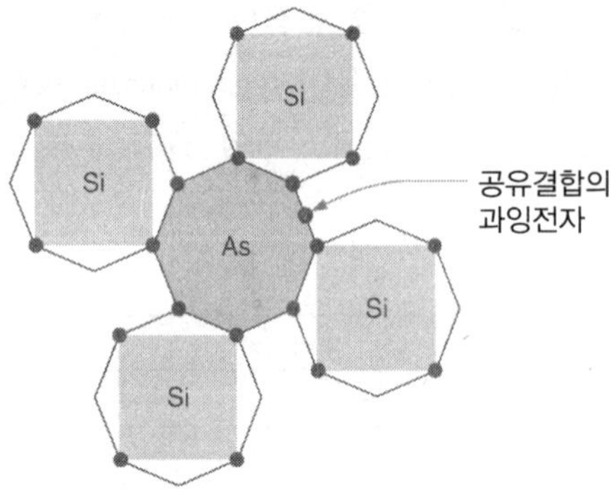

[그림 1-6] *n*형 물질

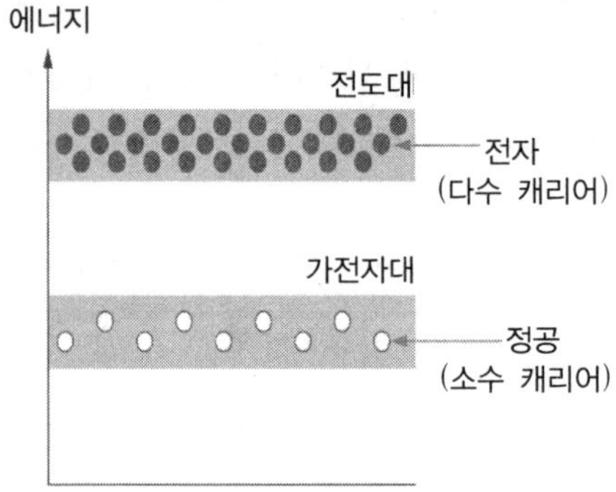

[그림 1-7] *n*형 물질의 에너지 다이어그램

공유결합 내의 정공만이 열적 에너지에 의해서 생성된 것이기 때문에 정공의 개수는 전도대에 존재하는 가전자의 개수보다 훨씬 더 적다. 이것이 다수(majority) 캐리어와 소수(minority) 캐리어라는 용어가 생기게 된 이유이다. *n*형이라는 용어는 과잉 전자를 암시하고 있다. 곧 알게 되겠지만, *p*형 물질에서는 과잉 정공과 적은 수의 자유전자를 가지게 된다.

1.2.2 *P*형 물질(*P* Type Materials)

진성(intrinsic) 실리콘이나 진성 게르마늄에 3가 원소가 도핑되어지면, *p*형 물질이라고 부른다. 3가 원소의 사용은 공유결합 구조 내에 정공을 존재하게 하는데 그 이유는 [그림 1-8]에서 설명된다. [그림 1-8]에 표시된 것처럼 알루미늄(Aluminium) 원자가 4개의 실리콘 원자에 둘러싸여 있다. 이때 알루미늄 원자의 4번째 가전자와의 공유결합을 위해서 필요한 4개의 전자 중에서 부족한 한 개가 공유결합 내에 빈자리를 만들게 된다. 이제는 과잉 전자들 대신에 과잉 정공들이 존재하게 되는데 이런 상황을 [그림 1-9]에 나타내었다. *p*형 물질은 가전자대 내에 정공이 과잉으로 존재하고 있음을 나타내고 있다. 동시에 전도대(conduction band)에는 소수의 전자가 존재한다. 다시 말하자면 열적 에너지에 기인하는 자유전자가 전도대 내에 존재하는데 전도대의 전자보다 가전자대의 정공이 더 많기 때문에 정공이 다수 캐리어 전자가 소수캐리어가 된다는 사실이다.

*p*형 물질 내의 전자의 개수와 양자의 개수가 같다는 점을 명심해야 한다. 비록 공유결합 내의 빈 공간이 있을지라도 양자와 전자의 균형은 여전히 존재한다. 따라서 *p*형 물질에서의 전체 전하는 영(zero)이다.

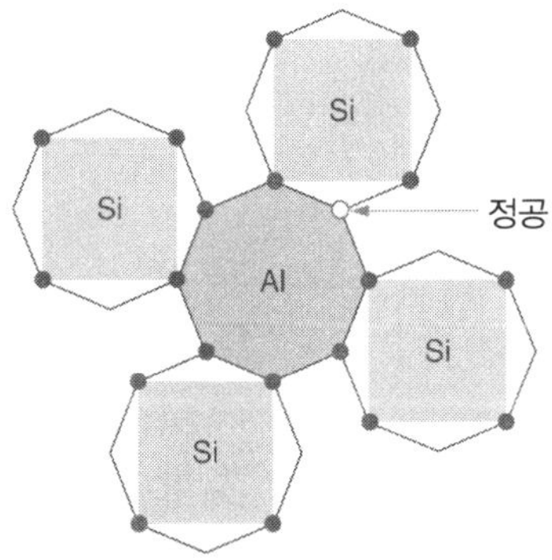

[그림 1-8] p형 물질

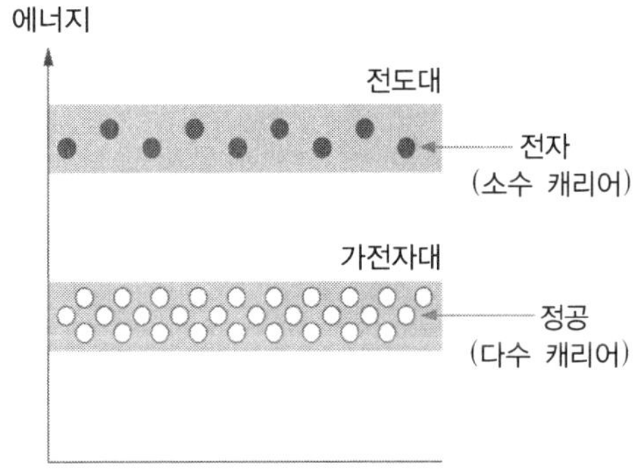

[그림 1-9] p형 물질의 에너지 다이어그램

1.2.3 요약(Summary)

[그림 1-10]은 이 절의 내용을 정리한 요약이다. 여러분도 보다시피 [그림 1-10]은 이 절에서 다루었던 내용을 강조하기 위해서 사용된 부분을 요약한 것이다. 요약을 살펴볼 때는 언제나 그 속에 담겨있는 설명과 상관관계를 잘 살펴보아야 하는데, 그 단원에서 강조되었던 중요한 점을 기억하는 데에 도움이 될 것이다. [그림 1-10]에서 5가와 3가의 도핑 원소를 표현하기 위해 도너(donor) 원자와 억셉터(acceptor) 원자라는 용어를 사용하였다. 이들 두 용어의 의미는 다음 절에서 더욱 명확하게 설명된다.

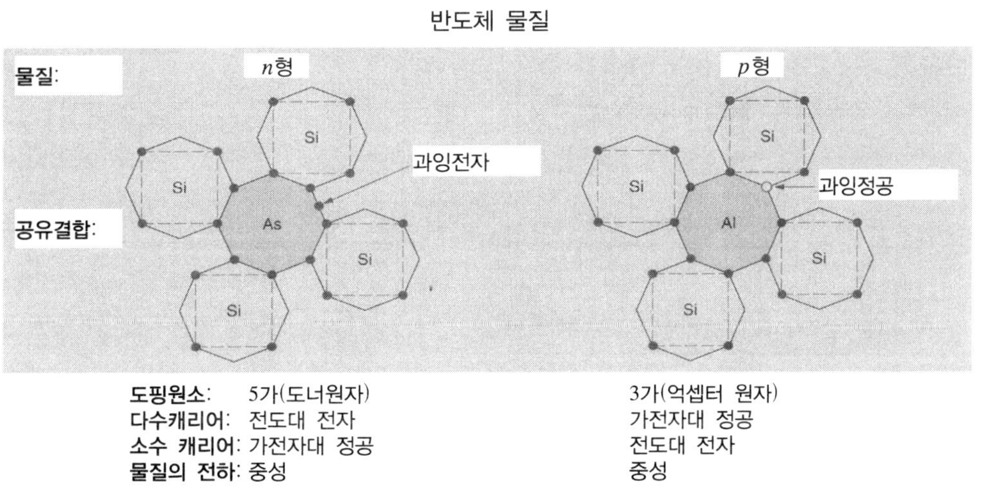

[그림 1-10] 반도체 물질

기초 확인문제 1.2

1. 도핑(doping)이란 무엇이며, 도핑이 필요한 이유는 무엇인가?
2. 불순물 원소의 종류는 무엇이 있는가?
3. 3가 원소와 5가 원소에는 무엇이 포함되어 있는가?
4. 각각의 특성에도 불구하고 n형 물질과 p형 물질은 전기적으로는 중성인데, 그 이유는 무엇인가?
5. 어떤 점에서 n형과 p형 물질은 유사한가, 또한 어떤 점에서 서로 차이가 나는가?

1.3 *PN* 접합(The *PN* Junction)

n형 물질과 p형 물질은 pn 접합을 형성하기 위해서 서로 결합할 때 유용하게 사용된다. [그림 1-11]에는 p형 물질과 n형 물질이 결합하기 이전과 결합이 이루어진 순간의 상황이 설명되어 있다. [그림 1-11 (a)]에는 개별적인 두 가지의 물질이 표시되어 있다. 여러분도 보다시피 n형 물질은 과잉전자(채워진 원)를 가지고 있고 p형 물질은 과잉 정공(빈 원)을 가진 것으로 표시된다.

에너지 다이어그램에서는 두 물질의 에너지 준위의 관계를 표시하고 있다. 두 물질의 전도대와 가전자 대의 에너지 준위는 약간의 차이를 가지게 되는데 이것은 두 물질을 구성하고 있는 원자의 구조적 차이에 기인한 것이다.

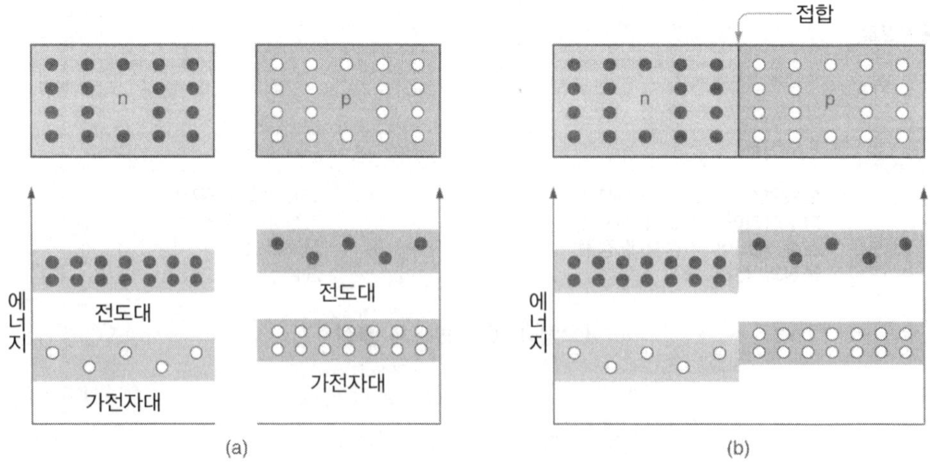

[그림 1-11] pn 접합의 초기 에너지 준위

[그림 1-11 (b)]에 표시된 것처럼 두 물질이 결합될 때는 *n*형 물질 내의 자유전자들이 *p*형 물질로 확산(diffuse)하도록 허용하게 된다. 이런 동작(action)과 그에 따른 결과는 [그림 1-12]에 표시되어 있다. *n*형 물질 내의 자유전자 한 개가 접합을 넘어서 이동하면 *p*형 물질 내의 가전자대의 정공에게 포획(trapped)된다. 그 결과 *n*형 물질 내에는 전체적으로는 양(positive)의 전하를 *p*형 물질 내에는 전체적으로는 음(negative)의 전하를 띄게 된다. 이것이 처음에는 이해하기가 어렵겠지만, 그렇게 이상한 사실은 아니다. [그림 1-13]을 주목하자.

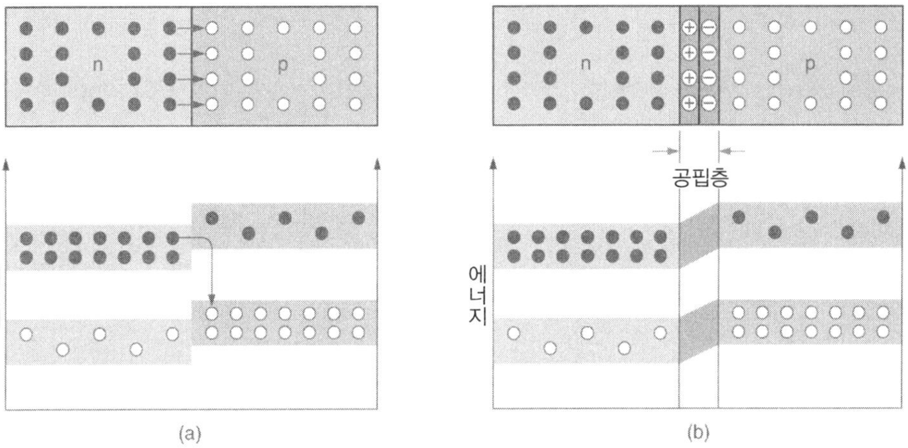

[그림 1-12] 공핍층의 구성

정상적인 조건에서 *n*형 물질의 공유결합은 모두 21개의 전자(실리콘 각 원자마다 4개 +5가 원자의 5개 = 21)와 21개의 양자를 가지고 있어서 음(negative)의 가전자에 의한 전하를 상쇄시킨다. 전자가 *p*형 물질로 넘어서 들어가게 되면 다음과 같은 두 가지 결과가 일어나게 된다.

이제는 거시적으로 어떤 일이 일어나는지 살펴보자. 거시적인 고찰을 위해서는 몇 가지 기억할 점이 있다.

1. 접합을 넘어서 확산된 각 전자는 *N*형 물질 내에 한 개의 positive(+)전하를 띤 결합을 남기고 *P*형 물질 내에는 한 개의 negative(−)전하를 띤 결합을 생성하게 된다.
2. 전도를 위해서는 전도대의 전자와 가전자대의 정공이 모두 필요하다. 전자가 접합을 넘어서 확산되면 *n*형 물질은 전도대의 전자를 하나 잃어버리게 되고 또한 전자가 *p*형 물질의 정공에 떨어지게 되면 가전자대의 정공을 하나 잃어버리게 된다. 이런 점에서 양쪽 밴드는 전하가 공핍된다.

이런 동작이 발생되면 결과적으로 접합에는 전하(캐리어)가 결핍되는 얇은 층(양쪽 측면으로 생김)이 형성되는데 이런 층을 공핍 층(depletion layer)이라고 부른다. 공핍 층은 [그림 1-12 (b)]에 표시되어 있다. 공핍 층의 n형 측 영역은 전체적으로 positive(+)전하를 p형 측 영역은 negative(−)전하를 띄고 있는 점에 주목해야 한다.

접합의 p형 측 영역의 negative(−)전하 형성과 n형 측 영역에서의 positive(+)전하의 형성은 당연히 접합 양측 사이의 전위차(potential difference)를 형성하게 된다. 이런 전위를 장벽전위(barrier potential) 혹은 전위 장벽(potential barrier)이라고 부른다. 이런 전위 장벽은 mV 단위를 갖는다(실리콘의 경우에는 약 0.7V이고, 게르마늄의 경우에는 약 0.3V이다).

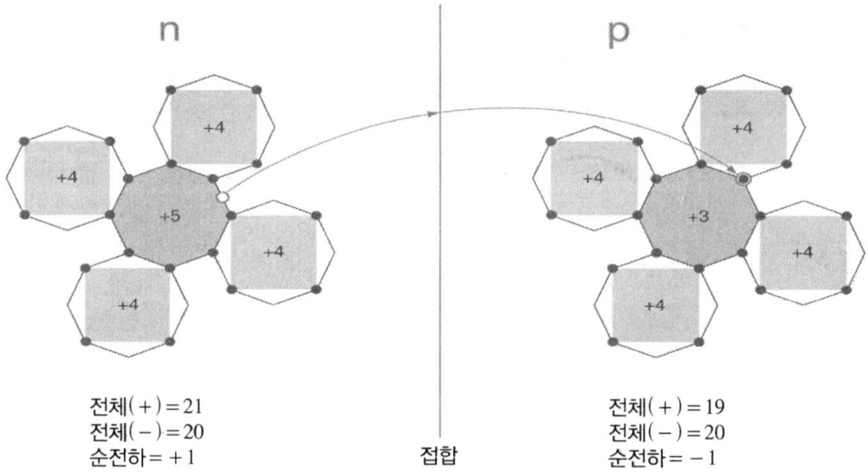

[그림 1-13] 공핍층 전하들

1.3.1 요약(Summary)

n형 물질이 p형 물질과 결합되면

1. 적은 양의 확산(diffusion)이 접합을 넘어서 발생된다. 확산의 양은 두 물질 사이 전도대의 에너지 준위 차에 의해서 제한된다.
2. 전자가 p형 영역으로 확산되어 들어가면, 전자는 에너지를 잃고 공유결합의 가전자대 내에 있는 정공속으로 떨어지게 된다.
3. 접합의 부근에 있는 n영역 내의 5가 원자는 한 개의 전자를 잃게 되어 전체적으로는 positive(+)전하를 띤다.
4. p형 영역 내에 있는 접합 부근의 3가 원자는 전자 한 개를 얻게 되어 전체적으로는 negative(−)전하를 띠게 된다.
5. 접합양측 전하의 차이를 장벽전위(barrier potential)라고 부르고, 이런 장벽 전위의 크기는 실리 콘의 경우 약 0.7V, 게르마늄의 경우 약 0.3V이다.

n형 내의 5가 원자는 전자를 한 개 내어놓게 되므로 이들은 도너(donnor)원자라고 부르고 3가 원자는 5가 원자로부터의 전자를 받아들이기 때문에 이들은 억셉터(acceptor)원자라고 한다.

기초 확인문제 1.3

1. n형 공유결합이 전도대의 전자를 내어놓으면 전체 전하는 어떻게 되는가?
2. p형 공유결합이 여분의 가전자대의 전자를 받아들이면 전체 전하는 어떻게 되는가?
3. 공핍 층의 형성에 대하여 설명하라.
4. 장벽전위(barrier potential)란 무엇이며 발생원인은 무엇인가?

1.4 바이어스(Bias)

공핍 층의 폭(width)을 제어할 수 있을 때 pn 접합이 유용하다. 공핍 층의 폭을 제어함으로써 pn 접합의 저항을 제어할 수 있기 때문에 결국 소자를 통해서 흐르는 전류의 양을 제어할 수 있게 된다. 공핍 층의 폭과 접합을 통해 흐르는 전류 사이의 관계는 아래와 같이 요약될 수 있다.

공핍층의 폭	접합 저항	접합 전류
최소	최소	최대
최대	최대	최소

바이어스(bias)란 원하는 동작을 얻기 위해서 pn 접합에 공급되는 전위이다. 이런 전위는 공핍 층의 폭을 제어하기 위해서 사용된다. 바이어스는 순방향(forward) 바이어스와 역방향(reverse) 바이어스 두 종류로 구분된다. 순방향으로 바이어스된 pn 접합은 공핍 층의 폭이 최소가 되며 위의 표에서 표시한 것과 같은 저항, 전류 특성을 가진다. 그렇지만 역방향으로 바이어스된 pn 접합은 공핍 층의 폭이 최대가 되며, 위의 표에서 나타낸 저항 및 전류 특성을 가진다. 이 절에서는 이런 두 가지 형태의 바이어스에 대하여 살펴보도록 하겠다.

1.4.1 순방향 바이어스(Forward Bias)

p형 물질보다 n형 물질이 더 negative로 되도록 전위를 인가하면 pn 접합은 순방향(forward)으로 바이어스된다. 순방향으로 바이어스되면, pn 접합은 별 저항 없이 전류를 흘리게 된다. 순방향 바이어스에 의한 영향은 [그림 1-14]에 표시되어 있다. [그림 1-14 (a)]에서는 pn 접합이 전압원(V)과 개방되어 있는 스위치(SW_1)에 연결되어 있다. 에너지 다이어그램(diagram)은 접합 물질의 초기 에너지 상태를 표시하기 위해서 포함된다.

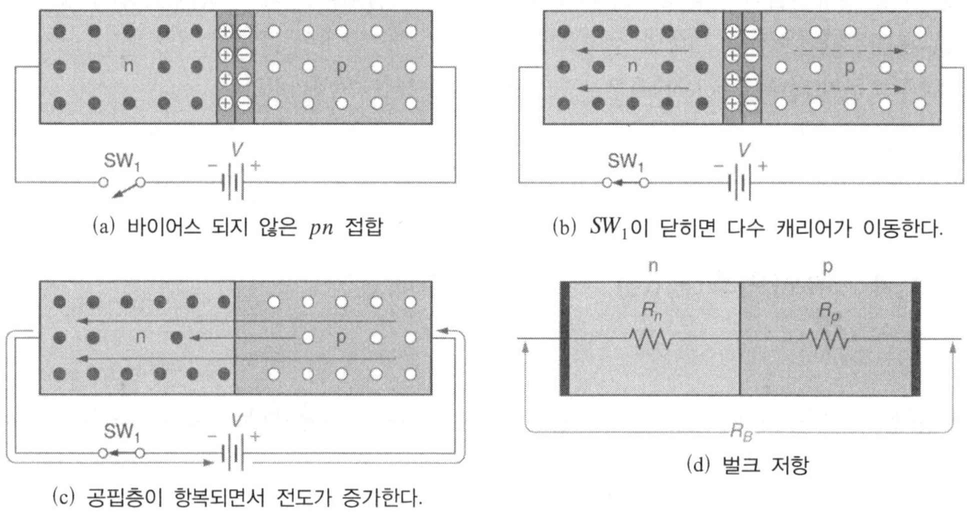

(a) 바이어스 되지 않은 pn 접합

(b) SW_1이 닫히면 다수 캐리어가 이동한다.

(c) 공핍층이 항복되면서 전도가 증가한다.

(d) 벌크 저항

[그림 1-14] 순방향 바이어스의 영향

SW_1이 단락되면, negative(−)전위가 n형 물질 쪽에 인가되고 positive(+)전위가 p형 물질 쪽에 인가되는데, 이런 전위 때문에 아래와 같은 작용이 일어난다.

- n형 물질 내에 있는 전도대의 전자들이 접합면을 향해서 밀려가게 된다.
- p형 물질 내에 있는 가전자 대역의 정공들이 접합면을 향해서 밀려가게 된다.

전원 전압 V가 접합의 장벽 전위보다 더 크다고 가정하면 n형 물질의 전자들이 공핍층을 통해서 지나갈 수 있는 충분한 에너지를 얻게 된다. 이런 일이 발생되면 전자들은 자유롭게 p형 물질 내의 정공들과 재결합하게 되고 전도가 발생된다. pn 접합을 통한 전도현상은 [그림 1-14 (c)]에 표시되어 있다. 이와 같은 전도현상이 pn 접합에서 발생될 때 전류의 흐름에 대한 작은 방해가 일어나는데 이것을 벌크저항(bulk resistance)이라고 부른다. [그림 1-14 (d)]에 표시된 벌크저항은 p형과 n형 물질의 결합된 저항 성분이므로 다음과 같이 표시할 수 있다.

$$R_B = R_p + R_n$$

R_B의 크기는 보통 5Ω 이하이다. R_B의 정확한 크기는 n형과 p형 물질의 크기와 물질 제조시 사용된 불순물의 도핑 양과 동작 온도에 의해서 달라진다. R_B 값은 매우 작기 때문에, 이런 저항 양단에는 매우 작은 전압이 걸리게 된다. 이런 이유 때문에 회로 계산시 R_B 양단에 나타나는 전압은 일반적으로 무시된다.

순방향으로 바이어스된 pn 접합이 전도를 시작할 때는 접합 양단의 순방향 전압(V_F)는 소자의 전위장벽보다 조금 더 크게 된다.

V_F의 크기는 실리콘인 경우는 0.7V, 게르마늄인 경우는 0.3V이다.

$$V_F \cong 0.7\text{V (실리콘)}$$
$$V_F \cong 0.3\text{V (게르마늄)}$$

V_F의 실제 값과 근사 값 사이의 차이는 전류가 소자의 벌크저항을 통해 흐르기 때문에 발생하는 결과이다. 이 점은 2장에서 더 상세하게 살펴보도록 하겠다.

pn 접합의 순방향 바이어스 법에는 다음과 같은 두 가지 형태가 있을 수 있다.

- p형의 전위보다 n형 측을 더 negative(−)전위로 인가하는 방법
- n형의 전위보다 p형 쪽을 더 positive(+)전위로 인가하는 방법

이와 같은 두 가지 경우의 바이어스 법을 [그림 1-15]에 표시했다. 두 경우 모두 두 가지 물질 중의 하나는 접지에 고정되어 있다. [그림 1-15 (a)]에서는 positive 전압이 p형 물질에 인가되고 있고 [그림 1-15 (b)]에서는 negative 전압이 n형 물질에 인가되고 있다. 각각의 경우 모두 인가된 전압의 크기가 공핍 층의 크기를 넘어설 만큼 충분히 크다면 도통이 이루어진다. 따라서 p형 물질보다 더욱 negative로 되는 n형 물질과 n형 물질보다 더욱 positive로 되는 p형 물질의 구동에 의해서 접합은 전도가 이루어진다. 이런 두 가지 형태의 pn 접합의 순방향 바이어스 법은 실제로 사용된다.

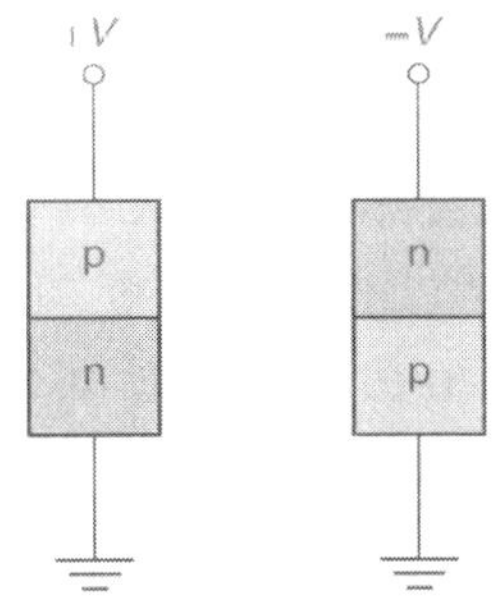

[그림 1-15] 순방향으로 바이어스된 pn 접합들

1.4.2 역방향 바이어스(Reverse Bias)

*p*형 물질보다 *n*형 물질 쪽에 더 positive(+)의 전위를 인가하면 *pn* 접합은 역방향으로 바이어스된다. *pn* 접합이 역방향으로 바이어스되면 공핍 층의 폭이 더 넓어지고 접합 전류는 거의 영(zero)으로 감소하게 된다. 역방향 바이어스와 그에 의한 영향이 [그림 1-16]에 표시되어 있다. [그림 1-16 (a)]에는 순방향 바이어스 조건의 *pn* 접합 상태를 표시하고 있다. 이미 앞에서 살펴 본 것처럼 접합은 아무런 방해 없이 전류를 흘리게 된다. 만약 순방향 바이어스 전위가 영(zero)으로 돌아오면 전자가 접합을 넘어 확산함에 따라 공핍 층이 재구성된다. 이것을 [그림 1-16 (b)]에 표시했다.

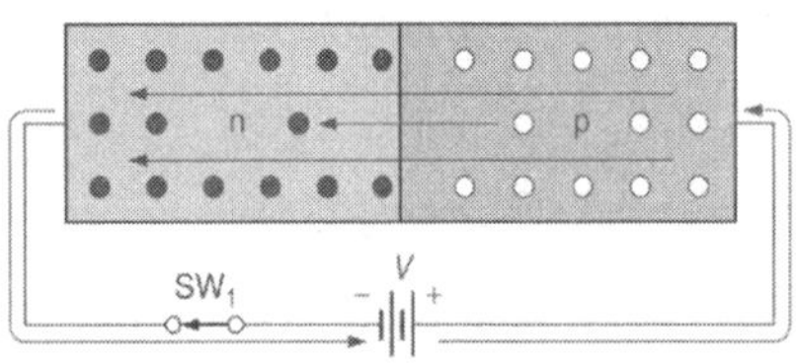

(a) *pn* 접합의 전도상태

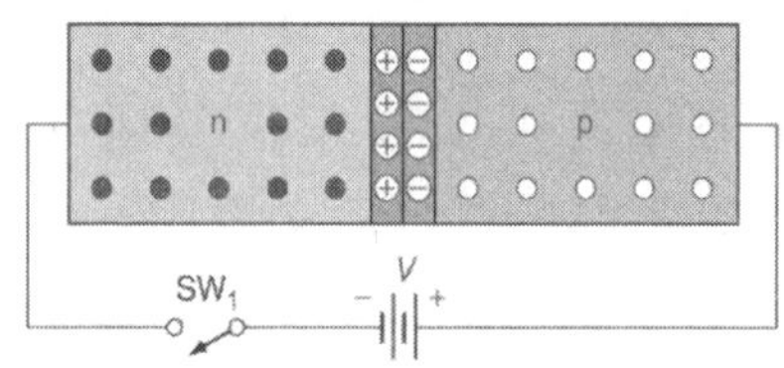

(b) 전류의 이동경로가 끊어지면 공핍층이 구성된다.

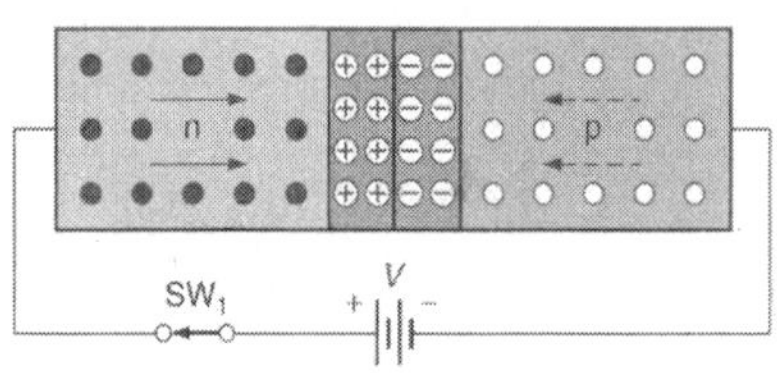

(c) *V*가 역방향으로 인가되면 공핍층이 증가된다.

[그림 1-16] 역방향 바이어스의 영향

인가전압의 극성이 [그림 1-16 (c)]에 표시된 것처럼 인가되면 *n*형 물질 내의 전자들은 전원의 positive(+) 단자 쪽으로 향하게 되며 동시에 *p*형 물질 내의 정공들은 전원의 negative(−) 단자 쪽으로 움직인다. 접합부의 *n*형 쪽에서부터 전자들이 이동해서 없어짐에 따라 물질 내의 자유 캐리어의 결핍은 더욱 심해진다. 따라서 공핍 층의 실제 폭이 넓어진다. *p*형 쪽의 물질 내에서도 동일한 원리가 적용되는데, 접합 부근에 정공의 수가 줄어들기 때문에 공핍 층의 폭이 넓어지게 된다.

공핍 층 폭의 확장에 의한 전체적인 영향은 접합 저항이 급격히 증가하여 전도가 거의 영(zero)으로 떨어지게 된다. [그림 1-16]은 역방향 바이어스에 관한 또 다른 점을 설명하는데 도움이 되는데, 공핍 층이 형성되어 확장되는 동안 다수캐리어에 의한 전류는 양쪽의 물질 내에서 여전히 존재한다. 확산(diffusion)전류라고 불리는 이런 전류는 공핍 층의 폭이 최대가 될 때까지는 계속 흐른다. 이것은 고주파 회로에서는 바람직하지 못한 것이다. 이런 고주파 회로에 적합한 특수한 다이오드(5장에서 논의됨)가 개발되어 있다.

pn 접합에 순방향 바이어스를 인가하는 방법에 두 가지가 있었던 것과 유사하게 역방

향 바이어스를 인가하는 방법에도 두 가지의 경우가 있다.

- *p*형 물질보다 *n*형 물질 쪽에 더 positive(+)의 전위를 인가하는 방법
- *n*형 물질보다 *p*형 물질 쪽에 더 negative(−)의 전위를 인가하는 방법

역방향 바이어스된 몇 가지의 *pn* 접합을 [그림 1-17]에 나타내었으니 참고하기 바란다.

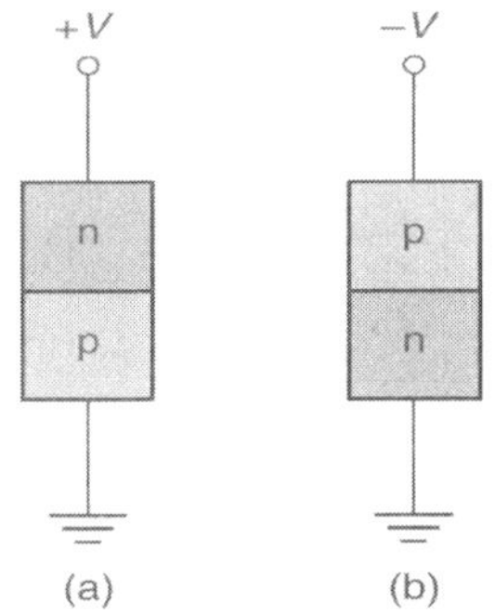

[그림 1-17] 역방향으로 바이어스된 *pn* 접합

1.4.3 기초 요약(Bottom Line)

바이어스란 소자의 동작 특성을 결정하기 위해 *pn* 접합에 인가하는 전위로 바이어스의 극성과 그 영향은 다음과 같이 요약될 수 있다.

바이어스 법	접합의 극성	접합 저항
순방향	*n*형 물질이 *p*형 물질보다 더 negative로 된다.	대단히 작다.
역방향	*p*형 물질이 *n*형 물질보다 더 negative로 된다.	대단히 크다.

순방향으로 바이어스된 *pn* 접합 양단의 전압 강하는 실리콘의 경우 0.7V이고 게르마늄의 경우는 0.3V이다. *pn* 접합이 역방향으로 바이어스되면 본질적으로 개방(open) 회로처럼 동작하고, 역방향으로 바이어스된 *pn* 접합 양단의 전압은 외부인가 전압과 동일하게 된다. 이런 사실들은 [그림 1-18]에 요약되어 있다.

PN 접합의 바이어스법

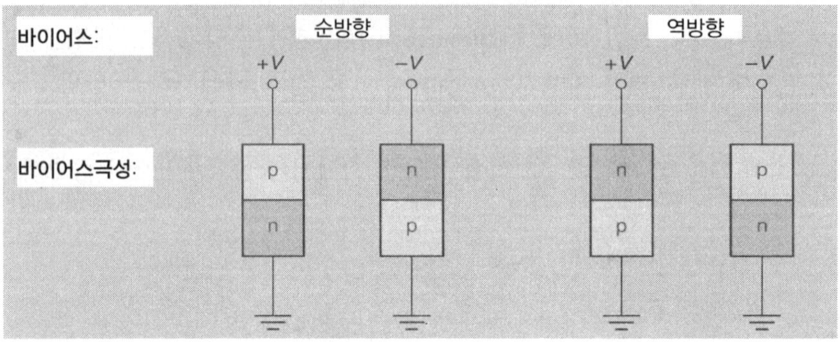

공핍층의 폭:	최소	최대
소자저항:	최소	최대
소자전류:	최대	최소

[그림 1-18]

1.5 최종 점검(A Final Note)

지금까지 반도체와 *pn* 접합을 설명하기 위해 실리콘과 게르마늄 양쪽에 대해서 고찰한바 있다. 그러나 두 가지 원소 중 대부분의 경우에는 실리콘이 사용되는데 그 이유는 아래와 같다.

- 실리콘은 게르마늄에 비해서 열에 더 잘 견딘다. 이것이 실온에서 실리콘이 게르마늄보다 우수한 특성을 가지는 절연체로 된다.
- 게르마늄 산화물은 물에 녹기 쉽고 실리콘보다 제조하기 힘들다.
- 가열되면 실리콘은 집적회로에서 중요하게 사용되는 이산화 실리콘(SiO_2)을 쉽게 생성한다. 게르마늄에 비해서 누설 특성도 우수하다.

실리콘이 일반적으로 가장 널리 사용되는 반도체의 재료이므로 앞으로는 실리콘에 관해서만 설명하기로 하겠다. 물론 게르마늄을 사용한 회로도 실리콘을 사용한 회로와 동일한 방식으로 동작한다는 점을 기억해야 한다. 게르마늄과 실리콘의 V_F 값에서 차이를 가진다는 점만을 기억해 두도록 하자.

기초 확인문제 1.4

1. 공핍 층의 폭이 최대일 때와 최소일 때, pn 접합의 전류와 저항 특성은 어떻게 되는가?
2. 바이어스를 사용하는 목적은 무엇인가?
3. 순방향으로 바이어스된 pn 접합의 공핍 층의 폭은 어떻게 되는가?
4. 순방향으로 바이어스된 pn 접합의 접합저항은 어떻게 되는가?
5. 순방향으로 바이어스될 때의 실리콘과 게르마늄의 V_F 값은 대략 얼마인가?
6. pn 접합에 순방향으로 바이어스를 인가하기 위해서 일반적으로 사용하는 방법을 설명하라.
7. 역방향으로 바이어스된 pn 접합의 공핍 층의 폭은 어떻게 되는가?
8. 역방향으로 바이어스된 pn 접합의 접합 저항은 어떻게 되는가?
9. pn 접합에 역방향으로 바이어스를 인가하기 위해서 일반적으로 사용하는 방법을 설명하라.
10. 반도체 소자 제조시 실리콘이 게르마늄보다 더 널리 사용되는 이유는 무엇인가?

중요 용어(Key Term)

억셉터 원자(acceptor atom), 밴드(band), 전위 장벽(potential barrier), 바이어스(bias), 벌크 저항(bulk resistance), 전도대(conduction band), 공유결합(covalent band), 공핍층(depletion layer), 확산전류(diffusion current), 도너 원자(donor atom), 전자 전공 쌍(electron hole pair), 도핑(doping), 전자볼트(eV), 에너지 갭(energy gap), 외인성(extrinsic), 순방향 바이어스(forward bias), 순방향 전압(forward voltage), 게르마늄(germanium), 정공(hole), 진성(intrinsic), 수명(life time), 다수 캐리어(majority carrier), 소수 캐리어(minority carrier), －전압(negative voltage), n형 물질(n type material), 5가(pentavalent), 3가(trivalent), 실리콘(silicon), 가전자각(valence shell), p형 물질(p type material), 역방향 바이어스(reverse bias), 역 전압(reverse voltage), 반도체(semiconductor), 재결합(recombination)

Chapter 2

다이오드

(Diodes)

학습목표

이 장을 학습하고 나면 여러분은 다음과 같은 내용을 이해하고 설명할 수 있다.

1. *pn* 접합형 다이오드의 단자를 구분할 수 있고 주어진 소자의 회로기호를 설명할 수 있다.
2. 간단한 다이오드 회로의 회로도를 해석할 수 있고 다음의 내용을 결정할 수 있다.
   (a) 다이오드 도통 여부
   (b) 도통된 다이오드를 통해서 흐르는 전류의 방향
3. 세 가지 다이오드 모델의 특성을 기술하고 각각의 적용 예를 설명할 수 있다.
4. *pn* 접합형 다이오드의 중요한 파라미터(parameter)를 열거하고, 이들 소자의 사용을 어떻게 제한하는지 설명할 수 있다.
5. 다이오드 사양서와(또는) 선택 가이드를 사용하여 특정한 응용분야에서 임의의 다이오드가 사용 가능힌지를 걸정할 수 있디.
6. 제너 다이오드의 회로 기호(circuit symbol)를 구분하고 소자를 통해서 흐르는 전류의 방향을 결정할 수 있다.
7. 제너 다이오드(Zener Diode)의 기본적 동작원리를 설명할 수 있다.
8. 제너 다이오드의 중요한 파라미터를 열거하고, 이들이 소자의 사용을 어떻게 제한하는지 설명할 수 있다.
9. 발광 다이오드(LED : Light Emitting Diode)의 기본적인 동작원리를 설명할 수 있다.
10. 특정 회로에서 LED에 필요한 전류 제한용 저항값의 크기를 계산할 수 있다.
11. *pn* 접합형 다이오드, 제너 다이오드 및 LED의 고장 여부를 확인할 수 있다.

다이오드(diode)는 가장 간단한 형태의 고체 전자 회로 소자이다. 동작 특성과 응용에 따라서 여러 가지 형태로 구분된다. 다양한 형태의 다이오드들은 명칭(name), 응용(application), 회로도 기호(schematic symbol)에 의해서 구별된다. 다이오드라는 용어는 기본적인 *pn* 접합형 다이오드를 의미하며, 다른 모든 형태의 다이오드들은 제너(Zener) 다이오드, 발광 다이오드(LED) 등과 같이 구분되는 다른 이름으로 불린다.

다이오드는 두 개의 전극(단자)을 가진 소자로 한쪽 방향으로만 도통되는 도체이다. 가장 기본적인 형태는 *pn* 접합형 다이오드로 이것은 단순히 *pn* 접합체의 반도체 물질에 각각 리드(lead) 선이 연결되어 있는 것이다. 이런 다이오드에 순방향으로 전압을 바이어스시키면 도통이 발생된다. 이와 반대로, 역방향으로 전압을 바이어스시키면 전기 전도가 거의 영(zero)으로 떨어진다.

이 장에서는 가장 일반적으로 사용되는 세 가지 종류의 다이오드인 *pn* 접합형 다이오드, 제너 다이오드, 발광 다이오드(LED)에 관해서 설명하도록 하겠다. 몇 가지 다른 형태를 갖는 다이오드에 대해서는 5장에서 다루도록 하겠다.

2.1 *PN* 접합형 다이오드(Introduction to the *PN* Junction Diode)

pn 접합형 다이오드의 회로 기호가 [그림 2-1]에 표시되어 있다. *n*형 물질은 캐소드(cathode : 음극), *p*형 물질은 애노드(anode : 양극)라고 부른다.

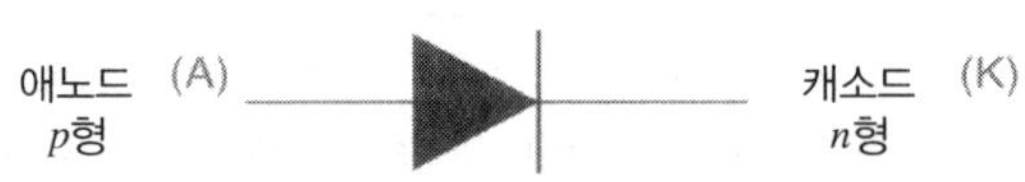

[그림 2-1] *pn* 접합형 다이오드의 회로기호

pn 접합은 *n*형 물질(캐소드)이 *p*형 물질(애노드)보다 더 negative로 될 때 도통된다는 점을 기억해야 한다. 이런 동작 특성을 다이오드의 회로 기호와 비교하면 다이오드가 도통되기 위해서는 다음과 같은 세 가지 조건이 만족되어야 한다.

- 다이오드 기호상의 화살표 끝 쪽의 전위가 다른 쪽의 전위보다 더욱더 negative로 된다(캐소드의 전위가 애노드의 전위보다 더욱더 negative로 된다).
- 애노드와 캐소드 단자 양단에 걸리는 전압(전위차)은 소자의 전위장벽보다는 커야 한다.
- 실리콘 다이오드의 경우는 소자 양단에 약 0.7V의 순방향 전압이 인가될 때 다이오

드가 도통된다. 게르마늄 다이오드의 경우는 소자 양단에 약 0.3V의 순방향 전압이 인가될 때 다이오드가 도통된다.

이런 사실은 [그림 2-2]에 표시된 것처럼 두 가지 형태의 순방향 전압이 인가된 다이오드 회로의 동작을 통해서 확인할 수 있다. 여러분도 보다시피 계측기로 측정되는 실제적인 다이오드 순방향 전류 I_F는 회로에 인가된 전압과 저항에 의해서 결정된다.

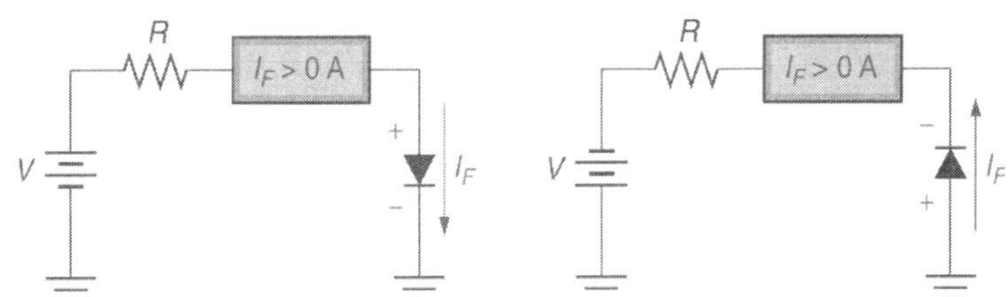

[그림 2-2] 순방향으로 바이어스된 다이오드회로

pn 접합형 다이오드의 *n*형 물질(캐소드)쪽이 *p*형 물질(애노드)쪽보다 더 positive 전위로 되면 다이오드는 역방향으로 바이어스된다. 역방향으로 바이어스되는 경우에는 공핍 층의 폭이 넓어지고 전류의 흐름을 차단하게 된다. 이런 특성을 다이오드의 회로 기호의 특성과 비교하면, 다이오드 기호의 화살표 끝 쪽의 전위가 다른 쪽보다 더 positive 전위로 되면 다이오드는 도통되지 않는다는 점을 이해할 수 있다. 이런 사실을 입증하기 위해서 역방향으로 바이어스된 다이오드 회로를 [그림 2-3]에 표시했다. 각각 다이오드의 화살표 쪽의 전위가 positive로 바이어스되었다는 점에 주목해야 한다.

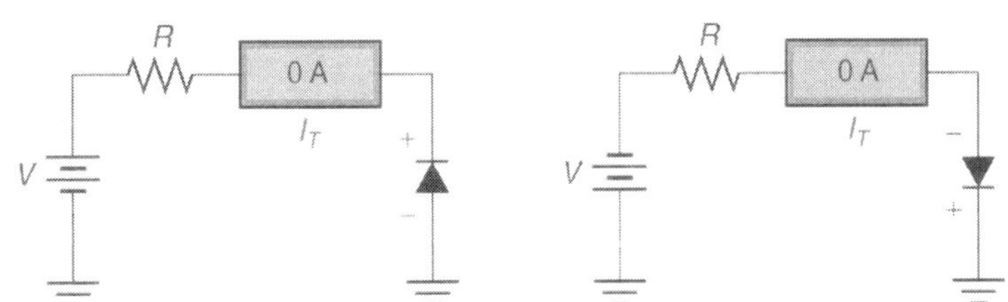

[그림 2-3] 역방향으로 바이어스된 다이오드회로

2.1.1 다이오드 모델(Diode Models)

이 장에서는 세 가지 형태의 다이오드 모델이 소개된다. 모델(model)이라는 것은 한 가지 이상의 특성을 가진 소자나 회로를 표시하는 것이다. 예를 들면, 커패시터의 직류 모델은 개방 회로로 표시되게 되는데 그 이유는 커패시터가 직류를 차단하기 때문이다. 그러나 커패시터의 리액턴스가 주파수(frequency)에 반비례하기 때문에 커패시터의 교류 모델은 가변 리액턴스(variable reactance)로 표시되게 된다.

소자모델은 특별한 환경(specific circumstance)이나 특별한 응용분야(specific application)에 사용되는 소자를 표시하기 위해서 사용된다. 앞으로 여러분이 많이 마주치게 될 다이오드 모델은 여러분이 다이오드를 어떻게 사용하는가에 따라서 달라진다.

처음 다루고자 하는 다이오드의 모델은 이상적인 다이오드 모델(ideal diode model)이다. 이런 모델은 다이오드를 단순하게 단락(short) 스위치 혹은 개방(open) 스위치로 표시하게 된다. 이런 모델은 2장 2절에서 설명하겠지만 단순하게 고장진단 및 수리(trouble-shooting)의 초기단계에서만 사용된다.

실제적인 다이오드 모델(practical diode model)은 이상적인 다이오드 모델보다 좀더 복잡하다. 이런 모델에는 다이오드 회로의 수치적 해석이나 특정 회로에 특정한 다이오드를 사용할지 여부를 결정할 때 고려해야 할 특성들이 포함된다. 이런 실제적인 다이오드 모델에 대해서는 2장 3절에서 설명하도록 하겠다.

완전한 다이오드 모델(complete diode model)은 다이오드 모델 중 가장 복잡하다. 이런 모델에는 회로 설계나 고주파 해석 등과 같은 특정 조건에서만 고려되는 특성들이 포함되어 있다. 따라서 완전한 다이오드 모델에 포함되는 특성들은 일반 기술자가 일상적인 업무에서는 일반적으로 고려하지 않는 것이다. 완전한 다이오드 모델은 2장 5절에서 설명하도록 하겠다.

이상의 세 가지 다이오드 모델을 사용 용도에 따라 〈표 2-1〉에 요약하였다.

표 2-1 다이오드모델의 간략한 특성 비교

분류	응용분야
이상적인 다이오드모델	회로의 고장진단 및 수리
실제적인 다이오드모델	수학적인 회로 해석 주어진 응용분야에 적합한 다이오드의 결정
완전한 다이오드모델	회로개발 특수한 회로 해석 회로의 측정값과 예측되는 값 사이의 차이가 발생되는 원인 규명

기초 확인문제 2.1

1. 다이오드란 무엇인가?
2. 어떤 형태의 바이어스가 회로에 인가될 때 다이오드가 도통되는가?
3. 어떤 형태의 바이어스가 회로에 인가될 때 다이오드는 불통되는가?
4. 다이오드의 회로 기호를 그리고 단자의 명칭을 기입하라.
5. 다이오드회로를 순방향으로 바이어스시키는 경우의 단자 극성은 어떻게 구분되는가?
6. 회로도를 해석할 때 다이오드의 도통여부를 어떻게 알 수 있는가?

7. 회로도를 해석할 때 다이오드 전류의 방향은 어떻게 결정할 수 있는지 설명하라.
8. 어떤 경우에 이상적인 다이오드 모델이 사용되는가?
9. 어떤 경우에 실용적인 다이오드 모델이 사용되는가?
10. 어떤 경우에 완전한 다이오드 모델이 사용되는가?

2.2 이상적인 다이오드(The Ideal Diode)

이상적인 다이오드는 역방향 바이어스에서는 개방된 스위치로 동작하고 순방향 바이어스에서는 단락된 스위치로 동작하는 특성을 가진다. 따라서 다음과 같은 특성을 가진 스위치로 정리될 수 있다.

스위치 상태	스위치 특성
개 방	무한대 저항, 전류 차단 소자 양단에서 인가된 전체 전압의 전압 강하가 발생된다.
단 락	0저항, 최대 전류가 흐른다. 소자 양단에서 전압 강하는 없다.

스위치의 특성을 기초로 하면 이상적인 다이오드에 대해서는 아래와 같이 정리될 수 있을 것이다.

1. 역방향으로 바이어스되는 경우(개방 스위치) :
   (a) 다이오드는 무한대 크기의 전기 저항을 가진다.
   (b) 다이오드를 통해서 흐르는 전류의 흐름은 0이다.
   (c) 외부 인가전압은 전부 다이오드 자신의 양단에 걸리게 된다.
2. 순방향으로 바이어스되는 경우(단락 스위치) :
   (a) 다이오드의 전기 저항은 0이다.
   (b) 다이오드를 통과하는 전류는 제어할 수 없다.(무한대 크기)
   (c) 다이오드 양단에서 전압 강하는 발생되지 않는다.

이상적인 다이오드의 특성은 [그림 2-4]에 표시되어 있다. 순방향 전압 V_F와 역방향 전압 V_R은 X축에서 측정되어지고 순방향 전류 I_F와 역방향 전류 I_R은 Y축에서 측정된 값이다. 그래프의 1사분면은 순방향 특성을 나타내는 영역으로 V_F와 I_F의 조합으로 표시된다. 이와 유사하게 그래프의 3사분면은 역방향 특성을 나타내는 영역으로 V_R과 I_R의 조합으로 표시된다.

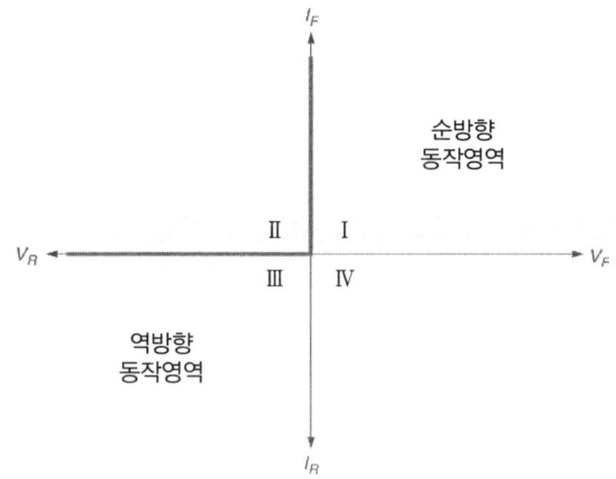

[그림 2-4] 이상적인 다이오드의 특성곡선

[그림 2-4]에 표시된 역방향 동작영역은 이상적인 다이오드의 역방향 바이어스 특성을 표시하고 있다. 주목할 점은 역방향 전압 V_R이 증가할수록 역방향 전류 I_R은 0을 유지한다는 점이다. 이것이 바로 다이오드가 역방향으로 바이어스되면 인가된 전압의 크기에 무관하게 회로를 통해서 흐르는 전류가 없기 때문에 개방회로(개방스위치)로 된다는 것을 의미한다. 따라서 다이오드 회로가 역방향으로 바이어스되면 개방회로로 동작하고 인가된 전체 전압이 소자의 양단에 걸리게 된다. 이 점은【예제 2.1】을 통해서도 설명된다.

【예제 2.1】 [그림 2-5]에 표시된 회로에서 V_{D1}, I_T, V_{R1}의 크기를 구하시오.

풀이 회로 기호의 화살표가 전원의 positive 단자를 향하고 있기 때문에 다이오드는 역방향으로 바이어스되어 있음을 알 수 있다. 따라서

(a) D_1 양단에 인가된 전체 전압의 전압 강하가 발생된다.

$$V_{D1} = V_S = 5\text{V}$$

(b) D_1은 도통되지 않는다.

$$I_T = 0\text{A}$$

(c) 저항 R_1을 통해 흐르는 전류가 없으므로 저항 양단의 전압 강하는 없다.

$$V_{R1} = 0\text{A}$$

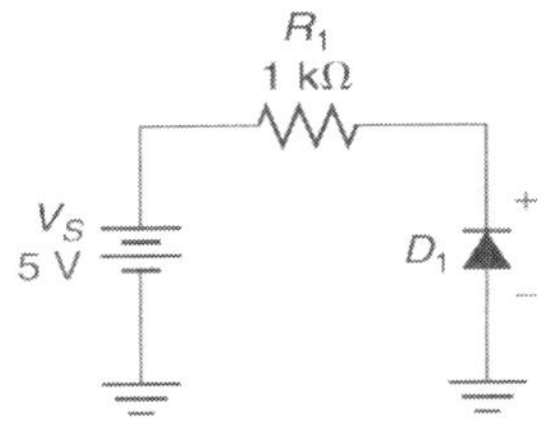

[그림 2-5]

(실전 연습문제 2-1)

12V 전원과 470Ω 저항(R_1), 330Ω 저항(R_2) 그리고 다이오드가 직렬로 연결된 회로에서 다이오드가 역방향으로 바이어스되어 있다고 가정하면, V_{R1}과 V_{R2}의 크기는 얼마인가?

▶▶ $V_{R1} = V_{R2} = 0\text{V}$

[그림 2-4]에 표시된 그래프에서 다이오드의 순방향 동작영역은 순방향 전압 V_F와 순방향 전류 I_F 사이의 순방향 바이어스 특성을 표시하고 있다. 이런 다이오드 모델에서는 다이오드 양단의 순방향 전압 V_F가 0V인 것으로 가정하였지만 순방향 전류 I_F는 측정할 수 있는 크기까지만 나타내었다는 점에 주목해야 한다. 이상적인 다이오드가 순방향으로 바이어스되었을 때, I_F는 외부인가 전압과 소자 외부의 저항값에 의해서 제한된다. 이 점은 【예제 2.2】를 통해서 설명하였다.

【예제 2.2】 [그림 2-6]에 표시된 회로에서 V_{D1}, V_{R1}, I_T 값을 구하시오.

풀이 회로 기호의 화살표 방향이 전원의 negative 단자를 향해서 지시하고 있으므로 다이오드는 순방향으로 바이어스되어 있음을 알 수 있다. 따라서

(a) $V_{D1} = 0\text{V}$이고 나머지 전체 인가 전압은 R_1 양단에 걸리게 된다.

(b) $V_{R1} = V_S = 5\text{V}$

(c) I_T는 전원 전압과 R_1에 의해서 5mA로 결정된다.

$$I_T = \frac{V_{R1}}{R_1} = \frac{5\text{V}}{1\text{k}\Omega} = 5\text{mA} \ (ideal)$$

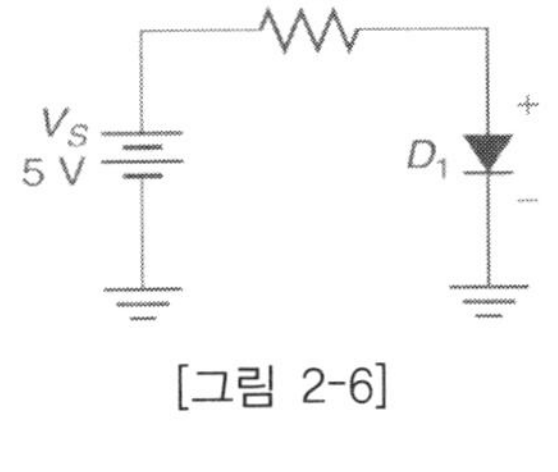

[그림 2-6]

(실전 연습문제 2-2)

12V 전원, 470Ω 저항, 330Ω 저항, 다이오드가 직렬로 연결된 회로에서, 만약 다이오드가 순방향으로 바이어스되어 있다면 이상적인 다이오드의 I_T 값은 얼마인가?

▶▶ $I_T = \frac{V_S}{R_T} = \frac{12\text{V}}{800\Omega} = 15\text{mA}$

여러분이 【예제 2-1】과 【예제 2-2】의 결과와 앞에서 설명한 스위치 특성을 비교해본다면 다이오드가 양쪽의 경우에서 모두 이상적인 스위치 역할을 수행한 사실을 이해할 수 있을 것이다. 이상적인 다이오드의 순방향 특성과 역방향 특성을 [그림 2-7]에 요약해서 표시했다.

이상적인 다이오드 특성		
바이어스	순방향	역방향
바이어스 극성	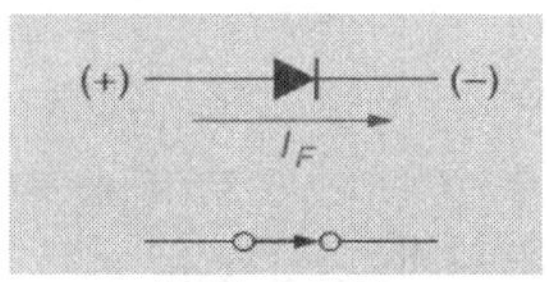	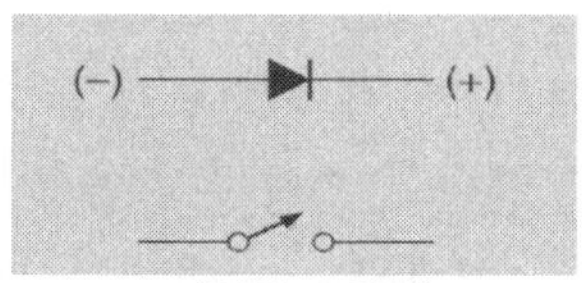
등가회로	(닫힌 스위치)	(열린 스위치)
소자저항	0	무한대
소자전류	외부저항과 전압에 의해서 캐소드-애노드 사이의 전류크기가 제어된다.	0
애노드와 캐소드 사이의 전압	0	인가전압과 등가

[그림 2-7]

2.2.1 이상적인 다이오드는 언제 사용하는가?(When Do We Use the Ideal Diode Model?)

일반적으로 다이오드의 이상적인 모델은 고장진단 및 수리의 초기 단계에 이용된다. 대부분의 다이오드 회로 고장 시, 가장 먼저 다이오드가 단일 방향의 전도체로서의 역할을 하는지에 관심을 기울이게 된다. 만약 다이오드가 단일 방향의 전도체 역할을 한다면, 그 소자는 양호한 것이다. 만약 그렇지 않다면 그 다이오드는 반드시 교체되어야 한다.

기초 확인문제 2.2

1. 이상적인 다이오드 모델의 순방향 특성은 무엇인가?
2. 이상적인 다이오드 모델의 역방향 특성은 무엇인가?
3. 이상적인 다이오드 모델은 어떤 경우에 사용되는가?

2.3 실제적인 다이오드 모델(The Practical Diode Model)

이상적인 다이오드 모델에 관한 언급에서는 현장 기술자가 반드시 고려해야 할 몇 가지 다이오드 특성들을 고려치 않았다. 그런 특성들 중 하나가 바로 순방향 전압(forward voltage)으로 다이오드 회로의 수학적 해석에서는 일반적으로 고려되어야 한다. 다이오드의 또 다른 특성에는 어떤 다이오드가 어떤 장소 또는 특정 회로에 사용 가능한지 여부를 결정하는데 사용된다. 그런 특성들로는 최대 역 전압(peak reverse voltage), 순방향 평균전류(average forward current), 순방향 소비전력(forward power dissipation) 등이 있다. 이 절에서는 순방향 전압 V_F가 기본적인 다이오드 회로의 수학적 해석에서 어떤 영향을 미치는가에 대해서 설명하도록 하겠다. 위에서 언급한 또 다른 특성들은 2장 4절에서 다루도록 하겠다.

2.3.1 순방향 전압(Forward Voltage : V_F)

1장에서 순방향으로 바이어스된 *pn* 접합 양단에 약간의 전압이 생성된다는 사실을 확인한바 있다. 이런 순방향 전압 V_F에 의한 다이오드 특성 곡선상의 영향은 [그림 2-8]에서 설명하였다.

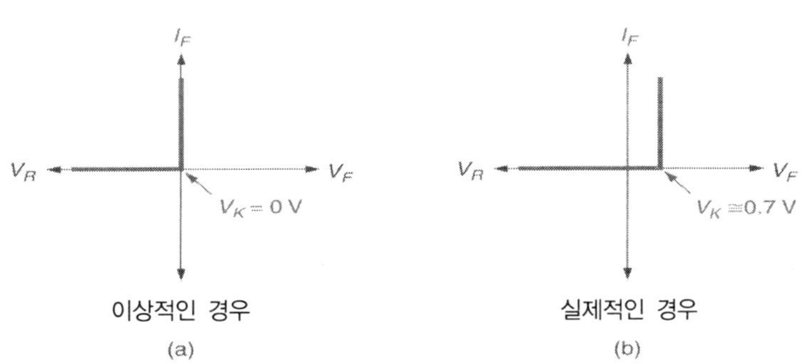

[그림 2-8] 다이오드 특성곡선

[그림 2-8 (a)]는 [그림 2-4]에 표시된 이상적인 다이오드의 특성 곡선과 동일한 것이다. 그림에서 V_K로 표시된 점에서 I_F가 급격하게 증가한다는 점에 주목하자. 이런 전압을 일반적으로 전압·전류 특성곡선상의 임계전압(knee voltage)으로 명명하고 있다. 임계전압(V_K)이라는 용어는 전압·전류 특성곡선에서 갑자기 전류가 증가 또는 감소하는 점을 나타낼 때 사용되는 용어이다. 여러분도 그림에서 보다시피 이상적인 다이오드 모델에서는 임계전압을 0V라고 가정한 것이다.

[그림 2-8 (b)]는 실제적인 모델의 다이오드 특성 곡선을 나타낸 것으로, 이상적인 다이오드 특성곡선과의 유일한 차이점은 V_F이다. 실제적인 다이오드 모델의 경우에는, V_K 값은 실리콘 *pn* 접합형 다이오드의 경우에 대략 0.7V인 V_F와 같게 된다. 그러나 실제 회로에서 사용되는 경우에는 소자를 통해서 흐르는 전류의 영향에 의해서 V_F가 0.7V에서 1.1V 사이의 크기를 갖게 될 수도 있다. [그림 2-8 (b)]에 표시된 특성곡선을 이용하면 실제적인 다이오드의 순방향 동작 특성을 아래와 같이 정리할 수 있다.

1. 다이오드 전류는 순방향 전압이 임계전압에 도달할 때까지 영(zero)이다.
2. 일단 외부 인가 전압이 V_K에 도달하면 다이오드는 도통되고 순방향 전기 전도가 일어난다.
3. 다이오드의 도통이 계속되는 동안 V_F 값은 V_K와 거의 일치한다.
   한편 V_F는 I_F에 무관하게 약 0.7V로 가정한다.

2.3.2 회로 해석에서 V_F에 의한 영향(The Effect of V_F on Circuit Analysis)

다이오드 회로 해석에서 V_F의 값이 포함되면 어떻게 변하게 되는가? 이 질문에 대한 해답을 얻기 위해 [그림 2-9]에 표시된 회로를 살펴보자. 키르히호프의 전압 법칙에 따르면 회로 내의 소자 전압의 합은 외부인가 전압과 같아야 한다.

$$V_S = V_F + V_{R1}$$

V_F를 V_K(0.7V)로 대입하고 V_{R1}을 구하기 위해서 수식을 다시 정리하면 식 (2-1)이 구해진다.

$$V_{R1} = V_S - 0.7\text{V} \tag{2-1}$$

옴의 법칙에 따르면

$$I_T = \frac{V_{R1}}{R_1}$$

으로 표시된다. 식 (2-1)을 위 식에 대입하면 식 (2-2)가 구해진다.

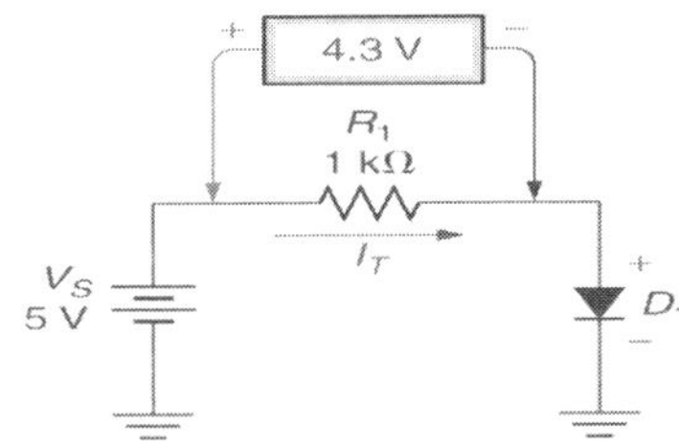

[그림 2-9]

$$I_T = \frac{Vs - 0.7\text{V}}{R_1} \tag{2-2}$$

식 (2-1)과 식 (2-2)를 사용해서 [그림 2-9]에 표시된 회로를 해석하면 V_{R1}은 4.3V, I_T는 4.3mA로 구해진다.

$$V_{R1} = V_S - 0.7\text{V} = 5\text{V} - 0.7\text{V} = 4.3\text{V}$$

$$I_T = \frac{Vs - 0.7\text{V}}{R_1} = \frac{5\text{V} - 0.7\text{V}}{1k\Omega} = 4.3\text{mA}$$

이 수치들을 【예제 2-2】에서 구한 값들과 비교해 보면, 회로 해석에서 V_F 값이 포함되면 해석 결과가 어떤 영향을 받게 되는지를 알 수 있을 것이다. [그림 2-9]에 표시된 회로의 전류와 전압의 관계는 다음과 같이 요약된다.

구 분	이상적인 모델	실제적인 모델
V_F	0V	0.7V
V_{R1}	5V	4.3V
I_F	5mA	4.3mA

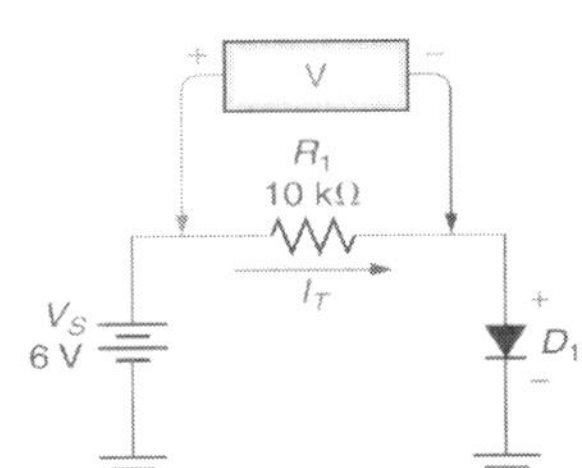

[그림 2-10]

【예제 2.3】 [그림 2-10]에 표시된 회로에서 R_1 양단에 연결된 전압계의 측정치 크기를 예측해 보시오.

풀이 다이오드 양단에 걸리는 전압을 0.7V라고 가정하면 저항 양단의 전압은 전압원과 V_F 값 사이의 차인 5.3V가 구해진다.

$$V_{R1} = V_S - 0.7\text{V} = 6\text{V} - 0.7\text{V} = 5.3\text{V}$$

(실전 연습문제 2-3)

[그림 2-10]에 표시된 회로의 전원 전압이 15V라고 가정하고 저항 양단에 걸리는 전압을 구하시오.

▶▶ 14.3V

【예제 2.4】 [그림 2-10]에 표시된 회로에서 전체 전류를 구하시오.

풀이 회로의 전체 전류는 530μA로 계산된다.

$$I_T = \frac{Vs - 0.7\text{V}}{R_1} = \frac{6\text{V} - 0.7\text{V}}{10\text{k}\Omega} = 530\mu\text{A}$$

(실전 연습문제 2-4)

[그림 2-10]에 표시된 것과 유사한 회로에서 전압원이 5V이고 저항값이 510Ω 이라고 가정하고 회로에서의 I_T 값을 구하시오.

▶▶ $I_T = 8.43\text{mA}$

2.3.3 측정값과 계산값(Calculated and Measured Values)

대부분의 회로 해석에서 계산값이 실제 측정값의 ±10% 이내의 값이면 그 계산값은 충분히 정확한 것으로 간주한다. 계산값에 대한 퍼센트 오차는 식 (2-3)처럼 계산된다.

$$\%\text{오차} = \frac{|X_{\text{계산값}} - X_{\text{측정값}}|}{X_{\text{측정값}}} \times 100 \quad (2\text{-}3)$$

이상적인 다이오드 모델을 사용한 회로계산의 결과에 퍼센트 오차를 적용해 보면 그 결과는 허용치를 넘어서게 된다.(즉 10% 오차 범위 내에 있게 된다) 예를 들면, [그림 2-9]에 표시된 회로에서 V_{R1} 값을 구하기 위하여 이상적인 모델과 실제적인 모델을 사용하였다. 이상적인 모델을 사용한 경우에 퍼센트 오차는 16.28%로 구해진다.

$$\%\text{오차} = \frac{|4.3\text{V} - 5\text{V}|}{4.3\text{V}} \times 100 = 16.3\%$$

퍼센트 오차가 10%보다 크기 때문에 이를 허용할 수 없음을 알 수 있다. 이런 이유로 회로 해석에서는 실제적인 다이오드 모델을 사용하는 것이다. 만약 한 개 이상의 저항이

다이오드 회로에 직렬로 연결된 경우에는, I_T 값을 구하기 위해서 전체 합성저항 R_T를 사용하여야 하는데 이것은 기초적인 모든 전기회로의 경우와 마찬가지이다. 이런 점에 대해서는 【예제 2.5】에서 설명하였다.

【예제 2.5】 [그림 2-11]에 표시된 것과 같은 회로에서 I_T 값을 구하시오.

풀이 [그림 2-11]에 표시된 회로에서 전체 전류는 1.26mA로 계산된다.

$$I_T = \frac{Vs - 0.7\text{V}}{R_T} = \frac{5\text{V} - 0.7\text{V}}{3.4\text{k}\Omega} = 1.26\text{mA}$$

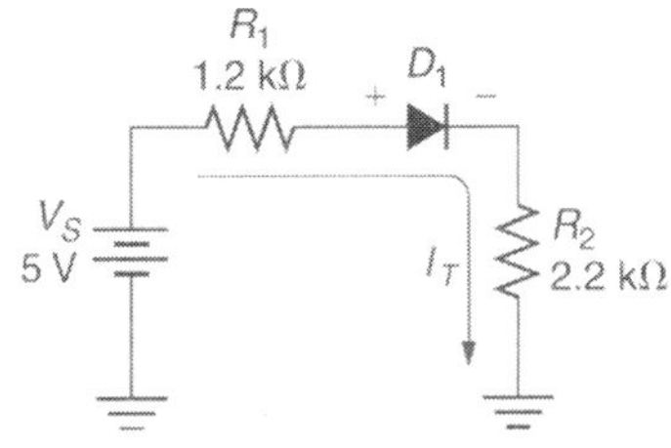

[그림 2-11]

(실전 연습문제 2-5)

[그림 2-11]에 표시된 것과 유사한 회로가 $V_S = 2\text{V}$, $R_1 = 330\Omega$, $R_2 = 220\Omega$의 크기를 갖는다고 가정하고 회로에 흐르는 전류의 세기를 구하시오.

▶▶ $I_T = 2.36\text{mA}$

【예제 2.5】의 회로를 해석하기 위해 식 (2-2)에서 R_1 대신 R_T가 사용되었다는 점을 주목하자. 다이오드 회로 해석에서 전체 합성저항을 다루는 것과 마찬가지로, 회로 내에 여러 개의 다이오드가 직렬연결되는 경우에는 다이오드 양단 전압에서의 전압 강하의 합을 고려해 주어야 한다. 이런 사실은 【예제 2.6】을 통해서 확인할 수 있다.

【예제 2.6】 [그림 2-12]에 표시된 회로에서 I_T 값을 구하시오.

풀이 회로 내의 두 개의 다이오드가 포함되어 있기 때문에 V_F의 전체 크기는 1.4V이다. 이 값을 식 (2-2)에서 0.7V 대신 사용하면 정확한 I_T 값을 구할 수 있다.

$$I_T = \frac{Vs - 1.4\text{V}}{R_1} = \frac{4\text{V} - 1.4\text{V}}{5.1\text{k}\Omega} = 510\mu\text{A}$$

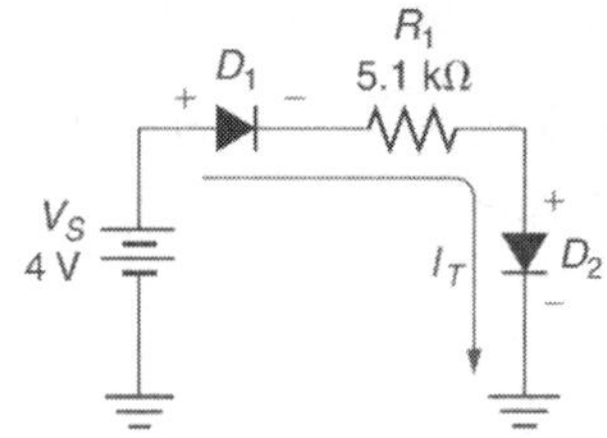

[그림 2-12]

(실전 연습문제 2-6)

순방향 바이어스된 두 개의 다이오드와 470Ω 저항, 330Ω 저항 및 6V 전원으로 구성되는 직렬 회로가 있다고 가정하고 I_T 값을 구하시오.

▶▶ $I_T = 5.75\text{mA}$

【예제 2.7】 [그림 2-13]에 표시된 회로의 I_T 값을 이상적인 다이오드 모델을 사용해서 구하시오. 그리고 실제적인 다이오드 모델을 사용하여 이를 다시 계산하시오. 이상적인 다이오드 모델을 사용하였을 경우의 퍼센트 오차는 얼마인지 구하시오.

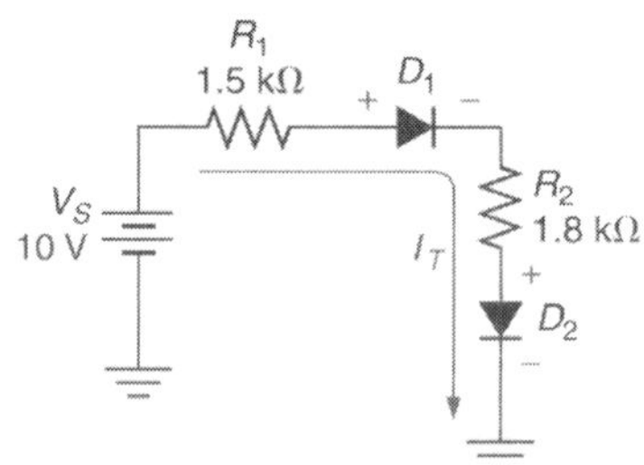

[그림 2-13]

풀이 이상적인 다이오드 모델에서 V_F=0V로 가정하였기 때문에 전체 인가 전압은 두 개의 저항 양단에 걸리게 되므로 I_T는 3.03mA로 구해진다.

$$I_T = \frac{Vs}{R_T} = \frac{10\text{V}}{3.3\text{k}\Omega} = 3.03\text{mA}$$

실제적인 다이오드 모델의 경우에는 V_F=0.7V라고 가정하면 I_T는 2.61mA가 구해진다.

$$I_T = \frac{Vs - 1.4\text{V}}{R_T} = \frac{10\text{V} - 1.4\text{V}}{3.3\text{k}\Omega} = 2.61\text{mA}$$

두 계산값 사이의 퍼센트 오차는 16.1%이다.

$$\%\text{오차} = \frac{|2.61\text{mA} - 3.03\text{mA}|}{2.61\text{mA}} \times 100 = 16.1\%$$

퍼센트 오차에 대한 계산에서, 실제적인 다이오드 모델로 구한 I_T 값이 분수의 분모에 사용되었다는 점에 주목하자. 이것은 실제적인 다이오드 모델 경우의 I_T 값이 이상적인 다이오드 모델의 경우보다 더 실제의 I_T 값에 근사하기 때문이다.

(실전 연습문제 2-7)

실전 연습문제 (2-6)을 참조하고 이상적인 다이오드 모델을 사용하여 회로의 전류값을 다시 계산하시오. 그리고 퍼센트 오차를 구하시오.

▶▶ $I_T(\text{ideal}) = 7.5\text{mA}$; 오차(%) = 30.4%

2.3.4 최종점검(One Final Note)

회로의 수학적인 해석에서 다이오드 양단에 걸리는 전압강하 0.7V를 항상 고려할 필요가 있는가에 대한 의문이 제기될 수 있다. 예를 들면 한 개의 다이오드와 저항이 100V 전원과 직렬연결되어 있는 경우 다이오드 양단 전압의 전압강하 0.7V가 무시된다고 해도 이로 인한 퍼센트 오차가 1% 미만이기 때문이다. 이것은 정확도가 허용오차 범위 내에 들기 때문에 허용된다. 그렇지만 가능하다면 정확한 계산을 하는 것이 요구되기 때문에 실제적인 모델을 사용해서 회로를 해석하게 된다.

다음 절에서는 주어진 상황에 따라서 사용되는 특수한 다이오드가 사용된 경우에 반드시 고려되어야 하는 요소들에 대해서 알아보도록 하겠다. 이런 요소들은 전압과 전류에서 항상 일정하게 고려되지는 않지만 다이오드 회로의 실제적인 동작에서 대단히 중요한 요소들이다.

기초 확인문제 2.3

1. 다이오드 회로의 수학적인 해석에서 반드시 고려해야 할 것들은 무엇인가?
2. 하나의 다이오드를 다른 다이오드로 대체할 때 어떤 특성들이 일반적으로 고려되는가?
3. 실리콘 다이오드의 경우 임계진입은 얼미로 기정히는가?
4. 실제적인 모델에서 순방향으로 바이어스된 다이오드의 특성들을 열거하라.
5. V_F값이 포함되면 회로 계산의 정확도에 얼마나 영향을 미치는가?
6. 얼마나 정확한 계산이어야 정확한 계산으로 받아들여지는가?
7. 어떤 회로의 전압이 10V로 계산되었고, 실제의 이 값은 12.2V이다. 이 계산기의 퍼센트 오차는 얼마인가?
8. 식 (2-3)에서 측정값이 분모에 사용되는 이유는 무엇인가?

2.4 다른 실제적인 고려사항(Other Practical Considerations)

여러분이 회로의 고장진단을 하는 동안 회로 내의 다이오드가 잘못되었다는 것을 발견하였다면 다이오드를 반드시 교체하여야 한다. 부품 창고에 여러 가지 다양한 종류의 다이오드를 가지고는 있지만 교체하려는 동일한 부품번호가 명시된 다이오드는 현재 가지고 있지 않다는 것을 알게 되었다.

고장이 발생된 다이오드를 대신하여 어떤 특정의 다이오드를 사용해야 하는지를 어떻게 알 수 있는가? 회로에 어떤 특정한 다이오드가 사용될 수 있는지를 결정하기 위해서는 여러 가지 다이오드 특성들이 고려되어야 한다. 이런 특성에는 최대 역전압(peak reverse voltage), 순방향 평균 전류(average forward current), 순방향 소비전력(forward power dissipation)이 포함된다.

2.4.1 피크 역 전압(Peak Reverse Voltage : V_{RRM})

어떠한 절연체라 하더라도, 절연체가 항복(break down)을 일으키기에 충분한 높은 전압(high voltage)이 인가되면 도통(conduct) 하게 된다. 역방향으로 바이어스된 다이오드의 경우에는 다이오드가 강제적으로 역방향 전도를 시작하게 되는 최대 역방향 전압(maximum reverse voltage)을 피크 역전압 또는 역방향 첨두 전압(V_{RRM})이라고 부른다. V_{RRM}을 넘어서면, 공핍 층이 항복을 일으키고 다이오드는 역방향 전도를 하게 된다.

일반적인 V_{RRM}의 크기는 수 V(제너 다이오드의 경우)에서부터 수 천 V의 범위를 가진다. V_{RRM}에 의한 다이오드 특성곡선상의 영향을 [그림 2-14]에 표시했다. 역방향 전류 I_R의 크기가 V_{RRM} 값(이 경우는 -70V) 이상 되기 이전에는 영(zero)이라는 점에 주목하자. $V_R > V_{RRM}$일 때 공핍 층의 항복이 일어나서 I_R 값은 급격히 증가한다. 일반적으로 pn 접합이 강제적인 역방향 전도를 겪게 되면, 그 소자는 파괴된다. 그렇지만 제너 다이오드(Zener Diode)의 경우에는 역방향 전도에도 다이오드가 손상을 입지 않도록 설계되어 있다. 이 점에 대해서는 다음 장에서 다시 자세히 언급하도록 하겠다.

$V_R > V_{RRM}$일 때 발생하는 전류를 사태전류(avalanche current)라고 부른다. 이런 명칭은 한 개의 자유전자가 다이오드 내의 다른 원자들과 충돌해서 공유결합을 깨고, 충돌한 원자 내의 전자들이 자유전자가 되며, 또한 이런 전자들이 또 다른 공유결합을 깨어서 자유전자들이 급격히 증가하는 현상에서 유래하여 붙여진 것이다. 그 결과, 다이오드는 과도한 전류와 이로 인한 열 발생으로 인해서 파괴(destroyed)된다.

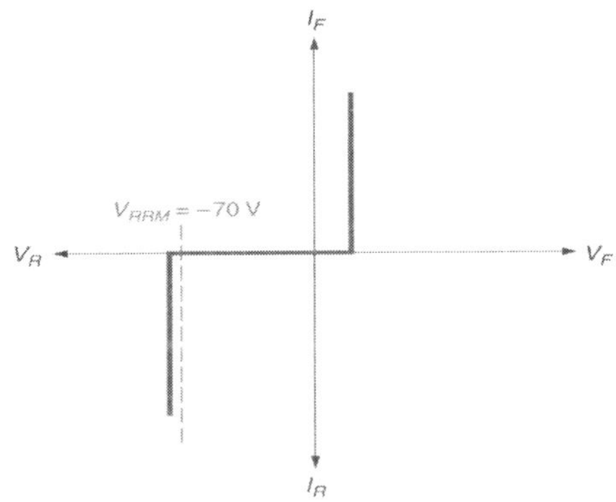

[그림 2-14]

피크 역 전압은 매우 중요한 파라미터이다. 어떤 응용회로에 임의의 다이오드를 사용할 것인지를 고려할 때, 회로의 최대 역방향 전압이 다이오드의 V_{RRM} 값과 같거나 그 이상이 되지 않는가를 확인해야 한다. 예를 들어서 [그림 2-15]에 표시된 회로를 살펴보자. 교류입력의 negative 부분이 진행되는 동안 다이오드는 역방향으로 바이어스되고 전체 인가전압 $50V_{PK}$가 개방된 다이오드의 양단에 걸리게 된다. 따라서 다이오드가 인가된 전원 전압에 의해서 파괴되지 않기 위해서는 다이오드 D_1의 V_{RRM} 정격은 반드시 $50V_{PK}$ 이상이어야 한다.

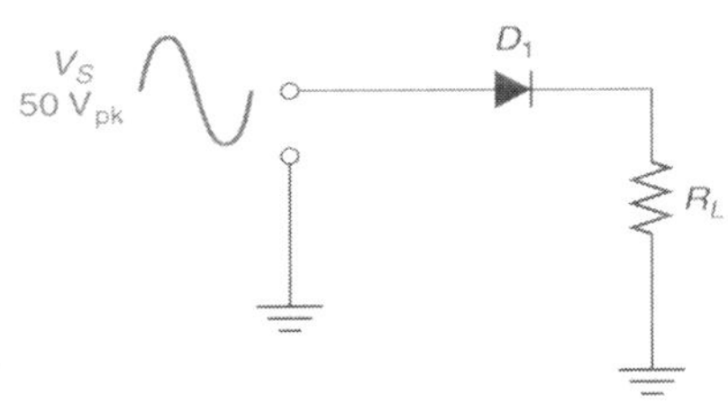

[그림 2-15]

실제적으로는 이런 경우 다이오드는 역방향 전압의 최대 계산값보다 최소한 20% 이상의 크기까지 수용 가능한 것으로 선택하여야 한다. 예를 들면 $50V_{PK}$ 크기의 교류 전압원을 사용하는 [그림 2-15]에서 사용되는 다이오드 $50V_{PK}$의 1.2배인 $60V_{PK}$를 최소로 하는 V_{RRM} 정격을 필요로 한다.

$$V_{RRM} = 1.2V_R = (1.2) \times (50V_{PK}) = 60\text{V}(minimum)$$

회로에서 사용되는 다이오드의 V_{RRM} 정격이 60V 이상이기만 하면 인가전압원의 변동이 발생된다고 하더라도, 다이오드가 역방향 전압의 한계에서 구동되지 않기 때문에 오랜 기간 동안 사용할 수 있다. 이제 한 가지 사실은 명백해진다. 회로의 최대 역방향 전압보다 다이오드의 V_{RRM} 정격이 적어도 20% 이상 더 크다면 그 값이 얼마이던지 신경 쓸 필요가 없다는 것이다. 예를 들면, [그림 2-15]에서 다이오드를 교체하여야 한다고 가정하면 여기에 사용될 수 있는 다이오드의 V_{RRM} 정격은 100V, 200V 또는 심지어 1000V 라도 사용될 수가 있다. 이러한 점은 【예제 2.8】를 통해서 알아보도록 하자.

【예제 2.8】 [그림 2-16]에 표시된 회로에서 다이오드가 고장 상태이기 때문에 교체하여야 한다. 부품 창고에 다음과 같은 종류의 다이오드들이 있었다고 가정하고 교체 가능한 다이오드는 무엇인지 결정하시오.

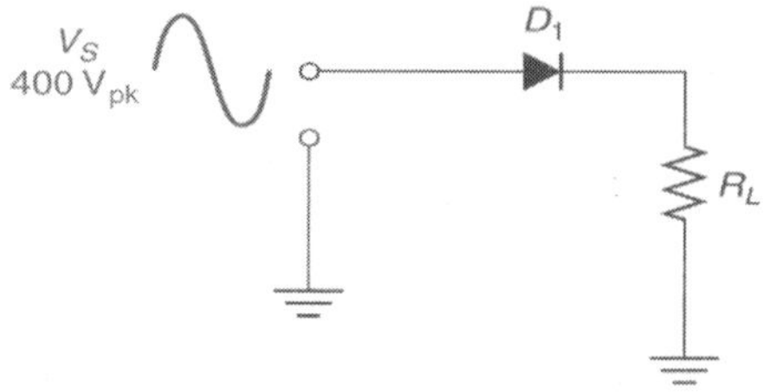

[그림 2-16]

다이오드 번호	피크 역전압
1N4001	50V
1N4002	100V
1N4003	200V
1N4004	400V
1N4005	600V
1N4006	800V
1N4007	1000V

풀이 전원의 피크 값이 $400V_{PK}$이므로, 소자가 역방향으로 바이어스될 때마다 $400V_{PK}$ 전체가 다이오드 양단에 걸리게 된다. 따라서 대체부품의 V_{RRM} 정격은 $400V_{PK}$보다 20% 이상 더 커야 한다. 따라서 대체 사용가능한 다이오드들은 1N4005, 1N4006, 1N4007 이다.

(실전 연습문제 2-8)

[그림 2-16]과 유사한 회로에서 신호 전원의 피크 값이 $175V_{PK}$라고 가정하면 【예제 2.8】에서 사용할 수 있는 다이오드들은 어떤 것들인가?

▶▶ 1N4004, 1N4005, 1N4006, 1N4007

임의의 pn 접합형 다이오드의 V_{RRM} 값은 스펙(specification sheet or data sheet)에서 구할 수 있다. 스펙(spec)이란 어떤 소자나 회로에 대한 중요한 파라미터와 동작 특성을 열거해 놓은 것으로, 제조회사나 부품점에서 구할 수 있다. 스펙에서 V_{RRM} 값과 다른 중요한 파라미터들을 찾는 방법에 대해서는 2장 6절에서 설명하도록 하겠다. 피크 역전압은 주어진 응용회로에서 특정한 다이오드를 사용하기 전에 반드시 고려해야 할 여러 가지 파라미터들 중 한 가지에 지나지 않는다. 고려해야 할 또 다른 파라미터는 순방향 직류 전류이다.

2.4.2 순방향 직류 전류(Average Forward Current I_O)

다이오드의 순방향 평균 전류(average forward current) 정격이란 순방향 직류 전류의 최대 허용치를 의미한다. 예를 들면, 다이오드 1N4001의 순방향 평균 전류 정격은 1A이다. 이것은 다이오드를 통해 흐르는 직류 전류가 1A 이상 되는 것을 허용치 못한다는 의미이다. 만약 이런 전류가 1A 이상 흐르게 되면 다이오드는 과열되고 결국 파괴된다. 이런 순방향 평균 전류정격은 그 소자의 스펙에서 확인할 수 있다.

여러분이 특정 회로에서 어떤 다이오드를 사용해야 할 것인가를 결정하고자 할 때는 우선 회로의 순방향 전류 I_F의 평균값이 얼마인지를 구해야 한다. 그리고 사용하려고 하는 다이오드의 순방향 평균 전력 정격이 회로의 I_F 값보다 적어도 20% 이상 더 큰가를 확인해야 한다. 여기에 대해서는 【예제 2.9】에서 설명된다.

【예제 2.9】 [그림 2-17]에 표시된 회로에서 필요로 하는 다이오드의 순방향 평균 전류 정격의 최소값은 얼마인지 결정하시오.

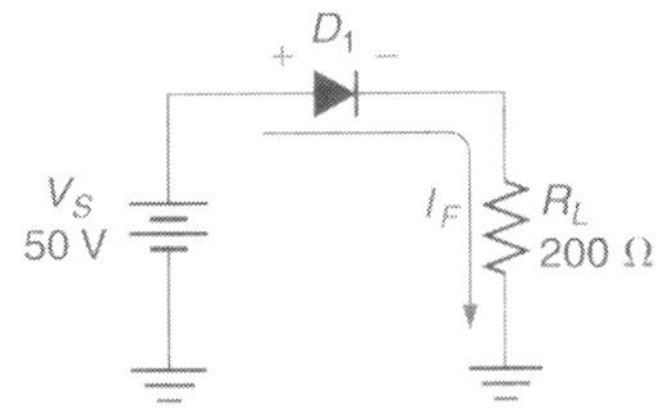

[그림 2-17]

풀이 실제적인 다이오드 모델을 적용하여 순방향 전류를 계산하면 247mA가 구해진다.

$$I_F = \frac{Vs - 0.7\text{V}}{R_L} = \frac{50\text{V} - 0.7\text{V}}{200\Omega} = 247\text{mA}$$

따라서, 이 회로에서 사용되는 다이오드는 순방향 평균 전류 정격이 247mA 이상인 것이어야 한다. 실제로는 I_F의 계산값보다 20% 이상 큰 것이어야 하므로 247mA× 1.20=296mA이어야 한다.

$$I_O = (1.2) \times (247\text{mA}) = 296\text{mA}(minimum)$$

(실전 연습문제 2-9)

[그림 2-17]과 유사한 회로에서 사용된 전원 값이 100V이고 저항값이 51Ω이라고 가정하면 다이오드의 순방향 평균 전류 정격은 최소 얼마까지 허용될 수 있는가?

▶▶ $I_F = \dfrac{Vs - 0.7\text{V}}{R_1} = \dfrac{100\text{V} - 0.7\text{V}}{51\Omega} = 1.95\text{A}$

$I_O = 1.2 \times 1.95A = 2.34\text{A}(minimum)$

3장에서는 교류 전원에 대한 직류 등가전류를 어떻게 구하는지를 살펴보게 된다. 교류회로를 다루는 경우에는 회로의 평균 전류 혹은 직류 등가전류를 결정하게 된다. 이런 직류 등가 전류는 회로에서 사용되는 다이오드의 순방향 평균전류와 비교되고 회로의 동작이 정확하게 이루어지는지를 결정하게 된다.

2.4.3 순방향 소비전력($P_{D(\max)}$)

대부분의 다이오드는 순방향 소비전력(forward power dissipation)에 대한 정격을 가진다. 이런 정격은 순방향 바이어스가 인가될 때 소자가 소비할 수 있는 최대전력을 표시한다.

기초 전기 이론에서 전력은

$$P = IV$$

로 표시되는데 여기서 P는 소자의 소비전력, I는 소자전류, V는 소자 양단의 전압을 나타낸다.

【예제 2-10】에서 설명하는 것처럼 교체하려는 다이오드가 필요로 하는 순방향 소비전력의 정격은 V_F와 I_F 값을 사용하여 기초적인 전력공식으로 구할 수 있다.

【예제 2.10】 [그림 2-18]에 표시된 회로에서 사용되는 다이오드의 순방향 소비전력 정격의 최소값을 구하시오.

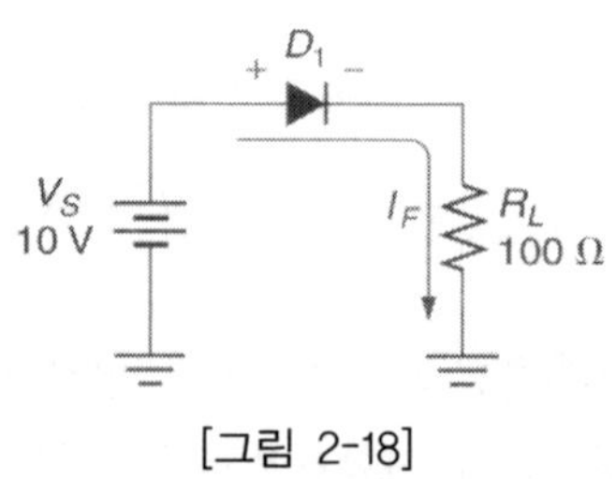

[그림 2-18]

풀이 먼저 회로의 전체 전류를 계산해 보면 I_F는 93mA가 구해진다.

$$I_F = \frac{10\text{V} - 0.7\text{V}}{100\Omega} = 93\text{mA}$$

$I_F = 93\text{mA}$, $V_F = 0.7\text{V}$이므로, 다이오드의 소비전력은 65.1mW이다.

$$P_F = I_F V_F = (93\text{mA})(0.7\text{V}) = 65.1\text{mW}$$

안전(safety)을 제공하기 위해서 다이오드는 P_F보다 적어도 20% 이상 큰 순방향 소비전력 정격을 가져야 한다. 따라서 $P_{D(\max)}$의 최소값은 78.1mW이다.

$$P_{D(\max)} = 1.2\,P_F = (1.2)(65.1\text{mW}) = 78.1\text{mW}(minimum)$$

(실전 연습문제 2-10)

[그림 2-18]에 표시된 회로와 유사한 회로에서 사용된 전원이 20V이고 직렬 저항이 68Ω이라고 가정하면 회로에서 사용될 수 있는 다이오드의 순방향 소비전력 정격은 최소한 얼마 이상이어야 하는가?

▶▶ $I_F = \frac{20\text{V} - 0.7\text{V}}{68\Omega} = 284\text{mA}$

$P_F = I_F \times V_F = 284\text{mA} \times 0.7\text{V} = 199\text{mW}$

$P_{D(\max)} = 1.2 \times P_F = 1.2 \times 199\text{mW} = 239\text{mW}$

간혹 다이오드 데이터 시트에는 순방향 평균 전류보다는 순방향 소비전력을 제공한다. 이런 경우에는 다이오드의 순방향 평균 전류 정격은 식 (2-4)를 이용해서 구할 수 있다.

$$I_O = \frac{P_{D(\max)}}{V_F} \tag{2-4}$$

여기서 I_O는 순방향 평균 전류의 한계치를 의미하고 $P_{D(\max)}$는 다이오드의 순방향 소비전력을 의미한다. V_F는 다이오드 양단에 나타나는 순방향 전압으로 실리콘 pn 접합형 다이오드인 경우는 0.7V의 크기를 갖는다. 이런 공식은 표준 소비 전력공식으로 가변되는데 【예제 2.11】을 통해서 알아보도록 하자.

【예제 2.11】 다이오드의 소비 전력정격이 500mW이다. 다이오드에 허용되는 최대 순방향 전류의 크기는 얼마인가?

풀이 I_O는 714mA이다.

$$I_O = \frac{P_{D(\max)}}{V_F} = \frac{500\text{mW}}{0.7\text{V}} = 714\text{mA}$$

안전한 여유 값을 제공하기 위해서 다이오드의 순방향 전류 값은 항상 최대 허용 전류 값의 80%로 제한된다. 따라서 회로의 최대 허용 전류는 571mA이다.

$$I_{F(\max)} = 0.8\,I_O = (0.8)(714\text{mA}) = 571\text{mA}$$

이런 값은 【예제 2.11】에서 다이오드가 안전하게 사용되기 위해서는 회로에 흐르는 최대 순방향 전류가 571mA보다 작거나 같은 회로에만 사용될 수 있다는 것을 나타낸다.

(실전 연습문제 2-11)

다이오드의 순방향 전류가 750mA라고 가정하면 【예제 2.11】에서의 소비 전력 정격이 500mW를 초과하게 됨을 보이시오.

▶▶ $P_F = I_F \times V_F = 750\text{mA} \times 0.7\text{V} = 525\text{mW}$

2.4.4 요약(Summary)

여러분이 회로에서 임의의 다이오드를 다른 다이오드로 교체할 때는 반드시 세 가지 중요한 정수 파라미터를 고려해야 한다.

1. 교체하려는 다이오드의 V_{RRM} 정격이 회로의 최대 역방향 전압보다 적어도 20% 이상 큰가?
2. 교체하려는 다이오드의 순방향 평균 전류 정격이 회로의 I_F의 평균 전류값(직류값)보다 적어도 20% 이상 큰가?
3. 교체하려는 다이오드의 순방향 소비 전력 정격이 회로에서의 P_F보다 적어도 20% 이상 큰가?

위의 질문 중 어느 것 하나라도 만족하지 못하면 그 다이오드는 교체하여 사용될 수 없다.

기초 확인문제 2.4

1. 피크 역 전압이란 무엇을 의미하는가?
2. 다이오드를 특정 회로에 사용하기 전에 반드시 V_{RRM} 값을 고려해야 하는 이유는 무엇인가?
3. 29V_{PK} 교류 전원을 갖는 다이오드 회로가 있다. 【예제 2.8】의 다이오드들 중 역방향 항복을 발생시키는 이런 회로에 사용될 수 있는 다이오드들은 어떤 것인가?
4. 순방향 평균 전류란 무엇인가?
5. 주어진 회로에서 다이오드의 순방향 평균 전류 정격이 초과하는지를 어떻게 알 수 있는가?
6. 다이오드의 순방향 소비전력 정격이란 무엇인가?

7. 특정 회로에서 다이오드의 순방향 소비 전력 정격이 그 소자가 감당하기에 충분한지 여부를 어떻게 결정할 수 있는가?
8. 주어진 다이오드의 순방향 소비 전력 정격을 알고 있을 때, 최대 허용 전류를 어떻게 구하는가?

2.5 완전한 다이오드 모델(The Complete Diode Model)

완전한 다이오드 모델은 다이오드의 동작 특성을 가장 정확하게 표시하게 된다. 이런 모델을 정확하게 만들기 위해서는 벌크 저항과 역방향 전류라는 두 가지 요소가 필수적이다. 이런 요소들을 고려한 다이오드의 특성곡선은 [그림 2-19]에 표시되어 있다. 이런 특성곡선은 다이오드의 완전한 모델을 고찰할 때 반드시 참조돼야 한다.

2.5.1 벌크저항(Bulk Resistance : R_E)

여러분이 1장에서 학습한 것처럼 벌크저항은 다이오드의 n형 물질과 p형 물질이 가지고 있는 고유 저항성분이다. 벌크저항의 특성은 다이오드의 특성곡선에서 순방향 동작영역에서 나타난다.

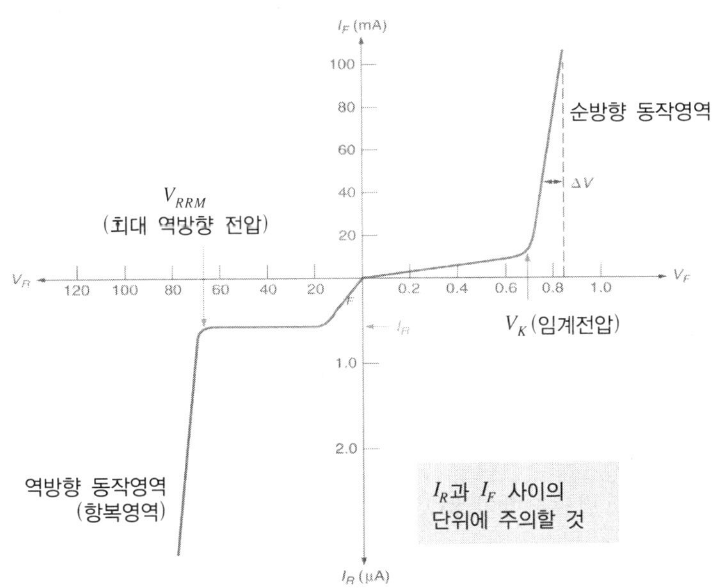

[그림 2-19] 완전한 모델의 다이오드 특성곡선

[그림 2-19]에 표시된 것처럼 V_F는 일정하지 않지만 I_F 값에 따라서 변화하게 된다. V_F의 변화량인 $\triangle V_F$는 다이오드의 벌크저항을 통해서 흘러가는 다이오드 전류에 기인된다. 이런 개념은 [그림 2-20]에 표시된 다이오드 등가회로에서 설명된다. 다이오드 전압원 V_B는 소자의 전위장벽을 극복하기 위해서 필요로 하는 전압을 표시한다.

저항 R_B는 소자의 벌크 저항을 의미한다. 벌크저항을 통해서 흘러가는 다이오드 전류 I_F는 I_FR_B에 해당하는 전압강하를 발생시킨다. 계측기에 표시된 것처럼 순방향 전압 V_F는 V_B와 I_FR_B의 합과 같다.

$$V_F = V_B + I_FR_B \tag{2-5}$$

주목할 것은 I_F가 증가하면, I_FR_B도 증가한다는 점이다. 따라서 다이오드 양단의 전압은 I_F 값에 따라서 가변된다. 이 점을 【예제 2-12】를 통해서 알아보도록 하자.

【예제 2.12】 [그림 2-20]에서 $I_F = 1\text{mA}$와 $I_F = 5\text{mA}$인 경우 다이오드 양단에 나타나는 전압강하를 구하시오. 소자의 V_B는 0.7V이고, 벌크저항은 5Ω이라고 가정하시오.

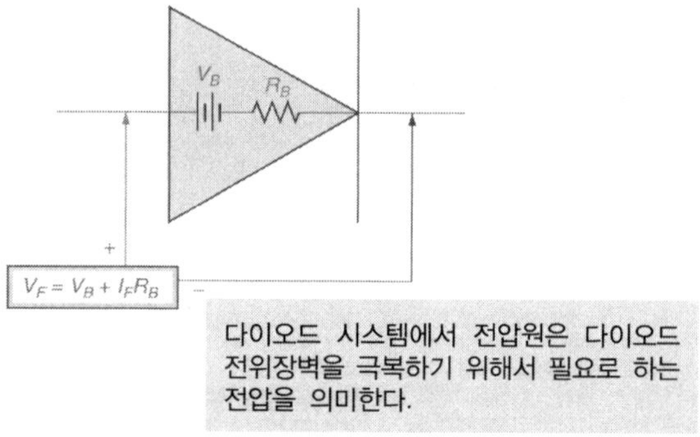

[그림 2-20] 다이오드 등가회로

풀이 주어진 값과 공식 (2-5)를 사용하면 $I_F = 1\text{mA}$인 경우 다이오드의 순방향 전압은 0.705V로 구해진다.

$$V_F = 0.7\text{V} + (1\text{mA})(5\Omega) = 0.7\text{V} + 0.005\text{V} = 0.705\text{V} \quad (705\text{mV})$$

$I_F = 5\text{mA}$인 경우 다이오드의 순방향 전압은 0.725V로 구해진다.

$$V_F = 0.7\text{V} + (5\text{mA})(5\Omega) = 0.7\text{V} + 0.025\text{V} = 0.725\text{V} \quad (725\text{mV})$$

(실전 연습문제 2-12)

실리콘 다이오드의 벌크저항이 8Ω이고 12mA의 순방향 전류가 흐른다고 가정하고 소자의 V_F를 구하시오.

▶▶ $V_F = 0.7\text{V} + (12\text{mA})(8\Omega) = 0.796\text{V} \quad (796\text{mV})$

2.5.2 회로측정에서 벌크 저항의 영향(Effect of Bulk Resistance on Circuit Measurements)

실제적인 다이오드 회로 해석에서 실리콘 다이오드인 경우 0.7V의 V_F 값을 갖는다고 가정한다. 그러나 이런 가정은 회로에서 V_F가 잘 동작하는 경우이고 실제 회로 측정에서는 V_F 값이 0.7V에서 1.1V 사이에 가변되는 것을 발견할 수 있다. 자신의 벌크 저항 양단에서 아주 작은 전압 강하를 발생시키는 저 전류(low current)회로에서 사용된다. 이런 이유 때문에 다이오드 양단의 전압 강하는 대략 0.7V에 근접하게 된다. 동시에 다이오드가 고전류(high current) 회로에서 사용된다면 벌크 저항 양단의 전압 강하가 증가하게 되고 V_F 값은 대략 1.1V로 접근하게 된다.

2.5.3 역방향 전류(Reverse Current : I_R)

다이오드가 역방향으로 바이어스되면 공핍 층은 자신의 최대 폭을 가지게 되고 다이오드를 통한 전도 현상은 중지된다. 그러나 실제로는 역방향으로 바이어스된 다이오드에 아주 작은 양의 전류가 흐르게 된다. 이런 역방향 전류는 [그림 2-19]에 표시된 다이오드의 역방향 동작 영역에서 표시된다. 역방향 전류는 두 개의 독립적인 전류인 역방향 포화전류(reverse saturation current) I_S와 표면누설전류(surface leakage current) I_{SL}로 구성된다.

$$I_R = I_S + I_{SL} \tag{2-6}$$

여기서 I_R은 다이오드의 역방향 전류를 의미하고 I_S는 역방향 포화전류, I_{SL}은 표면누설전류를 의미한다.

역방향 포화전류는 다이오드 물질에서의 열적 활동에 의해서 발생된다. 이런 전류는 온도에 직접 비례하지만 역방향 전압의 크기와는 무관하고 바이어스가 주어지게 되며 I_S는 다이오드의 역방향 전류의 중요한 부분을 차지하게 된다. 따라서 역전류 I_R은 오랫동안 비교적 일정하게 유지된다.

1. 역방향 전압은 V_{RRM}의 크기를 초과하지 않는다.
2. 온도가 일정하게 유지된다.

첫 번째는 [그림 2-19]에 표시된 특성곡선의 역방향 동작영역에서 나타난다. 역방향 전류에서의 온도 특성은 다음 절에서 상세하게 설명하도록 하겠다.

표면누설전류 I_{SL}은 소자 양단에 걸리는 역방향 전압에 의해서 소자 표면에서 발생되는 전류이다. 이런 전류는 역 전압의 크기에 직접 비례하고 온도와는 무관하다. 여하튼 $I_{SL} \ll I_S$이기 때문에 I_{SL}이 변화한다고 해도 I_R은 거의 변화하지 않는다. 대부분의 다이오드에서 I_R의 전체 크기는 μA범위 이내이다. 여하튼 온도가 증가하면 I_S가 증가하고 결과적으로 I_R도 증가하게 된다. 이것 역시 다음 절에서 상세히 다루어지게 된다.

2.5.4 회로 측정에서 역방향 전류의 영향(Effect of Reverse Current on Circuit Measurement)

지금까지 우리는 I_R의 크기는 0이라고 가정했다. 여러분도 알다시피 다이오드 회로에는 아주 작은 크기의 역방향 전류가 흐르게 된다. 이런 역방향 전류는 회로 내의 저항 양단에서 아주 작은 크기의 전압 강하를 발생시키게 된다. 이것의 예가 [그림 2-21]에 표시되어 있다.

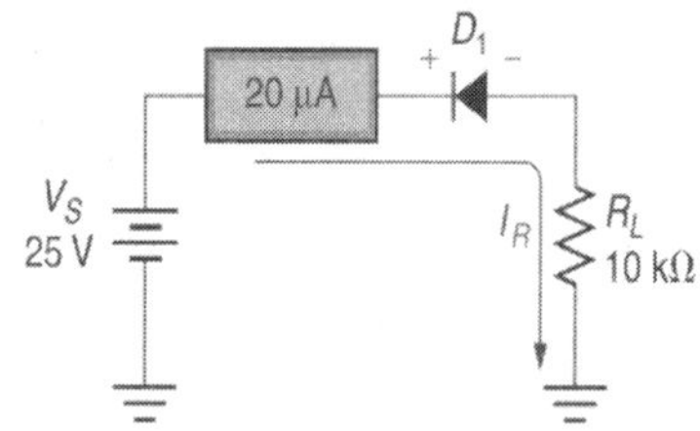

[그림 2-21]

회로에 25V의 직류 전압이 인가되고 20μA의 역방향 전류가 흐른다고 가정하면 다음과 같이 소자 양단에 나타나는 전압강하를 구할 수 있다. 부하저항 양단에 나타나는 전압은 200mV이다.

$$V_{RL} = I_R R_L = 20\mu\text{A} \times 10\text{k}\Omega = 200\text{mV}$$

다이오드 양단에 나타나는 전압은 24.8V로 구해진다.

$$V_{D1} = V_S - V_{RL} = 25\text{V} - 200\text{mV} = 24.8\text{V}$$

I_R에 의해서 직렬 연결된 저항 양단에 나타나는 전압 강하는 항상 무시된다. 예를 들면 [그림 2-21]에서 R_1 양단에 발생되는 전압강하는 공급전압의 0.8%에 불과하다. 그렇지만 다음과 같은 경우에는 역방향 전압의 영향을 무시할 수 없게 된다. 첫 번째는 동작온도가 증가하게 되면 직렬 저항 양단의 전압 강하가 극적으로 증가할 수 있다.(이런 경우에는 역방향 전류의 증가가 그 원인이 된다) 두 번째는 역방향으로 바이어스된 다이오드 양단에 나타나는 전체 인가 전압을 측정하지 않는 이유를 설명하고자 할 때이다.(대부분의 경우 역방향으로 바이어스된 다이오드 양단에 걸리는 전압의 크기는 인가전압보다 약간 작게 된다)

2.5.5 다이오드 정전용량(Diode Capacitance)

절연체가 두 개의 인접한 도체 사이에 놓여지게 되면 커패시터(capacitor)를 구성하게 된다. [그림 2-22]에 표시된 것처럼 다이오드가 역방향으로 바이어스되면 두 개의 반도체 물질 사이에 공핍 층(절연체)을 형성하게 된다.

따라서 역방향으로 바이어스된 다이오드는 접합 커패시턴스를 가지게 된다. 정상적인 환경에서 접합 커패시턴스는 pF 이하의 아주 작은 크기이기 때문에 무시된다. 그러나 다이오드가 고주파 동작에서 해석되는 경우에는 접합 커패시턴스가 대단히 중요하게 된다. 고주파 동작에서의 접합 커패시턴스의 영향에 대해서는 14장에서 상세하게 설명하도록 하겠다. 의도적으로 다이오드가 자신의 커패시턴스를 이용하기 위해서 설계되는 경우도 있는데 이런 경우에는 바렉터(varactor)라고 부른다.

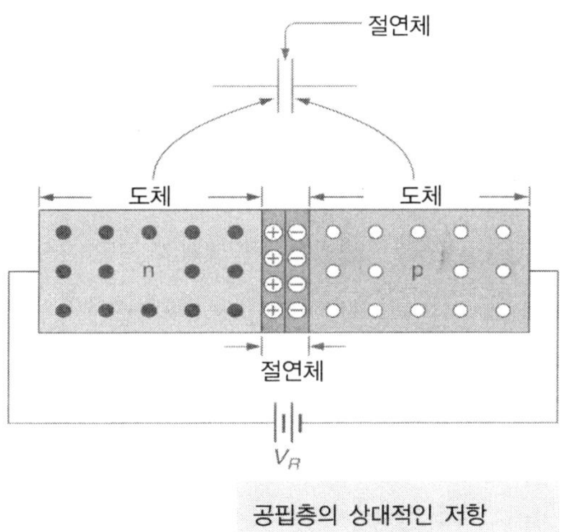

[그림 2-22] 다이오드 커패시턴스

2.5.6 다이오드 동작에서 온도의 영향(Temperature Effect on Diode Operation)

온도는 이 절에서 고찰되는 다이오드 특성에서 가장 중요한 영향을 미치게 된다. 그 이유는 간단하다. 이미 1장에서 언급한 것처럼 온도가 증가한다는 의미는 열적 활동이 증가한다는 것을 의미하고 결국 다이오드 저항이 감소하게 된다. 이것은 순방향 동작과 역방향 동작 모두 관계된다. 순방향 다이오드 동작에서 온도가 증가하는 경우의 영향은 [그림 2-23]에 표시되어 있다.

두 개의 특성곡선 중 하나는 25℃에서의 다이오드 동작특성을 표시하고 있고 나머지 하나는 100℃에서 다이오드의 동작특성을 표시하고 있다. 특성곡선을 참조하면 다이오드의 동작특성과 온도와의 관계에서 두 가지의 결론을 유출할 수 있다.

1. 온도가 증가할 때 특정한 V_F에서 I_F가 증가한다. [그림 2-23]에 표시된 것처럼 $V_F = 0.7V$에 위치한 두 점 I_1과 I_2를 비교하면 된다. 여하튼 I_2는 항상 I_1보다 크다. 이것은 다이오드의 열적 운동의 증가에 기인된다. 온도가 25℃에서 100℃로 증가하면 I_F 값은 5mA(I_1)에서 25mA(I_2)로 증가한다.

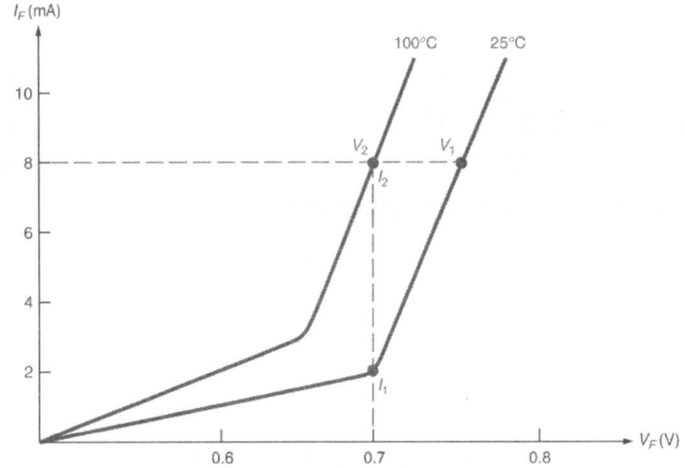

[그림 2-23] 순방향 동작에서의 온도 효과

2. 온도가 증가할 때 V_F 값은 특정한 I_F 값에서 감소하게 된다. 특성 곡선 상에서 이것은 V_1과 V_2로 표시되어 있다. 주목할 것은 두 점 모두 $I_F = 8mA$ 값에 해당되는 점이라는 것이다. 온도가 증가함에 따라 V_F는 0.75V(V_1)에서 0.7V(V_2)로 감소한다.

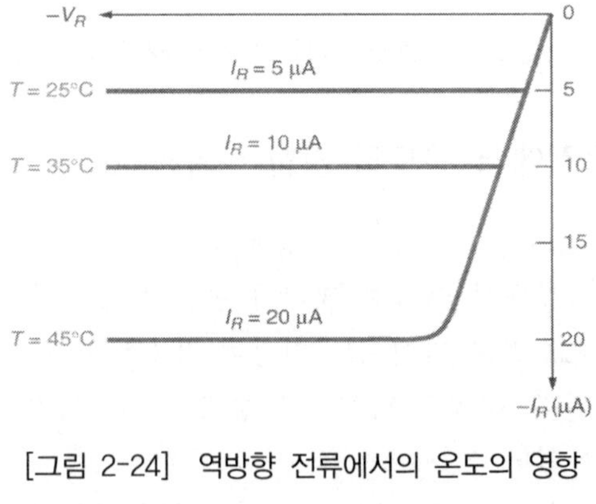

[그림 2-24] 역방향 전류에서의 온도의 영향

실제적으로 온도가 증가하게 되면 전류 I_F는 약간 증가하고 전압 V_F는 약간 감소한다. 다이오드의 역방향 전류에서의 온도에 의한 효과는 기본적으로 I_F의 경우와 동일하다. I_R에서 온도의 영향은 [그림 2-24]에 표시되어 있다. 여러분은 역방향 전류 I_R이 역방향 포화전류 I_S와 표면 누설전류 I_{SL}의 합과 같다는 점을 기억할 것이다. I_S는 I_{SL}보다 항상 큰 값을 가지며 I_R은 I_S 값에 접근한 값과 같으면 안전하다.

2.5.7 단원 요약(The Bottom Line)

일반적으로 아주 작은 허용오차를 가지거나 대단히 높은 주파수에서 동작하는 회로를 설계하는 경우가 아니라면 이 절에서 언급한 특성을 고려할 필요는 없다. 정류기, 증폭기와 같은 대부분의 실제회로에서 다이오드의 파라미터를 이해하는 것이 다이오드의 전압, 전류, 저항, 커패시턴스의 정확한 값을 아는 것보다 더 중요하다. 실제 회로의 해석이나 고장진단 및 수리를 하는 경우라면 다음에 설명되는 것과 같은 다이오드의 또 다른 면을 고려해야 한다.

1. 다이오드 양단의 순방향 전압이 전위장벽에 도달하면 다이오드는 도통되기 시작된다. 이 점으로부터 V_F 값은 전위장벽과 대략적으로 같게 된다.
2. V_F가 전위장벽 아래로 감소하면 다이오드는 턴 오프(turn off)되고 개방스위치로 동작하게 된다. 이런 개방 스위치의 특성은 역방향 전압 값이 피크 역전압인 V_{RRM}이 될 때까지 지속된다.
   (a) $V_R \leqslant V_{RRM}$일 때 인가된 전체 전압 값은 다이오드 양단에서 강하된다.
   (b) $V_R > V_{RRM}$일 때 다이오드는 항복되고 역방향으로 도통된다. 이런 일이 발생되면 다이오드는 반드시 교체되어야 한다.
3. 다이오드를 통해서 흐르는 순방향 전류는 외부의 인가전압과 직렬저항값에 의해서 제한된다. 대부분의 경우 다이오드를 통해서 흐르는 역방향 전류는 0이다.

기초 확인문제 2.5

1. 벌크저항이란 무엇인가?
2. 회로 전류 측정에서 벌크저항 효과는 무엇인가?
3. I_F와 V_F 사이의 관계는 무엇인가?
4. 역방향 전류란 무엇인가?
5. 역방향 전류는 온도에 의해서 어떤 영향을 받는가?
6. 역방향 전류는 역방향 바이어스의 크기에 어떤 영향을 받는가?
7. 역방향 전류의 어떤 성분이 중요한 영향을 미치는가?
8. 직렬 저항 양단의 전압 강하에 I_R은 어떤 영향을 미치는가?
9. 역방향으로 바이어스된 다이오드가 커패시터로 동작하는 이유를 설명하라.
10. 온도가 증가할 때 I_F와 V_F에 미치는 영향을 설명하라.

11. 온도가 증가할 때 I_R에 미치는 영향을 설명하라.
12. [그림 2-21]에서 다이오드의 역저항을 구하라.
13. 온도의 증가에서 다이오드의 순방향 동작과 역방향 동작에 미치는 영향은 어느 것이 더 크다고 생각하는가? 그 이유는 무엇인가?

2.6 다이오드 사양서(Diode Specification Sheets)

사양서(Specification Sheets)에는 소자의 파라미터와 동작 특성이 기술되어 있다. 파라미터는 제한되어지고 항상 최대값을 갖도록 설계된다. 동작 특성은 정격에 따라서 최소값, 최대값, 일반적인 값으로 설계될 수 있다. 다이오드 동작 특성과 파라미터들은 다음과 같은 이유 때문에 중요하다.

1. 주어진 다이오드가 특정한 응용분야에 적합한지를 표시하게 된다.
2. 다이오드가 사용되는 회로설계에서 회로의 동작 범위의 한계가 결정된다.

여러분은 이미 가장 일반적으로 사용되는 다이오드의 특성과 파라미터에 대해서 학습한바 있다. 이 절에서는 이런 특성들과 파라미터를 주어진 다이오드의 사양서에서 어떻게 찾을 수 있는지에 대해서 알아보도록 하자.

2.6.1 스펙시트의 구성(Spec Sheet Organization)

다이오드의 스펙시트는 일반적으로 두 개의 섹션으로 나누어지는데 그 중 하나는 최대 정격(maximum rating)이고 나머지 하나는 전기적인 특성(electrical characteristics)이다. [그림 2-25]에는 1N4001 – 1N4007C 또는 1N400X 다이오드의 스펙이 표시되어 있다.

1N4001, 1N4002, 1N4003, 1N4004, 1N4005, 1N4006, 1N4007

1N4004 and 1N4007 are Preferred Devices

Axial Lead Standard Recovery Rectifiers

This data sheet provides information on subminiature size, axial lead mounted rectifiers for general–purpose low–power applications.

Mechanical Characteristics

- Case: Epoxy, Molded
- Weight: 0.4 gram (approximately)
- Finish: All External Surfaces Corrosion Resistant and Terminal Leads are Readily Solderable
- Lead and Mounting Surface Temperature for Soldering Purposes: 220°C Max. for 10 Seconds, 1/16″ from case
- Shipped in plastic bags, 1000 per bag.
- Available Tape and Reeled, 5000 per reel, by adding a "RL" suffix to the part number
- Available in Fan–Fold Packaging, 3000 per box, by adding a "FF" suffix to the part number
- Polarity: Cathode Indicated by Polarity Band
- Marking: 1N4001, 1N4002, 1N4003, 1N4004, 1N4005, 1N4006, 1N4007

ON Semiconductor™

http://onsemi.com

LEAD MOUNTED RECTIFIERS
50–1000 VOLTS
DIFFUSED JUNCTION

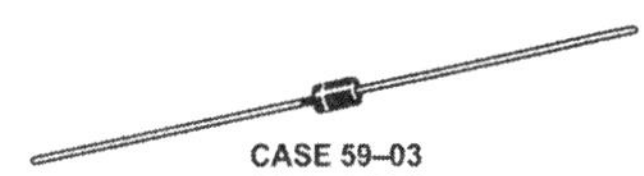

CASE 59–03
AXIAL LEAD
PLASTIC

MARKING DIAGRAM

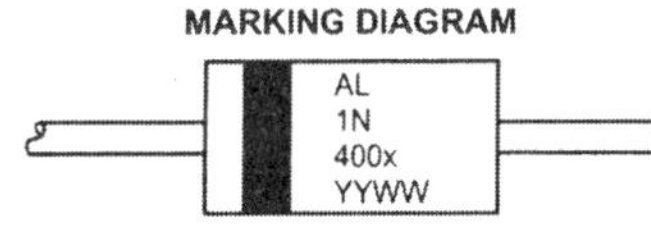

AL = Assembly Location
1N400x = Device Number
x = 1, 2, 3, 4, 5, 6 or 7
YY = Year
WW = Work Week

MAXIMUM RATINGS

Rating	Symbol	1N4001	1N4002	1N4003	1N4004	1N4005	1N4006	1N4007	Unit
*Peak Repetitive Reverse Voltage Working Peak Reverse Voltage DC Blocking Voltage	V_{RRM} V_{RWM} V_R	50	100	200	400	600	800	1000	Volts
*Non–Repetitive Peak Reverse Voltage (halfwave, single phase, 60 Hz)	V_{RSM}	60	120	240	480	720	1000	1200	Volts
*RMS Reverse Voltage	$V_{R(RMS)}$	35	70	140	280	420	560	700	Volts
*Average Rectified Forward Current (single phase, resistive load, 60 Hz, T_A = 75°C)	I_O	1.0							Amp
*Non–Repetitive Peak Surge Current (surge applied at rated load conditions)	I_{FSM}	30 (for 1 cycle)							Amp
Operating and Storage Junction Temperature Range	T_J T_{stg}	–65 to +175							°C

*Indicates JEDEC Registered Data

ELECTRICAL CHARACTERISTICS*

Rating	Symbol	Typ	Max	Unit
Maximum Instantaneous Forward Voltage Drop (i_F = 1.0 Amp, T_J = 25°C)	v_F	0.93	1.1	Volts
Maximum Full–Cycle Average Forward Voltage Drop (I_O = 1.0 Amp, T_L = 75°C, 1 inch leads)	$V_{F(AV)}$	–	0.8	Volts
Maximum Reverse Current (rated dc voltage) (T_J = 25°C) (T_J = 100°C)	I_R	 0.05 1.0	 10 50	μA
Maximum Full–Cycle Average Reverse Current (I_O = 1.0 Amp, T_L = 75°C, 1 inch leads)	$I_{R(AV)}$	–	30	μA

*Indicates JEDEC Registered Data

[그림 2-25] 1N400X 시리즈의 스펙

최대 정격이 표시된 표에는 특정한 환경 아래에서 초과되어서는 안 되는 다이오드의 파라미터 값이 표시되어 있다. 만약 이런 파라미터들이 초과된다면 다이오드를 교체해야만 한다. 전기적인 특성이 표시된 표에는 소자의 동작 특성을 보장하는 내용이 표시되어 있다. 최대 정격에서 표시된 한계 이내에서 동작하는 한 전기적인 특성 표에 표시된 한계 내에서 동작이 보장된다. 혼동된다면 한 가지 예로 전기적인 특성 표에서 최대 역방향 전류를 찾아보도록 하자.

1N400X 시리즈의 다이오드는 최대 역방향 전류 I_R은 25℃에서 10μA가 보장되지만 일반적인 크기는 0.05μA이다. 이런 값은 역방향 전압 V_R이 소자의 사양 설명서에 표시된 역방향 항복 전압 정격을 초과하지 않는다는 가정 아래의 상황이다. 물론 다이오드의 역방향 전류가 데이터 시트에 표시된 최대 정격을 초과할 수도 있다. 만약 다이오드의 파라미터 중 어느 하나라도 초과된다면 전기적인 특성 부분의 값들은 보장받을 수 없다.

2.6.2 다이오드의 최대 정격(Diode Maximum Rating)

최대 정격표(maximum rating table)에 기술된 파라미터들은 대부분 이미 앞에서 언급한 것들이다. 〈표 2-2〉에 기술된 정격의 내용은 다음과 같다.

표 2-2 다이오드 최대 정격

정 격	비 고
피크 반복 역전압 peak repetitive reverse voltage, V_{RRM}	다이오드 역전압의 최대허용치로 교류와 직류 피크신호전압이 모두 해당된다.
피크 비반복 역전압 Nonrepetitive peak reverse voltage, V_{RSM}	단일 역전압의 최대허용치로 임의의 다이오드에서 V_{RRM}보다는 항상 크다.
실효역전압 RMS reverse voltage, $V_{R(rms)}$	이것은 간단하게 V_{RRM}의 실효 등가치로 표시된다. 실효 값은 $V_{R(rms)}=0.707V_{RRM}$로 표시된다.
정류된 순방향 평균전류 Average rectified forward current, I_O	이것은 2장 초반에서 설명된바 있는 순방향 평균전류를 의미한다. 1N400X 시리즈인 경우 사용온도가 75℃인 경우 1A이다. 주의할 점은 온도가 증가하면 순방향 전류는 제한된다는 점이다.
비반복 피크서지전류 Nonrepetitive peak surge current, I_{FSM}	이것은 정상적인 구간에서는 발생되지 않는 고전류나 고전압에 기인되는 순방향 전류서지의 최대값을 의미한다. 1N400X 시리즈인 경우에는 30A 서지에 견딜 수 있도록 설계된다.
동작과 축적 접합온도 Operating and storage junction temperature, T_j or T_{stg}	다이오드가 견딜 수 있는 온도범위를 의미한다.

1. 피크 역전압 V_{RRM}은 소자에 인가할 수 있는 최대 크기의 역전압을 의미한다. 1N4001

의 V_{RRM} 정격은 50V이다. 만약 이런 소자에 인가되는 역방향 전압이 50V를 초과한다면 소자는 역방향 항복을 발생시키게 된다. 이런 정격은 피크 역방향 동작전압(working peak reverse voltage) 또는 직류 차단전압(dc blocking voltage)이라고도 부른다.

2. 1N400X 시리즈의 다이오드들을 서로 구분할 수 있는 정격은 역방향 전압 정격이 유일하다. 다시 말하자면 역방향 전압 특성인 전기적인 특성을 제외한 최대정격은 모두 동일하다. 이것이 시리즈로 표시되는 다이오드가 갖는 특징이다.
3. 순방향 평균 전류 I_O의 정격은 특정한 온도에서 측정되는 최대허용전류를 나타낸다. 이유는 간단하다. 다이오드를 통해서 흐르는 전류는 열(heat)을 발생시킨다. 따라서 다이오드를 통해서 흐르는 최대허용전류는 소자를 파괴시킬 수 있는 열을 얼마나 발생시킬 수 있는가를 표시한다. 다이오드를 둘러싸고 있는 공기가 뜨거워지면 다이오드는 많은 열을 방출할 수 없게 된다. 따라서 소자에 흐르는 전류를 제한하게 된다.
4. 피크서지 전류 I_{FSM}은 다이오드가 짧은 시간에 아주 높은 값을 인가받게 되는 전기적인 현상인 서지(surge)를 얼마나 견딜 수 있는가를 표시하게 된다. 서지전류에 대해서는 3장에서 상세하게 설명하도록 하겠다.

2.6.3 다이오드의 단자확인(Diode Terminal Identification)

[그림 2-26]에 다이오드 패키지 번호가 표시되어 있다. 가능하다면 주어진 다이오드 스펙을 이용해서 애노드와 캐소드를 구분할 수 있어야 한다. 대부분의 경우 단자는 [그림 2-26]과 같이 구분된다.

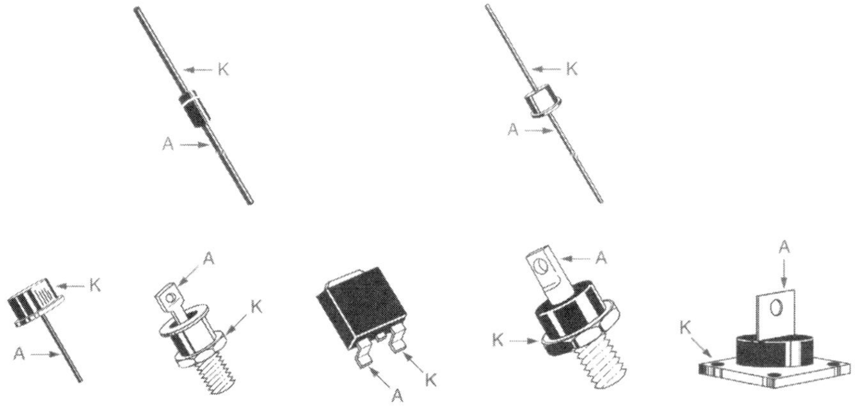

[그림 2-26] 다이오드의 일반적인 형태

2.6.4 다이오드 파라미터와 소자 대체(Diode Parameters and Device Substitution)

다이오드를 다른 다이오드로 교체하는 경우에는 순방향 평균전류 정격과 역방향 전압 정격을 가장 먼저 비교하여야 한다는 점에 대해서 여러 번 강조한바 있다. 소자를 교체하기 위해서는 다이오드의 데이터 북이나 소비자를 위해서 제공되는 제조업체의 웹 사이트를 참조해야 한다. 이런 가이드북에는 순방향 평균 전류(또는 순방향 소비전력)와 피크 역 전압의 정격이 표시되어 있다. [그림 2-27]에 표시된 것과 선택 가이드북은 회로에 필요로 하는 다이오드가 무엇인지를 선택하는데 도움을 준다.

예를 들어 여러분이 필요로 하는 다이오드의 순방향 전류 정격이 1.5A이고 피크 역전압이 100V라고 가정해 보자. 여러분은 도표에서 1.5A 열(columm)과 V_{RRM}이 100V인 행(row)이 교차하는 곳을 찾으면 1N3592라는 숫자를 찾게 될 것이다. 따라서 1N5392가 여러분이 사용하여야 할 응용회로에 적합한 소자가 된다.

2.6.5 전기적인 특성(Electrical Characteristics)

앞에서 언급한 것처럼 도표에 표시된 전기적인 특성 영역에는 다이오드의 동작특성을 보장하는 값들이 표시되어 있다. 〈표 2-3〉은 [그림 2-25]에 표시된 전기적인 특성을 정리한 것이다. 데이터 시트에는 일반적인 크기와 최대 크기가 함께 표시된다. 회로에서 소자의 동작특성을 해석하기 위해서는 일반적인 값들이 사용된다. 회로의 설계를 목적으로 허용오차를 결정하는 경우에는 최대값이 사용된다. 최대값과 일반 값 중 하나만 표시되는 경우에는 모든 회로해석에서 동일한 값을 사용하게 된다.

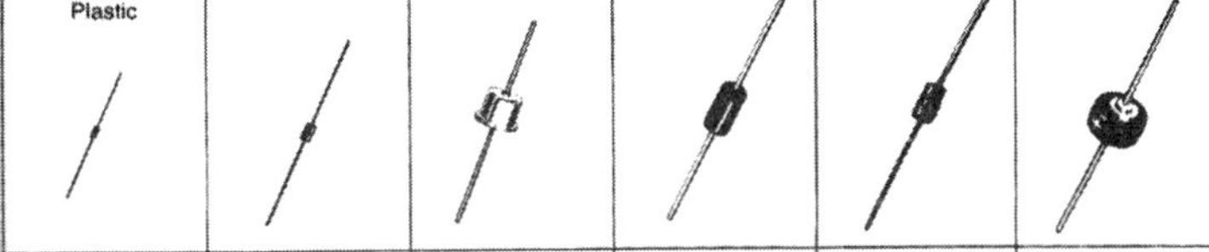

V_{RRM} (Volts)	I_O, AVERAGE RECTIFIED FORWARD CURRENT (Amperes)					
	1.0	1.5	3.0			6.0
	59-03 (DO-41) Plastic	59-04 Plastic	60-01 Metal	267-03 Plastic	267-02 Plastic	194-04 Plastic
50	†1N4001	**1N5391	1N4719	**MR500	1N5400	MR750
100	†1N4002	**1N5392	1N4720	**MR501	1N5401	MR751
200	†1N4003	1N5393 *MR5059	1N4721	**MR502	1N5402	MR752
400	†1N4004	1N5395 *MR5060	1N4722	**MR504	1N5404	MR754
600	†1N4005	1N5397 *MR5061	1N4723	**MR506	1N5406	MR756
800	†1N4006	1N5398	1N4724	MR508		MR758
1000	†1N4007	1N5399	1N4725	MR510		MR760
I_{FSM} (Amps)	30	50	300	100	200	400
T_A @ Rated I_O (°C)	75	T_L = 70	75	95	T_L = 105	60
T_C @ Rated I_O (°C)						
T_J (Max) (°C)	175	175	175	175	175	175

† Package Size: 0.120" Max Diameter by 0.260" Max Length.
* 1N5059 series equivalent Avalanche Rectifiers.
** Avalanche versions available, consult factory.

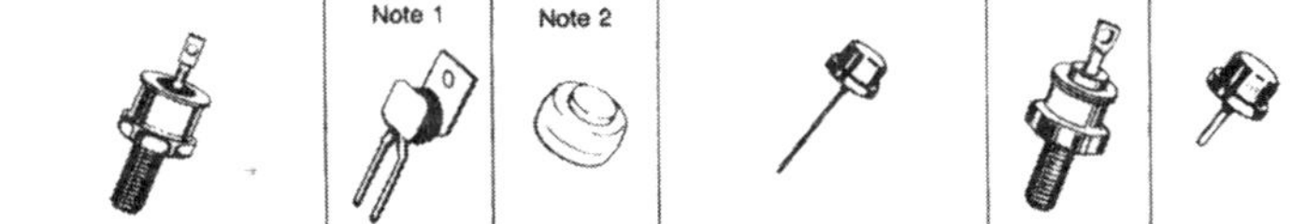

V_{RRM} (Volts)	I_O, AVERAGE RECTIFIED FORWARD CURRENT (Amperes)							
	12	20	24	25	30		40	50
	245A-02 (DO-203AA) Metal		339-02 Plastic Note 1	193-04 Plastic Note 2	43-02 (DO-21) Metal		42A-01 (DO-203AB) Metal	43-04 Metal
50	MR1120 1N1199,A,B	MR2000	MR2400	MR2500	1N3491	1N3659	1N1183A	MR5005
100	MR1121 1N1200,A,B	MR2001	MR2401	MR2501	1N3492	1N3660	1N1184A	MR5010
200	MR1122 1N1202,A,B	MR2002	MR2402	MR2502	1N3493	1N3661	1N1186A	MR5020
400	MR1124 1N1204,A,B	MR2004	MR2404	MR2504	1N3495	1N3663	1N1188A	MR5040
600	MR1126 1N1206,A,B	MR2006	MR2406	MR2506		Note 3	1N1190A	Note 3
800	MR1128	MR2008		MR2508		Note 3	Note 3	Note 3
1000	MR1130	MR2010		MR2510		Note 3	Note 3	Note 3
I_{FSM} (Amps)	300	400	400	400	300	400	800	600
T_A @ Rated I_O (°C)								
T_C @ Rated I_O (°C)	150	150	125	150	130	100	150	150
T_J (Max) (°C)	190	175	175	175	175	175	190	195

Note 1. Meets mounting configuration of TO-220 outline.
Note 2. Request Data Sheet for Mounting Information.
Note 3. Available on special order.

[그림 2-27]

표 2-3 다이오드의 전기적인 특성

최대 순방향 전압 강하 maximum forward voltage drop, V_F	이것은 V_F의 최대값을 의미한다. 모든 V_F 값은 1.1V 이하이다. 중요한 것은 이런 크기는 25℃에서 결정된다는 점이다. 일반적으로 온도가 25℃에서 1℃ 증가할 때마다 V_F는 1.8mV씩 감소하게 된다.
최대 순방향 전파평균 전압강하 maximum full cycle average forward voltage drop, $V_{F(AV)}$	이것은 최대 평균 순방향 전압을 의미한다. 1N400X 시리즈인 경우 0.8V이다. 이런 파라미터는 온도에 의존하게 되는데 85℃에서 측정된 값이다.
최대 역전류 maximum reverse current, I_R	이런 정격은 25℃와 100℃에서 각각 10μA와 50μA를 갖는다. 데이터 시트에는 정격직류전압이라고 표시되어 있는데 이것은 V_R의 모든 전압이나 50V V_{RRM} 정격 아래에서 유효하다는 의미이다.
최대 순방향 전파평균 역전류 maximum full cycle average reverse current, $I_{R(AV)}$	이것은 I_R의 최대 평균값으로 75℃에서 측정된 값이다. 75℃ 이하의 모든 온도에서 I_R의 평균값은 30μA보다 작다.

2.6.6 스펙 시트에서 데이터 찾기(Finding Data on Spec Sheets)

여러분이 데이터 시트에서 데이터를 찾는다면 다음과 같은 3단계를 거쳐야 한다.

1. 여러분이 찾고자 하는 데이터가 파라미터의 최대 정격인지 아니면 최소한의 동작을 보장하는 값인 전기적인 특성인지를 결정해야 한다.
2. 구하고자 하는 데이터에 적합한 데이터 시트를 참조한다. 만약 데이터 시트에 원하는 데이터가 존재하지 않는다면 3단계에 표시된 데이터 탐색 기술(search technology)을 사용하여야 한다. 그래도 데이터를 찾지 못한다면 소자 제조업체와 접촉해야 한다.
3. 경우에 따라서는 스펙에 표시된 용어 때문에 특정한 파라미터나 전기적인 특성을 발견하지 못하는 경우가 있다. 여러분이 어떤 경우에라도 한 조각의 정보도 찾지 못한다면 다음과 같은 과정을 수행하면 된다.
   (a) 찾고자 하는 파라미터나 전기적인 특성의 단위를 결정한다. 예를 들면 순방향 평균전류인 경우에는 mA나 A로 측정되는데 비해서 역방향 전류인 경우에는 nA나 μA 단위로 측정된다.
   (b) 스펙의 단위 열에서 적절한 측정 단위를 탐색한다.
   (c) 만약 여러분이 적절한 단위를 찾았다면 데이터 시트 상에 표시된 이름이 여러분이 원하는 소자인지를 확인하면 된다.

3단계의 사용은 [그림 2-25]를 이용해서 확인할 수 있다. 우리들은 1N400X 시리즈인 다이오드의 온도에 관심을 가지고 있다고 가정해보자. 온도는 ℃ 단위로 측정된다는 것을 알고 있다. 단위 열(column)에서 ℃로 표시되는 파라미터를 찾으면 ℃로 표시되는 파라미터는 오직 하나이다. 측정의 왼쪽에 표시된 파라미터는 동작 및 축적 접합 온도라고 표시되어 있다. 이것이 여러분이 찾고자 했던 파라미터이다. 1N400X 시리즈인 다이오드의 스펙은 비교적 간단하고 단순한 반면 다른 다이오드 소자의 경우에는 비교적 복잡하다. 보다 복잡한 데이터 시트에서 데이터를 탐색하는 경우에는 3단계를 이용하면 빠르게 데이터를 획득할 수 있다.

2.6.7 최종 점검(One Final Note)

1N40X 시리즈의 데이터 시트에는 다이오드의 특성을 설명하기 위해서 언급했던 모든 파라미터와 전기적인 특성 값이 표시되지는 않는다. 그렇지만 대부분의 중요한 파라미터와 특성 값이 표시된다. 이런 시트에는 pF 정격을 갖는 접합 커패시턴스와 mW와 W 정격으로 표시되는 순방향 소비전력, kHz와 MHz로 표시되는 최대 스위칭 주파수가 포함되어 있지 않다. 또한 다양한 파라미터와 특성들은 모든 시트에서 동일한 용어로 표시되지는 않는다. 그러나 여러분이 필요로 하는 정보를 얻는 데는 부족함이 없다.

기초 확인문제 2.6

1. 파라미터가 중요한 이유는 무엇인가?
2. 최대정격은 무엇인가? 예를 들어 보아라.
3. 전기적인 특성은 무엇인가? 예를 들어 보아라.
4. 최대정격과 전기적인 특성의 차이점은 무엇인가?
5. 온도가 증가할 때 순방향 전류의 허용한계치가 감소하는 이유는 무엇인가?
6. 다이오드 스펙에서 필요한 정보를 찾는 방법은 무엇인가?

2.7 제너 다이오드(Zener Diode)

제너 다이오드는 다이오드 특성곡선 중 역방향 항복영역에서 동작하도록 설계된 특수형 다이오드이다. 일반적인 *pn* 접합형 다이오드는 이런 영역에서 동작되어지면 과전류와 그로 인해 발생되는 열로 인해서 파괴된다. 그러나 제너 다이오드는 그렇지 않다.

역방향 항복영역에서 동작하도록 설계된 소자의 특성이 [그림 2-28]에 표시되어 있다. 이 그림은 다이오드의 특성곡선의 역방향 항복영역을 표시한 것이다. 특성곡선이 표시하고 있는 것처럼 역방향 항복 전압이 V_{BR}에 도달되면 두 가지의 현상이 발생된다.

- 다이오드 전류가 극적으로 증가한다.
- 다이오드 양단에 걸리는 역방향 전압 V_R은 비교적 일정하게 유지된다.

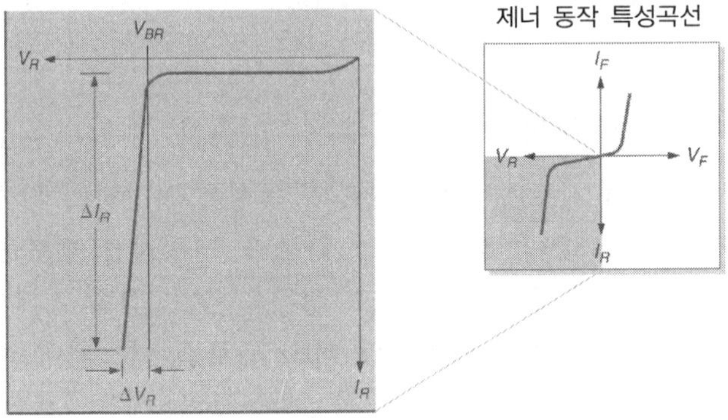

[그림 2-28] 역방향 항복

다시 말하자면 이런 영역에서 동작하는 다이오드 양단에 나타나는 전압은 소자를 통해서 흐르는 전류의 양과는 비교적 무관하다는 것이다. 이런 특성 때문에 제너 다이오드는 전압 조정기(voltage regulator)로 사용된다. 전압 조정기는 입력 전압과 부하전류의 변화에 무관하게 일정한 전압을 유지하도록 설계된 회로이다. 간단한 제너 전압조정기는 3장에서 설명된다. 보다 실제적인(복잡한) 전압 조정기는 21장에서 설명된다.

제너 다이오드는 항상 역방향으로 바이어스되기 때문에 제너 전류가 [그림 2-29]에 표시된 것처럼 화살표의 반대 방향으로 흐른다고 해도 놀랄 이유가 전혀 없다. 그림에 표시된 것처럼 극성 표시는 캐소드가 애노드 보다 더 positive로 된다. 따라서 소자는 역방향으로 바이어스되고 전류의 흐름은 그림에 표시된 것과 같아진다.

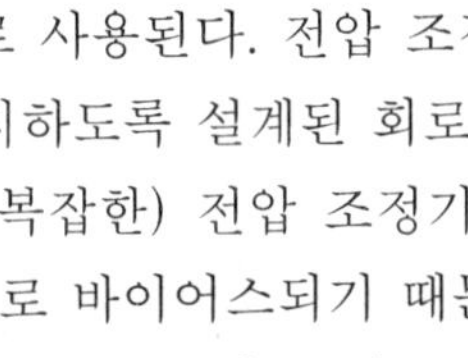

[그림 2-29] 제너 전류

제너 다이오드가 일반적인 다이오드의 전도 방향과 동일한 방향으로 전도가 이루어지는가? 순방향 동작 영역에서 동작하도록 사용될 수도 있을까? 거의 그렇지 않다는 점이다. 비록 제너 다이오드가 일반적인 *pn* 접합형 다이오드와 유사한 순방향 동작 특성을 가지고 있다고 하더라도 제너 다이오드는 전압 조정기로 사용되어질 때 진가를 발휘하게 된다. 제너 다이오드가 순방향으로 바이어스되면 제너 다이오드의 이런 특성을 잃어 버리기 때문에 순방향 동작 영역에서는 거의 사용되지 않는다. 제너 다이오드가 역방향 동작영역에서 동작하게 되면 소자 양단에 걸리는 전압은 제너전압 V_Z로 일정하게 된다. 제너전압 V_Z의 정격은 1.8V에서 수백 V 범위를 가지며 소비전력 정격은 50mW에서 50W 사이의 범위를 가진다.

2.7.1 다이오드 항복(Diode Breakdown)

역방향 항복에는 두 가지 형태가 있는데 첫 번째 형태는 이미 앞에서 설명한 사태항복이고 나머지 하나는 제너항복이다. 제너항복은 비교적 낮은 전압에서 발생되는 역방향 항복의 형태이다. 제너 다이오드의 p형 물질과 n형 물질은 강하게 도핑되기 때문에 공핍 층의 폭이 비교적 얇다. 이런 공핍 층은 일반적인 pn 접합형 다이오드의 공핍 층보다 낮은 역방향 전압 V_R에서 항복된다. 주의할 점은 낮은 제너 정격을 갖는 제너 다이오드가 있는 반면 오히려 사태 항복보다 더 높은 제너 정격을 갖는 제너 다이오드도 있다는 점이다.

2.7.2 제너 동작 특성(Zener Operating Characteristics)

제너 다이오드는 일정한 범위의 역방향 전류 값에 대해서 거의 일정한 역방향 전압을 유지하는데 이런 값들은 [그림 2-30]에 표시되어 있다. 제너 임계전류 I_{ZK}는 전압 조정(일정한 전압)을 유지하기 위해서 필요로 하는 최소전류를 의미한다. 제너 다이오드가 전압 조정기로 사용될 때 다이오드를 통해서 흐르는 전류는 이런 크기 아래로 떨어져서는 안된다.

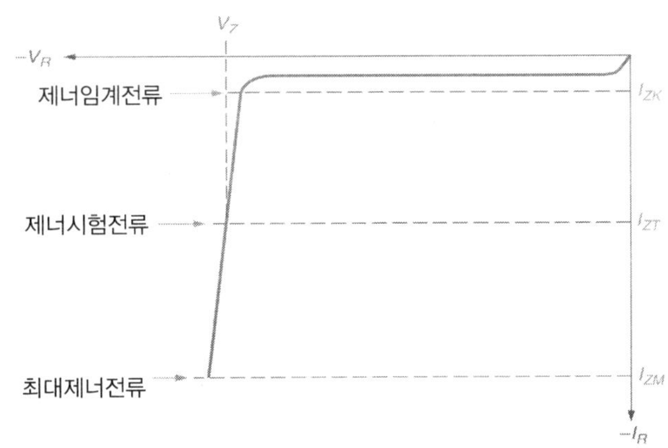

[그림 2-30] 제너 다이오드의 역방향 전류 값

최대 제너전류 I_{ZM}은 소자의 손상이나 파괴 없이 사용할 수 있는 최대 허용 전류량을 의미한다. 제너 시험전류 I_{ZT}는 다이오드의 V_Z 정격에서 측정된 전류를 의미한다. 예를 들어서 주어진 제너 다이오드의 V_Z값이 9.1V이고 I_{ZT}가 20mA라면 시험 전류가 20mA일 때 제너 다이오드는 9.1V의 역방향 전압을 가진다. 다른 전류 값에서는 V_Z가 정격보다는 약간 작거나 크게 된다.

I_{ZT}는 시험전류 값이기 때문에 회로 해석에서 아주 중요한 값은 아니지만 회로 설계에서는 중요하다. 만약 여러분이 가능하면 V_Z의 정격에 가까운 제너 전압을 필요로 한다면 제너 시험전류 I_{ZT}와 동일한 전류를 갖도록 설계하여야 한다. 회로 전류가 I_{ZT}로부터 증가한다면 V_Z는 자신의 정격으로부터 증가하게 된다. I_{ZK}와 I_{ZM}은 회로 해석과 소자 교체에서 중요하다. 이 점에 대해서는 3장에서 제너 조정기를 고찰할 때 다시 설명하기로 한다.

정적 역방향 전류 I_R은 V_R이 V_Z 보다 적은 경우의 제너 다이오드를 통해서 흐르는 역방향 전류이다. 다시 말하자면 이것은 제너 다이오드가 off된 상태에서의 제너 다이오드의 역방향 누설전류이다. 1N746인 경우 25℃에서는 10μA이고 150℃에서는 30μA이다.

제너 임피던스(Zener impedance) Z_Z는 제너 다이오드의 전류의 변화를 방해한다. 1N746 – 1N759 시리즈의 제너 다이오드 스펙에서는 Z_Z를 측정하기 위한 검사조건으로 I_{ZT}와 I_{zt}가 표시되어 있다.

$$I_{ZT} = 20\text{mA} \quad I_{zt} = 2\text{mA}$$

이것은 Z_Z가 I_{ZT} 값 20mA를 중심으로 해서 2mA의 제너 전류가 변화하는 동안 측정되었다는 것을 의미한다. 제너 전류에서의 이런 변화량은 [그림 2-31]에 표시되어 있다. 중요한 점은 I_Z가 2mA 변화하는 동안 V_Z는 56mV 변화한다는 점이다. 이것을 이용하면 Z_Z는 공식 (2-7)처럼 구해진다.

$$Z_Z = \frac{\Delta V_Z}{\Delta I_Z} \tag{2-7}$$

따라서 [그림 2-31]에 표시된 특성곡선에 의해서 다이오드의 제너 임피던스는 28Ω으로 구해진다.

$$Z_Z = \frac{\Delta V_Z}{\Delta I_Z} = \frac{56\text{mV}}{2\text{mA}} = 28\,\Omega$$

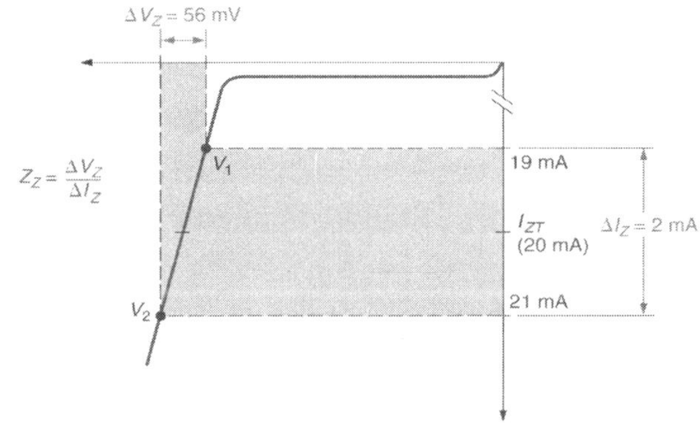

[그림 2-31] 제너 다이오드의 임피던스 계산

2.7.3 제너 등가회로(Zener Equivalent Circuits)

제너 다이오드의 등가회로는 [그림 2-32]에 표시된 것처럼 두 가지의 기본회로를 갖는다. 이상적인 모델은 단순히 제너 다이오드를 크기가 V_Z인 전압원으로 간주하는 것이다. 회로에 배치되어질 때는 외부 전압과 반대의 극성을 갖는다.

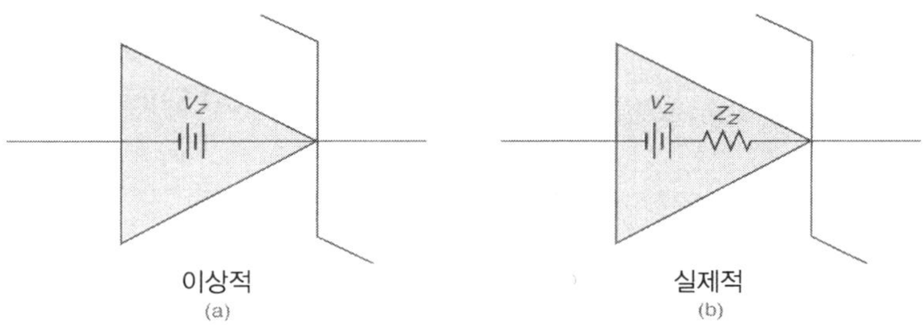

[그림 2-32] 제너 다이오드의 등가회로

실제적인 모델에서는 Z_Z로 표시되는 직렬 저항이 포함된다. 이런 실제적인 모델은 회로 전류의 변화에 대한 제너 다이오드의 응답을 예측할 때 주로 사용된다. 이 점에 대해서는 3장에서 제너 조정기를 설명할 때 다시 고찰해 보도록 하겠다.

기초 확인문제 2.7

1. 제너 다이오드와 pn 접합형 다이오드와의 차이점은 무엇인가?
2. 제너 다이오드가 전압조정기로 유용하게 사용되는 이유는 무엇인가?
3. 제너전류는 회로 다이어그램에서 어떻게 표시되는가?
4. 제너전압 정격이 중요한 이유는 무엇인가?

5. 다음에 열거된 기호의 이름을 표시하고 의미를 정의하라 : V_Z, Z_Z, I_{ZK}, I_{ZM}, I_{ZT}, I_{zt}, I_R
6. 제너 전류정격은 제너 다이오드 회로에서의 전체 전류를 얼마나 제한하는가?

2.8 제너 다이오드의 사양서(Zener Diode Specification Sheets)

제너 다이오드의 스펙시트는 *pn* 접합형 다이오드의 데이터 시트와는 약간 다르다. [그림 2-33]에는 1N4370A와 1N746A－759A 시리즈 제너 다이오드의 스펙 일부를 표시하고 있는데 앞으로 이런 데이터 시트를 이용해서 고찰하도록 하겠다.

1N4370A Series

500 mW DO-35 Hermetically Sealed Glass Zener Voltage Regulators

This is a complete series of 500 mW Zener diodes with limits and excellent operating characteristics that reflect the superior capabilities of silicon-oxide passivated junctions. All this in an axial-lead hermetically sealed glass package that offers protection in all common environmental conditions.

Specification Features:

- Zener Voltage Range – 2.4 V to 12 V
- ESD Rating of Class 3 (>16 KV) per Human Body Model
- DO-204AH (DO-35) Package – Smaller than Conventional DO-204AA Package
- Double Slug Type Construction
- Metallurgical Bonded Construction

Mechanical Characteristics:

CASE: Double slug type, hermetically sealed glass
FINISH: All external surfaces are corrosion resistant and leads are readily solderable
MAXIMUM LEAD TEMPERATURE FOR SOLDERING PURPOSES: 230°C, 1/16″ from the case for 10 seconds
POLARITY: Cathode indicated by polarity band
MOUNTING POSITION: Any

MAXIMUM RATINGS (Note 1.)

Rating	Symbol	Value	Unit
Max. Steady State Power Dissipation @ $T_L \le 75°C$, Lead Length = 3/8″	P_D	500	mW
Derate above 75°C		4.0	mW/°C
Operating and Storage Temperature Range	T_J, T_{stg}	–65 to +200	°C

1. Some part number series have lower JEDEC registered ratings.

ON Semiconductor™

http://onsemi.com

AXIAL LEAD
CASE 299
GLASS

MARKING DIAGRAM

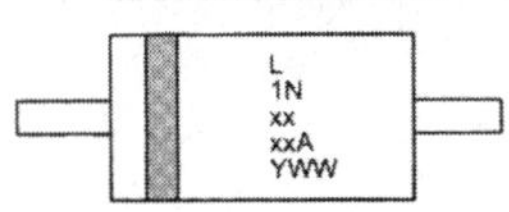

L = Assembly Location
1NxxxxA = Device Code
(See Table Next Page)
Y = Year
WW = Work Week

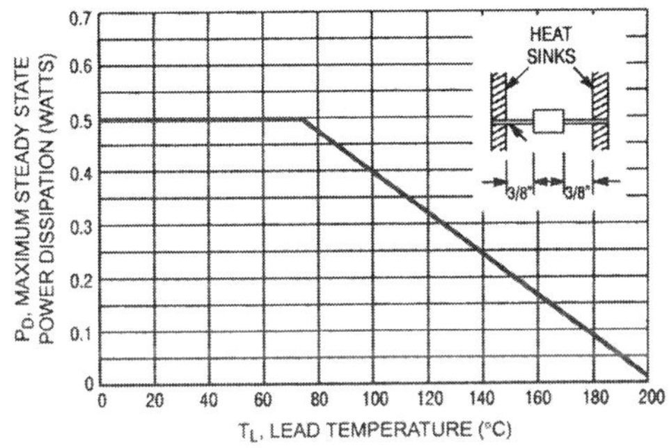

Figure 1. Steady State Power Derating

1N4370A Series

ELECTRICAL CHARACTERISTICS (T_A = 25°C unless otherwise noted, V_F = 1.5 V Max @ I_F = 200 mA for all types)

Symbol	Parameter
V_Z	Reverse Zener Voltage @ I_{ZT}
I_{ZT}	Reverse Current
Z_{ZT}	Maximum Zener Impedance @ I_{ZT}
I_{ZM}	Maximum DC Zener Current
I_R	Reverse Leakage Current @ V_R
V_R	Reverse Voltage
I_F	Forward Current
V_F	Forward Voltage @ I_F

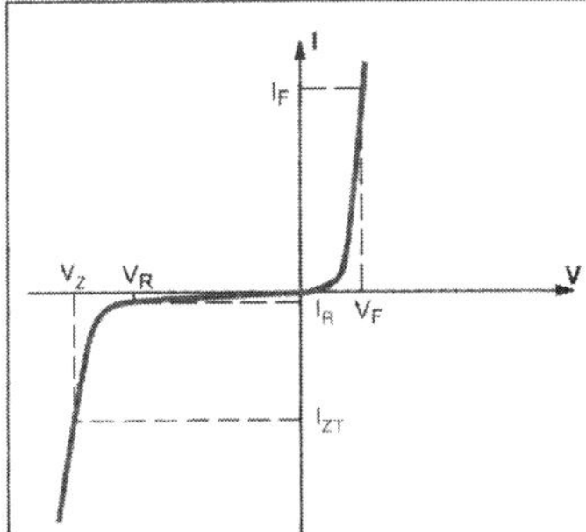

Zener Voltage Regulator

ELECTRICAL CHARACTERISTICS (T_A = 25°C unless otherwise noted, V_F = 1.5 V Max @ I_F = 200 mA for all types)

Device (Note 2.)	Device Marking	Zener Voltage (Note 3.) V_Z (Volts) Min	Nom	Max	@ I_{ZT} (mA)	Z_{ZT} (Note 4.) @ I_{ZT} (Ω)	I_{ZM} (Note 5.) (mA)	I_R @ V_R = 1 V T_A = 25°C (μA)	T_A = 150°C (μA)
1N4370A	1N4370A	2.28	2.4	2.52	20	30	150	100	200
1N4371A	1N4371A	2.57	2.7	2.84	20	30	135	75	150
1N4372A	1N4372A	2.85	3.0	3.15	20	29	120	50	100
1N746A	***1N746A***	***3.14***	***3.3***	***3.47***	***20***	***28***	***110***	***10***	***30***
1N747A	1N747A	3.42	3.6	3.78	20	24	100	10	30
1N748A	1N748A	3.71	3.9	4.10	20	23	95	10	30
1N749A	1N749A	4.09	4.3	4.52	20	22	85	2	30
1N750A	1N750A	4.47	4.7	4.94	20	19	75	2	30
1N751A	***1N751A***	***4.85***	***5.1***	***5.36***	***20***	***17***	***70***	***1***	***20***
1N752A	***1N752A***	***5.32***	***5.6***	***5.88***	***20***	***11***	***65***	***1***	***20***
1N753A	***1N753A***	***5.89***	***6.2***	***6.51***	***20***	***7***	***60***	***0.1***	***20***
1N754A	1N754A	6.46	6.8	7.14	20	5	55	0.1	20
1N755A	1N755A	7.13	7.5	7.88	20	6	50	0.1	20
1N756A	1N756A	7.79	8.2	8.61	20	8	45	0.1	20
1N757A	1N757A	8.65	9.1	9.56	20	10	40	0.1	20
1N758A	1N758A	9.50	10	10.5	20	17	35	0.1	20
1N759A	1N759A	11.40	12	12.6	20	30	30	0.1	20

2. **TOLERANCE AND TYPE NUMBER DESIGNATION (V_Z)**
The type numbers listed have a standard tolerance on the nominal zener voltage of ±5%.

3. **ZENER VOLTAGE (V_Z) MEASUREMENT**
Nominal zener voltage is measured with the device junction in the thermal equilibrium at the lead temperature (T_L) at 30°C ± 1°C and 3/8" lead length.

4. **ZENER IMPEDANCE (Z_Z) DERIVATION**
Z_{ZT} and Z_{ZK} are measured by dividing the ac voltage drop across the device by the ac current applied. The specified limits are for $I_{Z(ac)}$ = 0.1 $I_{Z(dc)}$ with the ac frequency = 60 Hz.

5. **MAXIMUM ZENER CURRENT RATINGS (I_{ZM})**
Values shown are based on the JEDEC rating of 400 mW where the actual zener voltage (V_Z) is known at the operating point, the maximum zener current may be increased and is limited by the derating curve.

[그림 2-33]

2.8.1 최대 정격(Maximum Ratings)

제너 다이오드의 기본적인 파라미터는 최대 정적 상태 소비전력(maximum steady state power dissipation)과 전력 감소율(power derating factor)이다. 또한 동작 및 축적 온도 범위도 최대 정격 부분에 표시되어 있지만 정상적인 환경 아래에서는 이런 파라미터들은 공학자들의 관심을 끌지 못한다. 최대 정적 상태 소비전력 정격은 역방향 항복에서 동작하는 제너 다이오드의 허용 가능한 최대 평균 소비전력 P_D이다. 이런 정격은 소자의 데이터 시트에 I_{ZM}이 표시되지 않은 경우 최대 제너전류 I_{ZM}을 결정하기 위해서 사용된다. 주어진 제너 다이오드에서 I_{ZM}이 데이터 시트에 표시되지 않은 경우에는 공식 (2-8)을 이용해서 근사 값을 구하게 된다.

$$I_{ZM} = \frac{P_{D(\max)}}{V_Z} \tag{2-8}$$

【예제 2.13】 1N754 제너 다이오드의 직류 소비전력 정격이 500mW이고 정상적인 제너전압이 6.8V이다. 소자의 I_{ZM}은 얼마인가?

풀이 공식 (2-8)을 이용하면 I_{ZM} 값은 73.5mA가 구해진다.

$$I_{ZM} = \frac{P_{D(\max)}}{V_Z} = \frac{500\text{mW}}{6.8\text{V}} = 73.5\text{mA}$$

I_{ZM} 값은 다이오드가 파괴되지 않고 견딜 수 있는 최대 전류를 결정하는데 이용되기 때문에 대단히 중요하다는 점을 기억해야 한다. 만약 이런 다이오드를 통해서 흐르는 평균 전류가 73.5mA를 초과한다면 다이오드를 교체하여야 한다.

(실전 연습문제 2-13)

제너 다이오드의 직류 소비전력 정격이 1W이고 제너전압이 27V라면 I_{ZM} 값은 얼마인가?

▶▶ $I_{ZM} = \frac{P_{D(\max)}}{V_Z} = \frac{1\text{W}}{27\text{V}} = 37\text{mA}$

최대 정격 표에 표시되어 있는 전력 감쇠율은 동작 온도가 특정 값 이상으로 될 때 직류 소비전력 정격이 얼마나 감소하는가를 나타낸다. [그림 2-23]에 표시된 데이터 시트에는 75℃ 이상의 온도에서 4mW/℃의 감쇠율을 나타내고 있다. 이것의 의미는 75℃ 이상의 온도에서 온도가 1℃씩 증가할 때마다 소자의 최대 소비전력 정격이 4mW씩 감소된다는 것을 의미한다. 【예제 2.14】를 통해서 이런 감쇠율을 확인해 보도록 하자.

【예제 2.14】 [그림 2-33]에 표시된 전력 감쇠특성곡선은 T=100℃일 때 400mW의 최대소비전력 정격을 갖는 1N43740A의 특성을 표시하고 있다. 특성곡선을 이용해서 소자의 감쇠율과 P_D 정격을 구해보시오.

풀이 우선 T=100℃일 때의 전체 감쇠를 구하면 100mW가 계산된다.

$$\text{감쇠값} = (4\text{mW/℃})(100\text{℃} - 75\text{℃}) = 100\text{mW}$$

이 값을 500mW의 크기를 갖는 최대 소비전력 정격에서 빼주면 특성곡선에 표시된 것처럼 400mW 크기를 갖는 P_D가 구해진다.

$$P_D = 500\text{mW} - 100\text{mW} = 400\text{mW}$$

(실전 연습문제 2-14)
[그림 2-33]을 이용해서 125℃에서 1N746A의 소비전력 정격을 구하시오.
▶▶ 감쇠 값=200mW, $P_D = 500\text{mW} - 200\text{mW} = 300\text{mW}$

2.8.2 전기적인 특성(Electrical Characteristics)

[그림 2-33]에 표시된 제너 다이오드의 전기적인 특성 표에는 각 다이오드의 제너 전압, 제너 전류, 제너 임피던스 정격이 포함되어 있다. 정상적인 제너 전압의 열을 세밀하게 살펴본다면 흥미로운 점을 발견할 수 있다. 이런 값들은 표준저항기의 경우처럼 동일한 기본수열로 표시된다. 각 명목상의 제너 값은 제너 시험전류 I_{ZT}에서 측정된다. 전기적인 특성 표에서 표시되는 각 소자들은 V_Z 정격에서 ±5%의 공차를 갖는다. 예를 들면 1N758A는 10V의 공칭 제너 정격을 갖는다. 소자에 흐르는 전류가 20mA인 경우 소자가 갖는 실제적인 전압 값은 9.5V에서 10.5V이다. 이것이 바로 표에 표시된 최소값과 최대값이다.

$$V_Z = 10\text{V} - 5\% = 10\text{V} - 0.5\text{V} = 9.5\text{V}$$
$$V_Z = 10\text{V} + 5\% = 10\text{V} + 0.5\text{V} = 10.5\text{V}$$

Z_{ZT} 정격은 I_{ZT}에서 표시되는 제너 임피던스이다. Z_{ZT} 값은 3장에서 설명되겠지만 제너 임피던스가 포함된 회로해석에서 사용된다. 최대 제너전류 I_{ZM} 열에서 표시되는 값들은 400mW의 JEDEC 정격과 소자의 제너전압 정격에 기초하고 있다. 각각의 경우 I_{ZM}과 V_Z의 곱은 P_D=400mW인 JEDEC 정격보다 10% 적은 360mW이다. 따라서 정격에 안정적인 이득이 부가된다. I_R 열에서 포함된 값들은 V_R=1V에서 측정되는 소자의 최대 역방향 누설전류를 표시한다. 스펙에 표시된 것처럼 이런 값들은 *pn* 접합형 다이오드의 역방향 전류정격과 유사하게 온도의 영향을 받는다.

2.8.3 제너 다이오드 선택 가이드(Zener Diode Selector Guides)

제너 다이오드의 선택 가이드는 *pn* 접합형 다이오드의 경우에 사용했던 것과 대단히 유사하다. [그림 2-34]에 제너 다이오드 선택 가이드가 표시되어 있다. 여러분도 보다시피 소자를 대체하는 임계 파라미터들은 수직 축 성분으로 표시된 공칭 제너전압과 수평 축 성분으로 표시되는 직류 소비전력이다. 【예제 2.15】와 【예제 2.16】을 통해서 선택 가이드를 어떻게 활용할 수 있는지 알아보도록 하자.

【예제 2.15】 고장을 가지고 있는 제너 다이오드를 교체하고자한다. 교체되어질 제너 다이오드의 전압은 12V이고 감당해야할 소비전력은 1.2W이다. [그림 2-34]에 표시된 제너 다이오드의 선택 가이드를 활용하시오.

풀이 제너 다이오드는 12V의 정격을 갖는다. 따라서 다이오드의 리스트에서 행은 $V_Z = 12\text{V}$에 해당하는 열을 참조한다. 12V 행에서 1.2W보다 큰 소비전력을 갖는 다이오드는 2개가 있다. 1N5927A(1.5W)와 1N5349A(5W) 둘 중 어느 하나를 선택하면 된다.

(실전 연습문제 2-15)

제너 다이오드의 제너전압이 75V이고 소비전력이 4W인 제너 다이오드를 필요로 한다고 가정해보자. [그림 2-34]를 참조하면 어떤 다이오드를 선택할 수 있는가?

▶▶ 1N5374A

교체에 필요한 소자의 제너전류와 제너전압을 알고 있는 경우에는 올바른 대체 부품을 결정하기 위해서 약간의 계산과정이 필요하다. 【예제 2-16】을 통해서 확인해 보도록 하자.

【예제 2.16】 우리는 고장난 제너 다이오드를 교체하고자 한다. 대체되어질 제너 다이오드는 20V의 제너전압과 150mA의 최대전류에서 소비전력을 견딜 수 있어야 한다. [그림 2-34]를 참조하라.

풀이 우선 교체되어질 다이오드가 필요로 하는 소비전력을 계산해야 한다. 직류 소비전력은 3W가 구해진다.

$$P_{D(\max)} = I_{ZM}V_Z = (150\text{mA})(20\text{V}) = 3\text{W}$$

따라서 교체되어질 다이오드가 허용하는 최소 소비전력은 3W이다. 선택 가이드에서 20V/5W를 선택하면 되는데 여기에는 1N5357이 해당된다.

(실전 연습문제 2-16)

6.8V의 제너전압과 175mA의 최대 제너전류를 감당할 수 있는 제너 다이오드가 필요하다. [그림 2-34]를 참조해서 어떤 다이오드가 적합한지 결정하시오.

▶▶ 1N5921A, 1N5342A

기초 확인문제 2.8

1. 스펙 시트에 I_{ZM}이 표시되어 있지 않은 경우에는 I_{ZM}을 어떻게 구할 수 있는가?
2. 전력 감쇠율은 무엇인가? 어떻게 사용되는가?
3. 제너 다이오드 교체 시 적합한지 여부는 어떻게 결정하는가?

Nominal Zener Voltage	500 mW Cathode = Polarity Mark		1 Watt Cathode = Polarity Mark		1 Watt Cathode to Case	1.5 Watt Cathode = Polarity Mark	5 Watt Cathode = Polarity Mark
(*Note 1)	(*Notes 4,11)	(*Notes 9,11)	(*Note 6)	(*Notes 6,12)	(*Note 7)	(*Note 8)	(*Note 8)
	 Glass Case 362-01		 Glass Case 59-04 (DO-41)	 Glass Case 362B-01	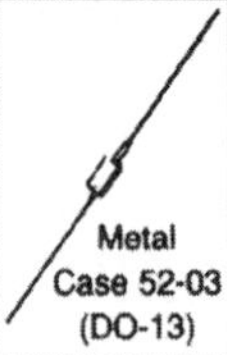 Metal Case 52-03 (DO-13)	 Sumetic 30 Case 59-03 (DO-41)	 Sumetic 40 Case 17-02
1.8							
2.0							
2.2							
2.4	MLL4370	MLL5221A					
2.5		MLL5222A					
2.7	MLL4371	MLL5223A					
2.8		MLL5224A					
3.0	MLL4372	MLL4225A					
3.3	MLL746	MLL5226A	1N4728	MLL4728	1N3821	1N5913A	1N5333A
3.6	MLL747	MLL5227A	1N4729	MLL4729	1N3822	1N5914A	1N5334A
3.9	MLL748	MLL5228A	1N4730	MLL4730	1N3823	1N5915A	1N5335A
4.3	MLL749	MLL5229A	1N4731	MLL4731	1N3824	1N5916A	1N5336A
4.7	MLL750	MLL5230A	1N4732	MLL4732	1N3825	1N5917A	1N5337A
5.1	MLL751	MLL5231A	1N4733	MLL4733	1N3826	1N5918A	1N5338A
5.6	MLL752	MLL5232A	1N4734	MLL4734	1N3827	1N5919A	1N5339A
6.0		MLL5233A					
6.2	MLL753	MLL5234A	1N4735	MLL4735	1N3828	1N5920A	1N5341A
6.8	MLL754 MLL957A	MLL5235A	1N4736	MLL4736	1N3829 1N3016A	1N5921A	1N5342A
7.5	MLL755 MLL958A	MLL5236A	1N4737	MLL4737	1N3830 1N3017A	1N5922A	1N5343A
8.2	MLL756 MLL959A	MLL5237A	1N4738	MLL4738	1N3018A	1N5923A	1N5344A
8.7		MLL5238A					1N5345A
9.1	MLL757 MLL960A	MLL5239A	1N4739	MLL4739	1N3019A	1N5924A	1N5346A
10	MLL758 MLL961A	MLL5240A	1N4740	MLL4740	1N3020A	1N5925A	1N5347A
11	MLL962A	MLL5241A	1N4741	MLL4741	1N3021A	1N5926A	1N5348A
12	MLL759 MLL963A	MLL5242A	1N4742	MLL4742	1N3022A	1N5927A	1N5349A
13	MLL964A	MLL5243A	1N4743	MLL4743	1N3023A	1N5928A	1N5350A
14		MLL5244A					1N5351A
15	MLL965A	MLL5245A	1N4744	MLL4744	1N3024A	1N5929A	1N5352A
16	MLL966A	MLL5246A	1N4745	MLL4745	1N3025A	1N5930A	1N5353A
17		MLL5247A					1N5354A
18	MLL967A	MLL5248A	1N4746	MLL4746	1N3026A	1N5931A	1N5355A
19		MLL5249A					1N5356A
20	MLL968A	MLL5250A	1N4747	MLL4747	1N3027A	1N5932A	1N5357A
22	MLL969A	MLL5251A	1N4748	MLL4748	1N3028A	1N5933A	1N5358A
24	MLL970A	MLL5252A	1N4749	MLL4749	1N3029A	1N5934A	1N5359A
25		MLL5253A					1N5360A
27	MLL971A	MLL5254A	1N4750	MLL4750	1N3030A	1N5935A	1N5361A
28		MLL5255A					1N5362A
30	MLL972A	MLL5256A	1N4751	MLL4751	1N3031A	1N5936A	1N5363A
33	MLL973A	MLL5257A	1N4752	MLL4752	1N3032A	1N5937A	1N5364A
36	MLL974A	MLL5258A	1N4753	MLL4753	1N3033A	1N5938A	1N5365A
39	MLL975A	MLL5259A	1N4754	MLL4754	1N3034A	1N5939A	1N5366A
43	MLL976A	MLL5260A	1N4755	MLL4755	1N3035A	1N5940A	1N5367A
47	MLL977A	MLL5261A	1N4756	MLL4756	1N3036A	1N5941A	1N5368A
51	MLL978A	MLL5262A	1N4757	MLL4751	1N3037A	1N5942A	1N5369A
56	MLL979A	MLL5263A	1N4758	MLL4758	1N3038A	1N5943A	1N5370A
60		MLL5264A					1N5371A
62	MLL980A	MLL5265A	1N4759	MLL4759	1N3039A	1N5944A	1N5372A
68	MLL981A	MLL5266A	1N4760	MLL4760	1N3040A	1N5945A	1N5373A
75	MLL982A	MLL5267A	1N4761	MLL4761	1N3041A	1N5946A	1N5374A
82	MLL983A	MLL5268A	1N4762	MLL4762	1N3042A	1N5947A	1N5375A
87		MLL5269A					1N5376A
91	MLL984A	MLL5270A	1N4763	MLL4763	1N3043A	1N5958A	1N5377A
100	MLL985A		1N4764	MLL4764	1N3044A	1N5949A	1N5378A
110	MLL986A				1N3045A	1N5950A	1N5379A
120					1N3046A	1N5951A	1N5380A
130					1N3047A	1N5952A	1N5831A
150					1N3048A	1N5953A	1N5383A
160					1N3049A	1N5954A	1N5384A
170							1N5385A
175							
180					1N3050A	1N5955A	1N5386A
200					1N3051A	1N5956A	1N5388A

[그림 2-34] 제너 다이오드의 선택 가이드

2.9 발광 다이오드(Light Emitting Diode : LED)

발광 다이오드는 적절하게 바이어스되는 경우 발광하는 다이오드이다. LED에는 적색(red), 황색(yellow), 녹색(green)과 같은 다양한 빛을 발광한다. 적외선 다이오드인 경우에는 발광하는 빛을 눈으로는 볼 수 없다. LED의 회로 기호는 [그림 2-35]에 표시되어 있다. 주의할 점은 회로기호에는 발광하는 빛의 색깔이나 소자의 색깔이 표시되지 않는다는 점이다. [그림 2-36]에는 일반적인 다이오드의 구조가 표시되어 있다. LED는 투명하거나 반투명 케이스를 가지고 있고 단자를 구분하기 위해서 케이스에 라벨을 표시하지는 않는다.

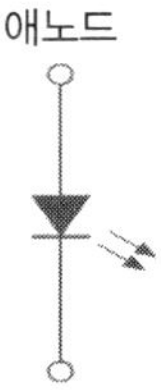

[그림 2-35] LED의 회로기호

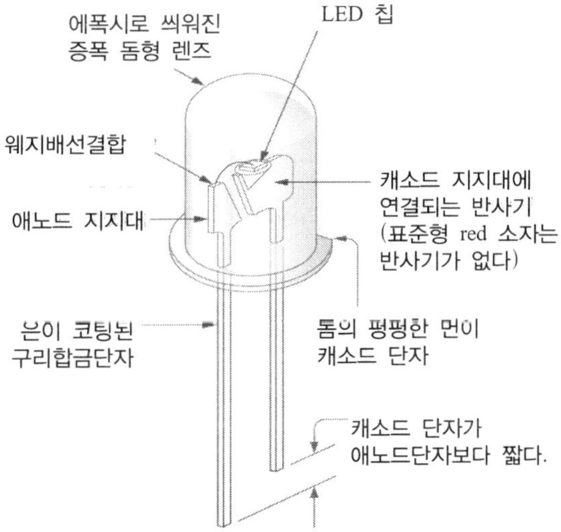

[그림 2-36] 플라스틱 LED의 구조

단자의 구분은 다음과 같은 두 가지 방식으로 이루어진다.

1. 단자(lead)들은 [그림 2-37 (a)]에 표시된 것처럼 서로 다른 길이를 갖는다. 이런 기호가 사용되면 두 단자 중 짧은 것이 캐소드(cathode)이다.
2. [그림 2-37 (b)]에 표시된 것처럼 케이스의 한쪽 측면이 평평하게 되어 있는데 평평한 측에 가까운 것이 항상 캐소드단자이다.

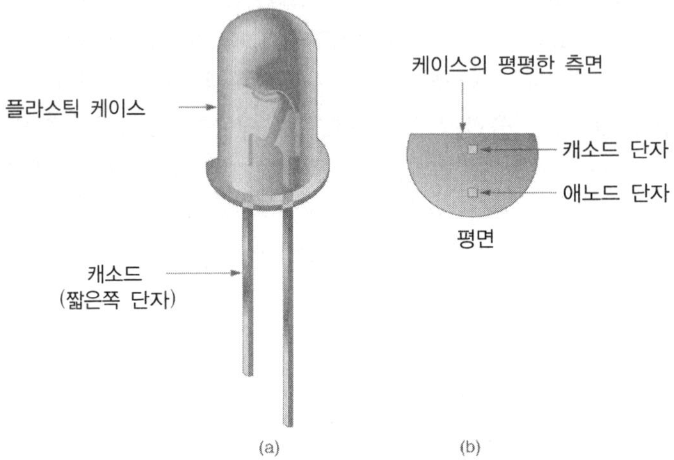

[그림 2-37]

2.9.1 LED의 특성(LED Characteristics)

LED는 *pn* 접합형 다이오드의 특성곡선과 유사한 특성곡선을 갖는다. 그렇지만 높은 순방향 전압 값 V_F와 낮은 역방향 항복전압 V_{BR} 정격을 갖는다. 특성 값은 다음과 같다.

- 순방향 전압은 +1.2V에서 +4.3V 사이이다.
- 역방향 항복전압은 −3V에서 −10V 사이이다.

주어진 LED의 색깔(color)은 소자를 제조하기 위해서 사용되는 원소의 조합에 의해서 결정된다. LED에 주로 사용되는 원소로는 갈륨(gallium: Ga)과 비소(arsenic: As), 알루미늄(aluminum: Al), 인듐(indium: In), 인(phosphorus: P), 질소(nitrogen: N) 중 하나 이상의 원소와 사용된다.

〈표 2-4〉에는 공통적으로 사용되는 원소의 조합 형태가 표시되어 있다. 대부분의 LED들은 100mA 이하의 순방향 전류를 가진다. 이런 이유 때문에 LED회로에는 반드시 전류제한용 저항이 직렬로 연결된다.

표 2-4 일반적인 다이오드

원 소	순방향 전압	색깔
GaAs	1.5V	Infrared(적외선)
AlGaAs	1.8V	Red(적색)
GaP	2.4V	Green(녹색)
AlGaInP	2.0V	Amber(호박색 : 노랑색)
AlGaInN	3.6V	Blue(청색)

2.9.2 전류제한용 저항(Current Limiting Resistors)

LED를 실제응용회로에서 사용하는 경우에는 [그림 2-38]에 표시된 것처럼 전류제한용 저항이 직렬로 연결된다. 저항은 회로 전류가 LED 최대 전류 정격을 초과하지 못하도록 동작한다. 회로에 표시된 것처럼 전류제한용 저항의 크기는 식 (2-9)처럼 구해진다.

$$R_S = \frac{V_{OUT(pk)} - V_F}{I_F} \qquad (2\text{-}9)$$

위 식에서 $V_{OUT(pk)}$는 구동회로의 피크 출력전압을 의미한다.

V_F는 LED의 최소 V_F를 의미한다.
I_F는 LED의 원하는 I_F를 의미한다.

안전한 여유를 제공하기 위해 식 (2-9)에서 사용되는 I_F는 LED의 최대 순방향 전류정격의 80% 보다 크지 않아야 한다. 【예제 2.17】을 통해서 전류제한용 저항의 크기를 결정하는 과정을 살펴보도록 하자.

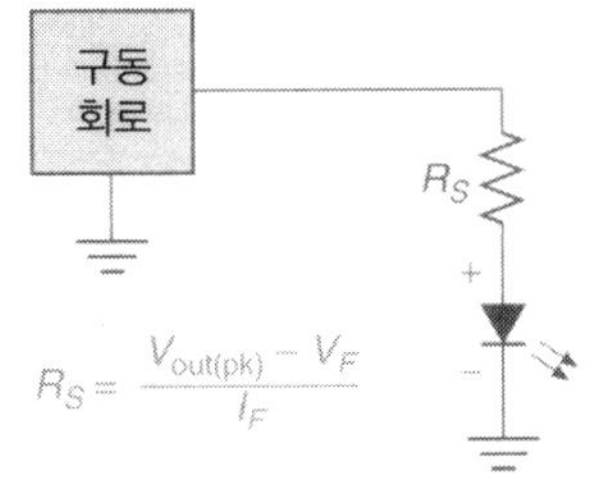

[그림 2-38] LED 회로가 필요로 하는 전류제한용 저항

【예제 2.17】 [그림 2-38]에 표시된 회로의 구동회로는 9V의 피크 출력전압을 가진다. LED는 1.8V에서 2.0V 크기의 V_F와 16mA의 최대전류정격을 갖는다고 가정하면 회로에 직렬로 연결되는 전류제한용 저항의 크기는 어떻게 구해지는가?

풀이 다이오드의 순방향 전류정격이 16mA이므로 80% 가이드라인에 따르면 최대로 허용되는 I_F는 12.8mA이다.

$$I_F = 0.8 \times 16\text{mA} = 12.8\text{mA}$$

V_F의 최소 정격과 피크전압, 계산된 I_F를 사용하면 전류제한용 저항의 크기는 484.4Ω으로 구해진다.

$$R_S = \frac{V_{\text{out(pk)}} - V_F}{I_F} = \frac{8\text{V} - 1.8\text{V}}{20\text{mA}} = 310\Omega$$

484.4Ω보다 큰 값을 갖는 저항기의 가장 작은 표준 저항은 510Ω이다.

(실전 연습문제 2-17)

순방향 전압이 1.4V에서 1.8V이고, 순방향 전류 정격이 12mA인 LED가 14V 크기의 피크 전압으로 구동된다고 가정하면 R_S로 사용되는 가장 작은 표준저항은 얼마인가? (부록 A에 표시된 표준 저항 표를 참조하시오)

▶▶ 630Ω보다 큰 값을 갖는 저항기의 가장 작은 표준 저항은 680Ω이다.

2.9.3 다중컬러 LED(Multicolor LED)

다이오드 중 일부는 인가전압의 한 가지 극성에서 첫 번째 색깔의 빛을 발광하고 극성이 반대로 바이어스되는 경우에 두 번째 색깔의 빛을 발광하게 된다. 바이어스 전압의 극성이 빠르게 스위칭되면 다중 컬러 LED는 세 번째 색깔의 빛을 발광하게 된다. [그림 2-39]에는 다중 컬러 LED의 회로기호가 표시되어 있다.

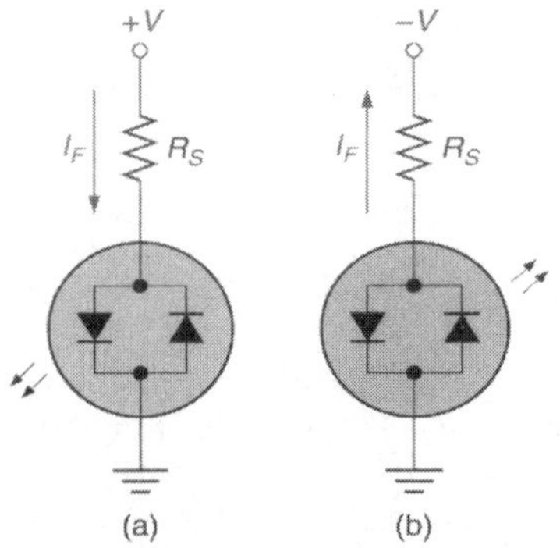

[그림 2-39] 다중컬러 LED

다중컬러 LED는 두 개의 *pn* 접합형 다이오드로 구성되는데 한 번에 하나의 다이오드만이 발광된다. LED 접합은 반드시 순방향으로 바이어스되는 경우에만 발광하기 때문에 두 개의 다이오드는 서로 반대 방향으로 병렬 연결된다. 이것은 각 다이오드의 애노드가 다른 다이오드의 캐소드와 연결된다는 의미이다. [그림 2-39 (a)]에 표시된 것처럼 LED에 positive 전위가 인가된다면 왼쪽의 다이오드가 빛을 발광하게 된다. 구동전류가 왼쪽의 다이오드를 통해서 흐르게 된다.

만약 [그림 2-39 (b)]에 표시된 것처럼 negative 전위가 인가된다면 오른쪽의 다이오드가 빛을 발광하게 된다. 이런 경우는 전자와 반대로 오직 오른쪽 다이오드를 통해서 전류가 흐르기 때문이다. 다중 컬러 LED인 경우에는 적색과 녹색 다이오드가 연결되기 때문에 한쪽 극성에서는 적색의 빛이 발광되고 반대의 극성에서는 녹색의 빛이 발광된다. 만약 다중 컬러 LED가 두 극성 사이를 아주 빠르게 스위칭 한다면 세 번째 빛을 발광하게 된다. 예를 들면 적색과 녹색 LED가 순방향 바이어스와 역방향 바이어스 사이에서 앞뒤로 빠르게 스위칭하게 되면 노랑색 빛이 발광된다.

기초 확인문제 2.9

1. LED 단자는 어떻게 구분하는가?
2. LED의 전기적인 특성은 *PN* 접합형 다이오드와 어떻게 다른가?
3. LED가 직렬 전류 제한저항을 필요로 하는 이유는 무엇인가?

2.10 다이오드 검사(Diode Testing)

대부분 다이오드의 고장 원인은 과도한 순방향 전류, 과도한 V_{RRM} 정격, 영년변화(aging)에 기인한다. 다이오드가 과전류로 인해서 파괴되거나 손상을 입은 경우에는 증상이 쉽게 진단된다. 대부분의 경우는 다이오드가 갈라지거나 입부분이 완전하게 끊어지게 된다. 인쇄회로기판상의 타버린 접합점도 과전류에 의한 증상이다. 모든 다이오드가 고장이 발생되면 물리적인 흔적을 남기는 것은 아니다. 그러나 약간의 간단한 검사로 다이오드의 고장 여부를 판정할 수 있다.

2.10.1 *PN* 접합과 제너 다이오드 검사(Testing *PN* Junction and Zener Diode)

pn 접합형 다이오드는 [그림 2-40]에 표시된 것처럼 디지털 저항계를 사용해서 검사된다. [그림 2-40 (a)]에 표시된 것처럼 연결되면 다이오드는 저항계에 의해서 순방향으로 바이어스된다. 그 결과 소자의 저항은 대략 1kΩ 이내의 아주 작은 크기로 읽혀진다.

[그림 2-40 (b)]에 표시된 것처럼 연결되면 다이오드는 저항계에 의해서 역방향으로 바이어스된다. 그 결과 소자의 저항은 MΩ 이상의 지극히 큰 크기로 읽혀진다. 대부분의 경우 저항계가 역방향으로 연결되면 저항의 크기를 표시할 수 없다는 표기를 하게 된다.

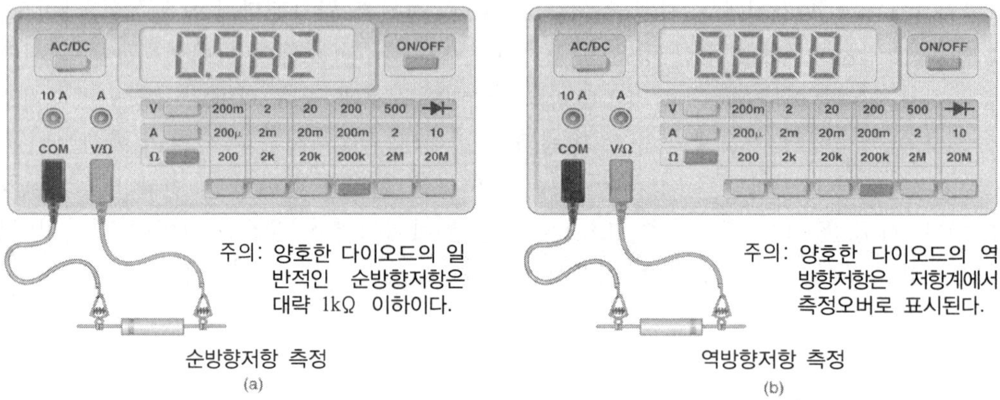

[그림 2-40] 다이오드의 저항 측정

여러분이 다이오드의 저항을 측정할 때 아주 높은 크기의 순방향 저항이 측정되거나 아주 낮은 크기의 역방향 저항이 측정된다면 다이오드는 고장상태이므로 교체하여야 한다.

저항 측정 시 소자의 손상을 방지하기 위해서는 다음과 같은 단계를 참조하면 된다.

1. 낮은 저항의 측정범위에 두고 측정하는 경우 몇몇 저항계들은 낮은 전류 다이오드를 파괴시키기에 충분히 큰 전류를 발생시킬 수 있다. 소자의 손상을 방지하기 위해서 저항의 측정범위는 적어도 kΩ 이상에 두고 측정한다. 예를 들면 [그림 2-40]에 표시된 계측기가 표시하는 최소저항의 크기는 2kΩ이다.(의심이 가는 경우에는 측정 시 다이오드의 제한전류와 계측기로 측정되는 제한전류를 비교해 보라)
2. 몇몇 계측기들은 공통 단자로부터 전류를 공급하지만 나머지 계측기들은 저항 단자로부터 공급하게 된다. 다이오드를 검사하기 전에 단자의 극성을 알고 싶다면 계측기의 사용설명서를 점검해야 한다. 그렇지 않다면 여러분이 가지고 있는 다이오드가 불량이라고 생각할 수도 있다.

대부분의 DMM은 [그림 2-41]에 표시된 것처럼 다이오드 검사 기능을 가지고 있다. 주의할 점은 계측기의 기능과 레인지 스위치들이 다이오드 기호를 선택하도록 설정되어 있다는 점이다. 계측기가 [그림 2-41 (a)]에 표시된 것처럼 연결된다면 다이오드는 계측기에 의해서 순방향으로 바이어스된다. 이런 경우 계측기의 표시기는 다이오드 양단에 걸리는 순방향 전압 V_F를 0.7V로 지시하게 된다.

계측기가 [그림 2-41 (b)]에 표시된 것처럼 연결된다면 다이오드는 계측기에 의해서 역방향으로 바이어스된다. 이런 경우 계측기의 표시기는 다이오드 양단에 걸리는 역방향 전압 V_R을 표시하게 되는데 대략적인 크기는 계측기의 내부전원장치에 의해서 공급되는 전압인 3V이다. 만약 계측기가 순방향 전압으로 3V를 지시하고 역방향 전압으로 1V 미만의 전압을 지시한다면 고장이 발생된 경우 이므로 반드시 교체되어야 한다. 저항계는 다이오드의 캐소드와 애노드의 구분에 사용되어질 수 있다.

다이오드는 단자의 한쪽 끝에 캐소드를 표시하게 된다. 여하튼 다이오드는 일정한 사용 시간이 지나고 가열되면 고장이 유발된다. 저항계가 다이오드에 연결될 때 순방향으로 바이어스되면 positive 단자는 다이오드의 애노드에 연결되고 negative 단자는 캐소드에 연결된다.

대부분의 경우 제너 다이오드는 V_Z와 등가의 소자 전압이 인가되는 역방향 영역에서 전도되고 항복되도록 설계되기 때문에 [그림 2-40]과 [그림 2-41]에 표시된 것처럼 검사되지는 않는다. 제너 다이오드의 간단한 검사는 소자가 회로에 연결되어 있는 상태에서 자신의 단자 양단에 걸리는 전압을 측정하는 것이다. 만약 제너 다이오드 양단에 걸리는 전압이 허용오차 이내에 있다면 양호한 것이다. 만약 그렇지 않다면 소자가 고장일 가능성이 의심된다. 이런 경우에는 소자를 교체해야 한다. 만약 소자의 동작이 정상으로 회복되지 않는다면 제너 다이오드가 문제점을 가지고 있는 것이다. 만약 그렇지 않다면 다른 회로 소자의 검사가 지속적으로 이루어져야 한다.

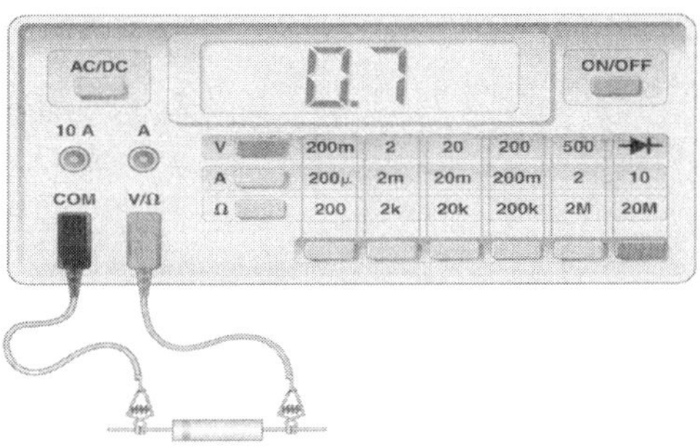

순방향 다이오드 측정

(a)

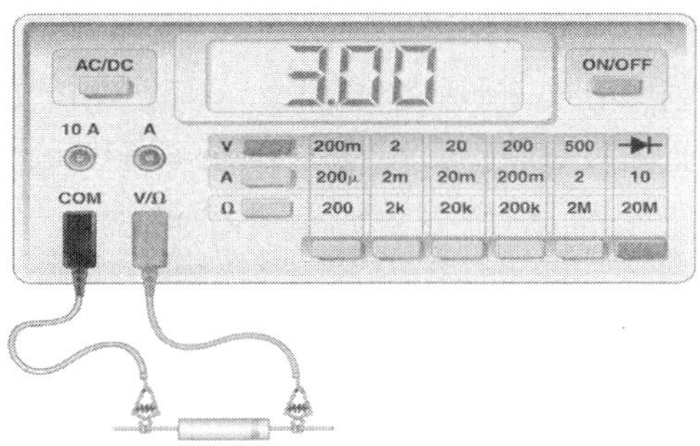

역방향 다이오드 측정

(b)

[그림 2-41]

2.10.2 LED 검사(Testing LED)

일반적으로 LED는 결함을 검사할 필요가 없다. LED의 고장 원인은 과도한 순방향 전류로 *pn* 접합을 파괴시킨다. 이런 일이 발생되면 타버린 접합에 의한 LED의 변색이 쉽게 관찰된다. [그림 2-42]에서 오른쪽의 LED는 정상이고 왼쪽의 LED는 과도한 전류에 의해서 손상을 입은 상태를 나타낸다.

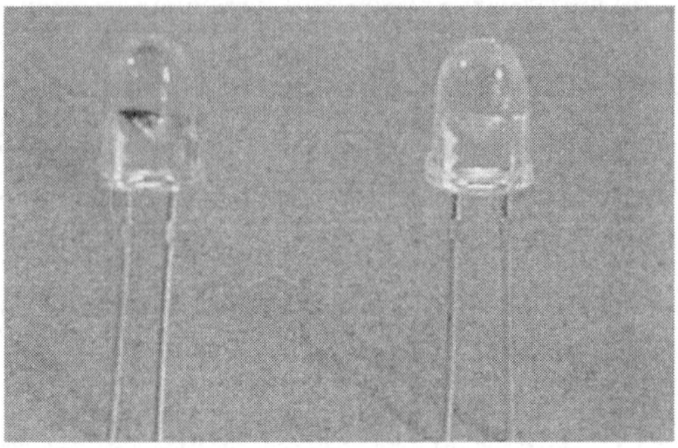

[그림 2-42]

기초 확인문제 2.10

1. 다이오드의 고장이 발생되는 일반적인 이유는 무엇인가?
2. *PN* 접합형 다이오드를 저항계를 이용하여 측정하는 순서는 무엇인가?
3. *PN* 접합형 다이오드의 검사를 위해서 저항계를 사용하기 전에 취하는 측정 방법은 무엇인가?
4. 제너 다이오드는 어떻게 측정되는가?

2.10.3 다이오드의 비교(Diode : A Comparison)

[그림 2-43]은 각 다이오드가 가지고 있는 기본적인 특성을 기억하기 쉽도록 비교 요약한 것이다. 여러분이 다이오드의 특성을 기억하는데 어려움이 있다면 [그림 2-43]과 이 장의 요약부분을 참조하기 바란다.

Common 다이오드			
다이오드 종류	**정류기**	**제너**	**발광**
회로기호			
정상 동작의 바이어스	순방향과 역방향 사이를 앞뒤로 스위치된다	역방향	순방향
V_F	실리콘 대략 0.7V 게르마늄 대략 0.3V	대략 0.7V	1.4V에서 3.6V 사이에서 가변된다
V_R	$V_R < V_{RRM}$에서 인가되는 전압과 등가	제너정격 V_Z와 등가	$V_R < V_{BR}$의 인가전압과 등가 낮은 V_{BR} 정격 주의
소자대체를 위해서 고려할 사항	I_0, V_{RRM} 정격	$P_{D(\max)}$, V_Z 정격 소비전력 정격 유의	$V_{F(\min)}$, $I_{F(\max)}$, V_{BR} 컬러

[그림 2-43]

중요 용어(Key Term)

애노드(anode), 사태전류(avalanche current), 순방향 평균 전류(average forward current), 캐소드(cathode), 완전한 다이오드 모델(complete diode model), 전류 제한용 저항(current limiting resistor), 확산전류(diffusion current), 다이오드(diode), 전기적인 특성(electrical characteristic), 순방향 소비전력(forward power dissipation), 이상적인 다이오드 모델(ideal diode model), 접합 커패시턴스(junction capacitance), 임계전압(knee voltage), 최대 정격(maximum rating), 최대 정적상태 소비전력 정격(maximum steady state power dissipation rating), 최대 제너전류(maximum zener current), 다중컬러 LED(multicolor LED), 정상 제너전압(nominal zener voltage), 파라미터(parameter), 피크 역전압(peak reverse voltage), 전력감쇠율(power derating ratio), 실질적인 다이오드 모델(practical diode model), 역방향 항복전압(reverse breakdown voltage), 역방향 전류(reverse current), 역방향 포화전류(reverse saturation current), 사양서(specification sheet), 정적역전류(static reverse current), 표면누설전류(surface leakage current), 고장진단 및 수리(troubleshooting), 전압 조정기(voltage regulator), 제너항복(zener breakdown), 제너 다이오드(zener diode), 제너 임피던스(zener impedence), 제너 임계전류(zener knee current), 제너 검사전류(zener test current), 제너전압(zener voltage)

연습문제

2-1. 한 개의 직류 전압원과 저항, 그리고 순방향 다이오드가 포함된 회로를 그리시오.

2-2. 1번 문제에서 다이오드 전류의 흐름을 표시하는 화살표를 회로에 추가하시오.

2-3. 직류 전압원, 저항, 그리고 역방향 다이오드가 포함된 회로를 그리시오.

2-4. [그림 2-44]에 표시된 회로에서 다이오드의 순방향 전류 방향을 결정하시오.

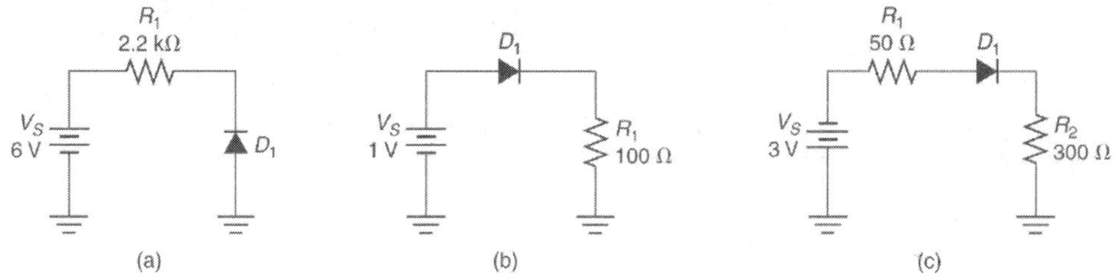

[그림 2-44]

2-5. [그림 2-45]에 표시된 회로에서 다이오드의 순방향 전류 방향을 결정하시오.

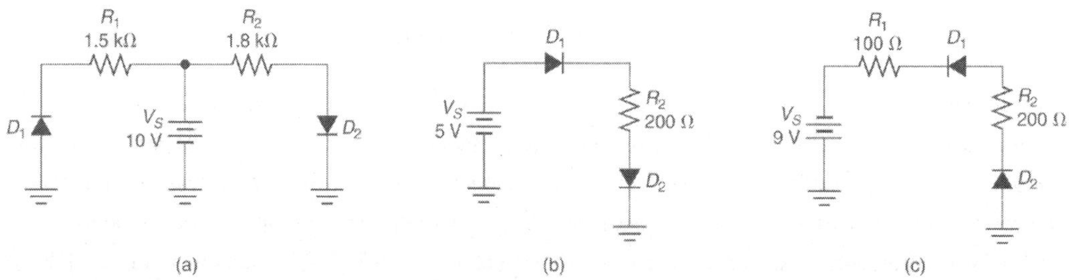

[그림 2-45]

2-6. 이상적인 다이오드 모델을 사용해서 [그림 2-44]에 표시된 회로에서 다이오드 양단에 나타나는 전압 강하를 구하시오.

2-7. 이상적인 다이오드 모델을 사용해서 [그림 2-45 (a)]에 표시된 회로에서 다이오드 양단에 나타나는 전압 강하를 구하시오.

2-8. 실제적인 다이오드 모델을 사용해서 [그림 2-44 (a)]에 표시된 회로의 V_{D1}, V_{R1}, I_T를 구하시오.

2-9. 실제적인 다이오드 모델을 사용해서 [그림 2-44 (b)]에 표시된 회로의 V_{D1}, V_{R1},

I_T를 구하시오.

2-10. 실제적인 다이오드 모델을 사용해서 [그림 2-44 (c)]에 표시된 회로의 V_{D1}, V_{R1}, V_{R2}, I_T를 구하시오.

2-11. [그림 2-45 (a)]에 표시된 회로의 V_{D1}, V_{R1}, I_1, V_{D2}, V_{R2}, I_2를 구하시오.

2-12. [그림 2-45 (b)]에 표시된 회로의 V_{D1}, V_{R1}, V_{D2}, I_T를 구하시오.

2-13. [그림 2-45 (c)]에 표시된 회로의 V_{D1}, V_{R1}, V_{D2}, V_{R2}, I_T를 구하시오.

2-14. 전압의 계산값은 12.8V이다. 측정 전압 값은 13.2V이다. 이때의 오차는 몇 퍼센트인가?

2-15. 전류의 계산치는 750μA이다. 측정 전류 값은 880μA이다. 이때의 오차(%)는 허용 가능한가?

2-16. 전압의 계산치는 144mV이다. 측정 전압 값은 160mV이다. 이때의 오차(%)는 허용 가능한가?

2-17. [그림 2-46]에 표시된 회로에서 V_{R2}의 계산값과 V_{R2}의 측정치는 2.54V이다. 이때의 계산값과 측정값의 오차는 몇 퍼센트인가?

2-18. [그림 2-47]에 표시된 회로에서 V_{R2}의 계산값과 V_{R2}의 측정치는 970mV이다. 이때의 계산값과 측정값의 오차는 몇 퍼센트인가?

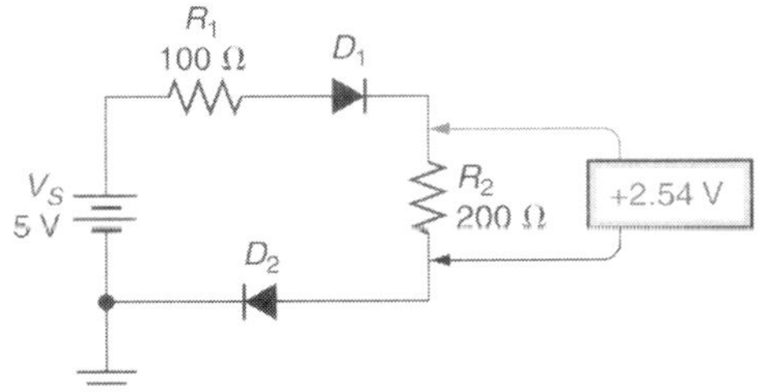

[그림 2-46]

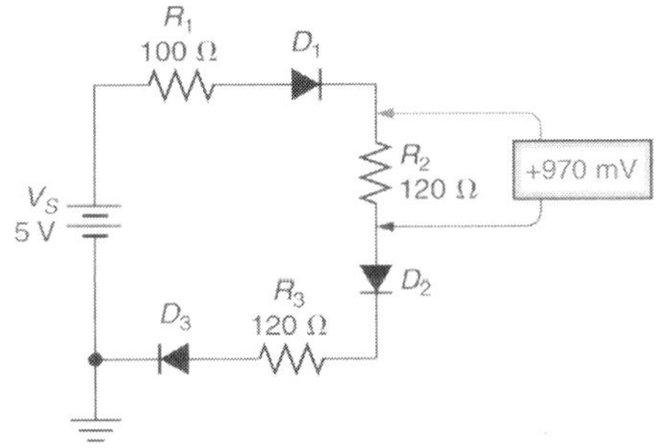

[그림 2-47]

2-19. [그림 2-48 (a)]에 표시된 회로에서 다이오드의 피크 역 전압의 최소 정격은 얼마인가?

2-20. [그림 2-48 (b)]에 표시된 회로에서 다이오드의 피크 역 전압의 최소 정격은 얼마인가?

2-21. 2장 4절에서 V_{RRM}의 정격은 50V 또는 100V 이다. 다이오드의 V_{RRM} 정격의 최소 값은 [그림 2-48 (c)]에서 얼마로 구해지는가?

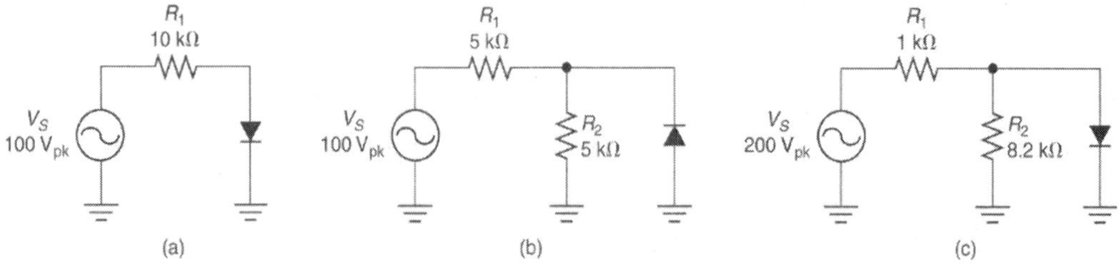

[그림 2-48]

2-22. [그림 2-49]에 표시된 회로에서 평균 순방향 전류정격의 최소 허용치는 얼마인가?

2-23. [그림 2-49]에 표시된 회로에서 평균 순방향 소비전력 정격의 최소 허용치는 얼마인가?

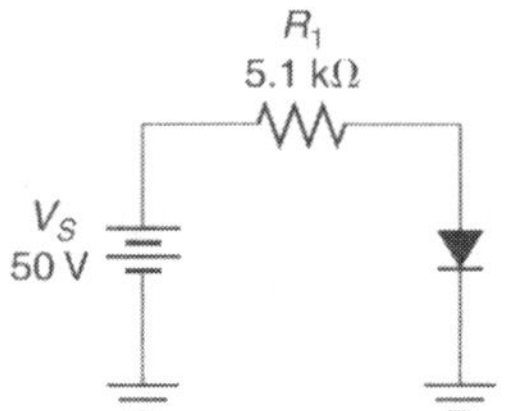

[그림 2-49]

2-24. 다이오드의 $P_{D(\max)}$ 정격이 1.2W이다. 소자의 최대 순방향 전류 값은 얼마인가?

2-25. 다이오드의 $P_{D(\max)}$ 정격이 750mW이다. 소자의 평균 순방향 전류의 제한 값은 얼마인가?

2-26. 작은 신호가 인가된 다이오드(실리콘)에 10mA의 순방향 전류가 주어지고 벌크저항(R_B)는 5Ω 이다. 이때 소자의 V_F 값은 얼마인가?

2-27. 작은 신호가 인가된 다이오드(실리콘)에 8.2mA의 순방향 전류가 주어지고 벌크저항(R_B)는 12Ω 이다. 이때 소자의 V_F 값은 얼마인가?

2-28. 다이오드(실리콘)의 벌크저항은 20Ω 이다. 이때 V_F 값이 0.8V라면 소자의 I_F 값은 얼마인가?

2-29. [그림 2-48]을 참조하라. 다이오드 회로에서 I_R의 최대 정격은 25℃에서 10μA이

다. I_R이 입력 사이클의 negative 피크에서 자신의 최대값에 도달된다면 I_R이 피크일 때 R_1 양단에서 측정되는 전압의 크기는 얼마인가? 단, 온도는 25℃라고 가정한다.

1N5400 thru 1N5408

1N5404 and 1N5406 are Preferred Devices

Axial-Lead Standard Recovery Rectifiers

Lead mounted standard recovery rectifiers are designed for use in power supplies and other applications having need of a device with the following features:

- High Current to Small Size
- High Surge Current Capability
- Low Forward Voltage Drop
- Void–Free Economical Plastic Package
- Available in Volume Quantities
- Plastic Meets UL 94V–0 for Flammability

Mechanical Characteristics

- Case: Epoxy, Molded
- Weight: 1.1 gram (approximately)
- Finish: All External Surfaces Corrosion Resistant and Terminal Leads are Readily Solderable
- Lead and Mounting Surface Temperature for Soldering Purposes: 220°C Max. for 10 Seconds, 1/16″ from case
- Polarity: Cathode Indicated by Polarity Band
- Marking: 1N5400, 1N5401, 1N5402, 1N5404, 1N5406, 1N5407, 1N5408

ON Semiconductor™

http://onsemi.com

STANDARD RECOVERY RECTIFIERS
50–1000 VOLTS
3.0 AMPERES

AXIAL LEAD
CASE 267–05
STYLE 1

MARKING DIAGRAM

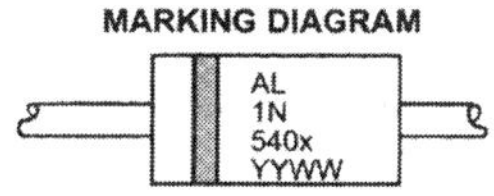

AL = Assembly Location
1N540x = Device Number
x = 0, 1, 2, 4, 6, 7 or 8
YY = Year
WW = Work Week

MAXIMUM RATINGS

Rating	Symbol	1N5400	1N5401	1N5402	1N5404	1N5406	1N5407	1N5408	Unit
Peak Repetitive Reverse Voltage Working Peak Reverse Voltage DC Blocking Voltage	V_{RRM} V_{RWM} V_R	50	100	200	400	600	800	1000	Volts
Non–repetitive Peak Reverse Voltage	V_{RSM}	100	200	300	525	800	1000	1200	Volts
Average Rectified Forward Current (Single Phase Resistive Load, 1/2″ Leads, T_L = 105°C)	I_O	3.0							Amp
Non–repetitive Peak Surge Current (Surge Applied at Rated Load Conditions)	I_{FSM}	200 (one cycle)							Amp
Operating and Storage Junction Temperature Range	T_J T_{stg}	– 65 to +170 – 65 to +175							°C

THERMAL CHARACTERISTICS

Characteristic	Symbol	Typ	Unit
Thermal Resistance, Junction to Ambient (PC Board Mount, 1/2″ Leads)	$R_{\theta JA}$	53	°C/W

ELECTRICAL CHARACTERISTICS

Characteristic	Symbol	Min	Typ	Max	Unit
Forward Voltage (I_F = 3.0 Amp, T_A = 25°C)	v_F	–	–	1.0	Volts
Reverse Current (Rated dc Voltage) T_A = 25°C T_A = 150°C	I_R	 – –	 – –	 10 100	μA

Ratings at 25°C ambient temperature unless otherwise specified.
60 Hz resistive or inductive loads.
For capacitive load, derate current by 20%.

[그림 2-50]

2-30. [그림 2-50]에 표시된 다이오드 스펙을 참조하시오. 최대 역방향 전압 정격을 이용한다면 [그림 2-48 (a)]에 표시된 회로에 사용되어질 사이오드는 무엇이 적합한가?

2-31. [그림 2-50]에 표시된 다이오드 스펙을 참조하시오. T = 150℃일 때 1N5400에서 I_R의 최대 정격은 얼마인가?

2-32. [그림 2-50]에 표시된 다이오드 스펙을 참조하시오. 1N5391의 서지전류 정격은 얼마인가?

2-33. [그림 2-27]을 참조하시오. 회로의 순방향 평균 전류가 24.5A이고 $225V_{PK}$를 갖는다. 이때 이 회로에서 사용되는 다이오드의 허용 가능한 최소 정격을 찾으시오.

2-34. [그림 2-27]을 참조하시오. 회로의 순방향 평균 전류가 3.6A이고 $170V_{PK}$를 갖는다. 이때 이 회로에서 사용되는 다이오드의 허용 가능한 최소 정격을 찾으시오.

2-35. [그림 2-27]을 참조하시오. 회로의 순방향 소비전력 정격이 2.8W이고 $470V_{PK}$를 갖는다. 이때 이 회로에서 사용되는 다이오드의 허용 가능한 최소 정격을 찾으시오.

2-36. 제너 다이오드의 사양서에서 $I_{ZT} = 20\text{mA}$, $I_{ZT} = 1\text{mA}$이다. 만약 V_Z에서의 변화량이 25mV이면 소자의 제너 임피던스는 어떤 값을 갖는가?

2-37. [그림 2-51]을 참조하시오. 각 회로에 전압이 인가되는 경우 바이어스의 극성이 정상적인 제너동작이 가능한지를 결정하시오.

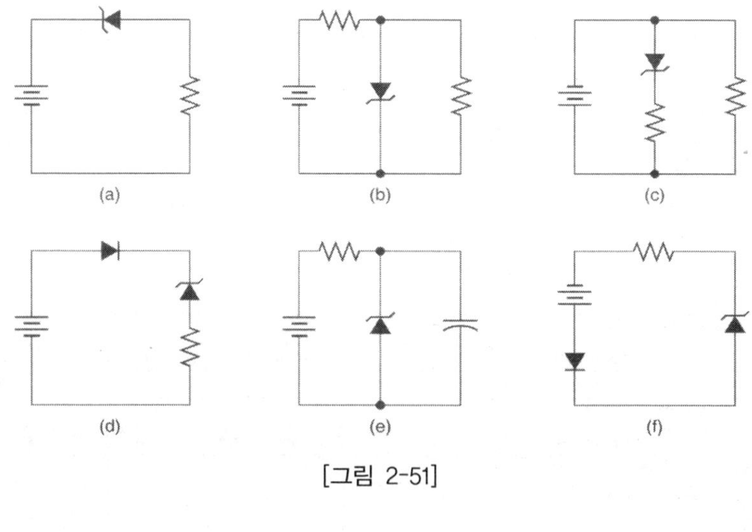

[그림 2-51]

2-38. [그림 2-51]에 표시된 제너 다이오드가 적절하게 바이어스되었다고 가정하고 제너 전류의 방향을 화살표로 표시하시오.

2-39. 6.8V 제너 다이오드는 1W의 $P_{D(max)}$ 정격을 갖는다. 이때 소자의 I_{ZM}은 얼마인가?

2-40. 24V 제너 다이오드는 10W의 $P_{D(max)}$ 정격을 갖는다. 이때 소자의 I_{ZM}은 얼마인가?

2-41. $P_{D(max)}$ 정격이 5W인 제너 다이오드가 50℃ 이상에서 8mW/℃의 감소율을 갖는다. 이때 120℃에서 소자가 동작한다고 가정하고 허용 가능한 최대 크기의 P_D를 구하시오.

2-42. MLL4678 제너 다이오드는 $P_{D(max)}$ 정격 250mW와 50℃ 이하에서 1.67mW/℃의 감소율을 가진다. 이때 150℃에서 소자가 동작한다고 가정하고 허용 가능한 최대 크기의 P_D를 구하시오.

2-43. [그림 2-34]를 참조하시오. 1.8W의 최대 소비전력정격을 갖는 28V 제너 다이오드를 교체한다면 어떤 다이오드가 선택되는가?

2-44. [그림 2-34]를 참조하시오. 1.2W의 최대 소비전력정격을 갖는 6.8V 제너 다이오드를 교체한다면 어떤 다이오드가 선택되는가?

2-45. [그림 2-34]를 참조하시오. 150mA의 최대 동작전류를 갖는 12V 제너 다이오드를 교체한다면 어떤 다이오드가 선택되는가?

2-46. LED가 $V_F = 1.5 \sim 1.8V$, $I_{F(desired)} = 18mA$의 범위를 갖는다. 만약 LED가 $20V_{PK}$로 구동된다면 LED를 보호하기 위해서 필요로 하는 전류 제한용 표준저항의 크기는 얼마가 필요한가?

2-47. LED는 $V_F = 1.6V\text{~}20V$, 그리고 $I_{F(desired)} = 20mA$의 범위를 갖는다. 만약 LED가 32 V_{PK}로 구동된다면 LED를 보호하기 위해서 필요로 하는 전류 제한용 표준저항의 크기는 얼마가 필요한가?

2-48. 아래의 테이블 리스트는 몇몇 다이오드의 테스트 결과 값이다. 이때 다이오드의 정상, 개방, 단락 상태를 구분해 보시오.

순방향 저항	역방향 저항
1200MΩ	1200MΩ
15Ω	3500MΩ
75Ω	175MΩ
30Ω	50Ω

2-49. [그림 2-48 (a)]를 참조하시오. 전원의 출력이 positive일 때 저항 R_1 양단의 피크

전압이 100V이고 전원의 출력이 negative일 때 저항 R_1 양단의 피크 전압이 0V이다. 이런 다이오드의 상태는 정상, 개방, 단락 중 어느 것에 해당되는가?

2-50. [그림 2-48 (a)]를 참조하시오. 전원의 피크전압과 저항 R_1 양단의 전압이 등가라면 이런 다이오드의 상태는 정상, 개방, 단락 중 어느 것에 해당되는가?

2-51. [그림 2-48 (a)]를 참조하시오. 전압원의 크기와 무관하게 저항 R_1 양단의 전압이 0V이다. 이런 다이오드의 상태는 정상, 개방, 단락 중 어느 것에 해당되는가?

2-52. [그림 2-52]에 표시된 회로에서 전체 전류를 구하시오.

2-53. [그림 2-53]에 표시된 회로에서 제너 다이오드가 소비하는 전력을 구하시오.

2-54. 다이오드가 끊어지지 않았다고 가정하면 [그림 2-54]에 R_1 양단에서 어떤 전압이 인가되는가?

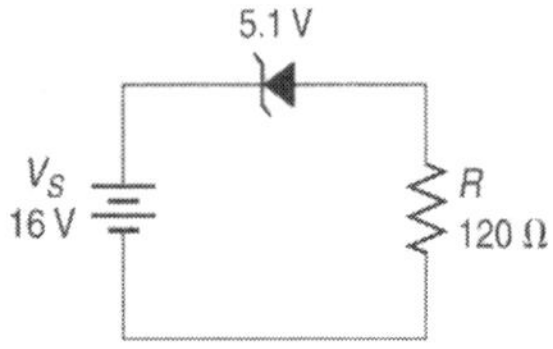

[그림 2-52]

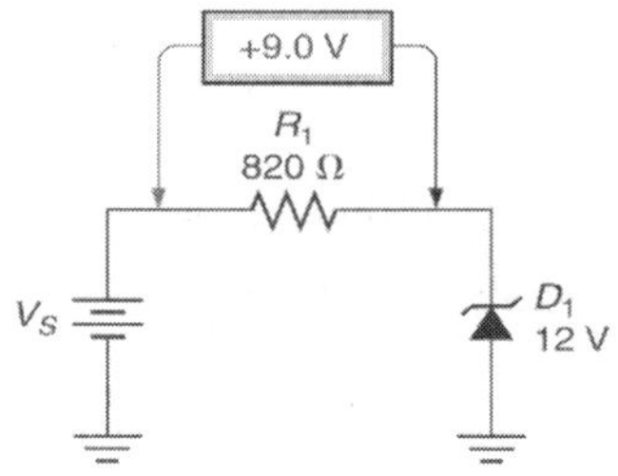

[그림 2-53]

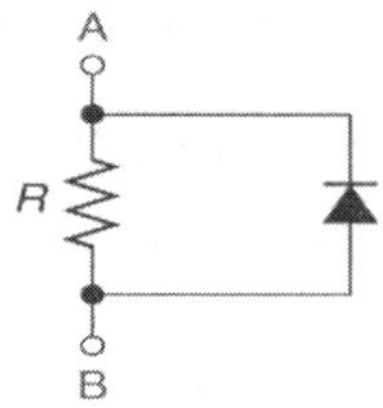

[그림 2-54]

2-55. 1N4737A 제너 다이오드의 스펙이 [그림 2-55]에 표시되어 있다. 150℃에서 동작될 때 소자의 I_{ZM}은 얼마인가?

1N4728A - 1N4764A Series

1 Watt DO-41 Hermetically Sealed Glass Zener Voltage Regulator Diodes

ON Semiconductor™

http://onsemi.com

This is a complete series of 1 Watt Zener diode with limits and excellent operating characteristics that reflect the superior capabilities of silicon-oxide passivated junctions. All this in an axial-lead hermetically sealed glass package that offers protection in all common environmental conditions.

Specification Features:

- Zener Voltage Range — 3.3 V to 91 V
- ESD Rating of Class 3 (>16 KV) per Human Body Model
- DO-41 (DO-204AL) Package
- Double Slug Type Construction
- Metallurgical Bonded Construction
- Oxide Passivated Die

Mechanical Characteristics:

CASE: Double slug type, hermetically sealed glass

FINISH: All external surfaces are corrosion resistant and leads are readily solderable

MAXIMUM LEAD TEMPERATURE FOR SOLDERING PURPOSES: 230°C, 1/16″ from the case for 10 seconds

POLARITY: Cathode indicated by polarity band

MOUNTING POSITION: Any

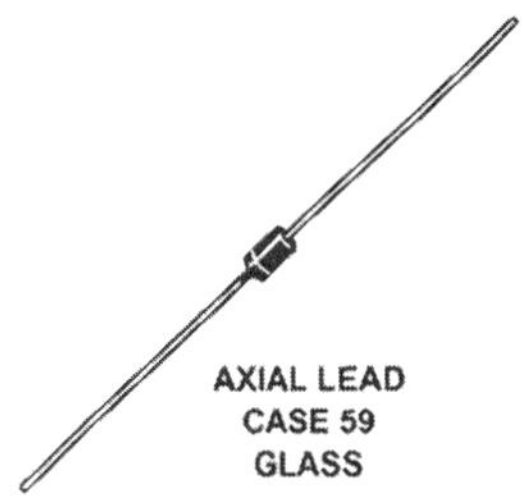

AXIAL LEAD
CASE 59
GLASS

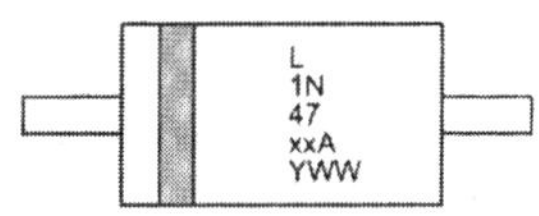

L = Assembly Location
1N47xxA = Device Code
Y = Year
WW = Work Week

MAXIMUM RATINGS

Rating	Symbol	Value	Unit
Max. Steady State Power Dissipation @ $T_L \le 50°C$, Lead Length = 3/8″ Derated above 50°C	P_D	1.0 6.67	Watt mW/°C
Operating and Storage Temperature Range	T_J, T_{stg}	- 65 to +200	°C

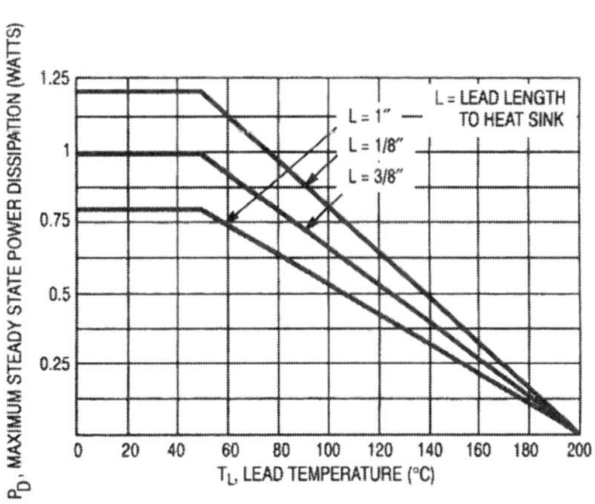

Figure 1. Power Temperature Derating Curve

ELECTRICAL CHARACTERISTICS (T_A = 25°C unless otherwise noted, V_F = 1.2 V Max, I_F = 200 mA for all types)

JEDEC Device (2.)	Zener Voltage (3.)(4.)				Zener Impedance (5.)			Leakage Current		I_r (6.)
	V_Z (Volts)			@ I_{ZT}	Z_{ZT} @ I_{ZT}	Z_{ZK} @ I_{ZK}		I_R @ V_R		
	Min	Nom	Max	(mA)	(Ω)	(Ω)	(mA)	(μA Max)	(Volts)	(mA)
1N4728A	3.14	3.3	3.47	76	10	400	1	100	1	1380
1N4729A	3.42	3.6	3.78	69	10	400	1	100	1	1260
1N4730A	3.71	3.9	4.10	64	9	400	1	50	1	1190
1N4731A	4.09	4.3	4.52	58	9	400	1	10	1	1070
1N4732A	4.47	4.7	4.94	53	8	500	1	10	1	970
1N4733A	***4.85***	***5.1***	***5.36***	***49***	***7***	***550***	***1***	***10***	***1***	***890***
1N4734A	***5.32***	***5.6***	***5.88***	***45***	***5***	***600***	***1***	***10***	***2***	***810***
1N4735A	***5.89***	***6.2***	***6.51***	***41***	***2***	***700***	***1***	***10***	***3***	***730***
1N4736A	***6.46***	***6.8***	***7.14***	***37***	***3.5***	***700***	***1***	***10***	***4***	***660***
1N4737A	7.13	7.5	7.88	34	4	700	0.5	10	5	605
1N4738A	***7.79***	***8.2***	***8.61***	***31***	***4.5***	***700***	***0.5***	***10***	***6***	***550***
1N4739A	8.65	9.1	9.56	28	5	700	0.5	10	7	500
1N4740A	***9.50***	***10***	***10.50***	***25***	***7***	***700***	***0.25***	***10***	***7.6***	***454***
1N4741A	***10.45***	***11***	***11.55***	***23***	***8***	***700***	***0.25***	***5***	***8.4***	***414***
1N4742A	***11.40***	***12***	***12.60***	***21***	***9***	***700***	***0.25***	***5***	***9.1***	***380***

TOLERANCE AND TYPE NUMBER DESIGNATION

2. The JEDEC type numbers listed have a standard tolerance on the nominal zener voltage of ±5%.

SPECIALS AVAILABLE INCLUDE:

3. Nominal zener voltages between the voltages shown and tighter voltage tolerances. For detailed information on price, availability, and delivery, contact your nearest ON Semiconductor representative.

ZENER VOLTAGE (V_Z) MEASUREMENT

4. ON Semiconductor guarantees the zener voltage when measured at 90 seconds while maintaining the lead temperature (T_L) at 30°C ± 1°C, 3/8″ from the diode body.

ZENER IMPEDANCE (Z_Z) DERIVATION

5. The zener impedance is derived from the 60 cycle ac voltage, which results when an ac current having an rms value equal to 10% of the dc zener current (I_{ZT} or I_{ZK}) is superimposed on I_{ZT} or I_{ZK}.

SURGE CURRENT (I_R) NON-REPETITIVE

6. The rating listed in the electrical characteristics table is maximum peak, non-repetitive, reverse surge current of 1/2 square wave or equivalent sine wave pulse of 1/120 second duration superimposed on the test current, I_{ZT}, per JEDEC registration; however, actual device capability is as described in Figure 5 of the General Data — DO-41 Glass.

(b)

ELECTRICAL CHARACTERISTICS (T_A = 25°C unless otherwise noted, V_F = 1.2 V Max, I_F = 200 mA for all types) (continued)

JEDEC Device (2.)	Zener Voltage (3.)(4.)				Zener Impedance (5.)			Leakage Current		I_r (6.)
	V_Z (Volts)			@ I_{ZT}	Z_{ZT} @ I_{ZT}	Z_{ZK} @ I_{ZK}		I_R @ V_R		
	Min	Nom	Max	(mA)	(Ω)	(Ω)	(mA)	(μA Max)	(Volts)	(mA)
1N4743A	12.4	13	13.7	19	10	700	0.25	5	9.9	344
1N4744A	***14.3***	***15***	***15.8***	***17***	***14***	***700***	***0.25***	***5***	***11.4***	***304***
1N4745A	***15.2***	***16***	***16.8***	***15.5***	***16***	***700***	***0.25***	***5***	***12.2***	***285***
1N4746A	***17.1***	***18***	***18.9***	***14***	***20***	***750***	***0.25***	***5***	***13.7***	***250***
1N4747A	***19.0***	***20***	***21.0***	***12.5***	***22***	***750***	***0.25***	***5***	***15.2***	***225***
1N4748A	***20.9***	***22***	***23.1***	***11.5***	***23***	***750***	***0.25***	***5***	***16.7***	***205***
1N4749A	***22.8***	***24***	***25.2***	***10.5***	***25***	***750***	***0.25***	***5***	***18.2***	***190***
1N4750A	***25.7***	***27***	***28.4***	***9.5***	***35***	***750***	***0.25***	***5***	***20.6***	***170***
1N4751A	***28.5***	***30***	***31.5***	***8.5***	***40***	***1000***	***0.25***	***5***	***22.8***	***150***
1N4752A	***31.4***	***33***	***34.7***	***7.5***	***45***	***1000***	***0.25***	***5***	***25.1***	***135***
1N4753A	34.2	36	37.8	7	50	1000	0.25	5	27.4	125
1N4754A	37.1	39	41.0	6.5	60	1000	0.25	5	29.7	115
1N4755A	40.9	43	45.2	6	70	1500	0.25	5	32.7	110
1N4756A	44.7	47	49.4	5.5	80	1500	0.25	5	35.8	95
1N4757A	48.5	51	53.6	5	95	1500	0.25	5	38.8	90
1N4758A	53.2	56	58.8	4.5	110	2000	0.25	5	42.6	80
1N4759A	58.9	62	65.1	4	125	2000	0.25	5	47.1	70
1N4760A	64.6	68	71.4	3.7	150	2000	0.25	5	51.7	65
1N4761A	71.3	75	78.8	3.3	175	2000	0.25	5	56	60
1N4762A	77.9	82	86.1	3	200	3000	0.25	5	62.2	55
1N4763A	86.5	91	95.6	2.8	250	3000	0.25	5	69.2	50

(c)

[그림 2-55]

2-56. 1N4738A 제너 다이오드가 [그림 2-56]에 표시된 회로에서는 사용되지 못한다. 그 이유는 무엇인가?

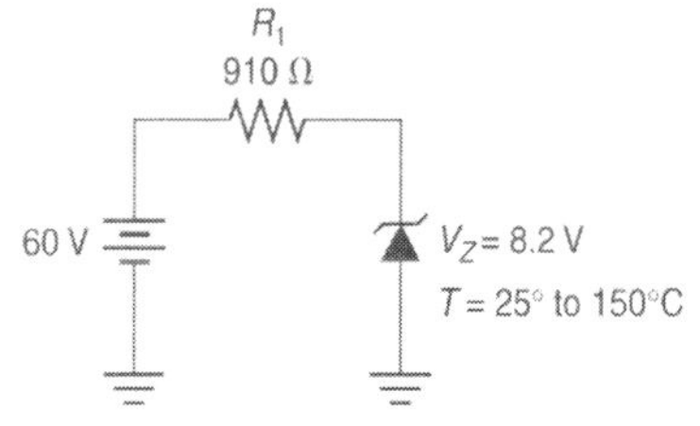

[그림 2-56]

2-57. 1N5341의 제너 다이오드 정격은 얼마인가? 전류의 크기는 얼마로 측정되는가?

2-58. 33V, 5W용 제너 다이오드의 데이터 시트를 구해서 프린트하고 참조하시오. 자신의 공칭 제너 전압에서 동작시키고 소자의 소비전력을 결정하시오.

2-59. LED는 자신이 발광시키는 파장에 따라서 분류된다. 노랑색 LED의 파장 정격은 얼마인가?

Chapter 3

▸ 일반 다이오드 응용 ◂
(Common Diode Application)

학습목표

이 장을 학습하고 나면 여러분은 다음과 같은 내용을 이해하고 설명할 수 있다.

1. 전원 공급장치(power supply)의 사용목적과 각 회로에 포함된 기능에 대해서 간략하게 설명할 수 있다.
2. positive 반파 정류기(half wave rectifier)의 피크 부하 전압, 직류(평균) 부하 전압, 전류를 계산할 수 있다.
3. 전파 정류기(full wave rectifier)의 동작을 설명할 수 있다.
4. 전파 정류기의 피크 부하 전압, 직류(평균) 부하 전압, 전류를 계산할 수 있다.
5. 브리지 정류기(bridge rectifier)의 동작을 설명할 수 있다.
6. 브리지 정류기의 피크 부하 전압, 직류(평균) 부하 전압, 전류를 계산할 수 있다.
7. 정류기의 출력에서의 필터링 효과를 설명할 수 있다.
8. 기본적인 용량성 필터의 동작을 설명할 수 있다.
9. 전파 정류기 회로가 반파 정류기 회로보다 선호되는 이유를 설명할 수 있다.
10. 다이오드의 정격과 필요한 회로 값이 주어지면 제너 전압 조정기의 I_Z, I_L, I_T를 계산할 수 있다.
11. 전원 공급 장치의 V_{dc}, I_L, $V_{r(\text{out})}$를 계산할 수 있다.
12. 전원 공급 장치에서 일반적으로 발생되는 고장의 징후에 대해서 설명할 수 있다.

현대 전자공학에서 사용되는 다이오드의 응용분야에 대해서 고찰하기에는 많은 분량의 내용이 필요하게 된다. 이 장에서는 기본적인 전원 공급 장치의 동작에서 다이오드의 역할에 대해서 고찰해 보기로 한다. 4장에서는 다이오드의 부가적인 응용 분야 몇 가지를 추가로 보여주고 있다. 전자 시스템의 전원 공급 장치는 벽면 콘센트(wall outlet)에서 공급되는 교류 입력을 직류로 변환시키는데 사용된다.

전자 시스템의 전원 코드는 전원 공급 장치에 입력을 제공하고 이렇게 입력된 교류는 적절한 회로 동작에 필요한 직류로 변환된다. 전원 공급 장치는 기본적으로 두 가지 형태로 구분된다. 선형 전원 공급 장치는 가장 기본적이면서 간단한 형태인데 이 장에서 집중적으로 다루어진다.

스위칭 전원 공급 장치는 새롭고 복잡한 회로이며 전자 시스템에서 다양하게 사용된다. 스위칭 공급 장치는 21장에서 자세하게 설명하기로 한다.

기본적인 선형 전원 공급 장치는 [그림 3-1 (a)]에 표시된 것처럼 3개의 회로 그룹으로 구분되며 교류 입력이 정류기로 공급된다. 정류기는 다이오드 회로로 되어 있고 교류에서 맥동성 직류(pulsating dc)로 변환시킨다. 이런 맥류성 직류가 필터에 인가되며 필터는 정류기로부터 출력에서 변화를 감소시키는 회로이다. 전원 공급 장치의 마지막 단은 전압 조정기(voltage regulator)이다. 전압 조정기는 출력 전압이 변하지 않고 일정하게 유지되도록 설계된다. 전압 조정기는 '제너 다이오드'라는 조정소자를 사용해서 설계되기도 한다. IC(집적회로) 전압 조정기의 개발로 인해서 제너 다이오드의 전압 조정기가 대체되고 있다. IC 전압 조정기가 제너 전압 조정기에 비해서 성능이 뛰어나기 때문에 대부분의 전원공급장치 설계에서 선호된다.

그렇지만 제너 전압 조정기는 이해하기 편하고 충분한 교육적인 가치를 가진 회로이다. 따라서 이 장에서는 제너 전압 조정기에 대해서 집중적으로 설명하도록 하겠다. IC 전압 조정기에 대해서는 21장에서 상세히 고찰되었다. 대부분의 경우는 [그림 3-1 (b)]에 표시된 것처럼 변압기(transformer)는 전원 공급 장치에 교류 전원을 연결하기 위해서 사용된다. 이런 회로에서 교류 입력 선은 변압기에 인가되는데 전원 공급 장치의 용도에 따라서 승압형(step up) 변압기, 감압형(step down) 변압기, 분리형(isolation) 변압기로 구분된다. 전원 공급 장치에 공통으로 사용되기 때문에 변압기의 기본 원리에 대해서 알아보도록 하자.

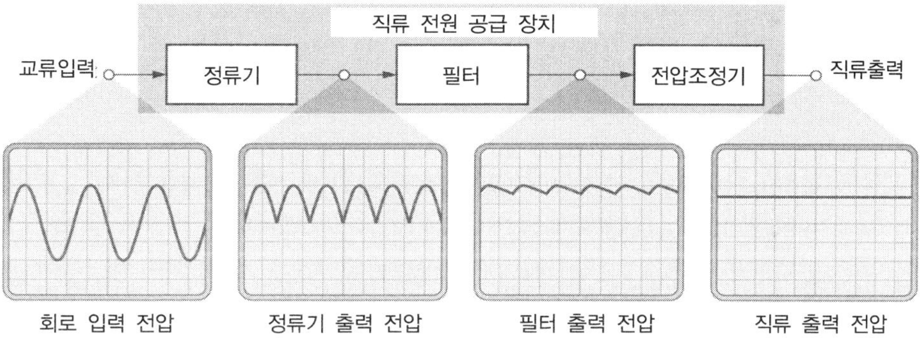

기본적인 전원 공급 장치의 블록도와 파형

(a)

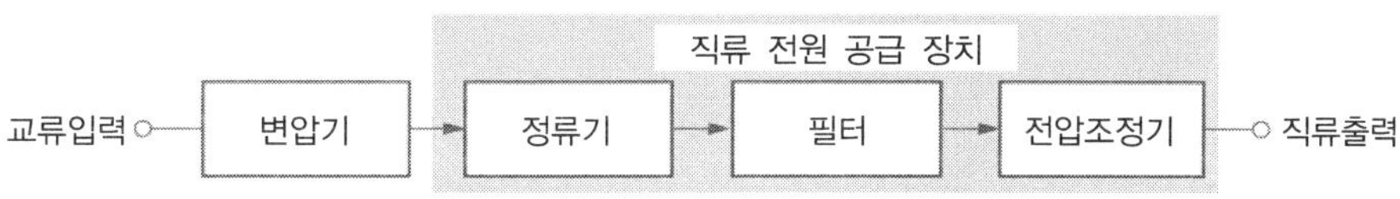

변압기 입력을 가지는 기본적인 전원 공급 장치

(b)

[그림 3-1] 기본 전원 공급 장치의 블록도와 파형

3.1 변압기(Transformer)

변압기는 고체 상태 소자로 간주되지는 않지만 대부분의 전원 공급 장치의 동작에서 필수적인 역할을 한다. 변압기의 기본적인 회로기호는 [그림 3-2]에 표시되어 있다. 1차 측과 2차 측이라고 부르는 두 개의 권선(winding)으로 구성된다. 변압기의 입력은 1차 측에 인가되고 출력은 2차 측에서 구해진다.

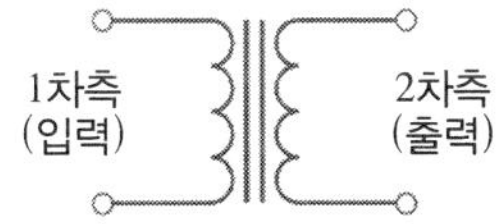

[그림 3-2] 변압기 기호

변압기는 서로 인접해 있는 인덕터(inductor)로 구성되는데 이들은 전기적으로 연결되지는 않는다. 1차 측에 인가된 교류 전압은 2차 측에 교류 전압을 유도시킨다. 동시에 1차 측과 2차 측은 서로 분리된 상태이기 때문에 두 회로 사이에 실제로 전류가 전송되지는 않는다. 따라서 변압기는 1차 측으로부터 2차 측으로 교류 결합을 제공하지만 두 회로 사이에는 물리적으로 분리된다. 변압기는 승압형, 감압형, 분리형으로 구분되고 각각의 변압기는 다음과 같은 특성을 가진다.

1. 승압형 변압기는 1차 측보다 더 큰 2차 측 전압을 제공한다. 예를 들면 승압형 변압기는 1차 측이 $120V_{ac}$라면 2차 측에는 $240V_{ac}$가 유도된다.
2. 감압형 변압기는 2차 측 전압이 1차 측 전압보다 작다. 예를 들면 감압형 변압기는 1차 측이 $120V_{ac}$라면 2차 측에는 $30V_{ac}$가 유도된다.
3. 분리형 변압기는 2차 측 전압과 1차 측 전압이 같다. 이런 유형의 변압기는 교류 전원선으로부터 전기적으로 분리된 전원 공급 장치에 사용되는데 전력선 전압으로부터 전원 공급 장치를 보호하는데 도움을 준다.

여기서 설명된 변압기는 [그림 3-3]에 표시되어 있다. 여러분도 보다시피 각 기호에는 변압기 기호위에 권선 비가 표시되어 있다. 변압기의 권선 비는 1차 측 코일과 2차 측 코일의 감김 비를 의미한다.

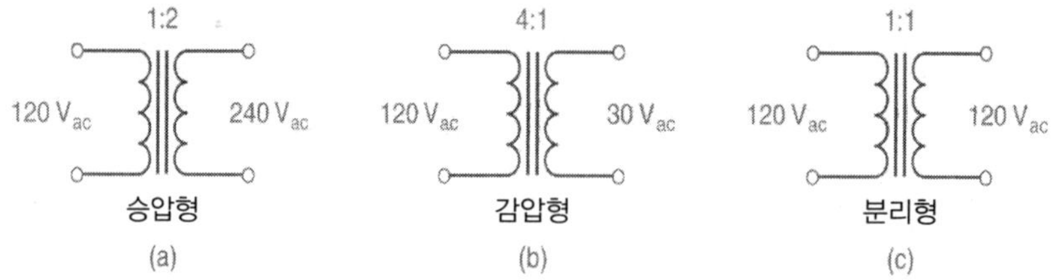

[그림 3-3]

예를 들면 [그림 3-3 (b)]에 표시된 감압형 변압기는 4 : 1의 권선 비를 갖는다. 이것은 1차 측의 권선 수가 2차 측 권선 수의 4배라고 표시하고 있다. 변압기의 권선 비는 소자의 전압 비와 같다.

$$\frac{N_S}{N_P} = \frac{V_S}{V_P} \tag{3-1}$$

여기서 N_S=2차 측 권선 수
N_P=1차 측 권선 수
V_S=2차 측 전압
V_P=1차 측 전압

을 의미한다. [그림 3-3 (b)]에 표시된 감압형 변압기의 1차 측 전압은 2차 측 전압의 4배 크기를 갖게 된다.

3.1.1 2차 측 전압의 계산(Calculating Secondary Voltage)

변압기의 1차 측 전압과 권선 비를 알고 있다면 변압기의 2차 측 전압은 식 (3-2)처럼 구해진다.

$$V_S = \frac{N_S}{N_P}V_P \tag{3-2}$$

예를 들어 [그림 3-2 (b)]에 표시된 감압형 변압기에 입력이 120V$_{ac}$라고 가정하면 2차 측 전압은 30V$_{ac}$로 구해진다.

$$V_S = \frac{N_S}{N_P}V_P = \frac{1}{4}(120\text{V}_{ac}) = 30\text{V}_{ac}$$

여러분도 보다시피 1차 측 전압은 2차 측 전압의 4배이다.

3.1.2 2차 측 전류 계산법(Calculating Secondary Current)

이상적으로 변압기는 100%의 효율을 가진다. 이것은 이상적인 변압기의 입력 전력의 100%를 2차 측으로 전송한다는 의미이다.

$$P_S = P_P$$

따라서 전력은 전압과 전류의 곱으로 표시된다.

$$V_S I_S = V_P I_P$$

그리고

$$\frac{I_P}{I_S} = \frac{V_S}{V_P} \tag{3-3}$$

전류 비는 전압 비의 역이다. 이런 의미는

- 감압형 변압기의 2차 측 전류는 자신의 1차 측 전류보다 아주 크다. 식으로는 $I_S > I_P$로 표시된다.
- 승압형 변압기의 2차 측 전류는 자신의 1차 측 전류보다 아주 작다. 식으로는 $I_S < I_P$로 표시된다.

다시 말하자면 전류는 (2차에서 1차로부터) 전압과 반대의 형태로 변화된다. 만약 전압이 증가한다면 전류는 감소한다. 역으로도 가능하다. 변압기의 전압 비가 권선 비와 같기 때문에 식 (3-3)은 식 (3-4)처럼 다시 쓸 수 있다.

$$\frac{I_P}{I_S} = \frac{N_S}{N_P}$$

또는

$$I_S = \frac{N_P}{N_S} I_P \qquad (3\text{-}4)$$

【예제 3.1】 [그림 3-4]에서 퓨즈(fuse)는 변압기의 1차 전류를 제한하는데 사용된다. I_P의 퓨즈는 1A의 크기로 제한한다고 가정하면 2차 전류의 제한 값은 어떻게 제한되는가?

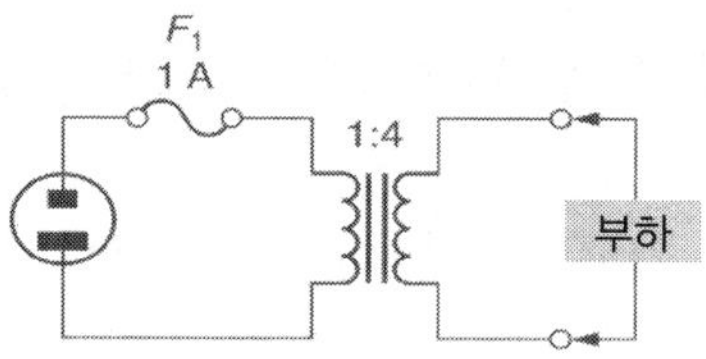

[그림 3-4]

풀이 2차 측 최대 전류는 I_P의 제한 값과 변압기의 권선 비로 구해진다.

$$I_S = \frac{N_P}{N_S} I_P = \frac{1}{4}(1\text{A}) = 250\text{mA}$$

만약 2차 측 전류가 250mA를 초과한다면 1차 측 전류가 제한 값을 초과하게 되고 퓨즈가 끊어지게 된다.

(실전 연습문제 3-1)

만약 [그림 3-4]와 유사한 회로가 1 : 12의 권선 비를 가지고 있고 1차 측 전류의 제한 값은 250mA라고 가정하면 2차 측 전류의 최대 값은 얼마인지 구하시오.

▶▶ $I_S = 20.8\text{mA}$

전류의 관계식은 이상적인 변압기의 효율이 100%라고 가정한 상태에서 계산한 것이다. 실제로는 변압기 내의 손실이 발생되기 때문에 2차 측 전력은 1차 측 전력보다는 약간 작게 된다. 그러나 1차 측 전력과 2차 측 전력 사이의 차이는 이 절에서 언급한 관계에 거의 영향을 미치지 않을 정도로 작다.

3.1.3 변압기 정격(Transformer Rating)

일부 변압기의 제조회사에서 제공하는 목록에는 변압기 정격이 권선 비로 표시되는 반면 다른 제조회사에서는 2차 측 전압 정격으로 표시하고 있다. 예를 들면 변압기는

40V_{ac}의 변압기로 표시될 수 있다. 이런 정격은 1차 측 입력 120V_{ac}에 의해서 2차 측 전압이 40V_{ac}가 발생된다는 것을 의미한다. 다시 말하자면 표준 120V_{ac} 입력이 공급되어 변압기로부터 실효치 출력을 얻을 수 있다는 점이다. 이 장을 통해서 우리는 변압기 정격에 대해서 두 가지 방법을 모두 사용하게 된다.

기초 확인문제 3.1

1. 변압기 입력과 출력 회로의 이름은 무엇인가?
2. 변압기의 3가지 유형을 설명하라.
3. 변압기의 권선 비는 무엇을 의미하는가?
4. 변압기의 권선 비와 입력과 출력 전압 사이의 관계를 설명하라.
5. 변압기의 1차 측 전력과 2차 측 전력 사이의 관계를 설명하라.
6. 변압기의 전압 정격과 전류 정격 사이의 관계를 설명하라.
7. 제조회사에서 제공하는 변압기의 목록에 표시되는 정격 두 가지를 설명하라.

3.2 반파 정류기(Half Wave Rectifier)

정류기 회로는 기본적으로 반파(half wave) 정류기, 전파(full wave) 정류기, 브리지(bridge) 정류기와 같은 3가지 유형으로 분류된다. 이들 중 브리지 정류기가 가장 일반적으로 사용되고 그 다음으로는 전파 정류기가 사용된다. 그렇지만 원리가 가장 이해하기 쉬운 간단한 반파 정류기부터 고찰하기로 한다.

반파 정류기는 변압기와 부하 저항 사이에 한 개의 다이오드가 직렬로 연결된다. 반파 정류기의 부하저항인 R_L은 [그림 3-5]에 표시된 것처럼 연결된다. 다이오드는 반파 정류기 교류 입력의 negative 반파와 positive 반파 중 하나를 제거시킨다. 여러분도 그림에서 보다시피

- positive 반파 정류기의 출력은 positive 펄스열로 나타난다.
- negative 반파 정류기의 출력은 negative 펄스열로 나타난다.

만약 [그림 3-5]에서 positive 반파 정류기와 negative 반파 정류기를 비교한다면 여러분은 다이오드 방향이 제거되는 반파를 결정하게 된다는 사실을 이해하게 될 것이다.

반파 정류기의 구성은 최소의 구성성분으로 이루어지기 때문에 생산가격이 저렴하다.

그렇지만 세 가지의 정류기 중 효율이 가장 낮다. 그 결과 별로 중요하지 않은 저 전류 응용 분야에 사용된다.

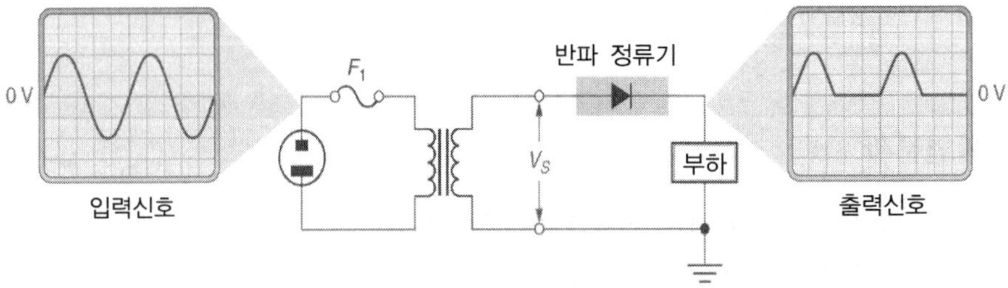

(a) Positive 반파 정류기

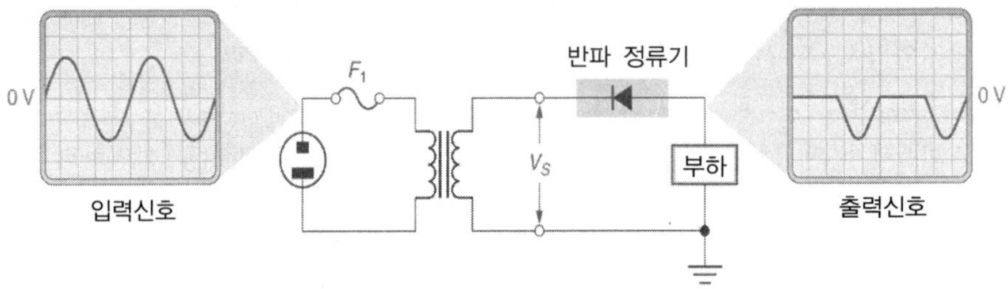

(b) Negative 반파 정류기

[그림 3-5] 반파 정류기

3.2.1 기본적인 회로 조작(Basic Circuit Operation)

[그림 3-5]에서 정류기에 입력되는 negative 반주기는 다이오드의 단 방향(one way) 도통으로 인해서 제거된다. [그림 3-6]은 입력 신호의 완전한 사이클의 회로 동작을 설명하고 있다. 입력의 positive 반주기 동안 다이오드 D_1은 순방향으로 바이어스되고 전류에 대한 경로를 제공한다. 이것은 부하저항 R_L 양단에 전압 V_L을 발생시키는데 이것은 변압기의 2차 측 전압 V_S와 거의 같게 된다.

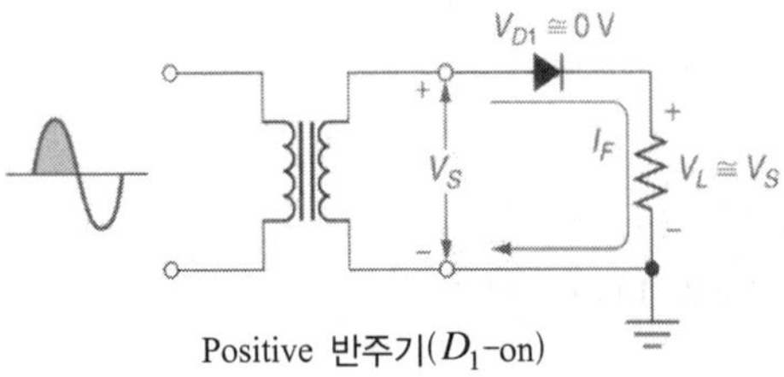

Positive 반주기(D_1-on)

(a)

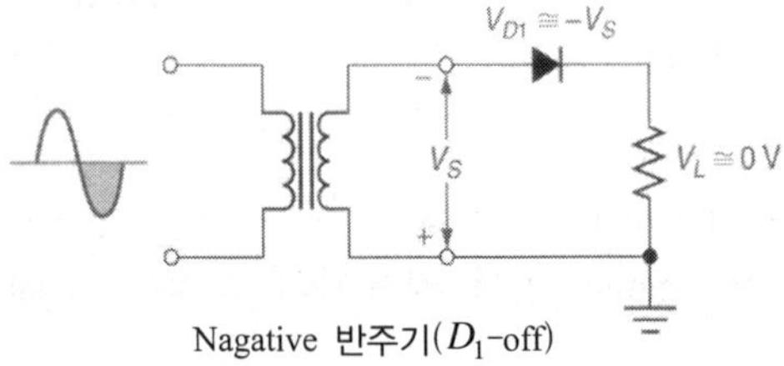

Nagative 반주기(D_1-off)

(b)

[그림 3-6] 이상적인 반파 정류기 동작

입력의 극성이 반대로 변화하면 다이오드 D_1은 역방향으로 바이어스되고 회로는 도통되지 않는다. 부하저항 R_L에 전류가 흐르지 않으면 부하저항 양단에 전압이 나타나지 않는다. 이런 경우의 출력전압은 0V이고 다이오드 양단의 전압 V_D는 V_S와 같다. 만약 이것이 혼동된다면 이상적인 다이오드 모델을 기억하면 된다. 이런 다이오드 모델은 2장에서 역방향 바이어스인 경우에는 개방 스위치로, 순방향으로 바이어스된 경우에는 단락 스위치로 설명된바 있다. 순방향으로 바이어스될 때 이상적인 다이오드의 전압 강하는 없고 역방향으로 바이어스될 때 인가 전압이 모두 개방 스위치 양단에 나타나게 된다.

[그림 3-6 (a)]에 표시된 다이오드가 이상적인 경우라고 가정하면 단락 스위치에서는 식 (3-5)가 성립된다.

$$V_L \cong V_S \text{ (순방향 동작)} \tag{3-5}$$

이것은 단락 스위치 양단에서는 전압강하가 없다는 것을 의미한다. 만약 [그림 3-6 (b)]에 표시된 것처럼 다이오드가 개방 스위치라고 가정하면 식 (3-6)을 구할 수 있다.

$$V_{D1} = V_S \text{ (역방향 동작)} \tag{3-6}$$

이것은 개방 스위치 양단에 인가전압이 모두 나타난다는 것을 의미한다. 다시 말하자면 R_L 양단의 전압강하는 없기 때문에 V_L은 0이다. 이상적인 회로 동작은 다음과 같이 요약된다.

다이오드 조건	V_{D1}	V_L
순방향 바이어스	0V	V_S
역방향 바이어스	V_S	0V

이런 관계식을 이용하면 [그림 3-7]에 표시된 입출력 파형 특성을 간단히 이해할 수 있다. t_1일 때 다이오드는 순방향으로 바이어스되고 출력 V_L은 입력 V_S와 거의 같다. t_2일 때 다이오드는 역방향으로 바이어스되고 출력은 0으로 떨어진다. 이것이 반파 정류기가 어떻게 동작하는지를 설명하는 것이다.

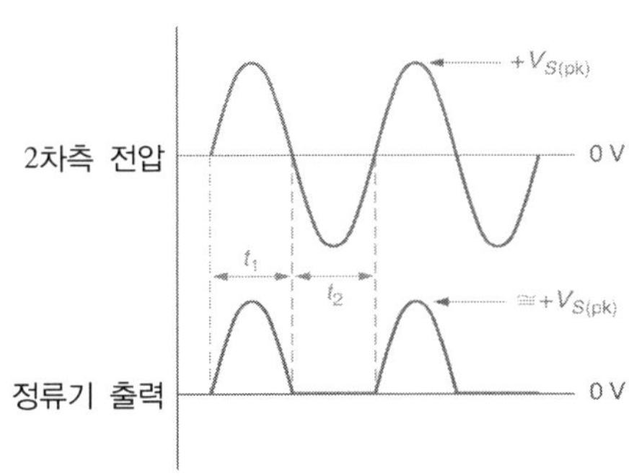

[그림 3-7] 이상적인 입력과 출력파형

3.2.2 Negative 반파 정류기(Negative Half Wave Rectifier)

[그림 3-8]은 negative 반파 정류기를 표시하고 있다. 만약 여러분이 이 회로와 [그림 3-6]을 비교한다면 두 회로 사이의 차이점은 오로지 다이오드의 방향에 있다는 점이다.

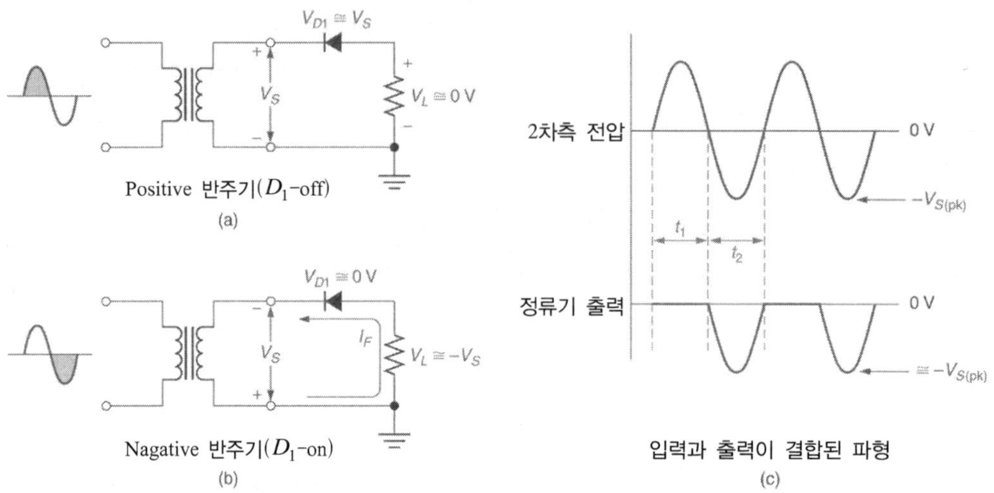

[그림 3-8] negative 반파 정류기

입력의 positive 반주기 동안 다이오드 D_1은 [그림 3-8 (a)]에 표시된 것처럼 역방향으로 바이어스되고 식 (3-6)이 적용된다. 이런 경우 입력의 positive 반주기가 다이오드에 의해서 제거된다. 입력의 negative 반주기에서 다이오드 D_1은 [그림 3-8 (b)]에 표시된 것처럼 순방향으로 바이어스되고 식 (3-5)가 적용된다. 2차 측 전류와 부하 전압의 극성에 주의해야 한다.

여러분도 보다시피 다이오드의 방향은 정류기의 출력이 positive인지 negative인지를 결정하게 한다. 다음의 내용은 일반적인 것이다.

1. 다이오드의 화살표가 부하(R_L) 쪽으로 향하면 정류기 출력은 positive로 된다.
2. 다이오드의 화살표가 변압기 쪽으로 향하면 정류기 출력은 negative로 된다.

이런 두 가지 내용은 전파 정류기에서도 사실이다. 반파 정류기의 특성은 [그림 3-9]에 요약되어 있다.

반파 정류기		
정류기 형태	Positive **반파**	Negative **반파**
회로도	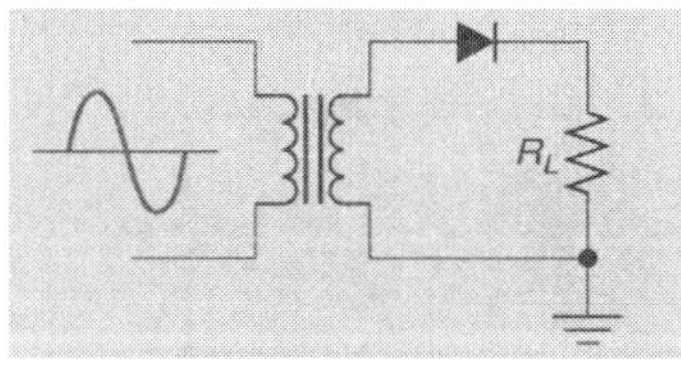	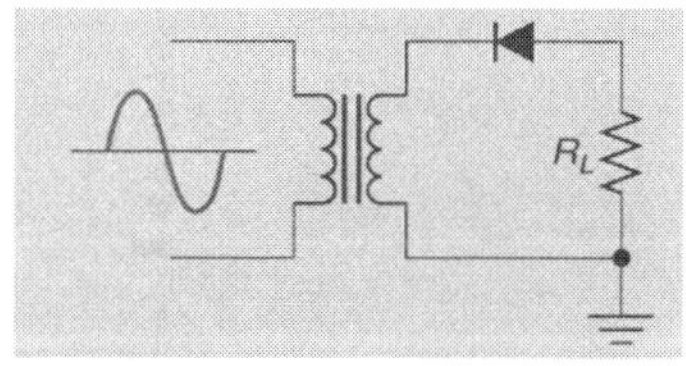
회로 구성	다이오드의 화살표가 부하쪽으로 표시된다.	다이오드의 화살표가 전원쪽으로 표시된다.
다이오드가 도통될 때	입력의 pogitive 반주기	입력의 Negative 반주기
출력파형	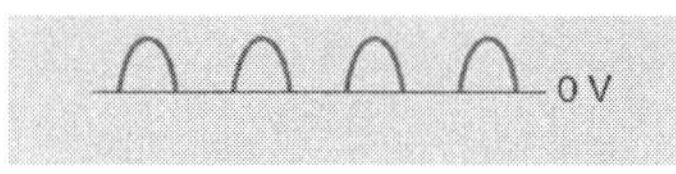	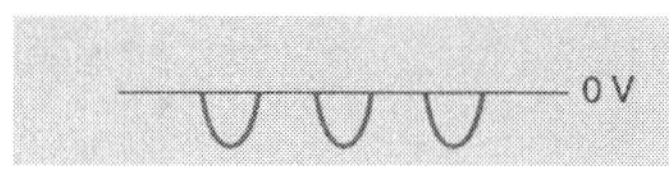

[그림 3-9]

3.2.3 부하 전압과 부하 전류 계산(Calculating Load Voltage and Load Current)

반파 정류기를 이상적이라고 가정하면 다이오드의 V_F 값은 무시한다. 이런 값을 계산에 고려하면 피크 부하 전압 $V_{L(\text{pk})}$는 식 (3-7)처럼 표시된다.

$$V_{L(\text{pk})} = V_{S(\text{pk})} - V_F \tag{3-7}$$

식 (3-7)은 식 (2-1)과 약간 다르지만 크게 어려운 점은 없다. $V_{S(\text{pk})}$는 변압기의 피크 2차 전압으로 식 (3-8)처럼 구해진다.

$$V_{S(\text{pk})} = \frac{N_S}{N_P} V_{P(\text{pk})} \tag{3-8}$$

여기서 $\frac{N_S}{N_P}$ = 변압기의 1차 측과 2차 측의 권선 비이다.

$V_{P(\text{pk})}$ = 변압기의 1차 측 피크 전압이다.

주의할 점은 식 (3-8)은 변압기의 입력이 피크 값으로 주어진다고 가정한 것이다. 전원전압은 실효 값으로 주어진다. 이런 경우에 전원 전압은 식 (3-9)를 이용해서 피크 값으로 변환되어야 한다.

$$V_{\text{pk}} = \frac{V_{\text{ms}}}{0.707} \tag{3-9}$$

【예제 3-2】는 positive 반파 정류기로부터 피크 출력 전압을 계산하는 과정을 설명하고 있다.

【예제 3.2】 [그림 3-10]에서 표시된 회로의 피크 부하 전압을 구하시오. 전원 전압은 $120V_{ac}$라고 가정한다.

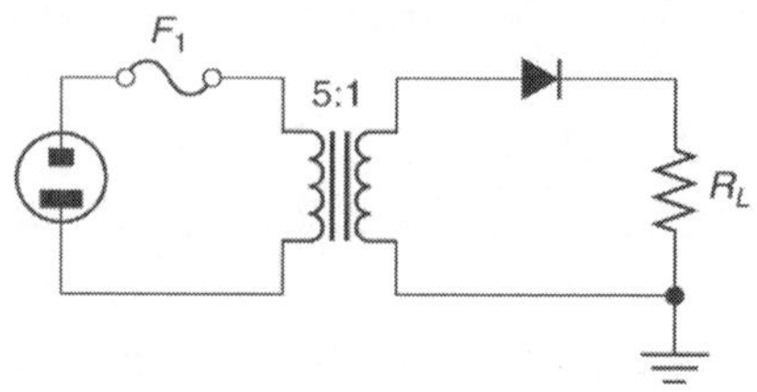

[그림 3-10]

풀이 우선 변압기의 교류 입력을 피크 값으로 변환한다.

$$V_{P(pk)} = \frac{V_{P(rms)}}{0.707} = \frac{120V}{0.707} = 170V$$

회로의 2차 측 전압을 계산하면 34V가 구해진다.

$$V_{S(pk)} = \frac{N_S}{N_P} V_{P(pk)} = \frac{1}{5}(170V) = 34V$$

$$V_{L(pk)} = V_{S(pk)} - V_F = 34V - 0.7V = 33.3V$$

(실전 연습문제 3-2)

반파 정류기가 $N_P = 10$, $N_S = 1$, 그리고 $V_{P(pk)} = 180V$의 값을 가진다고 가정하고 회로의 피크 부하 전압을 구하시오.

▶▶ $V_{L(pk)} = 17.3V_{pk}$

【예제 3.3】 [그림 3-11]에 표시된 회로의 피크 부하 전압을 구하시오.

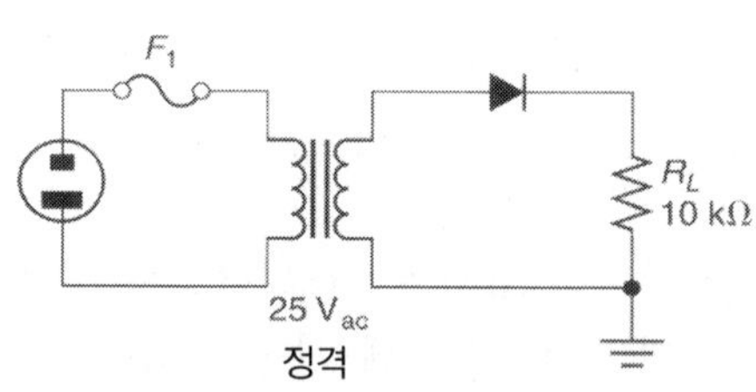

[그림 3-11]

풀이 변압기는 $25V_{ac}$ 정격을 가지고 있다. V_S 값을 피크 값으로 변환하면 35.4V가 구해진다.

$$V_{S(pk)} = \frac{V_{S(ms)}}{0.707} = \frac{25V}{0.707} = 35.4V$$

$V_{L(pk)}$ 값은 34.7V로 구해진다.

$$V_{L(pk)} = V_{S(pk)} - V_F = 35.4V - 0.7V = 34.7V$$

(실전 연습문제 3-3)

12V_{ac} 변압기가 positive 반파 정류기에서 사용된다. 회로의 피크 부하 전압은 얼마인가?

▶▶ $V_{L(pk)} = 16.3V_{pk}$

피크 부하 전압이 결정되면 피크 부하 전류는 식 (3-10)처럼 구해진다.

$$I_{L(pk)} = \frac{V_{L(pk)}}{R_L} \tag{3-10}$$

【예제 3-4】에서 피크 부하 전류 계산과정을 설명하고 있다.

【예제 3.4】 [그림 3-12]에 표시된 회로의 피크 부하 전류는 얼마인지 구하시오.

풀이 회로의 입력 전압은 120V_{ac}로 주어진다. 이런 실효 값을 피크 값으로 변환해야 한다.

$$V_{P(pk)} = \frac{V_{P(ms)}}{0.707} = \frac{120V}{0.707} = 170V$$

$V_{S(pk)}$ 값은 56.7V로 구해진다.

$$V_{S(pk)} = \frac{N_S}{N_P} V_{P(pk)} = \frac{1}{3}(170V) = 56.7V$$

마지막으로 부하 전압과 전류는 다음과 같이 계산된다.

$$V_{L(pk)} = V_{S(pk)} - V_F = 56.7V - 0.7V = 56V$$

$$I_{L(pk)} - \frac{V_{L(pk)}}{R_L} - \frac{56V}{10k\Omega} - 5.6mA$$

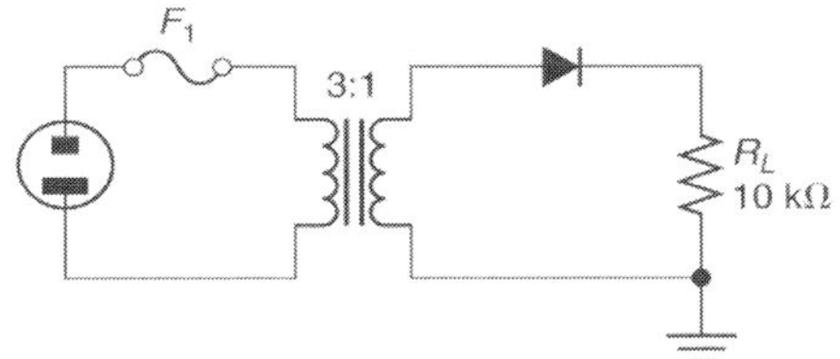

[그림 3-12]

(실전 연습문제 3-4)

[그림 3-12]에 표시된 회로가 $N_P=1$, $N_S=12$, $R_L=8.2\text{k}\Omega$의 값을 가진다고 가정하고 회로의 피크 부하 전류를 구하시오.

▶▶ $I_{L(\text{pk})}=1.65\text{mA}$

3.2.4 평균 전압과 평균전류(Average Voltage and Current)

평균 부하 전압 V_{ave}는 직류 전압계로 측정된 값이다. 다시 말하자면 V_{ave}는 교류 신호의 직류 등가 값이다. 대부분의 경우 V_{ave}와 V_{dc}는 동일한 값을 나타내는데 사용된다. 정류기는 교류를 직류로 변환시키는데 사용되므로 V_{ave}는 대단히 중요한 값이다. 반파 정류기의 V_{ave}는 식 (3-11)처럼 구해진다.

$$V_{\text{ave}}=\frac{V_{\text{pk}}}{\pi}\ \text{(반파 정류기)} \tag{3-11}$$

이 식의 또 다른 형태는 식 (3-12)처럼 표시된다.

$$V_{\text{ave}}=0.318V_{\text{pk}}\ \text{(반파 정류기)} \tag{3-12}$$

이것은 $0.318\cong 1/\pi$이다. 어떤 식을 이용하던 간에 반파 정류기 회로의 직류 등가 전압을 결정하는데 사용된다. 【예제 3.5】는 반파 정류기의 V_{ave} 값을 구하는 과정을 설명하고 있다.

【예제 3.5】 [그림 3-13]에 표시된 회로의 V_{ave} 값을 구하시오.

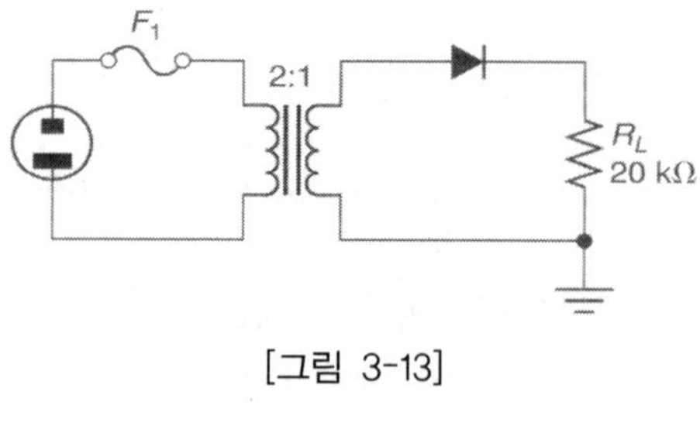

[그림 3-13]

풀이

$$V_{P(\text{pk})}=\frac{V_{P(\text{rms})}}{0.707}=\frac{120\text{V}}{0.707}=170\text{V}$$

$$V_{S(\text{pk})}=\frac{N_S}{N_P}V_{P(\text{pk})}=\frac{1}{2}(170\text{V})=85\text{V}$$

$$V_{L(\text{pk})}=V_{S(\text{pk})}-V_F=85\text{V}-0.7\text{V}=84.3\text{V}$$

$$V_{\text{ave}}=\frac{V_{L(\text{pk})}}{\pi}=\frac{84.3\text{V}}{\pi}=26.8\text{V}$$

(실전 연습문제 3-5)

[그림 3-13]에 표시된 반파 정류기가 $N_P = 14$, $N_S = 1$을 가진다고 가정하고 회로의 직류 부하 전압을 구하시오.

▶▶ $V_{\text{ave}} = 3.63\text{V}$

피크 전압을 평균 전압으로 변환하는 것처럼 피크 전류 또한 평균 전류로 변환할 수 있다. 교류 파형의 평균 부하 전류 값은 직류 계측기로 측정이 가능하다. 따라서 파형의 I_{ave} 값은 직류 등가 전류이다. 이것은 우리가 교류에서 직류로 바꾸는데 사용하는 임의의 회로에서 대단히 중요한 값이다. I_{ave} 값은 다음과 같은 두 가지 방법 중 한 가지로 계산할 수 있다.

1. V_{ave} 값을 결정하고 옴의 법칙을 적용하면 다음과 같이 표시할 수 있다.

$$I_{\text{ave}} = \frac{V_{\text{ave}}}{R_L}$$

2. 【예제 3-4】에서 설명된 것처럼 I_{PK}를 계산할 수 있다. 그리고 이런 피크 값을 우리가 V_{pk}를 V_{ave}로 변환하기 위해서 사용했던 식 (3-11), (3-12)와 유사한 공식을 사용해서 평균값으로 변환할 수 있다.

$$I_{\text{ave}} = \frac{I_{\text{pk}}}{\pi} \quad (\text{반파 정류기}) \tag{3-13}$$

$$I_{\text{ave}} = 0.318 I_{\text{pk}} \quad (\text{반파 정류기}) \tag{3-14}$$

【예제 3-6】은 I_{ave} 값을 결정하기 위한 첫 번째 방법을 설명하고 있다.

【예제 3.6】 [그림 3-13]에 표시된 회로에서 I_{ave} 값을 결정하시오.

풀이 【예제 3.5】에서 우리는 26.8V_{dc}로 되는 V_{ave}의 값을 결정했다. 이 값과 R_L 값을 사용하면 I_{ave} 값은 1.34mA로 구해진다.

$$I_{\text{ave}} = \frac{V_{\text{ave}}}{R_L} = \frac{26.8\text{V}}{20\text{k}\Omega} = 1.34\text{mA}$$

(실전 연습문제 3-6)

반파 정류기가 24V_{ac}의 평균 출력 전압을 가진다. 부하 저항은 2.2kΩ 회로에서 직류 부하 전류의 값을 구하시오.

▶▶ $I_{\text{ave}} = 10.9\text{mA}$

【예제 3-7】은 I_{ave} 값을 구하는 두 번째 방법을 설명하고 있다.

【예제 3.7】 [그림 3-14]에 표시된 정류기의 직류 부하 전류를 결정하시오.

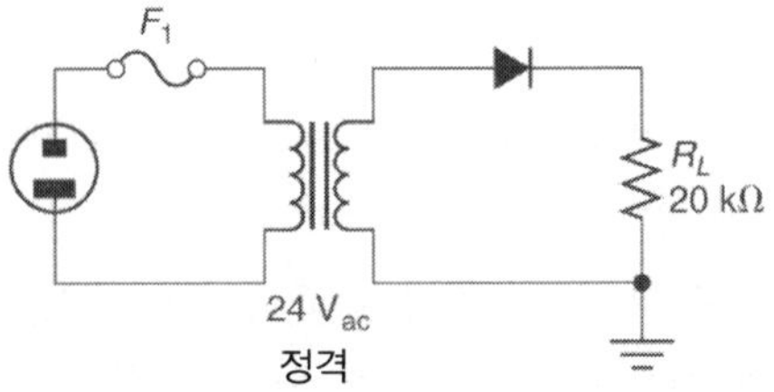

[그림 3-14]

풀이 변압기는 $24V_{ac}$ 정격을 가진다. 2차 측 피크전압은 33.9V로 구해진다.

$$V_{S(pk)} = \frac{24V_{ac}}{0.707} = 33.9V$$

피크 부하 전압은 33.2V로 계산된다.

$$V_{L(pk)} = V_{S(pk)} - 0.7V = 33.2V$$

피크 전류는 1.66mA이다.

$$I_{L(pk)} = \frac{V_{L(pk)}}{R_L} = \frac{33.2V}{20k\Omega} = 1.66mA$$

마지막으로 평균 부하 전류는 528μA로 구해진다.

$$I_{ave} = \frac{I_{pk}}{\pi} = \frac{1.66mA}{\pi} = 528\mu A$$

(실전 연습문제 3-7)

반파 정류기는 $48V_{ac}$를 공급한다. 만약 회로의 부하 저항이 12kΩ이라면, 회로의 직류 부하 전류는 얼마의 크기를 갖는가?

▶▶ $I_{ave} = 1.78mA$

3.2.5 Negative 반파 정류기(Negative Half Wave Rectifier)

negative 반파 정류회로의 해석은 positive 반파 정류 회로 해석과 거의 동일하다. 오직 차이점이라면 전압의 극성이 반대라는 것이다. negative 반파 정류기의 수학적 해석에 사용되는 간단한 방법은 다음과 같다.

1. positive 반파 정류기인 것처럼 해석한다.
2. 계산이 완료된 후 전압의 극성을 positive에서 negative로 바꾸면 된다.

이와 같은 접근 방법은 【예제 3.8】을 통해서 증명된다.

【예제 3.8】 [그림 3-15]에 표시된 회로의 출력전압을 구하시오.

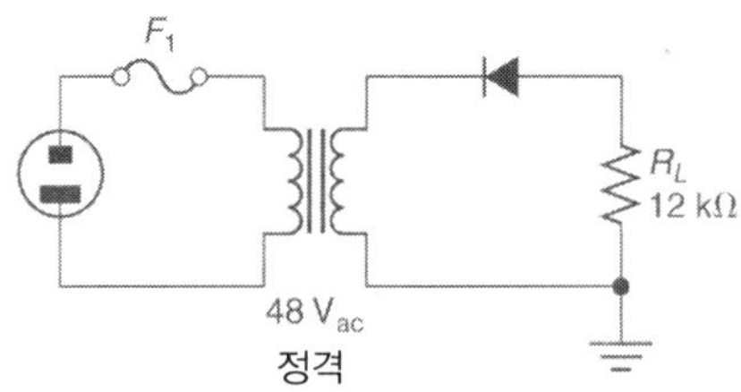

[그림 3-15]

풀이 positive 반파 정류인 것처럼 회로를 해석하는 것으로 풀이 과정을 시작한다. 변압기는 $48V_{ac}$ 정격을 가진다. 2차 측 피크전압은 67.9V로 구해진다.

$$V_{S(pk)} = \frac{48V_{ac}}{0.707} = 67.9V$$

피크 부하 전압은 67.2V로 계산된다.

$$V_{L(pk)} = V_{S(pk)} - 0.7V = 67.2V$$

평균 전압은 21.4V이다.

$$V_{ave} = \frac{V_{pk}}{\pi} = \frac{67.2V}{\pi} = 21.4V$$

이제 positive 전압을 negative 전압으로 극성을 변환시키면 된다. 따라서 [그림 3-15]에 표시된 회로의 해답은 다음과 같다.

$$V_{S(pk)} = -67.9V, \quad V_{L(pk)} = -67.2V, \quad V_{ave} = -21.4V$$

(실전 연습문제 3-8)

negative 반파 정류기의 변압기에 $36V_{ac}$가 공급된다. 【예제 3-8】에서 사용했던 해석방법을 적용하고 $V_{S(pk)}$, $V_{L(pk)}$, 직류 출력 전압을 구하시오.

▶▶ $V_{S(pk)} = -50.9V$, $V_{L(pk)} = -50.2V_{pk}$, $V_{ave} = -16V_{dc}$

3.2.6 소자의 대체(Component Substitution)

I_{ave}는 또 다른 이유에서 중요하다. 2장에서 이미 언급한 것처럼 다이오드를 통해서 흐르는 순방향 최대 전류는 소자의 순방향 전류 정격 I_O와 같다는 것이다. 정류기로 동작할 때 임의의 지점에서 다른 하나의 다이오드로 대체하는 것이 필요한 경우가 있다. 이런 경우에는 회로에서 사용되는 다이오드의 I_{ave}는 대체되는 다이오드의 정격 I_O보다는 작아야 한다. 이 점에 대해서는 3장 5절에서 다시 설명하기로 한다.

3.2.7 피크 역 전압(Peak Inverse Voltage : PIV)

주어진 회로에서 다이오드에 인가되는 역방향 바이어스의 최대 크기는 피크 역 전압 혹은 PIV로 표시한다. 반파 정류기 회로의 PIV는 식 (3-15)처럼 구해진다.

$$\mathrm{PIV} = V_{S(\mathrm{pk})} \text{ (반파 정류기)} \tag{3-15}$$

이 식의 근간은 [그림 3-6]을 참조하면 된다. [그림 3-6 (b)]에 표시된 것처럼 다이오드가 역방향으로 바이어스되면 부하저항 양단의 전압 강하는 없다. 따라서 V_S가 다이오드 양단에 걸리게 된다. 주어진 회로의 PIV는 회로에 사용되는 다이오드의 V_{RRM}을 결정하기 때문에 중요하다. 이 점에 대해서도 3장 5절에서 다시 설명하기로 한다.

기초 확인문제 3.2

1. 반파 정류기의 순방향 동작과 역방향 동작을 간단히 설명하라.
2. positive 반파 정류기와 negative 반파 정류기의 출력 파형 사이의 차이점을 간단히 설명하라.
3. 반파 정류기의 출력극성은 어떻게 결정되는지 설명하라.
4. 변압기의 권선 비와 1차 측 실효 전압이 주어진다면 정류기로부터의 직류 출력 전압은 얼마인지 결정하라.
5. 2차 측 실효전압 정격을 알고 있다면 정류기의 직류 출력전압을 구하는 과정은 어떻게 진행되는지 설명하라.
6. 반파 정류기 회로에서 평균 부하 전압 V_{ave}를 측정하기 위해서 사용되는 계측기는 무엇인가?
7. 반파 정류기 회로에서 평균 부하 전류 I_{ave}를 측정하기 위해서 사용되는 계측기는 무엇인가?
8. 다이오드의 PIV와 V_{RRM} 사이의 관계는 무엇인가?
9. 반파 정류기의 PIV는 어떻게 구하는가?
10. [그림 3-7]에 표시된 파형을 근거로 해서 반파 정류기의 효율을 고찰해 보라.

3.3 전파 정류기(Full Wave Rectifier)

전파 정류기는 [그림 3-16 (a)]에 표시된 것처럼 두 개의 다이오드로 구성된 회로로 [그림 3-16 (b)]와 같은 파형을 출력으로 제공하게 된다.

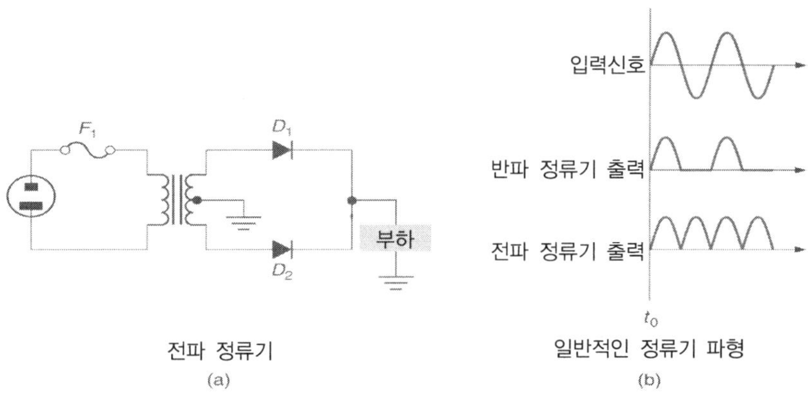

[그림 3-16] 전파 정류기

[그림 3-16 (b)]에는 전파 정류기의 출력과 반파 정류기의 출력을 비교하여 표시하였다. 중요한 것은 전파 정류기는 반파 정류기에 의해서 발생되는 모든 주기의 2배에 해당되는 주기를 발생시킨다는 점이다. [그림 3-16]에 표시된 변압기는 중간 탭 변압기이다. 이런 형태의 변압기는 2차 측 중심에 연결된 리드를 가지기 때문에 중간 탭으로부터 2차 측의 권선에 유도되는 전압은 2차 측 전압의 절반이 된다. 만약 24V 중간 탭 변압기를 가진다고 가정하면 출력선간의 단자 전압은 12V가 된다. 그림에서 확인한 바처럼 중간 탭 변압기는 전파 정류기에서 중요한 역할을 한다. 이런 이유 때문에 전파 정류기는 전력선과 직접 연결되지 않는다. 다시 말하자면 반파 정류기처럼 교류 전원에 직접 연결되지 않는다.

3.3.1 기본 회로의 동작(Basic Circuit Operation)

[그림 3-17]은 입력신호의 완전한 한 주기 동안에 이루어지는 전파 정류기의 동작을 설명하고 있다. positive 반주기에서 다이오드 D_1이 순방향으로 바이어스되고 D_2는 역방향으로 바이어스된다. 부하저항을 통해서 흐르는 전류의 방향에 주목해야 한다. 다이오드의 이상적인 모델을 사용한다고 가정하면 피크 부하 전압을 식 (3-16)처럼 구할 수 있다.

$$V_{L(\mathrm{pk})} \cong \frac{V_{S(\mathrm{pk})}}{2} \qquad (3\text{-}16)$$

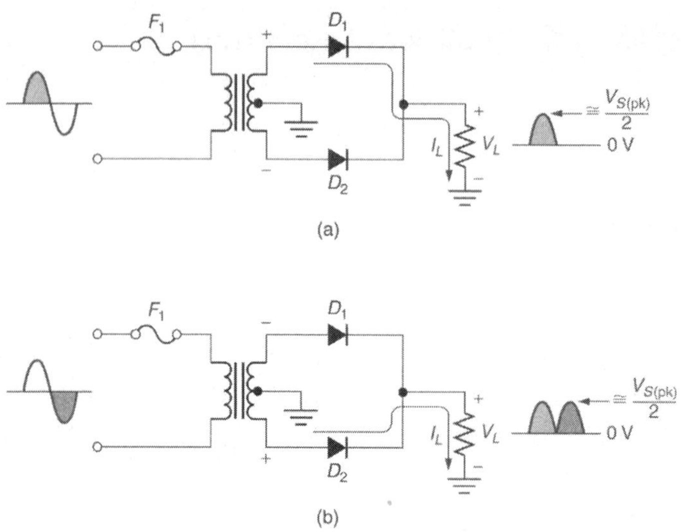

[그림 3-17]

부하전압은 중간 탭 변압기를 사용하기 때문에 2차 측 전압의 절반과 거의 같게 된다. 중간 탭 변압기의 한쪽 끝으로부터 중간 탭까지의 전압은 항상 2차 측 전압이 절반이다. 입력 전압의 극성이 역으로 반전되면 다이오드 D_1이 역방향으로 바이어스되고 D_2는 순방향으로 바이어스된다. 변압기의 2차 측 전압의 극성이 변화한다고 해도 부하저항을 통해서 흐르는 전류의 방향이 변하지 않는다는 점에 주목해야 한다. 따라서 또 다른 positive 반주기가 부하 양단에 걸리게 되고 전파 정류기의 출력은 [그림 3-16 (b)]에 표시된 것과 같은 파형을 가지게 된다.

3.3.2 부하전압과 전류 계산(Calculating Load Voltage and Current Value)

다이오드의 실제적인 모델을 사용한다고 가정하면 전파 정류기의 피크 부하 전압은 식 (3-17)처럼 구해진다.

$$V_{L(\text{pk})} \cong \frac{V_{S(\text{pk})}}{2} - 0.7\text{V} \tag{3-17}$$

전파 정류기는 반파 정류기의 2배에 해당하는 펄스를 발생시킨다. 다시 말하자면 반파 정류기에서 발생되는 펄스의 2배에 해당되는 펄스를 전파 정류기가 발생시킨다는 의미이다. 이런 이유 때문에 전파 정류기의 평균부하전압은 식 (3-18)처럼 구할 수 있다.

$$V_{\text{ave}} = \frac{2V_{L(\text{pk})}}{\pi} \tag{3-18}$$

$$V_{\text{ave}} = 0.637V_{L(\text{pk})} \tag{3-19}$$

여기서 $0.637 \cong 2/\pi$이다. 식 (3-19)에서 사용된 0.637이라는 값은 반파 정류기에서 V_{ave}를 구하기 위해서 사용된 식 (3-12)에 표시된 0.18의 2배 크기이다. 전파 정류기의 직류 부하 전압을 구하기 위해서 사용되는 과정은 【예제 3-9】에 설명되어 있다.

【예제 3.9】 [그림 3-18]에 표시된 회로의 직류 부하 전압을 결정하시오.

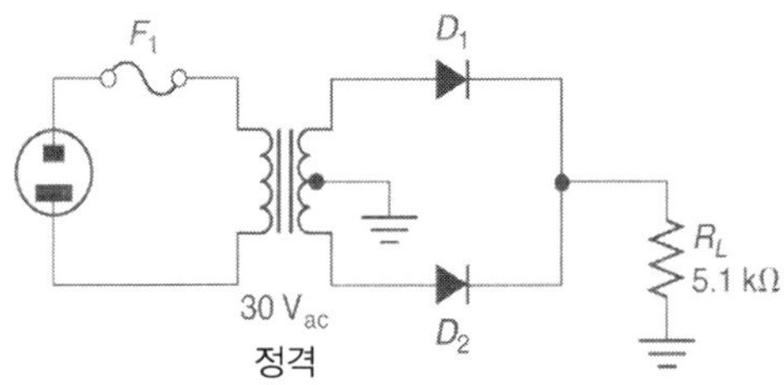

[그림 3-18]

풀이 변압기의 정격은 $30V_{ac}$이다. 따라서 $V_{S(pk)}$는 42.4V로 구해진다.

$$V_{S(pk)} = \frac{30V_{ac}}{0.707} = 42.4V$$

피크부하전압은 20.5V로 계산된다.

$$V_{L(pk)} = \frac{V_{S(pk)}}{2} - 0.7V = 21.2V - 0.7V = 20.5V$$

직류부하전압은 13.1V이다.

$$V_{ave} = \frac{2V_{pk}}{\pi} = \frac{41V}{\pi} = 13.1V$$

(실전 연습문제 3-9)

전파 정류기는 $24V_{ac}$ 중간 탭 변압기에 의해서 전원이 공급된다. 회로의 부하 전압은 얼마인가?

▶▶ $V_{ave} = 10.4V$

피크전압과 평균 부하 전압을 알고 있다면 $I_{L(pk)}$와 I_{ave} 값을 쉽게 구할 수 있다. 【예제 3.10】에서 설명하고 있는 것처럼 알고 있는 값을 옴의 법칙에 적용하면 된다.

【예제 3.10】 [그림 3-18]에 표시된 회로에서 $I_{L(pk)}$와 I_{ave} 값을 구하시오.

풀이 【예제 3-9】에서 회로의 피크 출력전압과 평균 부하 전압을 계산한바 있다. 회로에 표시된 부하저항 R_L과 계산된 값을 이용하면 $I_{L(PK)} = 4.02mA$, $I_{ave} = 2.57mA$로 구해진다.

$$I_{L(\text{pk})} = \frac{V_{L(\text{pk})}}{R_L} = \frac{20.5\text{V}}{5.1\text{k}\Omega} = 4.02\text{mA}$$

$$I_{\text{ave}} = \frac{V_{\text{ave}}}{R_L} = \frac{13.1\text{V}}{5.1\text{k}\Omega} = 2.57\text{mA}$$

(실전 연습문제 3-10)

실전 연습문제 (3-9)에 표시된 회로의 부하저항이 2.2kΩ의 크기를 갖는다고 가정하고 회로의 피크 전류와 직류 부하 전류를 구하시오.

▶▶ $I_{L(\text{pk})} = 7.4\text{mA},\ I_{\text{ave}} = 4.73\text{mA}$

3.3.3 피크 역 전압(Peak Inverse Voltage)

전파 정류기에서 한 개의 다이오드가 역방향으로 바이어스되면 다이오드 양단에 걸리는 전압은 V_S와 거의 같다. 이것은 [그림 3-19]에 표시되어 있다. 예를 들면 [그림 3-19]에서 변압기의 2차 측에는 중간 탭 변압기 때문에 $+17V_{\text{pk}}$와 $-17V_{\text{pk}}$가 발생된다. 극성이 표시된 것처럼 다이오드 D_1이 순방향으로 바이어스되면 다이오드 D_2는 역방향으로 바이어스된다. 만약 다이오드 D_1이 이상적이라고 가정하면 $V_{D1} = 0\text{V}$이다. D_1의 캐소드는 $+17V_{\text{pk}}$이다. 따라서 D_1의 캐소드는 직접 D_2의 캐소드에 연결되고 D_2의 캐소드 역시 $+17V_{\text{pk}}$이다. D_2의 애노드에 $-17V_{\text{pk}}$가 인가되면 소자의 양단에 나타나는 전압 차는 $34V_{\text{pk}}$가 된다.

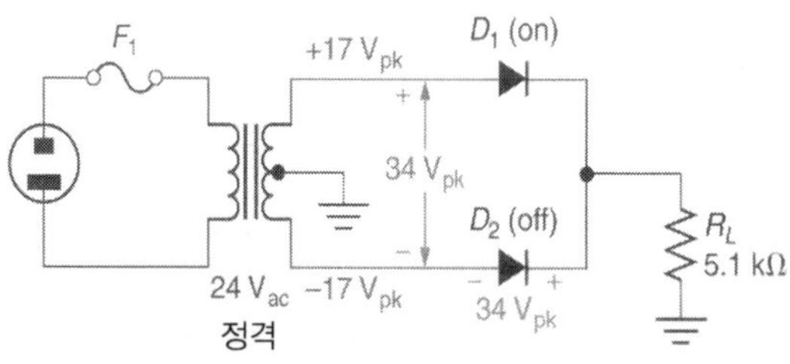

[그림 3-19] 전파 정류기의 PIV

전파 정류기에 인가되는 피크 부하 전압은 2차 측 전압의 거의 절반과 같다. 따라서 각 다이오드에 걸리는 역방향 전압은 피크 부하 전압의 두 배가 된다.

$$PIV \cong 2V_{L(\text{pk})} \tag{3-20}$$

[그림 3-19]에 표시된 것처럼 역방향으로 바이어스된 다이오드 양단에 걸리는 전압은 다이오드가 이상적이라고 가정하면 2차 측 피크전압과 거의 같다. 따라서 각 다이오드에 걸리는 PIV는 식 (3-21)처럼 표시할 수 있다.

$$PIV \cong V_{S(\mathrm{pk})} \tag{3-21}$$

이것이 다이오드 PIV의 정확한 값을 표시한다고 하더라도 전파 정류기 회로에서의 다른 다이오드가 가지는 실제적인 특성은 무시한 것이다. [그림 3-19]에서 다이오드 D_1은 0.7V의 전압강하를 가지게 된다. D_1이 D_2와 직렬로 연결되기 때문에 D_2 양단의 PIV는 D_1 양단의 전압 강하에 의해서 감소된다. 따라서 좀 더 정확하게 PIV를 표시하기 위해서 식 (3-22)가 사용된다.

$$PIV \cong V_{S(\mathrm{pk})} - 0.7\mathrm{V} \tag{3-22}$$

3.3.4 Negative 전파 정류기(Negative Full Wave Rectifier)

만약 positive 전파 정류기에서 다이오드의 방향이 역으로 연결된다면 negative 전파 정류기를 구성할 수 있다. negative 전파 정류기의 출력파형은 [그림 3-20]에 표시되어 있다. positive 전파 정류기와 negative 전파 정류기의 차이점은 다이오드의 연결방향과 출력전압의 극성이다.

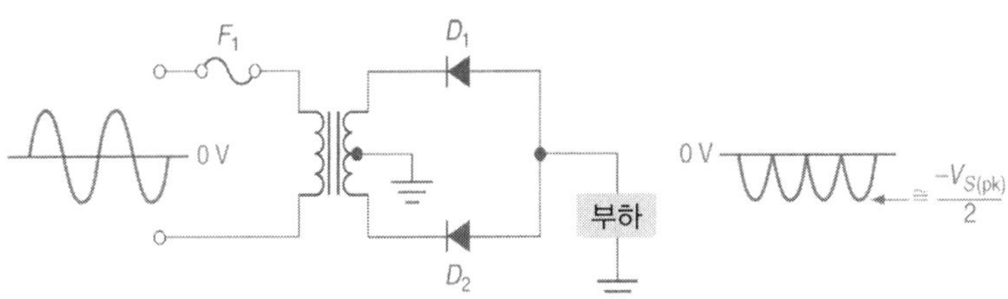

[그림 3-20] negative 전파 정류기

negative 전파 정류기의 수학적인 해석방법은 negative 반파 정류기의 해석방법을 적용한다. 차이점은 다이오드의 연결방향과 출력전압의 극성이다. positive에서 간단하게 negative로 극성을 표시하면 된다. 이들 해석과정을 다시 설명하지는 않지만 negative 반파 정류기 파형에서 negative 전파 정류기 파형으로 전환하는 것은 별 문제가 없다. 만약 negative 정류기의 해석법을 기억할 수 없다면 3장 2절을 다시 참조하기 바란다.

3.3.5 전파 정류기와 반파 정류기(Full Wave Versus Half Wave Rectifier)

전파 정류기와 반파 정류기 사이에는 몇 가지 유사점을 가지고 있다. [그림 3-21]은 이런 두 회로 사이의 관계를 비교한 것이다. 첫 번째로 반파 정류기와 전파 정류기의 유일한 유사점은 두 회로의 PIV를 구하는 것이다. 그러나 확실치는 않지만 또 다른 하나의 유사점이 있다. [그림 3-21]에 표시된 것처럼 변압기에 $24\mathrm{V}_{ac}$가 공급된다. 두 회로의 직류 출력전압을 계산한다면 다음과 같은 값을 구할 수 있다.

$$V_{\text{ave}} = 10.6V_{\text{dc}} \text{ (반파 정류기)}$$
$$V_{\text{ave}} = 10.4V_{\text{dc}} \text{ (전파 정류기)}$$

여러분도 보다시피 두 개의 회로는 변압기 2차 측 전압의 동일한 전압에 대해서 거의 일치되는 직류 전압을 발생시키게 된다. 사실 두 회로의 R_L이 같다면 두 정류기 회로의 직류 출력전류도 거의 같게 된다. 반파 정류기 회로로 동일한 직류 출력전류를 구할 수 있다면 구태여 전파 정류기 회로를 사용할 이유가 있을까? 여기에는 두 가지의 이유가 존재하게 된다. 만약 두 회로의 피크 부하 전압이 동일하다면 전파 정류기는 반파 정류기에 비해서 두 배의 직류 부하 전압과 전력효율을 가진다. 두 번째 이유는 필터의 동작과 관련이 있다. 3장 6절에서 살펴보게 되겠지만 전파 정류기는 반파 정류기의 두 배에 해당하는 출력주파수를 가지게 된다. 이것이 정류기 출력의 필터링에 영향을 주게 된다. 반파 정류기와 전파 정류기에 필터를 부가하게 되면 전파 정류기의 장점이 더욱 확실해진다.

반파 정류기 대 전파 정류기		
정류기 종류	**반파**	**전파**
회로도 **일반적인 출력파형**	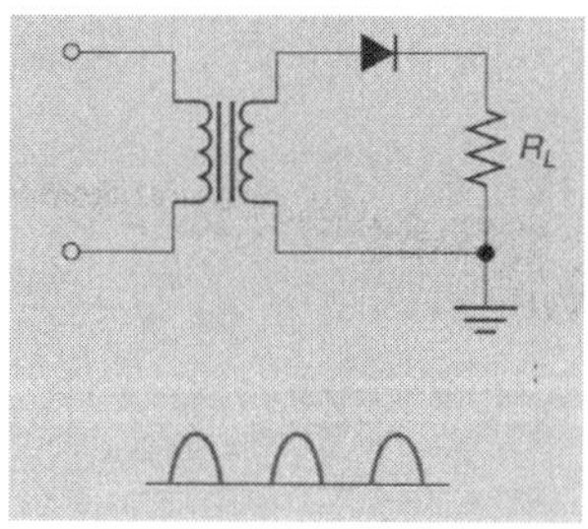	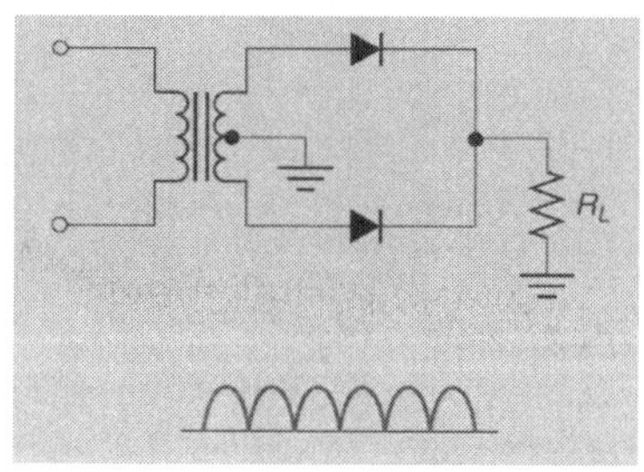
피크 출력 전압	$V_{S(\text{pk})} - 0.7\text{V}$	$\dfrac{V_{S(\text{pk})}}{2} - 0.7\text{V}$
직류 출력 전압	$\dfrac{V_{L(\text{pk})}}{\pi}$	$\dfrac{2V_{L(\text{pk})}}{\pi}$
PIV	$V_{S(\text{pk})}$	$V_{S(\text{pk})} - 0.7\text{V}$

[그림 3-21]

기초 확인문제 3.3

1. 전파 정류기의 동작을 간단하게 설명하라.
2. 전파 정류기의 각 다이오드 양단에 나타나는 PIV를 어떻게 구하는지 설명하라.
3. 반파 정류기와 전파 정류기의 차이점을 간략하게 설명하라.
4. 동일한 피크 부하 전압을 가진다고 가정할 때 전파 정류기의 효율이 반파 정류기의 2배가 되는 이유는 무엇인가?

3.4 전파 브리지 정류기(Full Wave Bridge Rectifier)

브리지 정류기는 다음과 같은 이유 때문에 가장 널리 선호된다.

1. 중간 탭 변압기의 사용이 필요하지 않다. 따라서 원한다면 교유 전력선에 직접 연결되어질 수 있다.
2. 변압기가 동일한 2차 측 전압을 가지는 변압기를 사용한다면 중간 탭 변압기를 갖는 전파 정류기의 2배에 해당하는 피크 출력전압을 발생시키게 된다. 이것은 전원으로부터 더 높은 직류전압을 발생시킬 수 있다.

브리지 정류회로는 [그림 3-22]에 표시되어 있다.

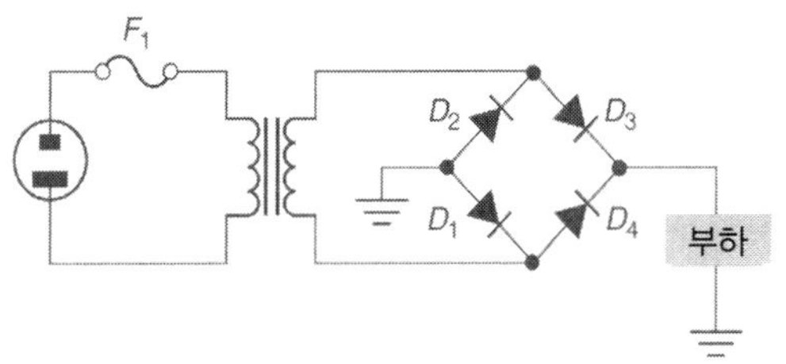

[그림 3-22] 브리지 정류기

3.4.1 기본적인 회로 동작(Basic Circuit Operation)

[그림 3-17]에서 여러분은 두 다이오드 사이의 교류 회로 도통에 의한 전파 정류기의 동작을 확인한바 있다. 하나의 다이오드가 도통되면 나머지 다이오드는 off 된다. 브리지 정류기의 동작은 이와 유사하다. 여하튼 브리지 정류기의 경우에는 두 다이오드의 쌍 사이에서 도통이 이루어진다. 이런 원리는 [그림 3-23]에 설명되어 있다.

입력의 positive 반주기에서 V_S는 [그림 3-23 (a)]에 표시된 것과 같은 극성처럼 D_1과 D_3가 도통된다. 부하저항을 통해서 흐르는 전류의 방향은 부하 전압의 극성과 일치된다. 입력의 negative 반주기에서 V_S는 [그림 3-23 (b)]에 표시된 것과 같은 극성처럼 D_2와 D_4가 도통된다. 부하저항을 통해서 흐르는 전류의 방향은 변하지 않고 부하 전압의 극성과 일치된다.

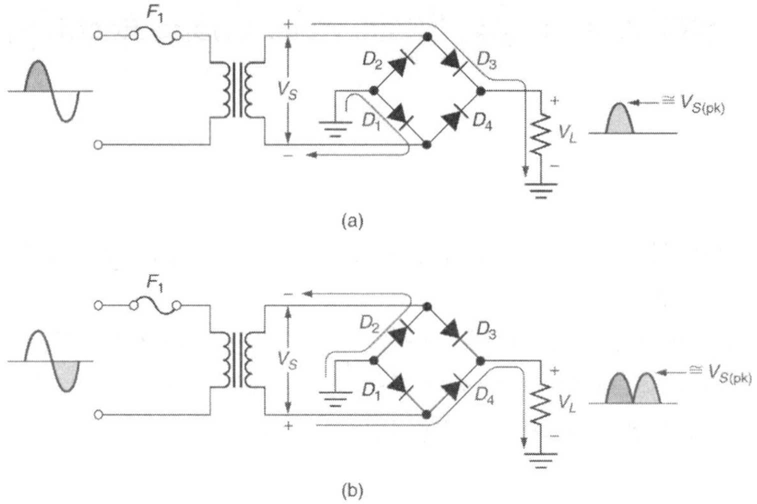

[그림 3-23] 브리지 정류기의 동작

3.4.2 부하전압과 부하 전류의 계산(Calculating Load Voltage and Current Value)

전파 정류기는 반파 정류기와 거의 일치되는 출력전압을 가진다. 이런 관계는 식 (3-16)에 표시되어 있다. 여러분도 아는 바와 같이 전파 정류기의 출력전압은 중간 탭 변압기에 의해서 2차 측 전압의 절반으로 된다. 중간 탭 변압기는 전파 정류기 회로를 동작시키는데 있어서 필수적이지만 출력전압을 절반으로 만들게 된다. 브리지 정류기는 중간 탭 변압기를 필요로 하지 않는다. 브리지 정류기의 다이오드가 이상적이라고 가정하면 피크 출력전압은 식 (3-23)처럼 표시된다.

$$V_{L(\mathrm{pk})} \cong V_{S(\mathrm{pk})} \text{ (이상적)} \tag{3-23}$$

[그림 3-23]을 참조하자. 만약 다이오드가 이상적이라고 가정하면 각 다이오드의 캐소드와 애노드 전압은 동일하게 된다. 그리고 도통되는 다이오드가 변압기 2차 측에 단락된다. 여러분도 보다시피 부하 저항 양단의 전압은 2차 측 양단에 걸리는 전압과 같다. 회로의 출력을 계산할 때 보다 정확한 결과를 구하기를 원한다면 도통되는 두 다이오드의 전압 강하를 고려해 주어야 한다.

두 개의 다이오드가 부하에 직렬로 연결되기 때문에 피크 부하 전압은 식 (3-24)처럼 구해진다.

$$V_{L(\mathrm{pk})} \cong V_{S(\mathrm{pk})} - 1.4\mathrm{V} \tag{3-24}$$

1.4V는 두 다이오드의 전압 강하의 합이다. 부하 전압과 전류의 나머지 값들은 전파 정류기에서 사용된 것과 동일한 식을 사용해서 구하게 된다. 이런 과정은 【예제 3-11】에서 설명된다.

【예제 3.11】 [그림 3-24]에 표시된 회로의 직류 부하 전류와 전압을 구하시오.

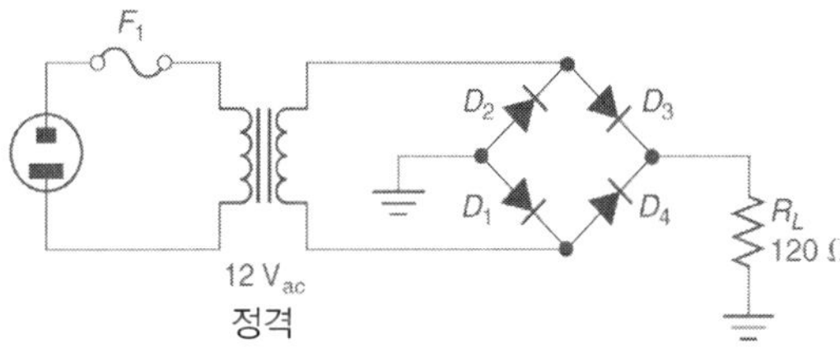

[그림 3-24]

풀이 변압기 정격은 $12V_{ac}$이다. 2차 측 피크 전압은 17V로 구해진다.

$$V_{S(pk)} = \frac{12V_{ac}}{0.707} = 17V$$

피크부하전압은 15.6V로 계산된다.

$$V_{L(pk)} = V_{S(pk)} - 1.4V = 15.6V$$

직류부하전압은 9.93V이다.

$$V_{ave} = \frac{2V_{L(pk)}}{\pi} = \frac{(2)(15.6V)}{\pi} = 9.93V$$

직류부하전류는 82.8mA이다.

$$I_{ave} = \frac{V_{ave}}{R_L} = \frac{9.93V}{120\Omega} = 82.8mA$$

(실전 연습문제 3-11)

브리지 정류기 회로에 $18V_{ac}$ 변압기가 인가된다. 부하저항이 1.2kΩ을 가진다고 가정하고 직류 부하 전압과 전류를 구하시오.

▶▶ $V_{ave} - 15.3V$, $I_{ave} = 12.8mA$

3.4.3 브리지 정류기와 전파 정류기(Bridge Versus Full Wave Rectifier)

또 하나의 전파 정류기를 해석해 보자. 이것은 전파 정류기와 브리지 정류기의 출력을 비교하기 위한 몇 가지 값들을 제공하게 된다.

【예제 3.12】 전파 정류기는 $12V_{ac}$ 변압기와 부하저항이 120Ω을 가진다고 가정하고 회로의 직류 부하 전압과 전류를 구하시오.

풀이 회로의 2차 측 피크 전압은 17V이다.

$$V_{S(\text{pk})} = \frac{12V_{\text{ac}}}{0.707} = 17\text{V}$$

피크부하전압은 7.8V로 계산된다.

$$V_{L(\text{pk})} = \frac{V_{S(\text{pk})}}{2} - 0.7\text{V} = \frac{17\text{V}}{2} - 0.7\text{V} = 7.8\text{V}$$

직류부하전압은 4.97V이다.

$$V_{\text{ave}} = \frac{2V_{L(\text{pk})}}{\pi} = \frac{(2)(7.8\text{V})}{\pi} = 4.97\text{V}$$

직류부하전류는 41.4mA이다.

$$I_{\text{ave}} = \frac{V_{\text{ave}}}{R_L} = \frac{4.97\text{V}}{120\Omega} = 41.4\text{mA}$$

이제 【예제 3-11】과 【예제 3-12】의 결과를 비교해보자. 이런 두 회로의 유일한 차이점은 하나는 전파 정류기라는 것이고 나머지 하나는 브리지 정류라는 것이다. 편의를 위해서 도표에 결과를 비교해서 표시하였다.

값	브리지 정류기	전파 정류기
피크 부하 전압	15.6V	7.8V
직류 부하 전압	9.93V	4.97V
직류 부하 전류	82.8mA	41.4mA

여러분도 보다시피 브리지 정류기는 비교 대상인 전파 정류기에 비해서 2배 높은 출력 값을 가진다. 이런 높은 출력이 브리지 정류기 회로를 전파 정류기보다 더 선호하게 되는 이유이다. 브리지 정류기의 효율도 전파 정류기의 효율보다 더 높다.

3.4.4 피크 역 전압(Peak Inverse Voltage)

이상적인 모델을 사용하면 브리지 정류기 회로의 각 다이오드의 PIV는 V_S와 같다. 이것은 중간 탭 변압기를 갖는 전파 정류기의 다이오드에 인가되는 전압과 같다. [그림 3-25]는 이런 점을 설명하는데 도움을 준다.

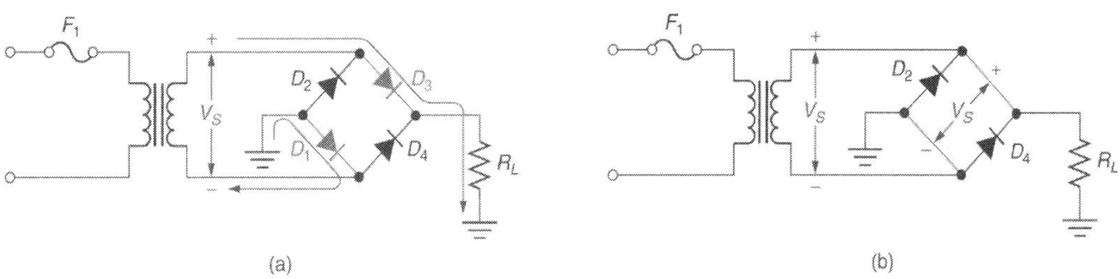

[그림 3-25] 브리지 정류기의 PIV

[그림 3-25 (a)]는 V_S의 극성이 표시된 것처럼 인가될 때 2차 측을 통해서 도통이 이루어지는 것을 표시하고 있다. [그림 3-25 (b)]에서 도통되는 다이오드 D_1, D_3는 도통되는 다이오드의 이상적인 특성을 이용해서 도선으로 대체되었다. 그림에 표시된 것처럼 D_2와 D_4는 변압기 2차 측 양단에 연결된다. 따라서 이런 도통되지 않는 다이오드의 양단에 걸리는 전압은 V_S와 같다. 입력의 negative 반주기가 진행되는 동안 역방향으로 바이어스되면 D_1과 D_3에서도 동일한 결론이 유지된다.

3.4.5 세 가지 정류기 회로의 비교(Putting It All Together)

반파 정류기, 전파 정류기, 브리지 정류기가 가장 널리 사용되는 정류기 회로이다. 이런 회로들의 특성은 [그림 3-26]에 표시되어 있다.

반파 정류기 대 전파 정류기			
정류기 형태	**반파**	**전파**	**브리지**
회로도	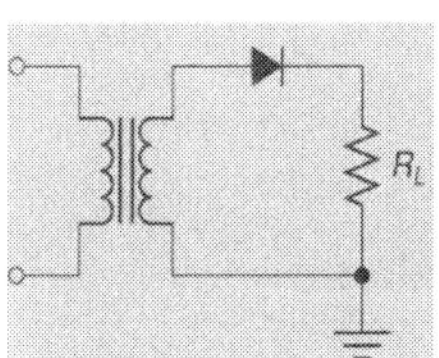	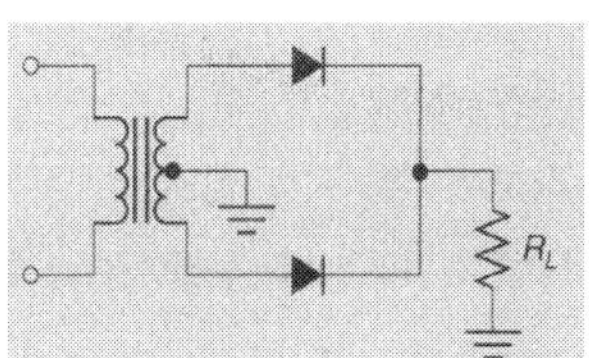	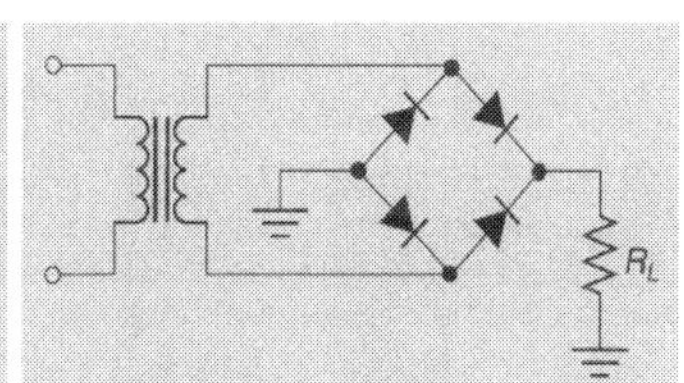
일반적인 출력파형	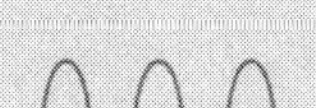		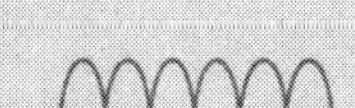
피크 부하 전압	$V_{S(\mathrm{pk})} - 0.7\mathrm{V}$	$\frac{V_{S(\mathrm{pk})}}{2} - 0.7\mathrm{V}$	$V_{S(\mathrm{pk})} - 1.4\mathrm{V}$
직류 부하 전압	$\frac{V_{L(\mathrm{pk})}}{\pi}$	$\frac{2V_{L(\mathrm{pk})}}{\pi}$	$\frac{2V_{L(\mathrm{pk})}}{\pi}$
직류 부하 전류	$\frac{V_{\mathrm{ave}}}{R_L}$	$\frac{V_{\mathrm{ave}}}{R_L}$	$\frac{V_{\mathrm{ave}}}{R_L}$
PIV	$V_{S(\mathrm{pk})}$	$V_{S(\mathrm{pk})} - 0.7\mathrm{V}$	$V_{S(\mathrm{pk})} - 0.7\mathrm{V}$

[그림 3-26]

여러분도 알다시피 세 가지 회로 중 반파 정류기가 가장 간단한 회로이다. 각 입력 주기에서 반파 정류기는 단일 반주기 출력을 발생시킨다. 반주기 출력의 극성은 회로에서의 다이오드 방향에 의해서 결정된다. 반파 정류기는 항상 변압기와 결합하여 사용된다. 그렇지만 회로는 교류 전원 선에 직접 연결될 수 있다. 중간 탭 전파 정류기는 교류 입력을 맥동 직류 출력으로 변환하기 위해서 두 개의 다이오드와 중간 탭 변압기를 결합하여 사용한다. 각 입력의 주기에서 두 개의 출력 반주기를 발생시킨다. 반파 정류기의 경우처럼 전파 정류기의 출력 특성은 회로에서 사용되는 다이오드의 방향에 의해서 결정된다. 중간 탭 변압기는 이런 정류기를 동작시키기 위해서 요구되기 때문에 교류 전원에 직접 연결될 수 없다. 브리지 정류기는 중간 탭 정류기의 출력과 유사한 출력을 발생시킨다. 그러나 브리지 정류기에는 중간 탭 변압기가 필요치 않다. 그 결과적으로 브리지 정류기는 전파 정류기에 비해서 다음과 같은 두 가지의 뛰어난 장점을 가지게 된다.

1. 주어진 피크 입력에 대한 피크 출력은 중간 탭 정류기에서 발생되는 출력의 2배에 해당된다.
2. 브리지 정류기는 반파 정류기의 경우처럼 교류 전원에 직접 연결될 수 있다.

[그림 3-26]은 지금까지 고찰한 정류기의 관계를 요약한 것이다. 간단한 관계를 살펴볼 필요가 있을 때는 참고하기 바란다. 보다 자세한 정보는 이 장의 적절한 부분을 참조하기 바란다.

기초 확인문제 3.4

1. 브리지 정류기의 동작을 설명하라.
2. 브리지 정류기가 전파 정류기보다 우수한 점을 설명하라.
3. 브리지 정류기에서 각 다이오드가 갖는 PIV를 설명하라.

3.5 정류기 사용시 고려사항(Working with Rectifier)

정류기를 사용할 때 직면하는 실제적인 요소들이 무시되어져 왔다. 이런 요소들 중 대부분은 이론과 실제 사이의 차이점을 설명하고 있다.

3.5.1 회로 측정에서의 벌크 저항과 역방향 전류의 영향 (Effect of Bulk Resistance and Reverse Current on Circuit Measurement)

2장에서 회로의 전압 측정에서의 벌크 저항과 역방향 전류의 영향에 대해서 고찰한바 있다. 이 장에서는 다음과 같은 내용들로 이루어진다.

1. 다이오드의 벌크 저항을 통해서 흐르는 전류는 소자의 실제적인 V_F에 영향을 미치게 된다.
2. 다이오드가 직렬로 연결되어질 때 다이오드가 역 방향으로 바이어스되어 off된 경우 역방향 전류는 저항 양단에서 전압을 발생시킨다.

비록 벌크 저항과 역방향 전류의 영향이 극적이지는 않지만 다음과 같은 몇 가지 점을 설명하기 위해서 제공된다.

1. 정류기는 고 전류 회로로 되는 경향이 있다. 따라서 V_F에 대한 I_FR_B의 영향은 대단히 중요해질 수 있다. 많은 정류기 다이오드들은 V_F의 크기가 07V라기보다는 1V에 가깝게 된다.
2. 고 전류 능력을 가지는 전력용 정류기 다이오드들이 높은 역방향 전류정격을 가진다는 것은 일반적이다. 예를 들면 [그림 3-27]에 표시된 스펙은 MBR1045의 순간 최대 역방향 전류 정격이 $T=125℃$에서 15mA로 표시된다. 역방향 전류의 이런 값은 전원 공급 장치의 동작에 중요한 영향을 줄 수 있다. 역방향 전류의 크기를 최소로 유지하기 위해서 전원 공급 장치는 가능하면 차게 유지되어야 한다.

많은 전력용 다이오드는 고 전류 회로에서 사용되어질 때 다이오드를 냉각시키기 위해서 방열 판이 탑재된다. 방열 판은 다이오드로부터 열을 감소시키고 *pn* 접합을 더욱 차게 유지시킨다. 방열 판은 납작한 알루미늄 판으로부터 정밀한 냉각핀을 가진 것에 이르기까지 다양한 형태가 있다. 대부분의 시간동안 방열 판은 공기가 자신의 주위를 흐르며 둘러싸도록 해서 너무 뜨겁게 되는 것을 방지한다.

MBR1035, MBR1045

MBR1045 is a Preferred Device

SWITCHMODE™ Power Rectifiers

. . . using the Schottky Barrier principle with a platinum barrier metal. These state–of–the–art devices have the following features:

- Guardring for Stress Protection
- Low Forward Voltage
- 150°C Operating Junction Temperature
- Epoxy Meets UL94, VO at 1/8″

Mechanical Characteristics:

- Case: Epoxy, Molded
- Weight: 1.9 grams (approximately)
- Finish: All External Surfaces Corrosion Resistant and Terminal Leads are Readily Solderable
- Lead Temperature for Soldering Purposes: 260°C Max. for 10 Seconds
- Shipped 50 units per plastic tube
- Marking: B1035, B1045

ON Semiconductor™

http://onsemi.com

SCHOTTKY BARRIER RECTIFIERS
10 AMPERES
35 to 45 VOLTS

3 ○—▶|—○ 1, 4

TO–220AC
CASE 221B
PLASTIC

MARKING DIAGRAM

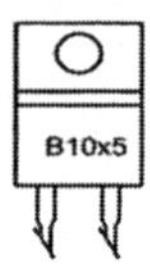

B10x5 = Device Code
x = 3 or 4

MAXIMUM RATINGS

Rating	Symbol	Value	Unit
Peak Repetitive Reverse Voltage Working Peak Reverse Voltage DC Blocking Voltage MBR1035 MBR1045	V_{RRM} V_{RWM} V_R	 35 45	V
Average Rectified Forward Current (Rated V_R, T_C = 135°C)	$I_{F(AV)}$	10	A
Peak Repetitive Forward Current, (Rated V_R, Square Wave, 20 kHz, T_C = 135°C)	I_{FRM}	20	A
Non–Repetitive Peak Surge Current (Surge Applied at Rated Load Conditions Halfwave, Single Phase, 60 Hz)	I_{FSM}	150	A
Peak Repetitive Reverse Surge Current (2.0 μs, 1.0 kHz) See Figure 12.	I_{RRM}	1.0	A
Storage Temperature Range	T_{stg}	–65 to +175	°C
Operating Junction Temperature	T_J	–65 to +150	°C
Voltage Rate of Change (Rated V_R)	dv/dt	10,000	V/μs

THERMAL CHARACTERISTICS

Characteristic	Symbol	Value	Unit
Maximum Thermal Resistance, Junction to Case	$R_{\theta JC}$	2.0	°C/W

ELECTRICAL CHARACTERISTICS

Characteristic	Symbol	Value	Unit
Maximum Instantaneous Forward Voltage (Note 1.) (i_F = 10 Amps, TC = 125°C) (i_F = 20 Amps, T_C = 125°C) (i_F = 20 Amps, T_C = 25°C)	v_F	 0.57 0.72 0.84	Volts
Maximum Instantaneous Reverse Current (Note 1.) (Rated dc Voltage, T_C = 125°C) (Rated dc Voltage, T_C = 25°C)	i_R	 15 0.1	mA

1. Pulse Test: Pulse Width = 300 μs, Duty Cycle ≤ 2.0%.

[그림 3-27]

[그림 3-27]에 표시된 것처럼 많은 전력용 다이오드들은 다른 끝 부분에 나사산이 만들어져 있다. 이것이 다이오드를 방열판 위에 직접 장착시키는 것을 가능하게 한다. [그림 3-28]에 표시된 것처럼 집적회로 브리지 정류기는 방열판을 피해서 탑재되도록 설계된다. 거기에는 부품의 중간에 자체를 통과하는 볼트를 끼울 수 있도록 허용해 주는 구멍이 있다. 브리지의 바닥은 전기적으로 모든 다이오드 접합들과 전기적으로 분리되어 있고 열을 전달하는 아주 우수한 도체인 알루미늄으로 제조된다.(IC 브리지 정류기는 이 절의 말미에서 다시 고찰하기로 한다)

3.5.2 변압기 정격의 허용오차(Transformer Rating Tolerance)

변압기 출력정격의 허용오차는 회로전압 측정에 중요한 영향을 미칠 수 있다. 변압기의 품질에 따라서 출력전압은 정격에서 ±20% 정도의 오차를 가지게 된다. 이것은 회로에서 측정되는 임의의 전압에서 대단히 큰 영향을 미치게 된다. 이 장의 말미에서 제너 전압 조정기에 대해 학습하게 된다. 이런 회로는 정류기의 출력전압에서의 변화에도 불구하고 일정한 부하 전압을 유지시키는 능력을 가지는 전력선 조정의 변화를 제공하게 된다. 다시 말하자면 예정되는 범위를 유지하는 정류기의 출력 변화가 진행되는 동안 안정한 출력전압을 유지하도록 하는 전압 조정기의 능력을 의미한다.

따라서 변압기의 정격 허용오차로 인해서 측정된 정류기 전압이 상당한 크기로 차이가 발생될 수 있지만 전압 조정기가 사용되는 경우에는 직류 부하 전압에 대해서 거의 영향을 미치지 않게 된다. 전원 공급 장치의 동작에서 전압 조정기의 영향에 대해서는 이 장의 말미에서 상세하게 설명된다.

3.5.3 전력용 정류기(Power Rectifier)

많은 전력공급 장치는 대단히 높은 순방향 전류 정격과 소비전력 정격을 갖는 다이오드를 필요로 한다. 이런 전력용 다이오드의 특성은 MBR1045 전력용 다이오드의 스펙이 포함되어 있는 [그림 3-27]에 표시되어 있다.

주어진 스펙은 전력용 정류기와 소신호용 다이오드 사이의 기본적인 차이점을 표시하고 있는데 간략하게 설명하면 다음과 같다.

1. 전력용 정류기는 높은 순방향 전류정격을 가진다. MBR1045는 10A의 순방향 평균 전류를 취급할 수 있다.(50A 이상의 평균 순방향 전류 정격은 일반적이지는 않다)
2. 전력용 정류기는 지극히 높은 순방향 서지전류를 취급할 수 있다. MBR1045의 스펙에는 서지전류가 150A까지 견딜 수 있는 소자로 표시되어 있다.
3. 전력용 정류기는 비교적 높은 역방향 전류 정격을 가지는 경향이 있다. MBR1045의 순간 역방향 전류 정격은 100μA($T=25℃$)에서 15mA($T=125℃$)까지이다.

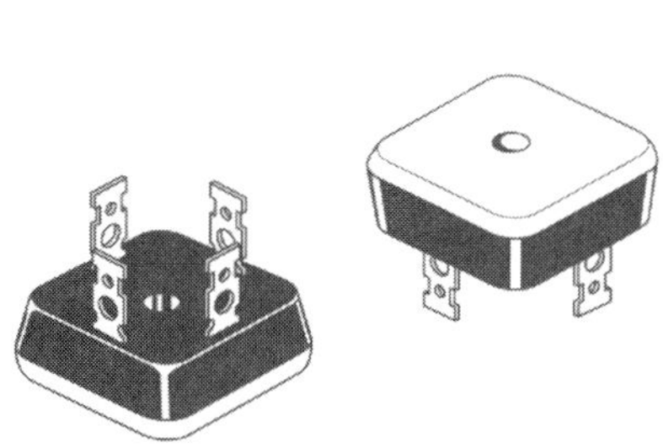

[그림 3-28]

여러분이 [그림 2-25]에 표시된 1N4001의 정격을 비교한다면 이런 정격이 대단히 높다는 것을 확인할 수 있다.

3.5.4 집적형 정류기(Integrated Rectifier)

반도체 소자 제조 기술의 발전으로 인해서 반도체 물질의 단일 칩에 가능한 모든 회로를 구성하는 것이 가능해졌다. 이런 회로를 집적회로라고 부른다. 집적 정류기를 사용하는 이점은 다음과 같다.

1. 저렴한 가격(전원 공급 장치를 구성하는데 더 작은 부품이 들어간다)
2. 고장진단 및 수리가 쉬워졌다.
3. 브리지 정류기에서 모든 다이오드는 동일한 온도에서 동작한다. 그 결과 동일한 V_F와 누설전류를 가진다.
4. 브리지는 방열판 위에 쉽게 탑재시킬 수 있다.

[그림 3-28]에 표시된 집적형 정류기에는 브리지 정류기가 포함되어 있다. 일반적으로 IC 브리지 정류기는 25A의 평균 전류와 수 백 A의 서지전류를 견딜 수 있다. IC 브리지 정류기는 전력용 정류기와 유사하다. 동시에 그들은 높은 V_{RRM}과 I_R 정격을 가진다. IC 브리지 정류기는 [그림 3-29]에 표시된 것처럼 블록도를 사용해서 표시된다. 이런 그림은 단일 소자가 [그림 3-24]에 표시된 브리지 정류기를 대체하기 위해서 어떻게 배선되는지를 설명하고 있다.

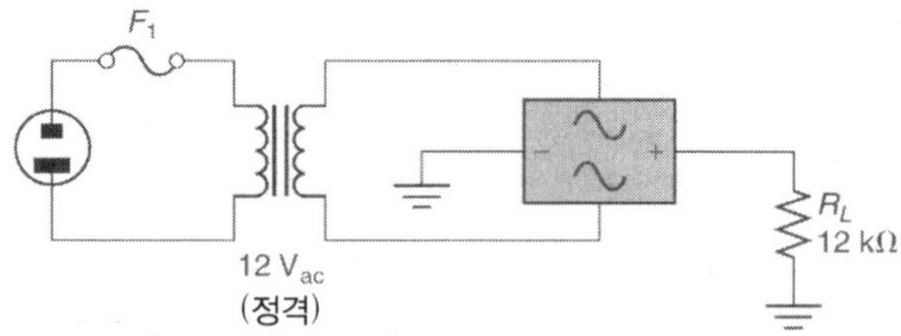

[그림 3-29]

집적형 브리지 정류기를 사용하는 경우에는 개별적인 다이오드로 구성되는 브리지 정류기의 동작이 이루어진 것처럼 동일한 해석방식을 적용하면 된다. 주어진 소자의 V_F는 스펙에서 다이오드 당 순방향 전압으로 표시되는데 회로해석에서 다이오드 전압의 영향을 고려해주어야 한다. 이 점에 대한 설명은 【예제 3.13】에서 고찰된다.

【예제 3.13】 [그림 3-30]에 표시된 부하 저항에서 V_{ave}를 구하시오.

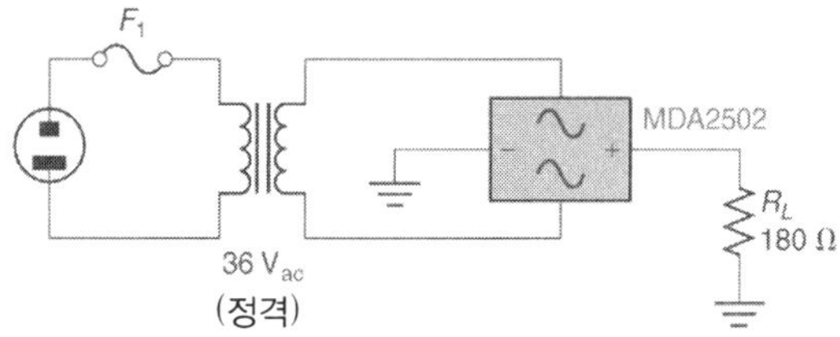

[그림 3-30]

풀이 우선 2차 측 피크 전압을 구한다.

$$V_{S(\text{pk})} = \frac{36\text{V}_{\text{ac}}}{0.707} = 50.9\text{V}$$

MDA2502 브리지 정류기의 스펙을 참조하면 소자의 순방향 전압 V_F는 다이오드 당 0.95V이다. 두 개의 다이오드가 도통되므로 피크 부하 전압은 49V로 계산된다. 피크 부하 전압은 7.79V로 계산된다.

$$V_{L(\text{pk})} = V_{S(\text{pk})} - 2V_F = 50.9\text{V} - (2)(0.95\text{V}) = 50.9\text{V} - 1.9\text{V} = 49\text{V}$$

평균부하전압은 31.2V이다.

$$V_{\text{ave}} = \frac{2V_{L(\text{pk})}}{\pi} = \frac{(2)(49\text{V})}{\pi} = 31.2\text{V}$$

(실전 연습문제 3-13)

MDA2502가 사용되는 회로는 12V_{ac} 변압기와 150Ω 부하로 구성된다고 가정하고 회로의 평균부하전압을 구하시오.

▶▶ $V_{\text{ave}} = 9.61\text{V}$

기초 확인문제 3.5

1. 정류기 다이오드의 V_F 측정에 미치는 벌크 저항의 영향은 무엇인가?
2. 측정되는 부하 전압에 역방향 전류가 미치는 영향은 무엇인가?
3. 전원 공급 장치를 냉각시키는 경우 역방향 전류의 효과를 얼마만큼 감소시킬 수 있는가?
4. 변압기의 일반적인 공치오차는 얼마인가?
5. 전력선 조정이란 무엇인가?
6. 전력용 정류기와 소신호용 다이오드 사이의 차이점은 무엇인가?
7. IC 정류기를 사용할 때의 장점은 무엇인가?

3.6 필터(Filter)

[그림 3-1]에 표시된 전원 공급 장치의 정류기 다음에 연결되는 블록은 필터이다. 전원 공급 장치의 필터는 정류기 출력신호의 변화를 감소시키는데 사용된다. 우리의 목적은 일정한 직류 출력전압을 발생시키는데 있기 때문에 정류기 출력에서의 변화를 가능하면 많이 제거하는 것이 필요하다. 필터를 사용한 전체적인 결과는 [그림 3-31]에 표시되어 있다. 반파 정류기의 출력을 필터링 하기 전과 필터링 후의 피형을 비교할 수 있다. 필터링 후의 전압 변화가 아직도 존재한다는 점에 주의해야 한다. 변화의 양이 크게 감소되었다.

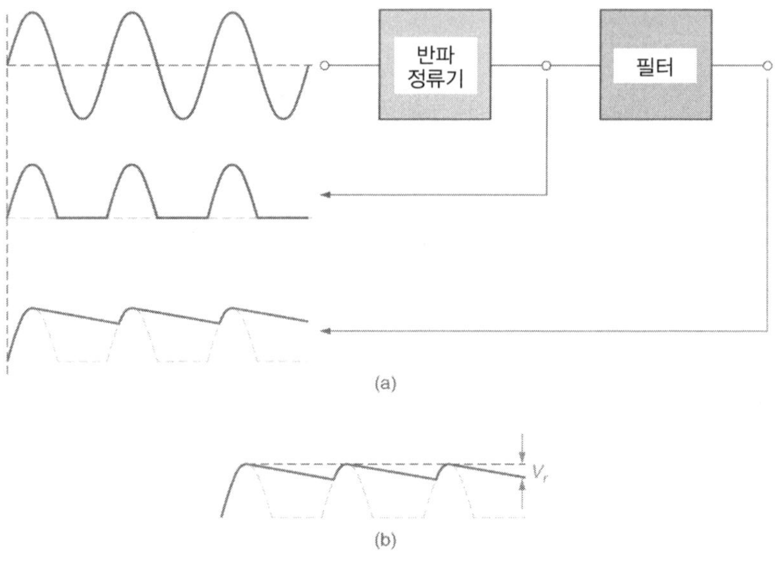

[그림 3-31] 반파 정류기의 출력에서의 필터링 효과

필터의 출력전압에서의 변화는 리플전압(V_r)이라고 부른다. 여러분도 이해하게 되겠지만 주어진 필터의 출력에서의 리플 양은 정류기에 사용되는 필터의 소자 값과 부하저항에 의존하게 된다. 전원 공급 장치는 가능한 한 작은 리플 전압을 발생시키도록 설계된다. 출력에서의 너무 큰 리플 전압은 전원 공급 장치의 응용분야에 따라 거슬리는 영향들을 가지게 된다. 오디오 증폭기에서 과도한 전원 공급 장치의 리플은 사용되는 정류기의 형태에 따라 60Hz에서 120Hz의 정격으로 험(hum) 잡음을 발생시키게 된다. 비디오 회로에서의 과도한 전원 공급 장치의 리플은 사용되는 화상에서 험 막대(hum bar)를 나타나게 한다. 디지털회로에서는 논리회로로부터 고장을 갖는 출력을 발생시킬 수 있다. 따라서 필터의 출력에서 작은 리플을 유지하는 것이 대단히 중요하게 된다.

3.6.1 기본적인 용량성 필터(Basic Capacitive Filter)

용량성 필터는 가장 기본적인 형태의 필터회로로 가장 널리 사용된다. 가장 간단한 용량성 필터는 [그림 3-32]에 표시된 것처럼 단순하게 부하저항과 커패시터를 병렬로 연결한 것이다. 필터링 동작은 커패시터의 충전과 방전을 기초로 이루어진다. 입력의 positive 반주기가 진행되는 동안 다이오드 D_1은 도통되고 커패시터는 [그림 3-32 (a)]에 표시된 것처럼 급격하게 충전된다. 입력이 negative로 되기 시작하면 다이오드 D_1은 off 되고 커패시터는 [그림 3-32 (b)]에 표시된 것처럼 부하저항을 통해서 서서히 방전하게 된다.

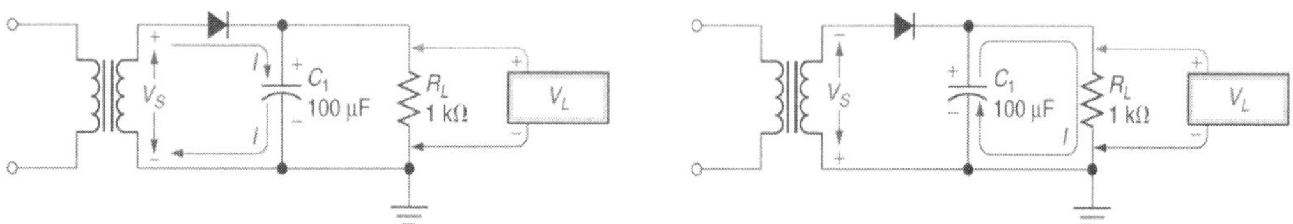

충전회로 (a)　　방전회로 (b)

[그림 3-32] 기본적인 용량성 필터

정류기의 출력이 커패시터의 충전전압 이하로 떨어지게 되면 커패시터는 부하에 대해서 전압원으로 동작하게 된다. 커패시터의 충전과 방전 시간 사이의 차는 정류기 출력전압에서의 변화를 감소시킨다. 커패시터의 충전과 방전 시간 사이의 차는 회로에서의 시상수 RC를 나타낸다. 여러분도 기억을 되살리면 커패시터는 5 시상수 내에서 충전 혹은 방전된다는 사실을 이해하게 될 것이다. 시상수는 식 (3-25)처럼 표시된다.

$$\tau = RC \tag{3-25}$$

여기서 R과 C는 각각 회로의 전체 저항과 커패시턴스를 의미한다. 커패시터의 완전한 충전과 방전에는 $5RC$가 필요하게 된다. 따라서 시간 주기 T는 식 (3-26)처럼 표시된다.

$$T - 5RC \tag{3-26}$$

[그림 3-32 (a)]를 참조하면 커패시터는 다이오드를 통해서 충전된다. 고찰을 위해서 다이오드 D_1이 5Ω의 순방향 저항을 가진다고 가정하자. 회로의 시상수는 500µs로 구해진다.

$$T = RC = (5\Omega)(100\mu F) = 500\mu s$$

그리고 커패시터가 완전히 충전되는 시간은 2.5ms이다.

$$T = 5RC = (5)(500\mu s) = 2.5ms$$

따라서 커패시터는 2.5ms에서 피크입력전압으로 충전된다. 저항을 통한 방전은 [그림 3-32 (b)]에 표시되어 있다. 이런 회로의 시상수는 100ms로 구해진다.

$$T = RC = (1\mathrm{k}\Omega)(100\mu\mathrm{F}) = 100\mathrm{ms}$$

커패시터가 완전히 방전하는데 필요한 시간은 500ms이다.

$$T = 5RC = (5)(100\mathrm{ms}) = 500\mathrm{ms}$$

따라서 [그림 3-32]에 표시된 커패시터는 2.5ms의 충전 시간과 500ms의 방전 시간을 필요로 한다. 이것은 대부분 충전은 순간적으로 이루어지지만 다음번 충전 전압이 정류기에 제공되기 전에 방전될 시간이 거의 주어지지 않기 때문이다. 여러분도 확인했겠지만 필터에서는 커패시터와 부하저항의 크기가 커패시터의 방전 시간을 결정하게 된다. 필터 출력에서 리플전압의 크기는 [그림 3-33]에 표시된 것처럼 필터 커패시턴스와 부하저항의 크기에 반비례해서 변화하게 된다. 파형의 왼쪽은 C_F가 일정하고 R_L이 증가할 때 리플 전압이 어떻게 변화하는지를 표시하고 있다. 오른쪽은 R_L이 일정하고 C_F가 증가할 때를 표시하고 있다. 어떤 경우이던 간에 필터의 출력리플은 감소한다.

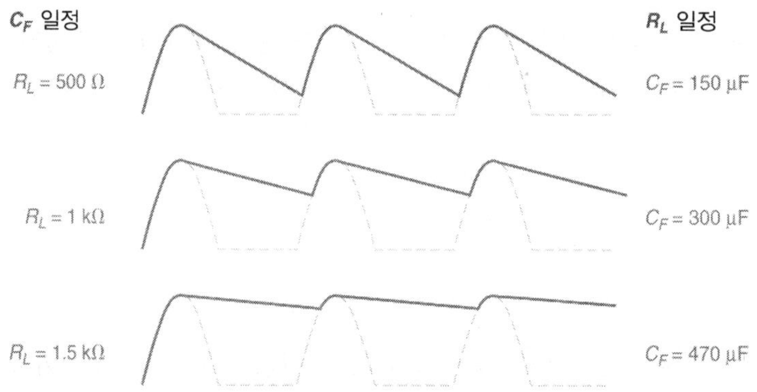

[그림 3-33]

전원 공급 장치의 리플은 높은 부하저항과 높은 필터 커패시턴스를 결합시키면 최소화된다. 여하튼 이런 두 가지 값은 다른 고려에 의해서 제한된다. 주어진 전원 공급 장치의 부하는 각기 자신의 입력저항 특성을 갖는 여러 가지 회로를 구성할 수 있다.(부하저항은 이런 회로의 결합된 저항을 표시하는 회로도에서 사용된다.) 따라서 전원 공급 장치의 부하 저항은 변화시키는 것이 불가능하다. 다시 말하자면 실제적인 전원 공급 장치는 특별한 부하저항을 가지도록 설계된다. 필터 커패시터의 값은 다음과 같은 세 가지 요소로 제한된다.

1. 소자에 대한 최대 허용충전시간

2. 정류기 다이오드가 견딜 수 있는 서지 전류량(I_{surge})
3. 요구되는 필터 커패시턴스보다 큰 비용

커패시터는 방전동작에만 관여하는 것이 아니고 충전동작에도 관여하게 된다. 만약 C를 너무 크게 만든다면 방전시간이 크게 증가하게 된다. 또한 충전 시간 역시 증가하게 된다. 이것이 두 번째 요소로 표시된 서지전류이다. 서지전류의 인과 관계를 논의해 보도록 하자.

3.6.2 서지전류(Surge Current)

전원 공급 장치를 턴언(turn on)시킬 때 필터 커패시터는 V_S에 대응하는 어떤 전하도 축적되어 있지 않다. 순간적으로 방전된 커패시터는 [그림 3-34]에 표시된 것처럼 단락된다. 그 결과 다이오드 전류는 초기에 변압기의 2차 측 저항과 다이오드의 벌크 저항에 의해서만 제한된다. 이런 저항들은 항상 아주 낮기 때문에 초기전류는 아주 커지는 경향이 있다. 이렇게 높은 초기전류를 서지전류라고 부르고 식 (3-27)처럼 표시한다.

$$I_{surge} = \frac{V_{S(pk)}}{R_W + R_B} \tag{3-27}$$

여기서 $V_{S(pk)}$는 2차 측 피크전압을 의미하고 R_W는 2차 측 권선 저항, R_B는 다이오드의 벌크 저항을 나타낸다.

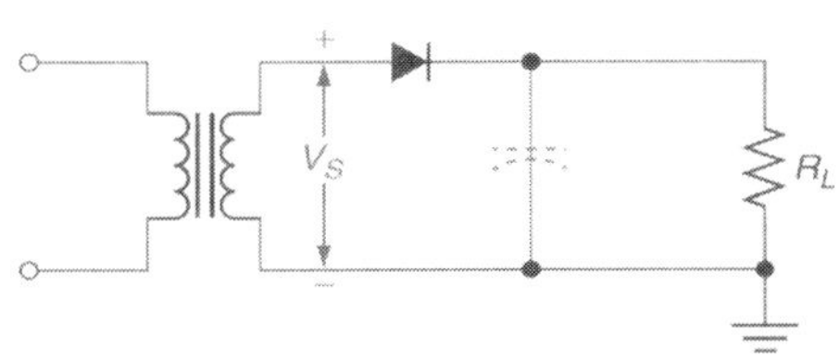

[그림 3-34]

【예제 3-14】는 필터링되는 정류기의 서지전류계산과정을 설명하고 있다.

【예제 3.14】 [그림 3-32]에 표시된 회로가 $170V_{pk}$의 입력과 2 : 1의 권선 비, $R_W = 0.8\Omega$, $R_B = 5\Omega$을 가진다고 가정하고 회로의 초기 서지전류를 구하시오.

풀이 2차 측 피크전압은 85V로 구해진다.

$$V_{S(pk)} = \frac{N_S}{N_P} V_{P(pk)} = \frac{1}{2} \times 170V = 85V$$

서지전류는 14.7A로 구해진다.

$$I_{surge} = \frac{V_{S(pk)}}{R_W + R_B} = \frac{85V}{0.8\Omega + 5\Omega} = 14.7A$$

(실전 연습문제 3-14)

위에 기술된 회로가 $R_W = 0.5\Omega$, $R_B = 8\Omega$을 가진다고 가정하고 회로의 초기 서지전류를 구하시오.

▶▶ $I_{surge} = 10A$

【예제 3-14】에서 구해진 서지전류는 대단히 높아 보이지만 어떤 문제도 야기시키지 않는다. 여러분의 기억을 되살리면 대부분의 정류기 다이오드들은 비교적 높은 서지전류정격을 가지기 때문이다. 1N400X 시리즈 다이오드의 예를 들면 [그림 2-25]에 표시된 스펙에 30A의 I_{FSM}을 가진다고 표시되어 있기 때문이다.【예제 3-14】에서 구한 14.7A 크기의 서지전류는 1N400X 시리즈 다이오드의 I_{FSM} 정격에 크게 못 미치기 때문이다. 회로에서 발생된 서지전류의 크기가 정류기 다이오드가 다룰 수 있는 것 보다 클 때 이런 문제점은 [그림 3-35]에 표시된 것처럼 직렬 전류제한용 저항으로 해결할 수 있다.

전류 제한용 저항은 일반적으로 저 저항, 고 전력 소자이다. 저항은 서지전류를 제한하지만 회로의 출력전압을 감소시킨다. 이것이 정류기의 출력을 전류제한용 저항과 부하 저항 사이에서 분배하게 된다.

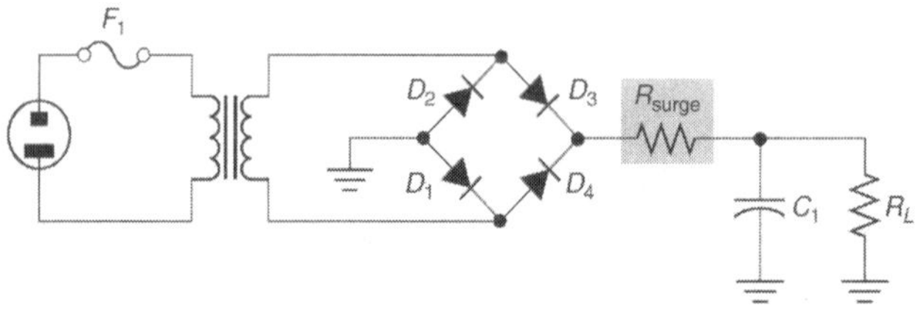

[그림 3-35]

서지전류는 낮은 크기를 갖는 필터 커패시터를 사용하면 제한될 수 있다. 낮은 크기를 갖는 커패시터는 짧은 시간에 충전된다. 커패시턴스, 전류, 시간 사이의 관계식은 식 (3-28)처럼 표시된다.

$$C = \frac{I(t)}{\Delta V_C} \tag{3-28}$$

여기서 C= 커패시턴스(farad 단위)
I= 직류 충전/방전 전류
t= 충전/방전 시간
ΔV_C= 충전/방전 동안의 커패시터의 전압변화량

을 의미한다.

식 (3-28)은 식 (3-29)처럼 다시 쓸 수 있다.

$$t = \frac{C(\Delta V_C)}{I} \tag{3-29}$$

식 (3-29)에 표시된 것처럼 커패시터가 충전하는데 필요한 시간은 커패시터 크기에 직접 비례하게 된다. 따라서 작은 크기를 갖는 커패시터인 경우에는 충전 시간이 빨라지고 더 빨리 서지전류를 제거하게 된다. 동시에 낮은 크기를 갖는 커패시터인 경우 [그림 3-33]에 표시된 것처럼 더 큰 리플 전압을 가지게 된다.

3.6.3 필터출력전압(Filter Output Voltage)

이상적으로 필터 커패시터는 피크 출력전압으로 충전되고 필터 출력에서 어떤 변화도 없다. 하지만 실제로 이런 경우는 없다. [그림 3-36]에 표시된 것처럼 필터의 출력은 피크 직류 전압과 리플전압을 갖는다. 직류출력전압 V_{dc}는 식 (3-30)에 표시된 것처럼 피크 전압 V_{pk}에서 리플전압의 피크

값의 절반을 빼준 것과 같다.

$$V_{dc} = V_{pk} - \frac{V_r}{2} \tag{3-30}$$

여기서 V_{pk} = 정류기 피크 출력전압을 의미한다.
V_r = 리플전압의 피크-피크 값을 의미한다.

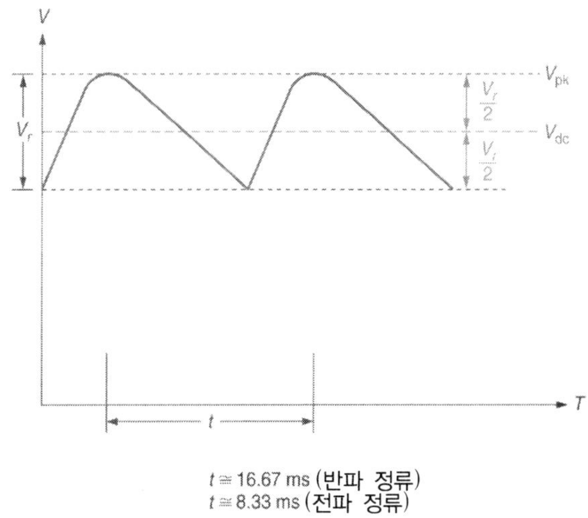

$t \cong 16.67$ ms (반파 정류)
$t \cong 8.33$ ms (전파 정류)

[그림 3-36]

필터의 리플 전압은 식 (3-28)을 변환하면 식 (3-31)처럼 유도된다.

$$V_r = \frac{I_L t}{C} \tag{3-31}$$

여기서 I_L=직류 부하 전류
t=충전피크 사이의 시간
C=farad 단위로 표시되는 커패시턴스

를 의미한다.

[그림 3-36]에서 t는 정류기 출력 주파수를 사용해서 구해진다. 반파 정류기의 선 주파수는 60Hz로 가정한다면 출력 주파수는 60Hz가 된다. 따라서 반파 정류기의 충전피크 사이에서의 시간은 16.7ms로 구해진다.

$$t = \frac{1}{f} = \frac{1}{60\text{Hz}} = 16.7\text{ms} \ \ (\text{반파 정류기})$$

전파 정류기의 경우에는 반파 정류기의 2배에 해당하는 주파수인 120Hz를 가지게 된다. 따라서 전파 정류기의 충전 피크와 피크 사이의 시간은 반파 정류기의 절반인 8.33ms로 구해진다.

$$t = \frac{1}{f} = \frac{1}{120\text{Hz}} = 8.33\text{ms}$$

【예제 3.15】 [그림 3-37]에 표시된 회로로부터 각각의 출력을 구하시오. 각 회로의 부하 전류는 20mA로 측정된다고 가정하시오.

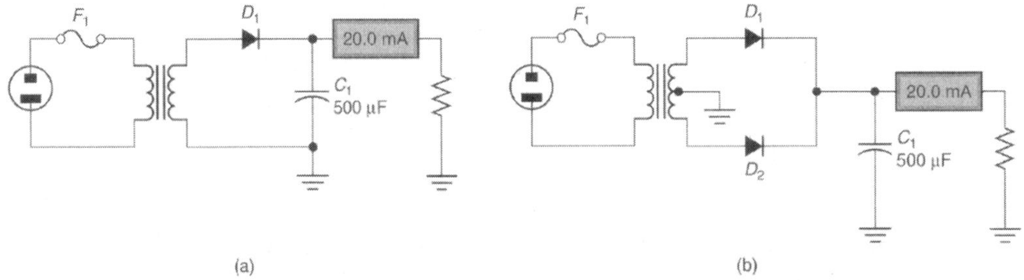

[그림 3-37]

풀이 [그림 3-37 (a)]에 표시된 반파 정류기의 충전펄스 사이의 시간은 16.7ms이다.

$$V_r = \frac{I_L t}{C} = \frac{(20\text{mA})(16.7\text{ms})}{500\mu\text{F}} = 668\text{m}V_{\text{PP}}$$

[그림 3-37 (b)]에 표시된 전파 정류기의 충전펄스 사이의 시간은 8.33ms이다. 그러

므로

$$V_r = \frac{I_L t}{C} = \frac{(20\text{mA})(8.33\text{ms})}{500\mu\text{F}} = 333\text{mV}_{\text{PP}}$$

【예제 3-15】에서 설명된 것처럼 전파 정류기는 반파 정류기의 출력리플전압의 절반을 가지게 된다. 이것은 충전펄스 사이의 짧아진 시간 때문이다. [그림 3-38]은 반파 정류기와 전파 정류기의 커패시터 방전 시간을 비교한 것이다. 회로의 방전 기울기가 동일하다고 해도 전압 펄스 사이의 시간은 둘 사이의 리플전압의 차이를 계산하고 있다.

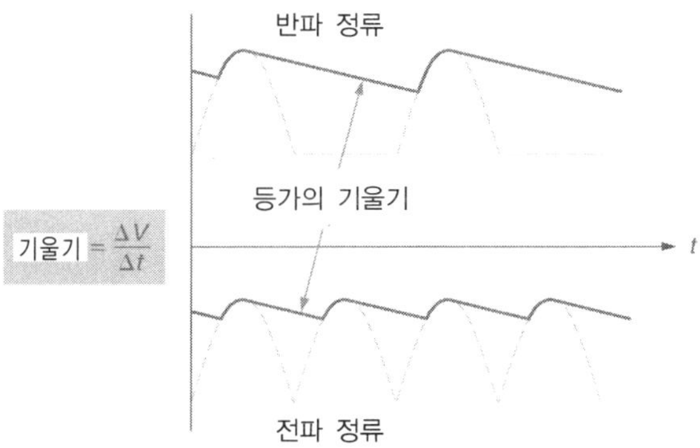

[그림 3-38]

오실로스코프는 직류레벨 위에 올라타고 있는 리플전압을 측정하기 위해서 사용된다. 리플전압은 직류전압과 비교할 때 아주 작은 크기를 가지는데 리플을 제거하기 위해서 오실로스코프의 교류 결합이 사용된다. 이것은 오실로스코프의 V/div 설정을 감소시키기 위해서 허용되기 때문에 아주 작은 신호 크기로 측정된다. 이미 앞에서 언급된 것처럼 전파 정류기가 반파 정류기보다 우수한 이점을 가지고 있다. 【예제 3-15】는 전파 정류기가 반파 정류기의 리플의 절반 크기를 가진다는 것을 설명하고 있다. 우리의 목적은 가능한 한 리플의 크기를 감소시켜서 정적인 직류전압을 구하는 것이다. 전파 정류기는 반파 정류기보다 우리의 목적에 가깝게 된다.

3.6.4 정류기 해석에서의 필터 효과(Filter Effect on Rectifier Analysis)

[그림 3-36]을 참조하자. 그림에서 표시된 것처럼 필터링된 정류기에서의 직류 전압값 V_{dc}는 정류기의 피크 출력 값에서 $V_r/2$을 빼준 크기로 구해진다. 여기에는 한 가지 문제가 있는데 V_r을 구하기 위해서는 직류 부하 전류 I_L을 알아야 한다는 점이다. 그리고 I_L을 정의하기 위해서는 V_{dc}를 알아야 한다. 여기서는 루프를 참조하게 된다.

그렇다면 해답은 무엇인가? 만약 [그림 3-36]을 자세히 관찰한다면 V_{dc}의 최종값이

V_{pk}와 거의 일치한다는 것을 알 수 있다. 따라서 다음과 같은 가정을 함으로써 해를 구할 수 있다.

$$V_{dc} \cong V_{L(pk)}$$

그리고 가정된 V_{dc}값을 사용해서 I_L의 근사치를 구하면 된다. 여기서 V_r의 근사 값을 구할 수 있고 보다 정확한 V_{dc} 값을 구할 수 있다. 【예제 3-16】을 통해서 V_{dc}가 원래 가정된 크기에 거의 일치되는 것을 확인하게 된다.

【예제 3.16】 [그림 3-39]에 표시된 회로에서 V_{dc}를 구하시오.

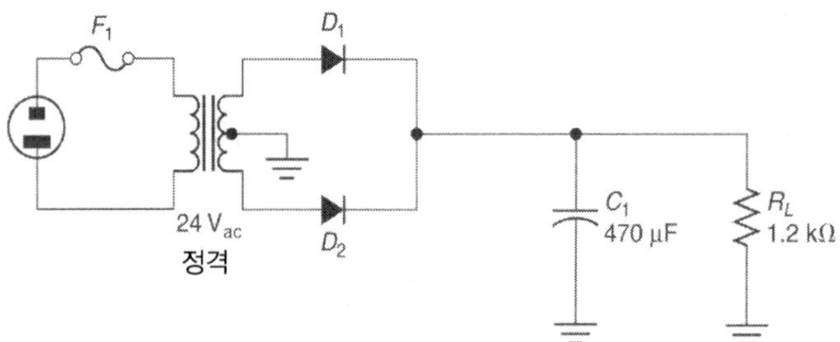

[그림 3-39]

풀이 변압기의 정격은 $24V_{ac}$이다.

$$V_{S(pk)} = \frac{24V_{ac}}{0.707} = 33.9V$$

$$V_{L(pk)} = \frac{V_{S(pk)}}{2} - 0.7V = 16.3V$$

$$V_{dc} \cong V_{L(pk)} = 16.3V$$

직류 부하 전류는 13.6mA로 구해진다.

$$I_L = \frac{V_{dc}}{R_L} = \frac{16.3V}{1.2K\Omega} = 13.6mA$$

리플의 피크 피크 값은 241mV이다.

$$V_r = \frac{I_L t}{C} = \frac{(13.6mA)(8.33ms)}{470\mu F} = 241mV$$

V_{dc}는 16.2V이다.

$$V_{dc} = V_{L(pk)} - \frac{V_r}{2} = 16.3V - 120.5mV = 16.2V$$

(실전 연습문제 3-16)

전파 정류기가 24V_{ac} 변압기를 가지고 있고 필터 커패시턴스는 330μF, 부하저항은 1.5kΩ을 갖는다고 가정하고 회로의 V_{dc}와 V_r를 구하시오.

▶▶ $V_r = 275\text{mV}_{pp}$, $V_{dc} = 16.2\text{V}$

3.6.5 다이오드 PIV에서의 필터 효과(Filter Effect on Diode PIV)

전파 정류기와 브리지 정류기 회로에서 필터는 각 다이오드 양단의 피크 역 전압에 대해서 중요한 어떤 영향도 가지지 않는다. 여하튼 필터링되면 반파 정류기 다이오드는 2차 측 전압의 2배와 같은 최대 역 전압을 가지게 된다.

$$\text{PIV} = 2V_{S(\text{pk})} \text{ (반파 필터링 후)} \tag{3-32}$$

이런 관계식에 대한 설명은 [그림 3-40]에 표시되어 있다. 다이오드가 도통되면 커패시터 C_1이 [그림 3-40 (a)]에 표시된 것처럼 $V_{S(\text{pk})}$로 충전된다.(다이오드는 이상적이라고 가정한다) [그림 3-40 (b)]에 표시된 것처럼 2차 측 전압의 극성이 반전되면 다이오드 D_1이 턴 오프 된다. 순간적으로 다이오드 양단의 역방향 전압은 2차 측 전압과 커패시터 전압의 합과 같아진다. 이런 전압의 크기는 등가이기 때문에 다이오드 양단의 피크 역 전압은 $2V_{S(\text{pk})}$로 된다. 다이오드의 역 전압은 커패시터가 저항을 통해서 방전하게 되면 감소하게 된다는 점에 주목해야 한다. 여하튼 다이오드는 $2V_{S(\text{pk})}$ 보다는 큰 항복전압 정격을 가져야 된다.

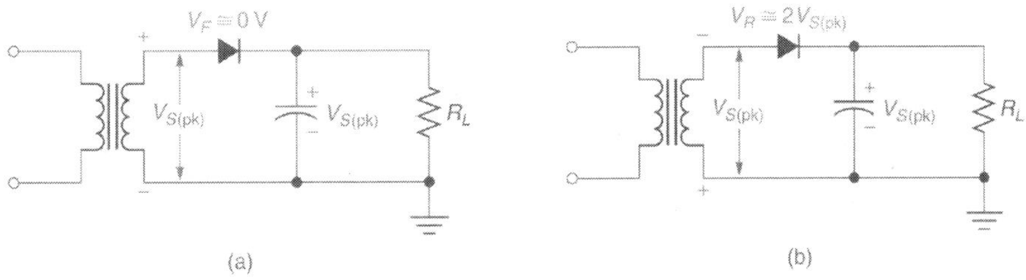

[그림 3-40] PIV에서의 필터링 효과

3.6.6 다른 필터의 형태(Other Filter Type)

필터에는 몇 가지 다른 형태가 존재한다. [그림 3-41]에 표시된 LC 필터는 인덕터와 커패시터의 리액턴스 성분을 이용한다. 각 필터에서의 직렬 임피던스는 전원 공급 장치의 리플 주파수에서 대단히 높게 설계되는 반면 병렬 임피던스는 매우 낮게 설계된다. 이런 리액턴스는 리플 전압의 진폭을 감소시키는 전압분배기를 구성하기 위해서 결합된다. 인덕터는 [그림 3-41]에 표시된 것처럼 전류의 빠른 변화에 대해서 반대로 동작하기 때문에 서지전류 차단을 제공하게 된다.

용량성 필터는 비용과 크기 때문에 가장 일반적으로 사용된다. [그림 3-41]에 표시된 각 필터의 동작은 비교적 간단하다. 각각의 경우 인덕터는 직렬 전류를 일정하게 하고 한개 이상의 커패시터가 단락되면서 전압의 변화를 접지시키게 된다. 결과적으로 전류와 전압에 대해서 아주 안정적인 출력을 발생시키게 된다. LC 필터는 매우 낮은 전원변동을 요구하는 회로구성에 사용된다.

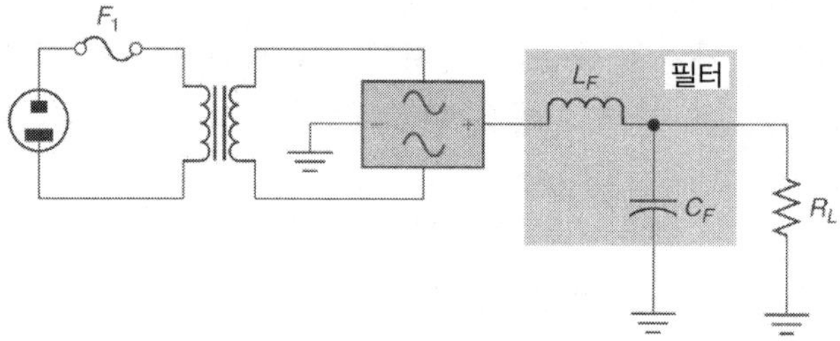

(a) LC 필터

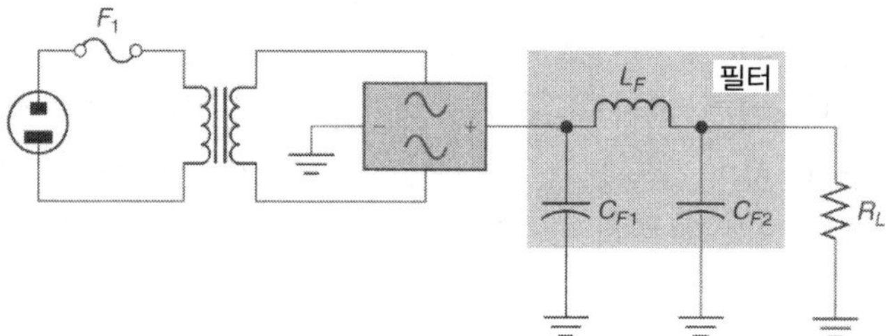

(b) $LC\pi$ 필터

[그림 3-41] 몇 가지 필터의 종류

3.6.7 최종 점검(One Final Note)

필터의 사용은 정류기 출력에서 리플을 감소시키게 된다. 동시에 이상적인 전원 공급 장치는 전혀 리플전압을 가지지 않는 안정한 직류 출력을 제공하게 된다. 전원 공급 장치의 출력에서 약간의 리플 전압은 존재하지만 전압 조정기를 사용함으로써 필터의 리플 전압은 감소시키게 된다. 이 점에 대해서는 3장 7절에서 상세히 알아보도록 하겠다.

기초 확인문제 3.6

1. 필터의 사용목적은 무엇인가?
2. 리플 전압은 무엇인가?
3. 충전 시상수와 방전 시상수를 정의하는 기본적인 용량성 필터의 동작을 설명하라.
4. 필터 커패시터의 값을 제한하는 것은 무엇인가?

5. 전원 공급 장치에서 서지전류의 원인은 무엇인가?
6. 서지전류를 제한하는 두 가지 소자를 정의하라. 이들은 어떻게 I_{surge}를 제한하는가?
7. 필터링된 정류기의 V_{dc}와 V_r 사이의 관계를 설명하라.
8. 반파 정류기보다 전파 정류기를 선호하는 이유는 무엇인가?
9. 필터링된 정류기의 V_{dc}와 V_r 값을 계산하는데 사용되는 과정을 설명하라.
10. 반파 정류기에서 다이오드 양단에 걸리는 PIV 정격에서 필터링이 가지는 효과를 설명하라.

3.7 제너 전압 조정기(Zener Voltage Regulator)

[그림 3-1]에 표시된 기본적인 전원 공급 장치의 마지막 구성회로는 전압 조정기이다. 일반적으로 다양한 전압 조정기가 존재한다. 보다 복잡하고 실제적인 전압 조정기에는 몇 개의 트랜지스터와 집적회로가 포함된다.

이런 전압 조정기는 21장에서 상세하게 언급된다. 이 장에서는 [그림 3-42 (a)]에 표시된 간단한 제너 전압 조정기에 대해서 소개하기로 한다. 집중해보자.

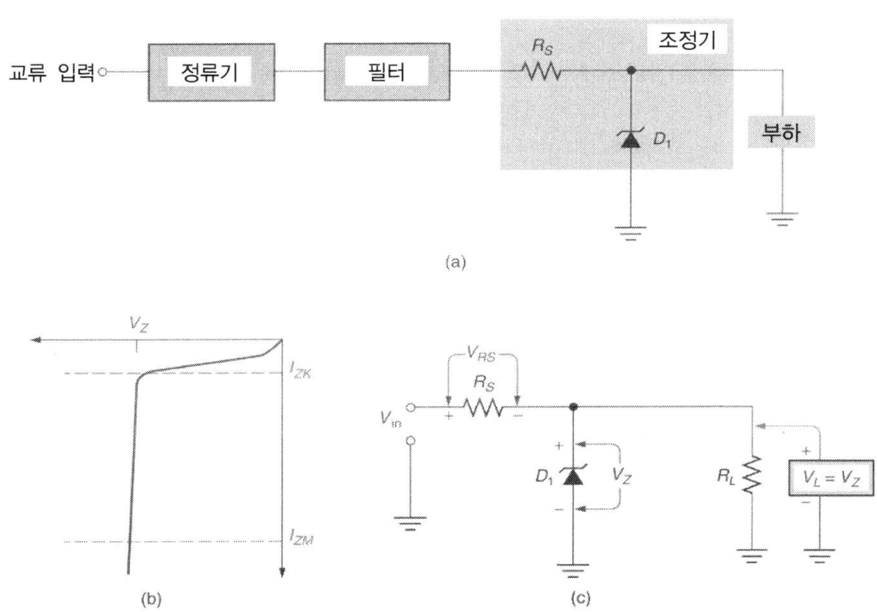

[그림 3-42] 기본적인 제너 전압 조정기

여러분은 역방향 항복영역에서 동작하는 제너 다이오드가 임계 전류 I_{ZK}와 최대 정격 전류 I_{ZM} 사이에서 제너 전류가 유지되는 동안 다이오드 양단에 일정한 전압을 유지시킨다는 점을 기억해야 한다.

이런 동작 특성은 [그림 3-42 (b)]에 표시되어 있다. 부하저항이 제너 다이오드 D_1과 병렬로 연결되기 때문에 부하 전압 V_L은 [그림 3-42 (c)]에 표시된 것처럼 항상 제너전압과 등가로 된다. 만약 제너 전류가 허용범위 이내에서 유지된다면 제너전압과 부하 전압은 일정하게 유지된다. 따라서 부하 전압을 일정하게 유지시키기 위해서는 제너 전류를 자신의 규정된 범위인 I_{ZK}와 I_{ZM} 사이에서 유지시키는 것이 중요하다.

3.7.1 전체 회로전류(Total Circuit Current)

[그림 3-42 (c)]에 표시된 것처럼 전원 전류는 식 (3-33)처럼 구해진다.

$$I_T = \frac{V_{\text{in}} - V_Z}{R_S} \tag{3-33}$$

여기서 $I_T = R_S$를 통해서 흐르는 전체전류
V_{in} = 입력 전압
V_Z = 정격 제너전압
R_S = 직렬 저항

을 의미한다.

【예제 3.17】 [그림 3-43]에 표시된 회로에서 전체 회로전류를 구하시오.

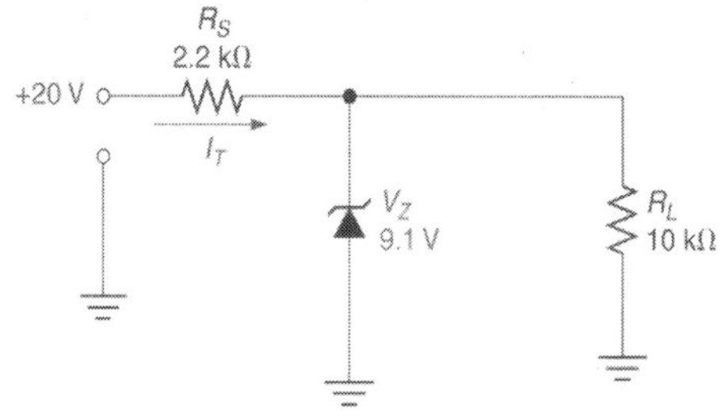

[그림 3-43]

풀이 인가전압의 크기가 20V이고 제너전압은 9.1V이다. 따라서 회로의 전체 전류는 4.95mA이다.

$$I_T = \frac{V_{\text{in}} - V_Z}{R_S} = \frac{20\text{V} - 9.1\text{V}}{2.2\text{k}\Omega} = 4.95\text{mA}$$

(실전 연습문제 3-17)

[그림 3-43]에 표시된 것과 유사한 15V 직류 전원과 1.5kΩ의 직렬 저항, 그리고 12V 제너 다이오드가 연결된다고 가정하고 회로의 I_T를 구하시오.

▶▶ $I_T = 2\text{mA}$

3.7.2 식 (3-33)의 원리(The Basis of Equation (3-33))

[그림 3-43]에 표시된 조정기에서 전체 회로전류는 직렬 저항 R_S를 통해서 흘러가게 된다.

$$I_T = \frac{V_{RS}}{R_S}$$

V_{RS}는 입력전압 V_{in}과 제너전압 V_Z 사이의 차에 해당되므로 위 식은 다음과 같이 변환시킬 수 있다.

$$I_T = \frac{V_{\text{in}} - V_Z}{R_S}$$

3.7.3 부하전류(Load Current)

부하 저항 R_L이 제너 다이오드와 병렬로 연결되기 때문에 부하저항 양단의 전압은 항상 V_Z와 같다. 따라서 부하 전류는 식 (3-34)처럼 구할 수 있다.

$$I_L = \frac{V_Z}{R_L} \tag{3-34}$$

【예제 3.18】 [그림 3-43]에 표시된 회로에서 부하 전류를 구하시오.

풀이 9.1V 제너와 10kΩ 저항을 가지고 있으므로 부하 전류는 910μA로 구해진다.

$$I_L = \frac{V_Z}{R_L} = \frac{9.1\,\text{V}}{10\text{k}\Omega} = 910\mu\text{A}$$

(실전 연습문제 3-18)

실전 연습문제 3-17에서 설명된 제너 조정기 회로가 12kΩ의 부하 저항을 갖는다고 가정하고 회로의 부하 전류를 구하시오.

▶▶ $I_L = 1\text{mA}$

3.7.4 제너전류(Zener Current)

제너 다이오드와 부하 저항은 병렬로 연결되기 때문에 I_Z와 I_L의 합은 전체 회로전류와 같다.

$$I_Z = I_T - I_L \tag{3-35}$$

여기서 I_Z = 전체 제너전류
I_T = 전체 회로전류
I_L = 부하전류

를 의미한다.

【예제 3.19】 [그림 3-43]에 표시된 회로에서 부하 전류와 제너전류를 구하시오.

풀이 【예제 3-17】에서 I_T = 4.95mA로 구한바 있고 【예제 3-18】에서는 I_L = 910μA로 구한바 있다. 따라서 제너전류는 4.04mA로 구해진다.

$$I_Z = I_T - I_L = 4.95\text{mA} - 910\mu\text{A} = 4.04\text{mA}$$

(실전 연습문제 3-19)

실전 연습문제 (3-17)과 (3-18)에서 설명된 회로의 제너 전류를 구하시오.

▶▶ I_Z = 1mA

3.7.5 부하 변동(Load Variation)

앞에서 언급한 것처럼 제너 전류가 임계 전류 I_{ZK}와 최대 정격 전류 I_{ZM} 사이에서 유지되는 동안 제너 전압 조정기는 비교적 일정한 출력전압을 유지시킨다. 제너 전류에서 가능한 부하 저항 변동 효과는 [그림 3-44]에 표시되어 있다.

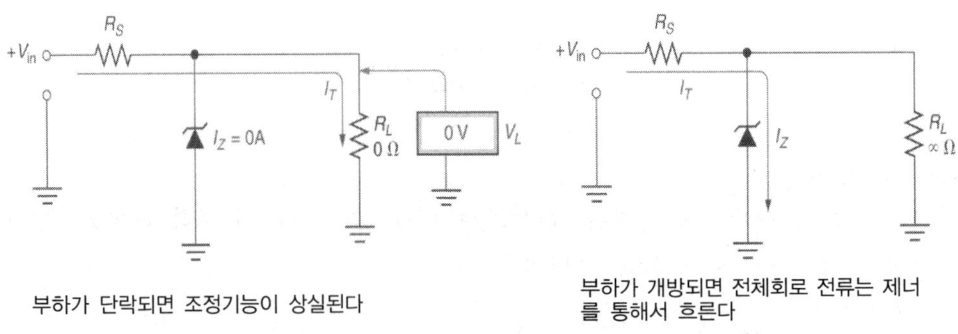

[그림 3-44] 제너 전압 조정기의 동작에서 부하 저항의 변동 효과

[그림 3-44 (a)]에 표시된 것처럼 부하 저항이 0Ω으로 감소된다면 모든 회로 전류는 부하를 통해서 지나간다. 이런 경우 제너 전류는 I_{ZK} 아래로 떨어지고 다이오드는 출력 전압 조정을 멈추게 될 것이다. [그림 3-44 (b)]에 표시된 것처럼 만약 부하 저항이 ∞Ω으로 증가한다면 모든 회로 전류는 제너 다이오드를 통해 흐르게 된다. 이런 경우 다이오드는 I_Z가 I_{ZM}에 도달하지 못하도록 R_S가 충분히 크지 않다면 파괴되게 된다. R_L의 실제적인 제한 범위는 얼마인가? R_L의 최소 값은 제너전압과 I_{ZK} 값에 의해서 결정된다. 제너 조정을 유지하려면, 제너 전류의 최소크기는 I_{ZK}와 같아야 한다.

$$I_{L(\max)} = I_T - I_{ZK}$$

$I_{L(\max)}$는 부하 저항이 최소일 때 발생되므로 식 (3-36)처럼 표시된다.

$$R_{L(\min)} = \frac{V_Z}{I_{L(\max)}} \tag{3-36}$$

이런 관계는 【예제 3-20】에서 설명된다.

\

【예제 3.20】 [그림 3-45]에 표시된 회로의 제너 다이오드가 $I_{ZK}=3\text{mA}$, $I_{ZM}=100\text{mA}$를 갖는다고 가정하고 R_L의 허용되는 최소 값을 구하시오.

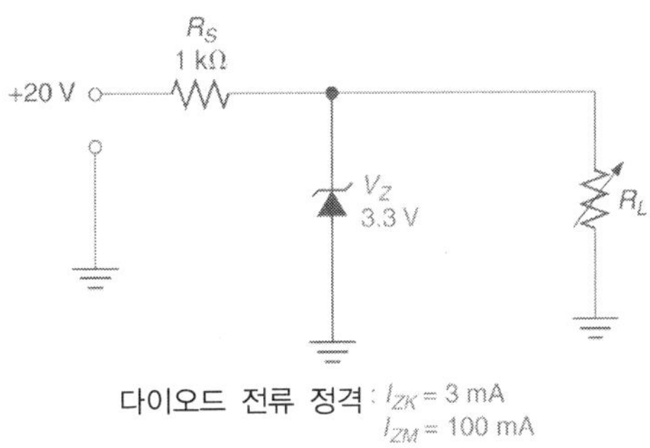

[그림 3-45]

풀이 우선 선체 회로전류를 구하면 16.7mA로 계산된다.

$$I_T = \frac{V_{\text{in}} - V_Z}{R_S} = \frac{20\text{V} - 3.3\text{V}}{1\text{k}\Omega} = 16.7\text{mA}$$

여기서 $I_{L(\max)}$를 구하면 13.7mA이다.

$$I_{L(\max)} = I_T - I_{zk} = 16.7\text{mA} - 3\text{mA} = 13.7\text{mA}$$

따라서 $R_{L(\min)}$은 241Ω으로 구해진다.

$$R_{L(\min)} = \frac{V_Z}{I_{L(\max)}} = \frac{3.3\text{V}}{13.7\text{mA}} = 241\,\Omega$$

(실전 연습문제 3-20)

[그림 3-45]에 표시된 회로에서 제너 다이오드의 $V_Z = 5.1\text{V}$, $I_{ZK} = 5\text{mA}$라고 가정하고 회로에서 허용되는 R_L의 최소 값을 구하시오.

▶▶ $R_{L(\min)} = 515\Omega$

[그림 3-45]에 표시된 회로의 제너는 R_L이 241Ω보다 아래로 떨어지지 않는 한 일정한 출력 전압을 유지할 수 있다. 만약 R_L이 이런 값 이하로 떨어진다면 I_L은 최대 허용값 이상으로 증가하게 되고 I_Z는 I_{ZK} 이하로 떨어지게 된다. 다이오드는 출력 전압 조정을 정지하게 된다. 최대 전류를 끌어내는 부하를 전 부하(full load)라고 한다.

3.7.6 부하 조정(Load Regulation)

제너 조정기가 부하 전류 값의 일정한 범위에서 상대적으로 일정한 부하 전압을 유지시킨다는 것을 살펴본바 있다. 부하 전류의 요구량에 따른 일정한 부하 전압을 유지하기 위한 조정기의 능력은 부하 조정이라고 부른다. 부하 조정은 21장에서 상세하게 다루기로 한다.

3.7.7 리플 전압의 제너 감쇠(Zener Reduction of Ripple Voltage)

제너 조정기는 부가적인 장점을 제공하고 필터의 출력에 존재하는 리플 전압의 크기를 감소시킨다. 다이오드 등가회로를 고려하는 경우 리플 전압에서의 조정기의 효과를 쉽게 이해할 수 있다. 기본적인 제너 조정기와 등가 회로는 [그림 3-46]에 표시되어 있다. 2장에서 제너 임피던스 Z_Z는 동적인 값으로 제너 다이오드가 전류나 전압에서의 변화를 방해하는 힘이다. 따라서 리플 전압은 변화량이기 때문에 Z_Z에 의해서 영향을 받게 된다.

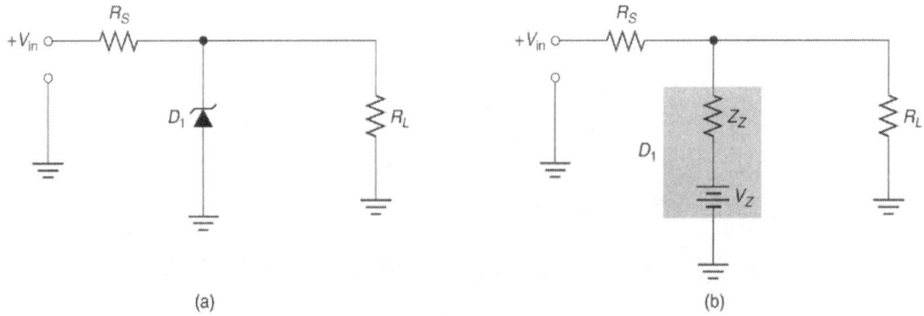

[그림 3-46]

리플 파형은 조정기에 존재하는 전압 분배기로 표시된다. 이런 전압 분배기는 직렬 저항 R_S와 Z_Z의 병렬 조합 그리고 부하로 만들어진다. 조정기의 리플 출력은 식 (3-37)처럼 표시할 수 있다.

$$V_{r(\text{out})} = \frac{(Z_Z \| R_L)}{(Z_Z \| R_L) + R_S} V_r \tag{3-37}$$

여기서 $V_{r(\text{out})}$ = 조정기 출력에서의 리플
$(Z_Z \| R_L) = Z_Z$와 부하 저항의 병렬 조합
R_S = 조정기의 직렬 저항
V_r = 조정기 입력의 피크·피크 리플 전압

을 의미한다.

【예제 3.21】 전파 정류기의 여과된 출력은 1.5V의 피크피크 리플 전압을 갖는다. 만약 이런 신호가 [그림 3-47]에 표시된 회로에 인가된다고 가정하자. 리플은 부하와 같은가?

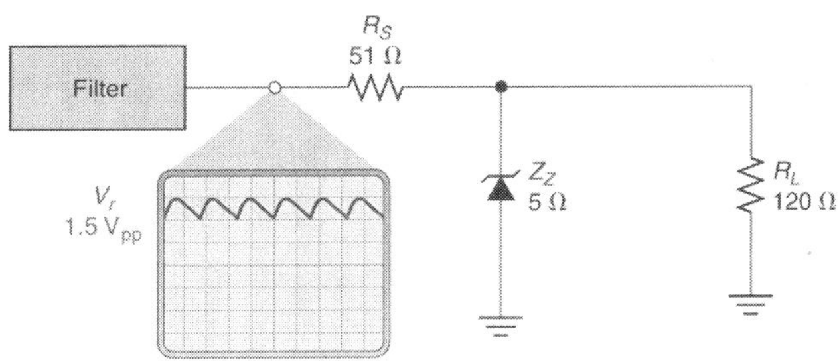

[그림 3-47]

풀이 제너 다이오드는 그림에 표시된 회로에서 120Ω의 R_L과 5Ω의 Z_Z를 갖는다. 51Ω의 직렬 저항과 $1.5V_{PP}$의 입력 리플을 가진다고 가정하면 조정기의 출력 리플은 $129mV_{PP}$로 구해진다.

$$V_{r(\text{out})} = \frac{(Z_Z \| R_L)}{(Z_Z \| R_L) + R_S} V_r = \frac{4.8\Omega}{4.8\Omega + 51\Omega}(1.5V_{PP}) = 129mV_{PP}$$

(실전 연습문제 3-21)

제너 조정기는 91Ω 직렬 저항, 200Ω 부하 저항, 그리고 25Ω의 제너 임피던스를 갖는다. 만약 회로의 입력 리플이 $1.2V_{PP}$라면, 부하 리플의 양은 얼마인가?

▶▶ $V_{r(\text{out})} = 235mV_{PP}$

예제에서 보는 바와 같이 전압 조정기는 전력 공급기 필터의 출력에서 어떤 리플도 실질적으로 감소시킬 수 있다. 여러분은 기본적인 전원 공급 장치를 구성하는 전압 조정기와 다른 회로의 동작원리를 살펴보았다. 이제, 우리는 그것들 모두를 합쳐서 완전한 직류 전원 공급 장치의 동작을 해석해 보도록 하자.

기초 확인문제 3.7

1. 전압 조정기의 제너 전류는 한계치 이내에서 동작해야만 하는가?
2. 전 부하란 무엇인가?
3. 제너 전압 조정기는 필터에서 리플 전압을 얼마나 감소시키는가?

3.8 전체 회로(Putting it All Together)

우리는 이미 변압기, 정류기, 필터, 그리고 제너 조정기의 동작에 대해서 고찰한바 있다. 이제 기본적으로 동작하는 전원 공급 장치에 대해서 모든 것들을 적용시켜 보자. 이 절에서는 [그림 3-48]에 표시된 기본적인 전원 공급 장치를 해석하기로 한다. 전원 공급 장치는 변압기, 브리지 정류기, 용량성 필터, 제너 다이오드 조정기로 구성된다. 변압기는 입력 선 전압을 낮은 2차 측 전압으로 변환한다.

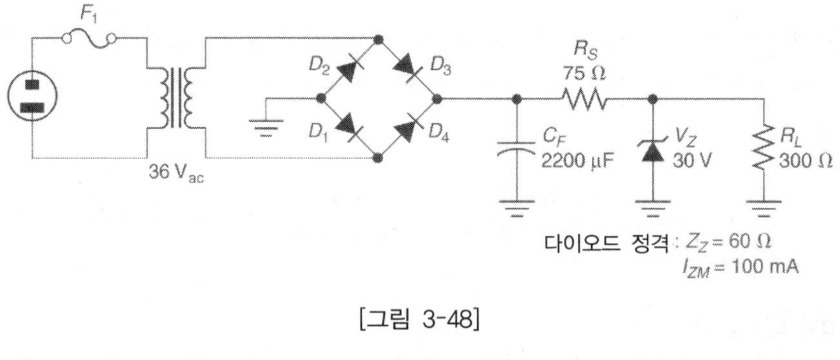

[그림 3-48]

브리지 정류기는 변압기 2차 측 교류 전압을 positive 맥동 직류 전압으로 변환한다. 이런 맥동 직류 전압은 정류기 직류 출력 전압의 변동을 감소시키는 용량성 필터에 인가된다.

끝으로 제너 전압 조정기는 다음과 같은 두 가지 기능을 수행한다.

1. 출력 전압의 리플(변동)을 감소시킨다.
2. 부하 전류요구의 변동에도 불구하고 전원 공급 장치로부터 상대적으로 일정한 직류 출력 전압을 제공할 수 있다.

따라서 4개 회로의 조합은 부하 전류의 요구되는 변화가 교류 선 전압을 고정된 직류 공급 전압으로 일정하게 변환한다.

기본 전원 공급 장치 해석에서 우리의 목적은 직류 출력 전압 값 V_{dc}, 리플 전압 V_r, 부하 전류 I_L의 크기를 구하는데 있다.

이러한 값들을 구하는 순서는 다음과 같다.

1. $V_{S(pk)}$ 값을 결정한다.
2. 정류기 출력의 V_{pk} 값을 결정한다.
3. 직렬 저항을 통과하는 전체 전류의 크기를 결정한다. I_R로 표시되는 이런 전류 값은 리플 전압의 값을 계산할 때 사용될 수 있다.
4. 필터로부터 리플 전압의 값을 결정한다.
5. 출력에서 V_{dc}를 구한다. 이 값은 일반적인 상황 아래 제너 다이오드의 V_Z 정격과 같게 된다.
6. Z_Z 값의 정격을 사용하면 최종 리플 출력 전압에 접근한다.
7. V_Z와 R_L을 사용하여, 부하 전류의 값을 결정한다.

【예제 3-22】는 기본적인 전원 공급 장치의 구성을 해석하는 과정을 설명하고 있다.

【예제 3.22】 [그림 3-48]에 표시된 전원 공급 장치 회로의 V_{dc}, $V_{r(out)}$, I_L의 값을 결정하시오.

풀이 먼저 우리는 변압기의 2차 측 전압의 정격을 피크 전압 값으로 변환해야 한다.

$$V_{S(pk)} = \frac{36\text{V}_{ac}}{0.707} = 51\text{V}$$

이제 우리는 필터 입력의 피크 전압 값을 구한다.

$$V_{pk} = V_{S(pk)} - 1.4\text{V} = 49.6\text{V}$$

다음에는 49.6V의 직류 전원 전압을 가지는 것으로 가정한다. V_{in}의 값은 49.6V로 사용하고 있으므로 다음과 같은 직렬 저항을 통과하는 전류의 값을 구한다.

$$I_R = \frac{V_{in} - V_Z}{R_S} = \frac{49.6\text{V} - 30\text{V}}{75\Omega} = 261\text{mA}$$

우리는 이제 $I_R = 261\text{mA}$의 값을 이용하여 V_r값을 구한다.

$$V_r = \frac{I_R t}{C} = \frac{(261\text{mA})(8.33\text{ms})}{2200\mu\text{F}} = 988\text{mV}_{\text{PP}}$$

앞에서 언급한 것처럼 전원 공급 장치의 직류 출력 전압은 V_Z의 값과 같을 것이다.

$$V_{\text{dc}} = V_Z = 30\text{V}$$

$$I_L = \frac{V_Z}{R_L} = \frac{30\text{V}}{300\Omega} = 100\text{mA}$$

마지막으로, $V_{r(\text{out})}$의 값은 395mV_{PP}로 구해진다.

$$V_{r(\text{out})} = \frac{(Z_Z \| R_L)}{(Z_Z \| R_L) + R_S} V_r = \frac{50\Omega}{125\Omega}(988\text{mV}_{\text{PP}}) = 395\text{mV}_{\text{PP}}$$

(실전 연습문제 3-22)

[그림 3-48]과 유사한 전원 공급 장치는 다음의 값을 갖는다. $V_S = 24\text{V}_{\text{ac}}$(정격), $C = 470\mu\text{F}$, $R_S = 500\Omega$, $V_Z = 10\text{V}$, $Z_Z = 20\Omega$, $R_L = 5.1\text{k}\Omega$. 회로의 V_{dc}, I_L, $V_{r(\text{out})}$의 값을 구하시오.

▶▶ $V_{\text{dc}} = 10\text{V}$, $I_L = 1.96\text{mA}$, $V_{r(\text{out})} = 30.7\text{mV}_{\text{PP}}$

이 장의 앞에서 '제너 전압 조정기는 일반적으로 사용되는 것은 아니다.'라는 말을 들었을 것이다. 그러한 이유는 제너 다이오드가 상당히 큰 전력을 소비한다는데 있다. [그림 3-22]에 표시된 회로를 해석해 보면 R_S를 통해서 흐르는 전류는 261mA이다. 100mA는 부하를 통해서 흐르고 제너 다이오드를 통해서 흐르는 전류는 161mA이다.

$$I_Z = 261\text{mA} - 100\text{mA} = 161\text{mA}$$

제너 다이오드에서 소비되는 전력은 4.83W이다.

$$P_Z = I_Z V_Z = (161\text{mA})(30\text{V}) = 4.83\text{W}$$

이것은 부하의 소비전력 3W보다 크다.

기초 확인문제 3.8

1. 전원 공급 장치를 해석하는 최종 목표는 무엇인가?
2. 트랜지스터나 IC 전압 조정기를 제너 다이오드보다 선호하는 이유는 무엇인가?

3.9 전원 공급 장치의 고장진단 및 수리 (Power Supply Troubleshooting)

전원 공급 장치의 고장은 변압기, 정류기 다이오드, 필터 또는 전압 조정기에서 일어날 수 있다. 전원 공급 장치에서 고장이 발견될 때, 증상의 유형과 몇 가지 간단한 시험을 통해서 고장이 어디에서 발생되었는지 이해하게 된다. 이 절에서는 일반적인 전원 공급 장치의 고장 징후를 살펴보고 고장 부품을 회로에서 분리시키는데 사용되는 시험방법에 대해서 설명하기로 한다.

3.9.1 1차 측 퓨즈(Primary Fuse)

모든 전원 공급 장치에는 회로의 1차 측에 위치한 퓨즈를 가지고 있다. 이런 퓨즈는 [그림 3-49]에 표시된 것처럼 변압기의 1차 측과 직렬로 연결된다.

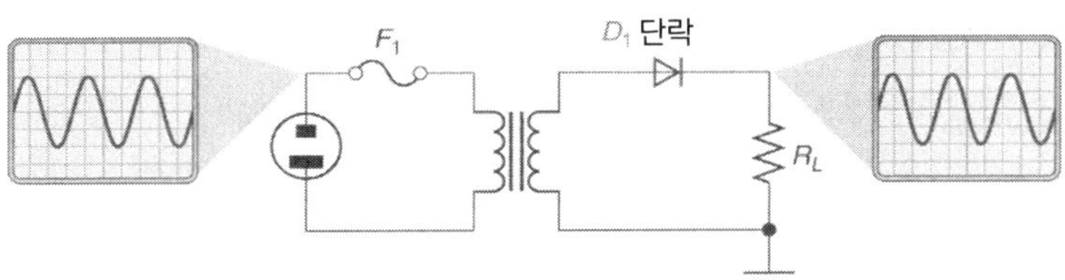

(a) 다이오드가 단락된 반파 정류기

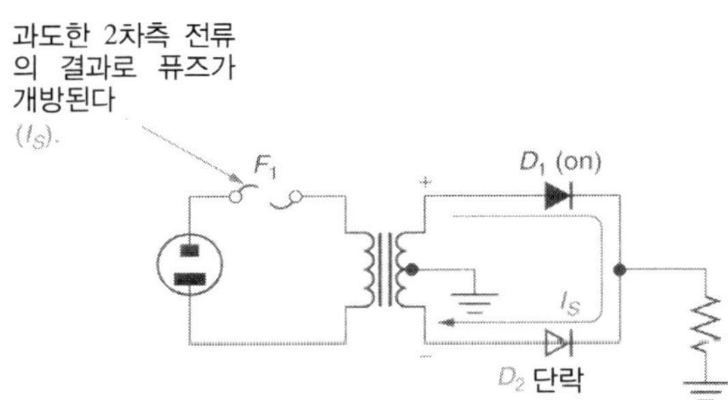

(b) 단락된 다이오드를 갖는 전파 정류기

[그림 3-49]

만약 전원 공급 장치에서의 고장이 변압기로부터 과도한 전류를 흐르게 하는 원인이 된다면 1차 측 퓨즈는 개방된다. 이런 일이 발생되면 벽의 콘센트를 통해서 공급되는 교류 전압 입력이 전원 공급 장치에 전달되지 않는다. 이것은 전원 공급 장치와 작업자를 보호하기 위한 것이다. 대부분의 전원 공급 장치는 천천히 개방되는 slow blow 퓨즈를 사용한다. Slow Blow 퓨즈는 전원 공급 장치가 턴 언 되는 초기에 발생하는 과도한 서지

전류를 견딜 수 있게 설계된다. Slow Blow 퓨즈에서 요구되는 충분히 큰 전류가 2초에서 4초 정도의 충분한 시간동안 지속된다면 회로를 보호하기 위해서 Slow Blow 퓨즈가 개방된다.

전원 공급 장치의 퓨즈 교체가 필요할 때는 반드시 같은 정격을 갖는 퓨즈를 사용해야만 한다. 결코 어떤 상황 아래라고 하더라도 교체되는 퓨즈보다 더 높은 정격 전류를 가지면 안된다. 만약 더 높은 정격을 갖는 퓨즈로 교체된다면 퓨즈가 과도한 전류를 차단하지 못하기 때문에 회로를 보호할 수 없고 중대한 위험을 초래한다. 여러분도 이 절을 통해서 확인했겠지만 다른 고장원인이 없다면 대부분의 전원 공급 장치에서의 고장원인은 1차 측 퓨즈의 개방이다. 1차 측 퓨즈의 개방이 고장 원인으로 밝혀진다면 회로 점검 후 간단하게 퓨즈를 교체하기만 하면 된다.

3.9.2 변압기의 고장(Transformer Fault)

전원 공급 장치에서 변압기는 다음과 같은 몇 가지의 고장을 발생시킨다.

1. 1차 측 또는 2차 측 권선의 단락
2. 1차 측 또는 2차 측 권선의 개방
3. 1차 측 또는 2차 측 권선과 변압기 프레임 사이의 단락

대부분의 경우 1차 측 또는 2차 측 권선의 단락이 퓨즈를 녹여서 개방시키는 원인이 될 수 있다.

만약 퓨즈가 개방되지 않는다면 전원 공급 장치의 직류 출력은 대단히 작아지게 되고 변압기는 대단히 뜨거워지게 된다. 변압기의 1차 측 또는 2차 측 권선이 개방될 때 전원 공급 장치의 출력은 0으로 떨어질 것이다. 이런 경우에는 1차 측 퓨즈는 개방되지 않는다. 만약 여러분이 변압기 권선이 개방된 것으로 믿는다면 권선의 간단한 저항 검사를 통해서 여러분의 의구심을 확인하게 될 것이다.

만약 권선이 높은 저항값을 가진다면 권선은 개방된 것이다. 만약 권선이 변환기 케이스와 단락되었다면 결국 퓨즈를 개방시키게 된다. 이런 고장은 변압기 케이스와 권선 사이의 저항을 측정하면 그 원인을 밝힐 수 있다. 낮은 저항이 측정되면 권선과 케이스 사이의 단락 회로가 존재하는 것을 가리킨다. 이와 같은 문제가 존재한다면 수리 순서는 간단하다. 여러분은 변압기를 교체해야만 한다.

3.9.3 정류기 고장(Rectifier Faults)

반파 정류기는 고장 진단 및 수리가 가장 쉬운 정류기이다. 만약 정류기에서 다이오드가 단락되었다면 정류기로부터의 출력은 V_S와 동일한 사인파가 될 것이다. 이것이 [그림

3-49 (a)]에 표시되어 있다. 다이오드가 단락되었기 때문에 이것은 단순한 전선처럼 동작된다. 따라서 입력의 어느 반 주기도 제거되지 않는다. 출력은 V_S의 복사본이 될 것이다.

만약 정류기에서 다이오드가 개방된다면 회로로부터의 출력은 0으로 강하될 것이다. 만약 정류기 회로의 다이오드가 단락되거나 개방된다면 단순히 다이오드를 교체하면 된다. 전파 정류기 회로에서 단락된 다이오드는 전원 공급 장치의 퓨즈를 개방시키는 원인이 될 수 있다. [그림 3-49 (b)]는 회로 동작에서의 단락된 D_2의 효과를 보여준다. 다이오드가 전선으로 교체되는 것에 주의하라. V_S에 의해서 다이오드 D_1이 순방향으로 바이어스될 때 변압기의 2차 측은 D_1을 통해서 단락된다. 이것은 2차 측에 과도한 전류를 발생시키고 1차 측 퓨즈가 개방되는 원인이 된다.

만약 여러분이 전파 정류기 회로에서 다이오드가 단락되었다고 의심된다면 양쪽 다이오드의 순방향 저항과 역방향 저항을 간단히 측정하면 된다. 두 경우 모두 다이오드는 매우 큰 역방향 저항과 매우 작은 순방향 저항을 가지게 된다. 만약 다이오드의 역방향 저항값이 대단히 작다면, 다이오드를 교체해야 한다. 만약 전파 정류기 회로의 다이오드가 개방되었다면 정류기의 출력은 반파 정류기의 출력을 닮게 된다. 출력 리플 전압은 대략 2배일 것이고, 리플 주파수는 120Hz에서 60Hz로 변환된다.

이런 경우 다이오드 저항을 측정하고 높은 순방향 저항을 찾는다. 여러분이 이런 측정값을 읽게 된다면 다이오드를 교체한다. 만약 가능하다면 두 다이오드를 모두 교체한다. 브리지 정류기 회로에서 다이오드의 단락과 개방된 다이오드의 증상은 전파 정류기의 경우와 같다. 브리지 정류기의 경우 여러분은 시험되어질 더 많은 다이오드를 가진다는 것 이외에는 차이가 없다.

3.9.4 필터 고장(Filter Fault)

커패시터 필터와 같이 동작할 때 기술자의 안전은 매우 중요하다. 전기 쇼크 또는 심장마비의 위험이 항상 존재한다. 커패시터는 전하를 저장하기 때문에 전력 스위치가 꺼진다거나 교류 플러그의 연결이 끊어진 이후에도 자신의 전압을 유지할 수 있다. 안전 예방조치로 커패시터는 회로에서 제거하거나 측정하기 전에 50Ω에서 100Ω의 저항과 단자 양단을 단락시켜 방전시켜야 한다. 만약 커패시터에 전하가 남아 있다면 기술자에게 위험이 되는 것 이외에도 시험 장비가 손상을 입을 수 있다.

많은 전원 공급 장치 회로들은 콘덴서 단자 양단에 직접적으로 연결되는 분리기 저항을 갖는다. 만약 부하가 전원 공급 장치와 연결이 끊겨 있다면 콘덴서는 방전되어 있을 것이다. 그렇지 않으면 커패시터 전압이 누설로 인해서 내부적으로 다 빠져 나갈 때까지 커패시터가 콘덴서가 충전된 상태로 유지된다. 필터 커패시터가 단락될 때 1차 측 퓨즈는 개방된다.

이런 원리는 [그림 3-50]에 묘사되어 있다. 필터 커패시터 필터가 단락되면 부하 저항이 단락된다. 이것은 [그림 3-50 (a)]에 표시된 것처럼 브리지의 양쪽을 선으로 함께 연결된 것과 같은 효과를 갖는다.

만약 여러분이 브리지의 높은 쪽에서 낮은 쪽으로 확인을 한다면 변압기의 2차 측 양단저항만이 두 개의 다이오드에 대해서 순방향 저항인 것을 확인하게 된다. 이것은 변압기 2차 측이 효과적으로 단락되면 과도한 2차 측 전류가 흐르게 되고 결국은 1차 측의 퓨즈를 개방시키는 원인이 된다.

단락된 필터 커패시터를 점검할 때는 [그림 3-50 (b)]에 표시된 것처럼 전원 공급 장치의 출력 저항을 간단히 측정한다. 만약 커패시터가 단락된 것이라면 여러분은 매우 낮은 저항을 측정할 수 있다. 저항을 측정하기 전에 전원으로부터 브리지는 제거되어져야 한다. 이것은 측정되는 정류기 다이오드의 순방향 바이어스로부터 잘못된 계측 값을 지시하는 것을 방지하게 된다.

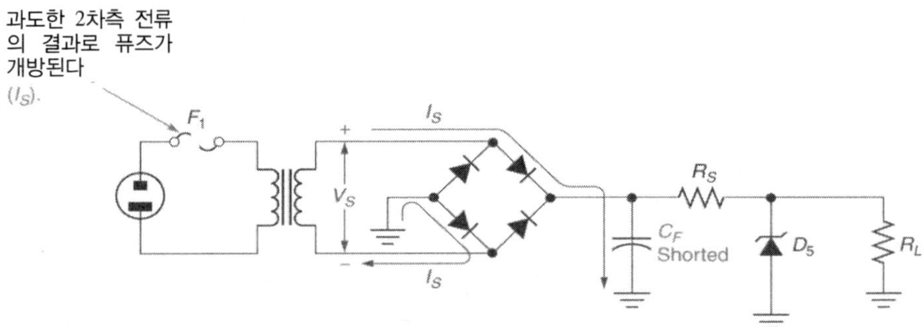

(a) 고장 커패시터가 변압기 2차측을 단락시킨다

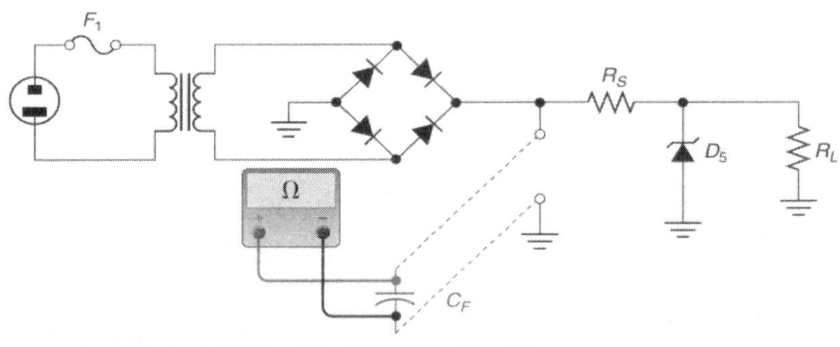

(b) 저항계를 이용해서 필터 커패시터를 검사한다

[그림 3-50]

전해질 커패시터가 오래된 것일 때 전해질이 건조해지는 경향이 있다. 이런 공정은 전원 공급 장치와 같이 커패시터가 높은 온도에 노출될 때 가속되어 진다. 전해질이 말라버리면, 커패시터는 정전능력을 잃어버리는 경향이 있다. 예를 들면 1000μF 커패시터는 700μF로 떨어질 것이다. 이렇게 감소된 정전 용량은 리플 전압이 증가하는 원인이 된다. 커패시터가 마르는 것이 계속되면 이것은 결국 개방된다.

커패시터의 품질을 점검하는 다양한 방법이 있다. 가장 좋은 방법은 정전 용량 점검기로 점검하는 것이다. 감소된 정전 용량을 측정하는 또 다른 점검 방법은 의심되는 다른 것과 다른 좋은 커패시터를 병렬로 위치시키는 것이다. 만약 리플이 50% 이상 감소된다면 의심되는 커패시터는 십중팔구는 나쁘고, 이것은 교체되어야 한다. 필터 커패시터 개방은 비슷한 증상이 표시되어질 수 있고 교체되어야만 한다.

3.9.5 제너 조정기 고장(Zener Regulator Fault)

만약 제너 다이오드가 단락된다면 필터 커패시터가 단락된 것과 동일한 징후가 나타난다. 출력 증상이 단락을 표시할 때, 단락된 필터 커패시터를 점검하기 위해서 저항계를 간단히 연결한다. 저항 측정기를 연결하고 회로로부터 제너 다이오드의 한쪽 끝을 연결하지 않는다. 만약 문제가 지속된다면 필터 커패시터가 원인이고 문제가 사라진다면 제너 다이오드가 원인이다. 만약 제너 다이오드가 개방된다면, 출력 피크 전압과 리플은 모두 증가한다. 동시에 전압 조정 기능을 잃을 수 있다. 따라서 여러분은 부하 전류가 변화를 요구할 때 출력에서 현저한 전압의 변화량을 보게 될 것이다.

3.9.6 2차 측 퓨즈(Secondary Fuse)

많은 전원 공급 장치 회로들은 2차 측 직류 출력에 설치되는 퓨즈를 갖는다. 2차 측에서 다중 퓨즈의 한 가지 목적은 만약 시스템의 한 부분에 오류가 있어서 퓨즈를 개방시키는데 시스템의 나머지 부분은 자신의 기능을 유지하게 된다. 다중 퓨즈는 다른 전류 레벨에서는 시스템의 다른 영역에서 퓨즈가 연결되는 것을 허용한다. 예를 들면 비디오 카세트 레코드는 일반적으로 전원 공급 장치가 공급하는 각 전압에 대한 분리된 퓨즈를 가지고 있다. 이것이 만약 하나의 개별적인 회로가 고장이라고 하더라도 시스템의 나머지 부분은 정상적으로 동작하게 된다. 분리된 2차 퓨즈는 다른 부분이 사용할 수 없는 경우에도 나머지 다른 부분이 동작하도록 허용된다.

3.9.7 고장진단 및 수리의 응용(Troubleshooting Application)

일반적인 전원 공급 장치의 고장과 그 원인에 대해서 말하기는 쉽다. 그러나 실제 회로의 문제에 대해서 이러한 고장과 그 원인의 관계를 적용하는 것은 항상 쉽지만은 않다. 이 절에서, 우리는 몇 가지 고장 진단 및 수리의 예를 통해서 어떻게 간단한 검사와 약간의 생각만으로도 상대적으로 쉽게 전원 공급 장치의 고장 진단 및 수리를 할 수 있는지 고찰해 보도록 하자.

◆ 응용 3.1(Application 3.1)

• 징후(Symptoms)

[그림 3-51]에 표시된 회로에서 전원 공급 장치가 최초로 턴언(turn on) 된다면 출력은 정상이다. 몇 분 후, 직류 전압은 거의 0V까지 떨어지고 1차 측 퓨즈는 개방된다.

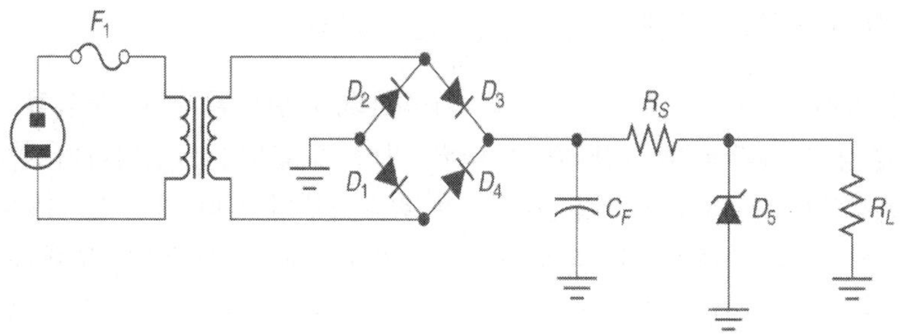

[그림 3-51]

• 관찰(Observation)

어떤 소자는 온도에 따라 차가울 때 동작하고, 뜨거워지면 단락되는 징후를 보인다. 전해질 커패시터는 특히 이런 문제에 민감하게 작용한다. 이런 이유 때문에 커패시터가 문제를 발생시킨다고 예상된다.

• 시험(Testing)

커패시터의 이러한 문제를 진단하기 위해서는 여러 가지 방법으로 커패시터를 가열해야 한다. 이것은 열과 관련 있는 문제이기 때문이다. 납땜인두로 커패시터에 연결된 한쪽 단자를 가열해도 실험목적을 달성하기에 충분하다. [그림 3-50 (b)]에 표시된 것처럼 저항계가 연결된다. 처음 연결했을 때 저항계는 상대적으로 높은 저항값을 지시하게 된다. 뜨거운 납땜인두가 커패시터의 단자에 연결될 때 소자들은 가열되기 시작한다. 잠시 후 측정된 저항값은 매우 작은 값을 나타낸다.

• 결론(Conclusion)

온도가 증가될 때 커패시터의 저항값이 감소하고 소자의 누설이 발생되기 때문에 반드시 교체되어야만 한다.

누설이 의심되는 커패시터를 측정하는 또 다른 방법이 있다. 1차 측 퓨즈를 교체하고 전원 공급 장치를 켠다. 출력 전압이 처음으로 떨어질 때 커패시터에 특별하게 제작된 분무 냉각제를 뿌려준다.

이러한 특수 냉각제는 다른 전자 소자에도 사용 가능하다. 커패시터가 냉각된 후에 출력 전압이 다시 정상으로 돌아오면 커패시터는 누설을 가지고 있기 때문에 반드시 교체되어야 한다.

◆ 응용 3.2(Application 3.2)

• 징후(Symptoms)

[그림 3-51]에 표시된 회로에서 전원 공급 장치가 턴언될 때 변압기가 굉장히 뜨거워지고 직류 출력 전압은 거의 0V가 된다. 잠시 후 1차 측 퓨즈가 개방된다.

• 관찰(Observation)

나열된 징후들은 전형적으로 변압기의 1차 측이나 2차 측이 단락된 전형적인 고장 증상이다. 이런 이유에서 변압기를 즉시 검사해야 한다.

• 시험(Testing)

전형적인 전원 공급 장치 변압기는 약 50Ω의 1차 측 저항과 10Ω 이하의 2차 측 저항을 갖는다. 검사에서 변압기의 저항 $R_P = 5\Omega$ 그리고 $R_S = 8\Omega$으로 측정된다.

• 결론(Conclusion)

1차 측 저항이 매우 작기 때문에, 변압기의 1차 측이 단락되었음을 알 수 있다. 변압기를 교체함으로써 문제를 바로잡는다.

대부분의 변압기는 부품의 측면에 1차 측 저항이 표시되어 있다. 1차 측 저항값의 근사치를 결정하기 위해서 2차 측 저항에 권선 비를 곱해준다. 예를 들어, 권선비가 20 : 1이고 2차 측 저항이 1.5Ω이라면 2차 측 저항은 30Ω이 된다. ($1.5\Omega \times 20 = 30\Omega$)

◆ 응용 3.3(Application 3.3)

• 징후(Symptoms)

[그림 3-51]에 표시된 전원 공급 장치는 정격전압의 절반에 해당되는 직류출력전압과 리플전압을 가진다.

• 관찰(Observation)

이런 징후들은 오직 필터 커패시터의 개방에 의해서 일어난다.

• 시험(Testing)

필요 없음

• 결론(Conclusion)

필터 커패시터는 반드시 교체되어야 한다.

◆ 응용 3.4(Application 3.4)

• 징후(Symptoms)

비디오 테잎 녹음기에서 전자시계와 채널 튜너는 정확하게 동작한다. 그러나 카세트 드라이버 모터는 play 동작이 선택되었을 때 동작하지 않는다.

• 관찰(Observation)

전자 시스템에서 문제가 발생될 때 최초 검사 중 하나는 고장이 발생된 전원 공급 장치의 입력을 점검하게 된다.

• 시험(Testing)

모터 구동회로의 정상적인 직류 공급 입력은 $12V_{dc}$이다. 이런 입력이 점검될 때 0V가 지시된다. 회로입력이 전원 공급 장치의 2차 측 퓨즈로 되돌아가기 때문에 퓨즈가 개방된 것으로 결론을 내리게 된다. 2차 측 퓨즈는 교체되어야 한다.

지금까지 고찰해 본 사항이지만 퓨즈가 임의적으로 개방되지는 않으며 부하의 고장에 의해서 개방된다. 다시 말하자면 응용 3-4에서 2차 측 퓨즈는 모터 구동회로에서의 고장 때문에 개방된다. 이런 고장은 진단되고 교정되어져야 한다. 그렇지 않다면 퓨즈는 비교적 짧은 시간 안에 개방된다.

이 절을 다시 살펴보면 전원 공급 장치에서 회로의 고장진단 및 수리에 대한 공통적인 실마리가 변압기의 1차 측 퓨즈(혹은 2차 측 퓨즈)에 있다는 점을 인지할 수 있다. 1차 측 퓨즈의 상태는 전원 공급 장치의 개방 또는 단락의 문제를 표시한다. 만약 퓨즈가 개방된다면 전원 공급 장치의 어딘가에 단락이 존재한다. 만약 퓨즈가 개방되지 않았다면 전원 공급 장치의 어딘가에 개방이 존재한다. 이것은 물론 전원 공급 장치에 문제가 있다고 가정하고 시작한 것이다.

3.9.8 최종 점검(Final Note)

상업적으로 사용되는 대부분의 전원 공급 장치들은 이 장에 설명된 것보다는 훨씬 복잡하다. 전압 조정기 회로와의 중요한 차이점은 일반적으로 하나 또는 그 이상의 트랜지스터 또는 IC 전압 조정기로 구성된다는 점이다. 그렇지만 이 장에서 설명된 기본 원리가 모든 전원 공급 장치에 적용된다. 사용되는 정확한 회로는 전력 공급 장치에 따라서 다를 수 있지만 동작의 기본적인 원리는 동일하다.

여러분은 몇몇의 좀 더 복잡한 회로가 준비되기 이전에 트랜지스터와 IC 전압 조정기에 대한 많은 기본 원리에 대해서 학습하는 것이 필요하다. 여하튼 여러분이 마지막 21장을 학습할 때에는 이미 복잡한 회로를 해석할 준비가 되어 있을 것이다.

기초 확인문제 3.9

1. 일반적인 변압기의 고장과 그들의 증상을 열거하라.
2. 정류기 다이오드의 고장을 진단할 때 어떻게 해야 하는가?
3. 일반적인 필터의 고장과 그들의 증상을 열거하라.
4. 일반적인 전압 조정기의 고장과 그들의 증상을 열거하라.
5. 1차 측 퓨즈의 상태는 무엇을 의미하는가?

중요 용어(Key Term)

평균전류(average current), 평균 전압(average voltage), 브리지 정류기(bridge rectifier), 용량성 필터(capacitive filter), 중간 탭 변압기(center tap transformer), 필터(filter), 전 부하(full load), 전파 정류기(full wave rectifier), 반파 정류기(half wave rectifier), 유도성 필터(inductive filter), 집적회로(integrated circuit), 선형 전원 공급 장치(linear power supply), 선 조정(line regulation), 부하 조정(load regulation), 피크 역 전압(peak inverse voltage), 전력 정류기(power rectifier), 전원 공급 장치(power supply), 정류기(rectifier), 리플 전압(ripple voltage), 서지전류(surge current), 스위칭 전원 공급 장치(switching power supply), 전압 조정기(voltage regulator)

연습문제

3-1. [그림 3-52]에 표시된 회로의 2차 측 교류 전압을 구하시오.

3-2. [그림 3-53]에 표시된 회로의 2차 측 교류 전압을 구하시오.

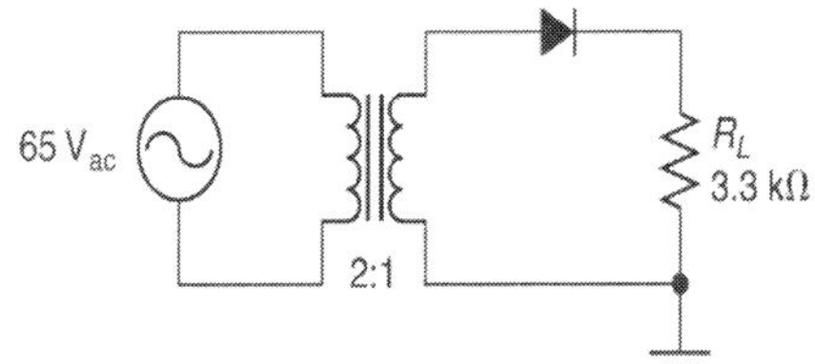

[그림 3-52]

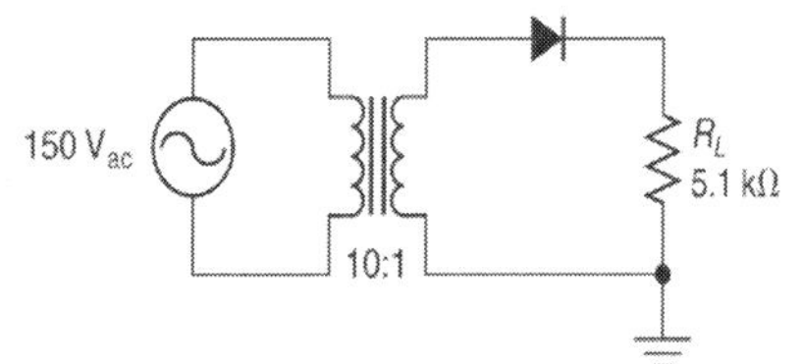

[그림 3-53]

3-3. [그림 3-52]에 표시된 회로의 2차 측 피크 전압을 구하시오.

3-4. [그림 3-53]에 표시된 회로의 2차 측 피크 전압을 구하시오.

3-5. 변압기의 $V_P=40\text{V}$, $V_S=320\text{V}$라면 소자의 권선 비는 얼마인가?

3-6. 변압기의 권선비가 12 : 1이고 1차 측 전류가 250mA라면 2차 측 전류는 얼마인가?

3-7. [그림 3-52]에 표시된 회로의 피크 부하 전압을 구하시오.

3-8. [그림 3-53]에 표시된 회로의 피크 부하 전압을 구하시오.

3-9. [그림 3-54]에 표시된 회로의 피크 부하 전압을 구하시오.

3-10. [그림 3-54]에 표시된 회로의 피크 부하 전류를 구하시오.

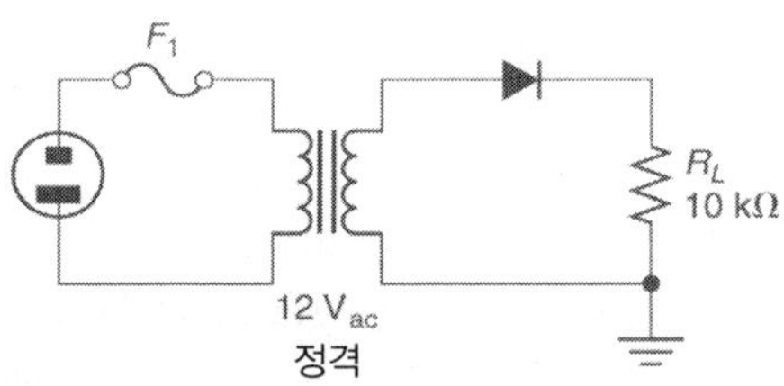

[그림 3-54]

3-11. [그림 3-52]에 표시된 회로의 직류 부하 전압을 구하시오.

3-12. [그림 3-53]에 표시된 회로의 직류 부하 전압을 구하시오.

3-13. [그림 3-54]에 표시된 회로의 직류 부하 전압을 구하시오.

3-14. [그림 3-52]에 표시된 회로에서 다이오드의 연결 방향이 반대라고 가정하고 $V_{L(\text{pk})}$, V_{ave}, I_{ave}를 구하시오.

3-15. [그림 3-53]에 표시된 회로에서 다이오드의 연결 방향이 반대라고 가정하고 $V_{L(\text{pk})}$, V_{ave}, I_{ave}를 구하시오.

3-16. [그림 3-54]에 표시된 회로에서 다이오드의 연결 방향이 반대라고 가정하고 $V_{L(\text{pk})}$, V_{ave}, I_{ave}를 구하시오.

3-17. [그림 3-53]에 표시된 회로의 PIV를 구하시오.

3-18. 20V_{ac} 변압기로 구동되는 반파 정류기의 부하가 12kΩ이다. 회로도를 개략적으로 그리고 PIV, $V_{L(\text{pk})}$, V_{ave}, I_{ave}를 구하시오.

3-19. [그림 3-55]에 표시된 회로에서 $V_{L(\text{pk})}$, V_{ave}, I_{ave}를 구하시오.

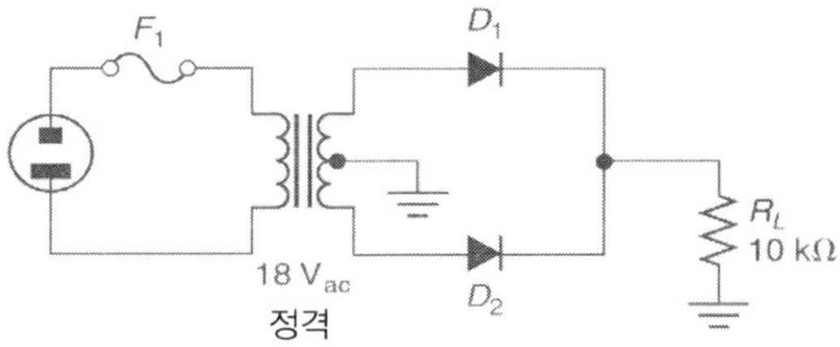

[그림 3-55]

3-20. [그림 3-56]에 표시된 회로에서 $V_{L(\text{pk})}$, V_{ave}, I_{ave}를 구하시오.

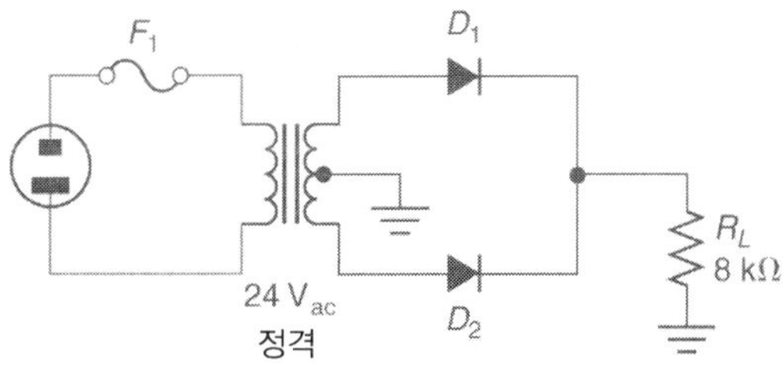

[그림 3-56]

3-21. [그림 3-57]에 표시된 회로에서 $V_{L(\text{pk})}$, V_{ave}, I_{ave}를 구하시오.

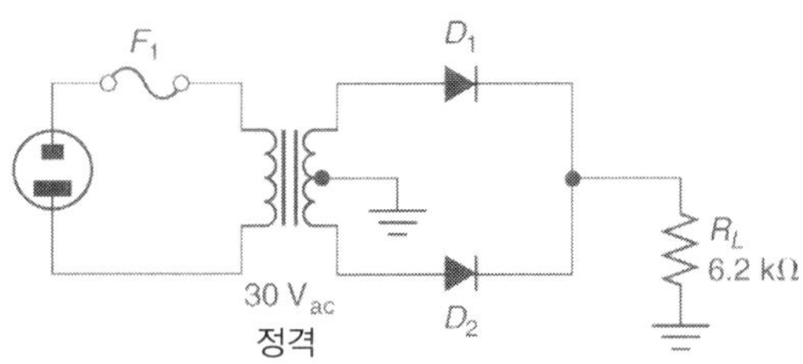

[그림 3-57]

3-22. [그림 3-55]에 표시된 회로에서 PIV를 구하시오.

3-23. [그림 3-56]에 표시된 회로에서 PIV를 구하시오.

3-24. [그림 3-57]에 표시된 회로에서 PIV를 구하시오.

3-25. [그림 3-55]에 표시된 회로에서 다이오드의 연결 방향이 반대라고 가정하고 $V_{L(\text{pk})}$, V_{ave}, I_{ave}를 구하시오.

3-26. $16V_{ac}$ 변압기로 구동되는 negative 전파 정류기의 부하가 910Ω이다. 회로도를 개

약적으로 그리고 PIV, $V_{L(pk)}$, V_{ave}, I_{ave}를 구하시오.

3-27. [그림 3-58]에 표시된 회로의 직류와 피크 출력 전압과 전류를 구하시오.

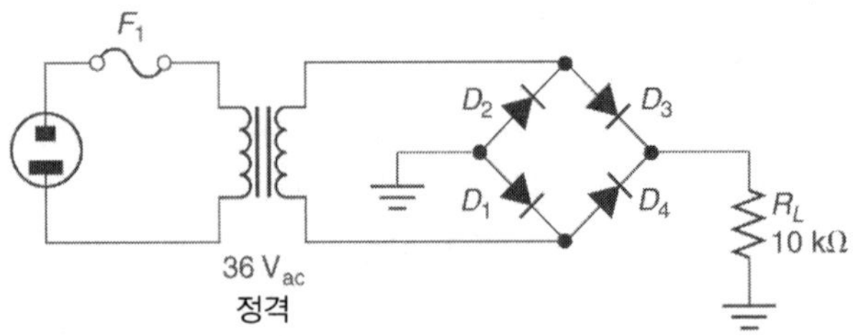

[그림 3-58]

3-28. 16V_{ac} 변압기가 사용된다고 가정하고 문제 27을 반복하시오.

3-29. 연습문제 28에서 각 다이오드의 V_{RRM}의 최소 허용치를 구하시오.

3-30. 48V_{ac} 변압기로 구동되는 브리지 정류기의 부하가 12kΩ이다. 회로도를 개략적으로 직류 부하 전류와 전압을 구하시오. 각 다이오드의 PIV를 구하시오.

3-31. [그림 3-59 (a)]에 표시된 회로에서 $R_W = 1\Omega$, $R_B = 6\Omega$이라고 가정하고 회로의 서지전류는 얼마인지 구하시오.

3-32. 반파 정류기가 $R_W = 2\Omega$, $R_B = 12\Omega$, $V_S = 36V_{ac}$를 가진다고 가정하고 회로의 서지전류는 얼마인지 구하시오.

3-33. [그림 3-59 (a)]에 표시된 회로에서 V_{dc}와 V_r을 구하시오.

3-34. [그림 3-59 (b)]에 표시된 회로에서 V_{dc}와 V_r을 구하시오.

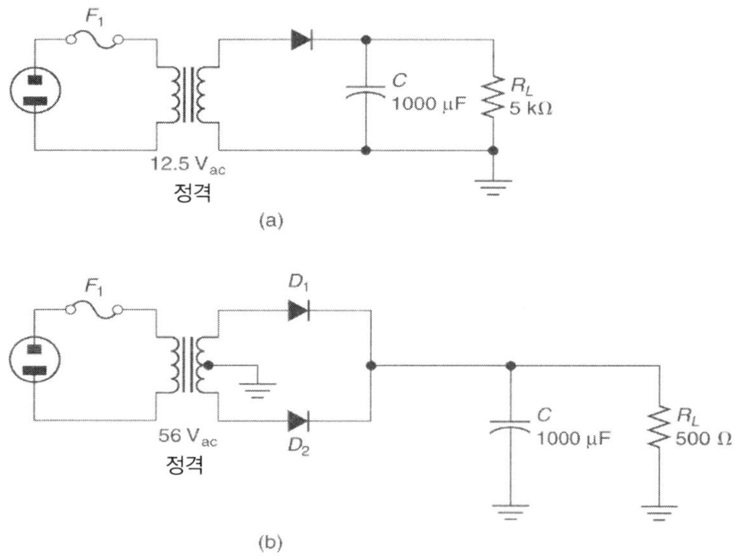

[그림 3-59]

3-35. [그림 3-60]에 표시된 회로에서 $V_S = 18\mathrm{V_{ac}}$, $C = 470\mu\mathrm{F}$, $R_L = 820\Omega$이라고 가정하고 회로의 V_r, V_{dc}, I_L을 구하시오.

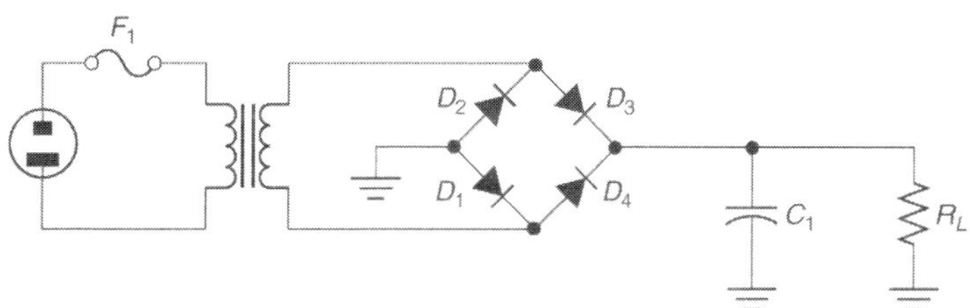

[그림 3-60]

3-36. [그림 3-60]에 표시된 회로에서 $V_S = 24V_{ac}$, $C = 1200\mu\mathrm{F}$, $R_L = 200\Omega$이라고 가정하고 회로의 V_r, V_{dc}, I_L을 구하시오.

3-37. 연습문제 36에 표시된 회로의 PIV를 구하시오.

3-38. [그림 3-59 (a)]에 표시된 회로의 PIV를 구하시오.

3-39. [그림 3-61]에 표시된 회로의 전체 전류를 구하시오.

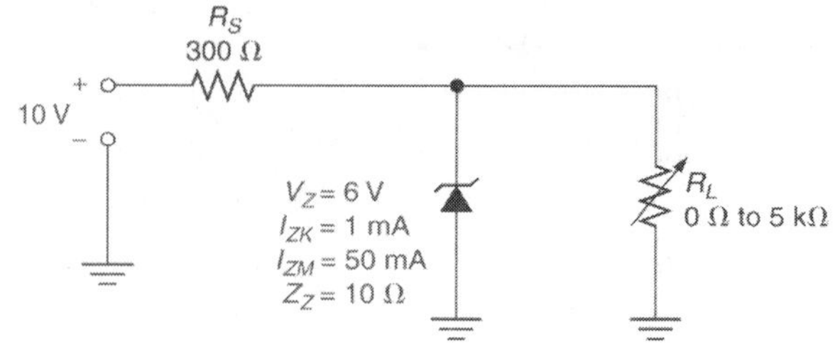

[그림 3-61]

3-40. [그림 3-61]에 표시된 회로에서 $R_L = 2\text{k}\Omega$이라고 가정하고 I_L을 구하시오.

3-41. [그림 3-61]에 표시된 회로에서 $R_L = 2\text{k}\Omega$이라고 가정하고 I_Z를 구하시오.

3-42. [그림 3-61]에 표시된 회로에서 $R_L = 3\text{k}\Omega$이라고 가정하고 I_Z를 구하시오.

3-43. [그림 3-61]에 표시된 회로에서 R_L의 최소 허용치를 구하시오.

3-44. [그림 3-62]에 표시된 회로의 전체 전류를 구하시오.

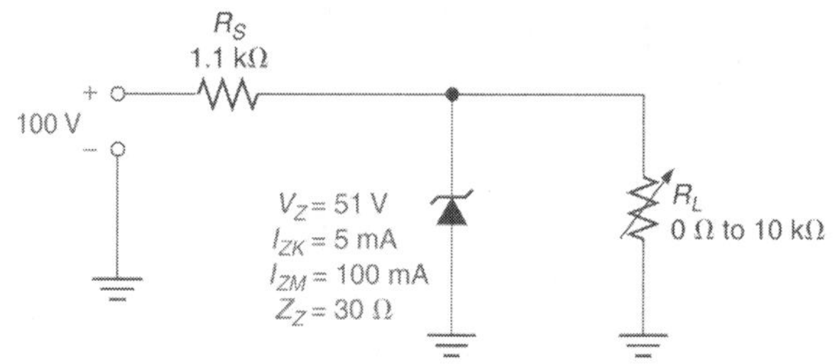

[그림 3-62]

3-45. [그림 3-62]에 표시된 회로에서 $R_L = 5\text{k}\Omega$이라고 가정하고 I_Z를 구하시오.

3-46. [그림 3-62]에 표시된 회로에서 R_L의 최소 허용치를 구하시오.

3-47. [그림 3-63]에 표시된 회로에서 I_T, I_L, I_Z를 구하시오.

3-48. [그림 3-63]에 표시된 회로에서 12V 입력이 인가될 때 770mV_{PP} 크기의 리플이 포함된다. 회로의 출력 리플은 얼마인가?

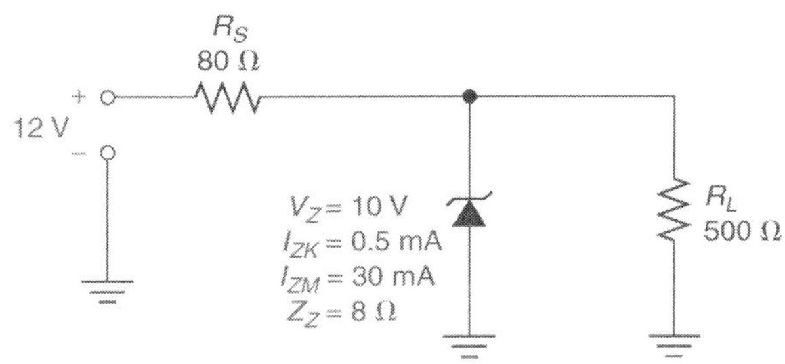

[그림 3-63]

3-49. [그림 3-64]에 표시된 회로에서 직류 출력 전압과 전류를 구하시오.

3-50. [그림 3-64]에 표시된 회로에서 출력 리플 전압을 구하시오

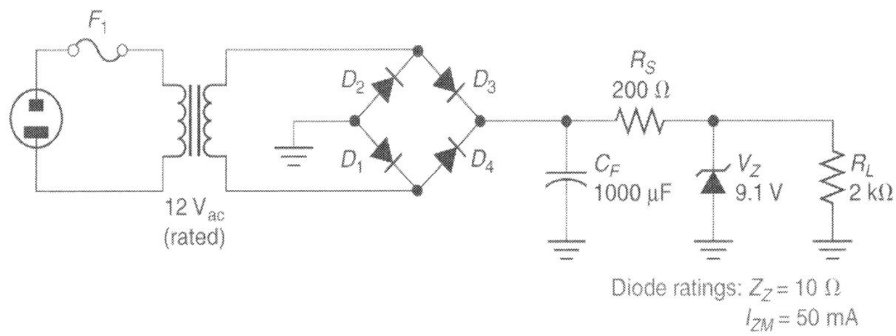

[그림 3-64]

3-51. [그림 3-65]에 표시된 회로에서 직류 출력 전압과 출력 리플 전압을 구하시오.

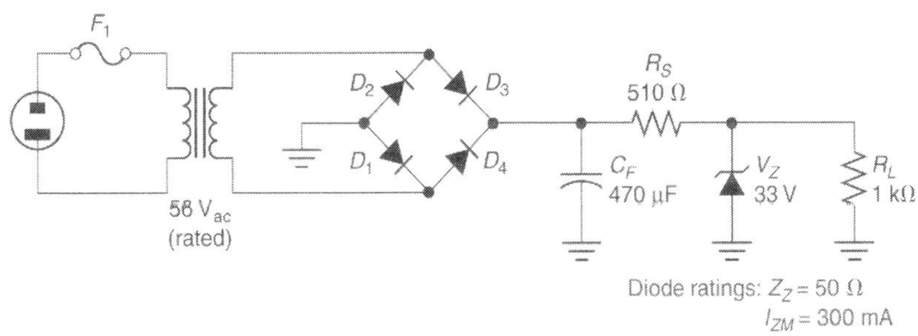

[그림 3-65]

3-52. [그림 3-66 (a)]에 표시된 회로의 출력신호가 가지는 고장원인은 무엇인가?

3-53. [그림 3-66 (b)]에 표시된 회로의 출력신호가 가지는 고장원인은 무엇인가?

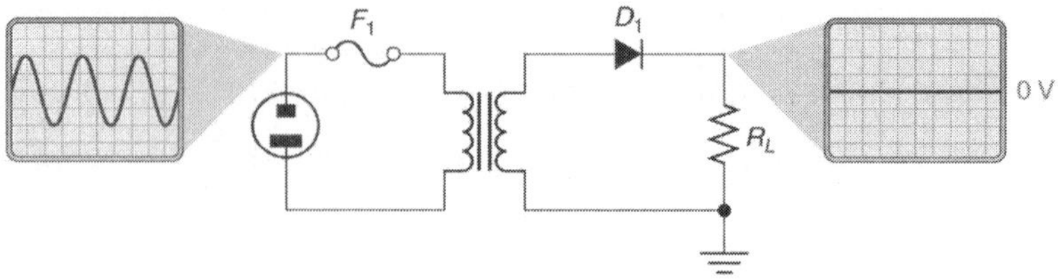

(a)

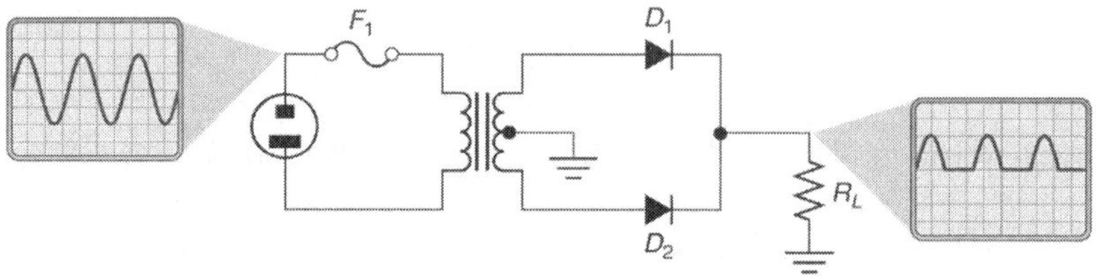

(b)

[그림 3-66]

3-54. [그림 3-64]에 표시된 회로의 출력은 0V이다. 1차 측 퓨즈가 개방되지 않았다면 문제점의 원인은 무엇인가?

3-55. [그림 3-67]에 표시된 회로의 부하저항이 개방된다면 제너 다이오드가 파괴되는 원인이 되는가? 여러분의 해답을 설명하기 위해서 계산과정을 보이시오.

3-56. [그림 3-67]에 표시된 회로에서 제너 다이오드가 개방되었다고 가정하고 [그림 2-34]에 표시된 그림을 참조하여 어느 다이오드를 교체해야 하는지 결정하시오.

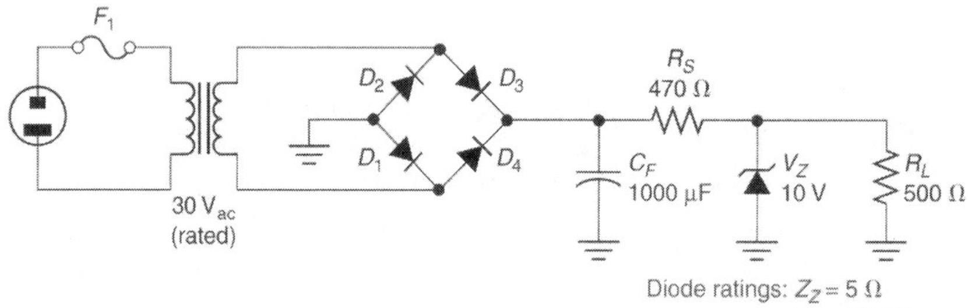

[그림 3-67]

3-57. [그림 3-68]에 표시된 회로에서 $V_{dc} = 12\text{V}$, $V_r = 1.22\text{V}_{PP}$로 측정된다. 회로에 문제가 없는지 결정하시오.(변압기의 허용오차는 ±20%만큼 높을 수 있다)

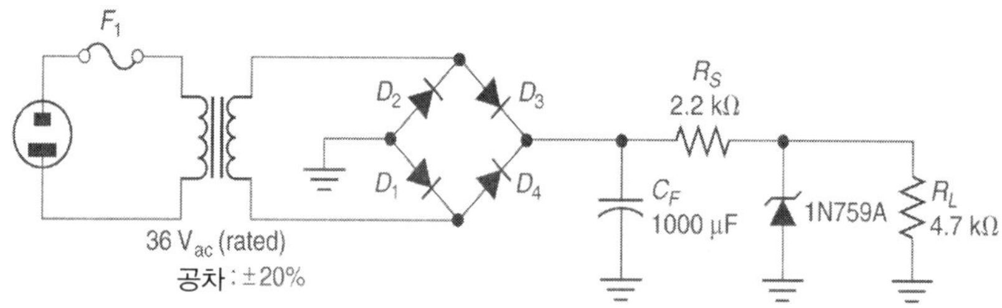

IN759A의 정격은 그림 2-33 참조

[그림 3-68]

3-58. [그림 3-69]에 표시된 회로의 다이오드는 교체되어야 한다. [그림 2-25]를 참조하고 회로에서 대체 부품으로 1N4001 – 7 시리즈 중 어느 것이 사용될 수 있는지를 결정하시오.

3-59. [그림 3-68]에 표시된 회로에서 1차 측 퓨즈가 교체되어야 한다. 1차 측 전류보다 20% 큰 값을 가져야 한다고 가정하고 퓨즈의 최소 허용치를 구하시오. 퓨즈의 정격은 $\frac{1}{8}$A, $\frac{1}{4}$A, $\frac{1}{2}$A, 1A, 2A, 5A를 가진다.

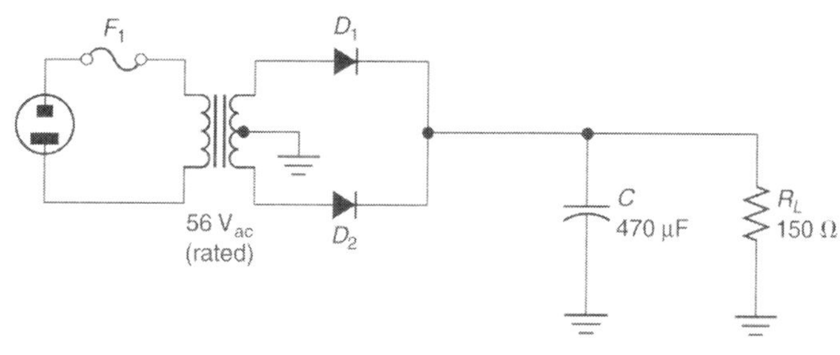

[그림 3-69]

3-60. [그림 3-70]에 표시된 블록은 집적형 전파 정류기 회로인 NTE6240을 표시하고 있다. 블록내의 숫자를 이용해서 소자의 핀 번호를 인식하시오.

(a) NTE6240은 집적 회로에 연결되는가? 만약 그렇지 않다면 무엇을 변화시켜야 하는가?

(b) 2장에서 설명한 가이드 라인을 80%만 사용한다면 회로의 부하 전류의 최대 허용 값은 얼마로 결정되는가?

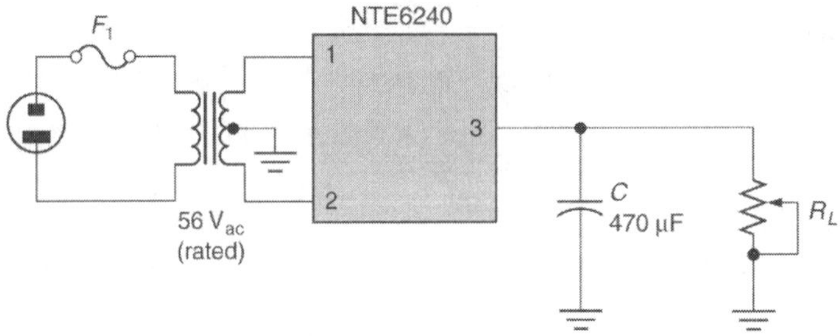

[그림 3-70]

3-61. [그림 3-17]은 일정한 부하 전압을 유지시키기 위해서 사용되는 IC 전압 조정기이다. 회로의 부하 전압과 부하 전류의 크기는 얼마인가?

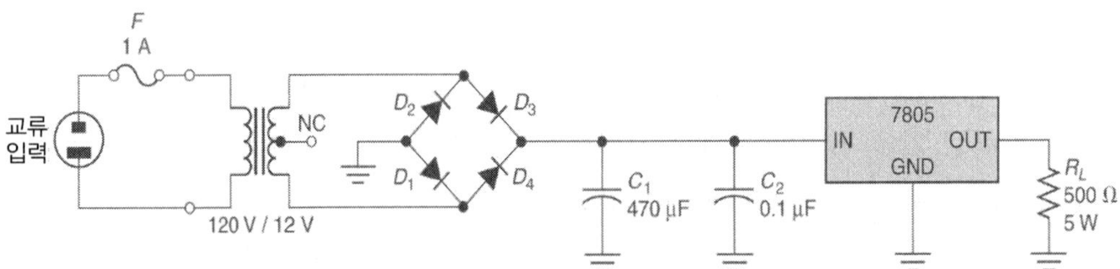

[그림 3-71]

Chapter 4

▸ 일반적인 다이오드 응용 ◂

(Common Diode Applications)

학습목표

이 장을 학습하고 나면 여러분은 다음과 같은 내용을 이해하고 설명할 수 있다.

1. 클리퍼, 클램퍼, 전압 체배기 회로로 사용되는 회로의 목적을 설명할 수 있다.
2. 직렬 클리퍼 회로의 동작을 설명할 수 있다.
3. 병렬(션트) 클리퍼 회로의 동작을 설명할 수 있다.
4. 바이어스된 션트 클리퍼의 동작을 설명할 수 있다
5. negative 클램퍼 회로와 positive 클램퍼 회로의 입력파형에 대한 영향을 설명할 수 있다.
6. 클램퍼 회로의 동작을 설명할 수 있다.
7. 반파 전압 2배기 회로의 동작을 설명할 수 있다.
8. 전파 전압 2배기 회로의 동작을 설명할 수 있다.
9. 전력레벨 표시기로 사용되는 LED의 동작을 설명할 수 있다.
10. 다중 세그먼트 디스플레이에서 사용되는 LED의 동작을 설명할 수 있다.
11. 클리퍼와 클램퍼 회로에서 발생되는 일반적인 고장 징후에 대해서 설명할 수 있다.
12. 전압 체배기 회로의 고장 진단 과정에 대해서 설명할 수 있다.

다이오드는 3장에서 살펴본 바와 같이 전원 공급 장치에서 사용되는 가장 기본적인 소자일 뿐만 아니라 다양한 형태의 응용회로에서 사용된다. 이 장에서는 몇 가지의 부가적인 다이오드 응용 회로에 대해서 알아보도록 하겠다.

첫 번째 회로의 유형은 리미터(limiter) 혹은 클리퍼(clipper)라고 부른다. 클리퍼는 교류신호의 일부를 자르거나 제거하는데 사용한다. 여러분은 앞으로 다양한 형태의 클리퍼 회로를 살펴보게 될 것이다. 두 번째 회로의 유형은 클램퍼(clamper)라고 부른다. 클램퍼는 교류신호의 직류 기준값을 변화시키거나 복구할 때 사용된다. 이런 회로는 교류신호에 일정한 직류 기준값을 가지는 것이 일반적인 것을 볼 수 있다. 예를 들어 $12V_{PP}$의 피크 값을 갖는 정현파 교류신호가 직류 10V를 기준으로 위 아래에서 변화되는 것을 볼 수 있다. 클램퍼는 +10V를 기준으로 설정하기 위해서 사용된다.

세 번째 형태의 회로인 전압 체배기에 대해서 고찰하게 된다. 전압 체배기는 교류 피크 입력 전압의 몇 배가 되는 직류 전압을 만들어낸다. 마지막으로 우리는 다중 세그먼트 표시기라고 부르는 가장 일반적인 LED의 응용회로를 살펴보게 될 것이다. 다중세그먼트 표시기는 문자 또는 숫자, 구두점을 포함하는 알파뉴메릭 기호(alphanumeric symbol)를 나타낸다.

4.1 클리퍼(Clipper)

클리퍼는 자신의 입력파형의 일부를 제거하기 위해서 사용된다. [그림 4-1]에 표시된 것처럼 4가지 형태의 기본적인 클리퍼 회로로 구성된다. 각 직렬 클리퍼는 다이오드가 부하에 직렬로 연결된다. 각 병렬(션트) 클리퍼는 다이오드가 부하에 병렬로 연결된다.

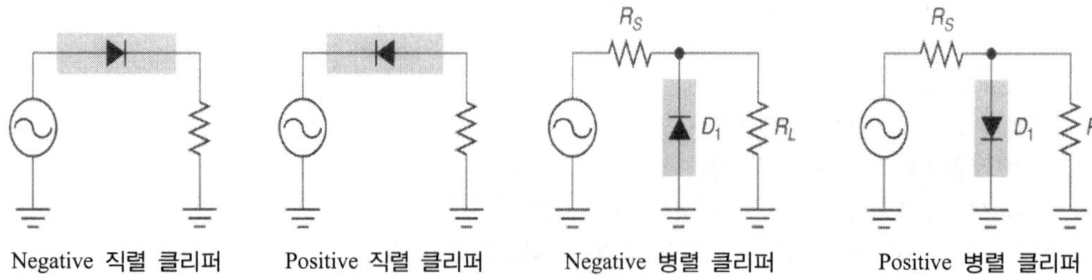

[그림 4-1]

4.1.1 직렬 클리퍼(Series Clippers)

여러분은 이미 앞에서 직렬 클리퍼 회로의 기본적인 동작 특성에 대해서 소개받은바 있다. 만약 [그림 3-5]에 표시된 회로와 [그림 4-2]에 표시된 회로를 비교해 본다면 반파 정류기와 직렬 클리퍼가 다르지 않다는 것을 이해하게 될 것이다.

직렬 클리퍼의 동작과 반파 정류기의 동작이 같기 때문에 여기서는 직렬 클리퍼의 동작에 대해서 자세히 설명하지는 않겠다. 아래의 내용들은 직렬 클리퍼의 동작을 간단히 요약한 것이다.

1. negative 직렬 클리퍼에서 다이오드가 입력신호에 의해 순방향으로 바이어스된다면 다이오드는 도통되고 부하 전압은 식 (4-1)처럼 표시된다.

$$V_L = V_{\text{in}} - 0.7\text{V} \tag{4-1}$$

2. negative 직렬 클리퍼에서 다이오드가 입력신호에 의해 역방향으로 바이어스된다면 다이오드는 개방되고 부하 전압은 식 (4-3)처럼 표시된다.

$$V_{D1} = V_{\text{in}} \tag{4-2}$$

$$V_L = 0\text{V} \tag{4-3}$$

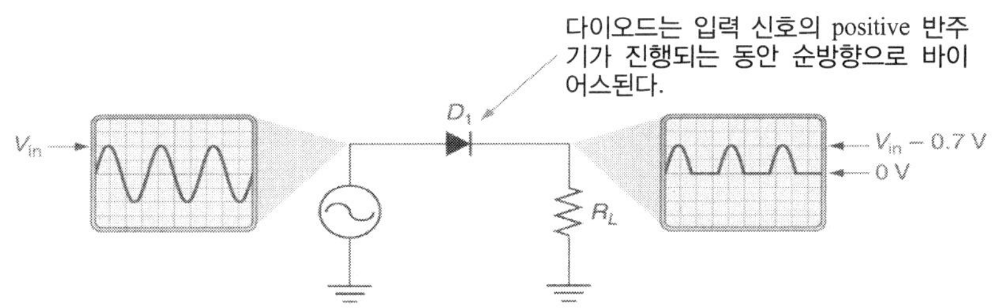

(a) Negative 직렬 클리퍼

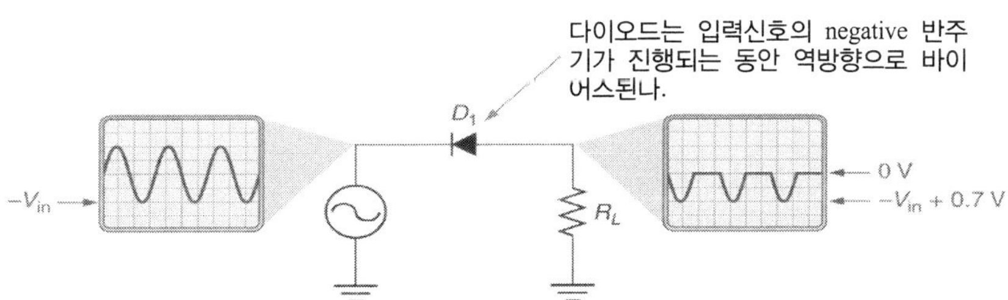

(b) Positive 직렬 클리퍼

[그림 4-2] 직렬 클리퍼의 동작

negative 직렬 클리퍼 회로와 그에 관련된 파형의 예는 [그림 4-2 (a)]에 표시되어 있다.

3. positive 직렬 클리퍼는 negative 직렬 클리퍼와 동일한 방식으로 동작한다. 다만 차

이점은 다음과 같다.
(a) 출력 전압의 극성이 반대이다.
(b) 회로에서 전류의 방향이 반대이다.
positive 직렬 클리퍼 회로와 출력파형은 [그림 4-2 (b)]에 표시되어 있다.

직렬 클리퍼 회로에 대한 자세한 내용은 3장의 반파 정류기 회로를 참조하기 바란다.

4.1.2 병렬 클리퍼(Shunt Clippers)

병렬 클리퍼 회로의 동작은 직렬 클리퍼 회로의 동작과 정확하게 반대되는 동작을 한다. 직렬 클리퍼 회로는

- 다이오드가 순방향으로 바이어스되는 경우에 자신의 입력이 출력에서 나타난다.
- 다이오드가 역방향으로 바이어스되는 경우에는 출력이 나타나지 않는다.

병렬 클리퍼 회로는

- 다이오드가 역방향으로 바이어스되는 경우에 자신의 입력이 출력에서 나타난다.
- 다이오드가 순방향으로 바이어스되는 경우에는 출력이 나타나지 않는다.

이런 동작 특성은 [그림 4-3]에 표시되어 있다.

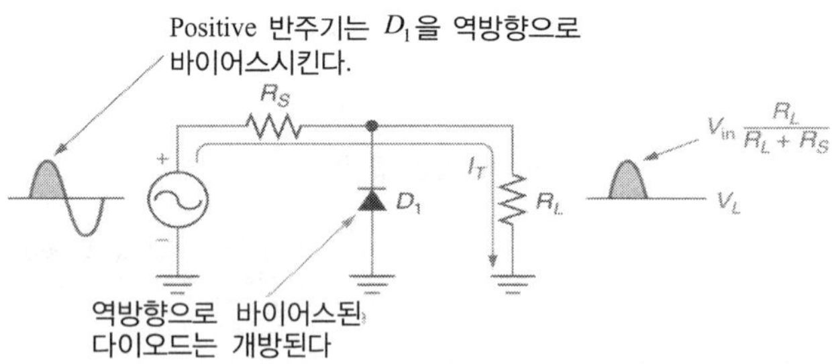

(a) Positive 반주기 동작

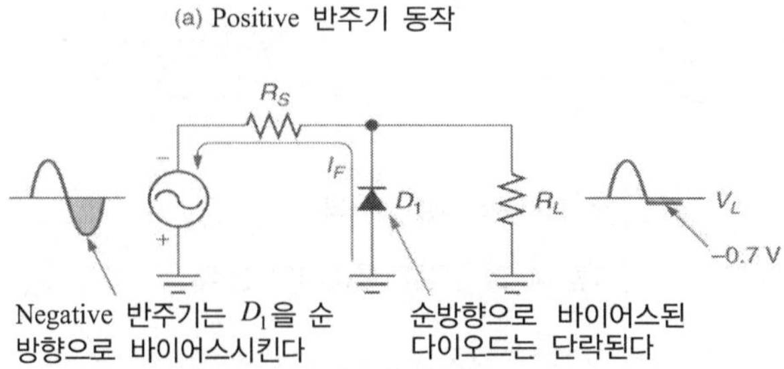

(b) Negative 반주기 동작

[그림 4-3] 병렬 클리퍼의 동작

[그림 4-3]에 표시된 회로가 negative 병렬 클리퍼이다. negative 병렬 클리퍼 회로에서 다이오드가 역방향으로 바이어스될 때 효과적으로 회로에서 제거된다. 이것은 [그림 4-3 (a)]에 표시되어 있다. 다이오드가 역방향으로 바이어스될 때 저항은 전압 분배기를 구성하고 부하 전압은 식 (4-4)에 표시된 것처럼 구해진다.

$$V_L = V_{\text{in}} \frac{R_L}{R_L + R_S} \tag{4-4}$$

출력신호가 입력의 positive 반주기와 닮았지만 피크 출력 전압은 피크 입력 전압보다 약간 작게 된다. 이 점에 대해서는 【예제 4-1】에서 설명된다.

【예제 4.1】 [그림 4-4]에 표시된 negative 병렬 클리퍼는 +12V의 피크 입력 전압을 갖는다. 회로의 피크 부하 전압은 얼마인가?

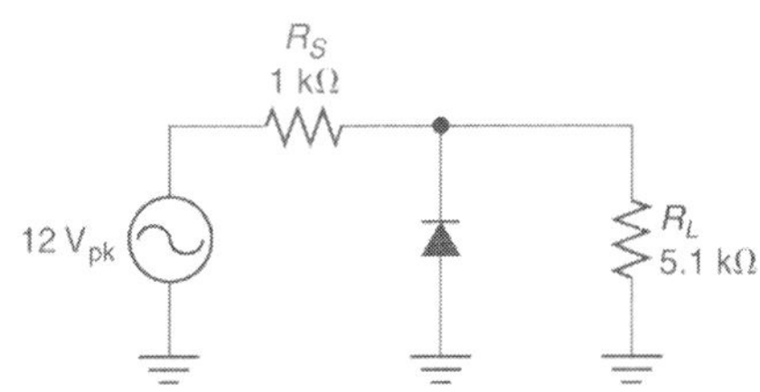

[그림 4-4]

풀이 입력이 positive 일 때 다이오드는 역방향으로 바이어스되고 도통되지 않는다. 따라서 피크 부하 전압은 10V로 구해진다.

$$V_L = V_{\text{in}} \frac{R_L}{R_L + R_S} = (+12\text{V}_{\text{pk}}) \frac{5.1\text{k}\Omega}{6.1\text{k}\Omega} = 10\text{V}_{\text{pk}}$$

(실전 연습문제 4-1)

negative 병렬 클리퍼 회로가 $R_L = 510\Omega$과 $R_S = 100\Omega$의 값을 갖는다. 만약 $+15\text{V}_{\text{pk}}$의 전압이 입력된다면 이때 부하 전압의 피크 값은 얼마인가?

▶▶ 12.5V_{pk}

입력 신호의 negative 반주기에서 negative 병렬 클리퍼 회로의 다이오드는 순방향으로 바이어스되고 [그림 4-2 (b)]에 표시된 것처럼 다이오드는 도통된다. 다이오드가 도통되면 다이오드에 걸리는 전압은 순방향 전압 V_F와 등가이다. 다이오드와 부하가 병렬연결이기 때문에 부하 전압 역시 다이오드에 걸리는 순방향 전압과 같다. 따라서 식 (4-5)를 구할 수 있다.

$$V_L = -V_F \tag{4-5}$$

다이오드가 순방향으로 바이어스될 때 저항 R_S의 출력측이 -0.7V를 유지하게 되므로 R_S 양단에 걸리는 전압은 V_{in}과 V_F 사이의 차와 같게 된다.

$$V_{RS} = -V_{\text{in}} + 0.7\text{V} \qquad (4\text{-}6)$$

【예제 4-2】는 negative 병렬 클리퍼 회로의 다이오드가 순방향으로 바이어스될 때의 회로 상태를 설명하고 있다.

【예제 4.2】 【예제 4-1】에 표시된 회로가 $-12V_{\text{pk}}$ 입력을 갖는다고 가정하고 V_L과 V_{RS}의 크기를 구하시오.

풀이 다이오드가 순방향으로 바이어스되므로 부하 전압은 다이오드의 V_F 전압과 같은 값을 갖는다.

$$V_L = -0.7\text{V}$$

직렬 저항 R_S에 걸리는 전압은 $-11.3\text{V}_{\text{pk}}$이다.

$$V_{RS} = -V_{\text{in}} + 0.7\text{V} = -12\text{V}_{\text{pk}} + 0.7\text{V} = -11.3\text{V}_{\text{pk}}$$

(실전 연습문제 4-2)

실전 연습문제 (4-1)에 표시된 회로가 -15V_{pk}의 입력신호를 갖는다고 가정하고 V_L과 V_{RS}의 값을 구하시오.

▶▶ $V_L = -0.7V$, $V_{RS} = -14.3\text{V}_{\text{pk}}$

지금까지는 negative 병렬 클리퍼의 동작에 대해서 고찰하였다. 【예제 4-3】은 negative 병렬 클리퍼와 동일한 원리로 동작하는 positive 병렬 클리퍼의 동작을 표시하고 있다.

【예제 4.3】 [그림 4-5]에 표시된 positive 병렬 클리퍼 회로를 해석해 보자. 입력신호의 각 주기에 따른 V_L 값을 결정하라.

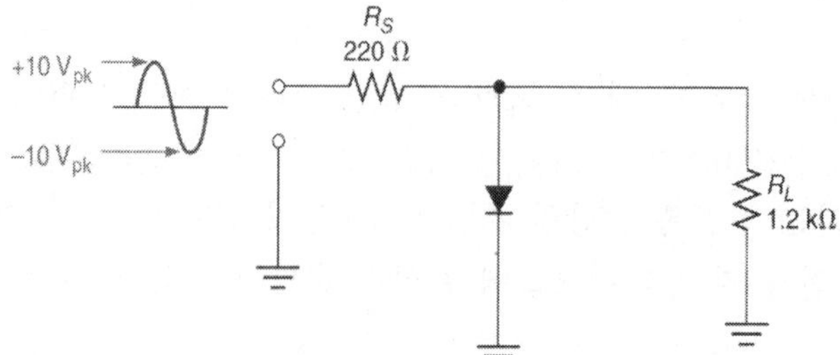

[그림 4-5]

풀이 입력이 positive로 되면 다이오드는 순방향으로 바이어스된다.

$$V_L = 0.7\text{V}$$
$$V_{RS} = V_{\text{in}} - 0.7\text{V} = 10\text{V}_{\text{pk}} - 0.7\text{V} = 9.3\text{V}_{\text{pk}}$$

회로의 입력이 negative로 되면 다이오드는 역방향으로 바이어스되고 회로에서 효과적으로 제거된다.

$$V_L = V_{\text{in}} \frac{R_L}{R_L + R_S} = (-10\text{V}_{\text{pk}}) \frac{1.2\text{k}\Omega}{1.42\text{k}\Omega} = -8.45\text{V}_{\text{pk}}$$

(실전 연습문제 4-3)

positive 병렬 클리퍼가 $R_S = 100\Omega$, $R_L = 1.1\text{k}\Omega$, $\pm 12\text{V}_{\text{pk}}$의 입력신호를 갖는다고 가정하고 입력의 각 주기에서의 V_L을 구하시오, 또한 다이오드가 순방향으로 바이어스될 때의 V_{RS}를 결정하시오.

▶▶ positive 반주기에서 V_L=0.7V, $V_{RS} = 11.3\text{V}_{\text{pk}}$

negative 반주기에서 $V_L = -11\text{V}_{\text{pk}}$

[그림 4-5]에 표시된 회로의 부하 파형은 [그림 4-6]처럼 표시할 수 있다. 여러분도 보다시피 부하 전압의 피크 값은 +0.7V와 −8.45V이다.

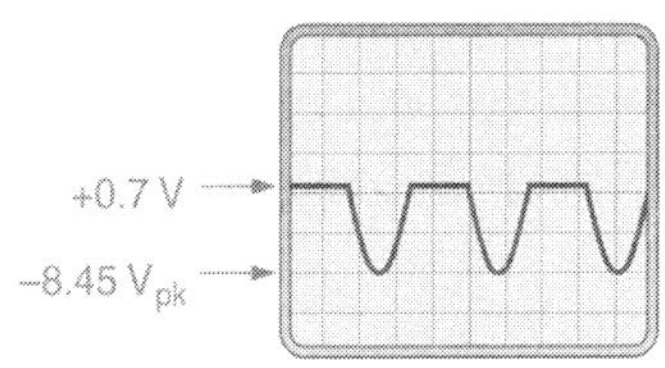

[그림 4-6]

4.1.3 R_S의 사용목적(The Purpose Served by R_S)

R_S는 병렬 클리퍼 회로에 포함되는 전류 제한용 저항이다. R_S 저항이 없을 때 다이오드가 순방향으로 바이어스된다면 어떤 일이 발생하는가에 대해서 생각해 보자. 이런 상황은 [그림 4-7]에 표시되어 있다.

회로에 R_S가 없다면, 입력 신호의 positive 반주기가 들어오는 동안은 다이오드가 신호원과 접지된다. 결과적으로 다이오드는 과도한 순방향 전류에 의해서 파괴되거나 신호원 중 하나나 그 이상이 과도한 전류에 의해서 파괴된다. 어떤 실제적인 상황에서도 R_S의 값은 R_L의 값보다 매우 작아야 한다. $R_S \ll R_L$인 경우 다이오드가 역방향으로 바이어스될 때 부하 전압은 V_{in}값과 거의 같은 값을 가지게 된다. 이 점에 대해서는 【예제 4.4】

에서 자세히 설명된다.

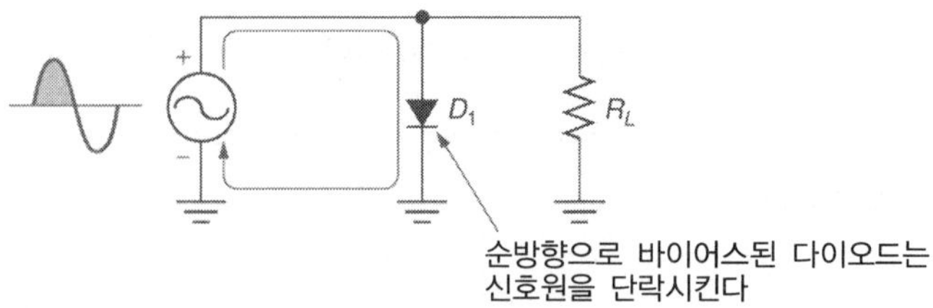

[그림 4-7] R_S가 없다면 D_1이 소스에 단락된다.

【예제 4.4】 [그림 4-8]에 표시된 회로에서 피크 부하 전압을 구하시오.(단, 다이오드가 역방향으로 바이어스되었다고 가정하시오)

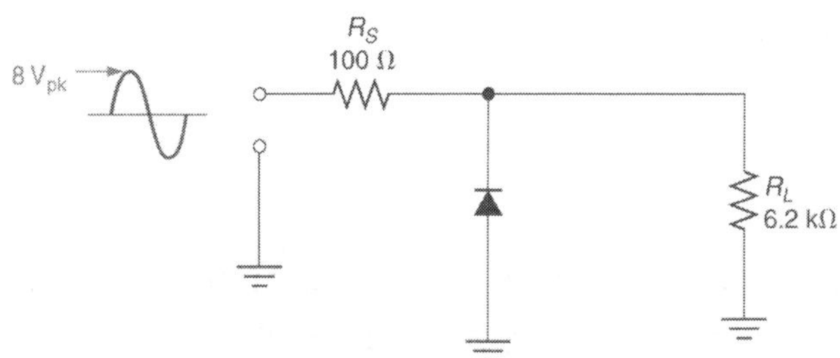

[그림 4-8]

풀이 피크 부하 전압은 식 (4-4)를 이용하면 $7.87V_{pk}$로 구해진다.

$$V_L = V_{in}\frac{R_L}{R_L+R_S} = \frac{6.2\text{k}\Omega}{6.3\text{k}\Omega}$$

$$(8\text{V}_{pk}) = 7.87\text{V}_{pk}$$

이 회로에서 $R_S \ll R_L$이므로 어떤 실제적인 회로 해석 상태에서도 V_{in}과 V_L은 거의 같아지게 된다.

4.1.4 바이어스된 클리퍼(Biased Clipper)

바이어스된 클리퍼는 회로의 출력 전압을 제한하기 위해서 직류 바이어스 전원을 사용한다. [그림 4-9]에 표시된 것처럼 이런 회로는 입력 신호를 다이오드의 순방향 전압인 0.7V로 자르는 것이 허용된다. 각 회로에 표시된 바이어스 전압 V_B는 병렬 다이오드와 직렬로 연결된다. 그 결과 신호 전압이 V_B와 V_F의 합과 같을 때 다이오드는 도통된다.

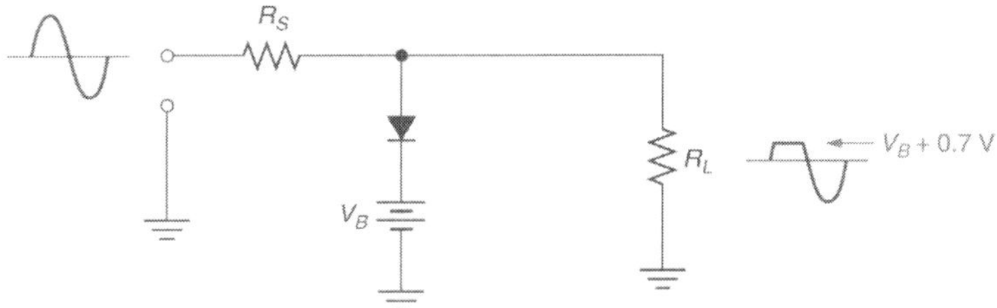

(a) Positive로 바이어스된 클리퍼

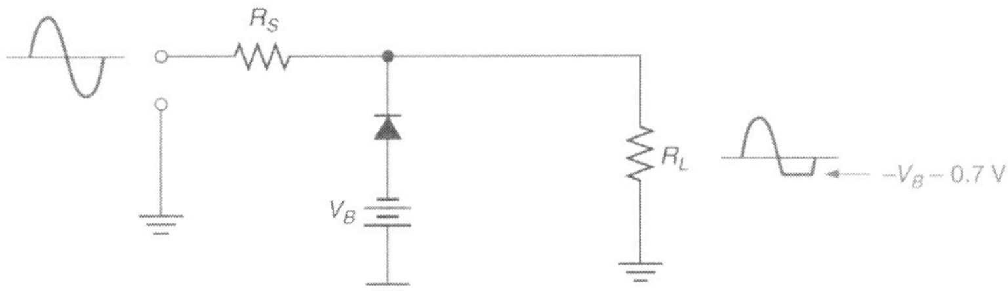

(b) Negative로 바이어스된 클리퍼

[그림 4-9] 바이어스된 병렬 클리퍼

[그림 4-9 (a)]에 표시된 positive로 바이어스된 클리퍼는 입력 신호를 $V_B + 0.7$V에서 잘라낸다. 회로가 잘라내는 입력 신호의 실제적인 값은 바이어스 전압 V_B에 의존하게 된다. 만약 V_B가 2V라면, 입력신호는 2.7V에서 제거된다. 만약 V_B가 5V라면 입력신호는 5.7V에서 제거된다.

[그림 4-9 (b)]에 표시된 negative로 바이어스된 클리퍼는 동일한 방식으로 동작하지만 이것은 입력신호를 $-V_B - 0.7$V에서 잘라낸다. 만약 V_B가 -2V라면 입력신호는 -2.7V에서 제거된다. 만약 V_B가 -5V라면 입력신호는 -5.7V에서 제거된다.

사실상 전위차계는 [그림 4-10]에 표시된 것처럼 V_B의 값을 조절하여 제공하는데 이용된다. 이런 회로에서 바이어스 전압 $(+V_B)$은 전위차계 R_1을 거쳐서 다이오드에 연결된다. 이런 회로에서 R_1은 회로의 점 A에서 원하는 제한된 클리핑 전압을 제공한다. [그림 4-10]에 표시된 회로에서 다이오드의 방향과 V_B의 극성을 역으로 바꿔줌으로써 negative로 바이어스된 클리퍼로 동작시킬 수 있다.

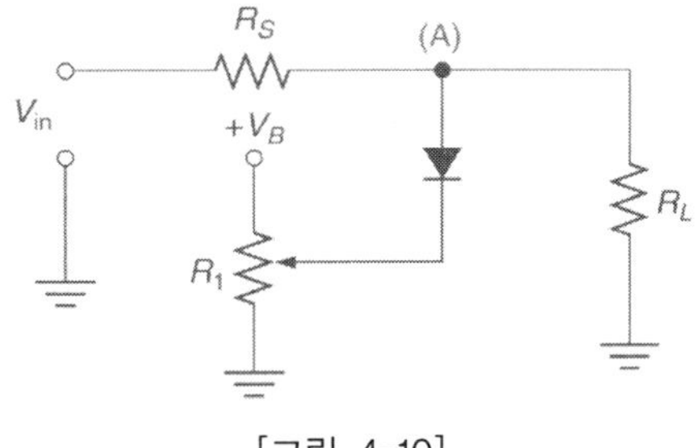

[그림 4-10]

4.1.5 최종점검(Final Note)

지금까지 여러분이 살펴 본 것처럼 다양한 형태의 클리퍼 회로가 존재한다. 이런 형태들은 [그림 4-11]에 표시된 것처럼 다양한 응용회로에 적용된다. 이런 회로들이 어디에 사용되는가에 대해서는 다음 절에서 고찰된다.

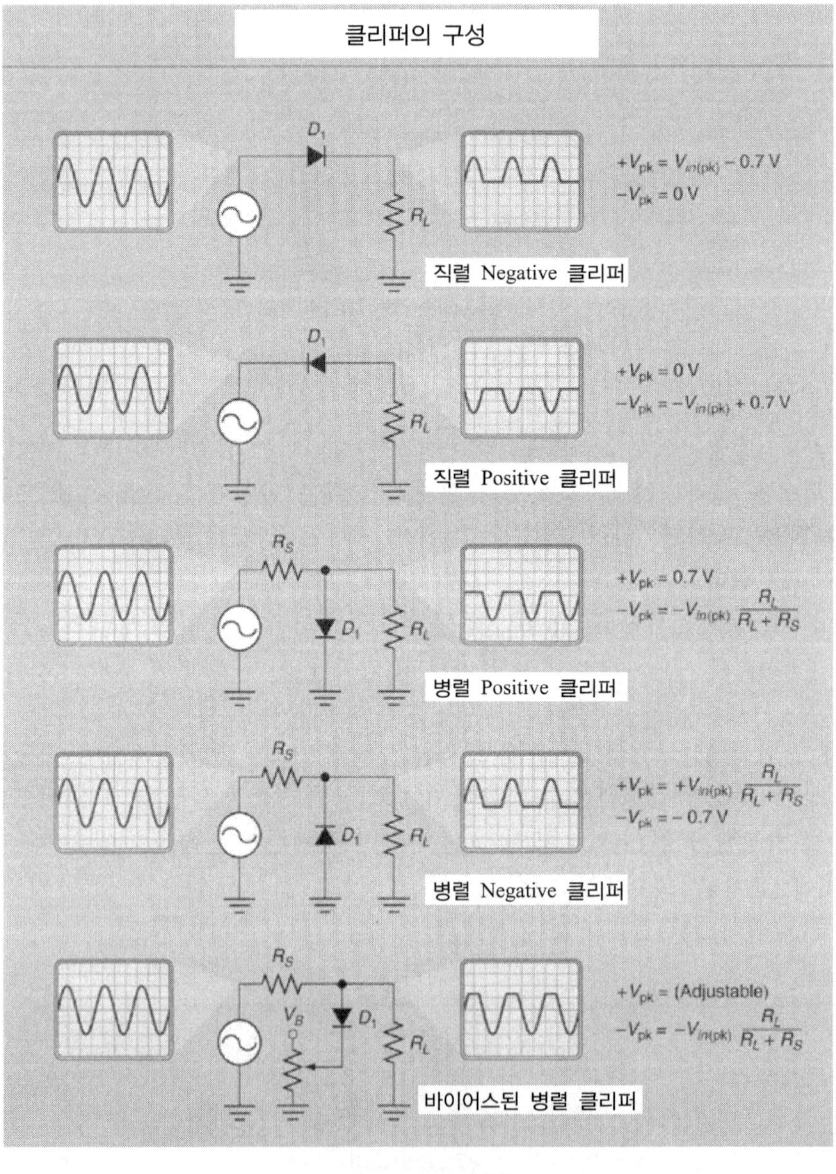

[그림 4-11]

기초 확인문제 4.1

1. 클리퍼를 사용하는 목적은 무엇인가?
2. 클리퍼의 또 다른 이름은 무엇인가?
3. 클램퍼를 사용하는 목적은 무엇인가?
4. 클램퍼의 또 다른 이름은 무엇인가?
5. 직렬과 병렬 클리퍼의 차이점은 무엇인가?
6. 직렬 클리퍼에서 R_S가 사용되는 목적은 무엇인가?
7. 바이어스 클리퍼의 동작을 설명하라.

4.2 클리퍼 응용(Clipper Application)

클리퍼 회로는 전자시스템에서 폭 넓고 다양하게 이용된다. 그들은 일반적으로 다음의 기능 중 하나를 실행하는데 이용된다.

1. 파형의 변형
2. 회로의 일시적인 보호

여러분은 이미 반파 정류기에서 첫 번째 기능의 한 가지 예를 본 적이 있다. 이런 회로는 교류신호의 형태를 맥동 직류로 변환시킨다. 이 절에서 이런 형태의 또 다른 응용인 일시적인 과도현상 보호를 찾아보게 될 것이다.

4.2.1 과도현상 보호(Transient Protection)

과도현상은 매우 짧은 지속기간을 가지는 전류 또는 전압의 스파이크이다. 전류 서지도 과도현상의 한 가지 유형이다. 과도현상은 입력이 일정한 전류와 전압에 의해서 제한되는 회로에 대단히 큰 피해를 줄 수 있다. 예를 들면 디지털 회로는 특정한 범위 내로 떨어지는 전압만을 다룰 수 있는 입력을 가진다.

이런 회로에서 특정 전압범위 이외의 크기를 가지는 전압의 과도현상이 입력에 도달을 허용하는 경우가 있다. 이런 경우에 [그림 4-12 (a)]에 표시된 것처럼 클리퍼가 디지털 회로로부터 그와 같은 과도현상을 제거하기 위해서 사용된다. A로 표시된 블록은 입력전압이 0V에서 5V까지의 범위에서 외부로 나가는 것을 허용치 않는 디지털 회로를 나타낸다. 클리퍼는 이런 범위 이외의 과동 전압으로부터 회로를 보호한다.

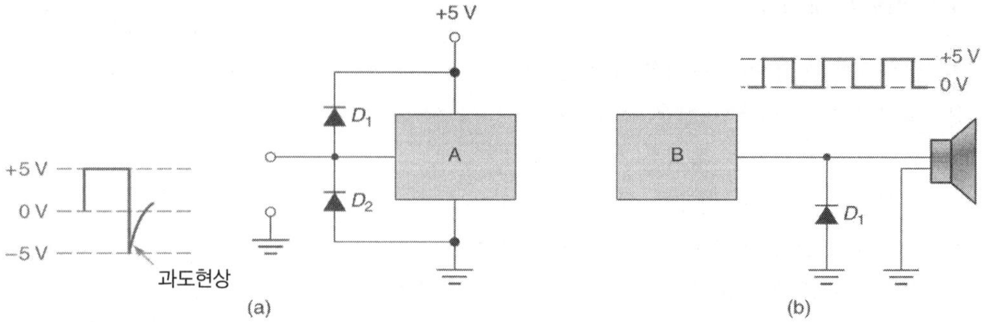

[그림 4-12]

예를 들어서 그림에 표시된 과도현상이 입력 선에서 발생된다고 가정해 보자. 이런 과도현상은 다이오드가 전도되기 때문에 D_2를 순방향으로 바이어스시킨다. D_2가 전도될 때 과도현상은 단락되어 접지되며 회로 A로 들어가는 입력을 보호해 준다. 만약 입력의 구형파가 5V 위에 있다면 +5V 전원과 입력 사이에 있는 D_1은 순방향으로 바이어스된다. 이런 예들에 사용된 다이오드가 이상적으로 표현되었다고 가정하자. 이것이 5V보다 큰 입력을 5V 전원으로 단락시킨다.

[그림 4-12 (b)]에서 회로는 구형파가 스피커를 구동하는데 사용될 때 과도현상으로부터 회로 B의 출력을 보호하기 위해 만들어진 클리퍼 회로가 포함된다. 스피커는 원래 큰 코일이다. 구형파가 스피커의 코일을 동작시키는데 이용될 때 코일은 역 기전력을 발생시킨다. 이런 역 기전력은 출력 전압이 +5V에서 0V로 변화할 때마다 과도현상이 발생된다. 역 기전력은 크기 면에서 원래의 전압과 같아지지만 극성이 반대이다.

따라서 각 시간회로 B는 출력을 0V로 구동하려고 노력하고 스피커는 일정한 negative 전압을 유지하려고 노력한다. 이런 역 기전력은 구동회로를 파괴시킬 수 있다. 여하튼 클리핑 다이오드(D_1)는 단락되고 구동회로가 손상되기 전에 확성기 코일이 접지되는 것에 의해 역 기전력이 접지로 단락된다.

4.2.2 AM 검파기(The AM Detector)

다이오드 클리퍼를 이용하는 또 다른 응용회로는 전형적인 AM 수신기에서 찾을 수 있다. 이런 경우에 클리퍼는 AM 검파기의 일부이다. 간단한 검파기는 [그림 4-13]에 표시되어 있다.

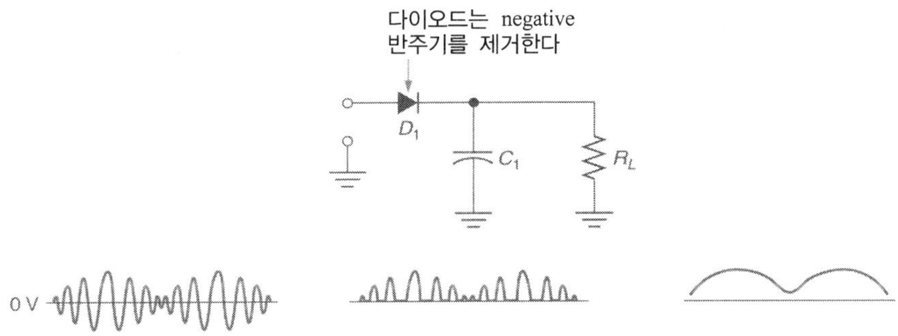

(a) 입력파형

(b) D_1이 negative 반주기를 제거한다

(c) C_1은 제거된 신호의 V_{ave}로 충전된다

[그림 4-13] C_1이 클리핑된 신호의 V_{ave}로 충전된다.

검파기의 목적은 입력신호에서 피크 변화를 포함하는 직류 출력 전압을 발생시키는데 있다. 이런 출력 값은 입력신호의 평균 값으로 충전되는 커패시터에 의해서 발생된다. 그림에 표시된 것처럼 회로 입력의 평균 값은 0V이다. 이것은 각각의 positive의 피크 값과 negative의 피크 값이 같으므로 당연한 사실이다. 클리핑 다이오드는 입력파형의 negative 부분이 제거됨으로써 이러한 문제를 해결해준다. negative 부분이 제거됨으로써 커패시터는 입력변화의 비율에 따라 충전과 방전을 한다. 이것이 부하에 입력의 피크 변화를 재생한 신호를 공급한다.

4.2.3 최종점검(Final Note)

이 절에서 소개한 응용은 단지 클리퍼 응용이라는 개념의 아이디어를 설명한 것이다. 모든 가능한 회로를 다루기 위해서는 더 많은 내용이 요구된다. 비록 몇 개의 클리퍼 회로를 다루어 보았지만 이런 예를 통해서 클리퍼의 사용 목적을 다소 나마 이해하도록 하는데 목적이 있다.

기초 확인문제 4.2

1. 과도현상이란 무엇인가?
2. 디지털 회로의 입력이 전압과도현상으로부터 보호되어야 하는 이유는 무엇인가?
3. AM 검출기의 동작에 대해서 설명하라.

4.3 클램퍼(직류 재생기)(Clamper (DC Restores))

클램퍼는 파형의 왜곡 없이 주어진 기준 전압의 위나 아래로 파형을 이동시키기 위해서 설계된 회로이다. 클램퍼 회로는 positive 클램퍼와 negative 클램퍼로 분류된다. 이런 두 회로의 입력/출력특성이 [그림 4-14]에 표시되어 있다.

positive 클램퍼는 자신의 입력파형을 시프트시키기 때문에 파형의 negative 피크가 거의 직류 기준 전압에 고정된다. 예를 들면 [그림 4-14 (a)]는 0V의 직류 기준 전압을 가지는 positive 클램퍼 회로에 $20V_{PP}$의 사인파가 인가될 때 어떤 일이 발생되는지를 보여준다. 여러분도 보다시피 입력과 출력파형은 $20V_{PP}$의 크기를 가진다. 여하튼 클램퍼의 출력파형은 +20V와 0V의 피크 전압을 가진다. positive 클램퍼는 전체 파형을 이동시키므로 negative 피크 전압은 클램퍼의 직류기준 전압과 거의 갖게 된다.

negative 클램퍼는 자신의 입력파형을 시프트시키기 때문에 파형의 positive 피크가 거의 직류 기준 전압에 고정된다. 예를 들면 [그림 4-14 (b)]는 0V의 직류 기준 전압을 가지는 negative 클램퍼 회로에 $20V_{PP}$의 사인파가 인가될 때 어떤 일이 발생되는지를 보여준다. 여러분도 보다시피 입력과 출력파형은 $20V_{PP}$의 크기를 가진다. 여하튼 클램퍼의 출력파형은 0V와 −20V의 피크 전압을 가진다. negative 클램퍼는 전체 파형을 이동시키므로 positive 피크 전압은 클램퍼의 직류 기준 전압과 거의 갖게 된다.

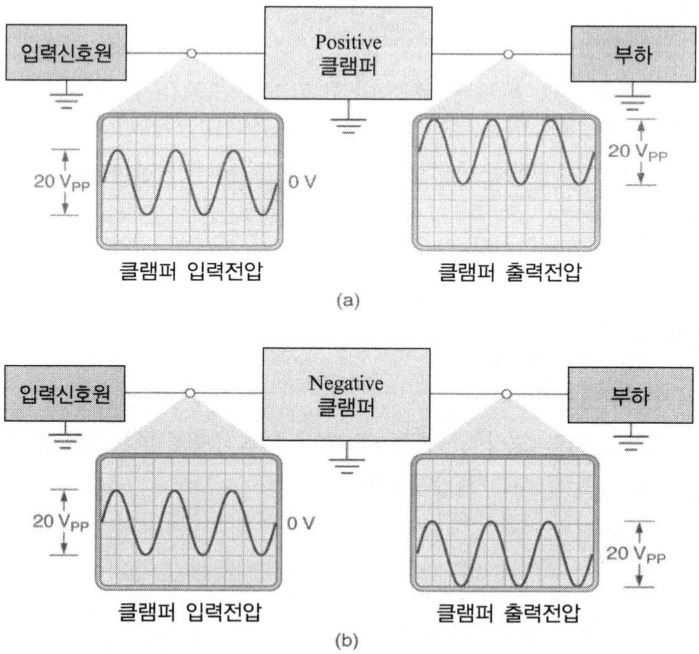

[그림 4-14]

4.3.1 V_{ave} 시프트(V_{ave} Shift)

정류되지 않은 사인파를 다룰 때 V_{ave} 값은 positive 피크와 negative 피크 사이에서 절반으로 줄어든다. 예를 들어서 [그림 4-14 (a)]에 표시되어 있는 파형을 직류 전압계로 측정한다면 $V_{\text{ave}} = 0\text{V}$를 지시하게 된다. 이것은 $+10\text{V}_{\text{pk}}$와 -10V_{pk} 사이의 중간 값인 0V로 떨어지게 되기 때문이다. 클램퍼에 의해서 파형이 이동될 때 파형의 V_{ave} 값은 더 이상 0V가 되지는 않는다. 예를 들어서 [그림 4-14 (a)]에 표시된 출력파형을 고려해 보자. 이런 파형의 최대전압은 +20V와 0V이다. 직류 평균 전압은 최대전압 사이에서 +10V가 된다. 따라서 만약 직류 전압계로 출력파형을 측정한다면 우리는 $10V_{\text{dc}}$의 값을 얻게 된다.

이것으로 볼 때 만약 [그림 4-14 (b)]의 출력파형을 직류 전압계로 측정하면 $-10V_{\text{dc}}$의 값을 읽을 수 있다. 여기서 흥미로운 점을 볼 수 있다. 파형이 클램퍼로 흘러 들어갈 때 파형은 정상적인데 비해서 V_{ave}의 값은 변화하게 된다는 점이다. 예를 들면 [그림 4-14]에 표시된 파형은 모두 20V_{pp}의 파형을 가진다. 따라서 클램퍼가 파형의 피크 전압과 평균 전압값을 바꾸지만 원래 파형의 피크-피크 값은 변화시키지 않는다.

4.3.2 클램퍼 동작(Clamper operation)

[그림 4-15]에는 클램퍼의 동작이 표시되어 있다. 여러분도 보다시피 클램퍼는 병렬 클리퍼와 유사하다. 다만 차이점은 클램퍼에는 커패시터가 부가된다는 점이다.

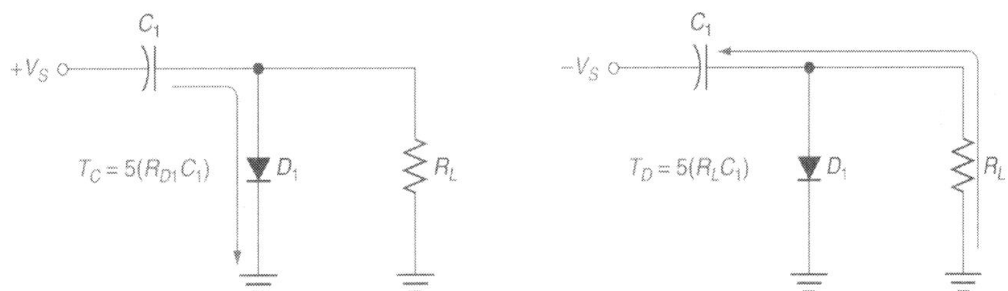

(a) 커패시터 충전회로　　(b) 커패시터 방전회로

[그림 4-15] 클램퍼의 충전과 방전 시상수

용량성 전원 공급 장치필터와 유사하게 클램퍼의 동작은 스위칭 시상수를 기본으로 한다. 다이오드가 순방향으로 바이어스되면 [그림 4-15 (a)]에 표시된 것처럼 커패시터에 충전경로를 제공한다. 이런 회로에서 충전 시상수는 다음과 같이 구해진다.

$$\tau = R_{D1}C_1$$

그리고 대략적인 전체 충전시간은 식 (4-7)처럼 구해진다.

$$T_C = 5(R_{D1}C_1) \qquad (4\text{-}7)$$

여기서 R_{D1}은 다이오드의 벌크저항이다. 다이오드가 역방향으로 바이어스되면 커패시터는 [그림 4-15 (b)]에 표시된 것처럼 저항을 통해서 방전하기 시작한다. 따라서 이 회로에서 방전 시상수는 다음과 같이 구해진다.

$$\tau = R_L C_1$$

그리고 대략적인 전체 방전시간은 식 (4-8)처럼 구해진다.

$$T_D = 5(R_L C_1) \qquad (4\text{-}8)$$

식 (4-7)과 식 (4-8)에 나타난 저항 값의 차이를 주목해야 한다. 【예제 4-5】는 커패시터의 충전시간과 방전시간의 차이를 설명하고 있다.

【예제 4.5】 [그림 4-15]에 표시된 회로에서 커패시터의 충전시간과 방전시간을 구하시오. 다이오드의 순방향 저항이 10Ω이고, R_L이 10kΩ, C_1은 1μF이라고 가정한다.

풀이 커패시터는 다이오드를 통해서 충전된다. 따라서 충전시간은 50μs이다.

$$T_C = 5(R_{D1}C_1) = 5(10\Omega \times 1\mu F) = 50\mu s$$

콘덴서의 방전은 저항을 통해서 이루어진다. 따라서 방전시간은 50ms이다.

$$T_D = 5(R_L C_1) = 5(10k\Omega \times 1\mu F) = 50ms$$

여러분도 보다시피 커패시터는 방전하는 시간이 충전하는 시간보다 더 긴 시간을 가진다. 이것이 클램퍼 회로 동작의 기본이다.

(실전 연습문제 4-5)

$R_{D1} = 8\Omega$, $C_1 = 4.7\mu F$, $R_L = 1.2k\Omega$의 값을 갖는 클램퍼가 있다고 가정하고 커패시터의 충전시간과 방전시간을 결정하시오.

▶▶ $T_C = 188\mu s$, $T_D = 28.2ms$

【예제 4.5】에서 구한 값을 이용하면 클램퍼 회로의 전체 동작에 대해서 고찰할 수 있다. 구형파 입력에 대한 회로의 응답을 살펴보도록 하자.(적절하게 설계되면 입력파형의 다양한 변화에서도 클램퍼가 동작한다) 우리는 다이오드가 이상적인 소자라고 가정한다. 구형파 입력에 대한 클램퍼의 응답은 [그림 4-16]에 표시되어 있다.

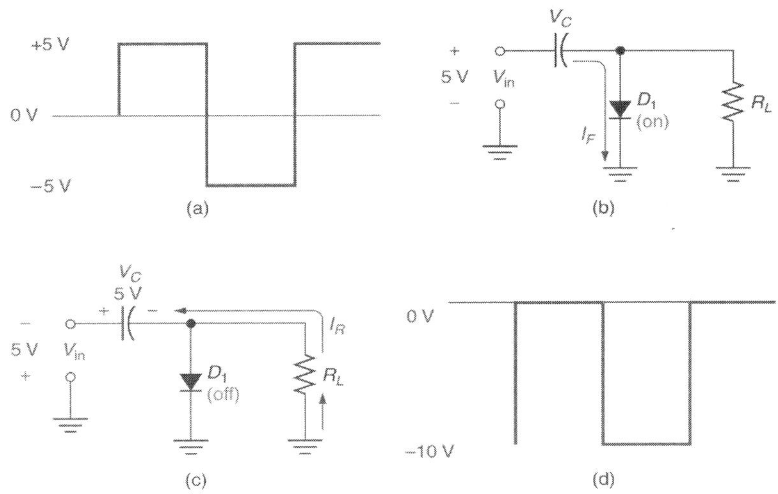

[그림 4-16]

[그림 4-16 (a)]는 입력파형을 보여준다. positive 피크 전압(+5V)이 입력될 때 D_1은 순방향으로 바이어스된다. 이것은 [그림 4-16 (b)]에 표시된 것처럼 C_1을 충전시키는 저 저항 전류의 경로를 제공한다. 커패시터의 충전시간이 매우 짧다고 가정하자. C_1은 급하게 피크 입력 전압의 전부를 충전하게 될 것이다. C_1 양단에서 전압강하가 일어나며 부하 전압은 0V의 positive 피크 값을 갖는다.

입력파형이 negative 영역으로 들어갈 때 커패시터의 출력 측은 역시 negative 영역을 갖는다. 이것은 D_1을 개방시키고 [그림 4-16 (c)]에 표시된 것처럼 저항을 통해서 커패시터는 방전하기 시작한다. 커패시터의 방전시간이 매우 길다고 가정하면 C_1은 자신의 충전량 가운데 매우 적은 양을 잃게 된다.

[그림 4-16 (c)]에 표시된 것처럼 입력전압과 V_C의 극성을 가진 회로에서 부하 전압은 −10V이며 negative 피크 전압을 가진다. 따라서 그림에 표시된 입력이 커패시터에 공급되면 [그림 4-16 (d)]에 표시된 것처럼 0V와 −10V 사이에서 변화하는 구형파 출력을 가지게 된다. [그림 4-16]에 사용된 클램퍼는 이상적인 다이오드를 사용한다는 점을 기억해야 한다. 실제로는 다이오드의 0.7V가 출력파형에 영향을 미치게 된다. 커패시터는 다이오드의 V_F와 $V_{in(pk)}$ 사이의 차에 의해서만 충전된다. 이런 이유 때문에 [그림 4-16 (d)]에 표시된 출력파형은 대략 +0.7V 만큼 시프트된다.

4.3.3 Negative 클램퍼 대 positive 클램퍼(Negative Clamper Versus Positive Clamper)

클리퍼의 경우처럼 negative 클램퍼와 positive 클램퍼의 차이는 단순하게 다이오드 방향의 차이이다. 이것은 [그림 4-17]에 나타나 있다. [그림 4-17 (a)]는 negative 클램퍼와 사인파 입력에 대한 자신의 영향을 표시하고 있다. 반대 방향으로 연결된 다이오드에 의해서 [그림 4-17 (b)]와 같은 회로 동작을 얻을 수 있다. 여기서 다이오드가 반대 방향으로 연결되면 positive 클램퍼 회로가 된다. 다이오드가 접지되므로(0V), 회로는 negative의 피크 전압이 거의 0V와 같아질 때까지 입력파형을 이동시킨다.

여기서 기억할 가장 중요한 점은 다이오드가 반대 방향으로 연결되었을 때 커패시터 역시 반대 방향으로 연결되어야 한다는 점이다. 커패시터의 positive 극성은 반드시 다이오드의 positive 부분과 연결되어야 한다. negative 클램퍼에서 커패시터의 positive의 단자는 신호원과 연결되어야 한다. positive 클램퍼에서 커패시터의 positive 단자는 출력과 연결되어야 한다.

이것을 쉽고 간단하게 기억하는 방법은 다이오드의 화살표가 접지로부터 위쪽을 향하고 있다면 회로는 positive 클램퍼이다. 만약 다이오드의 화살표가 접지쪽을 향해서 아래로 표시된다면 회로는 negative 클램퍼이다.

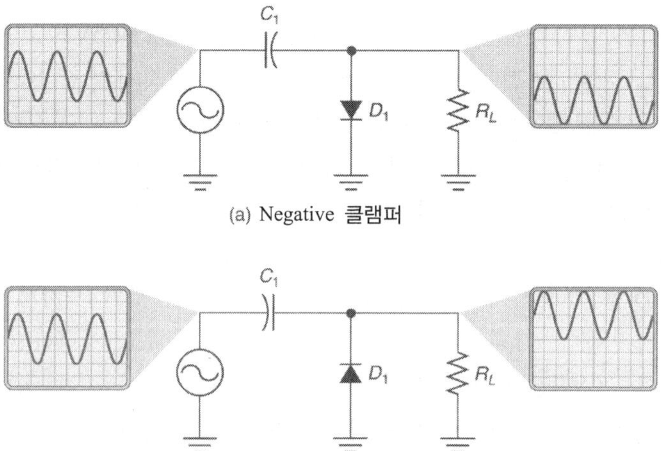

(a) Negative 클램퍼

(b) Positive 클램퍼

[그림 4-17]

4.3.4 바이어스된 클램퍼(Biased Clamper)

바이어스 클램퍼는 0V가 아닌 직류 기준 전압의 위나 아래로 이동하는 것을 허용한다. 바이어스된 클램퍼의 예가 [그림 4-18]에 표시되어 있다. [그림 4-18 (a)]에 표시된 위에서 해석한 것과 동일한 방식을 이용하면 해석이 쉽다. 다이오드의 화살표가 아래쪽을 향하면 회로는 negative 클램퍼이다.

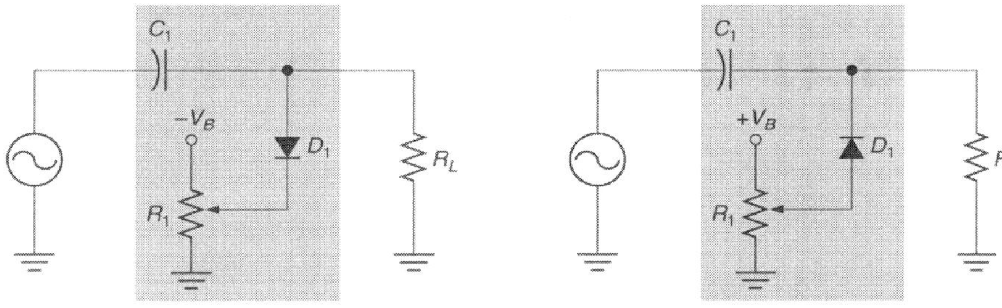

(a) 바이어스된 Negative 클램퍼 (b) 바이어스된 Positive 클램퍼

[그림 4-18]

이 회로에서의 직류 기준 전압은 직류 바이어스 전압 V_B와 전위차계 R_1의 위치에 의존하게 된다. V_B가 negative 값이라면 다이오드 전압은 $-V_B$와 대략 0V 사이에서 강하한다. 예를 들어 V_B가 -20V라 가정하고 R_1이 다이오드 전압 -10V가 인가되도록 설정된다고 가정하자. 이와 같은 회로에서 클램퍼는 입력파형을 positive 피크 전압이 대략 -10V 정도가 되도록 이동시킨다.

[그림 4-18 (b)]에 표시된 회로는 positive로 바이어스된 클램퍼이다. 이것의 동작은 negative로 바이어스된 클램퍼와 같은 개념에서 이용된다. 출력파형은 파형의 negative 피크 전압이 D_1의 전압과 거의 같다. R_1이 가변되므로 V_B와 0V 사이에서 직류 기준 전압은 임의의 전압으로 조정이 가능하다.

[그림 4-19]는 조금 더 많은 설명이 필요하다. 이런 회로는 제너 클램퍼라고 부른다. 제너 다이오드는 회로의 직류 기준 전압을 결정하는데 이용된다. 예를 들어서 [그림 4-19 (a)]에 표시된 것처럼 만약 10V의 제너 다이오드가 사용되었다면 회로의 직류 기준 전압은 거의 $+10$V가 된다. 만약 [그림 4-19 (b)]에 표시된 것처럼 10V 제너 다이오드가 사용되었다면 회로의 직류 기준 전압은 -10V가 될 것이다.

왜 p-n 접합형 다이오드가 포함되는가? 클램퍼 회로의 동작은 다이오드의 단 방향 동작에 의존한다. 여러분이 이미 2장에서 학습한 것처럼 제너 다이오드는 제너항복영역과

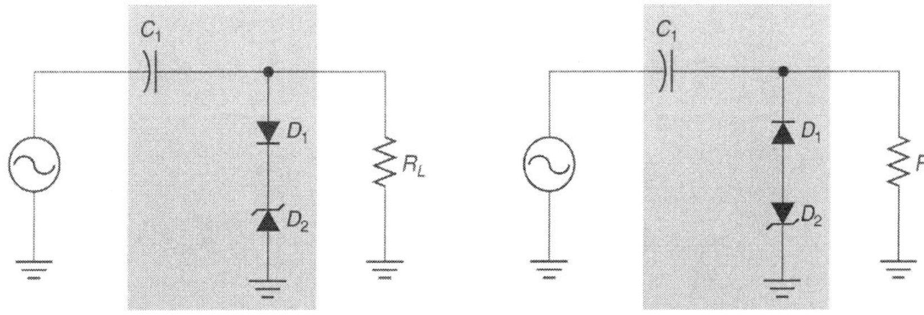

(a) Negative 제너 클램퍼 (b) Positive 제너 클램퍼

[그림 4-19]

순방향 바이어스 영역에서 도통한다. 예를 들어 만약 [그림 4-19 (a)]에서 회로는 다음과 같을 때 오직 한쪽 방향으로만 도통시킨다.

- 입력의 positive 반주기가 진행하는 동안 다이오드 지로는 도통되고 positive 피크가 $V_Z+0.7$V로 클램핑된다.
- 입력의 negative 반주기가 진행하는 동안 다이오드 D_1은 역방향으로 바이어스되고 다이오드 지로를 통한 경로는 차단된다.
- 입력의 negative 반주기가 진행하는 동안 제너의 순방향 도통은 방지되므로 다이오드 D_1은 적절한 클램퍼의 동작에 필요한 단 방향 도통을 확립하게 된다.

제너 다이오드를 직류 기준 전압으로 사용하는 positive와 negative 클램퍼 회로의 차이는 쉽게 이야기된다. 다이오드가 커패시터의 충전 극성을 결정하기 때문에 클램퍼의 극성을 결정하는 것은 다이오드의 방향이라는 점이다.

4.3.5 최종 점검(One Final Note)

제너 클램퍼는 다음과 같은 두 종류에 의해서 약간의 제약을 받는다.

1. positive 직류 기준 전압을 갖는 negative 클램퍼
2. negative 직류 기준 전압을 갖는 positive 클램퍼

예를 들면 positive 클램퍼는 positive 직류 기준 전압을 가질 수 없다. 이것은 *pn* 접합형 다이오드와 제너 다이오드는 반드시 공통 애노드와 공통 캐소드 소자로 연결되어야 하기 때문이다. 만약 [그림 4-19 (a)]의 다이오드 D_1이 역방향으로 된다면 입력의 negative 반주기에서 도통되는 다이오드를 방해하는 것이 없기 때문에 회로의 클램핑 동작을 제거하게 된다. 이것이 다이오드를 회로에 포함시키는 이유이다. 동일하게 [그림 4-19 (b)]에서 D_1이 반대 방향으로 연결된다면 입력의 positive 반주기에서 도통되는 다이오드를 허용하기 때문에 회로의 클램핑 동작을 제거하게 된다.

기초 확인문제 4.3

1. positive 클램퍼와 negative 클램퍼 사이의 차이를 입력과 출력 관계로 설명하라.
2. 입력파형이 주어진다면 클램퍼는 V_{ave} 값에 어떤 영향을 미치는가?
3. 어떤 측정 장비를 사용하여 클램퍼 출력신호에서 V_{ave} 값을 측정할 수 있는가?
4. 클램퍼는 입력 사인파의 실효 전압에 어떤 영향을 주는가?
5. 클램퍼의 동작을 스위칭 시상수를 이용하여 설명하라.

6. 클램퍼의 직류 기준 전압은 어떻게 결정되는가?
7. 주어진 클램퍼가 negative인지 positive인지 어떻게 말할 수 있나?
8. 왜 positive의 제너 클램퍼는 positive 직류 기준 전압을 가질 수 없는가?

4.4 전압 체배기(Voltage Multiplier)

전압 체배기는 피크 입력 전압의 몇 배가 되는 직류 출력을 공급하는 회로이다. 예를 들면 2배 전압 체배기는 입력 피크 전압의 두 배에 해당하는 직류 출력 전압을 공급한다. 전압 체배기가 입력 피크 전압보다 엄청나게 큰 직류 출력 전압을 공급하지만 전원 발생기는 아니다. 전압 체배기에서 주어진 요인에 의해서 피크 입력전압이 증가할 때 거의 같은 요인에 의해서 피크 입력 전류는 감소한다. 따라서 사실상 전압 체배기에 의한 출력 전원은 절대 입력 전원보다 클 수 없다.

전압 체배기에서 전류가 감소하기 때문에 매시간 마다 전압은 증가하고 이런 장치는 매우 적은 출력 전류와 함께 정상적으로 끝나게 된다. 이것 때문에 전압 체배기는 고 전압, 저 전류 응용회로에 사용된다. 한 가지 적용의 예로 TV에서 음극선관(브라운관)의 작용에 필요한 높은 전압, 낮은 전류 신호를 공급한다. 이 절에서 몇 가지 형태의 전압 체배기를 살펴보게 될 것이다. 체배기 회로는 V_S라는 간단한 전압원에 의해서 구동되는 것을 보여준다. 체배기 회로는 (실제적으로) 일반적으로 전원공급기의 응용에 이용된다. 따라서 이것들은 변압기의 2차 측에 연결된다.

4.4.1 반파 전압2배기(Half Wave Voltage Doublers)

반파 2배 전압기는 2개의 다이오드와 2개의 커패시터로 만들어진다. 높은 용량 정격을 가지기 때문에 보통 전해실 커패시터가 사용된다. 반파 전압2배기는 [그림 4-20]에 표시된 것처럼 전압원과 부하 저항이 함께 나타나 있다.

반파 전압2배기의 동작은 [그림 4-21]에 표시되어 있다. [그림 4-21 (a)]에 표시된 것처럼 입력 사이클의 negative 반주기가 진행되는 동안 다이오드 D_1은 순방향으로 바이어스되고 D_2는 역방향으로 바이어스된다. 이런 반주기가 진행되는 동안

- C_1은 양극판 사이의 전압이 입력 전원의 피크와 같아질 때까지 충전하게 된다.
- C_2는 부하 저항을 통해서 방전하게 된다.

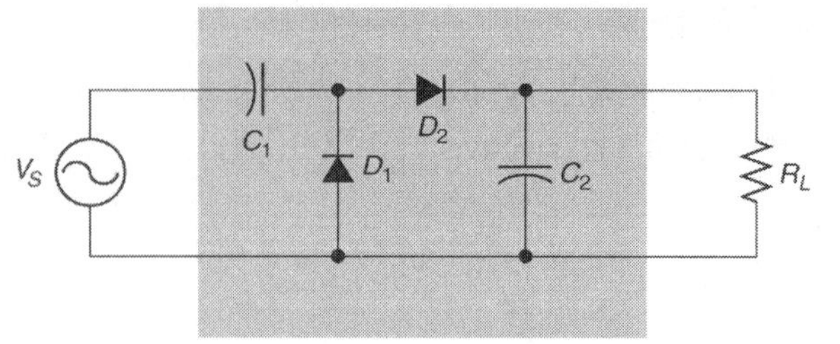

반파 전압 2배기

[그림 4-20]

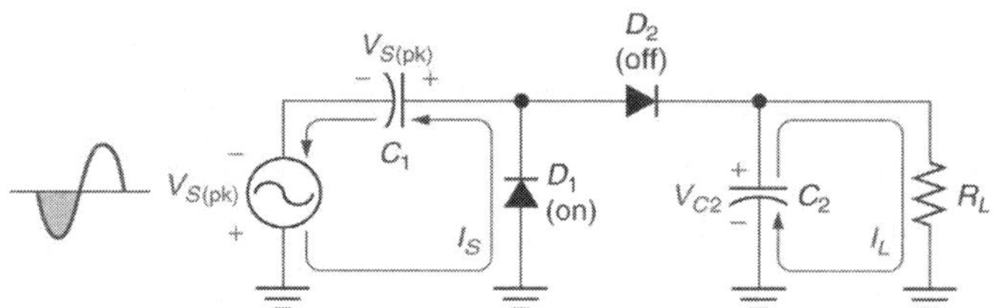

(a) 입력의 negative 반주기가 진행되는 동안 C_1은 충전하고 C_2는 방전한다

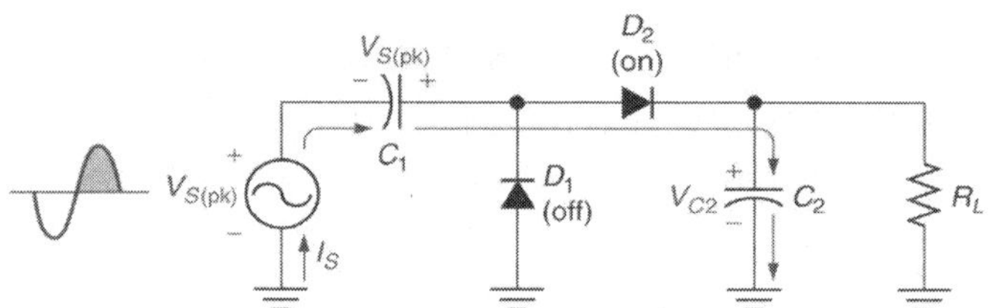

(b) 입력의 positive 반주기가 진행되는 동안 C_1과 전원이 C_2에 충전된다

[그림 4-21]

[그림 4-21 (b)]에 표시된 것처럼 입력 사이클의 positive 반주기가 진행되는 동안 다이오드 D_1은 역방향으로 바이어스되고 D_2는 순방향으로 바이어스된다. 이런 반주기가 진행되는 동안

- C_1과 전압원 V_S는 C_2에 효과적으로 직렬 연결된다.
- C_1과 전압원 V_S는 크기가 더해지기 때문에 C_2는 자신의 양극판 사이에 $2V_{S(\text{pk})}$에 해당되는 전압이 될 때까지 충전된다.

V_S가 원래 극성으로 돌아갈 때 D_2는 다시 차단된다. D_2가 off 되면 C_2는 유일한 통로인 부하저항을 통해서 방전한다. 보통 이런 회로의 시상수는 C_2는 입력의 극성이 다시 역전되기 전에 약간의 충전시간을 잃는다. 다시 말하자면 입력에 negative의 신호가 들어오는 동안에 C_2는 조금씩 방전하게 된다. 그 다음에 positive 신호가 들어오는 동안에 D_2

는 단락되고 C_2는 양극판 사이의 전압이 다시 $2V_{S(pk)}$와 같아질 때까지 재충전한다. C_2는 간신히 입력주기 사이에서 방전하므로 반파 2배 전압기의 출력파형은 여파(필터링)된 반파 정류기의 그것과 매우 유사하게 된다.

반파 전압2배기에서의 입력과 출력파형은 [그림 4-22]에 나타나 있다. 그림에 표시된 것처럼 회로는 필터 정류기의 출력파형과 닮은 직류 출력 전압과 리플 전압을 갖게 된다. 직류 출력 전압은 다음과 같이 접근된다.

$$V_{dc} \cong 2V_{S(pk)} \tag{4-9}$$

주어진 체배기의 출력 리플은 필터링된 반파 정류기와 같은 방법으로 계산된다. 이처럼 리플의 크기는 커패시터의 값과 요구되는 부하전류에 의존한다. 높은 커패시터 값과 낮은 전류는 주어진 체배기의 출력에서 리플의 크기를 감소시킨다.

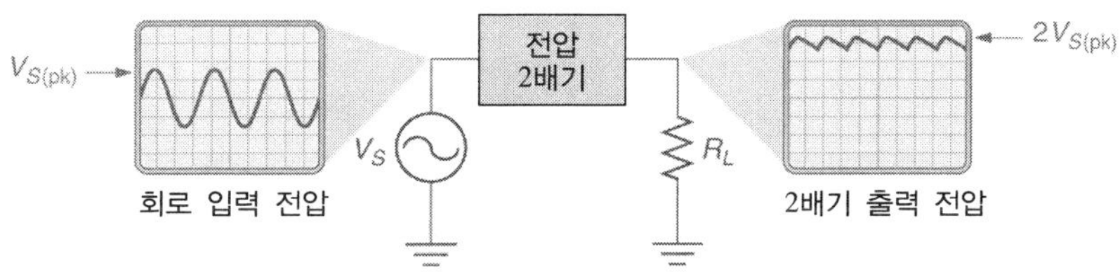

[그림 4-22]

만약 [그림 4-20]에서 다이오드의 방향이 두 커패시터의 극성과 함께 반대로 연결된다면 우리는 negative 전압2배기를 가지게 된다. 이런 회로는 C_1이 negative 전압에서 충전하는 것을 제외한 positive의 2배 전압기와 같은 방식으로 작용하며, 여기에는 입력되는 negative의 피크 전압을 더하게 된다. 회로의 출력은 $V_{in(pk)}$값의 2배가 되는 negative의 전압값을 갖는다.

4.4.2 전파 전압2배기(Full Wave Voltage Doublers)

전파 전압2배기는 반파 전압2배기와 매우 흡사하다. 이것은 [그림 4-23 (a)]에 표시된 것처럼 두 개의 다이오드와 2개의 커패시터(C_1과 C_2)를 포함한다. 이 그림에서 전압원과 부하 전압이 C_3인 필터 커패시터와 함께 나타내어진다. 이런 필터 커패시터는 전압2배기의 출력 리플을 감소시키는데 이용된다. positive의 반주기가 입력되는 동안 전압원에 의해서 D_1은 순방향으로 바이어스되고 D_2는 역방향으로 바이어스된다. 이것은 [그림 4-23 (b)]와 같은 등가회로로 표시된다. 등가회로에서 C_1이 $V_{S(pk)}$로 충전하는 것을 볼 수 있다.

입력의 극성이 반전될 때 D_1은 역방향으로 바이어스되고 D_2는 순방향으로 바이어스된다. 이것은 [그림 4-23 (c)]와 같은 등가회로로 표시된다. 이 회로에서 표시된 것처럼

C_2는 $V_{S(\mathrm{pk})}$로 충전하고 있다. C_1과 C_2가 직렬로 연결되기 때문에 두 소자 양단의 전체 전압은

$$V_{\mathrm{dc}} \cong 2V_{S(\mathrm{pk})}$$

로 구해진다.

부가된 필터 커패시터에 의해(C_3) 정상상태의 전파 전압2배기의 출력에는 매우 작은 리플전압을 갖는다.

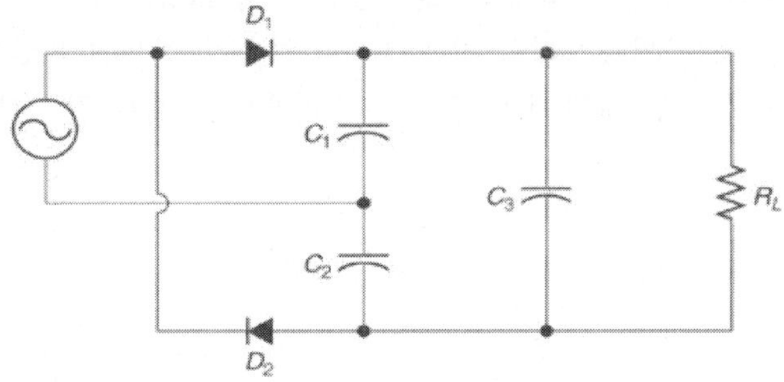

(a) 전파 전압2배기

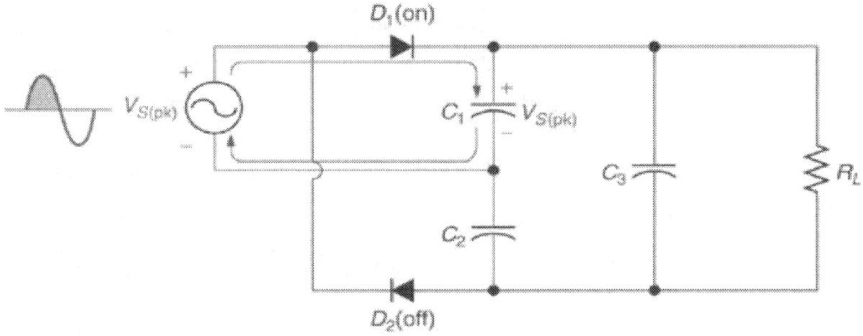

(b) 입력의 positive 반주기가 진행되는 동안 D_1을 경유해서 C_1이 충전된다

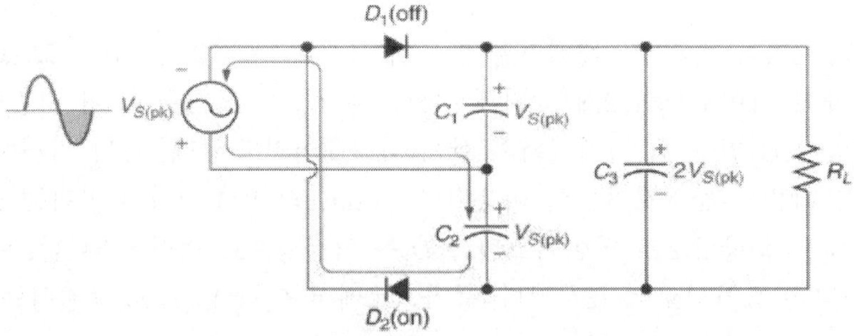

(c) 입력의 negative 반주기가 진행되는 동안 C_2가 D_2를 경유해서 충전된다

[그림 4-23] 전파 전압2배기

이것이 반파 전압2배기 대신에 전파 전압2배기를 사용하는 이점 중 하나이다. 이런 회로의 또 다른 장점은 이중극 전원 공급 장치의 제작에 이용된다는 점이다. 이것의 응용은 이 절의 말미에서 다시 설명하기로 한다.

4.4.3 전압3배기와 전압4배기(Voltage Triplers and Quadruplers)

3배 전압기와 4배 전압기는 모두 반파 전압2배기에 기초하여 변화한다. 3배 전압기의 구성도는 [그림 4-24 (a)]에 표시되어 있다. 보는 바와 같이 3배 전압기는 [그림 4-21]에

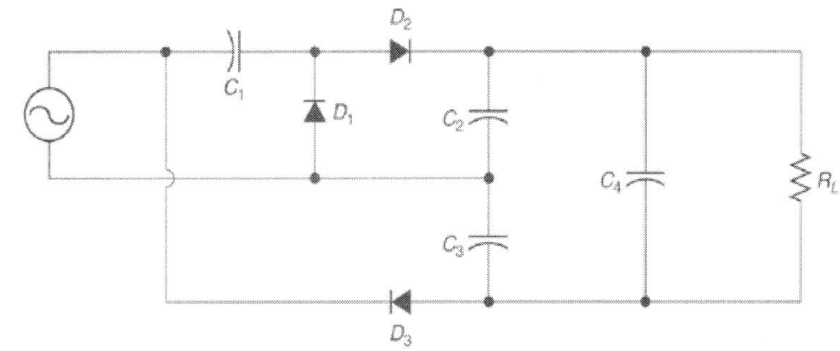

(a) 전압3배기

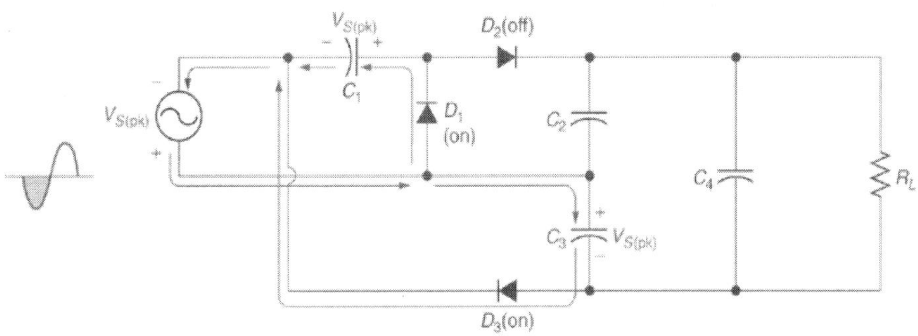

(b) 입력의 negative 반주기에서 C_1과 C_3가 충전된다

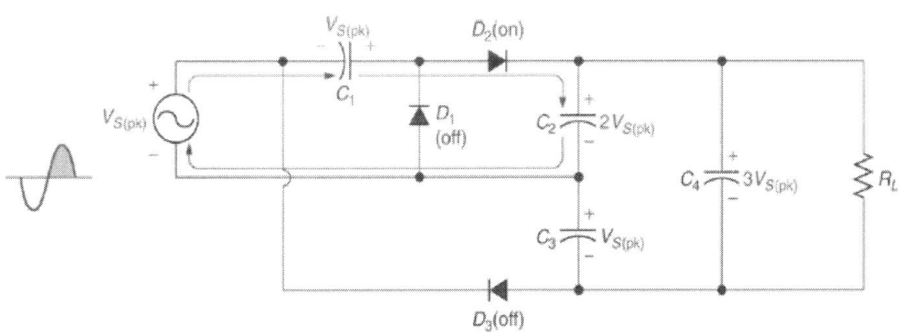

(c) 입력의 positive 반주기에서 C_2가 충전된다

[그림 4-24] 3배 전압기의 동작

표시된 반파 전압2배기와 매우 유사하다. 사실상 D_1, D_2, C_1 그리고 C_2의 회로구성 형태는 반파 2배 전압기이다. 3배 전압기의 나머지는 첨가된 구성요소(D_3, C_3, C_4)의 형태다.

이런 회로의 동작은 두 가지 중요한 요소가 있다. 첫 번째로 이 절의 앞에서 묘사된 반파 2배 전압기의 동작이 정확히 설명되어 있다. 두 번째는 D_1이 도통되는 한 D_3는 계속 도통하게 된다. V_S가 negative일 때 [그림 4-24 (b)]에 표시된 것처럼 D_1과 D_3가 모두 전도되고 C_1, C_3는 $V_{S(pk)}$로 충전된다. [그림 4-24 (c)]는 V_S가 positive로 될 때 어떤 현상이 발생하는가를 보여준다. D_2가 단락되면 C_2가 $2V_{S(pk)}$로 충전을 허용한다. 여기서 C_2, C_3를 지나는 전압은 $3V_{S(pk)}$로 더해진다. C_4는 필터커패시터로 직류 출력 전압의 리플 값을 감소시킨다.

이런 커패시터는 직렬 연결된 C_1, C_3와 병렬로 연결되기 때문에 $3V_{S(pk)}$와 같은 극판 사이의 전압을 충전한다. 요점은 C_4의 크기는 시상수의 형태와 부하저항이 매우 길어지는 것이 선택된다는 점이다. 따라서 C_4는 충전주기 사이에서 서서히 방전한다. 4배 전압기는 입력피크전압의 4배가 되는 출력 값을 공급한다.

[그림 4-25]에서 4배 전압기는 두 개의 반파 2배 전압기의 병렬연결로 간단히 만들어진다. 2배 전압기는 D_1, D_2, C_1, C_2에 의해서 만들어지고 극판 간 전압이 $2V_{S(pk)}$와 같아질 때까지 충전하게 된다. 반파2배 전압기는 다른 소자들에 의해서 형성되고 C_4 역시 극판 간 전압이 $2V_{S(pk)}$와 같아질 때까지 충전한다. C_2, C_4의 직렬 조합은 필터커패시터(C_5)가 극판 간 전압이 $4V_{S(pk)}$와 같아질 때까지 충전한다.

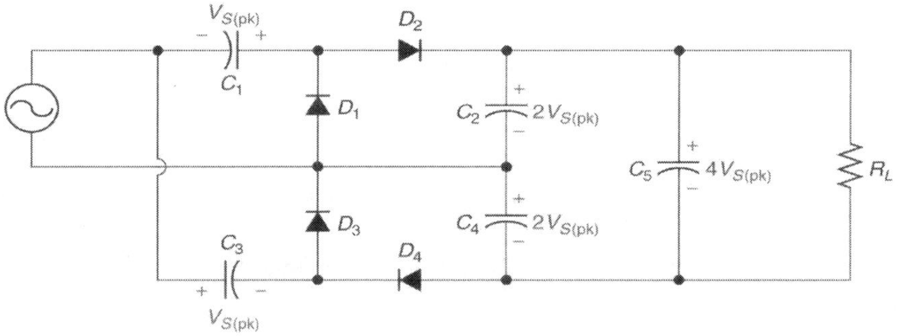

[그림 4-25]

4.4.4 쌍극성 전원 공급 장치(A Double Polarity Power Supply)

전압 체배기의 한 가지 응용은 기본 쌍극성 직류 전원 공급 장치에서 볼 수 있다. 쌍극성 전원 공급 장치는 negative와 positive 직류 출력 전압을 모두 공급한다. 이런 공급 장치는 [그림 4-26]에 나타나 있다.

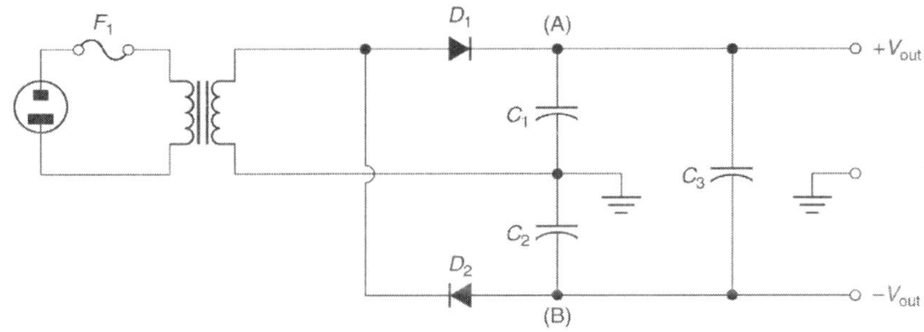

[그림 4-26]

그림에서 변압기는 전파 2배 전압기와 연결되어 있다. 커패시터 C_1과 C_2의 공통점은 전원 공급 장치의 접지처럼 이용되며 이 점에 관하여 회로전압이 측정된다는 것을 의미한다. 따라서 점 A는 접지에 관해 positive의 값을 갖고 점 B는 접지에 대해 negative의 값을 갖는다.

요점은 두 개의 직류 출력 전압은 $V_{S(\mathrm{pk})}$의 크기와 거의 같은 값을 갖게 된다는 점이다. 예를 들어 만약 $V_{S(\mathrm{pk})} = 12\mathrm{V}$라면 전원 공급 장치는 $+12V_{\mathrm{dc}}$와 $-12V_{\mathrm{dc}}$와 거의 같은 출력을 갖게 된다. 필터 커패시터(C_3)는 직류 출력 전압의 리플을 감소시키기 위해 부가한다. 실제로 쌍극성 전압 공급 장치는 더욱 복잡하고 더 많은 필터와 각각의 극에서 전압 법칙의 형태를 포함한다. 21장에서 전원공급 장치 중 하나를 살펴보게 될 것이다.

기초 확인문제 4.4

1. 반파 전압2배기의 동작을 설명하라.
2. 전파 전압2배기를 설명하라.
3. 왜 반파 전압2배기보다 전파 전압2배기를 선호하는가?
4. 3배 전압기와 반파 전압2배기의 유사점은 무엇인가?
5. 4배 전압기와 반파 전압2배기의 유사점은 무엇인가?

4.5 LED 응용(LED Application)

LED의 가장 일반적인 응용분야는 네온등이나 백열등 대신에 사용되는 전원표시기이다. 스테레오 시스템이 항상 켜 있을 때 시스템의 전면부에 빛나는 전력 표시기는 아마도 LED일 것이다. 또 다른 일반적인 응용으로는 스위칭 회로에서 레벨 표시기로 사용된다. 주어진 회로의 출력은 항상 높은 직류전압과 낮은 직류전압 둘 중 하나가 되는데 LED는 어떤 주어진 시간에서도 출력단의 지시를 나타내는데 사용된다. 이런 응용은 [그림 4-27]에 나타나 있다. [그림 4-27]의 회로는 LED를 +10V 수준에서 동작하는 회로에서 출력될 때 지시하기 위해 사용한다.

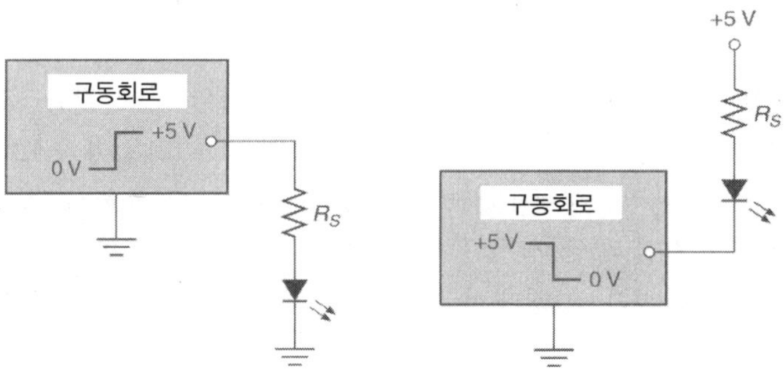

[그림 4-27]

+5V의 출력을 가질 때 다이오드는 순방향으로 바이어스되고 불이 켜진다. 동작회로의 출력이 0V일 때 LED는 순방향으로 바이어스되지 않고 불도 켜지지 않는다. [그림 4-27 (b)]에서 LED는 구동회로가 0V에서 출력될 때 이를 지시하기 위해서 사용된다. 구동회로가 0V의 출력을 가질 때 다이오드는 양단의 전위차 때문에 순방향으로 바이어스되고 불이 켜진다. 구동회로가 +5V에서 출력될 때 다이오드는 LED 양단의 전위차가 없기 때문에 LED는 더 이상 켜지지 않는다.

4.5.1 다중 세그먼트 디스플레이(Multisegment Displays)

LED는 다중 세그먼트 표시기에서 기본적인 구성요소로 사용된다. 다중 세그먼트는 알파뉴메릭 문자를 표시하는데 사용된다. 다중 세그먼트의 한 가지 종류인 세븐-세그먼트가 [그림 4-28]에 표시되어 있다. 세븐-세그먼트는 7개의 LED를 사용해서 8이라는 숫자를 표시하고 있다. 개별적인 LED의 조합을 발광시킴으로써 0에서 9까지의 어떤 숫자나 어떤 문자 모두 표현된다. 예를 들어 b, c, f 그리고 g의 LED가 켜진다면 그 표시기는 숫자 4를 표시하게 된다.

[그림 4-28]에 표시된 세븐-세그먼트는 공통 캐소드 디스플레이라 부른다. 이것은 LED의 음극들이 함께 묶여져 있다는 것을 의미한다. 이것은 하나의 접지에 연결되기 때문에 이런 기능들이 가능하다. 개별적인 LED들은 특정한 핀에서 공급되는 높은 전압에 의해 발광된다. 정상적으로 이런 고전압은 +5V와 +10V 사이의 범위를 가진다. 세븐 세그먼트의 각 LED들은 반드시 직렬 전류제한용 저항을 가져야 한다는 것이 중요한 점이다.

디스플레이의 또 다른 형태는 공통애노드 디스플레이다. 이런 디스플레이는 모든 LED에게 공통인 단일 +V 입력을 갖는다. 개별의 LED들은 특정 음극으로 공급되는 접지에 의해서 발광된다. 기본적인 세븐 세그먼트의 변화는 더해진 LED와 내장된 디코더를 포함한다.

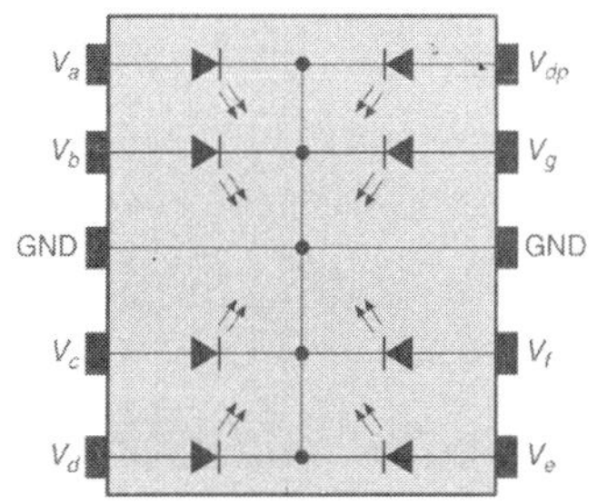

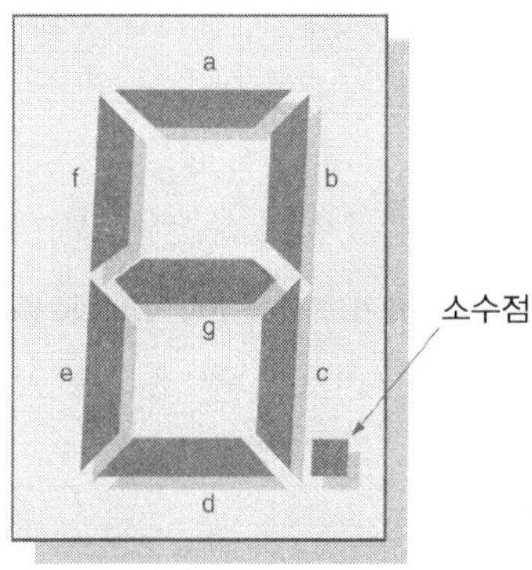

[그림 4-28]

[그림 4-29 (a)] 표시된 표시기는 어떤 숫자나 문자를 만들 수 있다. [그림 4-29 (b)]는 개별 LED들의 조합이 발광됨에 따라서 알파벳, 아라비아 숫자 0−9까지와 표시할 수 있는 5×7 도트 매트릭스 표시기를 나타낸다.

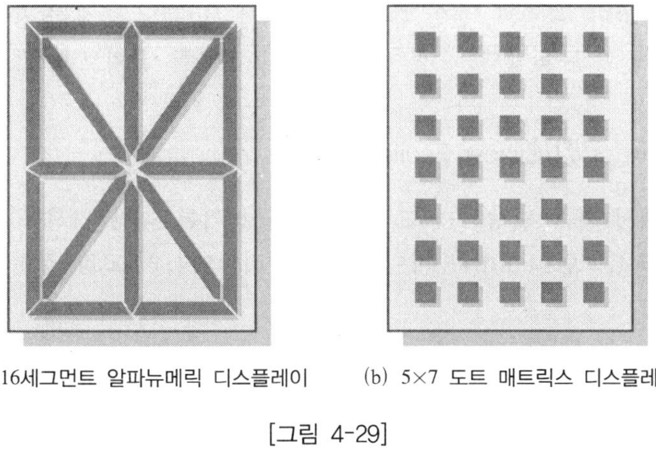

(a) 16세그먼트 알파뉴메릭 디스플레이 (b) 5×7 도트 매트릭스 디스플레이

[그림 4-29]

4.5.2 액정 디스플레이(Liquid Crystal Displays : LCD)

LCD는 디지털시계, 평면 TV, 휴대용 컴퓨터 등과 같은 전자 시스템에 사용되는 저 전력 디스플레이이다. LCD 표시기는 자기 자신의 발광보다는 다른 전원의 빛은 통과 시키거나 차단하기 때문에 LED 표시기에 비해서 대단히 낮은 전력을 소비한다. 가장 간단한 LCD 표시기는 반사형 기판 물질과 투명 세그먼트로 구성된다. 전압이 주어진 세그먼트에 인가되면 세그먼트는 빛을 통과시키지 않고 어둡게 나타난다. 전압이 제거될 때 세그먼트는 투명해지고 후면 물질이 빛에 반사되는 것을 허용한다.

LCD에서 기호와 숫자는 특정 세그먼트의 전압공급에 의해 만들어진다. 보다 개선된 LCD를 백라이트라고 부른다. 이런 표시기는 표시기 표면을 발광시키는 형광 튜브가 내장되어 있다. 이런 튜브의 수명은 대략 15000시간 정도로 하루에 6시간 사용하는 경우 7년의 수명을 가지게 된다.

기초 확인문제 4.5

1. 전력 레벨 표시기에서 LED의 용도를 설명하라.
2. 다중 세그먼트에서 LED의 용도를 설명하라.
3. LCD와 동작을 설명하라.

4.6 다이오드 회로의 고장진단 및 수리(Diode Circuit Troubleshooting)

지금까지는 클리퍼, 클램퍼, 전압체배기, 다중 세그먼트의 중요한 응용에 대해서 살펴보았다. 회로에서 자주 발생되는 몇 가지 고장의 징후를 살펴보게 될 것이다.

4.6.1 클리퍼 고장(Clipper Faults)

직렬 클리퍼에서 자주 발생되는 고장은 3장에서 거론된 반파 전류기의 고장과 같다. 기본 병렬 클리퍼([그림 4-30])와 바이어스된 클리퍼에서의 고장 징후 관계는 〈표 4-1〉에 표시되어 있다.

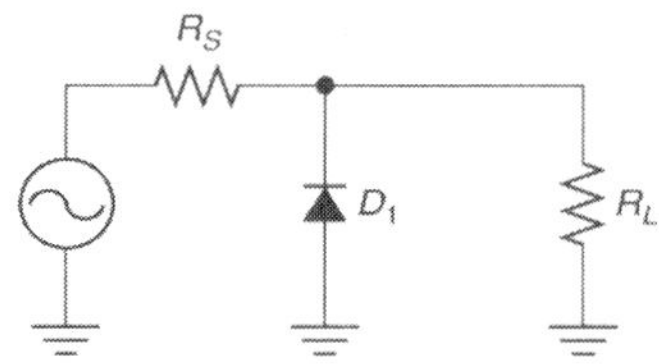

[그림 4-30]

표 4-1 병렬 클리퍼의 고장

고 장	징후
R_S개방	전원이 부하로부터 분리되기 때문에 부하 전압과 전류는 모두 0으로 떨어진다.
D_1개방	클리핑 동작이 멈추고 출력파형이 거의 입력파형과 동일해진다.
D_1단락	전체 공급전압이 R_S 양단에 걸리기 때문에 징후는 R_S의 개방때와 같다. 단락된 다이오드는 부하와 단락된다.

4.6.2 클램퍼 고장(Clamper Faults)

[그림 4-31 (a)]에 표시된 클램퍼의 고장 징후는 〈표 4-2〉에 나타나 있다. 바이어스된 클램퍼([그림 4-31 (b)])는 〈표 4-2〉에 적힌 고장 징후 결합의 어느 것이 발생할지 모른다. 추가로 〈표 4-3〉의 고장 징후 중 어느 것 또한 발생될 수 있다.

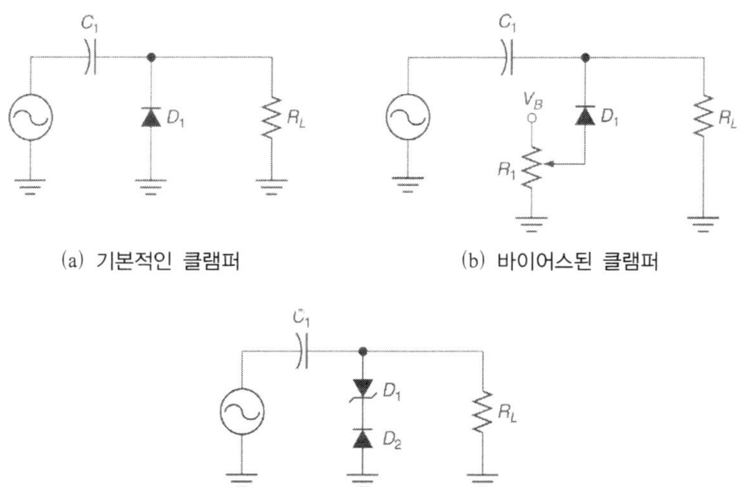

[그림 4-31]

표 4-2 클램퍼의 고장

고 장	징 후
C_1개방	전압원이 회로의 나머지로부터 분리되고 부하 전압과 전류는 모두 0으로 떨어진다.
C_1단락	회로는 전류 제한용 저항이 제거된 병렬 클리퍼와 유사하다. 과도한 전류에 의해서 다이오드가 파괴되거나 신호원이 단락되어 접지되고 파괴된다.
C_1누설	커패시터는 충전하려고 시도하지만 어느 주기 시간동안에서도 충전을 지속할 수 없게 된다. 이것은 출력신호의 직류기준 전압이 계속해서 바뀌기 때문이다. 파형 자체도 매우 찌그러지게 된다.
D_1개방	모든 클램핑 동작이 중단되고 출력파형은 0V 주위로 집중된다.
D_1단락	전압원이 커패시터의 짧은 RC 시상수에 의해서 접지로 단락된다. 전압원의 출력은 부하로 떨어지며 전압원 자신도 피해를 입는다.

제너 클램퍼([그림 4-31 (c)])는 〈표 4-3〉에 적힌 고장 징후들의 조합 중 어느 것이 발생할지 모른다. 또한, 만약 두 다이오드 중 하나가 개방된다면 〈표 4-2〉의 다이오드 개방과 같은 결과가 나올 것이다. 만약 제너 클램퍼에서 다이오드 중 하나가 단락된다면 〈표 4-2〉에 적힌 것들과 약간 다르게 결과가 나올 것이다. 제너 클램퍼의 두 다이오드 중 하나가 단락될 때의 결과는 〈표 4-4〉에 나타나 있다.

제너 클램퍼에서 만약 두 다이오드 중 하나가 단락되면 두 다이오드 모두 파괴될 가능성이 매우 크다. 정류회로에서 한 다이오드의 단락이 직렬로 연결된 다른 다이오드를 파괴시키는 것이 드문 일은 아니다. 다이오드가 단락될 경우가 발생되면 최선의 방법은 그 다이오드와 직렬로 연결된 모든 다이오드를 교체하는 일이다.

표 4-3 부가적인 바이어스된 클램퍼의 고장

고 장	징 후
V_B없음	만약 바이어스되는 직류전압이 제거되면(0V로 떨어지면) 회로출력에서 일정한 직류 오프셋이 유지된다. 이런 직류 offset은 R_1을 통한 다이오드에 의해서 발생되는 회로의 정상적인 직류 offset과 다르다.
R_1개방	만약 R_1이 개방되면 D_1의 개방과 같은 결과가 나타난다. 모든 클램핑 동작은 중단되고 출력파형은 0V 주위에 집중된다.

표 4-4 부가적인 제너 클램퍼의 결함

고장	징 후
D_1단락	만약 D_1이 단락되면 바이어스되지 않은 클램퍼처럼 동작한다. [그림 4-31 (c)]에서 D_1이 단락되면 [그림 4-31 (a)]의 회로와 동일한 회로를 갖게 된다.
D_2단락	입력파형의 교류 모든 영역에서 제너 다이오드는 도통된다. 그 결과 출력파형이 매우 찌그러진다.

4.6.3 전압 체배기의 고장(Voltage Multiplier Faults)

이 장에서 설명된 모든 전압 체배기 회로는 대부분 고장진단이 어렵다. 전압 체배기를 구성하는 다이오드와 커패시터의 미로는 많은 고장을 유발하고 다른 어떤 결함과 매우 유사한 각각의 징후를 가지게 된다. 전압 체배기의 고장을 제거하는데 가장 좋은 접근 방법은 출력 필터 커패시터를 지나는 전압을 측정하는 것에서부터 출발하는 것이다.

예를 들어 [그림 4-32]에 표시된 3배 전압기의 고장을 진단한다면 C_4 양단의 전압을 측정하는 것부터 시작해야 한다. 필터 커패시터를 지나는 전압 값은 고장이 발생된 지점을 분리하는데 도움을 줄지 모른다. 예를 들어 [그림 4-32]의 3배 전압기를 검사한다고 하자. 그리고 C_4의 전압은 $2V_{S(pk)}$라고 가정하자. 이것은 C_3가 충전을 하지 않았다는 것을 말해주는데 이 소자를 지나는 전압이 V_S와 같기 때문이다. 우리는 C_4 충전 경로에 있는 D_3와 C_3 두 소자를 검사해야 한다.

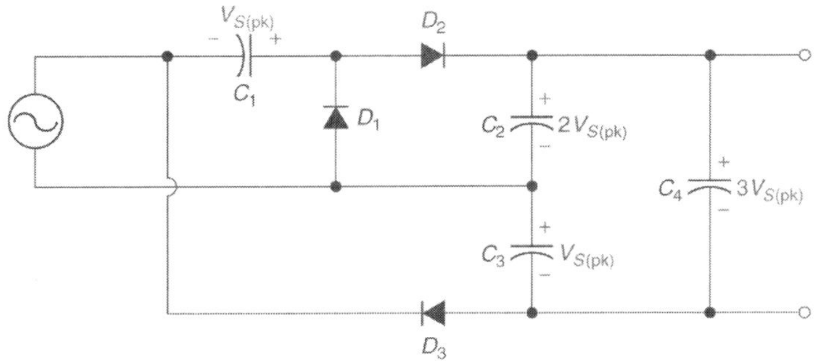

전압은 최초의 정상적인 측정값을 표시한다.

[그림 4-32]

표 4-5 다양한 체배기 회로의 정상적인 커패시터 전압 읽기

커패시터	반파2배기	전파2배기	3배기	4배기
C_1	$V_{S(pk)}$	$V_{S(pk)}$	$V_{S(pk)}$	$V_{S(pk)}$
C_2	$2V_{S(pk)}$	$V_{S(pk)}$	$2V_{S(pk)}$	$2V_{S(pk)}$
C_3		$2V_{S(pk)}$	$V_{S(pk)}$	$V_{S(pk)}$
C_4			$3V_{S(pk)}$	$2V_{S(pk)}$
C_5				$4V_{S(pk)}$

만약 C_4의 전압이 대략 $V_{S(pk)}$와 같다면 이 소자는 C_2 양단의 전압이 $2V_{S(pk)}$와 같기 때문에 C_2의 전압을 검사해야 한다. 만약 소자를 지나는 전압이 정확하지 않다면 C_1 양단의 전압을 검사해야 한다. 만약 C_1 양단의 전압이 정확하다면 D_2와 C_2를 검사해야 한다. 만약 C_1 양단의 전압이 정확하지 않다면 D_1과 C_1을 검사해야 한다. 전압 체배기를 검사할 때 관련 자료가 있다면 다양한 체배기 회로의 정상적인 커패시터 전압을 읽는데

도움이 될 것이다. 〈표 4-5〉에 그와 같은 자료가 나와 있다.

전압 체배기를 검사할 때 〈표 4-5〉의 자료와 아래 절차를 이용하라.

1. 출력 커패시터 양단의 전압을 측정하라. 병렬 충전 커패시터의 하나를 검사하여 곧바로 읽어낼 수 있을지 모른다. 예를 들어 C_4의 전압이([그림 4-32]) V_S에 의해서 단락된다면, C_3를 검사해야 한다. 만약 이것이 $2V_{S(pk)}$에 의해서 단락되었다면 C_2를 검사해야 한다.
2. 충전되지 않은 커패시터의 충전경로에 놓여진 어떤 커패시터의 전압을 측정하자. 예를 들어서 C_2([그림 4-32])가 충전되지 않는다면 C_1의 전압을 측정해야 한다.
3. 충전되지 않은 커패시터를 찾을 때까지 전원으로 이런 과정이 계속되며 충전경로에 있는 소자인 커패시터를 모두 검사해야 한다. 예를 들어 C_2([그림 4-32])가 충전되지 않았고, C_1의 전압이 정상이라면 D_2와 C_2를 검사해야 한다. 만약, C_1과 C_2의 전압이 모두 잘못됐다면, C_1과 D_1을 검사해야 한다.

만약 모든 커패시터가 충전되고 C_1이나 D_1에 전혀 문제가 없다면 전압원에 문제가 있는 것이다.

4.6.4 디스플레이 고장(Display Faults)

다중 세그먼트는 디코더 드라이버라 부르는 IC에 의해서 구동된다. 드라이버 표시기 회로에서 대부분의 공통적인 결함 징후는 하나 또는 그 이상의 세그먼트의 발광 실패이다. 드라이버-디스플레이 회로의 검사는 간단하다.

세그먼트가 켜져 있을 때 세그먼트의 구동 핀을 찾아라. 만약 전압에 이상이 없다면 (공통 캐소드 디스플레이의 positive의 전압과 공통 애노드 디스플레이의 0V) 문제는 디스플레이에 있다. 전압이 공급되지 않는다면 디코더-드라이버의 문제일 가능성이 크다. 어떤 다중 세그먼트는 단위 내에 구성된 디코더-드라이버 회로를 가진다. 이것들을 제거하기 위해서는 외부 디코더와 동작회로, 그리고 전류 제한저항이 필요하다. 이런 형태의 소자를 검사할 때 디스플레이의 입력과 출력은 비교·검사되어야 한다. 만약 디스플레이의 출력이 부정확하다면 전체 유니트를 교체해야 한다.

기초 확인문제 4.6

1. 제너 클램퍼에서 일어날 수 있는 다이오드 결함과 각각의 징후를 설명하라.
2. 제너 클램퍼에서 두 개의 다이오드 중 하나가 단락되면 두 다이오드를 모두 교체시켜야 하는가?
3. 전압 체배기의 고장 진단 과정을 설명하라.

중요 용어(Key Term)

알파뉴메릭 기호(alphanumeric symbol), 직류 기준 전압(dc reference voltage), 액정디스플레이(LCD : liquid crystal display), AM 검파기(AM dector), dc 복원기(dc restor), 바이어스된 클램퍼(biased clamper), 디코더-드라이버(decoder driver), 다중 세그먼트 디스플레이(multisegment display), 바이어스된 클리퍼(biased clipper), 쌍극성 전원 공급장치(dual polarity power supply), negative로 바이어스된 클리퍼(negative biased clipper), 클램퍼(clamper), 전파2배 전압기(full wave voltage doubler), negative 클램퍼(negative clamper), 클리퍼(clipper), 반파2배 전압기(half wave voltage doubler), negative 병렬 클리퍼(negative shunt clipper), 공통 캐소드 디스플레이(common cathode display), 리미터(limiter), 바이어스된 클리퍼(biased clipper), 공통 애노드 디스플레이(common anode display), 스위칭 시상수(switch time constant), 4배 전압기(voltage quadrupler), positive 병렬 클리퍼(positive shunt clipper), 과도현상(transient), 3배 전압기(voltage tripler), 직렬 클리퍼(series clipper), 전압 체배기(voltage multiplier), 제너 클램퍼(Zener clamper), 세븐 세그먼트(7 segment), 병렬 클리퍼(shunt clipper)

연습문제

4-1. [그림 4-33 (a)]에 표시된 회로에서 positive 피크 부하 전압을 구하시오.

4-2. [그림 4-33 (a)]에 표시된 회로의 출력파형을 그리시오. 파형에 피크 전압을 표시하시오.

4-3. [그림 4-33 (b)]에 표시된 회로의 negative 피크 부하 전압을 구하시오.

4-4. [그림 4-33 (b)]에 표시된 회로의 출력파형을 그리시오. 파형의 피크 전압을 표시하시오.

4-5. [그림 4-33 (c)]에 표시된 회로의 출력 피크 전압을 구하시오. 전압 값이 표시된 파형을 그리시오.

4-6. [그림 4-33 (d)]에 표시된 회로에서 문제 5를 반복하시오.

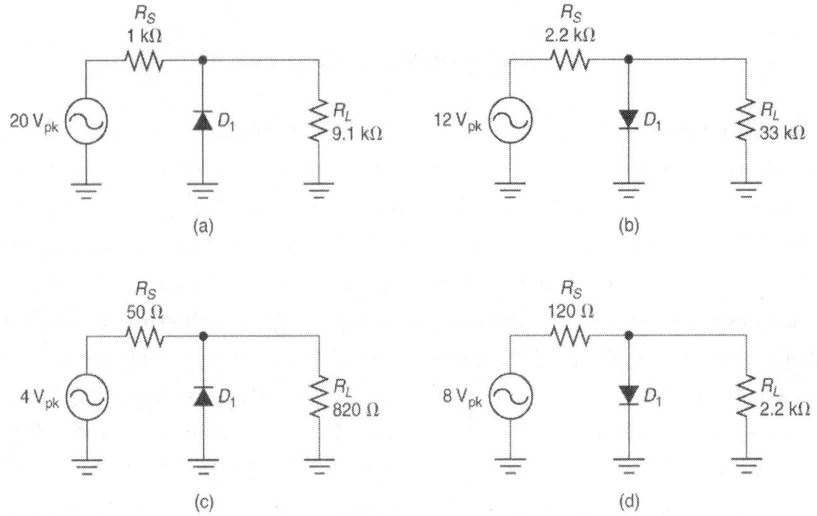

[그림 4-33]

4-7. [그림 4-34 (a)]에 표시된 회로의 전위차계는 D_1의 애노드가 −2V로 되도록 설정된다. 만약 V_S가 14V_{PP}라면, 회로의 피크 부하 전압은 얼마인가?

4-8. [그림 4-34 (a)]에 표시된 회로의 전위차계는 D_1의 애노드가 −8V로 되도록 설정된다. 만약 V_S가 24V_{PP}라면, 회로의 피크 부하 전압은 얼마인가?

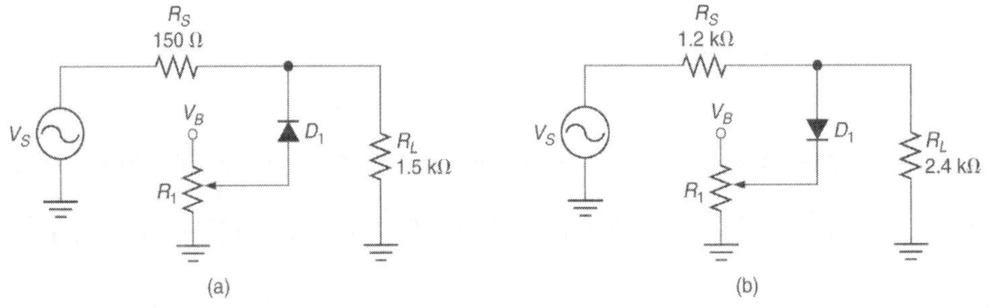

[그림 4-34]

4-9. [그림 4-34 (b)]에 표시된 회로의 전위차계는 D_1의 애노드가 +4V로 되도록 설정된다. 만약 V_S가 22V_{PP}라면 회로의 피크 부하 전압은 얼마인지 구하고 출력파형을 그려라.

4-10. [그림 4-34 (b)]에 표시된 회로의 전위차계는 D_1의 애노드가 +2V로 되도록 설정된다. 만약 V_S가 4V_{PP}라면 회로의 피크 부하 전압은 얼마인지 구하고 출력파형을

그려라.

4-11. 클램퍼에 $24V_{PP}$의 입력이 인가될 때 자신의 피크 전압이 0V에서 −24V까지 이동된다고 가정하고 출력파형의 직류 평균을 구하시오.

4-12. 클램퍼에 $14V_{PP}$의 입력이 인가될 때 자신의 피크 전압이 0V에서 +14V까지 이동된다고 가정하고 출력파형의 직류 평균을 구하시오.

4-13. [그림 4-35 (a)]에 표시된 회로가 $R_{D1} = 24\Omega$, $R_L = 22k\Omega$, $C_1 = 4.7\mu F$의 값을 갖는다고 가정하고 커패시터의 충 방전 시상수를 구하시오.

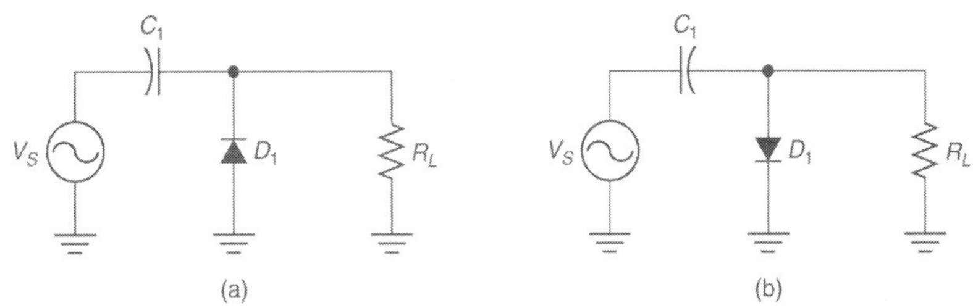

[그림 4-35]

4-14. [그림 4-35 (a)]에 표시된 회로가 $14V_{PP}$의 입력신호를 갖는다. 출력파형을 그리고 피크 전압을 구하라.

4-15. [그림 4-35]에 표시된 회로가 $R_{D1} = 8\Omega$, $R_L = 1.2k\Omega$, $C_1 = 33\mu F$의 값을 갖는다고 가정하고 커패시터의 충 방전시간을 구하시오.

4-16. [그림 4-35 (b)]에 표시된 회로가 $R_{D1} = 14\Omega$, $R_L = 1.5k\Omega$, $C_1 = 1\mu F$의 값을 갖는다고 가정하고 커패시터의 충 방전시간을 구하시오.

4-17. [그림 4-35 (b)]에 표시된 회로의 입력이 $12V_{PP}$이다. 회로의 최대 부하 저항을 구하고 출력파형을 그려라.

4-18. [그림 4-36 (b)]에 표시된 회로의 전위차계는 D_1의 애노드가 +3V로 되도록 설정된다. 만약 V_S가 $9V_{PP}$라면, 회로의 피크 부하 전압은 얼마인지 구하고 출력파형을 그려라.

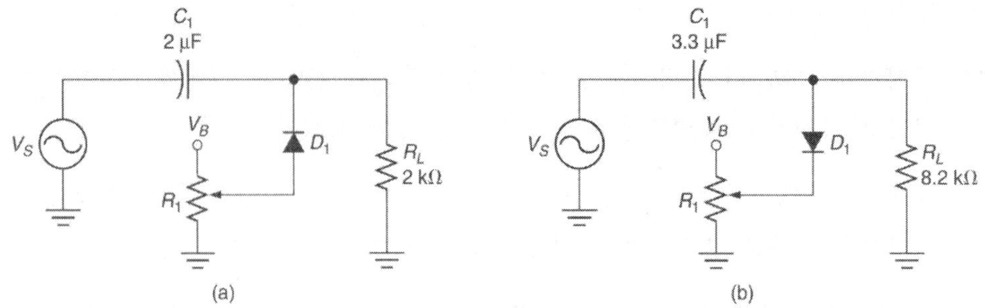

[그림 4-36]

4-19. [그림 4-36 (b)]에 표시된 회로의 전위차계는 D_1의 애노드가 +6V로 되도록 설정된다. 만약 V_S가 $30V_{PP}$라면, 회로의 피크 부하 전압은 얼마인지 구하고 출력파형을 그려라.

4-20. [그림 4-37 (a)]에 표시된 회로에서 출력파형을 그리고 최대 전압을 구하라.

4-21. [그림 4-37 (b)]에 표시된 회로에서 출력파형을 그리고 최대 전압을 구하라.

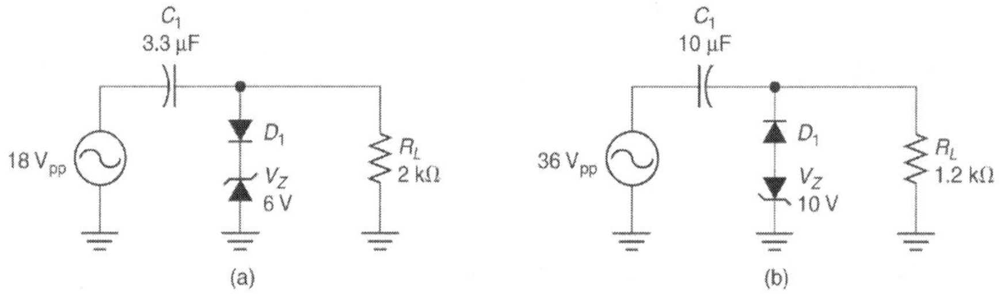

[그림 4-37]

4-22. [그림 4-38]에 표시된 회로가 $15V_{pk}$의 입력신호를 갖는다. 회로에서 V_{C1}과 V_{C2}의 값을 구하라. 다이오드는 이상적인 소자라고 가정한다.

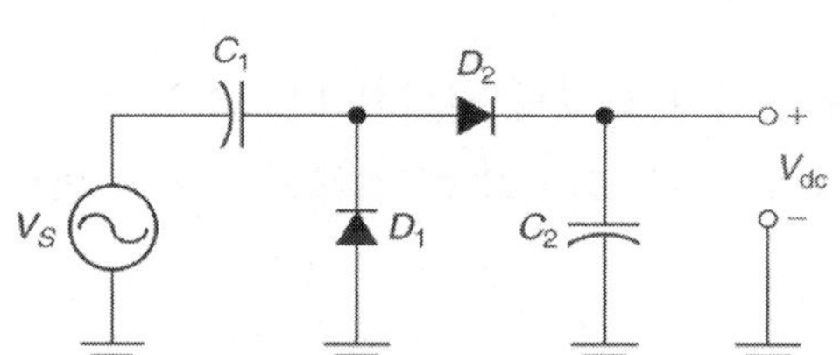

[그림 4-38]

4-23. [그림 4-38]에 표시된 회로가 $48V_{pk}$의 입력신호를 갖는다. 회로에서 V_{C1}과 V_{C2}의

값을 구하라. 다이오드는 이상적인 소자라고 가정한다.

4-24. [그림 4-39]에 표시된 회로가 $24V_{pk}$의 입력신호를 갖는다. 회로에서 V_{C1}과 V_{C2}, V_{C3}의 값을 구하라. 다이오드는 이상적인 소자라고 가정한다.

4-25. [그림 4-39]에 표시된 회로가 $25V_{ac}$의 입력신호를 갖는다. 회로에서 V_{C1}과 V_{C2}, V_{C3}의 값을 구하라. 다이오드는 이상적인 소자라고 가정한다.

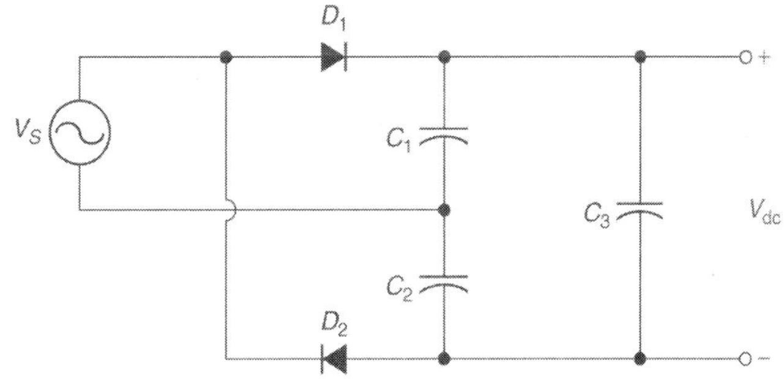

[그림 4-39]

4-26. [그림 4-40]에 표시된 회로에서 출력 전압을 구하시오. 다이오드는 이상적인 소자라고 가정한다.

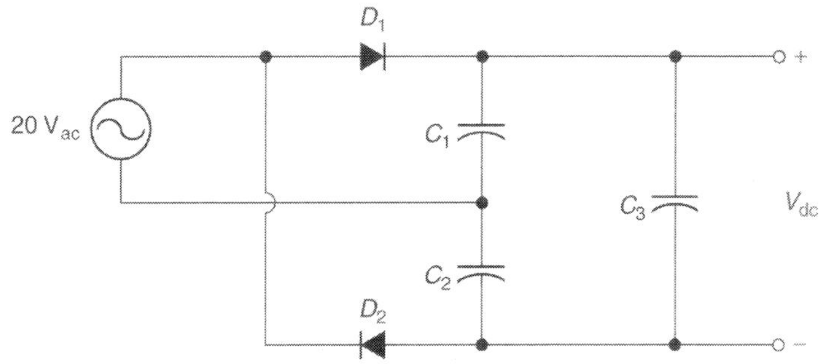

[그림 4-40]

4-27. [그림 4-41]에 표시된 회로에서 출력 전압을 구하시오. 다이오드는 이상적인 소자라고 가정한다.

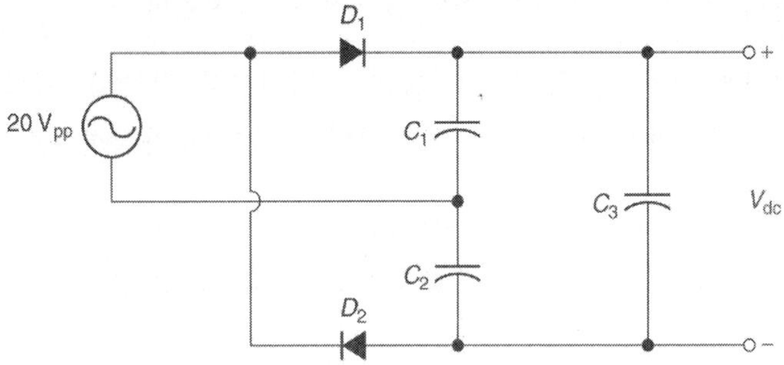

[그림 4-41]

4-28. [그림 4-42]에 표시된 회로가 20V_{pk}의 입력신호를 갖는다. 회로에서 V_{C1}과 V_{C2}, V_{C3}, V_{C4}의 값을 구하라. 다이오드는 이상적인 소자라고 가정한다.

4-29. [그림 4-42]에 표시된 회로가 15V_{pk}의 입력신호를 갖는다. 회로에서 V_{C1}과 V_{C2}, V_{C3}, V_{C4}의 값을 구하라. 다이오드는 이상적인 소자라고 가정한다.

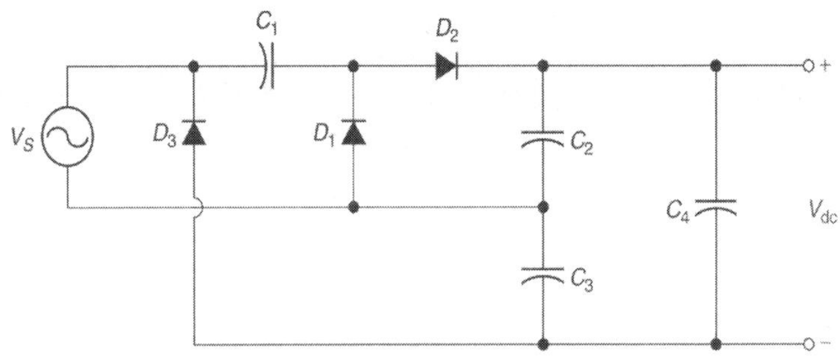

[그림 4-42]

4-30. [그림 4-43]에 표시된 회로가 18V_{pk}의 입력신호를 갖는다. 회로에서 V_{C1}과 V_{C2}, V_{C3}, V_{C4}, V_{C5}의 값을 구하라. 다이오드는 이상적인 소자라고 가정한다.

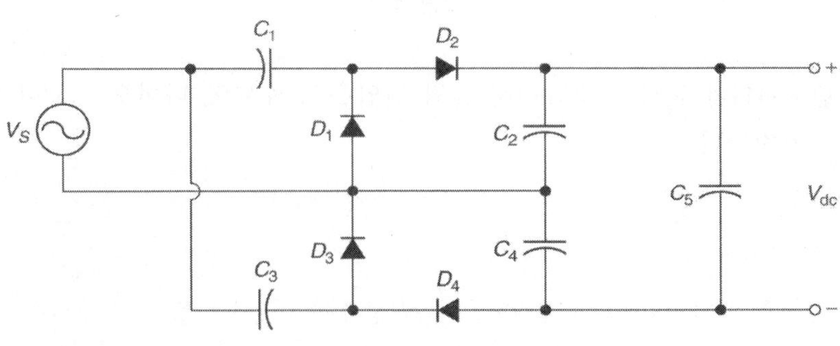

[그림 4-43]

4-31. [그림 4-43]에 표시된 회로가 36V_{ac}의 입력신호를 갖는다. 회로에서 V_{C1}과 V_{C2}, V_{C3}, V_{C4}, V_{C5}의 값을 구하라. 다이오드는 이상적인 소자라고 가정한다.

4-32. [그림 4-44]에 표시된 쌍극성 전원 공급 장치의 dc 출력 전압을 구하라. 이때 다이오드는 이상적인 소자라고 가정한다.

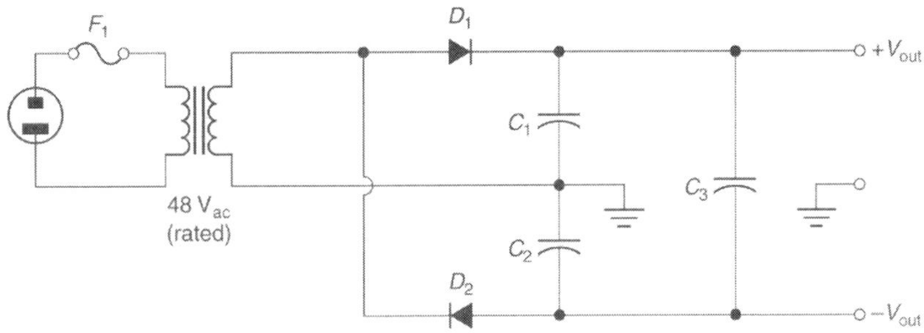

[그림 4-44]

4-33. [그림 4-44]에 표시된 변압기가 36V_{ac}의 입력을 가지고 있다. 다이오드는 이상적인 소자라고 가정하고 직류 출력 전압을 구하라.

4-34. [그림 4-45 (a)]에 표시된 회로는 보여지는 입력/출력파형을 갖는다. 회로에 문제가 있는지 없는지 찾아라. 만약 있다면 문제의 원인은 무엇인지 기술하라.

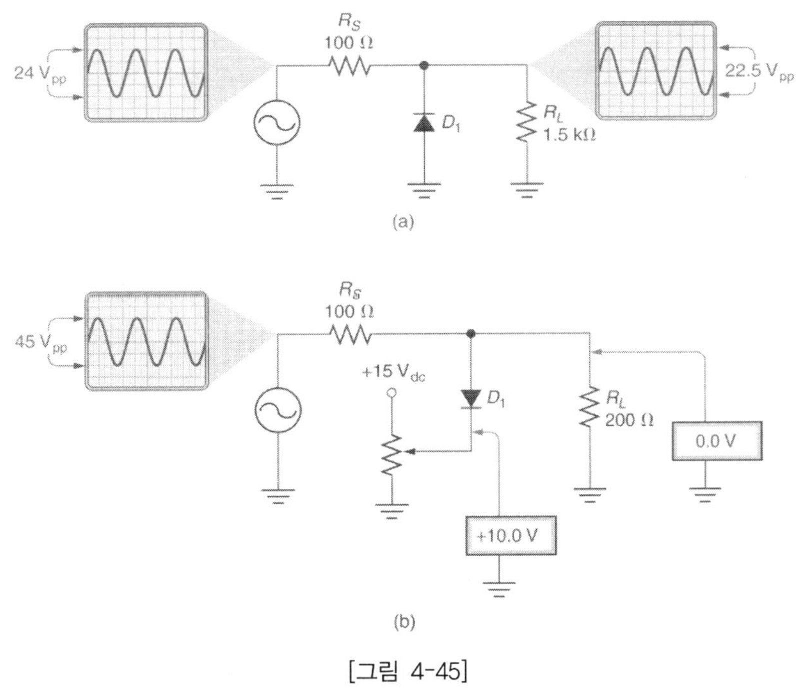

[그림 4-45]

4-35. [그림 4-45 (b)]에 표시된 회로는 보여지는 입력/출력파형을 갖는다. 회로에 문제가 있는지 없는지 찾아라. 만약 있다면 문제의 원인은 무엇인지 기술하라.

4-36. [그림 4-46 (a)]에 표시된 회로는 보여지는 입력/출력파형을 갖는다. 회로에 문제가 있는지 없는지 찾아라. 만약 있다면 문제의 원인은 무엇인지 기술하라.

4-37. [그림 4-46 (b)]에 표시된 회로는 보여지는 입력/출력파형을 갖는다. 회로에 문제가 있는지 없는지 찾아라. 만약 있다면 문제의 원인은 무엇인지 기술하라.

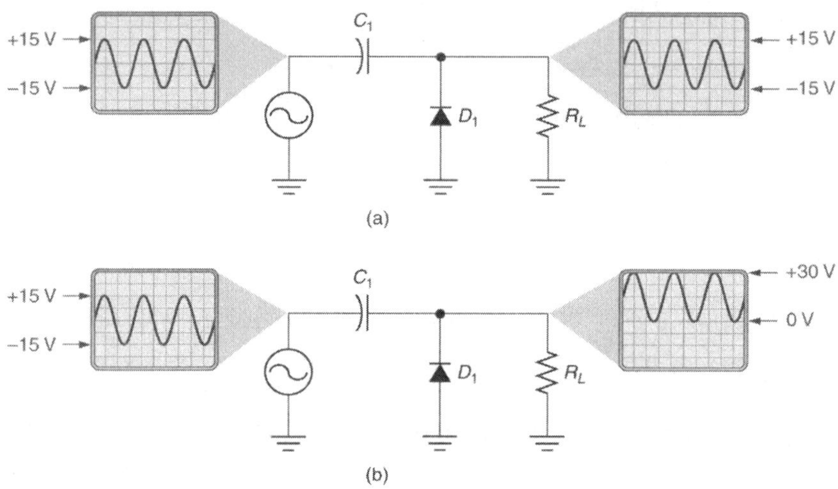

[그림 4-46]

4-38. [그림 4-47 (a)]에 표시된 회로는 보여지는 입력/출력파형을 갖는다. 회로에 문제가 있는지 없는지 찾아라. 만약 있다면 문제의 원인은 무엇인지 기술하라.

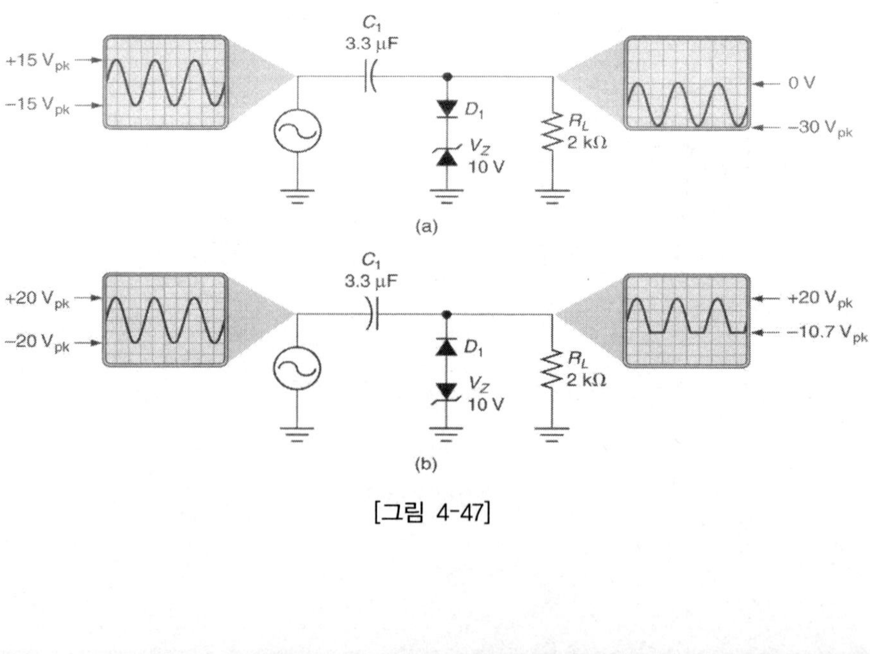

[그림 4-47]

4-39. [그림 4-47 (b)]에 표시된 회로는 보여지는 입력/출력파형을 갖는다. 회로에 문제가 있는지 없는지 찾아라. 만약 있다면 문제의 원인은 무엇인지 기술하라.

4-40. [그림 4-48]에 표시된 회로에서 커패시터의 전압이 표시된다. 회로에 문제가 있는지 없는지 찾아라. 만약 있다면 잘못된 소자를 찾을 수 있는 순서를 적어라.

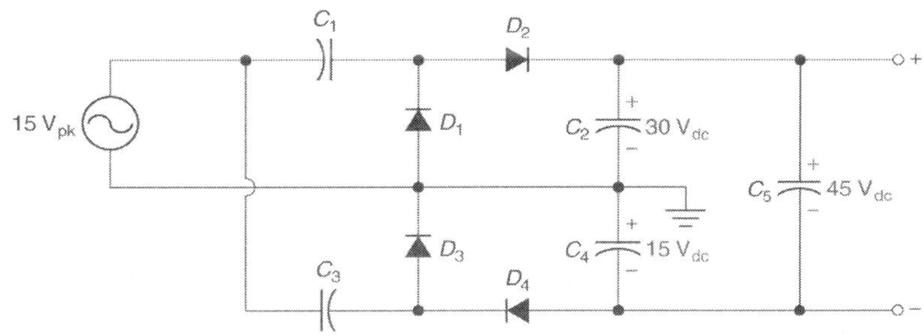

[그림 4-48]

4-41. [그림 4-49]에 표시된 회로에서 커패시터의 전압이 표시된다. 회로에 문제가 있는지 없는지 찾아라. 만약 있다면 잘못된 소자를 찾을 수 있는 순서를 적어라.

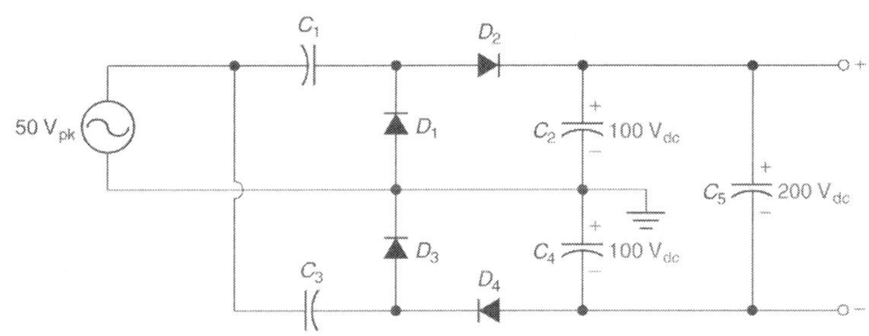

[그림 4-49]

4-42. [그림 4-50]에 표시된 출력파형을 설명하라.(요점: 회로 안에 잘못된 소자는 없다)

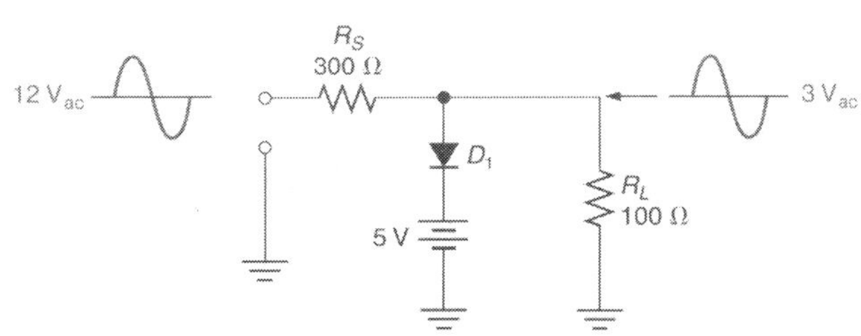

[그림 4-50]

4-43. [그림 4-51]은 다이오드와 커패시터가 역방향으로 연결된 반파 전압2배기이다. 회

로를 분석하고, 거의 입력파형의 2배가 되는 negative dc 출력을 공급하는 것을 보여라.

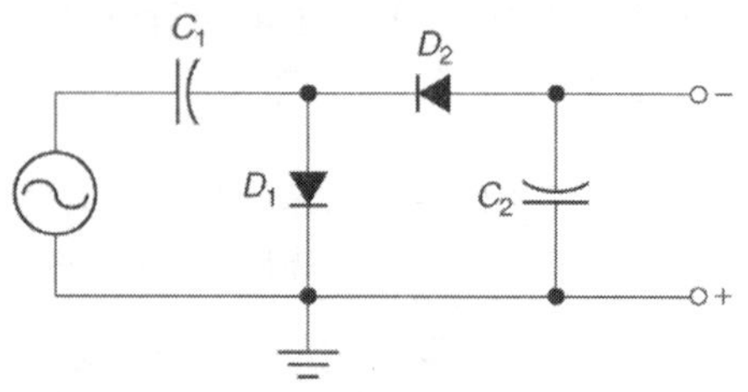

[그림 4-51]

4-44. 회로도는 다양한 방식으로 그려진다. 예를 들면 [그림 4-52]에 표시된 회로는 실제의 전압 4배기 회로이다. 한 개의 소자가 역방향으로 연결된다면 동작은 어떻게 되는지 해석해 보시오.

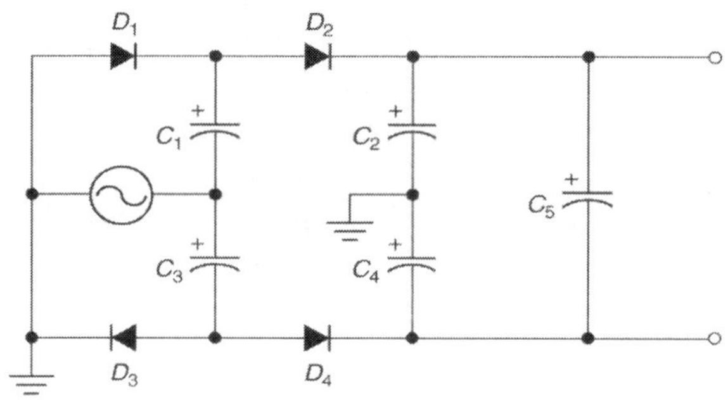

[그림 4-52]

4-45. [그림 4-53]에 표시된 회로는 제너 클램퍼이다. 다이오드 동작의 지식을 이용해서 출력 파형을 그리고 피크 값을 표시하시오.

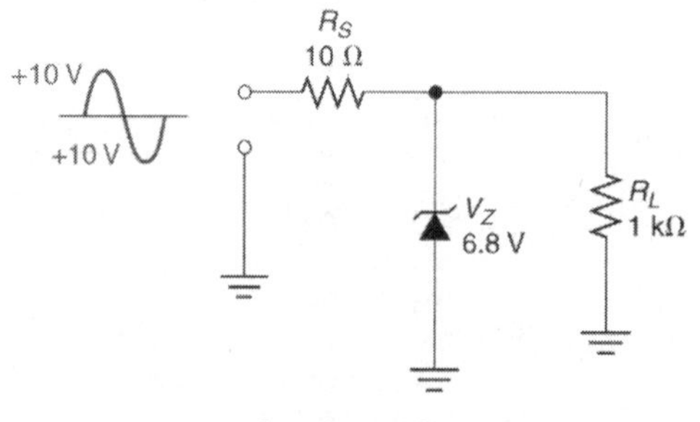

[그림 4-53]

4-46. [그림 4-54]를 참조하고 문세 45를 반복하시오.

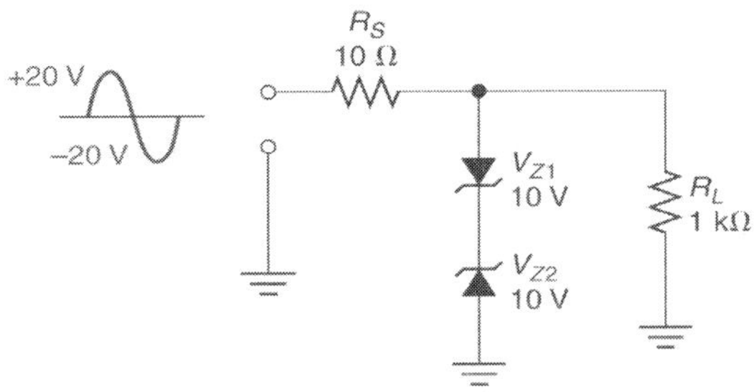

[그림 4-54]

4-47. [그림 4-54]에 표시된 회로에서 제너 다이오드가 반대 방향으로 연결된다면 [그림 4-55]를 구할 수 있다. 두 결과의 차이는 무엇인지 설명하시오.

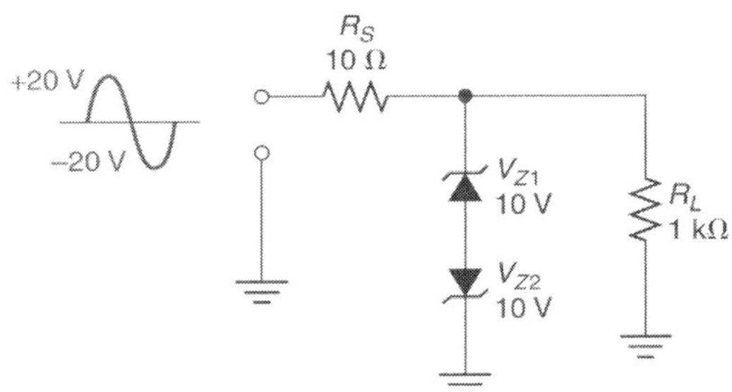

[그림 4-55]

4-48. [그림 4-56]에 표시된 회로의 V_A와 V_B를 구하시오.

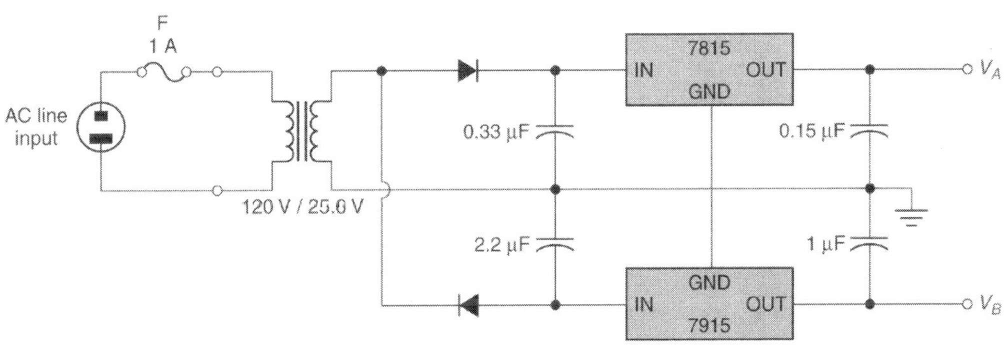

[그림 4-56]

4-49. [그림 4-56]에 표시된 회로를 $V_A = +12\text{V}$, $V_B = -8\text{V}$를 공급하도록 수정하시오.

Chapter 5

▸ 특수목적용 다이오드 ◂
(Special Applications Diodes)

학습목표

이 장을 학습하고 나면 여러분은 다음과 같은 내용을 이해하고 설명할 수 있다.

1. 바랙터의 사용목적을 설명할 수 있다.
2. 바랙터 다이오드와 접합 캐패시턴스 사이의 관계를 설명할 수 있다.
3. 바랙터가 병렬 또는 직렬 LC 회로에서 공진소자로 어떻게 사용되는가를 설명할 수 있다.
4. 전자시스템에 존재하는 서지의 위험에 대해서 설명할 수 있다.
5. 모든 서지 보호 회로가 필요로 하는 특성에 대해서 설명할 수 있다.
6. 정전류 다이오드와 pn 접합형 다이오드 사이의 차이를 설명할 수 있다.
7. 터널 다이오드의 동작을 설명할 수 있다.
8. 쇼트키 다이오드의 구조와 동작 특성을 설명할 수 있다.
9. PIN 다이오드의 구조와 동작 특성을 설명할 수 있다.
10. PIN 다이오드와 pn 접합형 다이오드의 순방향 특성을 비교 설명할 수 있다.

처음부터 4장까지 우리는 *pn* 접합형 다이오드, 제너다이오드, LED의 일반적인 회로 응용과 고장진단 및 수리에 대해서 고찰해 왔다. 이 장에서는 위와 다른 형태의 다이오드를 간단하게 살펴보도록 하겠다. 이 장에서 설명되는 다이오드는 특수 목적용 다이오드라고 부르는데 그 이유는 이런 다이오드들이 *PN* 접합형 다이오드, 제너다이오드, 그리고 LED와는 다른 기능을 수행하기 때문이다. 이 장에 설명되는 다이오드는 고찰하게 될 목적 이외에서는 거의 사용되지 않는다.

이 장에서 논의하게 될 다이오드들은 다른 다이오드들과 거의 상호 관련성이 없다. 이러한 이유로, 이 장의 각 절은 독립적인 절이다. 이것의 의미는 독자가 어떤 목적으로 이 장 전체를 살펴볼 필요가 없다는 것이다. 독자는 필요에 따라 선택되는 절의 내용만을 학습하면 된다.

5.1 바랙터 다이오드(Varactor Diode)

바랙터는 역방향으로 바이어스될 때 상당히 높은 정전용량을 가지는 *PN* 접합 형태이다. 접합의 커패시턴스는 소자에 인가된 역방향 전압의 양에 의해서 조절된다. 이것은 소자가 전압제어 커패시터로 매우 유용하게 동작하는 것을 가능하게 한다. 바랙터는 배리캡(varicap), 튜닝 다이오드(tuning diode), 또는 에피캡(epicap)으로 불리기도 한다. 일반적으로 사용되는 회로기호가 [그림 5-1]에 표시되어 있다.

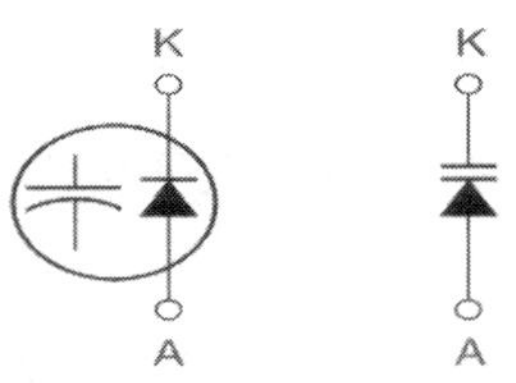

[그림 5-1] 바랙터의 회로기호

전압제어소자로 사용되는 바랙터는 소자의 역방향 바이어스 특성을 고려하면 이해하기 쉽다. *pn* 접합형 다이오드가 역방향으로 바이어스될 때, 공핍 층은 [그림 5-2]에 표시되어 있는 것처럼 *p*형과 *n*형 사이의 절연체로 동작하게 된다. 여러분이 이미 알고 있는 바와 같이 커패시터는 금속판이라고 부르는 두 개의 도체를 분리하는 절연체(유전체라고 부르는)로 구성된다. 바랙터의 *n*형과 *n*형 물질은 극판으로 간주하고 공핍 층을 유전체로 보면, 커패시터로서의 소자가 역방향으로 바이어스된 경우의 특성을 쉽게 이해할 수 있다.

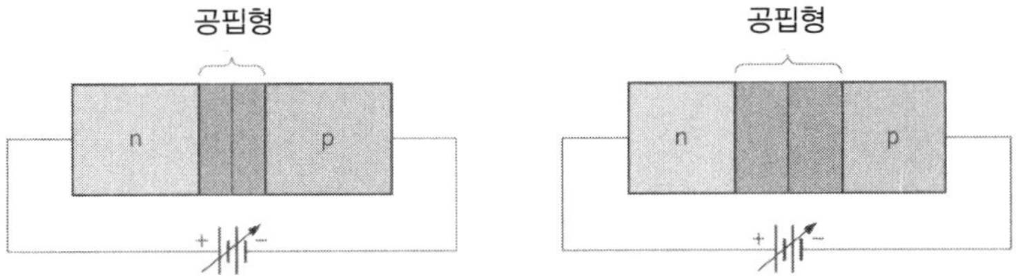

(a) *PN* 접합에 적은 역방향 바이어스 전압이 인가되는 경우

(b) *PN* 접합에 인가되는 역방향 바이어스 전압이 증가하는 경우

[그림 5-2]

역방향으로 바이어스된 바랙터 접합의 커패시턴스는 식 (5-1)처럼 구해진다.

$$C_t = \varepsilon \frac{A}{W_d} \tag{5-1}$$

여기서 C_t = 전체 접합 커패시턴스
ε = 반도체 물질의 유전율
A = 접합면의 단면적
W_d = 공핍 층의 폭

을 의미한다.

식 (5-1)은 방정식을 풀기 위해 필요한 모든 값들이 매우 복잡한 수학적 분석을 필요로 하기 때문에 실제 응용에서는 거의 유용하지 않다. 그러나 여기서는 중요한 한 가지 개념을 설명하기 위해서 소개하였다. 그것은 C_t 값은 공핍 층의 폭에 반비례한다는 것이다. 따라서 공핍 층의 폭은 [그림 5-2 (b)]에 표시된 것처럼 역방향 바이어스의 크기에 따라 직접적으로 변하기 때문에 바랙터의 정전용량도 소자에 인가된 역방향 바이어스의 크기에 반비례하게 된다. V_R과 C_t 사이의 관계는 [그림 5-3]에 표시되어 있다.

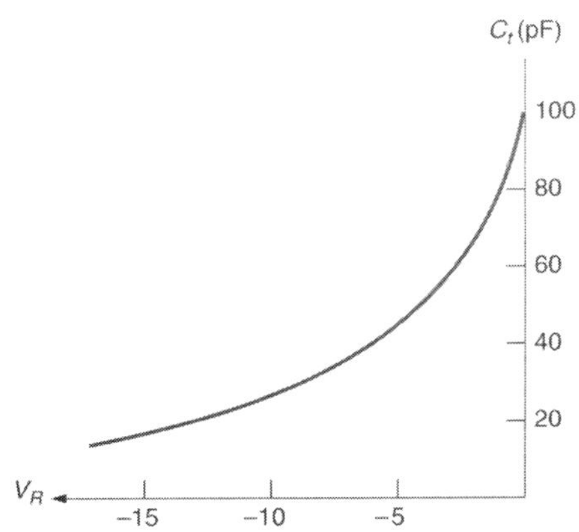

[그림 5-3] 바랙터의 바이어스와 커패시턴스 특성곡선의 관계

[그림 5-3] 그래프에서 보는 것처럼 접합의 정전용량은 간단히 소자에 인가된 역방향 바이어스의 크기에 따라 증가 또는 감소시킬 수 있다. 이것은 바랙터를 전압제어가 요구되는 회로에 사용할 수 있는 이유다. 그러한 사용은 이 장 말미와 17장에서 논의하게 될 것이다.

5.1.1 바랙터의 명세표(Varactor Specifications)

주어진 바랙터의 제품 명세서는 어떤 회로의 해석에 필요한 정보를 제공해 준다. [그림 5-4]는 모토로라 MV 209 시리즈 바랙터의 제품 명세와 동작 특성곡선을 보여준다. 앞으로 바랙터의 파라미터와 특성에 대해 논의할 때는 이 제품 명세서를 이용한다. 바랙터에 대한 최대 정격은 *pn* 접합 다이오드와 제너다이오드에서 사용되는 것과 같다. 역방향 항복전압과 역방향 누설전류가 같은 이유는 제품 명세서의 전기적 특성에 나와 있다. 이러한 정격에 대해서는 이미 익숙해져 있으므로 여기서는 논의를 생략하겠다. 만일 여러분이 이것들을 복습하고 싶다면 2장의 논의를 참조하면 된다.

다이오드 커패시턴스 온도계수 정격은 25℃ 이상에서 소자의 커패시턴스가 1℃ 상승하는 경우의 변화량을 나타낸다. MV209 시리즈의 TC_C 정격은 300PPM/℃이다. 이것의 의미는 바랙터의 커패시턴스가 25℃ 이상의 온도에 대해서 1℃ 온도가 상승할 때 백만당 300의 비율로 증가한다는 의미이다. 백만분의 얼마라는 것은 무슨 의미인가? 이것은 커패시턴스가 자신의 정격의 0.0003만큼 증가한다는 의미이다. 만일 커패시터의 정격이 1pF이라면 그 변화는 다음과 같이 구해진다.

$$\Delta C = (0.0003)(1\text{pF}) = 0.0003\text{pF}$$

MV209시리즈의 일반적인 변화량은 정전용량이 29pF이므로, 온도가 1℃ 증가할 때마다의 변화량은 다음과 같이 구해진다.

$$\Delta C = (0.0003)(29\text{pF}) = 0.0087\text{pF}$$

따라서 MV209 바랙터의 온도가 거의 115℃까지 증가한다면 정전용량도 1pF으로 증가하게 된다. [그림 5-4]의 그래프는 주위 온도와 실제적인 바랙터의 정전용량이 온도의 변화에 비해 비교적 안정적이다. [그림 5-4]는 온도에 대해서 정규화된 커패시턴스 특성을 표시하고 있다. 여러분도 알다시피 정규화는 어떤 크기를 1로 표시하는 것이다. 예를 들어서 [그림 5-4]에 표시된 온도에 대한 커패시턴스의 특성 곡선을 살펴보면 대략적으로 정규화된 크기는 다음과 같다.

$$C = 0.978 \;;\; T = -50℃ \text{ to } C = 1.016 \;;\; T = 100℃$$

만약 바랙터가 실제로 2pF의 커패시턴스를 가진다고 가정하면 C_t의 범위는 다음과 같이 구해진다.

ON Semiconductor™

Silicon Epicap Diodes

MBV109T1
MMBV109LT1*
MV209*

* ON Semiconductor Preferred Devices

26–32 pF
VOLTAGE VARIABLE CAPACITANCE DIODES

Designed for general frequency control and tuning applications; providing solid–state reliability in replacement of mechanical tuning methods.

- High Q with Guaranteed Minimum Values at VHF Frequencies
- Controlled and Uniform Tuning Ratio
- Available in Surface Mount Package

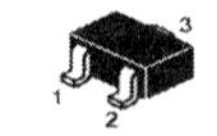

CASE 419–04, STYLE 3
SC–70/SOT–323

CASE 318–08, STYLE 6
SOT–23 (TO–236AB)

CASE 182–06, STYLE 1
TO–92 (TO–226AC)

SC–70/SOT–323

SOT–23

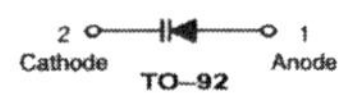

TO–92

MAXIMUM RATINGS

Rating	Symbol	MBV109T1	MMBV109LT1	MV209	Unit
Reverse Voltage	V_R	30			Vdc
Forward Current	I_F	200			mAdc
Forward Power Dissipation @ T_A = 25°C Derate above 25°C	P_D	280 2.8	200 2.0	200 1.6	mW mW/°C
Junction Temperature	T_J	+125			°C
Storage Temperature Range	T_{stg}	–55 to +150			°C

DEVICE MARKING

MBV109T1 = J4A, MMBV109LT1 = M4A, MV209 = MV209

ELECTRICAL CHARACTERISTICS (T_A = 25°C unless otherwise noted.)

Characteristic	Symbol	Min	Typ	Max	Unit
Reverse Breakdown Voltage (I_R = 10 μAdc)	$V_{(BR)R}$	30	—	—	Vdc
Reverse Voltage Leakage Current (V_R = 25 Vdc)	I_R	—	—	0.1	μAdc
Diode Capacitance Temperature Coefficient (V_R = 3.0 Vdc, f = 1.0 MHz)	TC_C	—	300	—	ppm/°C

	C_t, Diode Capacitance V_R = 3.0 Vdc, f = 1.0 MHz pF			Q, Figure of Merit V_R = 3.0 Vdc f = 50 MHz	C_R, Capacitance Ratio C_3/C_{25} f = 1.0 MHz (Note 1)	
Device	**Min**	**Nom**	**Max**	**Min**	**Min**	**Max**
MBV109T1, MMBV109LT1, MV209	26	29	32	200	5.0	6.5

1. C_R is the ratio of C_t measured at 3 Vdc divided by C_t measured at 25 Vdc.

MMBV109LT1 is also available in bulk packaging. Use **MMBV109L** as the device title to order this device in bulk.

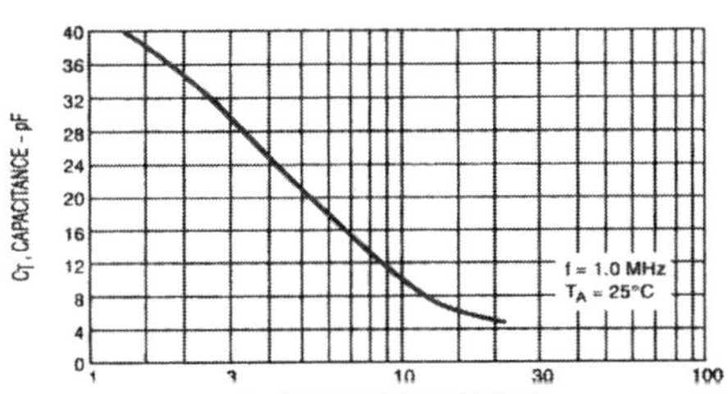

Figure 1. DIODE CAPACITANCE

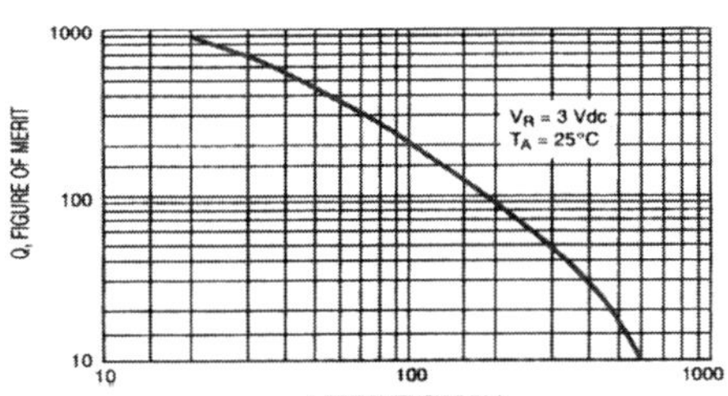

Figure 2. FIGURE OF MERIT

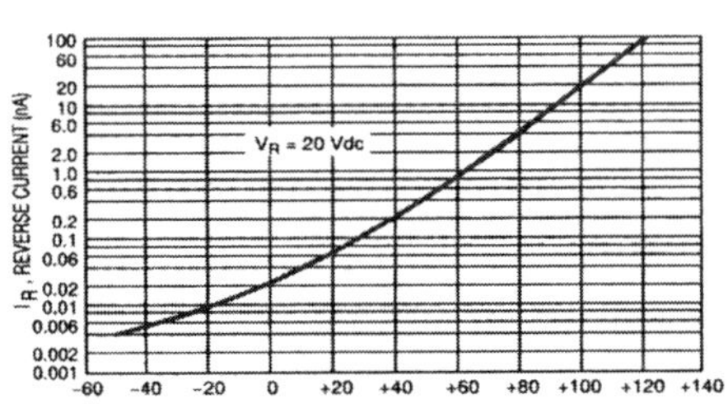

Figure 3. LEAKAGE CURRENT

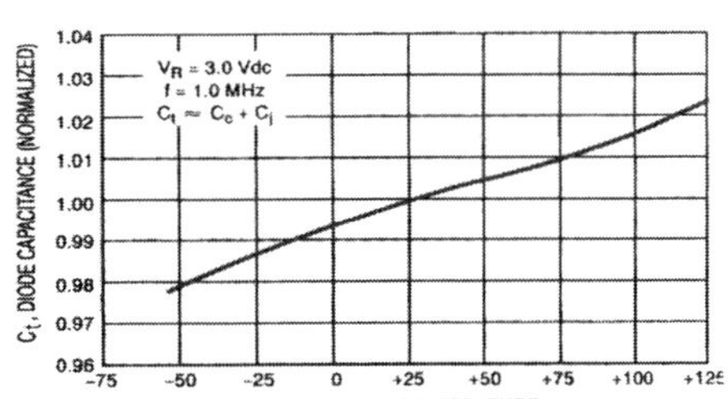

Figure 4. DIODE CAPACITANCE

[그림 5-4] MV2-9 바랙터 시리즈의 스펙과 동작특성곡선

$$C_t = (0.978)(29\text{pF}) = 28.4\text{pF} \quad (\text{at } T = -50℃)$$
$$C_t = (1.016)(29\text{pF}) = 29.5\text{pF} \quad (\text{at } T = 100℃)$$

따라서 온도가 150℃ 증가할 때 커패시턴스는 1.1pF(3.79%) 증가하게 된다.

다이오드의 정전용량 정격은 자명하다. M209시리즈 바랙터에 대해서는 V_R이 3V_{dc}일 때 C_t 정격은 26pF에서 32pF이다. 명목 값 29pF은 소자의 정격이다. 다시 말하자면 V_R=3V_{dc}의 범위에서 실제적인 값이 떨어지더라도 MV209 바랙터 다이오드의 정격은 29pF으로 제한된다는 것이다. 바랙터의 정전용량 정격은 주어진 전압의 범위에서 정전용량이 얼마나 변하는가를 나타내는 것이다. MV209 시리즈에 대해 V_R=3에서 25V_{dc}까지 변화할 때 C_R 정격의 범위는 5.0에서 6.5까지이다. 이것의 의미는 V_R이 3V_{dc}에서 정전용량은 5이고 V_R=25V_{dc}일 때 6.5라는 것을 나타낸다.

C_R의 값이 높으면 높을수록 주어진 바랙터의 정전용량 값은 더 넓어진다. 예를 들면 각각의 C_t 정격이 V_R=5V_{dc}일 때 51pF인 두 개의 바랙터가 있다고 가정하자. 또한 D_1을 V_R=5V_{dc}에서 10V_{dc}일 때 C_R=1.5이고 D_2는 V_R이 V_R=5V_{dc}에서 10V_{dc}일 때 C_R=4라고 가정한다. V_R=10V_{dc}일 때 각 다이오드의 정전용량을 구하기 위해서는 C_t 값을 C_R 값으로 나누어야 한다. 따라서 다음과 같이 계산된다.

$$C_{D1} = \frac{51\text{pF}}{1.5} = 34\text{pF} \qquad (\text{at } V_R = 10\text{V}_{dc})$$
$$C_{D2} = \frac{51\text{pF}}{4} = 12.8\text{pF} \quad (\text{at } V_R = 10\text{V}_{dc})$$

따라서 D_1의 정전용량 범위는 34에서 51pF이고 D_2는 12.8에서 51pF이다. 바랙터 다이오드의 C_R 정격은 회로 설계에서 중요하다. 높은 C_R 정격을 가지는 바랙터는 거친 동조회로에 사용되는 반면 낮은 C_R 정격을 가지는 바랙터는 정교한 동조회로에 사용된다. 동조는 이 절의 말미에서 소개되는 바랙터 응용에서 상세히 알아보도록 하자. 바랙터의 C_R 정격이 정전용량의 범위를 결정짓는 것으로 사용되는 반면에 V_R의 특별한 값에 대해 다이오드 정전용량을 결정지을 때는 사용하지 않는다.

예를 들면, MV209의 C_R 정격도 V_R=6일 때 정전용량 값은 [그림 5-4]를 참조하면 대략 23pF라는 것을 알 수 있다. 접합 정전용량의 Q 값을 이해해야 한다. 정전용량의 Q는 커패시터의 축적된 에너지에 대한 누설전류를 통한 에너지 손실의 비를 말하는 것이다. 다시 말하자면 소자가 이상적인 커패시터의 전력 특성에 얼마나 근접하는가를 표시하는 것이다. 이상적인 경우는 100% 에너지 효율을 갖는다. 이것은 커패시터가 방전할 때 회로의 소자로 모든 에너지가 되돌아온다는 것을 의미한다. 이것은 커패시터에 의해서 소비된 전력에 대한 값과 커패시터에 의해서 되돌아온 전력의 비를 의미한다. MV209에 대해서 Q 정격도 200이다. 이것의 의미는 회로에서(방전할 때) 돌아온 전력이 소비되어진 것보다 적어도 200배라는 것을 의미한다.

5.1.2 바랙터 응용(Varactor Application)

바랙터는 대부분 동조회로에 사용되는데 이것은 17장에서 자세히 논의하게 될 것이다. LC 동조회로는 [그림 5-5]에 표시된 것처럼 바랙터를 포함하고 있다. 바랙터의 정전용량은 인덕터와 병렬이라는 것에 주목하라. 따라서 LC회로 또는 LC 탱크회로에서 바랙터와 인덕터는 병렬형태로 구성된다.

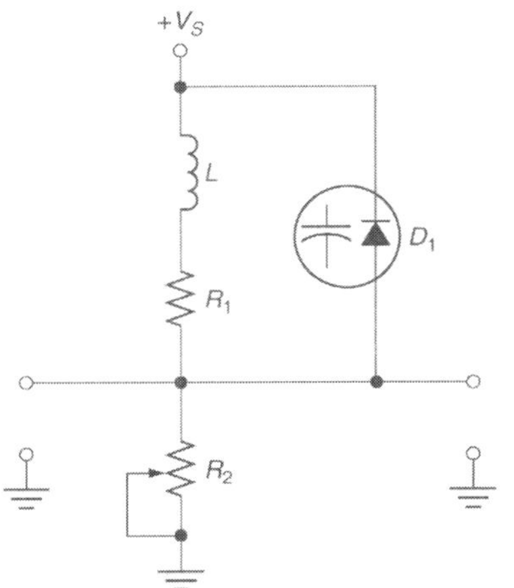

[그림 5-5] LC 탱크회로

회로에서 바랙터의 동작을 분석하기 전에 몇 가지 사항을 미리 요약하자. 첫 번째로 바랙터의 방향을 주의 깊게 살펴보자. 바랙터의 화살표가 정 전압원을 향해 있으므로 역방향 바이어스이다. 따라서 이것은 전압 가변 정전용량으로 동작하게 된다. 정상적인 동작에서 바랙터 다이오드는 역방향 동작 영역에서 동작한다. 순방향으로 바이어스된 바랙터 다이오드는 일반적인 pn 접합 다이오드와 특성이 같기 때문에 특별한 목적으로 사용되지 않는다.

두 번째로 회로의 R_1과 R_2는 전압분배기의 형태로 사용되고 이것이 D_1 양단에 걸리는 역방향 바이어스의 양을 결정하게 된다. R_2 값을 조정하게 되면 다이오드 정전용량 값도 변화시킬 수 있다. 이것은 LC 회로의 공진주파수를 변화시키게 된다. LC 탱크회로의 공진주파수는 다음과 같이 구한다.

$$f_r = \frac{1}{2\pi\sqrt{LC}} \tag{5-2}$$

만일 바랙터의 역방향 바이어스 값이 감소하면 소자의 C 값은 증가한다. C 값의 증가는 회로의 공진주파수 값을 감소시킨다. 따라서 역방향 바이어스의 감소는 공진주파수의 감소를 유발한다. 같은 이유로 역방향 바이어스의 증가는 f_r의 증가를 유발한다. 이

부분이 【예제 5.1】에서 설명된다.

【예제 5.1】 [그림 5-5]에 표시되어 있는 LC 동조회로는 1mH 인덕터를 가지고 있다. 바랙터 소자의 각 값은 다음과 같다. $C_t = 100\text{pF}(V_R = 5\text{V}_{\text{dc}})$, $C_R = 2.5(V_R = 5$에서 10V_{dc}일 때) $V_R = 5\text{V}_{\text{dc}}$일 때와 $V_R = 10\text{V}_{\text{dc}}$일 때 회로의 공진주파수를 구하라.

풀이 바랙터의 역방향 바이어스 값이 5V_{dc}일 때, C의 값은 100pF이다.
이러한 조건에서 f_r 값은 503kHz이다.

$$f_r = \frac{1}{2\pi\sqrt{LC}} = \frac{1}{2\pi\sqrt{(1\text{mH})(100\text{pF})}} = 503\text{kHz}$$

$V_R = 10\text{V}_{\text{dc}}$일 때 C의 값은 40pF이다.

$$C = \frac{100\text{pF}}{2.5} = 40\text{pF}$$

따라서 $V_R = 10\text{V}_{\text{dc}}$일 때 f_r의 값은 796kHz이다.

$$f_r = \frac{1}{2\pi\sqrt{LC}} = \frac{1}{2\pi\sqrt{(1\text{mH})(40\text{pF})}} = 796\text{kHz}$$

따라서 바랙터의 역방향 바이어스 값이 5V_{dc}에서 10V_{dc}일 때 f_r의 값은 503kHz에서 796kHz로 증가한다.

(실전 연습문제 5-1)

[그림 5-5]에 표시된 회로에서 3.3mH의 인덕터와 다음과 같은 명세를 갖는 바랙터가 사용된다고 가정한다. $C_t = 51\text{pF}(V_R = 4\text{V}_{\text{dc}}$일 때) $C_R = 1.8(V_R$은 4에서 10V_{dc}일 때) V_R은 4V_{dc}와 $V_R = 10\text{V}_{\text{dc}}$일 때 f_r의 값을 구하라.

▶▶ 388kHz ; $V_R = 4\text{V}$, 521kHz ; $V_R = 10\text{V}$

이미 언급한 것처럼 높은 C_R을 가지는 바랙터는 거친 동조회로에 사용되고, 낮은 C_R 값을 가지는 바랙터는 정밀한 동조회로에 사용되는 것이 【예제 5.2】에서 설명된다.

【예제 5.2】 [그림 5-5]에 표시되어 있는 다이오드가 $V_R = 5\text{V}_{\text{dc}}$일 때 $C_t = 100\text{pF}$인 정격과 $V_R = 5\text{V}_{\text{dc}}$에서 10V_{dc}일 때 C_R은 1.02인 다이오드로 대체되었다. 회로에서 $V_R = 5\text{V}_{\text{dc}}$에서 10V_{dc}인 경우 주파수의 범위를 구하시오.

풀이 【예제 5.1】에서 $V_R = 5\text{V}_{\text{dc}}$일 때 f_r의 값은 503.29kHz로 구했다. 그 값은 변화되지 않는다. 새로운 회로에 대해서 $V_R = 10\text{V}_{\text{dc}}$일 때 C 값은 98pF이다.

$$C=\frac{100\text{pF}}{1.02}=98\text{pF}$$

$V_R=10\text{V}_{dc}$일 때 f_r 값은 508kHz로 구해진다.

$$f_r=\frac{1}{2\pi\sqrt{LC}}=\frac{1}{2\pi\sqrt{(1\text{mH})(98\text{pF})}}=508\text{kHz}$$

(실전 연습문제 5-2)

[그림 5-5]에 표시되어 있는 다이오드가 $V_R=4\text{V}$일 때 $C_t=51\text{pF}$인 정격과 $V_R=4\text{V}_{dc}$에서 10V_{dc}일 때 C_R은 1.07인 다이오드로 대체되었다. 회로에서 $V_R=4\text{V}_{dc}$에서 10V_{dc}인 경우 주파수의 범위를 구하시오.

▶▶ 388kHz ; $V_R=4\text{V}$, 401kHz ; $V_R=10\text{V}$

〈표 5-1〉은 【예제 5.1】과 【예제 5.2】의 값을 요약해 놓은 것이다. 보는 것과 같이 회로의 주파수의 범위는 【예제 5.2】가 【예제 5.1】의 회로보다 훨씬 작다.

표 5-1 【예제 5.1】과 【예제 5.2】의 결과

예제	$V_R=5V$에서의 f_r	$V_R=10V$에서의 f_r	Δf_r
5-1	503kHz	796kHz	293kHz
5-2	503kHz	508kHz	5kHz

【예제 5.1】의 회로는 f_r 값의 범위가 다양하게 매우 넓기 때문에 거친 동조회로로 된다. 【예제 5.2】의 회로는 주파수의 범위가 아주 작은 곳에 사용되는 매우 정밀한 동조회로이다. 이런 회로는 정확한 주파수를 요구하는 곳에 사용되는 반면에 거친 동조회로는 대략적인 주파수 값을 얻는데 사용될 것이다.

기초 확인문제 5.1

1. 바랙터는 어떤 형태의 커패시턴스로 동작하는가?
2. 바랙터에 인가된 역방향 바이어스의 양과 정전용량 사이에는 어떤 관계가 있는가?
3. 다이오드 정전용량 온도정격이란 무엇인가? 측정단위는 무엇인가?
4. 바랙터 정전용량과 온도와의 사이에는 어떤 관계가 있는가?
5. 바랙터의 정전용량 정격은 무엇인가?
6. 바랙터의 C_R 정격은 왜 중요한가?
7. 정전용량의 Q 값은 무엇인가?
8. [그림 5-5]에 표시되어 있는 회로의 동작을 설명하라.

9. 바랙터의 역방향 바이어스와 동조회로 사이에는 어떤 관계가 있는가?
10. 거친 동조회로와 정밀한 동조회로의 차이정도는 무엇인가?
11. 바랙터의 C_R 정격과 동조회로의 형태는 어떤 관계가 있는가?
12. 바랙터에 인가되는 전압 중 가장 흔한 것은 무엇이라고 생각하는가? 그 이유는 무엇인가?

5.2 과도현상 억제기와 정전류 다이오드 (Transient Suppressors and Constant Current Diode)

이 절에서는 표준 제너 다이오드와 동작이 매우 유사한 두 가지 형태의 다이오드에 대해 고찰하고자 한다. 첫 번째는 과도현상 억제기이다. 과도현상 억제기는 극히 높은 서지전류의 조절능력을 가지는 제너 다이오드이다. 이런 다이오드는 정상적인 상황 하에서 발생될 수 있는 과전류로부터 회로를 보호하기 위해서 사용된다. 두 번째 논의될 다이오드는 정 전류 다이오드이다. 정 전류 다이오드는 극히 높은 임피던스를 가지는데 이것이 전압의 큰 변화에도 일정한 전류를 유지하게 한다. 따라서 정 전류 다이오드는 제너 다이오드의 "전류 형태"라고 보면 된다. 그러나 정 전류 다이오드와 제너 다이오드는 유사하지만 실제로 같지는 않다. 오히려 *PN* 접합 다이오드의 변형이다.

5.2.1 과도현상 억제기(Transient Suppressors)

4장에서 이미 서지 또는 과도현상으로부터 회로를 보호하는 병렬 클리퍼의 사용에 대해서 배웠다. 과도현상 억제기는 어떤 교류회로의 과전류로부터 전원공급 장치의 입력을 보호하기 위한 병렬 클리퍼의 개념과 사용이 유사하다. [그림 5-6]은 임의의 교류 입력 선으로부터 전원 공급 장치를 보호하기 위해서 병렬 클리퍼처럼 구성되는 서지 방지 회로를 표시하고 있다. 과도현상 억제기는 입력 선 사이에서 공통 캐소드의 형태로 배선되어 있다.

과도현상은 일반적으로 μs, 혹은 ms의 범위 안에서 매우 짧은 시간 안에 높은 전압 상태를 분리시킨다. 검사하지 않게 되면 TV나 개인용 컴퓨터의 전기 시스템의 전원 공급 장치에 심각한 손실을 끼치게 된다. 과도현상과 서지는 다양한 형태에 의해서 유발된다. 가장 일반적인 형태는 전기 모터, 에어컨, 히터, 스위치, 그리고 조명등에서이다. [그림 5-6]에 표시되어 있는 회로는 다이오드의 V_Z 정격보다 전압이 크게 되면 단락시켜서 전원 공급 장치를 보호하게 된다.

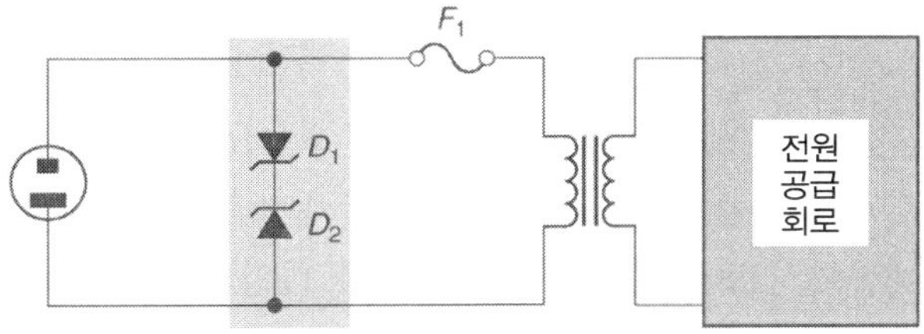

서지 보호 회로

(a) 직통 입력선과 중성 입력선 사이의 서지보호

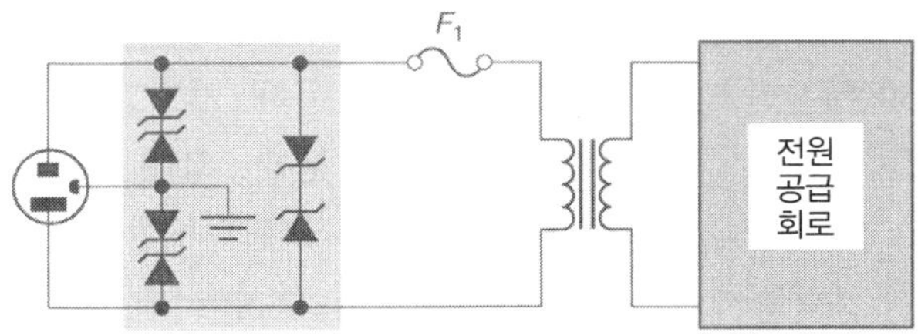

서지 보호 회로

(b) 모든 입력선 사이의 전체 서지보호

[그림 5-6]

과도현상 억제기는 전원 공급 장치로 들어가는 교류 전압 상태를 제어할 뿐만 아니라 많은 다른 유용성을 가지고 있다. 그것은 위성 통신, 자동차, 가전제품에 이르기까지 다양한 소비재에서 사용된다. 과도현상 억제기는 많은 적용범위를 가지고 있기 때문에 적용 가능한 전압의 범위가 넓다.

서지 보호회로가 적절하게 동작하려면 다음과 같은 몇 가지 특성을 가지고 있어야만 한다.

1. 사용되는 다이오드는 매우 높은 소비전력 정격을 가지고 있어야 한다. 이것은 대부분의 교류 전력선 서지는 일반적으로 100W 또는 그 이상으로 되는 높은 전력을 가지기 때문이다.
2. 다이오드는 매우 빨리 턴언 되어야 한다. 만일 다이오드가 서지 보호회로에서 늦게 동작하면 전원 공급 장치는 다이오드가 동작되기 전에 손상을 입게 된다.

서지 전류 보호회로에 대한 이러한 요구는 과도현상 억제기를 사용함으로써 충족된다. 과도현상 억제기는 표준 제너 다이오드의 일반적인 동작과 같은 특성을 가지고 있다. 사실 과도현상 억제기의 도면 기호는 제너다이오드의 기호와 같다. 과도현상 억제기와 제너다이오드의 가장 큰 차이점은 과도현상 억제기가 매우 제한된 시간에 많은 전력량을 소비하기 위해서 고안되었다는 점이다. 예를 들면, 모토로라 1N5098 시리즈의 과도현상 억제기는 10ms 안에 1.5KW의 전력량을 소비할 수 있다. 이런 전력량은 매우 짧은 시간

안에 표준 제너 다이오드를 파괴시킬 수 있다. 여러분은 과도현상 억제기의 전력 정격 시간제한이 문제될 수 있다고 생각할지 모르지만 그렇지 않다. 과도현상은 단지 수 ms 동안만 지속된다는 것을 기억하라. 따라서 과도현상 억제기는 발생되는 어떤 과전류도 제한한다. 과도현상 억제기는 전원 공급 장치 이외의 환경에서도 사용되기 때문에 통신, 자동차, 일반 전자제품에서도 사용된다. 이와 같이 다양한 응용분야에서 이용되는 이유는 과도현상 억제기가 다양한 범위의 전압에서 사용 가능하기 때문이다.

5.2.2 과도현상 억제기의 스펙(Transient Suppressor Specification)

[그림 5-7]은 1N5908 시리즈의 스펙을 표시한 것이다. 앞으로 고찰하게 되는 과도현상 억제기의 정격은 스펙에 표시된 정격을 사용하게 된다. 최대 정격들은 최대 전력 소비 정격(P_{PK})을 제외하고는 거의 일정하다. 이러한 정격이 과도현상 억제기의 과도 전류 조절 능력을 표시한다. 제품명세서의 몇 가지 특징이 명시될 수 있는데 이는 이런 정격이 어떤 조건하에서 동작되는지를 나타낸다. [그림 5-7 (a)]에 표시된 표에 의하면 비반복적인 전류 서지의 경우는 온도가 25℃ 이상으로 되면 당연히 감쇠되어야 한다. P_{PK} 정격의 온도 의존성이 [그림 5-8]에 나타나 있다. 보는 바와 같이 P_{PK} 정격은 25°C 이상에서 감소한다. 【예제 5.3】은 이러한 형태의 감쇠곡선의 예를 보여준다.

1N5908

1500 Watt Mosorb™ Zener Transient Voltage Suppressors

Unidirectional*

Mosorb devices are designed to protect voltage sensitive components from high voltage, high–energy transients. They have excellent clamping capability, high surge capability, low zener impedance and fast response time. These devices are ON Semiconductor's exclusive, cost-effective, highly reliable Surmetic™ axial leaded package and are ideally-suited for use in communication systems, numerical controls, process controls, medical equipment, business machines, power supplies and many other industrial/consumer applications, to protect CMOS, MOS and Bipolar integrated circuits.

Specification Features:
- Working Peak Reverse Voltage Range – 5 V
- Peak Power – 1500 Watts @ 1 ms
- Maximum Clamp Voltage @ Peak Pulse Current
- Low Leakage < 5 μA Above 10 V
- Response Time is Typically < 1 ns

Mechanical Characteristics:
CASE: Void-free, transfer-molded, thermosetting plastic
FINISH: All external surfaces are corrosion resistant and leads are readily solderable
MAXIMUM LEAD TEMPERATURE FOR SOLDERING PURPOSES: 230°C, 1/16″ from the case for 10 seconds
POLARITY: Cathode indicated by polarity band
MOUNTING POSITION: Any

MAXIMUM RATINGS

Rating	Symbol	Value	Unit
Peak Power Dissipation (Note 1.) @ $T_L \le 25°C$	P_{PK}	1500	Watts
Steady State Power Dissipation @ $T_L \le 75°C$, Lead Length = 3/8″	P_D	5.0	Watts
Derated above T_L = 75°C		50	mW/°C
Thermal Resistance, Junction–to–Lead	$R_{\theta JL}$	20	°C/W
Forward Surge Current (Note 2.) @ T_A = 25°C	I_{FSM}	200	Amps
Operating and Storage Temperature Range	T_J, T_{stg}	– 65 to +175	°C

1. Nonrepetitive current pulse per Figure 4 and derated above T_A = 25°C per Figure 2.
2. 1/2 sine wave (or equivalent square wave), PW = 8.3 ms, duty cycle = 4 pulses per minute maximum.

* Bidirectional device will not be available in this device

ON Semiconductor™

http://onsemi.com

AXIAL LEAD
CASE 41A
PLASTIC

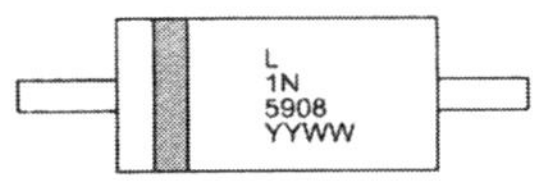

L = Assembly Location
1N5908 = JEDEC Device Code
YY = Year
WW = Work Week

ELECTRICAL CHARACTERISTICS (T_A = 25°C unless otherwise noted, V_F = 3.5 V Max. @ I_F (Note 3.) = 100 A)

Symbol	Parameter
I_{PP}	Maximum Reverse Peak Pulse Current
V_C	Clamping Voltage @ I_{PP}
V_{RWM}	Working Peak Reverse Voltage
I_R	Maximum Reverse Leakage Current @ V_{RWM}
V_{BR}	Breakdown Voltage @ I_T
I_T	Test Current
I_F	Forward Current
V_F	Forward Voltage @ I_F

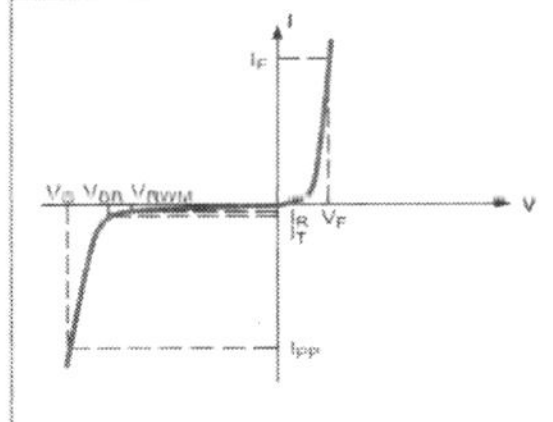

Uni–Directional TVS

ELECTRICAL CHARACTERISTICS (T_A = 25°C unless otherwise noted, V_F = 3.5 V Max. @ I_F (Note 3.) = 53 A)

Device (Note 4.)	V_{RWM} (Note 5.) (Volts)	I_R @ V_{RWM} (μA)	Breakdown Voltage V_{BR} (Note 6.) (Volts) Min	Nom	Max	@ I_T (mA)	V_C (Volts) (Note 7.) @ I_{PP} = 120 A	@ I_{PP} = 60 A	@ I_{PP} = 30 A
1N5908	5.0	300	6.0	–	–	1.0	8.5	8.0	7.6

NOTES:
3. Square waveform, PW = 8.3 ms, Non–repetitive duty cycle.
4. 1N5908 is JEDEC registered as a unidirectional device only (no bidirectional option)
5. A transient suppressor is normally selected according to the maximum working peak reverse voltage (V_{RWM}), which should be equal to or greater than the dc or continuous peak operating voltage level.
6. V_{BR} measured at pulse test current I_T at an ambient temperature of 25°C and minimum voltages in V_{BR} are to be controlled.
7. Surge current waveform per Figure 4 and derate per Figure 2 of the General Data – 1500 W at the beginning of this group

[그림 5-7] 1N5908 과도현상 억제기의 정격과 특성

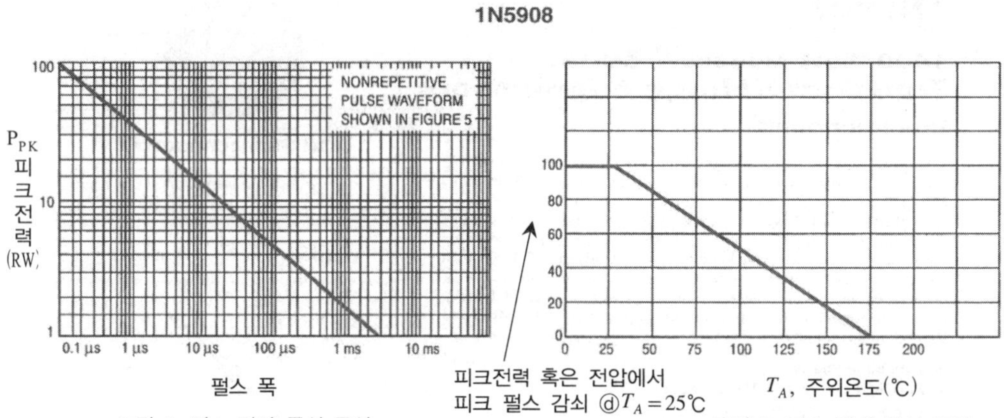

그림 1. 펄스 정격 특성 곡선 그림 2. 펄스 감쇠 특성 곡선

[그림 5-8] 과도전류 억압곡선

【예제 5.3】 1N5908 과도현상 억제기가 25˚C에서 1500W의 P_{PK} 정격을 가진다. 이것이 100˚C의 주위온도에서 사용된다고 가정하면 이런 온도에서의 P_{PK} 값은 얼마인가?

풀이 T＝100˚C에 대응되는 감쇠 비율은 50%만큼 감소된다.(또는 750W)

(실전 연습문제 5-3)

1N5908이 T＝150˚C에서 사용될 때의 P_{PK} 정격은 얼마인가?

▶▶ $P_{PK}=270$W ; $T=150$˚C(assuming a derating value of 18%)

여러분은 아마도 1N5098 시리즈 과도현상 억제기의 감쇠곡선이 스펙에서 주어질 때 온도 특성곡선을 이용하는 것에 대해 의구심을 가질지 모른다. 표에 나타난 소자의 최대 정격도 그것들의 P_{PK}가 아니라 P_D 정격이다. P_{PK} 정격을 감쇠시키기 위해서는 여러분은 온도 특성곡선을 이용해야 한다. P_{PK} 정격의 시간 의존성은 [그림 5-8]에 표시되어 있다. 보다시피 P_{PK}와 서지 전류 지속시간은 반비례한다. 과전류 증가의 지속에 따라 과도현상 억제기의 전력 소비 능력은 감소한다.

[그림 5-7]에 표시된 또 다른 최대 정격은 순방향 서지 전류이다. 그림에 표시된 것처럼 1N5908은 200A까지 취급할 수 있다. 이런 정격은 대략 8.3ms 동안 가능하다고 가정되고 분당 4개의 펄스로 제한된다. [그림 5-7]에 표시된 대부분의 전기적 특성은 다이오드의 전류 부분과 거의 일치된다. 특성곡선에 표시된 것처럼 3가지의 역방향 정격이 흥미롭다.

- 최대 역방향 허용전압(V_{RWM})은 자신의 역방향 항복 영역에서 소자를 구동시키지 않는 최대 피크 혹은 직류 역 선압이다. 다시 말하자면 이것은 소자가 전도 상태로 트

리거 되지 않는 최대 역전압이다. 이런 정격의 중요성은 [그림 5-6 (a)]에 표시되어 있다. 회로가 120V_{rms}로 연결되었다고 가정하면 피크전압은 대략 170V_{pk}이다. 따라서 회로에 사용되는 다이오드는 V_{RWM} 정격이 170V보다 큰 것을 사용해야 한다. 다시 말하자면 다이오드는 전원 공급 장치의 정상적인 동작 영역의 주기에는 on 상태로 된다. V_{RWM} 과전류 제한기를 하나에서 다른 것으로 대체할 때 고려되는 가장 중요한 정격임을 주목하라. 최대 역 과전류 정격은 말 그대로이다. 그것은 제한된 시간 안에(대략 8ms) 과전류 제한기가 조절할 수 있는 전류이다.

- 항복 전압(V_{BR}) 정격은 과도현상 억제기가 자신의 항복 영역에서 구동되는 피크 혹은 직류 역 전압을 의미한다. 다시 말하자면 이런 최대 역 전압은 소자를 도통시키기 위해서 트리거 한다. 다이오드 특성곡선에 표시된 것처럼 V_{BR}이 V_{RWM} 보다 크고 소자전류의 높은 값으로 측정된다.
- 클램핑 전압 V_C는 도통될 때 소자 양단에 걸리는 정격 전압으로 지시되는 전류에서 측정된다. 소자 전류가 증가하면 V_C는 감소한다.

5.2.3 선택 안내(Selector Guide)

과도현상 억제기의 선택 가이드에는 우리가 이 절에서 논의했던 모든 정격을 포함하고 있다. 과도현상 억제기의 선택가이드는 제조자로부터 구할 수 있다.

5.2.4 배면결합 억제기(Back to Back Suppressor)

[그림 5-9]에서 서지 보호 회로는 두 개의 과도현상 억제기가 공통 캐소드의 구조로 연결되어 있다. 이것은 두 소자의 캐소드가 서로 연결되는 형태를 의미한다. 각 과도현상 억제기는 200V의 역방향 항복전압의 정격을 가진다. 만약 교류 입력 선에서 이런 값을 초과한다면 다음 중 하나의 현상이 발생된다.

과도현상의 극성에 의존한다:

- 다이오드 D_1은 순방향으로 바이어스 되고 D_2는 자신의 역방향 영역에서 구동된다. 이런 경우 D_2 양단의 전압은 자신의 클램핑 전압 V_{C2}와 같고 1차 측 전압은 V_{F1}과 V_{C2}의 합으로 고정된다.
- 다이오드 D_2는 순방향으로 바이어스 되고 D_1은 자신의 역방향 영역에서 구동된다. 이런 경우 D_1 양단의 전압은 자신의 클램핑 전압 V_{C1}과 같고 1차 측 전압은 V_{F2}와 V_{C1}의 합으로 고정된다.

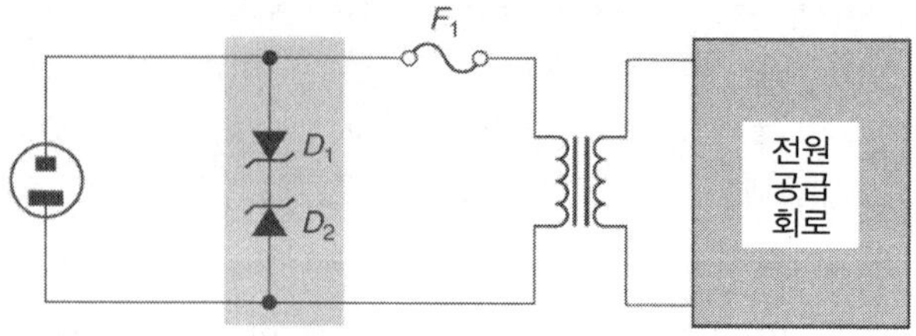

(a) 직통 입력선과 중성 입력선 사이의 서지보호

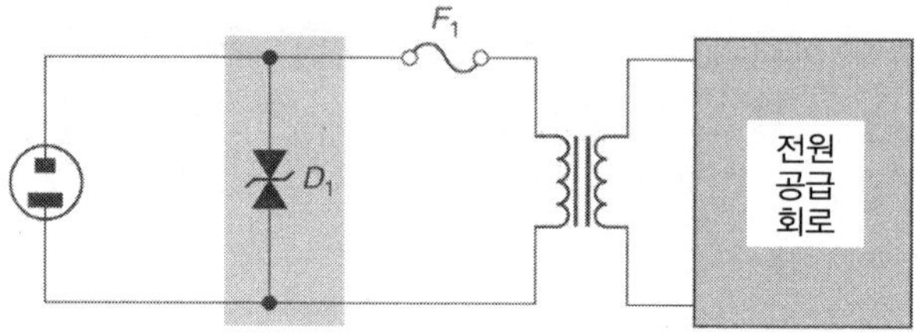

(b) 단일 배면결합 억제기를 사용한 서지보호

[그림 5-9]

다이오드 D_1과 D_2는 동일한 정격을 갖는다. 변압기 1차 측 양단에 걸리는 최대 전압은 V_C와 V_F의 합을 초과하지 못한다. [그림 5-9 (b)]에 표시된 단일 과도현상 억제기를 사용해도 서지 보호를 할 수 있다. 이런 형태 억제기의 두 개의 단자는 애노드 1과 애노드 2로 구분되고 실제적으로는 [그림 5-9 (a)]에 표시된 것처럼 두 개의 과도현상 억제기가 내부적으로 연결된 것이다. 이런 형태의 소자를 사용하는 분명한 이점은 회로 제조비율의 감소와 회로를 간단하게 한다는 것이다. 배면결합 억제기는 양방향으로 V_{BR}에서 항복하도록 설계되기 때문에 V_F 정격을 갖지 않는다.

5.2.5 정전류 다이오드(Constant Current Diode)

정전류 다이오드는 지금까지 보아왔던 어떤 형태의 다이오드와는 아주 다르다. 이미 앞에서 언급한 것처럼 정전류 다이오드는 순방향 동작 전압이 크게 변화한다고 해도 비교적 일정한 전류를 유지하는 소자이다. 따라서 정전류 다이오드를 정전류 조정기라고 부르기도 한다. [그림 5-10]에는 5가지 정전류 다이오드의 순방향 특성곡선이 표시되어 있다.

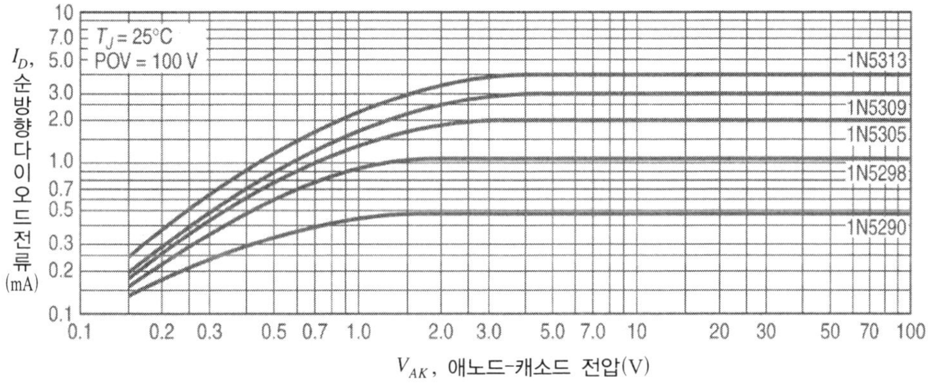

[그림 5-10]

일반적인 *pn* 접합형 다이오드가 순방향으로 바이어스될 때 V_F는 대략 0.7V이고 I_F는 다이오드 회로의 소자에 의해서 결정된다. 이것은 정전류 다이오드에서는 더 이상 유효하지 않다. [그림 5-10]에서 보는 순방향 전류 특성곡선은 정전류 다이오드의 V_F 값이 매우 넓은 범위를 가지고 있다는 것을 나타내고 이 경우에는 0.1에서 100V까지 있다. 동시에 정전류 다이오드의 I_F 값은 다이오드 자체에서 제한되며 다이오드 내의 회로소자에 의존하지 않는다. 예를 들면 1N5290 특성곡선은 소자에 대한 I_F 값은 V_F가 0.15V에서 1V까지 증가하는 경우를 표시하고 있다. 이 점에서 I_F는 0.5mA로 유지된다. 1N5290을 통해서 흐르는 I_F는 1.5V에서 100V 사이의 V_F에서 일정한 전류값을 유지하게 된다. 정전류 다이오드의 동작이 다른 다이오드들과 아주 크게 차이가 나기 때문에 자신의 회로 기호는 [그림 5-11]처럼 표시된다.

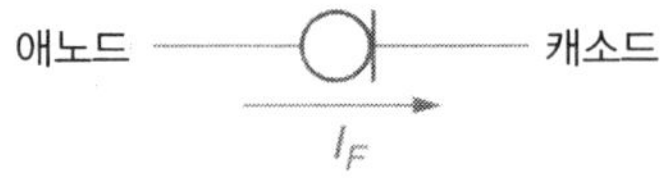

[그림 5-11]

5.2.6 정전류 다이오드의 제품명세서(Constant Current Diode Specifications)

[그림 5-12]는 1N5283에서 1N5314 시리즈의 정전류 다이오드의 제품명세서이다. 새로운 최대 정격은 피크 동작 전압 정격을 제외하고는 유사하다. 전류조정기의 POV는 V_F의 최대 허용 값이다. 전류조정기 다이오드는 0.7V보다 대단히 큰 V_F 정격을 가진다.(이런 경우 100V) 마지막에 주어진 최대 제한 전압 V_L에 대한 전기적 특성을 먼저 살펴본다. V_L 정격은 다이오드가 전류 조절을 시작하는 전압을 표시한다. 1N5290의 경우 V_L은 1.05V이다. 이것은 $0.8I_P$에서 측정되기 때문에 [그림 5-10]에 표시되어 있는 전압-전류 특성곡선에서 얻은 최대 허용전압보다는 작게 된다. 조정전류 I_P 정격은 V_L과 POV 사이

SEMICONDUCTOR
TECHNICAL DATA

전류조정기 다이오드

1N5283 through 1N5314

Field-effect current regulator diodes are circuit elements that provide a current essentially independent of voltage. These diodes are especially designed for maximum impedance over the operating range. These devices may be used in parallel to obtain higher currents.

MAXIMUM RATINGS

Rating	Symbol	Value	Unit
Peak Operating Voltage (T_J = −55°C to +200°C)	POV	100	Volts
Steady State Power Dissipation @ T_L = 75°C Derate above T_L = 75°C Lead Length = 3/8 (Forward or Reverse Bias)	P_D	600 4.8	mW mW/°C
Operating and Storage Junction Temperature Range	T_J, T_{stg}	−55 to +200	°C

ELECTRICAL CHARACTERISTICS (T_A = 25°C unless otherwise noted)

Type No.	Regulator Current I_P (mA) @ V_T = 25 V			Minimum Dynamic Impedance @ V_T = 25 V Z_T (MΩ)	Minimum Knee Impedance @ V_K = 6.0 V Z_K (MΩ)	Maximum Limiting Voltage @ I_L = 0.8 I_P (min) V_L (Volts)
	Nom	Min	Max			
1N5283	0.22	0.198	0.242	25.0	2.75	1.00
1N5284	0.24	0.216	0.264	19.0	2.35	1.00
1N5285	0.27	0.243	0.297	14.0	1.95	1.00
1N5286	0.30	0.270	0.330	9.00	1.60	1.00
1N5287	0.33	0.297	0.363	6.60	1.35	1.00
1N5288	0.39	0.351	0.429	4.10	1.00	1.05
1N5289	0.43	0.387	0.473	3.30	0.870	1.05
1N5290	0.47	0.423	0.517	2.70	0.750	1.05
1N5291	0.56	0.504	0.616	1.90	0.560	1.10
1N5292	0.62	0.558	0.682	1.55	0.470	1.13
1N5293	0.68	0.612	0.748	1.35	0.400	1.15
1N5294	0.75	0.675	0.825	1.15	0.335	1.20
1N5295	0.82	0.738	0.902	1.00	0.290	1.25
1N5296	0.91	0.819	1.001	0.880	0.240	1.29
1N5297	1.00	0.900	1.100	0.800	0.205	1.35
1N5298	1.10	0.990	1.21	0.700	0.180	1.40
1N5299	1.20	1.08	1.32	0.640	0.155	1.45
1N5300	1.30	1.17	1.43	0.580	0.135	1.50
1N5301	1.40	1.26	1.54	0.540	0.115	1.55
1N5302	1.50	1.35	1.65	0.510	0.105	1.60
1N5303	1.60	1.44	1.76	0.475	0.092	1.65
1N5304	1.80	1.62	1.98	0.420	0.074	1.75
1N5305	2.00	1.80	2.20	0.395	0.061	1.85
1N5306	2.20	1.98	2.42	0.370	0.052	1.95
1N5307	2.40	2.16	2.64	0.345	0.044	2.00
1N5308	2.70	2.43	2.97	0.320	0.035	2.15
1N5309	3.00	2.70	3.30	0.300	0.029	2.25
1N5310	3.30	2.97	3.63	0.280	0.024	2.35
1N5311	3.60	3.24	3.96	0.265	0.020	2.50
1N5312	3.90	3.51	4.29	0.255	0.017	2.60
1N5313	4.30	3.87	4.73	0.245	0.014	2.75
1N5314	4.70	4.23	5.17	0.235	0.012	2.90

[그림 5-12] 1N5283-1N5314 전류조정기의 최대 정격과 전기적 특성

에서 순방향 V_F에 대한 조정된 순방향 전류이다.

순방향 전압이 V_L과 POV 사이에서 오랫동안 유지되면 다이오드의 전류는 I_P로 유지된다. 1N5290의 I_P는 0.47mA로 표시된다. 이것은 [그림 5-10]에서 구한 전류 값에 거의 근접하게 된다. 정전류 다이오드의 최소 동적 임피던스 Z_Z는 *PN* 접합형 다이오드와 큰 차이를 갖는다. *PN* 접합 다이오드의 벌크 저항은 일반적으로 매우 작기 때문에 10Ω 이하이다. 정전류 다이오드의 임피던스는 매우 큰데 일반적으로 수백 kΩ에서 수 MΩ을 갖는다. 최대 임계 임피던스 Z_K는 수 kΩ에서 수 MΩ을 갖는다.

5.2.7 직렬 전류조정기 : 정전류 다이오드 응용
(Series Current Regulators : A Constant Current Diode Application)

직렬 전류조정기는 회로의 입력 전류를 일정하게 유지하는데 사용된다. 기본적인 전류 조정기가 [그림 5-13]에 표시되어 있다. 이런 회로에서 전류조정기 다이오드는 전원과 부하 사이에 직렬로 연결된다. 그림에 표시된 것처럼 전원 출력의 변화가 발생되지만 다이오드의 I_P에서 부하 전류가 유지된다.

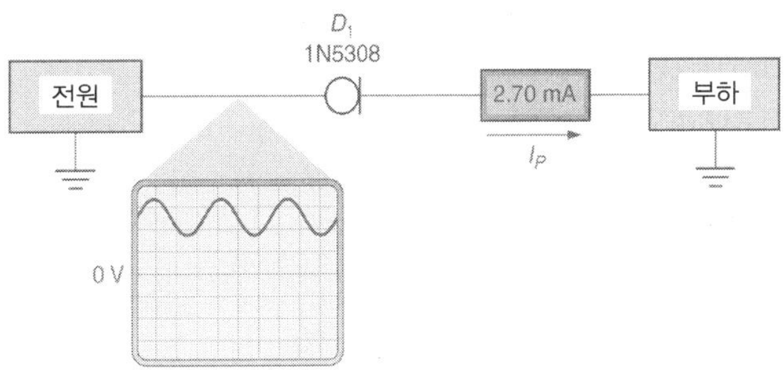

[그림 5-13]

[그림 5-13]에 표시된 전류조정기에서는 다음과 같은 중요한 두 가지 포인트가 요구된다.

1. 정 전류 다이오드는 I_P 값을 일정하게 유지하기 때문에 전원 출력의 정현파가 부하에 도달되지 않는다. 다시 말하자면 부하 저항이 변하지 않는 동안 다이오드의 부하 측 전압은 일정하게 유지된다.
2. 회로가 적절히 동작하기 위해서는 다이오드 양단에 인가되는 전압이 전원전압과 부하전압의 차이어야 한다. 따라서 다이오드의 V_L과 POV 정격 사이에서 유지되어야 한다.

기초 확인문제 5.2

1. 과도현상 억제기란 무엇인가?
2. 정 전류 다이오드란 무엇인가?
3. 서지란 무엇인가? 교류 전력선에서 어떻게 서지가 발생되는가?
4. 교류 전력선에서 서지가 해로운 이유는 무엇인가?
5. 서지 보호 회로에서 요구되는 특성은 무엇인가?
6. 과도현상 억제기가 표준 제너 다이오드와 어떻게 다른가?
7. 다음에 표시된 과도현상 억제기의 정격을 설명하라.
   (a) 피크 소비전력(P_{PK})
   (b) 피크 허용 역전압(V_{RWM})
   (c) 클램핑 전압(V_C)
8. 배면결합 억제기가 V_F 정격을 가지지 않는 이유는 무엇인가?
9. 정 전류 다이오드와 PN 접합형 다이오드의 차이점은 무엇인가?
10. 정 전류 다이오드의 기호를 그리고 단자를 표시하라.
11. 정전류 다이오드의 특징을 설명하라.
    (a) 피크 동작 전압(POV)
    (b) 피크 제한 전압(V_L)
    (c) 조정된 전류(I_P)
12. 직렬 전류조정기는 어떤 목적으로 사용되는가?
13. 직렬 전류조정기의 동작을 설명하라.
14. [그림 5-10]에 표시된 특성곡선을 참조하고 주어진 전류조정기 다이오드의 I_D와 자신의 최대 제한 전압 사이의 관계는 어떤지 설명하라.

5.3 터널 다이오드(Tunnel Diode)

터널 다이오드 소자는 초고주파(UHF) 또는 마이크로파 주파수 범위에서 사용된다. 그리고 이런 소자들은 고주파 통신 시스템에서도 많이 사용된다. 터널 다이오드를 포함하는 응용회로에는 증폭기, 발진기, 변조기, 복조기 회로 등이 있다. 제조되는 방식에 따라서 지금까지 우리가 학습했던 어떤 다이오드보다도 구별되는 특이한 특성 곡선을 가지고 있다. 터널 다이오드에 대한 회로 기호와 특성곡선은 [그림 5-14 (a)]에 표시되어 있다. 동작 특성곡선은 터널 다이오드의 제조 과정에서 극히 강한 도핑에 기인한다. 사실

터널다이오드는 표준형 *PN* 접합 다이오드보다 약 1000배 이상 강하게 도핑된다. [그림 5-14 (b)]는 터널 다이오드와 *pn* 접합형 다이오드의 특성을 비교한 것이다.

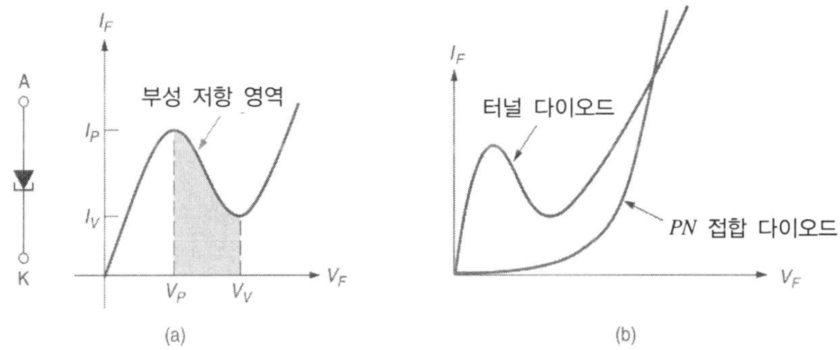

[그림 5-14] 터널 다이오드의 기호와 특성곡선

터널 다이오드의 순방향 동작영역에서 피크 전압 V_P와 계곡 전압 V_V 사이가 특이하다. $V_F = V_V$일 때 순방향 전류는 피크전류 I_P라고 부른다. V_F가 V_V로 증가함에 따라서 I_F는 계곡 전류 I_V라고 부르는 최소값으로 감소된다. 여러분도 보다시피 순방향 전압과 전류는 다이오드가 V_P와 V_V 사이에 있을 때 반비례하게 된다. 피크 전압과 계곡 전압 사이의 동작영역을 부성저항영역이라고 부른다. 부성저항은 소자의 V_P와 V_V 사이에서의 동적저항으로 식 (5-3)처럼 표시된다.

$$R_d = \frac{\Delta V}{\Delta I} = \frac{V_V - V_P}{I_V - I_P} \tag{5-3}$$

따라서 소자의 동적저항은 전류와 전압의 역 변화를 정의하는데 사용되고 R_d가 negative로 계산된다. 이 점에 대해서는 【예제 5.4】를 통해서 확인해 보도록 하자.

【예제 5.4】 터널 다이오드가 $V_P = 150\text{mV}$에서 $I_P = 2\text{mA}$와 $V_V = 500\text{mV}$에서 $I_V = 100\mu A$를 갖는다고 가정하고 소자의 동적저항을 구하시오.

풀이 소자의 동적저항을 구하는 공식을 사용하면 -184Ω이 구해진다.

$$R_d = \frac{\Delta V}{\Delta I} = \frac{V_V - V_P}{I_V - I_P} = \frac{500\text{mV} - 150\text{mV}}{100\mu\text{A} - 2\text{mA}} = \frac{350\text{mV}}{-1.9\text{mA}} = -184.2\Omega$$

(실전 연습문제 5-4)

터널 다이오드가 $V_P = 100\text{mV}$에서 $I_P = 5\text{mA}$와 $V_V = 200\text{mV}$에서 $I_V = 250\mu\text{A}$를 갖는다고 가정하고 소자의 동적저항을 구하시오.

▶▶ $R_d = -21.1\Omega$

여러분도 보다시피 터널 다이오드의 동적저항은 negative 값을 가진다. 이것은 V_P와 V_V 사이에서 동작할 때 이런 영역을 부성저항영역이라고 부르는 이유가 된다. 부성저항은 어떤 값을 넘어서는 장소에서의 변화를 설명하기 위해서 도입된 수학적인 개념이다. 특성곡선상의 주어진 점에서 전압과 전류의 비는 positive 값을 갖는다. 터널 다이오드는 거의 부성저항영역에서 동작한다. 터널 다이오드를 일반적으로 사용하는 또 하나의 부분은 발진기이다.

5.3.1 터널 다이오드 발진기(Tunnel Diode Oscillator)

발진기는 직류를 교류로 변환하기 위해서 사용되는 회로이다. 터널 다이오드에 의해 발생된 교류신호는 고주파 사인파가 요구되는 많은 응용회로에서 사용된다. 발진기의 자세한 부분은 18장에서 논의된다. 그러나 터널 다이오드 발진기는 기본적인 다이오드의 원리를 이용하면 쉽게 이해될 수 있다. 부성저항 발진기로 간주되는 기본적인 터널 다이오드가 [그림 5-15]에 표시되어 있다. 회로가 직류 입력(전압 + V_S로 표시됨)과 교류 출력 전압으로 표시되어 있는 점에 주목하자. 회로의 출력 주파수는 *LC* 탱크회로의 발진주파수와 대략 비슷하다.

부성저항 발진기에서 탱크회로는 C_2와 변압기의 1차 측에 의해서 구성된다. [그림 5-15]에 표시되어 있는 부성저항 발진기는 직류 입력으로 교류 출력을 지속시키고 발진을 발생시키기 위해서 터널 다이오드를 사용한다. 이런 원리를 이해하기 위해서는 전류 펄스가 병렬 *LC* 회로에 제공되어질 때 어떤 일이 발생되는지를 간단하게 살펴보도록 하자.

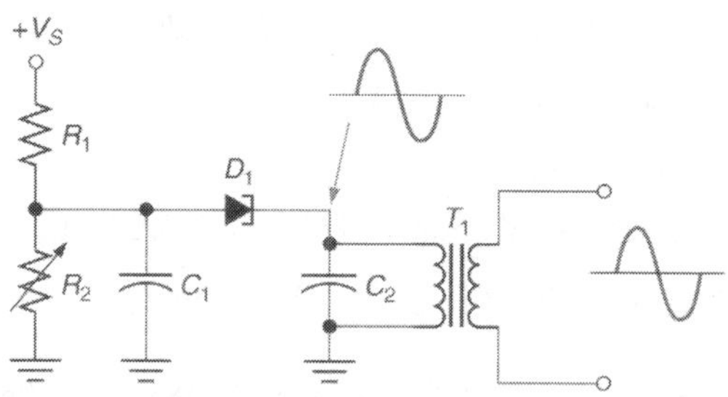

[그림 5-15] 터널 다이오드 발진기

[그림 5-16 (a)]에서 *LC* 탱크회로는 스위치와 직렬로 연결된다. 만약 스위치가 일시적으로 닫힌다면 [그림 5-16 (b)]에 표시된 파형을 구할 수 있다. 이런 파형은 인덕터와 커패시터 사이에서 앞뒤로 전달되는 전류에 의해서 발생된다. 중요한 점은 회로에서의 지속적인 에너지 손실로 인해 한 주기에서 다음번 주기로 진폭의 손실이 있다는 점이다.

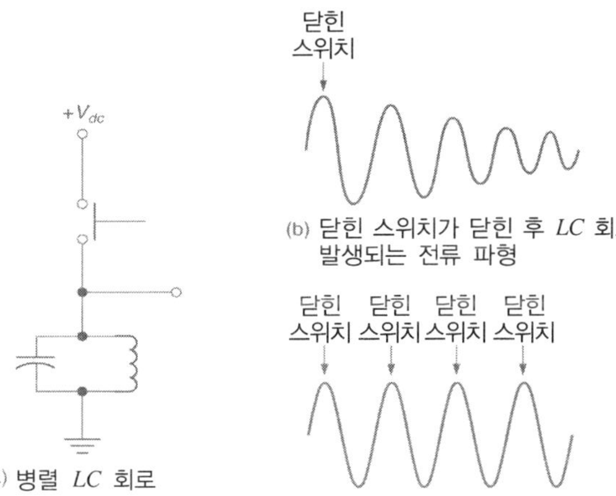

(a) 병렬 *LC* 회로

(b) 닫힌 스위치가 닫힌 후 *LC* 회로에서 발생되는 전류 파형

(c) 각 전류 피크에서 스위치가 닫힐 때 *LC* 회로에서 발생되는 전류 파형

[그림 5-16]

[그림 5-16 (c)]에 표시된 것처럼 각 사이클의 피크에서 부가적인 전류를 제공하기 위해서는 *LC* 탱크로부터 정현파적인 출력을 유지하는 것이 중요한 점이다. 전류가 탱크회로의 각 주기에 제공되면 에너지의 손실이 회로에 재저장 되고 주기는 일정한 진폭을 유지하게 된다. 이런 생각을 [그림 5-15]에 적용해보자.

회로에서의 터널 다이오드는 정현파의 positive 반주기가 진행되는 동안 탱크회로에 부가적인 전류를 제공한다. 터널 다이오드를 바이어스 시키기 위해서 R_1과 R_2가 사용된다. 다이오드가 바이어스되기 때문에 다음과 같은 조건을 만족하게 된다.

1. 탱크회로의 파형이 자신의 positive 피크로 될 때 이런 전압과 바이어스 전압의 차는 터널 다이오드의 V_P 정격과 같다. 따라서 다이오드의 전류는 탱크회로의 파형이 자신의 positive 피크로 될 때 최대값을 가지게 된다.
2. 탱크회로 파형이 zero(0)를 향해서 감소되면 이런 전압과 바이어스 전압의 차는 터널 다이오드의 V_V 정격에 근접하게 된다 따라서 다이오드의 전류는 사인파 전압이 감소하는 것처럼 역시 감소하게 된다.

이것은 파형이 자신의 positive 피크로 될 때 탱크회로에 최대 전류가 공급된다는 것을 나타낸다. 이것이 [그림 5-16 (c)]에 표시된 것처럼 회로가 발진상태를 유지하도록 만족시키게 된다. 여러분은 어떻게 발진기가 처음의 장소에서 시작하는지 궁금할 것이다. 전압이 회로에 처음으로 인가되면 직류 전원이 C_1을 R_1을 경유해서 충전하기 시작한다. 커패시터 양단의 전압이 증가하면 전압에서의 변화가 다이오드를 통해서 탱크회로에 결합된다. 탱크회로 전류의 변화는 발진을 시작하기에 충분하다. 발진기의 부성저항은 한 가지 중요한 결점을 가진다. 회로가 고주파에서는 매우 잘 동작되지만 저주파에서는 효과적으로 동작되지 못한다. 저주파 발진기는 일반적으로 트랜지스터와 집적회로로 만들어진다.

기초 확인문제 5.3

1. 터널 다이오드란 무엇인가?
2. 터널 다이오드의 부성 저항 동작 영역을 설명하라. 다이오드의 순방향 전류와 전압 사이의 관계를 포함시켜라.
3. 터널 다이오드가 [그림 5-14 (b)]에 표시되어 있는 것과 같은 특성곡선을 가지는 이유는 무엇인가?
4. 부성저항이란 무엇인가?
5. 발진기란 무엇인가?
6. 부성저항 발진기에서 출력 주파수는 무엇이 결정하는가?
7. [그림 5-15]에 표시된 회로의 동작을 간략하게 설명하라.

5.4 그 밖의 다이오드(Other Diodes)

이 절에서 논의되는 다이오드는 지금까지 우리가 학습했던 다이오드보다는 적게 사용된다. 이러한 사실을 제외하고 각각의 특성 또는 응용에 있어서도 서로 관계되지는 않는다.

5.4.1 쇼트키 다이오드(Schottky Diode)

쇼트키 다이오드는 매우 작은 접합 커패시턴스를 가지고 있다. 이런 이유 때문에 일반적인 *pn* 접합형 다이오드보다 매우 높은 주파수에서 동작된다. 커패시턴스의 감소는 또한 매우 빠른 스위칭 시간을 가능하게 한다.

이런 이유로 인해서 쇼트키 다이오드는 디지털 스위칭 응용회로에 주로 사용된다. 쇼트키 다이오드는 쇼트키 장벽 다이오드, 핫 캐리어 다이오드, 표면장벽 다이오드처럼 다양한 이름으로 부른다. 이런 소자의 회로 기호와 특성곡선은 [그림 5-17]에 표시되어 있다. 특성곡선이 표시하는 것처럼 쇼트키 다이오드는 다른 *pn* 접합형 다이오드보다 낮은 V_F와 V_{RWM} 값을 가지고 있다. 일반적으로 쇼트키 다이오드의 V_F는 0.3V이고 V_{RWM}은 50V 이하이다. 이것은 일반적인 *pn* 접합형 다이오드가 가지고 있는 $V_F = 0.7\text{V}$, $V_{RWM} = 150\text{V}$보다는 훨씬 작은 것이다.

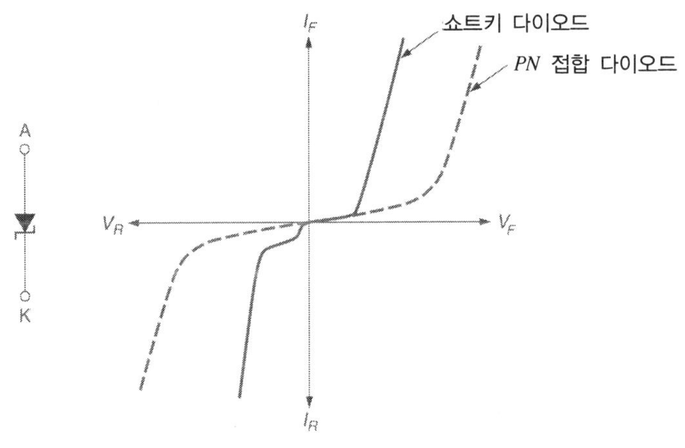

[그림 5-17] 쇼트키 다이오드의 기호 및 특성곡선

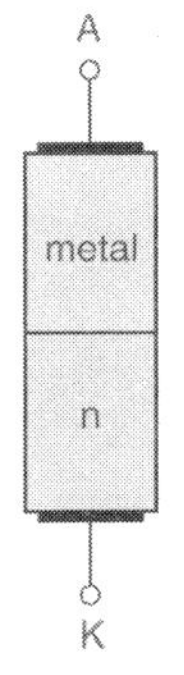

[그림 5-18] 쇼트키 다이오드의 구조

쇼트키 다이오드의 낮은 접합 커패시턴스와 빠른 스위칭 능력은 소자의 구조에 의한 결과이다. 쇼트키 다이오드는 [그림 5-18]에 표시된 것처럼 p형 물질 대신 금속을 사용한 접합을 가진다. 그 결과 소자는 항복되거나 재생되는 공핍층이 없다. 반도체와 금속이 접합을 구성하기 때문에 접합을 가지기는 하지만 아주 작은 접합 커패시턴스를 가지게 된다. 아주 작은 접합 커패시턴스 때문에 쇼트키 다이오드는 순방향과 역방향 사이에서 아주 빠르게 스위칭된다. 이런 주파수에서 스위칭되는 대부분의 소자들은 낮은 전류값을 가지게 된다.

쇼트키 다이오드는 비교적 높은 전류를 갖는 소자로 빠른 스위칭 동작에도 불고하고 50A의 순방향 전류를 제공하게 된다. 정현파와 저 전류 회로에서 쇼트키 다이오드는 20GHz 이상의 주파수에서 동작이 가능하다. 쇼트키 다이오드는 역시 내부회로의 전달 지연시간을 감소시키기 위해서 집적회로 칩의 제조 시 사용된다. 전달 지연시간의 감소는 집적회로의 최대 동작속도를 증가시킨다. 이런 관계에 대해서는 19장에서 자세히 알아보기로 한다.

5.4.2 PIN 다이오드(PIN Diode)

PIN 다이오드는 세 가지의 반도체 물질로 만들어진다. PIN 다이오드의 구조는 [그림 5-19]에 표시되어 있다.

중앙의 물질은 순수한 진성반도체로 만들어진다. *P*형과 *N*형 물질은 아주 강하게 도핑되기 때문에 아주 작은 저항을 가진다.

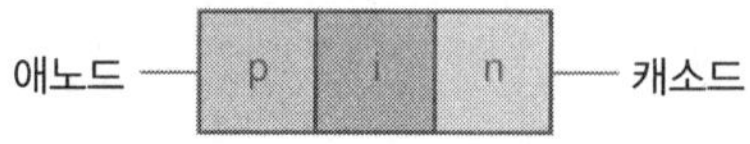

[그림 5-19] PIN 다이오드

역방향으로 바이어스되면 PIN 다이오드는 커패시터처럼 동작한다. [그림 5-20]에 이런 이유가 설명된다. 여러분은 진성 반도체가 절연체로 동작한다는 사실을 기억하고 있을 것이다. 따라서 PIN 다이오드에서 진성 물질은 커패시터의 유전체로 간주할 수 있다.

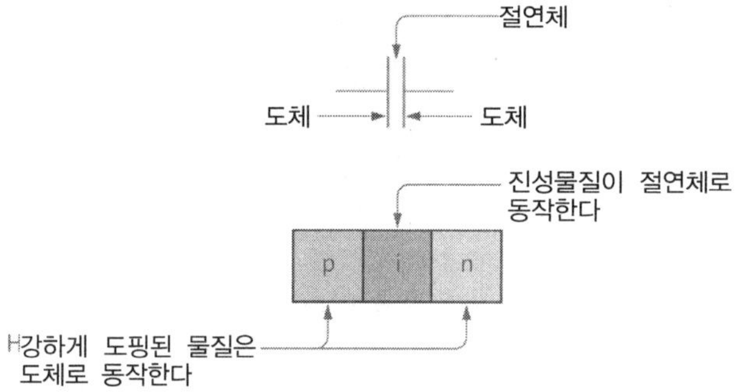

[그림 5-20] PIN 다이오드 커패시터

진성 물질에 비해 강하게 도핑된 *P*형과 *N*형 물질은 도체로 동작된다. 따라서 두 도체 사이에 유전체가 끼어 있는 것과 같다. 이것이 PIN 다이오드를 구성하게 된다. 역방향으로 바이어스된 PIN 다이오드의 커패시턴스는 역방향 전압의 다양한 변화에 비해서 비교적 일정하다. [그림 5-21]은 모토로라 MPN300형 PIN 다이오드의 커패시턴스 특성곡선을 나타낸 것이다. V_R 값이 -30V에서 -50V 사이의 범위에서 변화할 때 소자의 커패시턴스 값은 대략 0.65pF에서 일정하게 유지된다는 점에 주목하라. V_R이 0V에서 -30V 사이에서 변화할 때 소자는 바랙터와 유사한 특성곡선을 가진다. [그림 5-21]은 일반적인 PIN 다이오드의 커패시턴스 특성곡선을 나타낸다.

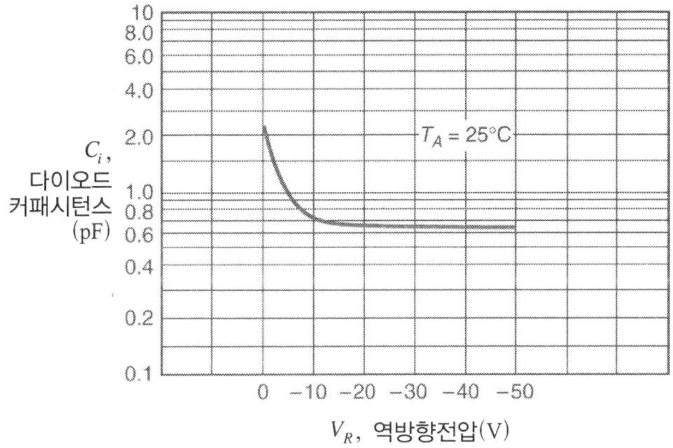

[그림 5-21] MPN3700 다이오드의 커패시턴스 특성곡선

순방향으로 바이어스되었을 때는 진성 물질은 도체로 되길 강요당한다. 진성 물질의 자유 전자가 증가됨에 따라 물질의 저항은 감소한다. 따라서 순방향으로 바이어스되어질 때 PIN 다이오드는 전류 제어 저항으로 동작한다. 이 점이 [그림 5-22]에 표시되어 있다. 직렬저항이 감소할수록 순방향 전류는 증가한다. 이것은 진성물질의 자유전자가 증가하는 원인에 따른 것이다.

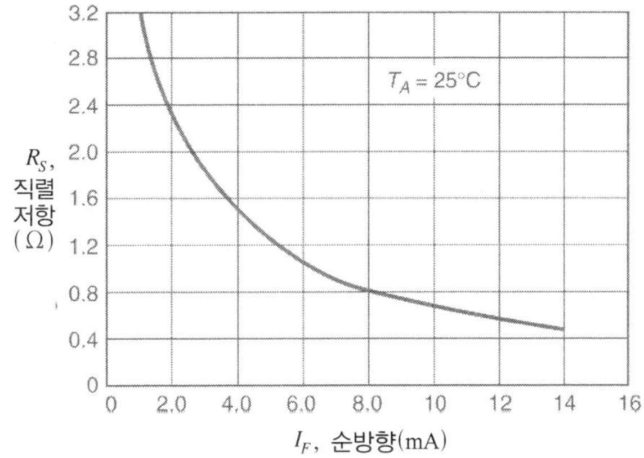

[그림 5-22] MPN3700 다이오드의 직렬 저항

[그림 5-23]은 PIN 다이오드의 순방향 동작 특성곡선을 보여준다. 그림에서 보는 것과 같이 전류 대 전압의 특성곡선은 $V_F = 0.75$V 지점에서부터 점차 증가한다. 만약 이런 순방향 동작 특성곡선과 *PN* 접합형 다이오드의 특성곡선을 비교해 보면 두 가지 큰 차이점을 발견하게 될 것이다.

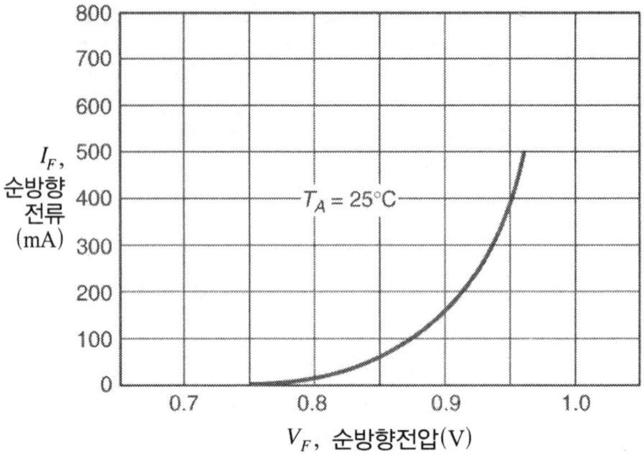

[그림 5-23] MPN3700 다이오드의 순방향 전압 특성곡선

1. *pn* 접합형 다이오드의 특성곡선은 거의 0V 근처에서 도통을 시작하지만 PIN 다이오드는 0.75V 근처에서 도통을 시작한다.
2. *pn* 접합형 다이오드는 분명한 임계점(무릎전압)이 있지만 PIN 다이오드는 그러한 명확한 임계전압이 없다.

이런 두 가지 차이점은 PIN 다이오드의 구조에서 기인된다. PIN 다이오드의 도통에 있어 V_F는 절연체 진성 물질의 저항을 극복해야 한다. MMBV3700인 경우에는 진성물질이 도통되기 위해서는 V_F가 적어도 0.75V이어야 한다. 특성곡선에서 임계전압 또는 전환점의 결여는 PIN 다이오드가 *PN* 접합을 가지고 있지 않기 때문에 기인한다. *PN* 접합이 없다면 소자는 갑작스런 전환점이 없다. 반면에 도전율이 점차적으로 증가한다.

처음 언급되었던 것과 같이 핀 다이오드는 UHF 또는 마이크로파의 응용에서 사용된다. 그들은 아마튜어 라디오 시스템에서 RF 스위치로 사용된다. 소자의 낮은 역 커패시턴스와 전류 조절용 저항은 고주파 통신회로에서 PIN 다이오드를 이상적으로 만든다. PIN 다이오드의 가장 일반적인 응용은 스위치 또는 변조기이다.

V_F 값이 0.75V보다 낮으면 다이오드는 진성 물질이 절연체로 동작하기 때문에 누설전류가 없다. 순방향 바이어스가 0.75V 이상으로 인가되면 소자는 낮은 값의 저항을 가지게 되고 고주파 신호를 통과시키는데 진폭을 최소로 감쇠시키기 때문에 이상적인 스위치로 동작한다.

5.4.3 단계 회복 다이오드(Step Recovery Diode)

단계 회복 다이오드는 지극히 빠른 다이오드이다. PIN 다이오드와 같이 단계 회복 다이오드의 특성 또한 도핑 방법의 차이에서 기인된다. 단계 회복 다이오드의 경우 *P*형과 *N*형 물질 소자의 끝부분이 접합면보다 훨씬 강하게 도핑되어 있다. 이 부분은 [그림 5-

24]에 표시되어 있다. 그림에서 보는 것처럼 도핑 레벨이 증가함에 따라 접합면의 거리 역시 같이 증가한다. 단계 회복 다이오드의 특이한 도핑 효과는 소자가 OFF에서 ON으로 스위칭하는데 필요한 시간에 영향을 미치게 된다. 단계 회복 다이오드에서 요구되는 일반적인 스위칭 타임은 낮은 피코 초(picosecond)의 범위이다. 이것이 VHF 주파수 이상의 범위에서 이상적인 스위칭 타임을 가능하게 한다.

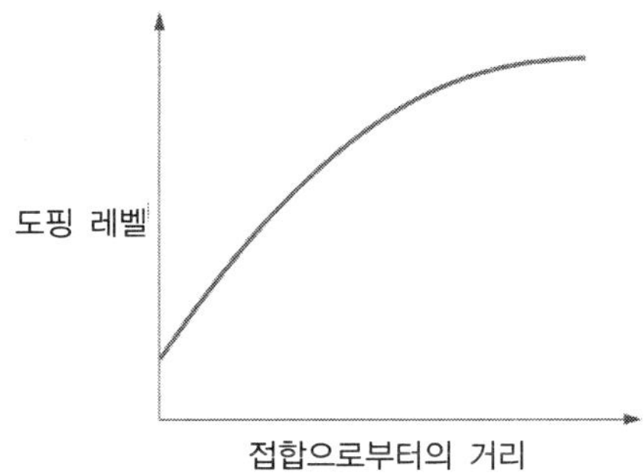

[그림 5-24]

기초 확인문제 5.4

1. 쇼트키 다이오드의 일반적으로 사용되는 이름은 무엇인가?
2. 쇼트키 다이오드가 pn 접합형 다이오드보다 높은 주파수에서 동작하는 이유는 무엇인가?
3. 쇼트키 다이오드의 구성은 pn 접합형 다이오드와 어떻게 차이가 있는가?
4. PIN 다이오드의 구조를 설명하라.
5. PIN 다이오드의 역방향 특성을 설명하라.
6. PIN 다이오드의 순방향 특성을 설명하라.
7. PIN 다이오드의 순방향 특성곡선은 pn 접합형 다이오드의 특성곡선과 큰 차이를 갖는가?
8. 단계 회복 다이오드의 도핑을 설명하라.
9. 단계 회복 다이오드의 도핑 결과는 무엇인가?

중요 용어(Key Term)

배면결합 억제기(Back to Back suppressor), 항복전압(breakdown voltage), 커패시턴스 비(capacitance ratio), 클램핑 전압(clamping voltage), 정전류 다이오드(constant current diode), 전류제어용 저항(current controlled resistance), 전류조정기 다이오드(current regulator diode), 다이오드 커패시턴스(diode capacitance), 다이오드 커패시턴스 온도계수(diode capacitance temperature coefficient), 에피캡(epicap), 핫캐리어 다이오드(hot carrier diode), 최대제한전압(maximum limiting voltage), 최소동적 임피던스(minimum dynamic impedance), 최소임계 임피던스(minimum knee impedance), 변조기(modulator), 부성저항(negative resistance), 부성저항 발진기(negative resistance oscillator), 발진기(oscillator), 피크 전류(peak current), 피크 동작전압(peak operating voltage), 피크전압(peak voltage), PIN 다이오드(PIN diode), 전파지연(propagation delay), 조정기 전류(regulator current), 쇼트키 장벽 다이오드(Schottky barrier diode), 쇼트키 다이오드(Schottky diode), 직렬 전류조정기(series current regulator), 단계회복 다이오드(step recoverage diode), 과도현상 억제기(transient suppressor), 터널 다이오드(tunnel diode), 터널 다이오드 발진기(tunnel diode oscillator), 극초단파(ultrahigh frequency), 계곡전류(valley current), 계곡전압(valley voltage), 바랙터(varactor), 배리캡(varicap)

연습문제

5-1. 25℃에서 바랙터의 정격은 $C_t = 50\text{pF}$이고 $TC_C = 500\text{ppm}/℃$이다. 온도가 1℃ 상승하는 경우의 커패시턴스의 변화량을 구하시오.

5-2. 25℃에서 바랙터의 정격은 $C_t = 48\text{pF}$이고 $TC_C = 800\text{ppm}/℃$이다. 온도가 1℃ 상승하는 경우의 커패시턴스의 변화량을 구하시오.

5-3. [그림 5-25]에 표시된 바랙터가 $V_R = 3\text{V}_{\text{dc}}$에서 $C_t = 48\text{pF}$이고, $V_R = 3\text{V}_{\text{dc}}$에서 12V_{dc}일 때 $C_R = 4.8$이다. $V_R = 3\text{V}_{\text{dc}}$와 $V_R = 12\text{V}_{\text{dc}}$인 경우 회로의 공진 주파수를 구하시오.

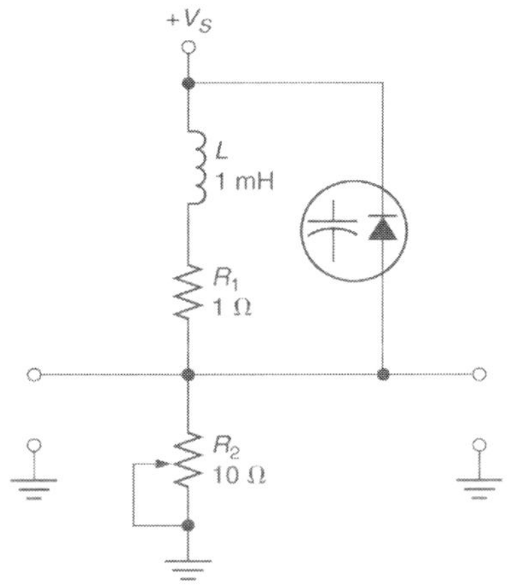

[그림 5-25]

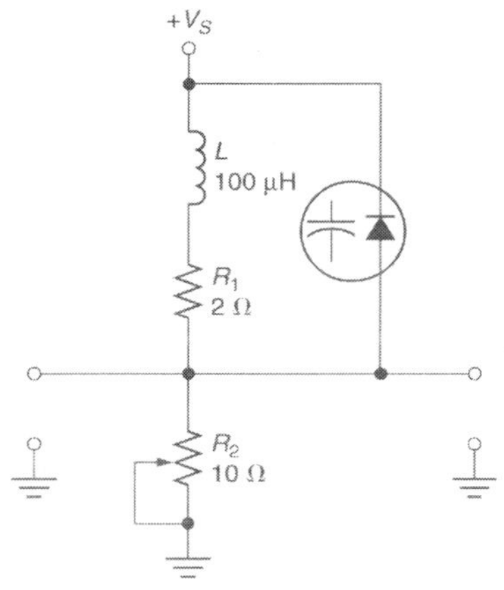

[그림 5-26]

5-4. [그림 5-26]에 표시된 바랙터가 $V_R = 4\mathrm{V_{dc}}$에서 $C_t = 68\mathrm{pF}$이고, $V_R = 4\mathrm{V_{dc}}$에서 $10\mathrm{V_{dc}}$일 때 $C_R = 1.12$이다. $V_R = 4\mathrm{V_{dc}}$와 $V_R = 10\mathrm{V_{dc}}$인 경우 회로의 공진 주파수를 구하시오.

5-5. [그림 5-27]은 모토롤러 MPZ-16 직렬 과도현상 억제기의 서지 전력 특성곡선을 표시한 것이다. 서지전류가 $T_C = 35℃$에서 8ms 동안 유지된다면 다이오드는 어떤 크기의 전력을 취급할 수 있는가?

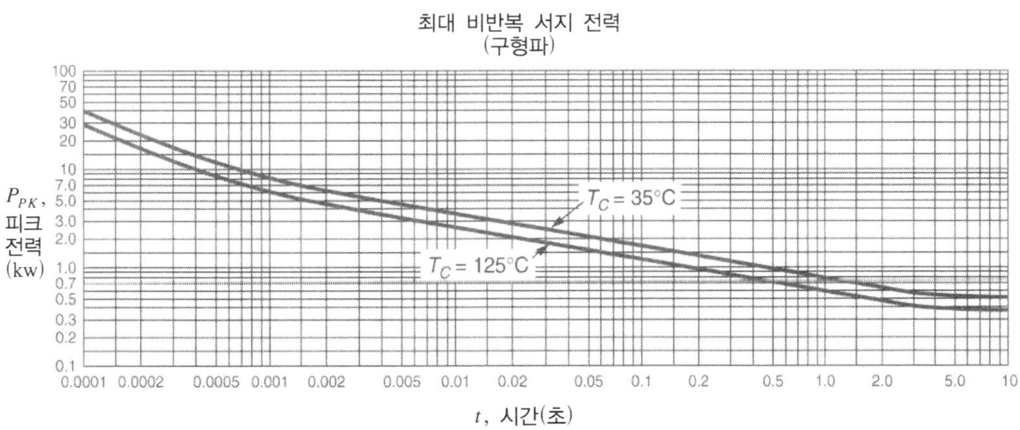

[그림 5-27] MPZ-16 피크 전력 특성곡선

5-6. [그림 5-27]을 참조하고 서지 전류가 $T_C = 35℃$에서 15ms 동안 유지된다고 가정하고 최대 소비전력을 구하시오.

5-7. [그림 5-28]에는 바랙터의 특성곡선이 표시되어 있다. 탱크회로가 200kHz에서 공

진된다면 V_R은 어떻게 설정되어야 하는가?

MBV109T1 MMBV109LT1 MV209

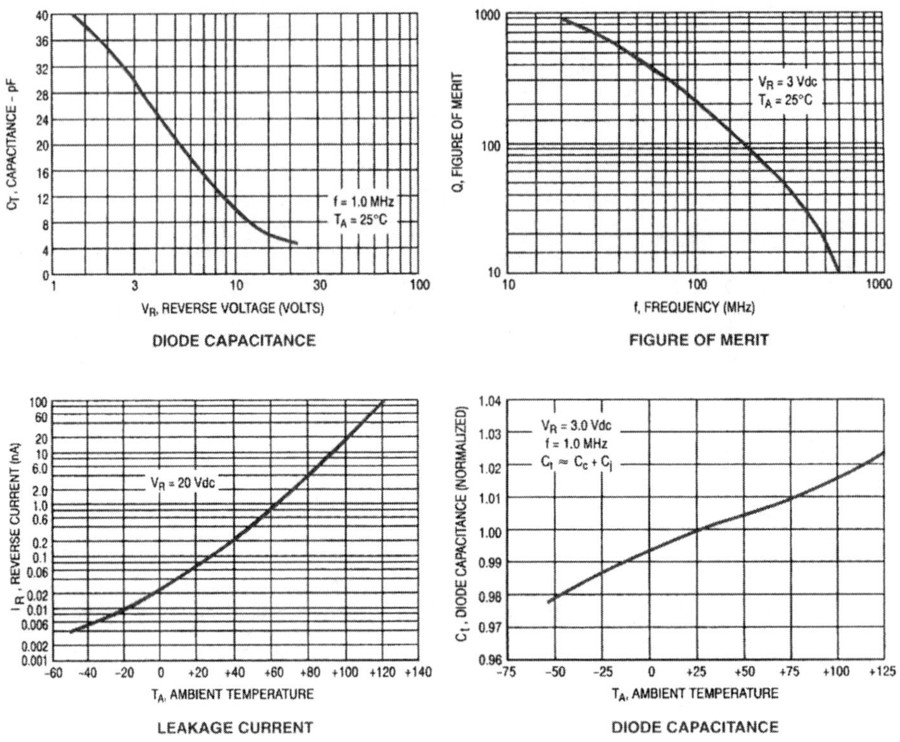

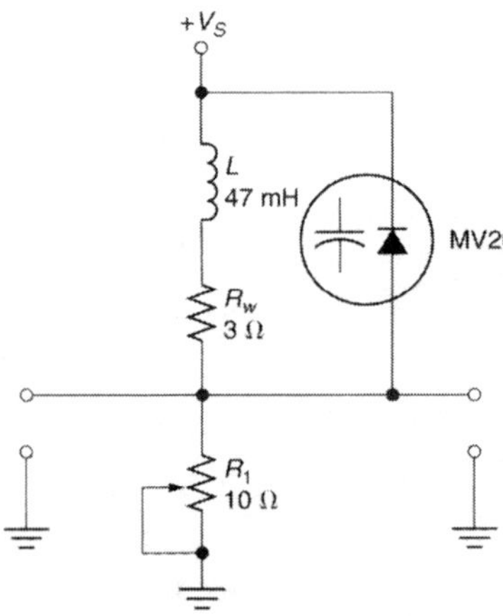

[그림 5-28]

5-8. [그림 5-29]에 표시된 선택 가이드에 1N6303A 과도현상 억제기의 특성이 표시되어 있다. 과도현상 억제기의 동적 제너 임피던스를 결정하시오.(힌트 : 2장에서 표시된 Z_Z를 결정하는 방법을 사용하시오)

1N6267A Series

ELECTRICAL CHARACTERISTICS (T_A = 25°C unless otherwise noted, V_F = 3.5 V Max. @ I_F (Note 1) = 100 A)

Device	JEDEC Device (Note 2)	V_{RWM} (Note 3)	I_R @ V_{RWM}	Breakdown Voltage				V_C @ I_{PP} (Note 5)		θV_{BR}
				V_{BR} (Note 4) (Volts)			@ I_T	V_C	I_{PP}	
		(Volts)	(μA)	Min	Nom	Max	(mA)	(Volts)	(A)	(%/°C)
1.5KE6.8A	1N6267A	5.8	1000	6.45	6.8	7.14	10	10.5	143	0.057
1.5KE7.5A	1N6268A	6.4	500	7.13	7.5	7.88	10	11.3	132	0.061
1.5KE8.2A	1N6269A	7.02	200	7.79	8.2	8.61	10	12.1	124	0.065
1.5KE9.1A	1N6270A	7.78	50	8.65	9.1	9.55	1	13.4	112	0.068
1.5KE10A	1N6271A	8.55	10	9.5	10	10.5	1	14.5	103	0.073
1.5KE11A	1N6272A	9.4	5	10.5	11	11.6	1	15.6	96	0.075
1.5KE12A	1N6273A	10.2	5	11.4	12	12.6	1	16.7	90	0.078
1.5KE13A	1N6274A	11.1	5	12.4	13	13.7	1	18.2	82	0.081
1.5KE15A	1N6275A	12.8	5	14.3	15	15.8	1	21.2	71	0.084
1.5KE16A	1N6276A	13.6	5	15.2	16	16.8	1	22.5	67	0.086
1.5KE18A	1N6277A	15.3	5	17.1	18	18.9	1	25.2	59.5	0.088
1.5KE20A	1N6278A	17.1	5	19	20	21	1	27.7	54	0.09
1.5KE22A	1N6279A	18.8	5	20.9	22	23.1	1	30.6	49	0.092
1.5KE24A	1N6280A	20.5	5	22.8	24	25.2	1	33.2	45	0.094
1.5KE27A	1N6281A	23.1	5	25.7	27	28.4	1	37.5	40	0.096
1.5KE30A	1N6282A	25.6	5	28.5	30	31.5	1	41.4	36	0.097
1.5KE33A	1N6283A	28.2	5	31.4	33	34.7	1	45.7	33	0.098
1.5KE36A	1N6284A	30.8	5	34.2	36	37.8	1	49.9	30	0.099
1.5KE39A	1N6285A	33.3	5	37.1	39	41	1	53.9	28	0.1
1.5KE43A	1N6286A	36.8	5	40.9	43	45.2	1	59.3	25.3	0.101
1.5KE47A	1N6287A	40.2	5	44.7	47	49.4	1	64.8	23.2	0.101
1.5KE51A	1N6288A	43.6	5	48.5	51	53.6	1	70.1	21.4	0.102
1.5KE56A	1N6289	47.8	5	53.2	56	58.8	1	77	19.5	0.103
1.5KE62A	1N6290A	53	5	58.9	62	65.1	1	85	17.7	0.104
1.5KE68A	1N6291A	58.1	5	64.6	68	71.4	1	92	16.3	0.104
1.5KE75A	1N6292A	64.1	5	71.3	75	78.8	1	103	14.6	0.105
1.5KE82A	1N6293A	70.1	5	77.9	82	86.1	1	113	13.3	0.105
1.5KE91A	1N6294A	77.8	5	86.5	91	95.5	1	125	12	0.106
1.5KE100A	1N6295A	85.5	5	95	100	105	1	137	11	0.106
1.5KE110A	1N6296A	94	5	105	110	116	1	152	9.9	0.107
1.5KE120A	1N6297A	102	5	114	120	126	1	165	9.1	0.107
1.5KE130A	1N6298A	111	5	124	130	137	1	179	8.4	0.107
1.5KE150A	1N6299A	128	5	143	150	158	1	207	7.2	0.108
1.5KE160A	1N6300A	136	5	152	160	168	1	219	6.8	0.108
1.5KE170A	1N6301A	145	5	162	170	179	1	234	6.4	0.108
1.5KE180A	1N6302A	154	5	171	180	189	1	246	6.1	0.108
1.5KE200A	1N6303A	171	5	190	200	210	1	274	5.5	0.108
1.5KE220A		185	5	209	220	231	1	328	4.6	0.109
1.5KE250A		214	5	237	250	263	1	344	5	0.109

1. 1/2 sine wave (or equivalent square wave), PW = 8.3 ms, duty cycle = 4 pulses per minute maximum.
2. Indicates JEDEC registered data
3. A transient suppressor is normally selected according to the maximum working peak reverse voltage (V_{RWM}), which should be equal to or greater than the dc or continuous peak operating voltage level.
4. V_{BR} measured at pulse test current I_T at an ambient temperature of 25°C
5. Surge current waveform per Figure 5 and derate per Figures 1 and 2.

[그림 5-29]

5-9. [그림 5-30]에 표시된 회로는 V_{in}의 정격보다 30% 큰 입력 서지전압은 견딜 수가 없다. [그림 5-29]에 표시된 회로 중 가장 적합한 것은 무엇인가?

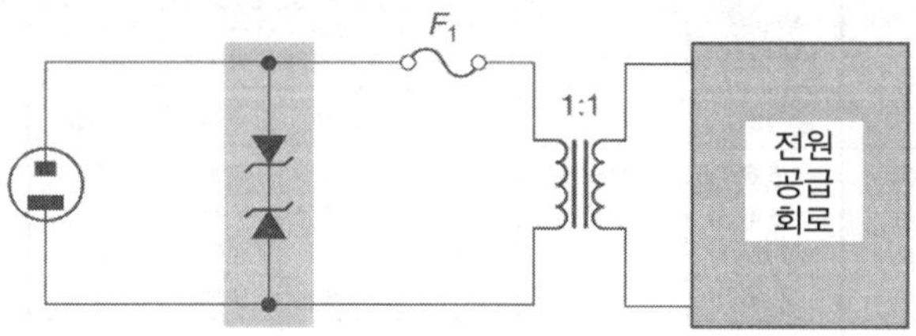

[그림 5-30]

5-10. [그림 5-28]에 표시된 바랙터를 MV104로 교체하시오. 100kHz에서 회로가 동조되도록 회로를 수정하는데 필요한 V_R을 구하시오.

Chapter 6

쌍극성 접합형 트랜지스터 (Bipolar Junction Transistors)

학습목표

이 장을 학습하고 나면 여러분은 다음과 같은 내용을 이해하고 설명할 수 있다.

1. 쌍극성 접합형 트랜지스터의 각 단자의 이름과 회로 기호에 의한 구분을 할 수 있고 트랜지스터의 다른 단자와의 관계에 대해서 설명할 수 있다.
2. BJT의 구조를 설명할 수 있다.
3. BJT의 차단(cut off), 포화(saturation), 활성(active) 영역에서의 동작과 특성에 대해서 설명할 수 있다.
4. 전류제어 소자인 트랜지스터의 특성에 대해서 고찰하고 세 단자 사이의 전류에 대해서 설명할 수 있다.
5. 파라미터 β를 정의하고 트랜지스터 전류 계산에서 어떻게 사용되는가를 설명할 수 있다.
6. 파라미터 α를 정의하고 트랜지스터 전류 계산에서 어떻게 사용되는가를 설명할 수 있다.
7. 주어진 트랜지스터의 최대 허용 컬렉터 전류와 소자의 최대 β 정격을 이용해서 트랜지스터의 최대 허용 베이스 전류를 계산할 수 있다.
8. 다양한 트랜지스터의 전압 정격을 기술하고 설명할 수 있다.
9. BJT의 특성곡선을 설명할 수 있다.
10. 베타, 온도, 직류 컬렉터 전류와의 관계에 대해서 설명할 수 있다.
11. 열적 저항과 트랜지스터의 접합동작 온도 사이의 관계에 대해서 설명할 수 있다.
12. BJT 고장을 검사하기 위해서 사용되는 다섯 가지 저항계의 사용법에 대해서 설명할 수 있다.
13. 이산형 트랜지스터와 집적형 트랜지스터 사이의 차이점을 설명할 수 있다.
14. 고 전류용 트랜지스터와 고 전압용 트랜지스터, 고 전력용 트랜지스터의 특성에 대해서 설명할 수 있다.
15. 표면 실장형 소자의 특성과 집적회로의 이점에 대해서 설명할 수 있다.

현대 전자 시스템의 주요 구성(초석)은 트랜지스터이다. 트랜지스터는 자신의 입력전류에 의해서 출력 전류, 전압, 전력이 제어되는 3단자 소자이다. 통신 시스템과 오디오 시스템에서도 교류 신호의 강도를 증가시키기 위해서 사용되는 회로인 증폭기(amplifier)의 가장 중요한 구성요소이다. 디지털 컴퓨터 시스템에서도 트랜지스터는 두 가지 운영 상태(개방, 단락)를 초당 수십억 회 씩 스위칭 하는 것이 가능하기 때문에 고속의 전자 스위치로 사용된다. 트랜지스터는 역시 전원 공급장치와 전류조정기 회로에서도 사용된다.

트랜지스터 형태에는 두 가지로 구분되는데 그 중 하나는 쌍극성 접합형 트랜지스터(Biploar Junction Transistor : BJT)이고 나머지 하나는 전계 효과형 트랜지스터(Field Effect Transistor : FET)이다. 여러분도 이해하게 되겠지만, 이런 두 가지 형태의 트랜지스터는 동작 특성과 내부 구조가 서로 다르다. 단순히 트랜지스터라고 칭하면 일반적으로 BJT를 의미하게 된다. 전계효과형 트랜지스터는 FET라고 부른다. 이 장에서는 쌍극성 접합형 트랜지스터의 기본적 동작과 운영 원리에 대해서 설명하기로 한다. FET소자는 12장과 13장에서 고찰하기로 한다.

6.1 쌍극성 접합형 트랜지스터의 소개(Introduction to the BJT)

쌍극성 접합형 트랜지스터, 또는 BJT는 3단자 소자이다. 3단자는 이미터, 컬렉터, 베이스라고 부른다. 이미터와 컬렉터 단자는 동일한 반도체 물질로 구성되고(p형이든 n형이든) 반면에 베이스는 다른 물질의 형태로 구성된다. BJT의 구조는 [그림 6-1]에 표시된 것과 같다.

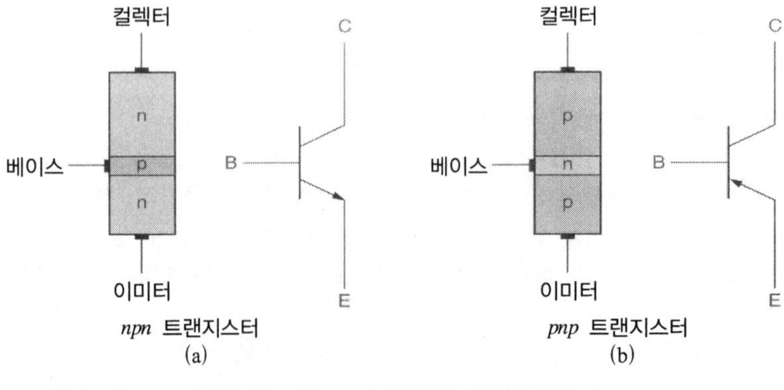

[그림 6-1] BJT의 구조와 회로기호

[그림 6-1]에 표시된 것처럼 두 가지 형태의 BJT가 사용된다. 첫 번째 형태는 *npn*형 트랜지스터로 *n*형의 이미터와 컬렉터 단자, *p*형의 베이스 단자를 가지고 있다. 두 번째 형태인 *pnp*형 트랜지스터는 *npn*형 트랜지스터와 반대 형태로 구성된다. 다시 말하자면 *p*형의 이미터와 컬렉터 단자, *n*형의 베이스 단자를 가지고 있다.

6.1.1 BJT 회로 기호(BJT Schematic Symbol)

[그림 6-1]은 *npn*형 트랜지스터와 *pnp*형 트랜지스터의 회로 기호를 표시하고 있다. 회로 기호에서 화살표는 다음과 같은 두 가지 이유 때문에 중요하다.

- 화살표는 소자의 단자를 구별한다. 화살표는 항상 이미터 단자를 향해서 그려진다. 이미터와 반대 방향에 있는 단자가 컬렉터 단자이고 가운데 단자가 베이스 단자이다.
- 화살표는 항상 *n*형 물질을 향해서 지시한다. 만일 화살표가 베이스를 향해서 지시한다면 트랜지스터는 *pnp*형이다. 만일 화살표가 이미터를 지시한다면 트랜지스터는 *npn*형이다.

6.1.2 트랜지스터 전류(Transistor Current)

트랜지스터의 단자 전류는 [그림 6-2]에 표시된다. 트랜지스터의 이미터, 컬렉터, 베이스 전류는 각각 I_E, I_C, I_B로 구분된다. 일반적인 상황에서는 I_E가 세 전류 중의 가장 큰 값을 가지고 다음이 I_C이다. 베이스 전류 I_B는 일반적으로 다른 두 개의 전류보다도 매우 작은 값을 가진다. *npn*형 트랜지스터의 전류 방향이 *pnp*형 트랜지스터의 전류 방향과 반대인 것에 주목해야 한다.

트랜지스터는 전류 제어 소자이다. 컬렉터 전류와 이미터 전류 값은 근본적으로 베이스 전류 값에 의해서 결정된다는 의미이다. 정상적인 상황 아래에서 I_C와 I_E의 값은 I_B 값에 의해서 직접적으로 변화한다. I_B 값의 증가 또는 감소는 I_C와 I_E 값에서 유사한 변화를 유발시킨다. 이런 관계는 6장 2절에서 논하게 될 것이다.

주어진 트랜지스터의 I_C 전류 값은 일반적으로 I_B 값의 몇 배이다. 베이스로부터 컬렉터로 가는 전류 증가 요소를 소자의 순방향 전류이득(forward current gain)이라고 정의하고 그리스 문자 베타(β)로 표시한다. 트랜지스터의 컬렉터 전류량을 계산하려면 간단히 베이스 전류 값에 β 값을 곱해주면 된다.

$$I_C = \beta I_B \tag{6-1}$$

예를 들어서 [그림 6-2 (a)]에 표시된 트랜지스터가 $I_B = 50\mu A$ 그리고 $\beta = 120$을 가지고 있다고 가정하면 소자의 I_C 값은 6mA로 구해진다.

$$I_C = \beta I_B = (120)(50\mu A) = 6mA$$

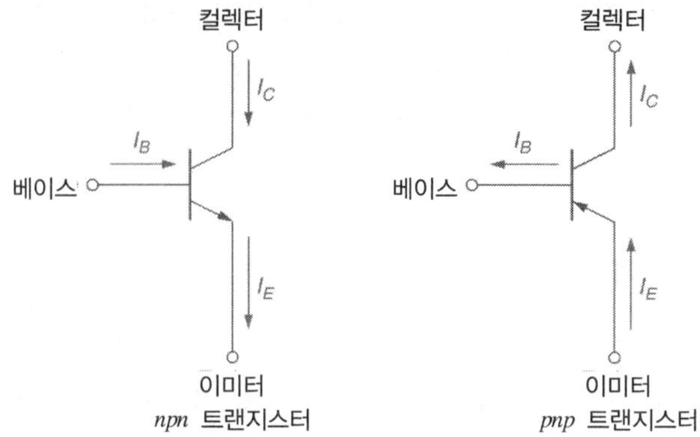

[그림 6-2] 트랜지스터의 단자전류

이런 관계의 중요성은 이 장을 통해서 계속 증명된다.

6.1.3 트랜지스터 전압(Transistor Voltage)

트랜지스터의 동작을 해석하는 경우에는 몇 가지 전압에 대해서 고찰하게 된다. 이런 전압들은 〈표 6-1〉에 표시되어 있는데 [그림 6-3]에 표시된 것처럼 구분된다. [그림 6-3 (a)]에 표시된 V_{CC}와 V_{BB}는 트랜지스터를 바이어스시키기 위해서 사용되는 직류 전압이다. [그림 6-3 (b)]에 표시된 것처럼 이미터 회로에 표시된 직류 바이어스 전원인 V_{EE}와 접지로부터 각 단자 사이에서 측정되는 단자 전압인 V_C, V_E, V_B가 있다. [그림 6-3 (c)]에 표시된 V_{CE}, V_{CB}, V_{BE}는 트랜지스터의 두 단자 양단에 걸리는 전위차를 측정한 것이

표 6-1 트랜지스터 전압

전압 기호	정의
V_{CC}	컬렉터 공급전원으로 직류전원 공급 장치로부터 트랜지스터의 컬렉터에 직접인가 되거나 간접으로 인가된다.
V_{BB}	베이스 공급전원으로 트랜지스터의 베이스를 바이어스시키기 위해서 공급되는 직류전압이다. 직류전원 공급 장치로부터 직접 공급되는 경우도 있고 저항성 회로에 의해서 간접으로 공급된다.
V_{EE}	이미터 공급전원으로 직류 바이어스 전압이다. 대부분의 경우 V_{EE}는 접지에 간단히 연결된다.
V_C	트랜지스터의 컬렉터와 접지 사이에서 측정되는 직류전압이다.
V_B	트랜지스터의 베이스와 접지 사이에서 측정되는 직류전압이다.
V_E	트랜지스터의 이미터와 접지 사이에서 측정되는 직류전압이다.
V_{CE}	트랜지스터의 컬렉터와 이미터 사이에서 측정되는 직류전압이다.
V_{BE}	트랜지스터의 베이스와 이미터 사이에서 측정되는 직류전압이다.
V_{CB}	트랜지스터의 컬렉터와 베이스 사이에서 측정되는 직류전압이다.

다. [그림 6-3]에 표시된 전압이 특성에 대해서 빨리 기억하는 것이 앞으로 이 장을 학습하는데 도움이 된다.

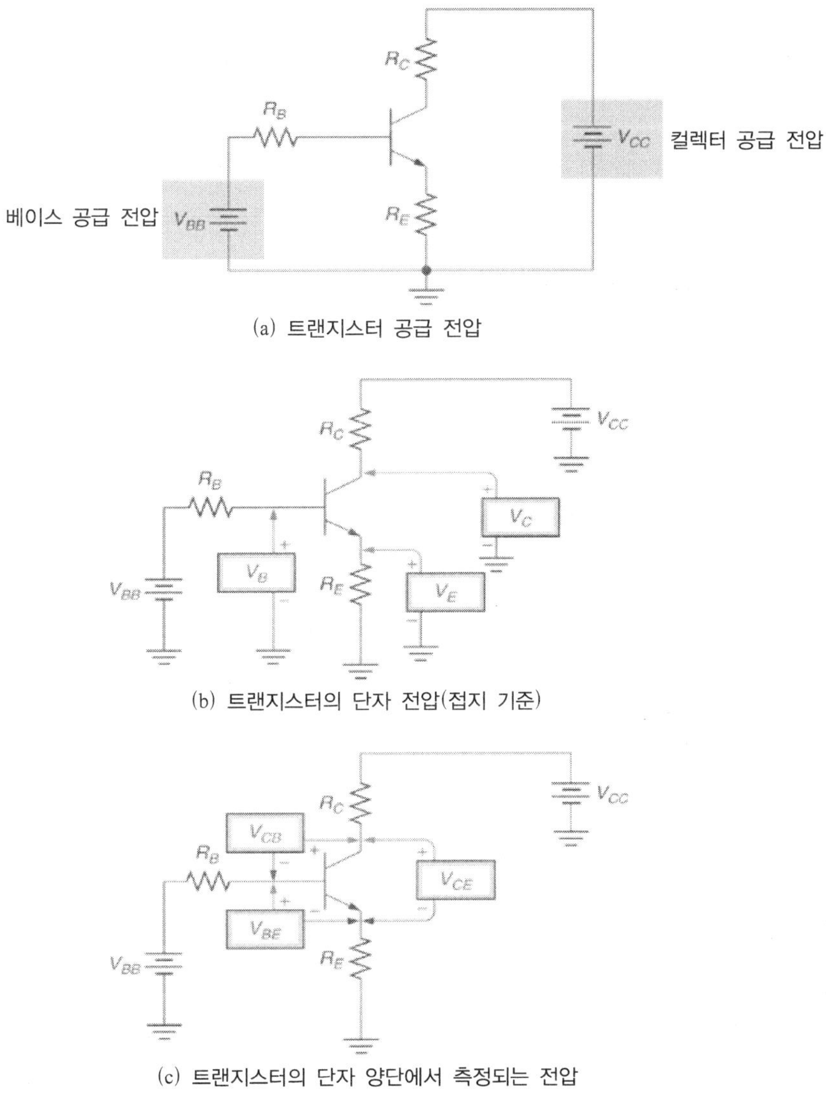

(a) 트랜지스터 공급 전압

(b) 트랜지스터의 단자 전압(접지 기준)

(c) 트랜지스터의 단자 양단에서 측정되는 전압

[그림 6-3] 트랜지스터 증폭기 전압

기초 확인문제 6.1

1. 통신 전자공학에서 트랜지스터의 가장 기본적인 응용은 무엇인가?
2. 디지털 전자공학에서 트랜지스터의 가장 기본적인 응용은 무엇인가?
3. 트랜지스터의 두 가지 기본형태는 무엇인가?

4. BJT의 단자를 무엇이라 부르는가?
5. BJT의 두 가지 형태는 어떻게 구분되는가? 그 두 가지 형태의 차이점은 무엇인가?
6. BJT 회로 기호에서 화살표는 무엇을 지시하는가?
7. *npn*형 트랜지스터와 *pnp*형 트랜지스터의 회로기호를 그리고 표시하라.
8. 다음의 트랜지스터 전압을 구분해서 설명하라. V_{CC}, V_{BB}, V_{EE}, V_C, V_E, V_B, V_{CE}, V_{BE}, V_{CB}

6.2 트랜지스터 구조와 동작 (Transistor Construction and Operation)

트랜지스터는 세 가지 형태로 분리된 반도체 물질로 구성되어 있다. 세 가지 물질은 [그림 6-4]에 표시된 것처럼 두 개의 *pn* 접합을 구성하게 된다.

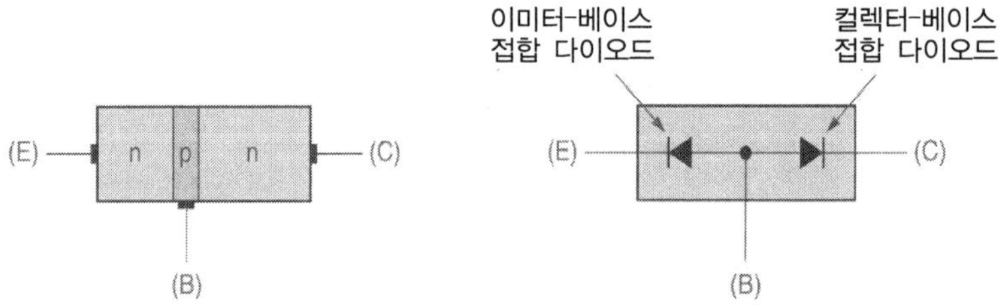

[그림 6-4] BJT의 구조

이미터와 베이스가 결합되는 단일 *pn* 접합의 형태는 베이스-이미터 접합이라고 부른다. 컬렉터-베이스 접합은 베이스와 컬렉터가 만나는 곳이다. [그림 6-5]는 바이어스가 연결되지 않은 상태의 *npn* 트랜지스터를 표시하고 있다. 여러분도 기억하고 있겠지만 바이어스되지 않은 상태의 *pn* 접합은 실온에서 공핍 층을 구성하게 된다. BJT 접합 근처의 공핍 층은 그림에 표시된 것처럼 구성된다.

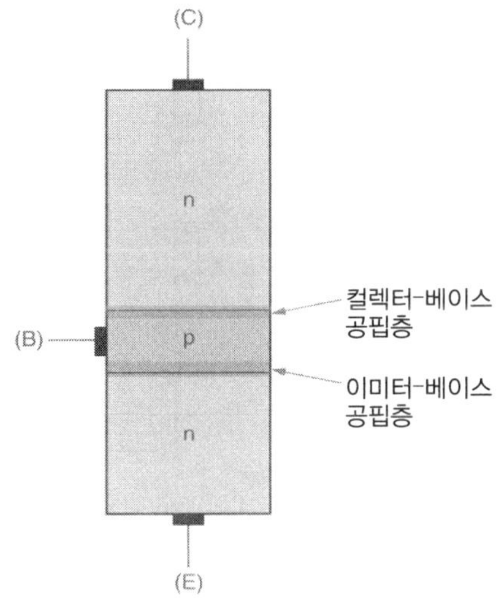

[그림 6-5] 제로 바이어스

BJT 접합을 바이어스시키기 위해서 외부 전압이 사용된다. 설계에 의하면 이런 전원들은 다음과 같이 주어지는 세 가지 형태의 바이어스 조합 중 하나로 동작된다.

베이스-이미터 접합	컬렉터-베이스 접합	동작 영역
역 바이어스	역 바이어스	차단
순 바이어스	역 바이어스	활성
순 바이어스	순 바이어스	포화

이와 같은 세 가지 동작조건(영역)에 대해서 알아보기로 하자. 우선 *npn*형 트랜지스터에 대해서 논의하기로 한다. 그러나 모든 원리는 *pnp*형 트랜지스터에도 똑같이 적용된다는 점을 기억해야 한다.

6.2.1 차단(Cutoff)

[그림 6-6]은 두 가지 바이어스 전위가 인가된 트랜지스터를 표시하고 있다. 그 결과 이런 전압들은 트랜지스터의 두 접합을 역방향으로 바이어스시킨다.

그림에 표시된 것과 같은 극성으로 인해서 두 개의 공핍 층 영역은 이미터, 베이스, 컬렉터 영역 속으로 확장된다. 공핍 층 영역이 커지면 극히 작은 역방향 전류가 이미터에서 컬렉터로 흐르고, 트랜지스터는 차단 상태에 있다고 말한다. 예를 들면 2N3904 트랜지스터는 40V의 컬렉터-이미터 전압 V_{CE}와 3V의 역방향 베이스-이미터 전압 V_{BE}로 인해서 50nA의 컬렉터 전류 I_C를 가지게 된다. 이것은 베이스-이미터 접합이 순방향으로 바이어스되어있을 때의 I_C 값인 200mA에 비하면 극히 작은 것이다.

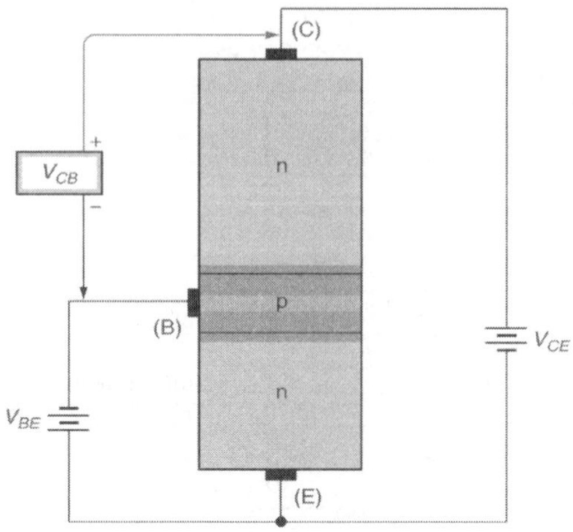

[그림 6-6] 차단

6.2.2 포화(Saturation)

차단의 반대는 포화이다. 포화는 I_B가 더욱 더 증가해도 I_C가 더 이상 증가하지 않는 상태를 의미한다. 트랜지스터가 포화되었다고 말할 때는 I_C는 컬렉터 공급전원 V_{CC}와 컬렉터-이미터 회로의 전체 저항에 의해서 결정되는 자신의 최대값에 도달된다. 이 점은 [그림 6-7]에 표시되어 있다.

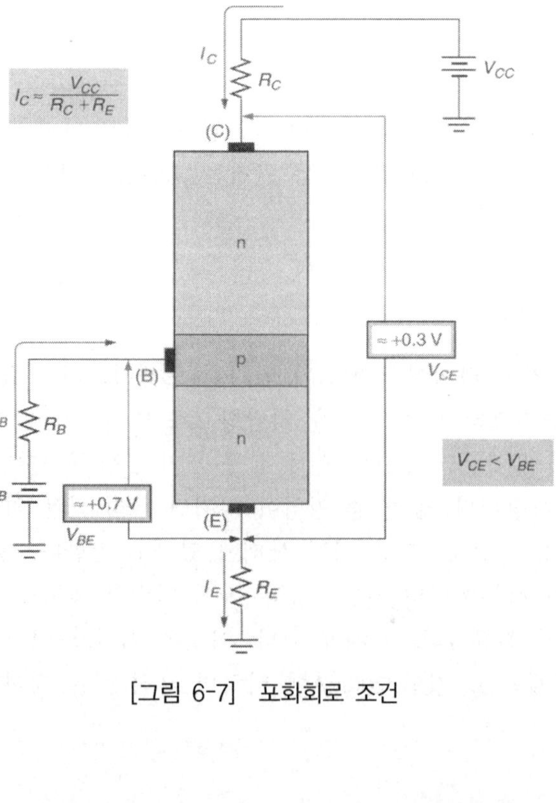

[그림 6-7] 포화회로 조건

트랜지스터의 V_{CE} 전압이 0V(이상적인 상태)가 되는 순간을 가정하자. 만약 이런 경우에 I_C는 전적으로 V_{CC}, R_C(컬렉터 저항), 그리고 R_E(이미터 저항) 값에 의존한다. 옴의 법칙에 따르자면 I_C의 최대값은 다음과 같이 구해진다.

$$I_C = \frac{V_{CC}}{R_C + R_E}$$

이젠 I_B가 더 이상은 증가할 수 없는 점인 최대값에 I_C가 도달했을 때 I_B가 증가하는지에 대해 논의해보자. I_C가 증가할 수 없을 때 I_B가 계속 증가한다면 $I_C = \beta I_B$의 관계는 더 이상 유효하지 않다.

만약 I_B가 I_C가 증가할 수 있는 점 이상으로 증가한다면, 두 개의 트랜지스터 접합은 순방향으로 바이어스된다. 이런 점은 [그림 6-7]에 표시되어 있다. 트랜지스터의 V_{CE} 값은 대략 0.3V이고, 이것은 일반적으로 포화된 트랜지스터의 V_{CE} 값이다. 0.7V의 V_{BE} 값과 컬렉터-베이스 접합은 두 값의 차인 0.4V로 바이어스된다. 이 전압은 트랜지스터의 컬렉터-베이스접합이 순방향 바이어스라는 점을 표시한다는 점을 주목해야 한다.

6.2.3 활성 동작(Active Operation)

베이스-이미터 접합이 순방향 바이어스이고 컬렉터-베이스 접합이 역방향 바이어스일 때 트랜지스터는 활성영역에서 동작한다고 말한다. 일반적으로 차단과 포화영역 사이에 있을 때 트랜지스터는 활성영역이라고 한다. 활성영역을 위한 바이어스 방법은 [그림 6-8]에 표시된 것과 같다.

이런 영역에서의 트랜지스터의 동작은 [그림 6-8]에 표시된 것처럼 단지 베이스-이미터 접합이 순방향으로 바이어스될 때 어떤 일이 발생되는지만 고려하면 되므로 이해하기가 가장 쉽다. 베이스 이미터전압 V_{BE}가 접합면의 전위장벽을 극복하기 위해서 충분히 크다면 V_{BB}와 V_{CC}는 트랜지스터의 이미터, 베이스 컬렉터에서 전류를 발생시킨다. 베이스 영역이 매우 약하게(가볍게) 도핑 되어 있기 때문에 베이스 물질의 저항은 컬렉터-베이스 접합의 역방향으로 바이어스된 컬렉터 저항보다 크다. 따라서 이미터 전류의 대부분은 역방향으로 바이어스된 컬렉터 베이스 접합을 통해서 컬렉터로 흘러나오게 된다.

역방향으로 바이어스된 *pn* 접합을 통해서 흘러가는 전류의 개념은 여러분에게는 생소하지는 않을 것이다. 결국, 제너다이오드는 역방향으로 바이어스된 접합을 통해서 흐르는 전류를 허용하기 위해서 고안되었다. 트랜지스터의 컬렉터-베이스 접합 역시 접합에 손상을 주지 않고 역방향 전류를 허용하도록 고안된 것이다.

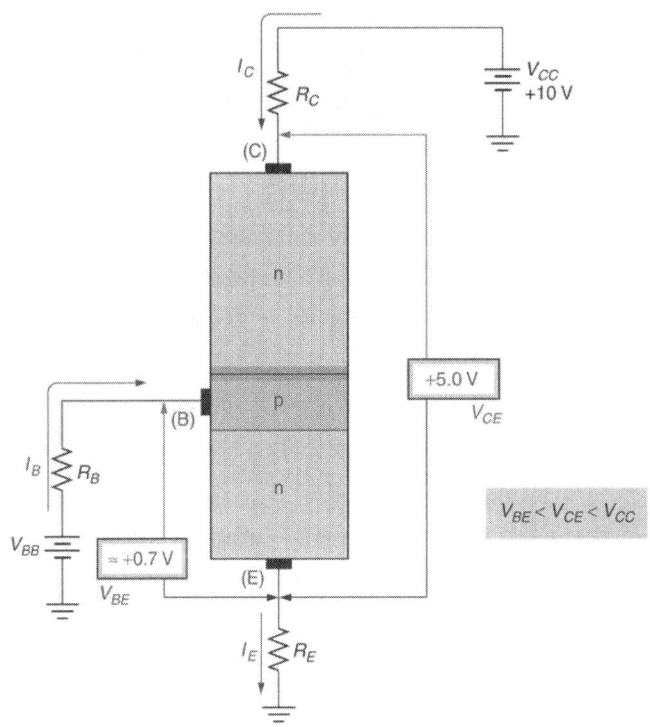

[그림 6-8] 활성 동작

6.2.4 기본 정리(The bottom line)

트랜지스터가 차단영역에 있을 때 양 접합면은 역방향으로 바이어스되어 있고 3단자를 통해서 흐르는 전류는 거의 0이다. 포화상태에 있을 때 I_C는 가능한 최대값을 가진다. 이런 경우에는 트랜지스터 접합들은 모두 순방향으로 바이어스되고 I_B 값에 전적으로 의존한다. 다른 경우에는 I_C는 V_{CC} 값과 컬렉터-이미터 회로의 저항 값에 의해 결정된다.

차단과 포화영역 사이를 활성영역이라고 정의한다. 트랜지스터가 이런 영역에서 동작할 때 베이스-이미터 접합은 순방향으로 바이어스되고 컬렉터-베이스 접합은 역방향으로 바이어스된다. 베이스의 낮은 도핑 때문에 베이스 영역에서는 매우 작은 재결합만이 발생하고 대부분의 I_E는 컬렉터 회로로 통과된다. 베이스-이미터 전압 V_{BE}는 대략 0.7V이고, 접합면의 전위 장벽이다. 컬렉터-베이스 전압 V_{CB}와 컬렉터-이미터 전압 V_{CE}의 값은 외부회로 구성 소자 값과 트랜지스터를 통한 전류량에 의해서 결정된다.

참고로 세 가지 트랜지스터의 동작 영역의 특성이 [그림 6-9]에 요약되어 있다.

트랜지스터 동작 영역

특성

차단

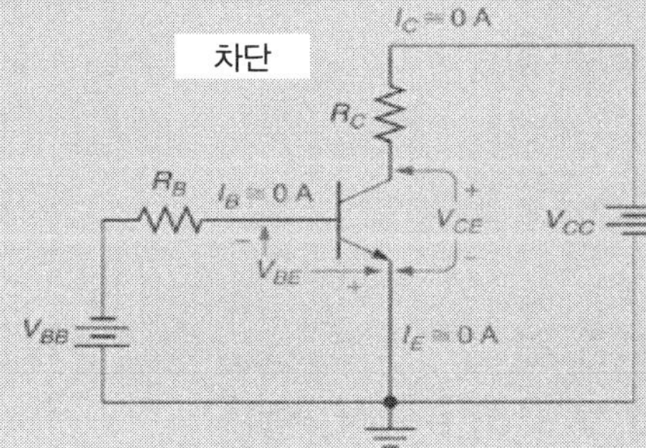

- 양쪽 트랜지스터 접합이 모두 역방향으로 바이어스 된다.
- 모든 단자 전류는 거의 0이다.
- V_{BE}와 V_{CE}는 왼편에 표시된 것 같은 극성을 가진다.

활성

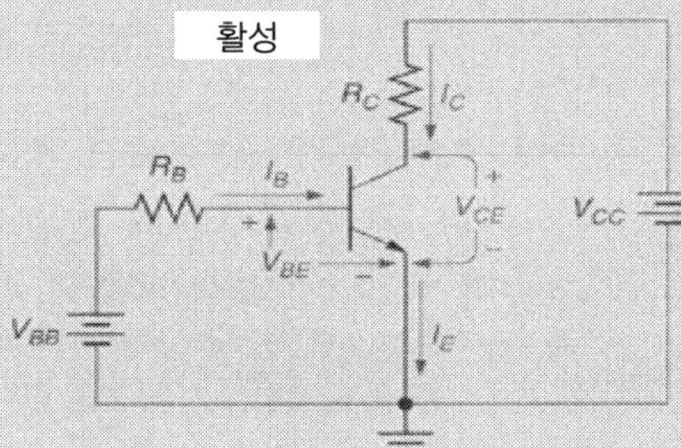

- 베이스-이미터 접합은 순방향으로 바이어스되고 컬렉터-베이스 접합은 역방향으로 바이어스된다.
- 모든 단자 전류는 그림에 표시된 방향으로 흐른다.
- I_C의 크기는 I_B와 B 크기에 의존한다.
- V_{BE}는 대략 0.7V이고 $V_{BE} < V_{CE} < V_{CC}$ 식이 성립된다.

포화

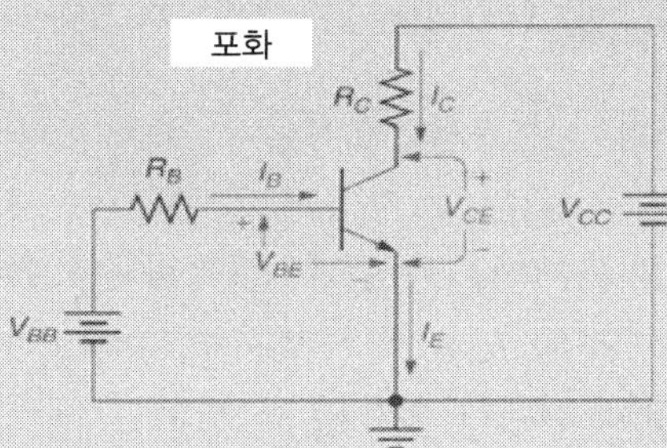

- 두 트랜지스터 접합이 모두 순방향으로 바이어스된다.
- 단자전류는 그림에 표시된 방향으로 흐른다.
- I_C는 β와 I_B에 무관하고 컬렉터-이미터 회로에서 소자에 의해서 결정되는 최대값이 도달된다.
- V_{BE}는 대략 0.7V이다. $V_{CE} < V_{BE}$이다.

[그림 6-9]

기초 확인문제 6.2

1. 조건이 다음과 같을 때 트랜지스터의 두 접합면은 어떻게 바이어스되는가?
   (a) 차단 상태일 때
   (b) 활성 영역에 있을 때
   (c) 포화 상태일 때
2. 트랜지스터가 차단상태일 때 I_C의 값은 얼마인가?
3. 트랜지스터가 포화상태일 때 I_C의 값은 얼마인가?
4. 활성영역을 위한 트랜지스터 바이어스의 기본적인 동작을 설명하라.

5. 트랜지스터에 바이어스가 인가되지 않는 경우 [그림 6-5]에 표시된 공핍 층에 대해서 설명하라.
6. 저항을 통해서 전류가 흘러갈 때 열이 발생된다. [그림 6-8]을 참조하고 가장 많은 열을 발생시키는 트랜지스터의 구역은 어디인지 설명하라.

6.3 트랜지스터 전류와 전압 정격 (Transistor Current and Voltage Rating)

트랜지스터는 여러 가지 전류, 전압 정격을 갖는다. 이런 정격 중 일부는 파라미터(매개변수)이고 나머지 정격은 전형적인 전기적인 특성이다. 이 절에서는 몇몇 트랜지스터의 전류, 전압의 관계, 소자의 정격, 그리고 이런 것들이 트랜지스터의 응용에 있어서 어떤 의미를 가지는지에 대해서 알아보기로 한다.

6.3.1 트랜지스터 전류(Transistor Current)

여러분이 이미 알고 있는 것처럼 트랜지스터는 전류제어소자이다. 많은 응용회로에서 베이스 전류는 I_C와 I_E에서 다양한 변화를 발생시킨다. 소자의 구조 때문이며 I_B의 작은 변화는 다른 단자에서의 큰 전류 변화를 발생시킨다. 이런 관계는 [그림 6-10]에 표시되어 있다. 여러분도 보다시피 10μA에서 20μA까지의 I_B의 작은 변화는 I_C와 I_E에서 2mA에서 4mA까지의 큰 변화를 유발한다. 이미터와 컬렉터 전류의 큰 변화는 트랜지스터의 전류이득이 원인이다. 이 부분은 【예제 6.1】에서 설명된다.

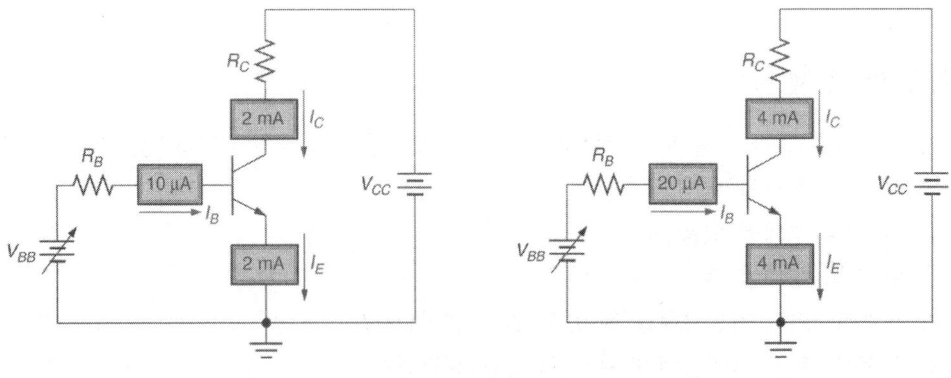

[그림 6-10] BJT의 전류 관계

【예제 6.1】 [그림 6-11]에 표시된 회로에서 트랜지스터의 컬렉터 전류 값을 구하시오.

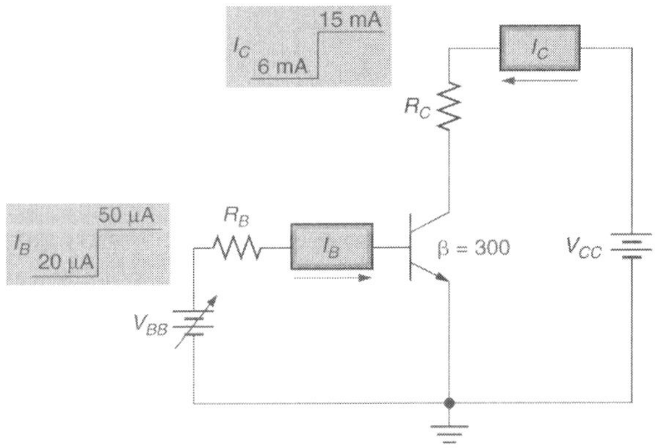

[그림 6-11]

풀이 [그림 6-11]에서 베이스 전류는 초기 값 20μA를 가진다. 소자의 β 정격은 300이다. 이런 값들을 이용하면 컬렉터 전류의 초기 값은 6mA로 구해진다.

$$I_C = \beta I_B = (300)(20\mu A) = 6mA$$

I_B가 50μA까지 증가하면, 컬렉터 전류 또한 증가된다. I_B의 새로운 값을 대입하면 컬렉터 전류는 15mA로 구해진다.

$$I_C = \beta I_B = (300)(50\mu A) = 15mA$$

따라서 베이스 전류에서의 30μA 변화는 컬렉터 전류에서 9mA의 변화를 초래한다.

(실전 연습문제 6-1)

트랜지스터가 $I_B = 50\mu A$, $\beta = 350$을 가진다고 가정하고 I_C 값을 결정하시오.

▶▶ $I_C = 17.5mA$

트랜시스터 베이스 전류 변화의 효과는 드랜지스터 출력전류에 영향을 주며 트렌지스터 교류동작에 대해서 고찰할 때 더 많이 이용된다.

6.3.2 I_E, I_C, I_B의 관계(The Relationship Among I_E, I_C, and I_B)

키르히호프의 전류 법칙에 따르면 소자를 통해서 흘러나온 전류는 소자로 흘러들어오는 전류와 같아야 한다. 이것을 기억하고 있으면 I_E는 식 (6-2)에 표시된 것처럼 다른 두 전류의 합과 같아야 한다는 것이 쉽게 이해된다.

$$I_E = I_B + I_C \tag{6-2}$$

I_B가 일반적으로 I_C보다 매우 적기 때문에, 컬렉터 전류와 이미터 전류의 크기는 대략 같다.

$$I_C \cong I_E \tag{6-3}$$

식 (6-2)와 (6-3)에 표시된 것처럼 전류의 관계는 *npn*형 트랜지스터와 *pnp*형 트랜지스터 양쪽에 똑같이 적용된다.

식 (6-3)의 효과는 【예제 6.1】의 결과에서 알 수 있다. I_B가 50μA로 증가된 후 I_C는 15mA로 된다. 식 (6-2)에 따르면 소자의 I_E는 15.05mA로 구해진다.

$$I_E = I_B + I_C = 50\mu\text{A} + 15\text{mA} = 15.05\text{mA}$$

여러분도 보다시피 I_E와 I_C 값은 【예제 6.1】에 사용된 트랜지스터와 거의 같은 값을 갖는다.

6.3.3 직류 베타(DC Beta)

트랜지스터의 직류 베타 정격은 직류 컬렉터 전류를 직류 베이스 전류로 나눈 값이다.

$$\beta = \frac{I_C}{I_B} \tag{6-4}$$

대부분의 일반적인 트랜지스터 회로에서 입력신호는 베이스에 인가되고 출력신호는 컬렉터로부터 구해지기 때문에 이런 공식은 대단히 중요하다. 따라서 트랜지스터가 이러한 회로에 사용될 때 트랜지스터의 직류 베타 정격은 트랜지스터의 전체적인 직류 전류이득을 나타낸다. 다른 단자 전류를 규정하기 위해 다음과 같이 식 (6-1)과 (6-2)를 이용할 수 있다.

$$I_C = \beta I_B$$

그리고 이 식을 식 (6-2)에 대입하면 식 (6-5)를 구할 수 있다.

$$I_E = I_C + I_B = \beta I_B + I_B$$

$$I_E = I_B(\beta + 1) \tag{6-5}$$

【예제 6.2】, 【예제 6.3】 그리고 【예제 6.4】와 같이 다른 두 단자 전류를 구하기 위해 베타와 한 개의 단자전류 값을 이용한다.

【예제 6.2】 [그림 6-12]에 표시된 회로에서 I_C와 I_E 값을 구하시오.

풀이 I_C 값은 25mA로 구해진다.

$$I_C = \beta I_B = (200)(125\mu A) = 25mA$$

그리고 I_E는 25.1mA로 구해진다.

$$I_E = I_C + I_B = 25mA + 125\mu A = 25.1mA$$

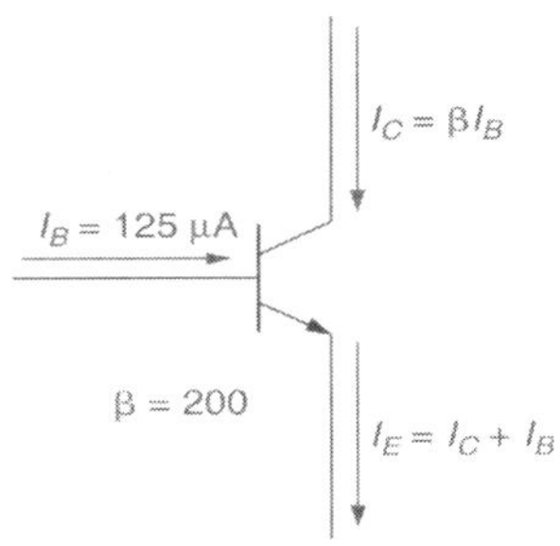

[그림 6-12]

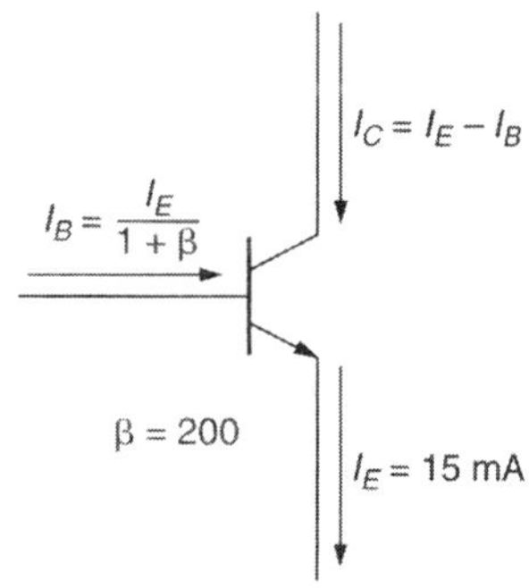

[그림 6-13]

(실전 연습문제 6-2)

[그림 6-12]에 표시된 트랜지스터가 $I_B = 50\mu A$, $\beta = 400$을 가지고 있다고 가정하고 회로에서 I_C와 I_E 값을 구하시오.

▶▶ $I_c = 20mA$, $I_E = 20.05mA$

【예제 6.3】 [그림 6-13]에 표시된 회로에서 I_C와 I_B 값을 구하시오.

풀이 식 (6-5)를 이용해서 식을 정리하고 I_B를 구하면 74.6μA로 계산된다.

$$I_B = \frac{I_E}{\beta + 1} = \frac{15mA}{200 + 1} = 74.6\mu A$$

따라서 I_C는 14.9mA로 구해진다.

$$I_C = I_E - I_B = 15mA - 74.6\mu A = 14.9mA$$

$$I_C = \beta I_B = (200)(74.6\mu A) = 14.9mA$$

(실전 연습문제 6-3)

[그림 6-13]에 표시된 회로의 트랜지스터가 $I_E = 12mA$, $\beta = 140$의 값을 가지고 있다고 가정하고 소자의 I_B와 I_C 값을 구하시오.

▶▶ $I_B = 8.5\mu A$, $I_C = 11.9mA$

【예제 6.4】 [그림 6-14]에 표시된 회로에서 I_B, I_E 값을 구하시오.

풀이 베이스 전류의 크기는 125μA이다.

$$I_B = \frac{I_C}{\beta} = \frac{50\text{mA}}{400} = 125\mu\text{A}$$

그리고 이미터 전류의 크기는 50.125mA로 구해진다.

$$I_E = I_C + I_B = 50\text{mA} + 125\mu\text{A} = 50.125\text{mA}$$

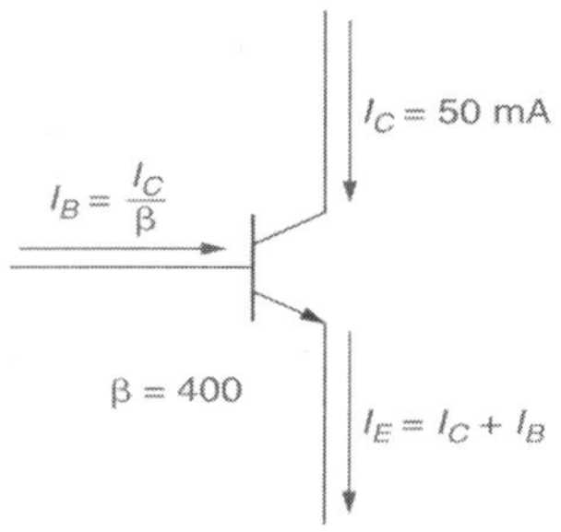

[그림 6-14]

(실전 연습문제 6-4)

[그림 6-14]에 표시된 회로에서 트랜지스터가 $I_C = 80\text{mA}$, $\beta = 170$의 크기를 가진다고 가정하고 I_B와 I_E 값을 구하시오.

▶▶ $I_B = 471\mu\text{A}$, $I_E = 80.5\text{mA}$

트랜지스터의 베타 정격은 전류 값의 비이기 때문에 측정 단위가 없다. 전형적인 트랜지스터 직류 베타 정격은 300까지이다. 이것은 일반적인 트랜지스터가 활성 영역에서 동작할 때 직류 컬렉터 전류가 직류 베이스 전류의 300배까지 도달한다는 것을 의미한다.

6.3.4 직류 알파(DC Alpha)

트랜지스터의 직류 알파 정격은 컬렉터 전류와 이미터 전류의 비이다.

$$\alpha = \frac{I_C}{I_E} \tag{6-6}$$

주어진 트랜지스터의 알파 정격은 항상 단위숫자 1보다 작다. 이것에 대한 이유가 [그림 6-15]에 표시되어 있다.

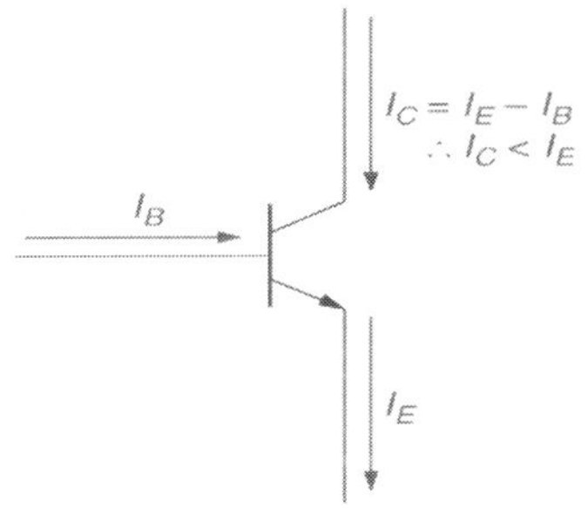

[그림 6-15] α가 항상 1보다 작은 이유

키르히호프의 전류 법칙은 어떤 점(또는 구성소자)에서 흘러나가는 전류는 반드시 어떤 점(또는 구성소자)에서 흘러들어온 전류와 같아야 하는 것을 표시한다. 세 개의 단자 사이의 관계는 식 (6-2)와 같다.

$$I_E = I_B + I_C$$

따라서

$$I_C = I_E - I_B$$

이다. I_C는 항상 I_E보다 I_B에 해당되는 양 만큼 작기 때문에 $\frac{I_C}{I_E}$는 항상 1보다 작아야만 한다.

트랜지스터의 알파 정격은 보통 0.9 또는 그 이상이다. 알파는 두 전류 값 사이의 비이기 때문에 단위가 없다. 식 (6-7)에서부터 식 (6-9)까지 유용한 관계식을 도출해낼 수 있다.

$$I_C = \alpha I_E \tag{6-7}$$

$$I_E = \frac{I_C}{\alpha} \tag{6-8}$$

이러한 관계를 사용하면, 우리는 베이스 전류 I_B를 계산할 수 있다.

$$I_B = I_E - I_C = I_E - \alpha I_E$$
$$I_B = I_E(1 - \alpha) \tag{6-9}$$

6.3.5 알파와 베타 사이의 관계(The Relationship Between Alpha and Beta)

이 장 말미에서 알게 되겠지만, 주어진 트랜지스터의 명세서에는 소자에 대한 베타 값만 표시되고, 알파 값은 표시되지 않는다. 이런 사실은 트랜지스터 회로해석에서 직류 알파보다 직류 베타를 더 일반적으로 사용한다는 의미이다.(이런 사실은 직류와 교류 해석에서도 유용하다.)

알파 값이 제품 명세서에 거의 표시되지 않기 때문에 여러분은 베타 값을 이용하여 알파 값을 계산할 줄 알아야 한다. 여러분은 식 (6-10)을 이용해서 알파 값을 구할 수 있다.

$$\alpha = \frac{\beta}{\beta + 1} \tag{6-10}$$

【예제 6.5】는 직류 베타 값을 알고 있을 때 알파 값을 구하는 과정을 보여준다. 이것도 또한 식 (6-10)의 정당성을 설명하게 된다.

【예제 6.5】 [그림 6-16]에 표시되어 있는 트랜지스터의 알파 정격을 구하시오. 그런 다음 알파와 베타 정격을 이용해서 I_C 값을 구하시오.

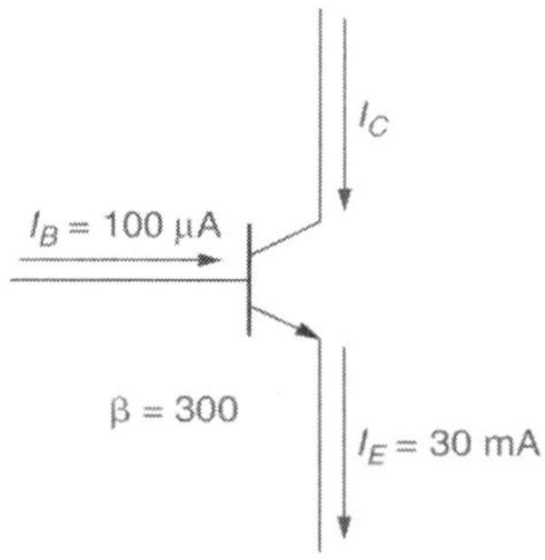

[그림 6-16]

풀이 베타 정격이 300으로 주어졌다. 따라서 알파 정격은 0.997로 구해진다.

$$\alpha = \frac{\beta}{\beta+1} = \frac{300}{301} = 0.997$$

I_C 값은 29.9mA로 구해진다.

$$I_C = \alpha I_E = (0.997)(30\text{mA}) = 29.9\text{mA}$$

또는 I_C 값은 30.0mA로 구할 수도 있다.

$$I_C = \beta I_B = (300)(100\mu\text{A}) = 30.0\text{mA}$$

두 개의 I_C 값은 거의 비슷하기 때문에 두 식 모두 유용하다는 것을 증명할 수 있다.

(실전 연습문제 6-5)

트랜지스터가 다음과 같은 값을 가지고 있다. $\beta = 349$, $I_E = 350\text{mA}$, $I_B = 1\text{mA}$이다. 소자에 대한 α값을 구하시오. 그런 다음 α와 β를 이용하여 I_C 값을 계산하시오. 두 가

지의 I_C 값은 서로 어떠한지 비교하시오.

▶▶ $\alpha = 0.997$, $I_C = 349\text{mA}(\text{using } \beta)$, $I_C = 348.99\text{mA}(\text{using } \alpha)$

6.3.6 최대 전류 정격(Maximum Current Rating)

대부분의 트랜지스터는 제품 명세서에 포화와 차단상태에 대한 최대 컬렉터 전류 정격을 표시해준다. 트랜지스터가 포화되었을 때 컬렉터 전류는 수백 밀리암페어(mA)까지 증가한다. 고 전력 트랜지스터는 수 암페어의 아주 높은 정격을 가진다. 주어진 트랜지스터의 최대 허용 베이스 전류 값은 최대 컬렉터 전류 값을 최대 직류 β 정격으로 나누면 구할 수 있다.

$$I_{B(\max)} = \frac{I_{C(\max)}}{\beta_{\max}} \tag{6-11}$$

【예제 6.6】은 이런 공식의 사용 예이다.

【예제 6.6】 [그림 6-17]에 표시되어 있는 회로에서 트랜지스터의 컬렉터 전류 정격은 $I_{C(\max)} = 500\text{mA}$, 전류 이득 정격 $\beta_{\max} = 300$이라고 가정하고 소자에서 허용되는 최대 베이스 전류 I_B를 구하시오.

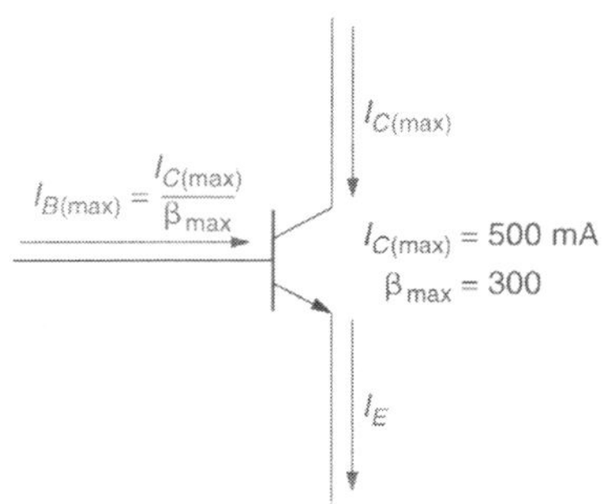

[그림 6-17]

풀이 주어진 정격을 이용하면 $I_{B(\max)}$는 1.67mA로 구해진다.

$$I_{B(\max)} = \frac{I_{C(\max)}}{\beta_{\max}} = \frac{500\text{mA}}{300} = 1.67\text{mA}$$

만약 트랜지스터의 베이스 전류가 1.67mA를 초과한다면, 컬렉터 전류는 500mA의 최대 정격을 넘어서게 되고 트랜지스터는 파괴된다.

(실전 연습문제 6-6)

트랜지스터가 $I_{C(\max)} = 1\text{A}$, $\beta_{\max} = 120$의 정격을 갖는다고 가정하고 $I_{B(\max)}$ 값을 구하시오.

▶▶ $I_{B(\max)} = 8.33mA$

트랜지스터는 차단 전류 정격도 가지고 있다. 이런 정격은 일반적으로 낮은 nA의 범위를 가지면 V_{CE}와 역 전압 V_{BE}의 정확한 값이 스펙에 표시된다. 앞에서 언급된 것처럼 2N3904 트랜지스터는 V_{BE} 값이 3V, V_{CE} 값이 40V이라면, 최대 차단 전류 정격은 50nA이다.

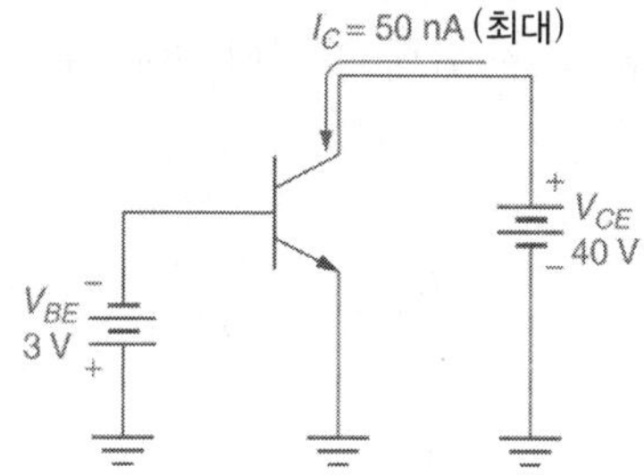

[그림 6-18]

6.3.7 트랜지스터 전압 정격(Transistor Voltage Rating)

대부분의 트랜지스터 스펙에는 컬렉터 베이스 전압 V_{CB}의 최대 정격이 표시되어 있다. 이런 정격은 트랜지스터의 손상 없이 컬렉터 베이스 접합에 인가되어질 수 있는 최대 역 전압을 표시하게 된다. [그림 6-19]에 표시된 것처럼 트랜지스터가 활성 영역에서 동작하기 위해서는 컬렉터 베이스 접합이 역방향으로 바이어스되기 때문에 대단히 중요한 전압이다. [그림 6-19]에 표시된 회로에서 V_{CE}는 40V이고 V_{BE}는 0.75V이다. V_{CB}의 크기는 두 전압의 전위차인 39.25V이다. 만약 이런 전압이 트랜지스터의 V_{CB} 전압 정격을 초과한다면 소자는 파괴된다.

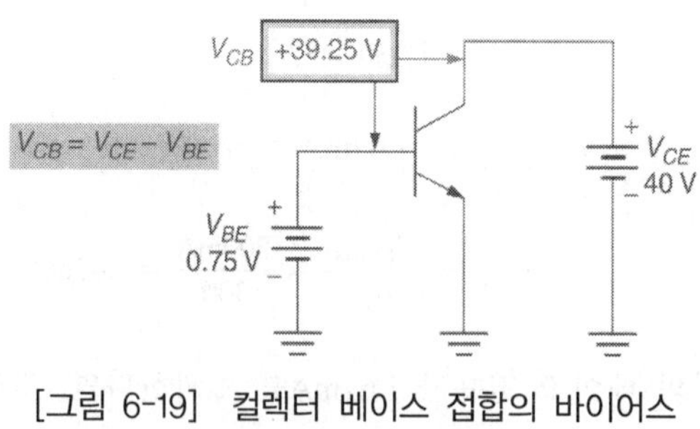

[그림 6-19] 컬렉터 베이스 접합의 바이어스

모든 트랜지스터는 3가지 항복 전압 정격을 가진다. 이런 정격은 트랜지스터가 견딜 수 있는 최대 역 전압을 표시하게 된다. 2N3904인 경우의 전압 정격은 다음과 같다.

전압 정격	크기(V_{dc})
V_{CBO}	60
V_{CEO}	40
V_{EBO}	6

이런 전압들은 [그림 6-20]에 표시되어 있다. 만약 이런 역 전압 정격들이 초과된다면 트랜지스터는 더 이상 동작을 수행할 수 없게 된다.

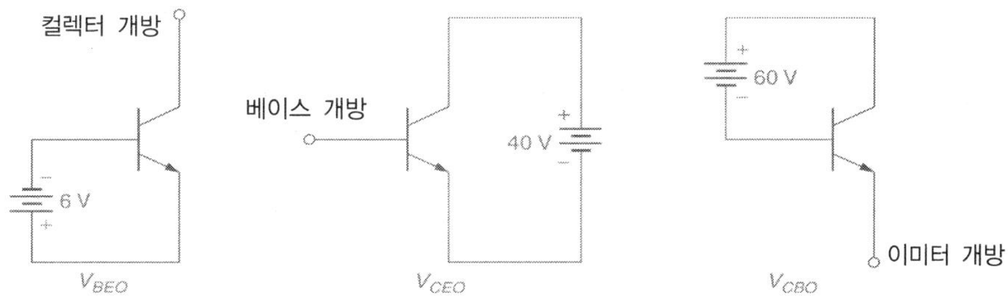

[그림 6-20] BJT 항복전압 정격

이 절에서 소개 되지 않은 많은 트랜지스터 정격이 있는데 예를 들자면 접합 커패시턴스, 최대 소비 전력, 주파수 제한 범위, 동작온도 범위 등이 있다. 이런 정격들은 이후의 장에서 필요할 때마다 소개된다.

기초 확인문제 6.3

1. 전류 제어 소자가 의미하는 것은 무엇인가?
2. 전류 이득이 의미하는 것은 무엇인가?
3. 전류 이득을 표시하기 위해 사용되는 일반적인 기호는 무엇인가?
4. 일반적인 조건하에서 다음 사항들 사이의 관계는 어떤가?
   (a) 베이스 전류와 컬렉터 전류
   (b) 컬렉터 전류와 이미터 전류
5. 직류 베타란 무엇인가?
6. 왜 베타는 측정 단위가 없는가?
7. 베타 정격의 두 가지 형태는 무엇인가?
8. 직류 알파란 무엇인가?
9. 알파 값의 범위는 얼마인가?
10. 베타와 알파 중 어느 값이 일반적으로 사용되는가?
11. 왜 베타 정격을 사용하는데 알파 정격 계산이 필요한가? 어떻게 이 값을 구하는가?

12. 일반적으로 사용되는 트랜지스터 전압 정격은 무엇인가?
13. 트랜지스터에 역 전압이 초과되어 인가되면 어떤 현상이 발생하는가?
14. 공식 6-10은 β의 항으로 α를 정의한 것이다. α의 항으로 β를 정의하는 것에 흥미를 갖지 않는 이유는 무엇인가?
15. 베이스 전류의 최대 허용크기를 계산하기 위해서 사용되는 식 (6-11)에서 β의 최소값이 사용되지 않는 이유는 무엇인가?

6.4 트랜지스터 특성곡선(Transistor Characteristic Curve)

이 절에서는 트랜지스터 동작을 기술하는 세 가지 특성곡선에 대해 알아보기로 한다. 첫 번째로 컬렉터와 베이스 곡선에 대해서 살펴보기로 하자.(이미터 곡선은 필요 없는데 이것은 전류 특성이 컬렉터와 같기 때문이다.) 그런 다음 베타 특성곡선을 알아보고 베타와 I_C, 온도와의 상관관계를 학습하기로 하자.

6.4.1 컬렉터 곡선(Collector Curve)

컬렉터 특성 곡선은 I_C, I_B, V_{CE} 사이의 관계를 나타낸다. 각각의 컬렉터 특성 곡선은 기술된 I_B 값에 의해서 유도된다. 두 개의 특성 곡선이 [그림 6-21]에 표시되어 있다.

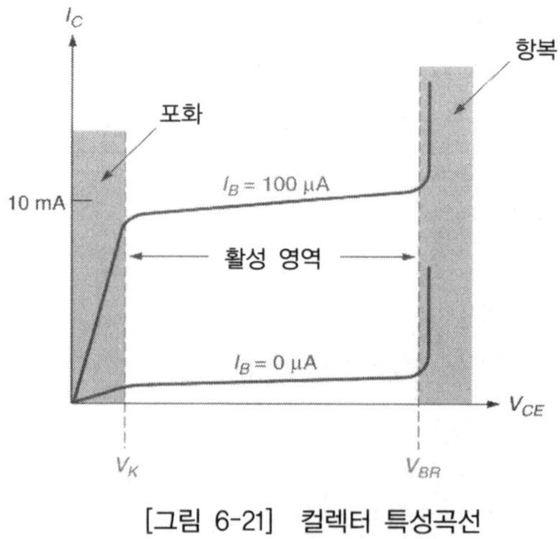

[그림 6-21] 컬렉터 특성곡선

위쪽의 특성곡선은 $I_B = 100\mu A$인 경우의 V_{CE}와 I_C의 관계를 나타낸다. 아래쪽의 특성곡선은 $I_B = 0\mu A$인 경우의 V_{CE}와 I_C의 관계를 나타낸다. $I_B = 0\mu A$인 경우는 트랜지스터가 차단 상태임을 나타낸다. [그림 6-21]에서 컬렉터 특성곡선은 트랜지스터의 가능한 4개의 동작 영역을 나타낸다.

- 특성곡선의 포화 영역은 임계전압 V_K 아래에 있는 영역을 표시한다.
- $I_B = 0\mu A$인 경우는 트랜지스터가 차단 영역을 표시한다.
- 임계전압과 항복전압 V_{BR} 사이에 있는 부분이 활성 영역이다.
- 항복전압 V_{BR}의 오른쪽에 존재하는 부분이 항복영역이다.

이런 특성곡선을 좀더 쉽게 이해하기 위해서는 [그림 6-22]에 표시되어 있는 트랜지스터의 동작에 관해서 고찰해야 한다.([그림 6-21]에 표시된 컬렉터 특성곡선이 [그림 6-22]에 표시된 회로에 적용된다고 가정한다.)

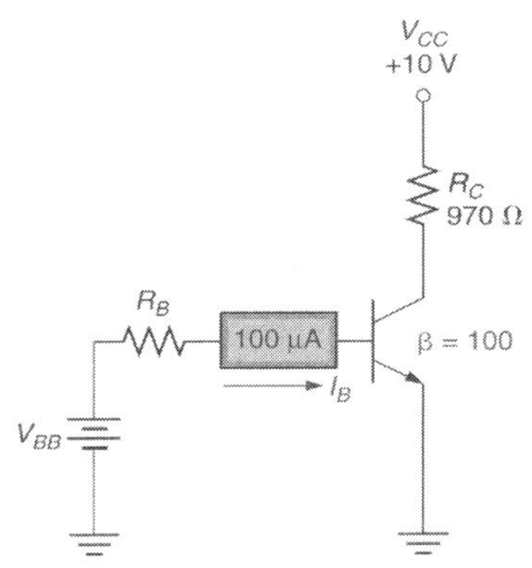

[그림 6-22]

이미 앞에서 살펴본 것처럼 두 접합이 모두 순방향으로 바이어스되면 포화된다. 이런 동작영역에서의 컬렉터 전류는 트랜지스터의 외부 구성 소자에 의해서 제한된다. [그림 6-22]에 표시되어 있는 회로를 고찰해 보자. 키르히호프의 전압법칙에 따르자면 이런 회로에서 V_{CE}의 값은 V_{CC}와 컬렉터 저항 양단에 걸리는 전압의 차에 해당된다.

$$V_{CE} = V_{CC} - V_{RC} \tag{6-12}$$

V_{RC} 대신에 $I_C R_C$를 대입하면 식 (6-13)이 유도된다.

$$V_{CE} = V_{CC} - I_C R_C \tag{6-13}$$

트랜지스터의 베이스의 입력은 그림에서 표시된 것처럼 $I_B = 100\mu A$, R_C의 크기는 970Ω, 그리고 β 정격은 100이다. 이런 값들을 이용하면 출력은 10mA로 구해진다.

$$I_C = \beta I_B = (100)(100\mu A) = 10mA$$

따라서 V_{CE}는 0.3V이다.

$$V_{CE} = V_{CC} - I_C R_C = 10\text{V} - (10\text{mA})(970\,\Omega) = 10\text{V} - 9.7\text{V} = 0.3\text{V}$$

이런 값들의 관계는 [그림 6-23]에 표시되어 있다.

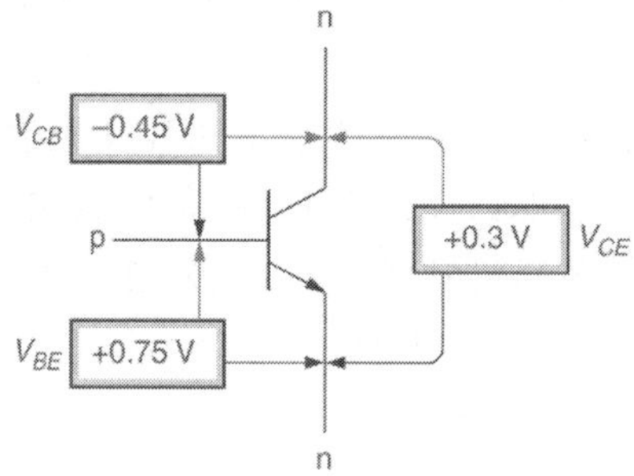

[그림 6-23]

여러분도 보다시피 V_{CE}는 0.3V이다. 만약 트랜지스터가 V_{BE}가 0.75V의 크기를 갖는다고 가정하면 [그림 6-23]에 표시된 것과 같은 전압의 관계를 확인할 수 있다. −0.45V의 크기를 갖는 V_{CB}는 V_{BE}와 V_{CE} 사이의 차와 등가이다. 이런 경우에 컬렉터 베이스 접합은 베이스 이미터 접합처럼 순방향으로 바이어스된다. 이것이 바로 트랜지스터의 포화상태이다.

대부분의 선형 증폭기는 활성 영역에서 동작한다. [그림 6-21]은 I_C가 I_B에 의존하고 V_{CE}에 비교적 독립적이라는 특성을 보여준다. I_C는 V_{CE}가 V_K와 V_{BR} 사이의 영역에서 거의 변화하지 않는다. [그림 6-22]에서 R_C 값을 400Ω으로 바꾸면 다음과 같은 조건이 유도된다.

$$I_C = \beta I_B = (100)(100\mu\text{A}) = 10\text{mA}$$
$$V_{CE} = V_{CC} - I_C R_C = 10\text{V} - (10\text{mA})(400\,\Omega) = 6\text{V}$$

여러분도 보다시피 R_C 값의 변화는 I_C 값의 변화에 아무런 영향도 주지 못한다. 그러나 V_{CE} 값은 0.3V에서 6V로 변화한다. 이것은 트랜지스터가 활성영역에서 동작할 때 V_{CE} 값의 변화에 의해서 I_C가 제어되지 않는다는 것을 의미한다. I_C를 변화시키기 위해서는 I_B 또는 β 값을 변화시켜야 한다.

[그림 6-24]는 I_B가 150μA까지 증가했을 때 어떤 현상이 발생하는지를 표시한 것이다. β는 100을 유지한다면 I_C는 I_B와 함께 비례적으로 증가한다. I_C의 변화는 여전히 V_{CE}에서의 변화와 무관하다.

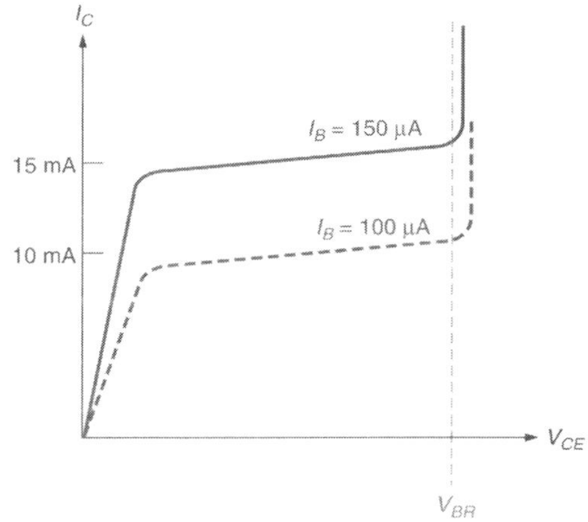

[그림 6-24] 컬렉터 특성곡선에서의 I_B의 변화 효과

트랜지스터의 V_{CE} 값이 항복전압 정격을 초과할 때 트랜지스터의 항복이 발생한다. 전류 증가로 인한 결과인 과도한 열로 인해서 트랜지스터가 파괴되기 전까지 I_C 값은 극적으로 증가한다. 주어진 트랜지스터의 I_C에 대한 I_B 값의 특성곡선을 그려보면 [그림 6-25]에 표시된 것과 유사한 그래프가 생성된다. 그래프를 살펴보면 트랜지스터의 고정된 I_B 값에 의해서 컬렉터 전류가 생성되는 것을 알 수 있다.

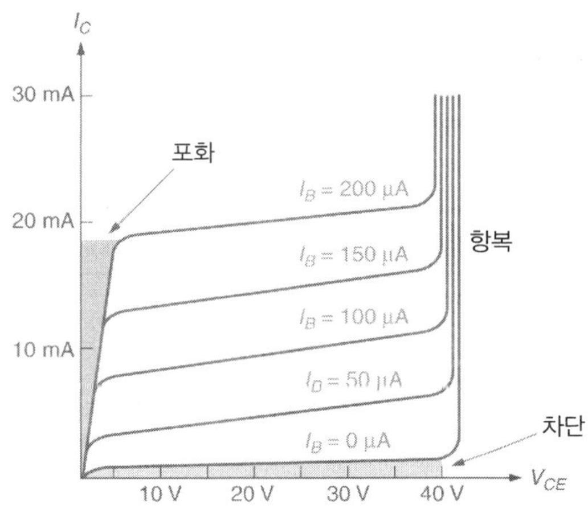

[그림 6-25] BJT의 완전한 컬렉터 특성곡선

6.4.2 베이스 특성곡선(Base Curve)

트랜지스터의 베이스 특성곡선은 [그림 6-26]에 표시된 것처럼 V_{BE}의 함수인 I_B로 표시된다. 이런 특성곡선은 전형적인 pn 접합형 다이오드의 순방향 동작 특성과 매우 유사하다는 것에 주목해야 한다.

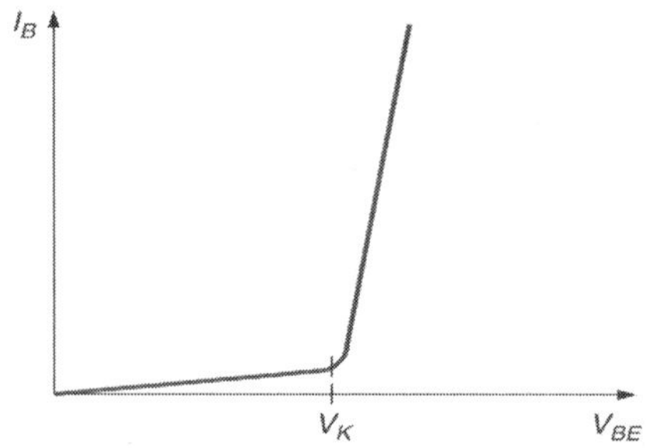

[그림 6-26] 베이스 특성곡선

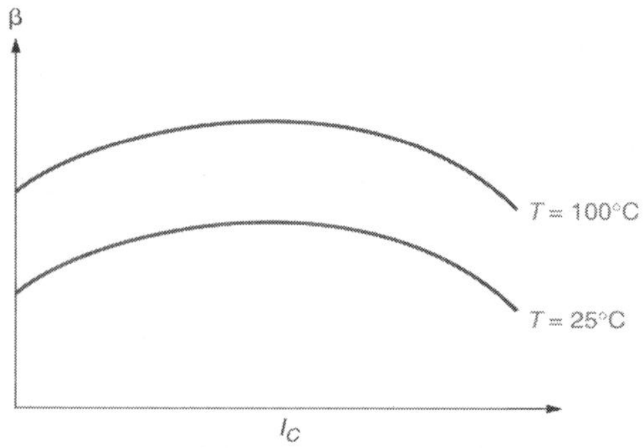

[그림 6-27] 베타, 컬렉터 전류, 온도 사이의 관계

6.4.3 베타 특성곡선(Beta Curve)

베타 곡선은 온도와 직류 컬렉터 전류에 의해서 변화하는 직류 베타 값 변화가 어떠한가를 보여주고 있다. 이 점이 [그림 6-27]에 표시되어 있다. 여러분이 확인한 것처럼 베타 값은 25℃일 때보다 100℃일 때 더 크다. 또한 베타 값의 I_C의 직류 값이 증가함에 따라서 최고점까지 증가한다. 그렇지만 I_C가 어떤 값 이상이 되면 베타 값은 감소하기 시작한다. 트랜지스터 2N3904의 스펙에는 각각의 I_C 값에 의해서 측정된 최소 베타 값을 나타내고 있다.

최소 베타	조 건
40	$I_C = 0.1\text{mA}$
70	$I_C = 1.0\text{mA}$
100	$I_C = 10\text{mA}$
60	$I_C = 50\text{mA}$
30	$I_C = 100\text{mA}$

표에서 보는 것처럼 I_C가 10mA까지 증가할 때까지 베타 값은 증가한다. 그러나 I_C가 10mA 이상이면 베타 값은 감소하기 시작한다. 이것은 [그림 6-27]의 특성곡선에 잘 나타나 있다.

기초 확인문제 6.4

1. 트랜지스터 컬렉터 곡선에서 포화영역은 어떻게 표시되는가?
2. 트랜지스터 컬렉터 곡선에서 활성영역은 어떻게 표시되는가?
3. I_C 값은 V_{CE}에 의존하는가? 답을 설명하라.
4. 트랜지스터가 항복 영역에서 동작할 때 어떤 현상이 발생하는가?

5. [그림 6-26]에 표시된 베이스 특성곡선은 트랜지스터의 이미터-베이스 접합이 어떤 소자처럼 동작하는지 설명하라.
6. 베타와 온도 사이의 관계는 무엇인가?
7. 베타와 직류 컬렉터 전류 사이의 관계는 무엇인가?

6.5 트랜지스터 사양서(Transistor Specification Sheets)

주어진 트랜지스터의 스펙에는 다양한 형태의 직류특성과 교류특성이 포함된다. 이 절에서는 일반적으로 사용되는 직류 최대 정격과 전기적 특성에 대해서 고찰해보기로 한다. 9장에서는 일반적으로 사용되는 교류특성과 동작 특성곡선에 대해서 학습하게 될 것이다. 여기에서는 트랜지스터 직류 정격을 논의할 때 [그림 6-28]에 표시된 2N3903/2N3904의 스펙을 이용하게 된다.

6.5.1 최대 정격(Maximum Rating)

앞에서 이미 [그림 6-28]에 포함되어 있는 최대 정격의 많은 부분을 언급한바 있다. V_{CEO}, V_{CBO}, V_{EBO}는 마지막 절에서 논의했던 최대 역 전압 정격을 의미한다. 이런 경우에 I_C 정격은 200mA의 최대 허용 능력을 표시한다. 트랜지스터의 전체 소비전력 정격 P_D는 같은 형태의 제너 다이오드나 pn 접합형 다이오드에는 사용된 것과 동일한 정격을 사용한다. 제품명세서에 나와 있는 것처럼 2N3904는 실온 T_A가 25℃일 때 625mW의 P_D 정격을 가진다. 만약 케이스 온도 T_C가 25℃를 유지된다면 소자의 P_D 정격은 1.5W까지 증가한다. 케이스의 온도는 냉각기나 방열판의 이용으로 온도를 25℃로 유지시킬 수 있다. 또한 항상, 두 정격은 온도가 증가하면 감소된다.

6.5.2 열 특성(Thermal Characteristic)

트랜지스터의 열 정격은 회로의 개발응용에 있어서 중요하지만 여기에서는 깊게 논의되지 않는다. 그렇지만 여러분은 이런 정격이 존재한다는 사실과 영향력이 갖는 중요성에 대해서 기억해야 한다. 전하의 흐름을 방해하는 물질이 있는 것처럼 소비전력인 열의 흐름을 방해하기 위해서 제공되는 것들도 있다. 열의흐름을 방해하는 소자를 열적저항 R_θ라고 한다. 열적 저항의 개념은 [그림 6-29]에 표시되어 있다.

물질에 의해서 둘러싸인 열원(heat source)을 가지고 있다. 열이 소스를 떠나면 반드시 물질을 통해서 대기에 도달된다. 만약 물질이 열적 저항을 가지고 있지 않다면 열원과

2N3903, 2N3904

2N3903 is a Preferred Device

General Purpose Transistors

NPN Silicon

ON Semiconductor™

http://onsemi.com

COLLECTOR 3

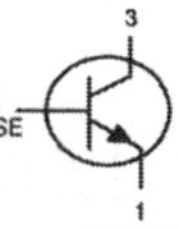

2 BASE

1 EMITTER

STYLE 1

TO–92
CASE 29
STYLE 1

MARKING DIAGRAMS

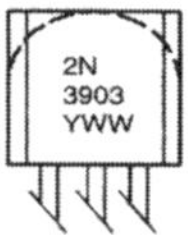

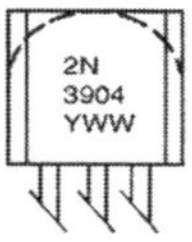

Y = Year
WW = Work Week

MAXIMUM RATINGS

Rating	Symbol	Value	Unit
Collector–Emitter Voltage	V_{CEO}	40	Vdc
Collector–Base Voltage	V_{CBO}	60	Vdc
Emitter–Base Voltage	V_{EBO}	6.0	Vdc
Collector Current – Continuous	I_C	200	mAdc
Total Device Dissipation @ T_A = 25°C Derate above 25°C	P_D	625 5.0	mW mW/°C
Total Device Dissipation @ T_C = 25°C Derate above 25°C	P_D	1.5 12	Watts mW/°C
Operating and Storage Junction Temperature Range	T_J, T_{stg}	–55 to +150	°C

THERMAL CHARACTERISTICS (Note 1.)

Characteristic	Symbol	Max	Unit
Thermal Resistance, Junction to Ambient	$R_{\theta JA}$	200	°C/W
Thermal Resistance, Junction to Case	$R_{\theta JC}$	83.3	°C/W

1. Indicates Data in addition to JEDEC Requirements.

ELECTRICAL CHARACTERISTICS (T_A = 25°C unless otherwise noted)

Characteristic		Symbol	Min	Max	Unit
OFF CHARACTERISTICS					
Collector–Emitter Breakdown Voltage (Note 2.) (I_C = 1.0 mAdc, I_B = 0)		$V_{(BR)CEO}$	40	–	Vdc
Collector–Base Breakdown Voltage (I_C = 10 μAdc, I_E = 0)		$V_{(BR)CBO}$	60	–	Vdc
Emitter–Base Breakdown Voltage (I_E = 10 μAdc, I_C = 0)		$V_{(BR)EBO}$	6.0	–	Vdc
Base Cutoff Current (V_{CE} = 30 Vdc, V_{EB} = 3.0 Vdc)		I_{BL}	–	50	nAdc
Collector Cutoff Current (V_{CE} = 30 Vdc, V_{EB} = 3.0 Vdc)		I_{CEX}	–	50	nAdc
ON CHARACTERISTICS					
DC Current Gain (Note 2.)		h_{FE}			–
(I_C = 0.1 mAdc, V_{CE} = 1.0 Vdc)	2N3903		20	–	
	2N3904		40	–	
(I_C = 1.0 mAdc, V_{CE} = 1.0 Vdc)	2N3903		35	–	
	2N3904		70	–	
(I_C = 10 mAdc, V_{CE} = 1.0 Vdc)	2N3903		50	150	
	2N3904		100	300	
(I_C = 50 mAdc, V_{CE} = 1.0 Vdc)	2N3903		30	–	
	2N3904		60	–	
(I_C = 100 mAdc, V_{CE} = 1.0 Vdc)	2N3903		15	–	
	2N3904		30	–	
Collector–Emitter Saturation Voltage (Note 2.)		$V_{CE(sat)}$			Vdc
(I_C = 10 mAdc, I_B = 1.0 mAdc)			–	0.2	
(I_C = 50 mAdc, I_B = 5.0 mAdc			–	0.3	
Base–Emitter Saturation Voltage (Note 2.)		$V_{BE(sat)}$			Vdc
(I_C = 10 mAdc, I_B = 1.0 mAdc)			0.65	0.85	
(I_C = 50 mAdc, I_B = 5.0 mAdc)			–	0.95	

[그림 6-28]

물질의 최외각은 동일한 온도를 가지게 될 것이다. 다시 말하자면 물질의 최외각 표면의 온도와 열원 사이의 온도차는 0℃이다. 여하튼 모든 물질은 열의 흐름을 방해하는 무엇을 제공하게 되고 열원의 온도는 물질의 외각표면의 온도보다 높게 된다. 열원과 공기 사이의 온도차는 첫째 물질의 열 저항에 의존하고 두 번째 전송되는 전력의 양에 의존하게 된다.

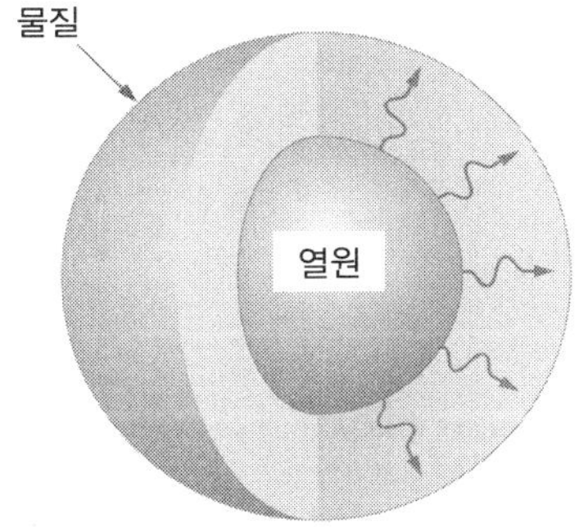

[그림 6-29] 물질을 통한 열의 전송

열 저항은 열 저항의 설명과 일치되는 ℃/W로 측정된다. 예를 들면 열의 이상적인 도체가 갖는 열 저항은 0℃/W이다. 이것은 물질 양단에서의 온도차가 0이라는 것을 의미하고 소비전력의 량은 무시된다. 다시 말하자면 [그림 6-28]에서 표시된 2N3904의 열 저항은 200℃/W이다. 이것은 소자가 1W의 소비전력을 발생시킬 때 트랜지스터의 컬렉터 베이스 접합의 온도가 대기의 온도보다 200℃ 높다는 것을 의미한다. 두 점 사이의 온도차는 저항과 소비전력의 곱으로 나타난다. 예를 들어서 2N3904가 0.5W를 소비한다면 트랜지스터의 컬렉터 베이스 접합과 둘러싸인 대기 사이의 온도차는 100℃가 된다는 의미이다.

$$T_{JA} = R_{\theta JA} P_D = (200℃/\mathrm{W})(500\mathrm{mW}) = 100℃$$

만약 대기의 온도가 25℃라고 가정하면 트랜지스터의 컬렉터 베이스 접합의 온도가 125℃로 측정된다.

$$T_J = T_A + T_{JA} = 25℃ + 100℃ = 125℃$$

접합의 온도는 주변온도 T_A와 온도차 T_{JA}의 합으로 구해진다는 점이다. 가변 온도와 트랜지스터의 전력 정격은 소자의 물리적인 특성에 의해서 결정되기 때문에 서로의 관련성을 갖게 된다. 가변온도와 전력 정격은 2N3904의 경우 다음과 같은 관계식으로 표시된다.

$$P_D = 625\mathrm{mW(maximum)},\ R_{\theta JA} = 200℃/\mathrm{W},\ T_J = 150℃\,\mathrm{(maximum)}$$

대기 온도가 25℃이고 625mW의 최대소비전력 정격을 갖는다고 가정하면 컬렉터 베이스 접합과 둘러싸인 대기 사이의 온도차는 125℃로 측정된다.

$$T_{JA} = (R_{\theta JA} P_D) = (200℃/\mathrm{W})(625\mathrm{mW}) = 125℃$$

스펙에 기록된 대기온도 정격 25℃를 더해주면 접합의 최대온도는 150℃로 트랜지스터가 가지는 최대 정격과 동일한 크기로 된다.

$$T_J = T_A + T_{JA} = 25℃ + 125℃ = 150℃$$

소자의 열 저항은 높은 소자의 소비전력을 가지거나 높은 동작온도를 가지도록 설계하는 것이 필요하다. 대부분의 경우에는 주어진 소자가 스펙에 일치하는 응용분야에 사용되어지도록 냉각장치가 이용된다.

6.5.3 Off 특성(Off Characteristic)

차단 특성은 트랜지스터가 차단 영역에서 동작될 때의 특성을 의미한다. 첫 번째로 세 가지 정격 $V_{(BR)CEO}$, $V_{(BR)CBO}$, $V_{(BR)EBO}$는 최대 정격 항목에 있는 것과 동일한 정격을 가진다. 그것들은 목록에서 반복되어서 나타나게 되는데 그 이유는 정격을 빨리 찾아야만 하는 기술자나 엔지니어들의 편리함을 도모하기 위해서이다. 컬렉터 차단전류 I_{CEX} 정격은 소자가 차단 상태에 있을 때 I_C의 최대 전류 값을 의미한다. 2N3904인 경우 I_{CEX}는 50nA이다.

베이스 차단 전류 I_{BL} 정격은 이미터-베이스 접합이 차단되었을 때 존재하는 베이스 전류의 최대 양으로 2N3904에서 I_{BL}은 최대 50nA이다. I_{BL}과 I_{CEX} 정격이 표시하는 것처럼 차단 트랜지스터의 단자 전류는 대단히 작다. 2N3904의 경우 I_B와 I_C는 50nA보다는 크지 않다. 따라서 I_E는 두 전류의 합인 100nA보다 크지 않게 된다.

6.5.4 On 특성(On Characteristic)

On 특성은 활성영역과 포화 영역 사이에서의 직류 동작 특성을 의미한다. 트랜지스터의 직류 전류 이득 h_{FE} 정격은 직류 베타 값이다. 기호 h_{FE}는 일반적으로 직류 베타를 의미하기 때문에 앞으로 이 기호를 계속 사용하게 될 것이다. 이 기호의 의미는 9장에서 논하게 된다. 지금으로서는 h_{FE}가 직류 베타를 표시한다는 것을 기억하면 된다.

앞으로 보게 되겠지만, h_{FE} 값은 I_C의 다양한 값에서 측정된다. 이것은 이미 베타에 대한 컬렉터 전류를 논할 때 언급되었다. 컬렉터-이미터 포화전압 $V_{CE(\text{sat})}$ 정격은 소자가 포화상태일 때 V_{CE}의 최대값을 나타낸다. 2N3904의 경우 $V_{CE(\text{sat})}$ 정격은 $I_C = 10$mA일 때 0.2V이다. 또는 $I_C = 50$mA일 때 0.3V이다. 따라서 다른 스펙의 경우에도 $V_{CE(\text{sat})}$ 정격은 0.2V 또는 0.3V를 초과하지 않는다.

베이스-이미터 포화전압 $V_{BE(\text{sat})}$ 정격은 소자가 포화되었을 때 V_{BE}의 최대값을 나타낸다. 2N3904의 경우 $V_{BE(\text{sat})}$ 정격은 $I_B = 1$mA일 때 0.65에서 0.8V의 범위를 가진다. 또는 $I_B = 5$mA일 때 0.95V가 최대값이다. 따라서 2N3904의 스펙에 표시된 것처럼 $V_{BE(\text{sat})}$ 정격은 항상 주어진 정격을 초과하지 않는다.

또한 많이 사용되는 트랜지스터의 특성이 스펙에 표시되어 있다. 그러나 이런 특성들은 소자의 교류 동작에서 중요하게 다루어진다. 이런 특성들은 9장에서 소자의 교류 동작을 논의하게 될 때 다시 언급하게 될 것이다.

기초 확인문제 6.5

1. 트랜지스터의 off 특성이 표시하는 것은 무엇인가?
2. 베이스 차단 전류는 무엇인가?
3. 컬렉터 차단 전류는 무엇인가?
4. 트랜지스터의 on 특성이 나타내는 것은 무엇인가?
5. 어떠한 기호가 직류 베타를 표시하기 위해 사용되는가?
6. 컬렉터-이미터 포화전압은 무엇인가?
7. 베이스-이미터 포화전압은 무엇인가?

6.6 트랜지스터 검사(Transistor Testing)

여러분은 다이오드의 검사는 저항계를 이용한다는 사실을 기억할 수 있을 것이다. 트랜지스터 역시 기본적으로 같은 방법으로 검사된다. 그렇지만 트랜지스터가 정상이라는 것을 증명하기 위해서는 몇 가지의 추가적인 측정법이 더 필요하다. 트랜지스터의 검사 과정이 [그림 6-30]에 표시되어 있다.

[그림 6-30 (a)]에 표시된 것처럼 저항계가 연결되어지면 계측기는 일반적으로 1kΩ 이하의 낮은 저항 값을 표시하게 된다. [그림 6-30 (b)]에 표시된 것처럼 연결되어지면 저

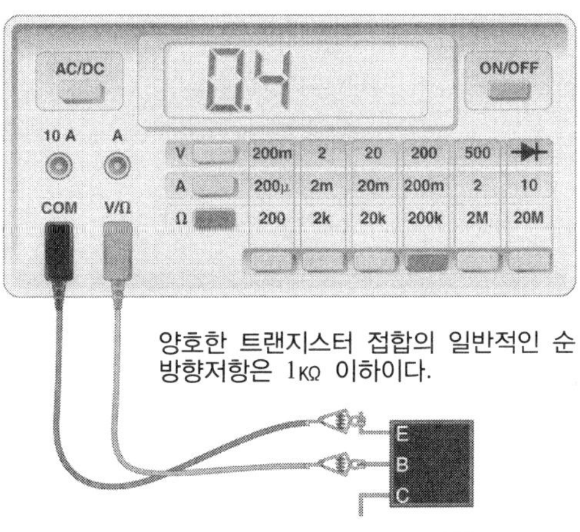

이미터-베이스 접합의 순방향 저항측정

(a)

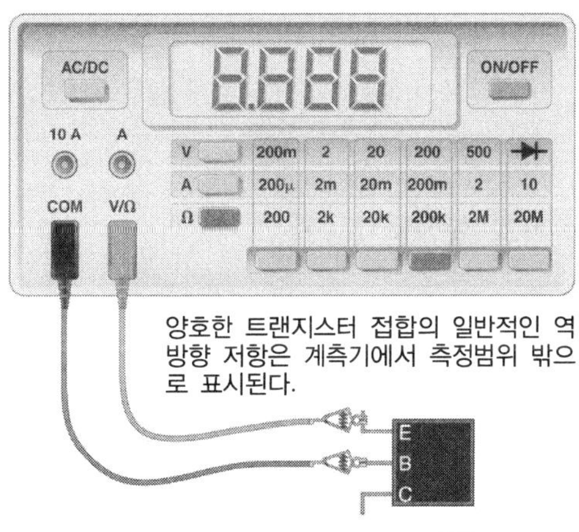

이미터-베이스 접합의 역방향 저항측정

(b)

[그림 6-30] 트랜지스터의 저항측정

항은 일반적으로 계측기의 측정범위를 벗어난 대단히 큰 역방향 저항을 가지게 된다. 만약 이미터-베이스 접합 테스트 결과가 좋으면 컬렉터-베이스 접합을 동일한 방법으로 측정한다. 끝으로 컬렉터로부터 이미터 사이의 저항이 측정된다. 계측기의 극성과 무관하게 측정되는 저항은 대단히 큰 크기를 가지게 된다. 만약 트랜지스터가 이런 검사를 모두 통과한다면 양호한 것이고 그렇지 않다면 고장을 가지고 있기 때문에 반드시 교체되어야 한다.

[그림 6-31]에 표시되어진 것처럼 디지털멀티미터의 다이오드 검사 기능은 트랜지스터의 측정에 이용된다. 순방향으로 바이어스되면 각 접합은 0.7V를 지시하게 된다. 역방향으로 바이어스되면 계측기에 따라서 2.0V에서 3.0V를 지시하게 된다. 컬렉터이미터 검사는 역방향으로 읽혀진다. 만약 트랜지스터가 고장이라면 소자는 반드시 교체되어야 한다.

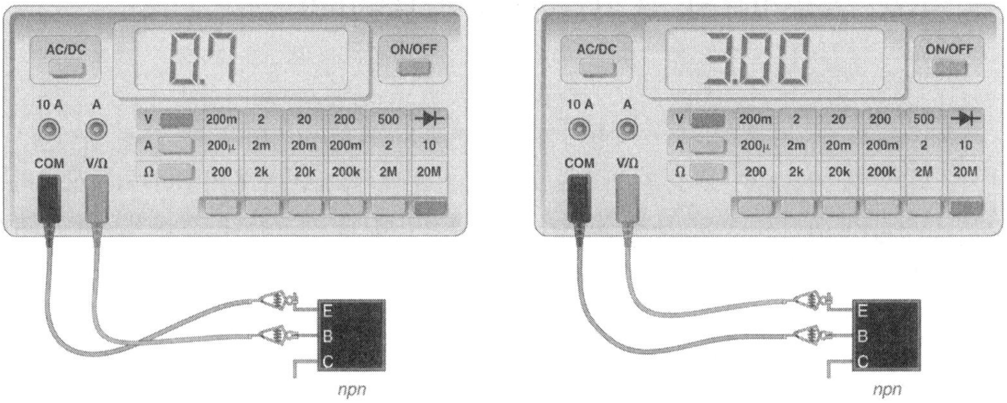

이미터-베이스 접합의 순방향 바이어스 측정
(a)

이미터-베이스 접합의 역방향 바이어스 측정
(b)

[그림 6-31] 트랜지스터의 접합을 검사하기 위해서 사용되는 DMM의 다이오드 검사기능

기초 확인문제 6.6

1. 트랜지스터의 접합의 순방향 저항을 측정하거나 역방향 저항을 측정하는 경우 어떤 크기로 측정되는지 설명하라.
2. 트랜지스터가 양호한지를 검증하기 위해서 필요로 하는 저항의 검사방법 6가지를 설명하라.
3. 저항계를 이용해서 트랜지스터를 검사할 때 주의할 점에 대해서 설명하라.
4. 트랜지스터의 접합을 검사하기 위해서 사용되는 DMM의 다이오드 검사기능을 사용하는 경우의 측정값에 대해서 설명하라.

6.7 관련 상식(Related Topic)

이 절에서는 지금까지 설명하지 않았던 몇 가지 상식들에 대해서 간단히 논의하기로 한다.

6.7.1 *PNP* 대 *NPN* 트랜지스터(*pnp* Versus *npn* Transistor)

*pnp*형 트랜지스터는 *npn*형 트랜지스터가 가지는 특성들과 기본적으로 같은 동작원리를 가진다. 가장 큰 차이점은 바이어스 전압의 극성과 단자 전류의 방향이다. 이런 차이점은 [그림 6-32]에 표시되어 있다. 그림에서 보는 것처럼 *pnp*형 트랜지스터에 대해서 공급 전원 V_{CC}, V_{BB}는 모두 negative이다. 이런 전원으로부터 트랜지스터로 흘러들어가는 전류는 [그림 6-32 (a)]에 표시되어 있다. 자신의 이미터 단자를 경유해서 유출된다. [그림 6-32 (b)]에 표시된 것처럼 *pnp*형 트랜지스터 회로의 단자전압은 접지에 비해서 negative로 된다.

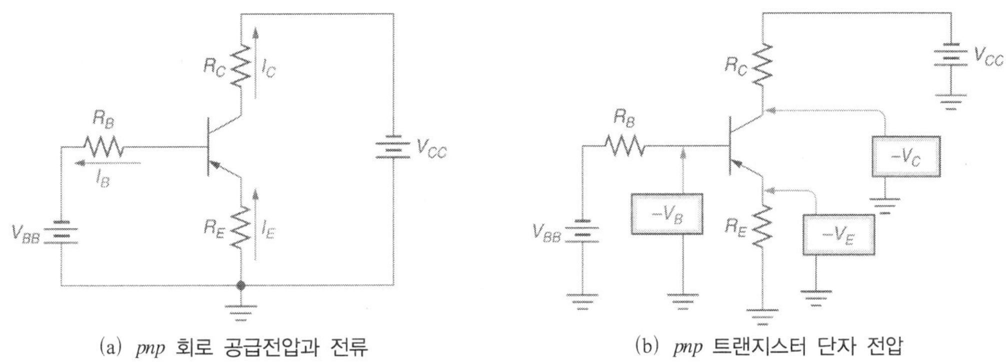

[그림 6-32] *pnp*형 트랜지스터의 전압 극성과 전류방향

6.7.2 공급 전압(Supply Voltage)

이 장을 통해서 사용되는 V_{CC}와 V_{BB}가 모든 회로도에서 직류 전압원으로 표시되었다. 실제적으로 트랜지스터 회로에 대한 바이어스 전압은 전자 시스템의 직류 전압 공급원으로부터 유도된다. 이 점에 대한 설명이 [그림 6-33]에 표시되어 있다.

회로에 표시된 것처럼 직류 전원공급 장치의 +와 – 출력이 각각 V_{CC}와 접지로 사용된다. 직류 전원 공급 장치의 출력은 다른 회로에서도 역시 바이어스를 위해 다양하게 사용된다. [그림 6-33]은 단순하게 하기 위해서 하나의 트랜지스터만을 사용한 경우를 표시한 것이다.

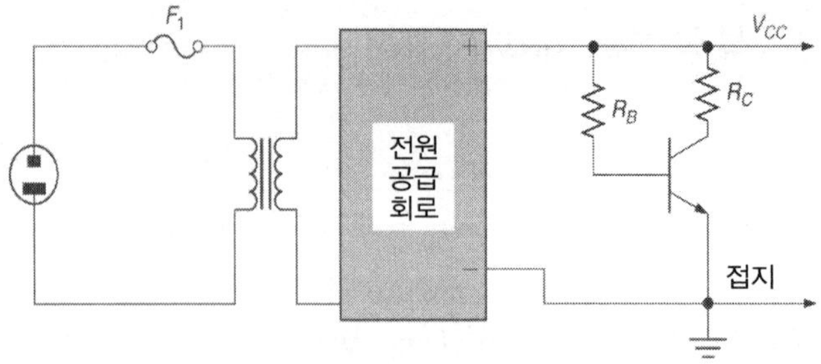

[그림 6-33]

몇 가지 유의할 점은 다음과 같다. 첫째로 [그림 6-33]에서 V_{BB} 값은 트랜지스터 자체와 V_{CC}, R_B 값의 조합에 의해 발생된다. 대부분의 실제적인 회로에서는 V_{BB}는 사실 컬렉터 전압원 V_{CC}로부터 유도된다. 이 부분은 7장에서 직류 바이어스 회로를 다룰 때 명확하게 한다.

6.7.3 집적된 트랜지스터(Integrated Transistor)

집적 트랜지스터는 집적된 형태로 한 개 이상의 트랜지스터가 패키지화되어 생산된다. 여러분은 한 개의 케이스에 한 개 이상의 소자가 있는 집적 회로를 생각할 수 있을 것이다. [그림 6-34]는 전형적인 IC 트랜지스터 케이스를 보여준다. IC에 있는 각각의 트랜지스터는 개별 트랜지스터가 가지는 것과 같은 최대 정격과 특성을 가진다. 실제적으로 집적된 트랜지스터가 가지는 가장 큰 차이점은 이산소자인 경우의 트랜지스터가 가지는 정격보다 낮은 최대소비전력 정격과 최대 전류 정격을 갖는다는 점이다. 한 패키지 안에 4개의 트랜지스터가 있기 때문에 각각의 트랜지스터에 의해서 발생되는 열을 노출되기 때문에 정격을 낮게 제한하게 된다.

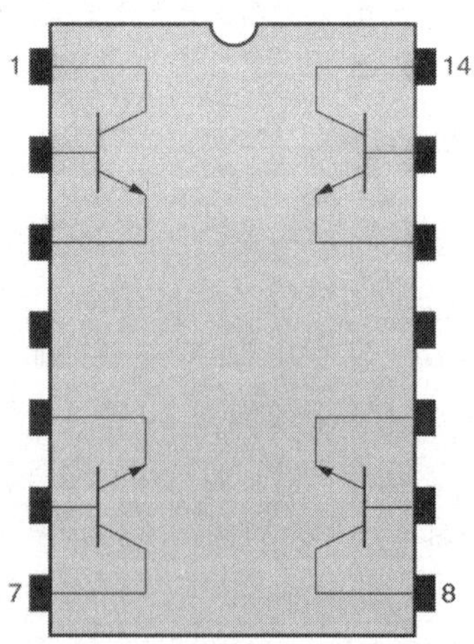

[그림 6-34]

6.7.4 고전압용 트랜지스터(High Voltage Transistor)

고전압용 트랜지스터는 일반적으로 높은 역방향 항복전압을 가지고 있다. 예를 들어 [그림 6-35]에 표시되어 있는 트랜지스터 2N5655의 최대 정격을 살펴보자. V_{CEO}와 V_{CBO} 정격은 2N3904의 정격보다 훨씬 크다. 고전압 트랜지스터는 TV와 컴퓨터의 CRT(음극관) 회로와 같은 극히 높은 공급 전압 회로에서 사용된다.

ON Semiconductor™

Plastic NPN Silicon High-Voltage Power Transistor

2N5655
2N5657

. . . designed for use in line–operated equipment such as audio output amplifiers; low–current, high–voltage converters; and AC line relays.

- Excellent DC Current Gain – h_{FE} = 30–250 @ I_C = 100 mAdc
- Current–Gain – Bandwidth Product – f_T = 10 MHz (Min) @ I_C = 50 mAdc

0.5 AMPERE POWER TRANSISTORS NPN SILICON 250–350 VOLTS 20 WATTS

CASE 77–09
TO–225AA TYPE

MAXIMUM RATINGS (1)

Rating	Symbol	2N5655	2N5657	Unit
Collector–Emitter Voltage	V_{CEO}	250	350	Vdc
Collector–Base Voltage	V_{CB}	275	375	Vdc
Emitter–Base Voltage	V_{EB}	6.0		Vdc
Collector Current – Continuous Peak	I_C	0.5 1.0		Adc
Base Current	I_B	0.25		Adc
Total Power Dissipation @ T_C = 25°C Derate above 25°C	P_D	20 0.16		Watts W/°C
Operating and Storage Junction Temperature Range	T_J, T_{stg}	–65 to +150		°C

THERMAL CHARACTERISTICS

Characteristic	Symbol	Max	Unit
Thermal Resistance, Junction to Case	θ_{JC}	6.25	°C/W

(1) Indicates JEDEC Registered Data.

[그림 6-35]

6.7.5 고 전류용 트랜지스터(High Current Transistor)

고 전류용 트랜지스터는 매우 높은 최대 I_C 정격을 가진다. 예를 들어 [그림 6-36]에 표시되어 있는 2N4237 트랜지스터의 최대 정격을 살펴보자. 구성 소자의 I_C 정격은 직류 1Adc이다. 이것은 2N3904의 I_C 정격인 200mA보다 현저하게 크다. 이런 소자들은 전류 조정기 회로와 같은 높은 전류를 요구하는 회로에만 사용된다.

MAXIMUM RATINGS

Rating	Symbol	2N4237	2N4238	2N4239	Unit
Collector-Emitter Voltage	V_{CEO}	40	60	80	Vdc
Collector-Base Voltage	V_{CBO}	50	80	100	Vdc
Emitter-Base Voltage	V_{EBO}	6.0			Vdc
Base Current	I_B	500			mA
Collector Current–Continuous	I_C	1.0			Adc
Total Device Dissipation @ $T_A = 25°C$ Derate above 25°C	P_D	1.0 5.3			Watt mW/°C
Total Device Dissipation @ $T_C = 25°C$ Derate above 25°C	P_D	6.0 34			Watts mW/°C
Operating and Storage Junction Temperature Range	T_J, T_{stg}	−65 +200			°C

2N4237-39

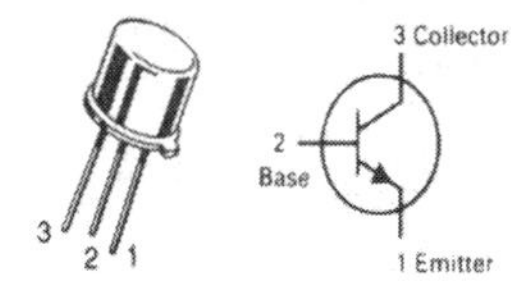

GENERAL PURPOSE TRANSISTORS

NPN SILICON

[그림 6-36] 2N4237의 최대 정격

6.7.6 고 전력용 트랜지스터(High Power Transistor)

고 전력용 트랜지스터는 정류나 전력 공급 스위치 회로 같은 높은 전력회로에 사용된다. 짐작하겠지만 고 전력용 트랜지스터는 대단히 높은 소비전력 정격을 가지고 있다. 예를 들어서 [그림 6-37]에 표시되어 있는 2N3771의 최대전력 정격을 살펴보자. 여러분

ON Semiconductor™

High Power NPN Silicon Power Transistors

. . . designed for linear amplifiers, series pass regulators, and inductive switching applications.

- Forward Biased Second Breakdown Current Capability
  $I_{S/b} = 3.75$ Adc @ $V_{CE} = 40$ Vdc — 2N3771
  $= 2.5$ Adc @ $V_{CE} = 60$ Vdc — 2N3772

MAXIMUM RATINGS

Rating	Symbol	2N3771	2N3772	Unit
Collector–Emitter Voltage	V_{CEO}	40	60	Vdc
Collector–Emitter Voltage	V_{CEX}	50	80	Vdc
Collector–Base Voltage	V_{CB}	50	100	Vdc
Emitter–Base Voltage	V_{EB}	5.0	7.0	Vdc
Collector Current — Continuous Peak	I_C	30 30	20 30	Adc
Base Current — Continuous Peak	I_B	7.5 15	5.0 15	Adc
Total Device Dissipation @ $T_C = 25°C$ Derate above 25°C	P_D	150 0.855		Watts W/°C
Operating and Storage Junction Temperature Range	T_J, T_{stg}	−65 to +200		°C

THERMAL CHARACTERISTICS

Characteristics	Symbol	2N3771, 2N3772	Unit
Thermal Resistance, Junction to Case	θ_{JC}	1.17	°C/W

*Indicates JEDEC Registered Data.

2N3771*
2N3772

*ON Semiconductor Preferred Device

20 and 30 AMPERE POWER TRANSISTORS NPN SILICON 40 and 60 VOLTS 150 WATTS

CASE 1–07
TO–204AA
(TO–3)

[그림 6-37]

도 보디시피 2N3771의 P_D 정격은 150mW이다. 이런 크기의 전력 정격은 조정된 전력 공급 장치회로에서 대단히 유용하다.

6.7.7 표면실장 소자(Surface Mount Component)

집적 트랜지스터의 가장 큰 이 점은 몇 개의 트랜지스터가 비교적 작은 패키징의 단일 형태로 있다는 것이다. 이런 크기상의 유용한 점이 표면 실장 기술 발전의 진보를 이루어냈다. [그림 6-34]는 [그림 6-38 (a)]에 표시된 것과 동일한 크기를 갖는 *DIP*(Dual in line package)라고 부르는 패키지를 표시한 것이다. 차트에서 표시된 것처럼 IC는 대략 18.8×6.6×4.7*mm*의 최대 차원을 가진다. [그림 6-37]에 표시된 것처럼 전력용 트랜지스터 2N3771의 경우에는 DIP와 거의 일치되는 39×26.7×8.25mm의 차원을 가진다. IC 기술의 이점이 바로 표면 실장형 기술을 사용하는 것이다. 표면 실장형 패키지는 *DIP* 소자보다 가볍고 작은 IC 패키지이다. IC 소켓 속으로 삽입되어지거나 보드위의 구멍에 탑재

P SUFFIX
PLASTIC DIP PACKAGE
CASE646–06
ISSUE M

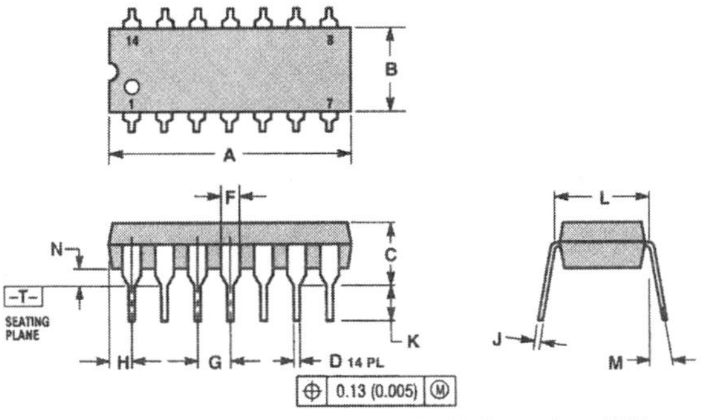

NOTES:
1. DIMENSIONING AND TOLERANCING PER ANSI Y14.5M, 1982.
2. CONTROLLING DIMENSION: INCH.
3. DIMENSION L TO CENTER OF LEADS WHEN FORMED PARALLEL.
4. DIMENSION B DOES NOT INCLUDE MOLD FLASH.
5. ROUNDED CORNERS OPTIONAL.

DIM	INCHES		MILLIMETERS	
	MIN	MAX	MIN	MAX
A	0.715	0.770	18.16	18.80
B	0.240	0.260	6.10	6.60
C	0.145	0.185	3.69	4.69
D	0.015	0.021	0.38	0.53
F	0.040	0.070	1.02	1.78
G	0.100 BSC		2.54 BSC	
H	0.052	0.095	1.32	2.41
J	0.008	0.015	0.20	0.38
K	0.115	0.135	2.92	3.43
L	0.290	0.310	7.37	7.87
M	---	10°	---	10°
N	0.015	0.039	0.38	1.01

(a) Dual in-line package (DIP)

D SUFFIX
PLASTIC SOIC PACKAGE
CASE751A–03
ISSUE F

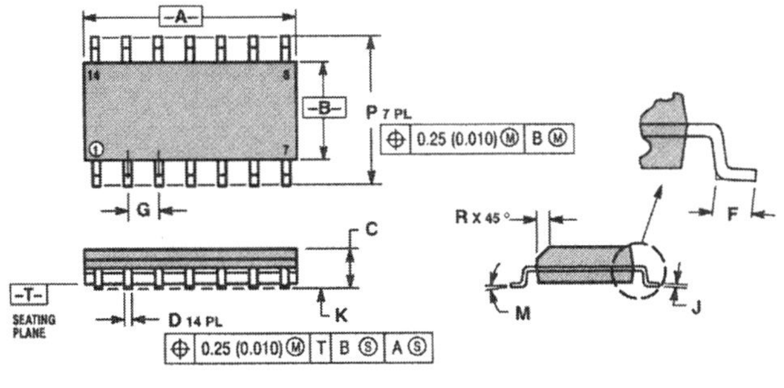

NOTES:
1. DIMENSIONING AND TOLERANCING PER ANSI Y14.5M, 1982.
2. CONTROLLING DIMENSION: MILLIMETER.
3. DIMENSIONS A AND B DO NOT INCLUDE MOLD PROTRUSION.
4. MAXIMUM MOLD PROTRUSION 0.15 (0.006) PER SIDE.
5. DIMENSION D DOES NOT INCLUDE DAMBAR PROTRUSION. ALLOWABLE DAMBAR PROTRUSION SHALL BE 0.127 (0.005) TOTAL IN EXCESS OF THE D DIMENSION AT MAXIMUM MATERIAL CONDITION.

DIM	MILLIMETERS		INCHES	
	MIN	MAX	MIN	MAX
A	8.55	8.75	0.337	0.344
B	3.80	4.00	0.150	0.157
C	1.35	1.75	0.054	0.068
D	0.35	0.49	0.014	0.019
F	0.40	1.25	0.016	0.049
G	1.27 BSC		0.050 BSC	
J	0.19	0.25	0.008	0.009
K	0.10	0.25	0.004	0.009
M	0°	7°	0°	7°
P	5.80	6.20	0.228	0.244
R	0.25	0.50	0.010	0.019

(b) Surface-mount package (SMP)

[그림 6-38]

되기보다는 PC 보드의 표면에 직접 부착된다는 사실 때문에 표면실장이라는 용어가 사용된다.

[그림 6-38 (b)]에는 14핀 SMP가 표시되어 있다. 도표에 표시된 것처럼 이런 패키지는 대략적으로 8.75×4.00×1.75mm인 최대 차원을 가진다. 이런 패키지를 2N3771과 비교해 보자. 분명한 것은 크기가 작다는 것이 분명한 이점이라는 점이다. 여러분은 이산적인 소자를 완벽하게 배치할 수 있는가에 대한 의문이 들게 될 것이다. 사실 소자가 작아질수록 자신이 제어할 수 있도록 최대 정격이 낮아지게 된다.

일반적으로 SMP 패키지에서의 트랜지스터가 가지는 정격은 300mW 이하이다. 이와 반대로 2N3771과 같은 실리콘 트랜지스터의 최대소비전력 정격은 100W 이상이다. SMP 기술은 저 전력 응용회로로 사용이 제한된다. SMP 기술의 또 다른 이 점은 지극히 온도에 민감하다는 것이다. 사실 납땜시의 납의 용융온도는 대부분의 SMP의 최대 온도 정격을 넘어선다. 소자의 핀이 지극히 작은 크기를 가지기 때문에 SMC가 PC 보드에 납땜 되어질 때는 대단히 주의해야 한다. SMC를 PC 보드에 납땜하기 전에 제조업자가 제공하는 납땜시 주의사항을 반드시 숙지해야 한다. 이런 주의사항은 소자의 스펙에서 제공된다.

기초 확인문제 6.7

1. *pnp*형 트랜지스터와 *npn*형 트랜지스터의 가장 큰 차이점은 무엇인가?
2. 어떤 트랜지스터가 positive 직류 전원 공급 장치 회로에서 사용하기 적당한가?
3. 어떤 트랜지스터가 negative 직류 전원 공급 장치 회로에 사용하기 적당한가?
4. 집적 트랜지스터와 이산 트랜지스터의 차이점은 무엇인가?
5. 고 전압용 트랜지스터란 무엇인가? 언제 주로 사용되는가?
6. 고 전류용 트랜지스터란 무엇인가? 언제 주로 사용되는가?
7. 고 전력용 트랜지스터란 무엇인가? 언제 주로 사용되는가?
8. 표면 실장형 소자와 표준 DIP 집적 회로의 차이점을 설명하라.

중요 용어(Key Term)

활성 영역(active region), 증폭기(amplifier), 베이스(base), 베이스 전류(base current), 베이스 특성곡선(base curve), 베이스 차단 전류(base cutoff current), 베이스-이미터 접합(base emitter junction), 베이스 이미터 포화 전압(base emitter saturation voltage), 베타(beta), 베타 특성곡선(beta curve), 쌍극성 접합형 트랜지스터(bipola junction transistor), 컬렉터(collector), 컬렉터-이미터 포화전압(collector emitter saturation voltage), 컬렉터 차단 전류(collector cutoff current), 전류 이득(current gain), 차단(cutoff), 직류 알파(dc alpha), 직류 베타(dc beta), 직류전류이득(dc current gain), 이산(discrete), 이미터(emitter), 이미터 전류(emitter current), 고 전류용 트랜지스터(high current transistor), 고 전력용 트랜지스터(high power transistor), 고전압용 트랜지스터(high voltage transistor), 집적 트랜지스터(integrated transistor), *npn*형 트랜지스터(*npn* transistor), off 특성(off characteristic), on 특성(on characteristic), *pnp*형 트랜지스터(*pnp* transistor), 포화(saturation), 표면실장패키지(surface mount package), 열 저항(thermal resistance), 제로바이어스(zero bias)

연습문제

6-1. BJT가 $\beta=320$, $I_B=12\mu A$의 값을 가진다고 가정하고 소자의 I_C 값을 구하시오.

6-2. BJT가 $\beta=400$, $I_B=30\mu A$의 값을 가진다고 가정하고 소자의 I_C 값을 구하시오.

6-3. BJT가 $\beta=254$, $I_B=1.01mA$의 값을 가진다고 가정하고 소자의 I_C 값을 구하시오.

6-4. BJT가 $\beta=144$, $I_B=82\mu A$의 값을 가진다고 가정하고 소자의 I_C 값을 구하시오.

6-5. BJT가 $I_B=20\mu A$, $I_C=1.1mA$의 값을 가진다고 가정하고 소자의 I_E 값을 구하시오.

6-6. BJT가 $I_B=1.1mA$, $I_C=344mA$의 값을 가진다고 가정하고 소자의 I_E 값을 구하시오.

6-7. 다음 표를 완성하시오.

베타	I_B	I_C
(a) 150	25μA	–
(b) –	75μA	1.5mA
(c) 240	100μA	–
(d) 325	–	20mA

6-8. 다음 표를 완성하시오.

베타	I_B	I_C
(a) –	50μA	12mA
(b) 440	–	35mA
(c) 175	45μA	–
(d) –	120μA	84mA

6-9. 다음 표를 완성하시오.

I_B	I_C	I_E
(a) 25μA	1mA	–
(b) –	1.8mA	1.98mA
(c) 120μA	–	3mA
(d) –	7.5mA	8mA
(e) 50μA	–	20mA
(f) 175μA	9.825mA	–

6-10. BJT가 $I_B=35\mu A$, $\beta=100$을 가진다고 가정하고 I_E와 I_C 값을 구하시오.

6-11. BJT가 $I_B=150\mu A$, $\beta=400$을 가진다고 가정하고 I_E와 I_C 값을 구하시오.

6-12. BJT가 $I_B=48\mu A$, $\beta=120$을 가진다고 가정하고 I_E와 I_C 값을 구하시오.

6-13. BJT가 $I_C=12mA$, $\beta=440$을 가진다고 가정하고 I_B와 I_E 값을 구하시오.

6-14. BJT가 $I_C=50mA$, $\beta=400$을 가진다고 가정하고 I_B와 I_E 값을 구하시오.

6-15. BJT가 $I_E=65mA$, $\beta=380$을 가진다고 가정하고 I_B와 I_C 값을 구하시오.

6-16. BJT가 $I_E=120mA$, $\beta=60$을 가진다고 가정하고 I_B와 I_C 값을 구하시오.

6-17. BJT가 $\beta=426$을 가지고 있다고 가정하고 소자의 α 값을 구하시오.

6-18. BJT가 $\beta=350$을 가지고 있다고 가정하고 소자의 α 값을 구하시오.

6-19. BJT가 다음과 같은 파라미터($I_{C(max)}=120mA$, $\beta=50$에서 120)를 가진다고 가정하고 최대 허용 가능한 I_B 값을 구하시오.

6-20. BJT가 다음과 같은 파라미터($I_{C(max)}=250mA$, $\beta=35$에서 100)를 가진다고 가정하고 최대 허용 가능한 I_B 값을 구하시오.

6-21. [그림 6-39]를 참조하시오. 컬렉터 특성곡선에 나타난 트랜지스터의 항복전압은 얼마인가?

6-22. [그림 6-39]를 참조하시오. I_B가 40μA일 때 I_C의 값은 얼마인가?

6-23. [그림 6-39]를 참조하시오. 소자가 포화되었을 때 V_{CE}의 최대값은 얼마인가?

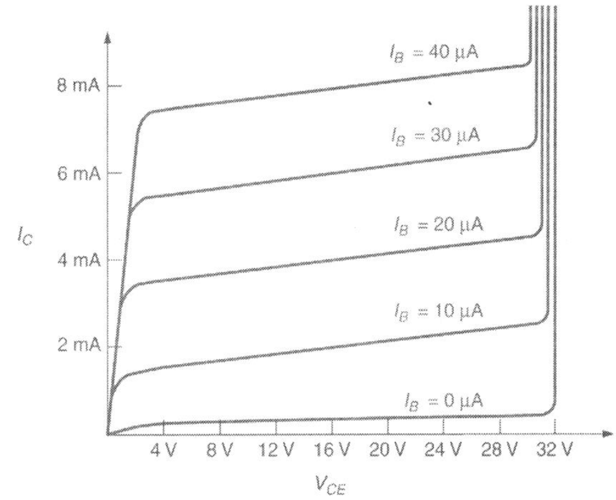

[그림 6-39]

6-24. [그림 6-40]에 표시된 회로에서 트랜지스터의 형태와 단자 전류 사이의 방향을 규정하라.

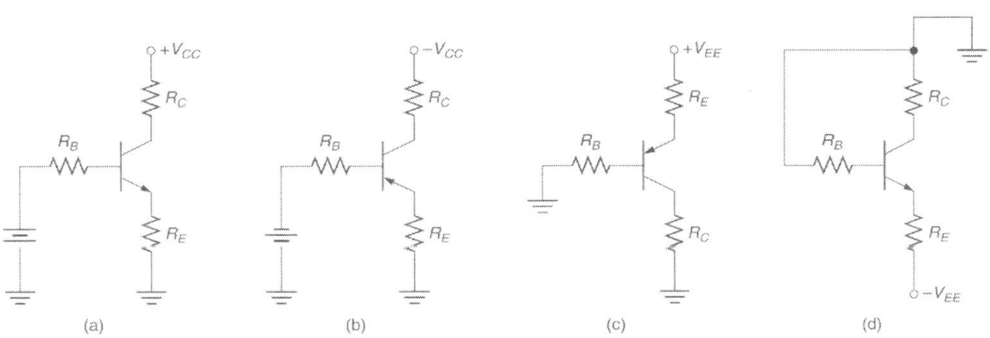

[그림 6-40]

6-25. 다음 표는 몇 개의 트랜지스터를 검사한 결과이다. 각각의 경우에 대해서 트랜지스터가 양호한 상태인지 고장 상태인지 판정하라.

베이스-이미터		컬렉터-베이스		이미터-컬렉터 저항
순방향	역방향	순방향	역방향	
250Ω	300kΩ	150kΩ	140kΩ	1200kΩ
800Ω	115kΩ	800Ω	115kΩ	14kΩ
377Ω	152kΩ	900Ω	180kΩ	1500kΩ
100kΩ	100kΩ	190Ω	144kΩ	3500kΩ

6-26. *pnp*형 트랜지스터를 검사하기 위해서 VOM을 negative 접지와 어떻게 연결하는지 회로를 그려보시오. 그리고 각각의 경우에 대해서 양호한 트랜지스터를 판별하는 방법을 설명하시오.

6-27. α에 관한 식을 정의하고 $\alpha = \dfrac{\beta}{\beta+1}$임을 증명하시오.

6-28. β에 관한 식을 정의하고 $\beta = \dfrac{\alpha}{1-\alpha}$임을 증명하시오.

6-29. 이 장에서 사용한 모든 공식 중에서 한 가지인 최대허용베이스 전류 공식은 초기부터 정확하지 않은 것처럼 보인다. 이 식은 $I_{B(\max)} = \dfrac{I_{C(\max)}}{\beta_{\max}}$로 주어진다. 분수에서 분모의 최소값은 결과적으로 최대값을 제공하기 때문에 분모의 $\beta_{\max}$가 부정확한 부분이다. 다음과 같은 값($I_{C(\max)} = 500\text{mA}$, $\beta = 50$에서 250)을 사용해서 최대허용 베이스 전류가 공식의 분모에서 $\beta_{\min}$ 값을 이용해서 계산되지 않는다는 것을 증명해 보시오.

6-30. [그림 6-41]에 표시된 회로에 다음의 트랜지스터(2N4124, 2N5087, 2N4401)가 사용가능한지를 결정하시오.

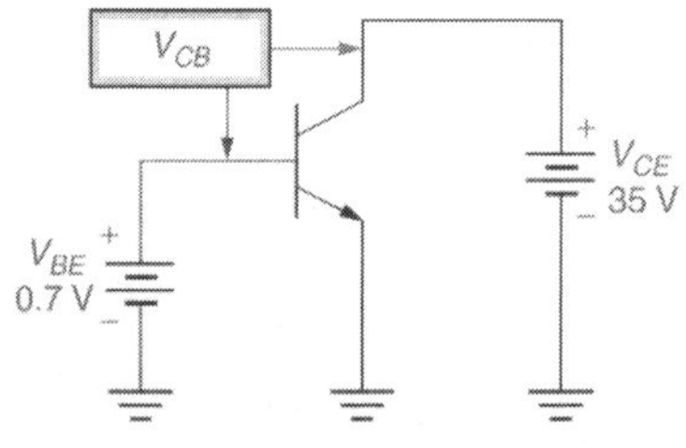

[그림 6-41]

Chapter 7

▸ 직류 바이어스 회로 ◂

(DC Biasing Circuit)

학습목표

이 장을 학습하고 나면 여러분은 다음과 같은 내용을 이해하고 설명할 수 있다.

1. 직류 바이어스 회로의 목적을 설명할 수 있다.
2. V_{CC} 값과 컬렉터-이미터 회로의 전체 저항이 주어지는 경우 증폭기의 직류 부하선을 그릴 수 있다.
3. 증폭기의 Q점을 기술하고 Q점이 무엇을 나타내는지 설명할 수 있다.
4. 베이스 바이어스 회로를 정의하고 동작을 설명할 수 있다.
5. 만약 회로가 중간점(midpoint) 바이어스된다면 I_C, V_{CE}, V_{CC} 값을 구하는 방법을 설명할 수 있다.
6. 전압분배기 바이어스 회로의 동작을 설명할 수 있다.
7. 근사치 계산법을 사용해서 증폭기의 I_{CQ} 값을 산정하고 이런 계산 값의 사용이 정당함을 증명할 수 있다.
8. 전압 분배기 바이어스 회로의 고장진단 및 수리 과정을 설명할 수 있다.
9. 이미터 바이어스 회로를 정의하고 동작을 설명할 수 있다.
10. 컬렉터 귀환(feedback) 바이어스 회로를 정의하고 동작을 설명할 수 있다.
11. 이미터 귀환(feedback) 바이어스 회로를 정의하고 동작을 설명할 수 있다.

증폭기의 교류 동작은 I_B, I_C, V_{CE}의 초기 직류 값에 의존하게 된다. I_B가 초기 값으로부터 변화함에 따라 I_C와 V_{CE}도 자신들의 초기 값으로부터 변화된다. 이런 동작은 [그림 7-1]에 표시되어 있다. 직류 바이어스의 목적은 I_B, I_C, V_{CE}의 초기 값을 결정하기 위한 것이다. 몇 가지 바이어스 방법들이 서로 다른 결과를 얻기 위해서 사용된다. 그러나 각각은 트랜지스터의 초기 동작 점 설정의 의미를 제공 하게 된다. 이 장에서 우리들은 가장 널리 사용되는 직류 바이어스 회로의 동작과 고장진단 및 수리에 대해서 고찰하게 된다.

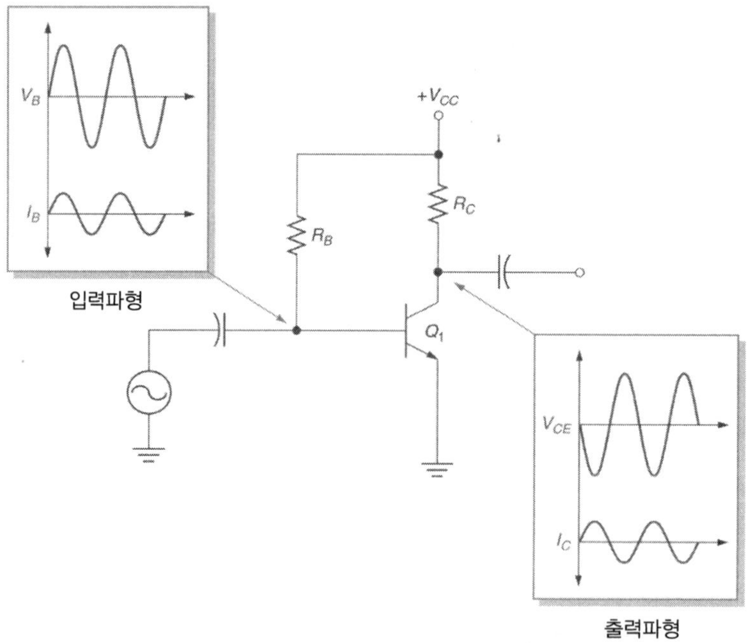

[그림 7-1] 일반적인 증폭기의 동작

7.1 직류 바이어스의 개요 ; 직류부하선 (Introduction to DC Biasing : The DC Load Line)

직류 부하 선은 주어진 증폭기에서 I_C와 V_{CE}의 가능한 모든 조합을 표시하는 그래프이다. I_C의 대부분 값들에 대해서 증폭기는 이에 해당되는 V_{CE} 값을 가지게 된다. 부하선은 회로의 모든 I_C/V_{CE} 조합을 표시하게 된다. [그림 7-2]에는 일반적인 직류 부하선이 표시되어 있다.

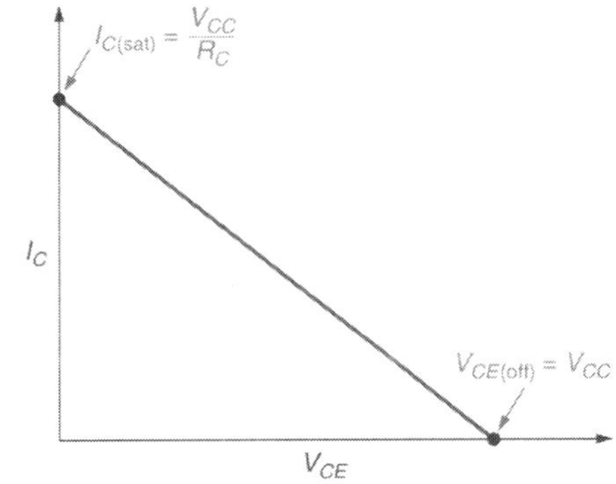

[그림 7-2] 일반적인 직류부하선

부하선의 양단은 $I_{C(\text{sat})}$와 $V_{CE(\text{off})}$라고 표시된다. $I_{C(\text{sat})}$ 점은 회로의 이상적인 상태의 포화 전류를 의미한다. 만약 포화된 트랜지스터에서 살펴본다면 이미터와 컬렉터가 단락된 회로를 확인할 수 있게 된다. 이때 V_{CE}는 제로가 되고 식 (7-1)을 유도할 수 있다.

$$V_{CC} = I_C R_C \text{ (포화)} \tag{7-1}$$

I_C에 대해서 식을 다시 정리하면 식 (7-2)가 구해진다.

$$I_{C(\text{sat})} = \frac{V_{CC}}{R_C} \text{ (이상적)} \tag{7-2}$$

반대로 트랜지스터가 차단된다면 이미터와 컬렉터가 개방된 회로를 구성하는 것을 알 수 있다. 트랜지스터가 개방된 상태로 동작하므로 컬렉터에는 전류가 흐르지 않는다. 따라서 $I_C R_C = 0$이고 식 (7-3)을 구할 수 있다.

$$V_{CE(\text{off})} = V_{CC} \tag{7-3}$$

예제를 통해서 식 (7-2)와 식 (7-3)이 직류부하선의 양단 점으로 사용된다는 사실을 확인해보도록 하자.

【예제 7.1】 [그림 7-3 (a)]에 표시된 회로의 직류 부하 선을 그리시오.

풀이 $V_{CE(\text{off})} = V_{CC} = 12\text{V}$

$$I_{C(\text{sat})} = \frac{V_{CC}}{R_C} = \frac{12\text{V}}{2\text{k}\Omega} = 6\text{mA}$$

따라서 직류부하선의 양단은 $V_{CE(\text{off})} = 12\text{V}$, $I_{C(\text{sat})} = 6\text{mA}$이다. 부하 선은 [그림 7-3 (b)]처럼 구해진다.(비록 회로에 R_B가 표시되어지지만 부하선 양단에 영향을 주지는 않는다.)

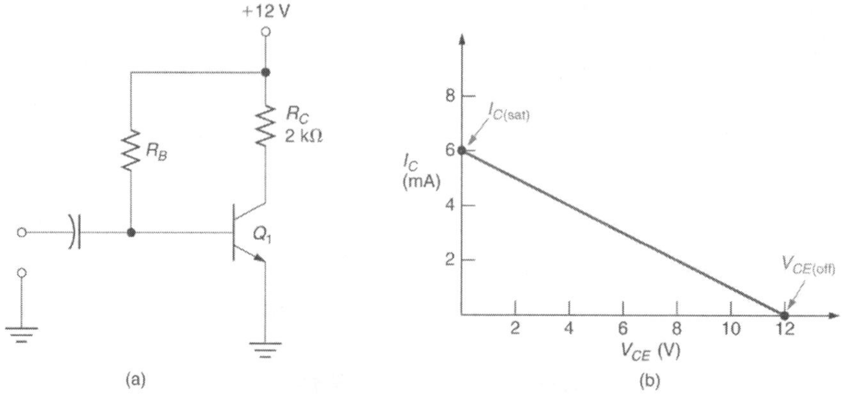

[그림 7-3]

(실전 연습문제 7-1)

[그림 7-3 (a)]에 표시된 회로에서 $V_{CC}=+8\text{V}$, $R_C=1.1\text{k}\Omega$ 이라고 가정하고 회로의 직류 부하 선을 그려보시오.

▶▶ $V_{CE}(\text{off})=8\text{V}$, $I_C(\text{sat})=7.27\text{mA}$

이미 앞에서 언급한 것처럼 직류 부하 선은 I_C와 V_{CE}의 모든 가능한 조합을 표시하게 된다.

【예제 7.2】 [그림 7-4]에 표시된 회로의 직류 부하 선을 그리시오. 식 (6-12)를 사용하고 $I_C=1\text{mA}$, $I_C=2\text{mA}$, $I_C=5\text{mA}$인 경우의 부하 선 상의 V_{CE}를 구하시오.

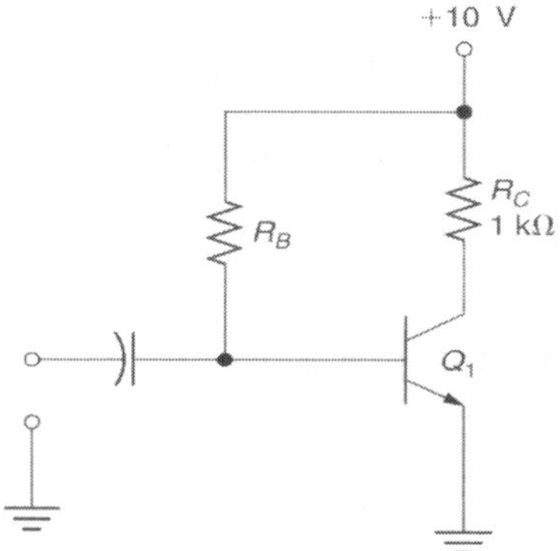

[그림 7-4]

풀이 $I_{C(\text{sat})}$는 10mA로 계산된다.

$$I_{C(\text{sat})}=\frac{V_{CC}}{R_C}=\frac{10\text{V}}{1\text{k}\Omega}=10\text{mA}$$

$V_{CE(\text{off})}$는 10V이다.

$$V_{CE(\text{off})} = V_{CC} = 10\text{V}$$

$I_{C(\text{sat})}$와 $V_{CE(\text{off})}$는 부하선의 양단으로 사용되므로 회로의 직류 부하 선은 [그림 7-5 (a)]처럼 표시된다.

이 회로에서의 I_C와 V_{CE}의 조합은 [그림 7-5 (b)]가 구해진다.

I_C(mA)	V_{CE}(V)
1	9
2	8
5	5

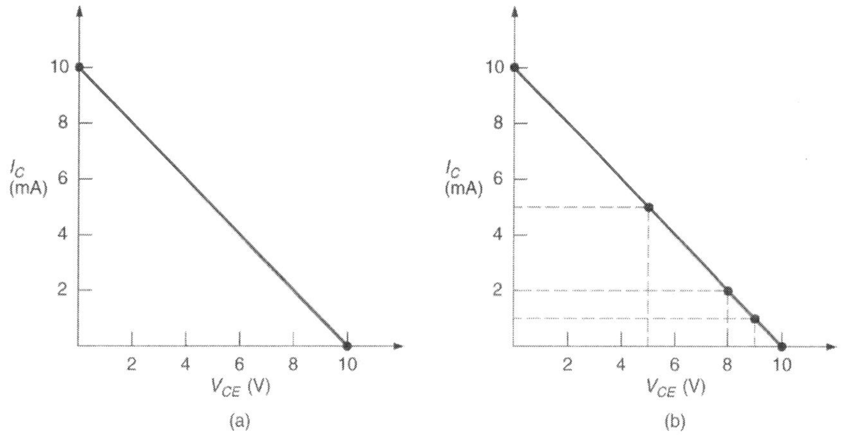

[그림 7-5]

이 조합의 관계들(임의로 선택된)은 식 (6-12)에 의해서 다음과 같이 증명된다.

$I_C = 1\text{mA}$인 경우

$$V_{CE} = V_{CC} - I_C R_C = 10\text{V} - (1\text{mA})(1\text{k}\Omega) = 10\text{V} - 1\text{V} = 9\text{V}$$

$I_C = 2\text{mA}$인 경우

$$V_{CE} = V_{CC} - I_C R_C = 10\text{V} - (2\text{mA})(1\text{k}\Omega) = 10\text{V} - 2\text{V} = 8\text{V}$$

$I_C = 5\text{mA}$인 경우

$$V_{CE} = V_{CC} - I_C R_C = 10\text{V} - (5\text{mA})(1\text{k}\Omega) = 10\text{V} - 5\text{V} = 5\text{V}$$

(실전 연습문제 7-2)

[그림 7-4]와 같은 회로에서 $V_{CC}=+16V$, $R_C=2k\Omega$이라고 가정하고 회로의 직류 부하 선을 그리고 $I_C=2mA$, 4mA, 6mA일 때의 V_{CE} 값을 구하시오. 단, 식 (6-12)를 사용해서 증명하시오.

▶▶ $V_{CE}=V_{CC}-I_CR_C=16V-(2mA\times 2k\Omega)=16V-4V=12V$

$V_{CE}=V_{CC}-I_CR_C=16V-(4mA\times 2k\Omega)=16V-8V=8V$

$V_{CE}=V_{CC}-I_CR_C=16V-(6mA\times 2k\Omega)=16V-12V=4V$

7.1.1 Q점(The Q Point)

트랜지스터는 교류 입력을 갖지 않을 때 I_C와 V_{CE}의 일정한 직류 값을 갖는다. 여러분도 보다시피 이런 값들은 직류 부하 선 상의 일정한 점에 해당된다. 이 점을 Q점이라고 부른다. Q라는 단어는 정지(quiescent)란 단어로부터 유래한 것으로 정지한 상태라는 의미이다. 정지 증폭기란 교류 입력 신호가 없기 때문에 일정한 직류 I_C와 V_{CE} 값을 갖는다.

증폭기의 직류 부하선이 트랜지스터의 컬렉터 곡선위에 중첩되기 때문에 Q점은 쉽게 결정된다. 이 점은 [그림 7-6]에 표시되어 있다.

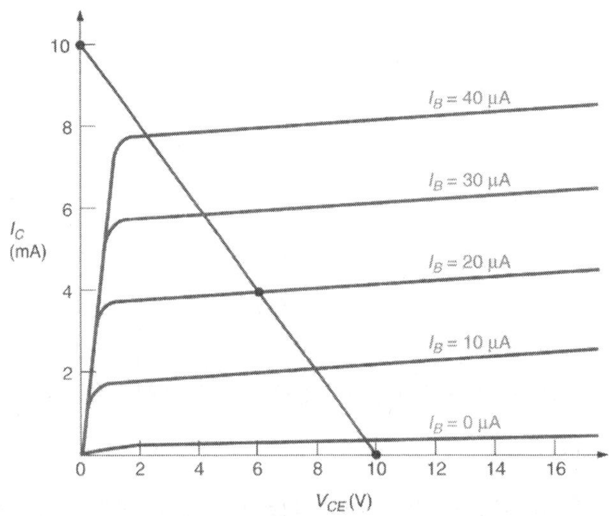

[그림 7-6]

[그림 7-6]에 표시된 컬렉터 특성곡선들은 [그림 7-4]에 표시된 회로의 트랜지스터 특성곡선이라고 가정해 보자. 【예제 7.2】에서 구한 부하 선이 컬렉터 특성곡선에 중첩된다면 Q점은 부하선이 특정한 컬렉터 특성곡선과 교차하는 점이다. 예를 들어서 증폭기가 $I_B=20\mu A$에서 동작되어졌다면 Q점은 그림에 표시된 것처럼 $I_B=20\mu A$의 특성곡선과의 교차하는 점에 위치하게 된다. 특성곡선에서 Q점은 $I_C=4mA$와 $V_{CE}=6V$인 점에 위치하

게 된다.

증폭기의 선형 동작을 위해서 Q점은 부하선의 중앙에 위치하는 것이 바람직하다. Q점이 중앙에 위치되어지면 V_{CE}는 V_{CC}의 절반 정도 값이고 I_C는 $I_{C(sat)}$의 절반 정도의 값이 된다. 이것이 [그림 7-7]에 표시되어 있다.

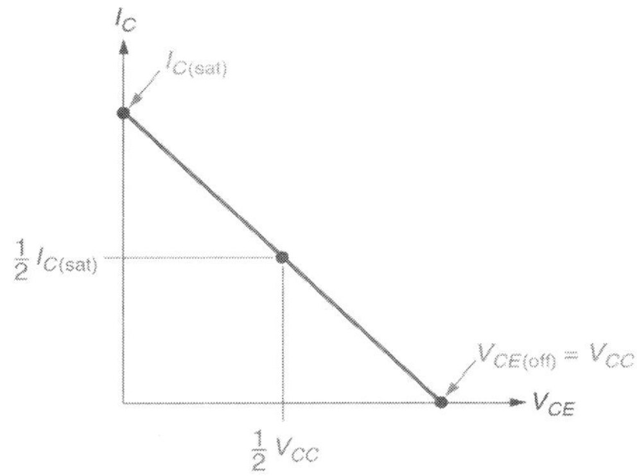

[그림 7-7]

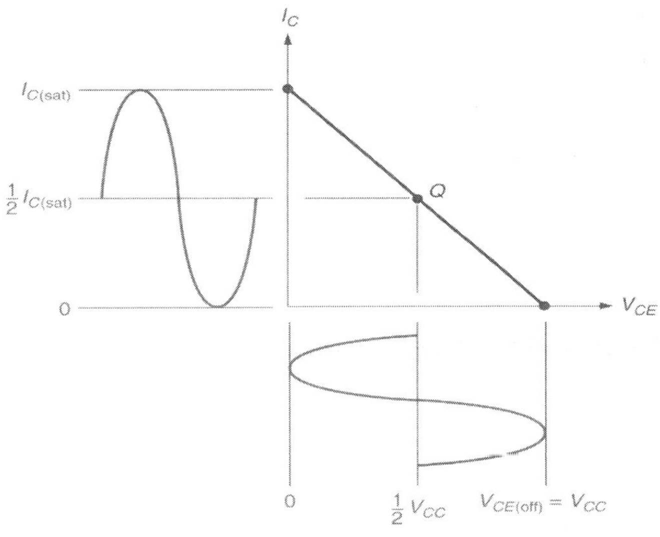

[그림 7-8]

그림에서 확인한 것처럼 I_C와 V_{CE}의 최대값의 $\frac{1}{2}$에 해당되는 Q점이 중앙에 놓이게 된다. 회로의 중앙에 Q점이 놓일 때 증폭기는 Midpoint bias(중간점 바이어스)라고 부른다. midpoint 바이어스는 최적의 교류 동작을 가능하게 한다. 이 점은 [그림 7-8]에 표시되어 있다. 교류 신호가 트랜지스터의 베이스에 인가될 때 I_C와 V_{CE}는 Q점을 중심으로 가변된다. Q점이 중앙에 위치할 때 I_C와 V_{CE}는 초기 직류 값 성분을 기준으로 위, 아래로 최대값을 가지도록 변화된다. Q점이 중앙에 위치할 때, 입력이 트랜지스터의 포화를 발생시킨다. 이런 현상이 일어날 때, 출력 사인파의 부분이 잘려나가게 된다.

만약 Q점이 부하선 중앙의 아래쪽에 위치한다면, 트랜지스터의 입력이 차단되는 현상이 발생될 것이다. 또한 출력의 사인파형은 일부분이 잘리는 현상이 발생한다. 증폭기의 교류 동작은 나중에 다루어 질 것이다. 지금은 중간점 바이어스의 필요성을 이해하는 것이 가장 중요하다. 중간점 바이어스를 갖는 회로는 가능한 교류 동작을 가장 잘 허락하게 된다.

기초 확인문제 7.1

1. 직류 바이어스 회로가 제공하는 목적이 무엇인가?
2. 직류 부하선의 의미는 무엇인가?
3. 그래프 상에서 I_C 축과 부하선이 만나는 점은 무엇을 의미하는가?
4. 그래프 상에서 V_{CE} 축과 부하선이 만나는 점은 무엇을 의미하는가?
5. 증폭기의 Q점은 무엇을 의미하는가?
6. quiescent란 용어는 무슨 의미인가?
7. 증폭기가 정지한 상태라고 말하는 것은 무엇을 의미하는가?
8. Q점 값은 회로의 컬렉터 곡선에서 어떻게 얻을 수 있는가?
9. 중간점 바이어스란 무엇인가?
10. 중간점 바이어스가 바람직한 이유는 무엇인가?

7.2 베이스 바이어스(Base Bias)

가장 간단한 트랜지스터 바이어스 회로는 베이스 바이어스 회로 또는 고정 바이어스 회로이다. 베이스 바이어스 회로는 [그림 7-9]에 표시되어 있다. V_{CC}로부터 공급되는 전류는 분류되는데 대부분은 컬렉터 저항 R_C를 통해서 컬렉터로 흐르고 나머지는 베이스 저항 R_B를 통해서 베이스로 흐르게 된다. 이런 전류들은 합해져서 이미터를 통해서 흐르게 되고 접지로 되돌아가게 된다. 교류 전력이 회로에 공급되는 동안 단자전류들은 [그림 7-9]에 표시된 것처럼 흐르게 된다.

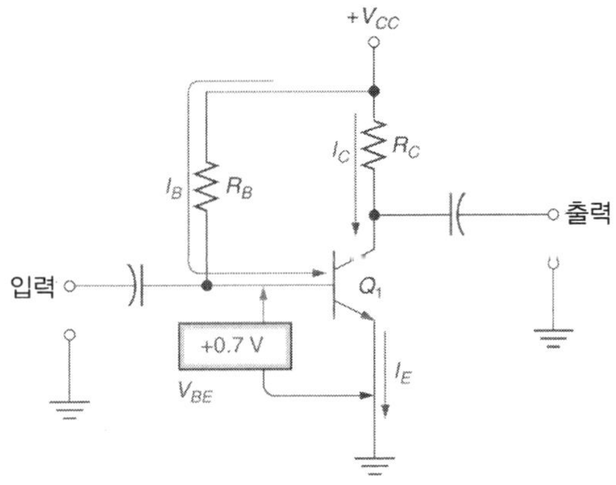

[그림 7-9] 베이스 바이어스

7.2.1 회로 해석(Circuit Analysis)

바이어스 회로 해석의 기본적인 목표는 I_C와 V_{CE}에 의한 Q점을 결정하는 것이다. 베이스 바이어스 회로의 해석은 베이스 전류 계산으로부터 시작한다. 옴의 법칙에 따르자면 I_B는

$$I_B = \frac{V_{RB}}{R_B}$$

로 구해진다.

[그림 7-9]에 표시된 것처럼 계측기를 트랜지스터의 베이스에서 접지까지 연결한다면 계측기는 트랜지스터의 베이스 이미터 접합에 병렬로 연결된다. 따라서 트랜지스터의 베이스에서 접지 사이의 전압은 V_{BE}와 등가이다. 이것은 R_B 양단에 걸리는 전압은 V_{CC}와 V_{BE} 사이의 차에 해당된다는 것을 의미한다.

$$V_{RB} = V_{CC} - V_{BE}$$

V_{RB}를 I_B 공식에 대입하고 식을 정리하면 식 (7-4)를 구할 수 있다.

$$I_B = \frac{V_{CC} - V_{BE}}{R_B} \tag{7-4}$$

I_B를 이미 알고 있다면 I_C를 구할 수 있다.

$$I_C = h_{FE} I_B \tag{7-5}$$

끝으로 V_{CE}는 식 (7-6)처럼 구해진다.

$$V_{CE} = V_{CC} - I_C R_C \tag{7-6}$$

식 (7-5), (7-6)은 I_C와 V_{CE}에 의한 Q점의 좌표 값을 제공해준다.

직류 바이어스 회로의 완전한 해석은 다음 예제를 통해서 이해하도록 해보자.

【예제 7.3】 [그림 7-10]에 표시된 회로에서 I_C와 V_{CE}로 주어지는 Q점을 구하시오.

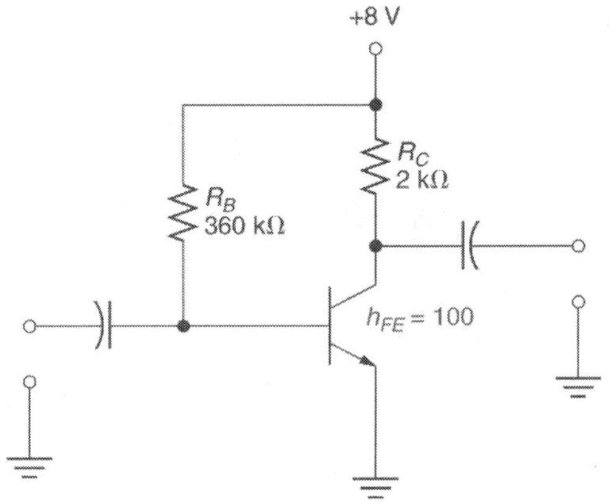

[그림 7-10]

풀이 우선 I_B 값을 계산하면 20.3μA로 구해진다.

$$I_B = \frac{V_{CC} - V_{BE}}{R_B} = \frac{8\text{V} - 0.7\text{V}}{360\text{k}\Omega} = \frac{7.3\text{V}}{360\text{k}\Omega} = 20.3\mu\text{A}$$

다음으로 I_C 값은 2.03mA로 구해진다.

$$I_C = h_{FE} I_B = (100)(20.3\mu\text{A}) = 2.03\text{mA}$$

마지막으로 V_{CE} 값은 3.94V로 구해진다.

$$V_{CE} = V_{CC} - (I_C R_C) = 8\text{V} - (2.03\text{mA})(2\text{k}\Omega) = 3.94\text{V}$$

(실전 연습문제 7-3)

[그림 7-10]에 표시된 베이스 바이어스 회로가 $V_{CC} = +14\text{V}$, $R_C = 720\Omega$, $h_{FE} = 200$, $R_B = 270\text{k}\Omega$을 갖는다고 가정하고 회로의 Q점(I_C와 V_{BE}의 값)을 구하시오.

▶▶ $I_C = 9.86\text{mA}$, $V_{CE} = 6.90\text{V}$

일단 I_C와 V_{CE}의 값으로 주어지는 Q점을 알면 회로가 중간점 바이어스인지 아닌지를 결정할 수 있다. 【예제 7.4】와 【예제 7.5】에서 중간점 바이어스 여부를 결정하는 두 가지 방법을 설명하기로 한다.

【예제 7.4】 [그림 7-10]에 표시된 회로의 직류 부하 선을 구성하고 【예제 7.3】에서 구한 값으로부터 Q점을 구하시오. 또한 중간점 바이어스 회로인지 아닌지를 결정하시오.

풀이 부하선의 양단은 다음과 같이 구해진다.

$$I_{C(\text{sat})} = \frac{V_{CC}}{R_C} = \frac{8\text{V}}{2\text{k}\Omega} = 4\text{mA}$$

$$V_{CE(\text{off})} = V_{CC} = 8\text{V}$$

이런 양단 점을 이용하면 [그림 7-11]과 같은 직류 부하선이 구해진다.
【예제 7.3】에서 구한 $I_C = 2.03\text{mA}$, $V_{CE} = 3.94\text{V}$를 부하선에 표시하면 Q점은 그림에 표시된 것처럼 구해진다. 여러분도 보다시피 Q점이 부하선의 거의 $\frac{1}{2}$에 해당되므로 중간점 바이어스가 된다.

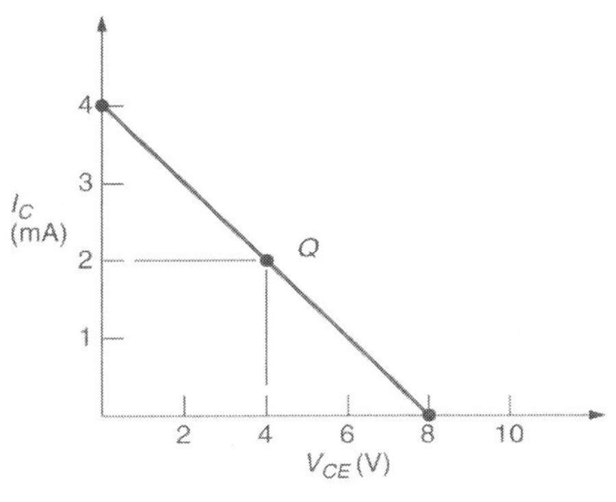

[그림 7-11]

(실전 연습문제 7-4)

[그림 7-10]에 표시된 것과 유사한 베이스 바이어스 회로가 $V_{CC} = 12\text{V}$, $R_C = 1\text{k}\Omega$, $h_{FE} = 150$, $R_B = 500\text{k}\Omega$의 크기를 갖는다고 가정하고 부하 선을 구하시오. 그리고 회로의 동작점이 부하선의 중앙에 위치하는지 결정하시오.

▶▶ $V_{CE}(\text{off}) = V_{CC} = 12\text{V}$, $I_{C(sat)} = 12mA$, $I_B = 22.6\mu\text{A}$, $I_C = 3.39mA$, $V_{CE} = 8.61V$
따라서 중간점 바이어스가 아니다.

【예제 7.5】 [그림 7-10]에 표시된 회로의 직류 부하 선을 그리지 않고서도 중간점 바이어스인지 아닌지를 결정해 보시오.

풀이 정의에 의하면 V_{CE}는 V_{CC}의 $\frac{1}{2}$일 때 Q점을 가지게 되면 회로는 중간점 바이어스가 된다. 이런 관계는 [그림 7-7]에서 설명된바 있다. 【예제 7.3】을 통해서 우리는 [그림 7-10]에 표시된 증폭기가 $V_{CC}=+8\text{V}$, $V_{CE}=3.94\text{V}$를 가진다는 사실을 알고 있다. Q점의 V_{CE} 값이 V_{CC}의 $\frac{1}{2}$에 근사하다는 점에서 우리는 회로가 직류 부하 선을 사용하지 않더라도 중간점 바이어스라는 결론을 내릴 수 있다.

(실전 연습문제 7-5)

실전 연습문제 7-3에서 나타내어지는 회로가 중간점 바이어스되는지 아닌지를 결정하시오. 【예제 7.4】와 【예제 7.5】에서 사용된 방법을 설명하고 결론이 정확하다는 점도 입증하시오.

▶▶ 실전 연습문제 7-3, 7-4에서 $I_C=9.86\text{mA}$, $V_{CE}=6.91\text{V}$, $V_{CE}(\text{off})=V_{CC}=14\text{V}$, $I_C(\text{sat})=19.4\text{mA}$, $V_{CE}=1/2V_{CC}$이므로 중간점 바이어스이다.

7.2.2 Q점의 이동(Q Point Shift)

베이스 바이어스 회로들이 비록 쉽게 설계되어지고 해석된다고 할지라도 중간점 바이어스 증폭기로는 거의 사용되지 않는다. 그 이유는 베이스 바이어스 회로들이 Q점 이동이라는 몹시 민감한 문제점을 가진다는 사실이다. Q점 이동이라는 용어는 동작온도의 변화가 I_C와 V_{CE}로 주어지는 Q점의 변화를 야기시키는 조건으로 설명되기 때문이다.

V_{CE}의 식을 살펴본다면 I_C가 변할 때 V_{CE}가 변하는 것을 볼 수 있다. 만약 I_C 공식을 살펴본다면 I_C 값은 I_B나 h_{FE}의 변화에 따라서 변화된다는 사실을 알 수 있다. 이미 6장에서 살펴보았던 것처럼 직류 $\beta(h_{FE})$는 온도에 따라 변한다. 만약 온도가 증가한다면 h_{FE} 또한 증가할 것이다. h_{FE}가 증가할 때 I_C도 증가할 것이다. I_C의 증가로 V_{CE}는 감소할 것이다. 따라서 온도의 변화는 I_C의 증가와 V_{CE}의 감소를 야기 시킨다. 이런 일이 발생할 때 회로는 더 이상 중간점 바이어스가 되지 않을 것이다. 이 점은 다음의 예제에서 설명된다.

【예제 7.6】 [그림 7-12]에 표시된 트랜지스터가 $T=25℃$일 때 $h_{FE}=100$, $T=100℃$일 때 $h_{FE}=150$을 가진다고 가정하고 이런 온도에서의 Q점의 I_C와 V_{CE}의 값을 결정하시오.

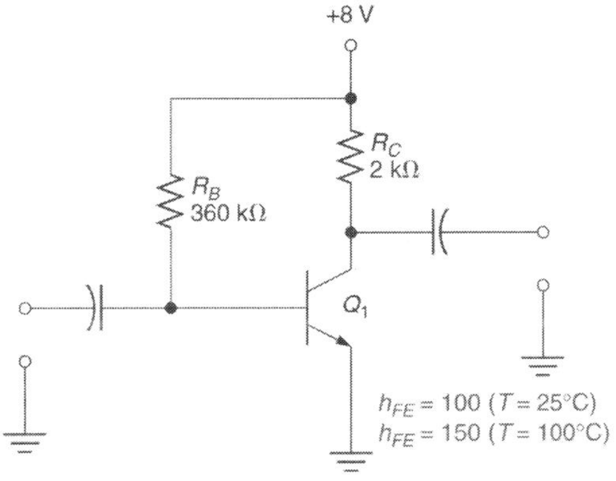

[그림 7-12]

풀이 이것은 【예제 7.3】에서 해석했던 회로와 유사하다. 따라서 $h_{FE}=100$인 경우에는 $I_B=20.3\mu A$, $I_C=2.03mA$, $V_{CE}=3.94V$로 계산된다.

$T=100℃$일 때 h_{FE}의 값은 150으로 변한다. I_B의 값은 초기 값으로 같다고 가정하면 I_C는 새로운 값을 갖는다.

$$I_C = h_{FE}I_B = (150)(20.3\mu A) = 3.05mA$$

I_C의 값은 새로운 V_{CE}를 구하는데 사용된다.

$$V_{CE} = V_{CC} - I_C R_C = 8V - (3.05mA)(2k\Omega) = 1.90V$$

여러분도 보다시피 온도가 100℃로 증가할 때 증폭기가 중간점 바이어스 가까이에 있지 않다는 점을 알 수 있다. 이것은 최적의 교류 동작을 제공할 수 없기 때문에 선형 증폭기에 적합하지 않다.

(실전 연습문제 7-6)

실전 연습문제 7-3을 참조하시오. 실전 연습문제 7-3의 h_{FE}의 값은 25℃에서 측정되었다. 만약 100℃에서 회로가 동작된다고 가정하고 이때의 h_{FE}의 값이 380이라면 회로의 Q점은 어떻게 되는지 구해보시오.

▶▶ $I_B=49.3\mu A$이다.

100℃에서 회로가 동작된다고 가정하면 $I_C=18.7mA$, $V_{CE}=536mV$로 계산된다.

$$I_C = h_{FE}I_B = 380 \times 49.3\mu A = 18.7mA$$
$$V_{CE} = V_{CC} - (I_C \times R_C) = 14V - (18.7mA \times 720\Omega) = 536mV$$

베이스 바이어스 회로에서 Q점의 I_C와 V_{CE}는 h_{FE}의 변화에 따라 영향을 받기 때문에 이런 회로를 베타-의존 회로라고 부른다. 우리가 직류 바이어스 회로에 대해서 계속 고찰한다면 베타에 의존하지 않는 회로, 즉 다시 말해서 h_{FE}와 온도 변화에 영향을 받지 않는 Q점 값에 대한 회로들에 대해서도 집중적으로 고찰해야 할 것이다.

7.2.3 베이스 바이어스 응용(Base Bias Application)

Q점의 이동이 아주 민감하기 때문에 베이스 바이어스 회로는 중간점 바이어스가 필요한 응용회로에는 거의 사용되지 않는다. 베이스 바이어스 회로는 기본적인 스위칭 회로에 사용된다. 트랜지스터가 스위치로 사용되는 경우에는 단순히 포화점과 차단점 사이에서만 사용되기 때문에 중간점 바이어스는 필요하지 않게 된다. 19장에서는 스위칭 회로에 사용되는 베이스 바이어스 회로에 대해서 상세히 설명하도록 하겠다.

7.2.4 요약(Summary)

베이스 바이어스 회로는 직류 바이어스 회로 중 가장 간단한 방법이다. 이 회로의 구성과 적용은 [그림 7-13]에 정리되어 있다.

베이스 바이어스 회로의 특성

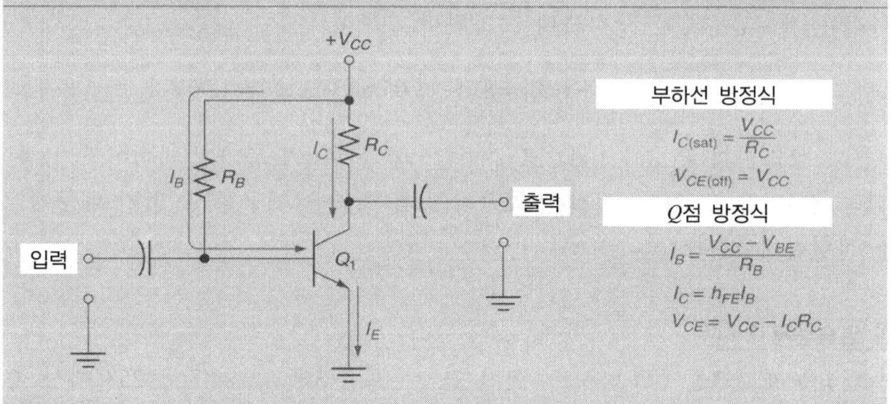

회로구성	베이스단자와 V_{CC} 사이에 단일저항 R_B가 연결된다. 이미터 저항은 없다.
이점	회로의 간략화
단점	β가 출력에 영향을 미친다. Q점의 이동이 문제가 된다.
응용	스위칭 회로

[그림 7-13]

7.2.5 최종 점검(Final Note)

이 절을 통해서 우리는 Q점의 I_C와 V_{CE} 값을 구하는 방법에 대해서 이해하게 되었다. 앞으로 토론할 때는 Q점의 I_C, V_{CE} 값을 I_{CQ}와 V_{CEQ}를 사용해서 표시하기로 하겠다.

기초 확인문제 7.2

1. 베이스 바이어스 회로의 구조와 전류의 흐름 경로를 기술하라.
2. 증폭기의 직류 해석의 목적은 무엇인가?
3. Q점의 $I_C(I_{CQ})$와 $V_{CE}(V_{CEQ})$를 결정하는 과정을 나열하라.
4. 증폭기의 I_{CQ}와 V_{CEQ}의 값을 즉시 계산할 때 회로가 중간점 바이어스가 되었는지 아닌지를 어떻게 결정할 수 있는가?
5. Q점 이동이란 무엇인가?
6. Q점 이동 과정을 기술하라.
7. 베타 의존회로란 무엇인가?
8. 베타 독립회로란 무엇인가?

7.3 전압 분배기 바이어스(Voltage Divider Bias)

전압 분배기 바이어스 회로는 가장 널리 사용되는 바이어스 회로이다. [그림 7-14]에 표시된 것처럼 전압 분배기 바이어스 회로는 다음과 같은 몇 가지 점을 제외하면 베이스 바이어스와 유사하다.

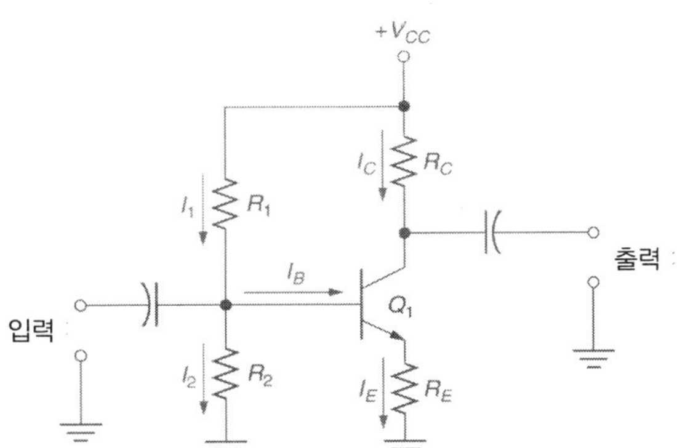

[그림 7-14] 전압 분배기 바이어스 회로

- 저항 R_2가 트랜지스터의 베이스 단자와 접지 사이에 추가로 연결된다.
- 저항 R_E가 트랜지스터의 이미터 단자에 추가로 연결된다.

여러분도 보다시피 h_{FE}의 변화에도 무관하게 거의 안정적인 I_{CQ}와 V_{CEQ}의 값을 가지는 바이어스 회로로 수정된다.

7.3.1 회로 동작(Circuit Operation)

간단한 전압 분배 바이어스 회로를 구성하는 베이스 저항 R_1과 R_2는 베이스 전압 V_B를 설정하기 위해서 식 (7-7)을 사용하게 된다.

$$V_B = V_{CC}\frac{R_2}{R_1+R_2} \tag{7-7}$$

V_B 값이 결정되면, V_E의 값을 구할 수 있다.

$$V_E = V_B - 0.7\text{V} \tag{7-8}$$

이미터 전압이 결정되면 옴의 법칙을 이용해서 I_E를 구할 수 있다.

$$I_E = \frac{V_E}{R_E} \tag{7-9}$$

그리고 $I_E \cong I_{CQ}$라고 가정하면, V_{CEQ}를 찾을 수 있다.

$$V_{CEQ} = V_{CC} - I_{CQ}(R_C + R_E) \tag{7-10}$$

다음 예제를 통해서 전압분배기 바이어스 회로의 I_{CQ}와 V_{CEQ}를 구하는 과정을 이해해 보도록 하자.

【예제 7.7】 [그림 7-15]에 표시된 회로에서 I_{CQ}와 V_{CEQ}를 구하시오.

풀이 R_1과 R_2는 증폭기에서 베이스 전압을 구성한다. V_B는 2.07V로 구해진다.

$$V_B = V_{CC}\frac{R_2}{R_1+R_2} = (10\text{V})\frac{4.7\text{k}\Omega}{22.7\text{k}\Omega} = (10\text{V})(0.207) = 2.07\text{V}$$

V_E는 1.37V로 계산된다.

$$V_E = V_B - 0.7\text{V} = 2.07\text{V} - 0.7\text{V} = 1.37\text{V}$$

$I_E \cong I_{CQ}$이므로 I_{CQ}는 1.25mA이다.

$$I_{CQ} = \frac{V_E}{R_E} = \frac{1.37\text{V}}{1.1\text{k}\Omega} = 1.25\text{mA}$$

마지막으로 V_{CEQ}는 4.87V로 계산된다.

$$V_{CEQ} = V_{CC} - I_{CQ}(R_C + R_E) = 10\text{V} - (1.25\text{mA})(4.1\text{k}\Omega) = 4.87\text{V}$$

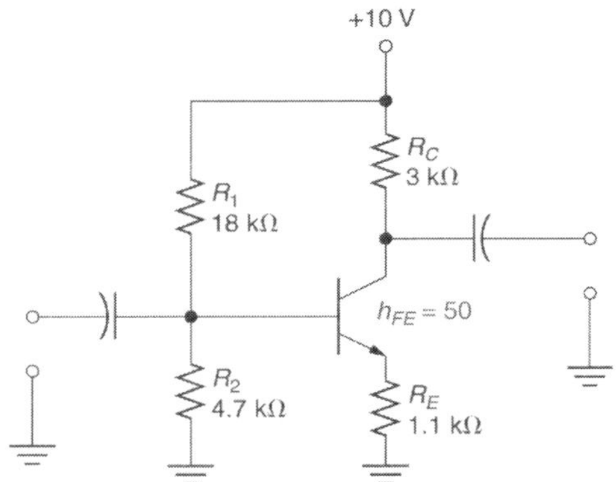

[그림 7-15]

(실전 연습문제 7-7)

[그림 7-15]와 유사한 회로에서 $R_C = 620\Omega$, $R_E = 180\Omega$, $R_1 = 12\text{k}\Omega$, $R_2 = 2.7\text{k}\Omega$, $V_{CC} = 10\text{V}$라고 가정하고 I_{CQ}와 V_{CEQ}를 구하시오.

▶▶ $V_B = 1.84V$

일단 I_E의 값을 알고 있다면 식 (6-5)를 이용해서 I_B의 값을 간단히 찾을 수 있다. 식 (6-5)를 식 (7-11)처럼 다시 쓸 수 있다.

$$I_B = \frac{I_E}{h_{FE} + 1} \tag{7-11}$$

【예제 7.8】 [그림 7-16]에 표시된 회로에서 I_B 값을 결정하시오.

풀이 첫 번째로 V_B 값은 2.56V로 구해진다.

$$V_B = V_{CC} = \frac{R_2}{R_1 + R_2} = (20\text{V})\frac{1\text{k}\Omega}{7.8\text{k}\Omega} = 2.56\text{V}$$

두 번째로 V_E를 구한다.

$$V_E = V_B - 0.7\text{V} = 2.56\text{V} - 0.7\text{V} = 1.86\text{V}$$

세 번째로 I_E를 구한다.

$$I_E = \frac{V_E}{R_E} = \frac{1.86\text{V}}{1\text{k}\Omega} = 1.86\text{mA}$$

마지막으로 I_B를 구한다.

$$I_B = \frac{I_E}{h_{FE}+1} = \frac{1.86\text{mA}}{51} = 36.5\mu\text{A}$$

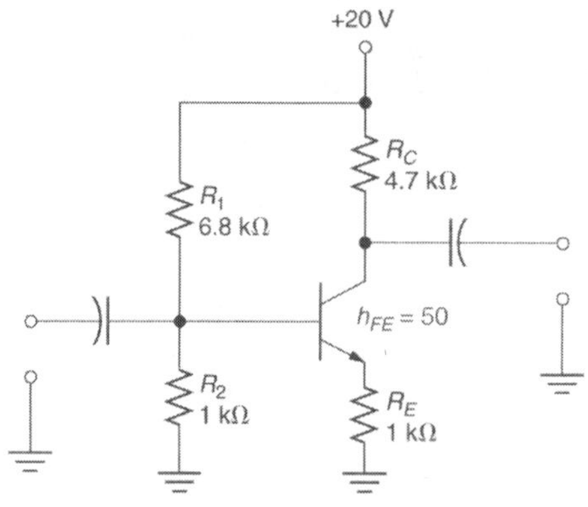

[그림 7-16]

(실전 연습문제 7-8)

실전 연습문제 7-7에서 설명된 회로의 I_B 값을 구하시오. 트랜지스터의 h_{FE}는 200이라고 가정하시오.

▶▶ $I_B = 31.5\mu\text{A}$

【예제 7.7】과 【예제 7.8】에서 구한 결과는 실제적인 회로 해석 값에 거의 근접하게 된다. 여하튼 각각의 해석방법은 완벽하게 정확하지 않다는 가정으로부터 시작된다. 식 (7-7)에 따르면 전압 분배기 바이어스 회로에서 V_B는 다음과 같이 표시된다.

$$V_B = V_{CC}\frac{R_2}{R_1 + R_2}$$

이 식은 전압 분배기 바이어스에서 트랜지스터의 부하 효과를 무시하게 된다. 가정이 간혹 정당하지만 계산의 결과에서 오차의 일정 부분을 제공하는 트랜지스터의 부하효과를 무시하게 된다. 여러분도 앞으로 살펴보겠지만 어떤 경우에는 이런 오차가 중요하게 된다.

7.3.2 트랜지스터 부하(Transistor Loading)

전압 분배기 바이어스 회로의 경우 베이스 회로전류는 [그림 7-17 (a)]에 표시되어 있다. $I_2 \geq 10I_B$라면 트랜지스터의 부하효과는 무시할 수 있고 $I_1 \cong I_2$라고 가정할 수 있다. 이런 경우에는 회로해석에서 트랜지스터의 부하효과는 결과에서 중요한 오차를 발생시키지 않는다. 여하튼 $I_2 < 10I_B$일 때는 회로해석에서 결과에서 중대한 오차를 발생시키는 트랜지스터의 부하효과가 무시된다. I_2와 I_B의 크기는 트랜지스터의 베이스 입력 저항과 R_2 크기에 의해서 결정된다.

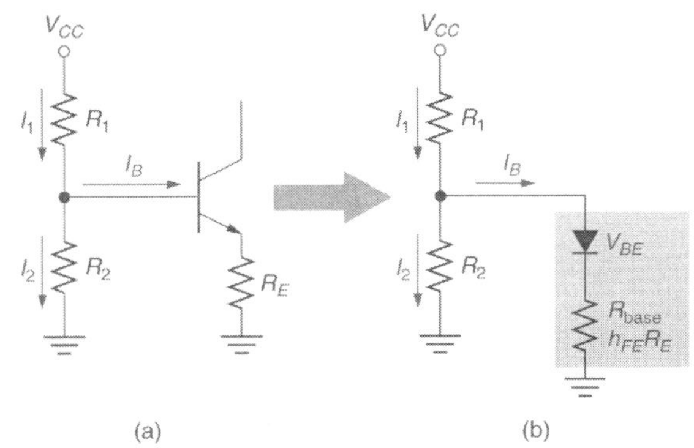

[그림 7-17]

베이스 입력 저항(Base Input Resistance)

만약 [그림 7-17 (a)]에서 연결점에서 접지까지의 경로를 추적한다면 R_2가 트랜지스터의 베이스 이미터 회로와 병렬이다. 전류가 베이스에서 이미터로 h_{FE}배 만큼 증가하게 되고 R_E는 이미터에서 베이스로 h_{FE}배 만큼 효과적으로 증가하게 된다. 그 결과 베이스 입력 저항은 식 (7-12)에 표시된 것처럼 측정된다.

$$R_{\text{base}} = h_{FE} R_E \tag{7-12}$$

이런 베이스 입력 저항의 크기가 [그림 7-17 (b)]에 표시되어 있다. R_{base}의 크기는 일반적으로 베이스 이미터 다이오드의 저항과 R_E의 병렬 합성 저항보다는 아주 크다.

이런 이유 때문에 $h_{FE}R_E$와 R_2 사이의 관계에 대해서 기본적으로 관심을 가지게 된다. $h_{FE}R_E \geq 10R_2$일 때 I_2의 크기는 적어도 I_B 크기의 10배가 된다. 그리고 트랜지스터 베이스 이미터 회로의 부하효과는 무시된다. 이런 경우에는 【예제 7.8】에 설명된 방식에 따라서 회로를 해석할 수 있다. $h_{FE}R_E < 10R_2$라면 I_2의 크기는 I_B 크기의 10배보다 작다. 그리고 트랜지스터 베이스 이미터 회로의 부하효과는 당연히 고려되어야 한다. 이런 경우에는 선택적인 회로 해석이 요구된다. I_{CQ}와 V_{CEQ}를 구하기 위한 보다 정확한 선택적인 접근법은 전압 분배기 바이어스 회로의 테브닌 등가회로로부터 시작한다.

예를 들어서 [그림 7-18 (a)]에 표시된 회로를 살펴보기로 하자. 만약 전압 분배기로부터 트랜지스터(부하)가 연결되지 않았다면 R_2 양단에 걸리는 전압은 바이어스 회로의 테브닌 전압과 등가이다.

$$V_{TH} = V_{CC}\frac{R_2}{R_1 + R_2} \tag{7-13}$$

베이스 회로에서 R_{TH}의 크기는 부하를 제거하고 전압원 V_{CC}를 단락시키고 개방 부하 단자로부터 접지 사이의 저항을 측정하면 구해진다. [그림 7-18 (a)]에 표시된 회로에 이런 과정을 적용시키면 식 (7-14)가 구해진다.

$$R_{TH} = R_1 \| R_2 \tag{7-14}$$

V_{TH}와 R_{TH}를 이용하면 [그림 7-18 (b)]와 같은 등가 회로를 구할 수 있다. V_{TH}와 R_{TH}를 알고 있다면 보다 정확한 I_{CQ}는 식 (7-15)처럼 구할 수 있다.

$$I_{CQ} = \frac{V_{TH} - V_{BE}}{\dfrac{R_{TH}}{h_{FE}} + R_E} \tag{7-15}$$

식 (7-15)의 유도는 【예제 7.9】에서 증명된다.

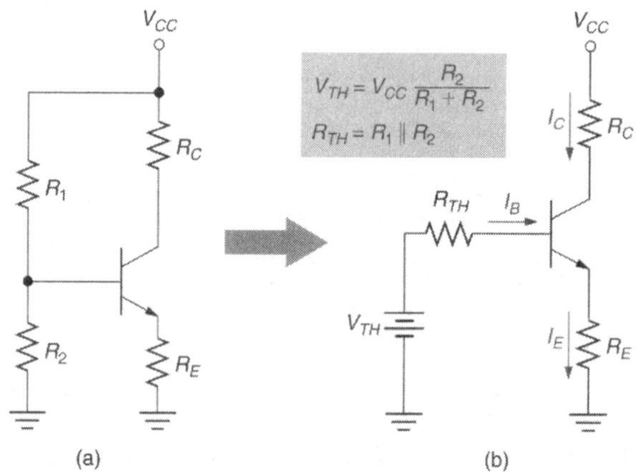

[그림 7-18]

【예제 7.9】 [그림 7-19]에 표시된 증폭기의 I_{CQ}와 V_{CEQ}를 구하시오.

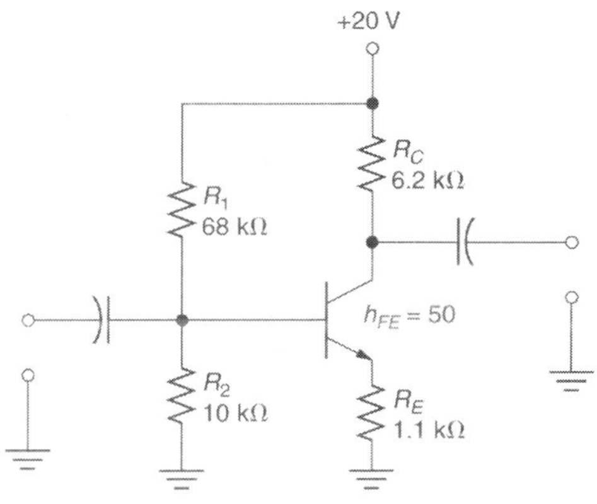

[그림 7-19]

풀이 베이스 회로에서 전압 분배기의 테브닌 전압과 테브닌 저항은 2.56V와 8.72$k\Omega$으로 구해진다.

$$V_{TH} = V_{CC}\frac{R_2}{R_1 + R_2} = (20\text{V})\frac{10\text{k}\Omega}{78\text{k}\Omega} = 2.56\text{V}$$

$$R_{TH} = R_1 \| R_2 = (10\text{k}\Omega)\|(68\text{k}\Omega) = 8.72\text{k}\Omega$$

I_{CQ}는 1.46mA로 구해진다.

$$I_{CQ} = \frac{V_{TH} - V_{BE}}{\dfrac{R_{TH}}{h_{FE}} + R_E} = \frac{2.56\text{V} - 0.7\text{V}}{\dfrac{8.72\text{k}\Omega}{50} + 1.1\text{k}\Omega} = \frac{1.86\text{V}}{1.27\text{k}\Omega} = 1.46\text{mA}$$

마지막으로 V_{CEQ}는 9.34V로 구해진다.

$$V_{CEQ} = V_{CC} - I_{CQ}(R_C + R_E) = 20\text{V} - (1.46\text{mA})(7.3\text{k}\Omega) = 9.34\text{V}$$

(실전 연습문제 7-9)

[그림 7 19]에 표시된 회로에서 $R_1 = 6.8\text{k}\Omega$, $R_2 = 1\text{k}\Omega$, $R_C = 4.7\text{k}\Omega$, $R_E - 1\text{k}\Omega$, $V_{CC} = 20\text{V}$, $h_{FE} = 75$라고 가정하고 【예제 7.9】에서 사용된 접근법을 이용하고 I_{CQ}와 V_{CEQ}를 구하시오.

▶▶ $I_{CQ} = 1.84\text{mA}$, $V_{CEQ} = 9.5\text{V}$

7.3.3 포화와 차단(Saturation and Cutoff)

전압 분배기 바이어스 회로의 직류 부하 선은 $I_{C(\text{sat})}$과 $V_{CE(\text{off})}$의 끝점을 도면에 기입한다. 트랜지스터가 포화 되었을 때, V_{CE}는 대략 0V와 같다. 따라서 컬렉터 전류는 식 (7-13)처럼 공급 전압을 V_{CC}와 접지 사이의 총 저항에 의해서 나눈 것과 같다.

$$I_{C(\text{sat})} = \frac{V_{CC}}{R_C + R_E} \tag{7-16}$$

트랜지스터가 차단되었을 때, 모든 공급 전압은 트랜지스터 양단에 나타나게 된다.

$$V_{CE(\text{off})} = V_{CC} \tag{7-17}$$

이런 공식을 사용하면 【예제 7.9】에서 설명된 회로의 부하 선은 [그림 7-20]처럼 표시된다.

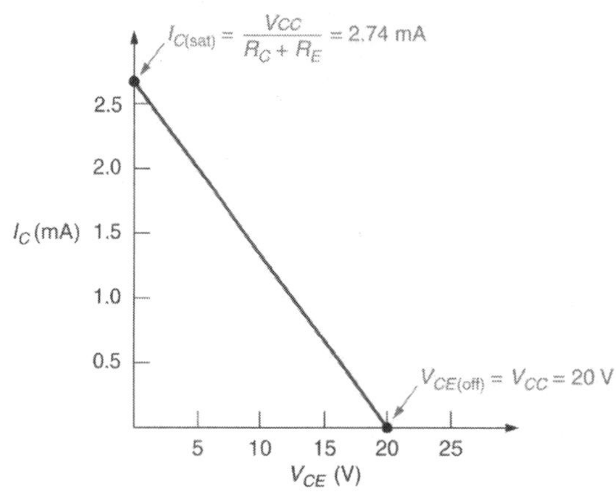

[그림 7-20] 【예제 7.9】에서 설명된 회로의 부하 선

7.3.4 h_{FE}의 어떤 값을 사용하는가?(Which Value of h_{FE} Do I Use?)

전압 분배기 바이어스 회로를 해석할 때, 트랜지스터의 h_{FE} 값을 얻기 위해서 트랜지스터의 스펙을 참조하게 된다. 문제는 스펙에 h_{FE}의 값이 포함되어 있지 않을 수도 있다는 점이다. [그림 7-21]에 표시된 것 같은 트랜지스터 스펙에서는 다음 값의 조합으로 설명된다.

1. h_{FE}의 최대값
2. h_{FE}의 최소값
3. h_{FE}의 대표 값

단지 h_{FE}의 값이 스펙에 한개만 표시되는 경우에는 어느 회로 분석에서의 동일한 값을 사용해야만 한다.

h_{FE}의 값이 두 개 이상 표시되는 경우에는 그들 중에서 하나가 h_{FE}의 대표 값인지를 찾아야 한다. 만약 대표 값이 있다면 그 값을 사용한다.

2N3903, 2N3904

ELECTRICAL CHARACTERISTICS ($T_A = 25°C$ unless otherwise noted)

Characteristic		Symbol	Min	Max	Unit
OFF CHARACTERISTICS					
Collector–Emitter Breakdown Voltage (Note 2.) ($I_C = 1.0$ mAdc, $I_B = 0$)		$V_{(BR)CEO}$	40	–	Vdc
Collector–Base Breakdown Voltage ($I_C = 10$ μAdc, $I_E = 0$)		$V_{(BR)CBO}$	60	–	Vdc
Emitter–Base Breakdown Voltage ($I_E = 10$ μAdc, $I_C = 0$)		$V_{(BR)EBO}$	6.0	–	Vdc
Base Cutoff Current ($V_{CE} = 30$ Vdc, $V_{EB} = 3.0$ Vdc)		I_{BL}	–	50	nAdc
Collector Cutoff Current ($V_{CE} = 30$ Vdc, $V_{EB} = 3.0$ Vdc)		I_{CEX}	–	50	nAdc
ON CHARACTERISTICS					
DC Current Gain (Note 2.)		h_{FE}			–
($I_C = 0.1$ mAdc, $V_{CE} = 1.0$ Vdc)	2N3903		20	–	
	2N3904		40	–	
($I_C = 1.0$ mAdc, $V_{CE} = 1.0$ Vdc)	2N3903		35	–	
	2N3904		70	–	
($I_C = 10$ mAdc, $V_{CE} = 1.0$ Vdc)	2N3903		50	150	
	2N3904		100	300	
($I_C = 50$ mAdc, $V_{CE} = 1.0$ Vdc)	2N3903		30	–	
	2N3904		60	–	
($I_C = 100$ mAdc, $V_{CE} = 1.0$ Vdc)	2N3903		15	–	
	2N3904		30	–	
Collector–Emitter Saturation Voltage (Note 2.)		$V_{CE(sat)}$			Vdc
($I_C = 10$ mAdc, $I_B = 1.0$ mAdc)			–	0.2	
($I_C = 50$ mAdc, $I_B = 5.0$ mAdc			–	0.3	
Base–Emitter Saturation Voltage (Note 2.)		$V_{BE(sat)}$			Vdc
($I_C = 10$ mAdc, $I_B = 1.0$ mAdc)			0.65	0.85	
($I_C = 50$ mAdc, $I_B = 5.0$ mAdc)			–	0.95	
SMALL-SIGNAL CHARACTERISTICS					
Current–Gain – Bandwidth Product		f_T			MHz
($I_C = 10$ mAdc, $V_{CE} = 20$ Vdc, f = 100 MHz)	2N3903		250	–	
	2N3904		300	–	
Output Capacitance ($V_{CB} = 5.0$ Vdc, $I_E = 0$, f = 1.0 MHz)		C_{obo}	–	4.0	pF
Input Capacitance ($V_{EB} = 0.5$ Vdc, $I_C = 0$, f = 1.0 MHz)		C_{ibo}	–	8.0	pF
Input Impedance		h_{ie}			k Ω
($I_C = 1.0$ mAdc, $V_{CE} = 10$ Vdc, f = 1.0 kHz)	2N3903		1.0	8.0	
	2N3904		1.0	10	
Voltage Feedback Ratio		h_{re}			X 10^{-4}
($I_C = 1.0$ mAdc, $V_{CE} = 10$ Vdc, f = 1.0 kHz)	2N3903		0.1	5.0	
	2N3904		0.5	8.0	
Small–Signal Current Gain		h_{fe}			–
($I_C = 1.0$ mAdc, $V_{CE} = 10$ Vdc, f = 1.0 kHz)	2N3903		50	200	
	2N3904		100	400	
Output Admittance ($I_C = 1.0$ mAdc, $V_{CE} = 10$ Vdc, f = 1.0 kHz)		h_{oe}	1.0	40	μmhos
Noise Figure		NF			dB
($I_C = 100$ μAdc, $V_{CE} = 5.0$ Vdc, $R_S = 1.0$ k Ω, f = 1.0 kHz)	2N3903		–	6.0	
	2N3904		–	5.0	

SWITCHING CHARACTERISTICS

Characteristic	Conditions		Symbol	Min	Max	Unit
Delay Time	($V_{CC} = 3.0$ Vdc, $V_{BE} = 0.5$ Vdc,		t_d	–	35	ns
Rise Time	$I_C = 10$ mAdc, $I_{B1} = 1.0$ mAdc)		t_r	–	35	ns
Storage Time	($V_{CC} = 3.0$ Vdc, $I_C = 10$ mAdc,	2N3903	t_s	–	175	ns
	$I_{B1} = I_{B2} = 1.0$ mAdc)	2N3904		–	200	
Fall Time			t_f	–	50	ns

2. Pulse Test: Pulse Width ≤ 300 μs; Duty Cycle ≤ 2%.

[그림 7-21] 2N3904의 전기적인 특성

h_{FE}의 최소값과 최대값이 스펙에 포함되어 있다면, 두 값의 기하학적 평균값을 사용해야만 한다. h_{FE}의 기하학적 평균값은 식 (7-12)처럼 구해진다.

$$h_{FE(\text{ave})} = \sqrt{h_{FE(\min)} \times h_{FE(\max)}} \tag{7-18}$$

I_{CQ} 값의 예측(Estimating the Value of I_{CQ})

우리는 약간의 문제를 가지고 있음을 주목해야 한다. I_{CQ}를 계산하기 위해서는 h_{FE}의 크기를 알아야만 한다. 그러나 어느 스펙에서 h_{FE}의 값을 찾기 위해서는 I_{CQ}의 값을 알 필요가 있다. 이런 문제는 I_{CQ}의 근사 값에 의해서 구해진다. 우리는 회로가 중간점 바이어스에서 설계되어졌다고 가정하고 I_{CQ}의 값을 추정한다. 만약 회로가 중간점 바이어스라면 I_{CQ}의 값은 $I_{C(\text{sat})}$의 1/2로써 예측할 수 있다. 따라서 h_{FE}의 값을 결정하기 위한 I_{CQ} 값을 추정하는 과정을 나타내면 다음과 같다.

1. $I_{C(\text{sat})}$의 값을 계산한다.
2. I_{CQ}의 근사 값은 계산되어진 $I_{CQ(\text{sat})}$의 값의 1/2로 예측된다. $I_{CQ(\text{sat})}$의 근사 값을 대략 측정하고, 트랜지스터의 스펙에서 h_{FE}의 값을 구하기 위해 대략적 값을 사용할 수 있다. 그리고 스펙에서 구한 h_{FE}의 값을 사용해서 회로를 해석한다.

이런 방법의 유효성은 【예제 7.9】를 참고하면 이해할 수 있다. 식 (7-16)을 사용하면 $I_{C(\text{sat})}$의 값이 2.74mA로 계산된다. $I_{C(\text{sat})}$의 절반 값은 1.37mA이고, 예제에서 계산된 I_{CQ}값보다 오직 90μA만 차이를 가지게 된다.(거의 등가이다.)

여러분은 모든 전압분배기 바이어스 회로가 중간점 바이어스를 요구하는지를 이해하게 되었을 것이다. 이유는 간단하다 : 전압 분배기 바이어스 회로들은 선형증폭기회로에서 중요하게 사용된다. 이미 앞에서 언급했던 것처럼 이런 증폭기들은 대부분 항상 최대 출력을 공급하기 위해서 중간점 바이어스로 설계된다.

7.3.5 바이어스 안정도(Bias Stability)

이미 앞에서 전압 분배기 바이어스가 가장 일반적인 바이어스 방법임을 설명한바 있다. 한 가지 이유는 베타에 독립적인 회로라는 점이다. 이것은 베타(h_{FE})의 변화에도 불구하고 안정적인 I_{CQ}와 V_{CEQ}를 제공한다는 점이다. 이런 안정도는 이미 【예제 7.9】를 통해서 확인할 수 있다.

$$I_{CQ} = \frac{V_{TH} - V_{BE}}{\dfrac{R_{TH}}{h_{FE}} + R_E}$$

대부분의 경우 $R_{TH}/h_{FE} \ll R_E$이다. 이런 경우에는 I_{CQ}가 비교적 h_{FE}에서 변화되지 않도록 면제된다.(온도의 변화나 소자의 대체로 인해서) 예를 들면 [그림 7-19]에 표시된 회로에서 $h_{FE}=50$에서 I_{CQ}가 1.46mA로 계산된다. 만약 h_{FE}가 100으로 두 배 증가한다면 회로의 I_{CQ}는 회로에서 1.56mA로 증가한다.

$$I_{CQ} = \frac{V_{TH} - V_{BE}}{\dfrac{R_{TH}}{h_{FE}} + R_E} = \frac{2.56\text{V} - 0.7\text{V}}{\dfrac{8.72\text{k}\Omega}{100} + 1.1\text{k}\Omega} = \frac{1.86\text{V}}{1.19\text{k}\Omega} = 1.56\text{mA}$$

이것은 h_{FE}가 100으로 두 배 증가한다고 하더라도 회로의 I_{CQ}는 회로에서 6.8%만 증가한다는 것을 의미한다. 따라서 회로의 출력은 비교적 h_{FE}의 변화에 무관하게 된다. (h_{FE}가 크게 변화하지만 전압 분배기의 Q점에는 거의 영향을 미치지 못하게 된다.)

7.3.6 회로 고장진단 및 수리(Circuit Troubleshooting)

이미 앞에서 언급한 것처럼 전압 분배기 바이어스 회로는 선형 증폭기 회로로 사용된다. 정상적인 조건에서는 이미 단자 전압은 예측이 가능하다. 일반적으로 전압분배기 바이어스 회로의 동작전압은 다음과 같은 크기를 갖는다.

1. V_C는 $\frac{V_{CC}}{2}$보다 약간 크다.
2. V_E는 $\frac{V_{CC}}{10}$ 근처이다.
3. V_B는 V_E보다 0.7V 크다.

중요한 것은 이런 전압은 *npn* 트랜지스터에 적용된다는 점이다. *pnp*인 경우에는 원리가 같다. 이 절에서는 전압분배기 바이어스를 갖는 증폭기에서 발생될 수 있는 몇 가지 문제점에 대해서 알아보도록 하자.

R_1 개방(R_1 Open)

R_1이 개방되었을 때 베이스 회로에 전류가 흐르는 경로가 없다. 따라서 R_2 양단에 걸리는 전압은 없고, V_B는 0V이다. V_B의 손실 때문에 트랜지스터는 바이어스되지 않게 된다. 따라서 이미터 전류는 존재하지 않고 V_E는 0V이다. 컬렉터회로에서 어떠한 전류도 흐르지 않는 경우 $I_C R_C$는 0V이고, V_C는 V_{CC}와 같다. 따라서 R_1이 개방되었을 때 회로의 현상은 다음과 같다.

1. V_B는 0V.
2. V_E는 0V.
3. V_C는 V_{CC}와 같다.

이들의 회로 상태는 [그림 7-22 (a)]에 표시된다.

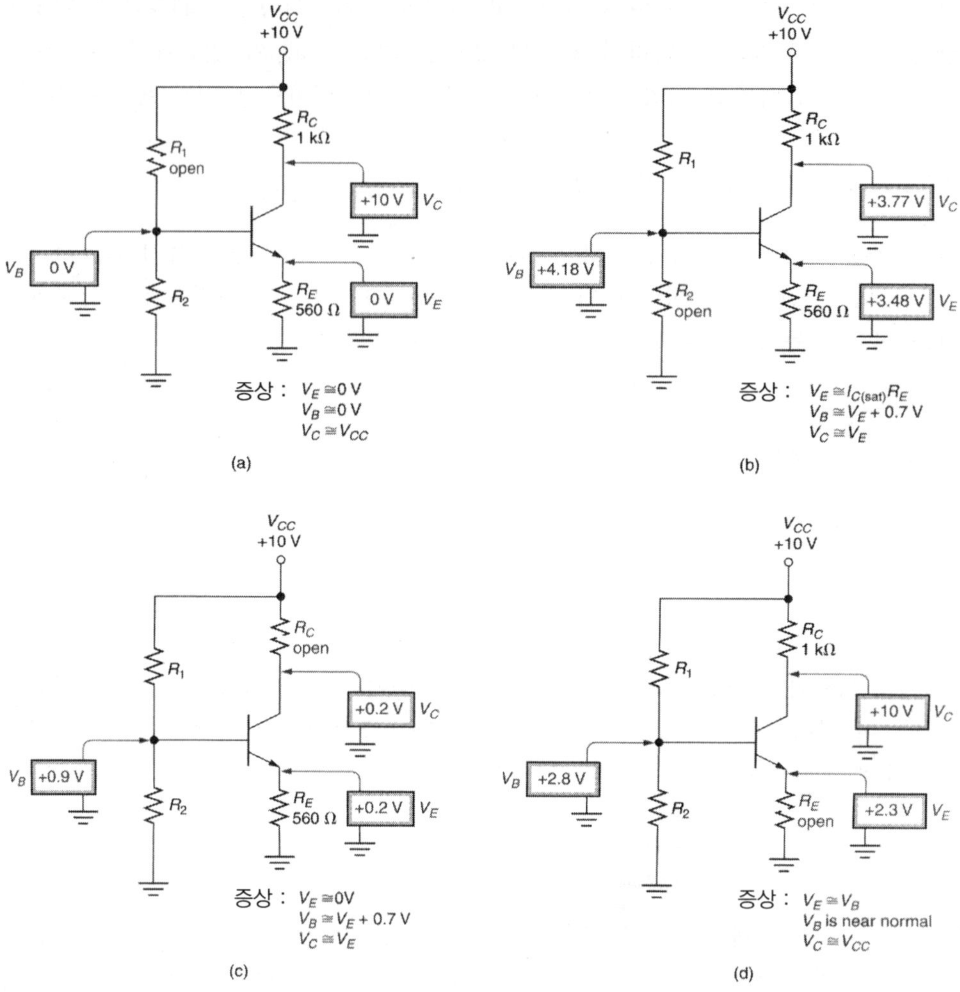

[그림 7-22]

R_2 개방(R_2 Open)

만약 R_2가 개방회로라면 R_1을 통해서 흐르는 전류는 I_B와 같다. 이런 전류는 보통 $I_2 + I_B$와 등가이기 때문에 R_1을 통해서 흐르는 전류는 현저하게 감소하게 된다. 이것은 R_1 양단의 전압강하를 감소시키고, V_B는 증가시킨다. V_B의 증가는 트랜지스터를 포화시키는 원인이 된다. 따라서 V_C와 V_E는 매우 근접하게 같은 값을 갖고 I_C와 $I_{C(sat)}$는 같다. 이 회로상태는 다음과 같이 요약된다.

1. V_B는 $V_E + 0.7\text{V}$와 같다.
2. V_E는 $R_E \times I_{C(sat)}$와 같다.
3. V_C는 V_E와 거의 같다.

이들 회로상태는 [그림 7-22 (b)]에 표시되어 있다.

R_C 개방(R_C Open)

R_C가 개방될 때 컬렉터에는 전류가 흐르지 않는다. 이런 경우 I_E는 I_B와 같고 V_E의 전압강하는 현저하다. V_B의 값은 거의 0.7V까지 되며, V_E보다는 크다. 요약하면 다음과 같다.

1. V_B는 거의 0.7V이고 V_E보다 크다.
2. V_E는 0V보다 약간 크다.
3. V_E는 거의 V_E와 같다.

다시 말하자면 세 단자 전압들은 모두 낮다. 이런 회로상태는 [그림 7-22 (c)]에 표시되어 있다.

R_E 개방(R_E Open)

R_E가 개방될 때 이미터 또는 컬렉터에는 전류가 흐르지 않는다. 회로에서 베이스 전류는 0으로 떨어지나, V_B(I_2, R_2와 같다)의 값에 작은 영향을 받는다.

전압계로 이미터 전압을 측정하면 계측기는 [그림 7-23]에 표시된 것처럼 이미터 회로를 완성하게 된다. 그 결과 계측기는 계측기 저항 R_m을 통해서 이미터 전류의 경로를 발생시키기 때문에 정상적인 값보다는 약간 높은 값을 얻게 된다. 컬렉터 전압은 V_{CC}와 같기 때문에 컬렉터 전류가 흐르지 않는다. 요약하면 :

1. V_B는 정상이다.
2. V_E의 측정값은 정상보다 약간 높을 것이다.
3. V_C는 V_{CC}와 같다.

이들의 회로 상태는 [그림 7-22 (d)]에 표시되어 있다.

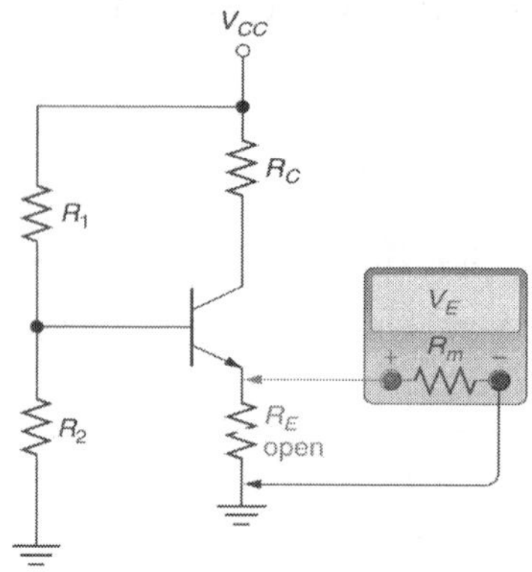

[그림 7-23]

[그림 7-23] 계측기의 연결이 이미터회로를 완성한다.

Q_1 개방(Q_1 Open)

이런 경우에는 R_1이 개방된 것과 동일한 출력을 얻게 된다. 트랜지스터는 차단된다. 트랜지스터의 간단한 검사나 R_1 저항을 측정하면 두 소자 중 어느 하나가 고장인지를 알 수 있다.

Q_1 누설(Q_1 Leaky)

누설이라는 용어는 트랜지스터가 부분적으로 이미터에서 컬렉터까지 단락되는 것을 의미한다. 트랜지스터가 누설되면 포화된 것처럼 나타날 수도 있다. 컬렉터와 이미터 전압은 거의 같고 이미터에서 베이스까지 0.7V의 전압 강하를 유지한다. 트랜지스터가 누설되면 교체되어야 한다.

7.3.8 실제적인 고장진단 및 수리조건(Practical Troubleshooting Condition)

여러분이 임의의 직류 바이어스 회로를 고장진단 하는 경우에는 실제적인 조건을 몇 가지 마음속에 기억해야 한다. 이런 점들이 고장진단을 하는데 필요한 여러분의 귀중한 시간을 절약하게 해준다.

1. 표준 탄소저항은 내부적으로 단락되지 않는다. 탄소합성저항이 단락된 회로로 나타나면 다음 조건 중 하나이다.
   (a) 또 다른 소자, 도선, pcb 상의 구리선이 타거나 납 다리(solder bridge)현상으로 소자의 단락이 발생된 것이다. 이런 경우에는 단락된 소자를 제거하면 된다.

(b) 잘못된 저항 값이 회로에서 사용된 것이다. 사람들 중에는 가끔 저항 값을 잘못 읽는 경우가 있다. 만약 회로에는 10kΩ의 저항이 필요한데 100Ω 저항이 사용된다면 저항은 단락회로처럼 표시된다.

만약 R_C가 단락된다면 컬렉터 단자가 V_{CC}이다. 만약 이미터 저항 R_E가 단락된다면 이미터 단자는 접지로 된다. 어떤 경우에도 트랜지스터는 교체되어야 한다.

2. 개방 저항은 어떤 검사 장비가 없더라도 점검할 수 있다. 저항이 개방회로로 되면 타버리게 된다. 이런 이유 때문에 저항은 양단이 검정색을 띄게 된다. 여러분은 대부분의 경우 이런 저항을 쉽게 확인할 수 있다. 만약 이런 저항의 영향으로 도선의 색이 변화한다면 반드시 교체하여야 한다.

마지막으로 점검할 일은 전원 공급 장치가 끊어진다면 회로 동작이 이루어지지 않는다는 점이다. 만약 회로에서 대체된 트랜지스터가 잘못 연결된다고 가정하면 역시 회로는 동작하지 않게 된다. 따라서 여러분이 고장진단을 실시하는 경우에는 위에서 언급한 지시사항을 준수하고 계측 장비를 사용해서 점검해야 한다는 점이다. 또한 측정된 크기와 예측 값을 비교하고 차이가 나는 이유를 분명하게 이해해야 한다는 점이다.

7.3.9 요약(Summary)

전압 분배기 바이어스는 BJT회로에서 가장 일반적으로 사용되는 바이어스 회로이다. 트랜지스터의 전류이득 h_{FE}가 변화하더라도 I_{CQ}와 V_{CEQ}는 지극히 안정적이다. I_{CQ}와 V_{CEQ}를 구하는 과정은 그리 복잡하지 않다. 여하튼 두 가지를 기억하면 된다.

1. I_{CQ}는 $I_{C(\text{sat})}$의 약 절반이라고 가정한다.
2. I_{CQ}의 근사 값을 사용해서 트랜지스터의 스펙으로부터 h_{FE}를 구하면 V_B를 계산할 때 반드시 베이스 입력저항을 구하기 위해서 고려되어야 한다.

전압분배기회로의 특성은 [그림 7-24]에 요약되어 있다.

전압 분배기 바이어스 회로의 특성

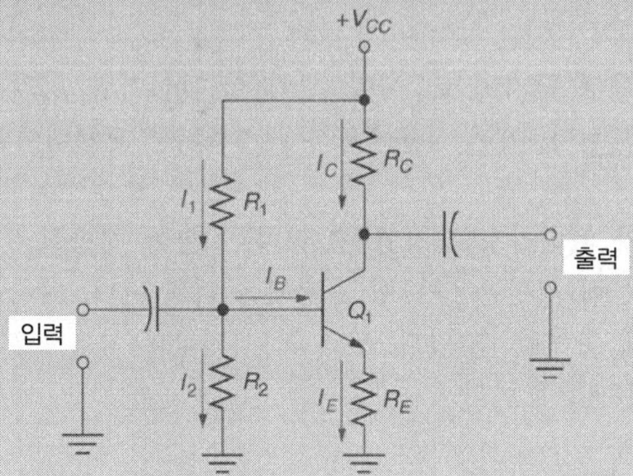

부하선 방정식

$$I_{C(sat)} = \frac{V_{CC}}{R_C + R_E}$$

$$V_{CE(off)} = V_{CC}$$

***Q점 방정식**

$$V_{TH} = V_{CC}\frac{R_2}{R_1 + R_2}$$

$$R_{TH} = R_1 \parallel R_2$$

$$I_{CQ} = \frac{V_{TH} - V_{BE}}{\frac{R_{TH}}{h_{FE}} + R_E}$$

$$V_{CEQ} = V_{CC} - I_{CQ}(R_C + R_E)$$

* $h_{FE}R_E \geq 10R_2$일 때 I_{CQ}는 다음과 같이 구해진다.

$$V_B = V_{CC}\frac{R_2}{R_1 + R_2}$$

$$V_E = V_B - 0.7\,\text{V}$$

$$I_{CQ} \cong \frac{V_E}{R_E}$$

회로구성	베이스 회로에서 전압 분배기
이점	최초의 Q점이 h_{FE}의 변화에서 안정하다.
단점	다른 바이어스 회로보다 더 많은 소자가 사용된다.
응용	선형 증폭기의 바이어스 법으로 기본적으로 사용된다.

[그림 7-24]

기초 확인문제 7.3

1. 전압 분배기 바이어스 회로에서 I_{CQ}와 I_{CE} 값을 결정할 때 필요한 과정을 단계적으로 나열하라.
2. 회로 해석에서 h_{FE}의 적당한 특성 값을 스펙으로부터 구하는 과정은 무엇인가?
3. $h_{FE}R_E < 10R_2$일 때 전압 분배기 바이어스 해석에서 부수적으로 첨가해야 할 단계는 무엇인가?
4. 왜 I_{CQ}의 값을 어떻게 산정하는지를 알아야 할 필요가 있는가?
5. I_{CQ}의 값은 어떻게 산정하는가?
6. 왜 대부분의 경우에 I_{CQ}의 값을 적당하게 산정하고 있는가?
7. 전압 분배기 바이어스가 비교적 h_{FE}의 변화에서 안정적인 이유를 설명하라.

8. 전압 분배기 바이어스 회로에서 각 저항들이 개방되는 경우의 증상을 나열하라.
9. $h_{FE}R_E < 10R_2$일 때 1% 오차를 허용하는 소자가 사용되는 바이어스 회로가 적합하다고 간주되도록 트랜지스터 부하효과를 무시하는 가이드 라인을 설계하라.

7.4 또 다른 트랜지스터 바이어스 회로 (Other Transistor Biasing Circuit)

이 절에서는 베타에 독립적인 몇 가지 바이어스 회로에 대해서 고찰하게 된다. 이런 회로들은 전압분배기 바이어스 회로처럼 일반적으로 사용되지는 않는다. 그러나 다양한 응용회로에서 사용된다. 이런 이유 때문에 동작원리는 친숙하게 될 것이다.

7.4.1 이미터 바이어스 회로(Emitter Bias Circuit)

이미터 바이어스 회로는 [그림 7-25]에 표시된 것처럼 몇 개의 저항과 이중 극성 전원으로 구성된다. 이런 회로에서의 전류 동작은 전압분배기 바이어스 회로와 기본적으로 같다. 컬렉터 전류는 V_{CC}에서 발생되고 베이스 전류는 접지연결에서 흐르게 된다. 이런 전류들(베이스 전류와 컬렉터 전류의 합)은 이미터 저항 R_E를 통해서 공급전원($-V_{EE}$)으로 흘러간다.

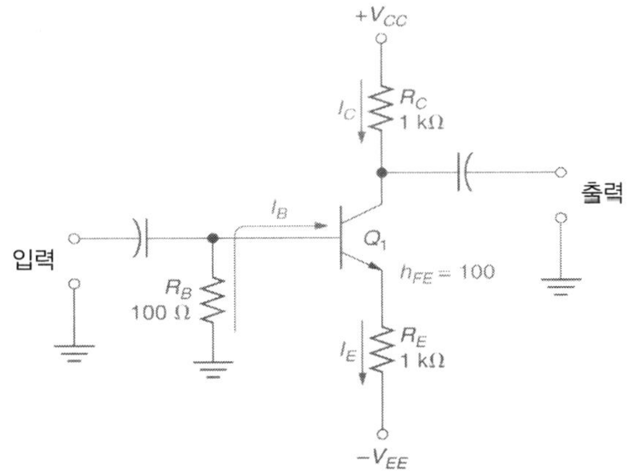

[그림 7-25]

회로전류와 전압(Circuit Current and Voltage)

이미터 바이어스 회로는 $V_B \cong 0\text{V}$로 설계된다. 예를 들어서 [그림 7-25]에 표시된 회로에서 $I_B = 100\mu\text{A}$라고 가정해 보자. 그러면 V_B는 10mV로 구해진다.

$$V_B = I_B R_B = (100\mu\text{A})(100\Omega) = 10\text{mV}$$

만약 [그림 7-25]에 표시된 회로가 $V_B = 0\text{V}$인 이상적인 크기를 갖는다면 [그림 7-26 (a)]처럼 표시할 수 있다. 트랜지스터의 베이스 이미터 접합을 표시하기 위해서 다이오드를 사용하면 [그림 7-26 (b)]와 같은 등가회로를 구할 수 있다.

$$V_E = 0\text{V} - V_{BE} = -V_{BE}$$

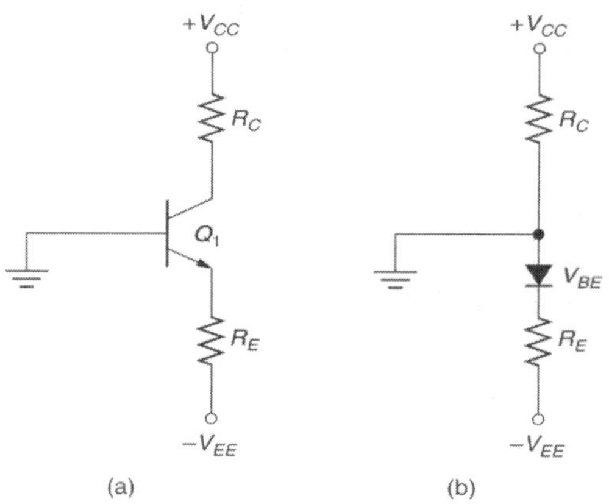

[그림 7-26]

키르히호프의 전압에 의하면 이미터 저항 양단에 나타나는 전압강하 V_{RE}는 V_E와 V_{EE} 사이의 차와 당연히 등가이어야 한다. $V_E = 0\text{V} - V_{BE} = -V_{BE}$이므로 $V_{RE} = V_{EE} + V_{BE}$이다. $V_{EE} + V_{BE}$와 R_E를 사용하면 이미터 전류는 식 (7-19)처럼 표시할 수 있다.

$$I_E = \frac{|V_{EE} + V_{BE}|}{R_E} \tag{7-19}$$

$I_{CQ} \cong I_E$, $V_{BE} = 0.7\text{V}$라고 가정하면 식 (7-20)을 유도할 수 있다.

$$I_{CQ} = \frac{|V_{EE} + 0.7\text{V}|}{R_E} \tag{7-20}$$

$|V_{EE} + 0.7\text{V}|$를 사용하는 것은 I_{CQ}의 positive 값을 구하기 위해서이다. 식 (7-20)에는 h_{FE}가 포함되지 않는 점이 중요하다. 따라서 이미터 바이어스는 베타가 변화해도 아주 높은 안정한 출력을 제공하게 된다.

앞에서 언급한 것처럼 이미터 바이어스 회로인 경우 $V_E \cong -V_{BE}$이다. 만약 $V_{BE}=0.7\text{V}$라고 가정한다면 $V_E=-0.7\text{V}$이다. 키르히호프의 전압 법칙을 이용하면 컬렉터 전압 V_C는 다음과 같이 구해진다.

$$V_C \cong V_{CC} - I_{CQ}R_C$$

$V_{CE}=V_C-V_E$ 이므로 V_{CEQ}는

$$V_{CEQ} = V_{CC} - I_{CQ}R_C - V_E$$

혹은

$$V_{CEQ} \cong V_{CC} - I_{CQ}R_C + 0.7V \qquad (7\text{-}21)$$

로 표시할 수 있다.

【예제 7.10】은 이미터 바이어스 회로의 Q점의 해석방법을 설명하고 있다.

【예제 7.10】 [그림 7-27]에 표시된 회로에서 증폭기의 I_{CQ}와 V_{CEQ} 값을 구하시오.

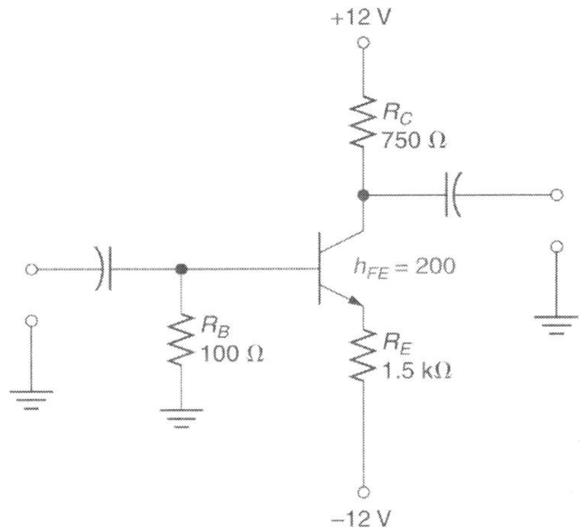

[그림 7-27]

풀이 우선 I_{CQ}의 근사 값을 구한다.

$$I_{CQ} = \frac{|V_{EE}+0.7\text{V}|}{R_E} = \frac{|-12\text{V}+0.7\text{V}|}{1.5\text{k}\Omega} = \frac{11.3\text{V}}{1.5\text{k}\Omega} = 7.53\text{mA}$$

V_{CEQ}는 7.05V이다.

$$V_{CEQ} = V_{CC} - I_{CQ}R_C + 0.7\text{V} = 12\text{V} - (7.53\text{mA})(750\Omega) + 0.7\text{V} = 7.05\text{V}$$

(실전 연습문제 7-10)

[그림 7-27]에 표시된 회로에서 $R_C = 1.5\text{k}\Omega$, $R_E = 3\text{k}\Omega$, $V_{CC} = +15\text{V}$, $V_{EE} = -15\text{V}$라고 가정하고 I_{CQ}와 V_{CEQ}의 값을 구하시오.

▶▶ $I_{CQ} = 4.77\text{mA}$, $V_{CEQ} = 8.55\text{V}$

포화와 차단(Saturation and Cutoff)

이미터 바이어스 회로에서 존재하는 두 개의 전압원은 $I_{C(\text{sat})}$와 $V_{CE(\text{off})}$에 영향을 준다. 일반적으로 두 전원의 크기는 같다. 예를 들면, V_{CC}가 $+15\text{V}_{\text{dc}}$이면 $-V_{EE}$는 -15V_{dc}이다. 두 전압원의 크기가 같은 경우 식 (7-22)와 식 (7-23)을 사용해서 $I_{C(\text{sat})}$와 $V_{CE(\text{off})}$를 구한다.

$$I_{C(\text{sat})} = \frac{2V_{CC}}{R_C + R_E} \tag{7-22}$$

$$V_{CE(\text{off})} = 2V_{CC} \tag{7-23}$$

기억할 것은 이와 같은 공식은 반드시 두 전압원의 크기가 같을 경우에만 성립된다는 점이다.

【예제 7.11】을 통해서 이런 경우의 $I_{C(\text{sat})}$와 $\text{VCC}_{(\text{off})}$의 값을 구하는 과정을 알아보도록 하자.

【예제 7.11】 [그림 7-27]에 표시된 회로에서 $I_{C(\text{sat})}$와 $V_{CE(\text{off})}$를 구하시오.

풀이 공급되는 전압원의 크기가 동일하기 때문에 $I_{C(\text{sat})}$는 10.7mA, $V_{CE(\text{off})}$는 24V로 구해진다.

$$I_{C(\text{sat})} = \frac{2V_{CC}}{R_C + R_E} = \frac{24\text{V}}{2250\Omega} = 10.7\text{mA}$$

$$V_{CE(\text{off})} = 2V_{CC} = 24\text{V}$$

(실전 연습문제 7-11)

실전 연습문제 7-10에서 $I_{C(\text{sat})}$과 $V_{CE(\text{off})}$의 값을 구하시오.

▶▶ $I_{CQ}(\text{sat}) = 6.67\text{mA}$, $V_{CEQ}(\text{off}) = 30\text{V}$

만약 우연히 두 전원이 같지 않을 경우라면 일반적으로 식 (7-22)와 식 (7-23)에서 $2V_{CC}$의 항에 두 전압 사이의 차를 단순히 이용하면 된다.

식 (7-22)와 식 (7-23)의 기본원리(The Basis of Equation(7-22), (7-23))

$I_{C(\text{sat})}$의 값은 두 가지 요소에 의해서 결정된다.

1. 컬렉터-이미터 회로 양단에 전체 전압이 나타난다.
2. 컬렉터-이미터 회로에서의 전체 저항

이미터 바이어스 증폭기회로에서 컬렉터-이미터 회로 양단에 나타나는 전체전압은 두 전압원 사이의 차와 같다. 이런 두 공급 전압원은 크기가 같기 때문에 그들 사이의 차는 V_{CC}의 2배에 해당된다. 따라서 $I_{C(\text{sat})}$의 값은 $2V_{CC}$를 사용할 수 있다. 이미터-컬렉터 회로의 전체 저항은 R_C와 R_E의 합이 된다. $2V_{CC}$와 (R_C+R_E)의 값을 사용하여 공식 (7-22)를 얻을 수 있다.

$V_{CE(\text{off})}$의 값은 컬렉터-이미터 회로에 적용되는 전체 전압과 같다. 베이스 바이어스 회로에서 회로 양단에 나타나는 전체 전압은 V_{CC}와 같다. 이미터 바이어스의 경우에서는 전체 전압은 공급 전압의 차이거나 정상 상태 아래에서 $2V_{CC}$가 된다. 따라서 공식 (7-23)을 구할 수 있다.

요약(Summary)

이미터 바이어스 회로는 베타에 독립적인 회로이다. 이것은 출력특성 V_{CEQ}와 I_{CQ}가 베타의 변화에 영향을 받지 않는다는 것을 의미한다. 이미터 바이어스 회로의 특성은 [그림 7-28]에 요약되어 있다.

이미터 바이어스 회로의 특성

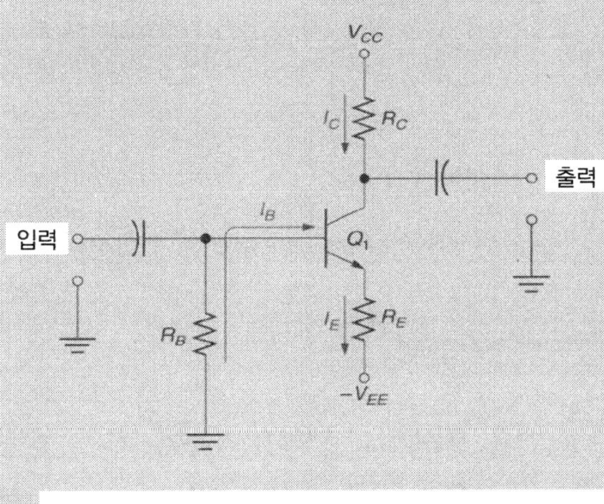

부하선 방정식

$$I_{C(\text{sat})} = \frac{V_{CC}-V_{EE}}{R_C+R_E}$$

$$V_{CE(\text{off})} = V_{CC}-V_{EE}$$

*Q점 방정식

$$I_{CQ} = \frac{|V_{EE}-V_{BE}|}{R_E}$$

$$V_{CEQ} = V_{CC}-I_{CQ}R_C+0.7\text{ V}$$

회로구성	쌍극성 전원이 공급되고 베이스저항이 접지에 연결된다.
이점	h_{FE}의 변화이기도 불구하고 Q값이 안정적이다.
단점	쌍극성 전원이 필요하다.
응용	선형 증폭기에서 기본적으로 사용되는 바이어스이다.

[그림 7-28]

7.4.2 귀환 바이어스 회로(Feedback Bias Circuit)

귀환이라는 용어는 출력전압이나 전류의 일부분을 입력으로 되먹이는 회로의 동작특성을 의미한다. 예를 들면 컬렉터 귀환 바이어스 회로는 컬렉터 전압 V_C가 베이스 전압 V_B에 직접적인 영향을 가지도록 구성된다. 이미터 귀환 바이어스 회로는 이미터 전압 V_E가 베이스 전압 V_B에 직접적인 영향을 가지도록 구성된다. 이런 구성 회로는 각 회로의 Q점에 대한 베타 변화의 영향을 감소시킨다.

7.4.3 컬렉터-귀환 바이어스(Collector Feedback Bias)

컬렉터 귀환 바이어스 회로는 컬렉터에 베이스 저항이 직접 연결됨으로써 안정성을 얻게 된다. [그림 7-29 (a)]에 표시된 것처럼 이런 회로의 구성은 베이스 바이어스 회로와 대단히 유사하다. 회로 전류들은 [그림 7-29 (b)]에 표시된다. I_B의 경로에는 컬렉터 저항 R_C를 포함하고 있다. 이것은 베이스 바이어스의 경우와 다른 점이다.

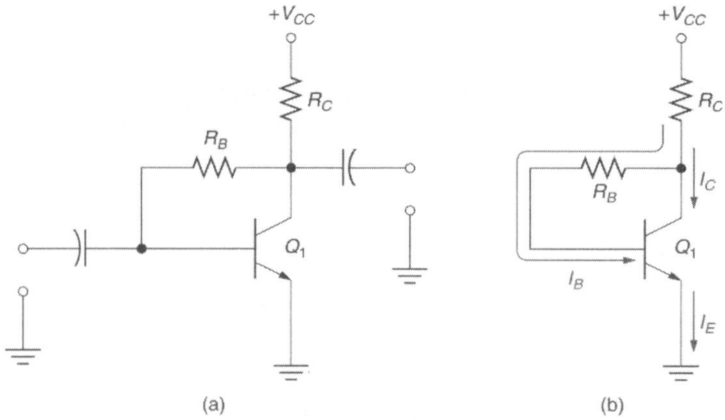

[그림 7-29]

컬렉터 바이어스 회로의 분석은 I_B 값을 찾는데서 시작된다. I_B를 구하는 식을 유도하기 위해서 키르히호프의 전압 법칙을 이용한다.

$$\begin{aligned} V_{CC} &= V_{RC} + V_{RB} + V_{BE} \\ &= I_C R_C + I_B R_B + V_{BE} \end{aligned}$$

I_C에 $h_{FE} I_B$를 대입하면

$$\begin{aligned} V_{CC} &= I_B h_{FE} R_C + I_B R_B + V_{BE} \\ &= I_B (h_{FE} R_C + R_B) + V_{BE} \end{aligned}$$

로 표시된다. 식을 다시 정리하고 I_B에 대해서 풀면 식 (7-24)를 구할 수 있다.

$$I_B = \frac{V_{CC} - V_{BE}}{R_B + (h_{FE} R_C)} \tag{7-24}$$

I_B 값을 구한 후에는 베이스 바이어스 회로에서와 동일한 과정을 따라서 처리하게 된다.

$$I_{CQ} = h_{FE} I_B$$
$$V_{CEQ} = V_{CC} - I_{CQ} R_C$$

【예제 7.12】에서 컬렉터 귀환 바이어스 회로의 Q점 분석 과정이 설명된다.

【예제 7.12】 [그림 7-30]에 표시된 증폭기회로의 I_{CQ}와 V_{CEQ} 값을 구하시오.

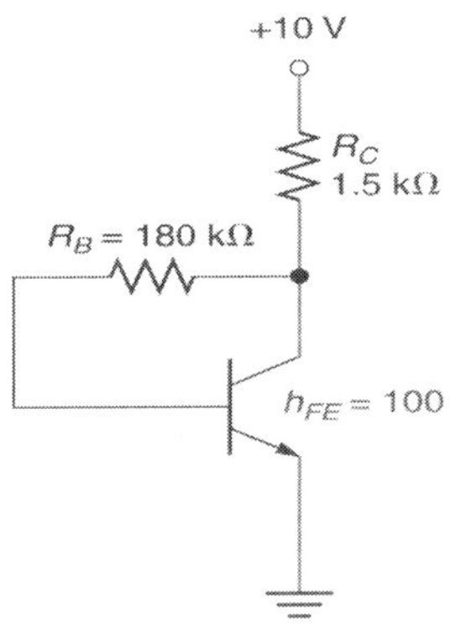

[그림 7-30]

풀이 식 (7-24)를 이용해서 가장 먼저 I_B를 구한다.

$$I_B = \frac{V_{CC} - V_{BE}}{R_B + h_{FE} R_C} = \frac{10\text{V} - 0.7\text{V}}{180\text{k}\Omega + (100)(1.5\text{k}\Omega)} = \frac{9.3\text{V}}{330\text{k}\Omega} = 28.2\mu\text{A}$$

다음으로 I_{CQ}를 구한다.

$$I_{CQ} = h_{FE} I_B = (100)(28.2\mu\text{A}) = 2.82\text{mA}$$

끝으로 V_{CEQ}를 구한다.

$$V_{CEQ} = V_{CC} - I_{CC} = 10\text{V} - (2.82\text{mA})(1.5\text{k}\Omega) = 5.77\text{V}$$

(실전 연습문제 7-12)

[그림 7-30]과 유사한 회로가 $R_C = 2\text{k}\Omega$, $R_B = 240\text{k}\Omega$, $h_{FE} = 120$, $V_{CC} = +12\text{V}$를 갖는다고 가정하고 회로의 I_{CQ}와 V_{CEQ}를 구하시오.

▶▶ $I_{CQ}=2.82\text{mA}$, $V_{CEQ}=6.36\text{V}$

회로 안정도(Circuit Stability)

컬렉터 귀환 바이어스는 베타의 변화에 대해서 안정하다. 이런 안정도의 핵심은 I_B와 β가 이런 회로에 역으로 관계된다는 사실이다. β가 증가하면 I_B는 감소하고 β가 감소하면 I_B는 역으로 증가한다. $h_{FE}R_C$가 증가할 때 I_B가 감소하는 것을 나타내는 식 (7-23)에서 찾아볼 수 있다. 이제 [그림 7-30]에 표시된 증폭기 회로에서 온도가 증가할 때의 응답을 살펴보도록 하자. 만약 온도가 증가한다면 I_C도 증가한다. 이것이 β를 증가시키는 원인이 된다. β가 증가하면 I_B가 감소하는데 이것이 I_C의 증가를 억제하게 된다. I_B의 감소는 I_C의 초기 증가를 상쇄시킨다. 이런 관계는 컬렉터 귀환 바이어스가 포화되지 않는다는 사실을 설명하고 있다. β의 증가가 얼마이던가는 문제되지 않는데 그 이유는 β의 증가는 I_B의 감소에 의해서 상쇄되기 때문이다.

회로의 고장진단 및 수리(Circuit Troubleshooting)

컬렉터 귀환 바이어스 회로에서 만약 저항이 개방된다면 트랜지스터는 차단된다. 이런 회로의 경우 고장진단의 가장 빠른 방법은 단순하게 두 저항을 교체하면 된다. 회로가 계속 오작동을 발생시킨다면 트랜지스터를 교체해야 한다.

7.4.4 이미터 귀환 바이어스(Emitter Feedback Bias)

컬렉터 귀환 바이어스 회로는 컬렉터 회로가 베이스 전류 계산에 영향을 미치도록 설계되었다. I_B가 $h_{FE}R_C$에 의해서 부분적으로 제어되기 때문에 귀환회로가 된다. 이미터 귀환 바이어스 회로는 기본적으로 같은 유형으로 동작한다. 여하튼 이런 경우 이미터 회로는 I_B에 영향을 미친다. 기본적인 이미터 귀환 바이어스 회로가 [그림 7-31]에 표시되어 있다.

이미터 저항이 추가된 것을 제외하면 베이스 바이어스 회로와 거의 유사하다. 회로 전류의 방향도 주목해야 한다. 베이스 회로는 R_E, 트랜지스터의 베이스 이미터 접합, R_B, V_{CC}로 구성된다. 이런 회로에 키르히호프의 전압 법칙을 적용하면 다음 식이 구해진다.

$$V_{CC}=I_BR_B+V_{BE}+I_ER_E$$

$I_E=I_B(h_{FE}+1)$이므로 위 식은 다음과 같이 다시 쓸 수 있다.

$$V_{CC}=I_BR_B+V_{BE}+I_B(h_{FE}+1)R_E$$

식의 양변에서 V_{BE}를 빼면 다음 식이 유도된다.

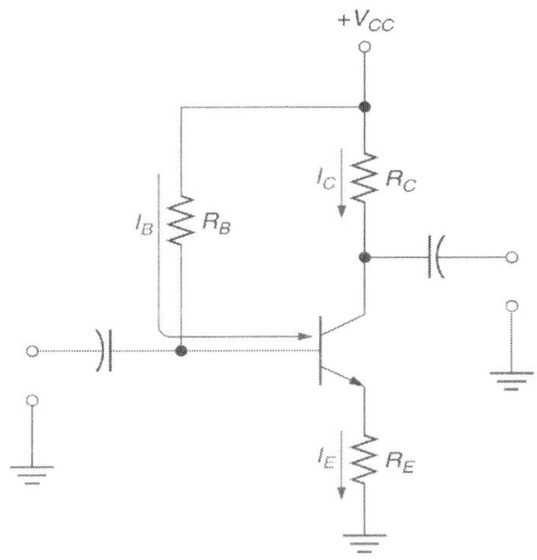

[그림 7-31]

$$V_{CC}-V_{BE}=I_BR_B+I_B(h_{FE}+1)R_E$$

또는 $V_{CC}-V_{BE}=I_B[R_B+(h_{FE}+1)R_E]$
마지막으로 I_B는 식 (7-25)처럼 구해진다.

$$I_B=\frac{V_{CC}-V_{BE}}{R_B+(h_{FE}+1)R_E} \tag{7-25}$$

I_B가 구해지면 I_{CQ}를 구할 수 있다.

$$I_{CQ}=h_{FE}I_B$$

마지막으로 V_{CEQ}는 다음과 같이 구해진다.

$$V_{CEQ}=V_{CC}-I_{CQ}(R_C+R_E)$$

이 식은 전압 분배기 바이어스에서 V_{CEQ}를 구할 때 사용된 식과 동일하다. 컬렉터-이미터 회로가 동일하기 때문에 두 개의 회로는 동일한 V_{CEQ}를 갖게 된다. 【예제 7.15】는 이미터 귀환 바이어스 회로에서 Q점을 구하는 방법에 대해서 설명하고 있다.

【예제 7.13】 [그림 7-32]에 표시된 회로에서 I_{CQ}와 V_{CEQ}를 구하시오.

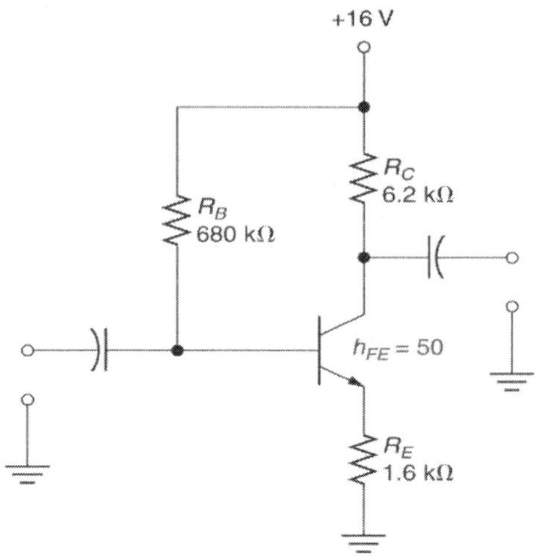

[그림 7-32]

풀이 먼저 I_B는 20.1μA로 구해진다.

$$I_B = \frac{V_{CC} - V_{BE}}{R_B + (h_{FE}+1)R_E} = \frac{16\text{V} - 0.7\text{V}}{680\text{k}\Omega + (51)(1.6\text{K}\Omega)} = 20.09\mu\text{A}$$

I_{CQ}는 1mA로 구해진다.

$$I_{CQ} = h_{FE} I_B = (50)(20.1\mu\text{A}) = 1.01\text{mA}$$

마지막으로 V_{CEQ}는 8.2V로 구해진다.

$$V_{CEQ} = V_{CC} - I_{CQ}(R_C + R_E) = 16\text{V} - (1.01\text{mA})(7.8\text{k}\Omega) = 8.2\text{V}$$

(실전 연습문제 7-13)

[그림 7-32]와 유사한 회로가 $R_C = 1.8\text{k}\Omega$, $R_B = 470\text{k}\Omega$, $R_E = 910\Omega$, $h_{FE} = 100$, $V_{CC} = 16\text{V}$를 갖는다고 가정하고 회로의 I_{CQ}와 V_{CEQ}를 구하시오.

▶▶ $I_{CQ} = 2.72\text{mA}$, $V_{CEQ} = 8.63\text{V}$

회로 안정도(Circuit Stability)

이미터 귀환 바이어스 회로에서 Q점의 안정도는 컬렉터 귀환 바이어스와 동일한 형태로 구해진다. 만약 베타가 증가한다면 $(h_{FE}+1)R_E$가 증가한다. 이런 증가는 식 (7-24)에 표시된 것처럼 I_B를 감소시킨다. h_{FE}가 증가할 때 I_B가 감소하기 때문에 정상적인 상태에서 컬렉터 귀환 바이어스처럼 이미터 귀환 바이어스도 포화되지 않는다.

회로의 고장진단 및 수리(Circuit Troubleshooting)

이미터 귀환 바이어스 회로는 전압분배기 바이어스와 거의 일치한다. R_C와 R_E의 결함 증상은 앞에서 살펴본 두 회로와 일치된다. R_B의 결함 증상은 전압분배기회로에서 R_1의 고장 증상과 동일하다.

요약(Summary)

귀환 바이어스는 h_{FE}가 증가할 때 I_B가 감소하도록 설계된다. h_{FE}의 증가는 I_C의 증가를 감쇄시킨다. 컬렉터 귀환 바이어스는 두 회로 중 간단한 회로이지만 이미터 귀환 바이어스는 교류 특성 때문에 보다 일반적으로 사용된다. 이런 귀환 바이어스 회로의 특성은 [그림 7-33]에 표시되어 있다.

귀환 바이어스 회로

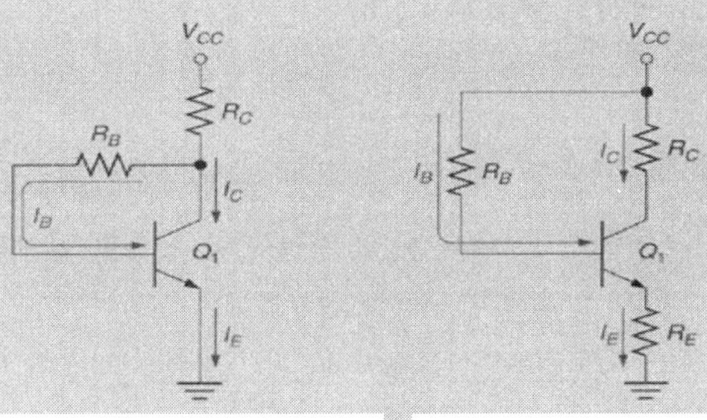

	컬렉터 귀환 바이어스	이미터 귀환 바이어스
Q점 관계식	$I_B = \frac{V_{CC}-V_{BE}}{R_B+h_{FE}R_C}$ $I_{CQ}=h_{FE}I_B$ $V_{CEQ}=V_{CC}-I_{CQ}R_C$	$I_B = \frac{V_{CC}-V_{BE}}{R_B+(h_{FE}+1)R_E}$ $I_{CQ}=h_{FE}I_B$ $V_{CEQ}=V_{CC}-I_{CQ}(R_G+R_E)$
회로구성	베이스 저항이 트랜지스터의 컬렉터 단자와 베이스 단자 사이에 연결된다.	전압 분배기 바이어스와 유사하다(R_2 제거시). 베이스 바이어스에 이미터 저항이 추가된 경우
이점	Q점이 안정한 비교적 간단한 회로이다.	비교적 안정한 Q점을 갖는 회로. 컬렉터 귀환 바이어스보다 교류특성이 우수하다.
단점	ac 특성이 비교적 빈약하다.	컬렉터 귀환 바이어스보다 더 많은 부품이 사용된다.
응용	선형 증폭기에서 사용된다.	선형 증폭기 회로에서 사용된다.

[그림 7-33]

7.4.5 많은 형태의 바이어스 회로가 존재하는 이유는 무엇인가? (Why Are There so Many Different Type of Bias)

이 장에서는 다양한 형태의 직류바이어스 회로 동작에 대해서 해석하였다. 여러분은 왜 이렇게 많은 트랜지스터의 바이어스 회로가 필요한가에 대해서 의구심을 가질 수도 있다. 그 해답은 각각의 회로마다 장점과 제한적인 요소가 있기 때문이다.

1. 베이스 바이어스는 회로의 단순성이 장점이다. 그러나 Q점이 매우 불안하기 때문에 스위칭 회로의 사용으로 제한된다.
2. 전압분배기 바이어스는 베이스 바이어스보다 Q점이 우수한 안정성을 갖지만 더 많은 소자를 필요로 한다. 선형 증폭기에 기본적으로 사용된다.
3. 이미터 바이어스는 베이스 바이어스보다 Q점이 우수한 안정성을 갖지만 전압분배기 바이어스보다 더 적은 소자를 필요로 한다. 이 중 극성을 갖는 전원이 공급된다.
4. 컬렉터 귀환 바이어스와 이미터 귀환 바이어스는 이미터 바이어스나 전압 분배기 바이어스보다는 못하지만 Q점이 비교적 안정하다. 낮은 Q점의 안정도가 필요한 곳에는 귀환 바이어스가 사용된다.

기초 확인문제 7.4

1. 이미터 바이어스 회로에서 V_B의 근사 값은 얼마로 설계되는가?
2. 이미터 바이어스 회로의 구조와 전류특성을 설명하라.
3. 이미터 바이어스 회로에서 I_{CQ}와 V_{CEQ}가 베타의 변화에서 높은 안정도를 갖는 이유는 무엇인가?
4. 이미터 바이어스 회로에서 $I_{C(\text{sat})}$와 $V_{CE(\text{off})}$를 계산할 때 $2V_{CC}$가 사용되는 이유는 무엇인가?
5. 귀환은 무엇이고 어디에 사용되는가?
6. 컬렉터 귀환 바이어스 회로의 구조와 전류특성을 설명하라.
7. 컬렉터 귀환 바이어스 회로가 베타의 변화에서 비교적 안정한 이유는 무엇인가?
8. 이미터 귀환 바이어스 회로의 구조와 전류특성을 설명하라.
9. 어느 단자 전류가 이미터 바이어스 회로에서 베타에 의존적인가?

중요 용어(Key Term)

베이스 바이어스(base bias), 베타 의존회로(beta dependent circuit), 베타 독립회로(beta independent circuit), 컬렉터 귀환 바이어스(collector feedback bias), 직류 부하선(dc load line), 이미터 바이어스(emitter bias), 이미터 귀환 바이어스(emitter feedback bias), 귀환(feedback), 고정 바이어스(fixed bias), 중간점 바이어스(midpoint bias), Q점(Q point), Q점이동(Q point shift), 정지(quiescent), 만능바이어스(universal bias), 전압분배기 바이어스(voltage divider bias), V_{CEQ}

연습문제

7-1. [그림 7-34]에 표시된 회로에서 $V_{CC}=8\text{V}$, $R_C=3.3\text{k}\Omega$이라고 가정하고 회로의 직류 부하 선을 그리시오.

7-2. [그림 7-34]에 표시된 회로에서 $V_{CC}=24\text{V}$, $R_C=9.1\text{k}\Omega$이라고 가정하고 회로의 직류 부하 선을 그리시오.

7-3. [그림 7-34]에 표시된 회로에서 $V_{CC}=14\text{V}$, $R_C=1\text{k}\Omega$이라고 가정하고 회로의 직류 부하 선을 그리시오. 식 (7-6)을 사용해서 $I_C=2\text{mA}$, 8mA, 10mA인 경우의 부하선상의 V_{CE} 값을 구하시오.

7-4. [그림 7-34]에 표시된 회로에서 $V_{CC}=20\text{V}$, $R_C=2.4\text{k}\Omega$이라고 가정하고 회로의 직류 부하 선을 그리시오. 식 (7-6)을 사용해서 $I_C=1\text{mA}$, 5mA, 7mA인 경우의 부하선상의 V_{CE} 값을 구하시오.

7-5. [그림 7-34]에 표시된 회로에서 $V_{CC}=8\text{V}$, $R_C=1\text{k}\Omega$이라고 가정하고 회로의 직류 부하 선을 그리시오. 직류 부하 선을 이용해서 중간점 바이어스인 경우의 I_C와 V_{CE} 값을 구하시오.

7-6. [그림 7-34]에 표시된 회로에서 $V_{CC}=36\text{V}$, $R_C=36\text{k}\Omega$이라고 가정하고 회로의 직류 부하 선을 그리시오. 직류 부하 선을 이용해서 중간점 바이어스인 경우의 I_C와 V_{CE} 값을 구하시오.

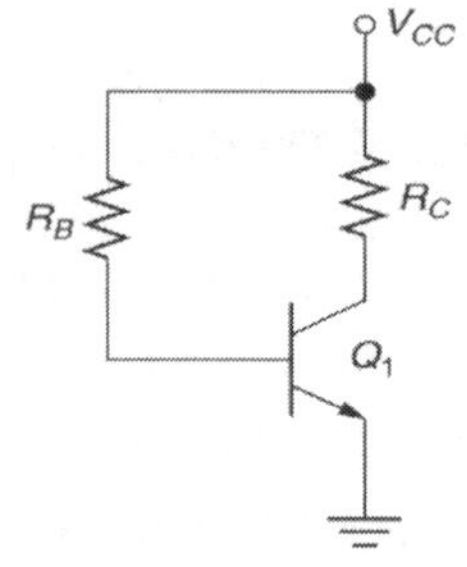

[그림 7-34]

7-7. [그림 7-35 (a)]에 표시된 회로의 Q점의 I_C와 V_{CE} 값을 구하시오.

7-8. [그림 7-35 (b)]에 표시된 회로의 Q점의 I_C와 V_{CE} 값을 구하시오.

7-9. [그림 7-35 (c)]에 표시된 회로의 Q점의 I_C와 V_{CE} 값을 구하시오.

7-10. [그림 7-35 (d)]에 표시된 회로의 Q점의 I_C와 V_{CE} 값을 구하시오.

7-11. [그림 7-35 (a)]에 표시된 회로의 직류 부하 선을 그리시오. 연습문제 7의 해답을 이용해서 중간점 바이어스인지를 판단하시오.

7-12. [그림 7-35 (b)]에 표시된 회로의 직류 부하 선을 그리시오. 연습문제 8의 해답을 이용해서 중간점 바이어스인지를 판단하시오.

7-13. 직류 부하 선을 사용하지 않고 [그림 7-35 (c)]에 표시된 회로가 중간점 바이어스인지를 판단하시오. 연습문제 9의 해답을 이용하시오.

7-14. 직류 부하 선을 사용하지 않고 [그림 7-35 (d)]에 표시된 회로가 중간점 바이어스인지를 판단하시오. 연습문제 10의 해답을 이용하시오.

7-15. [그림 7-35 (a)]에 표시된 회로의 h_{FE}는 25℃에서 측정되었다. 100℃에서 트랜지스터의 h_{FE}는 120이다. 100℃에서 동작한다고 가정하고 회로의 I_C와 V_{CE} 값을 구하시오.

7-16. [그림 7-35 (b)]에 표시된 회로의 h_{FE}는 25℃에서 측정되었다. 100℃에서 트랜지스터의 h_{FE}는 120이다. 100℃에서 동작한다고 가정하고 회로의 I_C와 V_{CE} 값을 구하시오.

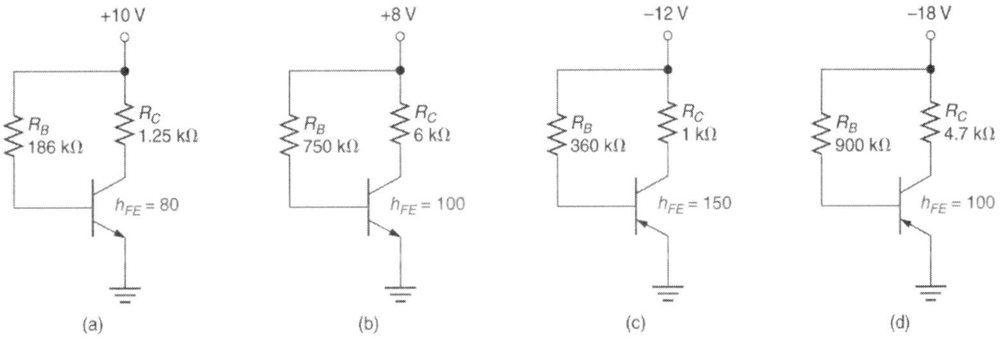

[그림 7-35]

7-17. [그림 7-36 (a)]에 표시된 회로에서 I_{CQ}, V_{CEQ}, I_B 값을 구하시오.

7-18. [그림 7-36 (b)]에 표시된 회로에서 I_{CQ}, V_{CEQ}, I_B 값을 구하시오.

7-19. [그림 7-36 (c)]에 표시된 회로에서 I_{CQ}, V_{CEQ}, I_B 값을 구하시오.

7-20. [그림 7-36 (d)]에 표시된 회로에서 I_{CQ}, V_{CEQ}, I_B 값을 구하시오.

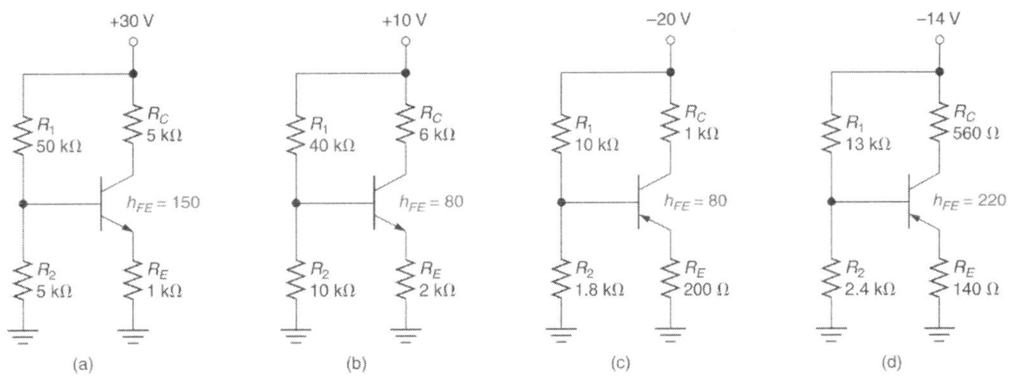

[그림 7-36]

7-21. 트랜지스터 스펙에 표시된 h_{FE}는 $I_C = 1\text{mA}$인 경우 $h_{FE} = 50(\text{min})$, $h_{FE} = 75(\text{typical})$, $h_{FE} = 50(\text{max})$로 표시된다. 임의의 증폭기 해석에는 어느 것이 사용되어야 하는가?

7-22. 트랜지스터 스펙에 표시된 h_{FE}는 $I_C = 1\text{mA}$인 경우 $h_{FE} = 80(\text{min})$, $h_{FE} = 200(\text{max})$으로 표시된다. 임의의 증폭기 해석에는 어느 것이 사용되어야 하는가?

7-23. [그림 7-36 (a)]에 표시된 회로에서 $I_{C(\text{sat})}$, $V_{CE(\text{off})}$ 값을 구하시오. 문제 17의 해답을 이용하고 중간점 바이어스인지 여부를 판정하시오.

7-24. [그림 7-36 (b)]에 표시된 회로에서 $I_{C(sat)}$, $V_{CE(off)}$ 값을 구하시오. 문제 18의 해답을 이용하고 중간점 바이어스인지 여부를 판정하시오.

7-25. [그림 7-36 (c)]에 표시된 회로에서 $I_{C(sat)}$, $V_{CE(off)}$ 값을 구하시오. 문제 19의 해답을 이용하고 중간점 바이어스인지 여부를 판정하시오.

7-26. [그림 7-36 (d)]에 표시된 회로에서 $I_{C(sat)}$, $V_{CE(off)}$ 값을 구하시오. 문제 20의 해답을 이용하고 중간점 바이어스인지 여부를 판정하시오.

7-27. [그림 7-37 (a)]에 표시된 회로가 중간점 바이어스인지 여부를 판정하시오.

7-28. [그림 7-37 (b)]에 표시된 회로가 중간점 바이어스인지 여부를 판정하시오.

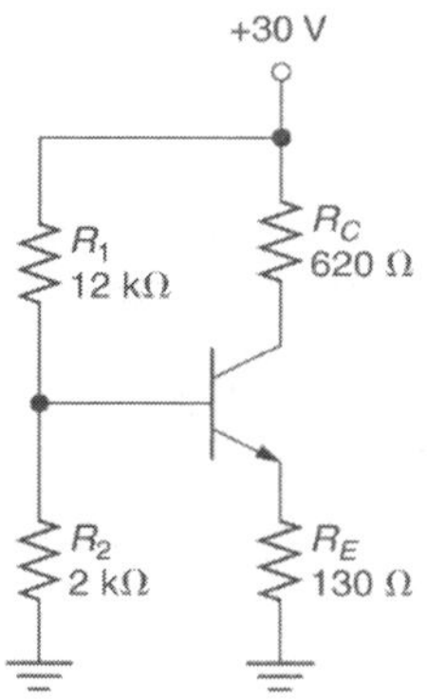

h_{FE} data

min	typ	max	@ I_C =
40	85	180	1 mA
60	–	240	10 mA
100	–	400	20 mA

(a)

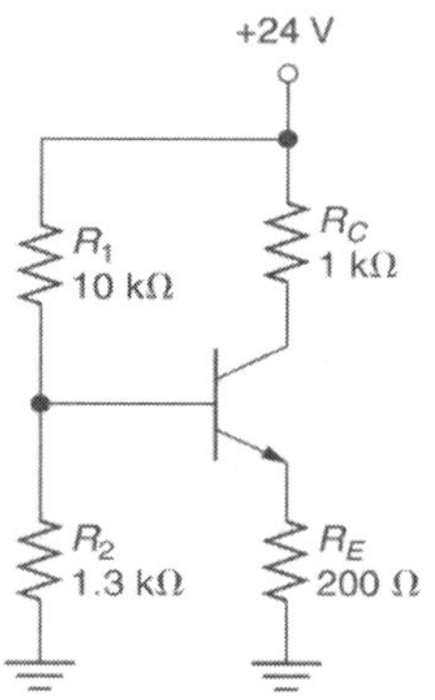

h_{FE} data

min	typ	max	@ I_C =
35	60	100	1 mA
50	–	400	10 mA
70	–	500	20 mA

(b)

[그림 7-37]

7-29. [그림 7-38]에 표시된 회로의 I_{CQ}와 V_{CEQ} 값을 구하시오.

7-30. [그림 7-38]에 표시된 회로에서 R_E와 R_C가 2배로 된다고 가정하고 회로의 출력을 다시 계산 하시오. 연습문제 29의 해답과 비교하시오.

7-31. [그림 7-38]에 표시된 회로의 $I_{C(sat)}$와 $V_{CE(off)}$ 값을 구하시오. 원래의 소자 값을 사용하시오.

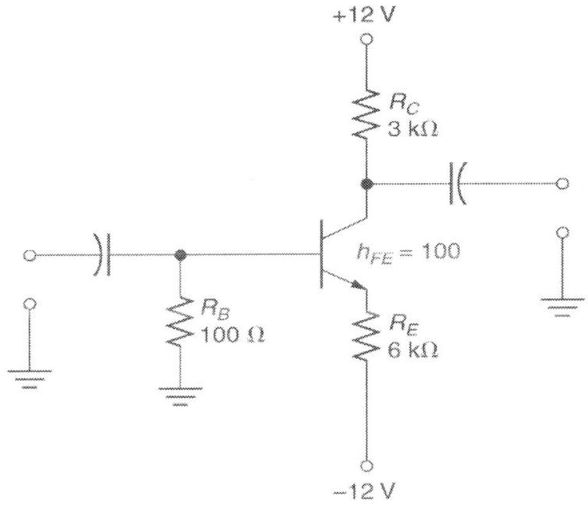

[그림 7-38]

7-32. [그림 7-38]에 표시된 회로에서 R_E와 R_C가 2배로 된다고 가정하고 $I_{C(\text{sat})}$와 $V_{CE(\text{off})}$ 값을 구하시오. 연습문제 31의 해답과 비교하시오.

7-33. [그림 7-39 (a)]에 표시된 회로에서 I_{CQ}, V_{CEQ}, $I_{C(\text{sat})}$, $V_{CE(\text{off})}$ 값을 구하시오.

7-34. [그림 7-39 (b)]에 표시된 회로에서 I_{CQ}, V_{CEQ}, $I_{C(\text{sat})}$, $V_{CE(\text{off})}$ 값을 구하시오.

7-35. [그림 7-39 (a)]에 표시된 회로에서 R_{base} 값을 구하시오.

7-36. [그림 7-39 (b)]에 표시된 회로에서 R_{base} 값을 구하시오.

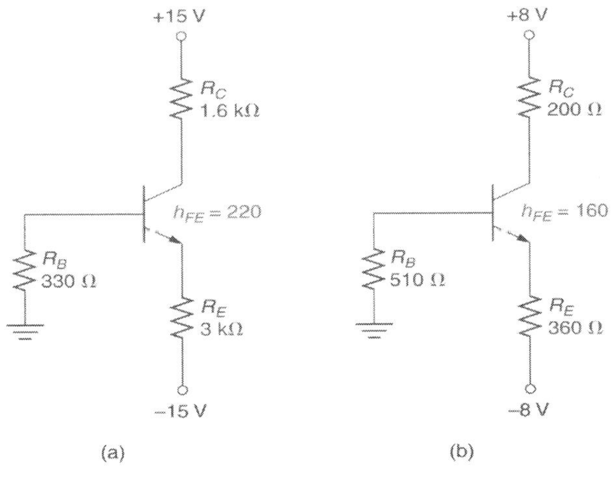

[그림 7-39]

7-37. [그림 7-40 (a)]에 표시된 회로에서 I_{CQ}, V_{CEQ} 값을 구하시오.

7-38. [그림 7-40 (b)]에 표시된 회로에서 I_{CQ}, V_{CEQ} 값을 구하시오.

7-39. [그림 7-40 (c)]에 표시된 회로에서 I_{CQ}, V_{CEQ} 값을 구하시오.

7-40. [그림 7-40 (d)]에 표시된 회로에서 I_{CQ}, V_{CEQ} 값을 구하시오.

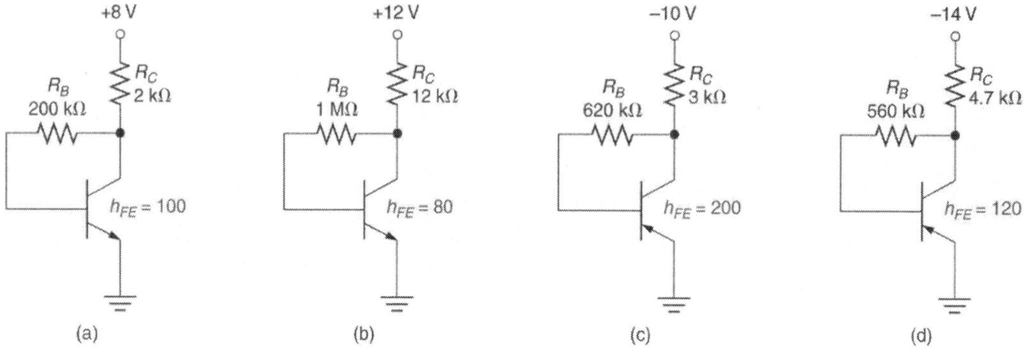

[그림 7-40]

7-41. [그림 7-41 (a)]에 표시된 회로에서 I_{CQ}, V_{CEQ} 값을 구하시오.

7-42. [그림 7-41 (b)]에 표시된 회로에서 I_{CQ}, V_{CEQ} 값을 구하시오.

7-43. [그림 7-41 (c)]에 표시된 회로에서 I_{CQ}, V_{CEQ} 값을 구하시오.

7-44. [그림 7-41 (d)]에 표시된 회로에서 I_{CQ}, V_{CEQ} 값을 구하시오.

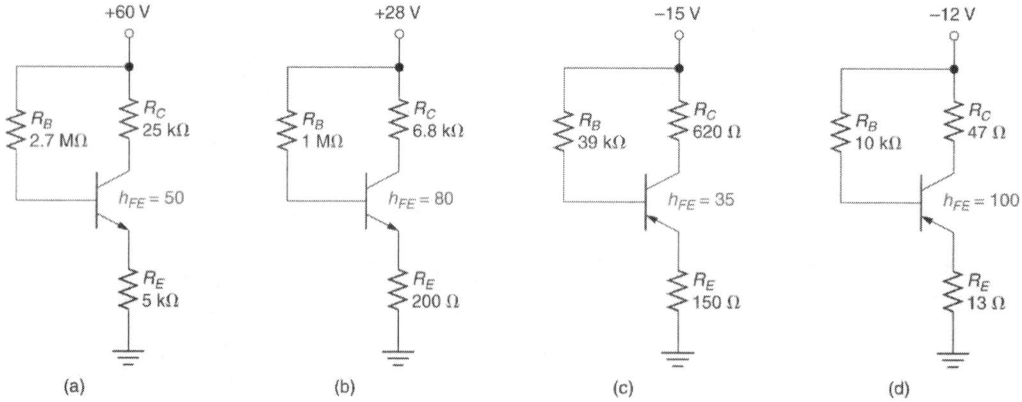

[그림 7-41]

7-45. [그림 7-42 (a)]에 표시된 회로의 고장은 무엇인가?

7-46. [그림 7-42 (b)]에 표시된 회로의 고장은 무엇인가?

7-47. [그림 7-42 (c)]에 표시된 회로의 고장은 무엇인가?

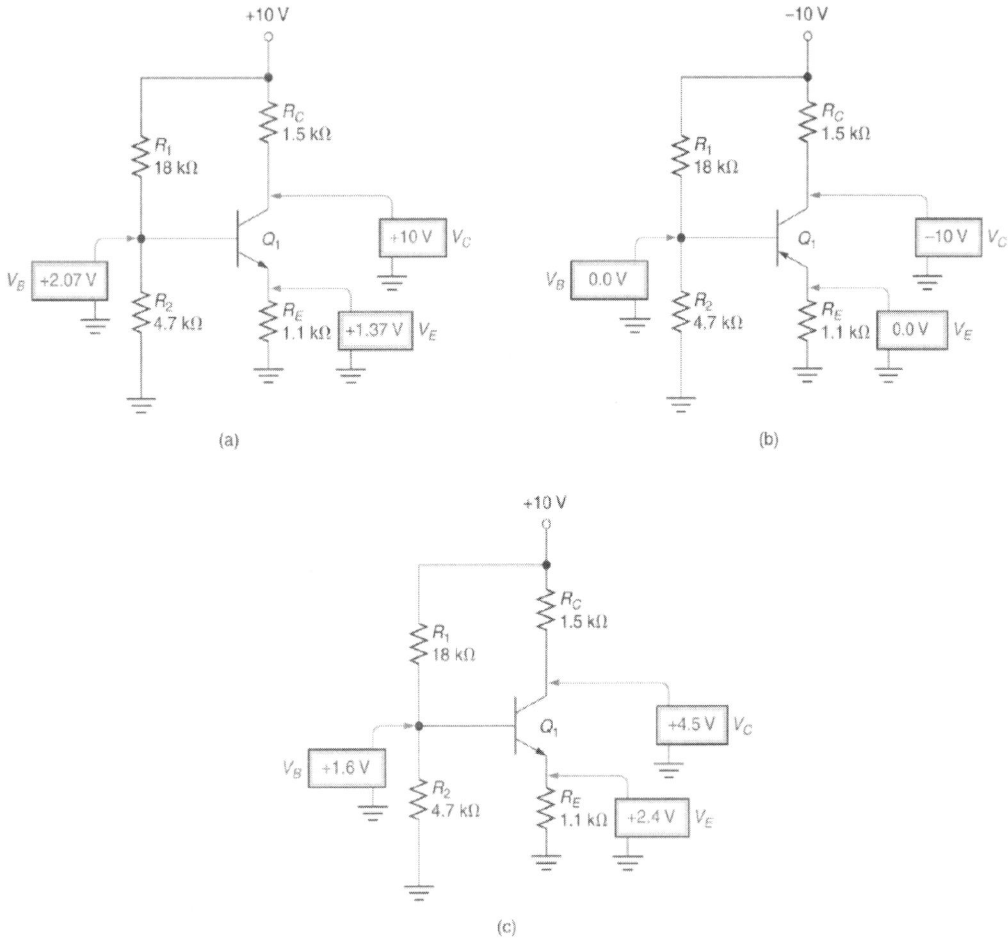

[그림 7-42]

7-48. [그림 7-43]에 표시된 회로의 고장은 무엇인가?

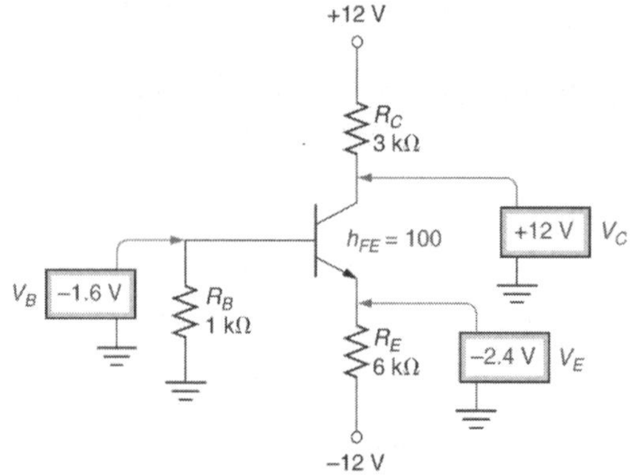

[그림 7-43]

7-49. [그림 7-44]에 표시된 회로에서 트랜지스터는 I_C가 1mA에서 8mA일 때 $h_{FE}=200$을 가진다. 소자의 $V_{CE(\text{sat})}$는 0.3V이다. $I_C=1\text{mA}$에서 4mA이고 $V_{CE}=0$에서 $V_{CE(\text{off})}$일 때 컬렉터 특성곡선을 그리시오. 중간점 바이어스 동작을 위해서 필요로 하는 I_B를 결정하기 위해서 컬렉터 특성곡선위에 직류 부하선을 그리시오.

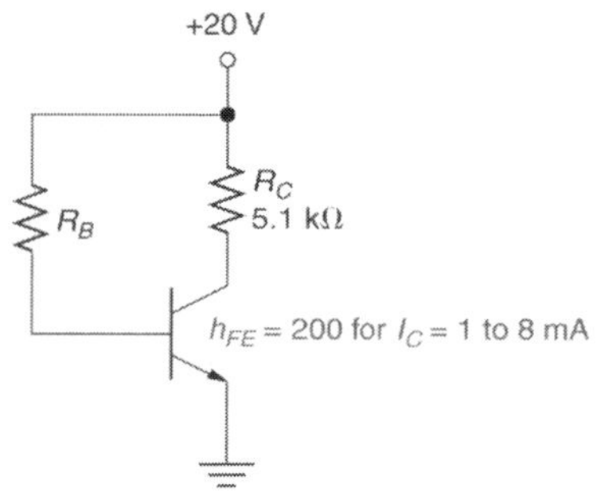

[그림 7-44]

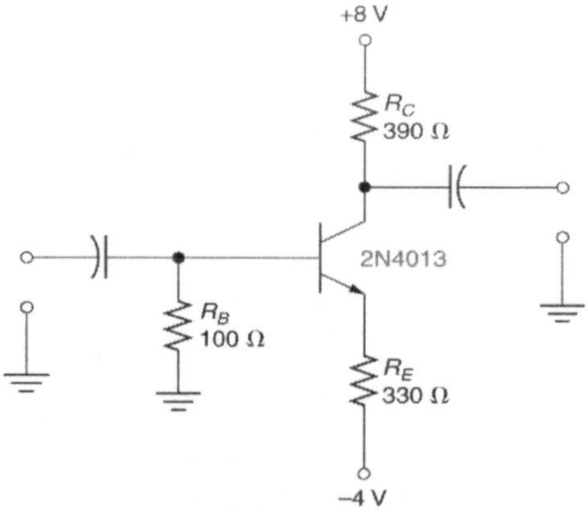

[그림 7-45]

7-50. [그림 7-45]에 표시된 트랜지스터의 스펙은 부록A에 표시되어 있다. I_{CQ}, V_{CEQ}, $I_{C(\text{sat})}$, $V_{CE(\text{off})}$, I_B, V_B 값을 구하시오.

7-51. $R_B = h_{FE}R_C$라면 컬렉터 귀환 바이어스 회로는 중간점 바이어스가 된다. 식 (7-24)를 이용해서 이것이 사실임을 증명하시오.(이미터 베이스 접합은 이상적인 다이오드라고 가정한다.)

7-52. 트랜지스터 2N3904는 [그림 7-46]에 표시된 회로에서 사용되지 않는다. 그 이유를 설명하라.(6장 5절에서 설명된 2N3904의 스펙에 표시된 직류 부하선과 최대 정격을 이용하시오.)

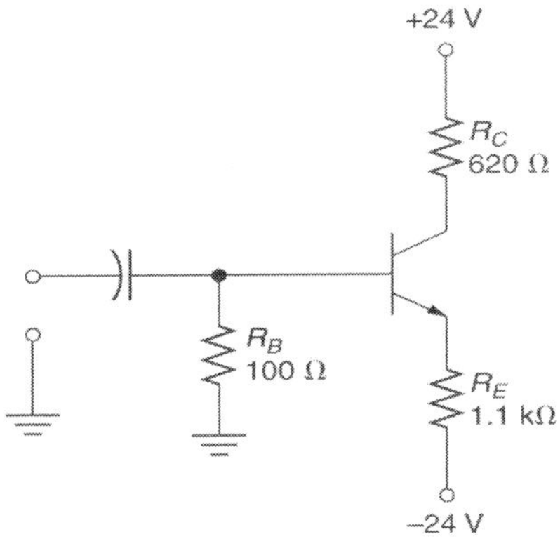

[그림 7-46]

Chapter 8

▸ 증폭기의 소개 ◂

(Introduction to Amplifier)

학습목표

이 장을 학습하고 나면 여러분은 다음과 같은 내용을 이해하고 설명할 수 있다.

1. 증폭기의 세 가지 기본적인 교류 특성에 대해서 설명할 수 있다.
2. 이득의 개념에 대해서 설명할 수 있다.
3. 전압 증폭기의 일반적인 모델에 대해서 설명할 수 있다.
4. 증폭기의 입력과 출력 임피던스가 회로의 실효전압 이득에 미치는 영향에 대해서 설명할 수 있다.
5. 이상적인 전압 증폭기에 대해서 설명할 수 있다.
6. 전류 증폭기의 일반적인 모델에 대해서 설명할 수 있다.
7. 세 가지 BJT 증폭기의 구성의 차이점을 비교 설명할 수 있다.
8. BJT 증폭기가 어떻게 구성되는지를 설명할 수 있다.
9. 증폭기 효율에 대해서 설명할 수 있다.
10. 증폭기 동작의 다양한 분류 방법에 대해서 특성을 비교 설명할 수 있다.
11. dB의 형태로 전력이득과 전압 이득을 어떻게 변환하는지 설명할 수 있다.

여러분이 스테레오에서 소리를 들을 수 없다면 볼륨(volume)을 높이게 된다. 또한 텔레비전 화면이 너무 어두우면 휘도(brightness)를 증가시키게 된다. 이런 두 가지 경우에서처럼 비교적 약한 신호를 더 강하게 만드는데 이것이 바로 전력레벨을 증가시키는 것이 된다. 교류 신호의 전력을 증가시키는 과정은 증폭이라고 간주된다. 회로에서 증폭을 제공하기 위해서 사용되는 회로를 증폭기라고 부른다. 몇 가지 일반적인 형태의 증폭기들이 [그림 8-1]에 표시되어 있다.

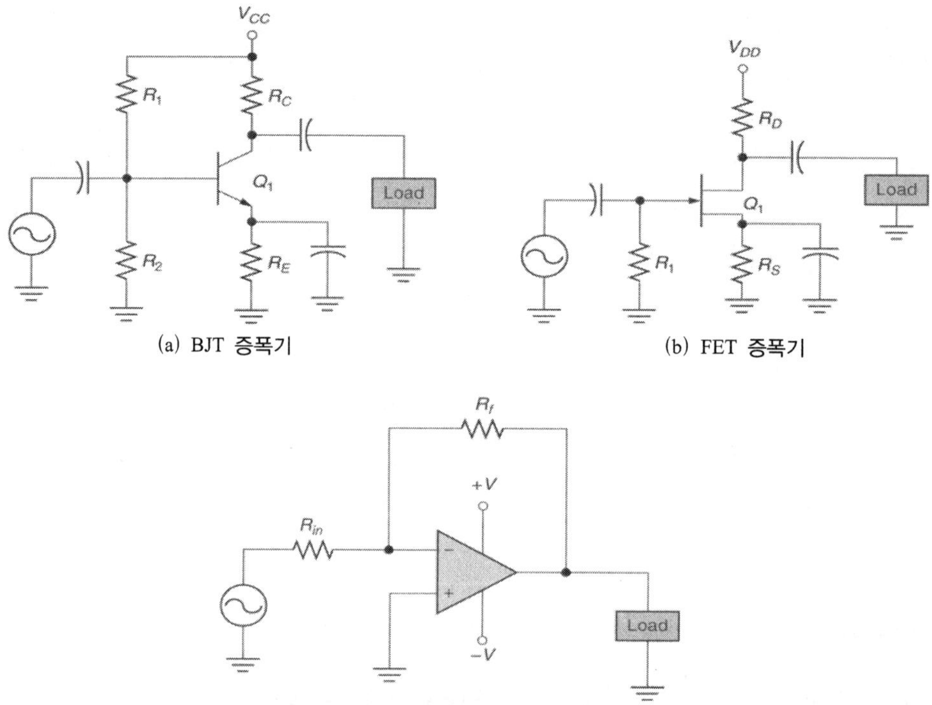

(a) BJT 증폭기 (b) FET 증폭기

(c) 연산 증폭기 회로

[그림 8-1] 일반적인 증폭기

대부분의 증폭기 회로는 여러분이 일상적으로 만나게 되는 가장 일반적인 널리 사용되는 회로들이다. 그들은 오디오, 비디오, 텔레비전 또는 디지털 시스템, 바이오 시스템 등에서 폭넓게 사용된다.(사실상 여러분이 적어도 하나의 증폭기가 포함되어지고 있지 않은 전자시스템을 찾기란 쉬운 일이 아니다.) 이 장에서는 증폭기의 다양한 형태를 분석하고 연구하는 방법을 배우게 되며 증폭기의 이득(gain), 입력 임피던스(impedance), 출력 임피던스 특성을 계산하는 방법을 배우게 된다. 또한 증폭기 동작에 따른 증폭기의 특성과 역할에 대해서도 살펴보기로 한다.

8.1 증폭기의 특성(Amplifier Properties)

모든 증폭기는 이득, 입력 임피던스, 출력 임피던스와 같은 3가지의 기본 특성을 가지고 있다. 이런 특성은 [그림 8-2]에 표시된 것처럼 일반적인 증폭기 모델을 구성하기 위해서 결합된다. 회로의 이득을 표현하기 위해서 사용되는 다이아몬드 모양을 주목해야 한다. 이득의 개념을 고찰한 후에는 이런 기호(symbol)를 약간 수정하게 된다.

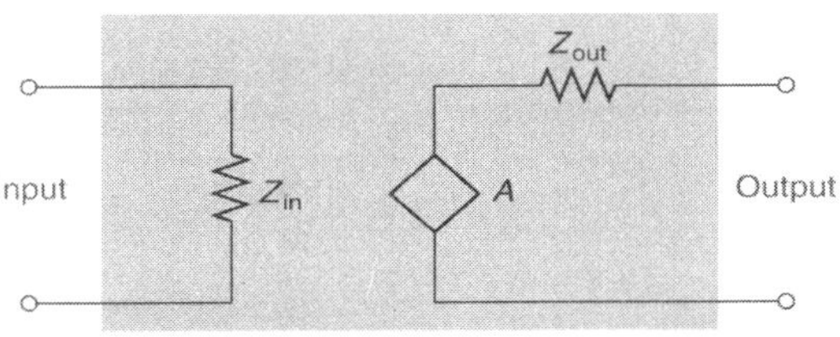

[그림 8-2] 일반적인 증폭기 모델

8.1.1 증폭기 이득(Amplifier Gain)

모든 증폭기는 이득이라 불리는 특성을 표시하게 된다. 증폭기의 이득은 회로의 입력과 출력 사이의 배율로 나타난다. 예를 들어서 증폭기의 이득이 100이고 정상적인 상태에서 동작한다면 출력 신호는 입력신호의 100배로 커지게 된다.

이득은 전압이득, 전류이득, 전력이득과 같은 3가지 형태를 가지고 있다. 이득은 〈표 8-1〉에 표시된 것처럼 대문자 A로 표시된다. 이득의 형태를 구분하는데 각 기호의 첨자가 사용된다는 점을 주의해야 한다. 모든 증폭기는 전력이득의 등급으로 규정된다. 하지만 모든 증폭기가 이러한 목적으로 설계되는 것은 아니다. 예를 들면, 전압증폭기는 A_v를 제공하도록 설계된다. 실제로 이것은 전력이득을 구하는데 일부 제공되어지지만 이차적인 문제이다.

전류증폭기도 A_i를 제공하도록 설계되지만 전력증폭기는 특정한 전력이득인 A_p를 제공하도록 설계된다. 주어진 응용분야에 사용되는 증폭기의 형태는 이득의 형태에 따라서 결정된다. 이 장에서는 우선 전압증폭기의 이득과 임피던스에 초점을 맞추어 설명하기로 하고 전류증폭기와 전력증폭기는 다음 장에서 언급하기로 한다.

8.1.2 비율로서의 이득(Gain As a Ratio)

일반적으로 이득은 출력 값에 상응하는 입력 값의 비율로 정의된다. 예를 들면, 전압이득은 교류 입력 전압에 대한 교류 출력전압의 비로 정의된다.

$$A_v = \frac{v_{out}}{v_{in}} \tag{8-1}$$

여기서 v_{out}은 증폭기로 나오는 교류 출력전압을 의미한다.
v_{in} 은 증폭기로 흘러들어오는 교류 입력을 의미한다.

【예제 8.1】을 통해서 입력과 출력이 사용되는 전압이득 계산을 이해하도록 하자.

【예제 8.1】 [그림 8-3]에 표시된 기호는 증폭기의 일반적인 증폭기 기호이다. 그림에서 나타내는 증폭기의 전압이득을 계산하시오.

풀이 그림에서 v_{out} 과 v_{in} 을 이용하면 증폭기의 전압이득은 625로 구해진다.

$$A_v = \frac{v_{out}}{v_{in}} = \frac{250\text{mV}}{400\mu\text{V}} = 625$$

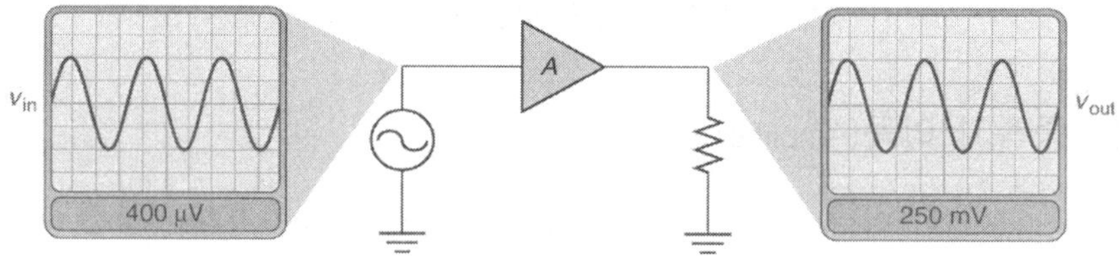

[그림 8-3]

이것은 회로에서 교류 출력전압이 정상적인 조건아래에서 입력전압보다 625배 크다는 것을 의미한다.

(실전 연습문제 8-1)

[그림 8-3]과 유사한 증폭기가 $v_{out} = 72\text{mV}$ $v_{in} = 300\mu\text{V}$를 갖는다고 가정하고 회로의 전압이득을 계산하시오.

▶▶ 240

예제에서 구한 전압이득은 단위를 갖지 않는다는 점에 주의해야 한다. 이것은 항상 성립된다. 이득의 각 형태는 교류 입력과 교류 출력의 비로 정의되기 때문에 측정의 단위는 존재하지 않는다. 식 (8-1)은 간혹 잘못 읽혀지는 경우가 있는데 그 이유는 A_v가 v_{out}과 v_{in}에 의해서 결정되기 때문이다. 사실은 A_v가 회로 소자에 의해서 결정된다. 정상적인 조건아래에서는 이득은 일정하게 된다. 따라서 증폭기의 입력 변화는 그에 대응하는 출력 변화를 초래하기 때문에 이득에는 변화가 없다. 예를 들면 증폭기의 v_{in}이 변화될 때 v_{out}은 식 (8-2)처럼 표시된다.

$$v_{out} = A_v v_{in} \tag{8-2}$$

이런 관계는 【예제 8.2】에서 증명된다.

【예제 8.2】 [그림 8-3]에 표시된 회로의 입력이 240μV로 변화된다고 가정하고 v_{out}을 구하시오.

풀이 【예제 8.1】에서 구한 회로의 이득은 625이다. 따라서 A_v를 이용해서 v_{out}을 구하면 150mV로 구해진다.

$$v_{out} = A_v v_{in} = (625)(240\mu V) = 150mV$$

(실전 연습문제 8-2)

실전 연습문제 8-1을 참고하시오. 입력이 360μV라고 가정하고 실전 연습문제에서 구한 A_v를 이용해서 v_{out}을 구하시오.

▶▶ 86.4mV

전압이득처럼 전류이득과 전력 이득 또한 입력과 출력의 비로 정의된다.

$$A_i = \frac{i_{out}}{i_{in}} \tag{8-3}$$

$$A_p = \frac{p_{out}}{p_{in}} \tag{8-4}$$

이와 같이 비율로 정의되기 때문에 전류와 전력이득은 전압이득처럼 단위가 없다. 이들은 증폭기의 입력과 출력 사이에 존재하는 단순한 배율로 나타난다.

8.1.3 일반적인 증폭기 모형(The General Amplifier Model)

[그림 8-2]는 일반적인 증폭기 모델을 표시하고 있다. 우리는 이득을 정의한바 있기 때문에 [그림 8-4 (a)]에 표시된 것처럼 증폭기 모델을 변경할 필요가 있다. 다이아몬드 모양은 실제로는 전압원(v_{out})을 표시하기 위해서 사용된다. 이런 전압원의 크기는 출력전압을 입력전압과 회로의 전압 이득의 함수로 표시하기 위해서 $A_v v_{in}$으로 주어진다.

[그림 8-4 (a)]에 표시된 증폭기 모델에 전압원과 부하를 추가하면 [그림 8-4 (b)]와 같은 회로를 얻을 수 있다. 입력회로는 v_s, R_S, Z_{in}으로 구성된다. 출력회로는 v_{out}, Z_{out}, R_L로 구성된다. 여러분도 보다시피 이런 회로는 거의 동일하다.

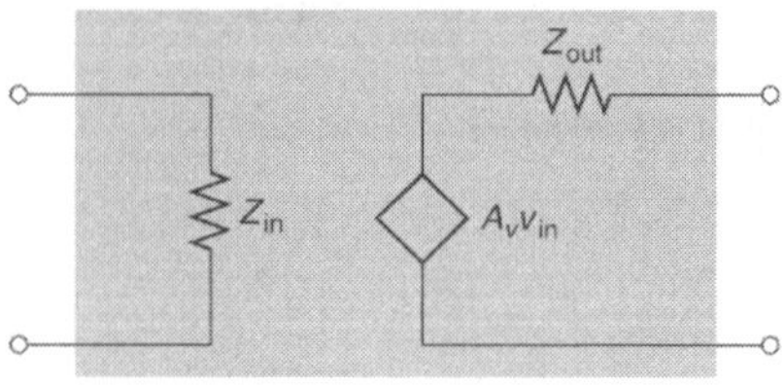

(a)

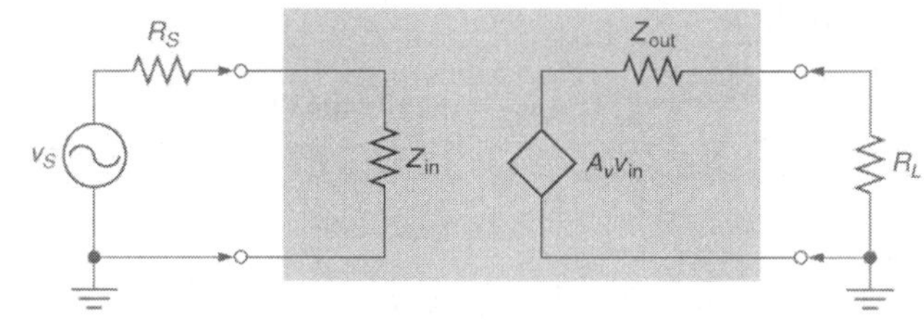

(b)

[그림 8-4] 전압 증폭기 모델

8.1.4 증폭기 입력 임피던스(Amplifier Input Impedance(Z_{in}))

증폭기가 전압원과 연결되면 신호원의 입장에서는 증폭기가 부하로 보인다. 증폭기 입력 임피던스(Z_{in})가 부하이다. 예를 들면 [그림 8-5]에 표시된 회로에서 증폭기 입력 임피던스 Z_{in}은 1.5kΩ이다. 이런 경우에 증폭기가 1.5kΩ 부하와 전원 저항 R_S가 직렬로 연결되어 동작하게 된다. [그림 8-5]에서 증폭기 입력 임피던스가 순수한 저항이라고 가정하면 증폭기 입력 신호전압은 식 (8-5)처럼 표시된다.

$$v_{in} = v_S \frac{Z_{in}}{R_S + Z_{in}} \tag{8-5}$$

R_s와 Z_{in}은 전압 분배기로 동작되기 때문에 증폭기 입력 전압은 전압원 정격보다 낮아야 한다.

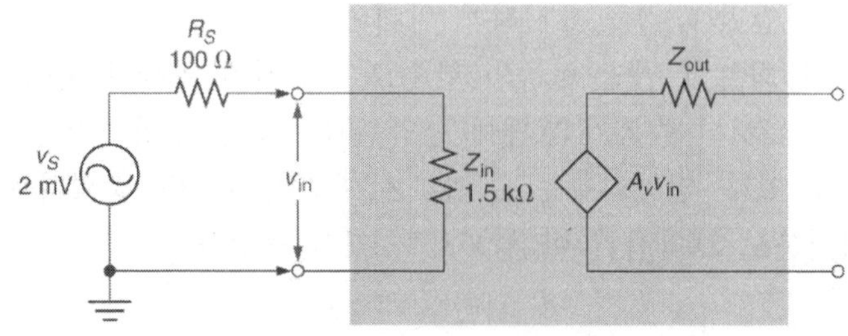

[그림 8-5] 증폭기 입력회로

【예제 8.3】 [그림 8-5]에 표시된 회로에서 v_{in}을 구하시오.

풀이 그림에 표시된 값을 사용하면 v_{in}은 1.88mV로 구해진다.

$$v_{in} = v_S \frac{Z_{in}}{R_S + Z_{in}} = (2\text{mV})\frac{1.5\text{k}\Omega}{1.6\text{k}\Omega} = 1.88\text{mV}$$

(실전 연습문제 8-3)

[그림 8-5]와 유사한 증폭기회로에서 $v_S = 800\mu\text{V}$, $R_S = 70\Omega$, $Z_{in} = 750\Omega$을 갖는다고 가정하고 회로의 v_{in}을 구하시오.

▶▶ 732μV

8.1.5 증폭기 출력 전압에서 R_s와 Z_{in} 효과 (The Effect of R_s and Z_{in} on Amplifier Output Voltage)

【예제 8.3】은 증폭기 입력에서 R_s와 Z_{in}의 영향을 증명하고 있다. 다음 예제를 통해서 회로에서 전압원의 감소는 회로의 출력 전압에서 분명히 감소될 수 있음을 나타내고 있다.

【예제 8.4】 【예제 8.3】에 표시된 증폭기가 $A_v = 500$을 갖는다. $v_{in} = 2\text{mV}$와 $v_{in} = 1.88\text{mV}$인 경우의 v_{out}을 구하시오.

풀이 $v_{in} = 2\text{mV}$인 경우 $v_{out} = 1\text{V}$, $v_{in} = 1.88\text{mV}$인 경우의 $v_{out} = 940\text{mV}$로 구해진다.

$$v_{out} = A_v v_{in} = (500)(2\text{mV}) = 1\text{V}$$

$$v_{out} = A_v v_{in} = (500)(1.88\text{mV}) = 940\text{mV}$$

(실전 연습문제 8-4)

실전 연습문제 8-3을 참조하시오. $A_v = 480$을 갖는다. $v_{in} = v_S$인 경우와 v_{in}이 실전 연습문제에서 구한 값이라고 가정하고 v_{out}을 구하시오.

▶▶ $v_{in} = 800\mu\text{V}$인 경우 $v_{out} = 384\text{mV}$

$v_{in} = 732\mu\text{V}$인 경우 $v_{out} = 351\text{mV}$

【예제 8.4】가 우리에게 보여주는 것은 다음과 같다. [그림 8-5]에 표시된 증폭기 회로에서 R_s와 Z_{in}의 영향을 무시하면 회로출력이 1V로 계산된다. v_S의 감소로 인해서 v_{out}의 실제적인 크기는 940mV로 구해진다. 따라서 R_S와 Z_{in}은 회로의 출력을 처음의 출력보다 60mV 더 낮게 만든다. Z_{out}과 R_L 조합은 이상적인 증폭기의 출력을 크게 감소시키는 원인이 된다.

8.1.6 증폭기의 출력 임피던스(Amplifier Output Impedance Z_{out})

부하가 증폭기에 연결되면 증폭기는 부하에 대해서 전압원으로 동작한다. 임의의 전원에 대해서도 측정 가능한 전원 저항이 있는데 이것이 증폭기의 출력 임피던스이다. 예로 [그림 8-6]에 표시된 회로를 살펴보기로 하자. 만약 증폭기의 Z_{out}이 200Ω이라고 가정하면 부하는 증폭기를 200Ω의 내부저항을 가진 전압원으로 볼 수 있다. [그림 8-6]에서 출력 임피던스가 순수한 저항 성분이라면 부하전압은 식 (8-6)처럼 표시되는 전압분배기 식을 사용할 수 있다.

$$v_L = v_{out}\frac{R_L}{Z_{out}+R_L} \tag{8-6}$$

여기서 $v_{out} = A_v v_{in}$이다. 【예제 8.5】는 Z_{out}과 R_L의 조합은 증폭기에 의해서 만들어진 부하전압을 갖는 효과를 설명하고 있다.

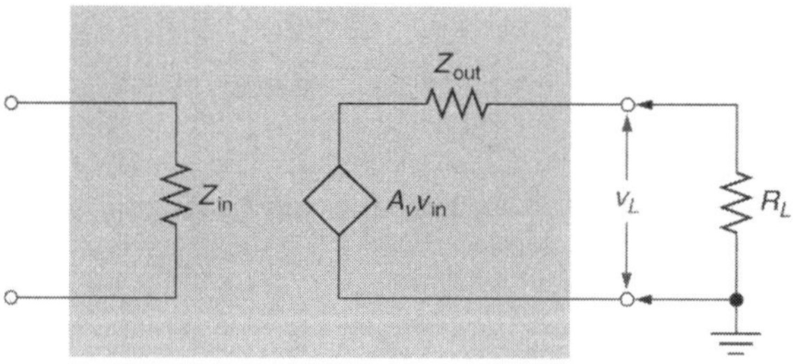

[그림 8-6] 증폭기의 출력회로

【예제 8.5】 [그림 8-7]에 표시된 회로의 부하전압 v_L을 구하시오.

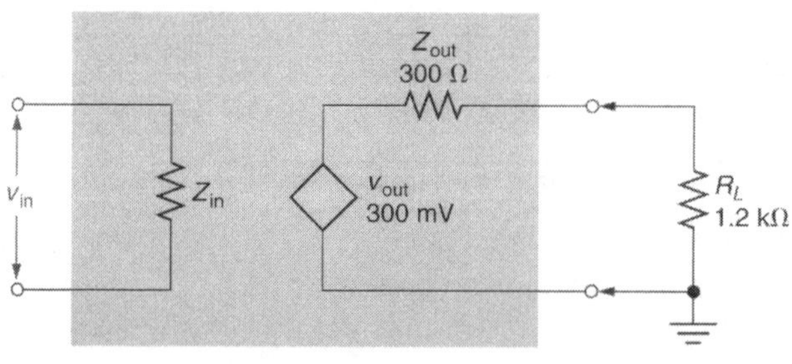

[그림 8-7]

풀이 그림에 표시된 값을 사용하면 v_L은 240mV로 구해진다.

$$v_L = v_{out}\frac{R_L}{Z_{out}+R_L} = (300\text{mV})\frac{1.2\text{k}\Omega}{1.5\text{k}\Omega} = 240\text{mV}$$

여러분도 보다시피 Z_{out}과 R_L을 결합시키면 증폭기의 출력전압에서 60mV가 감소되는 원인이 된다.

(실전 연습문제 8-5)

[그림 8-7]에 표시된 것과 유사한 회로가 $v_{out}=480\text{mV}$, $Z_{out}=240\Omega$, $R_L=1.5\text{k}\Omega$을 갖는다고 가정하고 회로의 부하전압을 구하시오.

▶▶ 414mV

8.1.7 입력과 출력회로의 결합된 효과 (The Combined Effects of the Input and Output Circuit)

입력회로와 출력 회로의 조합은 증폭기의 실효 전압이득에서 상당한 감소를 발생시킬 수 있다. 예로 [그림 8-8]에 표시된 회로를 고찰해 보자. 입력과 출력 회로가 결합된 영향을 알기 위해서 회로의 v_L을 계산할 필요가 있다. v_{in}을 구하는 첫 번째 단계는 다음과 같다.

$$v_{in}=v_S\frac{Z_{in}}{R_s+Z_{in}}=(15\text{mV})\frac{980\Omega}{1\Omega}=14.7\text{mV}$$

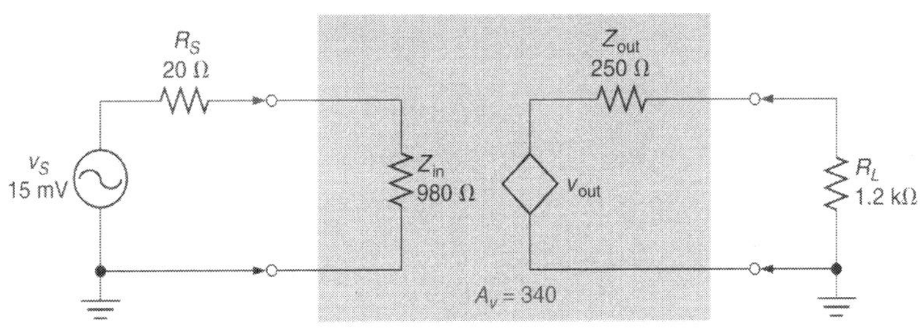

[그림 8-8]

v_{out}은 5V로 구해진다.

$$v_{out}=A_v v_{in}=(340)(14.7)\text{mV}=5\text{V}$$

마지막으로 부하전압은 4.14V로 계산된다.

$$v_L=v_{out}\frac{R_L}{Z_{out}+R_L}=(5\text{V})\frac{1.2\text{k}\Omega}{1.45\text{k}\Omega}=4.14\text{V}$$

이런 계산과정을 통해서 증폭기는 15mV 전압원이 4.14V 부하 전압으로 증가시킨다. 증폭기의 실효 전압이득은 부하 전압과 전원 전압의 비와 같다는 점을 고려하게 된다.

$$A_{v(\text{eff})} = \frac{v_L}{v_S} \tag{8-7}$$

따라서 회로의 실효전압이득은 276이다.

$$A_{v(\text{eff})} = \frac{v_L}{v_S} = \frac{4.14\text{V}}{15\text{mV}} = 276$$

여러분도 보다시피 입력과 출력회로는 증폭기의 전압이득을 340에서 276의 실효 값으로 감소시킨다는 사실을 알 수 있다. 입력과 출력회로의 효과는 증폭기 전압이득을 현저하게 감소시킬 수 있다.

1. Z_{in}의 증가
2. Z_{out}의 감소

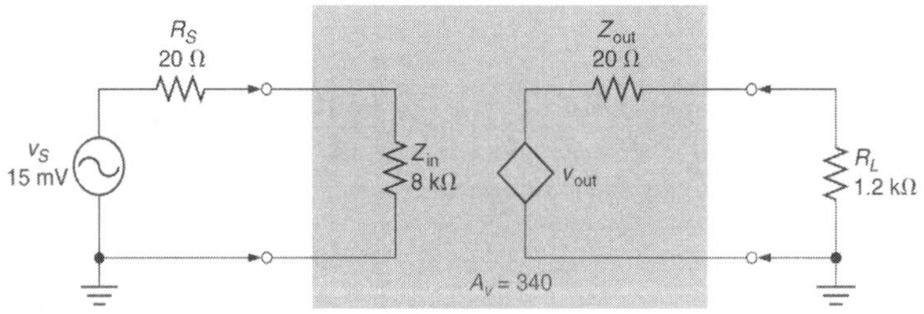

[그림 8-9]

예로 [그림 8-9]에 표시된 회로를 고찰해보자. [그림 8-8]에 표시된 회로와 근본적으로 같은 회로이다. 그러나 고찰을 위해서 Z_{in}과 Z_{out}을 변환할 수 있다.

$$v_{\text{in}} = v_s \frac{Z_{\text{in}}}{R_S + Z_{\text{in}}} = (15\text{mV}) \frac{8\text{k}\Omega}{8.02\text{k}\Omega} \cong 15\text{mV}$$

$$v_{\text{out}} = A_v v_{\text{in}} = (340)(15\text{mV}) = 5.1\text{V}$$

$$v_L = v_{\text{out}} \frac{R_L}{Z_{\text{out}} + R_L} = (5.1\text{V}) \frac{1.2\text{k}\Omega}{1.22\text{k}\Omega} = 5\text{V}$$

회로의 실효전압이득은 333으로 구해진다.

$$A_{v(\text{eff})} = \frac{v_L}{v_S} = \frac{5\text{V}}{15\text{mV}} = 333$$

여러분도 보다시피 Z_{in}과 Z_{out}에서의 변화 때문에 회로의 실효 전압이득이 증가된다. 대부분의 실용회로에서 주어진 전압원과 부하의 저항을 변화시키는 일은 거의 없다. 그러나 증폭기의 Z_{in}과 Z_{out}은 사용된 능동 소자 뿐만 아니라 바이어스 회로의 형태와 소자 값에 의해서 영향을 받을 수 있다. 이런 점에 대해서는 다음 장에서 증명될 것이다.

8.1.8 이상적인 전압 증폭기(The Ideal Voltage Amplifier)

지금까지는 기본적인 증폭기에 대해서 소개했지만 앞으로는 이상적인 전압증폭기의 특성을 알아보게 된다. 만약 이상적인 전압 증폭기가 구성된다면 다음의 특성을 따르게 된다.

1. 무한대 이득(필요하다면)
2. 무한대 입력 임피던스
3. Zero 출력 임피던스

이들 중 첫 번째 특성은 설명이 필요 없다. 이상적인 증폭기는 이득이 높을 필요성이 있다고 하더라도 어떤 값의 이득이라도 가능하게 할 능력이 있어야 한다. 실제적으로는 A_v의 값은 제한된다. A_v의 제한은 회로에서 사용되는 능동 소자의 형태에 의존하게 된다. 이상적 전압 증폭기의 임피던스 특성은 [그림 8-10]에 표시되어 있다. 무한대 입력임피던스를 가진다면 입력 회로에서 전류가 없고, 전원 저항 R_S 양단에서의 전압강하는 없다. 따라서 R_S 양단에서 전압강하가 발생되지 않기 때문에 $v_{in} = v_S$이다.

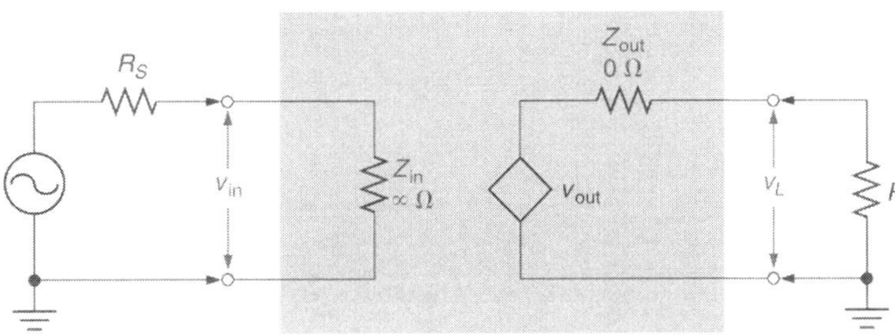

[그림 8-10]

다시 말하자면 전원전압은 R_S와 Z_{in}의 조합 효과에 의해서 감소되지 않는다. Zero 출력 임피던스에서는 증폭기의 출력회로에서 전압 분배가 없다. 따라서 $v_L = v_{out}$이다.

따라서 입력 회로 또는 출력회로에서 전압의 감소가 없고 회로의 실효 전압이득은 A_v의 계산 값과 같다.

$Z_{in} = \infty\,\Omega$ 그리고 $Z_{out} = 0\,\Omega$은 아직까지 실제적인 회로에 적용된 적이 없다. 그러나 그것들도 적절하게 구성된 회로에서는 "효과적으로" 적용하는 것은 가능하다. 예로 [그림 8-11]에 표시되어 있는 회로를 고려해 보자. $R_S(20\,\Omega)$와 $Z_{in} = 100\text{k}\,\Omega$을 비교한다면

실제적으로 무한대 입력 임피던스가 되고 $R_L(1.2\text{k}\Omega)$과 $Z_{\text{out}}=3\Omega$을 비교하면 Zero 출력 임피던스 회로가 된다. 회로의 전압 이득에서 그들의 효과를 최소화하는 것이 가능하기 때문에 Z_{in}과 Z_{out}은 회로설계에 있어서 고려되어야 한다.

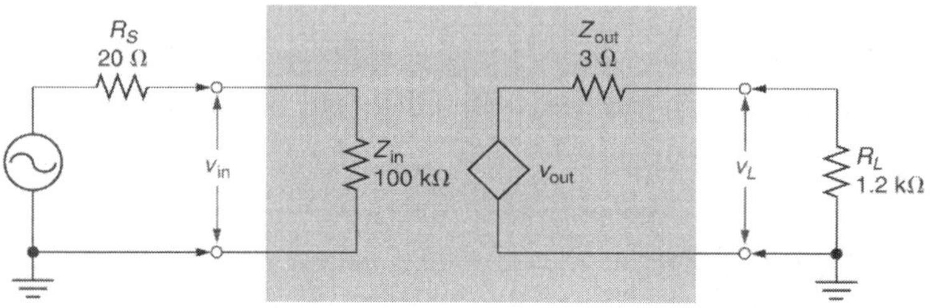

[그림 8-11]

이상적인 증폭기는 소비전력, 주파수 응답, 신호 재생에 관련되는 또 다른 특성을 가지고 있다는 사실을 이해하게 되었을 것이다. 그렇지만 지금은 이상적인 전압 증폭기의 중요한 특성에 대해서만 알아보았다.

8.1.9 전류 증폭기 모델(The Current Amplifier Model)

이미 앞에서 특정 크기의 전류 이득을 제공하기 위해서 설계되는 회로를 전류 증폭기라고 언급한바 있다. 전류 증폭기의 일반적인 모델은 [그림 8-12 (a)]에 표시되어 있다. 모델에 표시된 것처럼 전류 증폭기는 입력 임피던스, 출력 임피던스를 가지고 전류 이득 A_i를 제공하게 된다.

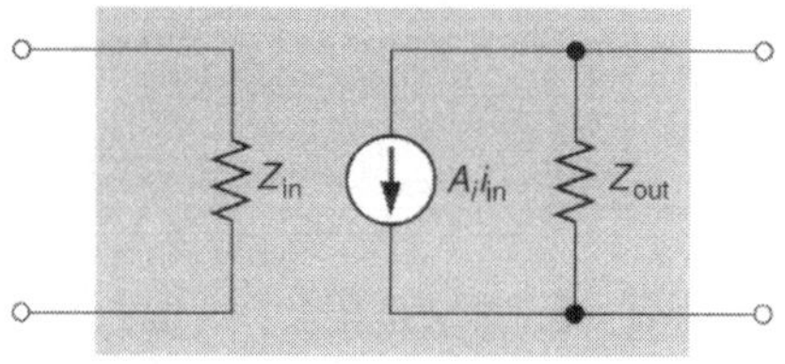

(a)

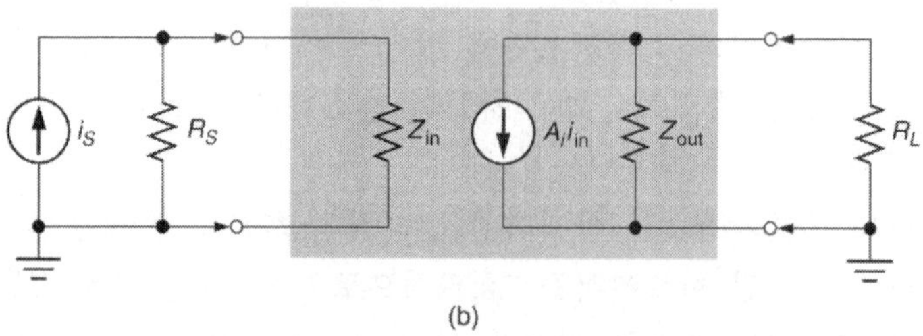

(b)

[그림 8-12] 전류 증폭기 모델

증폭기 모델에 전류원과 부하저항이 부가되면 [그림 8-12 (b)]에 표시된 회로를 구성할 수 있다. 입력 회로는 i_S, R_S, Z_{in}으로 구성된다. 출력회로는 $A_i i_{in}$, Z_{out}, R_L로 구성된다. 여러분도 보다시피 입력회로와 출력회로는 동일하다.

입력회로(The Input Circuit)

[그림 8-13 (a)]에 표시된 것처럼 i_S, R_S, Z_{in}의 조합은 전류분배기를 구성한다. 증폭기의 입력전류 i_{in}의 크기는 식 (8-8)에 표시된 전류분배기 공식을 사용하면 구할 수 있다.

$$i_{in} = i_S \frac{R_S \| Z_{in}}{Z_{in}} \tag{8-8}$$

여기서 i_{in}은 증폭기의 입력 전류를 의미하고 i_S는 소스 전류를 의미한다. $R_S \| Z_{in}$는 R_S와 Z_{in}의 병렬 합성 저항을 나타낸다.

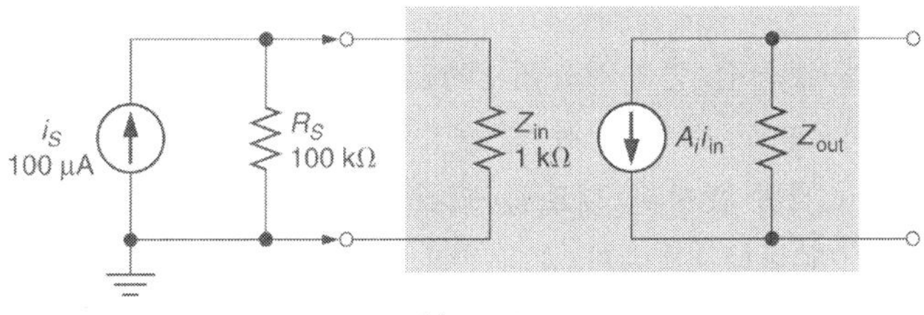

(a) 입력회로

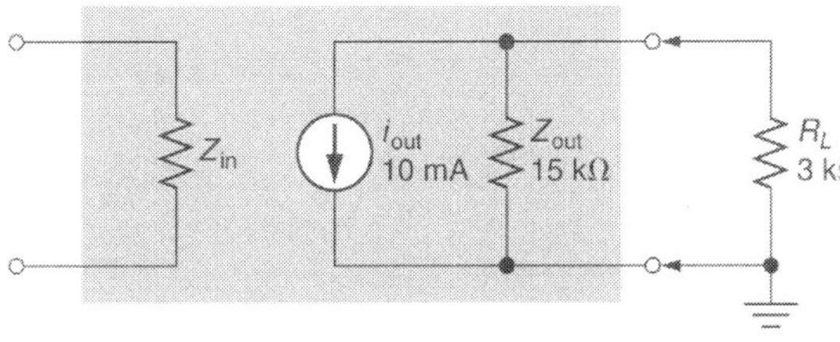

(b) 출력회로

[그림 8-13] 전류증폭기의 입력과 출력회로

[그림 8-13 (a)]에 표시된 회로에 주어진 값을 이용하면 증폭기의 입력전류는 90.0μA로 구해진다.

$$i_{in} = i_S \frac{R_S \| Z_{in}}{Z_{in}} = (100\mu\text{A}) \frac{100\text{k}\Omega \| 10\text{k}\Omega}{10\text{k}\Omega} = 90.9\mu\text{A}$$

계산에서 보여지는 것처럼 입력전류 분배기는 $i_{in} < i_S$로 나타난다.

출력회로(The Output Circuit)

출력회로는 [그림 8-13 (b)]에 표시된 것처럼 i_{out}, Z_{out}, R_L에 의해서 2차 측 전류 분배기를 구성한다. 증폭기의 부하전류는 식 (8-9)에 표시된 전류 분배기 방정식을 사용해서 구하게 된다.

$$i_L = i_{out}\frac{R_L \| Z_{out}}{R_L} \tag{8-9}$$

여기서 i_{out}은 $A_i i_{in}$을 의미하고 i_L은 부하 전류를 의미한다. $R_L \| Z_{out}$은 R_L과 Z_{out}의 병렬 합성 저항을 나타낸다.

[그림 8-13 (b)]에 표시된 회로에 주어진 값을 이용하면 증폭기의 부하전류는 8.33mA로 구해진다.

$$i_L = i_{out}\frac{R_L \| Z_{out}}{R_L} = (10\text{mA})\frac{15\text{k}\Omega \| 3\text{k}\Omega}{3\text{k}\Omega} = 8.33\text{mA}$$

계산에서 보여지는 것처럼 출력전류의 분배기는 $i_L < i_{out}$로 나타난다.

입력회로와 출력회로의 조합은 전류 증폭기의 효과적인 이득을 크게 감소시킬 수 있다. 예로 [그림 8-14 (a)]에 표시된 회로를 고찰해 보기로 하자. 블록에 표시된 것처럼 A_i의 이상적인 크기는 250이다. 회로의 효과적인 전류이득은 크게 낮아진다는 것은 다음과 같은 일련의 계산 과정을 통해서 검증된다.

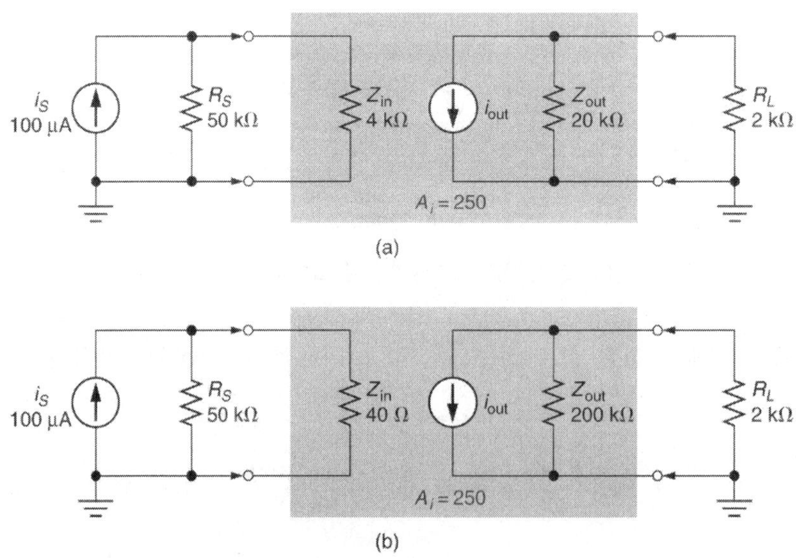

[그림 8-14]

$$i_{\text{in}} = i_S \frac{R_S \| Z_{\text{in}}}{Z_{\text{in}}} = (100\mu\text{A}) \frac{50\text{k}\Omega \| 4\text{k}\Omega}{4\text{k}\Omega} = 92.6\mu\text{A}$$

$$i_{\text{out}} = A_i i_{\text{in}} = (250)(92.6\mu\text{A}) = 23.2\text{mA}$$

$$i_L = i_{\text{out}} \frac{R_L \| Z_{\text{out}}}{R_L} = (23.2\text{mA}) \frac{20\text{k}\Omega \| 2\text{k}\Omega}{2\text{k}\Omega} = 21.1\text{mA}$$

$$A_{i(\text{eff})} = \frac{i_L}{i_S} = \frac{21.1\text{mA}}{100\mu\text{A}} = 211$$

이런 계산 과정이 보여주는 것처럼 회로의 효과적인 전류이득은 이상적인 크기인 250보다 크게 낮아진다. 전류증폭기 이득에서 입력과 출력회로의 효과는 크게 감소된다.

- Z_{in}의 크기를 감소시킨다.
- Z_{out}의 크기를 증가시킨다.

[그림 8-14 (b)]에 표시된 회로를 고찰해 보자. 이것은 [그림 8-13 (a)]와 기본적으로는 동일한 회로이다. 여하튼 우리의 고찰을 위해서 Z_{in}과 Z_{out}의 크기를 변화시킨다. 이런 회로인 경우에는

$$i_{\text{in}} = i_S \frac{R_S \| Z_{\text{in}}}{Z_{\text{in}}} = (100\mu\text{A}) \frac{50\text{k}\Omega \| 40\Omega}{40\Omega} = 99.9\mu\text{A}$$

$$i_{\text{out}} = A_i i_{\text{in}} = (250)(99.9\mu\text{A}) \cong 25\text{mA}$$

$$i_{\text{out}} = i_{\text{out}} \frac{R_L \| Z_{\text{out}}}{R_L} = (25\text{mA}) \frac{200\text{k}\Omega \| 2\text{k}\Omega}{2\text{k}\Omega} = 24.8\text{mA}$$

$$A_{i(\text{eff})} = \frac{i_L}{i_S} = \frac{24.8\text{mA}}{100\mu\text{A}} = 248$$

여러분도 보다시피 회로의 구성 소자를 일부 변화시킴으로써 회로의 효과적인 전류이득이 크게 증가했다. 실제로 전류 증폭기의 이득에서 Z_{in}과 Z_{out}의 효과는 다음과 같은 관계식을 만족하게 되도록 회로를 설계하면 최소화된다.

$$Z_{\text{in}} \ll R_S \qquad Z_{\text{out}} \gg R_L$$

이상적인 전류 증폭기(The Ideal Current Amplifier)

여러분도 다음과 같은 특성을 만족하는 이상적인 전류 증폭기를 설계할 수 있다.

- 무한대 이득
- 0(zero) 입력 임피던스($Z_{\text{in}} = 0\Omega$)
- 무한대 출력 임피던스($Z_{\text{out}} = \infty\,\Omega$)

이런 특성들은 회로의 이득이 크기가 얼마이던 간에 원하는 크기로 간단하게 조정될 수 있음을 나타낸다. $Z_{\text{in}} = 0\Omega$이 되면 소스 전류가 모두 증폭기로 인가된다.

$$i_{\text{in}} = i_S \text{ (이상적인 전류 증폭기)}$$

$Z_{\text{out}} = \infty\,\Omega$이면 증폭기 출력 회로에서 전류 분배기는 전류를 분배하지 않는다.

$$i_L = i_{\text{out}} \text{ (이상적인 전류 증폭기)}$$

기초 확인문제 8.1

1. 증폭이란 무엇인가?
2. 이득이란 무엇이고, 이득의 3가지 형태는 무엇인가?
3. 전압이득을 비율로서 정의하라.
4. 증폭기의 전압이득을 결정하는 것은 무엇인가?
5. 증폭기 v_{in}에서의 전원저항 R_s와 증폭기의 입력 임피던스 Z_{in}의 조합 영향은 무엇이고 v_{out}에 어떤 영향을 미치는가?
6. 증폭기 v_L에서의 출력 임피던스 v_{out}과 부하저항 R_L 조합의 영향은 무엇인가?
7. 입력과 출력 회로가 증폭기의 전압이득에 미치는 전체적인 영향을 설명하라.
8. 문제 7번에서 이들을 최소화시키는 방법은 무엇인가?
9. 이상적인 전압 증폭기의 특성에 대해 목록을 작성하라.
10. 전류증폭기의 입력회로와 출력회로에서의 전체적인 효과에 대해서 설명하라.
11. 기초 확인문제 10에서의 효과를 어떻게 하면 최소화 시킬 수 있는가?
12. 이상적인 전류 증폭기의 특성을 설명하라.
13. [그림 8-5]에 표시된 회로에서 $R_S = 10\Omega$일 때 전압원보다 효과적으로 동작시킬 수 있는지 설명하라.
14. 이상적인 전압 증폭기의 이득이 동작 주파수에서 변화를 방해할 수 있다고 생각하는가?

8.2 BJT 증폭기의 구성(BJT Amplifier Configuration)

지금까지 증폭기의 이득과 입력 임피던스, 출력 임피던스 특성에 대해서 알아본 바 있다. 이제부터는 다양한 형태의 BJT 증폭기를 알아보고 이들이 이상적인 증폭기와 어떻게 비교 되는지를 이해하도록 해보자. BJT 증폭기는 각각은 특성의 유일한 조합을 가지는 세 가지 형태로 구성되는데 [그림 8-15]에 잘 나타나 있다.

8.2.1 공통 이미터 증폭기(The Common-Emitter Amplifier)

공통 이미터 증폭기는 가장 널리 사용되는 BJT 증폭기이다. [그림 8-15 (a)]에는 일반적인 공통 이미터 증폭기의 형태가 표시되어 있다. 여러분도 보다시피 입력은 트랜지스터의 베이스에 공급되고 출력은 컬렉터에서 얻어진다. 공통 이미터라는 용어는 두 가지 이유 때문에 사용된다.

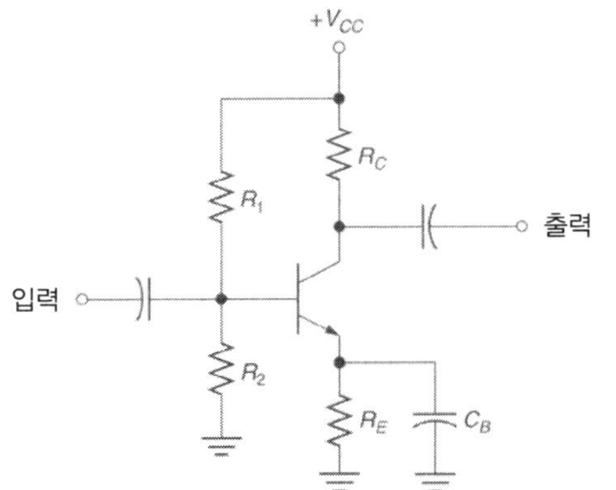

공통 이미터(CE) 증폭기
(a)

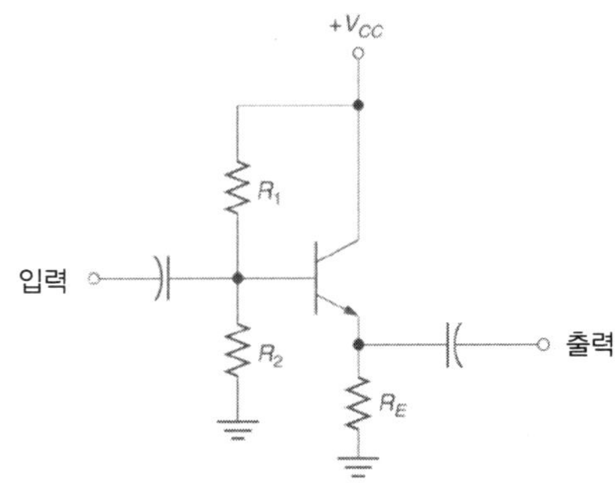

공통 컬렉터(CC) 증폭기
(b)

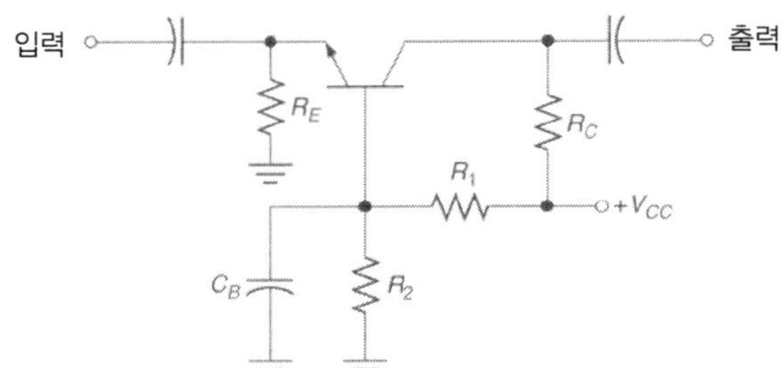

공통 베이스(CB) 증폭기
(c)

[그림 8-15] BJT증폭기 구성

1. 트랜지스터의 이미터 단자는 입력과 출력회로의 공통 단자이다.
2. 트랜지스터의 이미터 단자는 항상 교류접지 또는 교류 공통 단자이다. 교류 접지는 트랜지스터의 이미터단자에 연결된 바이패스 커패시터(CB)에 의해서 제공된다. 파이패스 커패시터가제공하는 교류 접지는 9장에서 다시 고찰하게 된다.

CE 증폭기의 특성을 고찰하기 위해서는 몇 개의 영역을 설정할 필요가 있다. 비교를 위해서 이득과 임피던스 값을 낮음(low), 중간(midrange), 높음(high)으로 분류한다. 이런 분류표는 〈표 8-2〉에 표시된 것과 같다. 이런 범위는 검토의 대상일 뿐 완전한 것은 아니라는 점을 주의해야 한다. 그들은 단지 비교의 근거로 사용될 따름이다.

표 8-2 특성 범위

특성	Low	Midrange	High
이득	100이하	100～1000	1000이상
임피던스	1kΩ이하	1kΩ～10kΩ	10kΩ 이상

〈표 8-2〉에서 주어진 범위를 사용하면 CE 증폭기가 증폭기로서 일반적으로 다음과 같이 분류될 수 있다.

1. 전압과 전류이득은 중간 범위
2. 고 전력 이득
3. 중간 범위의 입력 임피던스
4. 중간 범위의 출력 임피던스

CE 증폭기는 [그림 8-16]에 표시된 것처럼 입력이 출력에서 180° 위상이 바뀌어서 나타나게 되는 유일한 BJT 증폭기이다. 이처럼 전압의 위상이 바뀌는 근거는 9장에서 다시 언급된다.

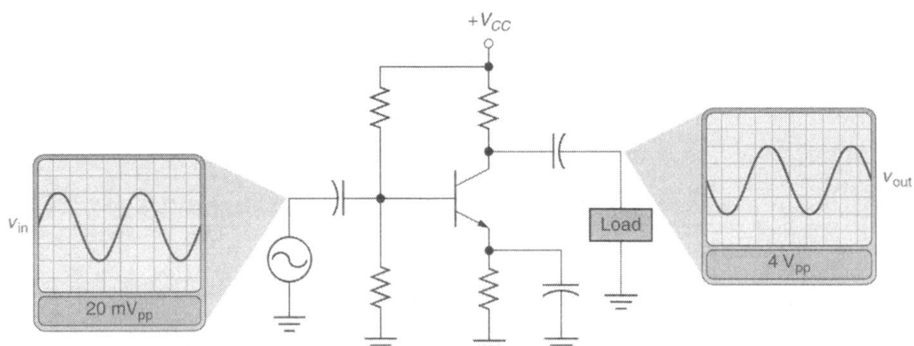

[그림 8-16] 공통 이미터 증폭기

8.2.2 공통 컬렉터 증폭기(The Common-Collector Amplifier)

공통 컬렉터(CC) 증폭기 역시 널리 사용되는 또 다른 BJT 증폭기이다. 전형적인 CC 증폭기가 [그림 8-17]에 표시되어 있다. 여러분도 보다시피 입력은 트랜지스터의 베이스에 공급되고 출력은 트랜지스터의 이미터단자에서 얻어진다. 이런 경우에 트랜지스터의 컬렉터단자는 입력과 출력의 공통 단자이고 교류 접지를 제공하게 된다.

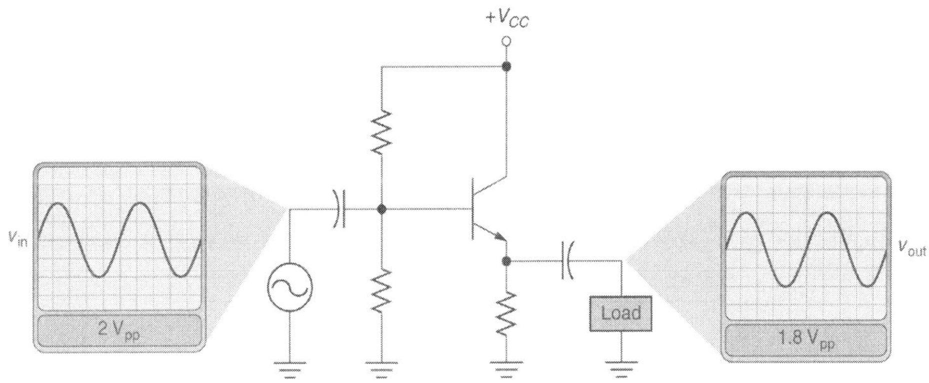

[그림 8-17] 공통 컬렉터 증폭기

전형적인 CC 증폭기는 다음과 같은 특징을 가진다.

1. 중간 전류이득
2. 매우 작은 전압이득(1보다 조금 작다)
3. 고 입력 임피던스
4. 저 출력 임피던스

여기에서 주목할 사항은 CC 증폭기의 구성이 매우 낮은 전압이득을 갖고 있다는 점이다. 10장에서 언급되는 이유처럼 CC 증폭기의 전압이득은 unit(1)보다 조금 작다. 만일 $A_v = 1$이라고 가정하면 [그림 8-17]에 표시된 것처럼 출력파형은 입력파형과 동일하게 된다.

이미터에서 교류신호는 베이스 교류전압을 거의 "따르기" 때문에 CC 증폭기를 이미터 활로우(emitter follower)라고 부르기도 한다. 이러한 회로는 전류이득과 임피던스특성 때문에 가장 일반적으로 사용되며 10장에서 다시 설명된다.

8.2.3 공통 베이스 증폭기(The common-Base Amplifier)

공통 베이스(CB) 증폭기는 가장 드물게 사용되는 BJT 증폭기의 구성이다. 일반적인 CB 증폭기가 [그림 8-18]에 표시되어 있다. 입력이 트랜지스터의 이미터에 공급되고 출력은 컬렉터에서 구해진다. 베이스 회로에서 CB(바이패스 콘덴서)는 교류접지(또는 공통)를 제공한다. CB 증폭기는 다음과 같은 특성을 따른다.

1. 중간 전압이득
2. 매우 작은 전류이득(1보다 조금 작다)

3. 저 입력 임피던스
4. 고 출력 임피던스

만약 CB 증폭기를 이상적인 전압증폭기와 비교해 본다면 CB 증폭기가 드물게 사용되는 이유를 이해하게 될 것이다. 이런 회로의 낮은 입력 임피던스와 높은 출력 임피던스는 이상적인 전압증폭기와 반대의 특성이다. 다시 말하자면 실효전압이득은 이상적인 A_v에 미치지 못한다. CB 증폭기의 매우 작은 전류이득은 입력이 이미터에 공급되고 출력은 컬렉터에서 구하기 때문이다. 컬렉터 전류가 이미터 전류보다 항상 작기 때문에 이 회로의 A_i는 1보다 작아야 한다.

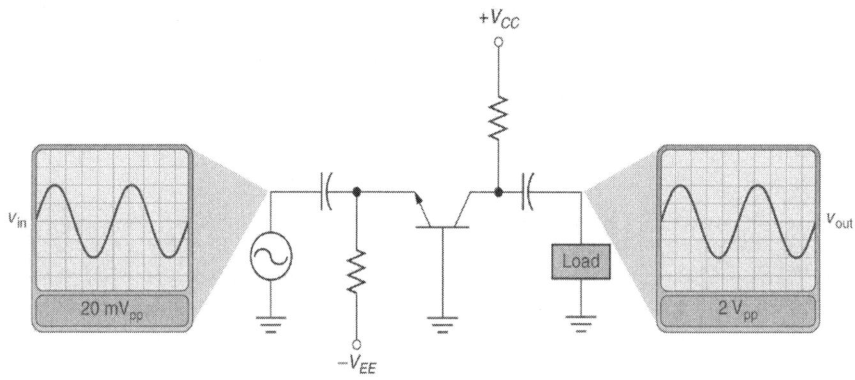

[그림 8-18] 공통 베이스 증폭기

8.2.4 BJT 증폭기 구성의 비교(Comparing the BJT Amplifier Configurations)

공통 이미터, 공통 컬렉터, 공통 베이스 증폭기의 임피던스특성 비교를 위해서 〈표 8-3〉을 작성하였다. 전력 이득을 주목해야하는데 전력이득은 식 (8-10)처럼 표시할 수 있다.

$$A_p = A_v A_i \tag{8-10}$$

표 8-3 CE, CB, CC 회로의 특성

증폭기 종류	A_v	A_i	A_p	Z_{in}	Z_{out}
CE	중간범위	중간범위	높음	중간범위	중간범위
CC	<1	중간범위	$\cong A_i$	높음	낮음
CB	중간범위	<1	$\cong A_v$	낮음	높음

전력이 전압과 전류의 곱과 같은 것처럼 전력이득은 전압이득과 전류이득의 곱과 같다. CC 증폭기의 경우에 $A_v=1$이라 가정하면 전력이득은 전류이득과 같다. CB 증폭기의

경우에도 $A_i=1$이라면 전력이득은 전압이득과 같다. 〈표 8-3〉에서 주어진 값들을 비교하면 CC와 CB 증폭기의 이득과 임피던스가 반대인 것을 알 수 있다. 이와 같이 CE 증폭기는 일종의 중간 증폭회로로 분류된다.

8.2.5 증폭기 구성의 결정(Determining the Configuration of an amplifier)

CE, CC, 그리고 CB 증폭기를 구성하는 방법에는 여러 가지가 있다. 전혀 모르는 회로를 만나게 될 때 그 의문은 취급할 회로의 구성이 어떤 형태인지를 어떻게 알 수 있는가이다. 주어진 BJT 증폭기의 구성이 무엇인지를 결정하는 가장 간단한 방법은 입력과 출력단자의 위치를 먼저 결정한 후 나머지 세 번째 단자가 공통단자이다. [그림 8-18]을 살펴보자. 입력은 이미터에 공급되고 출력은 컬렉터로부터 구한다. 나머지 세 번째 단자는 베이스가 된다. 따라서 회로는 공통 베이스 증폭기이다. 또 다른 두 가지의 BJT 증폭기 구성 방법도 이와 같은 방법으로 알 수 있다. 9장과 10장에서는 이 절에서 소개했던 증폭기의 구성을 분석하게 되고 이런 회로를 설명하기 위해 사용했던 이득과 임피던스를 계산하는 방법을 보여줄 것이다.

기초 확인문제 8.2

1. 공통 이미터란 용어는 무엇에 근거하는가?
2. CE 증폭기의 이득과 임피던스 특징은 무엇인가?
3. 입력과 출력 교류전압 조건에서 CE 증폭기의 유일한 특징은 무엇인가?
4. 공통 컬렉터 란 용어는 무엇에 근거하는가?
5. CC 증폭기의 이득과 임피던스 특징은 무엇인가?
6. CC 증폭기가 일반적으로 불리워지는 또 다른 이름은 무엇이고 이 명칭의 근거는 어디에 있는가?
7. 공통 베이스란 용어는 무엇에 근거하는가?
8. CB 증폭기의 이득과 임피던스 특징은 무엇인가?
9. CE, CC 그리고 CB 증폭기를 간단히 비교, 설명하라.
10. BJT 증폭기의 구성을 결정하는 방법은 무엇인가?

8.3 증폭기의 분류(Amplifier Classification)

어떤 BJT 증폭기는 입력신호의 전체 주기 동안에 도통되는 트랜지스터를 포함하고 있다. 또 다른 증폭기는 하나 또는 그 이상의 트랜지스터를 포함하고 있고 단지 입력신호의 일부분 동안에서만 도통된다. 그 예로 [그림 8-19]에 표시된 회로를 살펴보자. [그림 8-19 (a)]에 표시된 트랜지스터는 입력신호의 360° 동안 신호가 흐른다. 증폭기가 입력신호의 전체에 걸쳐 도통되고 한 개의 트랜지스터를 포함하고 있다. 이것을 A급 증폭기라고 부른다.

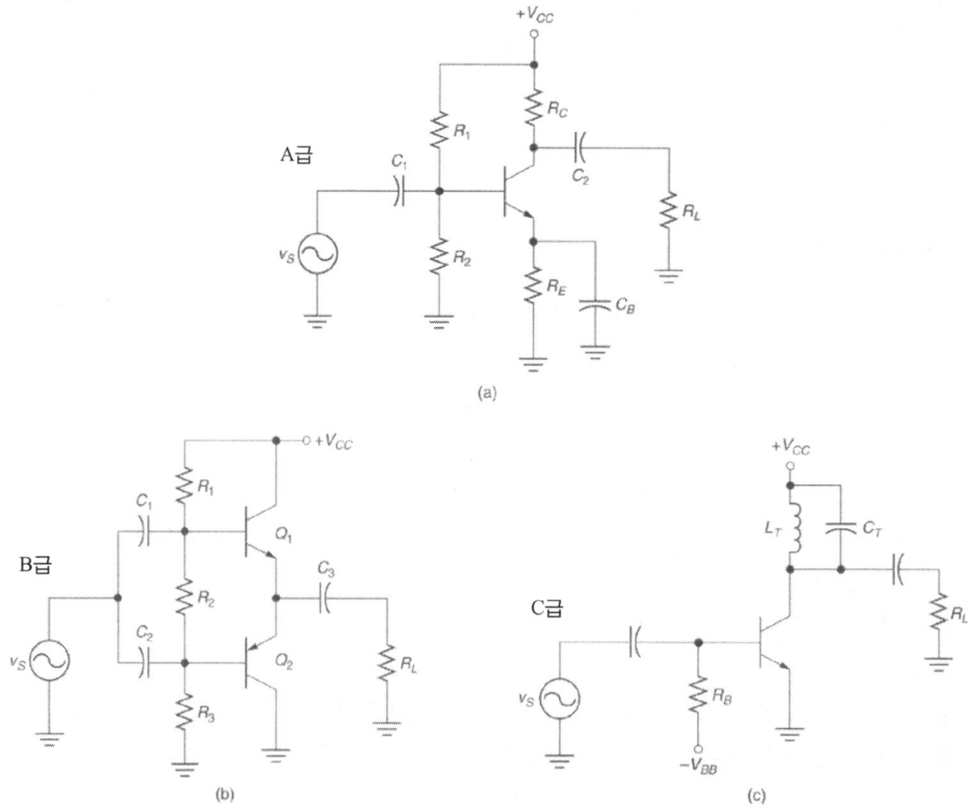

[그림 8-19] 증폭기의 분류

이와는 다르게 [그림 8-19 (b)]에 표시된 B급 증폭기는 두 개의 트랜지스터가 포함되어 있고 입력신호의 약 180°동안에만 도통된다. [그림 8-19 (c)]에 표시된 C급 증폭기는 한 개의 트랜지스터를 가지고 있고 입력신호의 180°보다 작은 구간에서만 도통된다. 이 절에서는 이들 사이의 차이점에서 각 증폭기의 사용 방법과 형태를 살펴보게 될 것이다.

그러나 먼저 각 증폭기들이 주어진 응용회로에서 사용되는 결정 요인을 알아보게 된다.

8.3.1 증폭기 효율(Amplifier Efficiency)

증폭기는 직류 전력 공급으로부터 입력신호에 인가되는 전력에 의해서 교류입력 전력량을 증가시킨다. 그 예로 [그림 8-20]에 표시된 회로를 고려해 보자. 입력 신호는 1.5W이고 $A_p = 300$, 부하전력은 450mW, P_{in}과 P_{out}의 차이는 448.5mW이다. 이런 전력은 어디에서 왔는가? 전력은 실제적으로 직류 전원 공급 장치로부터 부하로 인가된다.

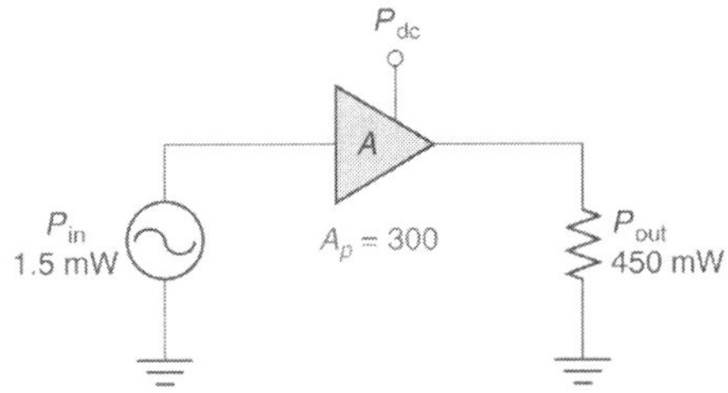

[그림 8-20]

이상적인 증폭기는 직류 전력 공급 장치로부터 부하에 100% 전달된다. 그러나 사실상 증폭기의 구성부품에서 어느 정도의 소비전력이 발생되기 때문에 100% 공급이 될 수 없다. 예를 들어서 증폭기가 정상적으로 동작되고 있다고 가정하고 [그림 8-21]에 표시된 회로를 살펴보면 증폭기의 각 소자를 통해 흐르는 전류의 양은 항상 존재하게 된다. 각 소자가 측정 가능한 전압 값과 전류 값을 가지고 있기 때문에 각 소자들이 전력을 소비하게 된다. 이런 전력소비는 부하에 흐르는 전력의 양을 감쇠시킨다.

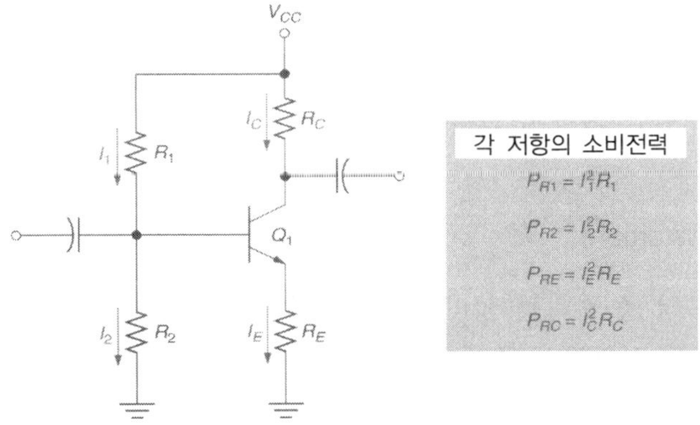

[그림 8-21]

어떤 증폭기는 매우 효율적이다. 증폭기의 효율성은 부하에서 실제적으로 유입되는 전력의 크기에 대해서 실제로 부하에 전달된 전력량의 백분율로 주어지며 그리스 문자 η

(Eta)로 표시하게 된다.

$$\eta = \frac{P_L}{P_{dc}} \times 100 \qquad (8\text{-}11)$$

η=%로 쓰이는 증폭기의 효율

P_L=교류 부하 전력

P_{dc}=교류 입력 전력

【예제 8.6】에서 증폭기의 효율에 관계되는 것을 참조하게 된다.

【예제 8.6】 증폭기에 자신의 직류 전원 공급 장치로부터 1.2W가 유입되고 있다. 만약 회로의 교류 부하전력이 240mW라고 가정하면 증폭기의 효율 정격은 얼마인가?

풀이 증폭기의 효율 정격은 20%로 측정된다.

$$\eta = \frac{P_L}{P_{dc}} \times 100 = \frac{240\text{mW}}{1.2\text{W}} \times 100 = 20\%$$

따라서 전원 공급 장치로부터 공급되는 전력의 20%만이 실제로 부하에 전달되고 나머지 80%는 증폭기 자체가 소비하게 된다.

(실전 연습문제 8-6)

직류 전원 공급 장치에서 3.3W가 지속적으로 공급되는 증폭기가 있다. 만약 회로의 부하전력이 450mW라면 회로의 이상적인 효율은 얼마가 되는가?

▶▶ 13.6%

증폭기의 효율 정격이 높을수록 이상적인 증폭기에 근접하게 된다. A급, B급, C급에 대한 최고 효율 정격은 아주 다르다.

8.3.2 왜곡(Distortion)

증폭기의 사용목적 중 하나는 입력파형과 동일한 형태의 출력파형을 발생시키는 것이다. 이상적으로 모든 선형적인 증폭기는 임의의 입력파형과 동일한 파형을 발생시킬 수 있어야 한다. 왜곡은 파형의 형태가 원하지 않는 파형으로 변형되는 것으로 정의된다.

[그림 8-22]에 표시된 파형은 증폭기에서 발생되는 왜곡의 다양한 형태를 나타낸다. 각각의 왜곡형태는 증폭기 분류등급의 한 가지 이상의 특성으로 다음 장에서 상세하게 살펴보게 된다.

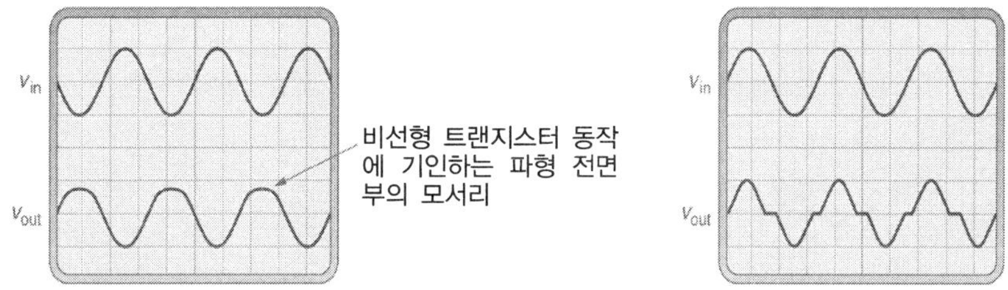

(a) 비선형 왜곡 (b) 교차 왜곡

[그림 8-22] 파형의 왜곡

8.3.3 A급 증폭기(Class A Amplifier)

현장에서 찾아볼 수 있는 대부분의 증폭기는 BJT로 구성되건 또 다른 능동소자로 구성되건 간에 A급 증폭기이다. 정상적인 동작상태에서 A급 증폭기는 다음과 같은 특성을 가진다.

1. 능동 소자는 입력주기의 360°에 걸쳐서 도통된다.
2. 아주 작거나 왜곡이 없는 출력을 갖는다.
3. 이론적인 최대 효율 정격은 25%이다.

A급의 동작은 트랜지스터의 중간점 바이어스된 BJT 증폭기에 의해서 구성된다. 여러분이 앞에서 이미 설명했던 내용을 기억한다면 중간점 바이어스는 BJT의 출력이 포화(saturation)나 차단(cutoff) 영역을 건드리지 않고 Q점 주위에서 넓은 범위에서 변화하기 때문에 선형 동작을 만족하게 된다. 이런 점을 [그림 8-23]에서 증명하고 있다. 여러분도 확인했겠지만 표시된 증폭기로의 출력은 입력을 거의 완벽하게 재생한 것과 같다. 중간점의 위 아래로 바이어스되는 경우에는 다음과 같은 상황 중 하나로 결정된다.

1. 증폭기의 최고 출력 감소
2. 일그러짐(왜곡)

이런 사항은 A급 증폭기의 최대효율 정격 25%를 기본으로 해서 11장에서 더 자세히 설명된다. 상대적으로 낮은 효율 때문에 A급 증폭기는 일반적으로 소 신호(저전력) 증폭기로 사용된다. 소 신호 증폭기는 고 전력단의 구동용으로 사용된다. 고 전력 단의 한 예는 스테레오 시스템의 음성 출력 단이다.

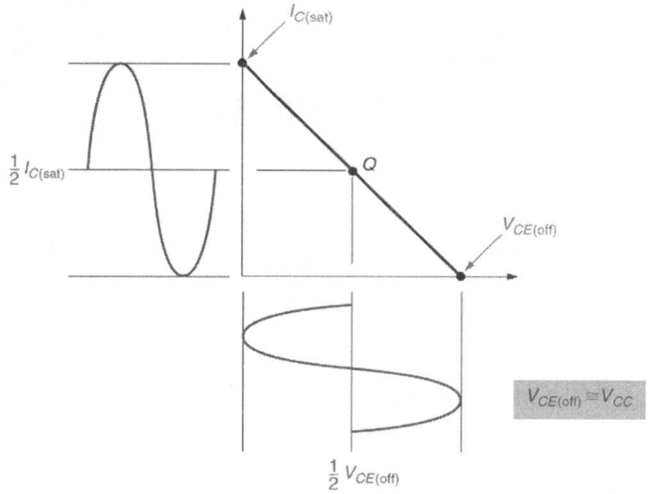

[그림 8-23] 중간점 바이어스

8.3.4 B급 증폭기(Class B Amplifier)

[그림 8-24]는 두 개의 트랜지스터를 포함하고 있는 전형적인 B급 증폭기를 나타내고 있다. 각 트랜지스터는 입력 주기의 반주기 동안에만 도통하게 되고 다른 반주기 동안에는 출력파형이 차단된다.

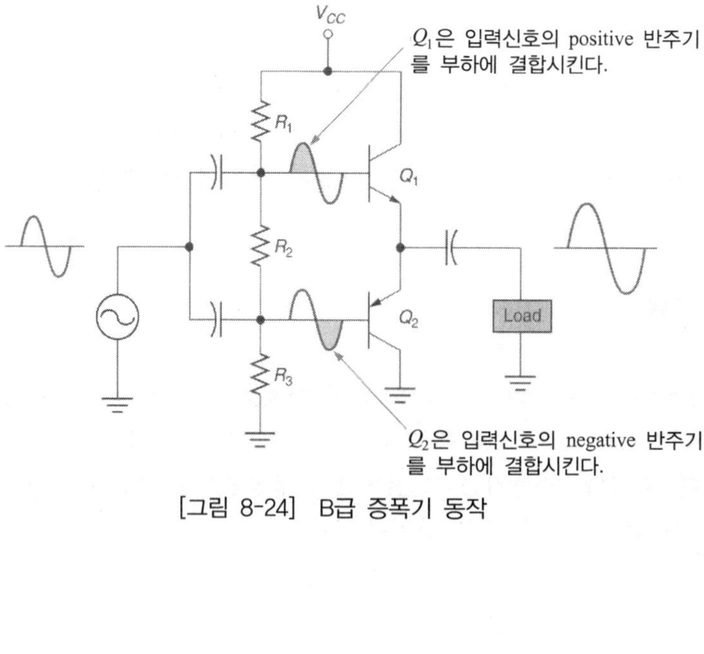

[그림 8-24] B급 증폭기 동작

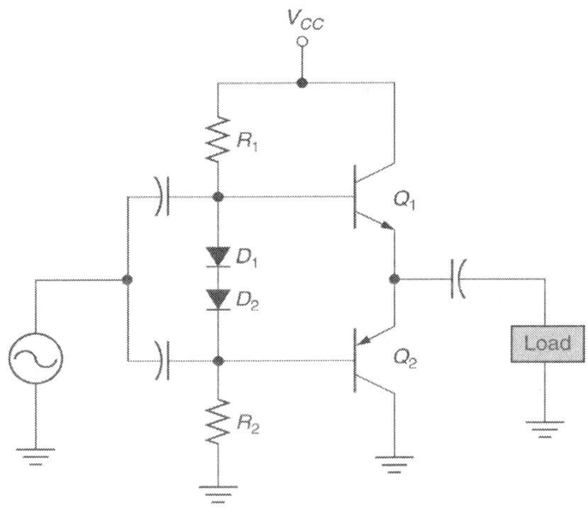

[그림 8-25] AB급 증폭기

트랜지스터 Q_1은 입력의 negative 반주기 동안에만 도통되고 트랜지스터 Q_2는 positive 반주기 동안에만 도통하게 되어 출력은 완전한 360° 출력파형을 발생시킨다. 정상적인 조건하에서 B급 증폭기는 다음과 같은 상태를 가진다.

1. 두 개의 트랜지스터는 입력의 반주기 동안에만 흐르고 다른 반주기 동안에는 차단된다.
2. 출력은 낮은 왜곡이 포함된다.
3. 이론적인 최대효율 정격은 약 78.5%이다.

B급 증폭기는 비교적 높은 효율 때문에 고 전력 증폭기로 유용하게 사용되므로 Audio의 출력 단에는 전형적인 B급 증폭기가 가장 적합하다. [그림 8-25]에 표시된 것처럼 B급 증폭기의 다른 변형이 AB급 증폭기이다. AB급 증폭기는 다이오드 바이어스로 알려져 있는데 각 트랜지스터는 입력주기의 반주기 동안에 180°보다 약간 크게 도통된다. 이런 회로는 왜곡을 줄이는데 사용되며 표준 B급 증폭기에 의해 만들어진다.

8.3.5 C급 증폭기(Class C Amplifier)

[그림 8-26]에는 전형적인 BJT C급 증폭기가 표시되어 있다. 이런 증폭기는 한 개의 트랜지스터가 입력주기의 180°보다 적은 범위에서 도통된다. C급 증폭기에서 BJT는 차단으로 깊게 바이어스된다. 입력주기의 짧은 시간동안만 트랜지스터가 도통된다. [그림 8-26]에 표시된 *LC* 탱크회로가 증폭기의 컬렉터 회로에서 출력파형의 휴지(rest)가 만들어내는 증폭기의 입력은 트랜지스터가 입력주기의 짧은 시간동안 도통하는 원인이 된다. 설계에 의한 C급 증폭기 회로가 동조(tuned) 증폭기이다. 동조증폭기는 입력주파수의

특별한 범위 동안에 출력을 발생시킨다. C급 증폭기가 동조 증폭기이기 때문에 이런 회로의 적용 범위에 대해서는 17장에서 다시 언급되기 때문에 보류된다. C급 증폭기를 설계하는데 흥미 있는 것은 다음과 같은 특징을 갖기 때문이다.

1. 한 개의 트랜지스터는 교류 입력주기의 180°보다 작게 도통된다.
2. 출력은 상당한 크기의 왜곡(distortion)량을 포함하게 된다.
3. 이론적인 최대효율 정격은 약 99%이다.

C급 증폭기의 높은 효율 때문에 이상적인 증폭기로 보이지만 이 회로의 왜곡 특성 때문에 사용이 제한된다.

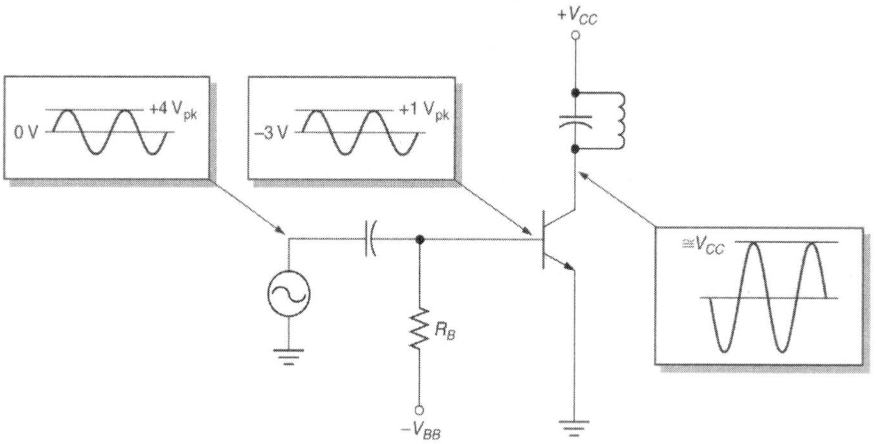

[그림 8-26] C급 증폭기

8.3.6 요약(Summary)

대부분의 증폭기들은 이 절에서 설명되었다. A급, B급 그리고 C급 증폭기의 특징이 [그림 8-27]에 요약되어 있다.

증폭기의 분류

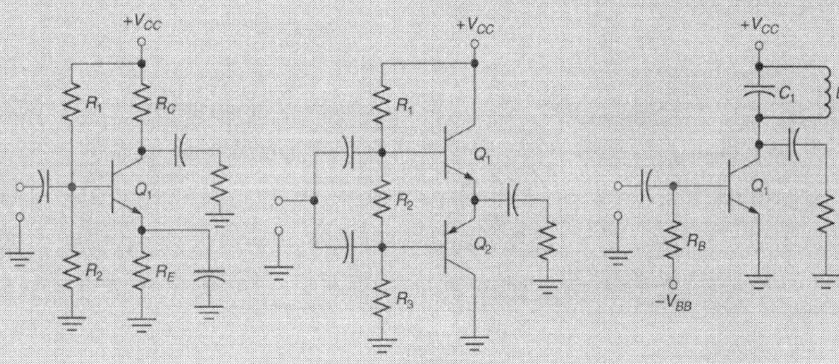

회로	A급	B급	C급
도통	트랜지스터는 교류입력이 360° 진행되는 동안 도통한다.	각 트랜지스터는 교류입력의 180° 구간에서 도통된다.	트랜지스터는 교류입력의 180° 보다 작은 구간에서 도통된다.
최대 이론 효율	25%	78.5%	99%
왜곡	아주 작거나 없다. 비선형왜곡	작거나 없다. 교차왜곡이 가장 일반적이다.	엄격하다.

[그림 8-27]

기초 확인문제 8.3

1. 증폭기는 교류 입력신호의 전력레벨을 어떻게 증가시키는가?
2. 증폭기의 효율이란 무엇인가?
3. 이상적인 증폭기의 효율은 무엇이고 왜 실지로 이런 비율에 도달할 수 없는가?
4. 왜곡이란 무엇이고, 왜곡이 바람직하지 못한 이유는 무엇인가?
5. A급 증폭기의 전형적인 특성은 무엇인가?
6. 바이어스된 A급 증폭기가 동작하기 위한 방법을 설명하라.
7. A급 증폭기가 일반적으로 소 신호 증폭기로서 사용되는 이유는 무엇인가?
8. B급 증폭기의 전형적인 특성은 무엇인가?
9. AB급 증폭기란 무엇인가? 사용되는 이유는 무엇인가?
10. 전형적인 C급 증폭기의 특성은 무엇인가?
11. C급 증폭기이 출력이 어떻게 나타나는가?
12. C급 증폭기의 사용이 제한되는 요인은 무엇인가?

8.4 데시벨(Decibel)

소자와 시스템의 스펙에는 전압이득 또는 전력이득이 표시된다. 이런 값들이 제공되는 경우에는 decibel(dB)로 표시된다. 데시벨은 대수(logarithmic) 값으로 나타내고 매우 큰 이득을 관계되는 작은 수로 나타낼 때 사용된다. 예를 들어서 전력이득 1,000,000이라면 60dB로 표시할 수 있다. 정상 값과 dB 값이 어떻게 변환 되는지에 대해서 알아보기로 한다. dB를 사용하는 경우의 장점과 단점에 대해서도 알아보기로 한다.

8.4.1 dB 전력이득(dB Power Gain)

데시벨(dB) 전력이득은 출력전력 대 입력전력의 비를 상용대수화해서 그 값을 10배 한 것이다. 증폭기의 dB 전력이득은 다음과 같이 표시된다.

$$A_{p(\mathrm{dB})} = 10 \log A_p \tag{8-12}$$

$$A_{p(\mathrm{dB})} = 10 \log \frac{P_{\mathrm{out}}}{P_{\mathrm{in}}} \tag{8-13}$$

【예제 8.7】은 증폭기의 데시벨 전력이득을 구하는 과정을 증명하고 있다.

【예제 8.7】 주어진 증폭기의 $P_{\mathrm{in}} = 100\mu\mathrm{W}$이고, $P_{\mathrm{out}} = 2\mathrm{W}$이다. 증폭기의 dB 전력이득을 계산하시오.

풀이 증폭기의 dB 전력 이득은 43dB로 구해진다.

(실전 연습문제 8-7)

증폭기의 $P_{\mathrm{in}} = 420\mu\mathrm{W}$이고 $P_{\mathrm{out}} = 6\mathrm{W}$이다. 증폭기의 dB 전력이득을 구하시오.

▶▶ 11

dB 전력이득을 일반적인 전력이득으로 변환하려면 다음 등식이 사용된다.

$$A_p = \log^{-1} \frac{A_{p(\mathrm{dB})}}{10} \tag{8-14}$$

여기에서 $\log^{-1}$은 분수의 역 대수를 나타낸다. 【예제 8.8】은 dB 전력이득을 일반 전력이득으로 변환하는 것을 보여주고 있다.

【예제 8.8】 증폭기의 전력이득이 3dB이다. 회로의 입력전력과 출력전력의 비는 얼마

인가?

풀이 입력과 출력전력의 비는 1.995이다.

$$A_p = \log^{-1}\frac{A_{p(\mathrm{dB})}}{10} = \log^{-1}\frac{3\mathrm{dB}}{10} = \log^{-1}(0.3) = 1.995$$

따라서 3dB의 이득은 입력 전력과 출력 전력의 비가 거의 2와 같음을 나타낸다. 이것은 출력전력이 입력전력의 두 배와 같다는 의미이다.

(실전 연습문제 8-8)
증폭기의 dB 전력이득이 20dB이다. 이 회로의 입력에 대한 출력 전력의 비를 구하시오.
▶▶ 100

증폭기의 입력전력과 dB 전력 이득을 알고 있다면 출력전력은 dB 전력이득을 일반 전력이득으로 변환함으로써 알 수 있다. 이때에 출력전력은 A_p와 P_{in}의 곱으로 알 수 있다. 【예제 8.9】는 이런 과정을 증명하고 있다.

【예제 8.9】 증폭기의 $P_{\mathrm{in}} = 50\mathrm{mW}$이고 $A_{p(\mathrm{dB})} = 3\mathrm{dB}$이다. 증폭기의 출력전력을 계산하시오.

풀이 먼저 3dB는 다음과 같이 일반 전력이득으로 변환된다.

$$A_p = \log^{-1}\frac{A_{p(\mathrm{dB})}}{10} = \log^{-1}\frac{3\mathrm{dB}}{10} \cong 2$$

$A_p = 2$이므로 출력전력은 100mW로 구해진다.

$$P_{\mathrm{out}} = A_p P_{\mathrm{in}} = (2)(50\mathrm{mW}) = 100\mathrm{mW}$$

(실전 연습문제 8-9)
증폭기의 $A_{p(\mathrm{dB})} = 5.2\mathrm{dB}$이고 $P_{\mathrm{in}} = 40\mu\mathrm{W}$라고 가정하고 회로의 출력전력을 계산하시오.
▶▶

【예제 8.9】에서 3dB의 전력이득을 일반 전력이득인 2의 값으로 변환하였다. 일반 전력이득이 필요할 때 3dB=2로 나타낼 수 있다. 출력전력과 dB 전력이득을 알고 있을 때 입력전력이득은 【예제 8.10】과 같이 알 수 있다. 【예제 8.9】에서 보이는 풀이과정의 유사한 점을 주의해야 한다.

【예제 8.10】 주어진 증폭기 회로의 $A_{p(\mathrm{dB})} = -3\mathrm{dB}$이고 $P_{\mathrm{out}} = 50\mathrm{mW}$이다. 이 회로의 입

력전력을 계산하시오.

풀이 먼저 −3dB을 일반전력으로 변환하면 다음과 같다.

$$A_p = \log^{-1}\frac{A_{p(\text{dB})}}{10} = \log^{-1}\frac{-3\text{dB}}{10} = \log^{-1}(-0.3) \cong 0.5$$

따라서 입력전력은 100mW로 구해진다.

$$P_{\text{in}} = \frac{P_{\text{out}}}{A_p} = \frac{50\text{mW}}{0.5} = 100\text{mW}$$

(실전 연습문제 8-10)

증폭기의 dB전력이득이 12.4dB이고 출력전력은 2.2W이다. 이 회로의 P_{in}은 얼마인가?

▶▶ 126mW

【예제 8.9】와 【예제 8.10】의 결과를 비교하면 dB의 값을 고려할 때 대단히 중요한 결론을 내릴 수 있다. 두 예제에 대한 결과를 다음과 같이 표로 작성했다.

예제	dB 전력이득	$P_{\text{in}}(mW)$	$P_{\text{out}}(mW)$
8-9	3dB	50mW	100mW
8-10	−3dB	100mW	50mW

따라서 다음과 같은 결정을 할 수 있다.

1. negative dB는 전력손실을 나타내고, positive dB는 전력이득으로 나타낸다. 이득이 +3dB이면 출력전력은 입력전력보다 크다. 이득이 −3dB이면 출력전력은 입력전력보다 작다.
2. 동일한 positive dB와 negative dB는 동일한 이득과 손실을 나타낸다. 따라서 +3dB 이득은 전 력이 두 배로 발생됨을 의미하고 −3dB 이득은 전력이 절반으로 줄었다는 것을 알 수 있다.

(2)의 결론에서 xdB를 전력이득 y로 나타내면 $-x$dB는 손실 $1/y$로 나타난다. 〈표 8-4〉는 이런 관계에 대한 예를 나타내고 있다. 동일한 +와 −dB는 이득과 손실을 상호간의 역수로 되기 때문에 dB가 일반적으로 사용되는 이유 중의 하나이다. 처음에는 다소 불편하지만 dB로 표시된 값에 익숙해지면 사용상에 문제는 없다.

표 8-4 동일한 +와 −dB 값의 예

+dB 값	이득	−dB 값	손실
3	2	−3	1/2
6	4	−6	1/4
12	16	−12	1/16
20	100	−20	1/100

dB이득을 사용하는 또 다른 이점은 다음과 같다. 다단 증폭기 회로에서 전체 이득은 단일 증폭기의 dB 이득의 총합으로 나타낼 수 있다는 점이다. 예를 들면 [그림 8-25]에 표시된 것처럼 두 개의 증폭기가 연결되었다면 이 회로의 전체 이득은 20dB+6dB=26dB가 된다. 이러한 관계의 원리는 9장에서 논의된다.

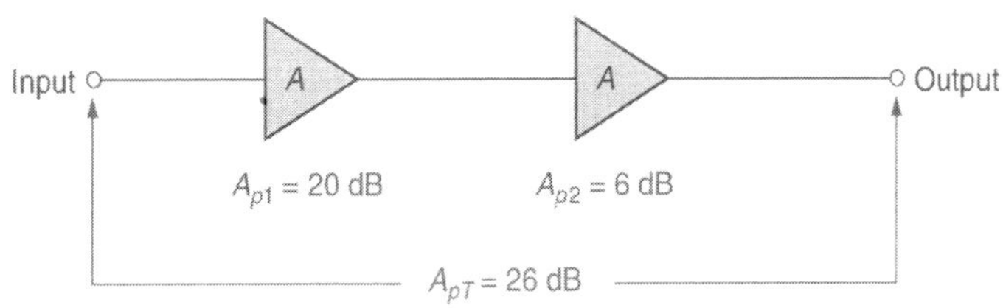

[그림 8-28] 부가되는 dB 이득

8.4.2 dBm 기준(The dBm Reference)

스펙에 전력 정격이 dBm으로 표시되는 것을 본적이 있을 것이다. 예를 들면 스테레오의 최대 출력전력이 50dBm으로 표시된다. 이런 정격은 스테레오의 최대 출력전력이 1mW보다 50dB 크다는 것을 의미한다. dBm 공식은 다음과 같다.

$$P_{\mathrm{dBm}} = 10\log\frac{P}{1\mathrm{mW}} \tag{8-15}$$

dB는 전력비를 나타내는 것에 비해 dBm은 실제상의 전력량을 나타낸다는 점이 다르다. 【예제 8.11】과 【예제 8.12】는 이런 차이를 설명하고 있다.

【예제 8.11】 증폭기가 A_p=50dB의 정격을 갖는다고 가정하고 증폭기의 출력 전력을 계산하시오.

풀이 이 문제는 풀 수 없다. 주어진 50dB는 출력전력에 대한 입력전력의 비로서 입력전력이 주어지지 않았기 때문에 출력전력을 결정할 수 없다.

【예제 8.12】 증폭기의 출력비가 50dBm이다. 이 회로의 출력전력을 구하시오.

풀이 회로가 dBm으로 주어졌기 때문에 실제의 출력이득은 다음과 같다.

$$A_p = \log^{-1}\frac{50\text{dB}}{10} = \log^{-1}(5.0) = 1\times10^5$$

$$P_{\text{out}} = (A_p)(1\text{mW}) = (1\times10^5)(1\text{mW}) = 100\text{W}$$

dBm 정격을 전력이득으로 변환하고 1mW를 곱하면 주어진 문제를 풀이할 수 있다. 이런 방식이 이 문제를 근접하는 표준방법이다.

(실전 연습문제 8-11)

출력전력 정격이 32dBm인 증폭기가 있다. 이 회로의 실제적인 출력전력을 구하시오.

▶▶ 1.59W

dB는 출력전력에 대한 입력전력의 비로 간단히 나타내는 반면 dBm은 실제적인 전력을 결정하는데 사용된다.

8.4.3 dB 전압이득(dB Voltage Gain)

증폭기의 dB 전압이득은 식 (8-16)처럼 표시된다.

$$A_{v(\text{dB})} = 20\log A_v \tag{8-16}$$

$$A_{v(\text{dB})} = 20\log\frac{v_{\text{out}}}{v_{\text{in}}} \tag{8-17}$$

식 (8-17)은 dB 전압이득 변환관계에서는 20을 곱하여 사용된다. 【예제 8.13】은 dB전압이득에 대한 계산 과정을 증명하고 있다.

【예제 8.13】 증폭기의 $v_{\text{in}} = 25\text{mV}$이고 $v_{\text{out}} = 2\text{V}$이다. 이런 회로의 dB 전압이득을 구하시오.

풀이 등식 (8-17)과 문제에서 주어진 값으로 증폭기의 dB 전압이득을 다음과 같이 구할 수 있다.

$$A_{v(\text{dB})} = 20\log\frac{v_{\text{out}}}{v_{\text{in}}} = 20\log\frac{2\text{V}}{25\text{mV}} = 20\log(80) = 38.1\text{dB}$$

(실전 연습문제 8-12)

증폭기의 입력이 25mV이고 출력은 7.8V이다. 이 회로의 dB전압이득을 구하시오.

▶▶ 49.9dB

dB전압이득을 일반 전압이득으로 변환하려면 다음과 같은 등식이 사용된다.

$$A_v = \log^{-1} \frac{A_{v(\text{dB})}}{20} \tag{8-18}$$

위 식은 분모의 변화에 유의해야 한다. 【예제 8.14】는 이런 등식의 사용을 증명하고 있다.

【예제 8.14】 주어진 6dB의 전압 이득을 가지고 있다. 이런 회로의 출력과 입력 전압의 비는 얼마인가?

풀이 식 (8-18)을 사용하면 출력전압에 대한 입력전압의 비는 다음과 같다.

$$A_v = \log^{-1} \frac{A_{v(\text{dB})}}{20} = \log^{-1} \frac{6\text{dB}}{20} = \log^{-1}(0.3) = 2$$

(실전 연습문제 8-13)

증폭기의 전압이득이 12dB이다. 이 회로의 출력전압에 대한 입력전압의 비를 구하시오.

▶▶ 3.98

negative dB전압은 전압손실이라는 것을 【예제 8.15】에서 보여주고 있다.

【예제 8.15】 dB전압이득이 −6dB인 회로가 있다. 이 회로의 출력전압에 대한 입력전압의 비를 구하시오.

풀이 식 (8-18)을 사용하면 출력전압에 대한 입력전압의 비를 다음과 같이 구할 수 있다.

$$A_v = \log^{-1} \frac{A_{v(\text{dB})}}{20} = \log^{-1} \frac{-6\text{dB}}{20} = \log^{-1}(-0.3) = 0.5$$

(실전 연습문제 8-14)

전압이득이 −12dB인 회로가 있다. 이 회로의 출력전압에 대한 입력전압의 비를 구하시오.

▶▶ 0.25

여러분은 여기에서 원래의 형태를 알 수 있는가? dB전력이득에 대한 모든 규칙은 dB

전압으로 적용된다. 단지 dB 전압이득 계산은 분모 10 대신에 20을 사용한다는 차이가 있다.

8.4.4 공식 (8-17)의 근거(The Basis for Equation 8-15)

정의에 의하면 증폭기의 dB 전력이득은 다음과 같이 구해진다.

$$A_{p(\mathrm{dB})} = 10\log\frac{P_{\mathrm{out}}}{P_{\mathrm{in}}}$$

전력의 기본 관계식을 이용하면 P_{in}과 P_{out}은 다음과 같이 표시할 수 있다.

$$P_{\mathrm{out}} = \frac{v_{\mathrm{out}}^2}{R_{\mathrm{out}}}, \qquad P_{\mathrm{in}} = \frac{v_{\mathrm{in}}^2}{R_{\mathrm{in}}}$$

이런 값을 $A_{p(\mathrm{dB})}$ 식에 대입하면 다음 식을 유도할 수 있다.

$$A_{p(\mathrm{dB})} = 10\log\frac{P_{\mathrm{out}}}{P_{\mathrm{in}}} = 10\log\frac{v_{\mathrm{out}}^2/R_{\mathrm{out}}}{v_{\mathrm{in}}^2/R_{\mathrm{in}}} = 10\log\frac{v_{\mathrm{out}}^2}{v_{\mathrm{in}}^2} + 10\log\frac{R_{\mathrm{in}}}{R_{\mathrm{out}}}$$

$$A_{p(\mathrm{dB})} = 20\log\frac{v_{\mathrm{out}}}{v_{\mathrm{in}}} + 10\log\frac{R_{\mathrm{in}}}{R_{\mathrm{out}}}$$

이런 전력이득공식에는 dB 전압과 저항 정격이 포함된다. 이런 공식의 전압성분은 dB 전압이득으로 간주된다. 수학적으로는 $A_{p(\mathrm{dB})} = 20\log\frac{v_{\mathrm{out}}}{v_{\mathrm{in}}}$로 표시된다.

회로의 입력 저항과 출력 저항이 등가인 경우에는 식 (8-19)가 유도된다.

$$A_{p(\mathrm{dB})} = 20\log\frac{v_{\mathrm{out}}}{v_{\mathrm{in}}} + 10\log\frac{R_{\mathrm{in}}}{R_{\mathrm{out}}} = 20\log\frac{v_{\mathrm{out}}}{v_{\mathrm{in}}} + 10\log(1) = 20\log\frac{v_{\mathrm{out}}}{v_{\mathrm{in}}} + 0\mathrm{dB}$$

$$A_{p(\mathrm{dB})} = 20\log\frac{v_{\mathrm{out}}}{v_{\mathrm{in}}}\ (R_{\mathrm{in}} = R_{\mathrm{out}}\text{인 경우}) \tag{8-19}$$

증폭기의 입력 저항과 출력 저항이 동일한 경우에는 dB 전력 이득과 dB 전압 이득이 동일하다는 것을 표시하게 된다는 것을 알 수 있다.

8.4.5 dB이득에서의 변화(Changes in dB Gain)

증폭기의 dB 전력이득의 변화량과 dB 전압이득의 변화량이 같다면 식 (8-20)과 같은 관계가 성립된다.

$$\Delta A_P = \Delta A_v \tag{8-20}$$

예를 들자면, dB 전력이득이 −3dB로 변화한다고 가정하면 전력이득 또한 −3dB로 변화한다. 회로의 A_p와 A_v는 같을 수도 있고 그렇지 않을 수도 있지만, 이들은 같은 dB로 변화할 것이다. 이런 사항은 14장에서 증폭기의 주파수 응답특성을 학습할 때 중요하다.

8.4.6 데시벨 사용의 주의(One Final Note on decibels)

대부분의 사람들은 처음에 데시벨의 개념이 이해되지 않았겠지만 이제는 모든 것이 이해되었을 것이다. 데시벨의 전체 개념이 처음에는 생소하지만 결국 편리함을 보증한다. 데시벨에 대한 요약사항은 여러분이 dB에 대한 의미가 확실하지 않을 때마다 도움이 될 것이다.

1. 데시벨은 이득에 대한 대수적인 표현이다.
2. 데시벨 전력이득은 $10 \log A_p$이다.
3. 데시벨 전압이득은 $20 \log A_v$이다.
4. 주어지는 데시벨 A_v의 변화와 A_p의 변화는 같은 량으로 변화한다.
5. 배율로서 dB전압과 전력이득을 사용할 수 없다. 예를 들면 v_{in}과 $A_{v(\text{dB})}$가 주어진 경우 v_{out}을 구하려면 곱하기 전에 $A_{v(\text{dB})}$를 표준수치로 변환하여야 한다.

기초 확인문제 8.4

1. 데시벨이란 무엇인가?
2. 전력이득이 dB로 표시되는 이유는 무엇인가?
3. 데시벨 전력이득 사용상에서 중요한 제한 요인은 무엇인가?
4. (+), (−)dB의 관계는 무엇인가?
5. dBm 기준은 무엇이고, 어떻게 dB 전력이득과 차이를 두는가?
6. dB 전압 계산과 dB 전력계산 사이에 주요한 차이점은 무엇인가?
7. dB 전압과 dB 전력이득 변환 사이의 관계는 무엇인가?

중요 용어(Key Term)

증폭(amplification), 공통컬렉터 증폭기(common collector amplifier), 효율(efficiency), 증폭기(amplifier), 공통이미터 증폭기(common emitter amplifier), 이미터 활로우(emitter follower), 증폭기 입력임피던스(amplifier input impedance), 전류이득(current gain), 이득(gain), 증폭기 출력임피던스(amplifier output impedance), dBm 전력이득(dBm power gain), 일반적인 증폭기 모형(general amplifier model), A급 증폭기(class A amplifier), 데시벨(dB), 이상적인 전압증폭기(ideal voltage amplifier), AB급 증폭기(class AB amplifier), 왜곡(distortion), 출력임피던스(output impedance), B급 증폭기(class B amplifier), 동조 증폭기(tuned amplifier), 전력이득(power gain), C급 증폭기(class C amplifier), 전압이득(voltage gain), 공통베이스 증폭기(common Base amplifier)

연습문제

8-1. 아래의 표를 완성하시오.

v_{in}	v_{out}	A_v
1.2mV	300mV	
200μV	18mV	
24mV	2.2V	
800μV	140mV	

8-2. 아래의 표를 완성하시오.

v_{in}	v_{out}	A_v
38mV	600mV	
6mV	9.2V	
500μV	88V	
48mV	48mV	

8-3. 다음과 같이 v_{in}과 A_v가 결합될 때의 v_{out}을 구하시오.

v_{in}	A_v	v_{out}
240μV	540	
1.4mV	300	
24mV	440	
800μV	720	

8-4. [그림 8-29]에 표시된 증폭기의 v_{out}을 구하시오.

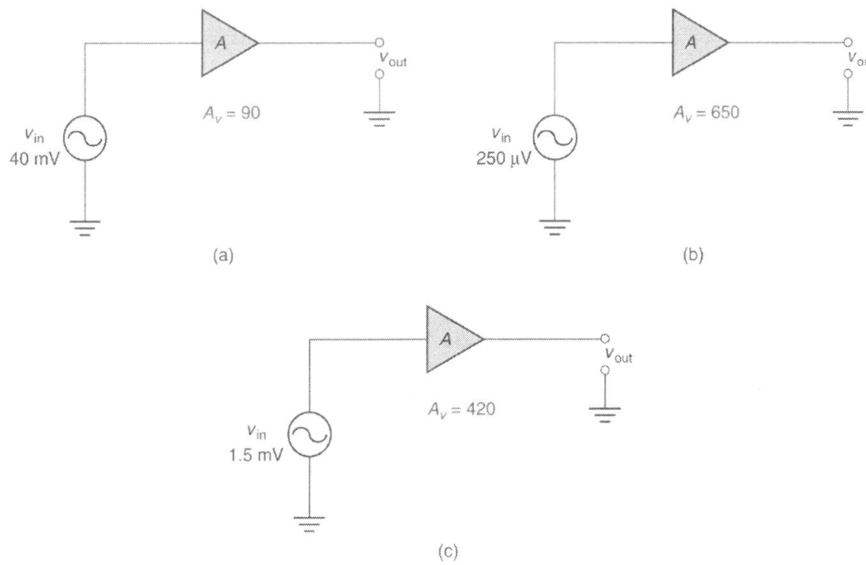

[그림 8-29]

8-5. 증폭기의 $v_s = 600\mu V$, $Z_{in} = 1.2k\Omega$, $R_S = 180\Omega$이라고 가정하고 회로의 v_{in}을 구하시오.

8-6. 증폭기의 $v_s = 18mV$, $Z_{in} = 720\Omega$, $R_S = 60\Omega$이라고 가정하고 회로의 v_{in}을 구하시오.

8-7. 증폭기의 $v_{out} = 8.8V$, $Z_{out} = 120\Omega$, $R_L = 3k\Omega$이라고 가정하고 회로의 v_L을 구하시오.

8-8. 증폭기의 $v_{out} = 12V$, $Z_{out} = 80\Omega$, $R_L = 5.2k\Omega$이라고 가정하고 회로의 v_L을 구하시오.

8-9. [그림 8-30 (a)]에 표시된 회로의 실효전압이득을 구하시오.

8-10. [그림 8-30 (b)]에 표시된 회로의 실효전압이득을 구하시오.

8-11. [그림 8-31 (a)]에 표시된 회로의 실효전압이득을 구하시오.

8-12. [그림 8-31 (b)]에 표시된 회로의 실효전압이득을 구하시오.

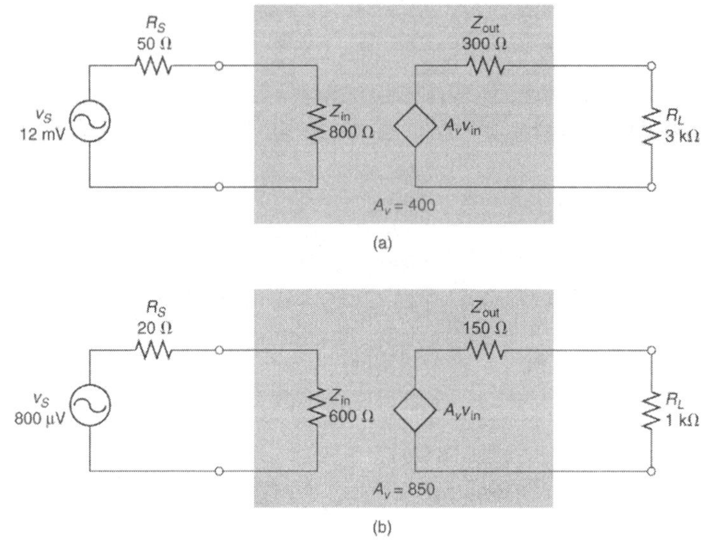

[그림 8-30]

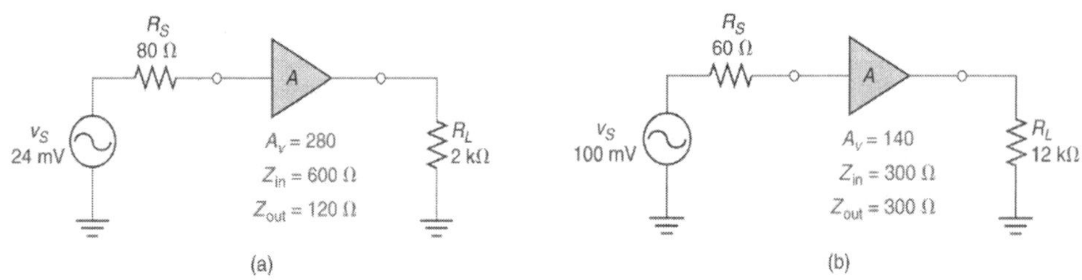

[그림 8-31]

8-13. 증폭기에 직류전원 공급 장치로부터 8.8W를 공급하고 부하로 1.2W의 전력을 전달한다. 이 회로의 효율을 구하시오.

8-14. 증폭기에 직류전원 공급 장치로부터 2W를 공급하고 부하로 300mW의 전력을 전달한다. 이 회로의 효율을 구하시오.

8-15. 증폭기의 $P_{dc} = 1.4\text{W}$, $P_L = 200\text{mW}$이다. 이 회로의 효율은 얼마인가?

8-16. 증폭기의 $P_{dc} = 3\text{W}$, $P_L = 115\text{mW}$이다. 이 회로의 효율은 얼마인가?

8-17. 다음의 표를 완성하시오.

P_{in}	P_{out}	$A_{p(dB)}$
10mW	5W	
100mW	1W	
1.25mW	4W	
12W	6W	

8-18. 아래의 표를 완성하시오.

P_{in}	P_{out}	$A_{p(dB)}$
500μW	1W	
22W	1.4W	
33mW	2.64W	
20W	2.2W	

8-19. 증폭기 전력이득이 48dB이다. 이 회로의 A_p를 구하시오.

8-20. 증폭기 전력이득이 −18dB이다. 이 회로의 A_p를 구하시오.

8-21. 증폭기 $A_{p(dB)}=12dB$, $P_{in}=30mW$이다. 이 회로의 출력전력을 구하시오.

8-22. 증폭기 $A_{p(dB)}=3dB$, $P_{in}=400mW$이다. 이 회로의 출력전력을 구하시오.

8-23. 회로의 $A_{p(dB)}=-12dB$, $P_{in}=800mW$이다. 이 회로의 출력전력을 구하시오.

8-24. 회로의 $A_{p(dB)}=-6dB$, $P_{in}=1.2mW$이다. 이 회로의 출력전력을 구하시오.

8-25. 회로의 $A_{p(dB)}=5dB$, $P_{out}=2.2W$이다. 이 회로의 P_{in}을 구하시오.

8-26. 회로의 $A_{p(dB)}=-12dB$, $P_{out}=600\mu W$이다. 이 회로의 P_{in}을 구하시오.

8-27. 회로의 출력이 40dBm일 때 이 회로의 출력전력은 얼마인가?

8-28. 회로의 출력이 22dBm일 때 이 회로의 출력전력은 얼마인가?

8-29. 회로의 출력이 −1.2dBm일 때 이 회로의 출력전력은 얼마인가?

8-30. 회로의 출력이 60dBm일 때 이 회로의 출력전력은 얼마인가?

8-31. 다음의 표를 완성하시오.

v_{out}	v_{in}	$A_{v(dB)}$
3.6V	120mV	
800mV	50μV	
14V	200mV	
300mV	2.2W	

8-32. 증폭기 전압이득이 22dB이다. 회로의 출력전압에 대한 입력전압의 비를 구하시오.

8-33. 증폭기 전압이득이 12dB이다. 회로의 출력전압에 대한 입력전압의 비를 구하시오.

8-34. 회로의 전압이득이 −3dB이다. 회로의 출력전압에 대한 입력전압의 비를 구하시오.

8-35. 회로의 전압이득이 −14dB이다. 이 회로의 출력전압에 대한 입력전압의 비를 구하시오.

8-36. [그림 8-32]에 표시된 회로의 dB 전압이득과 dBm 출력전력을 구하시오.

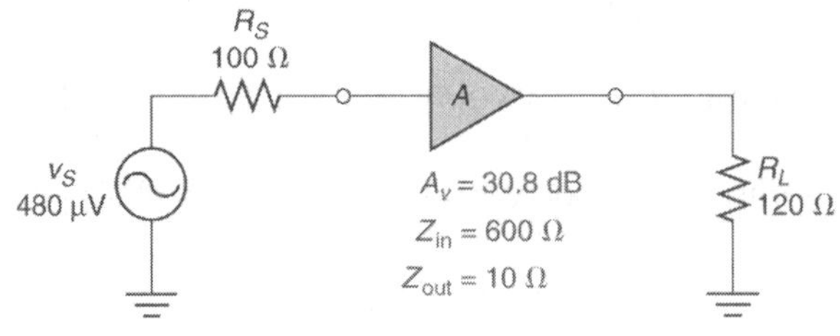

[그림 8-32]

8-37. [그림 8-33]에 표시된 회로의 유효 dB 전력이득을 구하시오.

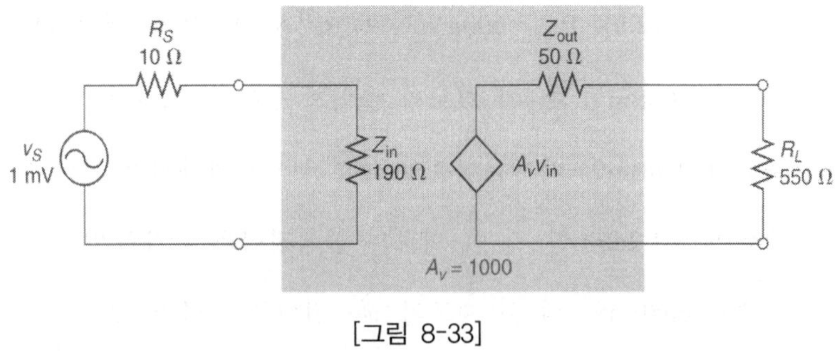

[그림 8-33]

Chapter 9

▶ 공통 이미터 증폭기 ◀

(Common Emitter Amplifier)

학습목표

이 장을 학습하고 나면 여러분은 다음과 같은 내용을 이해하고 설명할 수 있다.

1. 이득(gain)을 정의하고 세 가지 형태의 트랜지스터 구성에 관련된 이득의 특성을 비교 설명할 수 있다.
2. 세 가지 트랜지스터 증폭기 구성에 대한 입력 및 출력 전압과 전류의 위상 관계를 설명할 수 있다.
3. 주어진 증폭기에서 트랜지스터의 교류 이미터 저항을 계산할 수 있다.
4. 증폭기에서 커패시터가 담당하는 두 가지 중요한 역할에 대해서 설명할 수 있다.
5. 주어진 증폭기에 대한 교류 등가 회로를 유도할 수 있다.
6. 공통-이미터 증폭기의 전압 이득이 불안정한 이유에 대해서 설명할 수 있다.
7. 증폭기에서 A_v, A_i, P_{in}이 주어질 때 공통-이미터 증폭기의 출력 전력을 계산할 수 있다.
8. 공통-이미터 증폭기에서 전압 이득과 부하 저항 사이의 관계를 설명할 수 있다.
9. 공통-이미터 증폭기에서 Z_{in}과 $Z_{\text{in(base)}}$를 계산할 수 있다.
10. 공통-이미터 증폭기의 교류 특성에서 스왐핑이 미치는 영향에 대해서 설명할 수 있다.
11. 4가지 h-파라미터에 대해서 설명할 수 있다.
12. 고장 여부를 결정하기 위한 다단 공통-이미터 증폭기의 고장 진단 및 수리에 대해서 설명할 수 있다.

8장에서는 증폭기 교류 동작에 대한 기본 원리를 소개한바 있다. 이제는 공통-이미터 증폭기의 교류 동작에 관심을 가져보기로 하자. 그리고 10장에서는 공통-컬렉터와 공통-베이스 증폭기에 대해서 고찰하게 된다.

9.1 교류개념(AC Concept)

여러분은 이미 앞장에서 증폭기의 이득, 입력 임피던스, 출력 임피던스를 포함하는 다양한 형태의 교류 특성에 대해서 학습한바 있다. 이 장에서는 공통-이미터 증폭기와 관련된 교류 개념을 보다 명확히 고찰하고자 한다.

9.1.1 증폭기 이득(Amplifier Gain)

여러분도 이미 잘 알고 있는 것처럼 이득은 전류 이득 A_i, 전압이득 A_v, 전력이득 A_p 세 가지 형태로 구분된다. 일반적인 환경 하에서 공통 이미터 증폭기는 세 가지 형태의 이득 모두를 나타낸다. 이와는 대조적으로 공통 컬렉터 증폭기는 단지 전류이득과 전력이득만을 가지고 공통베이스 증폭기는 단지 전압이득과 전력이득만을 가지고 있다. 증폭기 구성의 선택은 요구되는 이득의 형태에 따라서 구성하게 된다. 공통 이미터 증폭기를 사용함으로써 어떤 형태의 이득도 제공할 수 있기 때문에 공통 이미터 증폭기가 가장 흔히 사용되는 BJT 증폭기이다.

9.1.2 입·출력 위상 관계(Input/Output Phase Relationship)

모든 BJT 증폭기에서 입력 전류와 출력 전류의 위상은 동위상이다. 입력 전류가 증가할 때 출력 전류도 증가하고 입력 전류가 감소할 때 출력 전류도 감소한다. 공통 이미터 증폭기는 특이한데 그 이유는 입력전류와 출력 전류가 동 위상(in phase)을 갖는다고 하더라도 출력 전압은 입력 전압과 180° 위상차를 가지기 때문이다. 이런 입력과 출력 전압의 위상차가 발생되는 원인을 [그림 9-1]에서 설명하고 있다. 전류 증폭률 A_i가 100이기 때문에 ±5μA의 변화를 갖는 입력(베이스)전류는 출력에서 ±500μA의 변화를 가지게 된다.

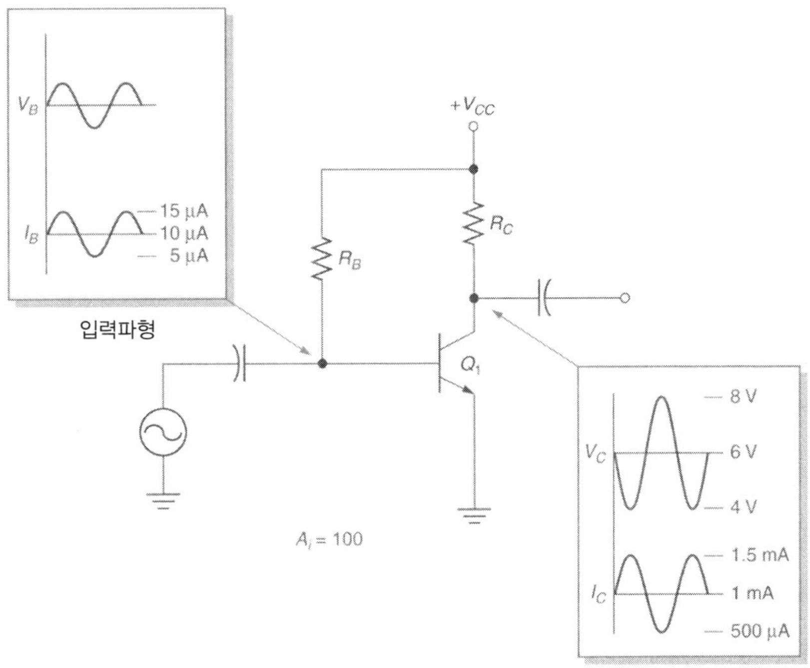

[그림 9-1] 공통 이미터증폭기의 위상관계(전류와 전압의 관계)

[그림 9-1]에서 입력전압과 출력전압의 관계를 이해하기 위해서는 다음 두 가지 요점을 이해하는 것이 필요하다.

1. 회로에서의 출력은 컬렉터로부터 구해지고 접지와 컬렉터 사이에서 측정된다. 따라서 식 (9-1)처럼 표시할 수 있다.

$$V_{out} = V_C \tag{9-1}$$

2. 컬렉터 전압은 공급전압 V_{cc}에서 컬렉터 저항의 전압 강하 I_cR_c를 빼준 전압과 같다. 이런 관계는 이미 다음과 같이 설명한바 있다.

$$V_C = V_{CC} - I_C R_C$$

만약에 각 I_c에 대한 V_c를 계산한다면 I_c가 증가함으로써 V_c는 감소한다는 것을 알 수 있다. I_c가 1.5mA로 증가할 때 V_c는 6V에서 4V로 감소한다. I_c가 1.5mA에서 500μA로 감소하면 V_c는 4V에서 8V로 증가한다. I_c와 V_c의 위상 관계를 엄밀히 표현하면 위상은 반비례하는 것이 당연하다. I_c와 V_c의 관계를 살펴보면 입력과 출력에서 전압 위상 관계는 다음과 같이 정의할 수 있다.

1. 입력 전압과 전류는 동 위상이다.
2. 입력 전류와 출력 전류는 동 위상이다. 따라서 입력 전압과 출력 전류는 동 위상이다.
3. 출력 전류는 출력 전압(V_c)과 위상차가 180°이다. 따라서 입력 전압과 출력 전압은 위상차가 180°이다.

공통 이미터 증폭기는 입력과 출력 전압에서 180°의 위상차를 갖는 유일한 증폭기라는 것을 기억해야 한다. 공통 베이스 증폭기와 공통 컬렉터 증폭기에서는 입력과 출력 전압이 동 위상이다. 세 가지 증폭기 모두에서 입력 전류와 출력 전류는 동 위상을 갖는다.

9.1.3 교류 이미터 저항(AC Emitter Resistance)

제너 다이오드는 교류 계산에서 유일하게 고려된 동적 저항(Dynamic resistance)을 가진다는 점을 기억해야 한다. 트랜지스터의 이미터 베이스 접합에서도 이런 사실은 마찬가지로 유효하다. 이런 접합에서의 교류 저항을 교류 이미터 저항이라 부른다. 이런 교류 이미터 저항은 이득과 임피던스 계산에 사용된다. 소 신호(small signal) 증폭기에서 교류 이미터 저항은 식 (9-2)처럼 근사화 시킬 수 있다.

$$r_e' = \frac{25\text{mV}}{I_E} \tag{9-2}$$

여기서 r_e' = 교류 이미터 저항
I_E = 직류 이미터 전류(V_E/R_E로 구함)

를 의미한다. 식 (9-2)의 유도과정은 부록 D에서 설명되어 있다. 【예제 9-1】은 식 (9-2)가 이미터 베이스 접합에서 교류 이미터 저항을 결정하기 위해서 어떻게 사용되는가를 보여주고 있다.

【예제 9.1】 [그림 9-2]에 표시된 트랜지스터회로의 교류 이미터 저항을 구하시오.

풀이 V_B는 1.8V로 구해진다.

$$V_B = V_{CC}\frac{R_2}{R_1+R_2} = (10\text{V})\frac{2.2\text{k}\Omega}{12.2\text{k}\Omega} = 1.8\text{V}$$

V_E는 1.1V로 구해진다.

$$V_E = V_B - 0.7\text{V} = 1.1\text{V}$$

I_E는 1.1mA로 구해진다.

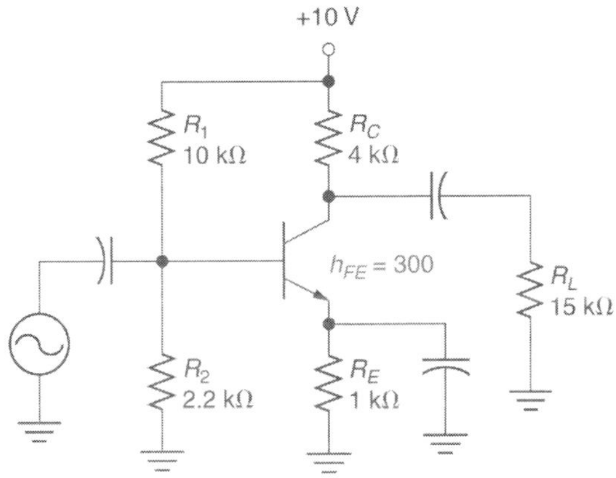

[그림 9-2]

$$I_E = \frac{V_E}{R_E} = \frac{1.1\text{V}}{1\text{k}\Omega} = 1.1\text{mA}$$

교류 이미터 저항은 22.7Ω으로 구해진다.

$$r_e{}' = \frac{25\text{mV}}{I_E} = \frac{25\text{mV}}{1.1\text{mA}} = 22.7\Omega$$

(실전 연습문제 9-1)

전압분배기로 바이어스된 증폭기에서 $R_1 = 40k\Omega$, $R_2 = 10k\Omega$, $R_C = 6k\Omega$, $R_E = 2k\Omega$, $V_{CC} = +10V$, $h_{FE} = 80$의 크기를 갖는다고 가정하고 트랜지스터의 교류 이미터 저항을 결정하시오.

▶▶ 38.5Ω

$r_e{}'$는 저항이기 때문에 옴의 법칙과 회로에서 측정된 값을 이용하면 계산할 수 있다. [그림 9-3]은 트랜지스터의 베이스 이미터 전압 V_{BE}와 이미터 전류 I_E에 대한 특성곡선을 표시하고 있다. 만약에 트랜지스터가 Q_1으로 표시된 동작 점에서 바이어스된다면 I_E에서 변화는 이와 대응되게 V_{BE}에서 변화를 발생 시키는 원인이 된다. 변화량 ΔI_B와 ΔV_{BE}를 사용하면 교류 이미터 저항 $r_e{}'$는 식 (9-3)으로 구할 수 있다.

$$r_e{}' = \frac{\Delta V_{BE}}{\Delta I_E} \tag{9-3}$$

만약에 트랜지스터가 Q_2로 표시된 동작 점에서 바이어스된다면 더 낮은 ΔV_{BE}가 동일한 ΔI_E를 발생 시킨다는 점을 주목해야 한다. 따라서 증폭기의 바이어스 점은 $r_e{}'$에 영향을 받게 된다.

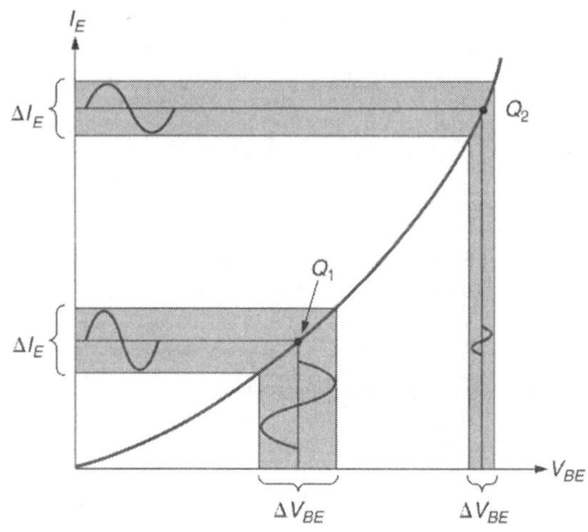

[그림 9-3]

9.1.4 교류 베타(AC Beta)

증폭기의 교류 전류 이득은 직류 전류 이득과 비교하면 차이가 있다. 직류 전류 이득은 I_B와 I_C가 변하지 않는 상수로 측정되는 반면에 교류 전류 이득은 전류의 변화량으로 측정된다는 사실이 차이점이다. [그림 9-4]는 이런 차이점을 그림으로 설명하고 있다. [그림 9-4 (a)]는 직류 베타를 결정하는 방법을 보여주고 있으며 I_B의 고정값으로 I_C의 고정 값을 나누었다. I_B 대 I_C의 곡선은 비선형이기 때문에 직류 베타 값은 I_C의 한 점에서 다른 I_C의 한 점까지 변화한다. [그림 9-4 (b)]는 교류 베타의 측정을 보여주고 있다. I_B는 Q점 주위에서 I_C의 변화량만큼 I_B도 변화하게 된다. 교류 베타를 얻기 위해 I_C에서의 변화량을 I_B에서의 변화량으로 나누어줌으로서 구할 수 있고 식 (9-4)와 식 (9-5)로 표시할 수 있다.

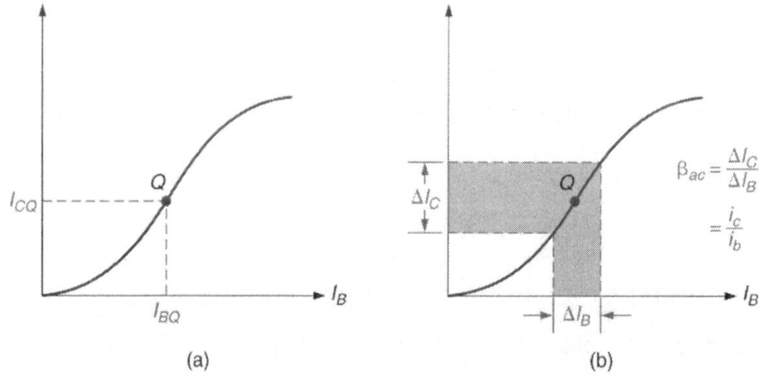

[그림 9-4] 교류 베타의 측정

$$\beta_{ac} = \frac{\Delta I_C}{\Delta I_B} \quad (9\text{-}4)$$

$$\beta_{ac} = \frac{i_c}{i_b} \quad (9\text{-}5)$$

트랜지스터의 규격 표에서는 h_{FE}로 직류 베타를 나타내고 있다. 교류 전류 이득과 구별하기 위해 교류 베타는 h_{fe}로 표시한다. 일반적인 경우로서 소문자 첨자는 직류가 아닌 교류 전류 이득으로 사용된다는 것을 강조하고 싶다. 공통 이미터 증폭기에서 h_{fe}는 트랜지스터의 전류이득(A_i)으로 식 (9-6)과 같이 표시할 수 있다.

$$A_i = h_{fe} \quad (9\text{-}6)$$

식 (9-6)은 트랜지스터의 전류 이득으로 정의한 것이지 증폭기의 전류 이득이 아니라는 점에 주의해야 된다. 공통 이미터 증폭기에 대한 전류 이득 A_i의 계산은 다음 장에서 살펴보겠지만 더욱 복잡하다.

- 주어진 공통 이미터 증폭기의 전류이득은 항상 자신의 트랜지스터 이득 h_{fe}보다는 작다.
- 공통 이미터 증폭기의 전류이득을 구하기 위해서는 회로 해석에서 일련과정이 필요하다.

이 절에서 소개된 개념과 식들은 트랜지스터의 교류 작용에 관해 설명하는 동안은 빈번히 사용될 것이다.

기초 확인문제 9.1

1. 이득의 세 가지 종류는 무엇인가?
2. 각 증폭기의 구성과 관련된 이득의 종류는 무엇인가?
3. 어떤 증폭기의 구성에서 입력 전압과 출력 전압이 180° 위상차를 갖는가?
4. 각 트랜지스터 증폭기 구성에서 입출력 전압·전류의 위상은 어떤 관계인가?
5. 트랜지스터의 교류 이미터 저항을 결정하기 위해 필요한 단계와 순서를 설명하라.
6. H_{FE}와 h_{fe}의 차이점은 무엇인가?
7. H_{FE}와 h_{fe}가 어떻게 측정되는가?

9.2 증폭기에서 커패시터의 역할(The Role of Capacitor in Amplifier)

공통 이미터 증폭기에서 커패시터는 두 가지 중요한 역할을 한다.

1. 결합용 커패시터(coupling capacitor)는 한 증폭기에서 다른 증폭기로 교류 신호를 통과시키고 직류는 두 증폭기 사이에서 분리시키는 역할을 한다.
2. 측로 커패시터(bypass capacitor)는 회로에서 직류 동작에 영향을 주지 않고 교류 신호를 접지하기 위하여 "단락 회로"로 사용된다.

이 절에서는 결합용 커패시터와 측로용 커패시터의 두 가지 응용에 대해서 고찰하게 된다.

9.2.1 결합용 커패시터(Coupling Capacitor)

대부분의 실제 응용회로에서 단일 트랜지스터 증폭기가 사용되는 것을 볼 수가 없다. 여러분은 오히려 직렬로 연결되는 종속 증폭기(cascaded amplifier)를 볼 수 있을 것이다. 종속이란 단어의 의미는 직렬로 연결되었다는 것을 의미한다. 증폭기가 종속연결일 때 원래의 신호는 각 개별 단의 이득에 의해서 증가한다.

그 결과 원래의 신호는 단일 증폭기로부터 얻을 수 있는 이득보다 더 큰 이득을 얻을 수 있다. 직렬연결에서 각 증폭기를 단(stage)이라고 부른다. 직렬로 연결된 증폭기의 단 전체를 다단 증폭기라고 부른다. 다단 증폭기는 이 장의 후반에서 상세하게 설명된다. 지금 관심 있는 것은 커패시터가 일반적으로 하나의 증폭단과 다른 증폭 단을 연결하기 위해 사용된다는 사실이다. 증폭 단과 증폭 단 사이를 연결해 주는 용도로 사용되는 커패시터를 결합용 커패시터라고 부른다.

결합용 커패시터는 회로에서 쉽게 알아볼 수 있다. 결합용 커패시터는 한 증폭기의 출력과 다른 증폭기의 입력 사이에서 항상 볼 수 있다. 예를 들자면 [그림 9-5]에 표시되고 있는 다단 증폭기에서 결합용 커패시터를 볼 수 있다. 직렬 커패시터는 각 트랜지스터의 컬렉터와 다른 트랜지스터의 베이스 사이에 놓여진다. 이런 커패시터가 결합용 커패시터이다. 이런 위치에서는 언제든지 커패시터를 볼 수 있고 이것이 결합용 커패시터이다. 결합이란 단어의 의미는 왜곡이 없는 신호 또는 왜곡이 적은 신호로 한쪽의 교류 신호를 다른 한쪽으로 통과시키기 위해서 두 회로를 전기적으로 함께 연결하는 것이다.

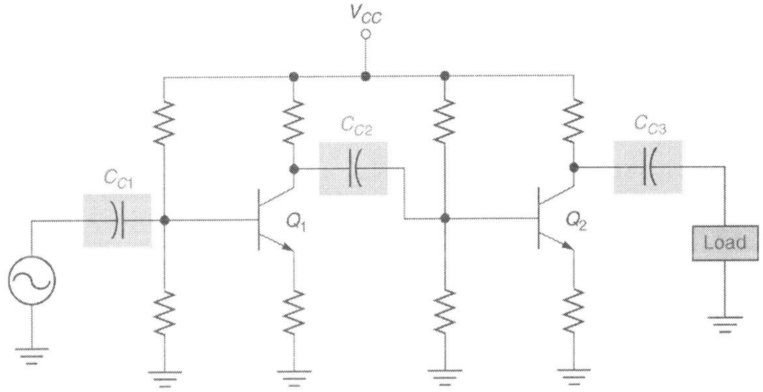

[그림 9-5] 다단 증폭기의 결합용 커패시터

결합용 커패시터는

1. 교류 신호를 한쪽 단으로부터 다른 단으로 왜곡 없이 또는 왜곡이 적은 신호로 통과시키는 것이다.
2. 두 단 사이에서 직류를 분리시킨다.

이런 두 가지 기능은 커패시터를 사용함으로써 쉽게 이루어지며 교류 신호에 대해서는 저항이 매우 작고 직류 전압과 전류에 대해서는 완전히 차단한다. 단 사이에서 차단과 분리의 간단한 의미는 한 단에서 컬렉터 전압은 다음 단의 베이스 전압에 영향을 주지 않는다는 의미이다. 커패시터에 대한 리액턴스는 식 (9-7)처럼 구해진다.

$$X_C = \frac{1}{2\pi f C} \tag{9-7}$$

여기서 X_C=커패시터가 제공하는 전류에 대한 저항
f=커패시터에 인가된 신호의 주파수
C=커패시턴스[F]

를 의미한다.

이 식은 커패시터가 제공하는 전류에 대한 저항이 공급된 신호의 주파수에 반비례한다는 것을 보여주고 있다. 주파수가 증가하면 커패시터는 점점 더 단락 회로처럼 동작한다. 주파수가 감소하면 커패시터는 점점 더 개방 회로처럼 동작한다. 직류에서 공급된 신호의 주파수는 0Hz이다. 이런 주파수에서 리액턴스는 무한대로 된다. 따라서 직류는 차단된다. 종속 증폭기에서 결합용 커패시터의 영향을 [그림 9-6]에서 설명하였다.

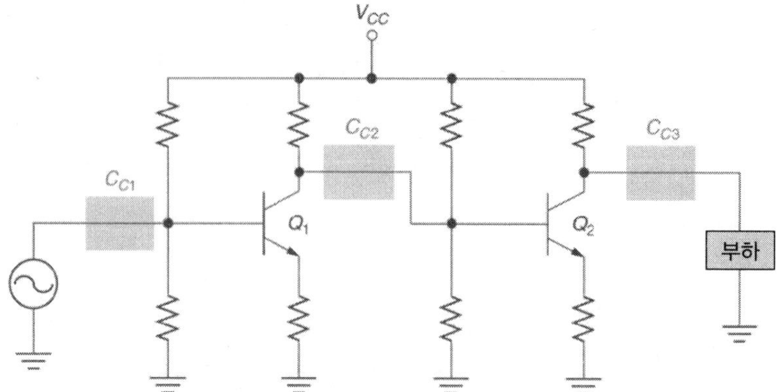

(a) 교류결합

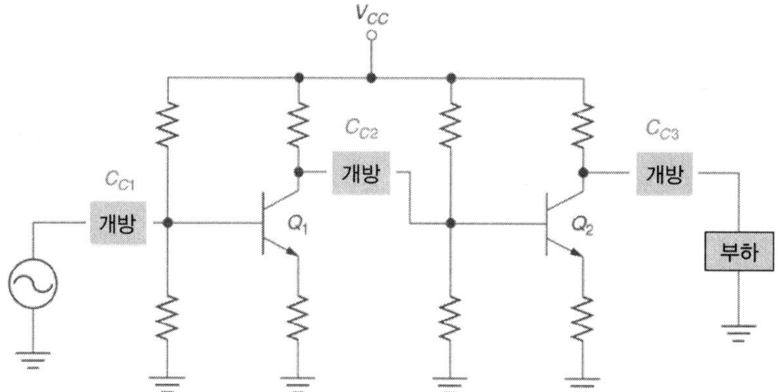

(b) 직류 분리

[그림 9-6] 결합용 커패시터의 특성

[그림 9-6 (a)]는 [그림 9-5]에 표시된 회로의 교류 등가 회로이다. 커패시터는 선으로 대체되었다는 것에 주의하라. 이것은 결합용 커패시터에 교류 신호가 존재하게 되면 저항이 낮아진다는 것을 의미한다. [그림 9-6 (b)]는 [그림 9-5]의 직류 등가 회로이다. 이런 회로에서는 커패시터에 의해서 연결된 회로 부분을 단선으로 대체하게 된다. 이것은 두 증폭 단에 직류 전압과 전류가 존재할 때 커패시터의 저항은 무한대라는 것을 의미한다. 증폭 단 사이에서 직류를 차단하기 위하여 필요한 것을 [그림 9-7]에서 보여주고 있다.

이런 회로에서 두 개의 증폭기 사이에서 개방된 스위치가 있는 개별적인 두 개의 증폭기를 보여주고 있다. 두 번째 단에서 V_B는 다음과 같이 구한다.

$$V_B = V_{CC}\frac{R_4}{R_3+R_4} = (10\text{V})\frac{2.2\text{k}\Omega}{12.2\text{k}\Omega} = 1.8\text{V}$$

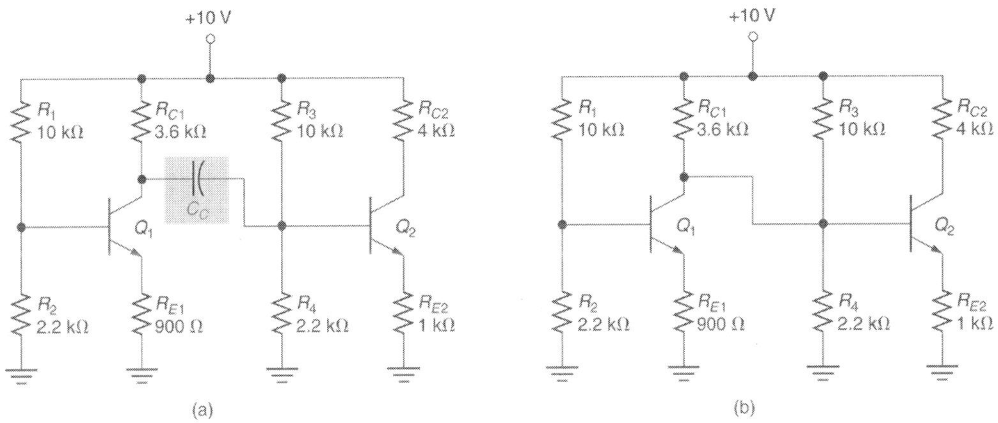

[그림 9-7] 용량성 결합 대 직류성 결합

이것은 Q_2의 바이어스 전위이다. 만약 증폭기의 둘째 단이 [그림 9-7 (b)]에 표시된 것처럼 연결된다면 R_{C1}이 R_3와 병렬로 연결된다. 둘째 단의 V_B를 구하기 위해서는 R_{C1}과 R_3의 병렬합성 저항을 구해야 한다. 이런 저항은 다음과 같이 구해진다.

$$R_{EQ} = R_{C1} \| R_3 = 3.6\text{k}\Omega \| 10\text{k}\Omega = 2.65\text{k}\Omega$$

두 번째 단의 V_B는 4.54V로 구해진다.

$$V_B = V_{CC}\frac{R_4}{R_{EQ}+R_4} = (10\text{V})\frac{2.2\text{k}\Omega}{4.85\text{k}\Omega} = 4.54\text{V}$$

여러분도 보다시피 증폭기가 단독으로 사용되는 것으로 생각한다면 둘째 단의 V_B가 더 높아진 것을 알 수 있다. 증폭 단 사이에 직류 분리를 제공하기 때문에 각 증폭단의 바이어스는 다른 증폭 단에 독립적이다. 한 증폭 단으로부터 다음 증폭 단으로의 교류 출력을 허용하는 것과 동시에 증폭 단에서 독립적인 바이어스 특성을 유지하기 위해서 각 트랜지스터 증폭기 단에 결합용 커패시터의 사용이 허용된다. 결합용 커패시터의 리액턴스는 회로에 사용된 가장 낮은 주파수에서 극히 낮은 값을 가진다. 결합용 커패시터의 정확한 값은 그리 중요한 것은 아니다.

9.2.2 측로용 커패시터(Bypass Capacitor)

측로용 커패시터는 결합용 커패시터처럼 기능은 동일하지만 다른 목적으로 사용된다. 측로용 커패시터는 회로의 교류 동작에 영향을 주는 저항을 억제하기 위해서 증폭기의 이미터 저항 양단에 연결한다. [그림 9-8]에 표시된 회로에서 측로용 커패시터를 보여주고 있다. 커패시터는 이미터 저항을 효과적으로 바이패스 시키기 때문에 붙여진 이름임을 알 수 있다.

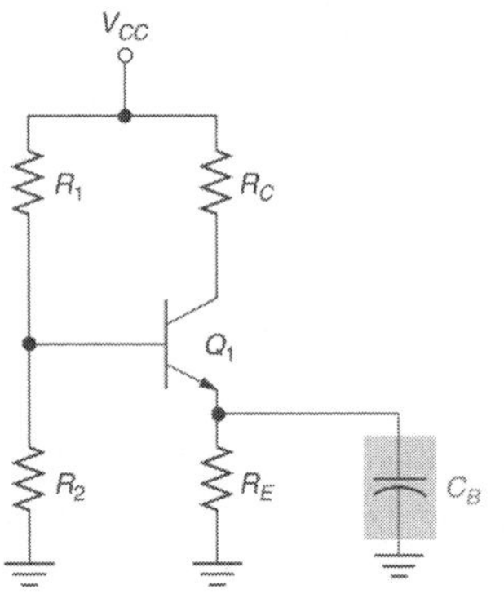

[그림 9-8] 측로용 커패시터

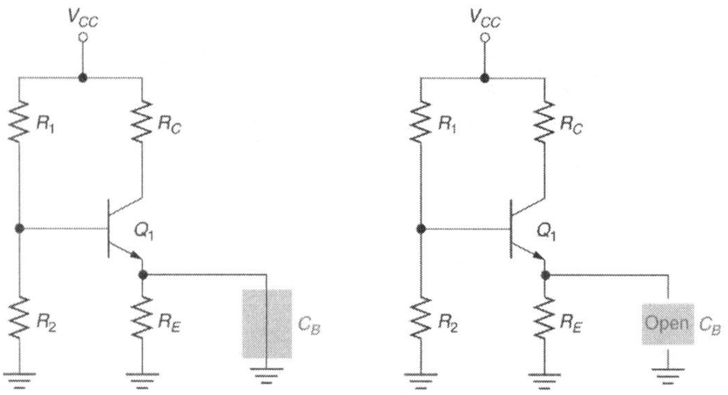

(a) 교류 단락으로 동작하는 측로 커패시터

(b) 직류 개방으로 동작하는 측로 커패시터

[그림 9-9] 측로용 커패시터의 특성

[그림 9-9]는 증폭기에서 측로용 커패시터가 직류와 교류 동작에서 어떤 영향을 주는지를 보여주고 있다. [그림 9-9 (a)]는 측로용 커패시터의 교류 등가 회로를 보여주고 있다. 등가 회로에서 커패시터가 선으로 대치되었다는 것에 유의한다. 이것은 결합용으로 적용된 것과 마찬가지이다. 이런 경우에 커패시터는 트랜지스터의 이미터에서 교류 접지를 제공한다. 따라서 교류 해석을 목적으로 하는 회로에서는 R_E가 효과적으로 단락된다.

공통 이미터 증폭기의 전압 이득은 전체 교류 이미터 저항에 의존하다는 것을 이 절 마지막 부분에서 살펴보게 된다. 교류 이미터 저항이 작을수록 증폭기의 전압 이득은 커진다. 단락으로 R_E가 제거됨으로서 증폭기의 전압 이득 계산에서 R_E가 중요하지 않게 된다는 것을 측로용 커패시터가 보증한다.

R_E가 제거됨으로서 회로의 전압 이득이 증가한다. 이 장 말미에서 전압 이득의 증가에 대해서도 더욱 깊게 고찰하게 될 것이다. [그림 9-9 (b)]는 측로용 커패시터의 직류 등가 회로를 보여주고 있다. 먼저 커패시터가 개방된 선으로 대체되었다. 이것은 커패시터가 어떤 직류 전압 또는 직류 전류에서 나타나는 것으로 저항이 무한대 크기임을 나타낸다. 커패시터가 직류 전압과 전류에 대하여 개방 상태로 동작함으로서 I_E에 대한 영향은 없다. 따라서 r_e'에 대한 영향도 없다.

커패시터는 가장 낮은 동작 주파수에서 단락 상태로 작용한다는 것을 기억하라. 만약에 가장 낮은 주파수에서 X_C가 0Ω이 아니라고 가정하면 이미터는 교류 접지로 되지 않을 것이다. 이것은 전압 이득이 증가하여 측로용 커패시터를 삽입한 원래의 목적을 이루지 못하는 것이 된다.

9.2.3 증폭기 신호(Amplifier Signal)

다단 증폭기에서 교류 신호에 대한 결합용 커패시터와 측로용 커패시터의 영향을 [그림 9-10]에서 살펴 볼 수 있다. Q_1의 컬렉터에서 신호는 5.6Vdc 전압에 사인 파형이 겹

쳐지게 된다는 것을 보여주고 있다. 이런 직류 전압은 첫째 단의 V_c로 고정된다. 이런 신호는 결합용 커패시터 C_{C2}로 인가되는 점에 유의하라. 결합용 커패시터 C_{C2}의 오른쪽을 보면 동일한 교류사인 파형을 보게 된다.

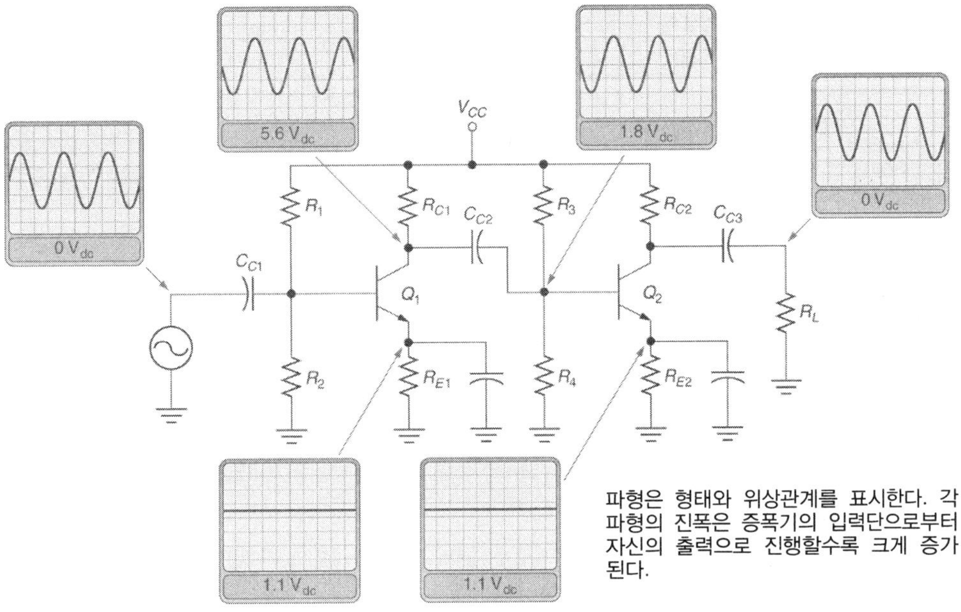

[그림 9-10] 일반적인 공통 이미터 증폭기의 신호 파형

C_{C2}의 좌측 신호와 우측 신호와의 차이점은 단지 둘째 단에 대한 직류 V_B에 교류 파형이 겹쳐진 것이다. 따라서 교류 신호는 첫째 단에서 다음 단으로 통과되었고 뿐만 아니라 신호와 관련된 직류는 첫째 단의 V_c에서 둘째 단의 V_B로 바뀌었다. 위에서 알 수 있었던 것을 기본으로 해서 결합용 커패시터의 영향을 다음과 같이 요약할 수 있다.

1. 설계된 동작 주파수에서 커패시터의 입력 측 교류 신호는 출력 측 교류 신호와 같다.
2. 커패시터의 입력 측 직류 전압은 소스 단에 의해서 결정된다.
3. 커패시터의 출력 측 직류 전압은 부하 단에 의해서 결정된다.

두 증폭기의 이미터에서 이미터 전압 V_E는 변하지 않는다는 것을 보여주고 있다. 이것은 측로용 커패시터에 의한 것으로 이미터 신호의 교류 성분이 접지와 단락 된다. 따라서 각 이미터에 나타나는 신호는 순수한 직류 성분 V_E이다. V_E가 일정하면 I_E와 r_e'도 일정하다. 이것은 모든 전압 이득의 계산에서 r_e'의 비중이 크기 때문에 매우 중요하다.

기초 확인문제 9.2

1. 다단 증폭기에서 커패시터가 사용되는 두 가지 목적은 무엇인가?
2. 결합이란 단어의 의미는 무엇인가?
3. 증폭 단 사이를 직류 적으로 분리하는 것이 왜 중요한가?
4. 증폭기의 교류동작에 측로용 커패시터가 미치는 영향은 무엇인가?
5. 한쪽 증폭단과 다른 증폭 단이 결합된 증폭기에서 결합용 커패시터가 교류 신호에 미치는 영향은 무엇인가?
6. 측로용 커패시터가 있는 증폭기의 이미터 단자에서는 왜 교류 전압을 볼 수 없는가?

9.3 증폭기의 교류 등가 회로(The Common Emitter AC Equivalent Circuit)

이제 공통 이미터 증폭기에 대한 교류 등가 회로의 유도가 필요하다. 교류 등가 회로는 교류 계산에 많이 사용되고 다음에 표시된 두 과정을 이용함으로써 쉽게 유도된다.

1. 회로의 모든 커패시터를 단락시킨다.
2. 모든 직류 전압 원을 접지 기호로 바꾼다.

첫 번째 단계의 내용은 쉽게 이해가 된다. 교류 신호에 대해서 커패시터는 단락 회로로 동작하므로 [그림 9-6 (a)]와 [그림 9-9 (a)]에 표시된 것처럼 커패시터를 선으로 대체시킨다. 두 번째 단계에서 직류 전압원은 극히 낮은 교류 리액턴스를 갖는다는 사실에 근거한다. 이 점을 [그림 9-11]에서 설명하고 있다. [그림 9-11]에서 보여주고 있는 회로에서의 V_{cc}는 간단한 직류 전지로서 나타낼 수 있다. 직류 전압원의 내부 저항은 이상적으로는 0Ω이라는 것을 기억할 수 있을 것이다. 따라서 [그림 9-11 (b)]에서 표시하고 있는 것처럼 직류 전압원을 간단한 선으로 대체한다. 이 선은 [그림 9-11 (c)]에서 접지 기호로 대신한 것임을 유의하라. 공통 이미터 증폭기의 교류 등가 회로를 유도하기 위한과정을 【예제 9-2】에서 설명하였다.

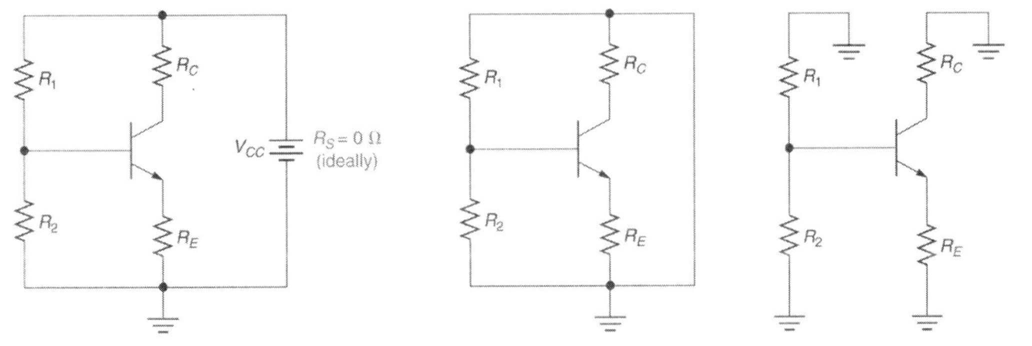

[그림 9-11] 공통 이미터 교류 등가회로의 유도

【예제 9.2】 [그림 9-12 (a)]에서 표시된 증폭기 회로의 교류 등가 회로를 유도하시오.

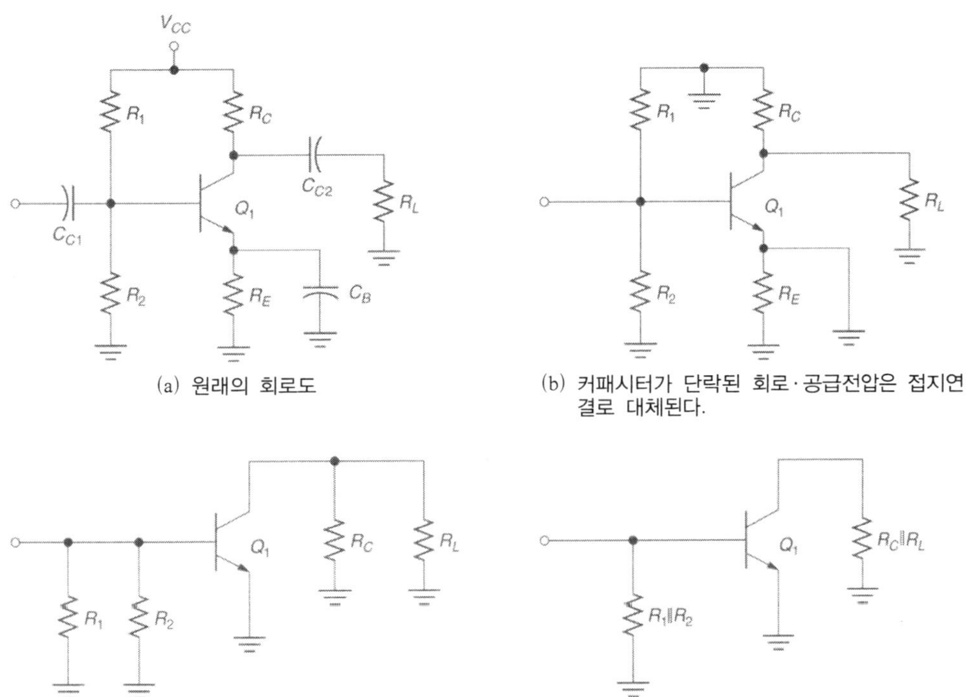

(a) 원래의 회로도

(b) 커패시터가 단락된 회로·공급전압은 접지연결로 대체된다.

(c) 보다 일반적인 형태의 등가회로

(d) 병렬소자가 결합된 등가회로

[그림 9-12]

풀이 첫 번째 단계는 모든 커패시터(C_{C1}, C_{C2}, C_B)를 단락시키고 V_{cc}를 접지 기호로 대체한다. [그림 9-12 (b)]에 표시된 것처럼 단락된 C_B는 이미터 저항 R_E 맞은편 직선으로 남는다. 따라서 이것이 [그림 9-12 (c)]에 표시된 것처럼 교류 등가 회로에서 R_E는 직선으로 대체된다. [그림 9-12 (c)]에서 R_1과 R_C는 자신의 트랜지스터 단자로부터 접지로 연결된다는 점에 유의하라. 마지막으로 [그림 9-12 (d)]가 구해진다.

- R_1과 R_2는 단일 병렬 등가 저항으로 결합된다.
- R_C와 R_L 역시 단일 병렬 등가 저항으로 결합된다.

[그림 9-12 (d)]는 [그림 9-12 (a)]에 대한 최종적인 교류 등가 회로를 보여주고 있다.

(실전 연습문제 9-2)

[그림 9-2]에 표시된 증폭기 회로의 교류 등가 회로를 유도하시오. 등가 회로에서 소자 값을 표시하시오.

▶▶ [그림 9-45] 참조

교류 등가 회로에서는 다음과 같은 요점을 명확하고 완전하게 이해하는 것이 필요하다. 교류 등가 회로는 증폭기의 교류 특성에 바탕을 둔 것이다. 그리고 교류 등가 회로는 증폭기의 직류 해석 또는 고장 수리에 아무런 영향을 주지 않는다. 교류 등가 회로는 단지 교류 동작 해석에 사용된다.

기초 확인문제 9.3

1. 증폭기에서 교류 등가 회로를 유도하기 위한 단계는 무엇인가?
2. 회로의 직류 특성을 가지고 있는 증폭기에 대하여 교류 특성의 영향은 무엇인가?

9.4 증폭기 이득(Amplifier Gain)

증폭기는 세 가지 종류의 이득을 가지고 있다. 세 가지 종류의 이득은 전압 이득, 전류 이득, 전력 이득이다. 이 절에서는 이런 세 가지 종류의 이득에 대해서 상세하게 고찰하게 된다. 이 절에서 중요하게 강조하는 것은 공통 이미터 회로이다. 공통 베이스와 공통 컬렉터의 이득 특성은 10장에서 세부적으로 다루게 된다.

9.4.1 전압이득(Voltage Gain)

증폭기의 전압이득(A_v)은 증폭기의 입력에서 출력까지 증가된 교류 신호 전압의 비이다. 공통 이미터 증폭기에 대한 전압 이득 A_v는 교류 출력 전압을 교류 입력 전압으로 나누어 줌으로써 구해지고 식 (9-8)처럼 표시된다.

$$A_v = \frac{v_{\text{out}}}{v_{\text{in}}} \tag{9-8}$$

여기서 A_v = 증폭기의 전압이득
v_{out} = 증폭기의 교류 출력 전압
v_{in} = 증폭기의 교류 입력 전압

을 의미한다. 【예제 9-3】에서 증폭기의 전압 이득을 구하는 계산에 대하여 복습하기로 한다.

【예제 9.3】 증폭기에서 $v_{\text{out}} = 12V_{\text{ac}}$, $v_{\text{in}} = 60\text{m}\,V_{\text{ac}}$이다. 회로에서 전압 이득은 얼마인가?

풀이 회로에서 전압 이득은 200으로 구해진다.

$$A_v = \frac{v_{\text{out}}}{v_{\text{in}}} = \frac{12\text{V}}{60\text{mV}} = 200$$

전압 이득은 입력 전압과 출력 전압의 비이므로 단위가 없다는 점을 기억하라. 따라서 증폭기의 전압 이득 A_v는 200으로 표시된다.

(실전 연습문제 9-3)

증폭기에서 $v_{\text{out}} = 14.2V_{\text{ac}}$, $v_{\text{in}} = 120\text{m}\,V_{\text{ac}}$로 측정되었다고 가정하고 회로의 전압 이득을 구하시오.

▶▶ 118

v_{out}과 v_{in}을 알고 있을 때 식 (9-8)을 이용하면 전압 이득을 충분히 구할 수 있다. 그러나 여기에 문제가 있다. 증폭기를 도시적으로 나타낸 회로에서 v_{out}과 v_{in}은 항상 주어지는 것은 아니다. v_{out}과 v_{in}을 알지 못할 경우에 A_v를 결정할 수 있는 것이 필요하다. 공통 이미터 증폭기에서 A_v는 전체 교류 컬렉터 저항 대 전체 교류 이미터 저항의 비와 같다. [그림 9-12 (a)]에서 표시된 회로에서 전체 교류 컬렉터 저항 대 전체 교류 이미터 저항의 비는 식 (9-9)처럼 구할 수 있다.

$$A_v = \frac{r_C}{r_e'} \tag{9-9}$$

여기서 r_C = 컬렉터 회로의 전체 교류 저항
r_e' = 트랜지스터의 교류 이미터 저항

을 의미한다. [그림 9-12 (d)]에 표시된 것처럼 컬렉터 회로에서 교류저항은 R_C와 부하저항 R_L의 병렬 합성저항으로 식 (9-10)처럼 표시된다.

$$r_C = R_C \| R_L \tag{9-10}$$

【예제 9-4】와 【예제 9-5】는 도식적인 해석으로 증폭기의 전압 이득을 결정하기 위한 방법을 보여주고 있다.

【예제 9.4】 [그림 9-13]에 표시된 회로의 전압 이득(A_v)을 구하시오.

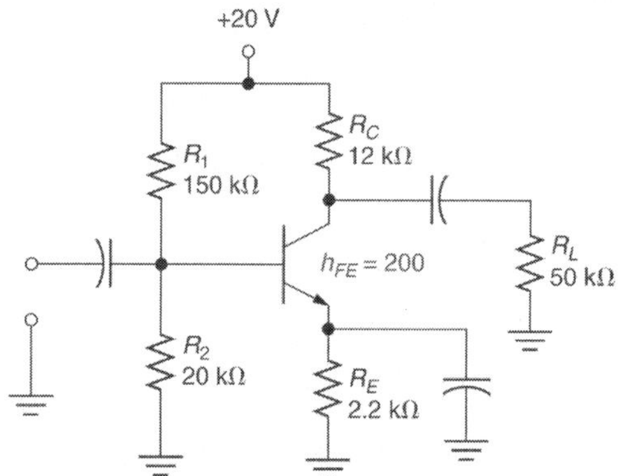

[그림 9-13]

풀이 A_v는 아래와 같은 단계를 이용하여 구한다.

단계 1 : V_B를 구한다.

$$V_B = V_{CC}\frac{R_2}{R_1+R_2} = (20\text{V})\frac{20\text{k}\Omega}{170\text{k}\Omega} = 2.35\text{V}$$

단계 2 : V_E를 구한다.

$$V_E = V_B - 0.7\text{V} = 2.35\text{V} - 0.7\text{V} = 1.65\text{V}$$

단계 3 : I_E를 구한다.

$$I_E = \frac{V_E}{R_E} = \frac{1.65\text{V}}{2.2\text{k}\Omega} = 750\mu\text{A}$$

단계 4 : r_e'를 구한다.

$$r_e' = \frac{25\text{mV}}{I_E} = \frac{25\text{mV}}{750\mu\text{A}} = 33.3\Omega$$

단계 5 : r_C를 구한다.

$$r_C = R_C || R_L = 12\text{k}\Omega || 50\text{k}\Omega = 9.7\text{k}\Omega$$

단계 6 : A_v를 구한다.

$$A_v = \frac{r_C}{r_e'} = \frac{9.7\text{k}\Omega}{33.3\Omega} = 291$$

따라서 회로의 출력 전압은 교류 입력 전압의 291배가 된다.

(실전 연습문제 9-4)

[그림 9-13]에 표시된 것과 유사한 증폭기 회로가 $V_{cc} = 30\text{V}$, $R_1 = 51\text{k}\Omega$, $R_2 = 5.1\text{k}\Omega$, $R_L = 10\text{k}\Omega$, $R_C = 5.1\text{k}\Omega$, $R_E = 910\Omega$, $h_{FE} = 250$의 크기를 갖는다고 가정하고 증폭기의 전압 이득을 결정하시오.

▶▶ 302

【예제 9.5】 [그림 9-14]에 표시된 회로의 전압이득 A_v를 결정하시오.

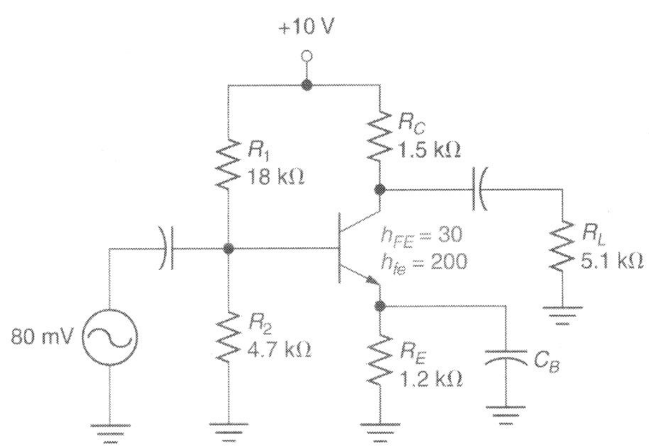

[그림 9-14]

풀이 $h_{FE}R_E < 10R_2$이므로 I_E를 결정할 때 트렌지스터의 부하효과를 고려해야 한다. 【예제 7-9】에서 증명된 방법을 사용하면 I_E의 근사 값은 다음과 같이 구해진다.

$$V_{TH} = V_{CC}\frac{R_2}{R_1 + R_2} = (10\text{V})\frac{4.7\text{k}\Omega}{22.7\text{k}\Omega} = 2.07\text{V}$$

$$R_{TH} = R_1 || R_2 = 18\text{k}\Omega || 4.7\text{k}\Omega = 3.73\text{k}\Omega$$

I_{CQ}는 1.04mA로 구해진다.

$$I_{CQ} = \frac{V_{TH} - V_{BE}}{\dfrac{R_{TH}}{h_{FE}} + R_E} = \frac{2.07\text{V} - 0.7\text{V}}{\dfrac{3.73\text{k}\Omega}{30} + 1.2\text{k}\Omega} = \frac{1.37\text{V}}{1.32\text{k}\Omega} = 1.04\text{mA}$$

$I_E \cong I_{CQ}$라고 가정하면 r_e'는 24Ω으로 구해진다.

$$r_e' = \frac{25\text{mV}}{I_E} = \frac{25\text{mV}}{1.04\text{mA}} = 24\Omega$$

$$r_C = R_C \| R_L = 1.5\text{k}\Omega \| 5.1\text{k}\Omega = 1.16\text{k}\Omega$$

$$A_v = \frac{r_C}{r_e'} = \frac{1.16\text{k}\Omega}{24\Omega} = 48.3$$

(실전 연습문제 9-5)

[그림 9-14]에 표시된 것과 유사한 증폭기 회로가 $V_{cc} = +10V$, $R_1 = 39\text{k}\Omega$, $R_2 = 10\text{k}\Omega$, $R_c = 6.2\text{k}\Omega$, $R_E = 2.2\text{k}\Omega$, $R_L = 10\text{k}\Omega$, $h_{FE} = 40$의 크기를 갖는다고 가정하고 회로의 전압이득 A_v를 결정하시오.

▶▶ 85.7

9.4.2 식 (9-9)의 유도(The Basic for Equation 9-9)

식 (9-9)가 유도되어진 과정을 이해하기 위해서 [그림 9-15]에 표시된 회로를 고찰해 보자. [그림 9-15 (a)]는 공통 이미터 증폭기 회로이다. 공통 이미터 증폭기 회로의 교류 등가 회로는 [그림 9-15 (b)]에서 표시되어 있다. [그림 9-15 (c)]에 표시된 회로에서 트랜지스터는 자신의 이상적인 등가 회로로 대체되었다. 트랜지스터에 대한 등가 회로는 다음과 같은 세 가지 성분이 포함된다.

1. 저항 r_e'는 트랜지스터의 교류 이미터 저항을 의미한다.
2. 다이오드는 트랜지스터의 이미터-베이스 접합을 의미한다.
3. 전류원은 트랜지스터의 컬렉터 저항 r_C를 통해서 흐르는 전류를 의미한다.

입력 전압 (v_{in})은 다이오드와 r_e' 양단에 공급된다. 다이오드가 이상적이라고 가정하면 교류 이미터 전류는 식 (9-11)처럼 구할 수 있다.

$$i_e = \frac{v_{\text{in}}}{r_e'} \tag{9-11}$$

$$v_{\text{in}} = i_e r_e' \tag{9-12}$$

v_{out}은 식 (9-13)처럼 표시된다.

$$v_{\text{out}} = i_c r_C \tag{9-13}$$

여기서 식 (9-12)와 식 (9-13)을 식 (9-8)에 대입하면 전압 이득은 다음과 같이 표시할 수 있다.

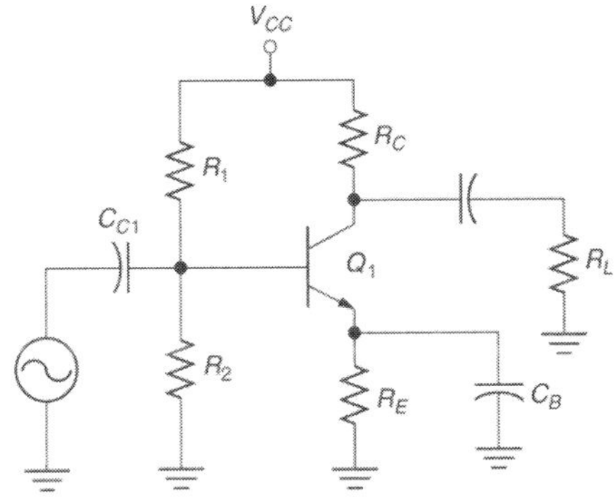

(a) 원래의 회로

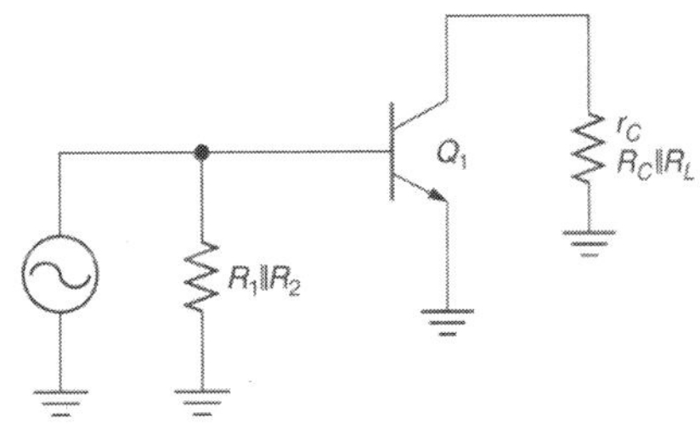

(b) 교류 등가회로

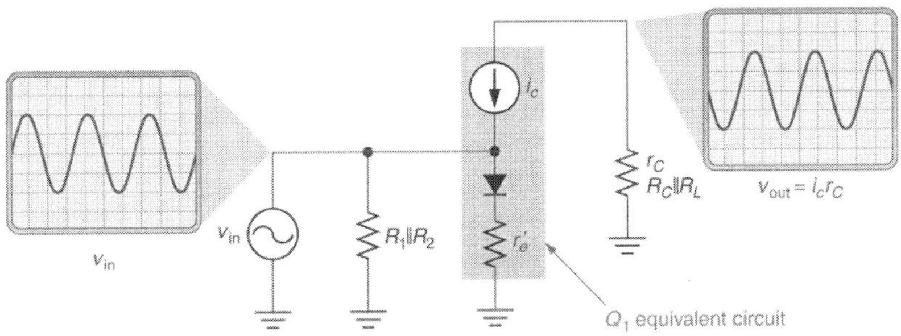

(c) 트랜지스터 교류 모델을 갖는 교류등가회로

[그림 9-15] 공통 이미터 증폭기 회로와 등가회로

$$A_v = \frac{v_{\text{out}}}{v_{\text{in}}} = \frac{i_c r_C}{i_e r_e'}$$

i_e와 i_c는 근사적으로 등가이기 때문에 식 (9-9)가 유도된다.

$$A_v = \frac{r_C}{r_e'}$$

9.4.3 전압 이득 불안정(Voltage Gain Instability)

공통 이미터 증폭기에서 중요한 것을 고려한다면 그것은 전압 이득의 안정도이다. 증폭기는 일반적인 모든 환경 하에서 회로의 출력을 예측할 수 있게 하기 위해서는 이득이 안정되어야 한다. 공통 이미터 증폭기는 전압 이득이 다소 불안정한 경향이 있다. 여러분도 알다시피 증폭기의 전압 이득은 컬렉터 저항 대 이미터 저항의 비와 같다. 베타와 유사하게 r_e'는 다소 온도에 의존한다. 이런 이유 때문에 [그림 9-15]에 표시된 것과 유사한 증폭기 회로의 전압 이득이 불안정한 경향이 있다. 온도가 전압 이득에 미치는 영향을 줄이기 위해서 스왐핑된 증폭기가 사용된다. 스왐핑된 증폭기는 단원 9장 6절에서 자세하게 설명될 것이다.

9.4.4 증폭기 출력전압 계산(Calculating Amplifier Output Voltage)

증폭기의 전압 이득을 알고 있을 때 교류 출력 전압을 결정하는 것은 쉽다. 식 (9-8)을 이용하면 간단하게 다음과 같이 계산할 수 있다.

$$v_{out} = A_v v_{in} \tag{9-14}$$

【예제 9.6】 【예제 9-5】에서 사용된 회로는 교류 입력 신호가 80mV라고 가정하고 회로의 교류 출력 전압을 결정하시오.

풀이 【예제 9-5】에서 구한 A_v를 이용하면 v_{out}을 구할 수 있다.

$$v_{out} = A_v v_{in}(48.3)(80\text{mV}) = 3.86\text{V}$$

(실전 연습문제 9-6)

실전 연습문제 9-5에서 설명된 증폭기 회로에서 $v_{in}=20\text{mV}$라고 가정하고 증폭기의 v_{out}을 결정하시오.

▶▶ 1.71V

9.4.5 전류이득(Current Gain)

증폭기의 전류이득(A_i)은 증폭기의 교류 입력에서 출력까지 증가된 교류 전류의 비이다. 공통 이미터 증폭기의 전류 이득 A_i는 출력 전류를 입력 전류로 나누어주면 구해지기 때문에 식 (9-15)처럼 표시할 수 있다.

$$A_i = \frac{i_{out}}{i_{in}} \tag{9-15}$$

여기서 A_i = 증폭기의 전류 이득
I_{out} = 교류 출력(부하) 전류
I_{in} = 교류 입력(소스) 전류

를 의미한다. 공통 이미터 증폭기에서 트랜지스터의 전류 이득은 스펙에서 h_{fe}로 주어진다. 그러나 증폭기의 전류 이득은 항상 h_{fe}보다 작다. 이것은 다음과 같은 두 가지 요인에 의한 것이다.

1. 교류 입력 전류는 트랜지스터와 바이어스 회로망 사이에서 분배된다.
2. 교류 컬렉터 전류는 컬렉터 저항과 부하 저항 사이에서 분배된다.

9장 5절에서는 공통 이미터 증폭기의 전류 이득 A_i를 계산하는 방법을 배운다. 여기서 A_i는 일반적으로 트랜지스터의 전류이득(h_{fe})보다 매우 작다는 것을 기억할 필요가 있다.

9.4.6 전력 이득(Power Gain)

증폭기의 전력이득(A_p)은 증폭기의 입력에서 출력까지 증가된 교류 신호 전력의 비이다. 전력 이득은 전압 이득과 전류 이득의 곱에 의해서 구할 수 있으며 식 (9-16)처럼 표시된다.

$$A_p = A_i A_v \tag{9-16}$$

증폭기의 전력 이득이 결정되면 증폭기의 부하에서 출력 전력을 계산할 수 있다. 이것은 식 (9-17)로 표시된다.

$$P_{\text{out}} = A_p P_{\text{in}} \tag{9-17}$$

여기서 P_{out} = 증폭기 출력 전력
A_p = 증폭기의 전력 이득
P_{in} = 증폭기 입력 전력

을 의미한다. 【예제 9-7】에서 증폭기의 출력 전력을 계산하기 위한 과정을 설명하였다.

【예제 9.7】 [그림 9-5]에 표시된 증폭기는 $A_v = 48.3$, $A_i = 20$의 크기를 갖는다고 가정하고 증폭기의 전력이득(A_p)과 $P_{\text{in}} = 80\mu\text{W}$일 때의 출력 전력을 결정하시오.

풀이 증폭기의 전력 이득은 966이다.

$$A_p = A_i A_v = (20)(48.3) = 966$$

따라서 출력 전력은 77.3mW로 구해진다.

$$P_{\text{out}} - A_P p_{\text{in}} - (966)(80\mu\text{W}) - 77.3\text{mW}$$

(실전 연습문제 9-7)

실전 연습문제 9-5에 표시된 것과 유사한 회로에서 $A_i = 20$, $P_{\text{In}} = 60\mu W$이다. 회로에서 출력 전력은 얼마인가?

▶▶ 103mW

기초 확인문제 9.4

1. 공통 이미터 증폭기에서 전압 이득(A_v)을 회로의 저항 식으로 어떻게 정의하는가?
2. 공통 이미터의 교류 컬렉터 저항은 어떻게 결정하는가?
3. 공통 이미터 증폭기에서 A_v를 계산하기 위해서 일반적으로 요구되는 단계와 순서를 설명하라.
4. 공통 이미터 증폭기의 전압 이득이 불안정한 경향을 가지는 것은 무엇 때문인가?

9.5 이득과 임피던스 계산(Gain and Impedance Calculation)

공통 이미터 증폭기의 동작을 완전히 이해하기 위해서는 이득과 임피던스 등 여러 주제에 대한 설명이 필요하게 된다. 이러한 주제들을 이 절에서 설명한다.

9.5.1 부하의 영향(The Effect of Loading)

여러분도 알다시피 공통 이미터 증폭기 회로의 전압 이득 A_v의 계산에서 부하는 중요한 역할을 한다. 부하저항이 작으면 작을수록 전압 이득이 작아지게 된다. 이런 점을 [그림 9-16]에서 설명하고 있다. 그림에 표시된 회로에서 부하 저항만 서로 다르고 다른 모든 것은 동일하다. [그림 9-16 (b)]에 표시된 회로에서 전압 이득 A_v는 [그림 9-16 (a)]에 표시된 회로에서의 전압 이득 A_v보다 매우 작다는 것을 알 수 있다.

부하효과를 고찰할 때는 중요한 인식이 필요하다. 부하와 부하저항의 의미가 다르다는 점이다. 우리가 회로의 부하라고 이야기할 때는 회로로부터 전력을 소비하는 모든 소자

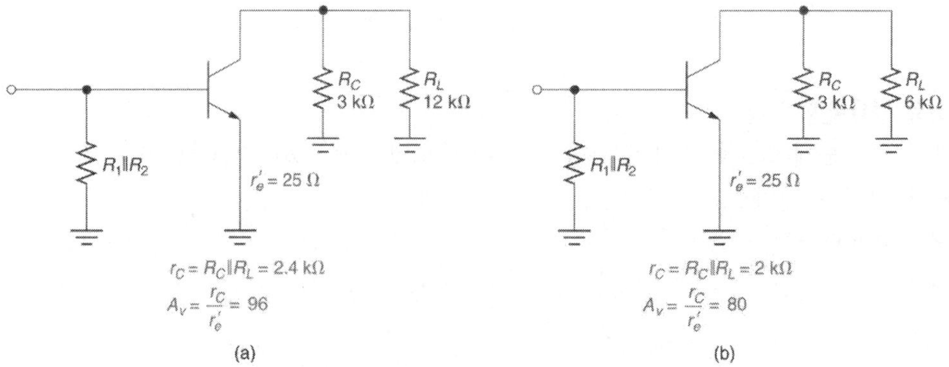

[그림 9-16] 전압 이득에서 R_L이 미치는 영향

를 의미한다. 예를 들면 회로에서 부하는 응용에 따라서 달라지지만 스피커, 알람, 솔레노이드를 들 수 있다. 부하저항은 간단히 설명하자면 전류가 흐를 때 부하를 제공하는 정적인 반대를 의미한다. 증폭기의 경우 부하가 개방되면 가장 큰 A_v가 발생된다. 개방부하를 가지게 되면 컬렉터 저항은 오직 R_C로 구성된다. 이런 경우에는 식 (9-18)처럼 표시된다.

$$A_{vo} = \frac{R_C}{r_e'} \tag{9-18}$$

여기서 A_{vo}는 회로의 개방 부하전압 이득을 의미한다.

R_C는 $(R_C \| R_L)$보다 항상 크기 때문에 주어진 증폭기의 전압 이득 (A_v)은 부하가 개방일 때 최대가 된다. 이러한 점을 【예제 9-8】에서 설명하고 있다.

【예제 9.8】 [그림 9-16 (a)]에서 부하가 개방되었다고 가정하고 전압 이득을 계산하시오.

풀이 부하가 개방됨으로써 $r_c = R_C = 3\text{k}\Omega$이다.

$$A_{v0} = \frac{R_c}{r_e'} = \frac{3\text{k}\Omega}{25\Omega} = 120$$

(실전 연습문제 9-8)

【예제 9-5】에 표시된 증폭기의 부하 개방 전압 이득을 계산하고 【예제 9-5】에서 계산된 것과 크기를 비교하시오.

▶▶ 61.7

2단 증폭기에서 두 번째 증폭기의 입력 임피던스는 첫 번째 증폭기의 부하 저항으로 취급한다. 따라서 첫째 단의 증폭기에 대한 A_v를 정확하게 계산하기 위해서는 둘째 단의 입력 임피던스를 계산할 수 있어야 한다.

9.5.2 증폭기의 입력 임피던스 계산(Calculating Amplifier Input Impedance)

증폭기의 임피던스는 증폭기의 교류 등가 회로를 이용해서 구하게 된다. [그림 9-17]에 표시된 증폭기의 입력 임피던스는 R_1, R_2, 베이스에서 바라본 입력 임피던스에 의해서 형성된 병렬 임피던스로 식 (9-19)처럼 표시된다.

$$Z_{in} = R_1 \| R_2 \| Z_{base} \tag{9-19}$$

여기서 Z_{in} = 증폭기에서 바라본 입력 임피던스
Z_{base} = 트랜지스터의 베이스에서 바라본 입력 임피던스

를 의미한다. [그림 9-17]은 전형적인 공통 이미터 증폭기와 그것의 교류 등가 회로를 보여주고 있다.

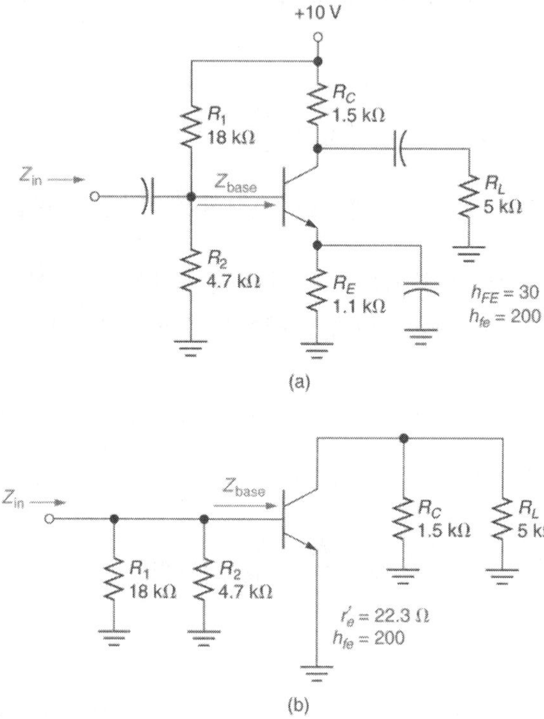

[그림 9-17] 공통 이미터 증폭기의 교류 등가회로

Z_{base}는 트랜지스터의 베이스에서 바라본 입력 임피던스라는 점에 유의해야 한다. 증폭기의 입력 임피던스(Z_{in})는 Z_{base}와 바이어스 저항과의 병렬 합성저항과 같다. 트랜지스터에서 베이스의 직류 입력 저항은 다음과 같다는 것을 기억할 수 있을 것이다.

$$R_{base} = h_{FE}R_E$$

이런 관계는 이미 7장에서 유도한바 있다. 베이스에서 바라본 입력 임피던스는 같은 방법으로 유도된다고 할 수 있다. 단지 차이점은 다음과 같다.

1. 교류 이미터 저항이 계산에 사용된다.
2. 교류 베타 (h_{fe})는 직류 베타(h_{FE}) 대신에 사용된다.

따라서 Z_{base}는 식 (9-20)으로 구할 수 있다.

$$Z_{base} = h_{fe}r_e' \tag{9-20}$$

트랜지스터에서 구해진 입력 임피던스는 베이스 바이어스 저항과 병렬로 된다는 것을 고려해야 한다. 이런 병렬 회로는 【예제 9-9】에서 설명되어진 것처럼 증폭기의 전체 입력 임피던스로 사용된다.

【예제 9.9】 [그림 9-17 (b)]에 표시된 등가 회로에서 증폭기의 입력 임피던스를 구하시오.

풀이 Z_{base}는 4.46kΩ으로 구해진다.

$$Z_{\text{base}} = h_{fe} r_e' = (200)(22.3\Omega) = 4.46\text{k}\Omega$$

증폭기의 Z_{in}은 2.03kΩ으로 구해진다.

$$Z_{\text{in}} = R_1 \| R_2 \| Z_{\text{base}} = 1.8\text{k}\Omega \| 4.7\text{k}\Omega \| 4.46\text{k}\Omega = 2.03\text{k}\Omega$$

(실전 연습문제 9-9)

실전 연습문제 9-5에 설명된 증폭기 회로의 Z_{in}을 결정하시오. 여기서 $(h_{fe} = 200)$이라 가정한다.

▶▶ 4.21kΩ

9.5.3 전류 이득(A_i) 계산(Calculation the Value of A_i)

공통 이미터 증폭기에서 전류 이득(A_i)은 트랜지스터의 전류이득 h_{fe}보다 항상 작다는 것을 앞에서 이미 설명한바 있다. 이 관계를 자세히 살펴보자. 공통 이미터 증폭기의 전류 이득은 다음과 같다.

$$A_i = \frac{i_{\text{out}}}{i_{\text{in}}}$$

여기서, i_{in}은 교류원 전류이고 i_{out}은 교류 부하 전류이다. 공통 이미터 증폭기에서 트랜지스터의 전류 이득은 다음과 같다.

$$h_{fe} = \frac{i_c}{i_b}$$

만약 [그림 9-17 (b)]를 참조한다면 공통 이미터의 입력에서 전류가 분배된다는 것을 볼 수 있다. 이런 전류 분배는 저항 R_1과 R_2 그리고 트랜지스터의 베이스로 전류가 분배된다. 바이어스 저항을 통해서 통과하는 교류원의 전류량은 $i_b < i_{\text{in}}$이다. 동시에 증폭기의 컬렉터 회로에서 또 다른 전류 분배가 이루어진다. 컬렉터 저항을 통해서 통과하는 교류 컬렉터 전류의 일부분이므로 $i_{\text{out}} < i_C$이다. 이런 요인은 증폭기의 전체 전류 이득(A_i)이 트랜지스터의 전류이득(h_{fe})보다 충분히 적게 되는 원인으로 결부된다.

부록 C에서 트랜지스터의 입력과 출력 회로에서 발생하는 이득의 감소에 대하여 설명을 하였고, 전류 이득에 대한 식을 유도하였다. 이 식이 (9-21)이다.

$$A_i = h_{fe}\left(\frac{Z_{\text{in}} r_C}{Z_{\text{base}} R_L}\right) \tag{9-21}$$

여기서 A_i = 공통-이미터 증폭기의 전류 이득
h_{fe} = 트랜지스터의 전류 이득

을 의미한다.

【예제 9-10】에서 A_i와 h_{fe} 사이의 관계를 설명하였다.

【예제 9.10】 [그림 9-19 (b)]에 표시된 A_i를 계산하시오.

풀이 표시된 회로에서

$$Z_{\text{base}} = h_{fe} r_e' = (200)(22.3\Omega) = 4.46\text{k}\Omega$$
$$Z_{\text{in}} = R_1 \| R_2 \| Z_{\text{base}} = 2.03\text{k}\Omega$$
$$r_c = R_C \| R_L = 1.15\text{k}\Omega$$

여기서, 식 (9-21)을 (h_{fe}=200과 함께) 이용하면 다음과 같이 계산된다.

$$A_i = h_{fe}\left(\frac{Z_{\text{in}} r_c}{Z_{\text{base}} R_L}\right) = (200)\left[\frac{(2.03\text{k}\Omega)(1.15\text{k}\Omega)}{(4.46\text{k}\Omega)(5\text{k}\Omega)}\right] = (200)(0.105) = 21$$

이 회로에서 A_i는 h_{fe}보다 충분히 적다는 것을 알 수 있다.

(실전 연습문제 9-10)

공통 이미터 증폭기에서 $h_{fe}=300$, $r_c=2.15\text{k}\Omega$, $R_L=6.2\text{k}\Omega$, $Z_{\text{in(base)}}=8.2\text{k}\Omega$, $Z_{\text{in}}=3.8\text{k}\Omega$이라고 가정하고 회로의 전류 이득 A_i를 계산하시오.

▶▶ 48.2

9.5.4 다단 증폭기 이득 계산(Multistage Amplifier Gain Calculation)

다단 증폭기에서 A_v, A_i, A_p 전체를 결정하고자 할 때는 각각의 증폭 단에서 각 증폭 단별 이득을 먼저 결정해야만 한다. 각 증폭단의 이득을 결정함으로써 아래와 같은 식을 사용하면 전체 이득을 결정할 수 있다.

$$A_{vT} = (A_{v1})(A_{v2})(A_{v3}) \tag{9-22}$$

$$A_{iT} = (A_{i1})(A_{i2})(A_{i3}) \tag{9-23}$$

$$A_{pT} = (A_{vT})(A_{iT}) \qquad (9\text{-}24)$$

식 (9-22)와 식 (9-23)은 전체 A_v 또는 A_i를 가리키는 것으로써 각 증폭 단별 이득의 곱으로 간단히 산출된다. 식 (9-24)는 전체 전력 이득을 가리키며 전체 A_v와 A_i의 곱에 의해서 구할 수 있다. 주어진 증폭 단에서 전체 A_v를 결정하기 위해서 사용되는 식의 정확한 순서는 다음과 같다.

1. 증폭기에서 I_E를 결정하기 위하여 기본적으로 직류 해석을 실행한다.
2. 식 (9-2)를 이용하여 증폭기의 r_e'를 결정한다.
3. 식 (9-1)을 이용하여 증폭기의 r_C를 결정한다.
4. 단계 2와 3에서 구해진 r_e'와 r_C를 이용하여 각 증폭단에 대한 A_v를 결정한다.

2단 증폭기를 취급할 때 첫째 단의 컬렉터 저항 r_C의 계산은 두 번째 단의 Z_{in}을 첫 번째 단의 부하 저항 R_L로 놓고 사용해야만 한다. 이러한 점을【예제 9-11】에서 설명하였다.

【예제 9.11】 [그림 9-18]에 표시된 회로에서 첫째 증폭단의 전압 이득을 결정하시오.

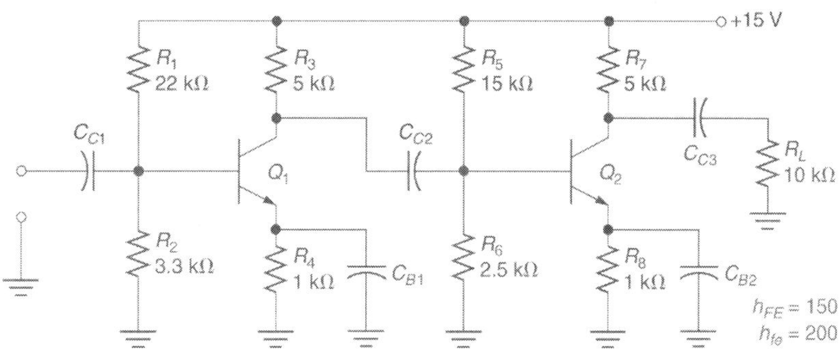

[그림 9-18]

풀이 정해진 계산과정을 이용하면 첫째 증폭 단의 r_e'는 19.8Ω으로 구해지고 두 번째 단의 r_e'는 17.4Ω으로 구해진다. 두 번째 단에서 h_{fe}는 200이다. 따라서

$$Z_{base} = h_{fe}r_e' = (200)(17.4\Omega) = 3.48\text{k}\Omega$$

두 번째 단의 입력 임피던스는 1.33kΩ으로 구해진다.

$$Z_{in} = R_5 \| R_6 \| Z_{base} = 1.33\text{k}\Omega$$

두 번째 단의 입력 임피던스(1.33kΩ)는 첫 번째 단의 부하 저항이다. 따라서 첫 번째 단의 r_C는

$$r_C = R_3 \| Z_{in} = 1.05\text{k}\Omega$$

이다. 마지막으로 첫 번째 단의 A_v는 53으로 계산된다.

$$A_v = \frac{r_C}{r_e'} = \frac{1.05\text{k}\Omega}{19.8\Omega} = 53$$

(실전 연습문제 9-11)

[그림 9-18]에서 두 번째 단의 h_{fe}가 순간적으로 280으로 증가되었다고 가정하자. 첫 번째 증폭 단에서 새로운 A_v를 결정하시오.

▶▶ 58.1

【예제 9-11】에서 보여주고 있는 것처럼 신호원 증폭 단(첫째 단)에 대한 실질적인 A_v를 결정하기 이전에 먼저 부하 증폭단의 Z_{in}을 결정하여야만 한다. 부하 증폭단의 Z_{in}을 결정한 후에, 결정된 Z_{in}을 신호원 증폭단의 부하 저항 R_L로 놓고 사용한다. 이때 r_C를 이용하여 첫 번째 증폭단의 전압 이득을 계산한다. 첫 번째 증폭단의 A_v를 알고 있으면 증폭기 전체의 A_v와 두 번째 증폭단의 A_v를 계산할 수 있다. 이것을 【예제 9-12】에서 설명하였다.

【예제 9.12】 [그림 9-18]에 표시된 증폭기의 A_{vT}를 결정하시오.

풀이 첫 번째 증폭단의 A_v는 53이고 두 번째 단에서 r_e'는 17.4Ω이라는 것을 【예제 9-11】로부터 알고 있다. 두 번째 단에서 A_v를 결정하기 위한 첫 번째 단계는 r_C를 결정하는 것이다.

$$r_C = R_7 \| R_L = 3.33\text{k}\Omega$$

두 번째 단에서 A_v는 191이다.

$$A_v = \frac{r_C}{r_e'} = \frac{3.33\text{k}\Omega}{17.4\Omega} = 191$$

두 증폭 단의 전압 이득 A_v를 구했으므로 증폭기 두 단에 대한 전체 전압 이득 A_vT는 1.15×10^3으로 구해진다.

$$A_{vT} = (A_{v1})(A_{v2}) = (53)(191) = 10.1\times10^3$$

(실전 연습문제 9-12)

[그림 9-18]에 표시된 증폭기에서 두 번째 증폭단은 $h_{fe} = 240$, $R_L = 22\text{k}\Omega$이라고 가정하자. 이때 증폭기 두 단에 대한 A_{vT}를 결정하시오.

▶▶ 13.1×10^3

스왐핑은 전압 이득에 관한 r_e'의 변화에 미치는 영향을 줄이기 위한 것이라는 것을 이미 앞에서 언급한바 있다. 이것은 또한 전단 증폭기의 부하에 미치는 영향을 줄여준다. 회로의 부하가 감소함으로써 r_e'의 변화를 어떻게 극복하는지와 스왐핑 된 증폭기를 고찰한다.

기초 확인문제 9.5

1. 부하 개방이 증폭기의 전압 이득에 어떤 영향을 미치는가?
2. 공통 이미터 증폭기에서 A_v를 결정하기 위해 요구되는 단계와 순서를 설명하라.
3. 부하 증폭 단에 대한 Z_{in}을 결정하는 것이 중요한 이유는 무엇인가?
4. 공통 이미터 증폭기에서 Z_{in}을 결정하기 위해서 요구되는 단계와 순서를 설명하라.
5. 증폭기의 A_i는 트랜지스터의 h_{fe}보다 왜 항상 적은가?
6. 다단 증폭기에서 A_{vT}와 A_{iT}를 어떻게 결정하는가?
7. 다단 증폭기에서 A_{pT}를 어떻게 결정하는가?

9.6 스왐핑 증폭기(Swamped Amplifier)

스왐핑 된 증폭기는 전압 이득을 안정화시키기 위해서 이미터 저항의 일부를 바이패스 시킨다. 스왐핑 된 증폭기를 [그림 9-19 (a)]에 표시했다.

스왐핑 된 증폭기는 오직 직류 이미터 저항 부분이 무시되기 때문에 큰 교류 이미터 저항을 가지고 있다. 바이패스 커패시터가 [그림 9-19 (b)]에 표시된 교류 등가회로에서 직류 이미터 저항 r_E를 제거하기 때문이다. 또 다른 교류 이미터 저항 R_E는 교류 등가회로의 일부분으로 [그림 9-19 (b)]에서 표시된다. 증폭기의 전압 이득은 교류 컬렉터 저항 대 교류 이미터 저항의 비와 같기 때문에 증폭기의 전압 이득은 식 (9-25)로 표시된다.

$$A_v = \frac{r_C}{r_e' + r_E} \tag{9-25}$$

【예제 9-13】은 스왐핑 된 증폭기의 A_v 계산에서 식 (9-25)의 사용에 대해서 설명하였다.

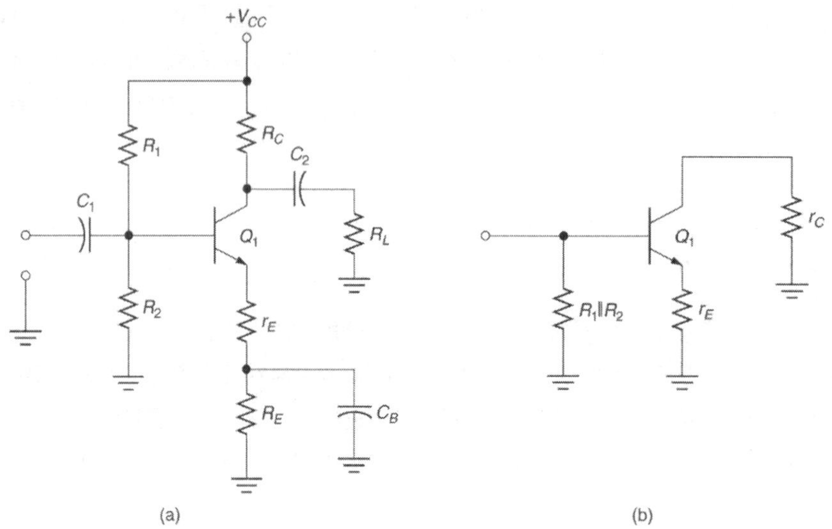

[그림 9-19] 스왐핑된 공통 이미터 증폭기와 교류 등가회로

【예제 9.13】 [그림 9-20]에 표시된 증폭기의 A_v를 결정하시오.

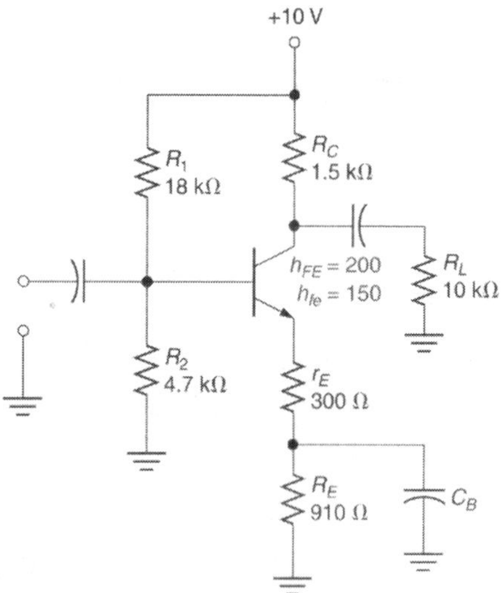

[그림 9-20]

풀이 정해진 풀이과정을 이용하면 V_E는 1.37V와 같다는 것을 알 수 있다. 이미터 회로에서 전체 직류 저항은 $(R_E + r_E)$와 같다. 따라서 I_E는 1.13mA로 계산된다.

$$I_E = \frac{V_E}{R_E + r_E} = \frac{1.37V}{1.21k\Omega} = 1.13\text{mA}$$

$r_e{}'$는 22.1Ω으로 구해진다.

$$r_e' = \frac{25\text{mV}}{I_E} = 22.1\,\Omega$$

r_C는 1.3kΩ으로 구해진다.

$$r_C = R_C \| R_L = 1.3\text{k}\Omega$$

마지막으로 A_v는 4.04로 구해진다.

$$A_v = \frac{r_C}{r_e' + r_E} = \frac{1.3\text{k}\Omega}{322.1\,\Omega} = 4.04$$

(실전 연습문제 9-13)

[그림 9-20]에 표시된 증폭기가 $R_E = 820\,\Omega$, $r_E = 330\,\Omega$의 크기를 갖는다고 가정하고 회로에서 A_v를 결정하시오.

▶▶ 3.7

9.6.1 전압이득 안정도에 대한 스왐핑의 영향(The Effect of Swamping on Voltage Gain Stability)

공통 이미터 증폭기의 전압 이득은 온도변화에 영향을 받는다. 여러분도 기억하고 있겠지만 트랜지스터의 직류 전류이득 h_{FE} 역시 온도에 영향을 받는다. h_{FE}의 변화는 I_E에 영향을 주기 때문에 결국 r_e'와 A_v에도 영향을 미치게 된다. 스왐핑은 r_e'의 변화에 다른 영향을 감소시킴으로써 A_v의 안정도를 개선하게 된다. 핌은 $r_E \gg r_e'$라고 가정하면 r_e'의 변화가 증폭기의 전체 이득에 미치는 영향이 매우 작다. 이런 점을 【예제 9-14】에서 설명하였다.

【예제 9.14】 r_e'가 2배로 증가한다고 가정하고 【예제 9-13】에서 설명된 증폭기에서 이득의 변화를 결정하시오.

풀이 r_e'가 2배로 증가한다고 가정하면 A_v는 3.78로 구해진다.

$$A_v = \frac{r_C}{r_e' + r_E} = \frac{1.3\text{k}\Omega}{344.2\,\Omega} = 3.78$$

【예제 9-13】에서 구한 A_v는 4.04로 계산되었으므로 이득의 변화량은 0.26이다.

$$\Delta A_v = 4.04 - 3.78 = 0.26$$

원래의 A_v로부터 단지 6.44%만 변화하였다.

증폭기가 스왐핑 되지 않았을 때 r_e'가 2배로 증가한다고 가정하면 A_v를 50% 감소시키는 원인이 될 것이다. 따라서 증폭기의 이득은 이미터 회로의 스왐핑에 의해서 안정화된다.

9.6.2 Z_{in}에 대한 스왐핑의 영향(The Effect of Swamping on Z_{in})

공통이미터 증폭기에 부가되는 스왐핑 저항은 트랜지스터의 베이스의 입력 임피던스를 증가시키기 때문에 따라서 증폭기의 전체적인 입력 임피던스가 증가한다. 여러분도 기억하겠지만 베이스 입력 임피던스는 교류 저항의 h_{fe}배와 같다. 스왐핑 된 증폭기에서 교류 저항은 $(r_e' + R_E)$와 같다. 따라서 트랜지스터의 베이스에서 바라본 입력 임피던스는 식 (9-26)처럼 표시된다.

$$Z_{base} = h_{fe}(r_e' + r_E) \tag{9-26}$$

트랜지스터의 베이스에서 바라본 입력 임피던스는【예제 9-15】에서 보여주고 있는 것과 같이 $h_{fe}r_E$와 동일한 양만큼 증가되는 결과를 갖는다.

【예제 9.15】 [그림 9-21]에 표시된 회로에서 Z_{base}를 결정하시오.

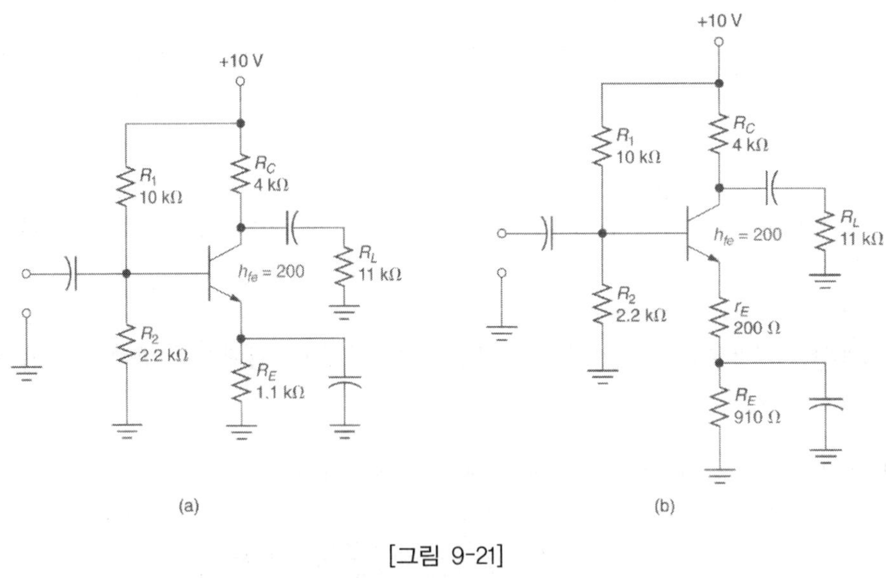

[그림 9-21]

풀이 회로에서 직류 이미터 저항은 동일하다. 따라서 r_e'를 정해진 순서에 따라 구하면 두 회로에서 r_e'는 25Ω이 된다.

[그림 9-21 (a)]에 표시된 회로의 Z_{base}는 5kΩ으로 구해진다.

$$Z_{base} = h_{fe}r_e' = (200)(25\Omega) = 5\text{k}\Omega$$

[그림 9-21 (b)]에 표시된 회로의 Z_{base}는 45kΩ으로 구해진다.

$$Z_{base} = h_{fe}(r_e' + r_E) = (200)(25\Omega + 200\Omega) = 45k\Omega$$

트랜지스터의 베이스에서 바라본 입력 임피던스 Z_{base}가 증가함으로 해서 증폭기 전체의 입력 임피던스 Z_{in}이 증가한다는 것을 【예제 9-16】에서 보여주고 있다.

【예제 9.16】 [그림 9-21]에 표시된 증폭기에서 Z_{in}을 구하시오.

풀이 [그림 9-21 (a)]에 표시된 회로에서 Z_{in}은 1.33kΩ으로 구해진다.

$$Z_{in} = R_1 \| R_2 \| Z_{base} = 10k\Omega \| 2.2k\Omega \| 5k\Omega = 1.33k\Omega$$

[그림 9-21 (b)]에 표시된 회로에서 Z_{in}은 1.73kΩ으로 구해진다.

$$Z_{in} = R_1 \| R_2 \| Z_{base} = 10k\Omega \| 2.2k\Omega \| 45k\Omega = 1.73k\Omega$$

따라서 $Z_{in(base)}$가 증가함으로 해서 증폭기의 전체 입력 임피던스 Z_{in}이 증가한다는 것을 알 수 있다.

(실전 연습문제 9-16)

[그림 9-20]에 표시된 증폭기에서 Z_{in}을 결정하시오.

▶▶ 3.46kΩ

[그림 9-21 (b)]에 표시된 회로에서 입력 임피던스 Z_{in}이 증가되었다는 것은 이 회로는 신호원 증폭기의 A_v에 미치는 영향이 작다는 것을 의미한다. 이러한 점을 예제에서 설명하였다.

【예제 9.17】 [그림 9-21]에 표시된 증폭기는 $r_e'=25\Omega$, $R_c = 8k\Omega$을 갖는 신호원 증폭기에 의해서 두 증폭기가 구동된다. 각 회로기 신호원 증폭기의 부하로 연결될 때 신호원 증폭기의 A_v를 결정하시오.

풀이 [그림 9-21 (a)]에 표시된 회로가 신호원 증폭기와 연결될 때 증폭기의 전압 이득은 다음과 같이 구할 수 있다.

$$A_v = \frac{r_C}{r_e'} = \frac{8k\Omega \| 1.33k\Omega}{25\Omega} = 45.6$$

[그림 9-21 (b)]에 표시된 회로가 신호원 증폭기와 연결될 때 증폭기의 전압 이득은 다음과 같이 구할 수 있다.

$$A_v = \frac{r_C}{r_e'} = \frac{8\text{k}\Omega \,\|\, 1.73\text{k}\Omega}{25\Omega} = 56.9$$

따라서 [그림 9-21 (b)]에 표시된 회로에서 작아진 부하는 신호원 증폭기의 전압 이득을 증가시킨다.

9.6.3 스왐핑의 단점(The Disadvantage of Swamping)

스왐핑 된 증폭기는 h_{FE}의 변화에 대해서 비교적 안정한 전압이득을 제공하는 사실을 알고 있다. 스왐핑 된 증폭기의 전압 이득이 안정할수록 표준 공통 이미터 증폭기의 전압 이득보다 항상 대단히 작은 전압 이득을 가지게 된다. 이점이 [그림 9-21]에 설명되어 있다. [그림 9-21]에 표시된 증폭기들은 거의 동일한 직류 특성을 가진다. 회로의 차이점은 자신들의 이미터 회로에서의 교류특성이다.

[그림 9-21 (a)]에 표시된 이미터 회로에서 전체 교류 저항이 25Ω이라는 점에 유의하라. 회로에서 이런 저항은 117의 전압이득을 가져다준다. [그림 9-21 (b)]에 표시된 이미터 회로에서 전체 교류저항은 225Ω이다. 이것은 더욱 큰 이미터 저항으로 증폭기의 전체 이득을 13으로 감소시킨다. 따라서 스왐핑은 증폭기의 전체 이득을 감소시킨다. 동시

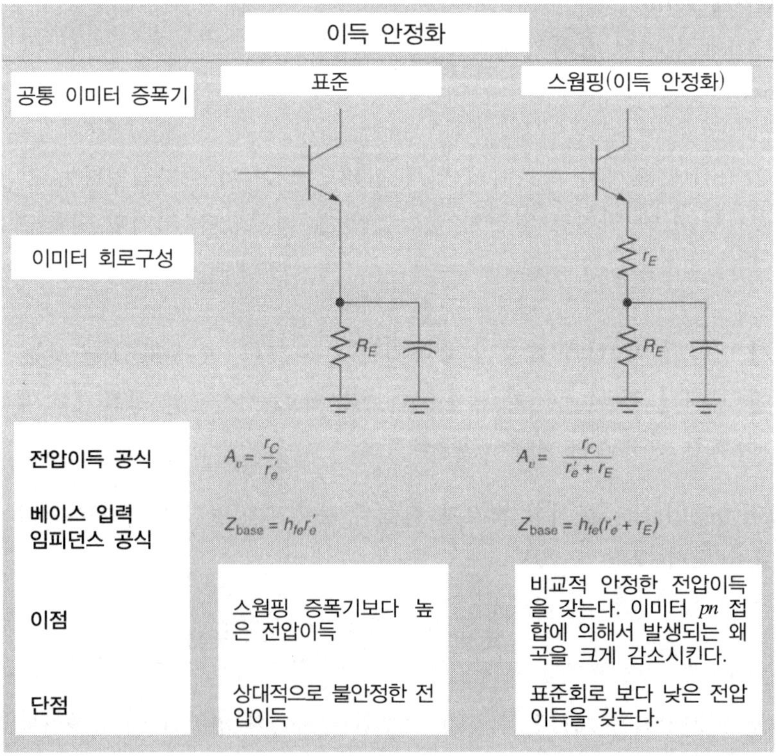

[그림 9-22]

에 스왐핑 된 증폭기는 일반 공통 이미터 증폭기보다 A_v가 더욱 안정화된다는 것을 기억해야만 한다. 또한 소스 증폭기에 의해서 체험한 A_v 증가는 스왐핑 된 증폭기를 유도하면서 감소하는 이득을 부분적으로 보상하게 된다.

기초 확인문제 9.6

1. $r_e{}'$의 변화에 미치는 영향을 감소시키기 위해서 어떻게 스왐핑 시키는가?
2. 소스 증폭기의 전압 이득 A_v에 스왐핑이 어떤 영향을 미치는지 설명하라.
3. 증폭기에 스왐핑을 사용함으로서 가장 주된 단점은 무엇인지 설명하라.
4. [그림 9-20]에서 바이패스 커패시터를 제거시킨다면 회로의 전압 이득은 어떻게 구해지는가?

9.7 h-파라미터(h Parameter)

하이브리드 파라미터 또는 h-파라미터는 특정한 환경 하에서 소자의 동작 특성을 설명하기 위한 트랜지스터의 규격이다. 4가지 h-파라미터는 무 부하(no load) 또는 전 부하(full load) 조건에서 각각 측정된다. 이런 h-파라미터 들은 회로 해석에 적용되어 사용된다. 공통 이미터 증폭기에서 트랜지스터에 대한 4가지 h-파라미터는 다음과 같다.

h_{ie} = 베이스 입력 임피던스
h_{fe} = 베이스와 컬렉터 사이의 전류 이득
h_{oe} = 출력 어드미턴스
h_{re} − 전압 귀환 비

이것은 특정한 환경 하에서 측정된 것으로 이런 모든 값은 트랜지스터의 교류 특성을 나타낸다는 것에 유의해야 한다. h-파라미터의 응용을 논의하기 이전에 각 파라미터에 사용된 측정 방법과 각 파라미터에 대하여 고찰하기로 하자.

9.7.1 입력 임피던스(h_{ie})(Input Impedance)

입력 임피던스 파라미터 h_{ie}는 출력을 단락시킨 상태에서 측정한다. 단락 상태에서의 출력은 전부하이다. 따라서 h_{ie}는 전 부하 조건하에서 트랜지스터의 입력 임피던스를 나타낸다. h_{ie}의 측정은 [그림 9-23 (a)]에 표시된 회로에서 설명하였다. 그림에서 볼 수 있듯이 컬렉터와 이미터 단자는 단락되어 있다. 이때 교류 신호는 트랜지스터의 베이스-이미터 접합에 인가된다. 입력 전압이 인가됨으로서 베이스 전류가 측정된다. 이때 h_{ie}는 다음과 같이 결정된다.

$$h_{ie} = \frac{v_{in}}{i_b} \text{ (출력 단락)} \tag{9-27}$$

출력을 왜 단락시키는가? 베이스 단에서 바라본 입력 저항에 이미터 단의 저항 모두가 포함된다는 것을 기억해야만 한다. 이 조건은 다음 식으로 설명된다.

$$Z_{\text{base}} = h_{fe}(r_e' + r_E)$$

컬렉터와 이미터 단자를 단락하여 측정한 h_{ie}는 회로의 어떤 외부저항에도 반영되지 않는다.

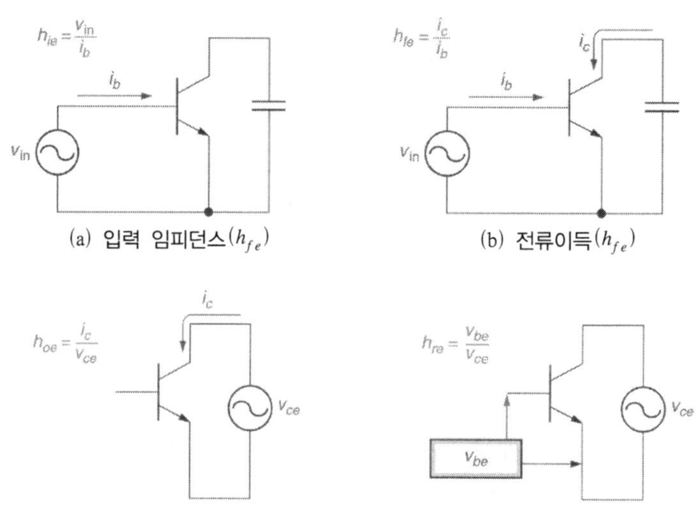

(a) 입력 임피던스(h_{fe}) (b) 전류이득(h_{fe})

(c) 출력 어드미턴스(h_{oe}) (d) 역전압 귀환비(h_{re})

[그림 9-23] h 파라미터 측정

9.7.2 전류이득 h_{fe}(Current Gain)

베이스 대 컬렉터 전류 이득 h_{fe} 또한 출력이 단락된 상태에서 측정한다. 다시 말해서 이것은 전체 저항을 나타내고 따라서 h_{fe}는 전 부하 조건하에서 전류 이득을 나타낸다. h_{fe}의 측정을 [그림 9-23 (b)]에 표시된 회로에서 설명하였다. 출력이 단락된 상태에서 베이스에 신호가 인가되고 베이스와 컬렉터 양단에서 전류가 측정된다. 이때 h_{fe}는 식 (9-28)처럼 구해진다.

$$h_{fe} = \frac{i_c}{i_b}(\text{출력단자}) \tag{9-28}$$

이런 경우에는 출력이 왜 단락되었는지는 명확하다. 만약에 그림의 좌측이 개방되었다면 i_C는 0이 된다. 단락된 상태에서 i_C를 측정할 수 있는 것은 실전 연습문제에서 다시 다루어질 것이다. 다시 말해서 누구든지 출력 단자의 단락과 트랜지스터에 동일한 신호를 공급함으로써 간단히 동일한 결과를 얻을 수 있다.

9.7.3 출력 어드미턴스 h_{oe}(Output Admittance)

출력 어드미턴스 h_{oe}는 입력이 개방된 상태에서 측정한다. h_{oe}의 측정은 [그림 9-23 (c)]에 표시된 회로에서 설명하였다. 그림에서 알 수 있듯이 컬렉터와 이미터 양단에 신호가 인가된다. 이때 인가된 신호에서 i_C가 측정된다. h_{oe}는 다음과 같이 식 (9-29)처럼 구해진다.

$$h_{oe} = \frac{i_c}{v_{ce}}(\text{입력 개방}) \tag{9.29}$$

입력이 단락됨으로 해서 미치는 영향을 고려하여 입력이 개방된 상태에서 h_{oe}를 측정하는 것이 이치에 맞는다. 만약에 트랜지스터의 입력이 단락된다면 베이스 전류(i_b)가 약간 있게 된다. 이런 미소한 베이스 전류는 이미터로부터 나오는 것으로서 이 전류에 의해서 i_c가 최대로 되지는 않는다. 다시 말해서 전류 i_b가 발생되지 않게 함으로써 I_C는 절대적으로 최대가 된다. 따라서 h_{oe}는 최대의 출력 어드미턴스로 정확한 측정이 된다.

9.7.4 역 전압 이득 h_{re}(Reverse Voltage Feedback Ratio)

전압 이득 h_{re}는 출력 전압에 의해서 입력으로 다시 반영된 전압의 크기를 나타낸다. 이것은 입력이 개방된 상태에서 측정된다. 신호는 컬렉터-이미터 단자 사이에서 인가된다. 이때 입력이 개방된 상태에서 베이스-이미터 접합에 귀환되는 전압이 측정된다. h_{re}는 식 (9-30)처럼 표시된다.

$$h_{re} = \frac{v_{be}}{v_{ce}} \ (\text{입력 개방}) \tag{9-30}$$

베이스 단자의 전압이 이미터-컬렉터 단자 전압보다 항상 낮으므로 h_{re}는 항상 1보다 작다. 입력이 개방된 상태에서 h_{re}를 측정함으로써 베이스에 귀환되는 전압은 항상 최대가 될 것이라는 것을 확신한다(최대 전압은 항상 개방 회로에서 나타난다).

9.7.5 h-파라미터를 포함한 회로의 계산(Circuit Calculation Involving h Parameter)

h-파라미터를 포함한 회로의 계산이 간단해지거나 또는 매우 복잡하게 되는 것은 아래와 같은 내용에 의존하게 된다.

1. 무엇을 결정할 것인가?
2. 정확한 계산을 하기 위해서는 어떻게 해야 하는가?

이런 목적을 위해서 회로에 대한 4가지 h-파라미터 공식은 다음과 같이 표시된다.

$$A_i = h_{fe}\left(\frac{Z_{\text{in}} r_C}{h_{ie} R_L}\right) \tag{9-31}$$

$$Z_{\text{in(base)}} = h_{ie} \tag{9-32}$$

$$r_e{}' = \frac{h_{ie}}{h_{fe}} \tag{9-33}$$

$$A_v = \frac{h_{fe} r_C}{h_{ie}} \tag{9-34}$$

식 (9-31)은 이미 앞에서 언급한바 있는 식 (9-21)을 수정한 것이다. 식 (9-32)에 주어진 식에서 단지 변화는 Z_{base}에서 h_{ie}의 대입이다. 식 (9-32)는 [그림 9-12 (d)]에 언급되어 있는 것을 참조하면 비교적 이해하기 쉽다. 여기서 [그림 9-12 (a)]에 표시된 증폭기의 교류 등가 회로를 살펴보자. 교류 등가 회로에서 고찰하면 트랜지스터의 베이스와 이미터에 연결된 접지 사이에서의 임피던스는 트랜지스터의 입력 임피던스라는 것을 알 수 있다. 이런 입력 임피던스가 h_{ie}이다.

식 (9-33)은 식 (9-20)과 식 (9-32)를 이용해서 유도된다. 여러분은 Z_{base}가

$$Z_{\text{base}} = h_{fe} r_e{}'$$

로 정의된다는 것을 알고 있다. 식 (9-32)에 Z_{base}를 대입하면

$$h_{ie} = h_{fe} r_e{}'$$

를 구할 수 있다. $r_e{}'$에 대해서 간단히 정리하면 식 (9-33)이 주어진다. h-파라미터에서 왜 $r_e{}'$를 구하기 위해서 애쓰는지 의심하지 않을 수 없을 것이다. $r_e{}'$는 간단히 다음과 같이 사용된다.

$$r_e{}' = \frac{25\text{mV}}{I_E}$$

중요한 사실은 식 $25\text{mV}/I_E$가 매우 정확하지 않다는 것이다. h-파라미터 식을 사용함

으로 해서 더욱 정확한 r_e'를 얻을 수 있다. 따라서 주어진 공통 이미터 증폭기에서 A_v를 더욱 명확히 계산할 수 있다.

식 (9-34)는 다음과 같이 유도된다.

$$A_v = \frac{r_C}{r_e'} = \frac{1}{r_e'} r_C = \frac{h_{fe}}{h_{ie}} r_C = \frac{h_{fe} r_C}{h_{ie}}$$

이장에서 설명된 식은 교류 증폭기 해석에 처음부터 끝까지 사용되어질 것이다. *h*-파라미터에서 요구되는 완전한 조건과 *h*-파라미터의 유도는 여기서 나타낸 것보다 더욱 복잡하다는 것을 알아야 한다. *h*-파라미터에 관심 있는 사람을 위하여 각 파라미터를 부록 C에서 설명하였다.

9.7.6 *h*-파라미터의 결정(Determining *h* Parameter Value)

주어진 트랜지스터의 스펙에서 전기적인 특성 부분은 소자의 *h*-파라미터로 설명된다. 이것은 모토로라 2N4400 – 4401 시리즈 트랜지스터에 대한 스펙으로 전기적인 특성 부분을 [그림 9-24]에서 설명하고 있다.

2N4400, 2N4401

특성	기호	최소	최대	단위
이미터-베이스 커패시턴스 ($V_{BE}=0.5$Vdc, $I_C=0$, f=100kHz)	C_{eb}	–	30	pF
입력 임피던스 ($I_C=1.0$mAdc, $V_{CE}=10$Vdc, f=1.0kHz) 2N4400 2N4401	h_{ie}	0.5 1.0	7.5 1.5	kΩ
전압귀환비 ($I_C=1.0$mAdc, $V_{CE}=10$Vdc, f=1.0kHz)	h_{re}	0.1	8.0	$\times 10^{-4}$
소신호전류이득 ($I_C=1.0$mAdc, $V_{CE}=10$Vdc, f=1.0kHz) 2N4400 2N4401	h_{fe}	20 40	250 500	– –
출력 어드미턴스 ($I_C=1.0$mAdc, $V_{CE}=10$Vdc, f=1.0kHz)	h_{oe}	1.0	30	µmhos

[그림 9-24]

h-파라미터가 최소와 최대로 주어질 때 두 값에 대한 기하학적 평균을 결정하여야만 한다. 따라서 2N4400 회로에서 사용할 수 있는 h_{ie}와 h_{fe}는 다음과 같이 구할 수 있다.

$$h_{ie} = \sqrt{h_{ie(\min)} \times h_{ie(\max)}} = \sqrt{(500\Omega)(7.5\text{k}\Omega)} = 1.94\text{k}\Omega$$

그리고 $h_{fe} = \sqrt{(h_{fe(\min)} \times h_{fe(\max)}} = \sqrt{(20)(250)} = 71$

【예제 9-18】은 2N4400 증폭기의 교류 해석에서 어떻게 사용되는가를 보여주고 있다.

【예제 9.18】 [그림 9-25]에 표시된 회로에서 Z_{in}과 A_v를 결정하시오.

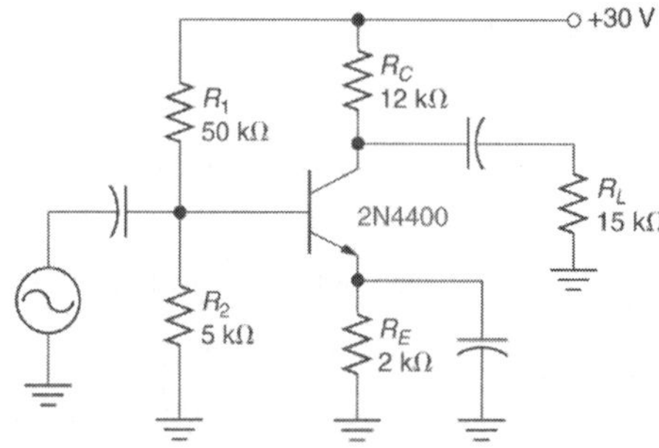

[그림 9-25]

풀이 확립된 해석과정을 이용하여 구한 회로의 I_C는 근사적으로 1mA가 된다는 것을 알 수 있다. [그림 9-24]에 표시된 스펙으로부터 2N4400의 h_{ie}와 h_{fe}는 I_C=1mA에서 주어진다. 이미 결정된 기하학적 평균 h_{ie}=1.94kΩ, h_{fe}=71을 이용할 수 있다. 이런 값을 이용하면

$$Z_{base} = h_{ie} = 1.94\text{k}\Omega$$
$$Z_{in} = R_1 \| R_2 \| Z_{base} = 1.35\text{k}\Omega$$
$$r_C = R_C \| R_L = 6.67\text{k}\Omega$$

으로 구해진다. A_v는 244로 계산된다.

$$A_v = \frac{h_{fe} r_C}{h_{ie}} = \frac{(71)(6.67\text{k}\Omega)}{1.94\text{k}\Omega} = 244$$

(실전 연습문제 9-18)

[그림 9-25]에 표시된 것과 유사한 증폭기 회로에서 R_C=12kΩ, R_L=4.7kΩ, R_1=33kΩ, R_2=4.7kΩ, I_C=1mA의 크기를 갖는다. 1mA에서 트랜지스터는 h_{ie}=1kΩ ~ 5kΩ, h_{fe}=70~350의 h-파라미터를 가지고 있다. 회로의 Z_{in}과 A_v를 결정하시오.

▶▶ 1.45kΩ, 237

【예제 9-18】에서 지적하는 것으로서 h-파라미터는 2N4400에서 I_C=1mA일 때 측정한 값을 스펙에 나타난 값이다. h_{FE}를 갖는 경우와 같이 교류 h-파라미터는 I_C에 따라 모두 변하게 된다. 이 점은 2N4400 시리즈 트랜지스터에 대한 h-파라미터 특성곡선을 보여주고 있는 [그림 9-26]에서 설명하고 있다.

각 h-파라미터 그래프마다 4개의 특성곡선을 보여주고 있다. 두 개의 특성곡선은 2N4400에서 확인한 것이고 다른 두 개의 특성곡선은 2N4401에서 확인한 것이다. I_{CQ}=1mA에서 최대-최소의 h-파라미터가 주어진 것과 마찬가지로 트랜지스터의 최대(unit

1) 특성곡선과 최소(unit 2) 특성 곡선을 갖는다. 주어진 I_{CQ}에서 주어진 파라미터를 결정하기 위해서 다음과 같은과정에 따른다.

1. 그래프를 이용해서 I_{CQ}에서 최대-최소 h-파라미터를 결정한다.
2. 증폭기의 해석에서 얻어진 두 개의 값에 대한 기하학적인 평균을 이용한다.
   이런 과정의 이용은 【예제 9-19】에서 설명하였다.

h 파라미터

$V_{CE} = 10\text{Vdc}$, $f = 1.0\text{kHz}$, $T_A = 25°\text{C}$

이와 같은 특성곡선을 나타내는 그래프들은 트랜지스터의 h_{fe}와 기타의 h파라미터를 표시한다. 이런 특성곡선을 구하기 위해서는 높은 이득, 낮은 이득의 단위가 2N4400과 2N4401의 특성곡선으로부터 구해진다. 각 그래프의 번호가 표시된 특성곡선에서 공통적으로 사용되는 단위는 등가의 크기를 갖는다.

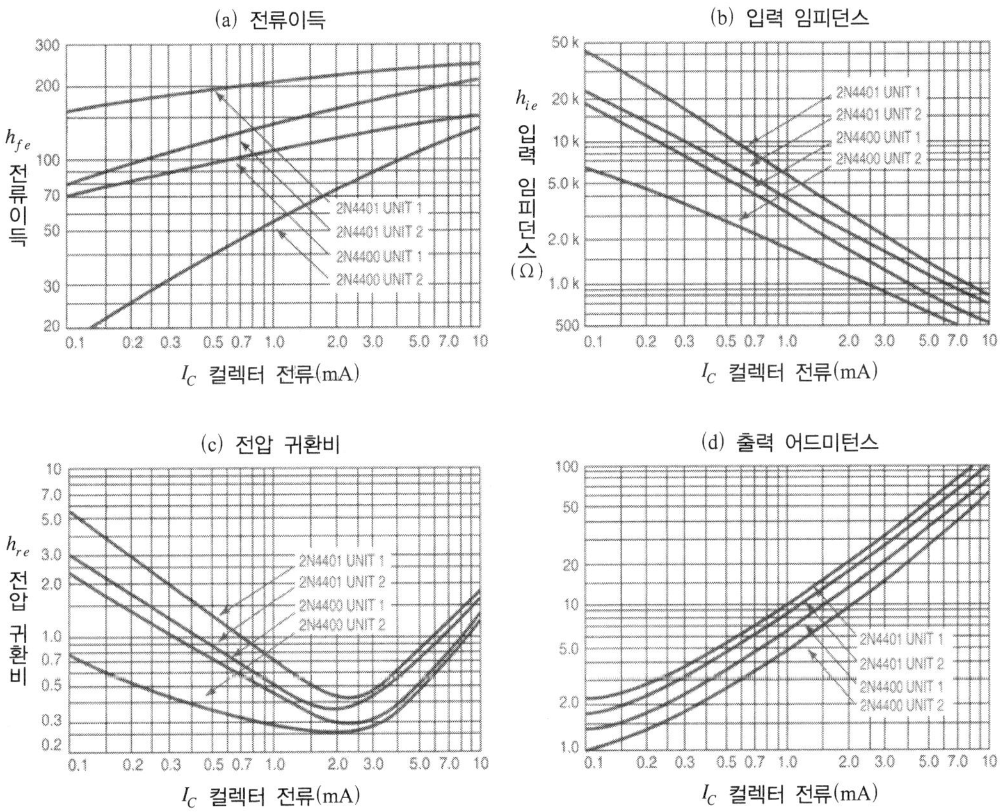

[그림 9-26]

【예제 9.19】 증폭기 2N4400은 $I_{CQ} = 5\text{mA}$, $r_c = 460\,\Omega$를 가지고 있다. 회로에 대한 A_v를 결정하시오.

풀이 [그림 9-26]에 표시된 h_{fe} 특성곡선으로부터 $I_{CQ} = 5\text{mA}$일 때 h_{fe}의 범위는 110에서

140으로 근사화 할 수 있다. 두 값에 대한 기하학적인 평균은 다음과 같이 구해진다.

$$h_{fe} = \sqrt{(h_{fe(\min)} \times h_{fe(\max)})} = \sqrt{(110)(140)} = 124$$

[그림 9-26]에 표시된 h_{ie} 특성곡선에서 I_{CQ}=5mA일 때 h_{ie}의 범위는 600Ω에서 800Ω이 된다는 것을 보여주고 있다. 두 값에 대한 기하학적인 평균은 다음과 같이 구할 수 있다.

$$h_{ie} = \sqrt{(h_{ie(\min)} \times h_{ie(\max)})} = \sqrt{(600\Omega)(800\Omega)} = 693\Omega$$

$h_{fe}=124$와 $h_{ie}=693$을 이용하면 A_v는 다음과 같이 결정된다.

$$A_v = \frac{h_{fe} r_c}{h_{ie}} = \frac{(124)(460\Omega)}{693\Omega} = 82.3$$

(실전 연습문제 9-19)

A 2N4401은 $I_{CQ}=2\text{mA}$, $r_c = 1.64k\Omega$을 가지고 있는 회로에 사용된다. [그림 9-26]에 표시된 특성곡선을 이용하고 증폭기에 대한 A_v를 결정하시오.

▶▶ 121

9.7.7 몇 가지 중요한 요점(A Few More Point)

이 절에서는 h_{ie}와 h_{fe}에 관해서 집중되었다. 이것은 이런 두 파라미터가 회로 해석에서 가장 널리 사용되기 때문이다. 다른 두 개의 h-파라미터, h_{oe}와 h_{re}는 회로를 개선할 목적으로 적용하여 사용된다. 증폭기의 전압 이득을 결정하기 위해서 항상 필요한 것은 트랜지스터의 스펙으로부터 얻어진다고 할 수 있는 h-파라미터가 요구된다. 만약에 범위가 주어진다면 두 가지 과정 중 한가지만으로도 실질적으로 구할 수 있다.

1. 만약 A_v를 근사화 한다면 h-파라미터 목록에 대한 기하학적 평균을 이용할 수 있다.
2. 만약 A_v의 최악의 경우 값에 관심 있다면 h_{ie}와 h_{fe}의 최대와 최소 두 가지를 이용하여 증폭기를 해석할 수 있다. 이렇게 함으로써 A_v의 최대와 최소를 얻을 수 있을 것이다. 이러한 두 가지 값은 증폭기에 대한 전압 이득의 범위가 될 것이다.

기초 확인문제 9.7

1. h_{ie}는 무엇인가? h_{ie}는 어떻게 측정하는가?
2. h_{fe}는 무엇인가? h_{fe}는 어떻게 측정하는가?
3. h_{oe}는 무엇인가? h_{oe}는 어떻게 측정하는가?

4. h_{re}는 무엇인가? h_{re}는 어떻게 측정하는가?
5. 4개의 h-파라미터 중 일반적으로 회로 해석에 사용되는 것은 어느 것인가?
6. 트랜지스터의 스펙에 실려져 있는 h-파라미터는 어디에 있는가?
7. 최대와 최소 h-파라미터가 나열되었을 때 일반적으로 회로 해석에 사용되는 값은 무엇인가?
8. 정해진 I_{CQ}에서 h_{ie}와 h_{fe}를 결정하기 위한 과정은 무엇인가?
9. A_v에 대한 최악의 경우 값을 결정하기 위해서 어떻게 회로 해석과정을 변화하는가?

9.8 증폭기의 고장 진단(Amplifier Troubleshooting)

증폭기의 직류 고장 진단과정은 이미 설명한바 있다. 그러나 증폭기에서 문제가 이미 존재한다고 가정하고 고찰한 것이다. 여러 개의 증폭기 중에서 하나가 문제가 발생했다면 어떻게 설명할 수 있을까? [그림 9-27]을 살펴보기로 하자. 만약 이런 직렬 증폭기로부터 마지막 출력이 불량이라면 어느 증폭기가 근본적으로 문제가 있는지 어떻게 알 수 있겠는가? 직렬 증폭기를 고장 진단할 때 마지막 출력 단에서부터 시작한다. 증폭기의 출력이 고장이라는 것이 사실일 때 입력을 검사한다.

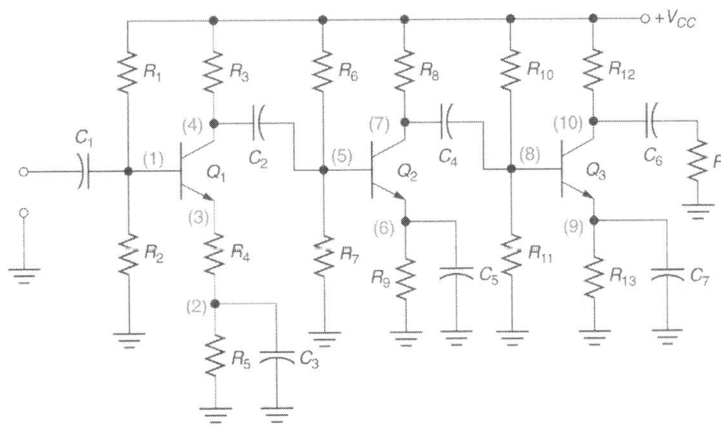

측정점을 구분하기 위해서 번호를 병기한다.

[그림 9-27]

만약 증폭기의 입력 단이 정상이라면 고장은 마지막 단에 존재한다. 만약 증폭단의 입력이 고장이라면 증폭 단 사이의 결합용 소자의 연결이 끊어지게 된다. 소스단의 출력을 점검해야 한다. 예를 들자면 [그림 9-27]에 표시된 회로의 3번 측정 점에서 나타난 신호가 고장상태라면 C_4의 어느 측으로도 연결되지 않기 때문에 4번 측정 점을 점검한다. 이 일을 행하는 이유는 고장 입력이 소스단의 문제에 의한 결과라는 것을 만족시키기 위해서이다. 만약 전 단의 출력이 정상일 때 결합용 소자가 끊어진다면 고장은 결합용 소자이거나 부하이거나 둘 중의 하나이다.

9.8.1 증폭기 입력/출력 신호(Amplifier Input/Output Signal)

[그림 9-28]은 [그림 9-27]에 표시된 각 증폭단의 입력과 출력에서 나타날 수 있는 신호를 표시하고 있다. 표준 공통 이미터 증폭기(2단과 3단)는 트랜지스터의 이미터 단자에서 교류 신호가 나타나지 않는다는 것을 보여주고 있음에 유의하라. 이것은 교류 전압이 트랜지스터 자체에서 r'_e에 걸쳐 나타난다는 사실에서 기인한다. 스왐핑 된 증폭기(1단)는 이미터 단자에서 작은 교류 신호가 존재하는 것뿐만 아니라 측로용 커패시터 연결점에서 오직 직류레벨만을 갖게 된다. 모든 세 가지 경우에서 컬렉터 신호는 베이스에서 입력 신호보다 진폭이 매우 크고 두 신호는 180°의 위상차를 갖는다.

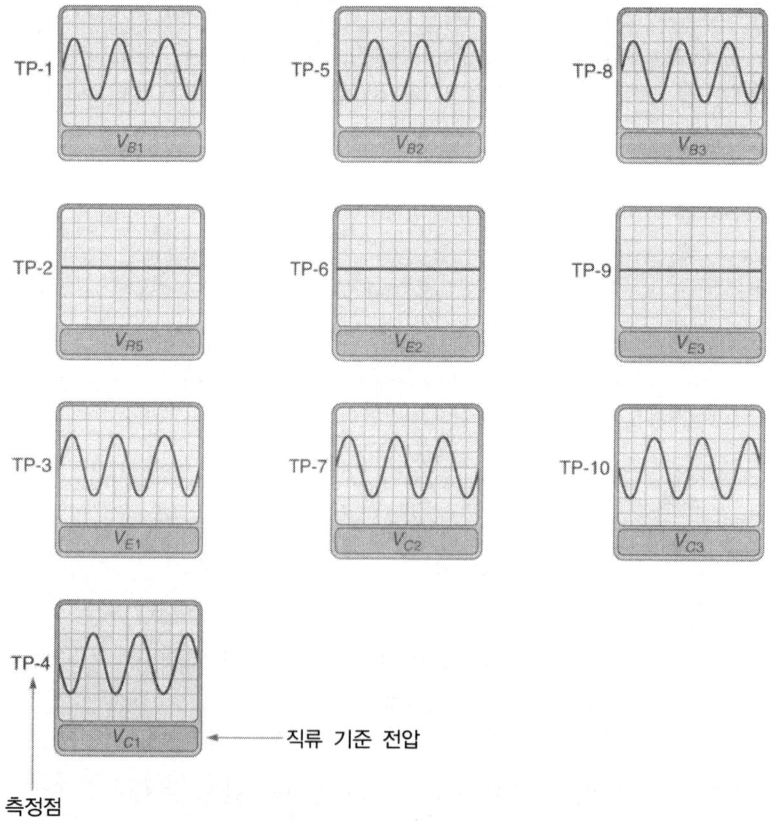

[그림 9-28] [그림 9-27]의 신호

증폭기에서 고장을 진단 할 때 입력과 출력 신호의 고장 조건을 갖는 증폭기를 찾을 수 있어야 한다. 다시 말해서 일반적인 입력 신호와 고장 출력 신호를 갖는 증폭 단을 찾는 것이다. 그런 증폭 단을 찾을 때 7장에서 설명한 것처럼 직류 회로의 고장을 수리한다.

9.8.2 비선형 왜곡(Nonlinear Distortion)

여러분도 잘 알다시피 왜곡은 교류 신호 형태에서 나타나는 원하지 않는 변화이다. 공통 이미터 증폭기에서 일반적으로 발생하는 한 가지 문제를 비선형 왜곡이라고 부른다. 증폭기에서 비선형 왜곡을 갖는 출력 신호를 [그림 9-29 (a)]에 표시했다. 신호의 왜곡된 positive 주기와 정상 신호의 negative 주기와는 서로 다르다는 점에 유의하라. positive 주기의 형태의 변화는 비선형 왜곡의 결과이다.

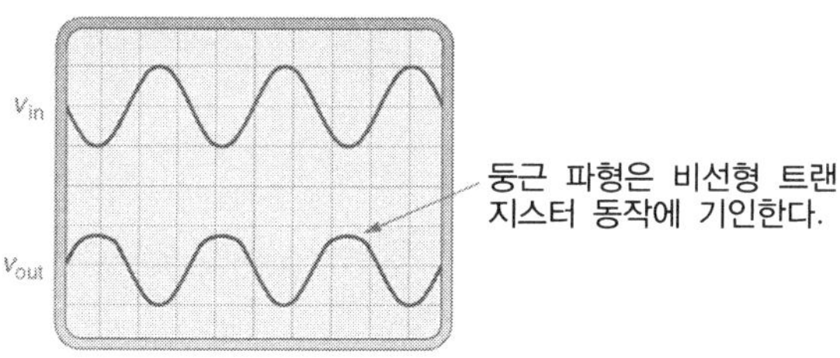

(a) 비선형 왜곡

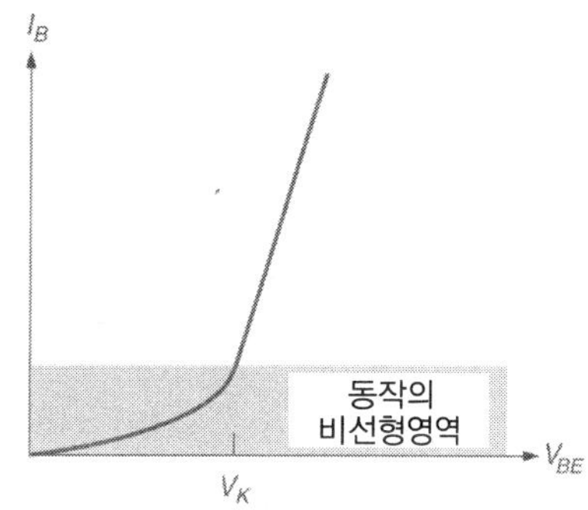

(b) 베이스 특성곡선

[그림 9-29] 비선형 왜곡

비선형 왜곡은 트랜지스터의 비선형 동작 영역인 베이스와 이미터 접합에서 발생하는 왜곡의 종류이다. 이 점을 설명하기 위해서 [그림 9-29 (b)]에서 트랜지스터의 베이스 특성 곡선을 보여주고 있다. 일반적으로 트랜지스터는 베이스-이미터 접합에서의 동작이 선형 영역으로 지속되도록 동작한다. 이런 영역에서 V_{BE}가 변화함에 따라서 I_B는 선형적(일정한 비율)으로 변화한다. 만약 트랜지스터가 비선형 동작 영역으로 동작하였다면 V_{BE}의 변화에서 I_B의 변화가 선형으로 되지 않는다. 예를 들면 V_K를 기준으로 V_K점 이하와 V_K점 이상에서의 인접한 점에서 곡선의 기울기를 비교하자. 곡선의 기울기가 변화하기 때문에 I_B의 변화율 또한 변화한다. 트랜지스터의 베이스-이미터 접합은 두 가지 중 한 가지 형태의 환경에서는 비선형 동작 영역으로 유도되는 것임에는 틀림없다.

1. 트랜지스터는 일반적으로 I_B가 선형 동작 영역 이내의 범위에서 적합한 값을 가지고 바이어스된다. 만약 증폭기가 빈약하게 바이어스된다면(I_B의 Q점은 비선형 동작

영역에 가깝고) 상대적으로 작은 교류 입력 신호는 비선형 영역에서 동작하는 증폭기로 유도되어지고 비선형 왜곡의 결과가 된다.

2. 증폭기에 입력되는 신호의 진폭은 비선형 왜곡을 유발하는 비선형 동작으로 적합하게 바이어스된 증폭기 까지도 선형 영역에서 동작하도록 하기 위해서 충분히 커야 한다.

만약에 두 가지 문제에서 첫 번째가(약한 바이어스) 존재할 때, 해법은 큰 I_B를 위한 증폭기로 다시 설계되어야 한다.

두 번째 문제(증폭기의 오버 드라이빙)가 존재할 때, 해법은 증폭기 입력 신호의 진폭을 줄여야 한다. 비선형 왜곡은 전자 통신에서 다양한 문제를 유발할 수 있다. 스테레오에서 오디오가 낱알 모양으로 소리나게 하거나 또는 다양한 뮤지컬 악기의 음색을 변화시키게 한다. 이것은 TV 영상 회로에서 브라운관의 화질을 왜곡시킨다. 이런 문제들을 피하기 위해서 일반적인 증폭기 설계에서 비선형 왜곡을 피하는 것이 강조된다. 비선형 왜곡을 피하기 위하여 설계된 증폭기에서 가장 일반적으로 발생되는 비선형 왜곡은 증폭기의 오버드라이빙이다.

9.8.3 요점정리(A Few Point)

공통 이미터 증폭기를 고장 진단할 때 주어진 증폭 단에서 입력 신호는 출력에서의 진폭보다 매우 작다는 점을 기억하라. 이런 이유에 대하여 출력에서 입력으로 갈 때 오실로스코프의 수직감도(VOLTS/DIV)을 조절하여 줄여주어야 한다. 예를 들어 전압이득이 100이라는 회로를 가정하자. 일반적인 환경 하에서 이런 증폭기는 입력 신호보다 100배가 큰 출력 신호를 갖게 될 것이다. 만약에 오실로스코프에서 VOLTS/DIV를 똑같이 두고서 두 신호를 읽으려고 한다면 입력 신호를 볼 수가 없게 된다.

또 다른 관점에서 오실로스코프에서 위상이 180° 바뀐 것을 보는 것에 대해서는 걱정하지 않아도 된다. 그렇게 하기를 원한다면 증폭기의 입력에 관한 오실로스코프 외부 트리거를 할 수 있고, 이때 바뀌어진 위상을 볼 수 있다. 그러나 시프트 된 위상을 보는 것은 정말로 중요하지 않다. 만약에 증폭기가 동작 중이라면 위상 시프트는 이루어질 것이다. 문제가 지속된다면 증폭기에서는 정상적인 신호뿐만 아니라 위상 시프트도 결코 일어나지 않게 된다. 증폭기에서 작은 입력 신호와 큰 출력 신호를 볼 수 있을 것이다. 정상적인 신호가 다음 증폭 단으로 옮겨지는 것이 필요하다. 만약에 입력 신호가 좋은데 출력 신호가 나쁘다면 이런 증폭 단은 불량 증폭 단이다.

기초 확인문제 9.8

1. 다단 증폭기의 고장진단에 대한 과정은 무엇인가?
2. 증폭기에서 입력에서 나타나는 신호가 고장인 경우 증폭단 사이의 결합용 소자의 연결을 끊고 소스단의 출력을 점검하는 이유는 무엇인가?
3. 비선형 왜곡이란 무엇인가?
4. 비선형 왜곡이 발생되는 이유는 무엇인가?
5. 증폭기에서 고장 진단을 할 때, 오실로스코프의 VOLTS/DIV 조절에 세심한 주의가 필요한 이유는 무엇인가?

중요 용어(Key Term)

교류베타(ac beta), 이득이 안정화된 증폭기(gain stabilized amplifier), 출력 어드미턴스(output admittance), 교류 이미터 저항(ac emitter resistance), *h*-파라미터(*h* parameter), 역 전압 전달비(reverse voltage feedback ratio), 교류 등가 회로(ac equivalent circuit), 입력 임피던스(input impedance), 증폭 단(stage), 측로 커패시터(bypass capacitor), 선형(linear), 종속(cascade), 다단 증폭기(multistage amplifier), 스왐핑 된 증폭기(swamped amplifier), 결합용 커패시터(coupling capacitor), 비선형 왜곡(nonlinear distortion)

연습문제

9-1. 증폭기의 이미터 전류가 12mA라고 가정하고 회로의 r_e'를 구하시오.

9-2. 증폭기의 이미터 전류가 10mA라고 가정하고 회로의 r_e'를 구하시오.

9-3. 증폭기가 $V_E = 2.2\text{V}$, $R_E = 910\text{k}\Omega$의 크기를 갖는다고 가정하고 회로의 r_e'를 구하시오.

9-4. 증폭기가 $V_E = 12\text{V}$, $R_E = 4.7\text{k}\Omega$의 크기를 갖는다고 가정하고 회로의 r_e'를 구하시오.

9-5. 증폭기가 $V_B = 3.2\text{V}$, $R_E = 1.2\text{k}\Omega$ 의 크기를 갖는다고 가정하고 회로의 r_e'를 구하시오.

9-6. 증폭기가 $V_B = 4.8\text{V}$, $R_E = 3.9\text{k}\Omega$ 의 크기를 갖는다고 가정하고 회로의 r_e'를 구하시오.

9-7. [그림 9-30]에 표시된 회로의 r_e'를 구하시오.

9-8. [그림 9-31]에 표시된 회로의 r_e'를 구하시오.

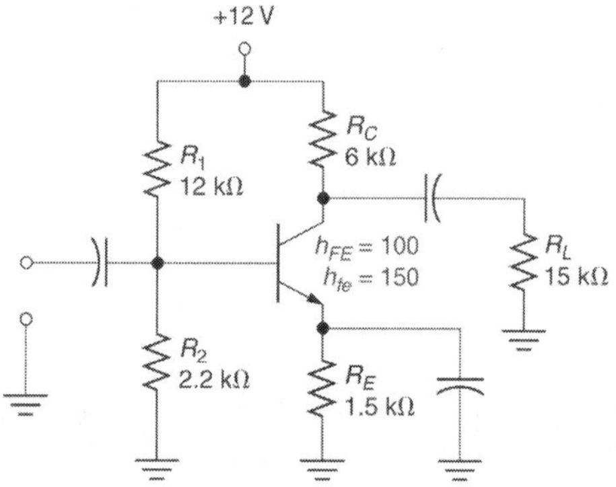

[그림 9-30]

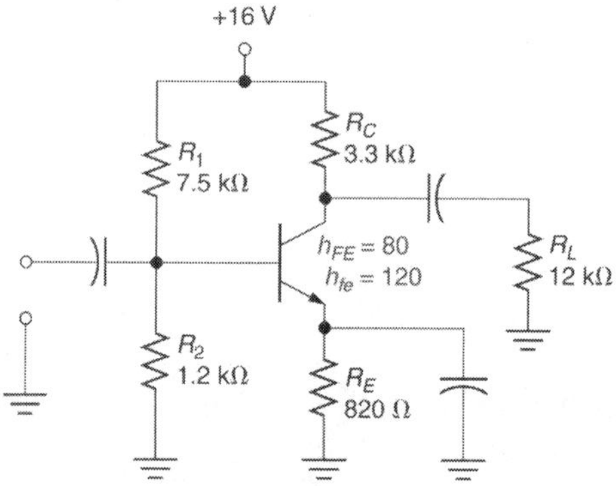

[그림 9-31]

9-9. [그림 9-30]에 표시된 증폭기의 교류 등가 회로를 구하시오.(모든 소자 값 포함)

9-10. [그림 9-31]에 표시된 증폭기의 교류 등가 회로를 구하시오.(모든 소자 값 포함)

9-11. [그림 9-32]에 표시된 증폭기의 교류 등가 회로를 구하시오.(모든 소자 값 포함)

9-12. [그림 9-33]에 표시된 증폭기의 교류 등가 회로를 구하시오.(모든 소자 값 포함)

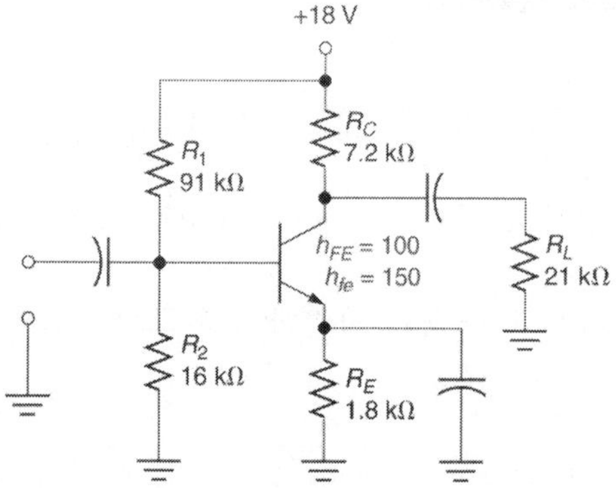

[그림 9-32]

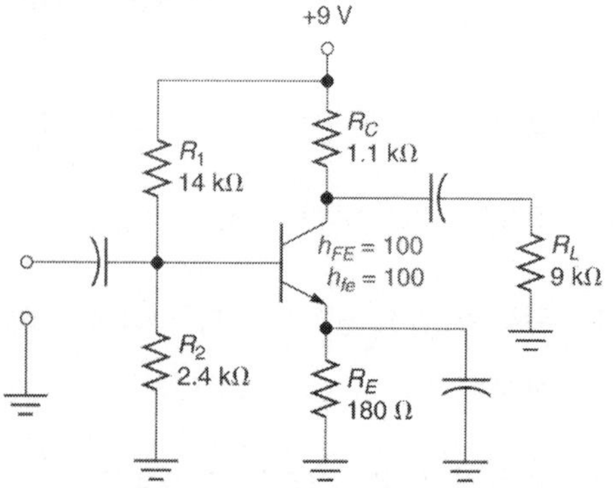

[그림 9-33]

9-13. 증폭기가 $v_{in}=120mV$, $v_{out}=4V$의 크기를 갖는다고 가정하고 회로의 A_v를 구하시오.

9-14. 증폭기가 $v_{in}=82mV$, $v_{out}=6.4V$의 크기를 갖는다고 가정하고 회로의 A_v를 구하시오.

9-15. 증폭기가 $r_C=2.2k\Omega$, $r_e'=22.8\Omega$의 크기를 갖는다고 가정하고 회로의 A_v를 구하시오.

9-16. 증폭기가 $r_C=4.7k\Omega$, $r_e'=32\Omega$의 크기를 갖는다고 가정하고 회로의 A_v를 구하시오.

9-17. 증폭기가 $r_C=2.7k\Omega$, $I_E=1mA$의 크기를 갖는다고 가정하고 회로의 A_v를 구하시오.

9-18. 증폭기가 $r_C=3.3k\Omega$, $I_E=2mA$의 크기를 갖는다고 가정하고 회로의 A_v를 구하시오.

9-19. [그림 9-30]에 표시된 증폭기 회로의 A_v를 구하시오.

9-20. [그림 9-31]에 표시된 증폭기 회로의 A_v를 구하시오.

9-21. [그림 9-32]에 표시된 증폭기 회로의 A_v를 구하시오.

9-22. [그림 9-33]에 표시된 증폭기 회로의 A_v를 구하시오.

9-23. [그림 9-32]에 표시된 증폭기 회로가 12mV 크기의 입력 신호를 갖는다고 가정하고 회로의 v_{out}을 구하시오.

9-24. [그림 9-31]에 표시된 증폭기 회로가 22mV 크기의 입력 신호를 갖는다고 가정하고 회로의 v_{out}을 구하시오.

9-25. [그림 9-30]에 표시된 회로의 A_p를 구하시오. 회로의 A_i는 14라고 가정하시오.

9-26. [그림 9-31]에 표시된 회로의 A_p를 구하시오. 회로의 A_i는 11이라고 가정하시오.

9-27. [그림 9-32]에 표시된 회로의 A_p를 구하시오. 회로의 A_i는 31이라고 가정하시오.

9-28. [그림 9-33]에 표시된 회로의 A_p를 구하시오. 회로의 A_i는 7.5라고 가정하시오.

9-29. 증폭기가 $A_v=110$, $A_i=40$의 크기를 갖는다. $P_{in}=10mW$일 때의 A_p와 P_{out}을 구하시오.

9-30. 증폭기가 $A_v = 68.8$, $A_i = 1.44$의 크기를 갖는다. $P_{in} = 240\text{mW}$일 때의 A_p와 P_{out}을 구하시오.

9-31. [그림 9-30]에 표시된 회로의 개방-부하 전압 이득을 계산하시오.

9-32. [그림 9-31]에 표시된 회로의 개방-부하 전압 이득을 계산하시오.

9-33. [그림 9-32]에 표시된 회로의 개방-부하 전압 이득을 계산하시오.

9-34. [그림 9-33]에 표시된 회로의 개방-부하 전압 이득을 계산하시오.

9-35. [그림 9-30]에 표시된 증폭기 회로의 Z_{in}과 $Z_{in(base)}$를 구하시오.

9-36. [그림 9-31]에 표시된 증폭기 회로의 Z_{in}과 Z_{base}를 구하시오.

9-37. [그림 9-32]에 표시된 증폭기 회로의 Z_{in}과 Z_{base}를 구하시오.

9-38. [그림 9-33]에 표시된 증폭기 회로의 Z_{in}과 Z_{base}를 구하시오.

9-39. 연습문제 25에서 가정된 A_i가 옳은지 옳지 않은지를 결정하시오.

9-40. 연습문제 26에서 가정된 A_i가 옳은지 옳지 않은지를 결정하시오.

9-41. 연습문제 27에서 가정된 A_i가 옳은지 옳지 않은지를 결정하시오.

9-42. 연습문제 28에서 가정된 A_i가 옳은지 옳지 않은지를 결정하시오.

9-43. [그림 9-34]에 표시된 증폭기 회로의 세 번째 증폭 단에서 A_v를 구하시오.

9-44. [그림 9-34]에 표시된 증폭기 회로의 두 번째 증폭 단에서 A_v를 구하시오.

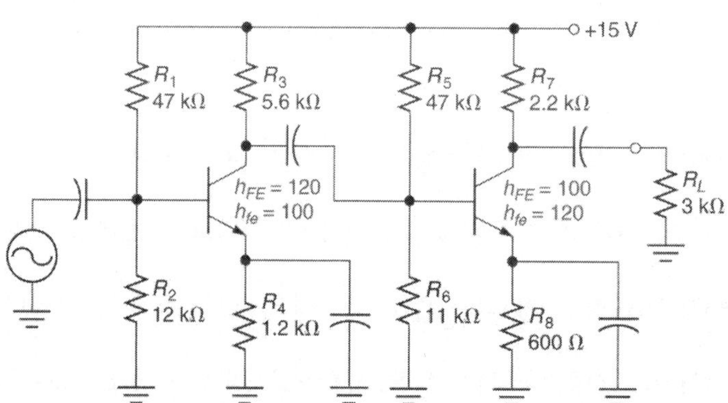

[그림 9-34]

9-45. [그림 9-35]에 표시된 증폭기 회로의 첫 번째 증폭 단에서 A_v를 구하시오.

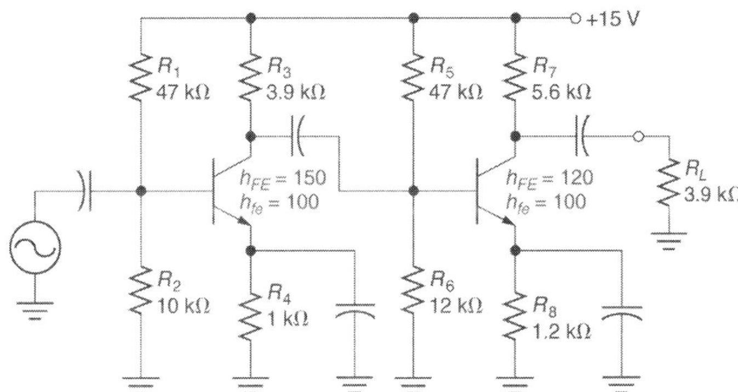

[그림 9-35]

9-46. 2단 증폭기가 $A_{v1}=23.8$, $A_{v2}=122$, $A_{i1}=24$, $A_{i2}=38$의 크기를 갖는다고 가정하고 회로의 A_{vT}, A_{iT}, A_{pT}를 구하시오.

9-47. 2단 증폭기가 $A_{v1}=88.6$, $A_{v2}=90.3$, $A_{i1}=11$, $A_{i2}=21$의 크기를 갖는다고 가정하고 회로의 A_{vT}, A_{iT}, A_{pT}를 구하시오.

9-48. 2단 증폭기가 $A_{v1}=24.8$, $A_{v2}=77.1$, $A_{i1}=30$, $A_{i2}=9$의 크기를 갖는다고 가정하고 회로의 A_{vT}, A_{iT}, A_{pT}를 구하시오.

9-49. [그림 9-34]에 표시된 증폭기 회로에서 A_{vT}, A_{iT}, A_{pT}를 구하시오.

9-50. [그림 9-36]에 표시된 증폭기 회로에서 A_v를 구하시오.

9-51. [그림 9-37]에 표시된 증폭기 회로에서 A_v를 구하시오.

9-52. [그림 9-38]에 표시된 증폭기 회로에서 A_v를 구하시오.

9-53. [그림 9-36]에 표시된 증폭기 회로에서 Z_{in}과 Z_{base}를 구하시오.

9-54. [그림 9-37]에 표시된 증폭기 회로에서 Z_{in}과 Z_{base}를 구하시오.

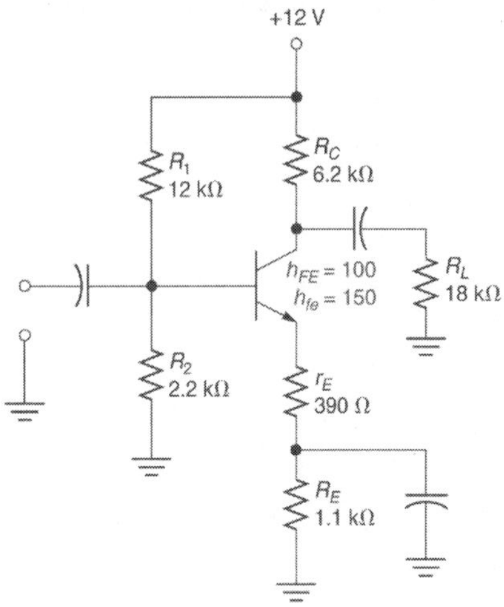

[그림 9-36]

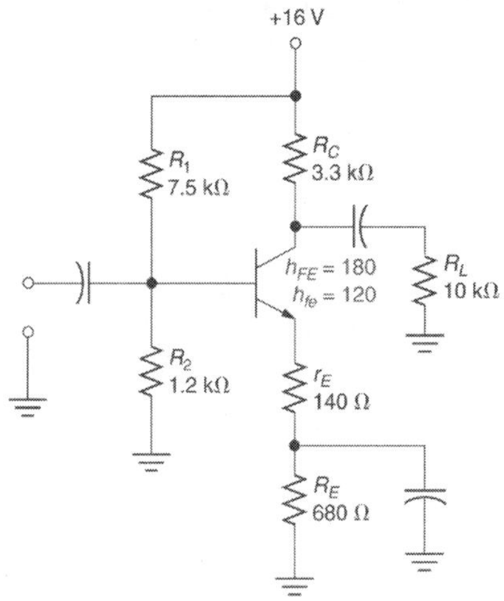

[그림 9-37]

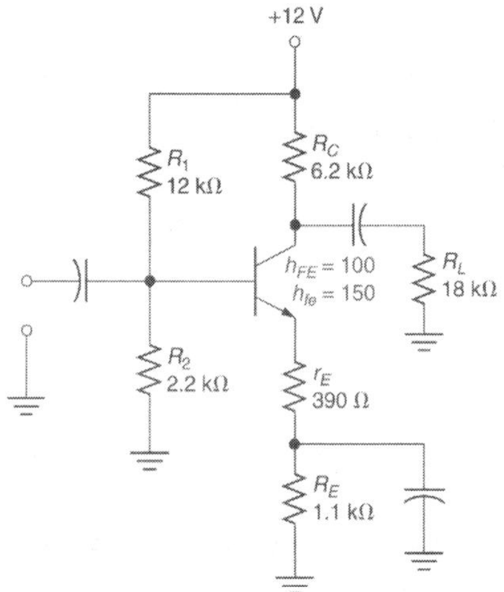

[그림 9-38]

9-55. 증폭기가 $h_{fe}=100$, $h_{ie}=5\text{k}\Omega$, $r_c=3.8\text{k}\Omega$의 크기를 갖는다고 가정하고 회로의 Z_{base}, r_e', A_v를 구하시오.

9-56. 증폭기가 $h_{fe}=120$, $h_{ie}=4\text{k}\Omega$, $r_c=3.8\text{k}\Omega$의 크기를 갖는다고 가정하고 회로의 Z_{base}, r_e', A_v를 구하시오.

9-57. [그림 9-39]를 참조하라. 트랜지스터가 $I_{CQ}=1\text{mA}$, $r_c=2.48\text{k}\Omega$의 크기를 갖는 증폭기에 사용되었다고 가정하고 회로의 Z_{base}, A_v를 구하시오.

9-58. [그림 9-39]를 참조하라. 트랜지스터가 $I_{CQ}=2\text{mA}$, $r_c = 1.18\text{k}\Omega$의 크기를 갖는 증폭기에 사용되었다고 가정하고 회로의 Z_{base}, A_v를 구하시오.

9-59. [그림 9-39]를 참조하라. 트랜지스터가 $I_{CQ}=5\text{mA}$, $r_c = 878\Omega$의 크기를 갖는 증폭기에 사용되었다고 가정하고 회로의 Z_{base}, A_v를 구하시오.

9-60. [그림 9-39]를 참조하라. 트랜지스터가 $I_{CQ}=10\text{mA}$, $r_c= 1.05\text{k}\Omega$의 크기를 갖는 증폭기에 사용되었다고 가정하고 회로의 Z_{base}, A_v를 구하시오.

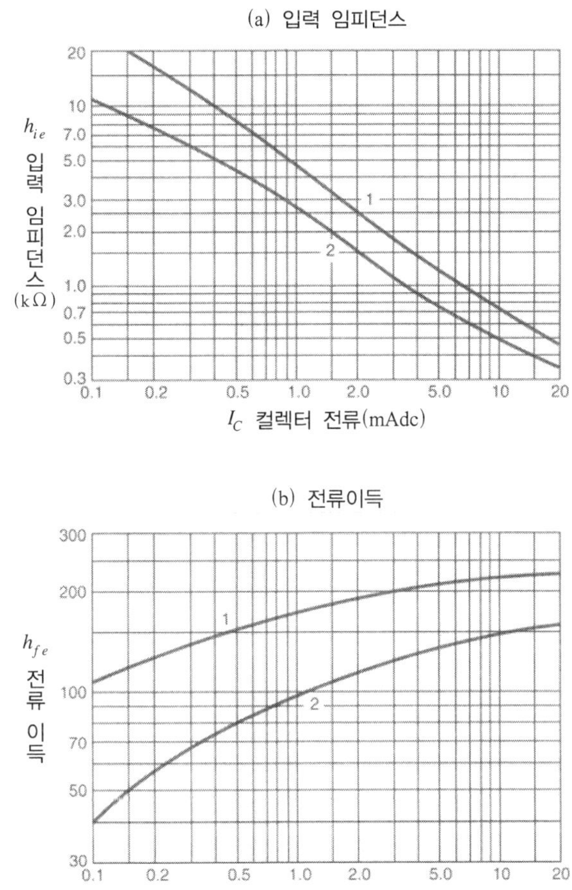

[그림 9-39]

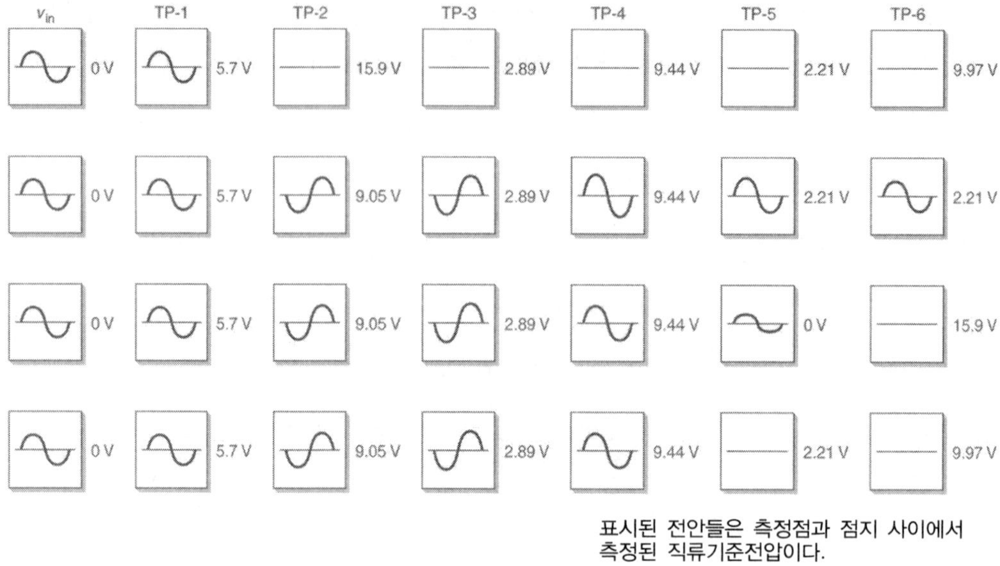

[그림 9-40]

9-61. [그림 9-40]에 여러 형태의 파형을 표시하고 있다. 표시된 전압들은 측정점과 접지 사이에서 측정된 직류기준전압이다. 각 열은 [그림 9-41]에 표시된 회로에서 실행된 검사 신호를 일렬로 나타낸다. 보여주고 있는 파형의 각 형태에 대하여 아래 질문에 답하시오.

(a) 파형은 회로에서 어떤 문제를 나타내는가?

(b) 만약에 "예"라고 답한다면, 아마도 어느 위치에 문제가 있다고 생각하는가? (간단히 증폭 단에서 주어진다거나 또는 두 개의 특정 증폭 단 사이의 결합에서 나타나는지를 지시하라.)

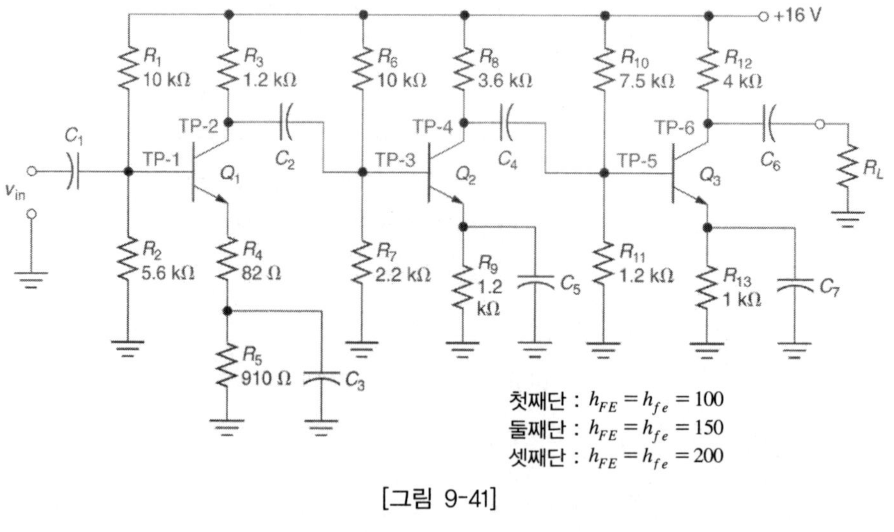

[그림 9-41]

9-62. [그림 9-42]에 표시된 각 회로에서 보여주고 있는 직류 전압은 문제가 있는지 그렇지 않은 상태인지를 나타내고, 문제가 발생할 수 있는 가능한 상태라면 혹시 어떤 것이 있는가?

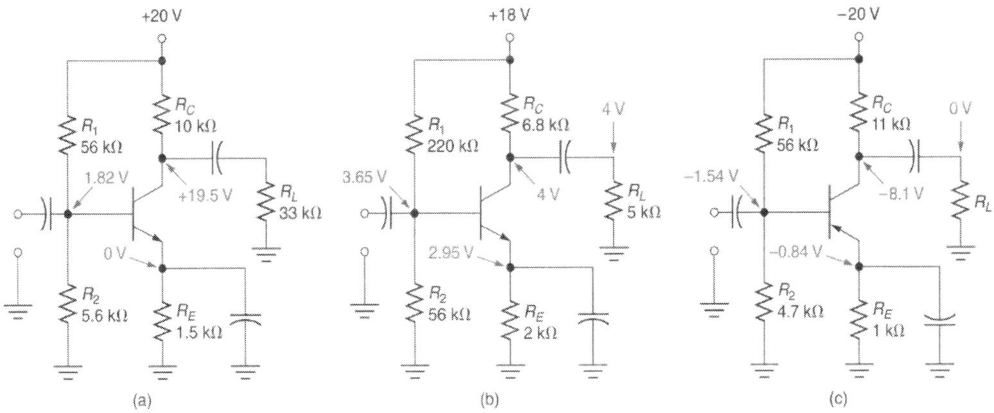

[그림 9-42]

9-63. [그림 9-43]에 표시된 증폭기 회로의 Z_{in}, A_v, A_i, A_p를 구하시오.

9-64. [그림 9-43]에 표시된 회로에서 부하 저항이 개방되었다면 피크-피크 출력 전압에서 결과적인 변화는 무엇인가?

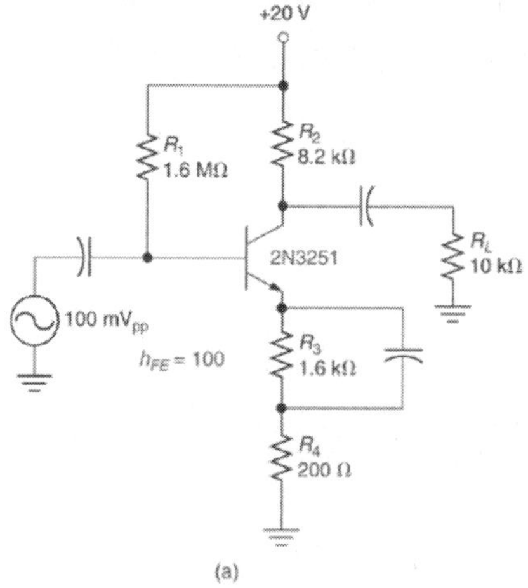

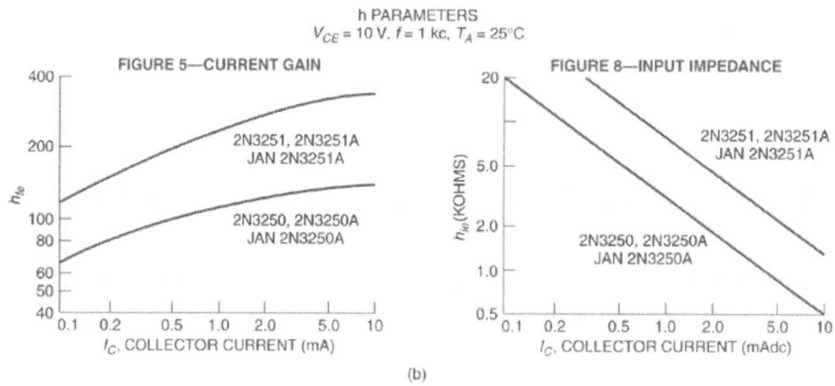

[그림 9-43]

9-65. [그림 9-44]에 표시된 회로에서 최소의 A_v를 구하시오.

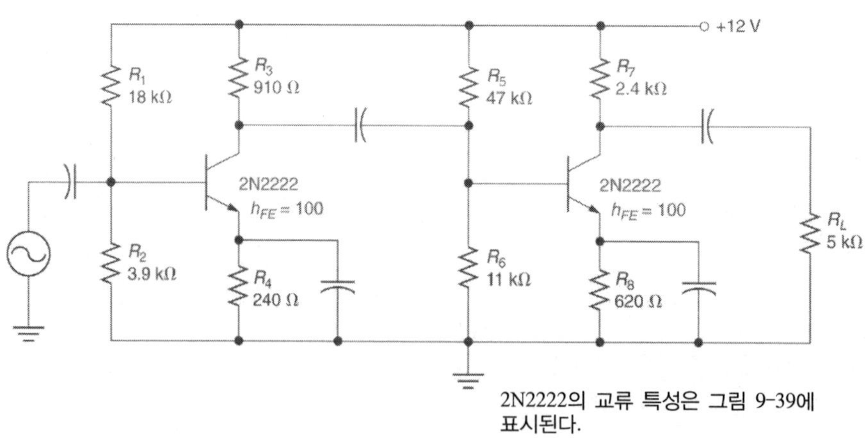

[그림 9-44]

9-66. h 파라미터 특성곡선을 이용하고 $I_{CQ} = 5\text{mA}$, $r_C = 2.4\text{k}\Omega$을 갖는 2N3904를 포함하는 공통 이미터 증폭기 회로의 전압 이득을 구하시오.

9-67. $I_{CQ} = 1\text{mA}$에서 동작하는 2N5089의 h_{FE}의 기하학적인 평균을 구하시오.

Chapter 10

▶ 다른 형태의 BJT 증폭기 ◀

(Other BJT Amplifiers)

학습목표

이 장을 학습하고 나면 여러분은 다음과 같은 내용을 이해하고 설명할 수 있다.

1. 이미터-활로워의 완벽한 직류 해석을 설명할 수 있다.
2. 이미터-활로워의 완벽한 교류 해석을 설명할 수 있다.
3. 이미터 활로워 회로에서의 이미터-귀환 바이어스와 컬렉터-측로 커패시터의 용도에 대해서 설명할 수 있다.
4. 전류 증폭기와 버퍼로 동작하는 이미터-활로워를 설명할 수 있다.
5. 달링톤 이미터-활로워의 완벽한 직류 해석을 설명할 수 있다.
6. 달링톤 이미터-활로워의 완벽한 교류 해석을 설명할 수 있다.
7. 공통-베이스 증폭기의 완벽한 교류 해석을 설명할 수 있다.
8. 전압 증폭기와 고주파 버퍼로 동작하는 공통-베이스 증폭기에 대해서 설명할 수 있다.
9. 일반적으로 사용되는 모든 BJT 증폭기에 대한 전체 이득과 임피던스 특성에 대해서 설명할 수 있다.

9장에서는 공통-이미터 증폭기에 관해서 집중적으로 설명한바 있다. 10장에서는 공통-컬렉터 증폭기와 공통-베이스 증폭기에 대해서 알아보기로 한다. 또한 일반적으로 두 개의 트랜지스터로 구성되어 공통-이미터와 공통-컬렉터 응용에 사용되고 있는 달링톤 쌍(Darlington pair)에 대해서도 논의하게 될 것이다.

공통-컬렉터 증폭기는 전류 이득을 제공하기 위해서 사용된다. 공통-컬렉터 증폭기의 입력은 베이스에 인가되지만 출력은 이미터에서 구한다. 공통-컬렉터 회로의 전압 이득은 항상 1보다 작고 출력 전압은 입력전압과 동위상이다. 따라서 출력 신호는 입력 신호를 닮기 때문에 일반적으로 공통-컬렉터 증폭기 회로를 이미터-활로워라고 부른다.

달링톤 쌍은 두 개의 트랜지스터 연결로 구성되는데 이런 증폭기의 직류 베타와 교류 베타는 트랜지스터 각각의 베타 값을 곱한 것과 동일하다. 달링톤 쌍은 어떤 구조의 증폭기에도 연결하여 사용할 수 있다. 달링톤 쌍은 공통-이미터 증폭기와 이미터-활로워 회로에서 가장 흔히 사용되고 있다. 공통-베이스 증폭기는 고주파 응용에서 사용되고 전압이득을 제공한다. 공통-베이스 회로는 항상 1보다 작은 전류 이득을 갖고 있으며 또한 입력 전압과 동위상의 출력 전압을 갖는다.

10.1 이미터 활로워(공통-컬렉터 증폭기)(The Emitter Follower : Common Collector Amplifier)

이미터 활로워는 전압 이득이 1보다 작은 값을 갖는 전류 증폭기이다. [그림 10-1]에 표시된 것처럼 입력은 트랜지스터의 베이스에 인가되지만 부하는 이미터에 연결된다. 중요한점은 컬렉터 저항이 포함되지 않는다는 점이다. 이것이 이미터 증폭기 회로를 구분하는 특성이다.

10.1.1 직류 동작(DC Operation)

[그림 10-1]에 표시된 증폭기는 바이어스된 전압분배기이다. 베이스 전압은 식 (10-1)을 사용해서 구해진다.

$$V_B = V_{CC}\frac{R_2}{R_1+R_2} \tag{10-1}$$

이미 베이스 전압을 알고 있다면 이미터 전압은 식 (10-2)처럼 구할 수 있다.

$$V_E = V_B - 0.7\text{V} \tag{10-2}$$

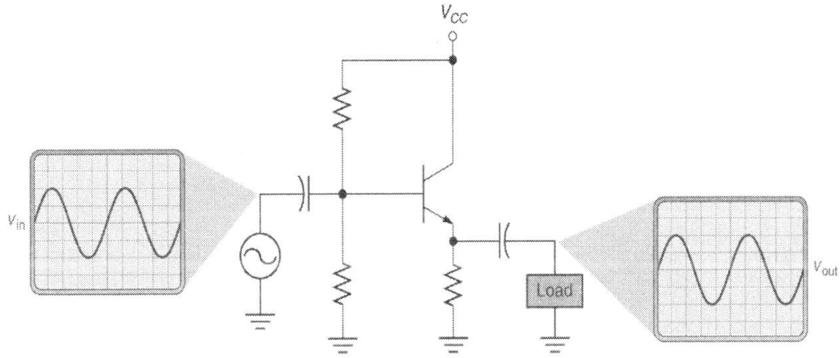

[그림 10-1] 이미터 활로워(공통 컬렉터 증폭기)

이미터 전류는 식 (10-3)처럼 표시할 수 있다.

$$I_E = \frac{V_E}{R_E} \tag{10-3}$$

V_{CEQ}는 식 (10-4)에 표시된 것처럼 구할 수 있다.

$$V_{CEQ} = V_{CC} - V_E \tag{10-4}$$

만약 여러분이 7장을 참조한다면 세 가지의 공식이 공통 이미터 바이어스 회로의 해석에서 사용된 것들과 동일하다는 것을 발견할 수 있을 것이다. 【예제 10-1】은 이미터 활로워 증폭기의 직류 해석과정을 보여주고 있다.

【예제 10.1】 [그림 10-2]에 표시된 회로에서 V_B, V_E, I_E, V_{CEQ}를 구하시오.

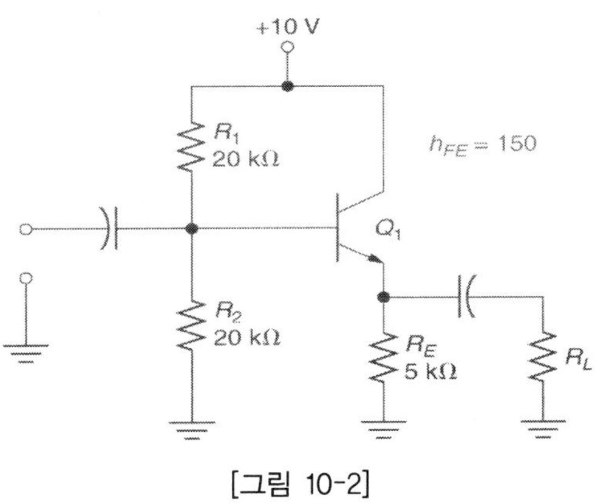

[그림 10-2]

풀이 베이스 전압은 5V로 구해진다.

$$V_B = V_{CC}\frac{R_2}{R_1+R_2} = (10\text{V})\frac{20\text{k}\Omega}{40\text{k}\Omega} = 5\text{V}$$

이미터 전압은 4.3V이다.

$$V_E = V_B - 0.7\text{V} = 5\text{V} - 0.7\text{V} = 4.3\text{V}$$

I_E는 860μA로 구해진다.

$$I_E = \frac{V_E}{R_E} = \frac{4.3\text{V}}{5\text{k}\Omega} = 860\mu\text{A}$$

V_{CEQ}는 5.7V로 계산된다.

$$V_{CEQ} = V_{CC} - V_E = 10\text{V} - 4.3\text{V} = 5.7\text{V}$$

(실전 연습문제 10-1)

[그림 10-2]와 유사한 회로가 $V_{CC} = +18\text{V}$, $R_E = 910\Omega$, $R_1 = 16\text{k}\Omega$, $R_2 = 22\text{k}\Omega$, $h_{FE} = 200$의 크기를 갖는다고 가정하고 회로의 V_B, V_E, I_E, V_{CEQ}의 크기를 결정하시오.

▶▶ $V_B = 9.92\text{V}$, $V_E = 9.22\text{V}$, $I_E = 10.13\text{mA}$, $V_{CEQ} = 8.81\text{V}$

10.1.2 직류 부하선(The DC Load Line)

공통-이미터 회로의 경우처럼 이미터-활로워 증폭기의 직류 부하 선은 증폭기의 포화 및 차단 특성에 의해서 결정된다. 트랜지스터가 포화되면 이상적인 V_{CE}는 0V이다. $V_{CE} \cong V_{CC}$이므로 $I_{C(sat)}$는 식 (10-5)처럼 표시할 수 있다.

$$I_{C(sat)} \cong \frac{V_{CC}}{R_E} \tag{10-5}$$

공통-이미터 회로의 경우처럼 전체 공급 전압은 트랜지스터가 차단 상태인 경우 트랜지스터 양단에서 강하된다. 따라서 $V_{CE(off)}$는 식 (10-6)처럼 표시할 수 있다.

$$V_{CE(off)} = V_{CC} \tag{10-6}$$

식 (10-5)와 (10-6)은 【예제 10-2】에서 설명된 것처럼 이미터 활로워 증폭기의 직류 부하 선을 구하는데 사용된다.

【예제 10.2】 [그림 10-2]에 표시된 회로의 직류 부하 선을 구하고 도시하시오.

풀이 $I_{C(sat)}$는 2mA로 구해진다.

$$I_{C(\text{sat})} \cong \frac{V_{CC}}{R_E} = \frac{10\text{V}}{5\text{k}\Omega} = 2\text{mA}$$

$V_{CE(\text{off})}$는 10V이다.

$$V_{CE(\text{off})} = V_{CC} = 10\text{V}$$

$I_{C(\text{sat})}$와 $V_{CE(\text{off})}$를 이용해서 부하 선을 그리면 [그림 10-3]과 같다.

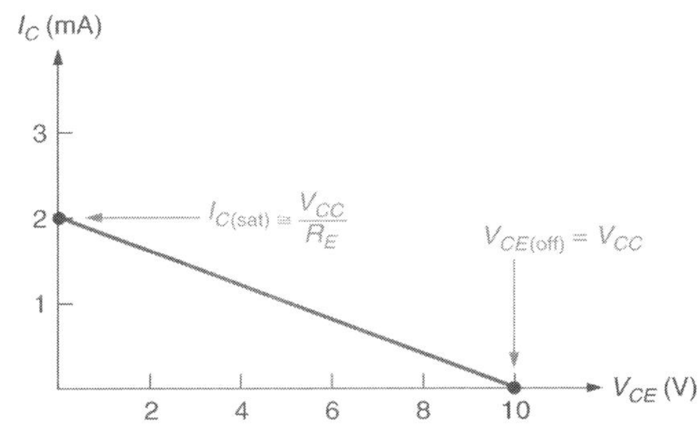

[그림 10-3]

(실전 연습문제 10-2)

실전 연습문제 10-1에서 설명된 이미터-활로워 증폭기 회로의 직류 부하 선을 그리시오.

▶▶ $V_{CE(\text{off})} = 18\text{V}$, $I_{C(\text{sat})} = 19.8\text{mA}$

이런 모든 것들은 이미터-활로워 증폭기의 직류 해석을 위한 것이다. 여러분도 보았듯이 이미터 활로워 증폭기의 해석은 공통 이미터 증폭기의 해석과 거의 동일하다. 이미터 활로워와 공통 이미터 증폭기의 직류 특성의 유사점과 차이점은 [그림 10-4]에 요약되어 있다.

이미터 활로워 대 공통 이미터 증폭기

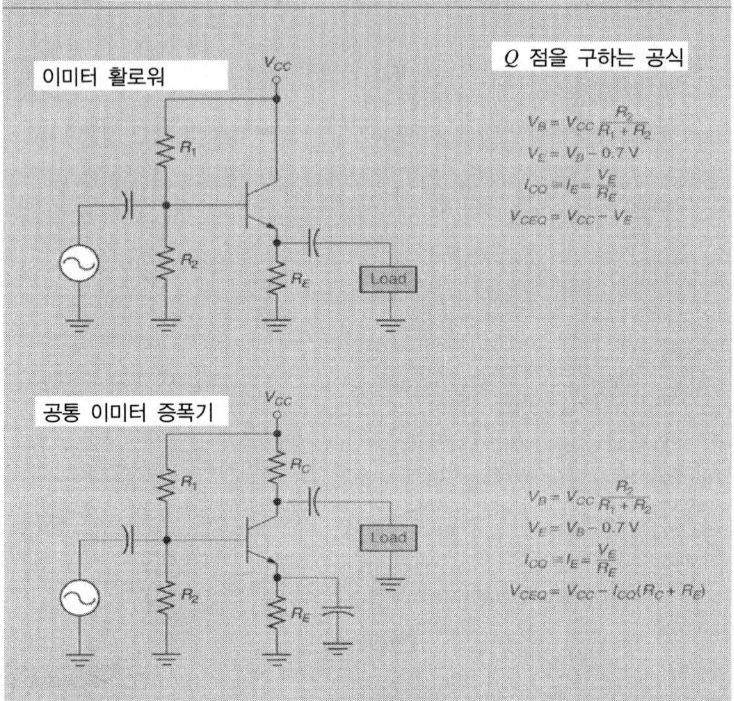

1. 전압 분배기 바이어스가 사용된다(다른 바이어스 회로도 실제에서는 사용될 수 있다).
2. Q점의 관계는 $h_{FE}R_E > 10R_2$라고 가정한다. 이런 관계가 충족되지 않는다면 I_{CQ}값은 【예제 9.5】와 같은 방법으로 구해진다.

[그림 10-4]

기초 확인문제 10.1

1. 이미터 활로워 증폭기란 무엇인가?
2. 이미터 활로워로 구분되는 회로의 특성은 무엇인가?
3. 이미터 활로워 증폭기의 직류 해석과 관련된 단계를 순서대로 나열하라.
4. 이미터 활로워의 직류 부하선 양단을 어떻게 결정하는가?
5. 이미터 활로워가 중간점으로 바이어스되는 경우의 V_{CE}와 V_E 사이의 관계는 어떻게 표시되는가?
6. 몇몇 이미터 활로워의 경우에는 트랜지스터의 컬렉터에서 교류 접지를 제공하기 위해서 바이패스 커패시터와 병렬로 연결되는 컬렉터 저항이 포함되기도 한다. 이런 경우에 [그림 10-4]에 표시된 이미터 활로워 증폭기의 공식이 어떻게 수정되어야 하는지를 설명하라.

10.2 이미터 활로워의 교류해석(Emitter Follower AC Analysis)

[그림 10-5 (a)]는 일반적인 이미터 활로워 증폭기 회로를 표시하고 있다. 이런 회로에서 교류 동작의 핵심은 부하가 트랜시스터의 이미터와 커패시터로 결합된다는 사실이다. 그 결과 증폭기의 교류 등가 회로는 [그림 10-5 (b)]처럼 주어진다. 이미터 회로의 저항 r_E는 이미터회로의 교류 저항을 표시한다. 이런 저항은 식 (10-7)처럼 구해진다.

$$r_E = R_E \| R_L \tag{10-7}$$

이미터 활로워의 낮은 전압 이득은 [그림 10-5 (c)]에 표시된 것처럼 출력 회로에서 전압 분배의 결과이다. [그림 10-5 (c)]는 입력 신호가 인가된 증폭기의 교류 등가회로를 표시하고 있다.

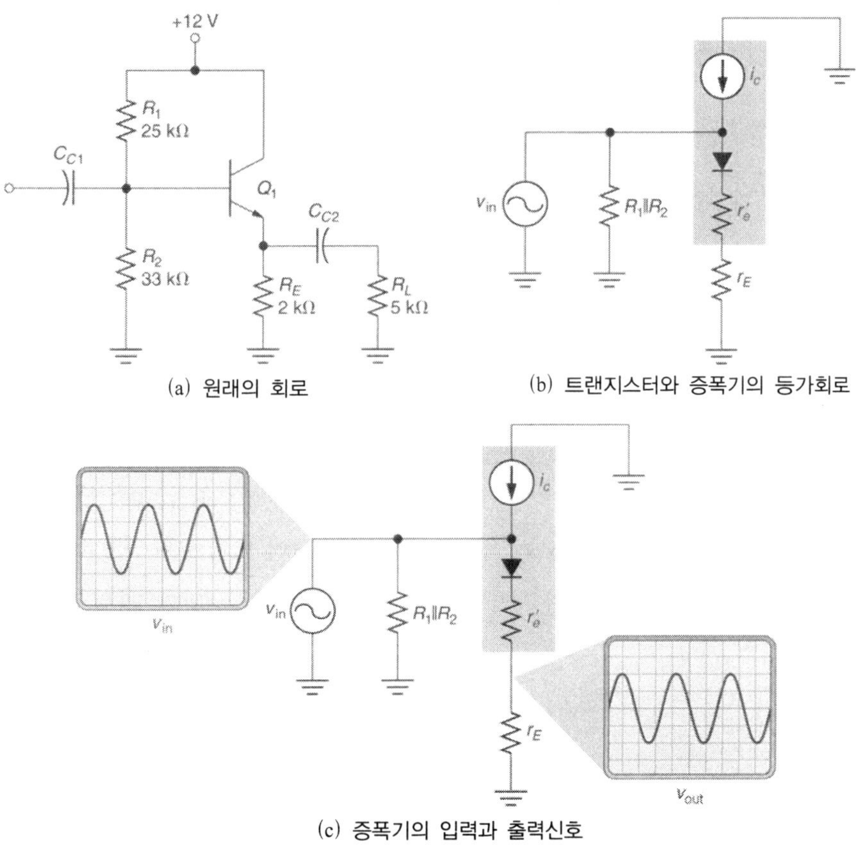

(a) 원래의 회로

(b) 트랜지스터와 증폭기의 등가회로

(c) 증폭기의 입력과 출력신호

[그림 10-5] 일반적인 이미터 활로워와 교류 등가회로

베이스 이미터 다이오드의 효과를 무시하면 입력 신호는 전압 분배기를 구성하는 r_e'와 r_E의 직렬 조합저항 양단에 인가된다. 전압 분배기 공식을 사용하면

$$v_{\text{out}} = v_{\text{in}}\frac{r_E}{r_e{}'} + r_E \quad \text{또는} \quad \frac{v_{\text{out}}}{v_{\text{in}}} = \frac{r_E}{r_e{}'} + r_E$$

로 표시된다.

$A_v = \dfrac{v_{\text{out}}}{v_{\text{in}}}$이므로 회로의 전압 이득은 식 (10-8)처럼 표시할 수 있다.

$$A_v = \frac{r_E}{r_e{}' + r_E} \tag{10-8}$$

대부분 실제의 응용에서 $r_E \gg r_e{}'$이다. 이런 경우에는 전압 이득을 구하는 데 다음과 같은 근사식이 사용된다.

$$A_v \cong 1 \ (r_E \gg r_e{}'\text{인 경우}) \tag{10-9}$$

r_E와 $r_e{}'$의 가장 큰 차이점은 증폭기의 전압 이득이 1에 가깝다는 것이다. 실제로 이미터 활로워의 전압 이득은 보통 0.8에서 0.999 사이이다. 이것을 【예제 10-3】에서 설명하였다.

【예제 10.3】 [그림 10-5 (b)]에 표시된 회로에서 A_v를 구하시오.

풀이 먼저 r_E가 1.43kΩ으로 구해진다.

$$r_E = R_E \| R_L = 2\text{k}\Omega \| 5\text{k}\Omega = 1.43\text{k}\Omega$$

트랜지스터의 h-파라미터를 알 수 없기 때문에 $r_e{}'$를 다음과 같이 근사화 하는 것이 필요하다.

$$r_e{}' = \frac{25\text{mV}}{I_E}$$

회로 해석과정을 통해서 이미 I_E가 3.1mA라는 사실을 알고 있다. 따라서 $r_e{}'$는 8.1Ω으로 근사화 시킬 수 있다.

$$r_e{}' = \frac{25\text{mV}}{I_E} = \frac{25\text{mV}}{3.1\text{mA}} = 8.1\Omega$$

r_E와 $r_e{}'$를 이용하면 증폭기의 전압 이득은 0.994로 구해진다.

$$A_v = \frac{r_E}{r_e{}' + r_E} = \frac{1.43\text{k}\Omega}{8.1\Omega + 1.43\text{k}\Omega} = 0.994$$

(실전 연습문제 10-3)

실전 연습문제 10-1에서 설명된 증폭기가 4kΩ의 부하를 가진다고 가정하고 회로의 A_v를 구하시오.

▶▶ 0.997

10.2.1 전류이득(Current Gain)

9장에서 공통 이미터 증폭기의 전류 이득 A_i는 트랜지스터의 전류 이득 h_{fe}보다 상당히 적다는 것을 알 수 있었다. 이런 관계는 입·출력 회로 양쪽 모두에서 발생되는 전류 분배 때문이다. 이미터 활로워에서도 동일한 원리가 적용된다. 이미터 활로워의 전류 이득은 식 (10-10)처럼 구해진다.

$$A_i = h_{fc}\left(\frac{Z_{\text{in}} r_E}{Z_{\text{base}} R_L}\right) \tag{10-10}$$

여기서 $h_{fc} \cong h_{fe}$이다. 첨자 c는 공통 이미터 증폭기라기보다는 이미터 활로워(공통 컬렉터)로 적용하기 위한 파라미터로 단순히 나타낸 것임에 유의하라. 비록 h_{fc}에 대한 더욱 정확한 h-파라미터의 유도가 있지만, 공식 (10-10)에서 $h_{fc} = h_{fe}$를 사용하면 회로에서의 A_v를 계산하는 수단이 될 수 있다.

10.2.2 전력 이득(Power Gain)

공통 이미터 증폭기처럼 이미터 활로워의 전력 이득 A_p는 전류 이득 A_i와 전압 이득 A_v의 곱으로 표시할 수 있다.

$$A_p = A_i \times A_v \tag{10-11}$$

A_v는 항상 1보다 작기 때문에 이미터 활로워의 전력 이득 A_p는 항상 회로의 전류 이득 A_i보다 작다. 이 점을 【예제 10-4】에서 설명하였다.

【예제 10.4】 [그림 10-5]에 표시된 증폭기의 A_i는 2.7이다. 증폭기의 전력 이득 A_p를 구하시오.

풀이 【예제 10-3】에서 증폭기의 전압 이득 A_v가 0.9944로 구해진바 있다. 전류 이득이 2.7이므로 회로의 전력이득은 2.68이다.

$$A_p = A_i A_v = (2.7)(0.9944) = 2.68$$

여러분도 확인한 것처럼 이미터 활로워의 전력이득은 전류 이득 A_i보다 약간 작아진다.

(실전 연습문제 10-4)

실전 연습문제 10-1에서 설명된 증폭기는 4kΩ의 부하와 24의 크기를 갖는 전류 이득 A_i를 가지고 있다고 가정하고 증폭기의 전력 이득을 결정하시오.

▶▶ 23.9

10.2.3 입력 임피던스(Input Impedance(Z_{in})

공통 이미터 증폭기처럼 이미터 활로워의 입력 임피던스는 베이스 저항과 트랜지스터의 입력 임피던스와의 병렬 등가 저항으로서 구해진다.

$$Z_{in} = R_1 \| R_2 \| Z_{base} \tag{10-12}$$

베이스 입력 임피던스는 트랜지스터의 전류 이득과 전체 교류 이미터 저항과의 곱과 같다.

$$Z_{base} = h_{fc}(r_e' + r_E) \tag{10-13}$$

여기서 h_{fc} = 트랜지스터의 전류 이득
r_e' = 트랜지스터의 이미터 교류 저항
r_E = R_E와 R_L의 병렬저항

을 의미한다. 【예제 10-5】에서는 이미터 활로워의 입력 임피던스를 결정하기 위해서 사용되는 과정을 설명하고 있다.

【예제 10.5】 [그림 10-5 (a)]에 표시된 증폭기의 입력 임피던스를 결정하시오. 트랜지스터의 스펙에서 h_{fc}는 220으로 주어진다고 가정한다.

풀이 【예제 10-3】에서 r_E는 1.4kΩ, r_e'는 8.1Ω으로 계산되었다. h_{fc}는 h_{fe}와 근사적으로 같다고 가정하면 트랜지스터의 임피던스는 316kΩ으로 구해진다.

$$Z_{base} = h_{fc}(r_e' + r_E) = (220)(8.1\Omega + 1.43\text{k}\Omega) = 316\text{k}\Omega$$

여기서 증폭기의 입력 임피던스는 13.64kΩ으로 구해진다.

$$Z_{in} = R_1 \| R_2 \| Z_{base} = 25\text{k}\Omega \| 33\text{k}\Omega \| 316.4\text{k}\Omega = 13.6\text{k}\Omega$$

(실전 연습문제 10-5)

실전 연습문제 10-1에서 설명된 증폭기는 h_{fe}=240의 전류 이득과 $R_L = 2\text{k}\Omega$의 부하 저항을 가지고 있다고 가정하고 회로의 입력 임피던스를 결정하시오.

▶▶ 8.73kΩ

【예제 10-5】의 경우처럼 r_E가 $r_e{}'$보다 아주 크다면 식 (10-13)은 식 (10-14)처럼 간략화 할 수 있다.

$$Z_{\text{base}} \cong h_{fc} r_E \ (r_E \gg r_e{}' \text{인 경우}) \tag{10-14}$$

이렇게 근사화 할 수 있는 것은 [그림 10-5 (a)]에 표시된 회로에서 Z_{base}와 Z_{in}을 다시 한번 계산해 보면 이해할 수 있다. 만약에 계산에서 $r_e{}'$를 무시한다면 【예제 10-5】에서 구해진 Z_{in}과 같아질 것이다.

10.2.4 출력 임피던스(Output Impedance (Z_{out}))

여러분도 기억하겠지만 출력 임피던스는 회로에 존재하는 부하 그 자체이다. 부하가 회로와 연결되면 회로의 출력 임피던스는 회로의 부하가 전원 임피던스로 동작한다. 이미터 활로워의 임피던스는 식 (10-15)처럼 표시된다.

$$Z_{\text{out}} = R_E \| \left(r_e{}' + \frac{R_{th}{}'}{h_{fc}} \right) \tag{10-15}$$

여기서 Z_{out}=증폭기의 출력 임피던스
$R_{th}{}' = R_1 \| R_2 \| R_S$
R_S=입력 전압원의 출력저항

을 의미한다. 식 (10-15)는 부록 D에 유도되어 있다.

【예제 10.6】 [그림 10-6]에 표시된 증폭기의 출력 임피던스 Z_{out}을 구하시오.

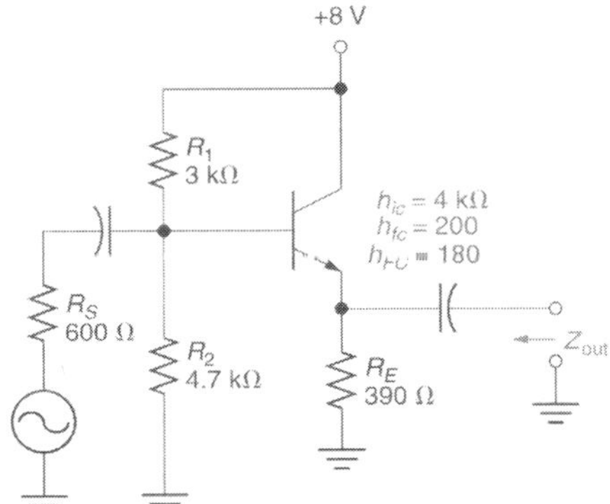

[그림 10-6]

풀이 h-파라미터를 이용하면 $r_e{}'$는 20Ω으로 구해진다.

$$r_e{}' = \frac{h_{ic}}{h_{fc}} = \frac{4\text{k}\Omega}{200} = 20\Omega$$

R_{th}는 452Ω으로 구해진다.

$$R_{th} = R_1 \| R_2 \| R_S = 3\text{k}\Omega \| 4.7\text{k}\Omega \| 600\Omega = 452\Omega$$

마지막으로 증폭기의 출력 임피던스는 21.06Ω으로 구해진다.

$$Z_{\text{out}} = R_E \| \left(r_e{}' + \frac{R_{th}}{h_{fc}}\right) = 390\Omega \| \left(20\Omega + \frac{452\Omega}{200}\right) = 21.1\Omega$$

(실전 연습문제 10-6)

이미터 활로워에서 $V_{cc} = +12\text{V}$, $R_E = 200\Omega$, $R_1 = 2.5\text{k}\Omega$, $R_2 = 3.3\text{k}\Omega$, $R_S = 500\Omega$, $h_{FC} = 180$, $h_{fc} = 200$, $h_{ic} = 3\text{k}\Omega$의 크기를 갖는다고 가정하고 증폭기의 Z_{out}을 결정하시오.

▶▶ 15.5Ω

10.2.5 이미터 활로워에 관한 모든 것(Putting It All Together)

이미터 활로워의 일반적인 교류 해석은 회로의 A_i, A_v, A_p, Z_{in}을 결정하는 것을 포함하고 있다. 트랜지스터의 h-파라미터를 이용할 수 있다고 가정한다면 전류이득, 전압이득, 전력 이득은 다음과 같이 구해진다.

$$A_i = h_{fc}\left(\frac{Z_{\text{in}} r_E}{Z_{\text{base}} R_L}\right)$$

$$A_v = \frac{r_E}{r_e{}' + r_E}$$

$$A_p = A_i \times A_v$$

그리고 입력 임피던스는 $Z_{\text{base}} = h_{fc}(r_e{}' + r_E)$인 경우

$$Z_{\text{in}} = R_1 \| R_2 \| Z_{\text{base}}$$

로 표시된다.

이미터 활로워의 Z_{base}는 일반적으로 공통 이미터 증폭기의 Z_{base}보다 더 크다. 이런 이유는 유사한 공통 이미터 증폭기보다 이미터 활로워의 Z_{in}이 일반적으로 더 크게 될 것이기 때문이다. 이미터 활로워의 전압 이득 A_v는 항상 1보다 작다. 만약 회로의 해석공식인 A_v를 이해하는데 문제가 있다면 이것을 참조하라. 트랜지스터의 이미터 전압은 트랜지스터에 적절하게 바이어스되기 위해서 베이스 전압보다 항상 작아야 한다. V_E는 V_B보다 항상 작기 때문에 어떤 교류 이미터 전압도 어떤 교류베이스 전압보다 작게 되어야만 된다는 이치를 깨달아야 할 것이다.

이미터 활로워의 출력 임피던스는 회로가 버퍼로 사용되는 경우에 고려되어야 한다. 회로가 버퍼로 사용되는 경우에는 증폭기의 Z_{out}을 계산할 수 있어야 한다. 어떤 다른 용

도에서는 이런 계산이 필요 없게 될 것이다.

기초 확인문제 10.2

1. 이미터 활로워 증폭기의 전압 이득을 제한하는 것은 무엇인가?
2. 이미터 활로워 증폭기의 전압 이득을 결정하는 단계를 순서대로 나열하라.
3. 이미터 활로워 증폭기의 전류 이득은 어떻게 결정하는가?
4. 이미터 활로워 증폭기의 전력 이득을 제한하는 것은 무엇인가?
5. 이미터 활로워 증폭기에서 부하가 전압 이득에 미치는 영향은 무엇인가?
6. 이미터 활로워 증폭기에서 부하화 된 전압 이득을 결정하는 단계를 순서대로 나열하라.
7. 이미터 활로워 증폭기의 입력 임피던스를 결정하는 단계를 순서대로 나열하라.
8. 출력 임피던스는 무엇인가?
9. 이미터 활로워 증폭기 회로의 Z_{out}을 결정하는 단계를 순서대로 나열하라.
10. 이미터 활로워 증폭기 회로의 완벽한 교류 해석을 수행하기 위한 단계를 순서대로 나열하라.
11. 이미터 활로워의 Z_{out}이 중요하게 고려될 때는 언제인가?

10.3 이미터 활로워의 실제 고려사항과 응용 및 고장진단 (Emitter Follower : Practical Considerations, Applications, and Troubleshooting)

이미터 활로워 증폭기에서 실제적으로 고려해야 할 두 가지 사항인 이미터 귀환 바이어스와 측로용 커패시터가 이제까지는 무시되어왔다. 이 절에서는 이와 같이 실제적인 고려사항에 대해서 상세하게 설명된다. 선류 증폭기와 버퍼로 가장 널리 사용되는 이미터 활로워의 응용분야에 대해서 설명하고 마지막으로 이미터 활로워의 고장 진단에 대해서도 간단히 고찰하게 될 것이다.

10.3.1 증폭기 입력 임피던스 증가를 위한 이미터 귀환 바이어스 사용(Using Emitter Feedback Bias to Increase Amplifier Input Impedance)

대부분의 응용분야에서 고 입력 임피던스는 이미터 활로워를 사용하는 목적 중의 하나이다. 주어진 이미터 활로워 증폭기의 고 입력 임피던스는 이미터 귀환 바이어스를 통해서 구해진다. 이미터 귀환 바이어스를 가진 이미터 활로워 증폭기가 [그림 10-7 (a)]에 표시되어 있다. 전압 분배기 바이어스 형태의 이미터 활로워 증폭기 회로는 [그림 10-7 (b)]에 표시되어 있다.

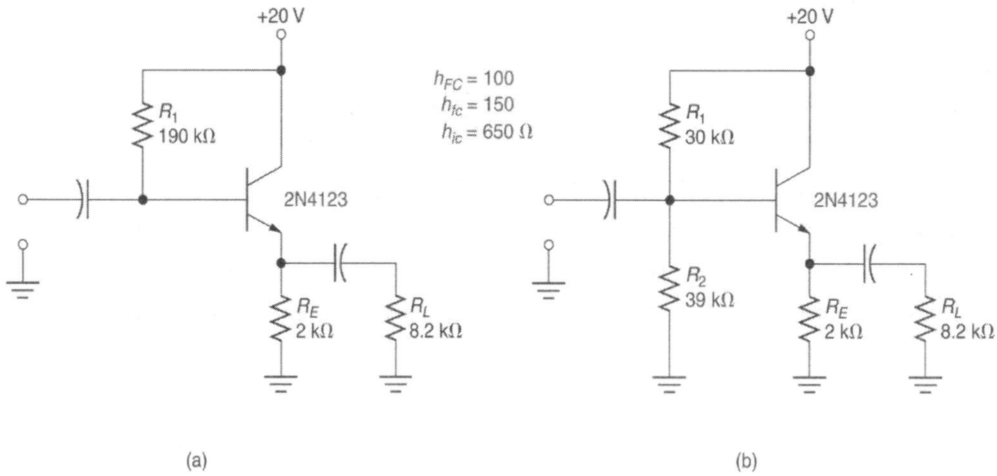

[그림 10-7]

[그림 10-7 (a)]에 표시된 이미터 귀환 바이어스를 가진 이미터 활로워는 전압 분배기 바이어스를 가진 형태의 회로보다 더 높은 입력 임피던스를 가지게 된다. 이런 점은 전압분배기 바이어스를 갖는 이미터 활로워의 입력 임피던스 식을 고려하면 쉽게 이해된다. 9장에서 이미 언급한 것처럼 전압 분배기 바이어스를 갖는 증폭기의 입력 임피던스는 $Z_{in} = R_1 \| R_2 \| Z_{base}$로 표시된다.

이미터 귀환 바이어스 회로는 한 개의 베이스 저항을 가지기 때문에, 입력 임피던스는 식 (10-16)처럼 구해진다.

$$Z_{in} = R_1 \| Z_{base} \tag{10-16}$$

여러분도 알다시피 병렬 회로에서 전체 저항은 가장 낮은 저항값보다 작게 된다. 따라서 [그림 10-7 (b)]의 R_1은 [그림 10-7 (a)]에 표시된 R_1보다 훨씬 더 작다. 이것은 전압 분배기 바이어스 회로의 Z_{in}이 이미터 귀환 바이어스 회로의 Z_{in}보다 낮아야 한다는 점이다. 【예제 10-7】에서 이러한 사항을 설명하였다.

【예제 10.7】 [그림 10-7]에 표시된 증폭기는 이상적인 트랜지스터를 사용하여 출력 특성이 스펙과 거의 동일하게 되도록 설계되었다. 두 회로의 입력 임피던스를 결정하시오.

풀이 회로에 사용한 트랜지스터는 이상적이므로 이미터 저항, 부하 저항, Z_{base}는 두 회로에서 모두 같게 될 것이다. Z_{base}는 다음 과정을 이용하여 구해진다.

$$r_e' = \frac{h_{ic}}{h_{fc}} = \frac{650\Omega}{150} = 4.3\Omega$$

$$r_E = R_E \| R_L = 2\text{k}\Omega \| 8\text{k}\Omega = 1.6\text{k}\Omega$$

$$Z_{\text{base}} = h_{fc}(r_e' + r_E) = (150)(4.3\Omega + 1.6\text{k}\Omega) = 241\text{k}\Omega$$

이미터 귀환 바이어스 회로에서 Z_{in}은 106kΩ으로 구해진다.

$$Z_{\text{in}} = R_1 \| Z_{\text{base}} = 190\text{k}\Omega \| 241\text{k}\Omega = 106\text{k}\Omega$$

전압 분배기 바이어스 회로에서 Z_{in}은 15.8kΩ으로 구해진다.

$$Z_{\text{in}} = R_1 \| R_2 \| Z_{\text{base}} = 30\text{k}\Omega \| 39\text{k}\Omega \| 241\text{k}\Omega = 15.8\text{k}\Omega$$

(실전 연습문제 10-7)

[그림 10-7]에 표시된 트랜지스터와 유사한 두 개의 트랜지스터는 $h_{FC}=160$, $h_{fc}=120$, $h_{ic}=540\Omega$의 크기를 갖는다. 두 회로 모두 $R_E=1.5\text{k}\Omega$, $R_L=2.7\text{k}\Omega$를 가지고 있다. 이미터 바이어스 회로에서 $R_1=180\text{k}\Omega$, 전압분배기 회로에서 $R_1=6.2\text{k}\Omega$, $R_2=9.1\text{k}\Omega$이다. 두 회로에서 입력 임피던스를 계산하고 비교하시오.

▶▶ 70.5kΩ, 3.57kΩ

여러분도 보다시피 이미터 귀환 바이어스 회로의 입력 임피던스는 전압 분배기 바이어스를 가진 유사한 회로의 입력 임피던스 보다 훨씬 더 크다. 대부분의 이미터 활로워 응용은 가능한 높은 입력 임피던스를 필요로 한다. 이것이 이미터 귀환 바이어스가 가장 널리 사용되는 이유이다.

10.3.2 측로용 커패시터(Decoupling Capacitors)

이미터 활로워 증폭기의 정상적인 동작에 대한 결과에서 한 가지 문제가 발생할 수 있다. 이런 문제는 [그림 10-8]에 표시된 오실로스코프 화면에서 볼 수 있다. [그림 10-8]에서 상단에 나타난 파형은 이미터 활로워 증폭기 회로의 입력 신호이다. 그림에서 알 수 있듯이 하단의 출력파형은 매우 일그러져 있다. 이런 왜곡의 원인은 [그림 10-9]를 참조함으로서 설명될 수 있다. [그림 10-9]에서 V_{cc}는 내부저항 R_{int}를 갖는 단순한 전지로서 나타낼 수 있다. 직류 전원 공급장치는 R_E, 트랜지스터 Q_1, C_{C2}, R_L을 포함하는 폐회로의 일부분이다. 만약 R_L의 값이 충분히 작다면 교류 신호가 회로에 인가될 때 커패시터는 아마도 충전과 방전을 하려고 노력하게 된다. 커패시터가 직류 전원 공급 장치를 통해서 충·방전을 함으로써 V_{cc}의 값은 다음 공식처럼 실제적으로 미소한 크기로 변화하게 된다.

$$\Delta V = (\Delta I)(R_{\text{int}})$$

여기서 $\Delta V = V_{cc}$의 변화량
ΔI = 커패시터 충·방전 동작으로 인한 폐회로 전류의 변화량
R_{int} = 전원 공급 장치의 내부저항

을 의미한다. 따라서 커패시터의 충·방전 동작은 V_{cc} 변화의 원인이 되고 [그림 10-8]에 표시된 것처럼 왜곡된 출력이 발생한다.

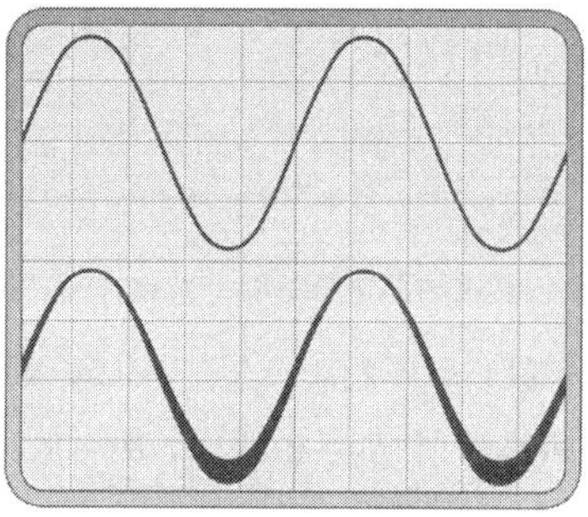
[그림 10-8] 이미터 활로워 증폭기의 출력 왜곡

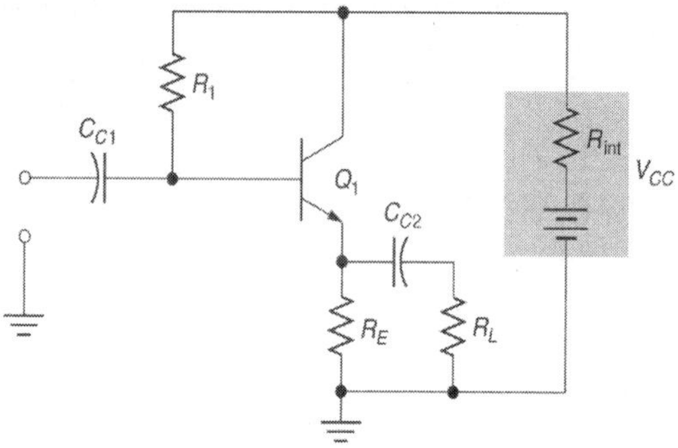

[그림 10-9] 전원 공급 장치 연결

[그림 10-8]에 표시된 출력의 왜곡을 방지하기 위해서 두 가지 방법이 사용된다. 첫 번째는 조정된 전원공급 장치(regulated power supply)를 사용하는 것이다. 조정된 전원 공급 장치는 일반적으로 10Ω보다 작은 매우 작은 내부저항을 가지고 있다. 조정된 전원 공급 장치가 사용될 때, ΔV는 너무 작아서 오실로스코프의 화면으로도 볼 수 없게 된다.

문제 해결을 위한 또 다른 방법은 컬렉터에 측로 커패시터를 사용하거나 또는 분리(decoupling) 커패시터를 사용하는 것이다. 컬렉터 측로 커패시터 C_D가 연결된 이미터 활로워를 [그림 10-10]에 표시했다. 컬렉터에 측로 커패시터가 V_{cc}와 접지 사이에 연결되어 있고 전원공급 장치와는 병렬로 연결된다. 직류전원 공급 장치를 통해서 C_{C2}가 충·방전을 하려고 할 때 ΔI의 변화는 C_D에 의해서 전원공급 장치를 단락시킨다. 따라서 V_{cc}는 변화하지 않고 [그림 10-8]에 표시된 왜곡은 제거된다. 효과적인 C_D가 되기 위해서는 C_D는 대단히 작아야만 한다. 일반적으로 C_D는 0.01μF 또는 이것보다 더 작아야만 한다.

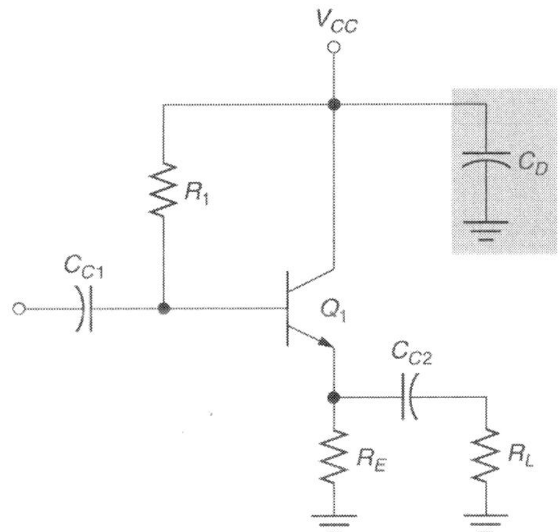

[그림 10-10] 측로용 커패시터

10.3.3 이미터 활로워의 응용(Emitter Follower Applications)

전압 이득 없이 전류 이득이 필요한 경우에 이미터 활로워 증폭기가 사용된다. 전압의 증가는 필요하지 않지만 전류의 증가가 요구되는 경우는 디지털 회로에서 많은 실례를 볼 수 있다. 이상적인 이미터 활로워는 일반적으로 이런 응용분야에서 사용된다.

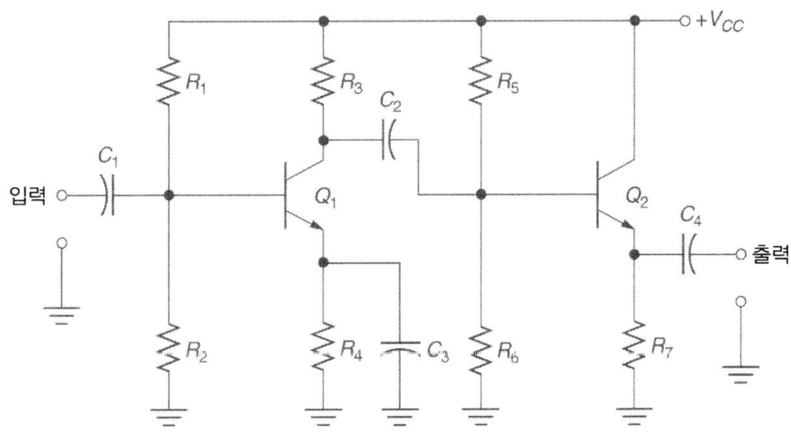

[그림 10-11]

[그림 10-11]에 표시된 회로를 살펴보자. 증폭기의 첫 번째 단은 특정한 A_i와 A_v를 가지고 있다. 최종적으로 필요한 출력 전압을 제공하기 위한 A_v는 충분하고 A_i는 그렇지 못한 경우 어떻게 할 것인가? 이미터 활로워를 사용하면 원하는 값 이상으로 A_v를 증가시키지 않고서도 부가적인 전류 이득을 제공하게 된다.

이미터 활로워 증폭기 회로의 또 다른 응용은 버퍼이다. 버퍼는 전원과 자신의 부하 사이의 비정합 임피던스를 보상해 주는 회로이다. 예를 들면 이미터 활로워는 저 임피던스 부하와 고 임피던스 전원을 결합시키기 위해서 사용된다. 설계에 의해서 버퍼는 다음과 같은 특성을 만족시키기 위해서 사용된다.

1. 입력 임피던스는 자신의 전원 저항보다 훨씬 크다.
2. 출력 임피던스는 자신의 부하 저항 보다 아주 작다.

자신의 전원과 부하의 부하 효과를 감소시키기 위해서 버퍼를 사용하게 된다. 예를 들어서 [그림 10-12 (a)]에 표시된 전원과 부하에 대해서 고찰해 보자.

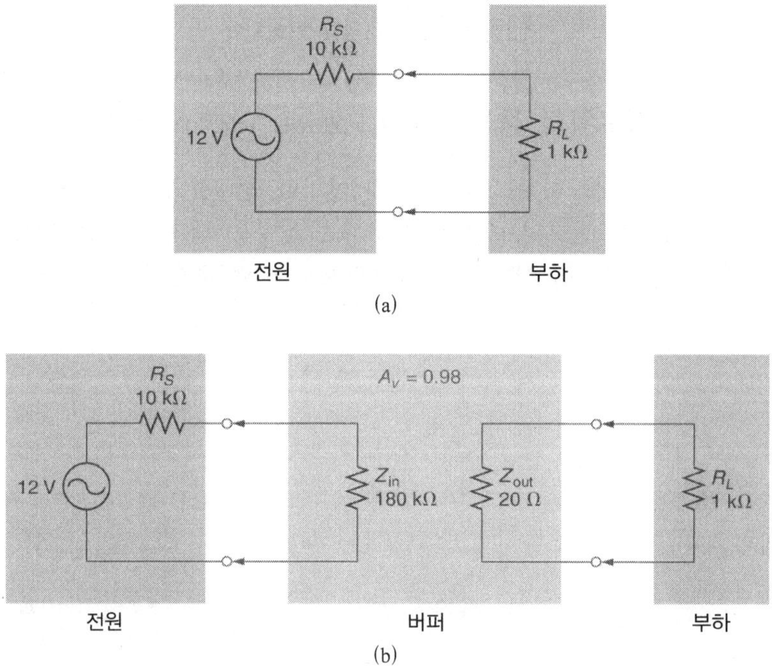

[그림 10-12]

부하가 전원에 직접 연결되면 부하 전압은 1.09V로 구해진다.

$$v_L = v_s \frac{R_L}{R_S + R_L} = (12\text{V}) \frac{1\text{k}\Omega}{10\text{k}\Omega + 1\text{k}\Omega} = 1.09\text{V}$$

이런 경우에는 바람직하지 않지만 거의 모든 전원 전압이 전원 저항 양단에서 강하된다. 여하튼 [그림 10-12 (b)]에 표시된 것처럼 전원과 R_L 사이에 버퍼를 설치한다면 전원 전압이 거의 제거될 정도로 감소한다. [그림 10-12 (b)]에 표시된 버퍼는 다음의 특성을 가지게 된다.

1. Z_{in}은 전원 저항 R_S보다 아주 크다.
2. Z_{out}은 부하 저항 R_L보다 아주 작다.
3. 전압 이득은 거의 1에 가깝다.

회로가 그림에 표시된 것처럼 구성되면 버퍼의 입력 전압은 11.4V로 구해진다.

$$v_{in} = v_s \frac{Z_{in}}{R_S + Z_{in}} = (12\text{V}) \frac{180\text{k}\Omega}{10\text{k}\Omega + 180\text{k}\Omega} = 11.4\text{V}$$

그림에 표시된 A_v값을 이용하면 v_{out}은 11.2V로 구해진다.

$$v_{out} = A_v v_{in} = (0.98)(11.4\text{V}) = 11.2\text{V}$$

마지막으로 부하전압은 11V로 구해진다.

$$v_L = v_s \frac{R_L}{Z_{out} + R_L} = (11.2\text{V}) \frac{1\text{k}\Omega}{20\text{k}\Omega + 1\text{k}\Omega} = 11\text{V}$$

여러분도 보다시피 버퍼는 부하전압을 1.09V에서 11V까지 증가시킨다. 저 임피던스 부하와 고 임피던스 전원을 성공적으로 연결하는 효과를 제공한다. 스펙은 사용되는 회로에의존하는 주어진 이미터 활로워의 목적을 제공한다. 여하튼 여러분은 이 절에서 설명된 고 임피던스 전원과 저 임피던스 부하 사이의 버퍼로 동작하거나 전류 이득을 제공하기 위한 두 가지 목적 중 한 가지를 만족시키기 위해서 사용된다는 점을 기억해야 한다.

10.3.4 고장진단 및 수리(Troubleshooting)

이미터 활로워 증폭기의 고장 진단 및 수리는 공통 이미터 증폭기에서의 고장 진단 및 수리와 큰 차이가 없다. 여하튼 기억해 두어야 할 한 가지 중요한 사실은 이미터 활로워는 어떠한 전압 이득도 제공해 주지 못한다는 점이다. 공통 이미터 증폭기를 고장진단 및 수리하는 경우에는 입력 전압보다 출력 전압이 더 높게 된다는 것을 예상한다. 이것은 공통 이미터 증폭기가 상대적으로 높은 전압 이득을 제공해 주기 때문이다. 만약에 공통 이미터 증폭기 회로에서 입력전압과 출력전압이 동일한 것으로 확인된다면 공통 이미터 회로가 고장이라고 믿는 이유가 된다.

하지만 이미터 활로워 증폭기에서는 이런 상황은 정상이다. 사실 출력 전압은 이미터 활로워 증폭기의 전압보다 항상 더 작게 될 것이다. 이미터 활로워에서 어떤 소자가 고장일 때 두 가지 조건 중 한 가지가 된다. 트랜지스터중의 하나는 포화상태 또는 차단상태이다. 출력이 V_{cc} 또는 접지와 거의 같아지는 경우는 이미터 활로워가 고장일 가능성을 생각하는 이유가 된다. 트랜지스터가 포화된 경우에만 이미터 전압 V_E는 V_{cc}에 가까워진다. 이런 경우에는 R_2(베이스 회로)가 개방되었는지를 검사해야 한다. 만약에 출력이 접지에 가깝다면 트랜지스터는 차단 상태이다. 이런 경우에서는 R_1이 개방되었는지를 알기 위해서 검사해야 한다. 만약 R_1이 고장이라면 교체되어야 한다.

만약 출력(이미터 단자)에서 교류 신호가 나타나지 않고 V_E는 접지와 V_{cc} 사이의 값이 되면 베이스에서의 입력 신호를 점검해야 한다. 만약 입력 신호가 나타난다면 R_E가 개방인지를 알기 위해서 R_E를 점검해야 한다. 만약에 이것도 아니라면 트랜지스터가 불완전한 것이므로 트랜지스터를 대체하여야 한다.

10.3.5 요점정리(Summary)

이미터 활로워(공동 컬렉터)의 중요한 특성은 다음과 같다.

1. 낮은 전압 이득(1보다 적음)
2. 상대적으로 높은 전류 이득
3. 전력 이득은 전류 이득보다 아주 조금 작다.
4. 높은 입력 임피던스와 낮은 출력 임피던스
5. 입·출력 교류 전압의 위상이 동일하다.

기초 확인문제 10.3

1. 이미터 활로워에서 일반적으로 이미터 귀환 바이어스를 사용하는 이유는 무엇인가?
2. 이미터 귀환 바이어스를 갖는 이미터 활로워 증폭기의 입력 임피던스를 결정하기 위한 단계를 순서대로 나열하라.
3. 컬렉터 측로 커패시터를 사용함으로써 해결되는 문제는 무엇인가?
4. 이미터 활로워의 일반적인 응용분야 두 가지를 설명하라.
5. 완충기(buffer)의 사용 목적은 무엇인가?
6. 이미터 활로워의 고장진단 및 수리시 기억해야 할 것은 무엇인가?

10.4 달링톤 이미터 활로워(The Darlington Emitter Follower)

달링톤 증폭기는 단일 트랜지스터를 사용할 때 얻을 수 있는 것보다 높은 입력 임피던스 Z_{in}과 전류 이득 A_i를 제공하기 위해서 별한 두 개의 트랜지스터를 사용해서 회로를 구성한다. 두 개의 트랜지스터는 달링톤 쌍이라고 부르는 특별한 구조로 배선된다. [그림 10-13]에 표시된 것처럼

- 첫 번째 트랜지스터의 이미터는 두 번째 트랜지스터 베이스에 접속된다.
- 두 트랜지스터의 컬렉터 단자는 함께 접속된다.

이런 형태로 배선되면 달링톤 쌍은 효과적으로 단일 베이스 단자와 단일 이미터 단자, 단일 컬렉터 단자를 갖는다. 달링톤 이미터 활로워는 [그림 10-14]에 표시되어 있다. 회로를 통해서 흐르는 전류의 방향에 주목하라.

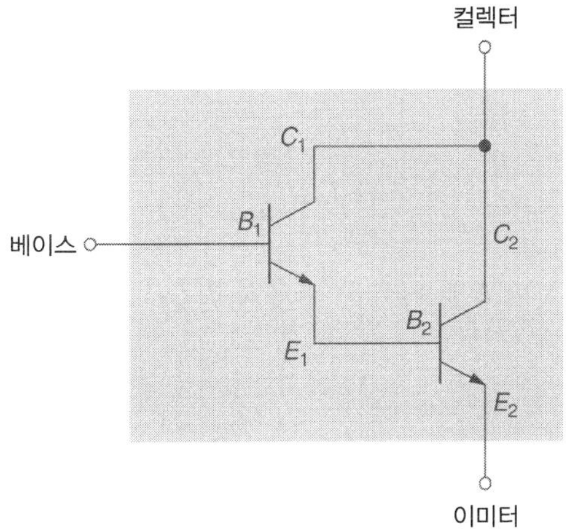

[그림 10-13] 달링톤 쌍

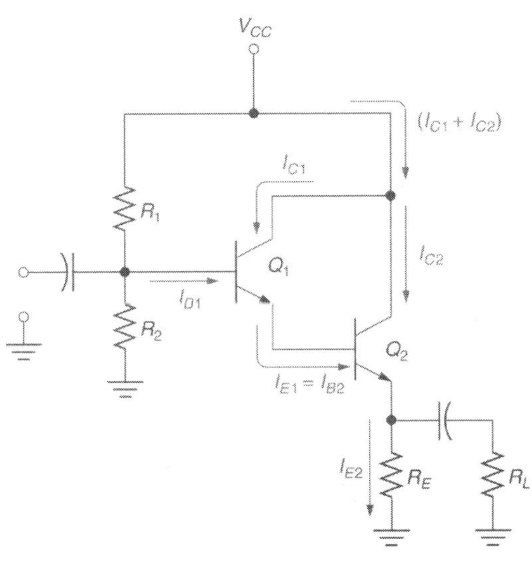

[그림 10-14] 달링톤 이미터 활로워

10.4.1 직류 해석(DC Analysis)

[그림 10-14]에 표시된 것처럼 두 개의 트랜지스터로 구성된 회로는 각각의 베이스 이미터 전압 V_{BE}를 갖는다. 따라서 I_{E2}는 식 (10-17)에 표시된 것처럼 트랜지스터 Q_1의 베이스 전압에서 $2V_{BE}$를 뺀 전압을 R_E로 나누면 된다.

$$I_{E2} = \frac{V_{B1} - 2V_{BE}}{R_E} \tag{10-17}$$

트랜지스터의 이미터 전류와 컬렉터 전류는 거의 근사하기 때문에 베이스 전류는 다음과 같이 표시된다.

$$I_B \cong \frac{I_E}{h_{FE}}$$

[그림 10-14]에 표시된 회로에 위식을 적용하고 Q_2의 베이스 전류 I_{B2}는 식 (10-18)처럼 구해진다.

$$I_{B2} \cong \frac{I_{E2}}{h_{FC2}} \tag{10-18}$$

[그림 10-14]에 표시된 것처럼 Q_1의 이미터는 Q_2의 베이스에 직접 연결된다. 따라서 $I_{B2} = I_{E1}$이다.

$$I_{E1} \cong \frac{I_{E2}}{h_{FC2}} \tag{10-19}$$

트랜지스터의 직류 입력 저항은 $R_{\text{in}} = h_{FC}R_E$로 구해진다.

입력 트랜지스터인 경우 이미터 저항이 두 번째 트랜지스터의 입력 저항이 된다.

$$R_{\text{IN}1} = h_{FC1}R_{\text{IN}2}$$

$R_{\text{in}2} = h_{FC2}R_E$이므로 위식은 식 (10-20)처럼 변환된다.

$$R_{\text{IN}1} = h_{FC1}h_{FC2}R_E \tag{10-20}$$

【예제 10-8】에 표시된 것처럼 달링톤 쌍(Darlington pair)은 일반적인 트랜지스터 형태보다 매우 높은 저항을 가지고 있다. 베이스 입력 저항을 손쉽게 MΩ 범위를 가지게 된다.

【예제 10.8】 [그림 10-15]에 표시된 달링톤 쌍의 입력 저항을 결정하시오. 2N3904의 스펙은 [그림 7-17]에 표시되어 있다.

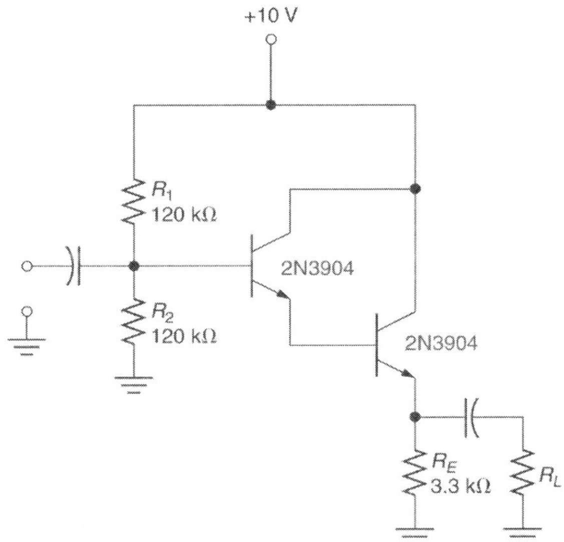

[그림 10-15]

풀이 Q_1의 베이스 전압은 5V로 구해진다.

$$V_B = V_{CC}\frac{R_2}{R_1+R_2} = (10\text{V})\frac{120\text{k}\Omega}{240\text{k}\Omega} = 5\text{V}$$

I_E는 1.09mA로 구해진다.

$$I_E = \frac{V_{B1}-2V_{BE}}{R_E} = \frac{5\text{V}-1.4\text{V}}{3.3\text{k}\Omega} = 1.09\text{mA}$$

2N3904의 데이터 스펙을 참조하면 $I_{CQ}=1\text{mA}$에서 h_{FE}의 최소값은 70이다. 이 값을 h_{FC} 대신 사용하면 달링톤 쌍의 입력 저항은 16.2MΩ으로 구해진다.

$$R_{\text{IN1}} = h_{FC1}h_{FC2}R_E = (70)(70)(3.3\text{k}\Omega) = 16.17\text{M}\Omega$$

(실전 연습문제 10-8)

[그림 10-15]에 표시된 것과 유사한 달링톤 증폭기가 $h_{FC}=240$(각각의 트랜지스터), $R_E=390\Omega$의 크기를 갖는다고 가정하고 달링톤 쌍의 입력 저항을 결정하시오.

▶▶ 22.5MΩ

10.4.2 교류 해석(AC Analysis)

달링톤 이미터 활로워 증폭기의 입력 임피던스는 표준 이미터 활로워와 동일한 식을 사용해서 구해진다. 전압 분배기 바이어스가 사용되어질 때 Z_{in}은 $Z_{\text{in}} = R_1 \| R_2 \| Z_{\text{base}}$로

구해진다.

이미터 귀환 바이어스가 사용되어질 때 Z_{in}은 $Z_{\text{in}} = R_1 \| Z_{\text{base}}$로 구해진다.

달링톤 쌍의 Z_{base}는 식 (10-21)처럼 표시된다.

$$Z_{\text{base}} = h_{ic1} + h_{fc1}(h_{ic2} + h_{fc2} r_E) \tag{10-21}$$

여기서 h_{ic}=동일한 트랜지스터의 입력 임피던스
h_{fc}=동일한 트랜지스터의 교류 전류 이득
r_E=R_E와 R_L의 병렬 합성

을 의미한다. 식 (10-21)의 유도과정은 부록 D에 제공된다.

달링톤 이미터 활로워 증폭기의 출력 임피던스는 표준 이미터 활로워 증폭기의 출력 임피던스와 같은 방법으로 구해진다. 여하튼 두 번째 트랜지스터의 이득은 고려되어야 한다. 따라서 Z_{out}은 식 (10-22)처럼 구해진다.

$$Z_{\text{out}} = R_E \left\| \left[r_{e2}' + \frac{r_{e1}' + (R_{th}/h_{fc1})}{h_{fc2}} \right] \right. \tag{10-22}$$

R_E는 식의 나머지보다 항상 매우 크기 때문에 Z_{out}은 다음과 같이 근사화 된다.

$$Z_{\text{out}} = r_{e2}' + \frac{r_{e1}' + (R_{th}/h_{fc1})}{h_{fc2}} \tag{10-23}$$

여기서 R_{th}=$R_1 \| R_2 \| R_S$
r_e'=동일한 트랜지스터의 교류 이미터 저항
h_{fc}=동일한 트랜지스터의 교류 전류 이득

을 의미한다. 달링톤 쌍의 전류이득은 트랜지스터 각각의 이득을 곱한 것과 같으며, 이 곱은 수천이 될 수 있다. 이것은 입력 전류가 첫 번째 트랜지스터의 이득에 의해서 증가되어 두 번째 트랜지스터의 베이스로 공급되며 두 번째 트랜지스터의 이득에 의해 다시 증가된다는 사실 때문이다. 심지어 입·출력 회로로 인한 전류 이득이 감소되는 경우에도 달링톤 증폭기는 아주 높은 전체 전류 이득을 갖는다.

$$A_i = h_{fc1} h_{fc2} \left(\frac{Z_{\text{in}} r_E}{Z_{\text{base}} R_L} \right) \tag{10-24}$$

【예제 10-9】에 설명되어 있는 것처럼 달링톤 증폭기의 전류 이득은 전형적으로 단일 트랜지스터 이미터 활로워의 전류 이득보다 매우 높다. 앞에서 언급한 것처럼 증폭기의 전압 이득 A_v는 1보다 적다.

【예제 10.9】 [그림 10-15]에 표시된 증폭기 회로의 전류 이득과 임피던스를 결정하시오.

회로에서 $R_S = 3.3\text{k}\Omega$, $R_L = 1\text{k}\Omega$, $h_{fc1} = 120$, $h_{fc2} = 150$, $h_{ic1} = 40\text{k}\Omega$, $h_{ic2} = 3\text{k}\Omega$ 의 크기를 갖는다고 가정한다.

풀이 Z_{base}를 구하기 위해서는 r_E를 먼저 구해야 한다.

$$r_E = R_E \| R_L = 3.3\text{k}\Omega \| 1\text{k}\Omega = 767\Omega$$

달링톤 쌍의 입력 임피던스는 14.2MΩ으로 구해진다.

$$\begin{aligned} Z_{\text{base}} &= h_{ic1} + h_{fc1}(h_{ic2} + h_{fc2} r_E) \\ &= 40\text{k}\Omega + (120)[3\text{k}\Omega + (150)(767\Omega)] \\ &= 40\text{k}\Omega + (120)(118.1\text{k}\Omega) \\ &= 14.2\text{M}\Omega \end{aligned}$$

증폭기 입력 임피던스는 59.7kΩ으로 구해진다.

$$Z_{\text{in}} = R_1 \| R_2 \| Z_{\text{base}} = 120\text{k}\Omega \| 120\text{k}\Omega \| 14.2\text{M}\Omega = 59.7\text{k}\Omega$$

다시 말해서 이런 높은 입력 임피던스는 달링톤 증폭기의 특성이다.
Z_{out}을 구하기 위해서 두 트랜지스터에 대한 r_e'를 구할 필요가 있다. 이것은 333Ω으로 계산된다.

$$r_{e1}' = \frac{h_{ic1}}{h_{fc1}} = \frac{40\text{k}\Omega}{120} = 333\Omega$$

$$r_{e2}' = \frac{h_{ic2}}{h_{fc2}} = \frac{3\text{k}\Omega}{150} = 20\Omega$$

회로의 입력 저항 (R_{in}')은 3.13kΩ으로 구해진다.

$$R_{th}' = R_1 \| R_2 \| R_S = 3.13\text{k}\Omega$$

마지막으로 Z_{out}은 22.4Ω으로 구해진다.

$$\begin{aligned} Z_{\text{out}} &= r_{e2}' + \frac{r_{e1}' + (R_{\text{in}}'/h_{fc1})}{h_{fc2}} = 20\Omega + \frac{333\Omega + (3.13\text{k}\Omega/120)}{150} \\ &= 20\Omega + 2.4\Omega = 22.4\Omega \end{aligned}$$

이런 증폭기에서는 낮은 출력 임피던스는 일반적이다. 증폭기의 전류 이득은 58로 계산된다.

$$A_i = h_{fc1} h_{fc2} \left(\frac{Z_{\text{in}}\ r_E}{Z_{\text{base}}\ R_L} \right) = (120)(150)\left[\frac{(59.7\text{k}\Omega)(767\Omega)}{(14.2\text{M}\Omega)(1\text{k}\Omega)} \right] = (18000)(0.00322) = 58$$

어느 이미터 활로워에서도 회로의 전체 전압이득은 1보다 약간 작게 된다.

(실전 연습문제 10-9)

[그림 10-15]에 표시된 회로의 전류 이득과 임피던스를 결정하시오. 회로에서 $R_1 = R_2 = 240\text{k}\Omega$, $R_E = 510\Omega$, $R_S = 6\text{k}\Omega$, $R_L = 100\Omega$, $h_{fc1} = 80$, $h_{fc2} = 180$, $h_{ic1} = 38\text{k}\Omega$, $h_{ic2} = 4\text{k}\Omega$ 이라고 가정한다.

▶▶ $A_i = 857$, $Z_{\text{in}} \cong 111\text{k}\Omega$, $Z_{\text{out}} \cong 25.2\text{k}\Omega$

10.4.3 요약(Summary)

【예제 10-8】과 【예제 10-9】에서 달링톤 증폭기의 중요한 특성을 설명할 수 있다. 이런 특성은 다음과 같다.

1. 1보다 작은 전압 이득($A_v < 1$)
2. 매우 높은 베이스 입력 임피던스
3. 높은 전류 이득
4. 매우 낮은 출력 임피던스

달링톤 이미터 활로워의 특성이 표준 이미터 활로워와 동일하기 때문에 두 회로는 유사한 응용회로에 사용된다. 표준 이미터 활로워보다 높은 전류 이득과 높은 입력 임피던스, 낮은 출력 임피던스를 필요로 하는 경우에는 달링톤 이미터 활로워를 사용하면 된다.

10.4.4 "신속" 해석(The "Quick" Analysis)

여러분도 알다시피 달링톤 증폭기의 상세한 해석은 길고 복잡하다. 근사적으로 회로값을 빠르게 결정하기를 원한다면 다음의 근사법을 사용할 수 있다.

$$A_i = h_{fc1} h_{fc2} \left(\frac{Z_{\text{in}} r_E}{Z_{\text{base}} R_L} \right)$$

$$A_v \cong 1$$

$$Z_{\text{base}} \cong h_{fc1} h_{fc2} r_E \tag{10-25}$$

$$Z_{\text{out}} = r_{e2}' + \frac{r_{e1}'}{h_{fc2}} \tag{10-26}$$

식 (10-25)에서 두 트랜지스터의 r_e'를 무시한다. 【예제 10-9】에서 이 식을 사용함으로써 $Z_{\text{base}} = 13.8\text{M}\Omega$과 $Z_{\text{in}} = 59.7\text{k}\Omega$을 구할 수 있다. 마지막 근사화는 Z_{out}의 계산에서 R_{th}'/h_{fc1}을 무시한다. 【예제 10-9】에서 이 식을 사용하여 예제에서 구한 22.4Ω보다 작은 $Z_{\text{out}} = 22.2\Omega$을 얻을 수 있다.

10.4.5 추가 지적사항(A Few More Points)

달링톤 트랜지스터가 가장 일반적으로 사용된다. 예를 들면 2N6426은 단일 물리 패키지에 포함되어진 달링톤 쌍이다. $I_C = 10\text{mA}$에서 소자는 다음과 같은 정격을 갖는다.

$$h_{FE} = 20{,}000\text{에서 } 200{,}000, \quad h_{ie} = 100\text{k}\Omega\text{ 에서 } 2\text{M}\Omega, \quad h_{fe} = 20{,}000(\text{최소})$$

여러분도 보다시피 이런 값들은 표준 이산 트랜지스터에서 구한 값들과 비교할 때 대단히 큰 값들이다. 이 절에서 사용되는 공식들은 달링톤 쌍을 구성하기 위해서 두 개의 이산 트랜지스터가 동작된다고 가정한 것이다. 달링톤에 이미터 활로워가 포함된다고 가정하면 이전에 사용했던 이미터 활로워의 해석 방법을 참조하면 된다. 이 절에서의 고찰이 단지 달링톤 이미터 활로워에 제한된다고 하더라도 달링톤 쌍이 평균보다 높은 입력 임피던스와 전류 이득을 필요로 하는 곳에 사용된다는 점을 주목하면 된다.

기초 확인문제 10.4

1. 달링톤 이미터 활로워란 무엇인가?
2. 달링톤 쌍 연결에서 두 개의 트랜지스터는 서로 어떻게 연결되어 지는가?
3. 달링톤 이미터 활로워의 전류 이득은 일반적인 이미터 활로워의 전류 이득 보다 더 높은 이유는 무엇인가?
4. 달링톤 이미터 활로워의 중요한 특성을 설명하라.

10.5 공통 베이스 증폭기(The Common Base Amplifier)

공통 베이스 증폭기는 전류 이득이 아닌 전압 이득을 필요로 할 때와 고주파 버퍼 응용에서 사용된다. 공통 베이스 증폭기의 입력은 이미터에 인가되고 출력은 컬렉터로부터 구해진다. 두 가지의 공통 베이스 증폭기가 [그림 10-16]에 표시되어 있다.

[그림 10-16 (a)]는 이미터 바이어스 형태의 트랜지스터 회로를 보여주고 있다. [그림 10.16 (b)]는 전압분배기 바이어스 형태의 트랜지스터 회로를 보여주고 있다. 이런 두 가지 회로에서의 직류 해석은 등가의 공통-이미터 구조에 대한 해석과 같다. 각 증폭기의 입력은 이미터에 인가되지만 출력은 컬렉터로 나온다는 점을 유 의해야 한다. [그림 10-16 (a)]의 베이스는 접지와 직접 연결된다. [그림 10-16 (b)]의 베이스는 R_2 양단에 연결된 바이패스 커패시터 C_B에 의해서 접지 된다.(교류 동작에서)

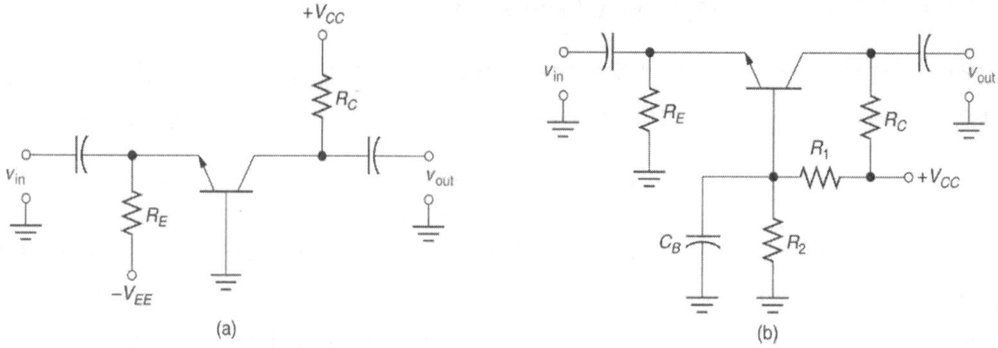

[그림 10-16] 일반적인 공통 베이스 증폭기

10.5.1 교류 해석(AC Analysis)

공통-베이스 증폭기의 교류 등가 회로를 [그림 10-17]에 표시했다. 공통 베이스 증폭기의 교류 특성을 고찰하기 위해서 이런 회로를 사용한다. 입력 신호가 이미터 베이스 접합 양단에 인가되기 때문에 v_{in}은 $i_e r_e'$로 구해진다.

$$v_{in} = i_e r_e'$$

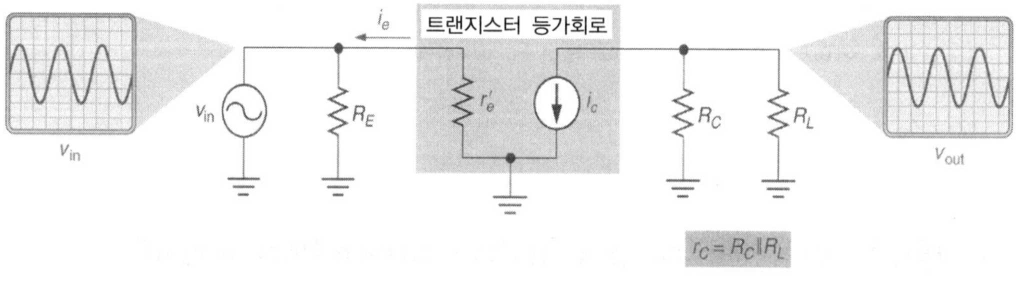

[그림 10-17] 공통 베이스 교류 등가회로

출력 신호는 교류 컬렉터 저항 양단에서 나타난다. 따라서 v_{out}은 $i_c r_c$로 구해진다.

$$v_{out} = i_c r_c$$

$i_c \cong i_e$이므로 v_{out}은 $i_e r_c$로 표시할 수 있다.

$$v_{out} = i_e r_c$$

따라서 전류 이득은 식 (10-27)처럼 표시할 수 있다.

$$v_v = \frac{v_{out}}{v_{in}} = \frac{i_e r_c}{i_e r_e'}$$

$$A_v = \frac{r_c}{r_e{}'} \tag{10-27}$$

이미터 전류는 근사적으로 컬렉터 전류와 같다. 병렬 연결된 R_C와 R_L은 전류분배기를 구성한다. 이런 전류분배기는 부하전류를 감소시키기 때문에 증폭기 회로의 전류 이득은 항상 다음 식 (10-28)처럼 근사화 된다.

$$A_i \cong \frac{r_C}{R_L} \quad (r_C = R_C \| R_L) \tag{10-28}$$

증폭기의 입력 임피던스는 $r_e{}'$와 R_E의 병렬합성 저항이다.

$$Z_{\text{in}} = r_e{}' \| R_E \tag{10-29}$$

R_E는 $r_e{}'$보다 항상 아주 크기 때문에 증폭기의 입력 임피던스는 식 (10-30)처럼 근사화시킬 수 있다.

$$Z_{\text{in}} \cong r_e{}' \tag{10-30}$$

증폭기의 출력 임피던스는 R_C와 트랜지스터의 컬렉터 저항 $(1/h_{ob})$과 병렬로 결합된다.

$$Z_{\text{out}} = R_C \| \frac{1}{h_{ob}} \tag{10-31}$$

$1/h_{ob}$는 일반적으로 매우 높기 때문에 출력 임피던스는 식 (10-32)처럼 표시할 수 있다.

$$Z_{\text{out}} \cong R_C \tag{10-32}$$

【예제 10-10】은 공통 베이스 증폭기의 교류 해석을 설명하고 있다.

【예제 10.10】 [그림 17-18]에 표시된 회로에서 회로의 이득과 임피던스를 구하시오.

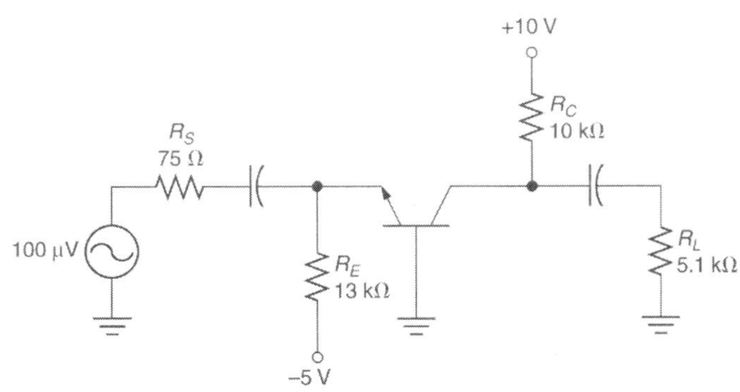

[그림 10-18]

풀이 먼저 I_E를 구하는 것이 필요하다. 회로가 이미터 바이어스 회로이기 때문에 I_E는 331μA로 구해진다.

$$I_E = \frac{|V_{EE}+V_{BE}|}{R_E} = 331\mu A$$

r_e'는 75.6Ω으로 근사화 시킬 수 있다.

$$r_e' = \frac{25\text{mV}}{I_E} = 75.6\Omega$$

$R_E \gg r_e'$이므로 Z_{in}은 75.6Ω으로 근사화 시킬 수 있다.

$$Z_{\text{in}} \cong r_e' = 75.6\Omega$$

출력 임피던스는 10kΩ이다.

$$Z_{\text{out}} \cong R_C = 10\text{k}\Omega$$

컬렉터 회로의 교류 저항은 3.38kΩ이다.

$$r_C = R_C \| R_L = 3.38\text{k}\Omega$$

증폭기의 전압 이득은 44.7이다.

$$A_v = \frac{r_C}{r_e'} = 44.7$$

회로의 전류 이득은 대략 0.663이다.

$$A_i \cong \frac{r_C}{R_L} = \frac{3.38\text{k}\Omega}{5.1\text{k}\Omega} = 0.663$$

(실전 연습문제 10-10)

[그림 10-18]에 표시된 회로와 유사한 이미터 바이어스 회로가 $V_{cc} = +15\text{V}$, $V_{EE} = -15\text{V}$, $R_E = 30\text{k}\Omega$, $R_L = 3\text{k}\Omega$의 크기를 갖는다고 가정하고 증폭기의 A_v, A_i, Z_{in}, Z_{out}을 구하시오.

▶▶ $A_v = 47.7$, $\cong 0.833$, $Z_{\text{in}} \cong 52.4\text{k}\Omega$, $Z_{\text{out}} = 15\text{k}\Omega$

10.5.2 요약(Summary)

【예제 10-10】은 공통 베이스 증폭기의 교류 해석을 설명하고 있다. 예제에서 구한 결과는 이런 종류의 증폭기에 대한 교류 특성을 설명하는데 도움을 준다.

1. 상대적으로 높은 전압 이득
2. 전류 이득은 1보다 적다($A_i < 1$)
3. 낮은 입력 임피던스
4. 높은 출력 임피던스

다음 절에서 여러분은 위에서 설명된 공통 베이스 증폭기가 여러 응용분야에 사용되기에 적합하다는 사실을 확인하게 된다.

기초 확인문제 10.5

1. 어떤 바이어스 회로가 공통 베이스 증폭기에 일반적으로 사용되는가?
2. 공통 베이스 증폭기의 완벽한 교류 해석을 수행하기 위한 단계를 순서대로 나열하라.
3. 공통 베이스 증폭기의 이득 특성은 무엇인가?
4. 공통 베이스 증폭기의 입·출력 특성은 무엇인가?

10.6 공통-베이스의 응용과 고장 진단 및 수리(Common Base Application and Troubleshooting)

앞에서 언급한 것처럼 공통 베이스 증폭기는 고주파 응용과 전류 이득이 아닌 전압 이득을 필요로 할 때 사용된다. 두 가지 응용 중 고주파에서의 응용이 더욱 일반적이다. 공통 베이스 회로는 높은 전압 이득과 $A_i \cong 1$을 갖기 때문에 회로의 전류 크기를 증가시키지 않고 전압 이득을 얻기 위해 사용될 수 있다. 증폭기로부터 출력전류는 응용에서 필요한 전류보다 충분히 크지만 전압은 증가시킬 필요가 있는 경우를 고려하자. 공통 베이스 증폭기는 전류의 증가 없이 전압만을 증가시키기 때문에 이런 상황에 잘 사용된다.

공통 베이스 증폭기에 대한 고주파 응용은 이미터 활로워의 버퍼 응용과 밀접하게 결부된다. 공통 베이스 증폭기는 [그림 10-19 (a)]에 표시된 것처럼 이미터 활로워와 정반대의 임피던스 특성을 가지고 있다. 전형적인 공통-베이스 회로는 저 입력 임피던스와 고 출력 임피던스를 갖는다는 점에 주의해야 한다.

이것이 고주파 동작과 어떤 관계를 갖는가? 대부분의 고주파 전압원은 매우 낮은 출력 임피던스를 가진다. 고주파의 낮은 출력 임피던스 Z_{out}를 가지는 전압원 높은 임피던스 부하를 연결할 때, 전압원 임피던스와 부하의 전류제한 효과를 감소시키기 위한 방법이 필요하다. 이것은 다음과 같은 조건이 공통베이스 증폭기 설계에 이용되어짐으로써 수행된다.

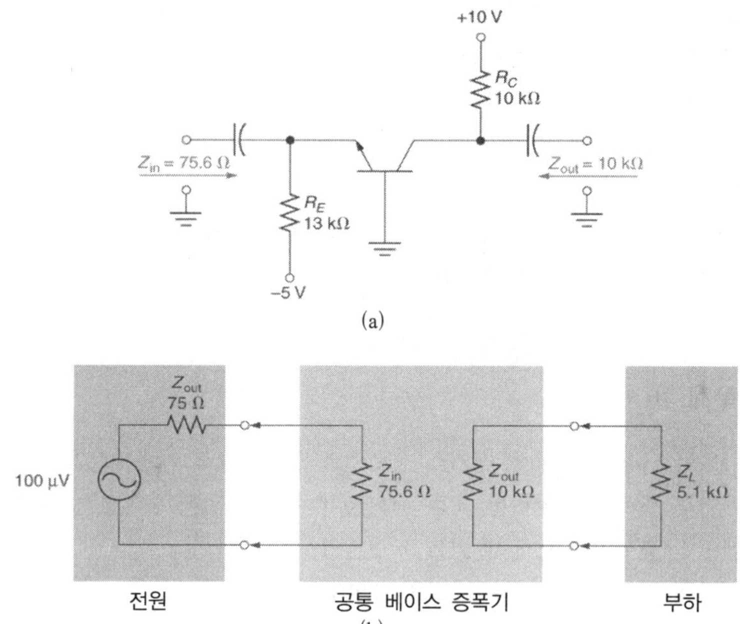

[그림 10-19] 임피던스 정합을 극복하기 위한 공통 베이스 증폭기의 사용

1. 입력 임피던스는 전원 임피던스보다 낮아야 한다.
2. 출력 임피던스는 부하 임피던스보다 커야 한다.

가이드 라인에 따라서 설계되어지면 증폭기는 자신의 부하에 최대의 전류를 제공하게 된다. 예를 들어서 [그림 10-19 (b)]에 표시된 회로를 살펴보자.

저 입력 임피던스는 전원에 의해서 발생되는 최대 전류를 허용한다. 증폭기는 $A_i < 1$의 크기를 갖기 때문에 출력 신호 전류는 입력 신호 전류보다 약간 작게 된다. 증폭기의 비교적 높은 Z_{out}은 출력신호 전류에 대한 부하의 효과를 감소시키게 된다. 그 결과 전원은 자신의 고 임피던스 부하와 성공적으로 결합된다(사실 [그림 10-19 (b)]에 표시된 회로의 모의실험은 전원이 부하와 직접 연결됨다면 부하 전류가 22배 정도 커지게 된다).

공통 베이스 증폭기가 고주파 회로에 사용되기 위해서는 몇 가지 사항이 추가로 필요하게 된다.

1. 베이스에서의 교류 접지는 출력회로의 변화가 입력회로에 거의 영향을 미치지 않는다는 것을 의미하는 증폭기의 안정도를 비교적 크게 한다(고주파 회로를 다루게 될 때 부하에서의 변화에 의해서 쉽게 영향을 받는다는 것이 중요하다).
2. 고주파, 소 신호는 잡음에 큰 영향을 받게 된다. 잡음은 증폭기의 입력저항에 포함되는 전원의 수로부터 오게 된다. 공통 베이스 증폭기의 저 입력 저항은 BJT 회로보다 적은 잡음을 발생시킨다.

10.6.1 고장진단 및 수리(Troubleshooting)

공통 베이스 증폭기의 고장 진단 및 수리는 공통 이미터 회로의 고장 진단 및 수리와 거의 같다. 출력 전압은 입력 전압과 비교해서 이득이 있어야 한다. 그러나 입력으로부터 출력까지 위상의 변화는 없다. 공통 베이스 회로의 고장 진단에서는 입력과 출력신호를 확인해야 한다. 만약 양쪽에서 신호가 나타나고 이미터에서 컬렉터까지 전압 이득이 있다면, 증폭기는 완전한 것이다. 만약 입력 신호가 정상적이고 출력신호가 비정상적이라면 7장에서 논의된 기술들을 사용하여 증폭기를 점검하여야 한다.

기초 확인문제 10.6

1. 공통 베이스 증폭기의 두 가지 일반적인 응용은 무엇인가?
2. 임피던스 정합 회로로 사용되는 공통 베이스 증폭기에 대하여 설명하라.
3. 공통 베이스 증폭기의 고장 진단과의 공통 이미터 증폭기의 고장 진단과의 차이점은 무엇인가?

10.6.2 트랜지스터 증폭기 : 요약(Transistor Amplifier : A Summary)

6장에서부터 9장까지 다양한 트랜지스터 증폭기가 소개되었다. 증폭기의 직류특성은 서로 다른 여러 형태에서 크게 변하지 않는 반면에 회로에서의 교류 특성은 여러 형태에 따라 상당한 차이를 나타내고 있다. 공통 이미터 ,이미터 활로워(공통 컬렉터), 공통 베이스, 달링톤 증폭기의 교류 특성을 비교하여 〈표 10-1〉에 표시하였다.

표 10-1 증폭기 구조와 교류 특성

구분	공동 이미터	이미터 활로워	공동 베이스	달링톤
A_v	높다	1보다 적다	높다	1보다 적다
A_i	높다	높다	1보다 적다	극히 낮다
A_p	높다	높다	높다	높다
Z_{in}	낮다	높다	극히 낮다	극히 높다
Z_{out}	높다	매우 낮다	높다	극히 낮다

중요 용어(Key Term)

버퍼(buffer), 달링톤 증폭기(Darlington amplifier), 달링톤 이미터 활로워(Darlington emitter follower), 달링톤 쌍(Darlington pair), 공통 베이스 증폭기(common base amplifier), 공통 컬렉터 증폭기(common collector amplifier), 잡음(noise), 조정된 직류 전원공급기(regulated power supply)

연습문제

10-1. [그림 10-20]에 표시된 회로에서 V_{CE}, I_E를 결정하시오.

10-2. [그림 10-21]에 표시된 회로에서 V_B, V_E, I_E를 결정하시오.

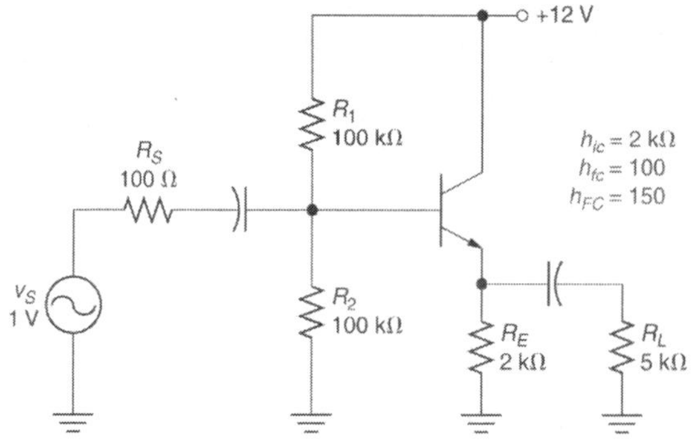

[그림 10-20]

10-3. [그림 10-20]에 표시된 회로의 직류 부하선을 그리시오.

10-4. [그림 10-21]에 표시된 회로의 직류 부하선을 그리시오.

10-5. [그림 10-20]에 표시된 회로의 Z_{in}을 구하시오.

10-6. [그림 10-21]에 표시된 회로의 Z_{in}을 구하시오.

10-7. [그림 10-20]에 표시된 회로에서 A_v, A_i, A_p를 구하시오.

10-8. [그림 10-21]에 표시된 회로에서 A_v, A_i, A_p를 구하시오.

10-9. [그림 10-20]에 표시된 회로의 Z_{out}을 구하시오.

10-10. [그림 10-21]에 표시된 회로의 Z_{out}을 구하시오.

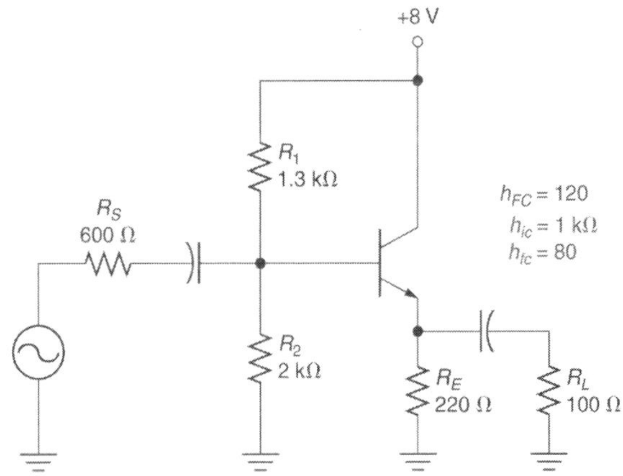

[그림 10-21]

10-11. [그림 10-22]에 표시된 회로의 이득과 임피던스를 구하시오.

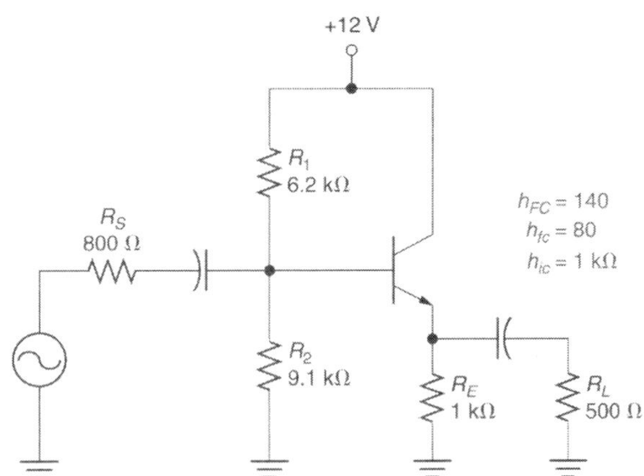

[그림 10-22]

10-12. [그림 10-23]에 표시된 회로의 이득과 임피던스를 구하시오.

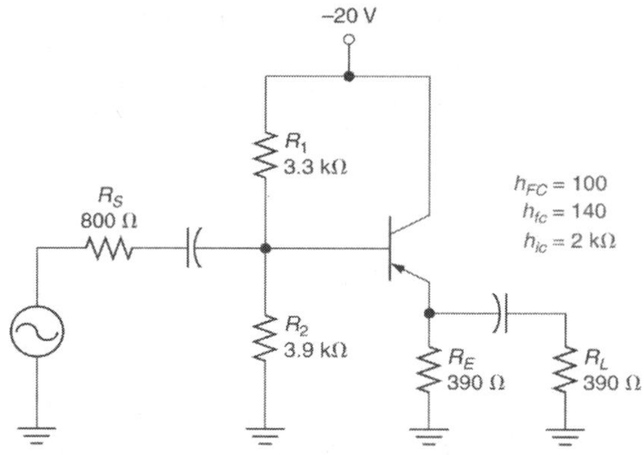

[그림 10-23]

10-13. [그림 10-24]에 표시된 회로의 Z_{in}을 구하시오.

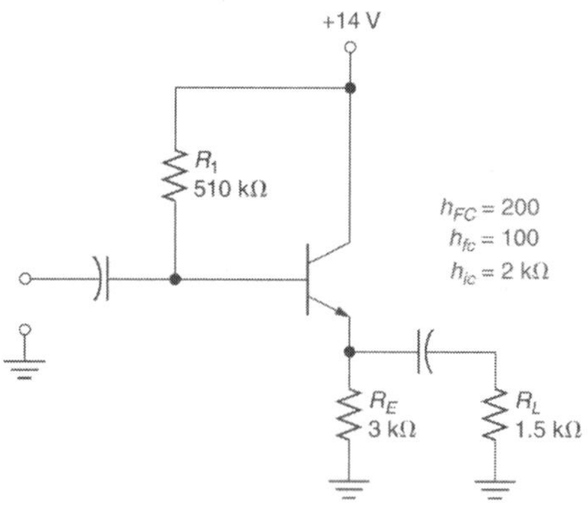

[그림 10-24]

10-14. [그림 10-25]에 표시된 회로의 Z_{in}을 구하시오.

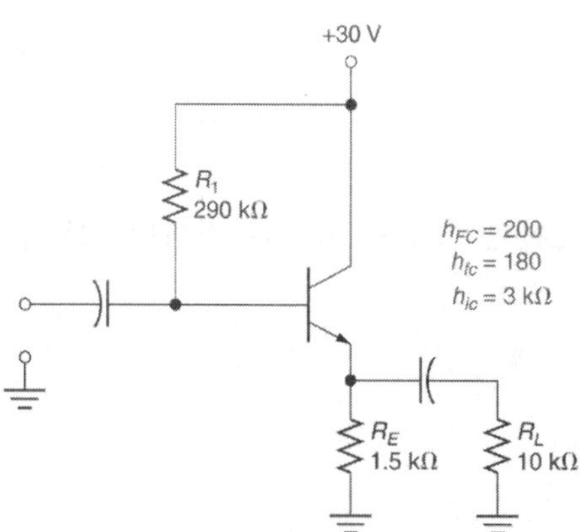

[그림 10-25]

10-15. [그림 10-26]에 표시된 회로에서 I_E와 R_{in1}을 구하시오.

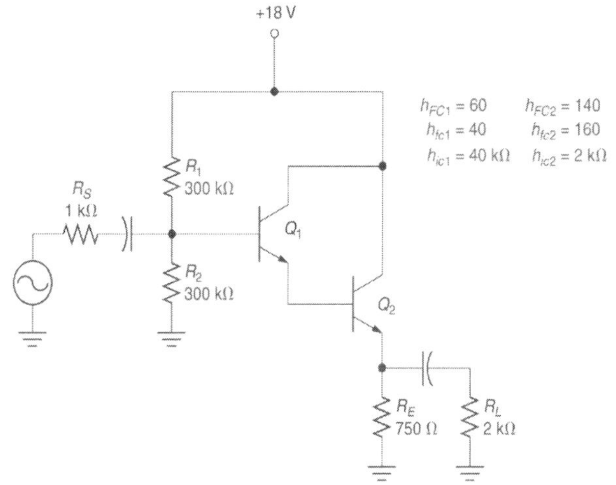

[그림 10-26]

10-16. [그림 10-27]에 표시된 회로에서 I_E와 R_{in1}을 구하시오.

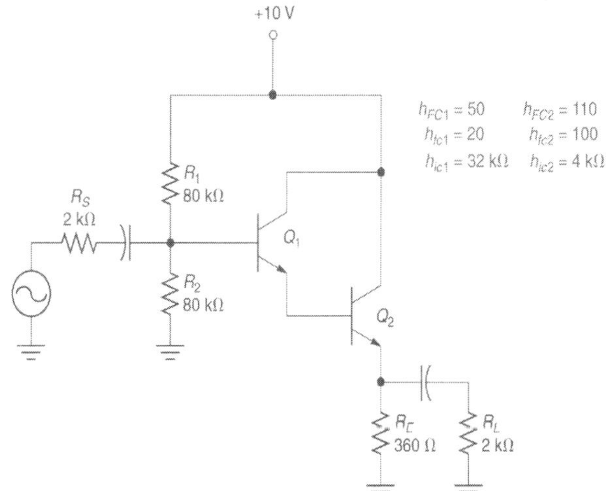

[그림 10-27]

10-17. [그림 10-26]에 표시된 회로의 Z_{in}과 Z_{out}을 구하시오.

10-18. [그림 10-27]에 표시된 회로의 Z_{in}과 Z_{out}을 구하시오.

10-19. [그림 10-26]에 표시된 회로의 A_i를 구하시오.

10-20. [그림 10-27]에 표시된 회로의 A_i를 구하시오.

10-21. [그림 10-26]에 표시된 회로의 빠른(간편) 해석에 대해서 설명하시오.

10-22. [그림 10-27]에 표시된 회로의 빠른(간편) 해석에 대해서 설명하시오.

10-23. [그림 10-28]에 표시된 회로의 A_v를 구하시오.

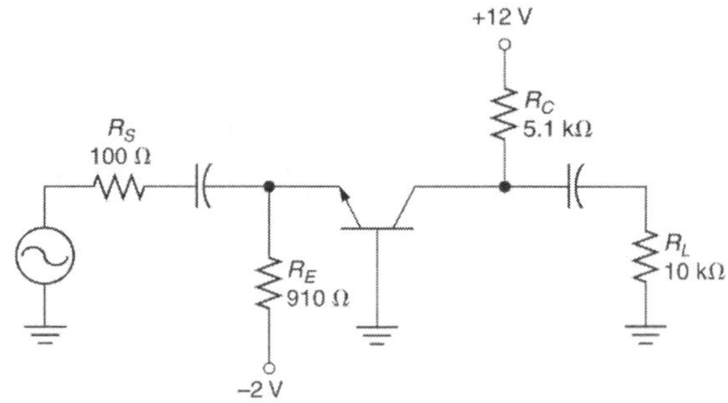

[그림 10-28]

10-24. [그림 10-29]에 표시된 회로의 A_v를 구하시오.

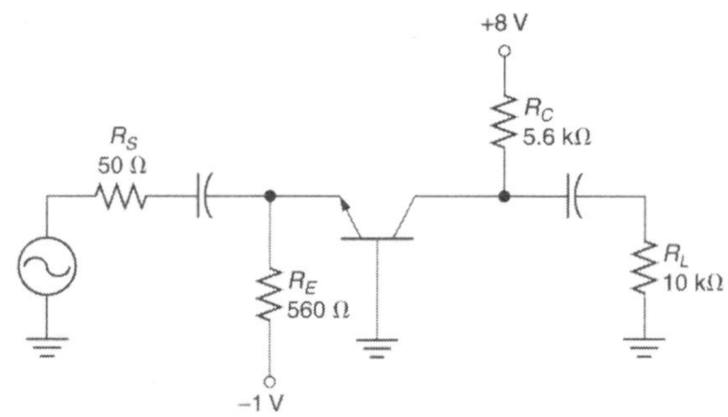

[그림 10-29]

10-25. [그림 10-28]에 표시된 회로의 Z_{in}과 Z_{out}을 구하시오.

10-26. [그림 10-29]에 표시된 회로의 Z_{in}과 Z_{out}을 구하시오.

10-27. [그림 10-21]을 참조하고 회로의 직류 이미터 전압이 0V라면 회로가 가지는 문제점은 무엇인지에 대해서 고찰하시오.

10-28. [그림 10-21]을 참조하고 회로의 직류 이미터 전압이 1.7V라면 회로에서 발생 가능한 문제점은 무엇인지에 대해서 고찰하시오.

10-29. [그림 10-30]에 표시된 회로의 파형이 [그림 10-31]과 같다면 회로에서 발생 가능한 문제점은 무엇인가?

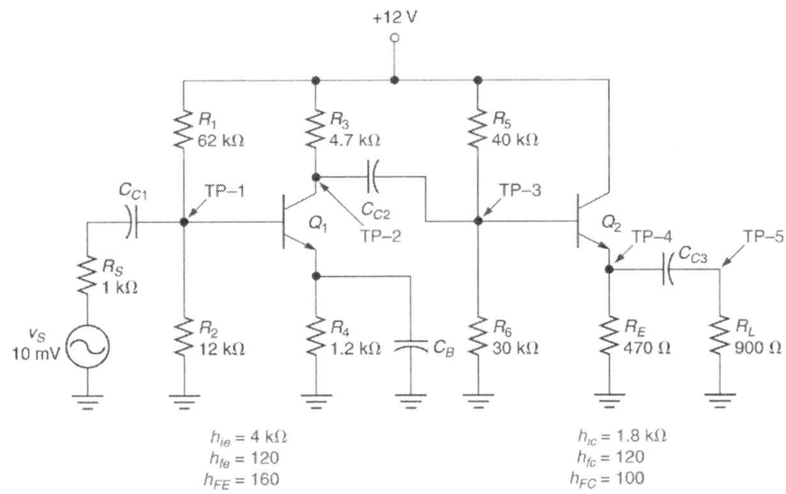

[그림 10-30]

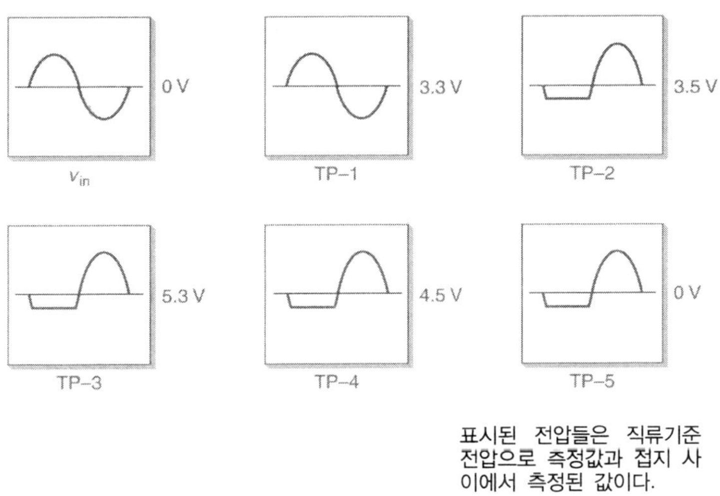

[그림 10-31]

10-30. [그림 10-28]에 표시된 회로의 V_C는 $+12V_{dc}$의 크기를 갖는다. 회로에서 발생 가능한 문제점은 무엇인가?

10-31. [그림 10-27]에 표시된 회로에서 Q_2의 베이스 전압은 거의 0V이다. 회로에서 발생 가능한 문제점은 무엇인가?

10-32. [그림 10-26]에 표시된 회로의 출력파형이 [그림 10-32]와 같다면 회로에서 발생 가능한 문제점은 무엇인가?

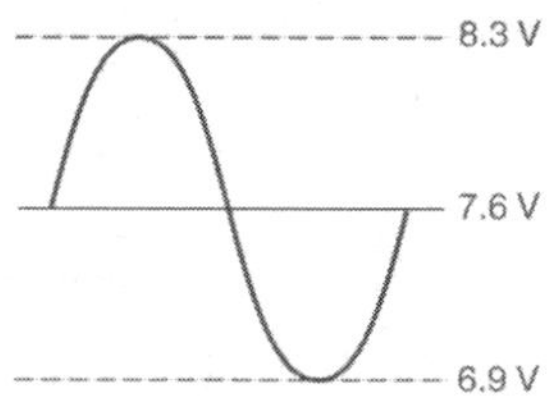

[그림 10-32]

10-33. [그림 10-30]에 표시된 회로의 파형이 [그림 10-33]과 같다면 회로에서 발생 가능한 문제점은 무엇인가?

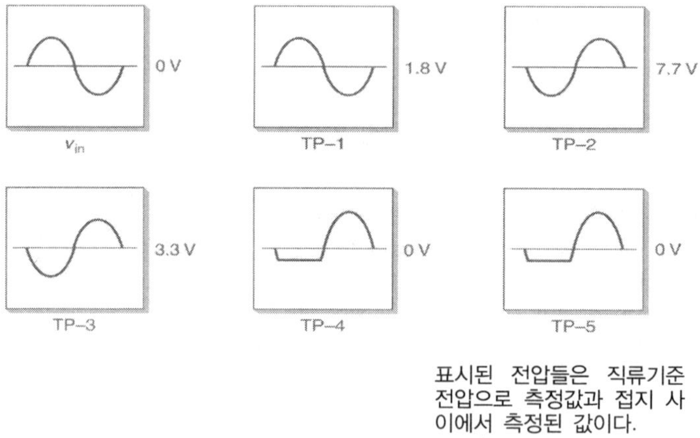

[그림 10-33]

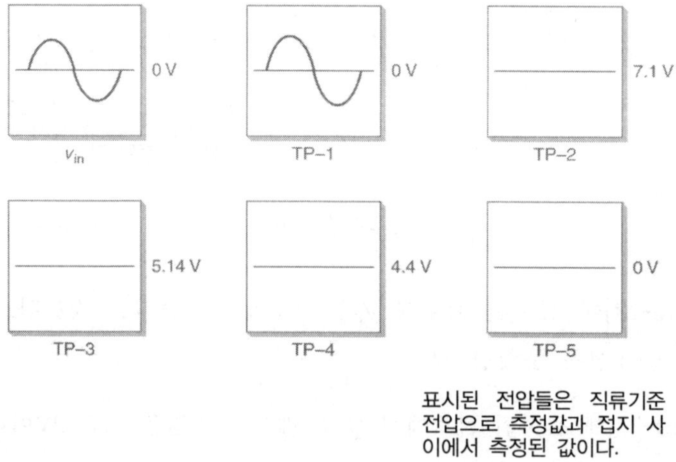

[그림 10-34]

10-34. [그림 10-30]에 표시된 증폭기 회로의 A_{vT}, A_{iT}, A_{pT}, Z_{in}을 구하시오.

10-35. [그림 10-35]에 표시된 증폭기 회로의 간편 해석을 통해서 A_i, Z_{in}, Z_{out}을 구하시오. 그림에 표시된 두 트랜지스터의 h_{ie}와 h_{fc} 특성곡선을 이용하시오.

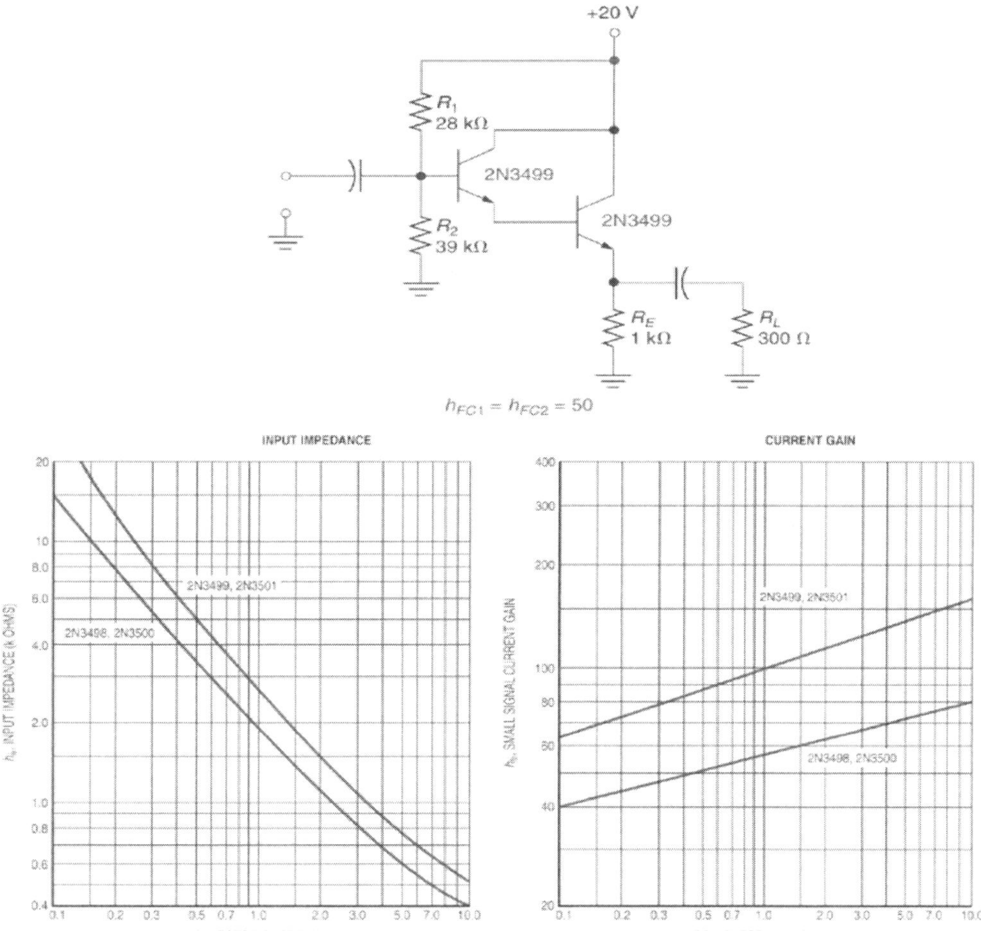

[그림 10-35]

10-36. [그림 10-36]에 표시된 증폭기 회로의 A_v, A_i, A_p, Z_{in}, Z_{out}을 구하시오. 달링톤 트랜지스터의 스펙은 부록 A를 참조하시오. 간편 해석법을 사용하시오.

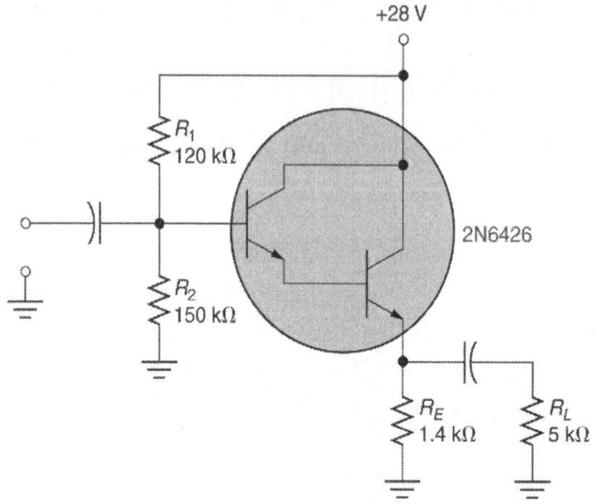

[그림 10-36]

10-37. [그림 10-36]에 표시된 트랜지스터를 BC517 달링톤 트랜지스터로 대체하시오. 수정된 회로의 대략적인 직류 전류이득을 구하시오. 단, 온도는 25℃라고 가정하시오.

Chapter 11

▶ 전력증폭기 ◀
(Power Amplifier)

학습목표

이 장을 학습하고 나면 여러분은 다음과 같은 내용을 이해하고 설명할 수 있다.

1. A급(A Class) 증폭기, B급(B Class) 증폭기, AB급(AB Class) 증폭기, C급(C Class) 증폭기의 직류 부하선 상의 Q 점의 위치를 구분할 수 있다.
2. A급 증폭기의 직류 부하선과 교류 부하선의 특성을 비교, 설명할 수 있다.
3. 증폭기 컴플라이언스(compliance)의 개념을 설명할 수 있다.
4. RC 결합형 A급 증폭기의 교류 전력과 직류 입력 전력을 계산할 수 있다.
5. 전력 증폭기에서 고효율이 요구되는 이유를 설명할 수 있다.
6. 변압기 결합형 A급 증폭기의 동작을 분석하고 설명할 수 있다
7. A급 증폭기의 동작을 분석하고 설명할 수 있다.
8. 상보 대칭형 증폭기의 신호원 전력 값과 부하 전력 값을 구하는 필요한 모든 계산과정을 수행할 수 있다.
9. AB급 증폭기의 동작을 분석하고 설명할 수 있다.
10. AB급 증폭기의 동작이 교차왜곡과 열 폭주를 제거하는 방법을 설명할 수 있다.
11. AB급 증폭기의 동작을 완전하게 분석할 수 있다.
12. 주어진 A급 증폭기, B급 증폭기, AB급 증폭기, C급 증폭기에서의 트랜지스터 소비전력을 계산할 수 있다.

전력 증폭기는 저 저항(low resistance) 부하에 고 전력을 전달시키기 위해서 사용된다. 일반적인 전력 증폭기는 300Ω(전송 안테나)에서 4Ω(오디오 스피커)의 범위를 갖는 부하저항에서 1W 이상의 출력을 갖는다. 비록 이런 부하들이 모든 경우의 가능성에 해당되지는 않지만 전력 증폭기가 저 저항부하를 구동한다는 사실을 증명하는데는 부족하지 않다. 이상적인 전력 증폭기는 전원으로부터 끌어낸 전력의 100%를 자신의 부하로 전달한다. 실제에서는 그렇지 않다. 이것은 증폭기를 구성하고 있는 소자가 전원으로부터 전력을 일부 소비하기 때문이다. 여러분도 이미 8장에서 살펴본 것처럼 증폭기의 효율은 다음과 같이 표시된다.

$$\eta = \frac{\text{교류 출력 전력}}{\text{직류 입력 전력}} \times 100$$

이 식은 낮은 직류 입력 저력이 증폭기의 효율을 높게 만든다는 것을 표시하고 있다. 증폭기의 직류 입력 전력은 부하선상의 Q 점의 위치에 따라서 변화한다. [그림 11-1]에는 4가지 증폭기의 형태에 따른 Q 점의 위치가 표시되어 있다.

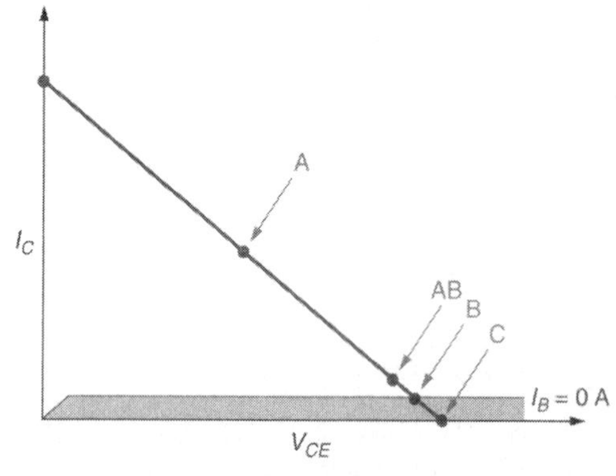

[그림 11-1] 증폭기의 분류에 따른 Q 점의 위치

이장에서는 A급, B급, AB급 증폭기의 동작을 살펴보기로 한다. C급 증폭기는 동조 회로이기 때문에 특정 주파수에서 동작하도록 설계된다. C급 증폭기는 다른 동조 회로와 함께 17장에서 설명된다.

11.1 교류 부하선(The AC Load Line)

여러분은 7장에서 이미 직류 부하선에 대해서 알아본바 있다. 직류 부하선은 주어진 증폭기에서 V_{CE}와 I_C의 모든 가능한 조합을 표시하기 위해서 사용되는데 i_c와 V_{ce}의 모든 가능한 교류 조합으로 표시된다. 이제까지는 교류 부하선은 중요한 고려 대상이 아니었다. 그렇지만 교류 부하선은 A급 증폭기와 B급 증폭기의 동작 원리를 설명하는데 많은 도움을 주는 효율적인 도구 역할을 수행한다. 이런 이유 때문에 일반 전력 증폭기 회로를 학습하기 전에 교류 부하선을 간략하게 살펴보기로 한다.

주어진 증폭기의 교류 부하선은 직류 부하선의 구성을 따르지 않는다. 이것은 증폭기의 교류 부하선과 직류 부하선은 다르다는 사실에 근거한다. 예를 들어서 [그림 11-2]에 표시된 회로를 살펴보자. 직류 동작으로 보면 트랜지스터의 부하는 R_C와 같다. 결합용 커패시터가 R_L과 트랜지스터 사이를 직류적으로 분리시키기 때문에 그림에서 R_L은 중요치 않다. [그림 11-2 (b)]에 표시된 교류 등가회로는 R_L과 R_C의 병렬 저항으로 구성된 부하를 표시하고 있다. 여러분도 보다시피 부하저항의 이런 변화는 직류 부하선과 교류 부하선 사이의 차이를 고려한 결과이다.

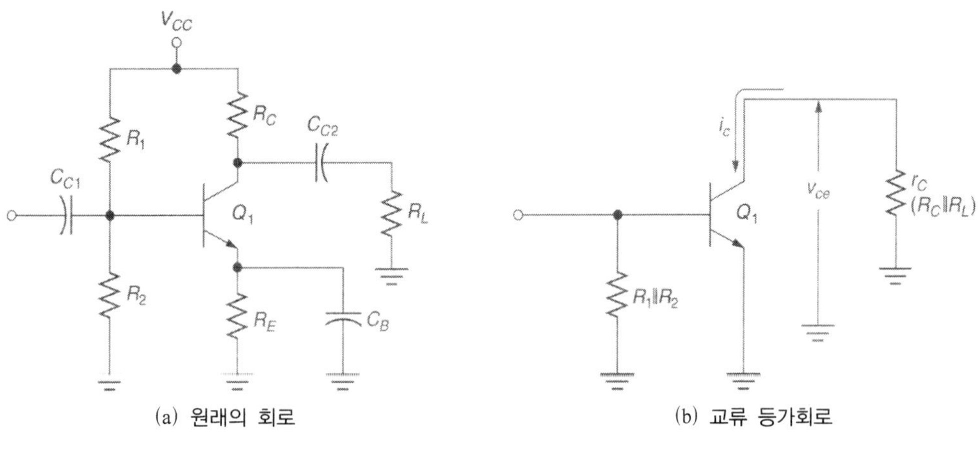

(a) 원래의 회로 (b) 교류 등가회로

[그림 11-2] 공통 이미터 증폭기와 교류 등가회로

11.1.1 교류 포화 전류(AC Saturation Current)

만약 [그림 11-2 (b)]에 표시된 교류 등가회로를 자세하게 살펴본다면 여러분은 트랜지스터가 교류 부하 저항 r_C에 대해서 교류 전압원이라는 사실을 주목해야 한다. 옴의 법칙에 따르면 식 (11-1)이 성립된다.

$$i_c = \frac{v_{ce}}{r_C} \tag{11-1}$$

이런 관계식은 식 (11-2)처럼 표시되기도 한다.

$$\varDelta I_C = \frac{\varDelta V_{CE}}{r_C} \tag{11-2}$$

여기서 $\varDelta I_C$는 I_C의 변화량을 의미하고 $\varDelta V_{CE}$는 V_{CE}의 변화량을 나타낸다. [그림 11-3 (a)]에 표시된 것처럼 교류 포화전류는 다음과 같이 표시된다.

$$i_{c(\text{sat})} = I_{CQ} + \varDelta I_C$$

트랜지스터가 포화될 때 V_{CE}는 이상적으로 0V라는 사실은 이미 잘 알고 있다. 이것은 [그림 11-3 (a)]에서 $\varDelta I_C$가 다음 식으로 표시된다는 것을 의미한다.

$$\varDelta I_C = \frac{\varDelta V_{CE}}{r_C} = \frac{V_{CEQ} - 0\text{V}}{r_C} = \frac{V_{CEQ}}{r_C}$$

$\varDelta I_C$ 대신에 $i_{c(\text{sat})}$를 대입하면 식 (11-3)이 구해진다.

$$i_{c(\text{sat})} = I_{CQ} + \frac{V_{CEQ}}{r_C} \tag{11-3}$$

이런 관계식은 회로의 Q 점에 대해서 표시되는 교류 포화 전류를 정의한다. $i_{c(\text{sat})}$를 표시하는 점은 [그림 11-3 (c)]에서 일치된다.

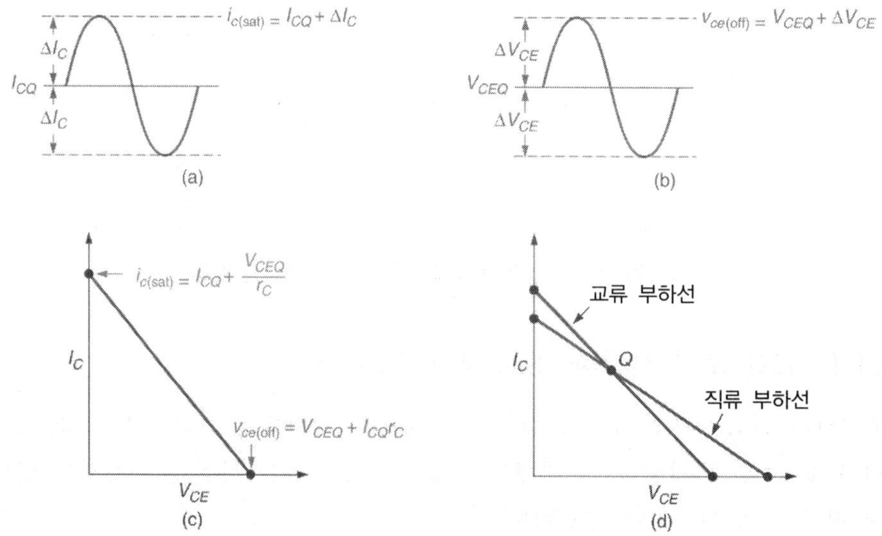

[그림 11-3] 교류 부하선

11.1.2 교류 차단 전압(AC Cutoff Voltage)

[그림 11-3 (b)]에 표시된 것처럼 교류 차단 전압은 다음과 같이 구해진다.

$$V_{ce(off)} = V_{CEQ} + \Delta V_{CE}$$

이상적으로 트랜지스터가 차단 상태일 때 $I_C = 0\text{A}$이다. 식 (11-2)를 변환하면 다음과 같이 ΔV_{CE}를 구할 수 있다.

$$\Delta V_{CE} = (\Delta I_C)(r_C) = (I_{CQ} - 0A)(r_C) = I_{CQ} r_C$$

ΔV_{CE}를 $V_{ce(off)}$식에 대입하면 식 (11-4)가 구해진다.

$$v_{ce(off)} = V_{CEQ} + I_{CQ} r_C \qquad (11\text{-}4)$$

이식은 교류 차단 전압을 회로의 Q 점의 항으로 정의된다. $v_{ce(off)}$ 점은 [그림 11-3 (c)]에서 표시된다. 중요한 것은 교류 부하선이 [그림 11-3 (d)]에 표시된 것처럼 직류 부하선과 Q 점에서 교차된다는 사실이다. 이것은 주어진 증폭기에서 항상 성립된다.

11.1.3 교류 부하선은 무엇을 의미하는가?(What Does the ac Load Line Tell You?)

증폭기의 교류 부하선은 자신의 컴플라이언스를 표시하기 위해서 사용된다. 증폭기의 컴플라이언스는 출력회로에서 최대로 가능한 피크-피크 출력전압을 제한한다. 만약 증폭기의 컴플라이언스를 초과한다면 출력파형에서 클리핑이 발생된다. 이 점에 대해서 이 절의 말미에서 상세히 알아보도록 하자.

증폭기의 컴플라이언스는 I_{CQ}와 V_{CEQ}로부터 최대로 허용되는 I_C와 V_{CE}의 변화량을 결정함으로서 구해진다. 최대로 허용되는 변화는 [그림 11-4]에 표시되어 있다. [그림 11-4 (a)]에 표시된 것처럼 V_{CE}의 최대로 허용되는 변화량은 $V_{ce(off)}$와 V_{CEQ} 사이의 차와 등가이다. 이런 변환은 $I_{CQ} r_C$와 같기 때문에 증폭기의 최대 피크 출력전압은 $I_{CQ} r_C$와 등가이다. 이런 값의 2배는 식 (11-5)에 표시된 것처럼 출력 전압의 최대 피크-피크 변환 크기를 제공한다.

$$\text{PP} = 2 I_{CQ} r_C \qquad (11\text{-}5)$$

여기서 PP는 피크-피크 전압으로 표시되는 출력 컴플라이언스를 의미하고 I_{CQ}는 I_C의 Q점을 나타내고 r_C는 컬렉터 회로의 교류 저항을 의미한다.

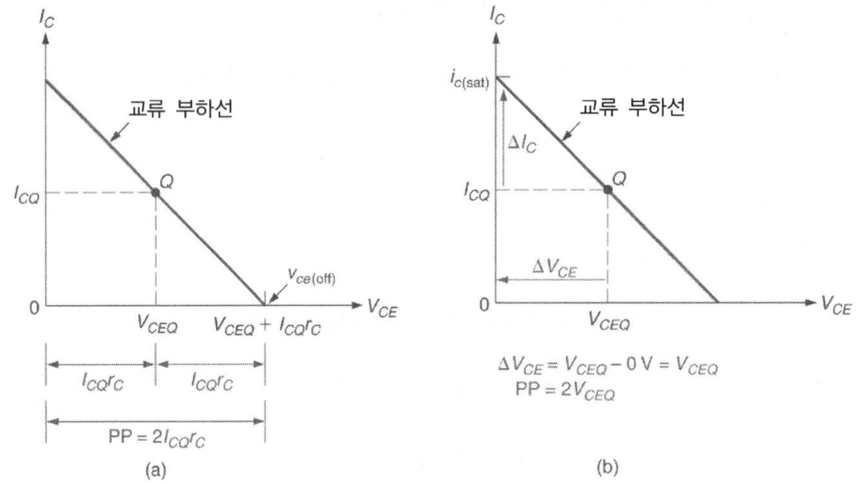

[그림 11-4] 증폭기의 컴플라이언스

[그림 11-3 (a)]에서 $i_{c(\text{sat})}=I_{CQ}+\Delta I_C$로 표시되어 있다. I_{CQ}에서 $i_{c(\text{sat})}$ 사이의 변환은 [그림 11-4 (b)]에서 부하선상에서 ΔI_C로 표시된다. ΔI_C가 컬렉터 이미터 전압의 변화량 ΔV_{CE}에 해당된다는 점이다. 이미 앞에서 언급한 것처럼 $\Delta V_{CE}=V_{CEQ}$이다. 따라서 최대 피크-피크 변환은 이런 크기의 두 배에 해당된다.

$$\text{PP}=2V_{CEQ} \tag{11-6}$$

여기서 PP는 피크-피크 전압으로 표시되는 출력 컴플라이언스를 의미하고 V_{CEQ}는 V_{CE}의 Q값을 나타낸다. 식 (11-5)와 (11-6)은 [그림 11-4]에 표시된 관계식을 사용해서 유도된다. 증폭기의 Q 점이 교류 부하선의 중간점에 고정된다면 $I_{CQ}r_C=V_{CEQ}$로 표시되고 자신의 출력은 클리핑 되지 않고 Q 점의 위아래에서 등가로 변화하게 된다.

Q 점이 교류 부하선의 중간점 아래에 고정된다면 $I_{CQ}r_C<V_{CEQ}$로 된다. 이런 경우에는 증폭기의 출력은 $I_{CQ}r_C$에 의해서 제한되고 [그림 11-5 (a)]에 표시된 것처럼 차단 클리핑이 발생된다. Q 점이 교류 부하선의 중간점 위에 고정된다면 $I_{CQ}r_C>V_{CEQ}$로 된다. 이런 경우에는 증폭기의 출력은 V_{CEQ}에 의해서 제한되고 [그림 11-5 (b)]에 표시된 것처럼 포화 클리핑이 발생된다.

교류 부하선을 사용하지 않고 컴플라이언스를 결정하기 위해서는 식 (11-5)와 식 (11-6)의 해를 구해야 된다. 두 개의 결과 중 낮은 것이 증폭기의 컴플라이언스이다. 만약 식 (11-5)가 낮은 결과라면 회로는 [그림 11-5 (a)]에 표시된 것처럼 바이어스되고 만약과도구동 된다면 차단 클리핑이 발생하게 된다. 만약 식 (11-6)이 낮은 결과라면 회로는 [그림 11-5 (b)]에 표시된 것처럼 바이어스되고 만약과도구동 된다면 포화 클리핑이 발생하게 된다. 컴플라이언스의 계산과정은 【예제 11-1】을 통해서 알아보기로 하자.

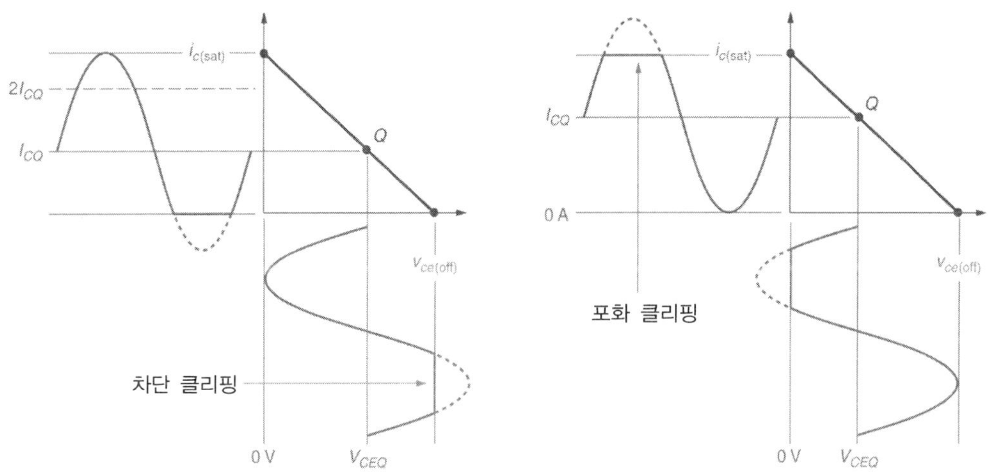

(a) 차단 클리핑은 교류 부하선의 중간점 이하로 바이어스된 결과이다.

(b) 포화 클리핑은 교류 부하선의 중간점 이상으로 바이어스된 결과이다.

[그림 11-5] 차단 클리핑과 포화 클리핑

【예제 11.1】 [그림 11-6]에 표시된 증폭기 회로의 출력 컴플라이언스를 구하시오.

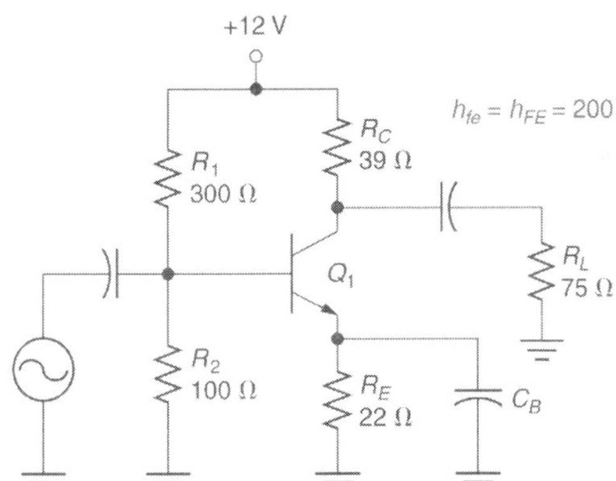

[그림 11-6]

풀이 해석과정을 적용하면 I_{CQ}와 V_{CEQ}는 103mA와 5.72V로 구해진다. r_C는 R_C와 R_L의 병렬 합성저항으로 25.7Ω의 크기를 갖는다. 이제 증폭기의 두 가지 컴플라이언스를 구해보자.

$$PP = 2V_{CEQ} = 2\times(5.72\text{V}) = 11.4\text{V}_{PP}$$

$$PP = 2I_{CQ}r_C = 2\times(103\text{mA})(25.7\Omega) = 5.29\text{V}_{PP}$$

전체적인 컴플라이언스는 구해진 두 값 중 작은 것을 선택하면 되기 때문에 [그림 11-6]에 주어진 증폭기의 컴플라이언스는 5.29VPP이다. 이것은 피크-피크 출력전압이 5.29V를 초과하지 않는다는 것을 의미한다. 만약 이런 크기를 초과한다면 차단 클리핑이 발생된다.

(실전 연습문제 11-1)

[그림 11-6]에 주어진 증폭기와 유사한 공통 이미터 증폭기가 $V_{cc}=18V$, $R_1=1.3k\Omega$, $R_2=240\Omega$, $R_C=110\Omega$, $R_E=30\Omega$, $R_L=300\Omega$, $h_{FE}=h_{fe}=180$의 크기를 갖는다고 가정하고 증폭기의 컴플라이언스를 구하시오.

▶▶ $10.4V_{pp}$

【예제 11-1】에서 구한 컴플라이언스 값의 중요성이 [그림 11-7]에 표시되어 있다. 직류 부하선, 교류 부하선 그리고 허용되는 두 개의 출력이 표시되어 있다. 파형 A는 증폭기가 $PP=11.4V_{pp}$로 구동된 결과를 표시하고 있다. 여러분도 보다시피 증폭기는 교류 차단점 8.47V를 넘어서는 크기에 대해서 차단 클리핑을 가지게 된다. 그 반면 B 파형은 피크-피크가 5.29 V_{pp}로 제한되기 때문에 클리핑이 발생되지 않는다.

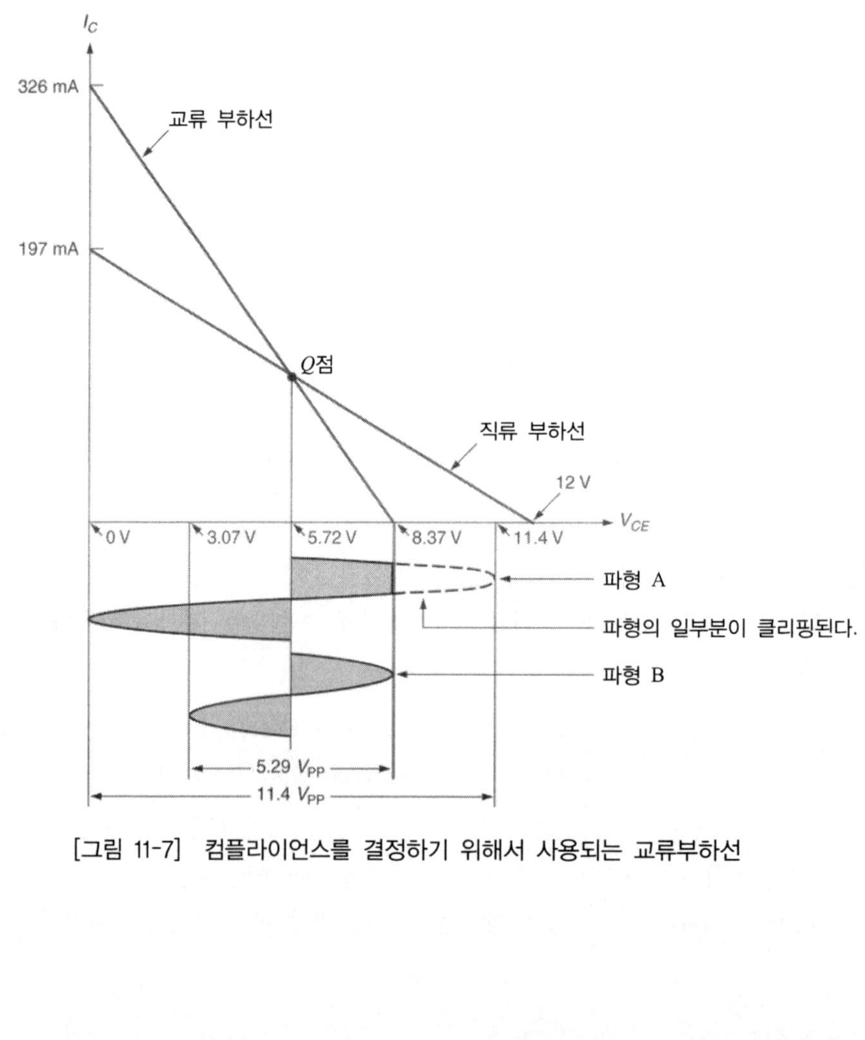

[그림 11-7] 컴플라이언스를 결정하기 위해서 사용되는 교류부하선

11.1.4 실제적인 고찰(A Practical Consideration)

9장에서 비선형 왜곡에 대해서 언급한바 있다. 대부분의 경우 비선형 왜곡은 차단 클리핑이 발생되기 전에 발생된다. 다시 말하자면 만약 증폭기의 입력 진폭이 차단 클리핑을 발생시키기에 충분한 크기라면 증폭기 출력에서 비선형 왜곡을 발생시키기에 충분하다. 증폭기의 컴플라이언스가 차단 클리핑 $2I_{CQ}r_C$에 의해서 제한된다면 증폭기의 컴플라이언스에 도달되기 전에 비선형 왜곡이 발생된다는 것을 감지할 수 있다. 동시에 포화 클리핑 $2V_{CEQ}$가 제한 요소라면 비선형 왜곡은 문제가 되지 않는다. 증폭기의 컴플라이언스를 결정하는 것은 보통의 기술자에게 항상 필요한 것은 아니다. 동시에 증폭기의 교류 특성이 자신의 출력을 제한한다는 사실을 기억하면 좋다.

기초 확인문제 11.1

1. 교류 부하선이란 무엇인가?
2. 증폭기의 직류 부하선과 교류 부하선이 차이가 나는 이유는 무엇인가?
3. 컴플라이언스란 무엇인가?
4. 증폭기의 컴플라이언스는 어떻게 결정되는가?
5. 증폭기의 직류 부하선과 교류 부하선의 부하 조건은 일치되는가?

11.2 RC 결합 A급 증폭기(RC Coupled Class A Amplifier)

RC 결합 A급 증폭기의 교류 해석과 직류 해석에 대해서는 이미 언급한 바 있다. 만약 BJT 증폭기의 다양한 교류 해석과 직류 해석의 관계에서의문점을 가지고 있다면 7장, 9장, 10장의 내용을 참조하기 바란다. 이 절에서는 RC 결합 A급 증폭기의 효율 특성과 전력에 대해서 집중적으로 설명된다.

11.2.1 증폭기 직류 전력(Amplifier DC Power)

자신의 직류 전원 공급 장치로부터 끌어내는 증폭기의 전체 소비전력은 식 (11-7)처럼 표시된다.

$$P_S = V_{CC} I_{CC} \tag{11-7}$$

[그림 11-8]에 표시된 것처럼 I_{CC}는 전압 분배기 회로를 통해서 흐르는 I_1과 I_{CQ}의 합과 같다. 전체 직류 전력의 계산과정이 【예제 11-2】에서 설명된다.

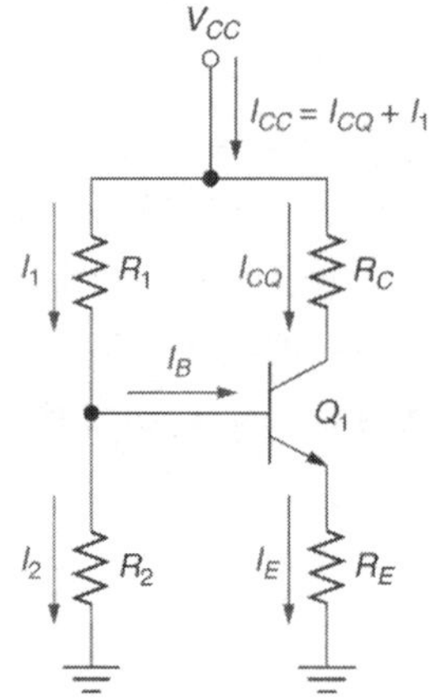

[그림 11-8]

【예제 11.2】 [그림 11-9]에 표시된 증폭기의 공급전원으로부터 끌어낸 전체 직류 전력을 구하시오.

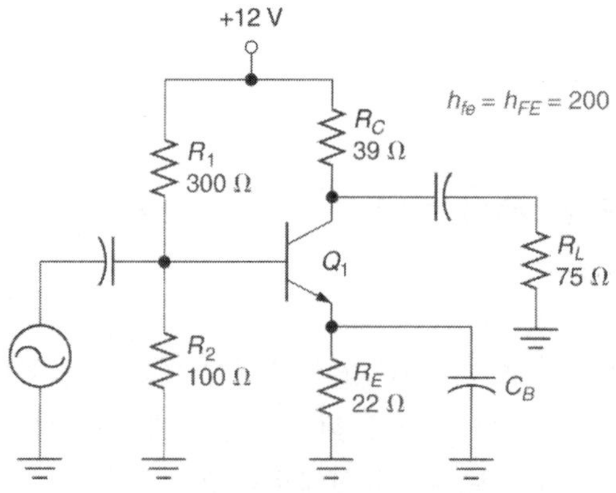

[그림 11-9]

풀이 베이스 전류를 무시되므로 I_1은 다음과 같이 구해진다.

$$I_1 = \frac{V_{CC}}{R_1 + R_2} = \frac{12\text{V}}{400\Omega} = 30\text{mA}$$

규정된 해석과정을 적용하면 I_{CQ}는 103mA로 구해진다.

$$I_{CQ} = 103\text{mA}$$

I_{CC}는 133mA로 구해진다.

$$I_{CC} = I_{CQ} + I_1 = 103\text{mA} + 30\text{mA} = 133\text{mA}$$

P_S는 1.60W로 구해진다.

$$P_S = V_{CC} I_{CC} = (12\text{V})(133\text{mA}) \cong 1.60\text{W}$$

(실전 연습문제 11-2)

실전 연습문제 11-1에 설명된 증폭기의 직류 전원 공급으로부터 끌어낸 전력이 얼마인지 결정하시오.

▶▶ 1.38W

11.2.2 교류 부하 전력(AC Load Power)

교류 부하전력은 V^2/R 공식에 의해서 계산된다.

$$P_L = \frac{V_L^2}{R_L} \tag{11-8}$$

여기서 P_L은 교류 부하전력을 의미하고 V_L은 실효 부하전력을 의미한다. 이 식의 사용은 【예제 11-3】에서 설명된다.

【예제 11.3】 [그림 11-10]에 표시된 회로의 교류 부하 전력을 구하시오.

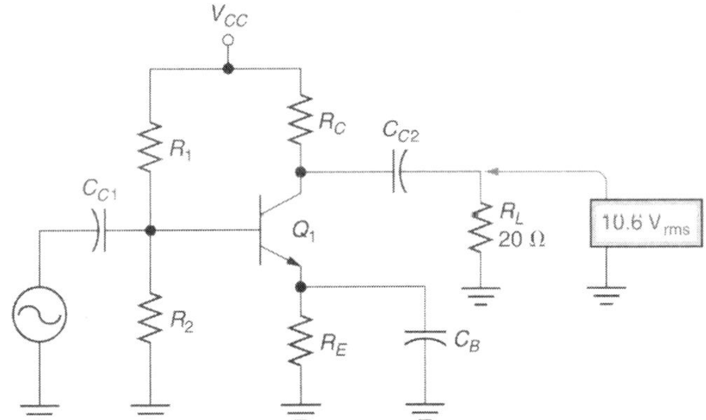

[그림 11-10]

풀이 전압계는 10.6V를 지시한다. 교류 전압계는 실효 측정값을 제공하므로 식 (11-8)에 직접 대입하면 전력을 구할 수 있다.

$$P_L = \frac{V_L^2}{R_L} = \frac{(10.6\text{V})^2}{20\Omega} = 5.62\text{W}$$

(실전 연습문제 11-3)

증폭기가 16Ω의 부하와 4.62V_{rms}를 갖는다고 가정하고 회로의 부하 전력을 구하시오.

▶▶ 1.33W

피크 출력전압을 알고 있다면 식 (11-8)은 식 (11-9)처럼 변환된다.

$$P_L = \frac{V_{pk}^2}{2R_L} \tag{11-9}$$

이식은 식 (11-8)의 분자에 0.707V_{pk}를 대입하면 다음과 같이 유도된다.

$$P_L = \frac{V_L^2}{R_L} = \frac{(0.707V_{pk})^2}{R_L} = \frac{0.5V_{pk}^2}{R_L} = \frac{V_{pk}^2}{2R_L}$$

【예제 11.4】 [그림 11-11]에 표시된 회로의 교류 부하 전력을 구하시오.

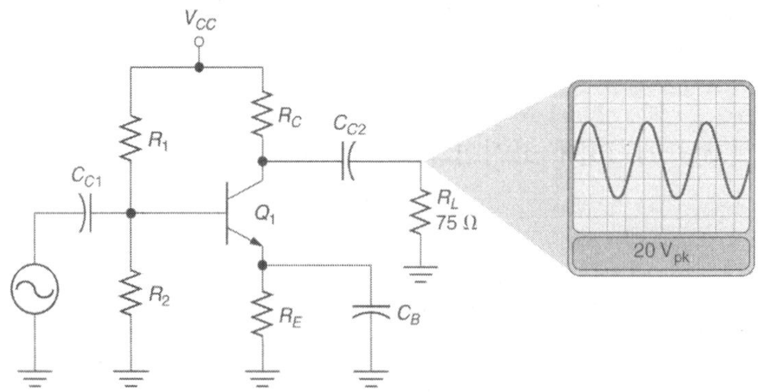

[그림 11-11]

풀이 오실로스코프로 측정된 피크 부하전압은 20V이다. 식 (11-9)를 사용하면 교류 부하 전력은 666.7mW로 구해진다.

$$P_L = \frac{V_{pk}^2}{2R_L} = \frac{(20\text{V})^2}{2 \times 75\Omega} = 2.67\text{W}$$

(실전 연습문제 11-4)

증폭기가 32Ω의 부하를 갖는다. 오실로스코프를 사용하면 피크 출력전압이 +8V로 측정된다. 증폭기의 부하에 공급되는 전력을 구하시오.

▶▶ 1W

피크-피크 부하전압을 알고 있다면 교류 부하전력은 식 (11-10)처럼 구해진다.

$$P_L = \frac{V_{PP}^2}{8R_L} \tag{11-10}$$

이 식은 식 (11-9)에 V_{pk} 대신 $0.5V_{pp}$를 대입하면 유도된다.

$$P_L = \frac{V_{pk}^2}{2R_L} = \frac{(0.5V_{PP})^2}{2R_L} = \frac{0.25V_{PP}^2}{2R_L} = \frac{V_{PP}^2}{8R_L}$$

식 (11-10)은 교류 부하 전력의 최대 허용 값을 계산하기 위해서 사용되기 때문에 중요하다. 여러분은 증폭기의 최대 허용 출력전압이 컴플라이언스와 등가라는 점을 알고 있다. 따라서 최대 허용 교류 부하전력은 식 (11-11)처럼 표시된다.

$$P_{L(\max)} = \frac{\text{PP}^2}{8R_L} \tag{11-11}$$

【예제 11.5】 주어진 증폭기가 $36V_{pp}$ 크기의 컴플라이언스와 75Ω의 부하를 갖는다고 가정하고 최대 허용 교류 전력을 구하시오.

풀이 주어진 값을 이용하면 최대 허용 교류 전력은 2.16W로 구해진다.

$$P_{L(\max)} = \frac{\text{PP}^2}{8R_L} = \frac{(36V_{PP})^2}{8 \times 75\Omega} = 2.16\text{W}$$

(실전 연습문제 11-5)

주어진 증폭기가 $20V_{pp}$ 크기의 컴플라이언스와 16Ω의 부하를 갖는다고 가정하고 최대 허용 교류 전력을 구하시오.

▶▶ 3.13W

11.2.3 증폭기 효율(Amplifier Efficiency)

증폭기의 P_S와 P_L이 계산되었다면 회로의 효율을 구할 수 있다. 8장에서 이미 언급한 것처럼 증폭기의 효율은 직류 전원 공급 장치로부터 끌어낸 전력과 실제 부하에 공급된 전력의 비를 %로 표시한 값이다. 증폭기의 효율이 높을수록 우수하다. 효율 정격은 전원 공급 장치로부터 끌어낸 전력 중 아주 작은 량이 증폭기 자체에서 사용되었다는 것을 의미하기 때문이다. 예를 들어서 증폭기의 효율이 90%라고 가정하면 직류 전원으로부터 공급된 전력의 10%만이 증폭기에서 소비된다는 것을 의미한다. 나머지는 부하에 공급된다. (이상적인 증폭기의 효율은 100%이다.) 8장에서 언급한 것처럼 RC 결합 A급 증폭기의 이론적인 최대 효율은 25%이다. 실제로는 이런 증폭기의 효율은 【예제 11-6】에서 설명되는 것처럼 훨씬 더 작아진다.

【예제 11.6】 【예제 11-1】에 설명된 증폭기의 최대 효율을 구하시오.

풀이 【예제 11-1】에서 증폭기의 교류 컴플라이언스가 PP=5.29V_{pp}로 결정되었다. [그림 11-6]에 표시된 것처럼 75Ω 부하를 가지고 있기 때문에 최대 부하전력은 46.6m로 구해진다.

$$P_{L(\max)} = \frac{\mathrm{PP}^2}{8R_L} = \frac{(5.29V_{\mathrm{PP}})^2}{8\times 75\Omega} = 46.6\mathrm{W}$$

규정된과정을 적용하면 I_{CC}는 133mA를 가지고 P_S는 1.6W로 구해진다.
이런 값들을 이용하면 증폭기의 효율은 2.92%로 구해진다.

$$\eta = \frac{P_L}{P_S}\times 100 = \frac{46.6\mathrm{mW}}{1.6\mathrm{W}}\times 100 = 2.92\%$$

여러분도 보다시피 이런 증폭기가 컴플라이언스로 구동되면 효율이 오직 2.92%로 되는 것을 알 수 있다. 이것은 이론적인 효율인 25%보다 아주 작은 값이다.

(실전 연습문제 11-6)

실전 연습문제 11-1에 설명된 증폭기가 컴플라이언스로 구동된다고 가정하고 증폭기의 최대 효율을 구하시오.

▶▶ 3.27%

RC 결합 A급 증폭기의 이론적인 최대 효율25%는 부록 D에 유도되어 있다. 변압기 결합 A급 증폭기의 이론적인 최대 효율은 50%이다. 이런 증폭기의 높은 효율은 자신의 동작 특성에 기인한다. 다음 절에서 자세히 설명하기로 한다.

기초 확인문제 11.2

1. RC 결합 A급 증폭기의 I_{CC}를 구하는데 필요한 단계를 설명하라.
2. 교류 전압계를 사용해서 V_L을 측정한다고 가정하면 P_L은 어떻게 구해지는가?
3. 오실로스코프를 사용해서 V_L을 측정한다고 가정하면 P_L은 어떻게 구해지는가?
4. P_L이 최대 크기를 갖는 경우는 언제인가?
5. RC 결합 A급 증폭기의 이론상의 최대 효율은 얼마인가?
6. 전력 증폭기가 고효율 정격을 가지는 것이 바람직한 이유는 무엇인가?

7. 실효 값, 피크 값, 피크-피크 값을 사용하는 경우의 부하전력 계산 방법에 대해서 설명하라. [그림 11-11]에서 표시된 것과 유사한 회로의 P_L 방정식이 직류 평균 전압을 사용 경우와 다른 이유를 설명하라.

11.3 변압기 결합 A급 증폭기(Transformer Coupled Class A Amplifier)

변압기 결합 A급 증폭기는 자신의 출력 신호를 자신의 부하에 결합시키기 위해서 변압기를 사용한다. 변압기 결합증폭기가 [그림 11-12(a)]에 표시되어 있다. 변압기의 교류 특성이 중요하기 때문에 기본적인 변압기의 특성에 대해서 다시 한번 강조하고자 한다.

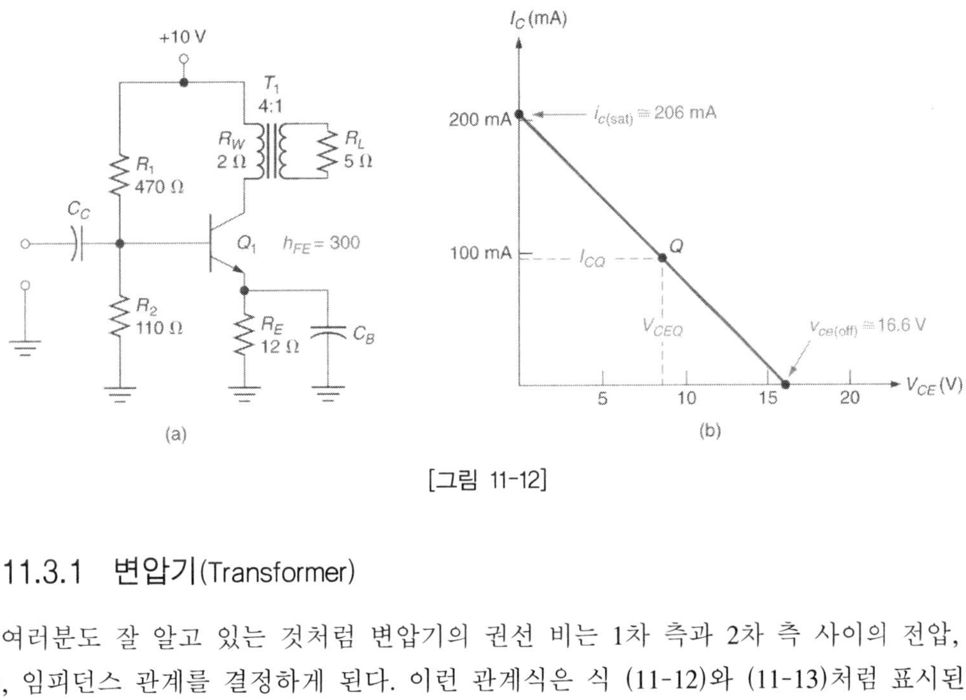

[그림 11-12]

11.3.1 변압기(Transformer)

여러분도 잘 알고 있는 것처럼 변압기의 권선 비는 1차 측과 2차 측 사이의 전압, 전류, 임피던스 관계를 결정하게 된다. 이런 관계식은 식 (11-12)와 (11-13)처럼 표시된다.

$$\frac{N_P}{N_S} = \frac{V_P}{V_S} = \frac{I_S}{I_P} \tag{11-12}$$

$$\left(\frac{N_P}{N_S}\right)^2 = \frac{Z_P}{Z_S} \tag{11-13}$$

위 식에서 N_P와 N_S는 1차 측과 2차 측의 권선수를 의미하고 V_P와 V_S는 1차 측과 2차 측의 전압을 의미한다. I_P와 I_S는 1차 측과 2차 측의 전류를 의미하고 Z_P와 Z_S는 1차 측과 2차 측의 임피던스를 의미한다.

대부분의 변압기는 감압형 변압기이거나 승압형 변압기로 구분된다. 감압형 변압기는 2차 측 전압이 1차 측 전압보다 작다. 감압형 변압기는 다음과 같은 특성을 갖는다.

$$N_P > N_S,\ V_P > V_S,\ I_P < I_S,\ Z_P > Z_S$$

승압형 변압기는 다음과 같은 특성을 갖는다.

$$N_P < N_S,\ V_P < V_S,\ I_P > I_S,\ Z_P < Z_S$$

이런 관계들은 변압기 결합 A급 증폭기의 교류 동작에서 중요한 역할을 한다.

11.3.2 직류 동작특성(DC Operation Characteristic)

변압기 결합 A급 증폭기의 직류 바이어스는 회로의 V_{CEQ}가 V_{CC}에 근접하게 설계된다는 점을 제외하면 기타 A급 증폭기와 아주 유사하다. [그림 11-12 (a)]에 증폭기의 V_{CEQ}는 다음과 같이 표시된다.

$$V_{CEQ} = V_{CC} - I_{CQ}(R_C + R_E)$$

7장에서 설명된 전압분배기 바이어스의 관계식을 사용하면 [그림 11-12 (a)]에 표시된 회로는 I_{CQ}가 97.6mA의 크기를 갖는다. V_{CEQ} 공식에서 R_C 대신 R_W를 대입하면 다음 식을 구할 수 있다.

$$V_{CEQ} = V_{CC} - I_{CQ}(R_C + R_E) = 10\text{V} - (97.6\text{mA})(14\,\Omega) = 8.63\text{V}$$

V_{CEQ}의 이런 값은 V_{CEQ}가 V_{cc}에 근접하게 설계된다는 회로를 만족하게 된다. 변압기가 1차 측과 2차 측 사이에서 직류 절연을 제공하기 때문에 변압기 결합 A급 증폭기의 직류 해석에서 R_L의 크기는 무시된다는 점이 중요하다. 따라서 변압기의 2차 측 부하저항은 1차 측 회로의 직류 해석에 영향을 미치지 않는다.

11.3.3 교류 동작특성(AC Operation Characteristic)

변압기 결합 A급 증폭기의 교류 동작해석의 첫 번째 단계는 회로의 교류 부하선을 그리는 것이다. 이 장의 서두에서 A급 증폭기의 교류 부하선은 다음과 같은 공식을 사용해서 구했다.

$$i_{c(\text{sat})} = I_{CQ} + \frac{V_{CEQ}}{r_C}, \quad v_{ce(\text{off})} = V_{CEQ} + I_{CQ} r_C$$

[그림 11-12 (a)]에 표시된 교류 부하선을 구하기 위해서 이런 관계식을 사용한다. 증폭기의 부하선을 그리는데 필요한 두 가지 좌표 값은 회로의 직류 해석에 의해서 제공된다. [그림 11-12 (a)]에서 직류 해석으로 제공되는 좌표 값은 $I_{CQ}=97.6\text{mA}$, $V_{CEQ}=8.63\text{V}$이다. 변압기 결합 A급 증폭기의 경우 부하선 방정식의 r_C는 식 (11-14)에 표시된 것처럼 변압기의 1차 측 임피던스 Z_P와 등가이다.

$$r_C = Z_P \tag{11-14}$$

식 (11-13)을 변환하면 Z_P는 식 (11-15)처럼 표시할 수 있다.

$$Z_P = \left(\frac{N_P}{N_S}\right)^2 Z_S \tag{11-15}$$

[그림 11-12 (a)]에 표시된 회로에서 Z_P는 80Ω으로 구해진다.

$$Z_P = \left(\frac{N_P}{N_S}\right)^2 Z_S = (4)^2(5\Omega) = 80\Omega$$

$r_C = Z_P = 80\Omega$을 사용하면 교류 부하선의 양단 점 좌표는 다음과 같이 구해진다.

$$i_{c(\text{sat})} = I_{CQ} + \frac{V_{CEQ}}{r_C} = 97.6\text{mA} + \left(\frac{8.63\text{V}}{80\Omega}\right) = 97.6\text{mA} + 108\text{mA} = 206\text{mA}$$

$$v_{ce(\text{off})} = V_{CEQ} + I_{CQ} r_C = 8.63\text{V} + (97.6\text{mA})(80\Omega) = 16.4\text{V}$$

교류 부하선은 X축과 Y축 상의 206mA와 16.4V점에 대응하는 두 점 사이에서 그려진다. 완전한 부하선은 [그림 11-12 (b)]에 표시되어 있다. Q점은 앞에서 계산된 V_{CEQ}와 I_{CQ}를 사용해서 설정된다. 이점에서 회로의 $v_{ce(\text{off})}$가 V_{cc}보다 큰 값을 갖는 점에 놀라게 된다. $v_{ce(\text{off})}$의 큰 크기는 변압기 1차 측에 의해서 생성되는 역기전력 때문이다. 여러분도 잘 알다시피 코일 양단에서 발생되는 역 기전력은 자신의 자기장을 붕괴시키게 된다. 역기전력의 극성은 원래의 자기장에 의해서 생성되는 전압의 반대이다. 이런 전압의 효과는 [그림 11-13]에 표시되어 있다.

[그림 11-13 (a)]는 [그림 11-12 (a)]에 입력 신호가 인가되는 경우 증폭기의 이상적인 회로 조건을 표시하고 있다. 고찰을 쉽게 하기 위해서 출력은 +16V와 +4V 사이를 진동하는 신호라고 가정한다. [그림 11-13 (b)]는 출력 신호가 negative 피크일 때 컬렉터 회로의 전압을 표시하고 있다.

변압기 1차 측 양단에는 그림에 표시된 것과 같은 극성을 가지는 6V가 나타난다. 출력 신호가 positive 피크일 때 컬렉터 회로는 [그림 11-13 (c)]에 표시된 전압을 갖는다. 중요한 점은 변압기 1차 측에는 6V의 전압이 유지되지만 극성이 반전된다는 점이다. 이것은 변압기 1차 측 양단에서 발생되는 역기전력이 자신의 소멸되는 자기장을 절단하기 때문

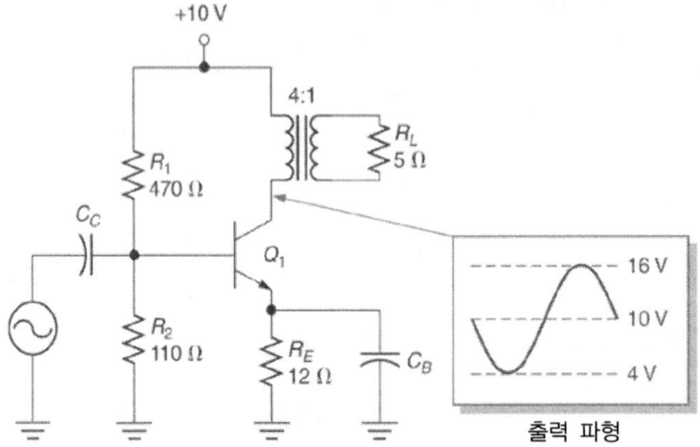

(a) [그림 11-2 (a)]에 출력 파형을 병기한 회로

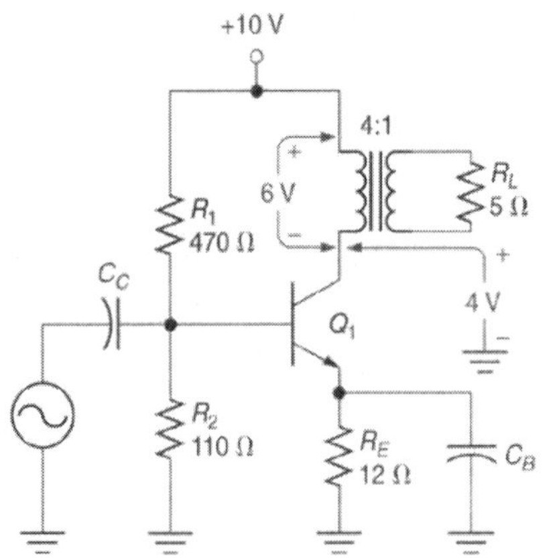

(b) 출력 파형의 negative 피크에서 컬렉터 회로 전압

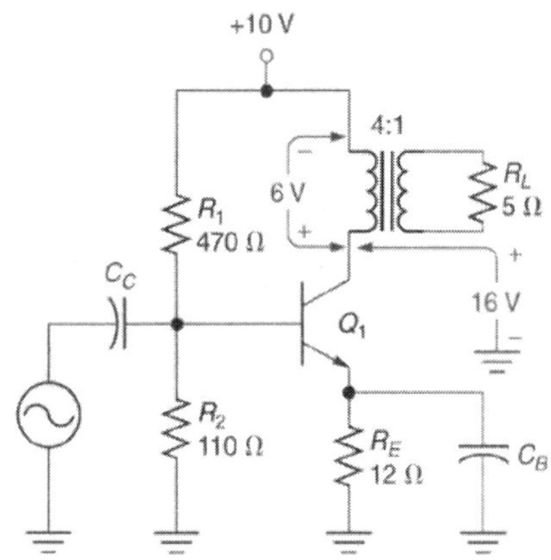

(c) 출력 파형의 positive 피크에서 컬렉터 회로 전압

[그림 11-13] 역기전력 효과

이다. 그 결과 이런 역기전력은 트랜지스터의 컬렉터에서 전압을 V_{cc}와 변압기 1차 측 전압의 합과 등가로 된다. 자기장의 소멸이 1차 측에서 이루어지면 역기전력은 0V가 될 때까지 감소된다.

여러분도 보다시피 변압기 결합 증폭기는 다음과 같은 두 가지 중요한 특성을 가지고 있다.

1. V_{CEQ}는 V_{cc}와 거의 유사하다.
2. 최대 출력 전압은 $2V_{CEQ}$와 같다. 따라서 $2V_{cc}$에 근접할 수 있다.

이런 특성은 변압기 결합증폭기가 더 높은 효율 정격을 가질 수 있는 기본이 된다.

11.3.4 증폭기의 효율(Amplifier Efficiency)

변압기 결합 A급 증폭기의 최대 이론 효율은 50%이다. 이 값은 부록 D에서 유도하였다. 변압기 결합 A급 증폭기의 실제 효율은 일반적으로 25%보다 적다. 증폭기의 이론과 실제 효율 정격이 차이가 발생되는 몇 가지 이유가 있다.

1. $V_{CEQ} = V_{cc}$라고 가정한다면 효율은 50%로 유도된다. 실제로는 V_{CEQ}는 V_{cc}보다 항상 작다.
2. 교류 전자공학에서 학습 한 바와 같이 변압기는 다양한 전력 손실을 갖는다. 손실은 구리 손실(copper loss)과 히스테리시스 손(hysteresis loss)이다. 이런 변압기의 전력 손실은 50%의 효율을 유도 하는데 고려되지 않는다.

11.3.5 최대 부하 전력과 효율 계산(Calculating Maximum Load Power and Efficiency)

변압기 결합 A급 증폭기의 최대 부하 전력을 계산하기 위해서는 직류 바이어스 회로의 해석과정을 이용해서 I_{CQ}와 I_1을 결정하는 것으로 시작한다. 이미 앞에서 언급한 것처럼 공통 이미터 증폭기 회로의 전체 공급 전류 I_{CC}와 전원 전력 P_S는 다음 식을 이용해서 구해진다.

$$I_{CC} = I_{CQ} + I_1, \quad P_S = V_{CC} I_{CC}$$

대부분의 경우에는 I_{CQ}의 크기는 I_1에 비해서 대단히 크기 때문에 식 (11-16)처럼 표시할 수 있다.

$$P_S = V_{CC} I_{CQ} \tag{11-16}$$

변압기 결합 증폭기의 최대 피크-피크 출력은 회로의 컴플라이언스에 의해서 결정된다. 변압기 결합 증폭기의 컴플라이언스는 다음과 같이 주어진다.

$$\mathrm{PP} = 2V_{CEQ}, \quad \mathrm{PP} = 2I_{CQ} R_C$$

두 식 가운데 작은 크기를 갖는 경우가 증폭기의 컴플라이언스이다. 증폭기의 컴플라이언스 변압기의 1 차 측 양단에 나타나는 최대 허용 피크-피크 전압이다. 이런 값과 변압기의 권선 비를 사용하면 최대 허용 피크-피크 부하전압은 식 (11-17)처럼 구해진다.

$$V_{\mathrm{PP}} = \frac{N_S}{N_P} \mathrm{PP} \tag{11-17}$$

피크-피크 부하전압 V_{pp}가 구해지면 부하 전력과 효율은 11장 2절에서 계산된 것처럼 구해진다. 변압기 결합 A급 증폭기의 최대 효율은 【예제 11-7】에서 구해진다.

【예제 11.7】 [그림 11-12 (a)]에 표시된 증폭기의 효율을 구하시오.

풀이 7장에서 학습한바 있는 전압 분배기 공식을 사용한다. 이미 앞에서 V_{CEQ}와 I_{CQ}는 8.63V와 97.6mA로 구한바 있다. 트랜지스터의 베이스 전류는 무시된다. R_1을 통해서 흐르는 전류는 다음과 같이 구해진다.

$$I_1 = \frac{V_{CC}}{R_1 + R_2} = \frac{10\text{V}}{580\Omega} = 17.2\text{mA}$$

회로를 통해서 흐르는 전체 전류는 115mA로 구해진다.

$$I_{CC} = I_{CQ} + I_1 \cong 115\text{mA}$$
$$P_S = V_{CC} I_{CC} = (10\text{V})(115\text{mA}) = 1.15\text{W}$$

증폭기의 컴플라이언스는 다음과 같이 계산된다.

$$\text{PP} = 2V_{CEQ} = (2)(8.63\text{V}) = 17.3\text{V}$$
$$\text{PP} = 2I_{CQ} r_C = (2)(97.6\text{mA})(80\Omega) = 15.6\text{V}$$

증폭기의 컴플라이언스는 적은 값이 선택되므로 PP=15.6V를 이용하게 된다. 따라서 최대 피크-피크 부하전압은 3.9V로 구해진다.

$$V_{\text{PP}} = \frac{N_S}{N_P}\text{PP} = \frac{1}{4}(15.6\text{V}) = 3.9\text{V}$$

최대 부하 전력은 380mW로 구해진다.

$$P_{L(\text{max})} = \frac{V_{\text{PP}}^2}{8R_L} = \frac{(3.9\text{V})^2}{40\Omega} = 380\text{mW}$$

증폭기의 효율은 33%이다.

$$M = \frac{P_L}{P_S} \times 100 = \frac{380\text{mW}}{1.15\text{W}} \times 100 = 33\%$$

계산에서는 이상적인 값들이 사용되기 때문에 실제적인 증폭기의 효율은 계산된 값보다 작다. 변압기의 전력 손실은 무시된다.

(실전 연습문제 11-7)

변압기 결합 A급 증폭기가 $V_{CEQ}=10\text{V}$, $N_P=5$, $N_S=1$, $R_L=4\Omega$, $V_{cc}=12\text{V}$, $I_{CQ}=120\text{mA}$를 갖는다고 가정하고 회로의 효율을 구하시오.

▶▶ 34.7%

11.3.6 요약(One Final Note)

변압기 결합 A급 증폭기는 R_C 결합 A급 증폭기에 비해서 몇 가지 장점을 갖는다.

1. 변압기 결합 회로의 효율이 높다.
2. 변압기는 증폭기와 부하 사이의 임피던스 정합에 사용될 수 있다.
3. 변압기 결합 회로는 특정 주파수의 범위에서 이득을 제공하는 동조 증폭기로 쉽게 변환된다.

동조회로는 17장에서 살펴보기로 한다. 다음 절에서는 B급 증폭기에 대해서 살펴본다. 두 가지 A급 증폭기의 특성을 [그림 11-14]에 요약해서 표시했다.

A급 증폭기의 특성

RC 결합형

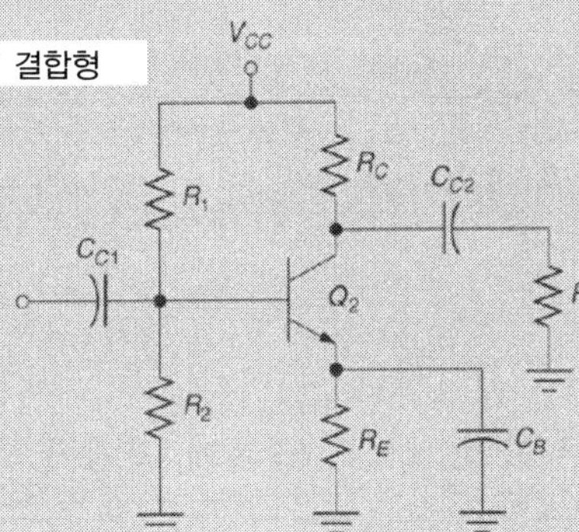

출력 특성

- $PP = 2V_{CEQ}$ 혹은 $PP = 2I_{CQ}r_C$
- 이론적인 최대 효율 25%
  일반적으로 $\eta < 10\%$

변압기 결합형

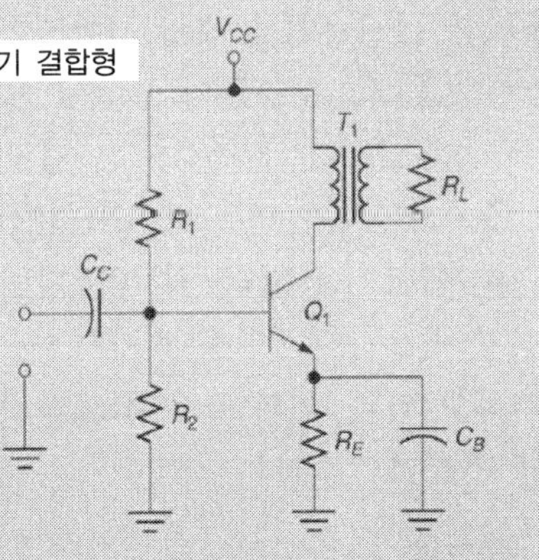

- $PP = 2V_{CEQ}$ 혹은 $PP = 2I_{CQ}r_C$
- 이론적인 최대 효율 50%
  일반적으로 $\eta < 25\%$
- 피크-피크 컬렉터 전압이 V_{CC} 보다 크다.

[그림 11-14]

기초 확인문제 11.3

1. 변압기 결합 A급 증폭기란 무엇인가?
2. 감압형 변압기의 특성을 설명하라.
3. 승압형 변압기의 특성을 설명하라.
4. 변압기 결합 A급 증폭기의 교류 부하선을 그리기 위한 과정은 무엇인가?
5. 변압기 결합 A급 증폭기의 최대 이론 효율은 무엇인가? 실제 효율은 왜 항상 이론 효율보다 작은가?
6. 변압기 결합 A급 증폭기의 부하 전력과 효율을 계산하기 위한 단계를 설명하라.
7. 변압기 결합 A급 증폭기를 이용할 때 장점은 무엇인가?
8. 동조 증폭기란?
9. [그림 11-12]에서 회로와 그래프를 이용하고 변압기 결합 A급 증폭기의 직류 부하선이 거의 수직인 이유를 설명하라.

11.4 B급 증폭기(CLASS B Amplifier)

A급 증폭기의 중요한 단점은 효율 정격이 아주 낮다는 것이다. 이미 앞에서 언급한 것처럼 A급 증폭기에서 공급 전원으로부터 끌어낸 전력은 증폭기 자체에 의해서 대부분 사용된다. 이것은 공급 전원으로 끌어낸 전력을 부하로 전달하는 전력 증폭기의 근본 목적에 어긋난다.

B급 증폭기는 A급 증폭기의 낮은 효율 정격을 개선하기 위해서 개발되었다. B급 증폭기의 최대 이론 효율은 약 78.5%이다. 이것은 공급 전원으로부터 끌어낸 전력의 78.5%가 부하로 전달된다는 것을 의미한다. A급 증폭기와 달리 B급 증폭기는 입력 신호가 없을 때 매우 작은 전력을 소모한다. 이것이 A급 증폭기를 능가하는 중요한 개선이다. 그러나 B급 증폭기의 각 트랜지스터는 근사적으로 180°에서 도통된다. 각 증폭기는 입력 신호를 정확히 재생하기 위해서 두 개의 트랜지스터가 필요하다. [그림 11-15]는 가장 일반적으로 사용되는 B급 증폭기의 회로 구조를 표시하고 있다. 이와 같은 회로의 형태를 상보대칭 증폭기 혹은 푸시-풀 이미터 활로워라고 부른다.

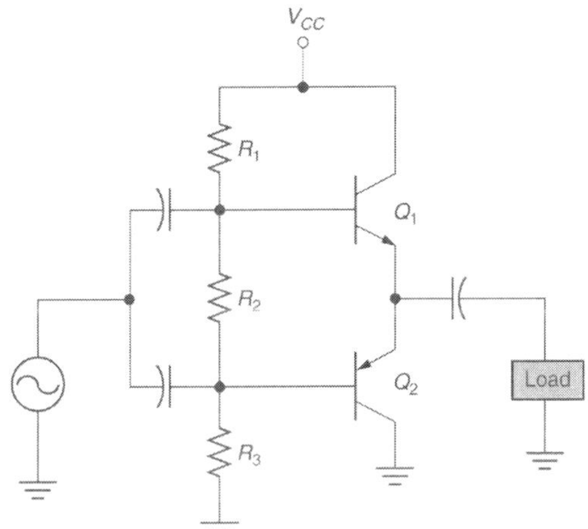

[그림 11-15] B급 상보 대칭 증폭기

회로의 구성의 특징은 상보 트랜지스터(한 개의 *npn* 트랜지스터와 한 개의 *pnp* 트랜지스터)를 사용한다. 바이어스 회로의 구성 소자는 증폭기에 따라 변할 수 있다. 하지만, 상보대칭(complementary symmetry) 증폭기는 항상 상보 트랜지스터를 가진다. 표준 푸시-풀 증폭기는 이미터가 서로 연결된 같은 종류의 두 개의 트랜지스터를 사용한다. 입력에는 중간 탭 변압기나 트랜지스터 위상 분리기가 이용되며 출력에는 중간 탭 변압기를 이용한다. 이런 증폭기의 형태를 [그림 11-16]에 표시했다. 여기서 트랜지스터와 변압기 형태를 주목하라. 이것은 표준 푸시-풀 증폭기의 형태를 나타내고 있다.

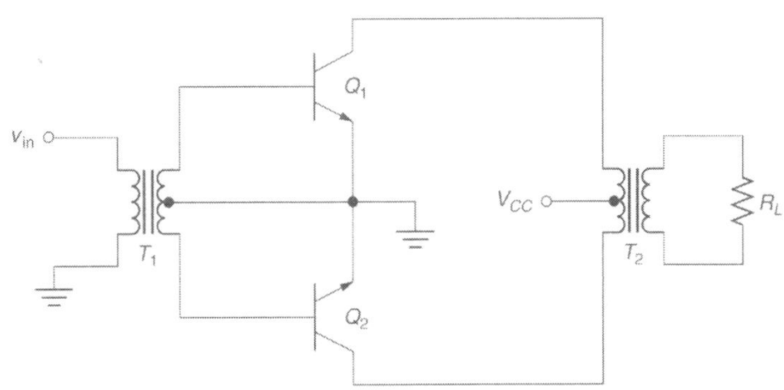

[그림 11-16] B급 푸시풀 증폭기

표준 푸시-풀보다 상보 대칭형의 특성이 더 우수한 이유는 무엇인가? 중간 탭 변압기로 표준 푸시-풀 회로를 만들면 상보 대칭 증폭기보다 구성하는 것보다 더 많은 비용이 소비된다. 상보 대칭 증폭기가 일반적으로 많이 사용되므로 B급 동작 설명에서는 이런 증폭기에 관심을 두기로 한다.

11.4.1 B급 동작의 개요(Class B Operation Overview)

푸시-풀 명칭은 B급 증폭기에서 두 개의 트랜지스터가 입력 신호의 교번 반주기에 각각 도통된다는 사실에서 기인한 것이다. 각 트랜지스터가 도통되면 입력 신호 중의 한 부분이 번갈아서 자신의 부하에 결합된다. [그림 11-17]에 표시된 회로를 살펴보자. 증폭기가 자신의 정지 점에서 양쪽 트랜지스터는 차단영역으로 바이어스된다. 입력신호의 positive 반주기 동안 Q_1이 on 되고 입력 신호의 positive 반주기가 자신의 부하에 결합되고 Q_2는 도통되면 입력신호의 negative 반주기가 자신의 부하에 결합된다. 두 개의 트랜지스터가 동시에 도통 되지 않는 것은 증폭기의 효율을 높이기 위해서이다. 이 부분은 이 절의 뒷부분에서 상세히 알아보기로 한다.

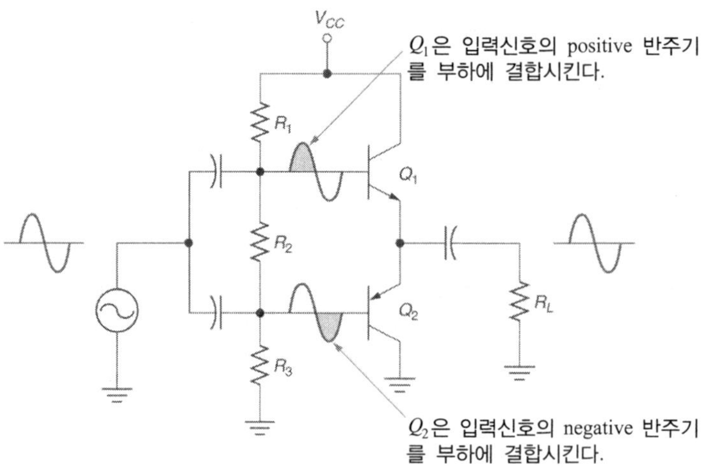

[그림 11-17] B급 증폭기 동작

두 개의 트랜지스터 바이어스가 동작의 핵심이다. 증폭기가 정지 점(quiescent state, 입력이 없을 경우)에 있을 때 두 트랜지스터는 차단영역에서 바이어스된다. 입력이 positive 반주기가 되면 Q_1은 차단영역 위쪽에 바이어스되고 트랜지스터는 도통된다. 이때 Q_2는 여전히 차단영역에 있다. 입력이 negative 반주기가 되면 Q_1은 차단상태로 돌아가고 Q_2는 차단영역 위쪽에 바이어스된다. 그 결과 Q_2는 도통되고 Q_1은 여전히 off 상태를 유지한다.

두 트랜지스터가 모두 차단 영역에서 바이어스되기 때문에 B급 증폭기는 교차왜곡(crossover distortion)이라 불리는 왜곡을 나타낸다. [그림 11-18]에 표시된 것처럼 출력 신호의 교변 부분에 평평한 선으로 교차왜곡이 나타난다. 교차 왜곡은 트랜지스터가 짧은 주기의 순간에 둘 다 off 될 때 발생된다.

두 개의 트랜지스터가 off 되면 출력은 0으로 떨어진다. 교차 왜곡을 방지하기 위해서 두 개의 트랜지스터를 차단영역 약간 위쪽에 정상적으로 바이어스되어야 한다. 이렇게 바이어스 함으로써 왜곡이 없고, 선형적인 출력을 나타내는 증폭기를 만들 수 있다.

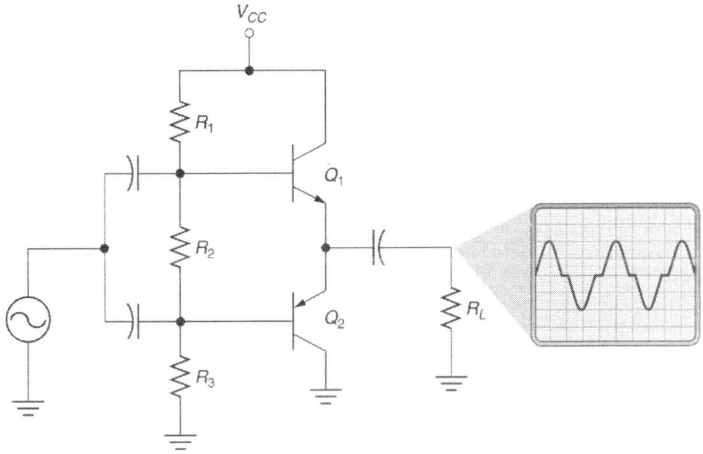

[그림 11-18] 교차왜곡

11.4.2 직류 동작 특성(DC Operation Characteristic)

B급 증폭기는 트랜지스터의 이미터 혹은 컬렉터에 저항 소자가 없기 때문에 수직의 직류 부하선을 나타낸다. [그림 11-19]에 표시된 회로를 살펴보자. 두 개의 트랜지스터가 정확히 차단점에서 바이어스되었다고 가정할 때 Q점은 컬렉터 특성곡선 상의 $I_B=0$에 설정된다. 이런 경우를 [그림 11-19 (b)]에 표시했다. 지금 두 개의 트랜지스터를 동시에 동작시킨다고 가정해보자. 두 개의 트랜지스터가 도통되면 다음과 같은 조건이 생긴다.

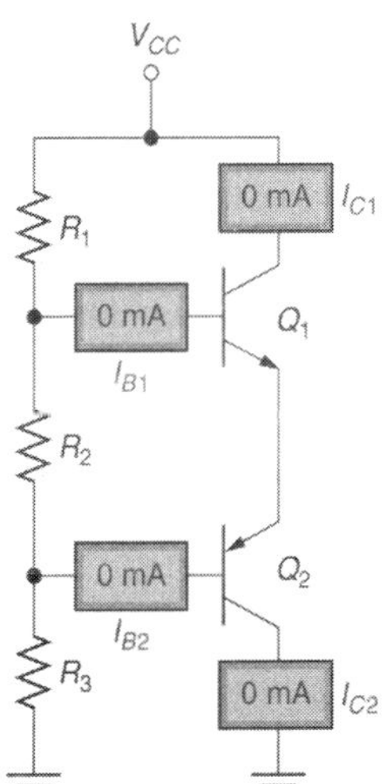

(a) B급 증폭기 정지점에서의 대략적인 I_B와 I_C 값

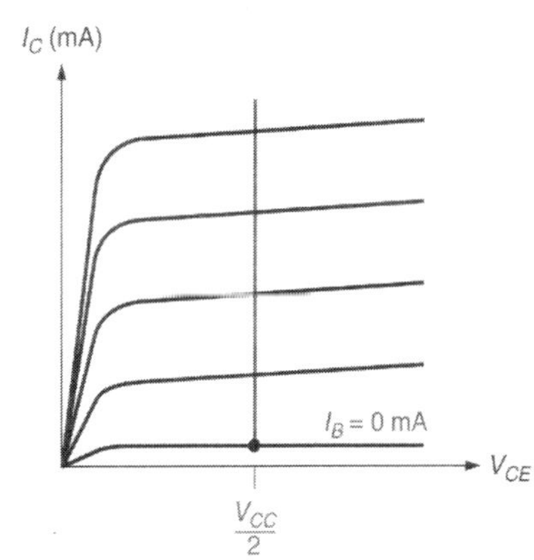

(b) B급 증폭기의 직류 부하선

[그림 11-19] B급 증폭기의 직류 부하선

1. 두 개의 트랜지스터(이미터에서 컬렉터)의 양단의 전압강하는 두 소자의 저항 비가 변하지 않으므로 동일하게 유지된다.
2. I_C는 이미터나 컬렉터에 전류를 제한하는 저항이 없으므로 매우 높다. 전류를 트랜지스터가 포화되었을 때 트랜지스터의 내부 저항에 의해서만 제한된다.

따라서 트랜지스터 양단의 전압은 일정하게 유지되며 컬렉터와 이미터로 흐르는 전류는 제한되지 않는다. 이런 이유로 수직의 직류 부하선이 나타나게 된다. 이런 직류 부하선은 V_{CE}는 거의 변하지 않고 I_C 값의 변화가 상당히 크게 나타난다. 직류 부하선은 B급 증폭기의 직류 동작에 대해 두 가지 다른 점을 예시하고 있다. 첫 번째로 V_{CEQ}는 식 (11-18)처럼 구해진다.

$$V_{CEQ} = \frac{V_{CC}}{2} \tag{11-18}$$

이런 관계식은 증폭기가 상보형 트랜지스터(complementary transistors)를 이용하여 구성된다는 사실을 기초로 하고 있다. 상보형 트랜지스터는 하나는 *npn*이고 다른 하나는 *pnp*라는 사실을 제외하고는 동일한 동작 특성을 나타낸다. 예를 들자면 2N3904와 2N3906은 상보형 트랜지스터이다. 2N3904는 *npn* 트랜지스터, 2N3906은 *pnp* 트랜지스터라는 것을 제외하고 동일한 동작 파라미터와 스펙을 가진다. 각 트랜지스터의 동작 특성이 다를 경우 출력 왜곡이나 비선형 특성을 가지기 때문에 B급 증폭기에는 상보형 트랜지스터가 사용되어야 한다.

상보형 트랜지스터가 사용되어지면 한 개의 트랜지스터 I_C가 다른 트랜지스터 I_C와 동일할 때 두 트랜지스터의 V_{CE} 값은 같다. [그림 11-19]에 표시된 회로를 살펴보자. 트랜지스터는 직렬로 연결되어 있으므로 I_{C1}은 거의 I_{C2}와 같다. 따라서 V_{C1}은 V_{C2}와 같다. 두 개의 전압은 같고 합하면 V_{cc}가 되므로 각각은 V_{cc}의 1/2과 같다.

두 번째는 다음 식을 살펴보자.

$$I_{CQ} \cong 0 \tag{11-19}$$

이런 근사식은 두 트랜지스터가 차단 영역 안쪽에 바이어스되므로 타당하다. 만약 두 트랜지스터가 차단영역보다 훨씬 안쪽에 바이어스된다면 I_{CQ}는 이상적으로 거의 0A가 될 것이다. 이 점의 이해를 돕기 위해 [그림 11-20]을 살펴보자. 이것은 [그림 11-19]에서 트랜지스터 특성곡선의 차단영역을 확대한 것이다. 설명을 위해 두 개의 바이어스점인 soft 차단점(soft cutoff)과 hard 차단점(hard cutoff)을 살펴보자. 트랜지스터가 soft 차단점에서 바이어스되면 I_{CQ}는 hard 차단점에서 보다 높게 나타낸다. 트랜지스터가 hard 차단점 가까이에 바이어스되면 I_{CQ}는 거의 0에 도달한다.(이것은 거의 0에 도달하지 못한다. 왜냐하면 트랜지스터로 흐르는 누설 전류의 양이 항상 있기 때문이다.)

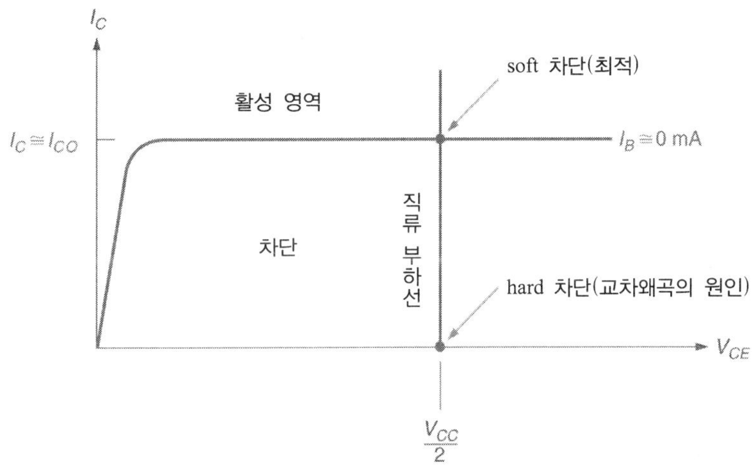

[그림 11-20] 차단 영역의 확대

hard 차단은 B급 증폭기를 사용하기 위한 이상적인 바이어스이다. 그러나 이것은 그런 경우는 아니다. hard 차단점에 바이어스하면 B급 증폭기는 교차 왜곡을 발생시킨다. 이것은 트랜지스터가 차단영역에서 활성영역으로 되기 위한 천이시간이 필요하기 때문이다. soft 차단점에서 트랜지스터가 바이어스되면 과도 시간을 줄여 교차 왜곡을 감소시킨다.

11.4.3 교류 동작특성(AC Operation Characteristic)

B급 증폭기의 교류 동작특성은 A급 증폭기의 동작과는 아주 다르기 때문에 중요하다. B급 증폭기의 교류 특성을 [그림 11-21]에 표시했다. [그림 11-21 (b)]는 [그림 11-21 (a)]에 표시된 B급 증폭기의 교류 등가회로를 나타내고 있다. 이런 회로는 직류 공급전원 (V_{cc})은 접지시키고 회로의 커패시터는 단락시킴으로써 구할 수 있다. [그림 11-21 (b)]에 표시된 것처럼 부하가 트랜지스터와 병렬이다. 따라서

$$v_L = \Delta V_{CE} \tag{11-20}$$

$$i_L = \frac{\Delta V_{CE}}{R_L} \tag{11-21}$$

여기서 ΔV_{CE}는 증폭기의 입력 신호의 결과로 발생되는 V_{CE}의 변화량을 의미한다. 여러분도 알다시피 B급 증폭기의 V_{CEQ}는 식 (11-18)에 주어진 것처럼 주어진다.

$$V_{CEQ} = \frac{V_{CC}}{2}$$

이런 관계식을 기억하고 [그림 11-22]에 표시된 파형을 살펴보자.

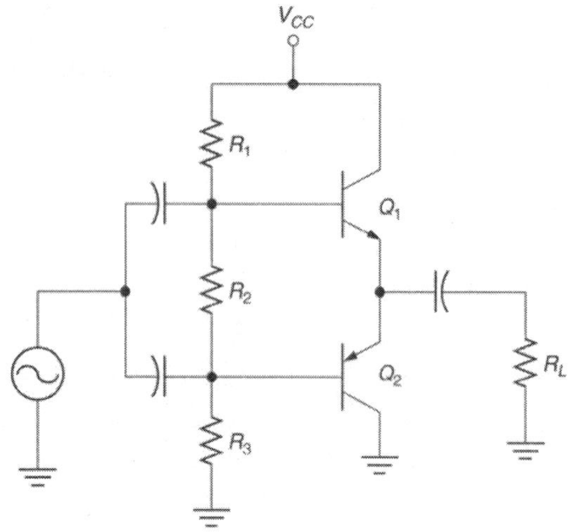

(a) B급 증폭기

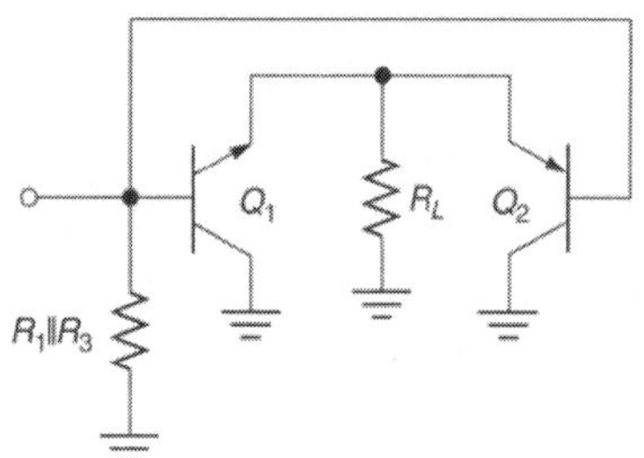

(b) 교류 등가 회로

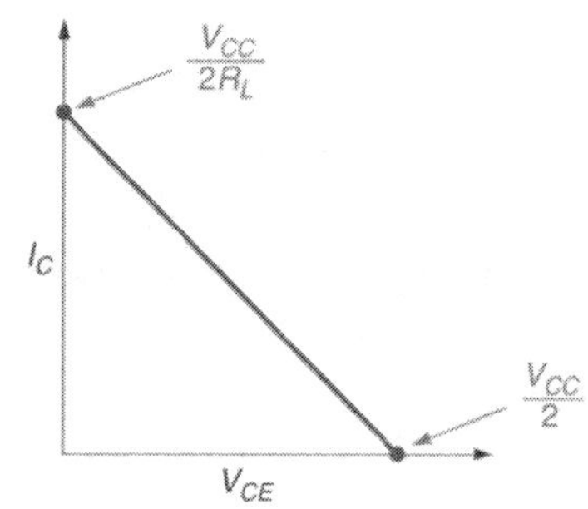

(c) 교류 부하선

[그림 11-21] B급 증폭기의 교류 특성

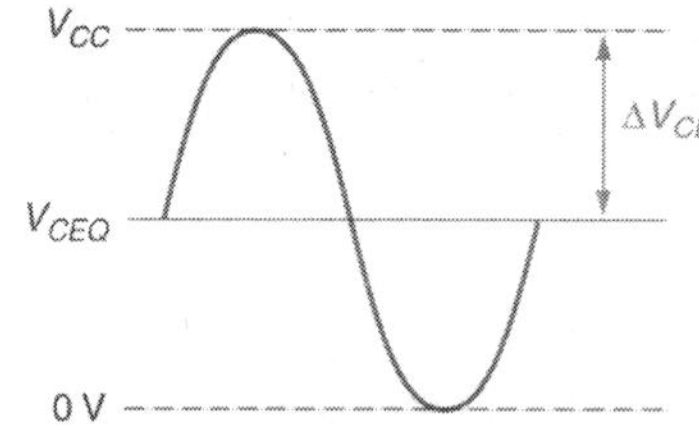

[그림 11-22]

이런 파형은 증폭기가 표시하는 이상적인 최대 출력파형을 나타낸다. 파형의 positive 피크는 V_{cc}와 같다.(이 값은 포화될 때 Q_1이 $V_{CE}=0$의 값을 갖는다고 가정한 것이다.) $V_{CEQ}=\dfrac{V_{CC}}{2}$이므로 V_{CEQ}에서의 최대 허용 변화량은 다음과 같이 표시된다.

$$\Delta V_{CE} = V_{CC} - \frac{V_{CC}}{2} = V_{CEQ}$$

$$\text{혹은 } \Delta V_{CE} = \frac{V_{CC}}{2} \tag{11-22}$$

Q_1이 출력 신호의 positive 피크에서 포화된다고 가정하면 $I_{C(\text{sat})}$의 이상적인 크기는 식 (11-23)처럼 구해진다.

$$i_{c(\text{sat})} = \frac{V_{CC}}{2R_L} \tag{11-23}$$

전술한 바와 같이 B급 증폭기에서의 트랜지스터는 정상적으로 차단점에 바이어스된다. 따라서 각 트랜지스터가 차단될 때 공급 전압의 절반을 강하시키고 $v_{ce(\text{off})}$는 식 (11-24)처럼 구해진다.

$$v_{ce(\text{off})} = \frac{V_{CC}}{2} \tag{11-24}$$

이런 두 개의 점은 B급 증폭기의 교류 부하선을 구하는데 사용된다. 부하선은 [그림 11-21 (c)]에 표시되어 있다.

【예제 11.8】 [그림 11-21 (a)]에 표시된 회로에서 $V_{cc}=20\text{V}$, $R_L=10\Omega$의 크기를 갖는다고 가정하고 교류 부하선의 양 끝점을 결정하시오.

풀이 $i_{C(\text{sat})}$는 500mA로 구해진다.

$$i_{c(\text{sat})} = \frac{V_{CC}}{2R_L} = \frac{10\text{V}}{2\times 10\Omega} = 500\text{mA}$$

$v_{ce(\text{off})}$는 5V로 구해진다.

$$v_{ce(\text{off})} = \frac{V_{CC}}{2} = \frac{10\text{V}}{2} = 5\text{V}$$

회로의 교류 부하선은 [그림 11-21 (c)]에 표시되어 있다. 부하선의 양단 점은 $i_{C(\text{sat})}=500\text{mA}$와 $v_{ce(\text{off})}=5\text{V}$ 점이다.

(실전 연습문제 11-8)

B급 증폭기에서 $V_{cc}=+12\text{V}$, $R_L=2.2\text{k}\Omega$을 갖는다고 가정하고 회로의 교류 부하선의 양단 점을 구하시오.

▶▶ $v_{ce(\text{off})}=6\text{V}$, $ic_{(\text{sat})}=2.73\text{mA}$

11.4.4 증폭기의 임피던스(Amplifier Impedance)

이미터 활로워의 베이스 입력 임피던스는 다음과 같이 표시된다.

$$Z_{\text{base}} = h_{fc}(r_e' + r_E)$$

만약 B급 증폭기를 살펴본다면 부하저항이 두 트랜지스터의 이미터에 연결이 되어 있다는 것을 알 수 있다. 부하저항은 바이패스 되지 않기 때문에 부하 저항 값은 증폭기의 Z_{base}의 계산에 고려되어야 한다. 트랜지스터의 입력 임피던스는 식 (11-25)과 같이 표시된다.

$$Z_{\text{base}} = h_{fc}(r_e' + R_L) \tag{11-25}$$

B급 증폭기의 출력은 트랜지스터의 이미터로부터 주어지므로 증폭기의 출력 임피던스는 이미터 회로의 교류 저항과 같다. 10장에서 언급한 바와 같이 출력 임피던스는 식 (11-26)처럼 표시된다.

$$Z_{\text{out}} = r_e' + \frac{R_{th}}{h_{fc}} \tag{11-26}$$

여기서 $R_{th} = R_1 \| R_3 \| R_S$

B급 증폭기에서 R_2의 값은 식 (11-26)에 사용되지 않는다. 이것은 증폭기의 교류 등가회로에서 입력 결합 커패시터에 의해서 단락되기 때문이다.

11.4.5 증폭기 이득(Amplifier Gain)

상보대칭 증폭기는 이미터 활로워에 기초를 두기 때문에 전류이득은 이미터 활로워에서 구해진다. 식에 의하면

$$A_i = h_{fc}\left(\frac{Z_{\text{in}}\ r_E}{Z_{\text{base}}\ R_L}\right)$$

B급 증폭기에서 $r_E = R_L$이므로 A_i식은 식 (11-27)처럼 간략화 된다.

$$A_v = h_{fc}\left(\frac{Z_{\text{in}}}{Z_{\text{base}}}\right) \tag{11-27}$$

B급 증폭기의 전압이득은 기본적인 이미터 활로워와 같은 방법으로 구할 수 있다.

$$A_v = \frac{R_L}{R_L + r_e'}$$

$$A_P = A_v A_i$$

다른 증폭기의 경우와 마찬가지로 전력 이득은 A_v와 A_i의 곱으로 구해진다.

11.4.6 전력 계산(Power Calculation)

B급 증폭기의 출력은 A급 증폭기의 경우와 동일한 방식으로 구한다.

$$P_L = \frac{V_{\mathrm{PP}}^2}{8R_L}$$

최대 부하전력은 A급 증폭기의 경우와 동일한 방식으로 구한다.

$$P_{L(\max)} = \frac{\mathrm{PP}^2}{8R_L}$$

B급 증폭기의 최대 부하전력을 계산하기 위해서 컴플라이언스를 결정해야 한다. B급 증폭기의 컴플라이언스는 식 (11-28)처럼 구해진다.

$$\mathrm{PP} = 2V_{CEQ} \tag{11-28}$$

$V_{CEQ} \cong V_{CC}/2$이므로 식 (11-28)을 다시 정리하면 식 (11-29)가 구해진다.

$$\mathrm{PP} \cong V_{cc} \tag{11-29}$$

B급 증폭기의 최대 부하전력은 【예제 11-9】에서 구해진다.

【예제 11.9】 [그림 11-23]에 표시된 회로의 최대 부하 전력을 구하시오.

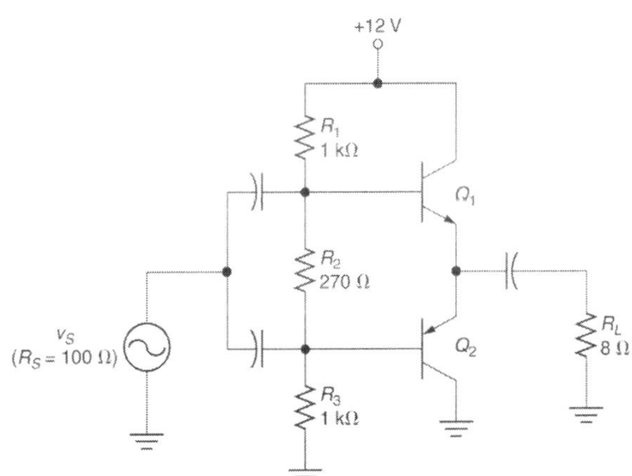

[그림 11-23]

풀이 증폭기의 컴플라이언스는 12V로 구해진다.

$$\text{PP} \cong V_{cc} = 12\text{V}$$

최대 부하 전력은 2.25W로 구해진다.

$$P_{L(\max)} = \frac{\text{PP}^2}{8R_L} = \frac{(12\text{V}_{\text{PP}})^2}{8 \times 8\Omega} = \frac{144\text{V}^2}{64\Omega} = 2.25\text{W}$$

(실전 연습문제 11-9)

실전 연습문제 11-8에 표시된 회로의 최대 부하전력을 구하시오.

▶▶ 8.18mW

직류 공급 전원으로부터 증폭기에 공급되는 전체 전력은 다음과 같이 구해진다.

$$P_S = V_{cc} I_{CC} \tag{11-30}$$

여기서 $I_{CC} = I_{C1(\text{ave})} + I_1$

P_S를 구하는 식은 A급 증폭기에서 사용하였던 것과 같다. 그러나 식 (11-30)은 부연설명이 필요하다. 공급 전원으로부터 공급되는 전체 전류는 Q_1의 평균 컬렉터 전류와 증폭기의 베이스를 통해서 흐르는 전류의 합으로 [그림 11-24]에 표시되어 있다. Q_1의 컬렉터를 통해서 흐르는 평균전류는 다음과 같이 주어진다.

$$I_{C(\text{ave})} = \frac{I_{pk}}{\pi} \quad \text{혹은} \quad I_{C(\text{ave})} \cong 0.318 I_{pk}$$

여기서 I_{pk}는 트랜지스터를 흐르는 피크 전류이다. 이는 반파정류기의 표준 I_{ave}식이다. 트랜지스터는 교번 반주기에 도통하기 때문에 반파정류기처럼 동작된다.

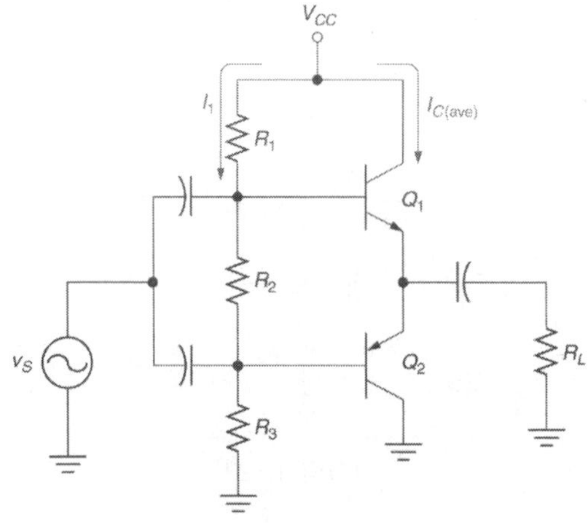

[그림 11-24] B급 증폭기의 공급 전류

[그림 11-21 (c)]와 식 (11-23)에 의하면 B급 증폭기에서 각 트랜지스터를 통해서 흐르는 최대 전류는 다음과 같이 구해진다.

$$i_{c(\text{sat})} = \frac{V_{CC}}{2R_L}$$

위 식에 $I_{C(\text{ave})}$를 대입하면 식 (11-31)이 구해진다.

$$I_{C(\text{ave})} = \frac{V_{CC}}{2\pi R_L} \tag{11-31}$$

증폭기가 컴플라이언스로 구동된다고 가정하기 때문에 식 (11-31)은 증폭기의 출력전압서 V_{cc}를 사용한다. 만약 증폭기의 출력이 컴플라이언스로 동작되지 않는다면 $V_{\text{pp(out)}}$은 V_{cc}로 대체되어야 한다. $I_{C(\text{ave})}$를 계산하기 위한 식은 식 (11-32)처럼 구해진다.

$$I_{C1(\text{ave})} = \frac{V_{\text{PP(out)}}}{2\pi R_L} \tag{11-32}$$

【예제 11-10】과 【예제 11-11】은 공급 전원으로부터 끌어낸 전체 전력과 전체 부하전력을 결정하는 과정을 나타내고 있다.

【예제 11.10】 [그림 11-25]에 표시된 회로에서 P_S를 구하시오.

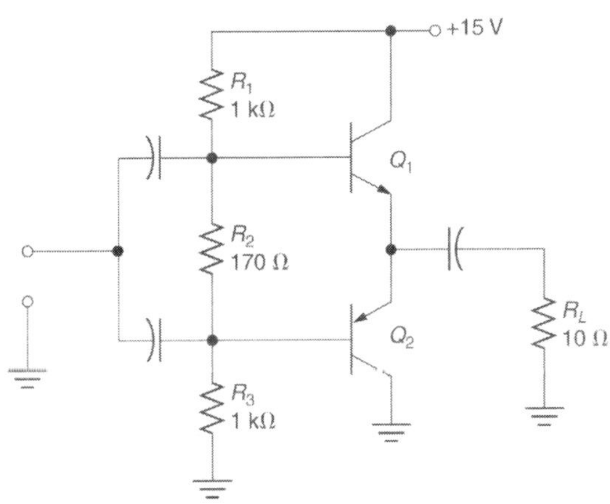

[그림 11-25]

풀이 두 개의 트랜지스터로부터 베이스 전류를 무시하고 I_1을 구하면 6.91mA가 계산된다.

$$I_1 = \frac{V_{CC}}{R_1 + R_2 + R_3} = \frac{15\text{V}}{2.17\text{k}\Omega} = 6.91\text{mA}$$

$I_{C(\text{ave})}$는 239mA로 구해진다.

$$I_{C(\text{ave})} = \frac{V_{CC}}{2\pi R_L} = \frac{15\text{V}}{2\pi(10\Omega)} = 239\text{mA}$$

두 값을 이용하면 I_{CC}는 246mA로 구해진다.

$$I_{CC} = I_{C(\text{ave})} + I_1 = 246\text{mA}$$

결국 공급 전원으로부터 요구되는 전체 전력은 3.69W이다.

$$P_S = V_{cc} I_{CC} = (15\text{V})(246\text{mA}) = 3.69\text{W}$$

(실전 연습문제 11-10)

[그림 11-23]을 참조하고 회로의 P_S를 구하시오.

▶▶ 2.93W

【예제 11.11】 [그림 11-25]에 표시된 회로의 최대부하전력을 구하시오.

풀이 증폭기의 컴플라이언스는 V_{cc} 혹은 15V와 같다.
이 값을 이용하여 최대 부하 전력을 계산하면 2.81W가 구해진다.

$$P_{L(\max)} = \frac{\text{PP}^2}{8R_L} = \frac{(15\text{V}_{\text{PP}})^2}{8 \times 10\Omega} = 2.81\text{W}$$

(실전 연습문제 11-11)

[그림 11-23]에 표시된 회로에서 P_L의 최대 값을 구하시오.

▶▶ 2.25W

11.4.7 B급 증폭기 효율(Class B Amplifier Efficiency)

B급 증폭기의 최대 이론 효율은 78.5%라는 것은 이 장에서 이미 언급한 바 있다. A급 증폭기의 경우와 마찬가지로 실제 효율은 최대 이론 효율보다 항상 작다. $\eta = 78.5\%$의 유도과정은 부록 A에 표시되어 있다. 만약 부록 A의 전개식을 살펴본다면 B급 증폭기의 컴플라이언스가 V_{cc}와 같다는 가정을 살펴볼 수 있다.

B급 증폭기에서 두 트랜지스터는 트랜지스터가 포화되면 거의 V_{CE}를 가지므로 증폭기의 실제 컴플라이언스는 V_{cc}보다 조금 작다. 따라서 B급 증폭기의 효율 정격은 78.5%에 미치지 못한다. 주어진 B급 증폭기의 P_S와 P_L이 알려지면 회로의 효율은 A급 증폭기에서와 같은 방법으로 계산된다. 이 예를 【예제 11-12】에 나타내었다.

【예제 11.12】 【예제 11-10】과 【예제 11-11】(그림 11-25)에 사용되었던 증폭기의 효율

을 구하시오.

풀이 부하 전력과 전원 전력의 계산은 【예제 11-10】과 【예제 11-11】에서 계산되었다.

$$P_L = 2.81\text{W},\ \ P_S = 3.69\text{W}$$

이런 두 값을 이용하면 증폭기의 최대 효율은 다음과 같이 계산된다.

$$\eta = \frac{P_L}{P_S} \times 100 = \frac{2.81\text{W}}{3.69\text{W}} \times 100 = 76.2\%$$

(실전 연습문제 11-12)

실전 연습문제 11-10, 11-11에서 증폭기의 효율을 구하시오.

▶▶ 76.8%

B급 증폭기의 효율은 V_{out}과 직접 관계가 있다. 컴플라이언스에서 가장 높은 효율이 얻어진다. 출력신호가 감소되면 효율도 감소된다. 【예제 11-13】은 출력신호가 감소될 때 B급 증폭기의 효율이 어떻게 변화되는지를 나타내고 있다.

【예제 11.13】 만약 부하전압의 50%인 7.5V_{pp}로 감소될 경우 【예제 11-10】(그림 11-25)에서 사용된 증폭기의 효율을 구하시오.

풀이 바이어스 회로망은 변하지 않았으므로 I_1은 6.91mA를 유지하게 된다. 증폭기가 컴플라이언스로 구동되지 않으므로 $I_{C(\text{ave})}$는 다음과 같이 계산된다.

$$I_{C(\text{ave})} = \frac{V_{\text{PP(out)}}}{2\pi R_L} = \frac{7.5\text{V}}{2\pi(10\Omega)} = 119\text{mA}$$

따라서 회로의 전체 전류는 126mA로 구해진다.

$$I_{CC} = I_{C(\text{ave})} + I_1 = 119\text{mA} + 6.91\text{mA} = 126\text{mA}$$

다음은 공급 전원으로부터 끌어낸 전체전력을 계산한다. 출력전압이 변해도 V_{cc}는 일정하므로 이 값을 계산에 이용한다.

$$P_S = V_{cc} I_{CC} = (15\text{V})(126\text{mA}) = 1.89\text{W}$$

최대 부하 전력은 703W로 구해진다.

$$P_{L(\max)} = \frac{V_{\text{PP}}^2}{8R_L} = \frac{(7.5\text{V})^2}{8 \times 10\Omega} = 703\text{mW}$$

증폭기 효율 37.2%로 계산된다.

$$\eta = \frac{P_L}{P_S} \times 100 = \frac{703\text{mW}}{1.89\text{W}} \times 100 = 37.2\%$$

(실전 연습문제 11-13)

【예제 11-13】에서 만약 부하 전압이 $11V_{pp}$라면 증폭기의 효율은 얼마인지 구하시오.

▶▶ 55.3%

11.4.8 요약(Summary)

B급 증폭기는 A급 증폭기보다 더 높은 최대 효율 정격을 가지는 두 개의 트랜지스터로 구성된 회로이다. B급 증폭기에는 두 가지 종류가 있는데 그중 하나는 푸시-풀 증폭기이고 나머지 하나는 상보 대칭형 증폭기이다. 두 개 중에서 상보 대칭형 증폭기가 다음의 두 가지 이유로 인해 더 일반적으로 사용된다.

1. 상보 대칭형 증폭기는 변압기가 사용되지 않기 때문에 생산비가 저렴하다.
2. 상보 대칭형 증폭기는 변압기를 사용하지 않으므로 변압기 손실을 생각할 필요가 없다. 따라서 상보 대칭형 증폭기는 푸시-풀 증폭기보다 더 높은 효율과 더 우수한 주파수 응답을 나타낸다.

B급 증폭기에서 두 개의 트랜지스터는 차단점에서 바이어스된다. 교류 신호가 증폭기에 인가되면 교류 신호의 positive 반주기에서 하나의 트랜지스터가 도통되고 negative 반주기에는 다른 트랜지스터가 도통된다. 결과적인 증폭기 출력을 보면 피크-피크 전압이 V_{cc}와 거의 같은 교류 신호를 나타낸다(컴플라이언스로 구동될 경우). 상보 대칭형 증폭기의 직류 및 교류 특성을 [그림 11-26]에 요약하였다.

B급 상보대칭형 증폭기

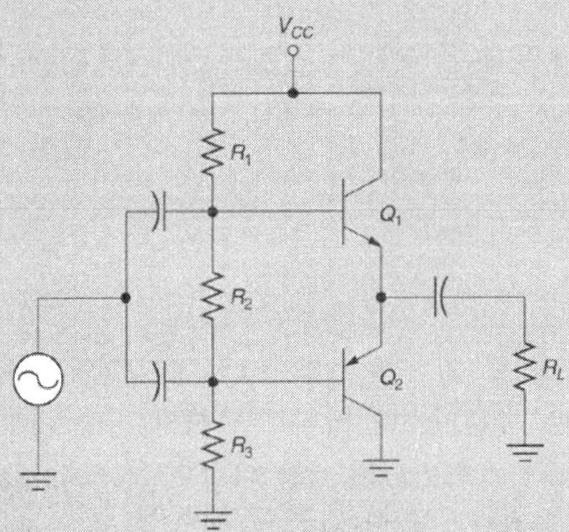

기본적인 직류 관계식

$$V_{CEQ} = \frac{V_{CC}}{2}$$

$$I_{CQ} \cong 0\,\text{A}$$

$$I_{C(ave)} = \frac{V_{PP}}{2\pi R_L}$$

$$I_{CC} = I_{C(ave)} + I_1$$

기본적인 전류 관계식

$$P_L = \frac{V_{PP}^2}{8R_L}$$

$$PP \cong V_{CC}$$

$$P_{L(max)} = \frac{PP^2}{8R_L}$$

$$P_S = V_{CC} I_{CC}$$

$$\eta = \frac{P_L}{P_S} \times 100$$

이점 : A급 증폭기보다 높은 효율 정격을 갖는다.

단점 교차왜곡
동작에 두 개의 트랜지스터가 필요함.

[그림 11-26]

기초 확인문제 11.4

1. A급 증폭기를 능가하는 B급 증폭기의 장점은 무엇인가?
2. B급 증폭기에서 두 개의 회로의 유형은 무엇인가? 각각의 장점과 단점은 어떤 것이 있는가?
3. 상보 트랜지스터란 무엇인가? 상보 트랜지스터를 사용을 요구하는 증폭기는 어떤 종류의 증폭기인가?
4. B급 증폭기의 동작특성을 설명하라.
5. B급 증폭기에서 I_{CQ}와 V_{CEQ}의 전형적인 값은 무엇인가?
6. B급 증폭기의 전형적인 컴플라이언스는 무엇인가?
7. B급 증폭기의 실제 효율이 최대이론 효율인 78.5%보다 적은 이유는 무엇인가?

11.5 AB급 증폭기 : 다이오드 바이어스(Class AB Amplifier : Diode Bias)

지금까지는 모든 B급 증폭기 회로에서 전압분배기 바이어스를 사용했다. B급 증폭기에 전압분배기 바이어스를 이용할 경우 다음과 같은 문제가 발생될 수 있다.

1. 교차 왜곡이 발생된다.
2. 열 폭주 현상이 발생된다.

교차 왜곡과 열 폭주의 문제를 제거할 수 있는 회로를 [그림 11-27]에 표시했다. 다이오드 바이어스라고 부르는 이런 회로는 트랜지스터 베이스 사이의 저항 대신에 두 개의 다이오드를 사용한다. 바이어스 회로에서 다이오드를 보상 다이오드(compensating diodes)라고 부른다. 이런 보상 다이오드는 두 개의 트랜지스터에서 V_{BE} 특성과 정합시키기 위해서 사용된다. 여러분도 보는 바와 같이 다이오드는 증폭기의 트랜지스터와 적절하게 정합시킬 때 교차 왜곡과 열 폭주 현상을 제거한다. 다이오드 바이어스를 사용하면 증폭기는 [그림 11-27]에 표시된 것처럼 마치 AB급 증폭기로 동작한다. 이런 회로의 동작은 이 장 후반부에서 상세히 설명하기로 한다.

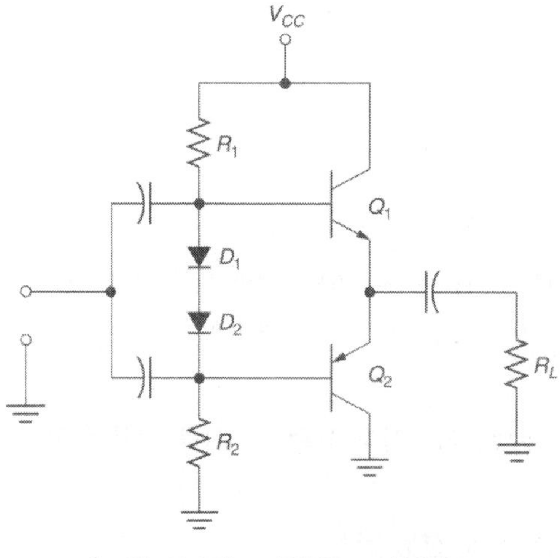

[그림 11-27] 다이오드 바이어스

11.5.1 다이오드 바이어스의 직류 특성(Diode Bias DC Characteristic)

B급 증폭기에서의 트랜지스터는 차단점에 바이어스되어 증폭기의 I_{CQ}가 거의 0이 되게 한다. 다이오드 바이어스가 사용되면 트랜지스터는 거의 차단점 위쪽에서 바이어스

된다. 다이오드 바이어스가 사용될 때 측정될 정도의 I_{CQ}가 생긴다. 이런 경우의 예를 [그림 11-28]에 나타내었다.

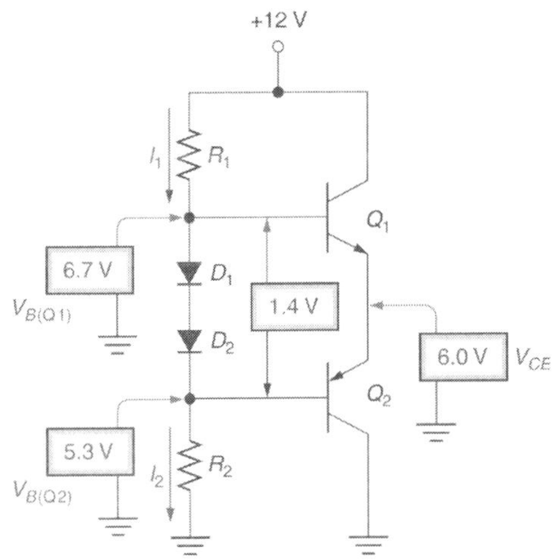

[그림 11-28]

그림에 표시된 회로의 동작을 이해하기 위해서 아래와 같은 몇 가지 가정을 할 수 있다.

1. 그림에서 알 수 있듯이 V_{CEQ}는 V_{cc}의 절반이 된다.
2. R_2에 흐르는 전류로 인해서 R_2 양단 전압이 5.3V가 된다.

위의 조건이 성립된다고 가정하면 트랜지스터 Q_2의 베이스 전압은 5.3V이고 트랜지스터 Q_2의 V_E는 6V가 된다. *pnp* 트랜지스터의 V_B는 V_E보다 0.7V negative 값이므로 Q_2는 도통된다. 바이어스 다이오드의 양단 전압이 1.4V이므로 트랜지스터 Q_1의 V_B는 5.3V + 1.4V = 6.7V이다. 그림에서 보는 것과 같이 트랜지스터 Q_1의 V_E는 6[V]이다. *npn* 트랜지스터의 V_B는 V_E보다 0.7V positive 이므로 Q_1은 도통된다. 따라서 다이오드 바이어스 증폭기에서 두 트랜지스터는 도통되며 [그림 11-29]에 표시된 것처럼 측정 가능한 정도의 I_{CQ}가 존재한다.

이제 앞에서 설명한 가정을 검토해 보고 이런 가정은 어디에서 나왔는가를 살펴보자. 비록 트랜지스터 바이어스 회로는 변형되었지만 트랜지스터 출력은 표준 B급 증폭기에서와 같다. 따라서 증폭기의 직류 부하선 특성은 변하지 않으며 V_{CEQ}는 거의 V_{cc}의 1/2이 된다.

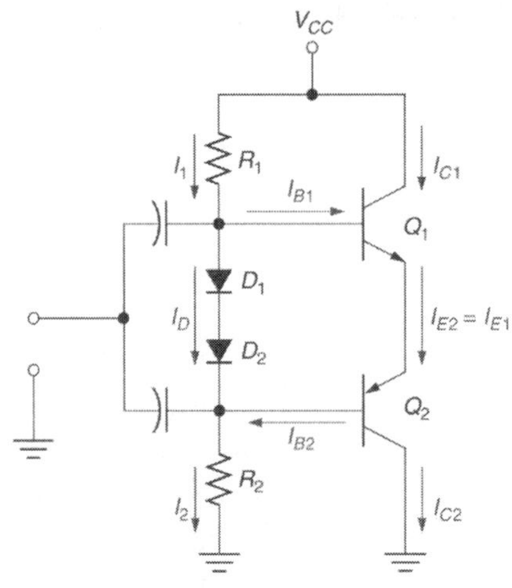

[그림 11-29]

$V_{R2} = 5.3V$가 어디서 계산되었는지 이해하기 위해서 바이어스 회로의 동작을 살펴보자. 바이어스 회로에서 두개의 저항 양단의 전체 전압은 V_{cc}와 다이오드 양단 전압 1.4V의 차와 같다.

$$V_{R1} + V_{R2} = V_{CC} - 1.4V$$

전압분배기 공식을 이용해서 V_{R2}를 구하면 다음과 같이 표시된다.

$$V_{R2} = \frac{R_2}{R_1 + R_2}(V_{CC} - 1.4V)$$

$V_{B(Q2)} = V_{R2}$ 이므로 식을 다시 정리하면 식 (11-33)이 구해진다.

$$V_{B(Q2)} = \frac{R_2}{R_1 + R_2}(V_{CC} - 1.4V) \qquad (11\text{-}33)$$

여기서 $R_1 = R_2$([그림 11-28]인 경우)이면 식 (11-33)의 분수는 1/2이 되며 식을 다시 정리하면

$$V_{B(Q2)} = \frac{V_{CC}}{2} - 0.7V$$

혹은

$$V_{B(Q2)} = C_{CEQ} - 0.7V \ (\text{여기서 } R_1 = R_2) \qquad (11\text{-}34)$$

식 (11-34)는 몇 가지 이유로 인해서 대단히 중요하다. 첫 번째 이유는 Q_2(따라서 Q_1)는 $R_1 = R_2$일 때 자동적으로 바이어스된다는 점이다. 두 저항 값이 동일하면 저항의 실

제 값은 비교적 중요하지 않다. $R_1 = R_2$일 때 베이스 전압은 $V_{CEQ} \pm 0.7$와 같다고 가정할 수 있다. $R_1 \neq R_2$일 때는 식 (11-30)을 이용하여 $V_{B(Q_2)}$를 구할 수 있고 $V_{B(Q_2)}$에 1.4V를 더하면 $V_{B(Q_1)}$을 구할 수 있다.

식 (11-34)가 중요한 두 번째 이유는 거의 모든 다이오드 바이어스 회로는 동일한 저항 값으로 설계되기 때문이다. 따라서 식 (11-34)가 식 (11-33)보다 훨씬 더 많이 사용된다. 바이어스 회로의 해석에서 I_{B1}과 I_{B2}가 고려되지 않는데 대해서 의아하게 생각할 수 있다. 그 이유는 간단하다 : 트랜지스터는 적절히 정합되어 있고 I_{B1}과 I_{B2}는 크기에 있어 동일하다. 따라서 저항에 흐르는 전류(I_1과 I_2)는 또한 같아질 것이다.

다이오드 바이어스를 이용하면 I_1(I_{CC} 계산에서 필요)은 식 (11-35)와 같이 구해진다.

$$I_1 = \frac{V_{CC} - 1.4\text{V}}{R_1 + R_2} \tag{11-35}$$

또한 I_{B1}과 I_{B2}의 효과는 고려할 필요가 없는데, 그 이유는 이들 전류가 저항에 흐르는 전류 값에 영향을 주지 않기 때문이다.

11.5.2 AB급 동작(Class AB Operation)

다이오드 바이어스가 사용될 때 I_{CQ}가 측정 가능한 값임을 알았다. 이런 이유 때문에 이런 증폭기는 기술적으로 더 이상 B급 증폭기가 아니다. 이런 문제의 이해를 돕기 위한 예를 [그림 11-29]에 표시된 회로에서 전형적인 입력신호가 표시되는 [그림 11-30]에 표시했다.

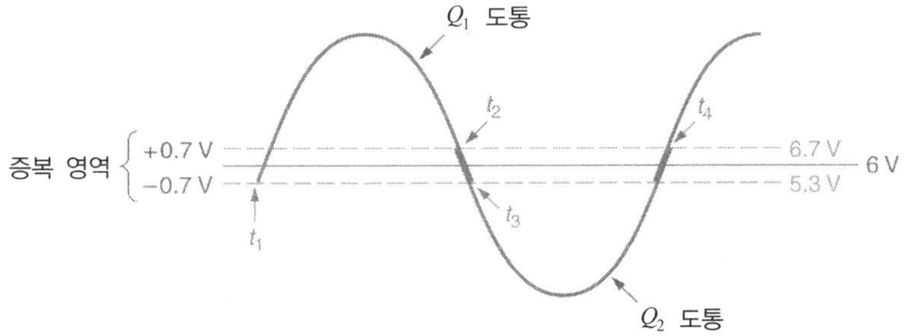

[그림 11-30]

이 문제를 간단히 하기 위해 다음과 같은 가정을 한다 : 트랜지스터는 베이스와 이미터 전압이 같아질 때까지 도통하며, 같아질 때 off 된다. 이런 생각으로 [그림 11-30]에 표시된 파형에서 회로의 응답을 살펴보자. [그림 11-29]에서 Q_1은 베이스 전압이 6V이상이 되면 도통한다. V_B는 v_{in}의 값 -0.7에서 $V_{B(Q1)}$의 값 6.7V를 빼기 때문에 t_1과 t_3에서 6V로 떨어진다. 따라서 t_1과 t_3 사이의 전체 시간 동안 Q_1이 도통된다고 가정할 수 있다. 같은 원리로 Q_2도 마찬가지다. t_2와 t_4에서 Q_2는 off 되는데 그 이유는 v_{in} 값의 +0.7V에 $V_{B(Q2)}$의 값이 더해지기 때문에 V_B와 V_E가 같게 되기 때문이다. 따라서 t_2와 t_4 사이 전체 구간에서 Q_2가 도통한다.

이상에서 살펴본 것처럼 다이오드 바이어스 회로의 트랜지스터는 180° 보다 약간 더 도통한다. 이런 이유 때문에 이런 회로를 AB급 증폭기라고 부른다. AB급 증폭기에서는 입력신호에 대해 180° 보다는 크고 360° 보다는 작은 부분에서 트랜지스터는 도통한다. 다이오드 바이어스 회로를 기술적으로는 AB급 증폭기로 분류하지만 대부분의 기술자들은 마치 B급 증폭기로 취급한다. 이는 두 증폭기간의 동작에 있어 아주 유사성이 있기 때문이다.

11.5.3 교차 왜곡 방지(Preventing Crossover Distortion)

AB급 증폭기의 두 트랜지스터는 입력신호가 0V일 때 도통하기 때문에 이런 증폭기는 B급 증폭기에서 발생되었던 교차 왜곡은 일어나지 않는다. 교차 왜곡은 두 개의 트랜지스터가 차단점에 있을 때 발생하므로 AB급 증폭기에서는 교차 왜곡이 발생되지 않는다.

11.5.4 열 폭주 방지(Preventing Thermal Runaway)

다이오드 바이어스에서 열 폭주 문제를 제거하기 위해서 다음과 같은 두 가지 조건이 만족되어야 한다.

1. 다이오드와 트랜지스터의 베이스-이미터 접합은 거의 완벽하게 정합(match)되어야 한다.
2. 다이오드와 트랜지스터는 열적으로 접촉 상태에 있어야 한다. 이들은 서로 물리적인 접촉을 이루어서 다이오드의 동작온도는 항상 트랜지스터의 동작온도와 같다는 것을 의미한다.

다이오드와 트랜지스터가 정합되면 다이오드 양단 전압강하는 거의 트랜지스터의 V_{BE} 강하와 같아지고 모든 다른 요소도 같아진다. 다른 말로 표현하면 이들의 동작온도가 같아지는 한 다음 식이 성립한다.

$$V_{F1} = V_{BE(Q1)} \text{ 그리고 } V_{F2} = V_{BE(Q2)}$$

트랜지스터가 다이오드와 열적으로 접촉 상태에 있으면 이런 소자들은 같은 동작온도를 경험한다. 따라서 주어진 크기로 트랜지스터의 동작 온도가 증가하면 같은 크기로 다이오드의 동작 온도가 증가하여 V_F와 V_{BE}는 거의 같아질 것이다. 이런 생각을 가지고 온도 증가에 따른 회로 응답을 살펴보기로 하자.

온도와 다이오드 도통의 관계를 생각해보면 다이오드 온도 증가는 다이오드 전류가 조금 증가하고 V_F가 조금 감소하게 된다. 트랜지스터와 다이오드의 온도 증가가 같다고 가정하면 다음과 같은 일이 발생된다.

1. 다이오드의 온도가 증가되면 D_1과 D_2 양단 전압인 1.4V는 감소된다. 동시에 I_D는 증가한다(그림 11-29).
2. 다이오드의 전압이 감소되면 I_1과 I_2는 증가된다. 이것이 R_1과 R_2 양단 전압을 증가시킨다.
3. 저항에서의 전압 강하가 변화하면 $V_{B(Q1)}$이 감소하고 $[V_{B(Q1)} = V_{CC} - V_{R1}]$ $V_{B(Q2)}$는 증가한다.
4. 베이스 전압이 변하면 두 트랜지스터의 V_B는 V_E와 비슷하게 트랜지스터의 순방향 바이어스를 감소시킨다.
5. 순방향 바이어스의 감소는 I_B를 감소시켜 I_C를 감소시킨다. I_C의 감소는 열 폭주의 발생을 막는다.

이와 같이 다이오드 바이어스는 열 폭주가 발생되는 것을 막는다. 다음 방법 중의 하나로 다이오드는 전력 트랜지스터와 열적으로 접촉 상태로 있을 수 있다.

1. 전력 트랜지스터에 방열판을 부착한다.
2. 트랜지스터가 설치된 방열판에 부착한다.

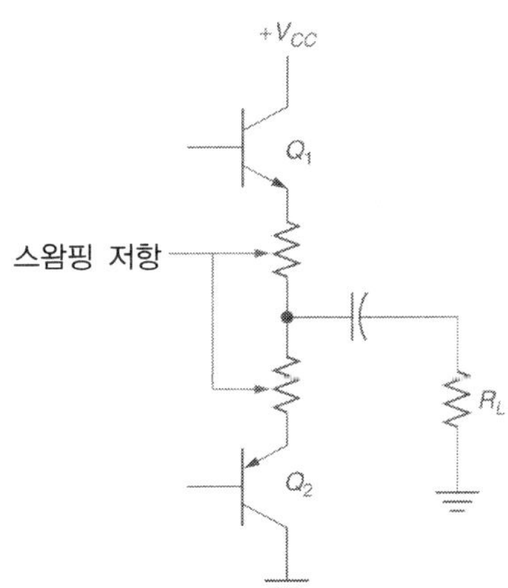

[그림 11-31] 이미터 출력 회로

AB급 증폭기에서 전력 트랜지스터를 교체할 때 지속적인 열 보호를 위해서 트랜지스터의 원래의 위치에 보상 다이오드를 다시 부착하여야 한다. 어떤 B급, AB급 증폭기는 이미터 출력 회로에 두 개의 저항을 첨가한 경우가 있다. [그림 11-31]에 표시된 것처럼 이들 저항은 마치 스왐핑 저항으로 동작되어 정합 트랜지스터 쌍 사이에 생긴 약간의 특성 차이를 줄이는 효과로 동작한다. 이런 저항은 0.1Ω에서 0.47Ω 정도의작은 저항 값을 가진다. 이들은 부하와 전압분배가 되어 출력이 왜곡이 되고 저항을 대체해도 원래의 값과 동일하게 되어야 하기 때문이다.

11.5.5 AB급 증폭기 해석(Class AB Amplifier Analysis)

AB급 증폭기 해석을 위해서 직류 바이어스의 정보를 이용한다. 설명을 위해서 [그림 11-32 (a)]에 표시된 AB급 증폭기 회로의 예를 이용한다.

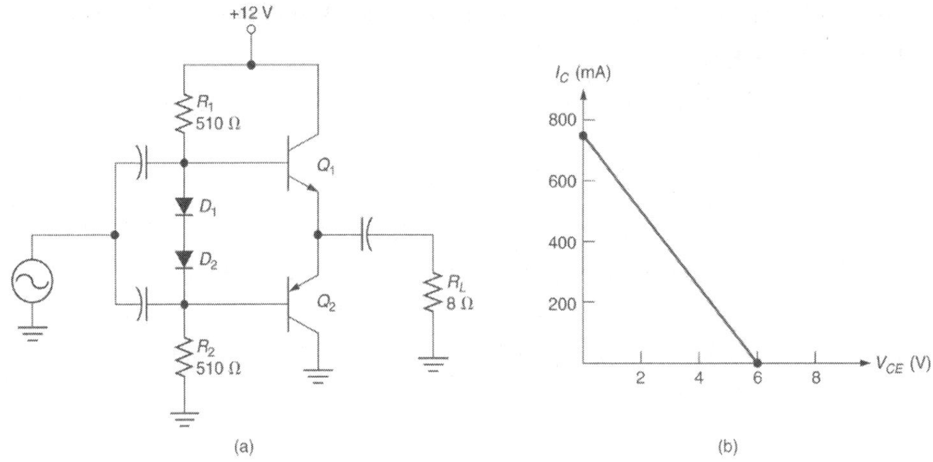

[그림 11-32] AB급 증폭기와 교류 부하선

$i_{c(\text{sat})}$와 $v_{ce(\text{off})}$ 값을 구하는 것으로 회로 해석을 시작하자. 이런 회로에서 $i_{c(\text{sat})}$는 750mA로 구해진다.

$$i_{c(\text{sat})} = \frac{V_{CC}}{2R_L} = \frac{12\text{V}}{16\Omega} = 750\text{mA}$$

$v_{ce(\text{off})}$는 6V로 구해진다.

$$v_{ce(\text{off})} = \frac{V_{CC}}{2} = 6\text{V}$$

이런 두 개의 좌표 값을 이용하면 [그림 11-32 (b)]에 표시된 교류 부하선이 구해진다. 다음은 I_1의 크기를 구하면 되는데 I_1은 10.4mA로 구해진다.

$$I_1 = \frac{V_{CC} - 1.4\text{V}}{R_1 + R_2} = \frac{12\text{V} - 1.4\text{V}}{1020\Omega} = 10.4\text{mA}$$

증폭기의 컬렉터 회로에서 평균 전류는 239mA로 구해진다.

$$I_{C(\text{ave})} = \frac{V_{CC}}{2\pi R_L} = \frac{12\text{V}}{2\pi(8\Omega)} = 239\text{mA}$$

앞에서 구한 I_1과 $I_{C(\text{ave})}$를 이용하면 I_{CC}를 구할 수 있다.

$$I_{CC} = I_{C(\text{ave})} + I_1 = 239\text{mA} + 10.4\text{mA} = 249\text{mA}$$

다음은 공급 전원으로부터 끌어낸 전체전력을 계산한다.

$$P_S = V_{cc} I_{CC} = (12\text{V})(249\text{mA}) = 2.99\text{W}$$

증폭기가 컴플라이언스로 구동된다고 가정하면 최대 부하 전력은 2.25W로 구해진다.

$$P_L \cong \frac{V_{PP}^2}{8R_L} = \frac{(12\text{V})^2}{8 \times 8\Omega} = 2.25\text{W}$$

증폭기 효율은 75.3%로 계산된다.

$$H = \frac{P_L}{P_S} \times 100 = \frac{2.25\text{W}}{2.99\text{W}} \times 100 = 75.3\%$$

여러분도 보다시피 AB급 증폭기의 기본 해석은 아주 간단하다. 사실 AB급 증폭기는 I_1 계산을 제외하면 표준 B급 증폭기의 해석과 일치한다. 표준 B급 증폭기를 사용할 때 I_1은 전체 직렬 베이스 저항을 V_{cc}로 나누어서 구한다. AB급 증폭기를 사용할 때 다이오드의 전압 강하를 고려해야 한다. AB급 증폭기는 표준 B급 증폭기보다 더 많이 사용되기 때문에 AB급 증폭기에 관심을 가지게 된다. I_{CQ}와 바이어스 회로를 제외하고는 AB급과 B급 증폭기는 거의 유사하다. 사실 B급이란 용어는 AB급, B급 증폭기 둘 다 의미한다.

기초 확인문제 11.5

1. 표준 B급 증폭기가 발생 될 수 있는 두 가지의 중요한 문제는 무엇인가? 이런 문제를 해결하기 위해서 사용되는 회로는 어떤 것이 있나?
2. 다이오드 바이어스 회로에서 증폭기의 트랜지스터에 대한 V_B를 적절히 하기 위한 방법을 설명하라.
3. 다이오드 바이어스 회로에서 $R_1 = R_2$일 때 V_B를 구하라.
4. 다이오드 바이어스 회로에서 $R_1 \neq R_2$일 때 V_B를 구하라.
5. AB급 동작이란 무엇인가?

6. AB급 증폭기는 어떤 방법으로 교차 왜곡을 제거하는가?
7. AB급 증폭기는 어떤 방법으로 열 폭주를 제거하는가?
8. AB급 증폭기의 완전한 해석을 수행하기 위한 단계를 서술하라.
9. AB급 증폭기는 B급 증폭기로 간주되는 이유는 무엇인가?

11.6 AB급 증폭기의 고장진단 및 수리(Class AB Amplifier : Troubleshooting and Circuit Configuration)

이 절에서는 다이오드 바이어스된 상보 대칭형 증폭기에서 발생될 수 있는 고장에 대해서 강조하고자 한다. 이런 고장을 제거시키기 위한 몇 가지 기술에 대해서 논의할 것이다. 이 절의 뒷부분에서는 AB급 증폭기에 사용되는 다른 종류의 바이어스 회로를 소개한다. 비록 그 회로들은 기본 다이오드 바이어스 회로보다 더 복잡하지만 각각은 그 회로 목적을 충족시킬 것이다. 더 복잡한 회로일지라도 어리석은 짓을 하는 것은 아니다 : 이 회로들은 앞에서 제시한 증폭기보다 더 많은 부품을 포함할지는 모르지만, 그 회로들은 동일한 기본 형태로 동작한다.

11.6.1 고장진단 및 수리(Troubleshooting)

AB급 증폭기는 A급 증폭기보다 고장 수리가 더 어렵다. 그 이유는 두 개의 트랜지스터를 사용하는 회로구성 형태 때문이다. 어떤 표준 트랜지스터의 고장은 두 트랜지스터 중 하나에서 발생될 수 있다. 그러나 이들 증폭기의 고장수리를 하는 경우에는 상대적으로 간단한 기술이 있다. AB급 증폭기의 고장 수리의 첫 번째 단계는 다른 증폭기의 수리와 동일하다. 증폭기의 고장 원인이 어디인 지를 확인해야 한다. 예를 들면 [그림 11-33]에 표시된 2단 증폭기가 동작하지 않는다(출력신호가 없다). 이런 회로에서 푸시-풀 증폭기에 문제가 있다고 가정하기 전에 다음과 같은 3가지를 검사해야 한다.

1. 푸시-풀 증폭기에서 V_{cc}와 접지의 결선은 양호하다는 것을 검사해야 한다.
2. 증폭기의 부하를 떨어뜨리지 않고 부하가 회로 동작을 막는 것을 확인하기 위해서 부하를 차단해야 한다.
3. 푸시-풀 증폭기가 첫 번째 증폭 단으로부터 적당한 입력을 가지는 지를 확인해야 한다.

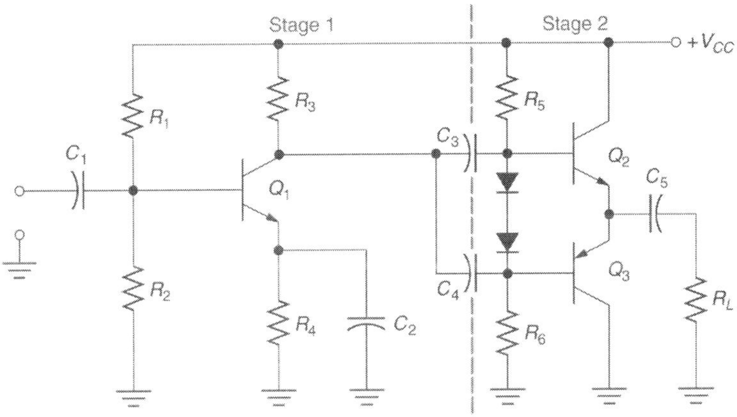

[그림 11-33]

여러 번을 살펴봐도 증폭기 자체가 아니라 부수적인 회로 때문이라면 지적한 각 조건을 검사함으로써 고장 수리과정은 아주 간단해질 수 있다. 증폭기의 고장수리를 할 때 검사해야 할 첫 번째 두 가지 장소는 V_{cc}와 접지이다. V_{cc}와 접지가 잘 연결되어 있는지를 확인한 후 공급 전원의 고장, 플러그의 접촉 불량, 퓨즈가 끊어졌는지를 점검해야 한다.

다음은 부하가 문제의 근원이 아니라는 확인하는 것이다. 부하가 단락되면 항상 증폭기의 출력은 없다. 만약 부하가 끊어져도 증폭기가 적절하게 동작된다면 부하가 문제의 원인이 된다. 부하가 정상적이라고 판단되면 소스 증폭기가 입력신호를 가지는지를 검사해야 한다. 앞에서 언급한 것처럼 자신의 출력을 검사할 때 소스 증폭기는 반드시 분리되어야 한다. 분리된 소스 증폭기는 AB급 증폭기와 소스 증폭기 사이에 결합용 소자를 제거시킴으로써 정상적으로 수행된다. 만약 분리된 소스 증폭기의 출력이 양호하다면 AB급 증폭기가 문제의 원인이다.

AB급 증폭기가 문제의 원인이라고 결론이 나면 회로가 자신의 소스 증폭기로부터 분리된 상태를 유지한 채로 간단하게 전압을 점검하면 된다. AB급 증폭기가 분리된 상태에서 [그림 11-34]에 표시된 것처럼 측정되면 모든 소자는 적절하게 동작한다. 대부분의 A급 증폭기와 마찬가지로 트랜지스터의 이미터 전압과 컬렉터전압의 분석에서 고장수리가 이루어지며 이후 입력으로 돌아가는 방법으로 진행된다. 순서는 AB급 증폭기와 같다. 두 개의 이미터가 연결된 지점의 전압을 검사하고 베이스 전압도 검사해야 한다. 〈표 11-1〉은 일반적인고장과 그에 따른 증상을 요약하였다. [그림 11-35]에는 표에서 언급한 시험단자를 나타내고 있다.

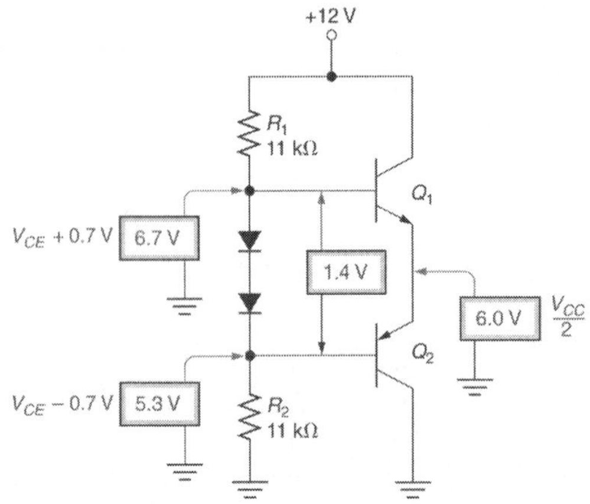

[그림 11-34] 일반적인 AB급 증폭기의 직류 전압

표 11-1 개방 부품의 고장수리

개방 부품	증 상
R_2	모든 검사 점의 전압은 정상보다 높다.
D_1, D_2	TP_3에서 TP_1의 전압은 정상보다 높다. 양호한 다이오드 양단의 전압은 0V에 가깝다.
R_1	모든 베이스 전압은 0V에 가깝다.
Q_1	모든 베이스 전압은 정상이다. TP_4에서 전압은 매우 낮다.
Q_2	모든 베이스 전압은 정상이다. TP_4에서 전압은 정상보다는 약간 높다.

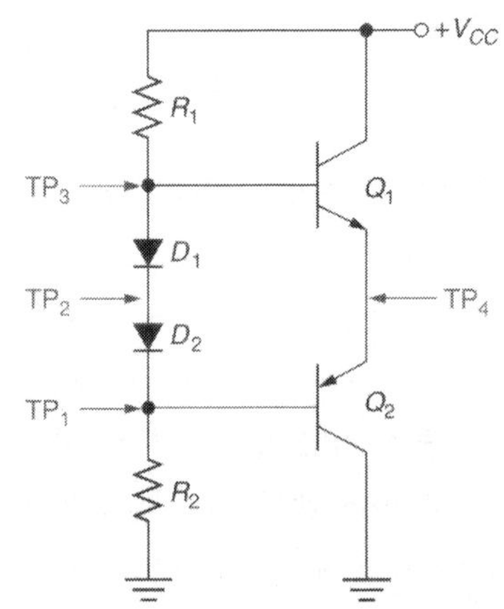

[그림 11-35] 일반적으로 사용되는 직류 시험단자

만약 회로에서 직류 전압이 허용오차 범위 내에 들지만 증폭기가 동작하지 않는다면 난순히 두 개의 트랜지스터를 교체해야 한다. 어느 트랜지스터가 고장인지를 결정을 하

기 위한 시간이 절약될 것이다. 또한 만약 한 개의 트랜지스터가 불량으로 되면 다른 소자에 손상을 줄 가능성이 있다. 따라서 두 트랜지스터는 교체되어야 한다. 지금 이 절의 정보를 편리하게 이용하도록 몇 가지 고장수리 응용을 나타내었다.

◆ 응용 11.1(Application 11.1)

[그림 11-36]에 표시된 회로는 감쇠된 출력신호를 갖는다. 부하, 입력 신호, V_{cc}와 접지를 점검한 후 전원을 증폭기로부터 분리시키시오. 점검할 때 소스 증폭기의 출력신호가 양호로 나타난다면 AB급 증폭기가 고장의 원인이다. 소스로부터 분리된 후 그림에 표시된 측정값을 얻을 수 있게 전압계를 연결한다.

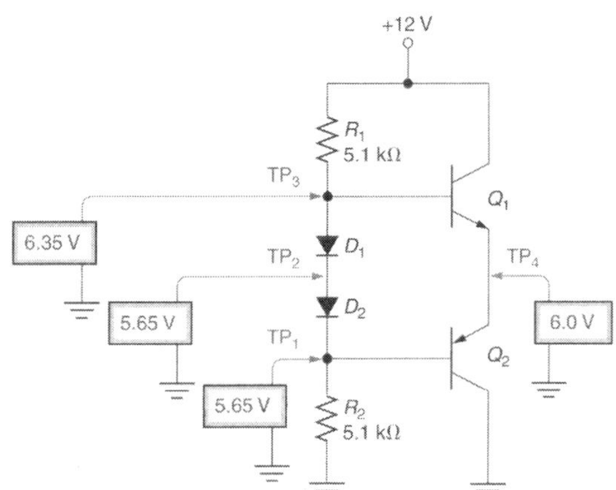

[그림 11-36]

TP_1의 전압은 정상보다 높고 TP_3의 전압은 정상보다 낮다. $V_{D2}=0$이다. 측정값의 조합은 D_2를 단락시킨다. 이런 경우 단락된 다이오드를 교체하면 문제는 해결된다.

◆ 응용 11.2(Application 11.2)

[그림 11-37 (a)]에 표시된 회로가 검사된다. 그 결과는 그림에 표시되어 있다. [그림 11-37 (a)]에 지시된 값으로부터 바이어스 회로에서 다이오드가 개방됨을 알 수 있다. D_2의 저항을 검사해보면 개방 다이오드임을 나타낸다. D_2가 교체되면 [그림 11-37 (b)]에 표시된 것처럼 회로의 지시 값이 바뀌게 된다. 이런 지시 값으로부터 D_1이 단락되었다는 것을 알 수 있다. D_1을 교체하면 회로가 정상적으로 동작된다.

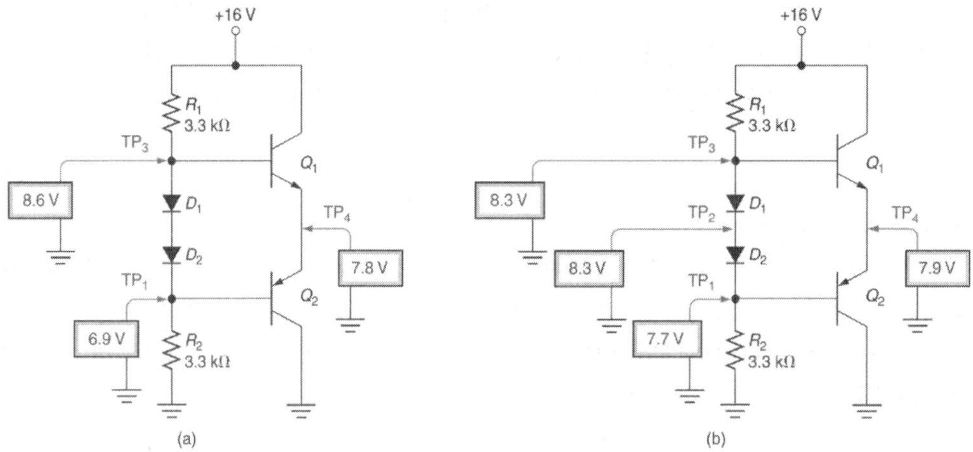

[그림 11-37]

◆ 응용 11.3(Application 11.3)

[그림 11-38]에서 읽은 지시 값으로부터 어떤 문제가 있는가? 문제를 해결하기 위해 무엇을 고쳐야 하는가?(부하에는 문제가 없고 증폭기 입력은 모두 검사가 되었다 가정.) 그 해답은 응용(11-4)가 끝나면 구할 수 있다.

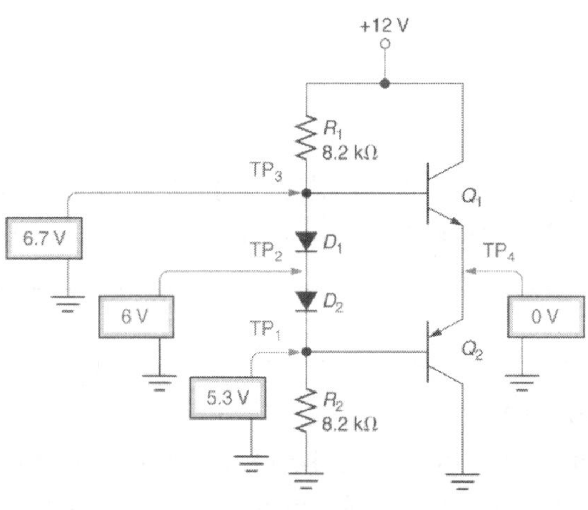

[그림 11-38]

◆ 응용 11.4(Application 11.4)

[그림 11-39 (a)]는 증폭기의 결함으로 인해 초기에 읽은 값이다. 문제를 야기시키는 모든 외부 요소는 제거되었다. R_2가 개방이라는 지시 값을 얻었다. R_2를 교체한 다음 회로의 시험 단자를 다시 검사한 회로가 [그림 11-39 (b)]이다. 이것은 D_2가 단락 되었다는 지시 값을 읽었다. 이 부품을 교체하면 회로는 정상 동작으로 회복될 것이다.

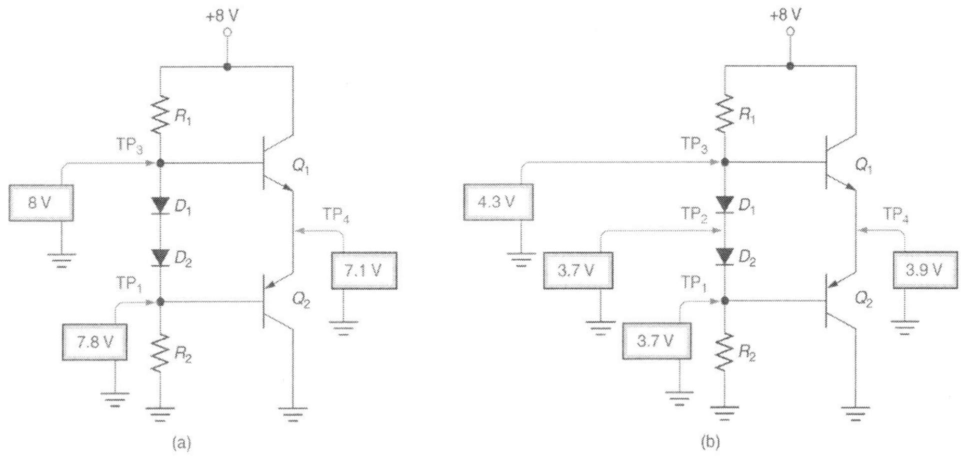

[그림 11-39]

응용 11.3에서 모든 바이어스 전압은 옳다. 이 시점에서 논리적인 가정은 한 개의 트랜지스터가 문제가 있을 수 있다는 것이다. 따라서 다음 단계는 두 트랜지스터를 모두 교체하는 것이다.

11.6.2 기타 AB급 증폭기(Other Class AB Amplifier)

이제 몇 가지 다른 종류의 AB급 증폭기와 바이어스 회로에 대해 살펴보자. 이 절의 목적은 이들 회로의 모든 것을 설명하는 것이 아니라 회로 구성의 다른 대안을 소개하는 것이다. 각 회로는 트랜지스터의 베이스에 연결된 커패시터를 경유해서 입력이 AB급 증폭기로 결합된다. 입력을 결합시키기 위해서 가장 일반적으로 사용되는 두 가지 회로가 [그림 11-40]에 표시되어 있다. [그림 11-40 (a)]에 표시된 회로는 바이어스 회로에서 다이오드 사이에 연결되는 단일 결합용 커패시터를 사용한다. 이런 결합용 커패시터는 오직 한 개의 입력 커패시터기 필요로 하는 장점을 갖는다. 그러나 최대 피크-피크 출력이 약간 낮아지는 단점을 갖는다. 다시 말하자면 증폭기는 컴플라이언스로 동작하지 못하고 최대 출력은 약간의 손실을 가지게 된다.

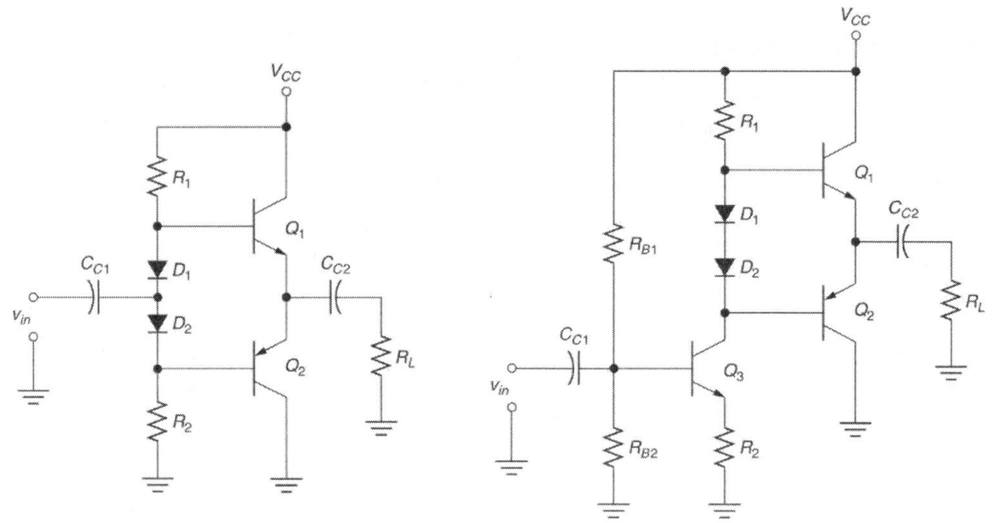

(a) 단일 커패시터 입력 (b) 트랜지스터 구동 입력

[그림 11-40] 입력 결합용 회로로 가장 널리 사용되는 방법

[그림 11-40 (b)]에 표시된 회로는 AB급 증폭기의 트랜지스터 구동기(Q_3)로 사용된다. 신호가 구동기의 입력에 인가되면 출력전압(V_{CE})은 A급 증폭기처럼 변화한다. 이런 출력 신호가 직접 Q_2의 베이스와 Q_1의 베이스에 직접 결합된다. 다이오드의 낮은 교류 저항은 거의 동일한 진폭으로 두 트랜지스터의 베이스로 인가되는 것을 허용한다. 이런 결합 형태의 한 가지 이점은 구동기의 입력 임피던스가 커패시터 결합형 AB급 증폭기의 경우보다 크다는 사실이다. 그 결과 자신의 소스에서 적은 부하를 가지게 된다.

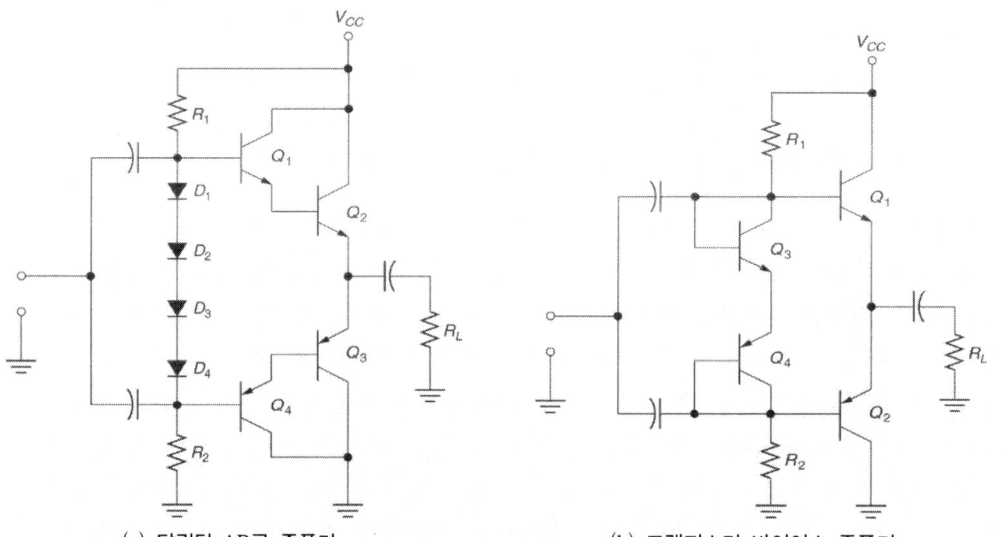

(a) 달링턴 AB급 증폭기 (b) 트랜지스터 바이어스 증폭기

[그림 11-41] 달링턴과 트랜지스터로 바이어스된 증폭기

[그림 11-41 (a)]에 표시된 달링턴 상보-대칭형 증폭기는 자신의 출력회로에서 두 개의 달링턴 쌍을 갖는다. 달링턴 쌍은 AB급 증폭기의 입력 임피던스를 높이는데 사용된다. 보다 높은 증폭 단 임피던스는 소스회로의 부하효과를 감소시킨다. 또한 앞에서 논의된 바와 같이 달링턴 쌍은 매우 높은 전류이득 특성을 가진다. 이런 회로는 표준 상보-대칭형 증폭기보다 훨씬 높은 전류이득을 나타낸다. 이런 이유 때문에 높은 부하 전력이 요구되는 곳에 사용 된다. 부하전력은 $A_P = A_v A_i$로 표시된다. A_i는 한 개의 트랜지스터를 사용하는 것보다 달링턴 쌍을 사용하면 훨씬 더 높기 때문에 달링턴 AB급 증폭기의 전체 이득은 표준 푸시풀 증폭기보다 훨씬 더 높다.

Q_1과 Q_4 트랜지스터의 베이스 사이에 연결된 4개의 바이어스 다이오드를 주목하라. 4개의 다이오드는 각 달링턴 쌍의 V_{BE}인 1.4V를 보상하는데 필요하다. 각 쌍에는 V_{BE}가 1.4V 이므로 Q_1과 Q_4의 베이스 사이의 전위차는 2.8V이다. 4개의 다이오드가 적절히 정합된다면 2.8V의 전위차를 유지한다.

트랜지스터-바이어스 상보-대칭형 증폭기는 바이어스 회로에 다이오드 대신 트랜지스터가 사용된다. 이런 증폭기가 [그림 11-41 (b)]에 표시되어 있다. 증폭기는 I_C 트랜지스터를 포함하는 회로에 주로 사용된다. 바이어스 트랜지스터들은 다이오드처럼 동작되게 결선된다. 각각 바이어스 트랜지스터의 컬렉터-베이스 접합은 단락되어 회로에서 단지 이미터-베이스 접합만 남아있다. 이런 접합은 마치 단순한 다이오드처럼 동작한다. 대부분의 트랜지스터 I_C는 4개의 트랜지스터를 가진다. I_C에 들어있는 여분의 트랜지스터를 다이오드로 사용함으로써 다이오드는 회로 트랜지스터(Q_1 및 Q_2)와 완벽하게 정합된다.

AB급 증폭기로부터의 출력이 0V 주위($V_{CC}/2$가 아닌)에 집중되게 하려면 분리전원을 사용하는 AB급 증폭기가 되어야 한다. 이런 증폭기를 [그림 11-42]에 표시했다. 이런 회

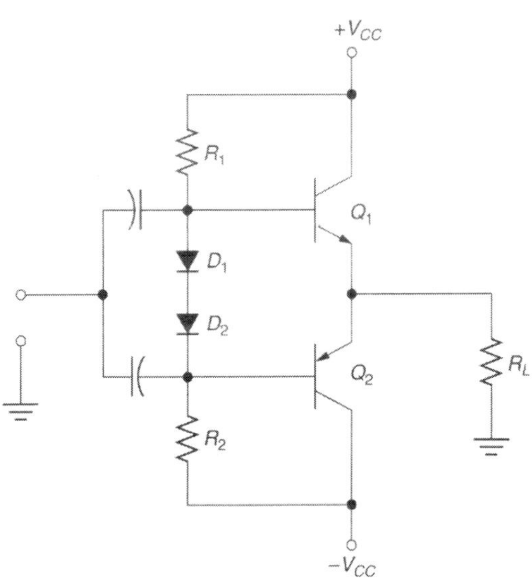

[그림 11-42] 이중극성을 갖는 AB급 증폭기

로에서 두 공급 전원의 연결은 극성이 반대이고 크기는 같다. 예를 들면 ±10V의 전압이 사용되지만 ±10V, −5V는 사용되지 않는다. 정합 공급 전원을 사용하면 각 트랜지스터는 자체에 공급 전압이 강하되어 출력신호는 거의 0에 가깝다. 이것은 [그림 11-28]에 표시된 것처럼 회로에 부하가 직접 결합될 수 있다.

AB급 증폭기에는 많은 다른 바이어스 형태가 있다. 이전에 결코 보지 못한 바이어스 회로가 언급 되면 B급과 AB급 동작의 기본 원리를 기억하면 된다. 이런 이유로 임의의 B급 혹은 AB급 증폭기는 이런 원칙에 따라야 한다.

기초 확인문제 11.6

1. AB급 증폭기의 고장수리의 첫 번째 단계는 무엇인가?(다른 증폭기에서도 마찬가지로)
2. AB급 증폭기의 고장 수리가 A급 증폭기보다 더 어려운 이유는 무엇인가?
3. AB급 증폭기의 고장 수리를 위한 일반적인 접근 방법은 무엇인가?
4. AB급 증폭기의 고장 수리를 하는 경우 두 개의 트랜지스터 중 한 개가 고장이라는 결론을 얻는다면 트랜지스터 중 하나를 교체하는 것보다 둘 다 교체하는 이유를 간단히 설명하라.
5. 달링턴 상보-대칭형 증폭기는 언제 사용되는가?
6. 달링턴 상보-대칭형 증폭기에서 4개의 다이오드가 필요한 이유는 무엇인가?
7. 다이오드 바이어스 대신에 트랜지스터 바이어스를 언제 사용하는가?
8. 전원 분리형 AB급 증폭기는 언제 사용하는가?

11.7 관련 주제(Related Topic)

이 절에서는 전력 증폭기와 관련이 되는 주제 특히 최대 전력정격과 방열판 사용 등에 관해서 몇 가지를 살펴보기로 한다.

11.7.1 최대 전력정격(Maximum Power Rating)

트랜지스터는 최대전력 소비 정격을 가진다는 사실을 기억하고 있을 것이다. 트랜지스터가 특정한 전력 증폭기 응용에 이용되면 회로에서 트랜지스터에 의한 전력손실이 트랜지스터의 정격을 초과하지 않는지를 확인해야 한다. 2N3904의 스펙으로부터 $P_{D(\max)}$는 625mW이다(전력경감(derating)이 없는 경우를 가정할 때). 따라서 625mW보다 큰 전력을 소비하는 전력 증폭기에는 2N3904를 사용하지 못한다.

특정한 회로에서 트랜지스터가 처리할 수 있는 전력의 크기는 어떻게 결정되는가? 개별 트랜지스터에서 P_D를 구하기 위해서 A급 증폭기에서는 식 (11-36)을 사용하게 된다.

$$P_D = V_{CEQ} I_{CQ} \tag{11-36}$$

B급 증폭기와 AB급 증폭기에서는 식 (11-37)을 사용한다.

$$P_D = \frac{V_{PP}^2}{40R_L} \tag{11-37}$$

이들 식의 유도는 아주 연관성이 많아서 부록 D에 나타내었다. 【예제 11-14】와 【예제 11-15】에서 이들 식이 A급과 AB급 증폭기에서 트랜지스터의 요구 전력을 결정하는데 어떻게 이용되는지를 나타내었다.

【예제 11.14】 [그림 11-43]에 표시된 회로에서 트랜지스터의 P_D 값을 구하시오.

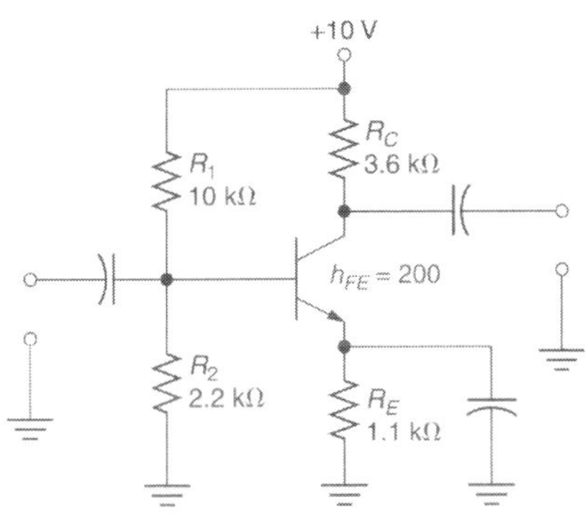

[그림 11-43]

풀이 정해진 해석과정 이용하면 I_{CQ}와 V_{CEQ}는 1mA와 5.3V로 구해진다.

$$I_{CQ} = 1\text{mA} \quad V_{CEQ} - 5.3\text{V}$$

두 값을 이용하면 P_D는 5.3mW로 구해진다.

$$P_D = V_{CEQ} I_{CQ} = (5.3\text{V})(1\text{mA}) = 5.3\text{mW}$$

(실전 연습문제 11-14)

A급 증폭기가 $R_E = 1.2\text{k}\Omega$, $R_C = 2.7\text{k}\Omega$, $V_{cc} = 2.4V$를 가진다고 가정하고 트랜지스터의 P_D 값을 구하시오.

▶▶ 16.4mW

【예제 11.15】 [그림 11-44]에 표시된 회로에서 각 트랜지스터의 P_D 값을 구하시오. (출력은 증폭기의 컴플라이언스와 같다고 가정한다.)

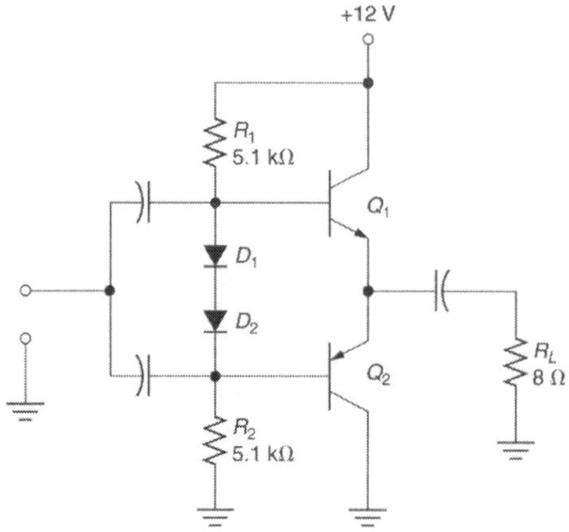

[그림 11-44]

풀이 증폭기의 컴플라이언스는 12V이다. 따라서 $V_{pp}=12V$이다.

$$P_D=\frac{V_{PP}^2}{40R_L}=\frac{(12V)^2}{40(8\Omega)}=\frac{144V^2}{320\Omega}=450mW$$

(실전 연습문제 11-15)

$V_{cc}=15V$, $R_L=12$를 가지는 AB급 증폭기가 컴플라이언스로 구동된다고 가정하고 각 트랜지스터의 P_D 값을 구하시오.

▶▶ 469mW

11.7.2 소자 냉각(Component Cooling)

컴퓨터와 스테레오 같은 시스템 내부에 사용된 전자 부품의 수가 많으면 부품에 의한 전력 소비로 인해서 부품의 온도가 상승하게 된다. 이런 상황에서 트랜지스터의 경감률(derating factor)은 중요하다. 온도가 증가하면 소자의 동작온도가 중요한 고려를 제한하게 된다. 만약 소자를 냉각시키는 방법이 사용되지 않는다면 고온으로 인해서 반도체의 접합이 허용온도를 초과하게 된다. 여러분도 기억하고 있겠지만 온도가 일정한 크기 이상으로 증가하면 소자의 전력 소비 능력이 경감된다. 예를 들면 2N3771 전력용 트랜지스터의 스펙에는 다음과 같은 정격이 표시되어 있다.

$T_C=25℃$인 경우 $P_D=150W$(최대)

$T_C=25℃$ 이상인 경우 경감률$=0.855W/℃$

여기서 T_C는 소자의 케이스 온도를 의미한다. 150W로 표시되는 최대 소비 전력은 케이스 온도가 25℃ 이상으로 증가하면 1℃ 당 8.55mW씩 감소되어져야 한다. 2N3771의 스펙은 접합의 최대 허용온도가 150℃까지 허용된다는 것을 나타낸다. 만약 소자가 밀폐된 공간에 사용된다면 소자의 냉각은 다음의 조건을 만족 시켜야 한다.

1. 주어진 온도에서의 요구되는 소비 전력은 소자의 P_D를 초과할 수 없다.
2. 접합의 온도는 결코 150℃를 초과 할 수 없다.

밀폐된 시스템 내부의 반도체에 냉각을 제공하는 방법은 몇 가지가 사용된다. 가장 일반적인 방법은 냉각 팬을 사용하는 것이다. 대부분의 컴퓨터 시스템은 냉각 팬을 사용한다. 냉각 팬은 외부 공기를 냉각시키고 시스템 내부의 온도를 비교적 낮게 유지시킨다. 또 다른 방법은 방열판(heatsink)이라고 부르는 고 전력 트랜지스터에 탑재시켜서 발열의 문제를 해결하게 된다. 방열판은 금속물질로 유효 표면적을 크게 함으로써 트랜지스터의 냉각을 도와준다. [그림 11-45]에 몇 개의 방열판을 표시했다. 방열판이 고 전력 트랜지스터에 적절히 결합되면 트랜지스터의 열은 방열판으로 전달된다. 방열판은 트랜지스터 케이스보다 표면이 더 넓기 때문에 많은 양의 열을 방사시킬 수 있다. 따라서, 트랜지스터 케이스의 온도는 더 낮은 온도가 되고 P_D 경감률은 감소된다.

[그림 11-45]

방열판이 트랜지스터에 결합이 되면 방열판 컴파운드(heat-sink compound)는 방열판에 열의 전달을 도와주는데 사용된다. 이런 컴파운드는 전자 부품 가게에서 구입이 가능하다. 방열판 컴파운드는 트랜지스터 케이스에 가해지며 트랜지스터를 방열판에 부착시킬 수 있다. 트랜지스터는 기계적으로 방열판에 부착되어야 한다.(방열판 컴파운드는 접착제가 아니며, 트랜지스터와 방열판 사이에 접착제로는 작용하지 않는다).

전력용 트랜지스터 케이스는 방열판과 동일한 전위가 되지 않을 수 있다. 이런 경우 얇은 절연체를 트랜지스터와 방열판 사이에 삽입한다. 방열판 컴파운드를 스페이서(spacer)로 사용하면 이런 물질은 전기적으로는 절연체로 열적으로는 도체로 작용한다.

회로에서 트랜지스터를 제거할 경우 스페이서는 오래 사용한 트랜지스터에 달라붙는다. 만약 새로운 트랜지스터를 설치할 때 정확한 위치에 스페이서가 놓이지 않으면 회로에 전력이 공급될 경우 교환된 트랜지스터는 회로에 저장된 전력에 의해서 손상을 받을 수 있다. 도선이 방열판과 접촉되지 않도록 조심해야 한다. 트랜지스터를 교환하는 경우 방열판 설치를 위해 다음과 같은 과정을 따라야 한다.

1. 방열판에서 성능이 나쁜 트랜지스터를 제거하고 방열판으로부터 오래된 방열판 컴파운드를 닦아내어야 한다.
2. 트랜지스터에 방열 컴파운드를 약간 바른다. 부품위에 얇게 입힐려면 필요 이상을 사용하지 말아야 한다.
3. 만약 필요하면 절연체로 대체한다.
4. 방열판에 트랜지스터를 결합한다. 만약 오래된 트랜지스터와 방열판 사이에 나사와 같은 기계적 접속이 있다면 새 회로에서 그것들을 교체해야 한다. 설치하되 나사와 같은 절연 슬리브 또한 교체해야 한다.
5. 트랜지스터 도선이 방열판과 접촉되지 않았는지를 확인한다.

기초 확인문제 11.7

1. 방열판이란 무엇인가?
2. 방열판 컴파운더란 무엇인가?
3. 방열판에 연결된 트랜지스터를 교체하는 적절한 절차는 무엇인가?
4. 3번 문제에서의 절차를 수행할 때 무엇을 조심해야 하는가?

중요 용어(Key Term)

교류 부하선(ac load line), 다이오드 바이어스(diode bias), 표준 푸시-풀 증폭기(standard push pull amplifier), 상보-대칭형 증폭기(complementary symmetry amplifier), 방열판(heatsink), 감압형 변압기(step down transformer), 상보 트랜지스터(complementary transistor), 방열 컴파운드(heatsink compound), 승압형 변압기(step up transformer), 컴플라이언스(compliance), 열 접촉(thermal contact), 역기전력(counter emf), 푸시-풀 이미터 활로워(push pull emitter follower), 변압기 결합 A급 증폭기(transformer coupled class A amplifier), 교차 왜곡(crossover distortion), R_C 결합 A급 증폭기(R_C coupled class A amplifier), 동조 증폭기(tuned amplifier), 차단 클리핑(cutoff clipping), 포화 클리핑(saturation clipping)

연습문제

11-1. [그림 11-46]에 표시된 증폭기 회로의 컴플라이언스를 계산하시오.

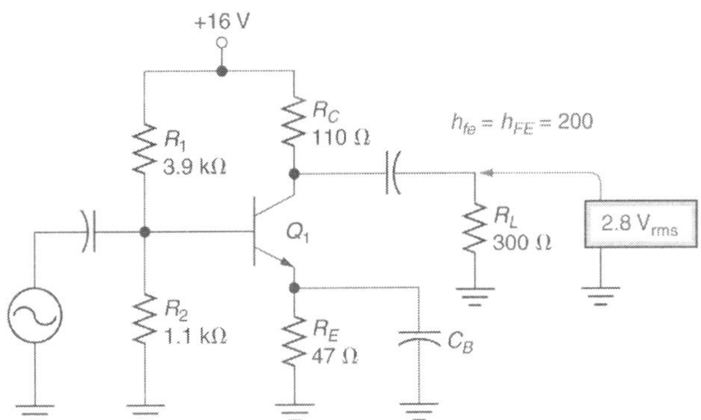

[그림 11-46]

11-2. [그림 11-47]에 표시된 증폭기 회로의 컴플라이언스를 계산하시오.

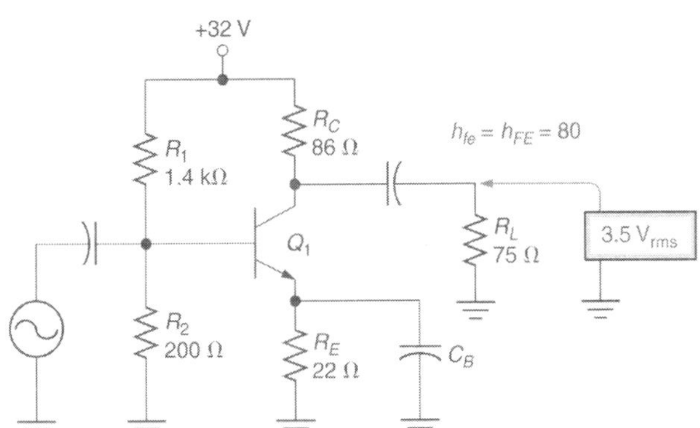

[그림 11-47]

11-3. [그림 11-48]에 표시된 증폭기의 컴플라이언스를 계산하시오. 회로에서 발생되는 클리핑 형태를 결정하시오.

11-4. [그림 11-49]에 표시된 증폭기의 컴플라이언스를 계산하시오. 회로에서 발생되는 클리핑 형태를 결정하시오.

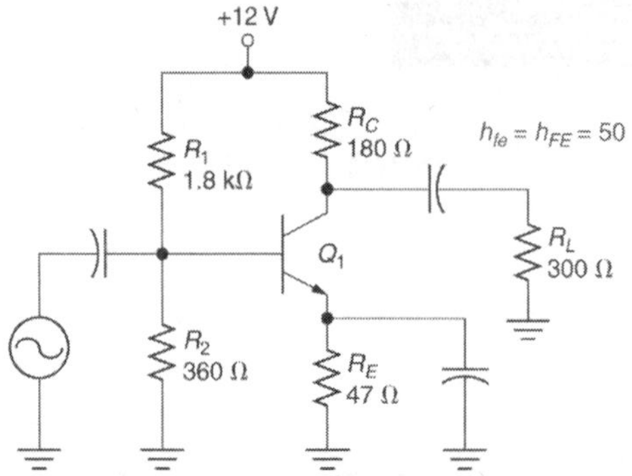

[그림 11-48]

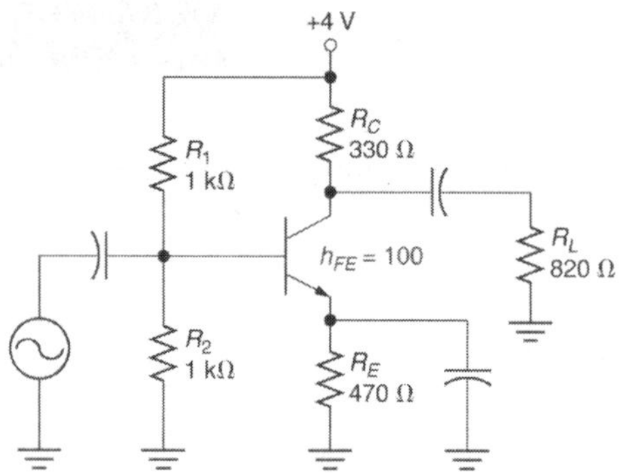

[그림 11-49]

11-5. [그림 11-46]에 표시된 증폭기의 P_S를 계산하시오.

11-6. [그림 11-47]에 표시된 증폭기의 P_S를 계산하시오.

11-7. [그림 11-46]에 표시된 증폭기의 P_L을 계산하시오.

11-8. [그림 11-47]에 표시된 증폭기의 P_L을 계산하시오.

11-9. [그림 11-46]에 표시된 증폭기 회로의 최대 부하 전력을 계산하시오.

11-10. [그림 11-47]에 표시된 증폭기 회로의 최대 부하 전력을 계산하시오.

11-11. [그림 11-46]에 표시된 회로에서 증폭기가 컴플라이언스로 구동된다고 가정하고 회로의 효율을 계산하시오.

11-12. [그림 11-47]에 표시된 회로에서 증폭기가 컴플라이언스로 구동된다고 가정하고 회로의 효율을 계산하시오.

11-13. [그림 11-48]에 표시된 회로에서 증폭기가 컴플라이언스로 구동된다고 가정하고 회로의 P_S와 P_L을 구하시오.

11-14. [그림 11-49]에 표시된 회로에서 증폭기가 컴플라이언스로 구동된다고 가정하고 회로의 P_S와 P_L을 구하시오.

11-15. [그림 11-50]에 표시된 증폭기의 최대 효율을 계산하시오.

11-16. [그림 11-51]에 표시된 증폭기의 최대 효율을 계산하시오.

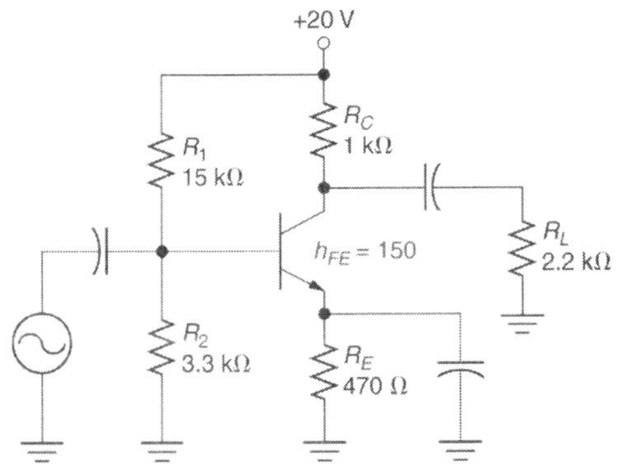

[그림 11-50]

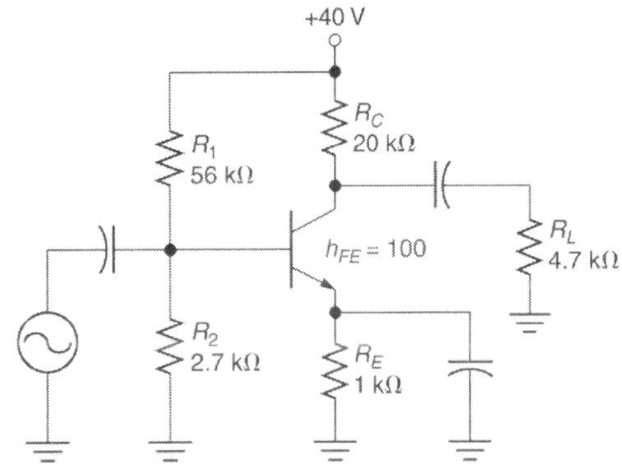

[그림 11-51]

11-17. [그림 11-52]에 표시된 회로에서 교류 부하선을 유도하시오.

11-18. [그림 11-53]에 표시된 회로에서 교류 부하선을 유도하시오.

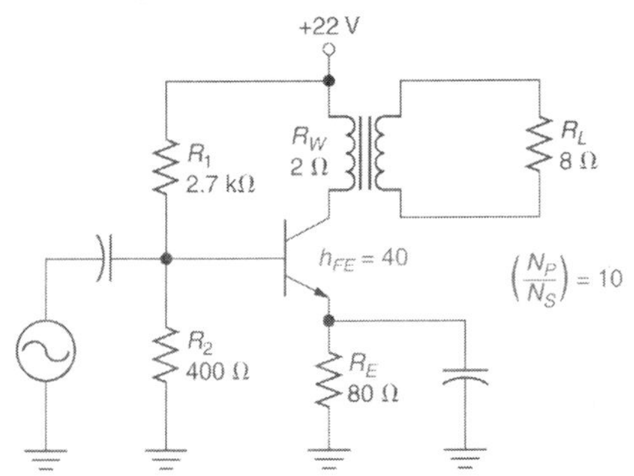

[그림 11-52]

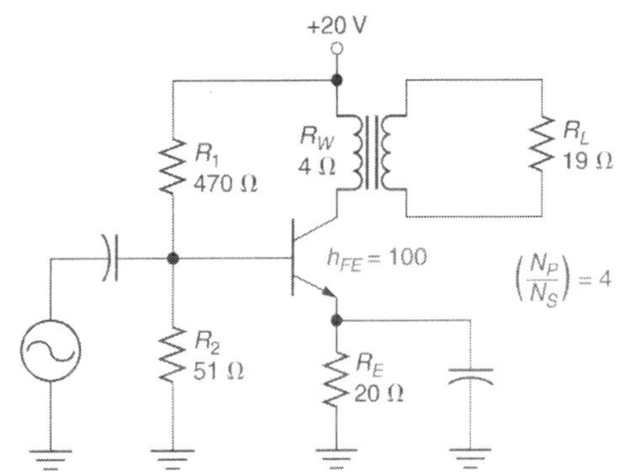

[그림 11-53]

11-19. [그림 11-52]에 표시된 회로에서 최대 부하 전력을 구하시오.

11-20. [그림 11-53]에 표시된 회로에서 최대 부하 전력을 구하시오.

11-21. [그림 11-52]에 표시된 회로에서 최대 효율을 구하시오.

11-22. [그림 11-53]에 표시된 회로에서 최대 효율을 구하시오.

11-23. B급 증폭기가 $V_{cc} = +18\text{V}$, $R_L = 3\text{k}\Omega$을 가진다고 가정하고 회로의 직류 부하선과 교류 부하선을 그리시오.

11-24. B급 증폭기가 $V_{cc} = +24\text{V}$, $R_L = 200\Omega$을 가진다고 가정하고 회로의 직류 부하선과 교류 부하선을 그리시오.

11-25. 연습문제 23에서 기술된 증폭기의 최대 부하 전력을 계산하시오.

11-26. 연습문제 24에서 기술된 증폭기의 최대 부하 전력을 계산하시오.

11-27. [그림 11-54]에 표시된 증폭기 회로의 P_S를 계산하시오.

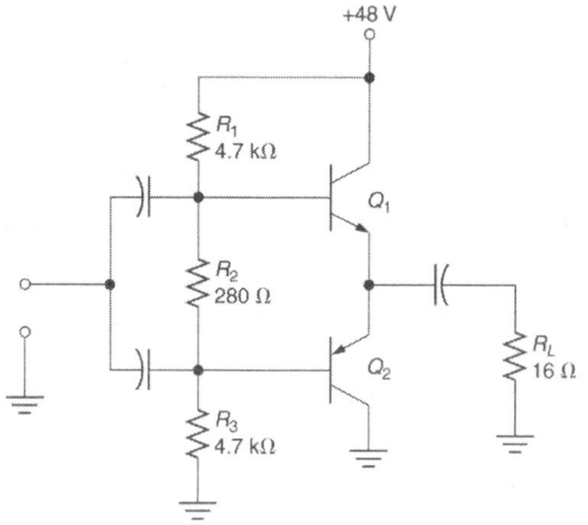

[그림 11-54]

11-28. [그림 11-55]에 표시된 증폭기 회로의 P_S를 계산하시오.

11-29. [그림 11-54]에 표시된 증폭기 회로의 $P_{L(\max)}$를 계산하시오.

11-30. [그림 11-55]에 표시된 증폭기 회로의 $P_{L(\max)}$를 계산하시오.

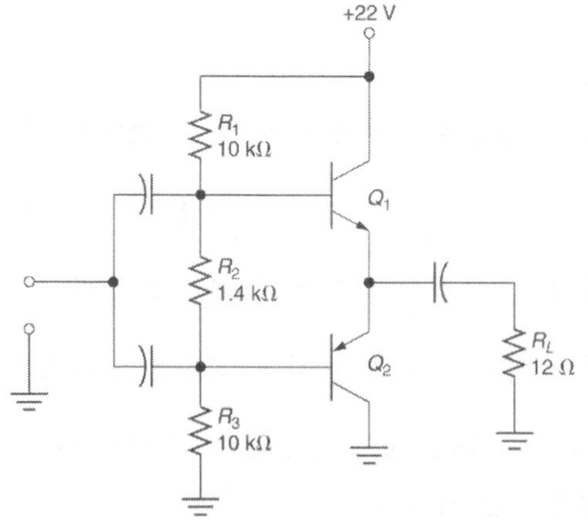

[그림 11-55]

11-31. [그림 11-54]에 표시된 증폭기 회로의 최대효율을 구하시오.

11-32. [그림 11-55]에 표시된 증폭기 회로의 최대효율을 구하시오.

11-33. [그림 11-56]에 표시된 AB급 증폭기 회로에서 V_{CEQ}, $V_{B(Q1)}$, $V_{B(Q2)}$를 구하시오.

11-34. [그림 11-57]에 표시된 AB급 증폭기 회로에서 V_{CEQ}, $V_{B(Q1)}$, $V_{B(Q2)}$를 구하시오.

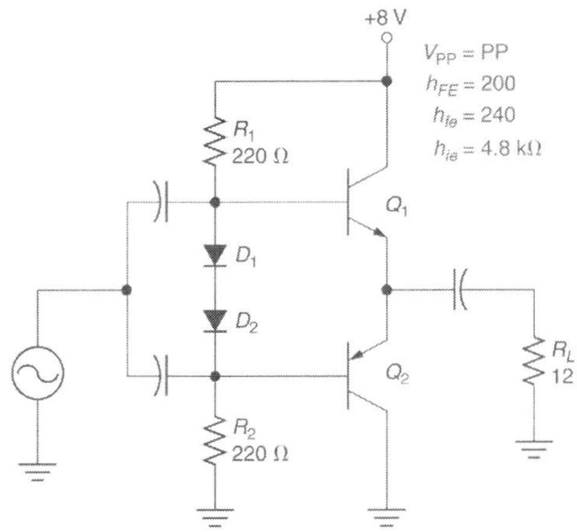

[그림 11-56]

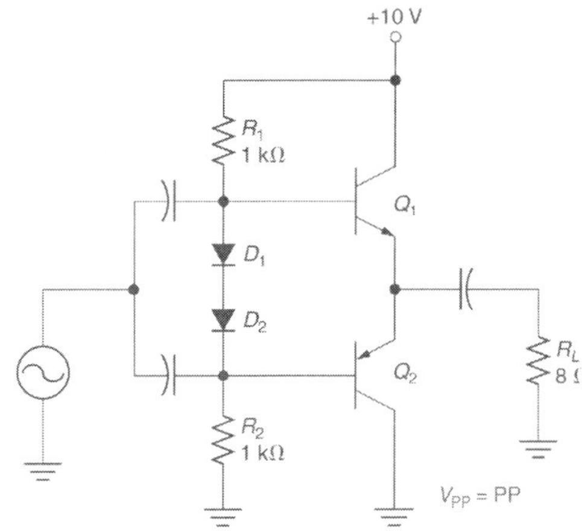

[그림 11-57]

11-35. [그림 11-56]에 표시된 AB급 증폭기 회로에서 최대 효율을 계산하시오.

11-36. [그림 11-57]에 표시된 AB급 증폭기 회로에서 최대 효율을 계산하시오.

11-37. [그림 11-58]에 표시된 AB급 증폭기 회로에서 최대 효율을 계산하시오.

11-38. [그림 11-59]에 표시된 AB급 증폭기 회로에서 최대 효율을 계산하시오.

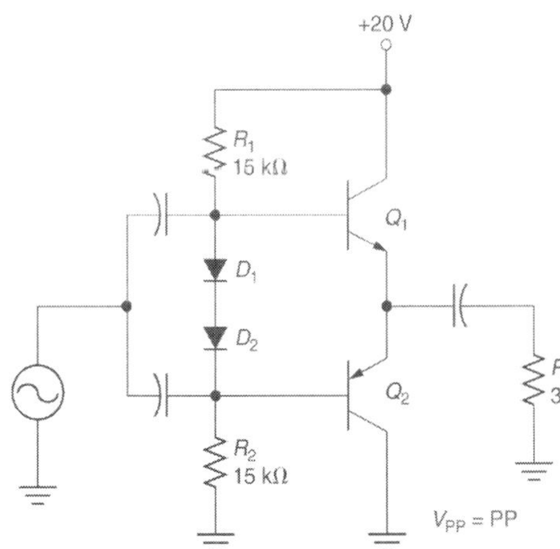

[그림 11-58]

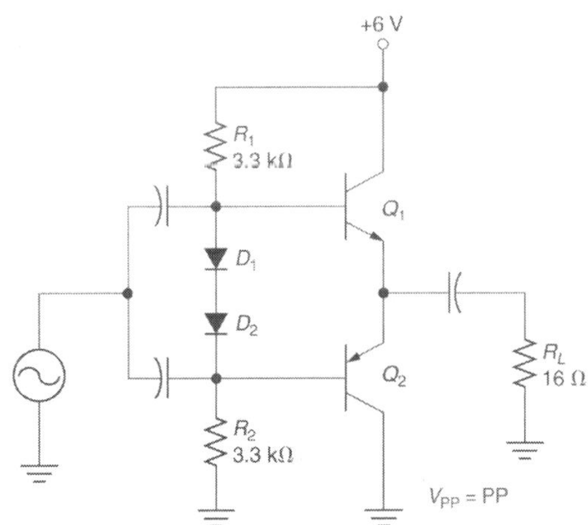

[그림 11-59]

11-39. [그림 11-48]에 표시된 트랜지스터의 P_D를 계산하시오.

11-40. [그림 11-49]에 표시된 트랜지스터의 P_D를 계산하시오

11-41. [그림 11-52]에 표시된 트랜지스터의 P_D를 계산하시오

11-42. [그림 11-60 (a)]에 표시된 측정값을 참조하고 고장의 원인을 검토하시오.

11-43. [그림 11-60 (b)]에 표시된 측정값을 참조하고 고장의 원인을 검토하시오.

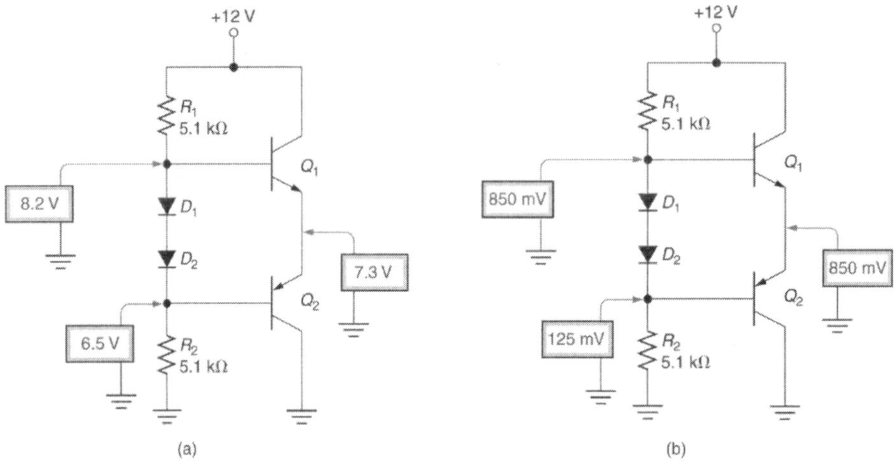

[그림 11-60]

11-44. [그림 11-56]에서 증폭기의 최대 허용 입력을 결정하시오.

11-45. [그림 11-61]에 표시된 증폭기의 A_{vT}, A_{iT}, A_{pT}를 계산하시오.

11-46. [그림 11-61]에 표시된 회로에 대하여 다음 질문에 답하시오. 답을 설명하기 위해서 회로의 계산을 하시오. (a) 증폭기는 컴플라이언스로 구동되는가? (b) 회로에서 발생되는 클리핑의 형태는 무엇인가?

11-47. [그림 11-61]에서 트랜지스터 Q_2가 고장이다. 이 트랜지스터의 대용으로 2N3904를 사용할 수 있는가? 회로 계산을 하여 설명하시오. 2N3904의 스펙은 [그림 6-28]에 표시되어 있다. (힌트 : 이 문제에 있어서 중요한 고려사항은 회로의 전력 처리 요구사항이다.)

11-48. [그림 11-47]에 표시된 회로에서 2N4142가 사용될 수 있는지를 결정하시오.

11-49. 2N2222가 A급 증폭기에 사용된다. 만약 $I_{CQ}=100\text{mA}$라고 가정하면 소자의 최대 허용 V_{CEQ}의 크기는 얼마인가?(20%의 안전여유를 고려하시오.)

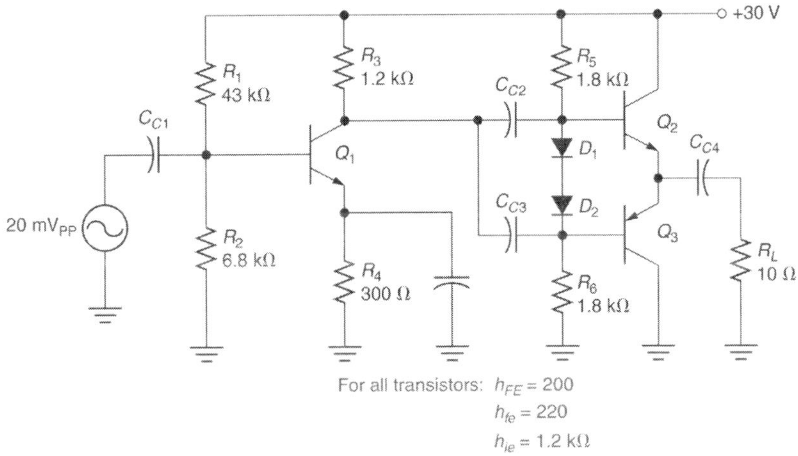
+30 V
R_1
43 kΩ
R_3
1.2 kΩ
R_5
1.8 kΩ
C_{C1}
C_{C2}
C_{C3}
C_{C4}
Q_1
Q_2
Q_3
D_1
D_2
20 mV$_{PP}$
R_2
6.8 kΩ
R_4
300 Ω
R_6
1.8 kΩ
R_L
10 Ω
For all transistors: h_{FE} = 200
h_{fe} = 220
h_{ie} = 1.2 kΩ

[그림 11-61]

Chapter 12

▶ 전계효과트랜지스터 ◀
(Field Effect Transistor)

학습목표

이 장을 학습하고 나면 여러분은 다음과 같은 내용을 이해하고 설명할 수 있다.

1. 전계 효과 트랜지스터(FET)의 종류 두 가지 이상을 설명할 수 있다.
2. JFET 채널 폭과 드레인 전류 I_D 사이의 관계에 대해서 설명할 수 있다.
3. 게이트-소스 전압 V_{GS}와 드레인 전류 I_D 사이의 관계를 설명할 수 있다.
4. JFET의 게이트 입력 임피던스 특성에 대해서 설명할 수 있다.
5. 주어진 JFET 바이어스 회로에서 Q 점의 범위에 대해서 설명할 수 있다.
6. 세 가지 형태의 JFET 바이어스를 비교하고 각각의 장점과 단점에 대해서 설명할 수 있다.
7. 공통 소스 증폭기의 교류동작 해석에 대해서 설명할 수 있다.
8. JFET 증폭기를 스왐핑 하는 목적에 대해서 설명할 수 있다.
9. JFET 증폭기의 입력 임피던스가 BJT 증폭기의 입력 임피던스보다 큰 이유에 대해서 설명할 수 있다.
10. 공통 드레인과 공통 소스 증폭기의 교류 동작 해석에 대해서 설명 정의 할 수 있다.
11. JFET 증폭기의 고장 수리 및 진단과정에 대해서 설명할 수 있다.
12. 일반적으로 사용되는 JFET의 파라미터와 정격에 대해서 설명할 수 있다.
13. 버퍼(buffer)로 이용되는 JFET 증폭기에 대해서 설명할 수 있다.
14. FET 계측기와 표준 VOM 사이의 차이점에 대해서 설명할 수 있다.

여러분은 쌍극성 접합형 트랜지스터가 전류제어 소자(current controlled device)라는 점을 기억할 것이다. 다시 말하자면 소자의 출력 특성이 베이스 전압이 아닌 베이스 전류에 의해서 제어된다. 또 다른 형태의 트랜지스터를 전계효과 트랜지스터(FET : Field Effect Transistor)라고 부르는데 이런 소자는 전압 제어 소자(voltage controlled device)이다. FET의 출력특성은 입력 전류에 의해 제어되는 것이 아니고 입력 전압에 의해 제어된다.

FET에는 기본적으로 두 가지 형태로 구분되는데 그 중 하나는 접합형 전계효과 트랜지스터(JFET : junction field effect transistor)이고 다른 하나는 금속 산화물 반도체 FET (MOSFET : metal oxide semiconductor FET)이다. 여러분도 살펴보겠지만 이런 두 소자의 동작원리가 서로 다르고 두 소자의 응용과 제한도 다르다. 이 장에서는 JFET의 특성과 응용회로에 대하여 살펴보기로 하고 MOSFET의 특성과 응용회로에 대해서는 13장에서 다루기로 한다.

12.1 JFET의 소개(Introduction to JFETs)

JFET의 물리적인 구조는 쌍극성 접합형 트랜지스터와 상당한 차이가 있다. 여러분도 이미 잘 알고 있는 것처럼 BJT는 세 가지 분리된 물질로(두 개의 n형 물질과 한 개의 p형 물질 혹은 두 개의 p형 물질과 한 개의 n형 물질)구성되어 있다는 점을 기억해야 한다. 하지만 JFET는 오직 두 개의 물질(한 개의 n형 물질과 한 개의 p형 물질)로 구성된다. JFET의 구조는 [그림 12-1]에 표시되어 있다.

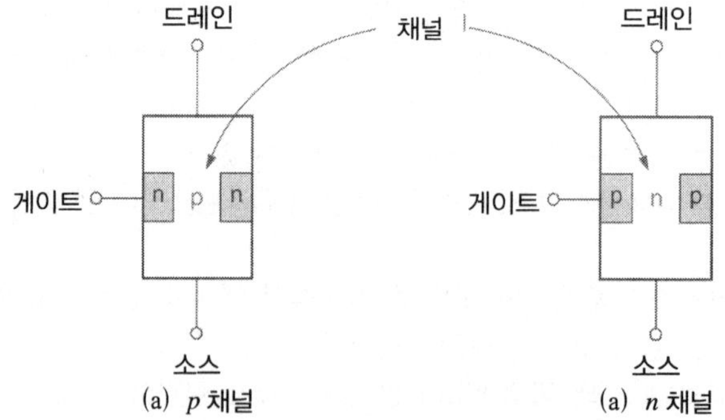

[그림 12-1] JFET의 구조

그림에 표시된 것처럼 소자는 마치 BJT처럼 세 개의 단자를 가지고 있다. 그러나 JFET의 단자는 소스, 드레인, 게이트로 이름이 표시된다. FET의 소스 단자는 BJT의 이미터 단자로 드레인은 컬렉터 단자로, 게이트는 베이스 단자와 대체된 것처럼 보인다. 소스와 드레인을 연결하는 물질을 채널(channel)이라고 부른다. 채널물질이 *n*형일 때 JFET를 *n*-채널 JFET라고 부른다. 또한 *p*형 채널을 가지는 FET를 *p*-채널 JFET라고 부른다. [그림 12-1]에 이와 같은 두 종류의 JFET를 표시하였다.

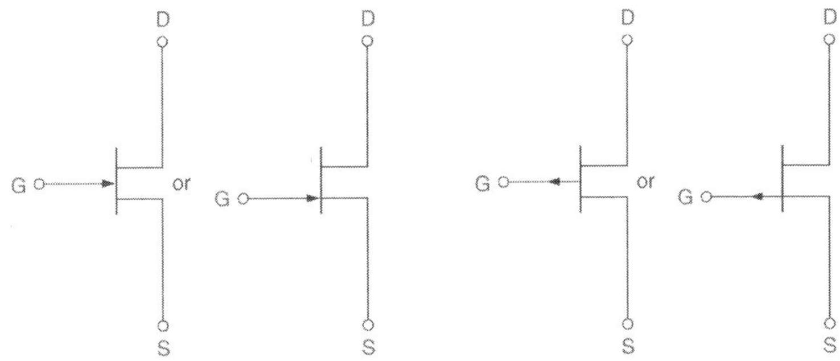

(a) *n* 채널 (b) *p* 채널

[그림 12-2] JFET의 회로 기호

벨트가 사람의 허리를 둘러싸고 있는 것처럼 게이트가 채널 주위를 둘러싸고 있는 것을 알 수 있다. *p*-채널과 *n*-채널 JFET의 회로 기호를 [그림 12-2]에 표시했다. 그림에서 화살표는 소자로부터 "들어오고(in)" 혹은 "나가는(out)" 것을 나타낸다. BJT 회로 기호처럼 화살표는 *n*형 물질을 향하고 있다. 화살이 들어오는 방향이면 채널을 향하는 쪽을 가리킨다. 따라서 [그림 12-2 (a)]는 *n*-채널 JFET의 회로 기호를 나타낸다. 화살이 나가는 방향이면 게이트를 향하는 쪽을 가리키는 것처럼 보인다. 만약, 게이트가 *n*형 물질이라면 채널은 *p*형이 되어야 한다. 따라서 [그림 12-2 (b)]는 *p*-채널 JFET의 회로 기호를 표시하게 된다.

만약 두 개의 기호를 구별하기 곤란하다고 생각이 든다면 마치 "*n*-들어온다(in)"라고 생각할 수 있다. 이것은 *n*-채널 JFET는 화살표가 in이라고 기억하게 된다.

*npn*형 트랜지스터는 보통 positive 공급 전압을 사용하고, *pnp*형 트랜지스터는 negative 공급 전압을 사용한다는 것을 알고 있다. JFET도 동일한 관계를 가진다. *n*-채널 JFET는 보통 positive 공급 전압을 사용하고 *p*-채널 JFET는 보통 negative 공급전압을 사용한다. 이런 경우의 예가 [그림 12-3]에 표시되어 있다. *n*-채널 JFET회로(그림 12-3 (a))는 positive 드레인 공급 전압 V_{DD}, *p*-채널 JFET 회로([그림 12-3 (b)])는 negative 공급 전압을 가진다.

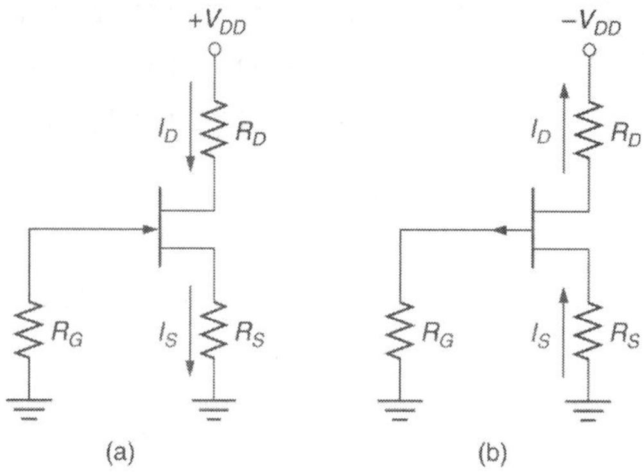

[그림 12-3] JFET의 공급전압

12.1.1 동작의 개요(Operation Overview)

BJT를 고찰할 때 주로 *npn*형 트랜지스터에 대해서 집중적으로 설명되었고 동시에 설명한 모든 관계가 *pnp*형 트랜지스터에도 동일하게 적용된다고 정의한바 있다. 단지 차이점은 전압의 극성과 전류의 방향만이 다르다는 것이다. 이와 유사하게 JFET에 대한 고찰도 주로 *n*-채널 FET에 집중될 것이다. 모든 관계 또한 *p*-채널 JFET에 그대로 적용되어질 것이다. 차이점은 단지 전압의 극성과 전류 방향이다.

JFET 전체 동작은 드레인 전류를 제어하기 위해서 채널의 폭을 변화시키는데 기반을 둔다. [그림 12-4 (a)]에 표시된 것처럼 자신의 저항을 증가시키기 위해서 도체의 직경인 폭을 감소시키게 된다. [그림 12-4 (b)]에서 드레인 소스전압 V_{DS}가 JFET를 통해서 흐르는 전류를 발생시킨다. V_{DS}가 고정전압이라고 가정하면 채널 폭을 감소시킴으로써 JFET의 드레인 전류를 감소시킬 수 있다. 채널의 저항의 증가는 자신의 폭을 감소시킴으로써 성취된다.

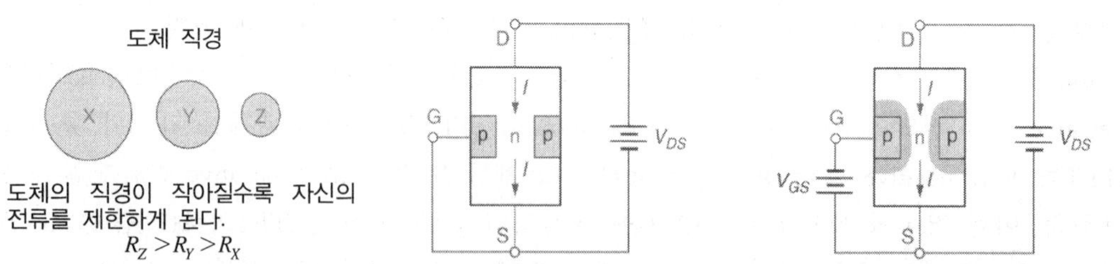

(a) 도체직경과 저항

(b) V_{DS}는 JFET 채널을 통해서 흐르는 전류를 발생시킨다.

(c) negative 게이트-소스 전압 V_{GS}는 자신의 저항을 증가시키고 JFET의 채널 폭은 감소시킨다.

[그림 12-4] 채널 폭과 드레인 전류 사이의 관계

채널의 폭을 어떻게 감소시킬 수 있는가? 그 답은 "게이트의 폭을 효과적으로 증가시킴으로써 얻어진다."이다. 예를 들면, [그림 12-4 (c)]에 표시된 것처럼 게이트의 폭은 게이트 소스 접합에 역방향 전압 V_{GS}를 인가함으로써 구해진다. V_{GS}의 negative 단자가 p형 게이트에 연결되고 V_{GS}의 positive 단자가 n형 소스에 연결된다는 점에 주의해야 한다.

이런 연결은 게이트 소스 접합을 역방향으로 바이어스시키고 공핍 층을 형성하게 되는 원인이 된다. 여러분도 이미 잘 알고 있는 것처럼 공핍 층은 절연 층이다. 따라서 공핍 층이 형성되면 채널의 유효 단면적이 감소되어 드레인 전류를 감소시킨다. 채널 폭을 제어하는데는 두 가지 방법이 있다. 첫 번째는 V_{GS}를 가변시킴으로써 채널의 폭을 가변시키고 드레인 전류의 크기를 가변시키는 것이다. 이 점을 [그림 12-5]에 설명하였다.

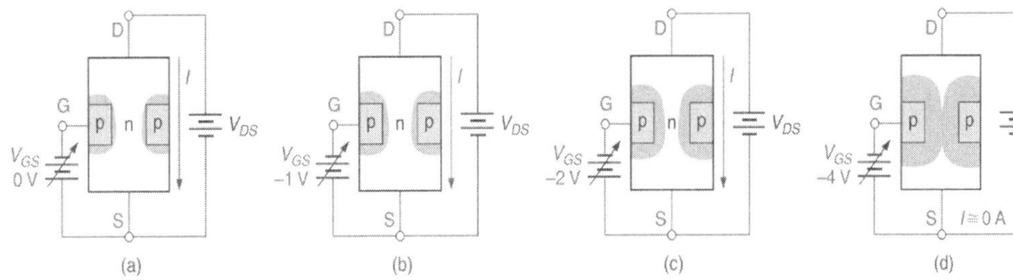

[그림 12-5] V_{GS}와 I_D의 관계

V_{GS}가 증가하면 공핍 층의 크기가 증가한다. 공핍 층의 크기가 증가하면 채널의 유효 크기가 감소한다. 채널의 유효 크기가 감소하면 드레인 전류의 크기도 감소한다. V_{GS}와 I_D의 관계는 다음과 같이 요약할 수 있다. V_{GS}가 증가하면(보다 더 negative로 되면) I_D는 감소한다. [그림 12-5]는 또 다른 중요한 점을 예시하고 있다. [그림 12-5 (a)]에서 V_{GS}는 0V를 표시하고 있다. 동시에 게이트를 둘러싸고 있는 작은 공핍 층이 형성된 것을 보여주고 있다. 이런 작은 공핍 층은 V_{DS}와 V_{GS} 사이의 관계에서 발생된 결과이다.

p형 게이트가 n형 드레인 보다 더욱 negative로 되면 게이트 주위에 작은 공핍 층이 생성된다. V_{DS}가 증가할수록 소스와 드레인 전압 사이의 차가 증가하고 공핍 층은 증가한다. 따라서 공핍 층의 크기를 증가시키는 두 번째 방법은 [그림 12-6]에 표시된 것처럼 V_{GS}를 일정하게 유지시키고 V_{DS}를 증가시키는 것이다. V_{DS}를 증가시키면 I_D가 증가시키는 원인이 된다는 점이 중요하다.

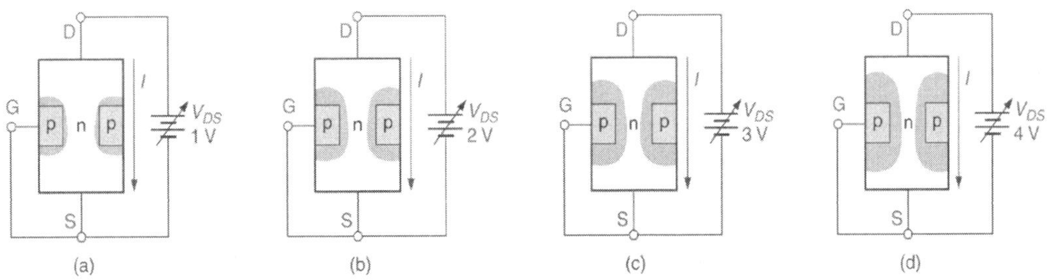

[그림 12-6] V_{GS}를 고정시키고 V_{DS}를 가변시키는 효과

이런 관점에서 동작 이론에 모순이 있는 것처럼 보인다. 공핍 층 크기의 증가는 채널의 저항을 증가시키고 I_D의 증가를 막는다. 만약 JFET의 채널 저항이 증가할 때 어떻게 I_D가 증가하게 되는 것인가? 채널의 저항이 증가하는 동안 V_{DS}에서 아주 서서히 이루어진다. 다시 말하자면 V_{DS}가 채널의 저항보다 아주 빠르게 증가한다. 그 결과 V_{DS}가 증가하는 것처럼 I_D가 증가한다. 여하튼 V_{DS}의 증가 폭에 의한 채널 저항의 비례 증가에 의해서 오프셋(offset) 되는 점에 도달한다. 이것이 발생하는 곳에서의 V_{DS} 값을 핀치-오프 전압(pinch-off voltage)이라고 부른다. V_{DS}가 V_P 이상으로 증가한다면 I_D는 일정하게 된다. 이런 관계가 [그림 12-7 (a)]에 표시된 JFET 드레인 특성곡선으로 나타나 있다.

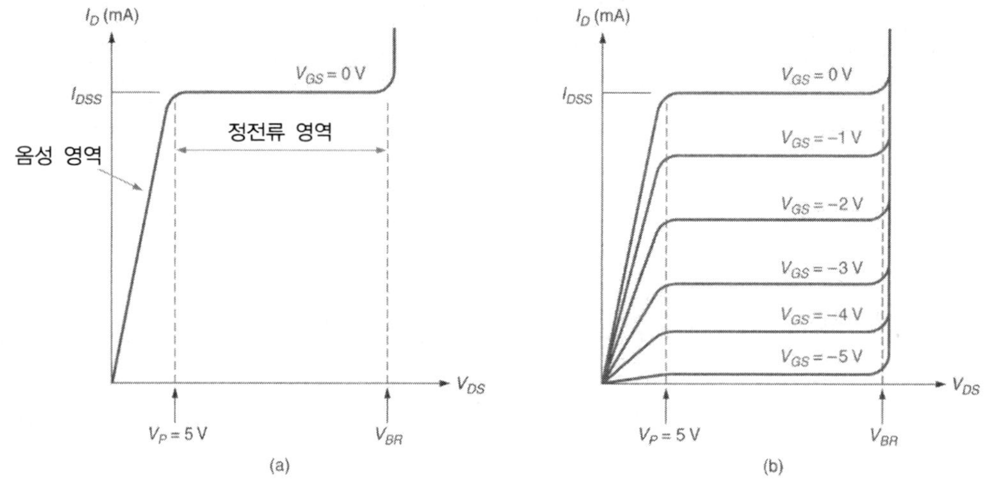

[그림 12-7] JFET 드레인 특성곡선

특성곡선에서 저항성 영역으로 알려져 있는 V_P의 왼쪽 부분을 살펴보자. V_{DS}는 0V에서 V_P까지 증가하면 드레인 전류는 증가한다. V_{DS}가 V_P에 도달하면 드레인 전류는 level off 되고 V_P와 항복 전압 V_{BR} 사이의 모든 V_{DS}에서 일정하게 유지된다. V_P와 V_{BR} 사이의 동작 영역을 정전류(constant current) 영역이라고 부른다. V_{DS}가 이런 범위 내에서 유지되면 I_D는 V_{GS}의 고정 값에 대해서 일정하게 유지된다.

V_{DS}가 0V이면 게이트와 소스 단자는 단락된다. 게이트-소스 접합이 단락되면 I_D는 최대 값인 I_{DSS}에 도달된다. 게이트-드레인 단락 전류 I_{DSS}는 JFET의 채널을 통해 흐르는 전류의 최대 값이다. 이 값은 주어진 JFET의 스펙에 의해서 주어지며, 다음과 같은 조건에서 측정된다.

$$V_{GS} = 0\text{V},\ V_{DS} = V_P$$

주어진 JFET의 전류 값은 I_{DSS}와 같거나 작아야한다. 이런 점에 비추어 볼 때 I_{DSS}는 BJT 회로에서 $I_{C(\text{sat})}$와 등가로 생각할 수 있다. V_{GS}, V_{DS}, I_{DSS}의 관계를 [그림 12-7 (b)]

에 표시했다. $V_{GS}=0V$일 때 $I_D=I_{DSS}$이다. V_{GS}를 0V보다 더 negative로 만들면 JFET는 소자의 V_P 정격보다 더 낮은 전압에서 핀치 오프(pinch off)된다. 또한 I_D는 I_{DSS}로부터 감소하게 된다.

V_{GS}가 더욱 negative로 될수록 공핍 층이 채널을 효과적으로 봉쇄하게 되는 점에 도달되는데 이런 일이 발생되면 JFET를 통해서 흐르는 전류는 최소가 된다. I_D가 0에 도달되는 V_{GS}를 게이트 소스 차단 전압 $V_{GS(off)}$라고 부른다. $V_{GS(off)}$는 V_{GS}의 한계치라고 정의한다. 소자를 통해서 전도가 이루어지려면 V_{GS}는 반드시 0V와 $V_{GS(off)}$ 사이에 있어야 한다. 흥미로운 점은 $V_{GS(off)}$와 V_P는 동일한 크기를 갖는다는 점이다. 예를 들자면 V_P가 8V라면 $V_{GS(off)}=-8V$이다.

이런 두 값은 항상 크기는 같고 부호는 반대이다. 단지 이들 값 중에서 한 가지만 주어진 JFET 스펙에 표시되어 있다. $V_{GS(off)}$와 V_P 사이의 확실한 차이점을 기억해야 한다. V_P는 JFET가 일정전류의 소자로 되게 하는 V_{DS} 값이다. 이것은 $V_{GS}=0V$에서 측정되고 $I_D=I_{DSS}$의 일정한 드레인 전류를 가진다. 반면 $V_{GS(off)}$는 I_D를 거의 0A로 떨어지게 하는 V_{GS}이다.

12.1.2 JFET 바이어스(JFET Biasing)

JFET의 게이트-소스 접합은 항상 역방향으로 바이어스된다. 게이트와 소스 단자가 단락되어 있을 때에도 [그림 12-5]와 [그림 12-6]에 표시되어 있는 것처럼 I_D는 접합을 역방향으로 바이어스되게 한다. JFET의 게이트-소스 접합은 결코 순방향으로 바이어스되게 해서는 안 된다. 그 이유는 게이트의 물질은 상당한 크기의 전류를 흐르게 하도록 만들어지지 않았기 때문이다. 만약 접합이 순방향으로 바이어스되면 전류는 게이트 물질을 통해 흐르게 되고 이런 전류가 부품을 파괴시킬 수 있기 때문이다.

게이트가 항상 역방향으로 바이어스되어야 한다는 사실은 소자의 또 다른 중요한 특성을 유도해 낸다. JFET는 대단히 높은 특성의 게이트 입력 임피던스를 가진다. 이런 임피던스는 높은 MΩ 범위를 나타낸다. 예를 들면 2N5457 JFET의 스펙에 표시된 최대 게이트 역방향 전류 I_{GSS}는 다음의 조건에서 1.0nA의 크기를 가진다.

$$T=25℃,\ V_{DS}=0V,\ V_{GS}=-15V$$

만약 위에 표시된 V_{GS}와 I_{GSS}를 이용해서 옴의 법칙을 적용하면 게이트 저항은 15GΩ으로 구해진다. 이와 같은 대단히 높은 입력 임피던스의 장점은 [그림 12-8]에 표시된 회로에서 찾아볼 수 있다.

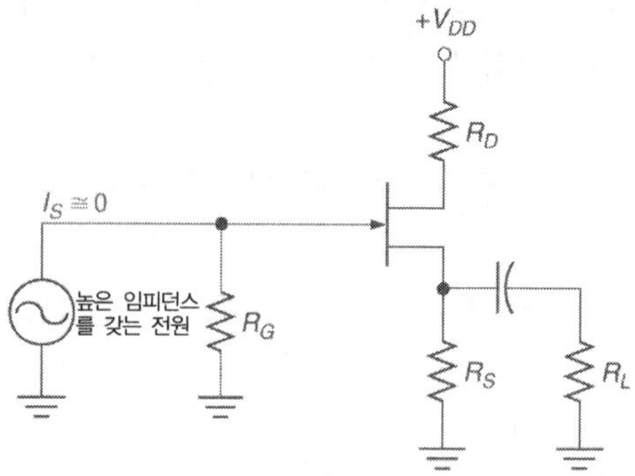

[그림 12-8]

여기서 JFET 증폭기는 높은 임피던스의 신호원에 의해서 구동된다. JFET 게이트의 지극히 높은 입력 임피던스 때문에 소스로부터의 전류는 흐르지 않는다. 이것은 마치 신호원에 부하가 전혀 없는 것과 같다. JFET의 높은 입력 임피던스는 집적 회로에 폭넓게 이용된다. 소자가 낮은 전류에서 동작될 수 있으면 수천 개의 트랜지스터를 한 조각의 실리콘 위에 에칭 시켜야 하는 I_C에서 사용하기에 완벽하다. 낮은 전류는 I_C를 비교적 낮은 온도로 유지시키는데 도움을 주며, 더 많은 부품을 더 작은 물리적인 면적에 집적시키는 것을 가능하게 한다.

12.1.3 소자 제어(Component Control)

JFET는 전압 제어 소자이며 BJT는 전류 제어 소자라는 것은 이미 알고 있다. 지금 이와 같은 사실을 상세히 살펴볼 필요가 있다. 전류 제어 소자인 BJT의 복습을 시작으로 다시 살펴보자. [그림 12-9]에 표시된 BJT 회로를 고찰해 보자. 공식을 이용하면 [그림 12-9 (a)]에 표시된 회로 해석이 가능하다.

$$I_B = 16.3\mu\text{A},\ I_C = 1.63\text{mA},\ V_{CE} = 3.38\text{V}$$

동일한 회로 공식을 이용하면 [그림 12-9 (b)]에 표시된 회로는 다음과 같이 해석된다.

$$I_B = 41.3\mu\text{A},\ I_C = 4.13\text{mA},\ V_{CE} = 0.88\text{V}$$

표시된 각 회로는 $V_B = V_{BE}$임을 주목하라. 따라서 회로 상에서 베이스 전압은 변하지 않는다. 이것은 거의 0.7V 정도이다. 그러나 두 개 증폭기의 출력 특성에서는 대단한 변화가 있다. 이런 변화는 V_B의 변화 때문이 아니라 I_B의 변화에 의해서 발생된다. 따라서 BJT가 전류 제어 소자라는 점이 입증된다. 출력 특성은 입력 전압이 아니라 입력 전류에 의해서 결정된다.

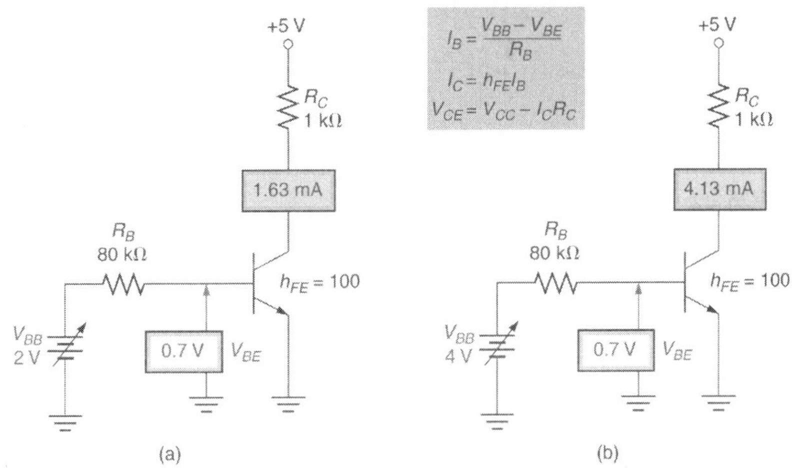

[그림 12-9] BJT는 전류제어 소자이다

이와 반대로 JFET는 게이트 전류를 가지지 않는다. 채널의 크기는 게이트-소스 접합에 가해지는 역방향 바이어스의 크기에 의해서 제어된다. V_{GS}는 JFET를 제어하므로 JFET는 전류제어 소자가 아니라 전압제어 소자라는 것을 쉽게 알 수 있다. JFET는 게이트 전류가 없으므로 소자에 대한 β 정격이 없다. 그러나 출력전류 I_D는 식 (12-1)에 표시된 것처럼 회로 입력전압의 항으로 정의된다.

$$I_D = I_{DSS}\left(1 - \frac{V_{GS}}{V_{GS(off)}}\right)^2 \qquad (12\text{-}1)$$

여기서 I_{DSS}는 소자의 단락 게이트-드레인 전류 정격, V_{GS}는 게이트-소스 전압, $V_{GS(off)}$는 게이트-소스 차단 전압을 의미한다.

【예제 12-1】에서 식 (12-1)을 설명하였다.

【예제 12.1】 [그림 12-10]에 표시된 회로에서 드레인 전류를 구하라.

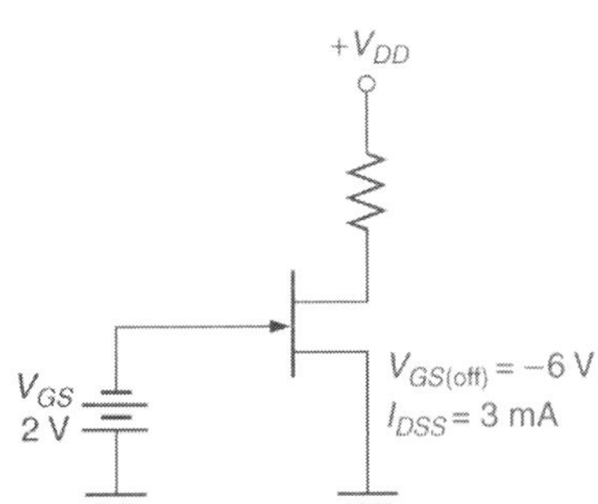

[그림 12-10]

풀이 회로에서 드레인 전류는 1.33mA로 구해진다.

$$I_D = I_{DSS}\left(1-\frac{V_{GS}}{V_{GS(off)}}\right)^2 = (3\text{mA})\left(1-\frac{-2\text{V}}{-6\text{V}}\right)^2 = (3\text{mA})(0.44) = 1.33\text{mA}$$

(실전 연습문제 12-1)

JFET의 파라미터가 $I_{DSS}=12\text{mA}$, $V_{GS(off)}=-6\text{V}$, $V_{GS}=-3\text{V}$라고 가정하고 회로의 I_D를 구하시오.

▶▶ 3mA

만약 식 (12-1)을 상세히 살펴보면 식의 우변 항에서 특정한 JFET에 대해서 변하는 값은 단지 V_{GS}이다. 다시 설명하자면 특정한 JFET에서 I_{DSS}와 $V_{GS(off)}$는 소자의 정격이다. 주어진 JFET에서 I_{DSS}와 $V_{GS(off)}$는 상수라는 사실에 기초하여 I_D는 V_{GS}의 함수라는 가정을 할 수 있다. V_{GS}가 변화하면 I_D도 변화한다.

특정한 JFET에서 전달 컨덕턴스 특성 곡선이라고 불리는 그래프를 그리기 위해서 V_{GS}와 I_D 값을 이용할 수 있다. 전달 컨덕턴스 특성 곡선은 V_{GS}와 I_D의 모든 가능한 결합을 나타낸 그래프이다. 주어진 JFET의 전달 컨덕턴스를 그리기 위한 절차는 다음과 같다.

1. $V_{GS(off)}$에 대응하는 x축 위의 점을 그리시오.
2. I_{DSS}에 대응하는 y축 위의 점을 그리시오.
3. 0V와 $V_{GS(off)}$ 사이에 두 개 혹은 세 개의 값을 선택하시오. 선택된 V_{GS} 값에 대해서 식 (12-1)을 이용하여 대응하는 I_D 값을 결정하시오.
4. 3번째 과정을 그리시오. 그리고 완만한 곡선이 되도록 모든 점을 연결하시오.

첫 번째 단계는 $V_{GS}=V_{GS(off)}$일 때 $I_D=0$이라는 사실에 기초를 둔다. 따라서 $V_{GS(off)}$ 대 I_D의 점은 항상 그래프의 x축 위에 놓인다. 두 번째 단계는 $V_{GS}=0\text{V}$일 때 $I_D=I_{DSS}$라는 사실에 기초를 둔다. 따라서 $V_{GS(off)}=0$ 대 I_D는 항상 y축 위의 I_{DSS}에 놓인다. 【예제 12-2】는 주어진 JFET의 전달컨덕턴스 특성곡선을 그리기 위한과정을 설명하고 있다.

【예제 12.2】 JFET가 $I_{DSS}=3\text{mA}$, $V_{GS(off)}=-6\text{V}$의 값을 가진다고 가정하고 회로의 전달컨덕턴스 특성곡선을 그리시오.

풀이 주어진 값을 이용하면 특성곡선의 끝점은 (−6V, 0mA)와 (0V, 3mA)라는 것을 알 수 있다. V_{GS}의 3개의 값(−1V, −3V, −5V)을 이용하여 각각에 해당하는 I_D를 계산한다.

$V_{GS}=-1\text{V}$인 경우 I_D는 2.08mA이다.

$$I_D = (3\text{mA})\left(1 - \frac{-1\text{V}}{-6\text{V}}\right)^2 = 2.08\text{mA}$$

$V_{GS} = -3$V인 경우 I_D는 0.75mA이다.

$$I_D = (3\text{mA})\left(1 - \frac{-3\text{V}}{-6\text{V}}\right)^2 = 0.75\text{mA}\ (750\mu\text{A})$$

$V_{GS} = -5$V인 경우 I_D는 0.083mA이다.

$$I_D = (3\text{mA})\left(1 - \frac{-5\text{V}}{-6\text{V}}\right)^2 = 0.083\text{mA}\ (83\mu\text{A})$$

V_{GS}와 I_D의 조합을 구하면 다음과 같은 표를 구할 수 있다.

$V_{GS}(V)$	$I_D(mA)$
−6	0
−5	0.083
−3	0.75
−1	2.08
0	3

조합으로 표시되는 점들을 연결하면 [그림 12-11]에 표시된 전달 컨덕턴스 특성곡선을 구할 수 있다.

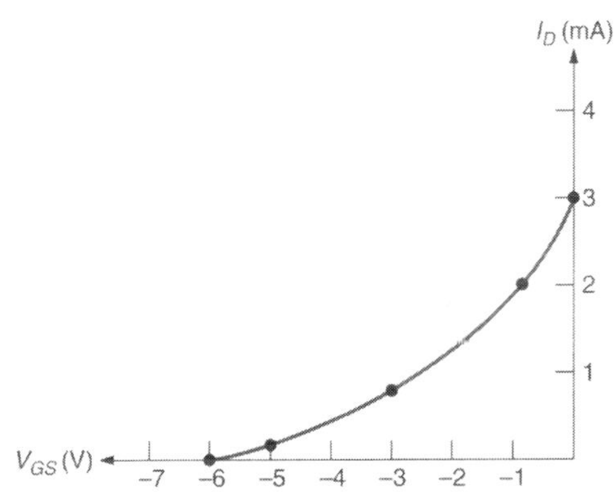

[그림 12-11]

(실전 연습문제 12-2)

JFET가 $I_{DSS} = 12$mA, $V_{GS(off)} = -20$V의 크기를 가진다고 가정하고 회로의 전달컨덕턴스 특성곡선을 그리시오. V_{GS}는 0V, −5V, −10V, −15V, −20V를 이용하시오.

▶▶ [그림 12-79] 참조

주어진 JFET의 전달 컨덕턴스 특성곡선은 JFET를 이용하는 증폭기의 교류해석과 직류해석에서 사용될 수 있다. 이런 이유 때문에 주어진 JFET의 전달 컨덕턴스 특성곡선을 구하는 것은 대단히 중요하다. JFET의 전달컨덕턴스 특성곡선을 그릴 때 $V_{GS(off)}$와 I_{DSS}는 소자의 스펙에서 간단하게 얻을 수 있으며, 그 이후의 과정은 이 절에서 설명한 방법을 따르면 된다. 이 시점에서 한 가지 중요한 사항이 있다. 대부분의 JFET 스펙에는 $V_{GS(off)}$와 I_{DSS}는 한 개 이상이 기재되어 있다. 예를 들면, 2N5457의 스펙자료는 다음과 같다.

$$V_{GS(off)} = -0.5\text{V(minimum)},\ I_{DSS} = 1\text{mA(minimum)}$$
$$V_{GS(off)} = -6\text{V(maximum)},\ I_{DSS} = 5\text{mA(maximum)}$$

이러한 값들의 범위가 주어지면 두 개의 최소 값을 이용하여 한 개의 곡선을 그리고 두 개의 최대 값을 이용하여 동일한 그래프 위에 다른 곡선을 그린다. 이 과정의 예를 【예제 12-3】에서 설명하였다.

【예제 12.3】 2N5457의 $V_{GS(off)}$와 I_{DSS}의 최대 값과 최소 값을 이용해서 소자의 전달컨덕턴스 곡선 두 개를 그리시오.

풀이 $V_{GS(off)}$와 I_{DSS}의 최대 값은 −6V와 5mA이다. 식 (12-1)을 이용하면 다음과 같은 점들을 구할 수 있다.

$V_{GS(off)}$와 I_{DSS}의 최소 값은 −0.5V와 1mA이다. 식 (12-1)을 이용하면 다음과 같은 점들을 구할 수 있다.

$V_{GS}(V)$	$I_D(mA)$
−6	0
−4	0.556
−2	2.222
0	5

$V_{GS}(V)$	$I_D(mA)$
−0.5	0
−0.4	0.04
−0.2	0.036
0	1

이런 점들을 연결하면 [그림 12-12]와 같은 전달 컨덕턴스 특성곡선을 구할 수 있다.

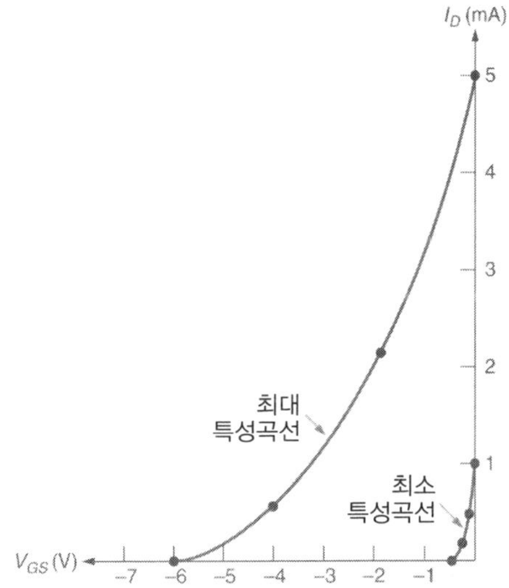

[그림 12-12]

(실전 연습문제 12-3)

2N5486은 $V_{GS(off)} = -2V$에서 $-6V$, $I_{DSS} = 8mA$에서 20mA의 크기를 갖는다. 최대 값과 최소 값을 이용해서 소자의 전달컨덕턴스 곡선 두 개를 그리시오.

▶▶ [그림 12-80] 참조

전달 컨덕턴스 특성곡선의 원리를 이해하기 위해서는 몇 가지의 관계식이 더 고찰되어야 한다. 그렇지만 여기서는 JFET의 단지 교류동작에 관계되기 때문에 우리는 교류 해석에 대해서만 고찰하였다. 이것은 JFET 바이어스 회로 해석에 필수적인 기초를 제공하게 된다.

12.1.4 요약(One Final Note)

이 절에서는 사용된 모든 예제는 n-채널 JFET를 이용하였다. 이것은 n-채널 JFET가 p-채널 JFET보다 더 많이 사용한다는 사실 때문이다. 기억해야 될 것은 모든 n-채널 JFET의 원리를 p-채널 JFET에 동일하게 적용한다는 것이다. 단지 차이점은 전압의 극성이 다르고 드레인과 소스 전류의 방향이 다르다는 것이다. n-채널 JFET와 p-채널 JFET의 비교를 [그림 12-13]에 나타내었다.

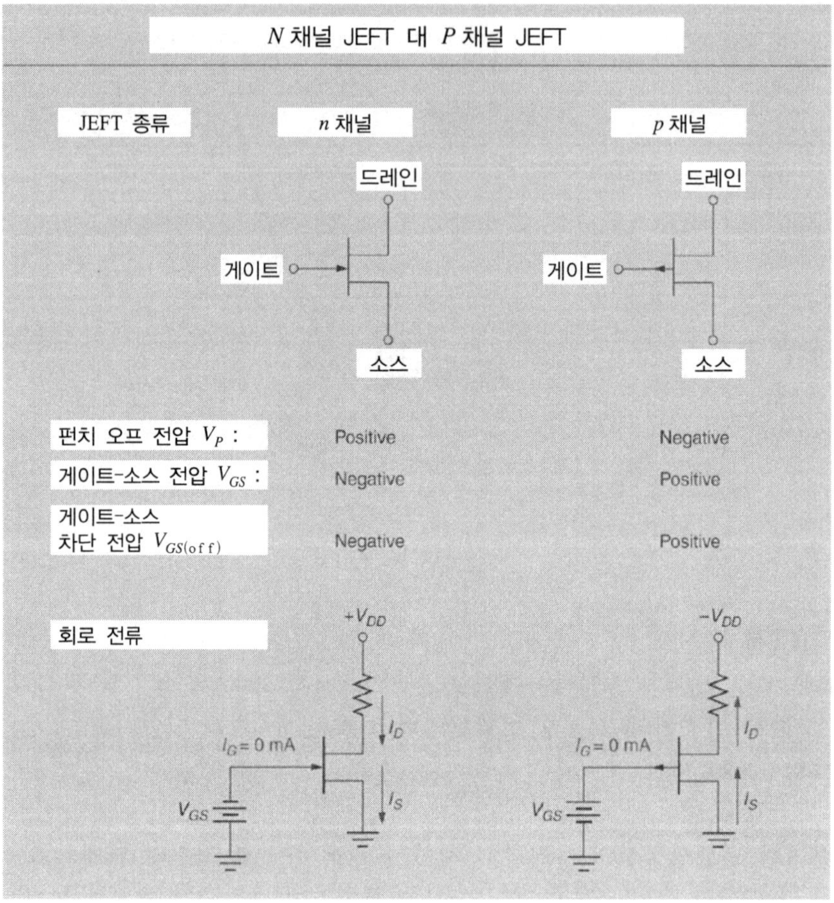

[그림 12-13]

기초 확인문제 12.1

1. 전계효과 트랜지스터란 무엇인가? JFET의 두 가지 형식은 무엇인가?
2. JFET의 3단자를 무엇이라 하는가?
3. JFET의 게이트와 채널 사이의 물리적 관계를 설명하라.
4. JFET의 두 가지 형태는 무엇인가?
5. JFET의 각 형태의 회로 기호를 그리시오.
6. 각 형태의 JFET 중 대표적으로 사용되는 공급 전압의 극성은 무엇인가?
7. 채널 폭과 드레인 전류 사이에는 어떠한 관계가 있는가?
8. V_{GS}와 채널 폭 사이에는 어떠한 관계가 있는가?
9. V_{GS}와 드레인 전류에는 어떠한 관계가 있는가?
10. 핀치-오프 전압이란 무엇을 의미하는가?

11. $V_{DS} < V_P$일 때 V_{DS}가 증가하면 I_D에 어떤 영향을 주는가?
12. $V_{DS} > V_P$일 때 V_{DS}가 증가하면 I_D에 어떤 영향을 주는가?
13. V_P 위의 동작 영역을 무엇이라 하는가?
14. I_{DSS}란 무엇을 의미하는가?
15. I_D와 I_{DSS} 사이의 관계를 무엇이라 하는가?
16. $V_{GS(off)}$란 무엇을 의미하는가?
17. V_{GS}의 주요한 제한 사항은 무엇인가?
18. JFET는 일반적으로 매우 높은 게이트 입력 임피던스를 가지는가?

12.2 JFET 바이어스 회로(JFET Biasing Circuits)

JFET 바이어스 회로는 BJT 바이어스 회로와 매우 유사하다. JFET 바이어스 회로와 BJT 바이어스 회로의 중요한 차이점은 그들 자체가 능동소자로 동작한다는 것이다. 이 절에서는 이미 앞에서 언급한바 있는 BJT 회로와 차이가 나는 직류 동작의 원리와 관계식을 다루게 된다. 회로 동작에 대한 설명은 이미 앞에서 언급했기 때문에 장황하게 다시 언급하지는 않기로 한다.

12.2.1 게이트 바이어스(Gate Bias)

여러분은 베이스 바이어스를 기억합니까? 이런 회로 형태의 JFET 등가회로를 게이트 바이어스라고 부른다. 게이트 바이어스 회로는 [그림 12-14]에 표시되어 있다. 게이트 공급전압 $-V_{GG}$는 게이트-소스 접합을 역방향으로 바이어스시키기 위해서 사용된다. 게이트 전류가 없기 때문에 R_G 양단에서의 전압강하도 없다. V_{GS}는 식 (12-2)처럼 표시된다.

$$V_{GS} = -V_{GG} \tag{12-2}$$

I_D를 계산하기 위해서 식 (12-1)에 V_{GS} 대신 V_{GG}를 대입한다.
I_D는 이미 알고 있으므로 JFET의 V_{DS}는 식 (12-3)처럼 구할 수 있다.

$$V_{DS} = V_{DD} - I_D R_D \tag{12-3}$$

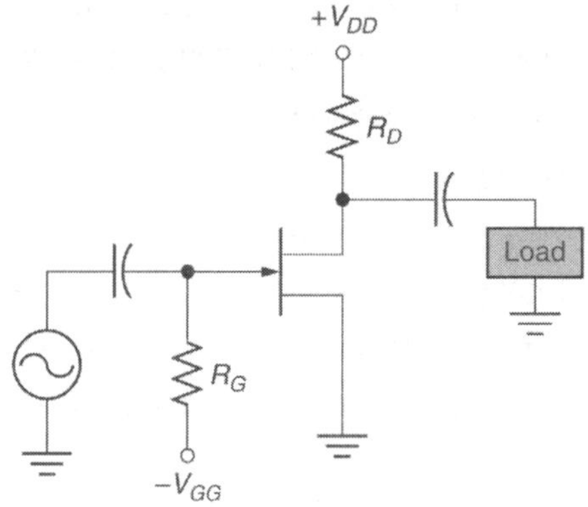

[그림 12-14] 게이트 바이어스

【예제 12-4】에서 간단한 게이트 바이어스 회로의 완전한 직류 해석을 설명하였다.

【예제 12.4】 [그림 12-15]에 표시된 JFET가 $V_{GS(off)} = -8V$, $I_{DSS} = 16mA$의 크기를 갖는다고 가정하고 회로의 V_{GS}, I_D, V_{DS}의 크기는 얼마인지 구하시오.

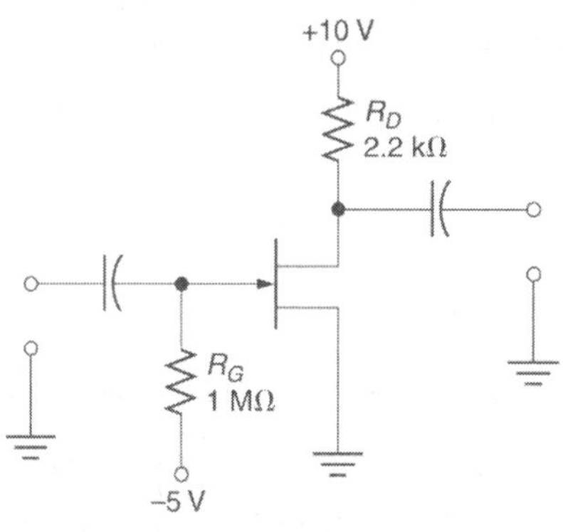

[그림 12-15]

풀이 게이트 저항 양단에서 V_{GG}의 전압 강하가 발생되지 않기 때문에 V_{GS}는 $-5V$이다.

$$V_{GS} = V_{GG} = -5V$$

V_{GS}와 JFET의 파라미터를 이용하면 I_D는 2.25mA로 구해진다.

$$I_D = I_{DSS}\left(1 - \frac{V_{GS}}{V_{GS(off)}}\right)^2 = (16mA)\left(1 - \frac{-5V}{-8V}\right)^2 = 2.25mA$$

V_{DS}는 5.05V로 구할 수 있다.

$$V_{DS} = V_{DD} - I_D R_D = 10V - (2.25mA)(2.2k\Omega) = 5.05V$$

(실전 연습문제 12-4)

[그림 12-15]에 표시된 JFET가 $V_{GS(off)} = -10V$, $I_{DSS} = 12mA$의 크기를 갖는다고 가정하고 회로의 V_{GS}, I_D, V_{DS}의 크기는 얼마인지 구하시오.

▶▶ $V_{GS} = -5V$, $I_D = 3mA$, $V_{DS} = 3.4V$

【예제 12-4】는 게이트 바이어스 회로 해석과정을 예를 들어 설명하였다. 그렇지만 $V_{GS(off)}$와 I_{DSS}는 각각 한 개의 특정한 값을 가진다고 가정하였다. 여러분도 알다시피 항상 이러한 경우는 아니다. 주어진 JFET는 어느 범위의 $V_{GS(off)}$와 I_{DSS} 값을 가지기 때문에 게이트 바이어스 회로와 관련하여 중요한 문제가 발생된다. 게이트 바이어스는 JFET 회로 상에서 안정된 Q 점을 제공하지 못한다. 이 문제에 대해서 【예제 12-5】에서 설명하였다.

【예제 12.5】 [그림 12-16]에 표시된 회로에서 Q 점의 범위를 결정하시오. JFET는 $V_{GS(off)} = -2V$에서 $-8V$, $I_{DSS} = 4mA$에서 $16mA$의 크기를 갖는다고 가정한다.

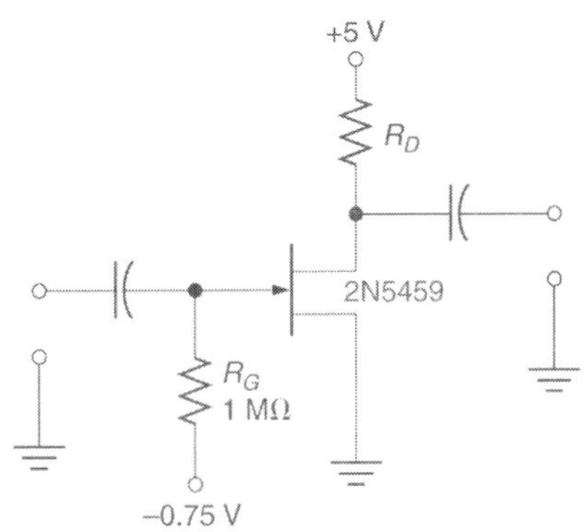

[그림 12-16]

풀이 정리된 과정을 이용하면 JFET 2N5459의 전달 컨덕턴스 특성곡선 두 개가 [그림 12-17]에 표시된 것처럼 구해진다. [그림 12-17]에 표시된 것처럼 V_{GS}는 x축에서 $-0.75V$에 설정된다. 이 점으로부터 두 개의 전달 컨덕턴스 곡선을 통과하는 바이어스선(bias line)이라고 부르는 수직선이 그려진다. 최대 특성곡선과 바이어스 선이 만나는 점이 Q값이다. 최소 특성곡선과 바이어스 선이 만나는 점이 Q값이다. 두 개의 점 사이의 선은 [그림 12-16]의 회로에서 사용한 2N5459의 모든 가능한 Q 점을 나타낸다.

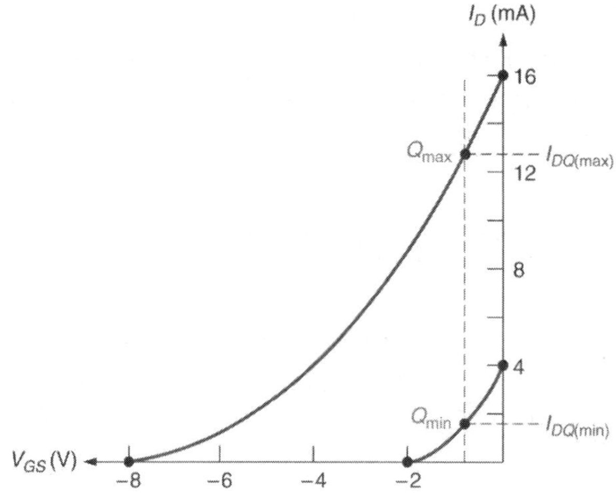

[그림 12-17]

[그림 12-17]은 게이트 바이어스의 기본적인 단점에 대해서 설명하고 있다. 비록 V_{GS}가 -0.75V에 고정된다고 하더라도 회로의 I_{DQ}는 1.5mA와 13.5mA 사이의 어느 부분으로도 강하될 수 있다. 이런 Q 점이 불안정하기 때문에 게이트 바이어스는 전체 적인 회로 동작에 진지하게 감동을 주지 못하고 I_{DQ}가 변화될 수 있는 기본적인 스위칭 응용에서 사용된다.

여러분은 게이트 전류가 없을 때 게이트 바이어스 회로가 왜 게이트 저항을 포함하는지 의심할 필요가 있다. 게이트 저항 R_G는 입력 신호가 입력 결합용 커패시터의 낮은 리액턴스를 통해서 게이트 공급전압 $-V_{GG}$로 단락되는 것을 방지시키기 위해서 포함된다. [그림 12-18 (a)]는 $-V_{GG}$가 직접 JFET에 연결된 결과를 표시하고 있다. 게이트 저항은 없고 첫 번째 단에서 발생되어진 신호가 게이트 공급전원에 단락된다. [그림 12-18 (b)]에 표시된 것처럼 게이트 저항이 포함되어지면 교류신호가 Q_2의 게이트 단자에 정확하게 결합된다.

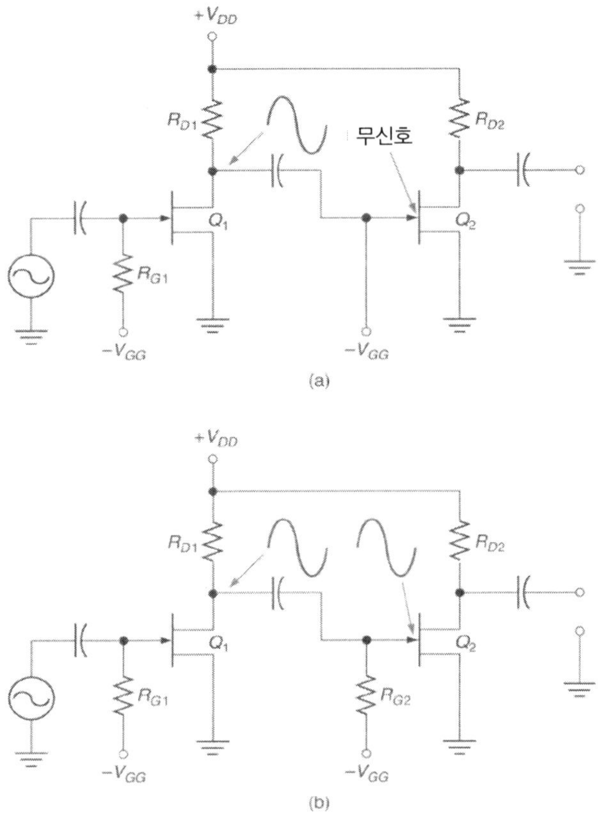

[그림 12-18] 게이트 저항 R_G의 사용목적

12.2.2 자기 바이어스(Self Bias)

자기 바이어스는 JFET 게이트에 역방향 바이어스를 걸어주기 위해서 소스 저항을 사용하는 JFET 바이어스회로이다. 자기 바이어스 회로는 [그림 12-9]에 표시된 것처럼 회로에 게이트 공급전압 $-V_{GG}$ 대신 소스 저항 R_S를 사용한다. 게이트는 R_G를 통해서 접지되고 소스 회로에 저항이 첨가되었다. 이런 저항은 JFET의 동작에 필요한 $-V_{GS}$를 발생시키기 위해서 이용된다. [그림 12-20]은 이해를 돕기 위한 것이다.

JFET 회로에서 모든 소스 전류는 드레인 회로에 의해서 공급된다. 이것은 게이트에는 전류가 거의 흐르지 않는다는 사실 때문이다. 따라서 드레인 전류는 식 (12-4)처럼 표시할 수 있다.

$$I_S = I_D \tag{12-4}$$

모든 드레인 전류는 소스 저항을 통해 흐르기 때문에 소스 저항 양단 전압은 식 (12-5)처럼 표시된다.

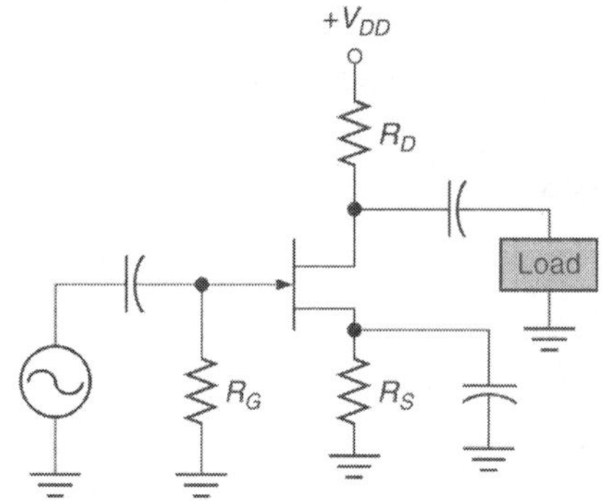

[그림 12-19] 자기 바이어스

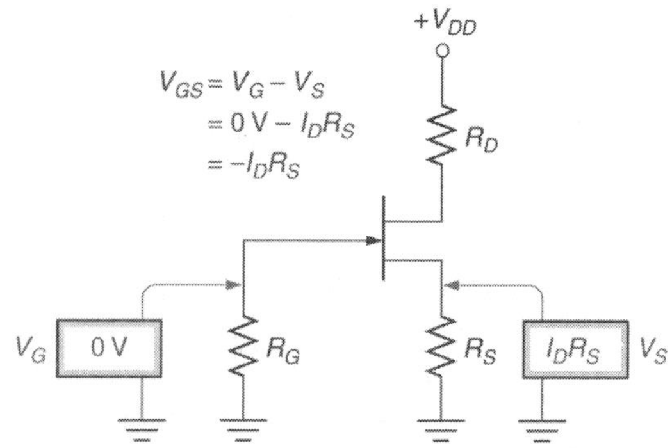

[그림 12-20] 자기 바이어스 전류를 위한 V_{GS}

$$V_S = I_D R_S \tag{12-5}$$

게이트 회로에서는 전류가 거의 흐르지 않기 때문에 게이트 저항 양단에 나타나는 전압은 없다. 따라서 게이트 전압(접지에 대한)은 식 (12-6)처럼 주어진다.

$$V_G = 0\text{V} \tag{12-6}$$

이제 소스 저항이 게이트-소스 접합을 어떻게 역방향으로 바이어스시키는지를 보여주기 위해서 식 (12-5)와 (12-6)에서의 전계를 살펴보자. 게이트에서 소스까지의 전압을 표현하면 다음과 같다.

$$V_{GS} = V_G - V_S \tag{12-7}$$

식 (12-5)와 (12-6)에 V_G와 V_S를 대입하여 다시 정리하면 식 (12-8)이 구해진다.

$$V_{GS} = -I_D R_S \tag{12-8}$$

따라서 $-V_{GS}$는 소스 저항을 통해서 흐르는 전류에 의해서 나타난다. 만약 식 (12-8)이 혼동이 되면 V_{GS}는 게이트 단자에서 소스 단자까지의 전압이라는 것을 기억해야 한다. 게이트 단자 전압이 negative가 되어야 한다는 규칙은 없다. 단지 게이트 단자가 소스 단자보다 더 negative 값이 되어야 한다. 만약 게이트는 접지되고 소스 단자에 어떤 작은 positive의 전압이 인가된다면 게이트 단자는 소스 단자보다 더 negative의 값이 된다. [그림 12-21]은 이 점의 이해를 돕기 위해 나타내었다.

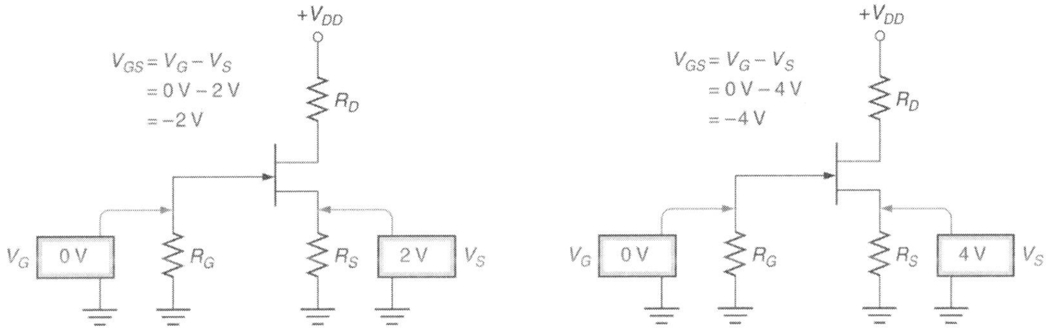

[그림 12-21] 자기 바이어스는 어떻게 negative의 V_{GS}를 발생시키는가?

첫 번째 회로에서 $V_S = +2\text{V}$이기 때문에 $V_{GS} = -2\text{V}$이다. 두 번째 회로에서 $V_S = +4\text{V}$이기 때문에 $V_{GS} = -4\text{V}$이다. 어떤 경우이던 간에 V_{GS}는 $-V_S$이다.

식 (12-8)은 자기 바이어스 회로의 바이어스 선을 구하는 식이다. 자기 바이어스 회로에서 직류 바이어스 선을 그리기 위해서는 다음과 같은 과정을 수행하면 된다.

1. 회로에 사용된 JFET에 대해 최소, 최대 전달 컨덕턴스 곡선을 그리시오.
2. V_{GS}의 값을 선택하고 식 (12-9)를 이용하여 대응하는 I_D 값을 결정하시오.

$$I_D = \frac{-V_{GS}}{R_S} \tag{12-9}$$

3. 식 (12-9)에 의해 결정된 점을 그리고 이 점에서 그래프의 원점(0, 0)까지 선을 그리시오.
4. 이 선과 두 개의 전달 컨덕턴스 곡선이 교차하는 점은 회로의 Q 점 동작을 제한한다.

여기서 주어진 과정을 【예제 12-6】에서 설명하였다.

【예제 12.6】 [그림 12-22]에 표시된 회로에서 Q 점의 범위를 결정하시오.

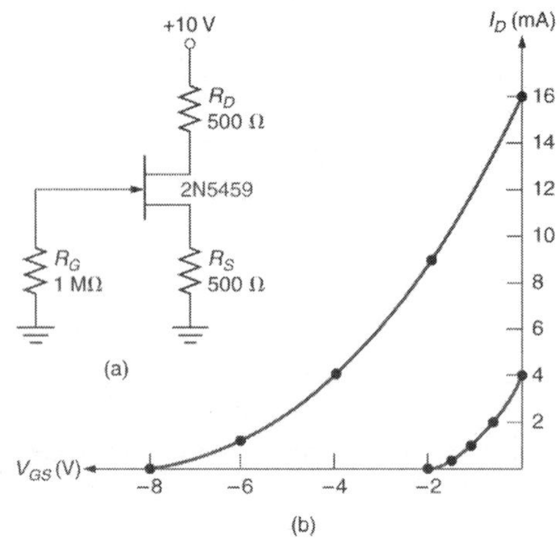

[그림 12-22]

풀이 2N5459의 스펙에서 $V_{GS(off)}$와 I_{DSS}는 다음과 같이 주어진다.

$$V_{GS(off)} = -2\text{V에서} \ -8\text{V}, \ I_{DSS} = 4\text{mA에서} \ 16\text{mA}$$

이런 두 값과 식 (12-1)을 이용하면 전달 컨덕턴스 특성곡선은 [그림 12-22 (b)]와 같이 그려진다. I_D를 계산하기 위해서 $V_{GS} = -4\text{V}$를 임의로 선택하였다.

식 (12-9)를 이용하면 $V_{GS} = -4\text{V}$에서 I_D는 8mA로 구해진다.

$$I_D = \frac{-V_{GS}}{R_S} = \frac{4\text{V}}{500\Omega} = 8\text{mA}$$

점 (−4.8)은 그래프 위에 그려지고 선은 이 점에서 그래프의 원점까지 그려진다. [그림 12-23]에 그려진 선이 나타나 있다. 전달 컨덕턴스 곡선과 바이어스 선이 교차하는 점은 Q_{max}와 Q_{min}으로 표시된다.

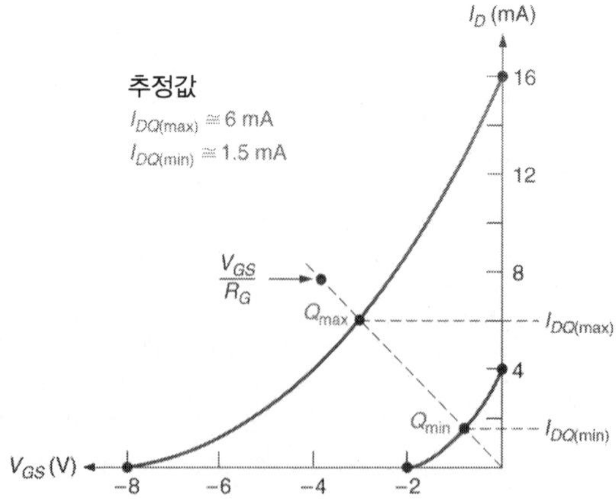

[그림 12-23]

(실전 연습문제 12-6)

$V_{GS(off)} = -5$V에서 -10V, $I_{DSS} = 5$mA에서 10mA인 크기를 갖는 JFET가 $R_S = 2\text{k}\Omega$을 갖는 자기바이어스 회로에 사용된다고 가정하고 회로의 바이어스 선과 전달 컨덕턴스 특성곡선을 구하시오.

▶▶ [그림 12-81] 참조

자기 바이어스는 게이트 바이어스보다 안정한 I_{DQ}를 제공한다. 예를 들면 [그림 12-24]에는 게이트 바이어스회로의 바이어스 선과 동일한 JFET인 2N5459의 자기바이어스 회로의 바이어스선이 표시되어 있다. (바이어스 선은 【예제 12-5】와 【예제 12-6】에 표시되어 있다.)

- 두 회로는 $I_{DQ(min)} \cong 1.5$mA를 제공하도록 설계된다.
- 게이트 바이어스 회로는 $I_{DQ(max)} \cong 13.5$mA 크기의 상한 값을 가진다.
- 자기바이어스 회로는 $I_{DQ(max)} \cong 6$mA 크기의 상한 값을 가진다.

여러분도 보다시피 자기 바이어스 회로는 게이트 바이어스 회로에 비해서 더 좁은 범위의 I_{DQ} 크기를 제한하게 된다.

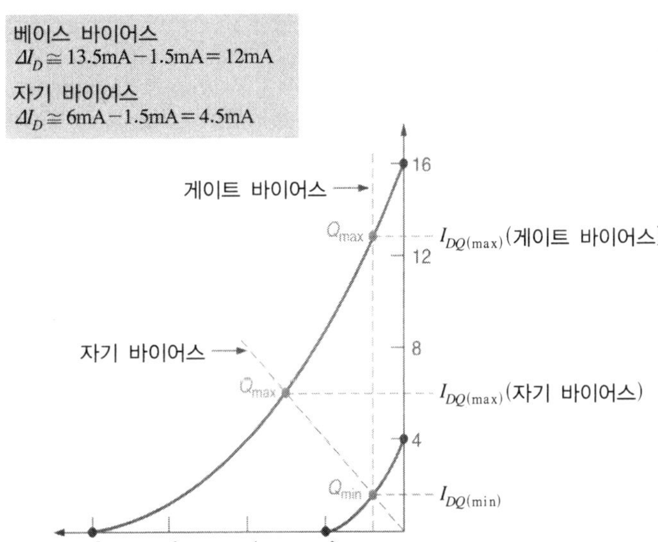

[그림 12-24] 게이트 바이어스와 자기 바이어스의 Q 점의 안정도 비교

I_{DQ}의 안정도는 왜 중요한가? 이 질문은 일반적인 증폭기의 교류 동작을 생각해 보는 것이 최선의 답이다. 교류 컴플라이언스, 증폭기의 전력소비, 부하전력과 같은 교류 특

성은 증폭기의 출력 전압과 전류 특성에 의존한다. BJT 증폭기의 P_P, P_L, P_S는 V_{CEQ}와 I_{CQ}식에 의해서 정의된다는 것을 기억해야 한다. JFET 증폭기의 교류 출력 특성은 V_{DSQ}와 I_{DQ}의 식으로 정의된다. V_{DSQ}와 I_{DQ} 사이의 관계는 식 (12-10)처럼 주어진다.

$$V_{DSQ} = V_{DD} - I_{DQ}(R_D + R_S) \tag{12-10}$$

만약 JFET 증폭기의 교류 출력특성이 안정하게 된다면 I_{DQ}도 가능한 한 안정하게 된다. 자기 바이어스는 게이트 바이어스보다 더욱 안정된 I_{DQ}를 제공하므로 두 바이어스 방법 중에서 자기 바이어스가 더 우수하다. 자기 바이어스의 완전한 직류 해석은 실제로 아주 간단하다.【예제 12-6】에서 했던 것처럼 직류 바이어스 선과 전달 컨덕턴스 곡선을 그리는과정으로부터 시작한다. 그런 다음 Q 점의 제한치를 이용하여 V_{DSQ}와 I_{DQ}의 최소, 최대 값이 결정된다. 이런 해석 과정을【예제 12-7】에서 설명하였다.

【예제 12.7】【예제 12-6】([그림 12-22])에서 사용된 증폭기의 직류 특성을 결정하시오.

풀이 【예제 12-6】에서 표시된 회로가 I_{DQ}=1.5mA(최소), I_{DQ}=6mA(최대) 범위의 크기를 갖는다. V_{DSQ}는 8.5V와 4V 사이의 크기를 가지게 된다.

I_{DQ}=1.5mA일 때

$$V_{DSQ} = V_{DD} - I_{DQ}(R_D + R_S) = 10\text{V} - (1.5\text{mA})(1\text{k}\Omega) = 8.5\text{V}$$

I_{DQ}=6mA일 때

$$V_{DSQ} = V_{DD} - I_{DQ}(R_D + R_S) = 10\text{V} - (6\text{mA})(1\text{k}\Omega) = 4\text{V}$$

따라서 회로에 특정한 2N5459를 사용하였을 경우 V_{DSQ}는 4V에서 ~8.5V 사이에 놓인다.

(실전 연습문제 12-7)

실전 연습문제 12-6에 표시된 회로에서 드레인 저항은 1kΩ이고 소스 전압은 9V라고 가정하고 회로의 V_{DSQ}의 범위를 결정하시오.

▶▶ 1.5V에서 5.25V

비록 자기 바이어스 회로가 게이트 바이어스보다 더 안정하지만 I_{DQ}는 일부 응용회로에서 아주 넓은 범위에서 변화하게 된다. 여러분도 앞으로 살펴보겠지만 전압분배기 바이어스가 자기 바이어스의 경우보다 더 안정한 Q 점을 가지게 된다.

12.2.3 전압분배기 바이어스(Voltage Divider Bias)

전압분배기 바이어스 JFET 증폭기는 전압분배기 바이어스 BJT와 거의 유사하다. 이런 바이어스 회로를 [그림 12-25]에 표시했다. 이런 증폭기에서 게이트 전압은 BJT 회로에서의 V_B와 동일한 방법으로 구해진다.

$$V_G = V_{DD}\frac{R_2}{R_1 + R_2} \tag{12-11}$$

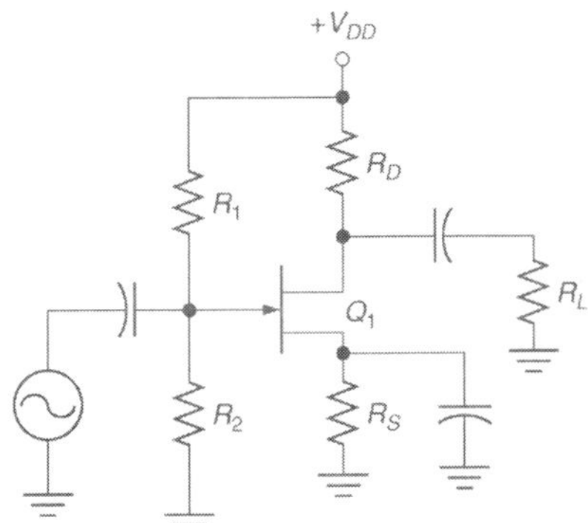

[그림 12-25] 전압 분배기 바이어스

I_{DQ}와 V_{DSQ}를 구하기 위해서 회로의 직류 부하 선을 반드시 구해야 한다. 회로의 직류 바이어스 선은 다음과 같이 구해진다.

1. 특정한 JFET에 대한 전달 컨덕턴스 곡선을 그린다.
2. 식 (12-11)을 이용하여 V_G를 계산한다.
3. 그래프의 positive x축 위에 V_G와 동일한 전압의 좌표 점을 그린다.
4. $I_D = \frac{V_G}{R_S}$ 공식을 이용하여 $V_{GS}=0\text{V}$에서의 I_D를 구한다.

$$I_D = \frac{V_G}{R_S} \tag{12-12}$$

5. 단계 4에서 구한 값에 대응하는 값을 y축 상의 좌표 점에 표시한다.
6. I_D 점과 V_G 점을 잇는 선을 그린다. 그리고 계속 두 개의 전달 컨덕턴스 곡선과 교차하는 선과 연결한다. 이런 교차점이 $Q_{\max}$와 $Q_{\min}$을 표시한다.

【예제 12.8】 [그림 12-26]에 표시된 회로에서 직류 바이어스 곡선을 그리시오.

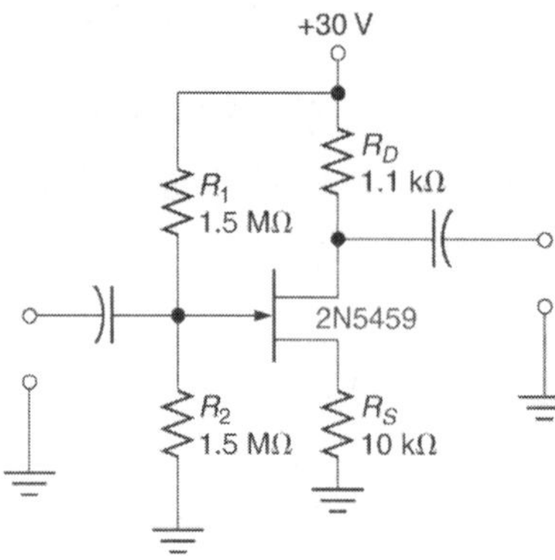

[그림 12-26]

풀이 [그림 12-26]은 2N5459를 이용하였고, 이런 JFET의 전달 컨덕턴스 특성곡선은 앞의 예제에서 그려졌다. 이런 전달 컨덕턴스 특성곡선을 [그림 12-27]에 표시했다. 회로의 V_G는 15V로 계산된다.

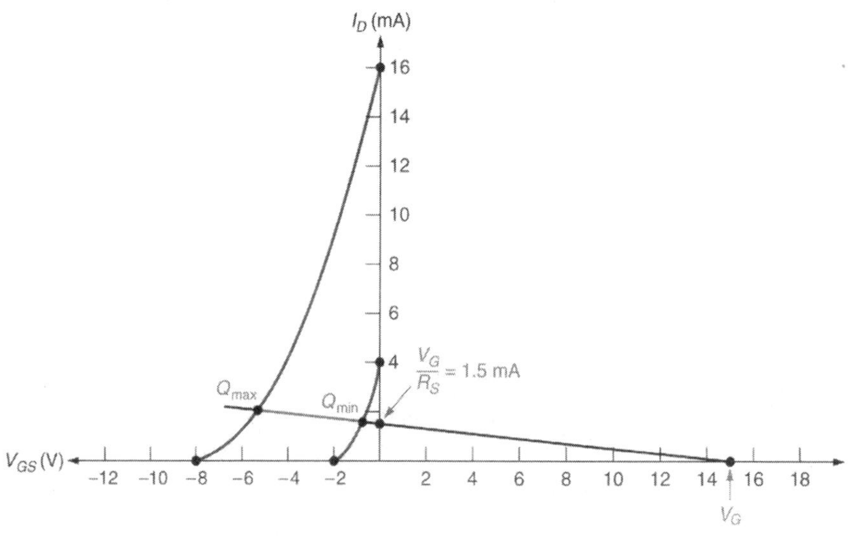

[그림 12-27] 전압 분배기 바이어스의 직류 바이어스선

$$V_G = V_{DD}\frac{R_2}{R_1+R_2} = (30\text{V})\frac{1.5\text{M}\Omega}{3\text{M}\Omega} = 15\text{V}$$

이 점은 [그림 12-27]에 표시된 것처럼 positive의 x축 위에 그린다. V_G는 y축과 교차하는 점을 구하는데 이용된다.

$$I_D = \frac{V_G}{R_S} = \frac{15\text{V}}{10\text{k}\Omega} = 1.5\text{mA}$$

이 점은 그래프의 y축 위에 표시된다. 두 점을 지나고 두 개의 전달 컨덕턴스 곡선의 Q_{max}와 Q_{min}을 구성하는 선을 그린다.

(실전 연습문제 12-8)

실전 연습문제 12-3에서 2N5486의 두 전달 컨덕턴스 특성곡선을 그렸다. 이 소자는 $V_{DD}=36V$, $R_1=10\text{M}\Omega$, $R_2=3.3\text{M}\Omega$, $R_D=1.8\text{M}\Omega$, $R_S=3\text{k}\Omega$을 가지는 분압기 바이어스 증폭기에 이용된다. 증폭기의 직류 바이어스 선을 그리시오.

▶▶ [그림 12-82] 참조

[그림 12-27]은 I_D의 높은 안정성을 보여주는 전압 분배기 바이어스를 표시하고 있다. [그림 12-28]은 이 점의 이해를 돕기 위해 [그림 12-27]의 작은 부분을 확대하여 보여주고 있다. V_{GS}가 거의 -5V에서 0.5V 사이에서 변화하는 동안 I_{DQ}는 2mA에서 1.5mA까지 변화한다. 따라서 이런 증폭기는 게이트 바이어스와 자기 바이어스보다 더 안정된 I_{DQ}를 제공한다. [그림 12-24]와 [그림 12-28]의 결과는 다음과 같이 요약된다.

회로의 형태	2N5459에서 드레인 전류의 변화(mA)
게이트 바이어스	12mA
자기 바이어스	5.5mA
전압분배기 바이어스	0.5mA

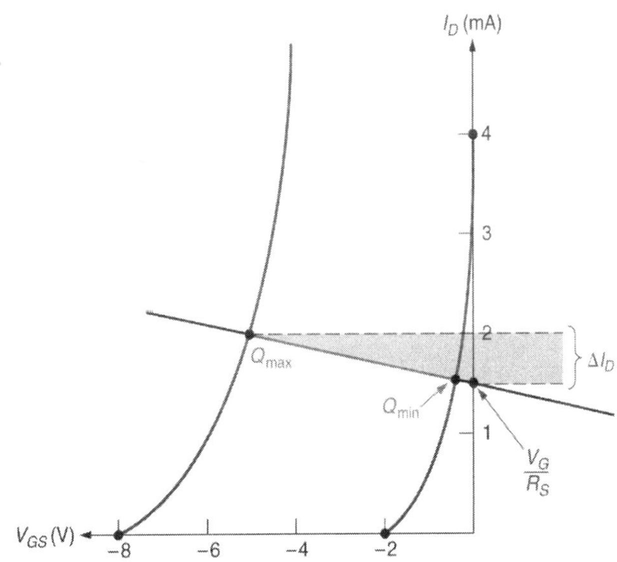

[그림 12-28] [그림 12-27]의 일부분 확대

[그림 12-28]에 표시된 특성곡선과 바이어스선은 V_{GS}가 대략 -5V에서 -0.5V 사이에서 변화되는 것을 보여준다. I_D는 V_{GS}의 함수이기 때문에 0.5mA의 ΔI_{DQ}는 -5V와 -0.5V 사이의 차인 4.5V 크기의 ΔV_{GS}를 갖는 것이 불가능하게 보인다. 여하튼 회로 해석은 이런 값들이 타당해 보인다. 이런 해석은 【예제 12-9】에서 살펴보기로 한다.

【예제 12.9】 [그림 12-26]에서 【예제 12-8】의 결과는 Q 점의 최소 값과 최대 값을 다음과 같이 제공한다.

$$Q_{\max} : V_{GS} = -5\text{V}(I_{DQ} = 2\text{mA}),\ Q_{\min} : V_{GS} = -0.5\text{V}(I_{DQ} = 1.5\text{mA})$$

이들 두 개의 Q 점은 V_{GS}와 I_{DQ}의 가능한 동작 점의 조합에 의한 것임을 증명하시오.

풀이 먼저 $V_{GS} = -5$V, $I_{DQ} = 2$mA 인 $Q_{\max}$를 고찰해 보자. 앞에서 살펴본 것처럼 V_G는 15V이다.

$$V_G = V_{DD}\frac{R_2}{R_1 + R_2} = 15\text{V}$$

V_S는 V_G와 V_{GS}의 차이에 해당하므로

$$V_S = V_G - V_{GS}$$

로 표시된다. V_{GS}는 negative 전압 이므로 V_S는 V_G보다 항상 크게 나타난다.

$$V_S = V_G - V_{GS} = 15 - (-5\text{V}) = 15\text{V} + 5\text{V} = 20\text{V}$$

따라서 I_D는 2mA로 구해진다.

$$I_{DQ} = \frac{V_S}{R_S} = \frac{20\text{V}}{10\text{k}\Omega} = 2\text{mA}$$

따라서 $V_{GS} = -5$V, $I_{DQ} = 2$mA인 조합은 회로의 가능한 조합임이 증명되었다. 이번에는 $V_{GS} = -0.5$V, $I_{DQ} = 1.5$mA 인 $Q_{\min}$을 고찰해 보자. $V_{GS} = -0.5$V, $V_G = 15$V이므로 I_{DQ}는 1.55mA이다.

$$I_{DQ} = \frac{V_G - V_{GS}}{R_S} = \frac{15\text{V} - (0.5\text{V})}{10\text{k}\Omega} = \frac{15.5\text{V}}{10\text{k}\Omega} = 1.55\text{mA}$$

이 결과 또한 [그림 12-24]에 표시된 바이어스 선에서 구한 값과 일치된다.

(실전 연습문제 12-9)

【예제 12-9】를 이용해서 실전 연습문제 12-8의 Q 점을 증명하시오.

▶▶ [그림 12-82] 참조

$V_{GS}=-800$mV에서 -3.25V : $I_D=3.24$에서 414mA

전압 분배기 바이어스 JFET 증폭기를 해석하는 과정은 전달 컨덕턴스 특성곡선을 그리고 결과를 증명하는 것과 동일한 방법이 사용된다. 이때 결정되어야 하는 또 다른 값은 V_{DSQ}이다. V_{DSQ}는 식 (12-10)을 사용하는 모든 다른 값을 알고 있어야 해석이 가능하다. 【예제 12-10】은 이 절에서 설명한 회로에서 V_{DSQ}의 가능한 크기를 결정하는 문제이다.

【예제 12.10】 [그림 12-26]에 표시된 회로에서 V_{DSQ}의 최대 값과 최소 값을 결정하시오.

풀이 I_{DQ}가 1.5mA에서 2mA 사이의 범위를 가지기 때문에 V_{DSQ}는 13.4V에서 7.8V 사이에서 변화된다.

$$V_{DSQ}=V_{DD}-I_{DQ}(R_D+R_S)=30\text{V}-(1.5\text{mA})(11.1\text{k}\Omega)=13.4\text{V}$$
$$V_{DSQ}=V_{DD}-I_{DQ}(R_D+R_S)=30\text{V}-(2\text{mA})(11.1\text{k}\Omega)=7.8\text{V}$$

(실전 연습문제 12-10)

실전 연습문제 12-8에 기술된 회로에서 V_{DSQ}의 최대 값과 최소 값을 결정하시오. 실전 연습문제 12-9에서 구한 I_{DQ}를 사용하시오.

▶▶ 16.1V(minimum), 20.4V(maximum)

지금 구한 I_{DQ}는 앞에서 언급한 회로보다 더욱 안정적이다. 그러나 I_{DQ}의 작은 변화로 인해서 V_{DSQ}는 다소 극적인 변화가 발생된다.

12.2.4 전류원 바이어스(Current Source Bias)

전류원 바이어스 회로는 JFET의 종류에 무관한 I_{DQ}를 발생 시켜서 높은 Q 점의 안정도를 제공한다. 두 개의 전류원 바이어스 회로가 [그림 12-29]에 표시되어 있다. 양쪽 회로에서 JFET의 드레인 전류는 BJT의 컬렉터 전류와 동일하다.

$$I_{DQ}=I_C \tag{12-14}$$

I_C는 JFET 파라미터의 변화에 무관한 I_{DQ}와 같다. 물론 I_C는 JFET에서 I_{DSS}의 가장 작은 값보다 더 작다고 가정한다. 예를 들어서 [그림 12-29]에 표시된 JFET는 I_{DSS}가 5mA에서 12mA 사이의 크기를 갖는다고 가정하자. 회로에서 I_C가 5mA보다 작다면 JFET의

I_{DQ}는 JFET 자체로 독립적이다. 따라서 I_{CQ}를 원하는 I_{DQ}와 같게 되도록 회로를 설계함으로써 안정된 Q 점이 얻어진다.

비록 전류원 바이어스 회로가 I_D의 가장 안정한 Q 점을 제공할지라도 회로가 복잡하기 때문에 대부분의 응용에 있어서 바람직하지 못하다. 다시 말하자면 여분의 회로 보증이 불충분하기 때문에 향상된 안정성(전압분배기 바이어스에 대해)을 기대하기 어렵다.

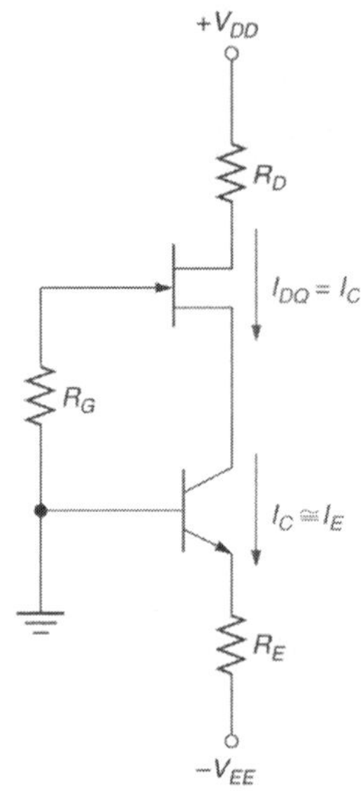

[그림 12-29] 전류원 바이어스

12.2.5 요약(Summary)

JFET 바이어스 회로에서 게이트 바이어스, 자기 바이어스, 전압분배기 바이어스가 가장 일반적으로 사용된다. 이들 각 회로는 각각의 직류 바이어스 선과 회로의 장·단점을 가지고 있다. 3개의 직류 바이어스 회로의 특성은 [그림 12-30]에 요약하였다.

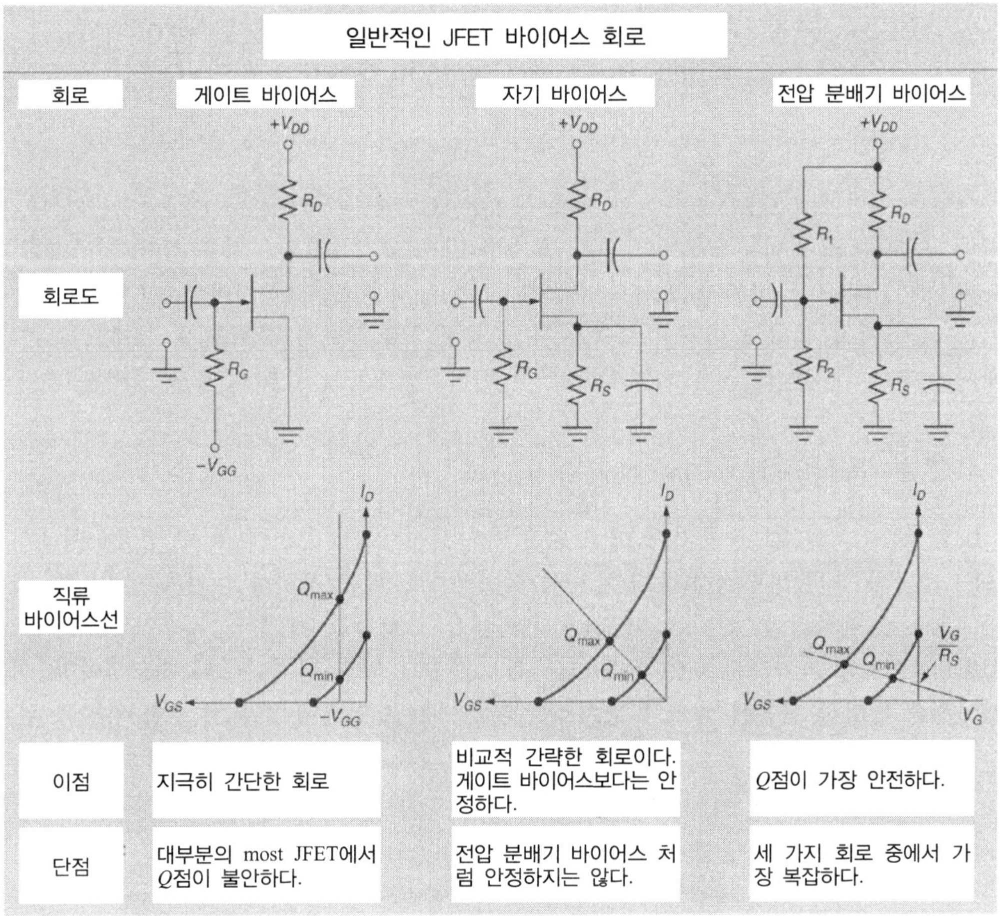

[그림 12-30]

기초 확인문제 12.2

1. 게이트 바이어스의 주요한 단점은 무엇인가?
2. 자기 바이어스에서 어떻게 negative의 V_{GS}를 만드는가?
3. 자기 바이어스 회로에서 직류 바이어스 선을 그리는 과정은 무엇인가?
4. 전압 분배기 바이어스 회로에서 직류 바이어스 선을 그리는 과정은 무엇인가?
5. 스위칭 응용에서 일반적으로 $I_{DQ} \cong 0$으로 설계된다. 회로에 2N5458이 사용될 때 $I_D \cong 0$을 만족하기 위해서는 [그림 12-16]에 표시된 회로를 어떻게 구성해야 하는지를 설명하라.
6. 자기 바이어스에 대응되는 BJT 회로를 설명하라.

12.3 공통 소스 증폭기의 교류 동작특성(AC Operation Characteristic : The Common Source Amplifier)

다양한 측면에서 JFET 증폭기의 교류 동작은 BJT 증폭기의 교류 동작과 유사하다. 하지만 JFET 전달 컨덕턴스에서의 변화 효과와 같은 몇 가지 차이점을 상세히 조사할 필요가 있다. 다음 두 절에서 JFET 증폭기의 교류 동작을 조사할 것이다. 먼저 JFET 증폭기 중에서 가장 폭넓게 이용되는 공통 소스 증폭기에 대해서 살펴보자. 그리고 다음 절에서는 공통 게이트와 소스 활로워(공통 드레인) 증폭기의 교류 동작을 살펴볼 것이다.

12.3.1 동작의 개요(Operation Overview)

BJT 증폭기와 JFET 증폭기는 매우 많은 유사점이 있다. 동시에, 어떤 응용분야에서는 JFET 증폭기가 더 바람직하고 다른 곳에서 사용했을 때는 제한성을 가지는 차이점이 있다. 가장 큰 차이점 중 하나는 JFET는 전압 제어 소자이고 BJT는 전류제어 소자라는 사실이다. 중요한 차이점은 JFET 입력 임피던스는 BJT 입력 임피던스와 대조적이다. 이들 차이점은 특정한 응용에 어느 트랜지스터를 선택할 것인가에 대한 주요한 역할을 한다.

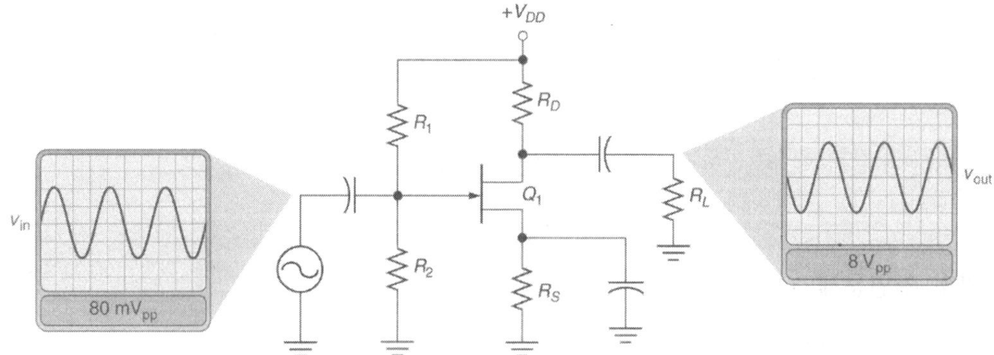

[그림 12-31] 공통 소스 증폭기

일반적으로 JFET 증폭기는 BJT 증폭기와 같은 방법으로 입력신호에 응답한다. [그림 12-31]에는 공통 소스 증폭기가 표시되어 있다. 이것은 공통 이미터 증폭기와 비교되는 JFET 회로이다. 공통 소스 증폭기 회로의 입력과 출력 신호는 공통 이미터 증폭기의 입력과 출력 신호와 매우 유사하다. 두 증폭기는 입력과 출력 사이에 180° 위상차가 발생된다. 두 증폭기는 입력 신호에 대한 전압이득을 제공한다.

공통 소스 증폭기의 소 신호 동작 설명은 [그림 12-32]를 참조하면 더 이해하기 쉽다. 초기 직류 동작 값은 블록에서 수직선 값으로 나타내었다. 입력신호가 자신의 피크 값인

$+2V_{pk}$로 증가될 때 어떤 일이 발생되는가?

1. V_G가 $+10V$로 증가한다.
2. V_{GS}는 $-2V$가 된다. ($V_{GS}=V_G-V_S=10V-12V=-2V$)
3. 전달 컨덕턴스 곡선에서 알 수 있듯이 I_D가 증가하면 V_{GS}는 감소한다.
4. I_D의 증가는 V_D를 감소시킨다. ($V_D=V_{DD}-I_DR_D$)

따라서 입력전압이 증가할 때 출력 전압은 감소한다. 입력 신호가 자신의 negative 피크 값인 $-2V_{pk}$로 감소될 때 어떤 일이 발생되는가?

1. V_G는 $+6V$로 감소한다.
2. V_{GS}는 $-6V$가 된다. ($V_{GS}=V_G-V_S=6V-12V=-6V$)
3. 전달 컨덕턴스 곡선에서 알 수 있듯이 V_{GS}가 증가하면 I_D가 감소한다.
4. I_D를 감소시키면 V_D는 증가한다. ($V_D=V_{DD}-I_DR_D$)

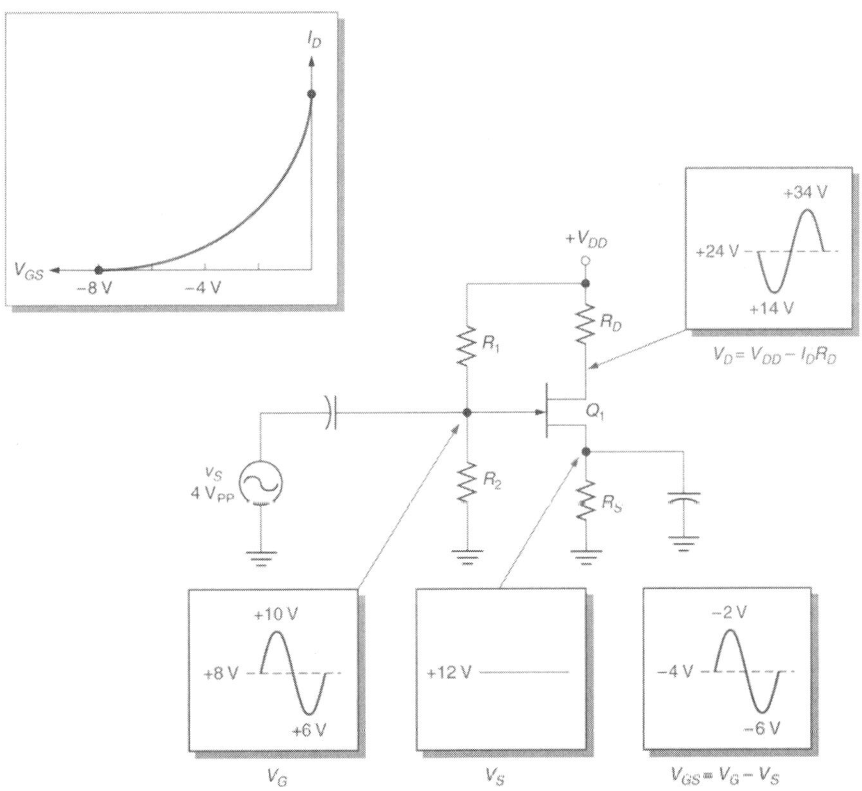

[그림 12-32] 공통소스 증폭기의 교류동작

I_D가 변화하는 경우 V_{GS}가 어떻게 변하는지를 살펴보았다. I_D와 V_{GS}의 크기가 변화하는 사항을 다룸으로써 전달 컨덕턴스의 모든 문제를 파고 들 수 있다. 다음에는 전달 컨덕턴스와 교류 동작의 영향에 대해 살펴보게 될 것이다.

12.3.2 전달 컨덕턴스(Transconductance)

이 장을 통해서 V_{GS} 대 I_D의 그래프인 전달 컨덕턴스 특성곡선을 그려본바 있다. 전달 컨덕턴스는 게이트-소스 전압의 변화에 대한 드레인 전류의 변화 비를 의미한다.

$$g_m = \frac{\Delta I_D}{\Delta V_{GS}} \tag{12-14}$$

여기서 g_m=주어진 V_{GS}에서 JFET의 전달 컨덕턴스
$\Delta I_D = I_D$의 변화량
$\Delta V_{GS} = V_{GS}$의 변화량

을 의미한다. 정격에서 전달 컨덕턴스는 마이크로 지멘스(μS) 혹은 마이크로 모호(μ mhos)로 측정된다. 컨덕턴스가 지멘스 혹은 모호로 측정된다는 것을 기억할 것이다. 이 장을 통해서 몇 개의 전달 컨덕턴스 특성곡선을 그려본 바 있다. 2N5459의 전달컨덕턴스 특성곡선의 최대 값은 교류 계산에서 전달 컨덕턴스를 이용하는 문제 중 한 개를 살펴보면 도움이 될 것이다.

이런 특성곡선을 [그림 12-33]에 표시하고 있다. 두 쌍의 점이 곡선 상에서 선택되었으며 각각 ΔV_{GS}가 1V로 표시되었다. 점 A_1과 A_2는 V_{GS}가 1V 변화하는 것과 일치한다. 그리고 점 B_1과 B_2도 마찬가지이다. 각 쌍의 점에 대해 대응하는 ΔI_P는 다음과 같이 요약된다.

식 (12-14)를 사용하면 변화에 대응하는 g_m을 계산할 수 있다.

$$g_{m(A)} = \frac{\Delta I_D}{\Delta V_{GS}} = \frac{1.25\text{mA}}{1\text{V}} = 1250\mu\text{S}$$

$$g_{m(B)} = \frac{\Delta I_D}{\Delta V_{GS}} = \frac{2.75\text{mA}}{1\text{V}} = 2750\mu\text{S}$$

여러분도 보다시피 g_m은 전체 전달 컨덕턴스 특성곡선에서 상수가 아니다. [그림 12-34]는 세 개의 가능한 직류 바이어스 선을 포함한 단 한 개의 전달 컨덕턴스 특성곡선을 나타내고 있다. 이 세 점에서 동작되는 하나의 JFET는 3개의 g_m으로 나타난다.

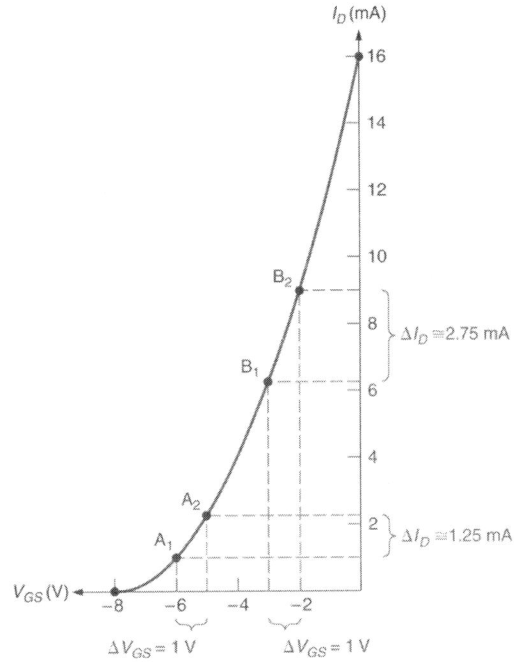

[그림 12-33] 2N5459의 최대 전달 컨덕턴스 특성곡선

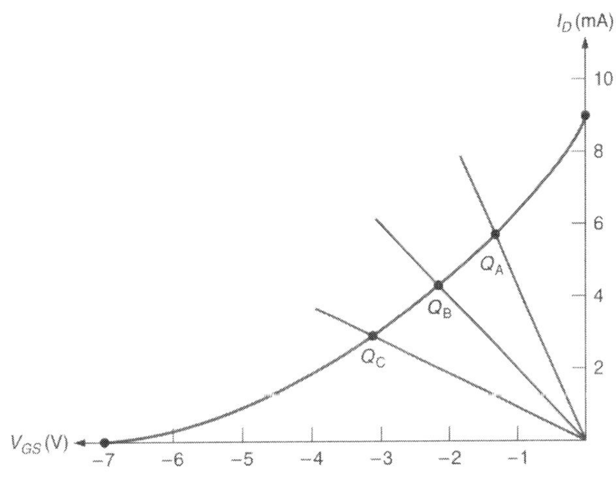

[그림 12-34]

특정한 V_{GS}에서의 g_m을 구하는 공식은 식 (12-15)처럼 표시된다.

$$g_m = g_{m0}\left(1 - \frac{V_{GS}}{V_{GS(off)}}\right) \tag{12-15}$$

여기서 $g_m = V_{GS}$의 특정 값에 대한 전달 컨덕턴스 값

$$g_{m0} = g_m \text{의 최대 값}(V_{GS} = 0\text{V일 때})$$

을 의미한다.【예제 12-11】은 g_m이 특정한 V_{GS}의 응용에서 어떻게 계산되는지를 보여주고 있다.

【예제 12.11】 2N5459는 $g_{m0} = 6000\mu S$의 정격을 가진다. 이런 소자에서 $V_{GS} = -3V$, $-5V$일 때 g_m을 계산하시오. 2N5459의 $V_{GS(off)}$는 $-8V$이다.

풀이 $V_{GS} = -3V$인 경우 g_m의 크기는 $3750\mu S$이다.

$$g_m = g_{m0}\left(1 - \frac{V_{GS}}{V_{GS(off)}}\right) = (6000\mu S)\left(1 - \frac{-3V}{-8V}\right) = (6000\mu S)(0.625) = 3750\mu S$$

$V_{GS} = -5V$인 경우 g_m의 크기는 $2250\mu S$이다.

$$g_m \equiv (6000\mu S)\left(1 - \frac{-5V}{-8V}\right) = (6000\mu S)(0.375) = 2250\mu S$$

(실전 연습문제 12-11)

2N5486는 $g_{mo} = 8000\mu S$의 최대 값과 $V_{GS(off)} = -6V$의 정격을 가진다. 이런 값을 이용해서 $V_{GS} = -2V$와 $V_{GS} = -4V$에서의 g_m을 계산하시오.

▶▶ $g_m = 5.333\mu s$, $V_{GS} = -2V$, $g_m = 2667\mu s$, $V_{GS} = -4V$

대부분의 스펙에는 g_{m0}가 y_{fs}나 g_{fs}로 표시된다. 주어진 최대 전달 컨덕턴스 값이 없다면 g_{m0}는 식 (12-16)처럼 근사화 시킬 수 있다.

$$g_{m0} \cong \frac{2I_{DSS}}{|V_{GS(off)}|} \tag{12-16}$$

식 (12-16)은 정확한 g_{mo}의 값은 아니지만 구해진 값은 마치 근사치로 취급되기에 충분하다.

12.3.3 증폭기의 전압 이득(Amplifier Voltage Gain)

JFET 증폭기의 교류 동작은 V_{GS}의 직류 값에서 g_m과 밀접한 관계가 있다. [그림 12-35 (a)]에 표시된 공통 소스 JFET 증폭기의 교류 등가회로를 살펴보자. [그림 12-35 (b)]에서 바이어스 저항 R_1과 R_2는 한 개의 병렬 등가저항 r_G로 대체되었다. 또한 드레인 저항 R_D와 부하저항 R_L은 한 개의 병렬 등가저항 r_D로 대체되었다. 이것은 마치 BJT 증폭기에서 고찰한바 있는 표준 교류 등가회로이다.

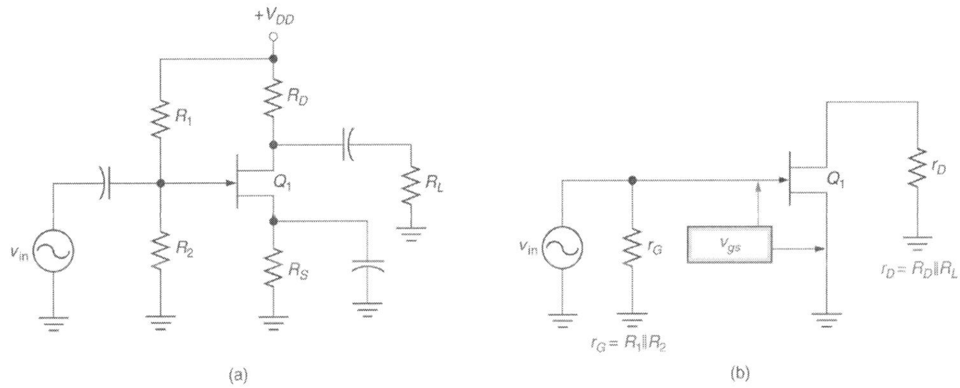

[그림 12-35]

[그림 12-35 (b)]에서 전압 이득은 식 (12-17)처럼 표시된다.

$$A_v = g_m r_D \tag{12-17}$$

식 (12-17)은 JFET 증폭기의 또 다른 문제점을 지적하고 있다. 여러분도 보다시피 A_v는 g_m에 의존하게 된다.

1. g_m은 V_{GS}에 의존하는 값이다.
2. V_{GS}는 JFET의 종류에 따라서 가변된다.

이것은 증폭기의 전압이득은 각각의 JFET마다 변화한다는 결론을 얻을 수 있다. 이것의 예를 【예제 12-12】에서 설명하였다.

【예제 12.12】 [그림 12-36]에 표시된 증폭기에서 A_v의 최대 값과 최소 값을 구하시오. 2N5459는 $V_{GS(off)} = -8\text{V}$에서 $g_{m0} = 6000\mu\text{S}$, $V_{GS(off)} = -2\text{V}$에서 $g_{m0} = 2000\mu\text{S}$의 정격을 갖는다고 가정한다.

풀이 증폭기의 전달 컨덕턴스 특성곡선과 직류 바이어스 선은 [그림 12-36 (b)]에 표시된 것과 같고 V_{GS}의 최대 값과 최소 값은 -5V와 -1V이다. $V_{GS(off)}$와 V_{GS}의 최대 값을 이용하면 g_m은 $2250\mu\text{S}$로 구해진다.

$$g_m = g_{m0}\left(1 - \frac{V_{GS}}{V_{GS(off)}}\right) = (6000\mu\text{S})\left(1 - \frac{-5\text{V}}{-8\text{V}}\right) = 2250\mu\text{S}(\text{maximum})$$

$V_{GS(off)}$와 V_{GS}의 최소 값을 이용하면 g_m은 $1250\mu\text{S}$로 구해진다.

$$g_m = (2000\mu\text{S})\left(1 - \frac{-0.75\text{V}}{-2\text{V}}\right) = 1250\mu\text{S}(\text{minimum})$$

r_D는 7.58kΩ으로 구해진다.

$$r_D = R_D \| R_L = 7.58\text{k}\Omega$$

A_v의 최대 값은 17.1이다.

$$A_v = r_D g_{m(\max)} = (7.58\text{k}\Omega)(2250\mu\text{S}) = 17.1$$

A_v의 최소 값은 9.48이다.

$$A_v = r_D g_{m(\min)} = (7.58\text{k}\Omega)(1250\mu\text{S}) = 9.48$$

(실전 연습문제 12-12)

실전 연습문제 12-9에서 설명된 증폭기가 4.7kΩ의 부하저항을 가진다. 2N5486은 4000μS에서 8000μS의 g_{m0}를 갖는다. 실전 연습문제 12-9로부터 V_{GS}를 이용하고 증폭기의 A_v를 구하시오.

▶▶ $A_v = 3.25$에서 6.24

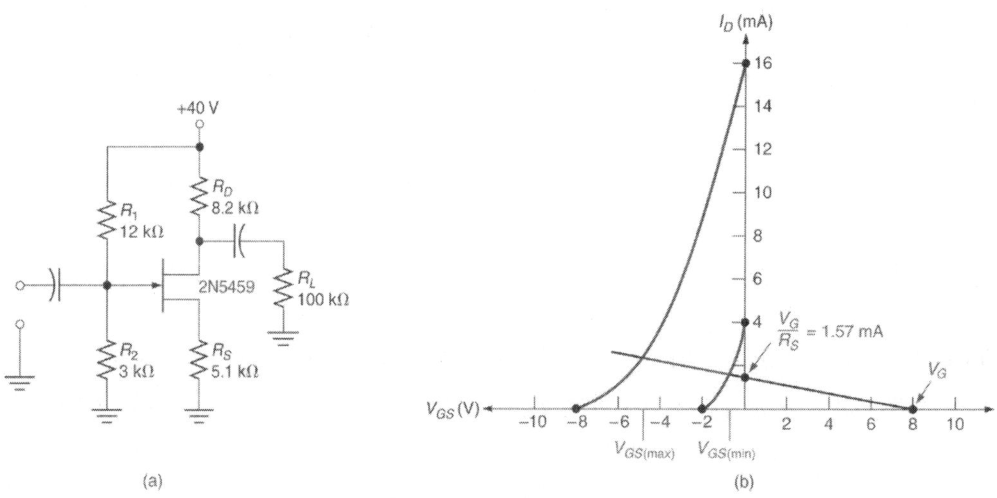

[그림 12-36]

12.3.4 식 (12-17)의 기초(The Basic for Equation 12-17)

[그림 12-35 (b)]에 표시된 교류 등가회로의 출력은 식 (12-18)처럼 표시된다.

$$v_{\text{out}} = i_d r_D \quad (12\text{-}18)$$

여기서 v_{out} = 출력신호 전압

i_d = 증폭기 입력 신호에 의한 I_D의 변화량

을 의미한다. g_m은 식 (12-14)에서 정의된 것처럼 $g_m = \dfrac{\Delta I_D}{\Delta V_{GS}}$으로 정의된다. 이 식을 다시 쓰면 식 (12-19)가 유도된다.

$$g_m = \frac{i_d}{v_{gs}} \tag{12-19}$$

여기서 v_{gs}는 증폭기 입력 신호에 의한 V_{GS}의 변화량으로 입력 신호와 같다. 식 (12-19)는 $i_d = g_m v_{gs}$로 표시할 수 있고 이 식을 식 (12-18)에 대입하면 식 (12-20)이 유도된다.

$$v_{\text{out}} = g_m v_{gs} r_D \tag{12-20}$$

전압이득 A_v는 입력 전압에 대한 출력전압의 비로 나타낸다.

$$A_v = \frac{v_{\text{out}}}{v_{\text{in}}}$$

식 (12-20)을 다시 정리하면 공통 소스 JFET 증폭기의 전압 이득은 $\dfrac{v_{\text{out}}}{v_{\text{in}}} = g_m r_D$ $(v_{\text{in}} = v_{gs})$ 혹은 $A_v = g_m r_D$로 표시되는데 이것이 바로 식 (12-17)이다.

12.3.5 JFET 스왐핑(JFET Swamping)

BJT 증폭기가 $r_e{}'$의 가변 효과를 줄이기 위해 스왐핑 되는 것처럼 JFET 증폭기도 g_m의 가변 효과를 줄이기 위해 스왐핑 된다. [그림 12-37] 표시된 것처럼 스왐핑 JFET 증폭기는 스왐핑 BJT 증폭기와 매우 유사하다.

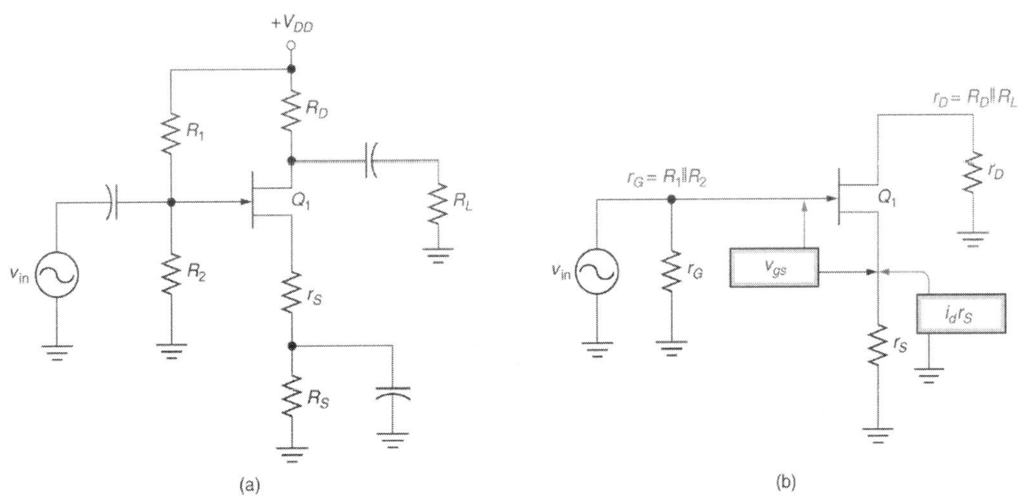

[그림 12-37] 스왐핑된 공통 소스 증폭기

여러분도 그림에서 확인 했겠지만 BJT 스왐핑 증폭기에서 이미터 저항이 부분적으로 바이패스 되는 것처럼 공통 소스 증폭기의 소스 저항도 부분적으로 바이패스 된다.

스왐핑 JFET 증폭기의 전압이득은 식 (12-21)처럼 구해진다.

$$A_v = \frac{r_D}{r_s + (1/g_m)} \tag{12-21}$$

만약 $r_s \gg 1/g_m$이라면 저항은 g_m의 가변 효과를 없앨 것이다. 이것의 예는 【예제 12-13】에서 설명된다.

【예제 12.13】 [그림 12-38]에 표시된 회로의 전압 이득의 최대 값과 최소 값을 구하시오.

풀이 기본적으로 [그림 12-38]에 표시된 회로와 [그림 12-36]에 표시된 회로는 동일하다. 소스 회로에서 100Ω의 차이가 나도 【예제 12-12】에서 구해진 값을 변화시킬 만큼 충분하지 않다. 그래서 이 예제에서는 이런 값들을 이용할 것이다. 【예제 12-12】와 [그림 12-38]에서 구해진 값을 이용하면 A_v의 최대 값은 2.87로 구해진다.

$$A_v = \frac{r_D}{r_s + (1/g_m)} = \frac{7.58\text{k}\Omega}{2.2\text{k}\Omega + 444\Omega} = 2.87$$

A_v의 최소 값은 2.37로 구해진다.

$$A_v = \frac{r_D}{r_s + (1/g_m)} = \frac{7.58\text{k}\Omega}{2.2\text{k}\Omega + 1\text{k}\Omega} = 2.37$$

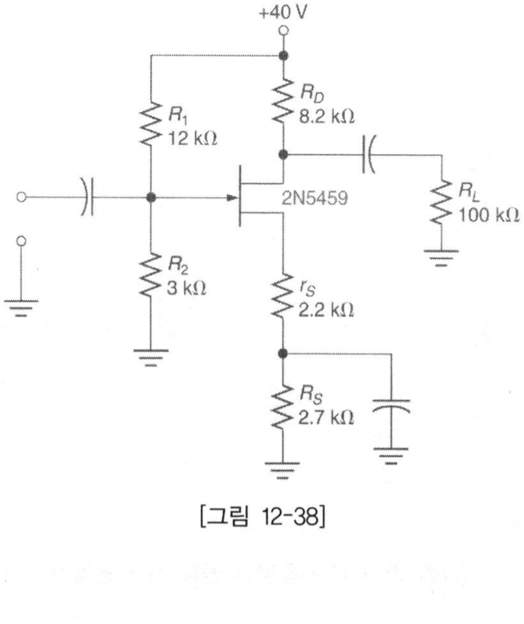

[그림 12-38]

(실전 연습문제 12-13)

스왐핑 JFET 증폭기가 $r_D = 6.6\text{k}\Omega$, $r_s = 1.5\text{k}\Omega$, $g_m = 2000 \sim 4000\mu\text{S}$를 가진다고 가정하고 회로의 A_v 범위를 결정하시오.

▶▶ $A_v = 3.3$에서 3.77

여러분도 보다시피 A_v의 안정성은 표준 공통 소스 증폭기보다 스왐핑 증폭기가 훨씬 우수하다. 【예제 12-13】은 스왐핑을 이용하는 경우 한 가지의 단점을 나타내고 있다. 만약 【예제 12-12】와 【예제 12-13】에서 A_v 값을 비교해 보면 JFET 증폭기가 스왐핑 되면 약간의 이득이 손실된다는 점을 주목해야 한다. 이것은 스왐핑 BJT 증폭기에서 다루었던 것과 같은 문제이다. 증폭기에 스왐핑를 사용하면 안정성은 향상되지만 약간의 전압 이득은 잃게 된다. A_v는 더욱 안정되지만 스왐핑이 없는 것보다는 훨씬 낮아진다.

12.3.6 식 (12-21)의 기초(The Basic for Equation 12-21)

[그림 12-37 (b)]에 표시된 회로의 입력 전압은 게이트-소스 회로와 병렬이다. 이런 이유 때문에 v_{in}은 v_{gs}와 r_s 양단 전압의 합과 당연히 같아야 한다.

$$v_{\text{in}} = v_{gs} + i_d r_s$$

$i_d = v_{gs} g_m$이므로 위 식은 $v_{\text{in}} = v_{gs} + v_{gs} g_m r_s$ 혹은 $v_{\text{in}} = v_{gs}(1 + g_m r_s)$로 다시 쓸 수 있다.

증폭기의 전압이득은 $A_v = \dfrac{v_{\text{out}}}{v_{\text{in}}} = \dfrac{g_m v_{gs} r_D}{v_{gs}(1 + g_m r_s)}$로 구해진다.

위 식에서 v_{gs}를 제거하면 $A_v = \dfrac{g_m r_D}{(1 + g_m r_s)}$가 구해진다.

결국 분자, 분모에 $\dfrac{1/g_m}{1/g_m}$을 곱하면

$$A_v = \frac{r_D}{r_s + (1/g_m)}$$

이 구해진다. 이 식이 바로 식 (12-21)이다.

12.2.7 증폭기 입력 임피던스(Amplifier Input Impedance)

JFET의 지극히 높은 입력 임피던스 때문에 JFET 증폭기의 입력 임피던스는 유사한 BJT 증폭기보다 더 높다. 게이트 바이어스와 자기 바이어스 회로에서 입력 임피던스는 식 (12-22)처럼 표시된다.

$$Z_{\text{in}} \cong R_G \tag{12-22}$$

전압분배기 바이어스 증폭기에서 Z_{in}은 식 (12-23)처럼 구해진다.

$$Z_{in} \cong R_1 \| R_2 \tag{12-23}$$

【예제 12-14】는 JFET 증폭기는 BJT 증폭기보다 Z_{in}이 더 높다는 사실을 예로 들었다.

【예제 12.14】 [그림 12-39]에 표시된 증폭기의 Z_{in}을 구하시오.

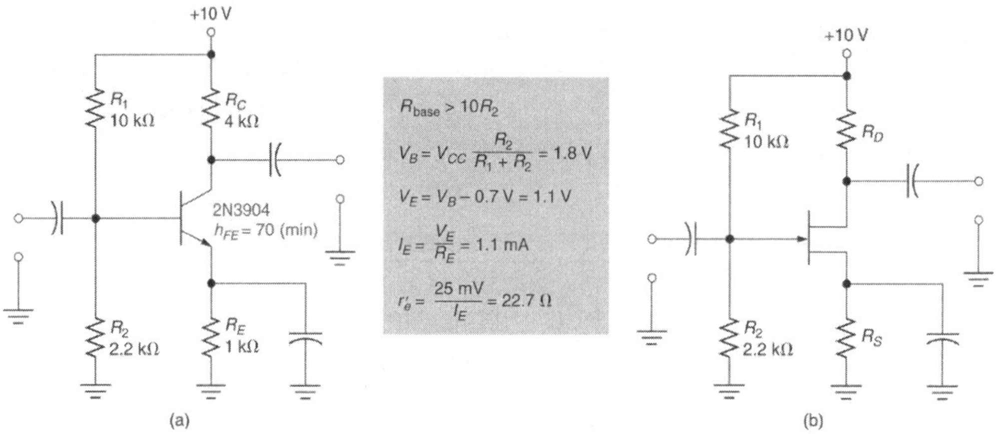

[그림 12-39]

풀이 [그림 12-39]는 BJT 증폭기에서 r_e'를 결정하기 위한 계산과정을 나타내고 있다. 2N3904의 h_{fe}는 $I_C = 1\text{mA}$에서 200이다. 그림에 표시된 값을 이용하면 BJT 증폭기의 입력 임피던스는 다음과 같이 구해진다.

$$Z_{in} = R_1 \| R_2 \| h_{fe} r_e' = 1.29\text{k}\Omega$$

JFET 증폭기의 입력 임피던스는 1.8kΩ으로 구해진다.

$$Z_{in} \cong R_1 \| R_2 = 1.8\text{k}\Omega$$

따라서 동일한 바이어스 저항을 이용하면 JFET 증폭기는 BJT 증폭기보다 전체 Z_{in}이 더 높게 될 것이다.

FET 증폭기의 높은 입력 임피던스로 인하여 구동하는 증폭기 회로에 더 적은 부하를 제시한다. 따라서 어떤 다단증폭기에서 만약 부하가 BJT 증폭기가 아닌 JFET 증폭기라면 증폭기의 전체 이득은 높게 될 것이다. 【예제 12-15】는 이의 이해를 돕기 위한 예이다.

【예제 12.15】 【예제 12-12】에서 증폭기는 【예제 12-14】에서 표시된 증폭기를 사용하

였다. 구동 증폭기의 g_m은 2000μS이다. 각 부하 증폭기가 출력과 연결되어 있을 때 구동 증폭기의 A_v를 구하시오.

풀이 BJT 증폭기가 부하일 때 [그림 12-36]에서 r_D는 1.11kΩ으로 구해진다.

$$r_D = R_D \| Z_{\text{in}} = 8.2\text{k}\Omega \| 1.29\text{k}\Omega = 1.11\text{k}\Omega$$

이런 부하를 가질 때 증폭기의 전압이득은 2.22이다.

$$A_v = g_m r_D = (2000\mu\text{S})(1.11\text{k}\Omega) = 2.22$$

JFET 증폭기가 부하일 때 [그림 12-36]에서 r_D는 1.48kΩ으로 구해진다.

$$r_D = R_D \| Z_{\text{in}} = 8.2\text{k}\Omega \| 1.8\text{k}\Omega = 1.48\text{k}\Omega$$

이런 부하를 가질 때 증폭기의 전압이득은 2.96이다.

$$A_v = g_m r_D = (2000\mu\text{S})(1.48\text{k}\Omega) = 2.96$$

따라서 [그림 12-36]에 표시된 회로의 이득은 BJT 증폭기로 구동할 때보다 JFET 증폭기로 구동할 때가 더 높다.

12.3.8 요약(One Final Note)

이 절에서의 대부분 내용은 전압분배기로 바이어스된 JFET 증폭기에 관련된다. 만약 게이트 바이어스와 자기 바이어스 회로를 교류 등가 회로로 유도한다면 이런 교류 등가 회로는 마치 전압분배기 바이어스 등가 회로와 같다는 것을 알게 될 것이다. 이러한 이유로 이와 같은 다른 바이어스 회로는 이 절에서 논하지 않는다.

이 절에서 JFET 공통 소스 증폭기는 공통 이미터 증폭기와 비교했을 때 높은 입력 임피던스를 가지는 것을 알았다. 그리고 JFET의 전압이득은 JFET의 전달 컨덕턴스가 변화할 때 값이 낮게 변하게 된다는 것을 알게 되었다. JFET의 스왐핑에 의해서 전달 컨덕턴스가 변화할 때 전압이득에서의 변화를 줄일 수 있었다. 그러나 전압이득에서 안정성이 증가하는 것은 더 낮은 전압이득의 대가로 얻어진다.

기초 확인문제 12.3

1. 교류 입력 신호에 응답하는 공통 소스 증폭기 회로를 설명하라.
2. 전달 컨덕턴스란 무엇인가?
3. 전달 컨덕턴스의 단위란 무엇인가?

4. g_m과 전달 컨덕턴스 특성곡선상의 Q 점의 위치는 어떤 관계를 갖는가?
5. JFET 증폭기의 전압 이득과 회로의 V_{GS} 사이에는 어떤 관계가 있는가?
6. JFET 증폭기의 스왐핑 목적은 무엇인가?
7. JFET 증폭기의 입력 임피던스와 BJT 증폭기의 입력 임피던스는 어떻게 비교되는가?

12.4 교류 동작 특성 : 공통 드레인 및 공통 게이트 증폭기(AC Operation Characteristic : Common Drain and Common Gate Amplifier)

공통 드레인과 공통 게이트 구성은 공통-컬렉터와 공통 베이스 BJT 증폭기에 대한 JFET 등가 회로이다. 이 절에서는 이들 증폭기에 대해서 간단히 살펴보기로 하자.

12.4.1 공통 드레인(소스 활로워) 증폭기(The Common Drain Amplifier (Source Follower)

소스 활로워는 자신의 게이트에 입력 신호를 인가하고 자신의 소스 단자로부터 출력 신호가 얻어진다. 이런 증폭기의 입·출력 신호는 동위상(in phase)이므로 소스 활로워라고 부른다. 기본 소스 활로워가 [그림 12-40]에 표시되어 있다.

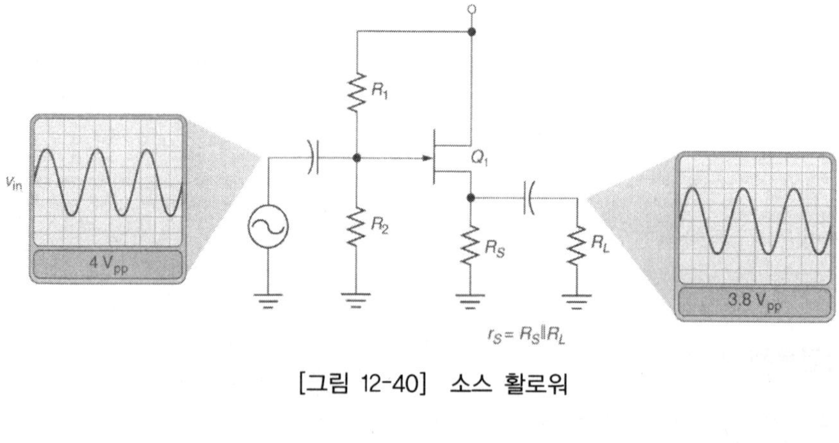

[그림 12-40] 소스 활로워

소스 활로워의 특성은 이미터 활로워와 등가로 다음과 같이 요약된다.

- 입력 임피던스 : 높음
- 출력 임피던스 : 낮음
- 이득 : $A_v < 1$

입력과 출력 임피던스 특성으로 인해서 소스 활로워는 임피던스 정합 회로에 주로 사용된다. 다시 말하자면 높은 임피던스 신호원을 낮은 임피던스 부하와 결합시키는데 사용된다. 10장을 돌이켜 생각해 보면 이미터 활로워가 이런 목적을 위해 사용되었다. 소스 활로워의 전압 이득 A_v는 식 (12-25)처럼 구해진다.

$$A_v = \frac{r_s}{r_s + (1/g_m)} \tag{12-24}$$

여기서 $r_s = R_S \| R_L$이다. 식 (12-24)의 기본원리는 [그림 12-40]에 표시된 소스 활로워와 [그림 12-37]에 표시된 스왐핑 공통 소스 증폭기를 비교해 보면 알기 쉽다. 여러분도 보다시피 두 회로는 모두 바이패스 되지 않은 소스 저항을 가지고 있다. 따라서 두 회로의 전압이득은 동일한 기본 식에 의해 계산된다. 단지 차이점은 다음과 같다.

1. 소스 활로워에서 바이패스 되지 않은 소스 저항은 회로의 부하저항 R_L과 소스 저항 R_S의 병렬 합성저항이다.
2. 소스 활로워 회로에서 출력 전압은 r_s 양단에 나타난다. 따라서 r_s는 스왐핑 증폭기 식에서 r_D와 교체할 수 있다.

식 (12-24)의 분모와 분자에 r_s가 나타나므로 소스 활로워의 A_v는 항상 1보다 작다. 증폭기의 높은 입력 임피던스는 JFET의 높은 Z_{in}에 의해서 발생된다. 공통 소스 증폭기에서 증폭기의 전체 입력 임피던스는 입력 회로의 병렬 등가 저항과 같다. 전압분배기 바이어스를 사용할 때 Z_{in}은 식 (12-25)처럼 표시된다.

$$Z_{\text{in}} = R_1 \| R_2 \tag{12-25}$$

게이트 바이어스 혹은 자기 바이어스가 사용될 때는 식 (12-26)이 성립된다.

$$Z_{\text{in}} = R_G \tag{12-26}$$

또한 게이트의 높은 입력 임피던스는 Z_{in} 계산에서 제거된다. 증폭기의 출력 임피던스는 [그림 12-41]에 표시된 등가회로를 사용해서 설명된다.

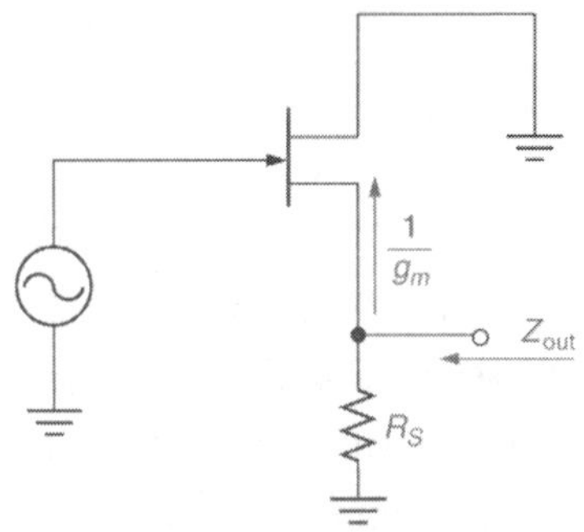

[그림 12-41]

그림에 표시된 것처럼 소스 저항이 JFET의 입력 저항과 병렬로 된다. 따라서 증폭기의 출력 임피던스는 식 (12-27)처럼 구해진다.

$$Z_{\text{out}} = R_S \| \frac{1}{g_m} \tag{12-27}$$

식 (12-27)은 Z_{out}이 항상 낮은 이유는 무엇인가를 설명하고 있다. g_m의 정상적인 범위는 1000μS 이상이다. g_m이 1000μS인 경우

$$\frac{1}{g_m} = \frac{1}{0.001} = 1\text{k}\Omega$$

위의 계산식에서 g_m의 가장 작은 값을 사용했기 때문에 $\frac{1}{g_m}$은 1kΩ보다 작다고 말해도 된다. 병렬 회로의 전체 저항은 개별적인 저항보다 작기 때문에 Z_{out}은 1kΩ보다 작다고 말할 수 있다. 【예제 12-16】은 소스 활로워의 회로 해석과정을 설명하고 있다. 또한 소스 활로워는 높은 Z_{in}, 낮은 Z_{out}, 전체 전압이득이 1보다 작다는 사실을 나타내고 있다.

【예제 12.16】 [그림 12-42]에 표시된 회로의 Z_{out}과 A_v의 최소 값과 최대 값을 결정하시오. 또한 회로의 Z_{in}을 결정하시오.

풀이 [그림 12-42 (b)]에서 직류 바이어스 선을 이용하면 V_{GS}의 최소 값과 최대 값이 −0.5V와 −5V로 되는 것을 알 수 있다. 2N5459의 스펙에는 $V_{GS(off)} = -8\text{V}$인 경우 $g_{m0} = 6000\mu\text{S}$, $V_{GS(off)} = -2\text{V}$인 경우 $g_{m0} = 2000\mu\text{S}$로 정격이 표시된다. 이런 값들은 g_m의 최대 값과 최소 값을 결정하기 위한 V_{GS}의 최대 값과 최소 값으로 이용된다.

$$g_m = g_{m0}\left(1 - \frac{V_{GS}}{V_{GS(off)}}\right) = (2000\mu\text{S})\left(1 - \frac{-0.5\text{V}}{-2\text{V}}\right) = 1500\mu\text{S(minimum)}$$

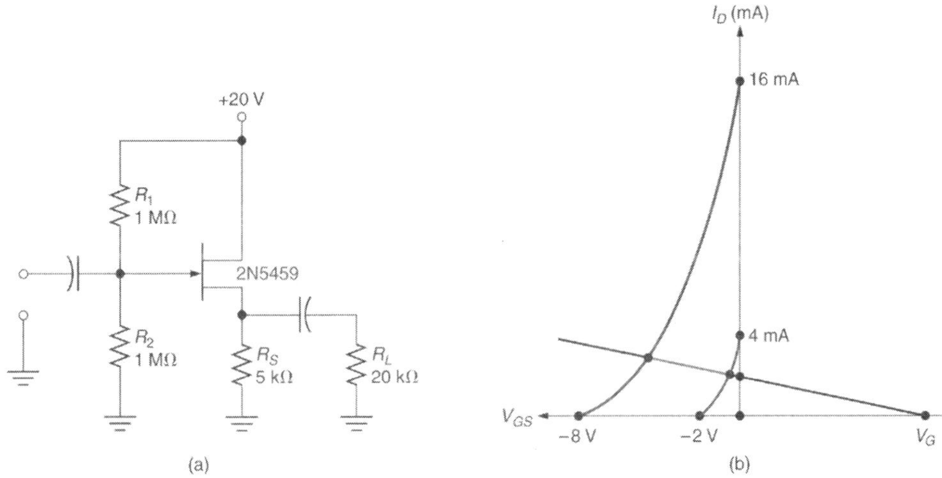

[그림 12-42]

$$g_m = g_{m0}\left(1 - \frac{V_{GS}}{V_{GS(off)}}\right) = (6000\mu S)\left(1 - \frac{-5V}{-8V}\right) = 2250\mu S(\text{maximum})$$

r_s는 4.1kΩ으로 구해진다.

$$r_s = R_S || R_L = 5.1k\Omega || 20k\Omega = 4.1k\Omega$$

g_m의 최대 값을 사용하면 A_v의 최대 값은 0.902로 구해진다.

$$A_v = \frac{r_S}{r_S + \left(\frac{1}{g_m}\right)} = \frac{4.1k\Omega}{4.1k\Omega + 667\Omega} = 0.860$$

g_m의 최소 값을 사용하면 A_v의 최소 값은 0.860으로 구해진다.

$$A_v = \frac{r_s}{r_s + \left(\frac{1}{g_m}\right)} = \frac{4.1k\Omega}{4.1k\Omega + 444\Omega} = 0.902$$

g_m의 최대 값과 최소 값을 이용하면 Z_{out}의 최소 값과 최대 값은 600Ω과 480Ω으로 구해진다.

$$Z_{out} = R_S || \frac{1}{g_m} = 5.1k\Omega || 667\Omega = 600\Omega$$

$$Z_{out} = R_S || \frac{1}{g_m} = 5.1k\Omega || 444\Omega = 408\Omega$$

마지막으로 Z_{in}은 500kΩ으로 구해진다.

$$Z_{in} = R_1 \| R_2 = 500\text{k}\Omega$$

(실전 연습문제 12-16)

[그림 12-42]에 표시된 증폭기로 2N5486이 사용된다고 가정하고 회로의 Z_{out}과 A_v의 범위를 결정하시오.

▶▶ $A_v = 0.889$에서 0.923, $Z_{out} = 312\Omega$에서 455Ω

【예제 12-16】은 여러 가지를 보여주고 있다. 첫 번째 소스 활로워는 높은 입력 임피던스와 낮은 출력 임피던스를 나타내는 사실을 예를 들어 설명하였다. Z_{out}이 최대 값일 때 Z_{in}에 대한 Z_{out}의 비는 거의 850 : 1이 된다. 그리고 g_m, A_v, Z_{out} 사이의 관계를 또한 예를 들어 설명하였다. g_m이 최대 값일 때 A_v는 최대가 되고 Z_{out}은 최소가 된다. 그 역도 성립한다. 이러한 관찰을 기초로 하여 소스 활로워는 다음과 같은 관계를 가진다고 말할 수 있다.

1. A_v는 g_m에 비례한다.
2. Z_{out}은 g_m에 반비례한다.

항상 Z_{in}은 g_m과 관련이 없다. 소스 활로워는 높은 입력 임피던스와 낮은 출력 임피던스 그리고 1보다 작은 전압이득을 가지는 JFET 증폭기이다. 이제는 공통 게이트 증폭기에 대해 살펴보기로 하자.

12.4.2 공통 게이트 증폭기(The Common Gate Amplifier)

공통 게이트 증폭기는 자신의 소스 단자에 입력신호를 인가하고 자신의 드레인 단자에서 출력신호가 제공된다. 기본적인 공통 게이트 증폭기를 [그림 12-43]에 표시했다. 공통 게이트 증폭기의 특성은 다음과 같이 요약된다.

- 입력 임피던스 : 낮다.
- 출력 임피던스 : 높다(Z_{in}과 비교하여)
- 이득 : $A_v > 1$

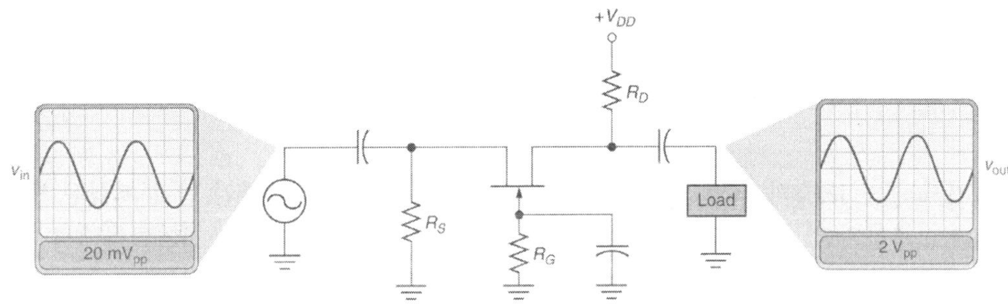

[그림 12-43] 공통 게이트 증폭기

공통 베이스 회로처럼 공통 게이트 증폭기는 낮은 임피던스 신호원을 높은 임피던스 부하와 결합하기 위해서 사용된다. 이런 점에서 공통 게이트 회로(소스 활로워처럼)는 임피던스 정합 회로에 이용된다. 또한 공통 베이스 증폭기처럼 공통 게이트 증폭기의 A_v는 1보다 크다. 공통 소스 증폭기처럼 공통 게이트 증폭기의 전압이득은 전달 컨덕턴스와 드레인 저항의 곱과 같다.

$$A_v = g_m r_D$$

12장 3절에서 이 식을 유도한 바 있다. 공통 게이트 증폭기의 입력신호는 소스에 인가된다. [그림 12-41]에 표시된 것처럼 소스의 임피던스는 R_S와 $1/g_m$이 병렬로 연결된다. 따라서 공통 게이트 증폭기의 입력 임피던스는 식 (12-29)처럼 표시할 수 있다.

$$Z_{in} = R_S \| \frac{1}{g_m} \tag{12-28}$$

앞에서 언급한 것처럼 소스 활로워의 Z_{out}을 표시하는 식 (12-27)과 동일하다. 공통 게이트 증폭기의 입력 임피던스는 소스 활로워의 출력 임피던스처럼 같은 단자(소스 단자)에서 측정된다.

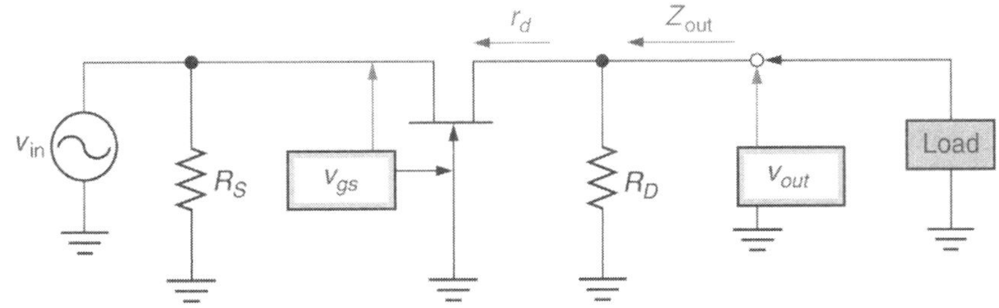

[그림 12-44] 공통 게이트 증폭기의 교류 등가회로

[그림 12-44]에서 출력 임피던스는 JFET 드레인 저항과 R_D의 병렬 합성저항으로 구성되어 있는 것을 보여주고 있다.

$$Z_{out} = R_D \| r_d \tag{12-29}$$

여기서 r_d는 JFET의 드레인 단자 저항을 의미한다. JFET의 드레인 단자 저항은 또 다른 JFET 파라미터 출력 어드미턴스 y_{os}를 이용하여 계산된다. 기초 전자공학에서 배운 바와 같이 어드미턴스는 임피던스의 역수이다. 따라서 JFET의 드레인 저항은 y_{os}의 역수에 의해서 결정된다.

$$r_d = \frac{1}{y_{os}} \tag{12-30}$$

r_d는 R_D보다 크다. 이런 이유 때문에 출력 임피던스는 보통 식 (12-32)처럼 표시된다.

$$Z_{out} \cong R_D \tag{12-31}$$

【예제 12-17】은 이 점의 예를 나타내고 있다.

【예제 12.17】 [그림 12-45]에 표시된 JFET의 r_d를 구하시오. 또한 Z_{out}의 정확한 값과 근사치를 결정하시오.

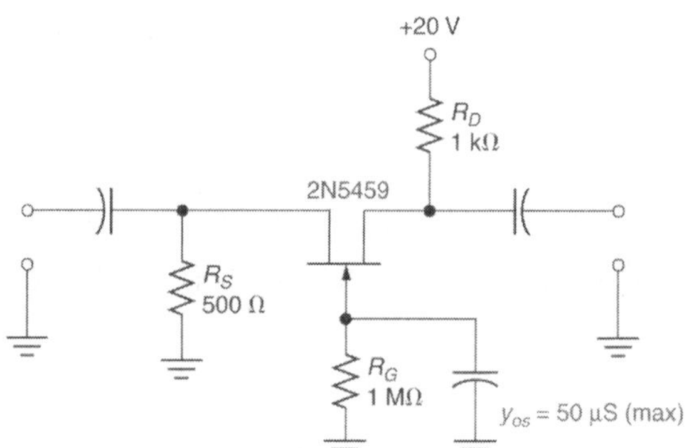

[그림 12-45]

풀이 2N5459의 스펙에는 $y_{os} = 50\mu S$로 최대 값이 기재되어 있다. 이 값을 이용하면 r_d의 최소 값은 20kΩ으로 구해진다.

$$r_d = \frac{1}{y_{os}} = \frac{1}{50\mu S} = 20k\Omega$$

이런 r_d값을 이용하면 Z_{out}의 최소 값은 952Ω으로 구해진다.

$$Z_{out} = R_D \| r_d = 1\text{k}\Omega \| 20\text{k}\Omega = 952\Omega$$

Z_{out}의 근사치는 1kΩ으로 구해진다.

$$Z_{out} \cong R_D = 1\text{k}\Omega$$

【예제 12-17】에서 y_{os}의 최대 값은 r_d의 최소 값을 구하기 위해서 사용된다. 이것은 한 가지 사항을 예시한다. r_d의 최소 값이 이용되면 Z_{out}의 정확한 값은 근사치의 10% 이내이다. 만약 r_d의 어떤 높은 값을 사용한다면 Z_{out}의 정확한 값과 근사치는 서로 비슷하다. 예를 들면, 2N5459 사양에 전형적인 y_{os}= 10μS이다. 이 값을 이용하면 r_d는 100kΩ이 된다. 이때 Z_{out}은 990Ω이 된다. 이것은【예제 12-17】에서 구한 값보다 Z_{out}의 근사치에 더욱 더 가깝다. 따라서 식 (12-32)는 모든 경우에 있어서 유효하다.

공통 게이트 회로의 설명에서 단지 자기 바이어스 회로만 이용하였다. 이것은 공통 게이트 회로에서 사용된 바이어스의 유일한 형태는 아니다. [그림 12-46]은 공통 게이트 응용에 전압분배기 바이어스가 어떻게 이용되는가를 보여주고 있다. 이제 대부분의 기본적인 JFET 회로를 다루었다. JFET를 사용하는 다른 회로는 이 책의 나머지 부분을 통해서 적절한 곳에서 논의될 것이다.

12.4.3 요약(Summary)

공통 소스, 소스 활로워, 공통 게이트 증폭기의 이득과 임피던스 특성을 나타내었다. 이런 세 개의 증폭기의 특성을 [그림 12-46]에 요약하였다.

기초 확인문제 12.4

1. 소스 활로워의 이득과 임피던스 특성은 무엇인가?
2. 소스 활로워의 A_v 범위를 결정하기 위한 단계를 순서대로 나열하라.
3. 공통 게이트 증폭기의 이득과 임피던스 특성은 무엇인가?
4. Z_{out}의 정확한 값과 근사치를 결정하기 위한 단계를 순서대로 나열하라.

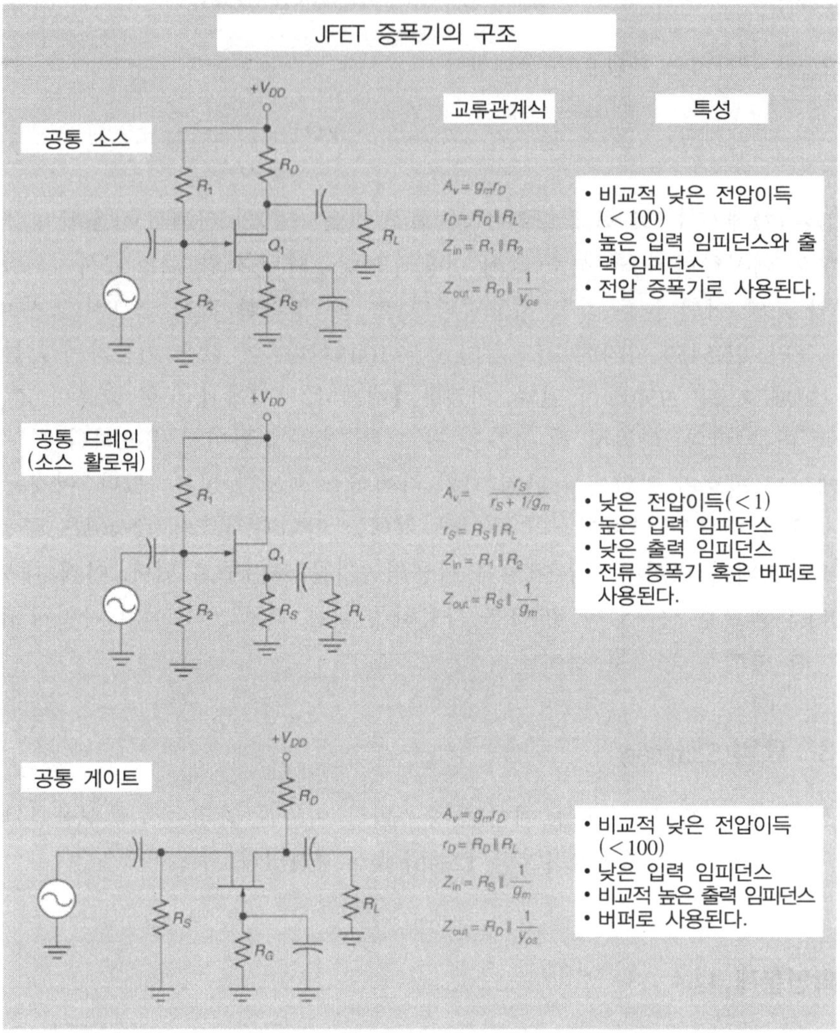

[그림 12-46]

12.5 FET 회로의 고장진단 및 수리(Troubleshooting JFET Circuits)

JFET 증폭기 회로의 고장진단 및 수리의 주요 장점 중의 하나는 JFET가 단 한 개의 접합만을 가지기 때문에 고장 진단이 쉽다는 사실이다. 여러분도 보다 시피 회로로부터 JFET를 제거하지 않고도 고장수리를 할 수 있다. 또한, JFET 회로를 고장진단 및 수리하는데 사용되는 과정은 BJT 증폭기의 고장 진단 및 수리에서 사용하였던 것과 동일한 방식으로 진행된다.

12.5.1 JFET 고장(JFET Faults)

JFET의 고장은 펑크 난 타이어처럼 찾기가 어렵다. 그 이유는 고장을 발생시키는 접합이 오직 한 개이기 때문이다. 쉽게 하기 위해서 단락 접합과 개방접합 JFET는 회로에서 관찰될 수 있는 뚜렷한 징후들을 가진다. 따라서 JFET가 증폭기 고장의 원인이든 아니든지를 결정하는데 최소의 노력이 요구된다. [그림 12-47 (a)]는 전압분배기로 바이어스된 JFET 증폭기에서 정상적인 동작 특성을 보여주고 있다. 이 회로는 다음과 같은 동작 특성을 가지는데 주목하라.

1. R_1을 통해 흐르는 전류는 R_2에 흐르는 전류와 같다.
2. 소스와 드레인 전류는 같다.
3. 소자의 게이트 단자를 통해 흐르는 전류는 없다.

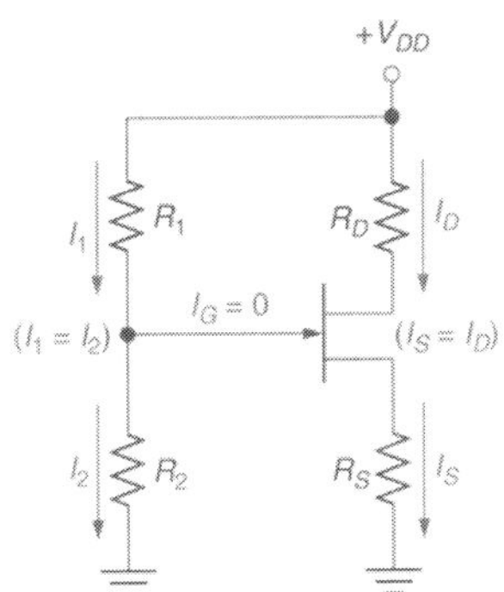

(a) 정상

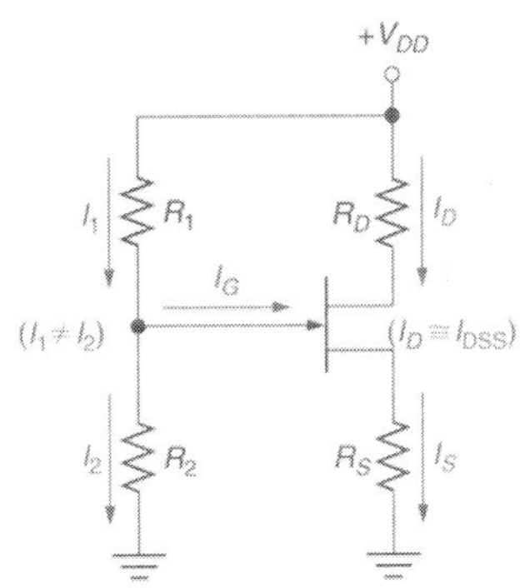

(b) 단락된 접합

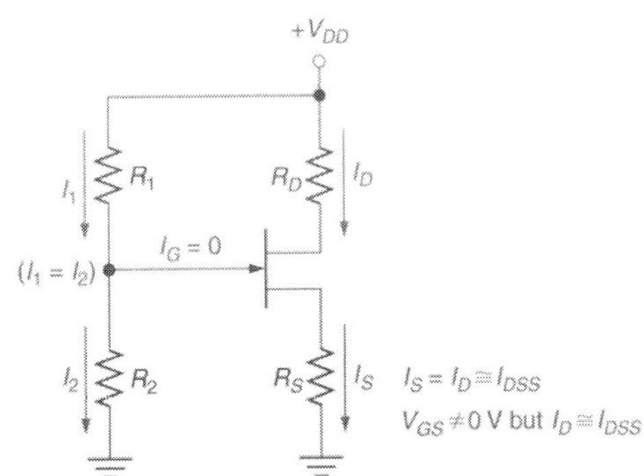

(c) 개방 접합

[그림 12-47] JFET 고장징후

단락 접합 JFET는 동일한 전류 특성을 가지지 않는다. 이것을 [그림 12-47 (b)]에 표시하였다. 게이트-소스가 단락되므로 V_{GS}는 거의 0V가 된다. 그 결과로 $I_D \cong I_{DSS}$이다. 일정한 크기의 게이트 전류가 있으므로 I_S와 I_D는 보통 같지 않다. 게이트 전류 또한 바이어스 회로에 영향을 준다. 따라서 $I_1 \neq I_2$이다. 단락된 게이트의 기본적인 증상이 있는데, 요약하면 다음과 같다.

1. $I_1 \neq I_2$
2. $I_D \cong I_{DSS}$
3. $I_S \cong I_D$
4. $I_G > 0$

개방 접합 JFET는 두 가지 간단한 조건을 관찰하면 검출할 수 있다.

1. $V_{GS} \neq 0\text{V}$
2. $I_D \cong I_{DSS}$

게이트 접합이 개방되어 있을 때 보통 I_D를 제한하는 공핍 층은 발생되지 않는다. 동시에, V_{GS}는 어떤 측정 가능한 값이 될 것이다. 만약 V_{GS}가 측정값을 가진다면 I_D는 I_{DSS}와 거의 같으며 JFET의 게이트-소스 접합이 개방된다. 이런 고장에 관련되는 회로 조건을 [그림 12-47 (c)]에 표시하였다.

12.5.2 JFET 회로의 고장진단 및 수리(JFET Circuit Troubleshooting)

어떤 증폭기에서든지 고장진단 및 수리 절차의 기본은 증폭기의 고장원인이 어디인지를 파악하는 것으로부터 시작해야 한다. 이 점이 너무 강조될 필요는 없다. JFET 증폭기의 출력이 없는 것을 발견하면 증폭기에 양호한 입력신호가 주어지는지를 검사하고, 회로의 V_{DD}와 접지가 잘 접속되었는지 검사해야 한다. 만약, 이러한 모든 검사를 적절히 행한다면 증폭기가 어디에서 고장이 발생했는지를 짐작할 수 있다.

소자의 개방으로 인한 증폭기 고장에 대한 논의만 할 것이다. 여러분도 알다시피 대부분의 저항은 단순히 단락 상태가 발생되지 않는다. 만약 저항이 단락되면 단락은 다른 부품이나 납땜 브릿지에 의한 원인이 된다. 시각 검사로 이러한 가능성을 제거할 수 있다. 전압분배기 바이어스 회로의 일반적인 고장과 그에 대한 증상을 〈표 12-1〉에 표시하였다. 소자를 확인하기 위해서는 [그림 12-47 (a)]를 참조하라.

표 12-1 JFET 고장수리

고 장	증 상
R_1 개방	V_{GS} 증가 ; $I_2=0$; V_D 증가 : 회로는 자기바이어스 회로처럼 동작
R_2 개방	순방향 바이어스에 의해서 JFET 파괴 ; 만약 JFET가 교환되면 새 부품 역시 파괴된다. $V_2=V_{DD}$
R_D 개방	V_D=0V ; 모든 단자 전류는 0으로 떨어진다.
R_S 개방	$V_S=V_{DD}$; V_{RD}=0V

기재된 문제 중에서 R_1이 개방될 경우 검출하기가 어려워진다. 만약 R_1이 개방되면 회로에서 부품을 제거한 것과 마찬가지 상태가 된다. 만약 그렇게 되면 회로는 자기 바이어스 회로로 된다. 이런 이유로 인해서 R_1이 개방될 경우 증폭기를 포함하는 유니트의 고장을 찾는데 오랜 시간이 걸린다. 회로 동작에서 R_1이 개방될 경우 주요 영향은 Q 점의 이동이다. 만약 증폭기가 출력 신호가 클리핑 되는 현상이 일어나면 R_1 양단 전압을 검사해야 한다.

만약 이런 전압이 V_{DD}와 같다면 소자는 개방 상태이다. 만약 R_2가 개방되면 게이트 회로는 R_1과 V_{DD}로 구성된다. R_2가 개방되는 순간 R_1을 통해서 흐르는 전류는 0으로 떨어지고 부품 양단 전압은 0V가 된다. 이것은 JFET의 게이트에 V_{DD}가 연결되어 순방향으로 바이어스되고 부품은 파괴된다. 만약 JFET를 교체해도 같은 현상이 새 부품에서 발생된다.

만약 R_D가 개방되면 드레인-소스 회로로부터 V_{DD}를 효과적으로 제거한다. 모든 공급 전압은 개방 부품 양단에서 전압 강하가 발생된다. 따라서 드레인에서 접지까지의 전압은 0V가 된다. 또한, 공급 전압이 없으면 I_D와 I_S는 0이 된다. 이런 경우 JFET는 V_G에 의해서 순방향으로 바이어스되고 부품은 파괴된다. 만약 회로를 검사해서 V_D 값으로부터 R_D가 개방되었다고 판단되면 JFET는 교체되어야 한다.

만약 R_S가 개방되면 소스 전류는 0으로 감소된다. 저항이 개방되므로 공급전압은 R_S 저항 양단에서 전압 강하가 발생된다. V_{DD}가 R_S 양단에서 전압 강하되기 때문에 V_{GS}는 비정상적으로 높고 아마 $V_{GS(off)}$보다 높게 된다. 게이트 바이어스 저항 양단 전압은 정상이다. 이제 두 가지의 고장 수리 응용을 통해 전체사항을 살펴보기로 하자.

◆ 응용 12.1(Application 12.1)

[그림 12-48]에 표시된 회로는 증폭기 신호와 공급 전원을 점검 했을 때 고장여부를 확인한다. 입력을 회로로부터 제거한 후 측정된 직류 전압은 그림에 표시된 것과 같다.

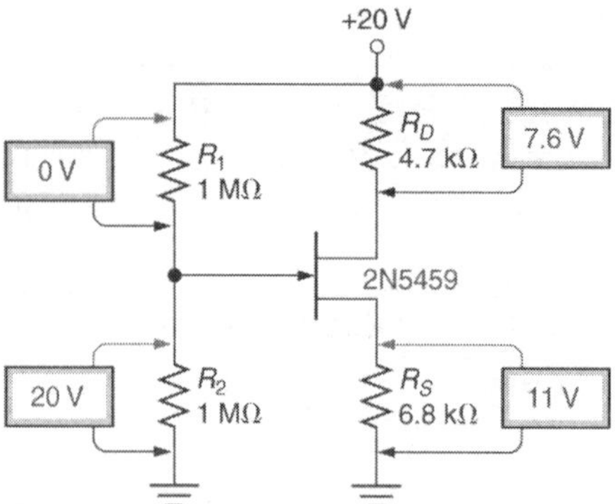

[그림 12-48]

공급 전원 V_{DD}가 바이어스 저항 중 하나인 R_2 양단에서 전압 강하를 발생시킨다는 사실로 미루어 R_2가 개방임을 표시한다. 그러나 다른 값들은 어디에서 나왔는가? 회로에 다른 문제가 있는가? 그 해답은 그렇다. R_2가 개방될 때 자신의 게이트에 인가된 +20V에 의해서 JFET의 게이트-소스 접합에 순방향 바이어스가 인가되기 때문이다. 이런 전압에 의해서 게이트에 흐르는 전류가 게이트를 개방시킨다.

JFET의 게이트-소스 접합이 개방되면 채널을 통해서 흐르는 전류를 제한하기 위한 공핍 영역이 없다. 따라서 소스-드레인 회로에서의 전류는 채널의 저항, R_S, R_D가 허용하는 만큼 증가한다. 이런 경우에는 약 1.62mA이다. 이런 I_D 값은 R_S 양단에 11V의 전압 강하를 발생시킨다. V_S와 V_G의 차는 9V로 JFET의 개방된 게이트-소스 접합 양단에서 나타난다. V_{GS}의 극성을 주목하자. 정상적으로는 V_{GS}는 negative 전압이다. positive의 V_{GS} 값은 접합이 개방되어 있다는 좋은 증거이다. 이런 회로에서 R_2와 JFET는 교체되어야 한다.

◆ 응용 12.2(Application 12.2)

[그림 12-49]에 표시된 회로는 고장이라는 것을 증명하였다. 입력을 차단하고 전압을 측정하였다. 문제는 간단하다. 소스 저항 양단 전압이 V_{DD}로 측정된 사실은 R_S가 개방임 지시한다. 드레인 저항 양단에 전압이 없는 것은 I_D가 없기 때문이다. 또한 게이트 회로는 고장에 의한 영향을 받지 않는다. 따라서 R_1, R_2 양단의 전압은 정상적이다.

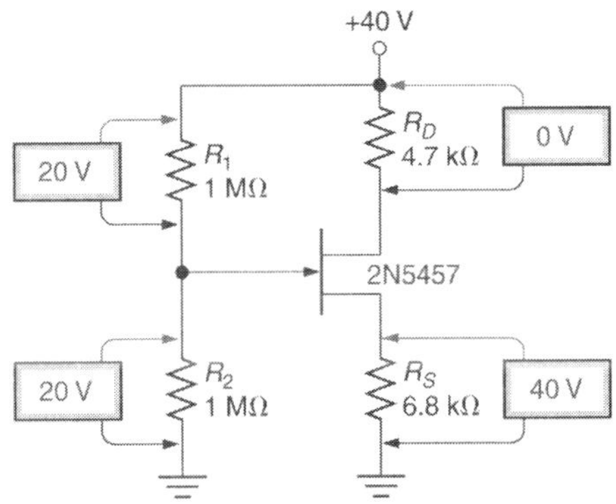

[그림 12-49]

우리는 JFET의 증폭기에서 발생될 수 있는 문제 중 오직 두 가지의 경우만을 고찰해보았다. 하지만 약간의 상식과 부품의 완벽한 이해를 한다면 나머지 JFET 증폭기의 고장진단에도 별 어려움이 없다.

기초 확인문제 12.5

1. JFET 증폭기의 고장진단 및 수리와 BJT 증폭기의 고장진단 및 수리 사이의 가장 큰 차이점은 무엇인가?
2. 게이트 접합이 단락되는 경우의 일반적인 증상을 적으시오.
3. 게이트 접합이 개방되는 경우의 일반적인 증상을 적으시오.
4. JFET 증폭기 고장수리를 하는데 사용되는 절차를 설명하라.

12.6 JFET 스펙과 응용(JFET Specification Sheets and Application)

지금까지는 몇 개의 JFET 파라미터를 계산과정의 기초로 삼았다. 이제 일반적인 JFET 파라미터의 의미가 무엇이고 이들을 언제 사용하느냐에 대해서 살펴보기로 하자. 이 절에서는 실제 JFET의 응용 또한 살펴볼 것이다. 대부분의 예제와 연습문제에서 2N5486의 파라미터를 이용하였다. 이 절에서 2N5486의 스펙을 이용할 것이다. 2N5485에서 2N5486까지의 JFET 스펙을 [그림 12-50]에 표시하였다.

ON Semiconductor™

JFET VHF/UHF Amplifiers
N–Channel–Depletion

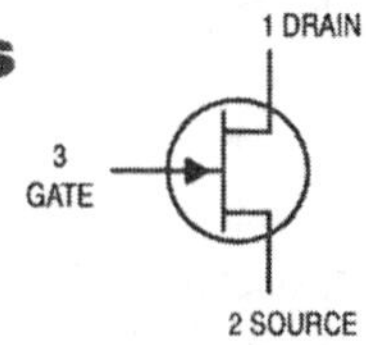

2N5486

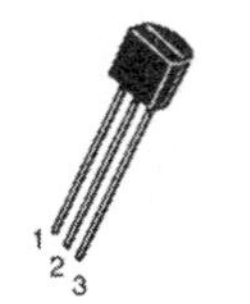

CASE 29–11, STYLE 5
TO–92 (TO–226AA)

MAXIMUM RATINGS

Rating	Symbol	Value	Unit
Drain–Gate Voltage	V_{DG}	25	Vdc
Reverse Gate–Source Voltage	V_{GSR}	25	Vdc
Drain Current	I_D	30	mAdc
Forward Gate Current	$I_{G(f)}$	10	mAdc
Total Device Dissipation @ T_C = 25°C Derate above 25°C	P_D	350 2.8	mW mW/°C
Operating and Storage Junction Temperature Range	T_J, T_{stg}	–65 to +150	°C

ELECTRICAL CHARACTERISTICS (T_A = 25°C unless otherwise noted)

Characteristic	Symbol	Min	Typ	Max	Unit
OFF CHARACTERISTICS					
Gate–Source Breakdown Voltage (I_G = –1.0 μAdc, V_{DS} = 0)	$V_{(BR)GSS}$	–25	—	—	Vdc
Gate Reverse Current (V_{GS} = –20 Vdc, V_{DS} = 0) (V_{GS} = –20 Vdc, V_{DS} = 0, T_A = 100°C)	I_{GSS}	— —	— —	–1.0 –0.2	nAdc μAdc
Gate Source Cutoff Voltage (V_{DS} = 15 Vdc, I_D = 10 nAdc)	$V_{GS(off)}$	–2.0	—	–6.0	Vdc
ON CHARACTERISTICS					
Zero–Gate–Voltage Drain Current (V_{DS} = 15 Vdc, V_{GS} = 0)	I_{DSS}	8.0	—	20	mAdc
SMALL–SIGNAL CHARACTERISTICS					
Forward Transfer Admittance (V_{DS} = 15 Vdc, V_{GS} = 0, f = 1.0 kHz)	$\lvert y_{fs} \rvert$	4000	—	8000	μmhos
Input Admittance (V_{DS} = 15 Vdc, V_{GS} = 0, f = 400 MHz)	$Re(y_{is})$	—	—	1000	μmhos
Output Admittance (V_{DS} = 15 Vdc, V_{GS} = 0, f = 1.0 kHz)	$\lvert y_{os} \rvert$	—	—	75	μmhos
Output Conductance (V_{DS} = 15 Vdc, V_{GS} = 0, f = 400 MHz)	$Re(y_{os})$	—	—	100	μmhos
Forward Transconductance (V_{DS} = 15 Vdc, V_{GS} = 0, f = 400 MHz)	$Re(y_{fs})$	3500	—	—	μmhos

[그림 12-50]

12.6.1 최대 정격(Maximum Ratings)

이런 소자들의 최대 정격은 대부분 자체적으로 설명되기 때문에 설명이 필요 없다. BJT 스펙에 대해서 고찰할 때 최대전압, 최대전류, 전력 정격을 다루어 본바있다. JFET 최대 정격도 차이가 없다. 한 가지 최대정격 순방향 게이트 전류 $I_{G(f)}$에서 의아해 할 수 있다. [그림 12-50]에 표시된 최대 정격에서 다음 사항을 알 수 있다.

정격	기호	값	단위
순방향 게이트 전류	$I_{G(f)}$	10	mA

게이트가 지시하는 정격은 10mA의 최대 순방향 전류를 흘릴 수 있다. 이것은 소자가 순방향 영역에서 동작 가능하다는 의미인가? 그렇지 않다. 드레인 전류는 JFET 게이트에서 역방향 바이어스의 크기에 의해서 제어된다. 최대 드레인 전류 I_{DSS}는 역방향 바이어스가 0V에 도달될 때 발생된다. V_{GS}가 0V 이상으로 증가해도 I_D가 증가하지 못한다. 하지만, 게이트가 돌발적으로 순방향으로 바이어스되면 소자는 파괴되고 I_G는 10mA보다 커진다. $I_G < 10$mA에서 소자는 안전하다.

12.6.2 off 특성(Off Characteristics)

게이트-소스 항복전압 $V_{(BR)GSS}$는 V_{GS}의 한계치로 정의된다. 만약 V_{GS}가 이 값을 초과한다면 접합은 파괴되고 JFET는 교체되어야 한다. 2N5486 JFET에서 게이트-소스 항복전압은 -25V로 나타나 있다. 게이트 역방향 전류 I_{GSS}는 게이트-소스 접합이 역방향으로 바이어스될 때 게이트 전류의 최대 값을 나타낸다. 2N5486 JFET에서 이런 정격은 주위 온도 T_A가 25℃일 때 -1nA이다. negative 전류 값은 게이트 전류의 방향을 지시하는데 이용된다. I_{GSS}는 온도에 의존하는 정격이다. 스펙에 따르면 온도가 증가하면 I_{GSS}도 증가한다. 온도와 접합의 역방향 전류에 대한 관계는 이미 2장에서 언급한바 있다. $V_{GS(off)}$와 I_{DSS}는 이미 상세히 논의되었으며 여기서 더 이상 논의하지는 않는다.

12.6.3 소신호 특성(Small Signal Characteristics)

처음 이 절의 스펙을 만나게 되면 y_{fs}와 y_{os} 같은 파라미터가 표시되기 때문에 다소 당황할 수도 있다. 어떤 것을 사용할 것인가? 그 질문에 답하기 위해서는 기본적인 교류 이론에 대해서 간단히 복습해야 한다. 컨덕턴스는 저항의 역이다. 서셉턴스는 리액턴스의 역이다. 임피던스는 저항과 리액턴스의 조합으로 어드미턴스의 역이다. 저항, 리액턴스 그리고 임피던스 모두는 전류의 흐름을 방해하는 파라미터들이고 컨덕턴스, 서셉턴스, 어드미턴스는 모두 전류가 부품을 통해서 비교적 쉽게 흐르도록 하는 파라미터들이다. 순방향 전달 어드미턴스, 입력 어드미턴스, 출력 어드미턴스 정격 모두는 서셉턴스의 효과로 고려된다. JFET는 입력과 출력 커패시턴스를 가진다. 이런 커패시턴스에는 약간의 리액턴스를 가지며, 따라서 약간의 서셉턴스를 가진다. 어드미턴스 정격은 이런 서셉턴스 값을 포함한다. 한편, 출력 컨덕턴스와 순방향 전달 컨덕턴스 정격은 단지 소자 저항만을 고려한다.

어드미턴스 값은 소자 저항과 소자 리액턴스에 기초를 둔다. 컨덕턴스의 값은 단지 소자 저항에 기초를 둔다. 그렇다면 소자 해석을 위해 어느 정격이 사용되어야 하는가? 만약 2N5486의 스펙을 자세히 살펴본다면 400MHz 주파수 범위에서 측정된 아래의 항목을 볼 수 있다.

- 입력 어드미턴스
- 출력 컨덕턴스
- 순방향 전달 컨덕턴스

만약 이런 주파수 범위 부근에서 동작하는 회로를 해석한다면 이들의 정격을 해석에 이용하여야 한다.

다음 정격은 거의 $f = 1\text{kHz}$에서 측정된다.

- 순방향 전달 어드미턴스
- 출력 어드미턴스

만약 이런 주파수 부근에서 동작하는 회로를 해석한다면 이런 정격을 이용해야 할 것이다. 이 절의 JFET 스펙에서 만난 문제는 매우 흥미로운 점을 가지고 있다. 많은 스펙에서 동일한 측정 단위를 이용하는 정격을 발견할 것이다. 이런 일이 일어날 때, 측정된 정격의 한 가지 이상의 조건이 이들 두 정격에서 차이가 남을 알 수 있다.(이런 경우 동작 주파수가 여러 정격 가운데 다르다.) 이런 상황이 발생할 때, 어느 조건하에서 정격이 측정 되었는지를 체크해야 하며 해석하고 있는 회로의 조건과 어느 것이 유사한지를 살펴야 한다.

그런 다음 회로 해석에 이들 정격을 사용하라. 예를 들어, 만약 10kHz의 동작 주파수를 갖는 회로의 해석을 한다면 g_{m0}에 대한 순방향 전달 어드미턴스 정격을 이용하고 r_d를 구하기 위해 출력 어드미턴스를 사용해야 한다. 만약, 70kHz의 동작 주파수를 갖는 회로의 해석을 행한다면 g_{m0}를 구하기 위해 순방향 전달 컨덕턴스를 이용하고 r_d를 구하기 위해 출력 컨덕턴스를 이용한다.

12.6.4 JFET 커패시턴스 정격(JFET Capacitance Ratings)

JFET는 부품의 고주파 동작에 영향을 주는 3개의 커패시턴스 정격을 가진다. 이런 정격은 14장에서 학습하기로 하자. 이제, 몇 개의 JFET 회로 응용에 대하여 간단히 논의하기로 하자.

기초 확인문제 12.6

다음과 같은 JFET 정격을 구분하라. : 게이트 전류, 게이트 소스 항복전압, 게이트 역전류, 게이트 소스 차단전압, zero 게이트 전압 드레인 전류

12.7 JFET 응용(JFET Applications)

JFET의 높은 입력 임피던스 특성으로 인해서 신호원의 부하효과에 문제가 있는 곳에 이상적으로 사용될 수 있다. 이 점에 대해서는 몇 가지 예제를 통해서 확인하도록 하겠다.

12.7.1 JFET 버퍼(JFET Buffer)

JFET의 높은 입력 임피던스 특성으로 인해서 신호원의 부하효과에 문제가 있는 곳에 이상적으로 사용될 수 있다. 예를 들면, [그림 12-51]에 표시된 회로를 고찰해 보자. JFET 증폭기는 부하와 신호원 증폭단의 낮은 Z_{out} 사이에 완충기(buffer)로 이용된다. JFET 증폭기의 높은 입력 임피던스(5MΩ) 때문에 증폭기는 실제로 신호원 증폭기에 부하가 없는 것처럼 나타난다. 이는 신호원 증폭단의 이득이 증가하는 효과로 작용한다.

BJT 공통 이미터 증폭기의 이득을 기억해 보면 다음과 같다.

$$A_v = \frac{R_C \| R_L}{r_e'}$$

만약 부하 저항이 전원단과 직접 연결된다면 전원단의 이득은 다음과 같이 구해진다.

$$A_v = \frac{2.65\text{k}\Omega}{r_e'}$$

여기서, 2.65kΩ은 R_C와 R_L의 병렬합성 저항이다. JFET 버퍼를 가지면 첫 번째 증폭단의 이득은 다음과 같다.

$$A_v = \frac{3.59\text{k}\Omega}{r_e'}$$

첫 번째 증폭 단에서 r_e'에 무관하게 증폭단의 이득은 증폭기에 버퍼를 사용하였기 때문에 증가한다. 버퍼의 낮은 Z_{out}은 전력을 부하에 전달하는데 도움을 준다. 따라서 모든 회로는 증폭기에 버퍼가 없는 것보다 버퍼가 있는 것이 더 효과적으로 동작된다.

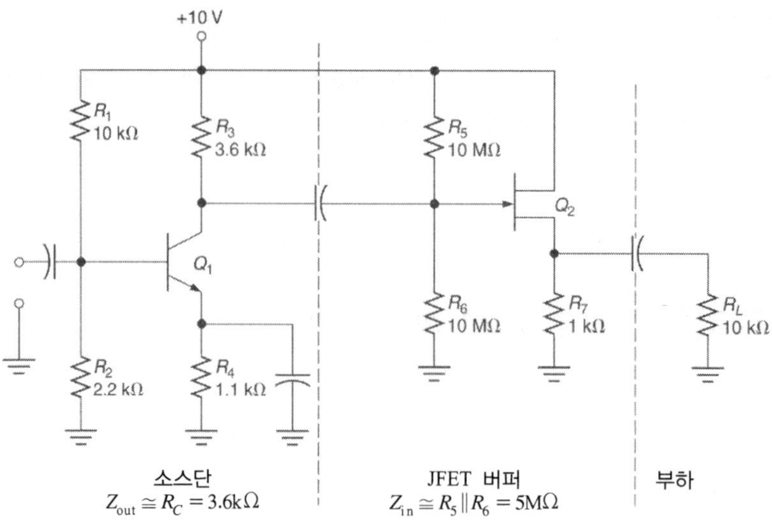

[그림 12-51]

12.7.2 JFET RF 증폭기(JFET Radio Frequency(RF) Amplifier)

전자 통신에서 JFET는 매우 다양한 기능을 위해서 사용된다. 이것 중의 하나는 RF 증폭기(무선 주파수 증폭기)에서 능동 부품으로 사용된다. RF 증폭기는 수신기의 입력 신호가 가해지는 첫 번째 회로이다. JFET RF 증폭기를 [그림 12-52]에 표시했다. 증폭기의 게이트와 드레인은 동조회로이며, 이들은 특정 주파수 부근에서 동작되도록 설계되었다는 것을 뜻한다.

동조 증폭기는 이 책의 후반부에서 학습하기로 하자. 이런 회로에 JFET를 사용함으로써 발생되는 장점은 JFET가 저 잡음 소자라는 사실이다. 노이즈는 송신 신호와 관련된 원하지 않는 간섭을 의미한다. 노이즈는 송신기 혹은 수신기, 통신 시스템의 외부 요인에 의해 발생된다. JFET는 어떤 영향을 미칠 정도의 노이즈를 발생시키지 않기 때문에 RF 증폭기에 사용된다. JFET의 RF 증폭기를 이용하는 또 다른 장점은 동작에 필요한 입력 전류가 없다는 사실이다. 수신기의 안테나는 극히 낮은 크기의 전류를 가지는 약한 신호를 받는다.

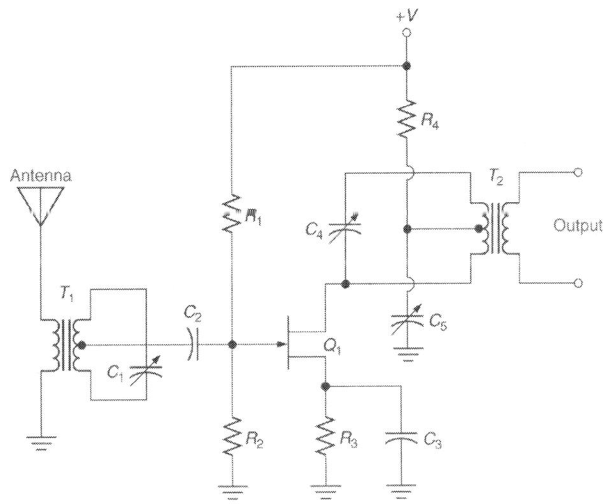

[그림 12-52]

JFET는 전압제어 소자이므로 안테나에 의해 낮은 전류 신호에 응답하는데 아주 적합하다. JFET 증폭기의 다양한 응용분야가 있지만 이 절에서는 그들 중에서 몇 가지만 살펴보았다. JFET 증폭기는 BJT 증폭기와 같이 동일한 기본 목적을 충족시키는데 이용된다는 사실을 기억하라. 높은 Z_{in} 증폭기를 가지는 장점에서의 응용은 JFET 증폭기는 BJT 증폭기보다 더 선호한다.

12.7.3 캐스코드 증폭기(Cascode Amplifier)

JFET는 비교적 높은 입력 커패시턴스를 가진다. 이런 입력 커패시턴스는 이런 소자들의 고주파 동작에서 좋지 못한 영향을 미치게 된다. 캐스코드 증폭기는 JFET의 높은 입력 커패시턴스 효과를 극복하도록 개발되었다. JFET 캐스코드 증폭기는 [그림 12-53]에 표시된 것처럼 공통 게이트 증폭기와 직렬로 공통 소스 증폭기가 연결된다.

[그림 12-53]에서 Q_1은 전압 분배기로 바이어스된 공통 게이트 증폭기이다. Q_2는 자기 바이어스된 공통 소스 증폭기이다. 회로의 입력은 Q_2에 인가되고 출력은 Q_1으로부터 구해진다. 따라서 두 개의 JFET는 직렬연결이다. [그림 12-53]에서 각각의 JFET는 약간의 커패시턴스가 측정된다. 두 개의 소자가 직렬연결되면 C_{in}이 직렬로 연결된 크기를 가지게 된다. 여러분도 알겠지만 전체 직렬 커패시턴스는 개별적인 커패시턴스보다 작은 크기를 가지게 된다. 따라서 캐스코드 증폭기는 표준 공통 소스 증폭기보다 작은 입력 커패시턴스를 가지게 된다. 따라서 용량성 리액턴스가 임계적으로 된다고 가정하더라도 고주파 응용회로에 적합하게 된다.

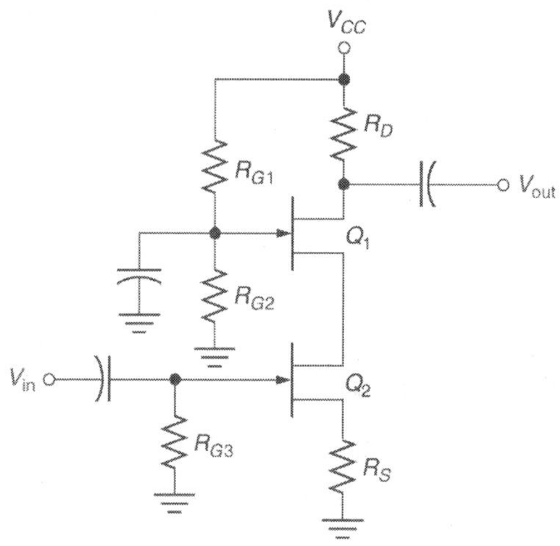

[그림 12-53] JFET 캐스코드 증폭기

기초 확인문제 12.7

1. BJT 버퍼를 능가하는 JFET 버퍼의 장점은 무엇인가?
2. RF 증폭기란 무엇인가?
3. JFET 증폭기를 능가하는 JFET RF 증폭기의 장점은 무엇인가?
4. 캐스코드 증폭기란 무엇인가?
5. 캐스코드 증폭기는 어떻게 표준 공통 소스 증폭기의 입력 커패시턴스 특성을 개선하는가?

중요 용어(Key Term)

채널(channel), 공통 드레인 증폭기(common drain amplifier), 공통 게이트 증폭기(common gate amplifier), 게이트 바이어스(gate bias), 게이트 전류(gate current), 게이트 역방향 전류(gate reverse current), 게이트-소스 항복전압(gate source breakdown voltage), 게이트-소스 차단전압(gate source cutoff voltage), 단락 게이트 드레인 전류(shorted gate drain current), 전달 컨덕턴스(transconductance), 소스 활로워(source follower), 공통-소스 증폭기(common source amplifier), 전계 효과 트랜지스터(field effect transistor), 드레인(drain), 게이트(gate), 자기 바이어스(self bias), 출력 어드미턴스(output admittance), 핀치-오프 전압(pinchoff voltage), RF 증폭기(RF amplifier), 순방향 게이트 전류(forward gate current), 저항성 영역(ohmic region)

연습문제

12-1. JFET 증폭기가 $I_{DSS}=8\text{mA}$, $V_{GS(off)}=-12\text{V}$, $V_{GS}=-6\text{V}$를 갖는다고 가정하고 회로의 I_D를 구하시오.

12-2. JFET 증폭기가 $I_{DSS}=16\text{mA}$, $V_{GS(off)}=-5\text{V}$, $V_{GS}=-4\text{V}$를 갖는다고 가정하고 회로의 I_D를 구하시오.

12-3. JFET 증폭기가 $I_{DSS}=14\text{mA}$, $V_{GS(off)}=-6\text{V}$, $V_{GS}=0\text{V}$를 갖는다고 가정하고 회로의 I_D를 구하시오.

12-4. JFET 증폭기가 $I_{DSS}=10\text{mA}$, $V_{GS(off)}=-8\text{V}$, $V_{GS}=-5\text{V}$를 갖는다고 가정하고 회로의 I_D를 구하시오.

12-5. JFET 증폭기가 $I_{DSS}=12\text{mA}$, $V_{GS(off)}=-10\text{V}$, $V_{GS}=-4\text{V}$를 갖는다고 가정하고 회로의 I_D를 구하시오.

12-6. 연습문제 12-5의 JFET 증폭기가 $V_{GS}=-14\text{V}$를 갖는다고 가정하고 회로의 I_D를 구하시오.

12-7. 2N5484는 $V_{GS(off)}=-0.3\text{V}$에서 -3V, $I_{DSS}=1.0\text{mA}$에서 5.0mA를 갖는다. 회로의 최소 전달컨덕턴스 특성곡선과 최대 전달컨덕턴스 특성곡선을 그리시오.

12-8. 2N5485는 $V_{GS(off)}=-0.5\text{V}$에서 -4V, $I_{DSS}=4.0\text{mA}$에서 1.0mA를 갖는다. 회로의 최소 전달컨덕턴스 특성곡선과 최대 전달컨덕턴스 특성곡선을 그리시오.

12-9. 2N5487은 $V_{GS(off)}=-0.5\text{V}$에서 -6V, $I_{DSS}=1.0\text{mA}$에서 5.0mA를 갖는다. 회로의 최소 전달컨덕턴스 특성곡선과 최대 전달컨덕턴스 특성곡선을 그리시오.

12-10. 2N5458은 $V_{GS(off)}=-1.0\text{V}$에서 -7V, $I_{DSS}=2.0\text{mA}$에서 9.0mA를 갖는다. 회로의 최소 전달컨덕턴스 특성곡선과 최대 전달컨덕턴스 특성곡선을 그리시오.

12-11. 2N3437은 $V_{GS(off)}=-5.0\text{V}$(최대), $I_{DSS}=0.8\text{mA}$에서 4.0mA를 갖는다. 회로의 최대 전달컨덕턴스 특성곡선을 그리시오.

12-12. 2N3438은 $V_{GS(off)}=-2.5\text{V}$(최대), $I_{DSS}=0.2\text{mA}$에서 1.0mA를 갖는다. 회로의 최대 전달컨덕턴스 특성곡선을 그리시오.

12-13. [그림 12-54 (a)]에 표시된 증폭기에서 I_D와 V_{DS}를 구하시오.

12-14. [그림 12-54 (b)]에 표시된 증폭기에서 I_D와 V_{DS}를 구하시오.

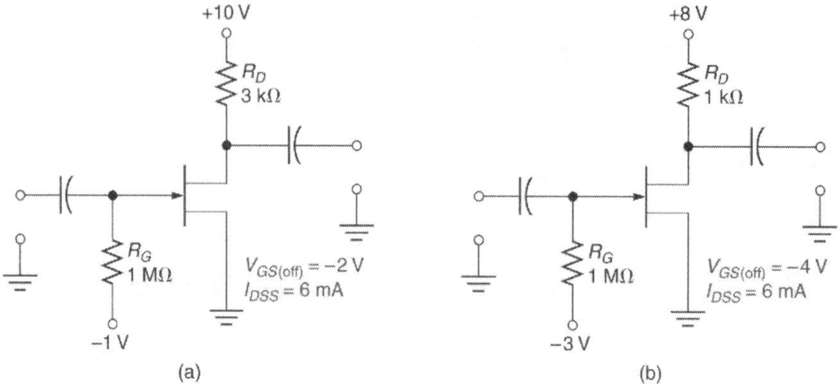

[그림 12-54]

12-15. 12장 1절의 실전 연습문제 12-3에서 나타낸 2N5486이 [그림 12-54 (a)]에 표시된 회로에 사용되었다. 회로에서 I_D의 범위를 구하시오.

12-16. [그림 12-54 (b)]에 표시된 회로에서 $V_{GS(off)} = -5$V에서 -10V, $I_{DSS} = 4$mA에서 8mA를 갖는 JFET가 사용되었다고 가정하고 회로에서 I_D의 범위를 구하시오.

12-17. 연습문제 12-11에서 설명된 2N3437이 [그림 12-55]에 표시된 회로에 사용되었다. 회로에서 I_D의 범위를 구하시오.

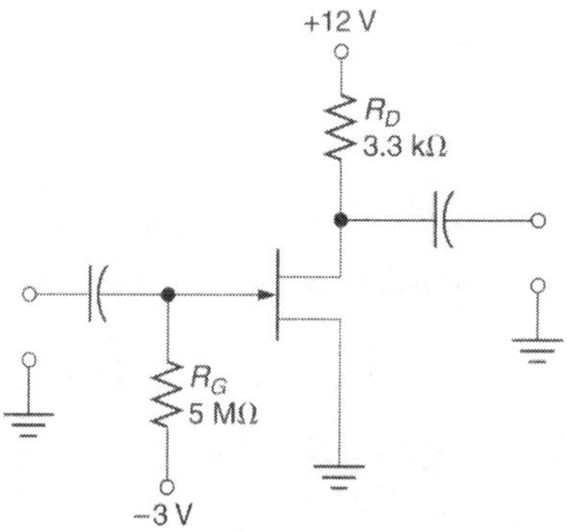

[그림 12-55]

12-18. 연습문제 12-12에서 설명된 2N3438이 [그림 12-56]에 표시된 회로에 사용되었다. 회로에서 I_D의 범위를 구하시오.

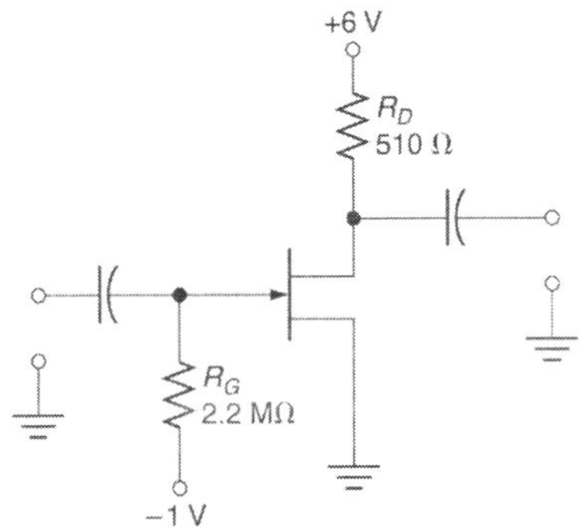

[그림 12-56]

12-19. [그림 12-57]에 표시된 회로에서 V_{GS}, I_D, V_{DS}의 범위를 구하시오. 연습문제 12-7에서 설명된 2N5484가 사용된다.

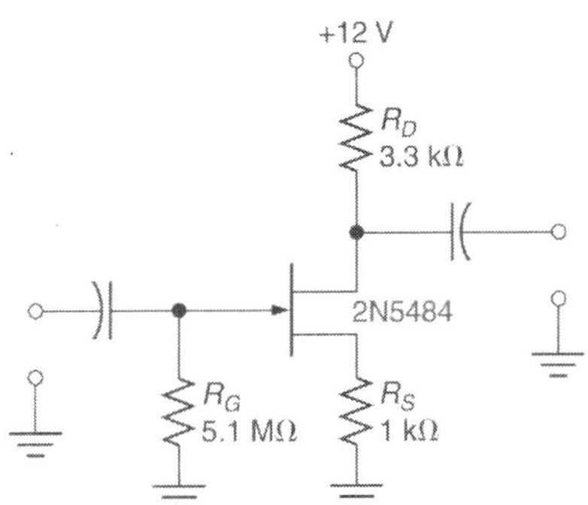

[그림 12-57]

12-20. [그림 12-58]에 표시된 회로에서 V_{GS}, I_D, V_{DS}의 범위를 구하시오. FET는 연습문제 12-8에서 설명된 2N5485가 사용된다고 가정한다.

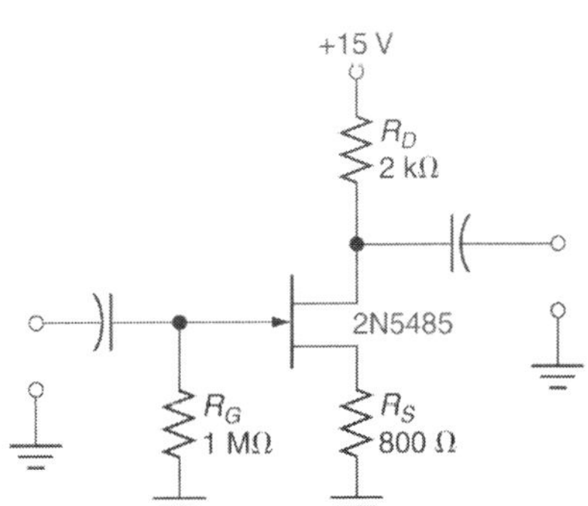

[그림 12-58]

12-21. [그림 12-59]에 표시된 회로에서 V_{GS}, I_D, V_{DS}의 범위를 구하시오. FET는 연습문제 12-10에서 설명된 2N5458이 사용된다고 가정한다.

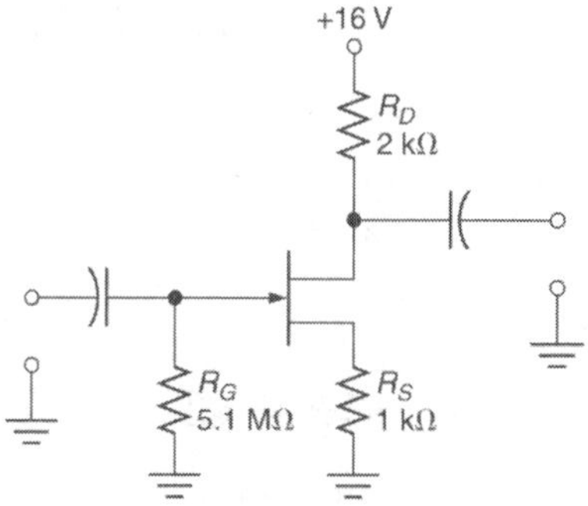

[그림 12-59]

12-22. [그림 12-60]에 표시된 회로에서 V_{GS}, I_D, V_{DS}의 범위를 구하시오. FET는 연습문제 12-11에서 설명된 2N3437이 사용된다고 가정한다.

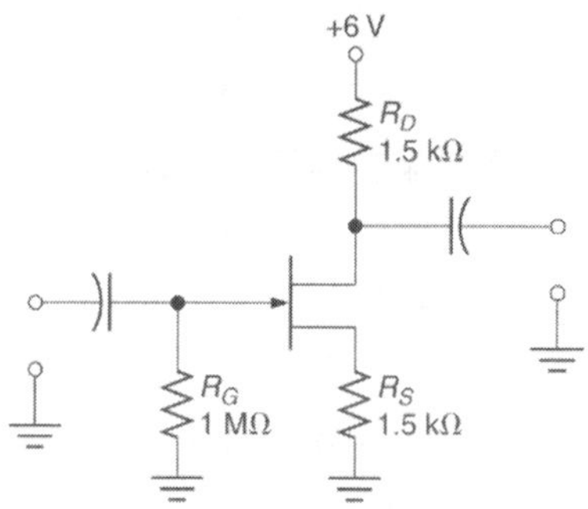

[그림 12-60]

12-23. [그림 12-61]에 표시된 회로에서 I_D, V_{DS}의 범위를 구하시오.

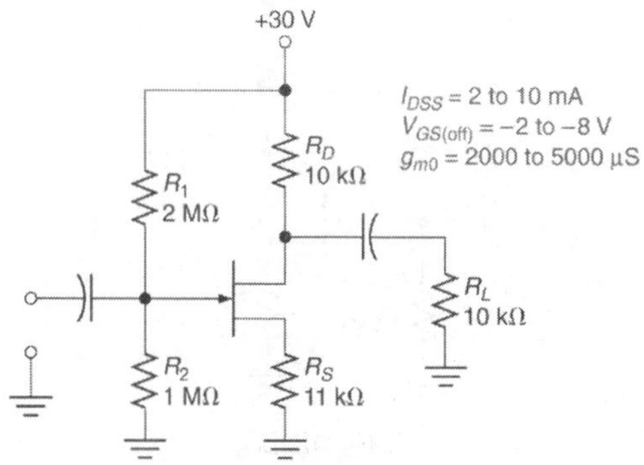

[그림 12-61]

12-24. [그림 12-62]에 표시된 회로에서 I_D, V_{DS}의 범위를 구하시오.

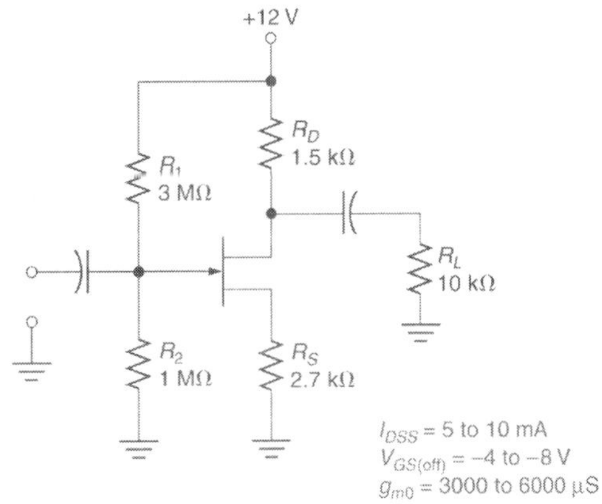

[그림 12-62]

12-25. [그림 12-63]에 표시된 회로에서 I_D, V_{DS}의 범위를 구하시오.

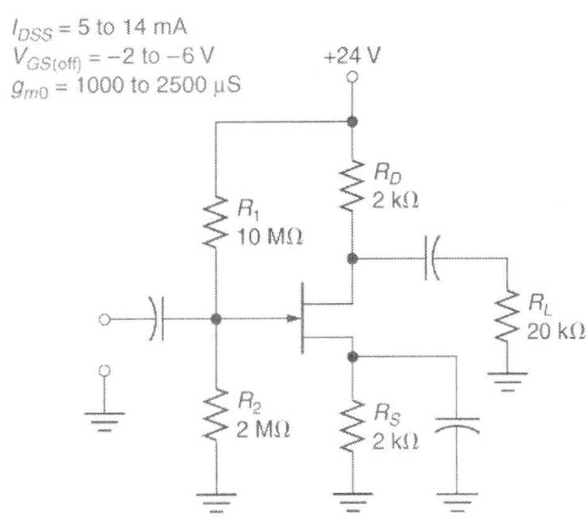

[그림 12-63]

12-26. [그림 12-64]에 표시된 회로에서 I_D, V_{DS}의 범위를 구하시오.

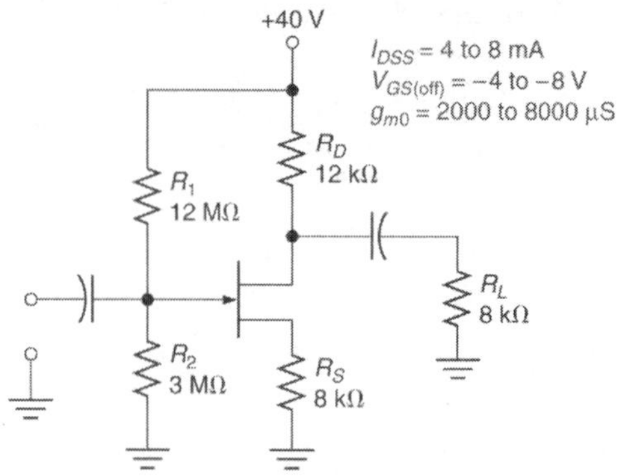

[그림 12-64]

12-27. 2N5484는 $g_{m0}=3000\mu S$에서 $6000\mu S$, $V_{GS(off)}=-0.3V$에서 $-3.0V$의 크기를 갖는다. $V_{GS}=-0.2V$인 경우 g_m의 크기는 얼마인가?

12-28. 2N5485는 $g_{mo}=3500\mu S$에서 $7000\mu S$, $V_{GS(off)}=-0.5V$에서 $-4.0V$의 크기를 갖는다. $V_{GS}=-0.4V$인 경우 g_m의 크기는 얼마인가?

12-29. 2N3437은 $V_{GS(off)}=-5V$와 $g_{mo}=6000\mu S$의 최대 값을 갖는다. $V_{GS}=-1V$, $V_{GS}=-2.5V$, $V_{GS}=-4V$에서 g_m의 최대 크기는 얼마인가?

12-30. 2N3438은 $V_{GS(off)}=-2.5V$와 $g_{mo}=4500\mu S$의 최대 값을 갖는다. $V_{GS}=-1V$, $V_{GS}=-1.5V$, $V_{GS}=-2V$에서 g_m의 최대 크기는 얼마인가?

12-31. [그림 12-61]에 표시된 회로에서 A_v의 크기를 구하시오.

12-32. [그림 12-62]에 표시된 회로에서 A_v의 크기를 구하시오.

12-33. [그림 12-63]에 표시된 회로에서 A_v의 크기를 구하시오.

12-34. [그림 12-64]에 표시된 회로에서 A_v의 크기를 구하시오.

12-35. [그림 12-65]에 표시된 스왐핑 증폭기에서 A_v의 크기를 구하시오.

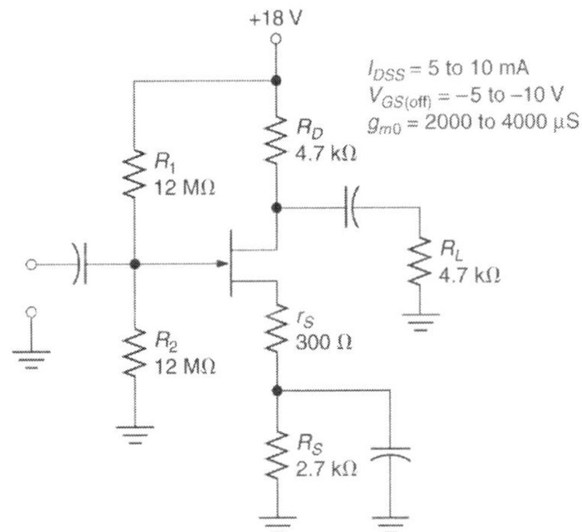

[그림 12-65]

12-36. [그림 12-66]에 표시된 스왐핑 증폭기에서 A_v의 크기를 구하시오.

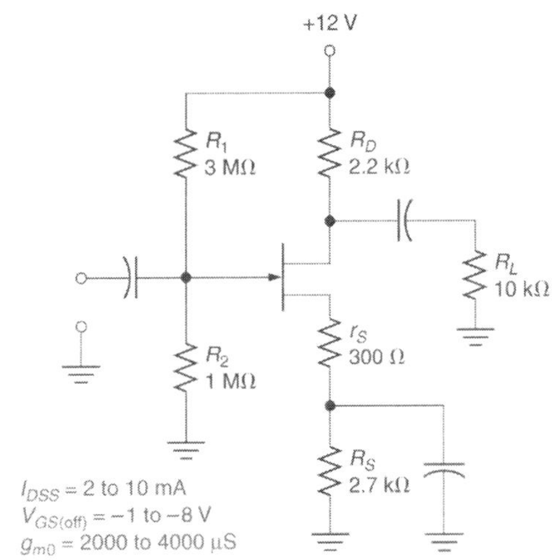

[그림 12-66]

12-37. [그림 12-61]에 표시된 증폭기의 Z_{in}을 구하시오.

12-38. [그림 12-62]에 표시된 증폭기의 Z_{in}을 구하시오.

12-39. [그림 12-67]에 표시된 증폭기에서 A_v, Z_{in}, Z_{out}을 구하시오.

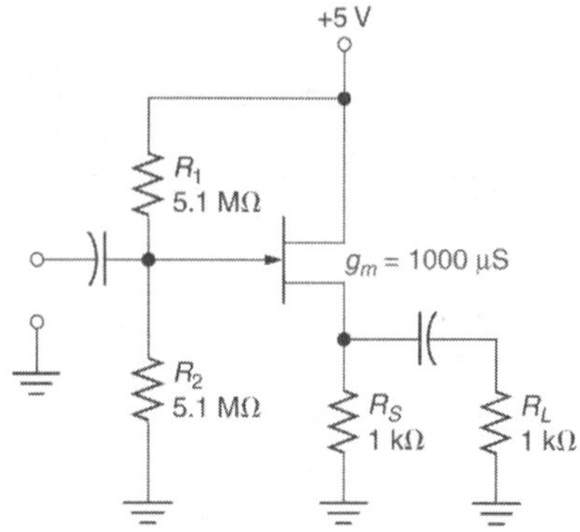

[그림 12-67]

12-40. [그림 12-68]에 표시된 증폭기에서 A_v, Z_{in}, Z_{out}을 구하시오.

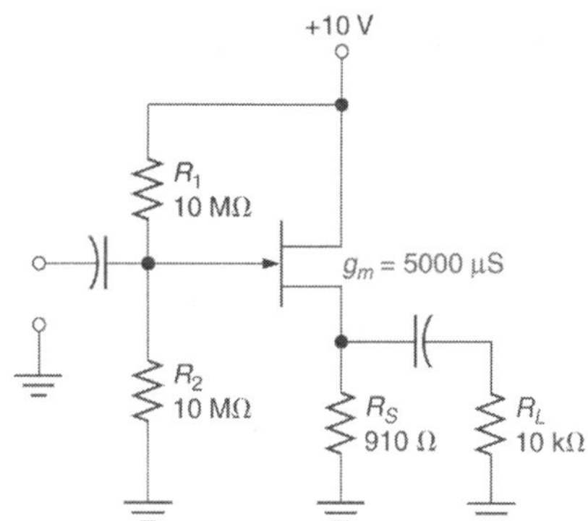

[그림 12-68]

12-41. [그림 12-69]에 표시된 증폭기에서 A_v, Z_{in}, Z_{out}을 구하시오.

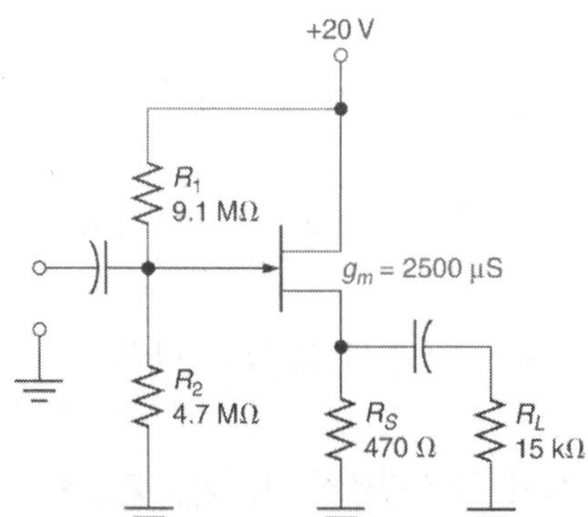

[그림 12-69]

12-42. [그림 12-70]에 표시된 증폭기에서 A_v, Z_{in}, Z_{out}을 구하시오.

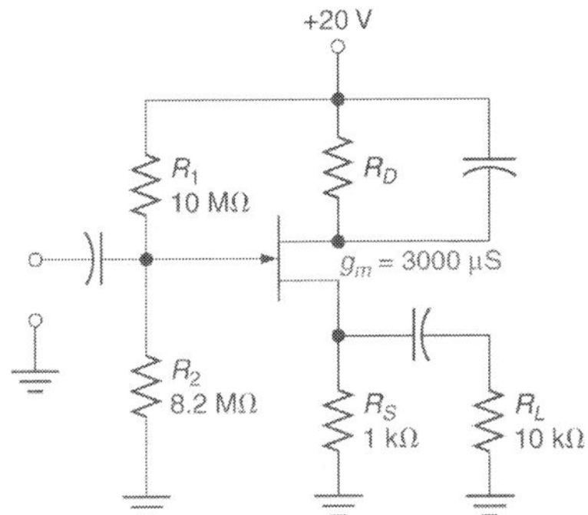

[그림 12-70]

12-43. [그림 12-71]에 표시된 증폭기에서 A_v, Z_{in}, Z_{out}을 구하시오.

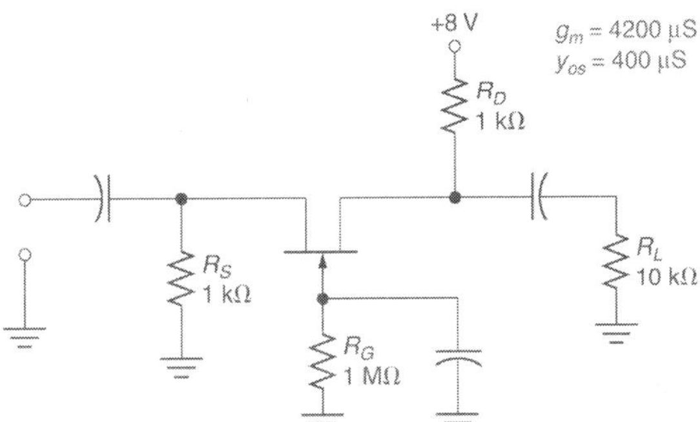

[그림 12-71]

12-44. [그림 12-72]에 표시된 증폭기에서 A_v, Z_{in}, Z_{out}을 구하시오.

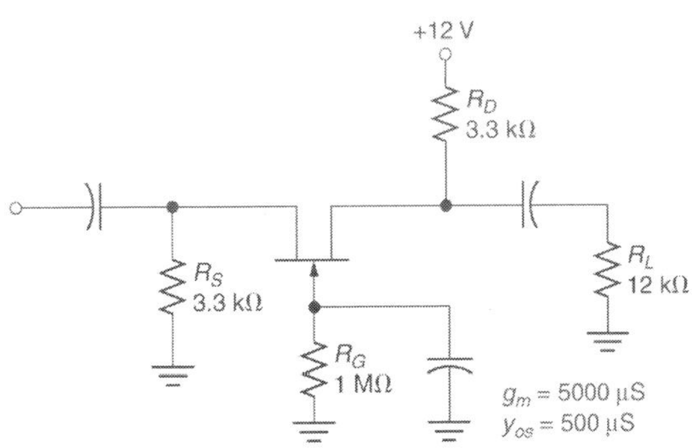

[그림 12-72]

12-45. [그림 12-73]에 표시된 회로의 파형을 고찰하고 문제점을 논의하시오.

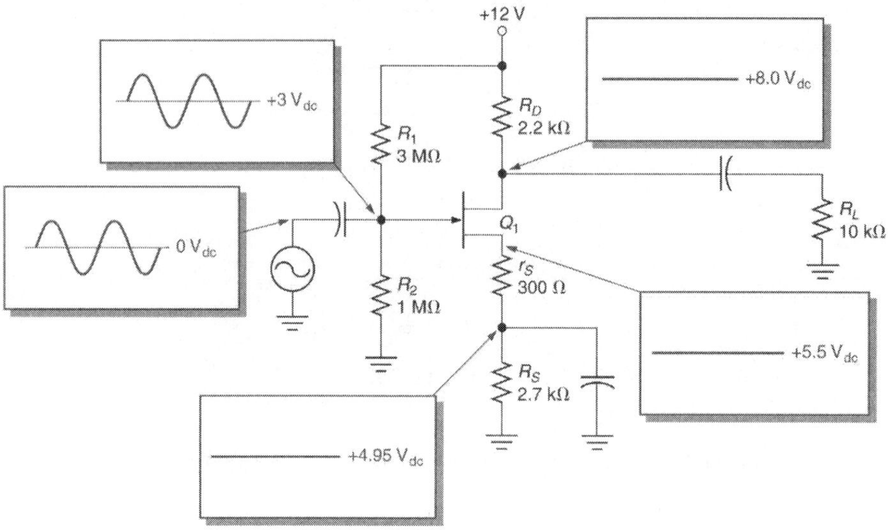

[그림 12-73]

12-46. 전압분배기로 바이어스된 JFET 증폭기가 갑자기 자기 바이어스회로와 같은 불안정성을 가지기시작한다. JFET를 교체해도 문제를 해결할 수 없다면 무엇이 잘못되었나?

12-47. [그림 12-74]에 표시된 회로의 파형을 고찰하고 문제점을 논의하시오.

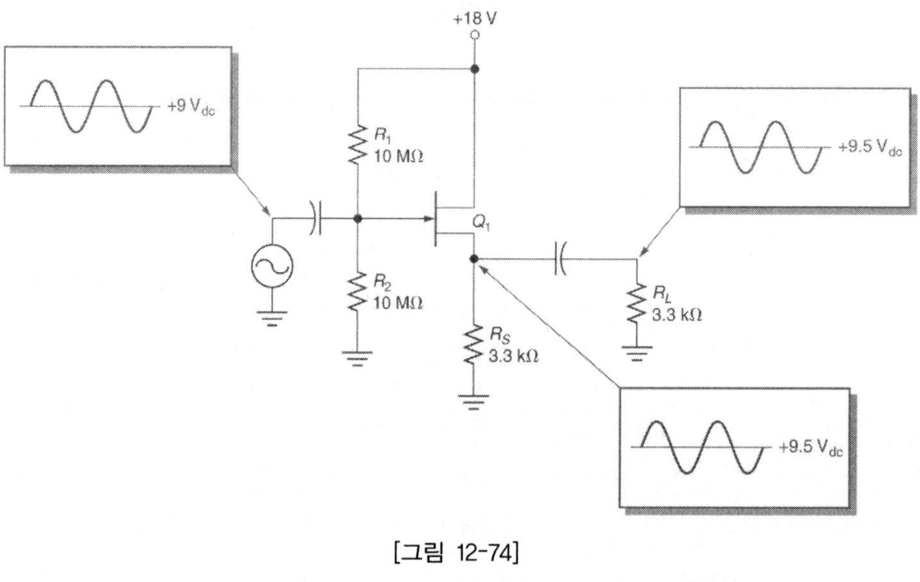

[그림 12-74]

12-48. [그림 12-75]에 표시된 회로의 직류 전압을 고찰하고 문제점을 논의하시오.

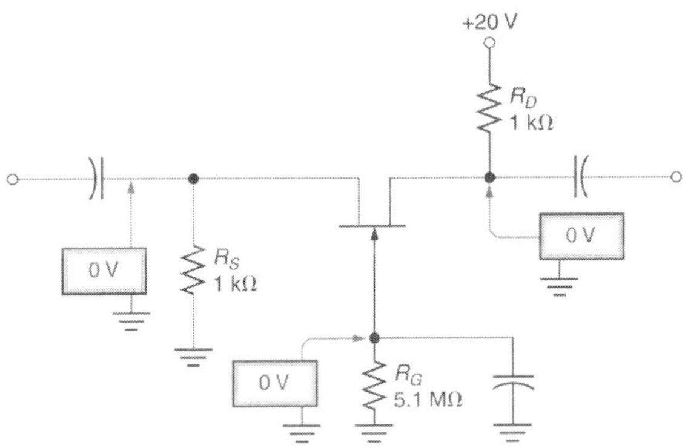

[그림 12-75]

12-49. [그림 12-76]에 표시된 회로는 전류원 바이어스 회로이다. 이 회로는 어떻게 안정된 I_D를 얻는지를 설명하시오.

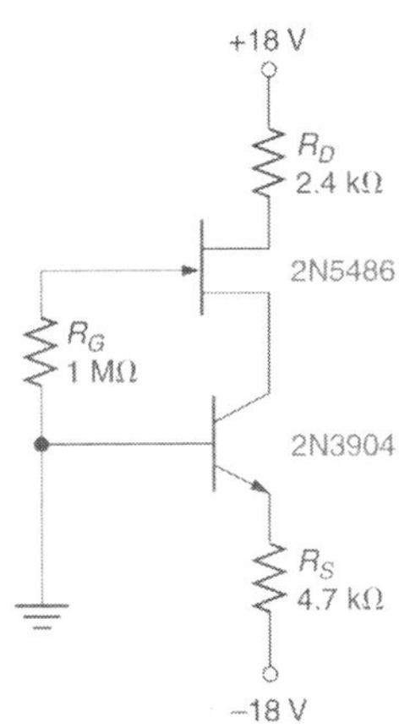

[그림 12-76]

12-50. [그림 12-77]에 표시된 회로에서 2N5486을 안정적으로 사용할 수 있는가? 회로의 계산을 이용하여 설명하시오.

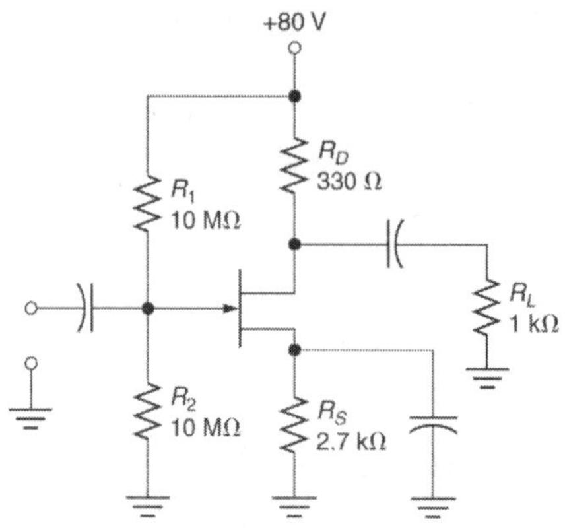

[그림 12-77]

12-51. [그림 12-78]에서 JFET를 2N5486으로 대체하는 것이 가능한가?

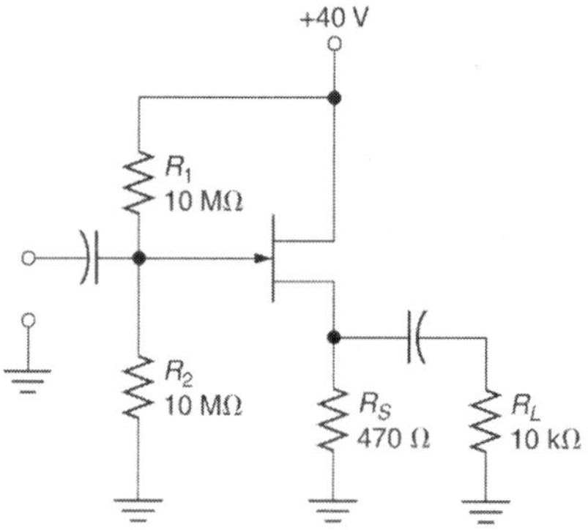

[그림 12-78]

12-52. [그림 12-75]에 표시된 회로에서 2N5462가 사용가능한지 결정하시오.

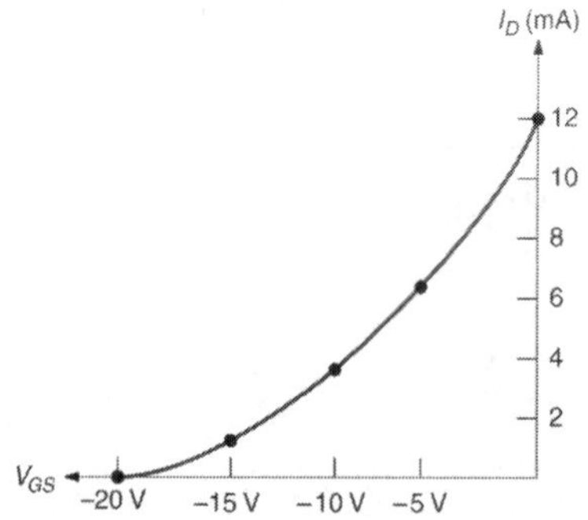

[그림 12-79]

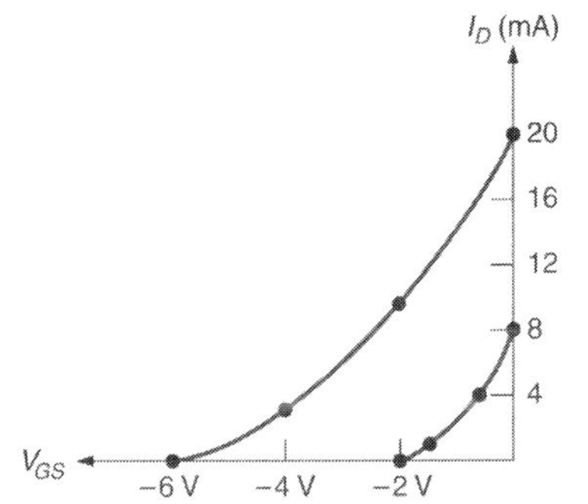

[그림 12-80]

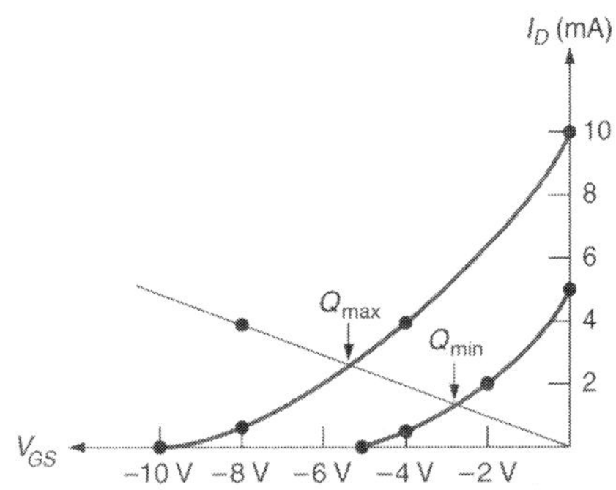

[그림 12-81]

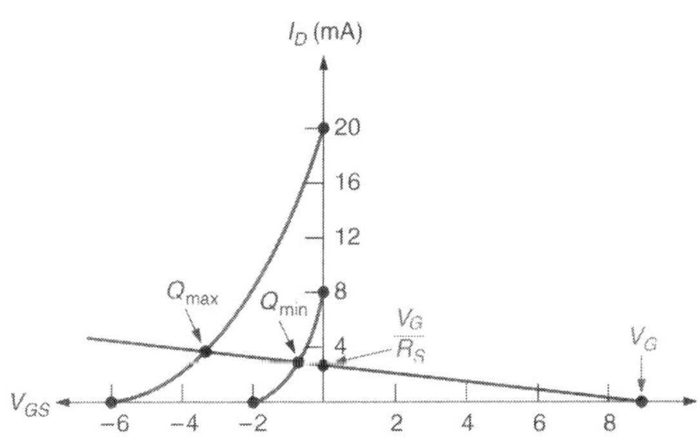

[그림 12-82]

Chapter 13

▸금속 산화 전계 반도체 효과 트랜지스터◂ (MOSFET)

학습목표

이 장을 학습하고 나면 여러분은 다음과 같은 내용을 이해하고 설명할 수 있다.

1. 두 가지 형태의 MOSFET를 구분하고 각각의 구조를 설명할 수 있다.
2. MOSFET를 보호하기 위한 예방책과 소자에 대해서 설명할 수 있다.
3. D-MOSFET의 공핍형 모드 동작에 대해서 설명할 수 있다.
4. D-MOSFET의 증가형 모드 동작에 대해서 설명할 수 있다.
5. Zero 바이어스 동작에 대해서 설명할 수 있다.
6. 문턱전압 $V_{GS(\mathrm{th})}$를 정의하고 중요성에 대해서 설명할 수 있다.
7. E-MOSFET와 같이 사용가능한 FET 바이어스회로와 사용할 수 없는 FET 바이어스회로에 대해서 설명할 수 있다.
8. 듀얼 게이트 MOSFET의 물리적 구조에 대해 기술하고 커패시턴스 특성에 대해 설명할 수 있다.
9. VMOS의 물리적 구조와 전류 운용 능력에 대해서 설명할 수 있다.
10. BJT보다 VMOS가 우수한 장점에 대해 설명할 수 있다.
11. CMOS 논리회로가 TTL 논리회로보다 우월한 장점에 대해 설명할 수 있다.
12. 디지털 통신에서 전력용 MOSFET 구동기의 역할에 대해서 설명할 수 있다.

JFET 동작에 있어서 중요한 결점은 소자가 적절하게 동작하기 위해서는 JFET 게이트가 역방향으로 바이어스되어야 한다는 점이다. 게이트의 역방향 바이어스는 자유 캐리어의 채널을 공핍시키게 된다. 결과적으로 채널의 효과 크기를 제어하게 된다. 이런 동작 형태를 "공핍 모드 동작"이라고 표현한다. 공핍형 소자는 제로 바이어스에서 시작해서 채널 크기를 감소시키는 방향으로 입력 전압을 사용한다. 금속 산화물 반도체 FET인 MOSFET는 증가형 모드에서 동작하는 소자이다. 이것은 입력 신호가 채널의 크기를 증가시키기 위해 사용할 수 있는 것을 의미한다. 또한 게이트가 역방향 바이어스를 인가해도 동작될 수 있음을 의미한다. 이것이 표준 JFET를 넘어서 향상된 점이다. 이장에서는 MOSFET의 다양한 형태와 구조와 동작 더 나아가서는 응용과 고장증상에 대해서 설명하기로 한다.

13.1 MOSFET의 구조와 취급 (MOSFET Construction and Handling)

MOSFET는 공핍형 MOSFET(혹은 D-MOSFET)와 증가형 MOSFET(혹은 E-MOSFET)로 구분된다. D-MOSFET는 공핍 모드와 증가 모드에서 모두 동작하지만 E-MOSFET는 증가 모드에서만 동작한다. D-MOSFET와 E-MOSFET 사이의 중요한 차이점은 이들의 물리적인 구조가 다르다는 것이다. 두 종류의 구조적 차이는 [그림 13-1]에 표시되어 있다. 여러분도 보다시피 D-MOSFET는 소스와 드레인 단자 사이에 물리적 채널(음영으로 표시된 영역)을 가지고 있고 E-MOSFET에는 이런 채널이 없다는 점이다. E-MOSFET는 소스와 드레인 단자 사이의 채널을 형성하기 위한 게이트 전압에 의존한다. 이 점에 관한 것은 이 장의 뒷부분에서 논의하게 된다.

[그림 13-1]에서 두 가지 형태의 MOSFET는 게이트와 부품의 나머지 부분 사이에 절연층이 표시되어 있다. 이런 절연층은 유리와 같은 절연 재료인 이산화규소인 SiO_2로 구성되고 게이트 단자는 금속 도체로 이루어져 있다. 따라서 게이트에서 기판(substrate) 사이에 금속 산화물 반도체가 형성되기 때문에 MOSFET라는 이름으로 부르게 된다. 게이트는 부품의 나머지 부분과 절연되어 있기 때문에 MOSFET는 흔히 절연-게이트 FET 혹은 IGFET(Insulated-Gate FET)로 부르기도 한다.

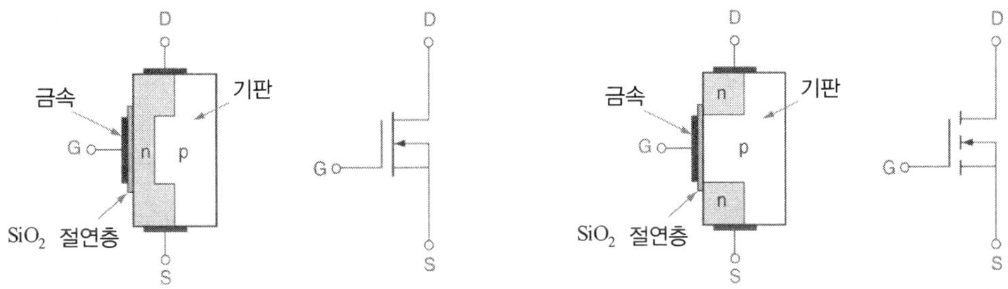

(a) 공핍형 MOSFET(D-MOSFET) (b) 증가형 MOSFET(E-MOSFET)

[그림 13-1] N채널 MOSFET

MOSFET의 기초를 기판이라고 부른다. 이런 물질은 회로 기호에서 소스 단자와 연결되는 중앙선으로 표시된다. 이런 선의 연결은 기판과 소스가 내부적으로 연결되어 있다는 것을 나타낸다. n채널 MOSFET는 p형 기판을 가지며 p채널 MOSFET는 n형 기판을 가진다. MOSFET의 회로 기호에서 화살표는 기판에 표시된다. JFET의 경우처럼 화살표가 들어오는 곳은 n채널 소자를 나타내며 화살표가 나가는 곳은 p채널소자를 의미한다. [그림 13-2]는 p채널 공핍형 MOSFET와 p채널 증가형 MOSFET의 회로 기호를 표시하고 있다.

(a) 공핍형 MOSFET (b) 증가형 MOSFET

[그림 13-2] P채널 MOSFET 기호

13.1.1 부품 취급(Component Handling)

채널로부터 게이트를 절연하는 SiO_2 층은 아주 얇고 정전기에 의해 쉽게 파괴될 수 있다. 사람의 신체에서 발생되는 정전기는 SiO_2 층을 파괴시키기에 충분하다. 이런 이유 때문에 소자를 보호하기 위한 예방책이 필요하다. 대부분의 MOSFET 소자들은 [그림 13-3]에 표시된 것처럼 게이트와 소스 사이에 보호용 다이오드로 에칭되어 생산되고 있다. 이들 다이오드는 미리 결정된 전압에 도달할 경우 어느 방향으로도 도통되도록 구성되어 있다. 이런 전압은 MOSFET에 정상적으로 인가되는 동작 전압보다 훨씬 높게 된다. 예를 들어서 만약 보호용 입력 회로를 가진 MOSFET가 최대 $V_{GS} = \pm 30V$의 정격을 가진다면 제너 다이오드는 ±30V 범위 밖의 어떤 전압에서도 도통되도록 설계되어 있다.

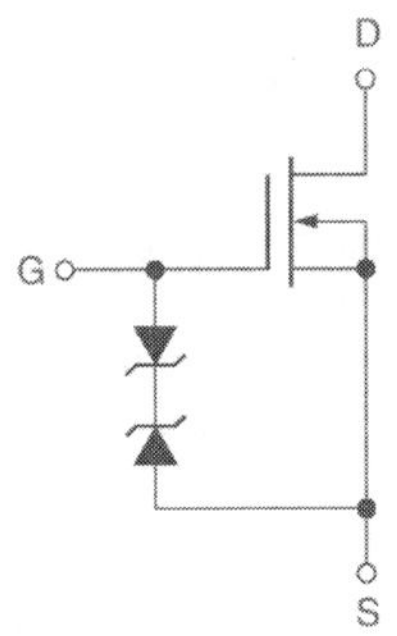

[그림 13-3] MOSFET의 정적 보호

이것은 비정상적인 높은 V_{GS} 값이나 과도한 정전기의 형성으로부터 소자를 보호한다. 보호용 입력 회로가 없는 MOSFET를 사용하는 경우에는 기본적인 취급 예방을 하면 소자가 손상을 입는 것을 막을 수 있다. 이러한 예방법은 다음과 같다.

1. 단자 선을 서로 단락시키거나 전도성 폼(foam)에 소자를 보관하시오. 스티로폼(Styrofoam)에 MOSFET를 절대로 보관하지 마시오.(스티로폼은 가장 많은 정전기를 발생시키는 물질이다.)
2. 필요한 경우 이외에는 MOSFET를 만지지 마시오. 만약 어떤 MOSFET를 취급할 경우에는 단자 선을 건드리지 말고 부품 몸체를 잡으시오.)
3. 회로에 전원이 가해진 상태에서 MOSFET를 제거하거나 설치하지 마시오. 또한, 전원을 on, off 하기 전에 MOSFET 회로에서 입력 신호가 제거되었는지를 확인하시오.

만약 위의 예방책을 지킨다면 MOSFET 소자를 취급하는데 어려움이 없을 것이다.

기초 확인문제 13.1

1. MOSFET란 무엇인가?
2. 공핍 모드 동작이란 무엇인가?
3. 증가 모드 동작이란 무엇인가?
4. 동작모드에서 공핍형 MOSFET와 증가형 MOSFET 사이의 차이점은 무엇인가?
5. 물리적인 구조에서 공핍형 MOSFET와 증가형 MOSFET 사이의 차이점은 무엇인가?
6. 회로 기호에서 공핍형 MOSFET와 증가형 MOSFET 사이의 차이점은 무엇인가?
7. MOSFET의 입력이 내부적으로 보호되는 경우를 설명하라.
8. MOSFET를 취급하는 경우에 주의할 사항을 설명하라.
9. 기초 확인문제 8에서 예방책이 필요한 이유는 무엇인가?

13.2 D-MOSFET(공핍형 MOSFET)

이미 앞에서 언급한 것처럼 D-MOSFET는 공핍모드와 증가모드에서 동작 가능하다는 것을 알고 있다. 공핍 모드에서 동작할 때 D-MOSFET의 특성은 JFET의 특성과 매우 유사하다. D-MOSFET의 모든 동작은 [그림 13-4]에 표시되어 있다.

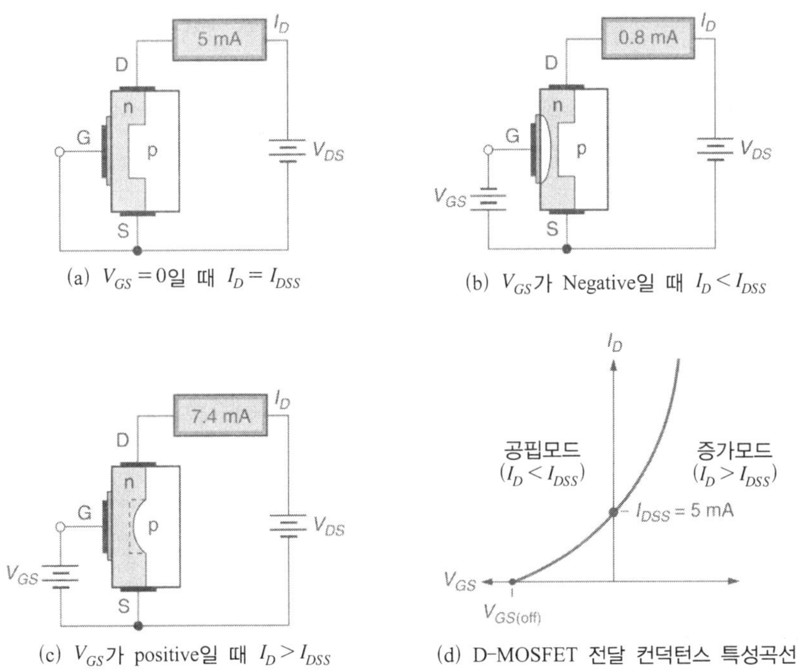

(a) $V_{GS}=0$일 때 $I_D=I_{DSS}$ (b) V_{GS}가 Negative일 때 $I_D<I_{DSS}$

(c) V_{GS}가 positive일 때 $I_D>I_{DSS}$ (d) D-MOSFET 전달 컨덕턴스 특성곡선

[그림 13-4] D-MOSFET의 동작

[그림 13-4 (a)]는 게이트와 소스단자가 단락되어 있는 경우인 $V_{GS}=0$V일 때의 D-MOSFET의 동작 조건을 표시하고 있다. 12장에서 언급한 바와 같이 $V_{GS}=0$일 때 $I_D=I_{DSS}$이다. 따라서 [그림 13-4 (a)]에서 $I_{DSS}=5$mA이다. V_{GS}가 negative인 경우 바이어스 전압은 채널의 자유 캐리어를 공핍시킨다. 이것이 효과적으로 채널의 폭을 감소시키고 채널의 저항을 증가시킨다. 이런 공핍모드 동작이 [그림 13-4 (b)]에 표시되어 있다. negative V_{GS}는 MOSFET의 동작 상태가 JFET의 동작과 매우 유사하게 만든다. [그림 13-4](b)에서 V_{GS}에 의해서 발생된 공핍층(절연 층과 채널 사이의 흰색 공간으로 표시된 캐리어 영역)이 채널을 침범하게 되고 채널의 폭을 감소시키게 된다. 그 결과 $I_D<I_{DSS}$로 된다. [그림 13-4 (b)]에서 $I_D=0.8$mA이다. 실제적인 I_D는 I_{DSS}, V_{GS}, $V_{GS(off)}$에 의존하게 된다.

[그림 13-4 (c)]는 D-MOSFET의 증가 모드 동작을 나타내고 있다. 이런 동작모드에서

소자에 positive의 V_{GS}가 인가된다. V_{GS}가 positive일 때 채널은 효과적으로 넓어진다. 이것이 채널의 저항을 감소시키고 I_D는 I_{DSS}보다 크게 된다. 예를 들면 [그림 13-4 (c)]에서 $I_D = 7.4\text{mA}$로 [그림 13-4 (a)]에 표시된 I_{DSS}보다 크다. 다시 실제적인 I_D는 I_{DSS}, V_{GS}, $V_{GS(off)}$에 의존하게 된다.

positive의 V_{GS}가 어떻게 채널의 폭을 넓히는가? p형에서 다수 캐리어는 가전자대의 정공이다. p형 기판의 정공은 positive 게이트 전압에 의해서 척력을 받게 된다. 왼쪽 뒤는 가전자대 정공이 공핍된 영역이다. 동시에 p형에서 전도대 전자(소수 캐리어)는 positive 게이트 전압에 의해서 채널 쪽으로 인력을 받게 된다. 채널 부근에서 전자의 형성으로 물리적 채널의 아래쪽 영역은 n형이 된다. 확장된 n형 채널은 채널을 통해서 흐르는 전류를 더 많이 흐르게 하기 때문에 $I_D > I_{DSS}$가 된다.

이런 세 가지 동작 상태의 조합은 [그림 13-4 (d)]에 표시된 D-MOSFET 전달 컨덕턴스 특성곡선에서 설명된다. $V_{GS} = 0\text{V}$일 때 $I_D = I_{DSS} = 5\text{mA}$이다. V_{GS}가 negative일 때 $I_D < I_{DSS}$이다.

$V_{GS} = V_{GS(off)}$일 때 I_D는 거의 0mA로 감소된다. V_{GS}가 positive일 때 $I_D > I_{DSS}$이다. I_{DSS}는 I_D의 최대 가능한 값이 아닌 것은 명백하다. 주어진 MOSFET의 최대 허용 가능한 I_D는 소자의 스펙에 주어진다. 여러분도 D-MOSFET의 전달 컨덕턴스 특성곡선이 JFET의 특성곡선과 매우 유사하다는 점을 이해하게 될 것이다. 이런 유사성 때문에 JFET와 D-MOSFET는 동일한 전달 컨덕턴스 식을 가지게 되고 이 식은 12장에서 주어진 것처럼 식 (13-1)로 표시된다.

$$I_D = I_{DSS}\left(1 - \frac{V_{GS}}{V_{GS(off)}}\right)^2 \tag{13-1}$$

【예제 13-1】은 D-MOSFET의 전달 컨덕턴스 특성곡선에서 식 (13-1)의 사용법에 대해서 설명하고 있다.

【예제 13.1】 DMOSFET가 $V_{GS(off)} = -6\text{V}$, $I_{DSS} = 1\text{mA}$의 파라미터를 갖는다고 가정하고 소자의 전달 컨덕턴스 특성곡선을 구하시오.

풀이 파라미터를 이용하면 전달컨덕턴스 특성곡선의 좌표는 다음과 같이 구해진다.

$$V_{GS} = -6\text{V},\ I_D = 0\text{mA}$$
$$V_{GS} = 0\text{V},\ I_D = 1\text{mA}$$

이런 점들은 $V_{GS} = V_{GS(off)}$와 $I_D = I_{DSS}$에서의 조건을 정의한다. 좀더 다양한 점들의 좌표값을 구하기 위해서 식 (13-1)을 이용한다. 기억할 점은 V_{GS}만 변화한다는 점이다.

$V_{GS} = -3\text{V}$인 경우 $I_D = 0.25\text{mA}$가 구해진다.

$$I_D = (1\text{mA})\left(1 - \frac{-3\text{V}}{-6\text{V}}\right)^2 = 0.25\text{mA}$$

$V_{GS} = -1\text{V}$인 경우 $I_D = 0.69\text{mA}$가 구해진다.

$$I_D = (1\text{mA})\left(1 - \frac{-1\text{V}}{-6\text{V}}\right)^2 = 0.69\text{mA}$$

$V_{GS} = +1\text{V}$인 경우 $I_D = 1.36\text{mA}$가 구해진다.

$$I_D = (1\text{mA})\left(1 - \frac{+1\text{V}}{-6\text{V}}\right)^2 = 1.36\text{mA}$$

$V_{GS} = +3\text{V}$인 경우 $I_D = 2.25\text{mA}$가 구해진다.

$$I_D = (1\text{mA})\left(1 - \frac{+3\text{V}}{-6\text{V}}\right)^2 = 2.25\text{mA}$$

V_{GS} 와 I_D의 조합을 구하면 다음과 같이 표시할 수 있다.

$V_{GS}(V)$	$I_D(mA)$
−6	0
−3	0.25
−1	0.69
0	1.00
+1	1.36
+3	2.25

위에 표시된 좌표 값들을 이용하면 [그림 13-5]와 같은 전달 컨덕턴스 특성곡선을 그릴 수 있다.

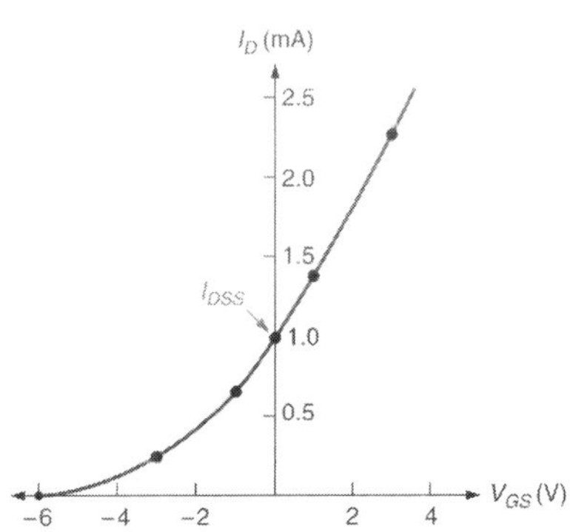

[그림 13-5]

(실전 연습문제 13-1)

D-MOSFET가 $V_{GS}=-4$V에서 -6V, $I_{DSS}=8$mA에서 12mA의 크기를 갖는다고 가정하고 소자의 최소 전달 컨덕턴스특성곡선과 최대 전달 컨덕턴스특성곡선을 구하시오. 단 V_{GS}는 -4V, -2V, 0V, 2V, 4V의 크기로 가변된다고 가정하시오.

▶▶ [그림 13-43] 참조

여러분도 보다시피 D-MOSFET 전달 컨덕턴스 특성곡선을 그리는 과정은 JFET의 전달 컨덕턴스곡선을 그리는 방법과 동일하다. 단지 차이점은 positive의 V_{GS} 값을 이용한다는 점과 I_{DSS}보다 더 큰 I_D를 얻을 수 있다는 것이다.

13.2.1 D-MOSFET 드레인 특성곡선(D-MOSFET Drain Curve)

컬렉터 곡선이 주어진 BJT의 부하 선을 그리는데 사용될 수 있는 것과 마찬가지로 D-MOSFET의 드레인 특성곡선은 주어진 회로의 직류 부하 선을 그리는데 사용될 수 있다. D-MOSFET의 드레인 특성 곡선은 V_{GS}와 I_D에 대응하는 좌표 값을 이용해서 구하게 된다. 드레인 특성곡선의 구성을 [그림 13-6]에 표시했다. 이런 특성곡선은 【예제 13-1】에서 구한 값을 이용하여 그린 것이다. 또한 특성곡선에 $V_{GS}=-2$V와 $V_{GS}=2$V를 추가 하였다. V_P보다 큰 V_{DS}에 대해서는 V_{GS}와 I_D의 조합은 일정한 상수가 된다. 또한 V_P값은 게이트 전압에 상대적인 값이므로 특성곡선마다 변하게 된다. $V_{GS}=0$V인 경우의 V_P 값이 [그림 13-6]에서 가장 중요하다. V_{GS}가 낮은 값이면 V_P값도 낮다. V_{GS} 값이 증가하면 V_P 값도 증가한다.

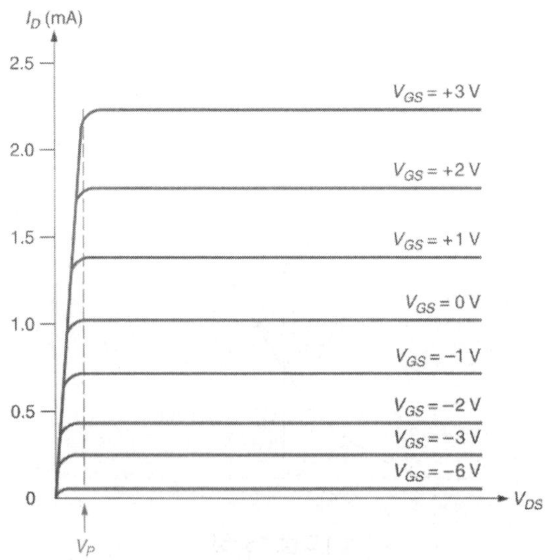

[그림 13-6] MOSFET의 드레인 특성곡선

13.2.2 전달 컨덕턴스(Transconductance)

D-MOSFET의 g_m은 JFET와 동일한 방법으로 구할 수 있다.

$$g_m = g_{m0}\left(1 - \frac{V_{GS}}{V_{GS(off)}}\right) \tag{13-2}$$

위 식은 D-MOSFET의 또 다른 특성을 유도한다. I_D가 I_{DSS}보다 커질 수 있듯이 g_m도 g_{m0}보다 커질 수 있다. 물론 이런 일은 소자가 증가 모드에서 동작될 때 일어난다.

13.2.3 D-MOSFET의 바이어스 회로(D-MOSFET Biasing Circuit)

다시 D-MOSFET와 JFET의 유사성을 살펴보자. 가장 널리 사용되는 D-MOSFET 바이어스 회로는 JFET에서의 사용되는 바이어스와 거의 유사하다. JFET를 공통-소스, 공통-드레인, 공통-게이트 구성에 사용한 경우처럼 D-MOSFET의 전체적인 특성도 JFET와 동일하다. JFET에서 다루었던 모든 교류와 직류 관계는 D-MOSFET 회로에서도 동일하다.

D-MOSFET와 JFET의 중요한 차이점은 D-MOSFET는 V_{GS}가 negative 값으로 제한되지 않는다는 점이다. 사실 D-MOSFET 바이어스의 일반적인 방법은 V_{GS}를 0V로 설정하는 것이다. 이와 같은 바이어스 구성을 제로(zero) 바이어스라고 부르는데 [그림 13-7]에 표시되어 있다.

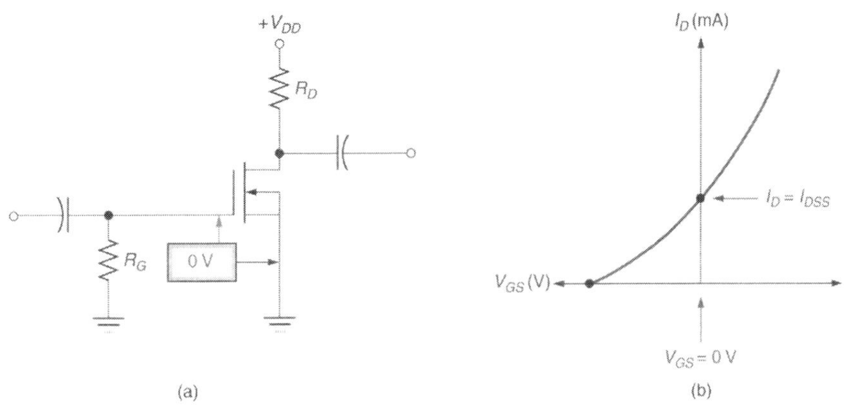

[그림 13-7] zero 바이어스

JFET의 자기(self) 바이어스 회로에서 I_D는 소스 저항 R_S 양단에서 전압강하를 발생시킨다. 이런 전압이 JFET가 동작하는데 필요로 하는 V_{GS}를 제공하게 된다. 제로 바이어스 회로에서는 V_{GS}=0V를 필요로 하기 때문에 소스 저항은 필요하지 않다. 소스 저항을 가지지 않기 때문에 V_S는 0V이다. V_{GS}=0이라는 것은 $I_D = I_{DSS}$에서 증폭기가 바이어스된다는 것이다. 회로가 설계될때는 R_D의 크기는 V_{DS}가 거의 V_{DD}의 1/2이 되도록 선택된다.

13.2.4 D-MOSFET의 입력 임피던스(D-MOSFET Input Impedance)

D-MOSFET의 게이트 임피던스는 아주 높다. 예를 들면 한 가지 MOSFET는 $V_{GS}=35\text{V}$인 경우 10pA의 최대 게이트 전류를 가진다. 이것은 게이트 임피던스를 $3.5\times10^{12}\Omega$ 으로 만든다. 이런 범위의 입력 임피던스이면 MOSFET는 실제 소스 회로에 부하가 없는 것으로 나타난다.

13.2.5 D-MOSFET 대 JFET(D-MOSFET Versus JFET)

[그림 13-8]은 JFET와 D-MOSFET의 다양한 특성을 요약하여 나타내고 있다. 여러분도 보다시피 많은 점에서 유사하다. D-MOSFET는 높은 입력 임피던스를 가진다는 것과 증가모드에서 동작 가능하다는 장점을 가지고 있다. 또한 JFET에서는 할 수 없는 제로 바이어스를 이용할 수 있다. 동시에 D-MOSFET는 온도 증가에 민감하여 많은 MOSFET를 취급할 때 철저한 주의가 요구된다.

JFET 대 D-MOSFET

소자	JFETs	D-MOSFETs
회로기호	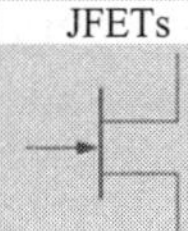	
전달 컨덕턴스 특성곡선	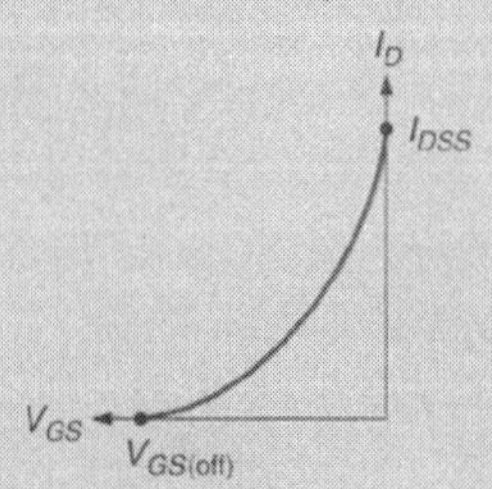	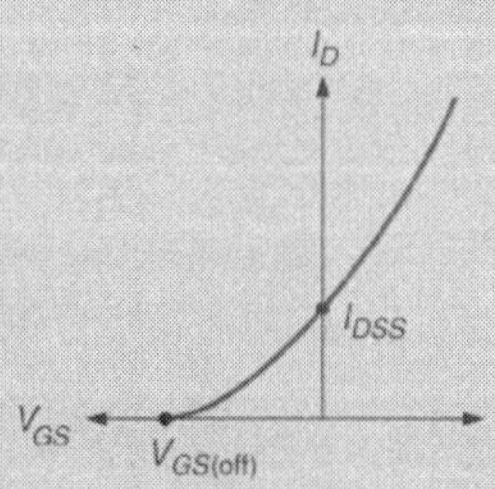
동작모드	오직 공핍형	공핍모드와 증가형 모드
공통으로 사용되는 바이어스 회로	게이트 바이어스 자기 바이어스 전압 분배기 바이어스	게이트 바이어스 자기 바이어스 전압 분배기 바이어스 zero 바이어스
이점	지극히 높은 입력 임피던스	JFET에 비해서 높은 입력 임피던스를 갖는다. 공핍모드와 증가모드 모두 동작한다.
단점	바이어스 불안정 공핍모드에서만 동작한다.	바이어스 불안정 JFET보다 온도변화에 민감하다.

[그림 13-8]

기초 확인문제 13.2

1. D-MOSFET에서 V_{GS}와 I_D 사이의 공핍모드 관계식을 설명하라.
2. D-MOSFET에서 V_{GS}와 I_D 사이의 증가모드 관계식을 설명하라.
3. D-MOSFET에서 I_{DSS}와 I_D 사이의 관계식을 설명하라.
4. D-MOSFET에서 q_m과 q_{m0} 사이의 관계식을 설명하라.
5. 제로 바이어스의 정지점에 대해서 설명하라.
6. JFET와 D-MOSFET 사이의 유사성에 대해서 설명하라.
7. [그림 13-7]을 참조하고 제로바이어스 회로에서 게이트 저항이 사용되는 목적에 대해서 설명하라.

13.3 E-MOSFET(E-MOSFET)

E-MOSFET는 증가 모드에서만 동작한다는 것을 이미 알고 있다. 다시 말하자면 게이트 전위는 소스에 대해서 반드시 positive로 되어야 한다. 그 이유를 [그림 13-9]에 표시했다.

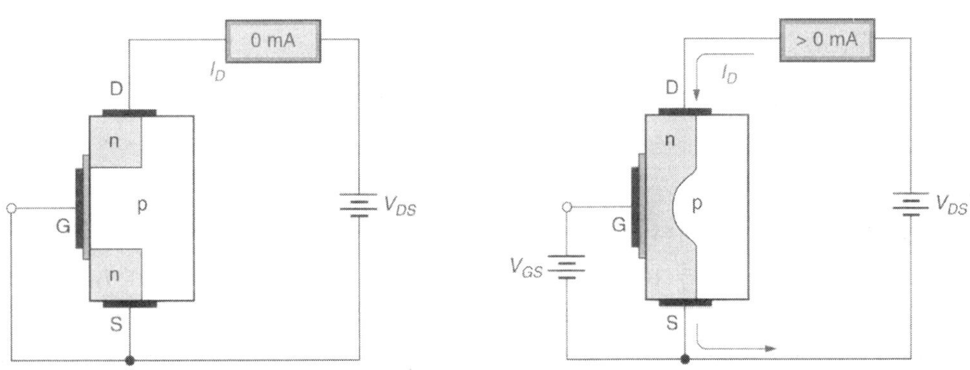

(a) $V_{GS} = 0V$일 때 $I_D = 0mA$ (b) V_{GS}가 채널을 구성하기에 충분할 때 $I_D > 0mA$

[그림 13-9] E-MOSFET 동작

[그림 13-9 (a)]에 표시된 것처럼 V_{GS}가 0V일 때 소스와 드레인을 연결하는 채널이 없다. 이 결과 드레인 전류의 크기는 거의 없다. [그림 13-9 (b)]에 표시된 것처럼 positive 전위가 게이트에 공급되면 가전자대의 정공 영역을 공핍시켜서 소스와 드레인 사이에 채널이 발생된다. 정공이 positive 게이트 전압에 의해서 밀려나고 이런 전압은 p형에서

의 소수 운반자인 전자를 게이트 쪽으로 끌어당긴다. 이것이 소스와 드레인 사이를 n형 브리지로 만들어 드레인 전류가 흐르는 통로를 제공하게 된다.

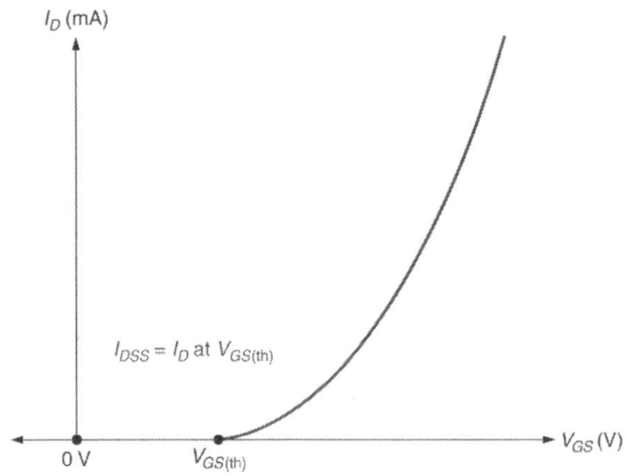

[그림 13-10] E-MOSFET의 전달컨덕턴스 특성곡선

만약 V_{GS}가 증가한다면 새로이 형성된 채널의 폭이 넓어지고 I_D가 증가하게 된다. 만약 V_{GS}가 감소한다면 채널은 폭이 좁아지고 I_D는 감소한다. [그림 13-10]에서는 E-MOSFET 전달 컨덕턴스 특성곡선의 예를 나타내고 있다. 여러분도 보다시피 이런 전달 컨덕턴스 특성곡선은 앞에서 언급한 것과 유사하다. 중요한 차이점은 다음과 같다.

1. 소자를 도통시키는 V_{GS}의 모든 값은 positive 전압이다.
2. 소자가 도통(turn on) 또는 차단(turn off)되는 점을 문턱전압(threshold voltage) $V_{GS(\text{th})}$ 라고 부른다.

E-MOSFET에서 I_{DSS}는 거의 0A가 된다. 예를 들면, 3N169 E-MOSFET의 스펙에는 주위 온도가 25℃일 때 I_{DSS}가 10nA라고 기록되어 있다. 모든 실제 목적에서 I_D 값은 0이다. E-MOSFET에서 I_{DSS}의 값은 거의 0이므로 표준 전달 컨덕턴스 특성 공식은 E-MOSFET에서는 적용되지 않는다. 주어진 V_{GS} 값에서 I_D 값을 결정하기 위해서는 식 (13-3)을 이용하게 된다.

$$I_D = k\left[V_{GS} - V_{GS(\text{th})}\right]^2 \tag{13-3}$$

여기서 k는 MOSFET 상수로 식 (13-4)처럼 표시할 수 있다.

$$k = \frac{I_{D(\text{on})}}{\left[V_{GSrn(on)} - V_{GS(\text{th})}\right]^2} \tag{13-4}$$

K를 구하기 위해서 (13-4) 식에서 사용되는 파라미터는 E-MOSFET의 스펙에서 얻을 수 있다. 그 예로 [그림 13-11]에 표시된 스펙을 살펴보자. 자료에 표시된 것처럼 E-MOSFET 2N7000은 다음과 같은 정격을 갖는다.

2N7000

Preferred Device

Small Signal MOSFET
200 mAmps, 60 Volts

N–Channel TO–92

ON Semiconductor™

http://onsemi.com

200 mAMPS
60 VOLTS
$R_{DS(on)}$ = 5 Ω

N–Channel

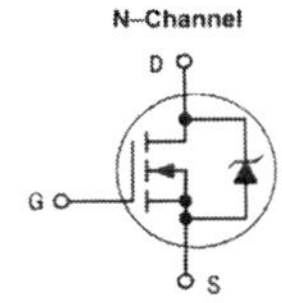

MAXIMUM RATINGS

Rating	Symbol	Value	Unit
Drain Source Voltage	V_{DSS}	60	Vdc
Drain–Gate Voltage (R_{GS} = 1.0 MΩ)	V_{DGR}	60	Vdc
Gate–Source Voltage – Continuous – Non–repetitive ($t_p \le 50$ μs)	 V_{GS} V_{GSM}	 ±20 ±40	 Vdc Vpk
Drain Current – Continuous – Pulsed	 I_D I_{DM}	 200 500	mAdc
Total Power Dissipation @ T_C = 25°C Derate above 25°C	P_D	350 2.8	mW mW/°C
Operating and Storage Temperature Range	T_J, T_{stg}	–55 to +150	°C

ELECTRICAL CHARACTERISTICS (T_C = 25°C unless otherwise noted)

Characteristic	Symbol	Min	Max	Unit
OFF CHARACTERISTICS				
Drain–Source Breakdown Voltage (V_{GS} = 0, I_D = 10 μAdc)	$V_{(BR)DSS}$	60	–	Vdc
Zero Gate Voltage Drain Current (V_{DS} = 48 Vdc, V_{GS} = 0) (V_{DS} = 48 Vdc, V_{GS} = 0, T_J = 125°C)	I_{DSS}	 – –	 1.0 1.0	 μAdc mAdc
Gate–Body Leakage Current, Forward (V_{GSF} = 15 Vdc, V_{DS} = 0)	I_{GSSF}	–	–10	nAdc
ON CHARACTERISTICS				
Gate Threshold Voltage (V_{DS} = V_{GS}, I_D = 1.0 mAdc)	$V_{GS(th)}$	0.8	3.0	Vdc
Static Drain–Source On–Resistance (V_{GS} = 10 Vdc, I_D = 0.5 Adc) (V_{GS} = 4.5 Vdc, I_D = 75 mAdc)	$r_{DS(on)}$	 – –	 5.0 6.0	Ohm
Drain–Source On–Voltage (V_{GS} = 10 Vdc, I_D = 0.5 Adc) (V_{GS} = 4.5 Vdc, I_D = 75 mAdc)	$V_{DS(on)}$	 – –	 2.5 0.45	Vdc
On–State Drain Current (V_{GS} = 4.5 Vdc, V_{DS} = 10 Vdc)	$I_{D(on)}$	75	–	mAdc
Forward Transconductance (V_{DS} = 10 Vdc, I_D = 200 mAdc)	g_{fs}	100	–	μmhos
DYNAMIC CHARACTERISTICS				
Input Capacitance (V_{DS} = 25 V, V_{GS} = 0, f = 1.0 MHz)	C_{iss}	–	60	pF
Output Capacitance (V_{DS} = 25 V, V_{GS} = 0, f = 1.0 MHz)	C_{oss}	–	25	pF
Reverse Transfer Capacitance (V_{DS} = 25 V, V_{GS} = 0, f = 1.0 MHz)	C_{rss}	–	5.0	pF
SWITCHING CHARACTERISTICS (Note 1.)				
Turn–On Delay Time (V_{DD} = 15 V, I_D = 500 mA, R_G = 25 Ω, R_L = 30 Ω, V_{gen} = 10 V)	t_{on}	–	10	ns
Turn–Off Delay Time (V_{DD} = 15 V, I_D = 500 mA, R_G = 25 Ω, R_L = 30 Ω, V_{gen} = 10 V)	t_{off}	–	10	ns

1. Pulse Test: Pulse Width ≤ 300 μs, Duty Cycle ≤ 2.0%.

[그림 13-11] 2N7000의 스펙

$$I_{D(\text{on})} = 75 \text{ mA(최소)}, \quad V_{GS(\text{th})} = 0.8\text{V(최소)}$$

만약 지금 $I_{D(\text{on})}$ 정격에 대한 시험 조건에서 상세히 살펴본다면 V_{GS}=4.5V에서 이런 전류가 측정되었다는 사실을 확인할 수 있다. 이 값과 위에 적혀 있는 두 정수를 이용하여 k를 구하면 다음과 같다.

$$k=\frac{I_{D(on)}}{[V_{GS}-V_{GS(th)}]^2}=\frac{75mA}{[4.5V-0.8V]^2}=5.48\times10^{-3}A/V^2$$

이런 k 값은 주어진 V_{GS}에서 I_D의 값을 구하기 위해서 식 (13-3)에서 사용된다. 이런 전체 과정은 【예제 13-2】에서 설명하였다.

【예제 13.2】 3N171 스펙에는 다음과 같은 최소 값이 기록되어 있다.

$$I_{D(on)}=10mA,\ V_{GS}=10V,\ V_{GS(th)}=1.5V$$

이런 정격을 사용해서 [그림 13-12]에 표시된 회로의 I_D를 구하시오.

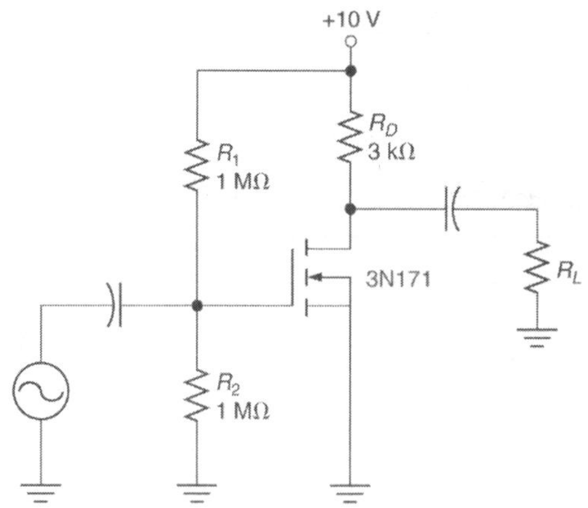

[그림 13-12]

풀이 k 값은 다음과 같이 구해진다.

$$k=\frac{I_{D(on)}}{[V_{GS(on)}-V_{GS(th)}]^2}=\frac{10mA}{[10V-1.5V]^2}=1.38\times10^{-4}A/V^2$$

회로에는 소스 저항이 포함되지 않기 때문에 $V_{GS}=V_G$이다. V_G는 5V로 구해진다.

$$V_G=V_{DD}\frac{R_2}{R_1+R_2}=(10V)\frac{1M\Omega}{2M\Omega}=5V$$

식 (13-3)에서 $V_{GS}=5V$를 사용하면 회로의 I_D는 1.69mA로 구해진다.

$$I_D=k\left[V_{GS}-V_{GS(off)}\right]^2=(1.38\times10^{-4}A/V^2)(5V-1.5V)^2=1.69mA$$

(실전 연습문제 13-2)

E-MOSFET가 $V_{GS}=12\text{V}$, $V_{GS(\text{th})}=2\text{V}$에서 $I_{D(\text{on})}=14\text{mA}$의 크기를 갖는다고 가정하고 $V_{GS}=16\text{V}$에서의 I_D를 구하시오.

▶▶ 27.4mA

13.3.1 E-MOSFET 바이어스 회로(E-MOSFET Biasing Circuit)

JFET와 D-MOSFET에서 사용한 바이어스 회로는 V_{GS}의 positive 값을 필요로 하는 증가형 모드에서 E-MOSFET를 바이어스시키기 위해서 사용할 수 없다. 예를 들면 자기 바이어스나 제로 바이어스에서는 0(zero)이거나 0보다 더 negative인 V_{GS}를 가지기 때문에 E-MOSFET 회로에는 사용할 수 없다. 그렇지만 전압분배기 바이어스, 게이트 바이어스와 드레인 귀환 바이어스는 사용될 수 있다.

BJT에 대해서 고찰할 때 컬렉터-귀환 바이어스에 대해서 논의한바 있다. MOSFET의 경우에는 드레인-귀환 바이어스가 등가의 방법이다. [그림 13-13 (a)]에는 드레인-귀환 바이어스 회로가 표시되어 있다. 드레인-귀환 바이어스 회로의 해석은 상대적으로 간단하다. [그림 13-13 (a)]에서 게이트 저항 R_G는 드레인과 게이트 사이에 연결되어 있다. MOSFET의 게이트 저항은 엄청나게 크기 때문에 드레인 회로를 통해서 흐르는 전류는 없고 R_G 양단에서의 전압 강하도 없다. 따라서 게이트 전압은 드레인 전압과 등가이다.

$$V_{GS}=V_{DS} \tag{13-5}$$

대부분의 경우에는 E-MOSFET의 $I_{D(\text{on})}$은 식 (13-5)의 조건하에서 측정된다. 예를 들면 3N170의 스펙은 $V_{GS}=10\text{V}$, $V_{DS}=10\text{V}$인 조건에서 측정된 $I_{D(\text{on})}$을 표시하고 있다. 따라서 3N170이 드레인 귀환 바이어스로 인가되면 $I_D=I_{D(\text{on})}$이다.

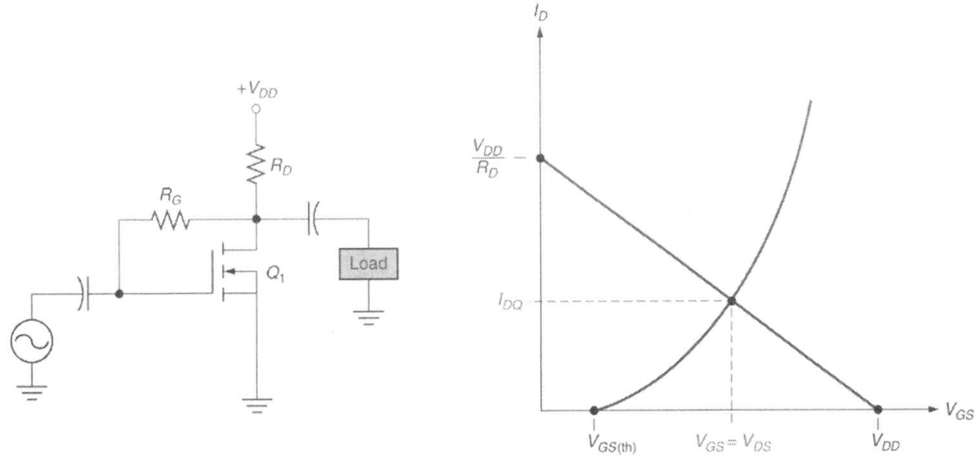

(a) 드레인 귀환 바이어스 (b) 소자 특성곡선과 부하선

[그림 13-13]

$$V_{DS}=V_{DD}-R_D I_{D(\text{on})} \tag{13-6}$$

식 (13-6)은 $V_{GS}=V_{DS}$ 인 조건에서 측정된 $I_{D(\text{on})}$ 정격을 표시하고 있다. 【예제 13-3】은 드레인 귀환 바이어스회로의 해석을 위한 접근 방법에 대해서 설명하고 있다.

【예제 13.3】 [그림 13-14]에 표시된 회로에서 V_{DS}와 I_D를 구하시오.

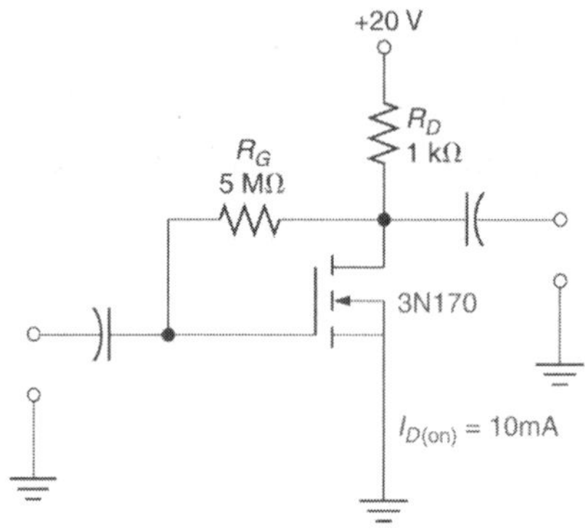

[그림 13-14]

풀이 3N170의 스펙에는 $V_{GS}=V_{DS}$인 조건에서 측정된 $I_{D(\text{on})}$ 정격이 10mA로 표시되어 있다. 드레인 귀환 바이어스 회로에서 이런 전압들이 같기 때문에 $I_D=I_{D(\text{on})}=10\text{mA}$이다. $V_{DS}=10\text{V}$이다.

$$V_{DS}=V_{DD}-R_D I_{D(\text{on})}=20\text{V}-(1\text{k}\Omega)(10\text{mA})=10\text{V}$$

(실전 연습문제 13-3)

실전 연습문제 13-2에서 설명된 E-MOSFET가 $V_{DD}=14\text{V}$, $R_D=510\Omega$의 크기를 갖는 드레인 귀환 바이어스회로라고 가정하고 회로의 V_{DS}와 I_D를 구하시오.

▶▶ $I_D=14\text{mA}$, $V_{DS}=6.86\text{V}$

E-MOSFET의 V_{GS}와 V_{DS}가 등가가 아닌 조건에서 측정된 $I_{D(\text{on})}$ 정격을 갖는다면 회로는 [그림 13-13 (b)]에 표시된 것처럼 해석되어야 한다. 먼저 소자의 전달컨덕턴스 특성곡선을 구한다. 그리고 그림에 표시된 관계식에 따라서 부하 선을 그린다. 부하선과 특성곡선이 교차하는 점의 좌표가 V_{GS}, V_{DS}, I_D값을 표시하게 된다. 이것이 드레인 귀환 바이어스 회로를 해석하는 방법 전부이다. 드레인 귀환 바이어스 회로는 positive의 V_{GS}를 제공한다는 사실을 기억해야한다. 이런 이유 때문에 JFET 혹은 D-MOSFET에서는 사용할 수 없다. (D-MOSFET는 증가형 모드에서 동작되지만 0V 이상으로 positive인 V_{GS} 값을 갖는 선형 응용회로로 바이어스되지 않는다.)

13.3.2 요약(Summary)

D-MOSFET와 E-MOSFET의 중요한 특성들에 대한 비교가 [그림 13-15]에 요약되어 있다.

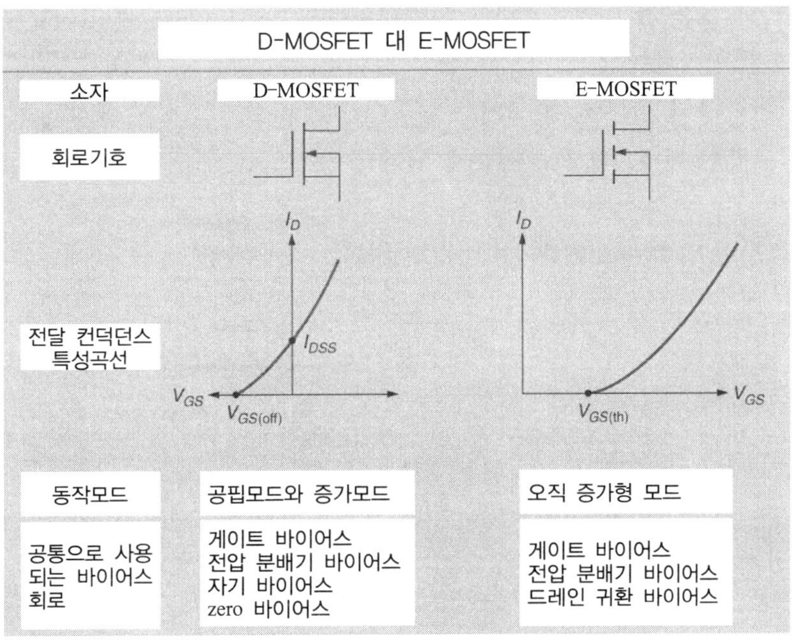

[그림 13-15]

기초 확인문제 13.3

1. positive의 V_{GS} 값이 E-MOSFET에서 어떻게 채널을 발생시키는가?
2. 문턱전압(임계전압) $V_{GS(\mathrm{th})}$는 무엇인가?
3. $V_{GS}=V_{GS(\mathrm{th})}$인 경우 E-MOSFET의 I_D는 어떻게 구해지는가?
4. V_{GS}가 주어진 경우 E-MOSFET의 I_D는 어떻게 구해지는가?
5. D-MOSFET 바이어스법 중 어느 것이 E-MOSFET 바이어스 회로에 사용될 수 있는가?
6. 드레인 귀환 바이어스 회로에서 정지 점 조건을 설명하라.
7. [그림 13-14]에 표시된 회로에서 I_D의 Q 값을 증가시키기 위한 방법은 무엇인가?

13.4 이중게이트(Dusl-Gate) MOSFET

MOSFET의 동작은 게이트와 채널 사이에 높은 커패시턴스 때문에 대부분 고주파에서 제한된다. 이와 같은 높은 커패시턴스의 발생원인을 [그림 13-16]에 표시했다. 게이트에 사용된 금속판은 도체이다. 게이트와 채널 사이의 이산화규소 (SiO_2)는 절연체이다. 채널 자체는 SiO_2 층과 비교할 때 도체로 볼 수 있다. 따라서 그림에 표시된 것처럼 세 가지 물질의 조합은 커패시터를 구성하게 된다.

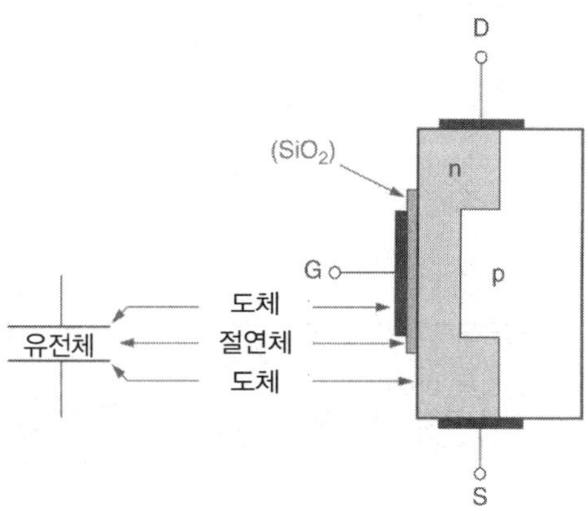

[그림 13-16]

이중게이트 MOSFET는 소자의 전체 커패시턴스를 줄이기 위해서 두 개의 게이트단자를 사용한다. 이중게이트 MOSFET의 물리적 구조와 회로기호는 [그림 13-17]에 표시되어 있다. 이중게이트 MOSFET가 커패시턴스를 감소시키는 것은 이런 부품을 사용하는 한 가지 방법의 결과이다. 보통 이런 부품은 마치 MOSFET 두 개가 직렬로 연결된 것처럼 사용된다. 이것의 효과는 두 개의 커패시터가 직렬로 연결된 것과 효과적으로 동일하게 된다. 여러분은 직렬로 연결된 커패시터의 전체 커패시턴스는 각 부품의 커패시턴스를 더한 값보다 작다는 사실을 이미 알고 있다. 따라서 두 개의 게이트를 직렬로 연결하는 구조로 제작함으로써 전체 커패시턴스는 감소된다.

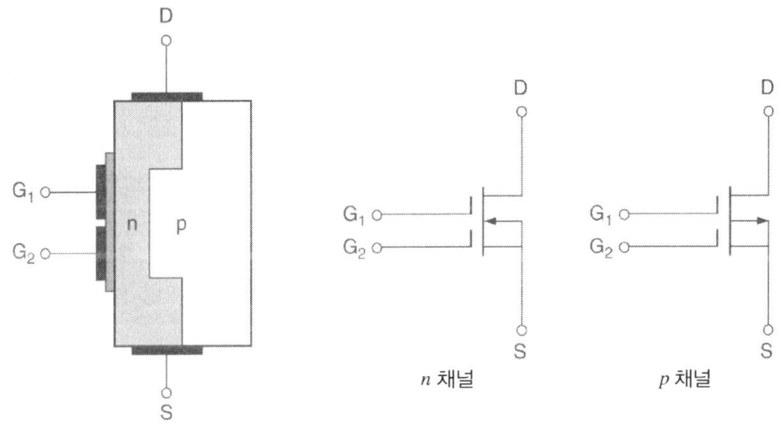

(a) 구조 (b) 회로 기호

[그림 13-17]

13.5 전력용 MOSFET(Power MOSFET)

공학기술의 발달로 고 전력 응용을 목적으로 설계된 다양한 MOSFET의 개발이 이루어졌다. 이 절에서 두 개의 고 전력 MOSFET에 대해서 살펴보기로 한다. 이들 소자의 응용은 13장 7절에서 다루기로 한다.

13.5.1 VMOS 소자(VMOS Device)

VMOSFET(VMOS)는 표준 MOSFET보다 더 큰 드레인 전류를 취급하도록 설계된다. VMOS의 전류 취급 능력은 [그림 13-18]에 표시된 물리적인 구조에 기인된다. 여러분도 보다시피 소자는 p, n^+, n^-로 구성된 물질과 V형 게이트로 구성된다. n형 물질은 약하게 도핑된 n^+와 강하게 도핑된 n^-로 표시된 불순물 도핑 레벨을 가지고 있다. 또한 위쪽의 소스와 아래쪽의 드레인을 연결하는 물리적 채널이 없다. 따라서 소자는 증가형 MOSFET이다.

[그림 13-19]에 표시된 것처럼 소자에 positive의 게이트 전압이 인가될 때 V자 모양의 게이트를 둘러 싸고 있는 채널이 형성된다. 게이트의 형태는 표준 E-MOSFET에서 발생되는 것보다 훨씬 큰 채널을 형성하게 된다. 넓어진 채널은 주어진 V_{GS}에서 발생시키는 것보다 더 큰 드레인 전류를 허용한다. 이것이 VMOS가 E-MOSFET보다 우수한 점이다. VMOS를 이용하는 또 다른 장점은 BJT와는 달리 열 폭주(thermal runway)가 발생되지 않는다는 사실이다. VMOS는 positive의 온도계수를 가진다. 이것은 온도가 증가하면 소자

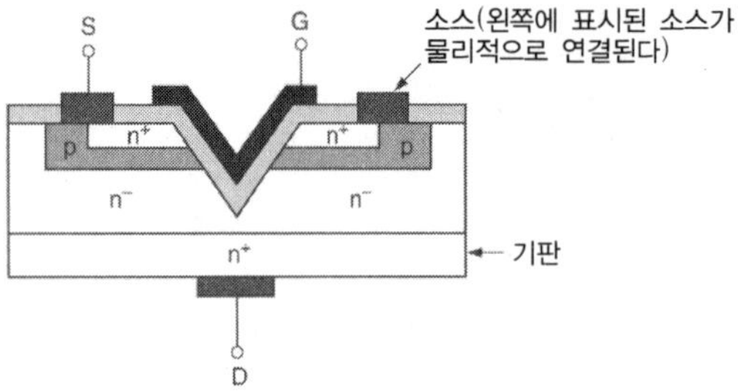

[그림 13-18] VMOS의 구조

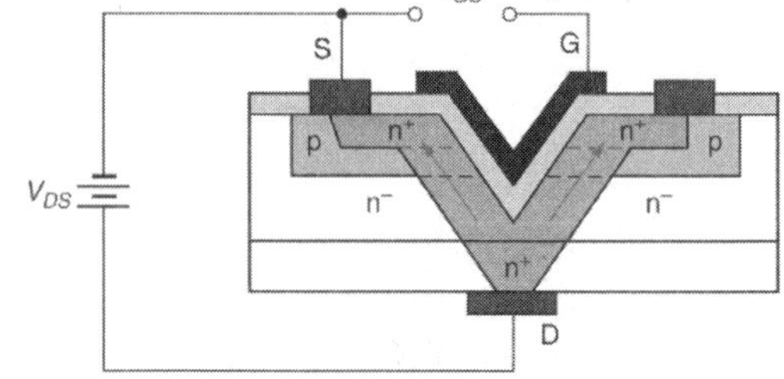

[그림 13-19] VMOS의 동작

의 저항이 증가한다는 것을 의미한다. 따라서 온도가 증가하면 드레인 전류는 감소한다. 이런 이유 때문에 VMOS에서는 열 폭주를 허용하지 않는다.

positive의 온도계수는 또한 VMOS를 병렬로 연결하여 사용함으로써 부하전력을 증가시킬 수 있다. 두 개 혹은 더 많은 VMOS가 병렬로 되면 positive 온도계수에 의해서 전류가 자동적으로 통제된다. 이것의 동작은 다음과 같다. 만약 VMOS 트랜지스터 중 하나가 많은 전류가 필요하다면 열이 발생하여 온도가 증가하고 이로 인해 저항이 증가하고 전류가 높은 드레인 전류 정격과 positive 온도계수 때문에 VMOS 소자는 표준 MOSFET로 사용할 수 없는 다양한 응용에서 사용된다. 몇 가지 응용은 13장 7절에서 상세히 논의하기로 하자.

13.5.2 LDMOS

전력용 MOSFET의 또 다른 종류는 횡형 이중 확산형(Lateral double-diffused) MOSFET, 혹은 LDMOSFET이다. 이런 형태의 MOSET는 채널 영역이 매우 작으며 낮은 채널 저항 $r_{d(\text{on})}$과 높은 드레인 전류를 얻기 위해 n형 기판(n^{-})을 강하게 도핑시킨다. 증가형 MOSFET의 기본구조를 [그림 13-20]에 표시했다. 좁은 채널(짙게 표시된 영역)은 n^{-} 기판과 약하게 도핑된 n^{+} 소스 사이에 놓여있는 p형으로 구성되어 있다. n형은 채널과 드레인 사이에 놓여져 있으므로 채널의 유효길이는 매우 짧다.채널과 드레인 사이의 통로에서 n형과 결합되어 매우 낮은 $r_{d(\text{on})}$을 제공한다. 낮은 채널 저항 때문에 L-MOSFET 소자는 열에 의한 손상을 발생시키지 않고 매우 높은 전류를 흘릴 수 있다. LDMOS는 보통 2Ω 이하의 전형적인 $r_{d(\text{on})}$을 가진다. 이런 낮은 채널 저항을 가지기 때문에 20A 정도의 높은 전류를 취급할 수 있는 능력을 가진다.

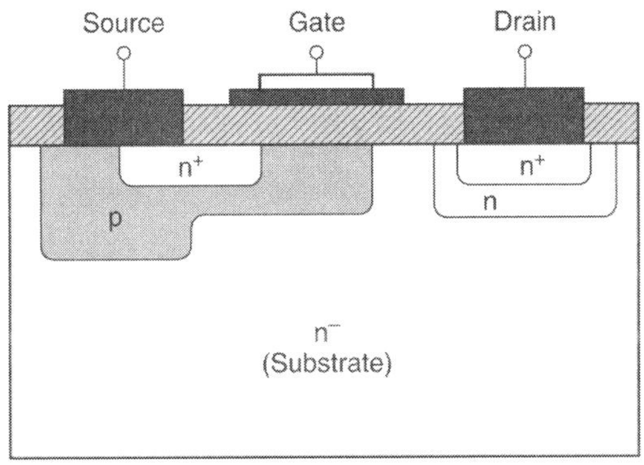

[그림 13-20]

기초 확인문제 13.5

1. VMOS의 물리적인 구조 대해서 설명하라.
2. VMOS가 높은 I_D를 허용하는 이유에 대해서 설명하라.
3. LDMOS의 물리적인 구조 대해서 설명하라.
4. LDMOS가 높은 I_D를 허용하는 이유에 대해서 설명하라.

13.6 상보대칭형 MOSFET(CMOS) ; MOSFET 응용

MOSFET가 전자공학 발전에 기여한 중요한 공헌은 디지털(컴퓨터) 전자공학 분야에서 찾을 수 있다. 디지털 회로에서 신호는 빠르게 스위칭 하는 직류레벨로 이루어진다. 디지털 신호의 예를 [그림 13-21]에 표시했다. 구형파 신호는 논리레벨(logic level)이라고 부르는 두 개의 직류레벨로 구성된다. [그림 13-21]에 표시된 파형에서 논리 레벨은 0V와 +5V이다.

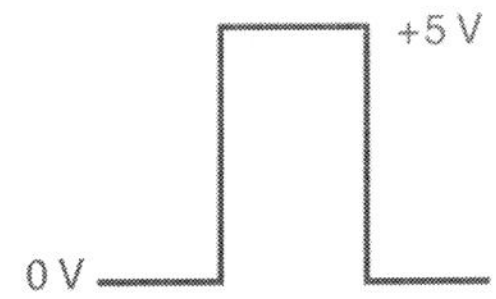

[그림 13-21]

유사한 동작 특성을 가지는 이런 회로의 그룹을 논리그룹(logic family)이라고 부른다. 주어진 논리그룹에서 모든 회로는 동일한 논리레벨로 응답하고 유사한 속도와 전력 손실 특성을 가지며 서로 직접 연결할 수 있다. 이러한 논리그룹 중의 하나가 상보대칭형 MOS인 CMOS 논리이다. 이런 논리 그룹은 보수형 MOSFET로 구성된다. 기본적인 CMOS 인버터를 [그림 13-22]에 표시했다.

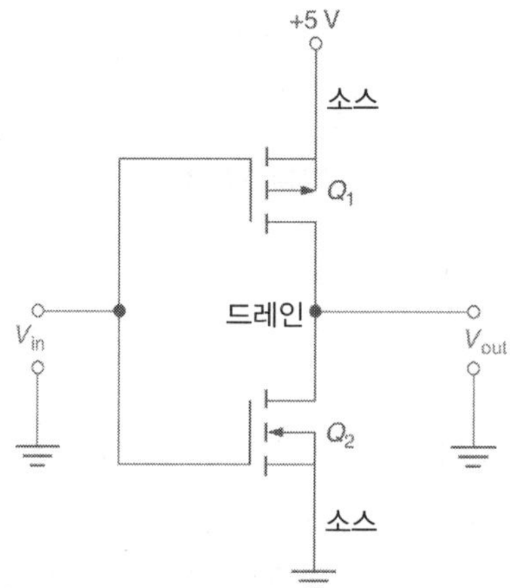

[그림 13-22] CMOS 인버터

인버터 회로는 하나의 논리 레벨에서 다른 논리 레벨로 변환하는 디지털 회로이다. 입력이 하나의 논리 레벨을 가지면 출력은 다른 논리 레벨로 된다. [그림 13-22]에서

- 입력이 0V이면 출력은 +5V가 된다.
- 입력이 +5V이면 출력은 0V가 된다.

이런 회로가 제공된 목적을 살피는 것은 이 책의 범위를 벗어나지만 잠깐 회로 동작을 살펴보기로 한다.

13.6.1 CMOS 인버터의 동작(CMOS Invert Operation)

CMOS 인버터 동작은 각 트랜지스터를 스위치로 생각하면 쉽게 이해할 수 있다. [그림 13-23]은 개별적인 스위치 회로인 MOSFET이다. [그림 13-23 (a)]에서 p형 MOSFET는 증가형 MOSFET로 소스로부터 드레인까지 물리적 채널이 없다는 것을 의미한다. Q_1이 $V_{GS}=0$V를 가질 때 소스와 드레인 사이에 구성된 채널이 없다. 그 결과 부품을 통해서 흐르는 전류는 없다. Q_1이 $V_{GS}=-5$V를 가지면 채널이 형성되고 전류는 소자를 통해 흐른다. Q_1의 소스 단자는 +5V와 연결되어 있다는 것을 유의하라. 회로의 입력은 0V

혹은 +5V라고 가정한다면, 회로는 다음과 같은 전압 관계를 가진다.

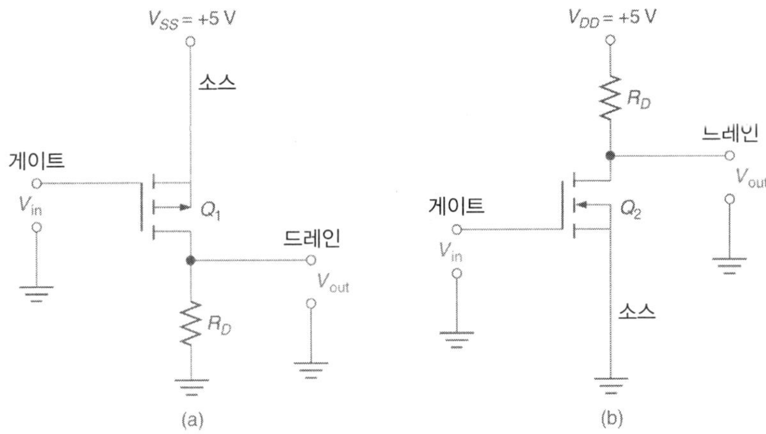

[그림 13-23]

V_{in}	V_{SS}	$V_{GS}=V_{in}-V_{SS}$	Q_1의 동작상태
+5V	+5V	0V	OFF
0V	+5V	−5V	ON

도표에 표시된 것처럼 입력이 +5V이면 MOSFET는 도통되지 않으며 입력이 0V가 되면 MOSFET는 도통된다. MOSFET가 도통되면 MOSFET가 on 된다고 말하고 MOSFET가 도통되지 않으면 MOSFET가 off 된다고 말한다. [그림 13-23 (b)]에 표시된 n채널 증가형 MOSFET를 살펴보자. n채널 MOSFET이기 때문에 p채널 MOSFET와 정반대의 특성을 가진다. 다시 설명하자면 $V_{GS}=+5$V인 경우에 도통되고 $V_{GS}=0$V가 되면 도통되지 않는다는 것이다. Q_2의 동작을 요약하면 다음과 같다.

V_{in}	$V_{GS}=V_{in}$	Q_2의 동작상태
+5V	+5V	ON
0V	0V	OFf

Q_2의 소스는 접지로 귀환된다. 따라서 $V_{GS}=V_{\text{in}}$이다. 도표에 따르면 $V_{\text{in}}=+5$V이면 Q_2는 도통되고 $V_{\text{in}}=0$V이면 Q_2는 off 된다. 이제 [그림 13-22]에 표시된 것처럼 두 회로를 함께 합쳐서 생각해보자. Q_1은 Q_2의 드레인 저항처럼 취급되고 반면에 Q_2는 Q_1의 드레인 저항처럼 취급된다. 회로의 입력이 +5V이면 Q_1은 off 되고 Q_2는 on 된다. 따라서 도통 경로는 Q_2를 통해서 출력과 V_{DD} 사이가 된다. 이런 동작은 다음과 같이 요약된다.

$V_{in}(V)$	Q_1	Q_2	$V_{out}(V)$
0	On	Off	+5
+5	Off	On	0

V_{in}과 V_{out} 사이의 관계는 인버터의 경우와 같다. 왜 CMOS 논리 회로가 가장 유명한가? 이 질문에 대한 최선의 대답은 CMOS 인버터의 상대인 BJT를 살펴보면 이해할 수 있다. 기본적인 TTL(쌍극성 트랜지스터 논리 그룹) 인버터를 [그림 13-24]에 표시했다. CMOS 회로는 상대인 TTL회로보다 훨씬 덜 복잡하다. 이것은 집적회로 상의 주어진 크기의 공간에 더 많은 CMOS 회로가 집적될 수 있음을 의미한다. CMOS 회로는 TTL 회로보다 더 큰 부품 밀도를 가진다. 밀도 증가뿐만 아니라 CMOS 회로는 TTL 회로에 비해 다음과 같은 장점을 가진다.

1. 이들은 전원으로부터 거의 전류를 끌어내지 않으며 양호한 전력소모 정격을 가진다.
2. CMOS 회로는 낮은 입력 전류 특성을 가지므로 하나의 CMOS 출력은 병렬로 연결된 CMOS 부 하의 수에 제한을 받지 않고 구동이 가능하다. 병렬로 많은 개수의 CMOS를 연결하여 신호원 하나로 구동이 가능하다. 이에 비해 TTL 회로는 다른 TTL 입력을 단지 10개 이하로 제한하여 구동될 수 있다.

이런 장점은 디지털 전자공학 분야에 적용해 보면 보다 더 분명해 질 것이다. 하지만 이 시점에서는 CMOS 논리를 이용하는 장점에 대한 생각을 가져야 된다.

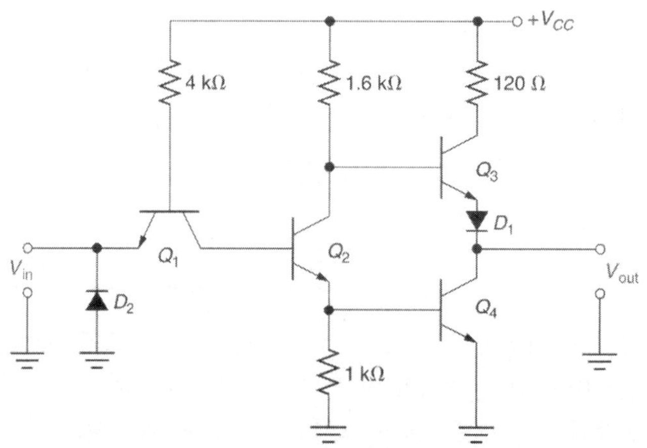

[그림 13-24] TTL 인버터

13.6.2 또 다른 CMOS 논리회로(Another CMOS Logic Circuit)

인버터는 다양한 기본 논리회로 들 중의 하나이다. 유용한 다양한 기능을 수행하는 다른 논리회로들은 게이트(gate)라고 부른다. 예를 들면 2입력 NAND 게이트는 두 입력이 모두 +5V인 경우에만 0V의 출력을 제공하는 회로이다. 두 입력 중 어느 하나가 0V라면 출력은 +5V로 나타난다.

CMOS NAND 게이트는 [그림 13-25]에 표시되어 있다. 회로가 0V 출력을 제공하기 위해서는

- Q_1과 Q_2는 반드시 off 되어야 한다. (비 도통)
- Q_3과 Q_4는 반드시 on 되어야 한다. (도통)

Q_1과 Q_2가 off 되면 출력은 V_{SS}로부터 분리된다. Q_3과 Q_4가 on 되면 출력에서 접지까지 저저항의 경로를 제공하게 된다. 따라서 트랜지스터가 이런 조합의 형태로 동작하면 회로는 0V 출력을 제공하게 된다.

회로가 +5V 출력을 제공하기 위해서는

- Q_1과 Q_2 중 어느 하나는 반드시 *on* 되어야 한다. (도통)
- Q_3과 Q_4 중 어느 하나는 반드시 *off* 되어야 한다. (비 도통)

Q_1이나 Q_2가 on 되면 출력으로부터 접지까지 저저항의 경로를 제공하게 된다. Q_3과 Q_4중 어느 하나가 off 되면 출력은 접지로부터 분리된다. 트랜지스터가 이런 조합의 형

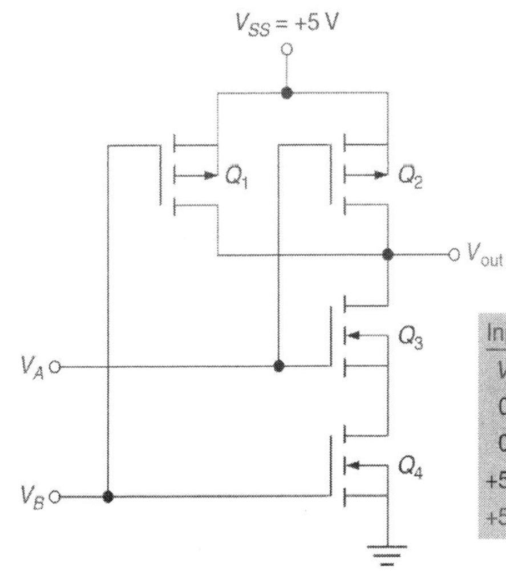

Input/Output Combinations		
V_A	V_B	V_{out}
0 V	0 V	+5 V
0 V	+5 V	+5 V
+5 V	0 V	+5 V
+5 V	+5 V	0 V

[그림 13-25] 2입력 CMOS NAND 게이트

태로 동작하면 회로는 +5V 출력을 제공하게 된다.

트랜지스터에서 0V와 +5V 입력의 영향은 다음과 같이 정리된다.

입력레벨	트랜지스터 동작상태의 효과
$V_A = +5V$	Q_2 off, Q_3 on
$V_A = 0V$	Q_2 on, Q_3 off
$V_B = +5V$	Q_1 off, Q_4 on
$V_B = 0V$	Q_1 on, Q_4 off

표에 표시된 것처럼 $V_A = +5V$, $V_B = +5V$의 조합은 Q_1과 Q_2는 off시키고 Q_3과 Q_4는 on 시킨다. 이미 앞에서 언급한 것처럼 이런 트랜지스터의 동작상태는 회로의 출력을 0V로 제공하게 된다. 어느 입력중 하나가 LOW 상태라면 출력은 효과적으로 V_{SS}에 결합되고 접지로부터 분리된다. 따라서 +5V 출력을 제공하게 된다. 이미 앞에서 언급한 것처럼 몇 개의 기본 게이트들은 각각 유용하면서도 독립적인 기능을 수행한다. 이런 게이트들과 그들의 기능은 기본적인 디지털 전자공학 분야에서 사용된다.

기초 확인문제 13.6

1. 논리 레벨이란 무엇인가?
2. 논리 그룹이란 무엇인가?
3. 인버터란 무엇인가?
4. CMOS 인버터의 물리적인 구조에 대해서 설명하라.
5. CMOS 인버터의 동작에 대해서 설명하라.
6. TTL 논리를 능가하는 CMOS 논리의 장점에 대해서 설명하라.
7. CMOS NAND 게이트의 동작을 기술하라.

13.7 기타 MOSFET 응용(Other MOSFET Application)

CMOS 논리가 중요한 MOSFET 응용 중 하나인 반면 또 다른 많은 응용분야가 있다. 이 절에서는 이러한 MOSFET 응용의 대표적인 예를 살펴보기로 한다. D-MOSFET는 JFET가 이용되는 대부분의 응용에서 사용될 수 있다. 따라서 MOSFET 응용 범위는 이 절에서 설명되는 것 이상이 된다.

13.7.1 종속 증폭기(Cascode Amplifier)

JFET와 MOSFET는 앞에서 언급한 것처럼 높은 입력 커패시턴스를 가지고 있다. 이런 입력 커패시턴스는 소자의 고주파 동작에 좋지 않은 영향을 미친다. 높은 입력 커패시턴스의 영향을 극복하기 위해서 종속 증폭기가 개발되었다. 이런 종속(캐스코드) 증폭기는 [그림 13-26]에 표시된 것처럼 공통 소스 증폭기와 공통 게이트 증폭기가 직렬로 연결된 구조를 가진다. [그림 13-26]에서 Q_1은 전압분배기로 바이어스된 공통 게이트 증폭기이다. Q_2는 공통 소스 회로로 자기 바이어스된다.

회로의 입력이 Q_2에 인가되고 출력은 Q_1의 드레인에서 구해진다. 따라서 두 개의 MOSFET는 직렬로 구성된다. 각 MOSFET는 주어진 크기의 입력 커패시턴스를 가지므로 부품을 직렬로 연결하는 것은 두 개의 커패시턴스가 직렬로 연결된 것과 같다. 결과적으로 전체 커패시턴스는 각각의 커패시턴스 값보다 훨씬 작다. 종속 증폭기의 낮은 커패시턴스는 용량성 리액턴스가 문제가 되는 고주파 동작에 적합하게 된다. 간단한 종속 증폭기는 이중 게이트 MOSFET를 이용해서 만들어진다. [그림 13-25]와 등가인 이중 게이트 MOSFET 회로는 [그림 13-27]에 표시되어 있다. MOSFET의 게이트1은 공통 게이트 증폭기로 동작하도록 연결되어 있고 MOSFET의 게이트2는 공통 소스 증폭기로 동작하도록 연결되어 있다. 이런 증폭기는 [그림 13-26]에 표시된 증폭기처럼 동일한 커패시턴스 특성과 고주파 능력을 가지고 있다.

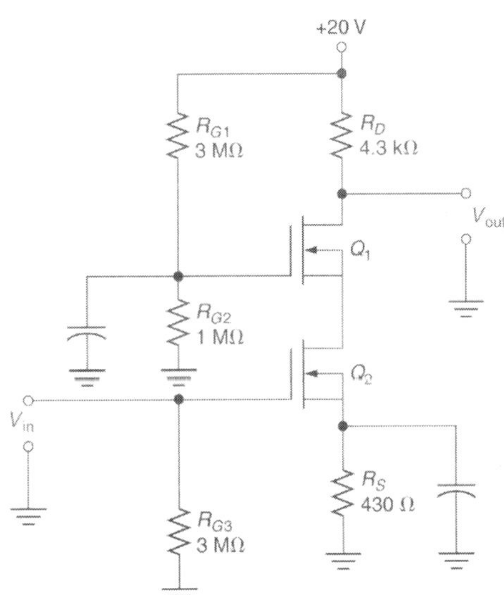

[그림 13-26] 종속 증폭기

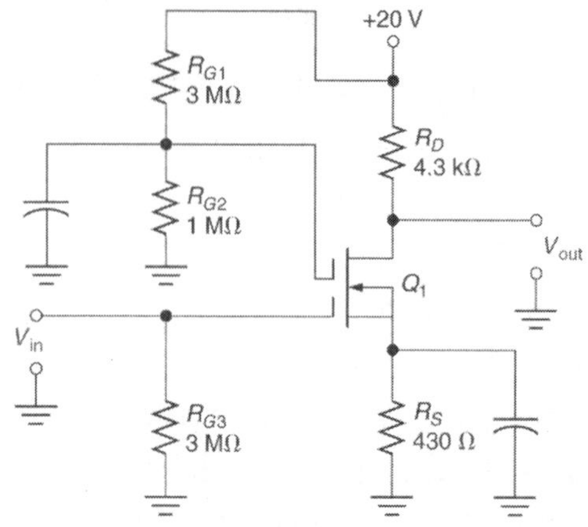

[그림 13-27] 이중 게이트 MOSFET 종속 증폭기

13.7.2 RF 증폭기(RF Amplifier)

이중 게이트 MOSFET는 RF 증폭기에서도 사용될 수 있다. RF 증폭기는 진폭변조(AM) 수신기에서 "앞단(front-end)" 증폭기라는 것을 기억해야 한다. 이중 게이트 MOSFET RF 증폭기를 [그림 13-28]에 표시했다. 이중 게이트 MOSFET 내부에는 제너 다이오드가 포함되어 있다. 이런 다이오드는 정전기로부터 부품을 보호하기 위해서 MOSFET에 부착시킨다. MOSFET가 정전기에 아주 민감하다는 것은 이미 알고 있는 사실이다. 제너 다이오드는 부품의 입력을 보호한다. 이것이 없어도 회로의 동작에는 영향을 미치지 않는다. RF 증폭기는 12장에서 설명한 것과 유사하다. 안테나는 동조회로를 거쳐 게이트1에 연결되어 있고 증폭기의 출력은 다른 동조 회로에 의해서 다음 믹서 회로에 결합되어 있다.

이중 게이트 MOSFET가 사용되면 회로가 정상적으로 동작하는데 안테나로부터 전류가 거의 필요 없다. 이중 게이트 MOSFET를 사용하는 장점은 RF 증폭기의 자동이득조절(Automatic gain control : AGC)이 사용 가능하다는 점이다. 직류 전압은 AGC 회로로부터 게이트 2에 공급된다. 이런 전압은 수신된 신호의 세기와 정비례한다. AGC 전압이 상대적으로 높은 레벨(강한 신호를 지시함)일 때 이중 게이트 MOSFET의 이득은 감소한다. 약한 신호가 수신되면 AGC 회로로부터의 전압은 감소하고 이중 게이트 MOSFET의 이득은 증가한다. 이런 동작의 전체 효과는 페이딩(fading)을 방지한다. 만약 자동차에서 AM 라디오를 들어본 경험이 있다면 다리 밑으로 지나갈 때 페이딩을 경험했을 것이다. AM 신호세기가 감소하면 라디오는 수신이 약해질 것이다 AGC 회로를 사용하면 이런 페이딩을 최소화시킬 수 있다.

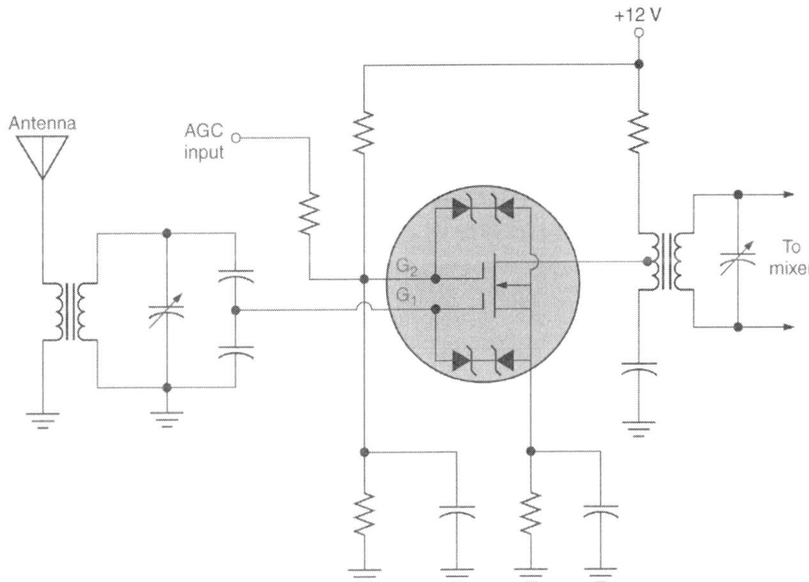

[그림 13-28] 이중 게이트 MOSFET RF 증폭기

13.7.3 전력용 MOSFET 구동회로(Power MOSFET Driver)

디지털 통신에서 정보는 여러 방법 중 한 가지를 이용해서 직렬 디지털 신호로 변환된다. 이런 신호는 디지털 형태로 수신되고 송신된다. 결국 수신기는 원래 형태의 정보 신호로 변환된다. 많은 디지털 통신 시스템은 고속이고 높은 전류의 디지털 출력을 낼 수 있는 전력 증폭기를 요구한다. 이런 신호는 [그림 13-29]에 표시된 것과 같은 전력용 MOSFET 구동회로로 가능하다.

이런 구동 회로의 높은 전류 능력은 전력용 MOSFET의 낮은 채널 저항 $r_{d(\text{on})}$에 의해서 제공되어 진다. 전력용 MOSFET는 $r_{d(\text{on})}$의 값이 2Ω 이하라는 점을 기억하라. 따라서 +V, −V, R_8 값에 따라 MOSFET 쌍의 출력 전류는 20A에서 35A 정도로 높게 될 수 있다. 회로의 고속 특성은 여러 가지의 요소에 의해서 결정된다. 먼저 구동회로에서 저항값이 대단히 작다는 사실이다. 이것은 회로에서 커패시턴스가 아주 신속하게 충·방전되는 것을 가능하게 한다. 또한 Q_1의 베이스에서의 R_3와 C_3로 구성되는 병렬 회로를 주목하라. 커패시터 C_3를 가속용(speed-up) 커패시터라고 부른다. 이런 커패시터는 Q_1의 스위칭 시간(포화와 차단 상태로 하는데 걸리는 시간)을 개선시키는데 이용된다. 가속용 커패시터는 19장에서 상세히 다루기로 한다.

13.7.4 VMOS 응용(VMOS Application)

달링턴 쌍 BJT 구성은 표준형 BJT가 다룰 수 없는 크기의 전류가 필요한 곳에 응용

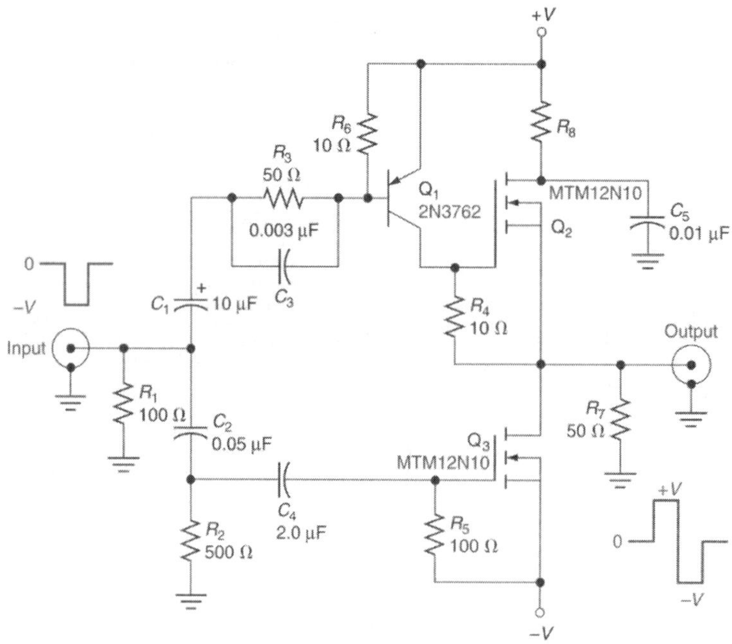

[그림 13-29]

된다. VMOS 소자와 표준형 MOSFET 사이에도 동일한 관계가 성립한다. VMOS 소자는 거의 모든 증가형 MOSFET 회로에 사용될 수 있다. 하지만 높은 전류가 필요할 때만 단지 사용한다.

기초 확인문제 13.7

1. 종속 증폭기란 무엇인가?
2. 종속 증폭기는 입력 커패시턴스를 어떻게 감소시키는가?
3. 이중 게이트 MOSFET 종속 증폭기를 설명하라.
4. 이중 게이트 MOSFET RF 증폭기를 설명하라.
5. 자동이득제어란 무엇인가? 이중 게이트 MOSFET RF 증폭기에서는 어떻게 동작되는지를 설명하라.
6. 페이딩이란 무엇인가?
7. 디지털 통신이란 무엇인가?
8. 디지털 통신에서 전력용 MOSFET 구동기의 역할은 무엇인가?
9. VMOS 소자는 어느 경우에 사용되는가?

중요 용어(Key Term)

종속 증폭기(cascode amplifier), 보수형 MOS(complementary MOS : CMOS), 공핍 모드 동작(depletion mode operation), 디지털 통신(digital communication), D-MOSFET, 드레인 귀환 바이어스(drain feedback bias), 이중 게이트 MOSFET(dual gate MOSFET), E MOSFET, 증가형 모드 동작(enhancement mode operation), 팬 아웃(fan out), 인버터(invert), 횡형 이중 확산 MOSFET(lateral double diffused MOSFET : LDMOS), 논리 그룹(logic family), 논리 레벨(logic level), 가속 커패시터(speed up capacitor), 기판(substrate), 문턱전압(threshold voltage), 제로 바이어스(zero bias)

연습문제

13-1. D-MOSFET가 $V_{GS(off)}=-4V$, $I_{DSS}=8mA$의 크기를 갖는다고 가정하고 소자의 전달 컨덕턴스 특성곡선을 구하시오.

13-2. D-MOSFET가 $V_{GS(off)}=-8V$, $I_{DSS}=12mA$의 크기를 갖는다고 가정하고 소자의 전달 컨덕턴스 특성곡선을 구하시오.

13-3. D-MOSFET가 $V_{GS(off)}=-4V$에서 $-6V$, $I_{DSS}=6mA$에서 $9mA$의 크기를 갖는다고 가정하고 소자의 최소 전달 컨덕턴스 특성곡선과 최대 전달 컨덕턴스 특성곡선을 구하시오.

13-4. D-MOSFET가 $V_{GS(off)}=-4V$에서 $-10V$, $I_{DSS}=5mA$에서 $10mA$의 크기를 갖는다고 가정하고 소자의 최소 전달 컨덕턴스 특성곡선과 최대 전달 컨덕턴스 특성곡선을 구하시오.

13-5. 연습문제 13-1에서 D-MOSFET가 $g_{m0}=2000\mu S$의 크기를 갖는다고 가정하고 $V_{GS}=-2V$, $V_{GS}=0V$, $V_{GS}=+2V$에서 g_m을 구하시오.

13-6. 연습문제 13-2에서 D-MOSFET가 $g_{m0}=3000\mu S$의 크기를 갖는다고 가정하고 $V_{GS}=-5V$, $V_{GS}=0V$, $V_{GS}=+5V$에서 g_m을 구하시오.

13-7. E-MOSFET가 $V_{GS(th)}=4V$와 $V_{GS}=8V$에서 $I_{D(on)}=12mA$의 크기를 갖는다고 가정하고 $V_{GS}=6V$에서 소자의 I_D를 구하시오.

13-8. E-MOSFET가 $V_{GS(\text{th})}=2\text{V}$와 $V_{GS}=8\text{V}$에서 $I_{D(\text{on})}=10\text{mA}$의 크기를 갖는다고 가정하고 $V_{GS}=12\text{V}$에서 소자의 I_D를 구하시오.

13-9. E-MOSFET가 $V_{GS(\text{th})}=1\text{V}$와 $V_{GS}=4\text{V}$에서 $I_{D(\text{on})}=8\text{mA}$의 크기를 갖는다고 가정하고 $V_{GS}=1\text{V}$, $V_{GS}=4\text{V}$, $V_{GS}=5\text{V}$에서 소자의 I_D를 구하시오.

13-10. E-MOSFET가 $V_{GS(\text{th})}=3\text{V}$와 $V_{GS}=5\text{V}$에서 $I_{D(\text{on})}=2\text{mA}$의 크기를 갖는다고 가정하고 $V_{GS}=3\text{V}$, $V_{GS}=5\text{V}$, $V_{GS}=8\text{V}$에서 소자의 I_D를 구하시오.

13-11. [그림 13-30]에 표시된 증폭기의 I_D와 V_{DS}를 구하시오.

13-12. [그림 13-31]에 표시된 증폭기의 I_D와 V_{DS}를 구하시오.

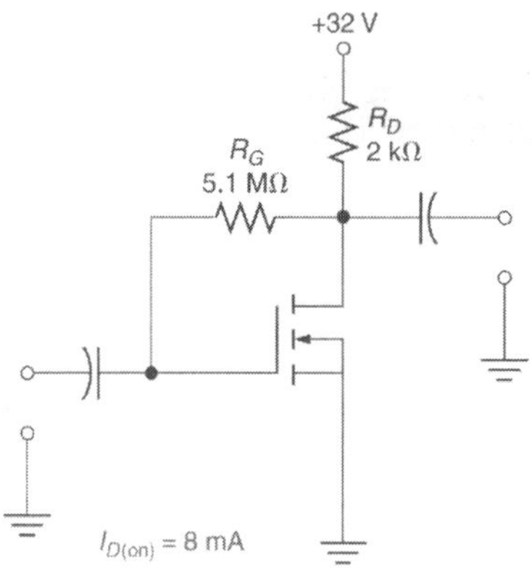

[그림 13-30]

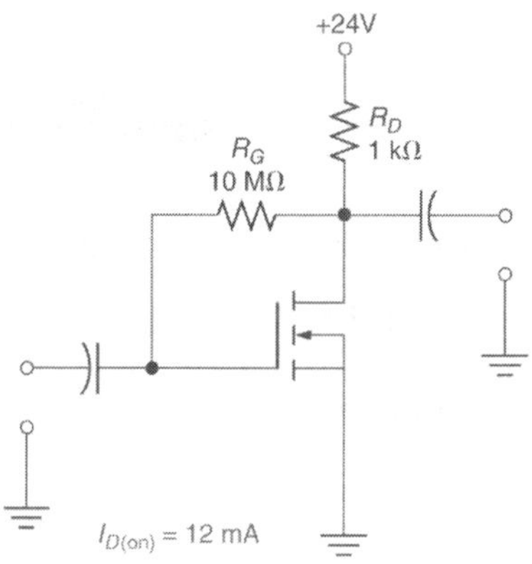

[그림 13-31]

13-13. [그림 13-32]에 표시된 증폭기의 I_D와 V_{DS}를 구하시오.

13-14. [그림 13-33]에 표시된 증폭기의 I_D와 V_{DS}를 구하시오.

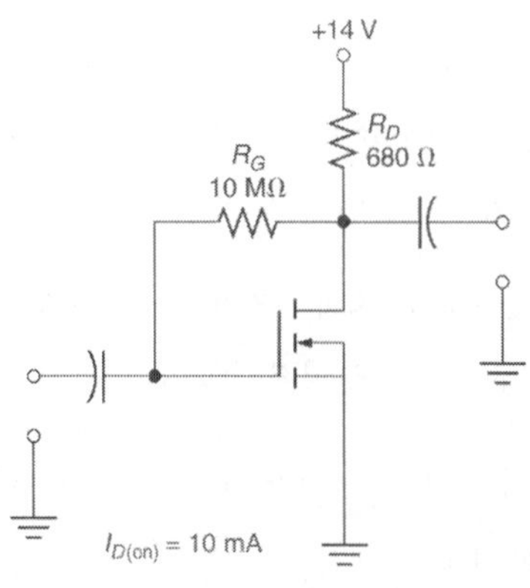

[그림 13-32]

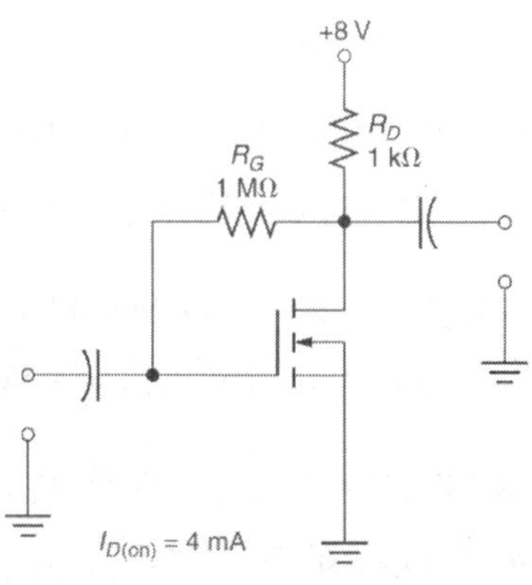

[그림 13-33]

13-15. [그림 13-34]에 표시된 증폭기의 I_D와 V_{DS}를 구하시오.

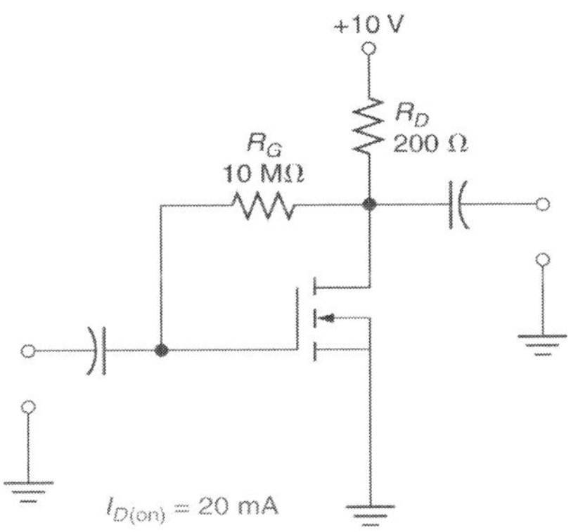

[그림 13-34]

13-16. [그림 13-35]에 표시된 증폭기의 I_D와 V_{DS}를 구하시오.

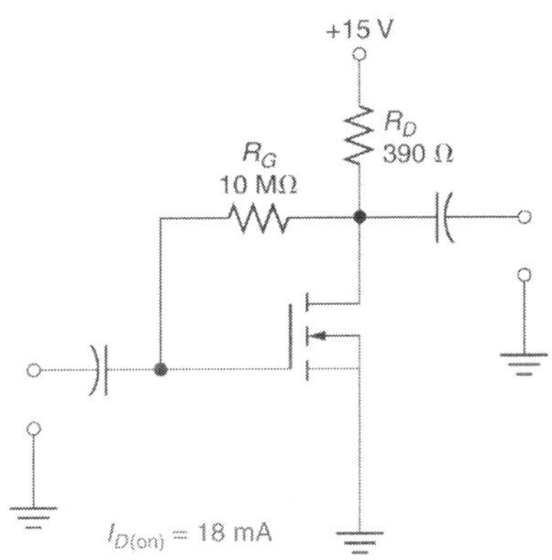

[그림 13-35]

13-17. [그림 13-36]에 표시된 회로의 파형을 참조하고 회로 동작 시 발생 가능한 문제는 무엇인지에 대해서 고찰하시오.

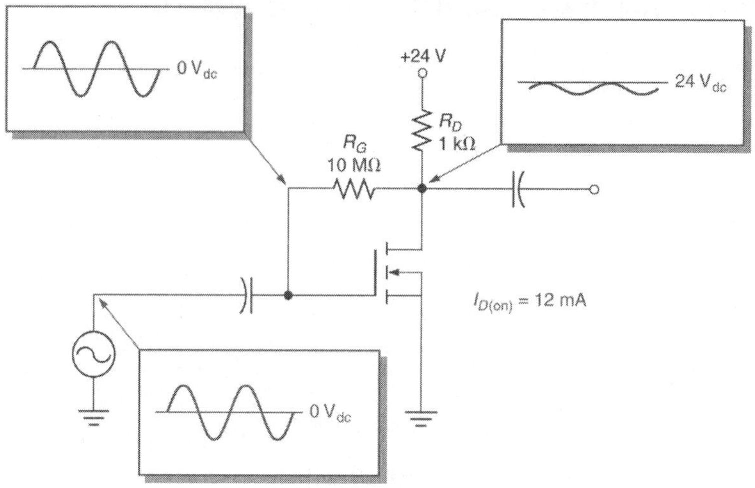

[그림 13-36]

13-18. [그림 13-37]에는 직류 전압이 표시되어 있다. 회로 동작 시 발생 가능한 문제는 무엇인지에 대해서 고찰하시오.

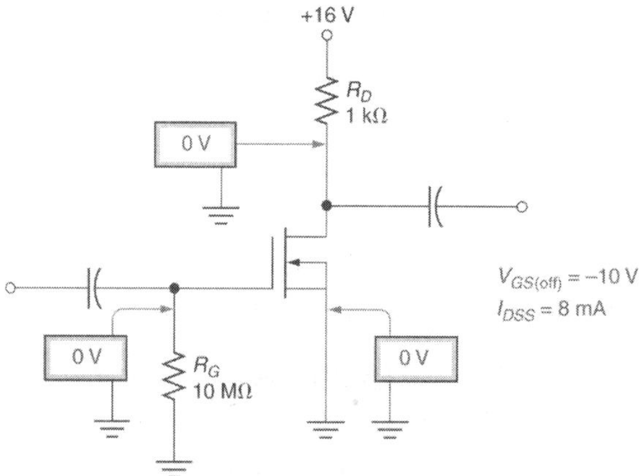

[그림 13-37]

13-19. [그림 13-38]에 표시된 회로의 A_V의 범위를 구하시오.

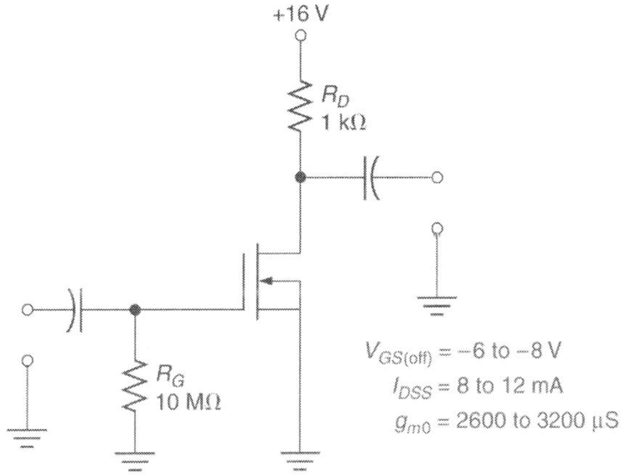

[그림 13-38]

13-20. [그림 13-39]에 표시된 회로의 Av의 범위를 구하시오.

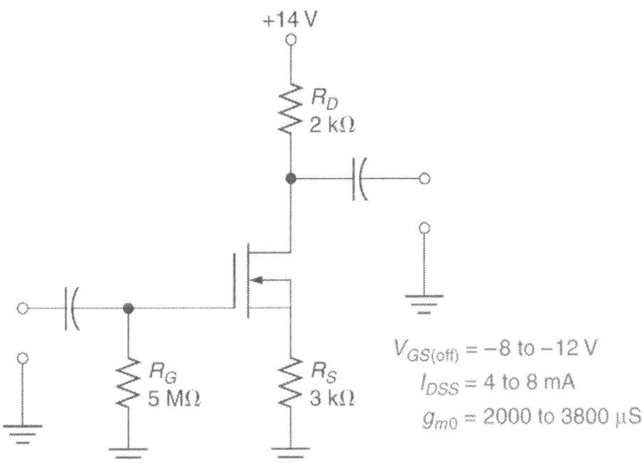

[그림 13-39]

13-21. [그림 13-40]에 표시된 회로의 I_D의 범위를 구하시오.

13-22. [그림 13-41]에 표시된 CMOS 회로는 NOR 게이트라고 부른다. 회로는 모든 입력이 0V일 때 +5V를 제공하도록 설계되었다. 회로가 이런 논리를 수행하는 의미를 설명하고 회로를 해석하시오.

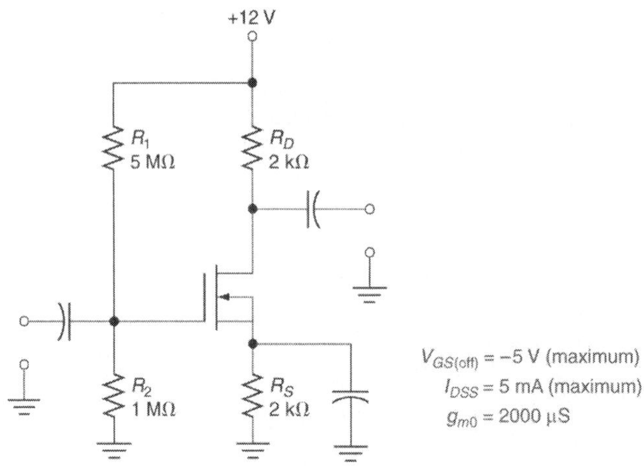

[그림 13-40]

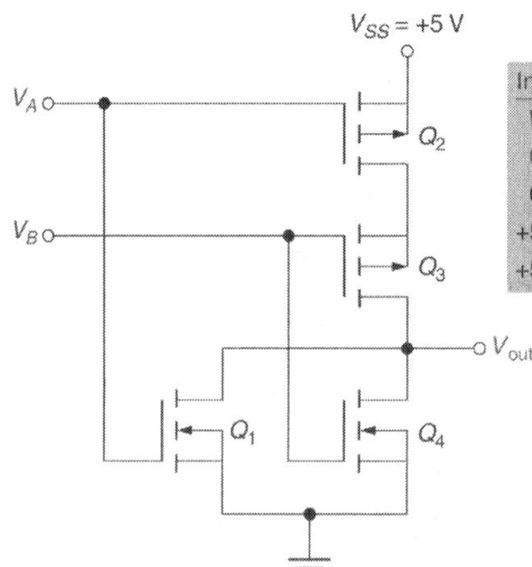

Input/Output Combinations		
V_A	V_B	V_{out}
0 V	0 V	+5 V
0 V	+5 V	0 V
+5 V	0 V	0 V
+5 V	+5 V	0 V

[그림 13-41]

13-23. [그림 13-42]에 표시된 MOSFET는 $V_{GS}=32V$인 경우 최대 800pA의 게이트 전류를 갖는다. 소자와 회로의 입력 임피던스는 얼마인가? 그리고 MOSFET가 무한대의 임피던스를 갖는다고 가정하고 회로의 입력 임피던스를 구하시오. 두 개의 Z_{in}의 차이는 얼마인가?

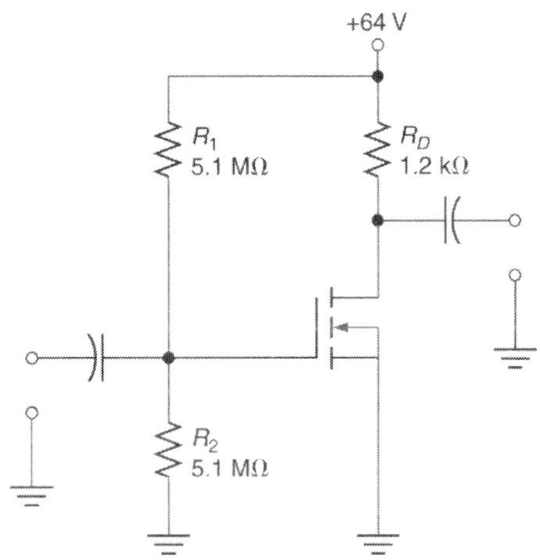

[그림 13-42]

13-24. BS107 MOSFET에서의 $V_{GS(\mathrm{th})}$와 I_{DSS} 정격을 구하시오.

Chapter 14

▸ 증폭기의 주파수 응답 ◂
(Amplifier Frequency Response)

학습목표

이 장을 학습하고 나면 여러분은 다음과 같은 내용을 이해하고 설명할 수 있다.

1. 대역폭(bandwidth), 차단주파수(cutoff frequency), 중심주파수(geometric center frequency)를 정의하고, 주파수 응답 특성곡선 상에서 각각을 구분할 수 있다.
2. f_{C1}, f_{C2}, 중심주파수(f_0) 혹은 대역폭 중 두 개의 값이 주어진 경우, 다른 두 개의 값을 계산할 수 있다.
3. 데케이드(decade) 주파수 체배기와 옥타브(octave) 주파수 체배기에 대해서 설명할 수 있다.
4. 주파수 응답곡선으로 보드선도(Bode plot)를 비교하고 설명할 수 있다.
5. BJT 증폭기의 저주파 해석을 설명할 수 있다.
6. 이득 감쇠(roll off)의 개념과 주어진 동작 주파수에서의 전압이득의 효과를 계산할 수 있다.
7. 저주파해석에서 BJT의 내부 커패시턴스 효과를 무시하는 이유를 설명할 수 있다.
8. BJT 증폭기에서 밀러 입출력 커패시턴스 값을 계산할 수 있다.
9. BJT 증폭기의 고주파 해석을 설명할 수 있다.
10. 고주파 감쇠율과 저주파 감쇠율을 비교 설명할 수 있다.
11. FET 증폭기의 저주파 응답 해석을 수행할 수 있다.
12. FET 증폭기의 고주파 응답 해석을 수행할 수 있다.
13. 다단 증폭기의 주파수 응답을 해석하고 설명할 수 있다.

14.1 기본 개념(Basic Concept)

이 장에서는 BJT와 FET 회로의 이득이 동작 주파수에서 어떤 영향을 받는지를 고찰하게 된다. 학습을 통해서 몇 가지의 원리가 모든 형태의 증폭기에 적용될 수 있음을 확인하게 된다. 이 절에서는 이런 원리들에 대해서 고찰하기로 한다.

14.1.1 대역폭(Bandwidth)

대부분의 증폭기는 어떤 주파수 범위 즉, 대역에서 상대적으로 일정한 이득을 가진다. 이런 주파수 대역을 증폭기의 대역폭이라고 부른다. 주어진 증폭기의 대역폭은 사용된 능동소자의 형태와 회로소자 값에 영향을 받는다. 이장의 말미에서는 몇 가지의 BJT와 FET 증폭기에 대해서 대역폭을 계산하는 방법을 살펴보게 된다. 증폭기가 주어진 대역폭 내에서 동작될 때 증폭기의 전류, 전압, 전력 이득은 이 책의 앞에서 언급한 방법으로 구하면 된다. A_i, A_v, A_p는 중간대역 이득으로 간주되기도 한다.

예를 들면, 어떠한 증폭기의 중간대역 전력 이득 $A_{p(\mathrm{mid})}$는 주어진 대역폭 내에서 동작될 때 회로의 전력이득을 나타낸다. 또한, $A_{p(\mathrm{mid})}$의 정확한 값은 앞 장에서 언급한 방법으로 구하면 되고 회로의 종류에 따라서 달라진다. 증폭기 이득과 동작 주파수사이의 관계를 그래프로 표시한 것을 주파수 응답 특성 곡선이라고 부른다. [그림 14-1]에 간략한 주파수 응답 특성곡선을 표시하였다.

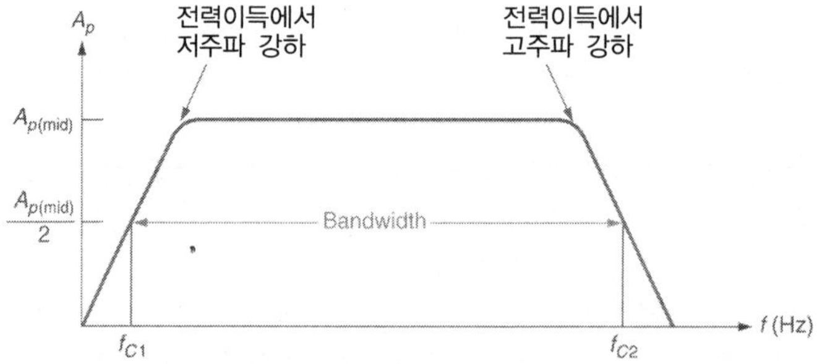

[그림 14-1] 간략화된 주파수 응답 특성곡선

주파수 응답 특성곡선에 표시된 것처럼 증폭기의 전력이득은 주어진 주파수 대역에서 비교적 일정하다. 동작 주파수가 이런 범위를 벗어날 때 증폭기의 이득은 급격히 감소되기 시작한다. 일정한 이득 대역의 외부에서는 동작 주파수에서 이득이 아주 커지거나 감소하게 된다. 관심 있는 두 개의 주파수는 주파수 응답 곡선 상에 f_{C1}, f_{C2}로 표시되는데 이들 주파수는 전력이득이 $A_{p(\mathrm{mid})}$의 절반으로 되는 주파수들이다.

예를 들어서 [그림 14-1]에 표시된 증폭기가 $f_{C1}=10\text{kHz}$, $f_{C2}=100\text{kHz}$ 및 $A_{p(\text{mid})}=500$이라고 가정하자. 증폭기가 차단주파수 f_{C1}과 f_{C2} 사이의 점에서 동작될 때 증폭기의 전력이득은 500이다. 동작 주파수가 f_{C1} 쪽으로 감소하게 되면 증폭기의 전력 이득도 감소한다. 만약 동작 주파수가 10kHz(f_{C1})에 도달되면 증폭기의 전력이득은 250으로 감소한다. 이와 유사하게 주파수가 f_{C2} 쪽으로 증가하게 되면 증폭기의 전력 이득도 감소한다. 만약 동작 주파수가 100kHz(f_{C2})에 도달되면 증폭기의 전력이득은 250으로 감소한다. 만약 입력 주파수가 f_{C1} 혹은 f_{C2} 한계점의 바깥 주파수로 되면 될수록 증폭기의 이득은 점점 낮아지고 마침내는 단위이득($A_p=1$)에 도달하게 되어 증폭기로서의 구실을 하지 못한다.

f_{C1}과 f_{C2}로 표시되는 주파수를 증폭기의 차단주파수라 부른다. 주어진 증폭기의 차단 주파수는 [그림 14-2]에 표시된 것처럼 대역폭을 제한하게 된다. 증폭기의 대역폭은 f_{C1}과 f_{C2} 사이의 차로 표시된다.

$$BW = f_{C2} - f_{C1} \tag{14-1}$$

여기서 BW는 hertz 단위를 갖는 증폭기의 대역폭을 나타내고, f_{C1}은 하한 차단주파수, f_{C2}는 상한 차단주파수를 나타낸다. 다음 표는 f_{C1}, f_{C2}, BW 사이의 관계를 몇 가지의 예로 표시한 것이다.

f_{C1}(kHz)	f_{C2}(kHz)	BW(kHz)
10	100	90
20	250	225
0(dc)	400	400

각 경우의 대역폭은 f_{C1}과 f_{C2}의 차이 값으로 주어짐을 알 수 있다. 이런 관계는 【예제 14-1】에서 보다 상세하게 설명하였다.

【예제 14.1】 [그림 14-2]에 표시된 주파수 응답곡선을 이용해서 증폭기 회로의 대역폭을 결정하시오.

풀이 차단주파수는 특성곡선상의 반 전력점(half power point)에 해당한다. 이들 값은 근사적으로 f_{C1}이 30kHz이고 f_{C2}가 275kHz 이므로 대역폭은 245kHz가 된다.

$$BW = f_{C2} - f_{C1} = 275\text{kHz} - 30\text{kHz} = 245\text{kHz}$$

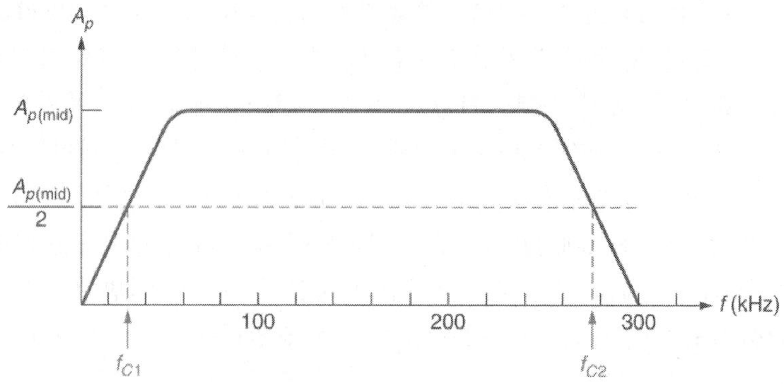

[그림 14-2]

(실전 연습문제 14-1)

[그림 14-3]에 표시한 주파수 응답곡선을 참조하고 증폭기의 대역폭을 결정하시오.

▶▶ 1.4996MHz

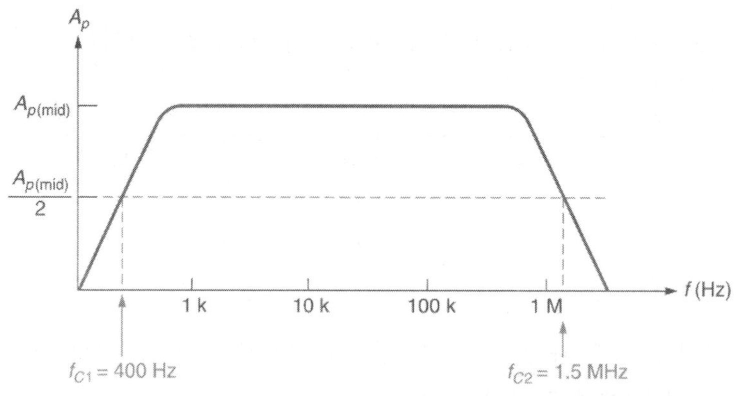

[그림 14-3]

주어진 증폭기의 중심주파수를 알 필요가 있는 경우가 있는데 중심주파수 f_0는 차단 주파수의 기하학적인 평균치로 주어진다.

$$f_0 = \sqrt{f_{C1} \times f_{C2}} \tag{14-2}$$

증폭기의 동작주파수가 f_0와 동일할 때 증폭기의 전력이득은 최대 값이 된다. 또한 동작주파수가 f_{C1} 혹은 f_{C2} 쪽으로 변화함에 따라서 전력이득은 감소하기 시작한다. 동작주파수가 어느 한쪽의 차단주파수에 도달되면 전력 이득은 $A_{p(\text{mid})}$의 절반으로 떨어진다. 【예제 14-2】는 증폭기의 f_0에 대한 계산과정을 보여준다.

【예제 14.2】 [그림 14-2]에 표시된 증폭기의 f_0를 구하시오.

풀이 f_{C1}과 f_{C2}가 30kHz와 275kHz로 구해진바 있다. 식 (14-2)에 이런 두 값을 대입하면 중심주파수는 90.8kHz로 구해진다.

$$f_0 = \sqrt{f_{C1} f_{C2}} = \sqrt{(30\text{kHz})(275\text{kHz})} = 90.8\text{kHz}$$

(실전 연습문제 14-2)

[그림 14-3]에 표시된 증폭기의 f_0를 구하시오.

▶▶ 24.5kHz

f_0는 차단주파수의 기하학적인 평균이므로 f_0에 대한 f_{C1}의 비는 f_{C2}에 대한 f_0의 비와 동일하다.

$$\frac{f_0}{f_{C1}} = \frac{f_{C2}}{f_0} \tag{14-3}$$

【예제 14-3】은 이들의 비가 동일함을 보여주는 예를 설명한 것이다.

【예제 14.3】 【예제 14-1】과 【예제 14-2】에 기술된 증폭기를 참조하고 f_0에 대한 f_{C1}의 비는 f_{C2}에 대한 f_0의 비와 동일함을 보이시오.

풀이 두 예제에서 구한 값들은 다음과 같다.

$$f_{C1} = 30\text{kHz},\ f_{C2} = 275\text{kHz},\ f_0 = 90.8\text{kHz}$$

f_0에 대한 f_{C1}의 비는 3.03이다.

$$\frac{f_0}{f_{C1}} = \frac{90.8\text{kHz}}{30\text{kHz}} = 3.03$$

f_{C2}에 대한 f_0의 비는 3.03이다.

$$\frac{f_{C2}}{f_0} = \frac{275\text{kHz}}{90.8\text{kHz}} = 3.03$$

따라서 주파수 비는 동일하다.

(실전 연습문제 14-3)

실전 연습문제 14-1과 14-2에 기술된 회로에 대해서 식 (14-3)이 유효함을 보이시오.

▶▶ 두 경우의 비는 61.3으로 등가이다.

식 (14-3)은 f_0, f_{C1}, f_{C2} 사이의 명료한 관계를 제공하기 때문에 대단히 중요하다. 만약 증폭기가 중심주파수에서 동작될 때, 입력주파수는 증폭기의 전력이득이 $A_{p(\mathrm{mid})}$의 절반으로 떨어지기 전에 각 방향에서 동일한 비율로 변화될 수 있다. 예를 들면, 증폭기가 $f_{C1}=6\mathrm{kHz}$, $f_{C2}=150\mathrm{kHz}$, $f_0=30\mathrm{kHz}$의 값을 가진다고 가정하자. f_0는 f_{C1}의 5배이고 동시에 f_{C2}는 f_0의 5배 값을 가진다. 따라서 증폭기가 f_0에서 동작되면 입력주파수는 하한 차단주파수 f_{C1}에 도달하기 전에 5만큼의 비율로 감소할 수 있거나 상한 차단주파수 f_{C2}에 도달하기 전에 5만큼의 비율로 증가될 수 있다. 이러한 사실은 중심주파수의 성질에 기인한다.

식 (14-3)은 다른 형태의 두 개의 유용한 식으로 변환될 수 있다. 다시 말해서 각각은 다른 차단주파수와 중심주파수를 알고 있을 때 f_{C1} 혹은 f_{C2}를 예측하는데 사용될 수 있다.

$$f_{C1}=\frac{f_0^2}{f_{C2}} \tag{14-4}$$

$$f_{C2}=\frac{f_0^2}{f_{C1}} \tag{14-5}$$

미지의 차단주파수가 결정되면 【예제 14-4】, 【예제 14-5】와 같이 증폭기의 대역폭을 결정할 수 있다.

【예제 14.4】 증폭기의 f_0와 f_{C2}가 각각 60kHz와 300kHz로 측정되었다고 가정하고 증폭기의 f_{C1}과 대역폭을 결정하시오.

풀이 f_{C1}은 식 (14-4)를 이용하면 12kHz로 구해진다.

$$f_{C1}=\frac{f_0^2}{f_{C2}}=\frac{(60\mathrm{kHz})^2}{300\mathrm{kHz}}=12\mathrm{kHz}$$

대역폭(BW)은 288kHz이다.

$$\mathrm{BW}=f_{C2}-f_{C1}=300\mathrm{kHz}-12\mathrm{kHz}=288\mathrm{kHz}$$

(실전 연습문제14-4)

증폭기의 f_0와 f_{C2}가 각각 30kHz와 300kHz로 측정되었다고 가정하고 증폭기의 대역폭을 결정하시오.

▶▶ 297kHz

【예제 14.5】 증폭기의 f_0와 f_{C1}이 각각 40kHz와 8kHz로 측정되었다고 가정하고 증폭기의 f_{C2}와 대역폭을 결정하시오.

풀이 f_{C2}의 크기는 식 (14-5)를 이용하면 200kHz로 구해진다.

$$f_{C2} = \frac{f_0^2}{f_{C1}} = \frac{(40\text{kHz})^2}{8\text{kHz}} = 200\text{kHz}$$

대역폭(BW)은 192kHz이다.

$$\text{BW} = f_{C2} - f_{C1} = 200\text{kHz} - 8\text{kHz} = 192\text{kHz}$$

(실전 연습문제 14-5)
증폭기의 f_0와 f_{C1}이 각각 25kHz와 5kHz로 측정되었다고 가정하고 증폭기의 대역폭을 결정하시오.
▶▶ 120kHz

여러분은 【예제 14-4】와 【예제 14-5】를 통해서 증폭기의 차단주파수 f_{C1}과 f_{C2}, 중심주파수 f_0, 대역폭 BW 사이의 관계를 살펴보았다. 다음 절에서는 이들 값을 결정하기 위해서 사용된 회로 해석 공식에 대해서 알아보기로 한다.

14.1.2 f_{C1}과 f_{C2}의 측정(Measuring f_{C1} and f_{C2})

증폭기를 다룰 때 자신의 차단주파수는 오실로스코프를 이용하면 쉽게 측정할 수 있는데 그 과정은 다음과 같다.

1. 증폭기가 왜곡되지 않은 상태의 최대 신호를 출력하도록 조정한다. 이것은 증폭기 입력신호의 진폭을 변화시킴으로써 가능하다. 첫 번째 단계로써 입력 주파수를 100kHz로 설정한다.
2. 양방향으로 입력 신호의 주파수를 수 kHz 정도 가변시키고 증폭기가 중간대역에서 동작하도록 하라. 만약 증폭기가 중간대역에서 동작되고 있다면, 증폭기의 출력 진폭은 입력주파수가 변화해도 크게 변화하지 않는다.
3. 만약 중간 대역주파수에 있지 않다면 중간대역 주파수가 되도록 f_{in}을 조정한다.
4. 파형이 정확하게 피크-피크로 7칸에 채워질 때까지 volts-div 단자를 조정한다.
5. f_{C1}을 결정하기 위해서 출력 파형이 5칸에 채워질 때까지 f_{in}을 감소시킨다. 이런 주파수에서 출력 진폭은 $5/7 \cong 0.707$의 비율로 변화한다. 이런 비율은 회로가 차단주파수에서 동작되고 있음을 나타낸다.

6. 상한 끝점에서 동일한 동작이 이루어지도록 주파수를 증가시킨다. 이런 주파수에서 f_{C2}를 측정한다.

기초 전자회로에서 전력은 전압의 제곱으로 변화한다는 사실을 이미 학습한바 있다. 같은 원리가 A_p와 A_v에도 적용된다. 따라서 A_p가 $A_{p(\text{mid})}$의 절반으로 감소할 때 전압이득은 0.5의 제곱근인 0.707로 감소한다. 이와 같이 A_v는 차단파수에서 $0.707A_{v(\text{mid})}$와 동일하다는 사실이 f_{C1}과 f_{C2} 공식을 유도할 때 중요함을 알 수 있다.

14.1.3 이득과 주파수 측정(Gain and Frequency Measurements)

지금까지 여러 가지 예제에서 간략화 된 주파수 응답 특성곡선을 사용했다. [그림 14-4]에 보다 실제적인 주파수 응답 특성곡선이 표시되어 있다. 그림에서 보다시피 지금까지 보아온 특성곡선보다 다소 복잡한 것을 알 수 있다. 주요한 차이는 다음과 같다.

1. 그래프의 y축은 특정한 전력이득 값이 아니라 전력이득 비를 나타낸다.
2. 전력이득 비는 데시벨(dB)로 표시된다.
3. 주파수단위는 대수(로그) 눈금으로 표시되는데, 이는 각각의 표시 값이 이전의 표시 값의 배수로 나타내어짐을 의미한다.

이렇게 표시해도 실제 주파수 응답곡선을 해석하는데 문제가 없음을 알 수 있다.

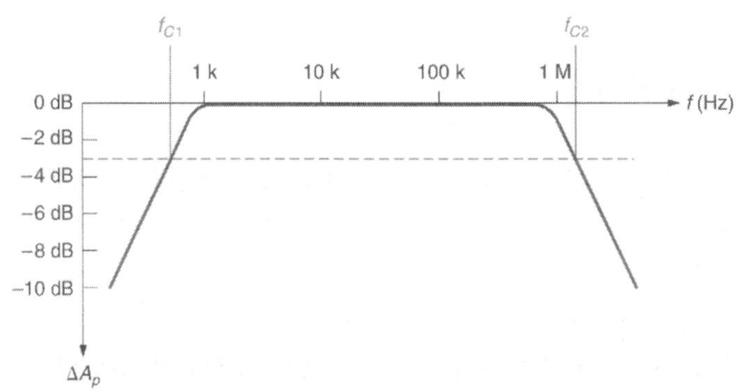

[그림 14-4] 보다 실제적인 주파수 응답특성곡선

14.1.4 데시벨 전력 이득(Decibel Power Gain)

데시벨은 입력전력에 대한 출력전력 비의 로그로 표시된다. 데시벨을 사용하는 이점은 매우 큰 전력비를 아주 작은 수로 표시할 수 있다는 점이다. 8장에서 이미 데시벨 이득에 대한 개념을 상세히 설명한바 있다. 여기서는 간단하게 언급하도록 하겠다. 주파수 응답

특성곡선과 사양서(specification sheet)에는 데시벨로 측정된 이득이 표시되어 있다. 8장에서 살펴본 것처럼 증폭기의 데시벨 전력이득은 식 (14-6)이나 식 (14-7)처럼 표시된다.

$$A_{p(\text{dB})} = 10 \log A_p \tag{14-6}$$

혹은

$$A_{p(\text{dB})} = 10 \log \frac{P_{\text{out}}}{P_{\text{in}}} \tag{14-7}$$

【예제 14-6】과【예제 14-7】에서 데시벨에서의 증폭기의 전력이득을 구하는 과정을 복습하기로 한다.

【예제 14.6】 주어진 증폭기가 $P_{\text{in}} = 100\mu\text{W}$, $P_{\text{out}} = 2\text{W}$를 가진다고 가정하고 증폭기의 데시벨 전력이득을 구하시오.

풀이 데시벨 전력이득은 43.0dB로 구해진다.

$$A_{p(\text{dB})} = 10 \log \frac{P_{\text{out}}}{P_{\text{in}}} = 10 \log \frac{2W}{100\mu\text{W}} = 10 \log (20{,}000) = 43.01\text{dB}$$

(실전 연습문제 14-6)

주어진 증폭기가 $P_{\text{in}} = 420\mu\text{W}$, $P_{\text{out}} = 6\text{W}$를 가진다고 가정하고 증폭기의 데시벨 전력이득을 구하시오.

▶▶ 41.5dB

다단증폭기의 경우에는 회로의 전체 이득은 데시벨로 표시된 이득의 합과 같다.

【예제 14.7】 [그림 14-5]에 표시된 다단증폭기의 전체 전력이득이 $A_{p1(\text{dB})} + A_{p2(\text{dB})} + A_{p3(\text{dB})}$와 같음을 보이시오.

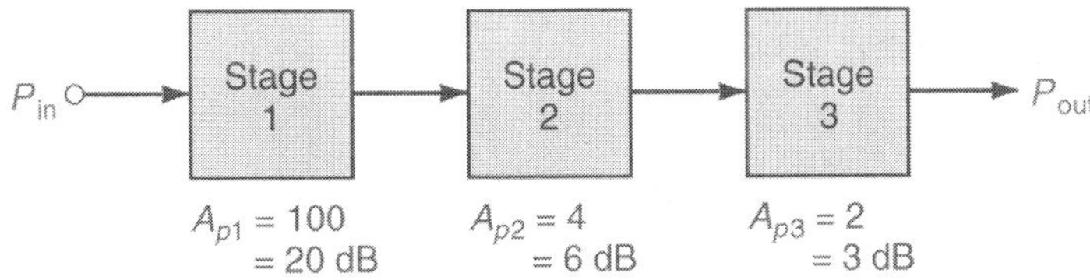

[그림 14-5]

풀이 각 단의 이득은 비율로 표시된 값 및 데시벨 값으로 나타낼 수 있다. 전술한 바와 같이 다단증폭기의 이득은 각 전력비의 곱과 같다.

$$A_{p(T)} = (A_{p1})(A_{p2})(A_{p3}) = (100)(4)(2) = 800$$

만약 800을 데시벨로 변환하면 29dB가 구해진다.

$$A_{p(\mathrm{dB})} = 10\log A_p = 10\log(800) = 29\mathrm{dB}$$

이제 세 단의 데시벨 이득을 더하면 역시 29dB임을 알 수 있다.

$$A_{p(T)} = A_{p1(\mathrm{dB})} + A_{p2(\mathrm{dB})} + A_{p3(\mathrm{dB})} = 20\mathrm{dB} + 6\mathrm{dB} + 3\mathrm{dB} = 29\mathrm{dB}$$

전체 데시벨 전력 이득을 결정하는 두 가지의 방법이 동일한 결과를 나타내므로, 전체 다단 전력 이득은 단순히 개별적인 데시벨 전력 이득을 더함으로써 구할 수 있음을 알 수 있다.

(실전 연습문제 14-7)

3단 증폭기가 100, 86, 45의 이득을 가진다고 가정하고 전체 전력이득이 각 데시벨 값을 더함으로써 구해질 수 있음을 보이시오.

▶▶ $A_{p(T)} = 55.9\mathrm{dB}$

지금까지 학습한 데시벨 전력 이득을 [그림 14-4]에 표시된 주파수 응답곡선과 연관시켜 보자. y축은 주어진 주파수에서의 전력과 중간대역 전력이득과의 비로써 표시되어 있음을 주목하라. 표시된 회로가 중간대역에서 동작되고 있을 때 $A_p = A_{p(\mathrm{mid})}$이고 $\dfrac{A_p}{A_{p(\mathrm{mid})}} = 1$이다. 전력 이득 1을 데시벨로 변환하면 $A_{p(\mathrm{mid})} = 10\log(1) = 0\mathrm{dB}$로 표시된다. 따라서 [그림 14-4]에 표시된 중간대역 전력비는 0dB로 표시된다. $\varDelta A_p = -3\mathrm{dB}$일 때 증폭기의 전력이득은 자신의 중간대역 값의 절반으로 된다.

$$A_p = \frac{A_{p(\mathrm{mid})}}{2} \quad (\varDelta A_p = -3\mathrm{dB}\text{일 때})$$

이런 사실에 근거하여 차단주파수 f_{C1}과 f_{C2}는 증폭기의 전력 이득이 자신의 중간 대역 이득보다 3dB 떨어지는 점에서의 주파수이다. 이러한 이유로 증폭기의 차단주파수는 상한 및 하한 3dB 주파수라고 부른다.

14.1.5 주파수 단위와 용어(Frequency Units and Terminology)

[그림 14-4]에 표시된 주파수 응답특성곡선은 주파수 값을 측정하기 위해서 대수 눈금을 사용한다. 대수 눈금은 기하학적인 진척을 표시하기 위해서 사용한다. 기하학적인 진척을 표시하는 과정에서 각 칸의 값은 이전 칸에 대해 전체의 배수로 표시된다. 예를 들면, [그림 14-4]에서 수평 눈금 상에서의 각 칸의 값은 이전 칸 값의 10배이다.

주파수 눈금에 대한 배율(multiplier rate)이 10일 때, 눈금은 10진(decade) 눈금이라고 부른다. decade는 주파수의 체배율이 10에 해당함을 주목하라. [그림 14-4]에서의 눈금은 decade 눈금이다. 주파수 체배를 위해서 사용되는 또 다른 방법은 8진(octave) 눈금이다. 한 옥타브는 주파수 체배가 2이다. 따라서 한 옥타브만큼 주파수를 올리면 원래 주파수보다 2배로 된다. 다음 표는 기본 주파수들에 대해 decade와 octave 주파수들에 대한 일련의 값을 나타낸다.

기본 주파수	octave	decade
100Hz	200Hz	1kHz
500Hz	1kHz	5kHz
1.5MHz	3MHz	15MHz
f_x	$2f_x$	$10f_x$

옥타브 및 decade는 이득이 주파수에 따라 변화할 때의 변화율을 표시하기 위해 많이 사용된다. 예를 들면 증폭기는 20dB/decade 감쇠율(roll-off rate)을 가진다고 말할 수 있다. 이는 주파수가 f_{C1} 혹은 f_{C2}의 한계치를 벗어날 때 증폭기의 이득이 각 decade에 대해 20dB의 비율로 줄어든다는 것을 의미한다. 감쇠율에 대해서는 이 장의 끝부분에서 자세히 설명한다.

14.1.6 보드 선도(Bode Plots)

보드 선도는 기본적인 주파수 응답 특성곡선의 변형된 형태이다. [그림 14-6]에 보드 선도를 나타내었다. 그림에 표시된 것처럼 보드 선도는 기존의 주파수 응답특성곡선과 다른 형태를 지님을 알 수 있다. ΔAp의 값은 차단주파수에 도달될 때까지 0으로 가정한다. 또한 증폭기의 전력이득은 20dB/decade의 비율로 감쇠한다고 가정한다. 비교를 하기

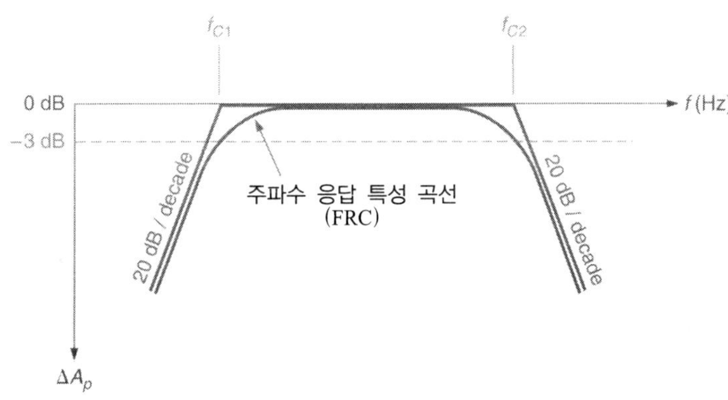

[그림 14-6] 보드 선도

위해서 표준 주파수 응답곡선(frequency response curve : FRC)을 그림에 포함시켰다. FRC 상에서의 증폭기의 전력이득은 차단주파수의 각 점에서 3dB 아래에 표시된 반면, 보드 선도 상에서의 전력 이득은 중간대역 값에 여전히 존재함을 알 수 있다.

보든 선도는 읽기가 쉽다는 이유로 다른 형태의 주파수 응답특성곡선 대신에 널리 사용된다. 보드 선도는 가장 널리 사용되는 주파수 응답특성곡선이므로 이 장의 나머지 모든 부분에 걸쳐 이를 사용한다. 보드 선도에서 $\Delta A_{p(\mathrm{dB})}$가 차단주파수에서 0으로 가정한 반면에, 실제는 −3dB임을 기억해야 한다. 이제까지 이득과 주파수간의 모든 관계를 살펴보았다. 또한 이득과 주파수를 측정하기 위한 기본적인 단위에 관해 언급하였다. 다음은 특정한 형태의 회로에 대한 이득 및 주파수의 값과 이들 사이의 응답 특성에 대한 이유를 고찰한다.

기초 확인문제 14.1

1. 대역폭이 무엇인가?
2. 주파수 응답곡선을 도시하고 f_{C1}, f_{C2}, 대역폭, 중간대역주파수를 명기하라.
3. 어떤 주어진 증폭기에서 f_{C1}, f_0, f_{C2} 사이의 관계식을 표시하라.
4. 오실로스코프로 f_{C1}과 f_{C2}를 측정하는 과정을 설명하라.
5. 고주파 측정을 위해서는 어떠한 오실로스코프 프로브가 사용되어야 하는가? 그 이유는 무엇인가?
6. 어떠한 형태로 이득이 표시되는가?
7. 주파수 응답특성곡선에서 어떤 형태의 주파수 단위가 보통 사용되어 지는가?
8. 데시벨 이득을 사용하면 어떤 점이 유용한가?
9. 차단주파수가 상한 및 하한 3dB점으로 불리는 이유가 무엇인가?
10. decade와 옥타브가 무엇을 의미하는가?
11. 왜 decade와 옥타브 눈금이 사용되는 이유는 무엇인가?
12. 주파수 응답곡선과 보드 선도를 대비시키고 비교하라.

14.2 BJT 증폭기의 주파수 응답 (BJT Amplifier Frequency Response)

RC 결합형 BJT 증폭기의 차단주파수는 증폭기의 커패시턴스 값과 저항 값의 조합에 의해서 결정된다. 이 절에서는 주어진 BJT 증폭기에서 커패시턴스와 저항이 회로의 주파수 응답 특성에 어떤 영향을 미치는지를 알아보기로 한다.

14.2.1 저주파 응답(Low Frequency Response)

먼저 베이스회로를 갖는 BJT 증폭기의 저주파 응답에 대해서 고찰하기로 한다. [그림 14-7]에 표시된 회로를 참조한다. 베이스 회로의 저항($R_1 \| R_2$)은 전압분배기 회로망의 교류 등가저항을 표시한다.

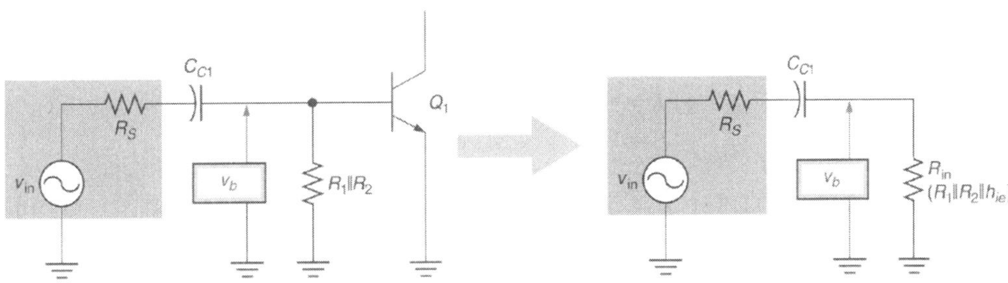

[그림 14-7] BJT 증폭기의 베이스 회로

이런 저항은 트랜지스터의 입력임피던스 h_{ie}와 병렬연결이다. 오른쪽의 변형된 회로를 참조하면 R_1, R_2, h_{ie}는 간단한 증폭기의 입력 저항 R_{in}으로 결합된다. 신호원은 이상적이라고 가정하기 때문에 $R_S = 0\Omega$이고 증폭기의 입력 저항은 결합용 커패시터의 리액턴스와 전압 분배기를 구성하게 된다. 이런 분배기 회로에서 v_b는 식 (14-8)처럼 표시된다.

$$v_b = v_{in} \frac{R_{in}}{\sqrt{X_C^2 + R_{in}^2}} \tag{14-8}$$

$X_C = R_{in}$일 때 식 (14-8)의 일부분이 어떻게 변하는지를 알아보자. 이런 경우에는 다음과 같이 간략화할수 있다.

$$\frac{R_{in}}{\sqrt{X_C^2 + R_{in}^2}} = \frac{R_{in}}{\sqrt{R_{in}^2 + R_{in}^2}} = \frac{R_{in}}{\sqrt{2R_{in}^2}} = \frac{R_{in}}{\sqrt{2}\,R_{in}} = \frac{1}{\sqrt{2}} \cong 0.707$$

식 (14-8)의 일부분을 0.707로 대입하면 식 (14-9)를 구할 수 있다.

$$v_b = 0.707 v_{\text{in}} \quad (X_C = R_{\text{in}}) \tag{14-9}$$

따라서 [그림 14-7]에 표시된 회로에서 $X_C = R_{\text{in}}$일 때 v_b는 $0.707 v_{\text{in}}$이 된다. 이런 경우 증폭기의 이득은 $0.707 A_{v(\text{mid})}$로 떨어지며 반 전력 점에서 $A_v = A_{v(\text{mid})}$로 된다. 따라서 [그림 14-7]에서 하한 반 전력 점 (f_{C1})은 X_C가 R_{in}인 경우의 주파수에서 발생된다.

어떤 주파수에서 이런 현상이 발생되는가? 기본적인 용량성 리액턴스 식에서 f와 X_C를 치환하면 식 (14-10)이 유도된다.

$$f = \frac{1}{2\pi X_C C} \tag{14-10}$$

X_C는 f_{C1}에서 베이스 회로의 전체 교류저항과 등가이므로 식을 다시 쓰면 식 (14-11)을 구할 수 있다.

$$f_{1B} = \frac{1}{2\pi RC} \tag{14-11}$$

여기서 f_{1B}=베이스 회로의 하한 차단주파수
R=베이스 회로에서의 전체 교류 저항
C=베이스 결합 콘덴서의 값

을 의미한다. 식 (14-11)에서 R은 베이스 회로에서 전체 교류저항으로 표시된다. 비록 [그림 14-7]에서 $R_S = 0\Omega$으로 간주하였지만 보다 정확한 f_{1B}의 값을 얻으려면 신호원의 저항을 고려하여야 한다. 따라서 R_S가 R_{in}에 직렬로 연결되고 반 전력 점 주파수는 XC가 $(R_S + R_{\text{in}})$과 등가인 경우이므로 식 (14-12)를 구할 수 있다.

$$f_{1B} = \frac{1}{2\pi (R_S + R_{\text{in}}) C_{C1}} \tag{14-12}$$

여기서 R_S는 교류 신호원의 저항을 의미하고 R_{in}은 $R_1 \| R_2 \| h_{ie}$를 의미한다. 【예제 14-8】에서 설명하는 바와 같이 이 식은 베이스 회로에 하한 차단주파수를 결정하는데 사용된다.

【예제 14.8】 [그림 14-8]에 표시된 회로에서 f_{1B}의 값을 결정하시오.

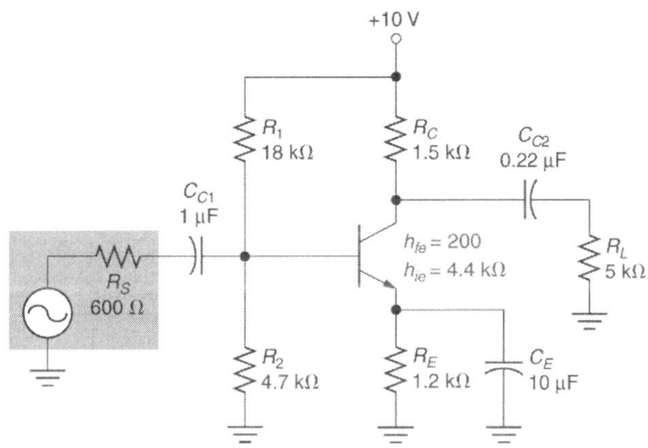

[그림 14-8]

풀이 먼저 R_{in}은 2.02Ω으로 구해진다.

$$R_{in} = R_1 || R_2 || h_{ie} = 18\text{k}\Omega \,|\, 4.7\text{k}\Omega \,|\, 4.4\text{k}\Omega = 2.02\Omega$$

이제 식 (14-12)를 이용하면 f_{1B}는 60.7Hz로 구해진다.

$$f_{1B} = \frac{1}{2\pi(R_S + R_{in})C_{C1}} = \frac{1}{2\pi(2.62\text{k}\Omega)(1\mu\text{F})} = 60.7\text{Hz}$$

따라서 [그림 14-8]에 표시된 베이스 회로는 증폭기의 전력 이득이 60.7Hz에서 3dB 떨어진다.

(실전 연습문제 14-8)

BJT증폭기가 $R_1 = 56\text{k}\Omega$, $R_2 = 5.6\text{k}\Omega$, $R_S = 1\text{k}\Omega$ $C_{C1} = 1\mu\text{F}$, $h_{ie} = 5\text{k}\Omega$의 값을 가진다고 가정하고 회로의 f_{1B}의 값을 결정하시오.

▶▶ 45.2Hz

BJT 증폭기의 컬렉터 회로는 베이스 회로와 동일한 원리로 동작된다. 출력 결합콘덴서인 X_C가 컬렉터회로에서의 전체 교류 저항인 $(R_C + R_L)$와 동일할 때 출력 전압은 중간대역 값의 0.707배로 감소된다. 또 한, A_v의 값은 $0.707A_{v(\text{mid})}$로 감소된다. 컬렉터 회로의 차단 주파수가 베이스 회로의 차단주파수와 유사한데 대해서 그리 놀랄 만한 일이 아니다. 실제 식은 다음과 같다.

$$f_{1C} = \frac{1}{2\pi(R_C + R_L)C} \tag{14-13}$$

여기서 f_{1C} = 컬렉터 회로의 하한 차단주파수
$(R_C + R_L)$ = 컬렉터 회로에서의 저항의 합
C = 출력 결합 콘덴서의 값

을 의미한다. 【예제 14-9】에서는 이런 식의 사용법을 설명한다.

【예제 14.9】 [그림 14-8]에 표시된 회로에서 f_{1C}의 값을 결정하시오.

풀이 그림에 표시된 값을 사용하면 f_{1C}은 111Hz로 구해진다.

$$f_{1C} = \frac{1}{2\pi(R_C + R_L)C} = \frac{1}{2\pi(6.5\text{k}\Omega)(0.22\mu\text{F})} = 111\text{Hz}$$

(실전 연습문제 14-9)

실전 연습문제 14-8의 회로에서 $R_C = 3.6\text{k}\Omega$,$R_L = 1.5\text{k}\Omega$, $C_{C2} = 2.2\mu\text{F}$의 값을 가진다면 회로의 f_{1C}의 크기는 얼마인지 구하시오.

▶▶ 14.2Hz

【예제 14-8】과 【예제 14-9】를 통해서 [그림 14-8]에 표시된 회로의 $f_{1B} = 60.7\text{Hz}$, $f_{1C} = 111\text{Hz}$의 값을 얻었다. 이런 두 값에 근거하면 증폭기의 차단 주파수는 무엇이 되는가? 111Hz가 옳은 값이다. 증폭기는 f_1에 가장 가까운 주파수에서 차단된다. 따라서 저주파 응답에서 증폭기는 계산된 f_{C1}의 가장 큰 값에서 차단된다.

이미터 차단 주파수에 대한 식을 유도하기 전에 10장에서 기술한 관계를 알 필요가 있다. 즉,

$$R_{\text{out}} = R_E \| \left(r'_e + \frac{R_{th}}{h_{fc}} \right) \tag{14-14}$$

여기서 $R_{th} = R_1 \| R_2 \| R_S$이다.

식 (14-4)에서 증폭기의 출력 임피던스는 R_E와 $(r_e' + R_{th}/h_{fc})$의 병렬 합성저항으로 생각할 수 있다. 보통의 경우 R_E의 값은 $(r_e' + R_{th}/h_{fc})$ 보다 훨씬 큰 값이다. 따라서 이미터 회로에서의 전체 교류 저항은 식 (14-15)처럼 근사화할수 있다.

$$R_{\text{out}} \cong r_e' + \frac{R_{th}}{h_{fc}} \tag{14-15}$$

이 값을 이용하면 f_{1E}은 식 (14-16)처럼 표시된다.

$$f_{1E} = \frac{1}{2\pi R_{\text{out}} C_E} \tag{14-16}$$

다음 예제는 이런 식의 사용법을 설명한다.

【예제 14.10】 [그림 14-8]에 표시된 회로에서 f_{1E} 값을 결정하시오.

풀이 먼저 R_{out}은 24.6Ω으로 구해진다.

$$R_{out} \cong r_e' + \frac{R_{th}}{h_{fc}} = 22\Omega + \frac{4.7\text{k}\Omega \,||\, 18\text{k}\Omega \,||\, 600\Omega}{201} = 22\Omega + 2.57\Omega = 24.6\Omega$$

또한 f_{1E}의 값은 647Hz로 계산된다.

$$f_{1E} = \frac{1}{2\pi R_{out} C_E} = \frac{1}{2\pi(24.6\Omega)(10\mu\text{F})} = \frac{1}{1.55\times 10^{-3}}\text{Hz} = 647\text{Hz}$$

(실전 연습문제 14-10)

실전 연습문제 14-8과 14-9에 기술된 회로가 $h_{fe} = 200$ $R_E = 1.3\text{k}\Omega$, $C_E = 100\mu\text{F}$의 값을 가진다면 회로의 f_{1E}는 얼마인지 결정하시오.

▶▶ 54.5Hz

이제 생각할 수 있는 것은 [그림 14-8]에 표시된 회로에서 f_1의 값은 무엇이라 할 수 있는가? 647Hz라고 말하면 올바른 답이다.

14.2.2 이득 감쇠(Gain Roll-Off)

감쇠율(roll-off rate)이라는 용어는 증폭기의 전압이득이 f_{C1} 혹은 f_{C2}를 통과한 후 어떻게 감소되는지를 일컫는 말이다. 공통 이미터 증폭기의 저주파 감쇠율은 다음 식을 사용하여 계산할 수 있다.

$$\Delta A_v = 20\log\frac{1}{\sqrt{1+(f_{C1}/f)^2}} \tag{14-17}$$

여기서 f =동작 주파수

f_{C1} =증폭기의 하한 차단 주파수

를 의미한다.

식 (14-17)의 유도는 부록 D에 기술되어 있다. 계산에 들어가기 전에 한 가지 언급할 사항이 있다. 식 (14-17)은 전압 이득에서의 변화를 결정하는데 사용된다. 예를 들면 식 (14-17)이 주어진 주파수 f에서 -3dB의 결과를 나타내었다면 이는 $A_{v(\text{dB})}$가 중간대역 값보다 3dB 낮다는 것을 의미한다.

【예제 14.11】 어떤 회로가 $A_{v(\text{mid})} = 45\text{dB}$, $f_{1E} = 2\text{kHz}$ 값을 가진다고 가정한다. 증폭기가 500Hz에서 동작된다면 증폭기의 이득은 얼마인지 구하시오.

풀이 A_v의 변화는 식 (14-17)을 이용하면 다음과 같이 구할 수 있다.

$$\Delta A_{(v)} = 20\log\frac{1}{\sqrt{1+(f_{C1}/f)^2}} = 20\log\frac{1}{\sqrt{1+(2000/500)^2}} = -12.3\text{dB}$$

500Hz에서 $A_{v(\text{dB})}$의 값은 32.7dB로 주어진다.

$$A_{v(\text{dB})} = A_{v(\text{mid})} + \Delta A_{v(\text{dB})} = 45\text{dB} + (-12.3\text{dB}) = 32.7\text{dB}$$

(실전 연습문제 14-11)

23dB의 이득을 가진 증폭기가 8kHz 하한 차단 주파수를 가진다. 이 회로가 4kHz에서 동작한다면 증폭기의 이득은 얼마인가?

▶▶ 16.0dB

식 (14-17)은 증폭기의 하한 감쇠 특성에 관한 중요한 사항을 말해준다. 증폭기에서의 R과 C 값은 주어진 단자회로의 감쇠특성과 무관하다. 각 단자회로(베이스 대 이미터 대 컬렉터)에 대해 감쇠율은 엄밀히 말해 f와 f_{C1} 사이의 차이의 함수이다. RC 회로는 감쇠의 시작을 결정한다. 하지만, 일단 감쇠가 시작되면 R과 C의 값은 더 이상 중요하지 않다. 따라서 모든 RC 회로는 동일한 비율로 감쇠가 일어난다고 결론지을 수 있다. 저주파 감쇠율이란 무엇인가? 이것은 f를 f_{C1}의 몇 배수로 설정하고 이 식을 풀이함으로써 결정할 수 있다. 예를 들면, $f = f_{C1}$일 때 ΔA_v는 다음과 같이 표시할 수 있다.

$$\Delta A_v = 20\log\frac{1}{\sqrt{1+1^2}} = -3\text{db} \;\Big|\; \frac{f_{C1}}{f} = 1$$

$f = 0.1 f_{C1}$일 때

$$\Delta A_v = 20\log\frac{1}{\sqrt{1+10^2}} = -20\text{db} \;\Big|\; \frac{f_{C1}}{f} = 10$$

$f = 0.01 f_{C1}$일 때

$$\Delta A_v = 20\log\frac{1}{\sqrt{1+100^2}} = -40\text{db} \;\Big|\; \frac{f_{C1}}{f} = 100$$

$f = 0.001 f_{C1}$일 때

$$\Delta A_v = 20\log\frac{1}{\sqrt{1+1000^2}} = -60\text{db} \;\Big|\; \frac{f_{C1}}{f} = 1000$$

여기서 감쇠 패턴을 생각해 볼 수 있는가? f의 값을 10배(decade) 감소시키면 증폭기의 이득은 20dB 감소한다. 따라서 전압이득에 대한 저주파 감쇠율은 20dB/decade이다. 이런 감쇠율에 대응하는 보드 선도는 [그림 14-9]에 주어진다. [그림 14-9]에 표시된 보드 선도는 다음의 일련의 단계로 설명될 수 있다.

1. f_{C1}에서 전압이득의 변화는 0dB이다.
2. $f = 0.1 f_{C1}$에서 증폭기의 전압이득은 -20dB로 20dB만큼 감소된다.
3. $f = 0.01 f_{C1}$에서 증폭기의 전압이득은 또다시 20dB만큼 떨어져서, ΔA_v의 전체 값은 -40dB가 된다.
4. $f = 0.001 f_{C1}$에서 증폭기의 전압이득은 또다시 20dB만큼 떨어져서, ΔA_v의 전체 값은 -60dB가 된다.

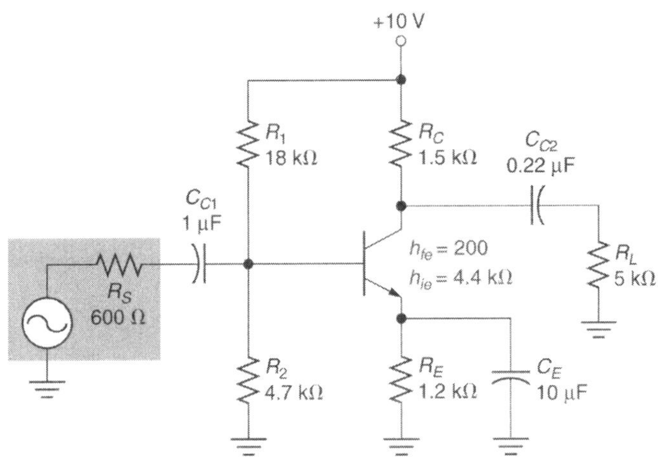

[그림 14-9]

이런 과정이 계속되면 다음 decade에서는 전체 ΔA_v의 값은 -60dB, -80dB로 된다. 각 decade 구간에서 회로의 전압 이득은 이전 decade 구간에 비해서 20dB씩 감소한다.

상기 사항을 [그림 14-8]에 표시된 회로에 연관시켜 보자. 이미터 회로에 대한 차단 주파수 f_{1E}가 647Hz 이므로 설명을 위해 다음과 같은 두 가지의 가정을 하자.

1. 차단주파수는 600Hz이다. 이것은 그림의 주파수 눈금을 간략화한 것이다.
2. 이미터 회로만 차단을 일으킨다. 다시 말해서, 베이스와 컬렉터 회로의 효과는 무시한다.
   (이들 회로를 그림 상에 표시한 경우 어떤 사항이 발생되는지는 곧 알게 된다.)

[그림 14-10]은 [그림 14-8]에 표시된 회로에서 이미터 회로에 대한 보드 선도를 나타내는데 차단 주파수는 600Hz이다. 이런 주파수로부터 한 decade 아래의 주파수는 60Hz

이다. 이런 주파수에서 증폭기의 전압 이득은 20dB 감소되고 전체 $\triangle A_v$의 값은 -20dB 로 된다.

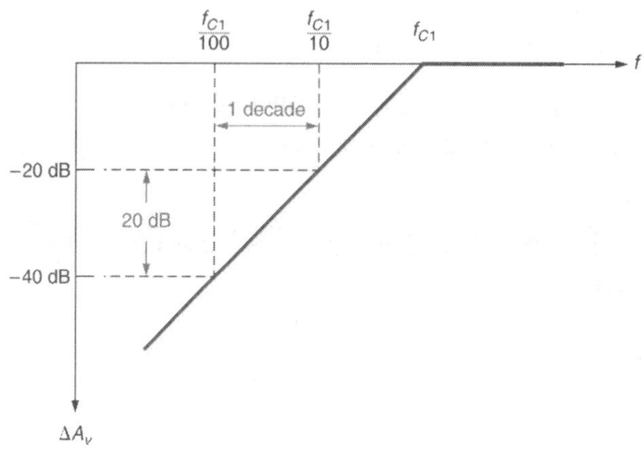

[그림 14-10]

[그림 14-8]에 표시된 회로에서 베이스회로에 대한 감쇠곡선을 구성하려고 하면 decade당 20dB의 감쇠율로 표시하는 것은 유용하지 못하게 된다. f_{1B}가 약 60Hz에서 시작하므로 한두 decade 아래에서 전체 주파수 구성이 힘들기 때문이다. 이것은 옥타브 주파수 배율로 전압 이득에 대한 감쇠를 결정하면 해결된다. 다음 표는 옥타브 주파수 구간으로 ΔA_v의 값을 표시한 것이다.

f	f_{C1}/f	$\triangle A_v$(근사치)
$1/2f_{C1}$	2	-6dB
$1/4f_{C1}$	4	-12dB
$1/8f_{C1}$	8	-18dB

ΔA_v로 표시된 값은 (f_{C1}/f)의 값을 식 (14-17)에 대입해서 풀면 된다. 회로의 전압 이득은 옥타브 당 6dB의 비율로 감소된다. 옥타브 당 6dB의 감쇠율을 이용하면 [그림 14-8]에 표시된 베이스 회로에 대한 보드 선도를 쉽게 구성할 수 있다. [그림 14-11]에 이 구성도를 표시하였다. ΔA_v 구간은 6dB이고 주파수는 decade 대신 옥타브로 측정되었음을 주목하라. 이들 두 가지 점을 제외하고는 [그림 14-10]과 동일한 방법으로 해석하면 된다.

증폭기에서의 세 개의 차단주파수 f_{1B}, f_{1C}, f_{1E}의 효과를 검토하기 전에 이 절에서 언급한 사항을 요약하면 다음과 같다.

1. *RC* 회로에 대한 저주파 감쇠특성은 decade당 20dB이다. 이것은 옥타브 당 6dB에

해당한다.

2. 감쇠율은 단자망의 R과 C 값에 무관하다. 따라서 첫 번째 사항에 주어진 감쇠율은 모든 RC 단자망에 적용된다.
3. 식 (14-17)은 주어진 주파수에서 $A_{v(\text{mid})}$와 관계하여 A_v의 값을 결정하는데 사용된다.

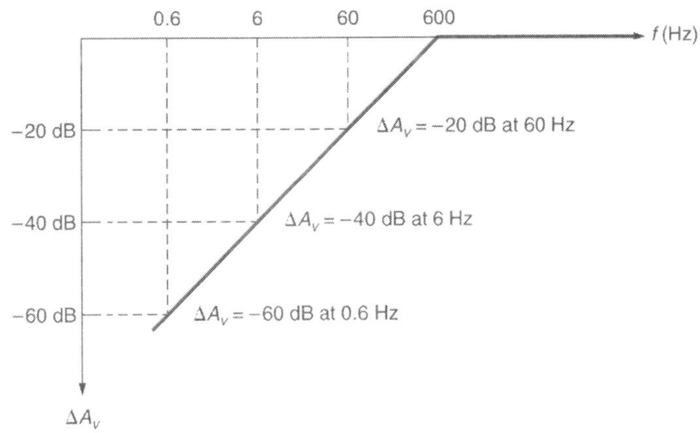

[그림 14-11] 옥타브당 데시벨로 측정된 감쇠

14.2.3 f_{1B}, f_{1C}, f_{1E}의 결합효과(The Combined Effect of f_{1B}, f_{1C} and f_{1E})

[그림 14-8]에 표시된 것과 같은 회로는 3개의 RC 단자망을 가지며 각각 자신의 차단 주파수를 가지고 있음을 살펴본 바 있다. 이제는 한 개 이상의 차단주파수를 통과할 때 어떤 일이 발생되는지를 살펴보자. 전체적인 개념은 [그림 14-12]를 살펴보면 쉽게 이해할 수 있다. 여기서 회로는 각기 3개의 분리된 RC 회로로 구성되며, 각각 f_{C1}값을 가진다. 복잡도를 고려하여 차단 주파수는 decade 구간으로 선택한다.

[그림 14-12 (a)]에서 입력주파수는 500Hz이다. 이런 주파수는 RC_1에 대해서 f_{C1}의 아래에 있기 때문에 회로는 차단 특성을 가지며 20dB/decade의 전압 이득감쇠를 일으킨다. 여기서 입력 주파수는 아직도 RC_2와 RC_3보다 위쪽에 있기 때문에 이들 두 회로는 $A_{v(\text{mid})}$의 각 관계 값에서 동작한다. 따라서 전체 이득은 RC_1의 감쇠율인 20dB/decade로 감소된다.

[그림 14-12 (b)]에서 입력주파수는 50Hz로 감소되고 RC_2도 통과했다. 그러면 RC_1에서 20dB/decade로 감소되고 RC_2에서도 20dB/decade로 감소된다. 따라서 전체 이득의 감쇠는 이들 감쇠의 합과 동일한 40dB/decade가 된다. 이미 설명한 바와 같이 다단 증폭기의 전체 데시벨 이득은 각 데시벨 이득의 합으로 주어지므로 위에서 설명한 사항은 이상할 것이 없다. 동일한 원리가 감쇠율에도 적용된다.

[그림 14-12 (c)]에 표시된 것처럼 입력주파수가 5Hz로 감소되면 모든 3개의 RC 회로는 그들 각자의 f_{C1} 이하에서 동작된다. 따라서 이들 세 회로는 각각 20dB/decade의 감

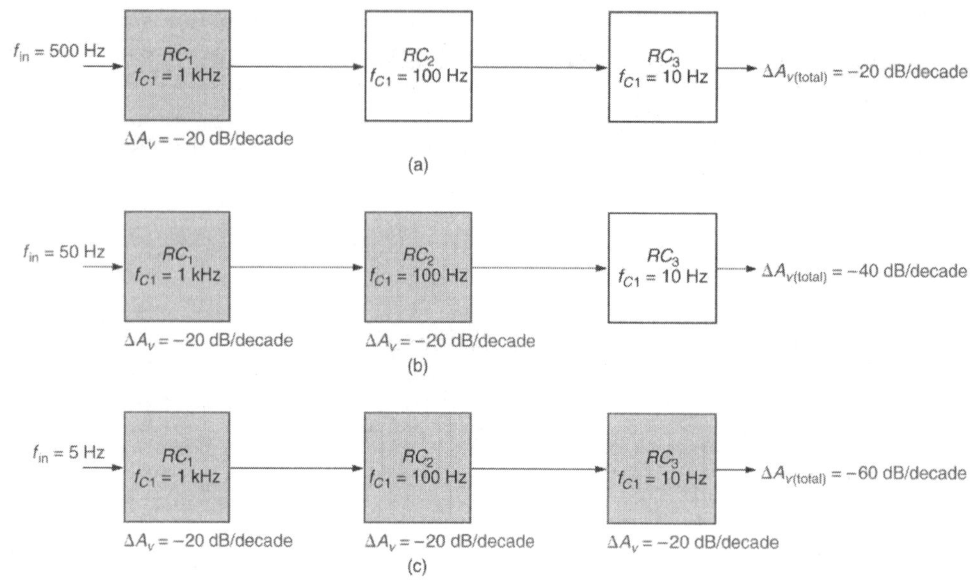

[그림 14-12] 종속 연결된 *RC* 회로의 감쇠율 효과

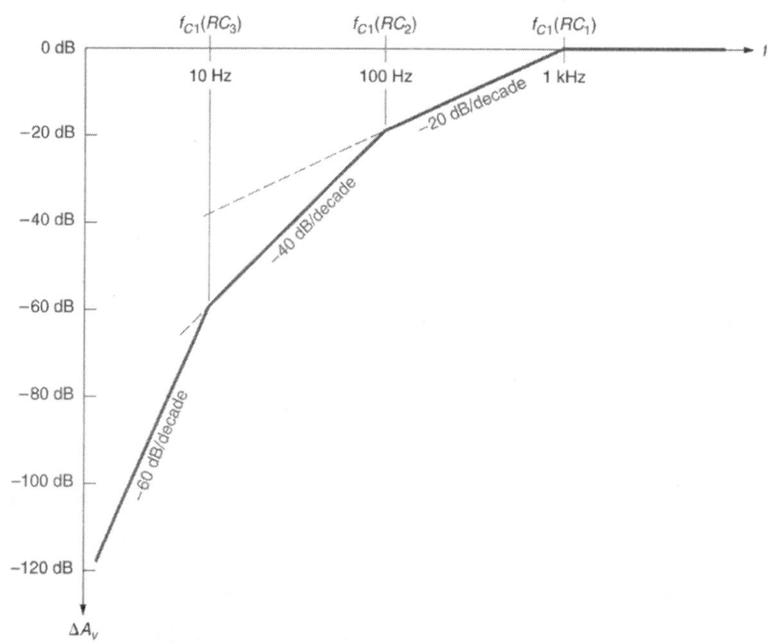

[그림 14-13] 다중 차단 주파수에서의 효과

쇠를 나타내고, 전체 감쇠율의 합은 60dB/decade가 된다.

방금 기술한 회로 동작을 [그림 14-13]에 보드 선도로 표시하였다. 그림에서 알 수 있듯이 입력 주파수가 1kHz에서 100Hz 사이에서는 감쇠율이 20dB/decade이다. 입력 주파수가 100Hz이하로 되면, 감쇠율은 40dB/decade로 증가한다. 입력 주파수가 10Hz이하로 되면, 모든 세 회로는 차단되어 감쇠율은 60dB/decade로 된다. 이와 같은 원리를 [그림 14-8]과 연관시켜 보자. 이 회로에 대한 저주파 보드 선도를 [그림 14-14]에 표시하였다. 이 그림에서는 보다 편리하게 감쇠율이 6dB/octave로 표시되었다. 이런 6dB/octave의 감쇠는 20dB/decade와 동일하므로 문제가 없다. 또한 그림에 표시된 것처럼 f_{1B}, f_{1C}, f_{1E}의 값은 근사치이다.

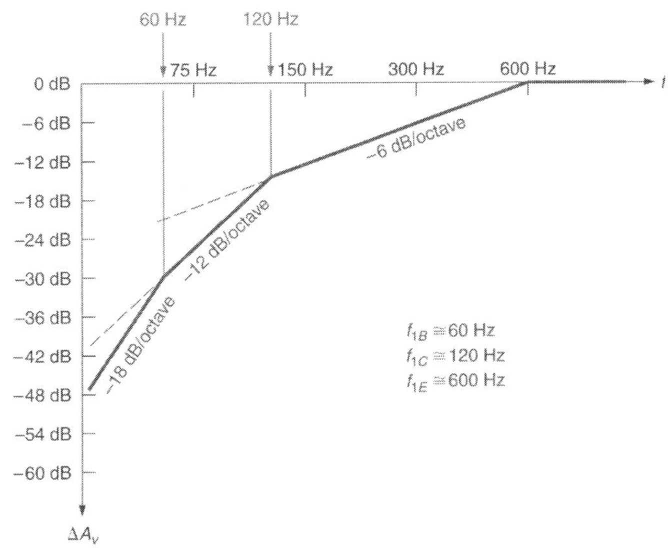

[그림 14-14] [그림 14-8]에 표시된 회로의 저주파 보드선도

f_{1E}는 600Hz라고 가정한다. 동작 주파수가 이런 주파수 아래로 감소하면 6dB/octave의 감쇠를 가진다. 이것은 컬렉터의 차단주파수인 120Hz에 도달될 때까지 계속된다. 이런 주파수에 도달되면 감쇠율은 12dB/octave로 증가한다. 이런 감쇠율은 동작 주파수가 베이스의 차단주파수인 60Hz에 도달할 때까지 계속된다. 여기서는 모든 세 개의 단자회로가 각각 6dB/octave의 감쇠를 가지며, 전체 감쇠율은 18dB/octave이다.

14.2.4 실제적인 고려사항(A Practical Consideration)

보드 선도는 주파수 변화에 따른 이상적인 증폭기의 응답 특성을 나타낸다. 예를 들면, [그림 14-14]에 표시된 보드 선도는 [그림 14-9]에 표시된 회로의 저주파 응답을 이상적으로 나타낸 것이다.

1. 모든 차단 주파수는 정확하게 계산된 것으로 가정한다. 다시 말해서 실제 차단 주파수 값에 영향을 미치는 저항이나 커패시터의 허용오차는 없다.

2. 각 트랜지스터 단자 회로는 차단주파수에 도달될 때까지 0dB의 ΔA_v를 가진다고 가정한다.
3. 주어진 감쇠율에서 감쇠는 일정하다.

실제에 있어서는 위의 고려 사항이 하나도 유효하지 못하다. 회로소자의 허용오차와 기생 용량 값은 실제 차단주파수에 영향을 미친다. 실제로 측정된 차단 주파수는 계산된 차단 주파수와 차이가 있음을 알 수 있다.

전체 상황에서의 보다 실제적인 접근은 다음과 같다.

1. 임의의 *RC* 회로는 근사적으로 f_1의 두 배의 값에서 증폭기의 이득이 주목할 만큼 감소하기 시작한다. 증폭기의 이득은 하한 차단 주파수에 도달됨에 따라 약 3dB 정도 감소한다.
2. 주어진 *RC* 회로에 대한 감쇠율은 20dB/decade(6dB/octave)이다.
3. BJT 증폭기와 같이 여러 개의 *RC* 회로가 포함되어 있으면 이들의 실제 차단 주파수에 도달되기 전에 각각의 효과가 나타나게 된다.

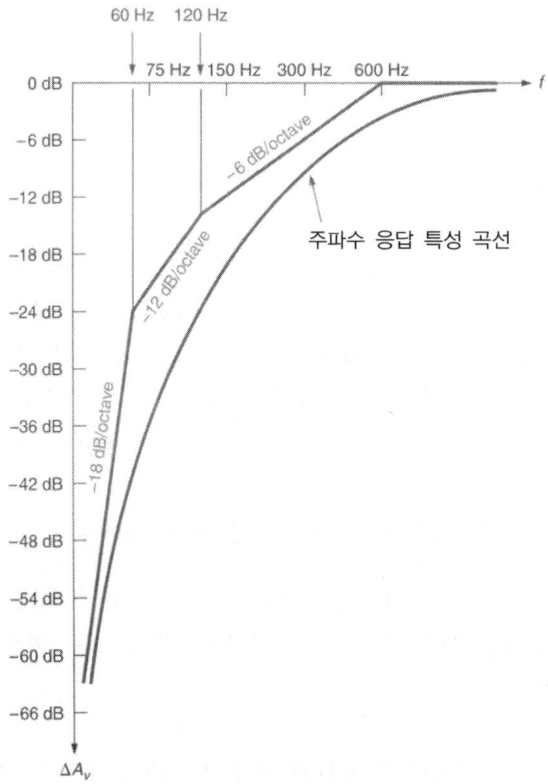

[그림 14-15]

이러한 고려사항들은 주어진 증폭기의 주파수 응답곡선에 얼마만큼의 영향을 미칠 것인가? [그림 14-15]는 [그림 14-8]에 표시된 증폭기의 원래 보드 선도를 그린 것으로 보다 실제적인 주파수 응답곡선이다. 그림에서 표시된 것처럼 이런 곡선은 보드 선도와 유사하다. 하지만, *RC* 회로의 결합효과는 실제 곡선을 주파수가 높은 부분에서 계산에 의한 것보다 보다 둥근(rounded) 변화의 양상을 가지게 한다.

보드 선도는 주파수 변화에 대한 회로의 응답을 예측하는 수단으로 사용된다. 하지만 이러한 예측을 할 경우 다수의 이상적인 조건을 가정한 근사치라는 사실을 명심해야 한다. 따라서 주파수 응답 값의 예측치와 측정치간의 오차가 10% 혹은 20%가 되어도 놀랄 일이 아니다. 관심 포인터는 차단 주파수간에 차이가 크면 클수록 실제 주파수 응답곡선은 보드 선도에 더욱 더 근접하게 된다. 예를 들면, 10kHz, 1kHz, 10Hz의 차단 주파수를 가진 증폭기는 10kHz, 5kHz, 1kHz의 차단 주파수를 가진 증폭기보다 이상적인 경우(보드 선도)에 더 가까운 주파수 응답곡선을 가진다. 이런 개념의 증명은 이 장의 끝에 있는 심화 문제에 포함되어 있다.

14.2.5 BJT 증폭기의 고주파 응답(BJT Amplifier High Frequency Response)

대부분의 경우 BJT 증폭기의 고주파 동작은 저주파 동작과 유사하다. 각 단자회로는 차단 주파수를 가진다. 주어진 f_{C2}를 통과하면 회로는 차단되고 근사적으로 20dB/decade (6dB/octave)의 감쇠를 가진다.

저주파 및 고주파 응답 사이의 차이는 다음과 같다.

1. f_{C2}의 계산에 사용된 커패시턴스의 값
2. 각 단자 회로에서 전체 저항을 결정하기 위해 사용된 방법

이들 차이를 다음에서 보다 상세하게 설명한다.

14.2.6 BJT의 내부 커패시턴스(BJT Internal Capacitance)

2장에서 *pn* 접합은 측정할 만한 크기를 가진 커패시턴스를 가진다고 배웠다. BJT는 두 개의 내부 접합을 가지고 있으므로 [그림 14-16 (a)]에 표시된 것처럼 두 개의 내부 커패시턴스를 가지고 있다. 이 절에서 살펴보겠지만 이들 내부 저항은 회로의 고주파 응답을 제어한다.

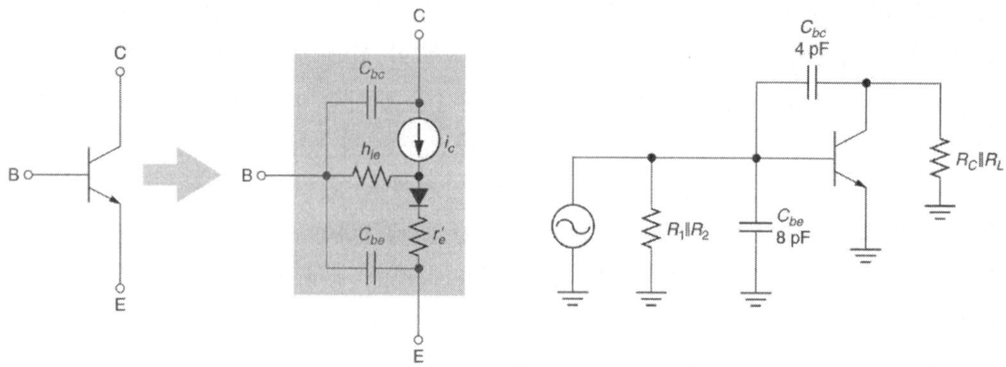

(a) BJT와 교류 등가회로

(b) 증폭기에서 BJT 커패시턴스를 표시하는 등가회로

[그림 14-16] BJT의 내부 커패시턴스

컬렉터와 베이스 접합 사이의 커패시턴스(C_{bc})는 주어진 트랜지스터의 스펙에 보통 기재되어 있다. C_{bc}, C_{out}, C_{ob} 혹은 C_{obo}로도 표시될 수 있음을 주목하라. 2N3904(그림 7-21)에 대한 스펙을 보면 컬렉터와 베이스 접합 사이의 커패시턴스(C_{bc})가 4pF으로 기재되어 있다. C_{bc}는 사양서 상에 표시될 수도 있고 표시되지 않을 수도 있다. 주어질 때는 C_{in}, C_{be}, C_{ib} 혹은 C_{ibo}로 표시된다. 2N3904에 대한 C_{ib}는 8pF이다. 주어진 트랜지스터의 C_{be}가 스펙에 표시되어 있지 않으면 다음과 같이 근사적으로 구할 수 있다.

$$C_{be} \cong \frac{1}{2\pi f_T r'e} \tag{14-18}$$

여기서 f_T는 트랜지스터의 전류 이득-대역폭 곱(current gain -bandwidth product)으로서 스펙에 표시되어 있다. 트랜지스터의 전류 이득-대역폭 곱의 의미는 트랜지스터의 전류 이득이 단위 이득으로 떨어질 만큼 C_{be}가 충분히 낮은 리액턴스를 가지는 주파수를 의미한다. 【예제 14-12】는 C_{be}의 값을 결정함에 있어 식 (14-18)의 사용법을 설명한다.

【예제 14.12】 2N3904의 스펙에는 $I_C = 10\text{mA}$에서 $f_T = 300\text{MHz}$로 표시되어 있다. 이런 전류에서 C_{be}의 값을 결정하시오.

풀이 $I_C = I_E$로 가정하면 $r_e{}'$의 값은 2.9Ω으로 계산될 수 있다. 식 (14-18)에서 이 값을 이용하면 C_{be}는 183pF으로 구해진다.

$$C_{be} \cong \frac{1}{2\pi f_T r_e{}'} = \frac{1}{2\pi \times 300\text{MHz} \times 2.9\Omega} = 183\text{pF}$$

(실전 연습문제 14-12)

어떤 트랜지스터의 전류 이득-대역폭 곱이 $I_C = 10\text{mA}$에서 $f_T = 300\text{MHz}$, $h_{ie} = 650\Omega$,

$h_{fe}=250$으로 표시되어 있다고 가정하고 트랜지스터의 C_{be} 값을 결정하시오.

▶▶ 306pF

예제에서 보다시피 C_{be}의 값 183pF은 스펙에 표시된 8pF과는 상당한 차이가 있다. 두 값의 차이는 C_{be}의 값이 두 개의 다른 I_E에서 결정되었기 때문이다. 스펙의 정격에는 $I_E=0$mA에서는 8pF보다는 크지 않다고 표시된다. 하지만 I_E가 변화함에 따라 다음 표에 나타낸 바와 같이 r_e'의 값과 베이스-이미터 접합의 두께가 변화한다.

I_E	r_e'	접합두께
증가	감소	감소
감소	증가	증가

C_{be}의 값은 이미터-베이스 접합 두께에 반비례하게 때문에 I_E가 변화함에 따라서 변화한다. 다시 말해서 I_E가 증가하면 C_{be}도 증가한다. 또한 I_E가 감소하면 C_{be}도 감소한다.

주어진 회로에 대해 계산에 의한 C_{be}와 스펙에 표시된 C_{be} 중 어느 값을 사용할 것인가? 대부분의 경우, 계산에 의한 C_{be}를 사용해야 하는데, 이는 차후의 계산에서 보다 정확한 결과를 얻기 위함이다. 하지만 계산에 의한 C_{be}는 근사적인 지표만을 알려준다는 사실을 기억하기 바란다. r_e'의 계산은 근사값이므로 식 (14-18)을 사용하여 얻은 값은 근사치이다. 하지만, 대부분의 경우 계산에 의한 C_{be}의 근사값은 스펙에 표시된 정격보다 실제적인 이미터-베이스 커패시턴스에 가깝다.

이제까지는 왜 이런 커패시턴스 값들을 무시했는가? 보는 바와 같이 C_{be}와 C_{bc}는 매우 작은 커패시턴스 값이다. 이런 이유로 이들의 저주파 리액턴스 값은 상당히 크다. 예를 들면, C_{bc}의 리액턴스 값은 f=1MHz에서 약 39.8이다. 이런 리액턴스는 큰 값으로 실제 회로에서 개방된 것으로 볼 수 있다. 트랜지스터의 동작 주파수가 증가하면 어떤 일이 발생할 것인가? 주어진 커패시터에 대해 리액턴스는 주파수에 반비례하므로 C_{bc}에 대한 X_C 값은 감소하게 된다. 100MHz에서 C_{bc}의 리액턴스는 단지 398Ω이다. 이런 값은 트랜지스터의 동작에 명백한 영향을 줄 것이므로 무시하면 안 된다.

14.2.7 밀러의 정리(Miller's Theorem)

실제 회로의 계산에 들어가기 전에 C_{bc}와 관계된 다른 문제를 해결해야 한다. [그림 14-16]에서 보았듯이 C_{bc}는 컬렉터와 베이스 단자 사이의 커패시턴스이다. 이런 커패시턴스는 [그림 14-17]에 표시되어 있다. [그림 14-17 (a)]에서 트랜지스터는 A_v의 전압 이득을 가지는 블록으로 간주되었다. C_{bc}는 컬렉터와 베이스 단자 사이에 존재하므로 외부 콘덴서로 생각할 수 있다. 그러면 C_{bc}는 입력(베이스) 회로의 한 부분인가 출력(컬렉터) 회로의 한 부분인가? 답은 둘 모두이다.

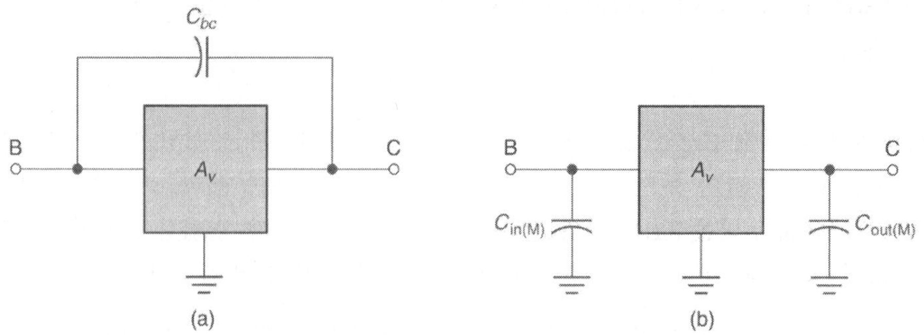

[그림 14-17] 귀환 커패시터에 대한 밀러의 등가회로

밀러의 정리는 C_{bc}를 두 개의 콘덴서로(하나는 베이스 회로에 다른 하나는 컬렉터 회로) 표시 가능케 한다. 이들 두 콘덴서를 [그림 14-17 (b)]에 표시하였다. 이런 회로에서 밀러 입력 커패시턴스는 식 (14-19)처럼 주어지고 밀러 출력 커패시턴스는 식 (14-20)처럼 주어진다.

$$C_{\text{in(M)}} = C_{bc}(A_v + 1) \tag{14-19}$$

$$C_{\text{out(M)}} = C_{bc}\frac{A_v + 1}{A_v} \tag{14-20}$$

대부분의 경우 $A_v > 10$이다. 이런 경우 위 식은 다음과 같이 간략화할 수 있다.

$$C_{\text{in(M)}} \cong A_v C_{bc} \tag{14-21}$$

$$C_{\text{out(M)}} \cong C_{bc} \tag{14-22}$$

위 식은 A_v 값이 10보다 큰 경우에 사용될 수 있다.

그렇다면 밀러의 이론을 사용하는 이유는 무엇인가? [그림 14-17 (a)]에 표시된 귀환 콘덴서는 회로 해석을 수행하는데 상당히 복잡할 수 있다. 보다 간단한 방법은 C_{bc}를 두 개의 분리된 콘덴서로 표시하여 해석하는 것이다. 콘덴서 중의 한 개는 입력(베이스) 회로에 사용되고, 다른 한 개는 출력(컬렉터) 회로에 사용된다. 【예제 14-13】은 주어진 증폭기에 대해 밀러 입출력 커패시턴스 값을 결정하는 방법을 설명한다.

【예제 14.13】 [그림 14-18 (a)]에 표시된 회로를 해석하고 밀러의 입력 커패시턴스와 출력 커패시턴스를 구하시오.

풀이 밀러의 입력 커패시턴스는 720pF으로 구해진다.

$$C_{\text{in(M)}} \cong A_v C_{bc} = (120)(6\text{pF}) = 720\text{pF}$$

밀러의 출력 커패시턴스는 6pF으로 구해진다.

$$C_{\text{out (M)}} \cong C_{bc} = 6\text{pF}$$

밀러의 입출력 커패시턴스를 사용하면 [그림 14-18 (b)]를 표시할 수 있다.

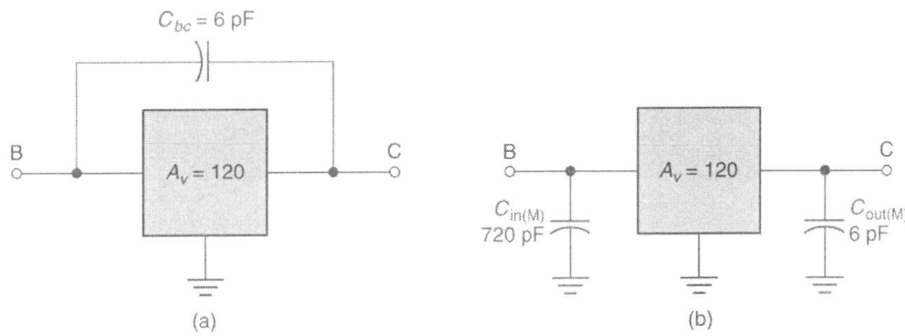

[그림 14-18]

(실전 연습문제 14-13)

$C_{bc} = 4\text{pF}$인 BJT가 증폭기로 사용되고 $A_v = 240$의 값을 가진다고 가정한다. C_{bc}에 대한 밀러의 입력커패시턴스와 출력 커패시턴스를 구하시오.

▶▶ 960pF, 4pF

14.2.8 고주파 응답(High Frequency Response)

공통 이미터 증폭기의 저주파 동작에 대해서 고찰할 때 f_{C1}은 회로의 저항과 커패시턴스에 영향을 받는다. f_{C2}도 마찬가지이다. 공통이미터 증폭기의 고주파 등가회로를 [그림 14-19]에 표시하였다. R과 C가 왜 그런 형태로 결합되는지를 보기 위해서 이런 회로를 간단한 RC 등가회로로 변환시킨다. 변환을 하기 전에 그림에 표시한 한 가지 값을 먼저 설명한다. C_L은 부하 커패시턴스이다. 만약 증폭기가 다음 단을 구동한다면 C_L은 다음 단의 고주파 입력 커패시턴스이다.(이 점에 관해서는 다단 증폭기 해석에서 보다 더 설명된다. 여기서는 어떤 예제 문제에 대해 C_L의 값을 가정한다.)

[그림 14-19 (b)]에 표시된 등가 회로는 다음 두 단계를 수행함으로써 구해진다.

1. 컬렉터-베이스 콘덴서 C_{bc}는 등가 밀러 입·출력 콘덴서로 대체된다.
2. 전원 저항 R_S와 베이스 바이어스 회로망은 단일 병렬 저항으로 결합된다.

이제 다른 부가적인 세 단계를 수행함으로써 회로를 더욱 간략화할수 있다. [그림 14-19 (c)]에 표시된 것처럼

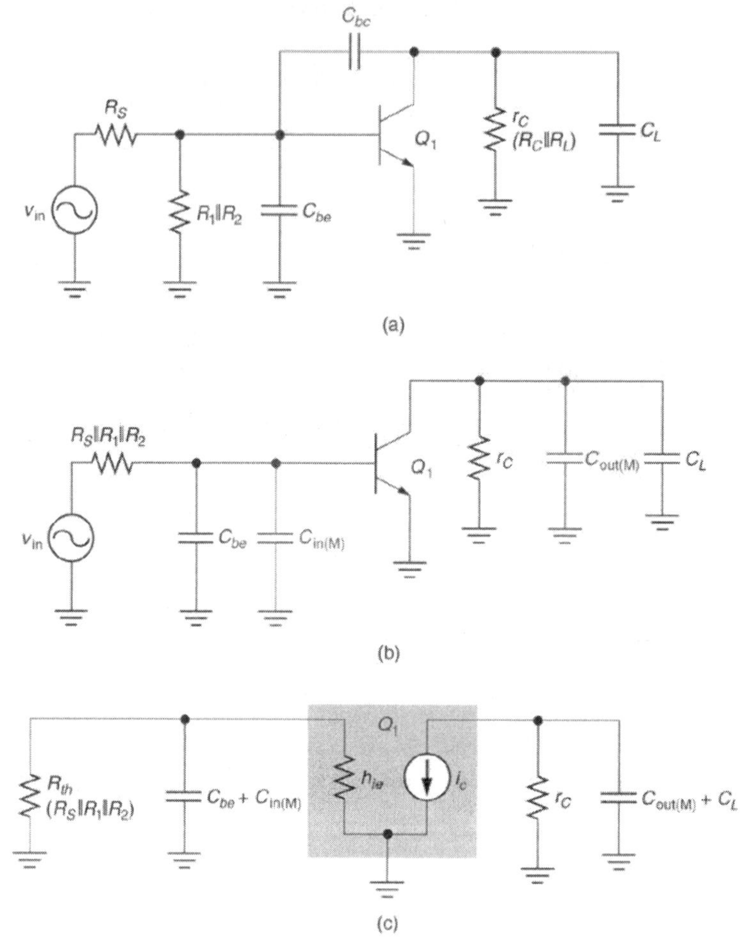

[그림 14-19] BJT 고주파 교류 등가회로

3. 베이스 회로에서의 병렬 콘덴서 C_{bc} 및 $C_{\text{in(M)}}$은 한 개의 입력 커패시턴스로 결합된다.
4. 컬렉터 회로에서의 두 개의 병렬 콘덴서 C_{L}과 $C_{\text{out(M)}}$은 한 개의 출력 커패시턴스로 결합된다.
5. 트랜지스터는 크기가 h_{ie}인 저항과 전류원(current source)으로 대체된다.

이제 원래의 증폭기에 대한 고주파 해석을 위해서 등가회로를 사용할 수 있다. 상측 차단주파수 f_{C2}는 f_{C1}을 구할 때 사용한 것과 동일한 기본 식을 사용하여 구한다.

$$f_{C2} = \frac{1}{2\pi RC}$$

베이스 회로에서 R은 R_{th}와 h_{ie}의 병렬 합성 저항이고, C는 C_{bc} 및 $C_{in(M)}$의 합성커패시턴스이다. 따라서 베이스회로에서 식 (14-23)이 유도된다.

$$f_{2B} = \frac{1}{2\pi(R_{th} \| h_{ie})(C_{be} + C_{in(M)})} \tag{14-23}$$

여기서 $R_{th} = R_S \| R_1 \| R_2$

h_{ie} =트랜지스터의 베이스 입력 임피던스

C_{be} =베이스-이미터 접합 커패시턴스

$C_{in(M)}$ =밀러 입력 커패시턴스

를 의미한다.【예제 14-14】에서는 베이스 회로에서 f_{C2}의 값을 결정하는 과정을 설명한다.

【예제 14.4】 [그림 14-20]에 표시된 증폭기회로에서 f_{C2}의 크기를 결정하시오.

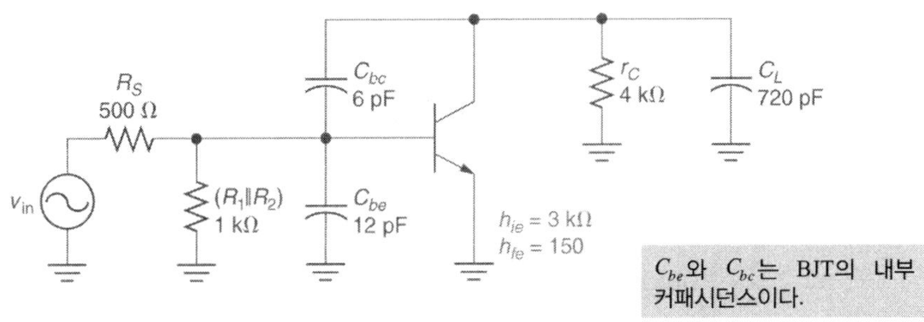

[그림 14-20]

풀이 먼저 증폭기의 A_v 값은 다음과 같이 구할 수 있다.

$$A_v = \frac{h_{fe} r_C}{h_{ie}} = \frac{(150)(4k\Omega)}{3} \text{k}\Omega = 200$$

A_v 값은 C_{be} 값과 더불어 $C_{in(M)}$을 구하는데 사용된다.

$$C_{in(M)} \cong A_v C_{bc} = (200)(6\text{pF}) = 1.2\text{nF}$$

R_{th}는 333Ω으로 구해진다.

$$R_{th} = R_S \| R_1 \| R_2 = 333\Omega$$

저항과 커패시턴스 계산에 필요한 모든 값을 구했으므로 베이스 회로에 대한 f_{2B}는 439kHz로 구해진다.

$$f_{2B} = \frac{1}{2\pi(R_{th} \| h_{ie})(C_{be} + C_{in(M)})} = \frac{1}{2\pi \times (333\Omega \| 3k\Omega) \times (12\text{pF} + 1.2\text{nF})}$$

$$= \frac{1}{2.28\times 10^{-6}}\,\text{Hz} = 439\text{kHz}$$

(실전 연습문제14-14)

증폭기가 $I_C = 10\text{mA}$에서 $R_1 = 56\text{k}\Omega$, $R_S = 1\text{k}\Omega$, $R_C = 3.6\text{k}\Omega$, $R_L = 1.5\text{k}\Omega$, $h_{fe} = 200$, $h_{ie} = 5\text{k}\Omega$, $f_T = 300\text{MHz}$를 가지고 $C_{bc} = 4\text{pF}$라고 가정하고 회로의 f_{2B}를 구하시오.

▶▶ 1.16MHz

컬렉터 회로에 대해 R은 R_C와 같고 C는 $C_{\text{out(M)}}$과 C_L의 조합이다. 따라서 컬렉터 회로에서는 식 (14-24)가 유도된다.

$$f_{2C} = \frac{1}{2\pi r_C (C_{\text{out(M)}} + C_L)} \tag{14-24}$$

다음 예제는 이 식의 사용법을 설명한다.

【예제 14.5】 [그림 14-20]에 표시된 증폭기의 f_{2C}의 값을 결정하시오.

풀이 $A_v \gg 10$ 이므로 $C_{\text{out(M)}}$은 C_{be}와 같다. 따라서

$$C_{\text{out(M)}} = 6\text{pF}$$

저항과 커패시턴스에 대한 모든 값을 구했으므로 f_{2C}는 54.8kHz로 구해진다.

$$f_{2C} = \frac{1}{2\pi r_C (C_{\text{out(M)}} + C_L)} = \frac{1}{2\pi(4\text{k}\Omega)(6\text{pF} + 720\text{pF})} = \frac{1}{1.825\times 10^{-5}}\,\text{Hz} = 54.8\text{kHz}$$

(실전 연습문제 14-15)

실전 연습문제 14-14에 기술된 증폭기에 대한 f_{2C}의 값은 얼마인가?

▶▶ 37.5MHz

14.2.9 이득 감쇠(Gain Roll-Off)

고주파 이득 감쇠는 저주파 이득 감쇠와 동일한 방법으로 해석할 수 있다. 정확한 식은 다음과 같다.

$$\Delta A_v = 20\log\frac{1}{\sqrt{1 + (f/f_{C2})^2}} \tag{14-25}$$

식 (14-25)에서 볼 수 있듯이, 고주파 회로에 대한 이득 감쇠는 R과 C에 무관하다. 식

(14-25)를 사용하여 decade당 dB의 단위로 고주파 감쇠를 다음과 같이 구할 수 있다.

$f=f_{C2}$일 때

$$\Delta A_v = 20\log\frac{1}{\sqrt{1+1^2}} = -3\text{dB}$$

$f=10f_{C2}$일 때

$$\Delta A_v = 20\log\frac{1}{\sqrt{1+10^2}} = -20\text{dB}$$

$f=100f_{C2}$일 때

$$\Delta A_v = 20\log\frac{1}{\sqrt{1+100^2}} = -40\text{dB}$$

공통 이미터 증폭기의 고주파 감쇠는 저주파 감쇠 값인 20dB/decade와 같다. 마찬가지로, 고주파 감쇠는 6dB/octave와 동일한 값으로 계산될 수 있다. 주어진 공통 이미터 증폭기의 고주파 동작은 저주파 동작과 동일하다. 단지 차이점은 f_{C2}를 결정하는데 사용된 방법뿐이다.

14.2.10 이론과 실제(Theory Versus Practice)

주어진 증폭기의 주파수 응답에 다양한 요소가 영향을 미칠 수 있다. 소자의 공차, BJT 내부 커패시턴스, 시험 장비의 입력 커패시턴스 효과는 f_{C1} 및 f_{C2}의 측정값과 계산된 예측 값과의 차이를 크게 유발시킬 수 있다. BJT 증폭기의 f_{C1}과 f_{C2}를 측정할 때 f_{C2}에서 큰 퍼센트 오차가 발생한다. 이것은 다음과 같은 이유 때문이다.

1. BJT의 내부 커패시턴스 값은 추정된다.
2. f_{C2} 계산에 사용된 커패시턴스 pF 정도의 범위를 가지는 값인데, 이것은 대부분의 시험 장비 입력 커패시턴스 정격이다. 시험 장비를 회로에 연결 하면, f_{C2}의 값을 결정하는 전체 커패시턴스 값이 크게 변한다.

표준 BJT 증폭기의 f_{C1}과 f_{C2} 값을 예측할 때, 근사치로 다룬다는 사실을 명심할 필요가 있다. 이 사실이 실망스러우면 아무것도 안된다. 여러분도 알다시피 증폭기의 주파수 해석을 실행하는 목적은 회로 이득이 입력 주파수에 의해서 영향을 받지 않도록 하기 위한 확인 조치이다. 예를 들면, 주어진 증폭기를 50kHz에서 동작시키고 싶으면 50kHz의 입력 주파수가 증폭기 이득을 감소시키지 않는가를 살펴보면 된다. 이런 응용의 범위를 벗어날 때, 표준 *RC* 결합 BJT 증폭기에 대한 정확한 f_{C1}과 f_{C2} 값은 거의 중요하지 않다. f_{C1}과 f_{C2}의 정확한 값이 중요한 한 가지 일반적인 응용이 있다. 이것은 동조 증폭기를 다룰 때이다. 동조 증폭기는 특정한 대역폭의 설계를 위한 것으로 알고 있다. 이들 증폭기는 특정한 f_{C1}과 f_{C2}의 값을 설계하는 것이므로 이런 값들은 동조 증폭기를 다룰 때 중요하다. 이 점은 17장에서 다시 다루기로 한다.

기초 확인문제 14.2

1. 증폭기의 입력 결합용 커패시터의 리액턴스가 입력 저항과 동일할 때 주어진 증폭기의 전력 이득이 절반으로 떨어지는 이유를 설명하라.
2. 감쇠율을 정의하라.
3. 주어진 *RC* 회로의 감쇠율과 회로의 *R*과 *C* 사이의 관계는 무엇인지 설명하라.
4. 표준 저주파 감쇠율은 얼마인가?
5. BJT 증폭기의 저주파 보드 선도를 설명하라.
6. BJT 증폭기의 실제 저주파 응답 특성곡선과 보드 선도를 대비하여 설명하라.
7. BJT의 f_{C1}과 f_{C2} 계산 값 사이의 주요한 차이는 무엇인가?
8. 주어진 증폭기의 주파수 해석에 있어서 BJT의 내부 커패시턴스를 고려하지 않은 이유는 무엇인가?
9. 밀러 정리는 무엇을 의미하는가? 밀러 정리를 사용하는 이유는 무엇인가?
10. BJT 증폭기의 고주파 해석을 수행하는 절차를 순서대로 나열하라.
11. 고주파 감쇠율과 저주파 감쇠율을 비교하라.
12. f_{C1}을 측정할 때보다 f_{C2}를 측정할 때 큰 퍼센트 오차가 발생하는 이유를 설명하라.

14.3 FET 증폭기의 주파수 응답 (FET Amplifier Frequency Response)

BJT 회로에서 FET 회로의 전환은 실제로 아주 간단하다. 해야 할 일은 주어진 FET 회로에 대한 f_{C1}과 f_{C2}에 관한 식을 구하는 것이다. 모든 과정은 지금까지 한 것과 동일하다. 이 절에서는 전압 분배기로 바이어스된 공통 소스 증폭기에 관해서 언급하기로 한다. 저주파 교류 등가 회로를 [그림 14-21]에 표시하였다.

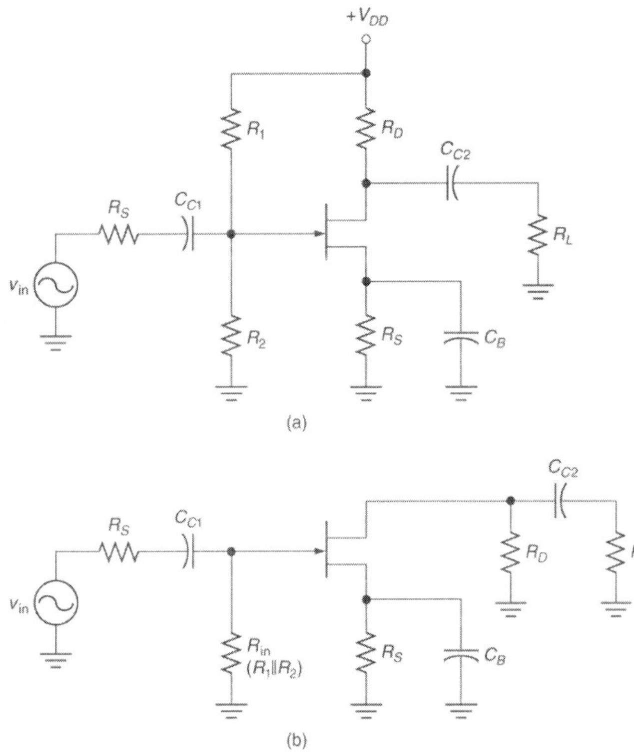

[그림 14-21] FET 증폭기의 저주파 교류등가회로

14.3.1 저주파 응답(Low Frequency Response)

여러분도 보다시피 저주파 등가회로에 관한 한 BJT 증폭기와 FET 증폭기 사이의 차이는 거의 없다. 사실 게이트와 드레인 전류 식은 BJT 증폭기에서 사용된 식과 거의 동일하다.

$$f_{1G} = \frac{1}{2\pi(R_S + R_{in})C_{C1}} \qquad (14\text{-}26)$$

$$f_{1D} = \frac{1}{2\pi(R_D + R_L)C_{C2}} \qquad (14\text{-}27)$$

FET의 입력 저항은 상당히 크기 때문에 증폭기의 R_{in} 값은 식 (14-28)처럼 표시된다.

$$R_{in} = R_1 \| R_2 \qquad (14\text{-}28)$$

【예제 14-16】에서 설명되는 것처럼 FET의 높은 입력 저항 값으로 인해서 FET 증폭기는 BJT 증폭기에 비해서 아주 낮은 입력 차단주파수를 가진다.

【예제 14.6】 [그림 14-22]에 표시된 두 개의 증폭기 중에서 어느 회로가 보다 높은 입력 차단주파수를 가지는지를 결정하시오.

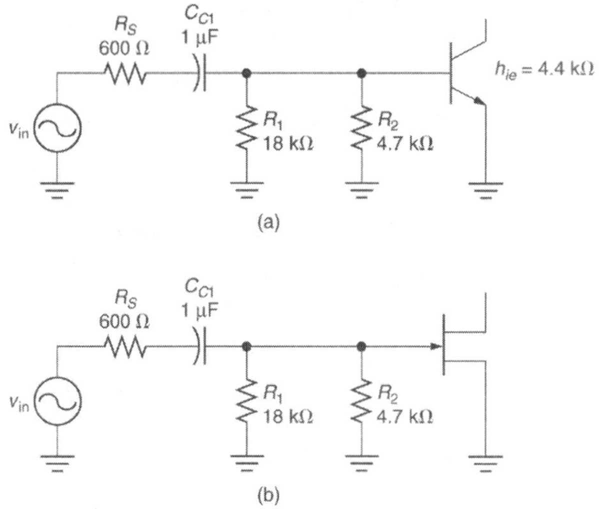

[그림 14-22]

풀이 [그림 14-22 (a)]는 【예제 14-8】에서 이미 해석한 교류 회로이다. 회로에 대한 f_{1B}는 60.7Hz로 계산되었다.(필요하다면 【예제 14-8】 참조)

[그림 14-22 (b)]에 표시된 회로는 그림 14-22 (a)에 표시된 회로에서 BJT가 FET로 대치된 것을 제외하고는 동일하다. FET의 높은 입력 저항 값으로 인해서 R_{in}은 3.73으로 구해진다.

$$R_{in} = R_1 \| R_2 = 18\text{k}\Omega \| 4.7\text{k}\Omega = 3.73\text{k}\Omega$$

R_{in} 값을 이용하면 f_{1G}는 다음과 같이 구할 수 있다.

$$f_{1G} = \frac{1}{2\pi(R_S + R_{in})C_{C1}} = \frac{1}{(2\pi)(4.3\text{k}\Omega)(1\mu\text{F})} = 36.8\text{Hz}$$

따라서 BJT를 FET로 대체시킴으로써 입력 회로에 대한 f_{C1}의 값이 거의 절반으로 감소되었다.

실제로 FET 증폭기는 BJT 증폭기보다 훨씬 높은 입력 저항 값을 가진다. 【예제 14-17】에서 설명된 것처럼 이것이 f_{1G}의 값을 낮추는 효과를 가진다.

【예제 14.7】 [그림 14-23]에 표시된 증폭기의 f_{1G} 값을 결정하시오.

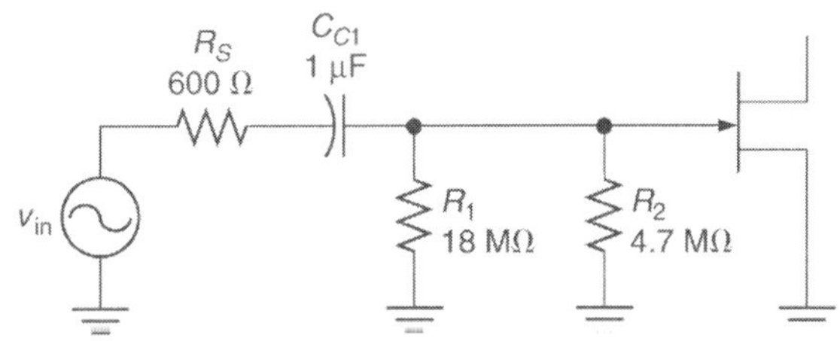

[그림 14-23]

풀이 $R_{in} = R_1 || R_2 = 18k\Omega || 4.7M\Omega = 3.73M\Omega$

R_{in}을 이용하면 게이트 차단 주파수는 0.043Hz로 구할 수 있다.

$$f_{1G} = \frac{1}{2\pi(R_S + R_{in})C_{C1}} = \frac{1}{(2\pi)(3.73M\Omega)(1\mu F)} = 0.043Hz$$

(실전 연습문제 14-17)

$R_1 = R_2 = 10M\Omega$, $R_S = 100\Omega$, $C_{C1} = 3.3\mu F$의 크기를 가지는 FET증폭기의 f_{1G} 값을 구하시오.

▶▶ 0.01Hz

드레인 회로의 저주파 해석은 BJT 증폭기의 컬렉터 회로 해석과 같다. 이와 같은 이유로 더 이상의 설명은 생략하기로 한다. 기본적인 FET 증폭기의 전체 저주파 해석은【예제 14-18】에 나타내었다.

【예제 14.8】 [그림 14-24]에 표시된 증폭기에서 f_{C1}의 모든 값을 결정하시오.

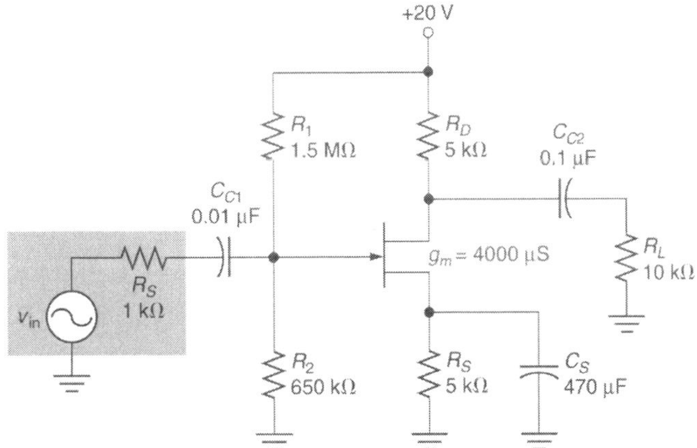

[그림 14-24]

풀이 증폭기의 입력 리액턴스는 453kΩ으로 구해진다.

$$R_{\text{in}} = R_1 \| R_2 = 453\text{k}\Omega$$

f_{1G}는 35.1Hz, f_{1D}는 106Hz로 구해진다.

$$f_{1G} = \frac{1}{2\pi(R_S + R_{\text{in}})C_{C1}} = \frac{1}{(2\pi)(454\text{k}\Omega)(0.01\mu\text{F})} = 35.1\text{Hz}$$

$$f_{1D} = \frac{1}{2\pi(R_D + R_L)C_{C2}} = \frac{1}{(2\pi)(15\text{k}\Omega)(0.1\mu\text{F})} = 106\text{Hz}$$

(실전 연습문제 14-18)

$R_1 = 10\text{M}\Omega$, $R_2 = 1\text{M}\Omega$, $R_D = 1.1\text{k}\Omega$, $R_S = 820\Omega$, $R_L = 5\text{k}\Omega$, $C_{C1} = 0.1\mu\text{F}$, $g_m = 2200\mu\text{S}$를 가지는 FET증폭기의 f_{C1} 값을 구하시오.

▶▶ 261Hz

증폭기의 f_{C1} 값은 두 개의 차단 주파수 중에서 높은 값인 106Hz로 가정한다. BJT 증폭기와 마찬가지로 이득은 동작주파수가 106Hz로 감소하면 3dB 감소한다. 이득은 주파수가 감소되어 35Hz에 도달할 때까지 6dB/octave의 비율로 떨어진다. 이후 BJT 증폭기와 마찬가지로 감쇠율은 12dB/octave로 증가한다. 지금까지의 해석에서 소스 회로의 차단주파수는 왜 고려를 하지 않았는지 의아해 할 수 있다. 소스 회로의 차단 주파수는 f_{1G}와 f_{1D}보다 훨씬 아래에 존재한다. 예를 들면 [그림 14-24]에서 소스회로의 차단 주파수는 약 1.42Hz이다. 소스회로의 차단 주파수가 회로의 전체 주파수에 거의 영향을 미치지 않기 때문에 이런 값들은 대부분 무시된다. 여하튼 소스회로의 차단 주파수를 구하기 위해서는 식 (14-29)와 식 (14-30)이 사용된다.

$$f_{1S} = \frac{1}{2\pi R_{\text{out}} C_S} \tag{14-29}$$

$$R_{\text{out}} \cong R_S \| \frac{1}{g_m} \tag{14-30}$$

14.3.2 고주파 응답(High Frequency Response)

FET의 고주파 응답은 BJT와 마찬가지로 내부 커패시턴스에 의한 영향을 받는다. [그림 14-25]에 이런 커패시턴스를 표시하였다. 그림에서 표시된 것처럼 BJT와 유사함을 알 수가 있다. FET의 각 단자 쌍 간의 측정 가능한 크기의 커패시턴스가 존재한다. 이들 커패시턴스 각각은 주파수가 증가함에 따라 감소하는 리액턴스를 가진다. 주어진 단자 커패시턴스의 리액턴스가 감소함에 따라 단자에서의 신호는 소자와 점점 더 단락된다. 이것은 BJT에서 취급한 문제와 같다.

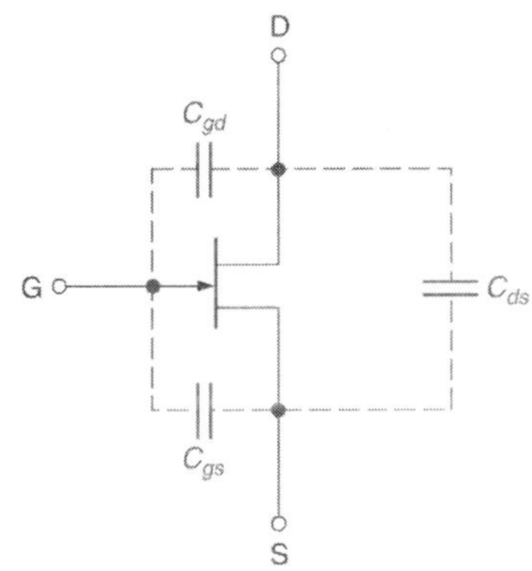

[그림 14-25] FET 내부 커패시턴스

기본적인 FET증폭기의 고주파 등가회로는 BJT 증폭기와 동일한 방법으로 해석된다. [그림 14-21 (a)]에 표시된 증폭기의 고주파 등가회로를 [그림 14-26]에 표시하였다. 그림에서 보는 바와 같이, C_{gd}를 제외하고는 모든 단자 커패시턴스 값들이 포함되어 있다. 이런 콘덴서는 밀러의 등가 입·출력 커패시턴스 값으로 대치되었다. 이것은 BJT 증폭기에서 C_{bc}를 등가 항으로 대치한 것과 동일하다.

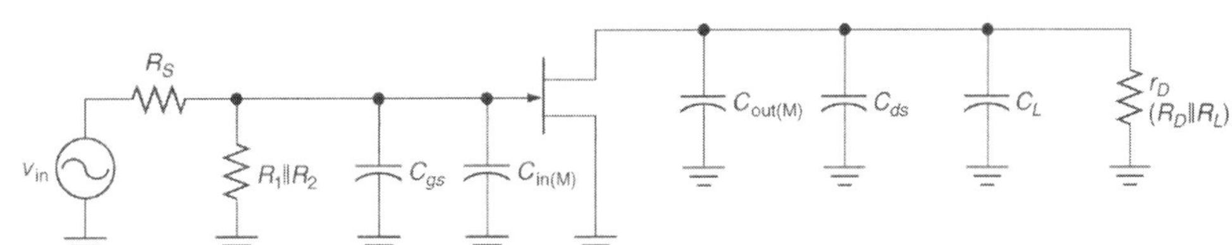

[그림 14-26] FET 증폭기의 고주파 교류등가회로

$C_{in(M)}$의 값은 식 (14-19)를 이용하여 다음과 같이 표시된다.

$$C_{in(M)} = C_{gd}(A_v + 1)$$

FET증폭기의 A_v 값은 $g_m r_D$와 같으므로 위 식은 식 (14-31)처럼 표시할 수 있다.

$$C_{in(M)} = C_{gd}(g_m r_D + 1) \qquad (14\text{-}31)$$

$C_{in(M)}$의 계산은 【예제 14-19】에서 설명한다.

【예제 14.9】 주어진 FET 증폭기가 $C_{gd} = 4\text{pF}$, $g_m = 2500\mu\text{S}$, $r_D = 5.6\text{k}\Omega$의 값을 가진다고 가정하고 증폭기의 $C_{in(M)}$의 값을 결정하시오.

풀이 $C_{in(M)}$의 값은 60pF으로 구해진다.

$$C_{in(M)} \cong C_{gd}(g_m r_D + 1) = (4\text{pF})[(2500\mu S)(5.6\text{k}\Omega + 1)] = 60\text{pF}$$

(실전 연습문제 14-19)

주어진 FET 증폭기가 $C_{gd} = 3\text{pF}$, $g_m = 3200\mu\text{S}$, $r_D = 1.8\text{k}\Omega$의 값을 가진다고 가정하고 회로의 $C_{in(M)}$의 값을 결정하시오.

▶▶ 20.3pF

식 (14-20)은 $C_{out(M)}$를 다음과 같이 정의했다.

$$C_{out(M)} = C\frac{A_v + 1}{A_v}$$

C를 C_{gd}로 A_v 값을 $g_m r_D$로 대체하면 FET 증폭기에 대한 $C_{out(M)}$를 식 (14-32)처럼 변환할 수 있다.

$$C_{out(M)} = C_{gd}\frac{g_m r_D + 1}{g_m r_D} \tag{14-32}$$

또한, $g_m r_D > 10$인 경우 $C_{out(M)}$은 식 (14-33)에 표시된 것처럼 간략화 시킬 수 있다.

$$C_{out(M)} \cong C_{gd} \tag{14-33}$$

[그림 14-26]에 표시된 회로로부터 다음 식을 구할 수 있다.

$$C_G = C_{gs} + C_{in(M)} \tag{14-34}$$

$$C_D = C_{out(M)} + C_{ds} + C_L \tag{14-35}$$

여기서 C_L은 다음 단의 입력 커패시턴스이다. 이들 값은 게이트와 드레인 회로에 대한 f_{C2}를 구하는데 이용될 수 있다. 이들 식은 이미 잘 알고 있는 형태로 다음과 같이 표시된다.

$$f_{2G} = \frac{1}{2\pi R_{th} C_G} \tag{14-36}$$

여기서 $R_{th} = R_S \| R_S$이고

$$f_{2D} = \frac{1}{2\pi r_D C_D} \tag{14-37}$$

이다. 【예제 14-20】은 FET 증폭기에 대한 상한 차단주파수를 결정하는 절차를 설명한다.

【예제 14.20】 [그림 14-24]에 주어진 증폭기의 f_{2G}와 f_{2D} 값을 결정하시오. 주어진 FET 증폭기는 $C_{gd}=4\text{pF}$, $C_{gs}=5\text{pF}$, $C_{ds}=2\text{pF}$의 크기를 갖는다고 가정하고 부하의 입력 커패시턴스는 1pF으로 가정하라.

풀이 첫 번째 단계는 회로의 고주파 등가회로를 구하는 것이다. 이 회로는 [그림 14-27]에 주어진다.

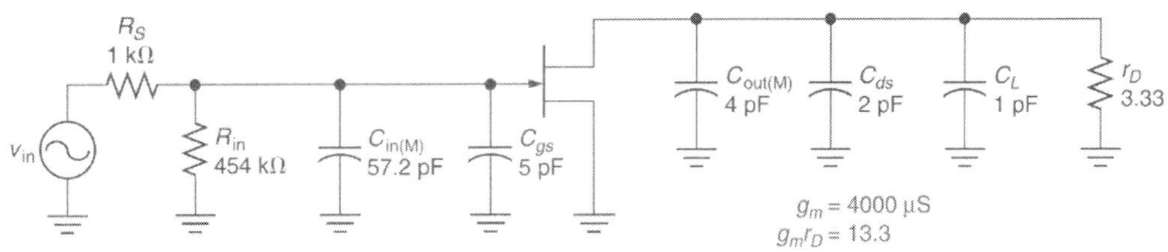

[그림 14-27]

R_{in} 값은 R_1과 R_2 병렬 합성저항 값으로 구할 수 있고 이 값을 R_S와 결합시키면 게이트 회로에서의 전체 교류 저항을 구할 수 있다.

$$R_{th}=R_S\|R_{\text{in}}=454\text{k}\Omega\|1\text{k}\Omega=998\Omega$$

밀러 입력 커패시턴스는 57.2pF으로 구해진다.

$$C_{\text{in(M)}}\cong C_{gd}(g_m r_D+1)=(4\text{pF})(14.3)=57.2\text{pF}$$

$C_{\text{in(M)}}$과 C_{gs}의 값을 사용하면 게이트 회로의 전체 커패시턴스는 62.2pF으로 구할 수 있다.

$$C_G=C_{gs}+C_{\text{in(M)}}=5\text{pF}+57.2\text{pF}=62.2\text{pF}$$

이 값과 R_{th}를 사용하면 f_{2G}의 값을 다음과 같이 구할 수 있다.

$$f_{2G}=\frac{1}{2\pi R_{\text{in}}{}'C_G}=\frac{1}{2\pi(998\Omega)(62.2\text{pF})}=2.56\text{MHz}$$

이 회로는 $g_m r_D>10$이므로 밀러의 출력 커패시턴스는 C_{gd}와 같으며 4pF이다. 이 값을 C_{ds}와 C_L으로 결합시키면, 드레인 회로에서의 전체 커패시턴스는 7pF으로 구해진다.

$$C_D=C_{\text{out(M)}}+C_{ds}+C_{\text{in}}=4\text{pF}+2\text{pF}+1\text{pF}=7\text{pF}$$

C_D와 r_D를 이용하면 드레인 회로의 상한 차단주파수는 6.83MHz로 구할 수 있다.

$$f_{2D}=\frac{1}{2\pi r_D C_D}=\frac{1}{2\pi(3.33\text{k}\Omega)(7\text{pF})}=6.83\text{MHz}$$

(실전 연습문제 14-20)

실전문제 14-18에 기술된 증폭기는 $C_{gd}=4\text{pF}$, $C_{gs}=5\text{pF}$, $C_{ds}=2\text{pF}$의 크기를 가진다고 가정하고 회로의 f_{2G}와 f_{2D} 값을 결정하시오. 부하 커패시턴스는 0F이다.

▶▶ $f_{2G}=11.5\text{MHz}$, $f_{2D}=22.0\text{MHz}$

f_{2G}의 값은 f_{2D}보다 낮기 때문에 게이트 회로는 증폭기 f_{C2}의 전체 값을 결정한다. 따라서 상한 차단주파수는 2.56MHz이다. 입력 주파수가 이 값에 도달하면, A_v 값은 $A_{v(\text{mid})}$보다 3dB 낮게 된다. 또한 입력 주파수가 계속 더 떨어지면 A_v 값은 6.83MHz에 도달할 때까지 6dB/octave 비율로 감소된다. 주파수가 계속 더 증가하면, 게이트 및 드레인 회로 둘 다 차단되기 때문에 A_v 값은 12dB/octave 비율로 감소한다. 이런 회로 동작을 나타내는 보드 선도가 [그림 14-28]에 표시되어 있다.

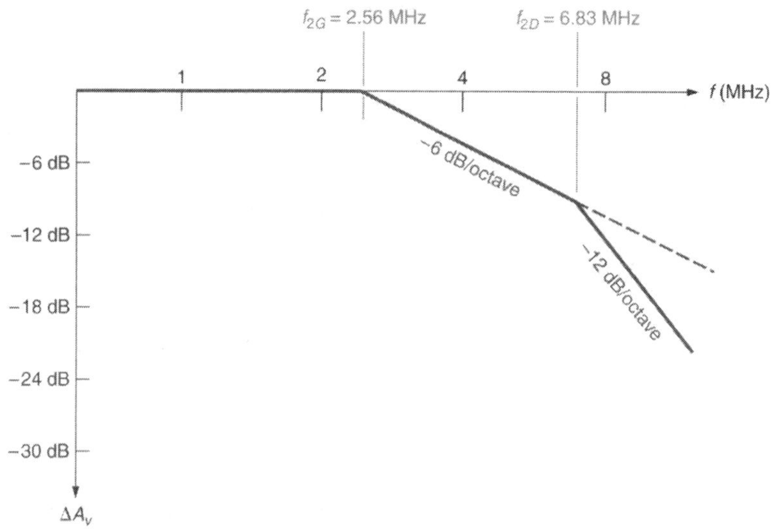

[그림 14-28]

14.3.3 커패시턴스 스펙(Capacitance Specifications)

FET 증폭기의 고주파 동작을 해석하는데 어려운 점은 일반적으로 FET 스펙에 C_{ds}, C_{gd}, C_{gs}의 값이 기재되어 있지 않다는 사실이다. 보통은 [그림 14-29]에 표시된 커패시턴스 정격인 C_{iss}, C_{oss}, C_{rss}가 기재되어 있다. 입력 커패시턴스 C_{iss}는 C_{gs}와 C_{gd}의 합과 같다.

$$C_{iss}=C_{gs}+C_{gd} \tag{14-38}$$

출력커패시턴스 C_{oss}는 C_{ds}와 C_{gd}의 합과 같다.

2N5486

ELECTRICAL CHARACTERISTICS (T_A = 25°C unless otherwise noted) (Continued)

Characteristic	Symbol	Min	Typ	Max	Unit
SMALL-SIGNAL CHARACTERISTICS (continued)					
Input Capacitance (V_{DS} = 15 Vdc, V_{GS} = 0, f = 1.0 MHz)	C_{iss}	—	—	5.0	pF
Reverse Transfer Capacitance (V_{DS} = 15 Vdc, V_{GS} = 0, f = 1.0 MHz)	C_{rss}	—	—	1.0	pF
Output Capacitance (V_{DS} = 15 Vdc, V_{GS} = 0, f = 1.0 MHz)	C_{oss}	—	—	2.0	pF

[그림 14-29]

$$C_{oss}=C_{ds}+C_{gd} \tag{14-39}$$

[그림 14-29]에 표시된 것처럼 2N5486은 $C_{oss}=2\text{pF}$의 출력커패시턴스 정격을 갖는다. 끝으로 역방향 변환 커패시턴스인 C_{rss}는 C_{gd}와 등가이다.

$$C_{rss}=C_{gd} \tag{14-40}$$

[그림 14-29]에 표시된 것처럼 2N5486은 $C_{rss}=1\text{pF}$의 정격을 갖는다. 식 (14-38), (14-39), (14-40)을 결합시키면 식 (14-41), (14-42), (14-43)과 같은 유용한 식을 유도할 수 있다.

$$C_{gd}=C_{rss} \tag{14-41}$$

$$C_{ds}=C_{oss}-C_{rss} \tag{14-42}$$

$$C_{gs}=C_{iss}-C_{rss} \tag{14-43}$$

【예제 14-21】은 이런 식들의 사용법을 설명한다.

【예제 14.21】 [그림 14-29]에 표시된 정격을 확인하고 2N5486의 C_{gs}, C_{ds}, C_{gd}의 크기를 구하시오.

풀이 게이트-드레인 커패시턴스는 1pF으로 구해진다.

$$C_{gd}=C_{rss}=1\text{pF}$$

게이트-소스 커패시턴스는 4pF으로 구해진다.

$$C_{gs}=C_{iss}-C_{rss}=5\text{pF}-1\text{pF}=4\text{pF}$$

마지막으로, 드레인-소스 커패시턴스는 1pF으로 주어진다.

$$C_{ds} = C_{oss} - C_{rss} = 2\text{pF} - 1\text{pF} = 1\text{pF}$$

(실전 연습문제 14-21)

주어진 FET는 $C_{oss} = 4\text{pF}$, $C_{rss} = 3\text{pF}$, $C_{iss} = 12\text{pF}$의 크기를 가진다고 가정하고 C_{gs}, C_{ds}, C_{gd}의 크기를 구하시오.

▶▶ $C_{gs} = 9\text{pF}$, $C_{ds} = 1\text{pF}$, $C_{gd} = 3\text{pF}$

14.3.4 이론과 실제(Theory Versus Practice)

BJT 증폭기에서는 f_{C2}의 계산에 있어 상당히 큰 퍼센트 오차를 가짐을 보았다. FET 증폭기에 대해서는 f_{2G}의 계산에서 상당히 큰 퍼센트 오차가 생길 수 있다. 이것은 $C_{\text{in(M)}}$ 계산에서 g_m이 포함되어 있기 때문이다. 12장에서 여러분이 살펴본 것처럼 JFET는 두 개의 전달 컨덕턴스(transconductance) 곡선과 g_m이 어떤 범위를 가진다. g_m이 큰 범위의 값을 가지면 증폭기의 A_v는 넓은 범위의 값을 가질 수 있다. FET 증폭기에 대한 A_v의 범위는 $C_{\text{in(M)}}$의 계산에 반영되어 나타날 수 있다. 따라서 f_{2G}의 계산에도 반영된다. f_{2G}의 값이 넓게 변함으로 해서 f_{2G}의 예상 값이 측정된 값보다 아주 낮을 때(높을 때) 크게 놀랄 만한 일은 아니다. 증폭기에 대한 f_{C2} 정확한 값은 다시 한 번 언급하지만 동조 증폭기에서만 중요할 뿐이다. 표준 FET 증폭기에서는 회로의 근사적인 f_{C2}의 값만 관심이 있다.

기초 확인문제 14.3

1. FET 증폭기의 저주파 해석을 수행하는 절차를 순서대로 설명하라.
2. FET 증폭기의 고주파 해석을 수행하는 절차를 순서대로 설명하라.
3. 일반적인 FET 커패시턴스의 정격과 이들이 사용 가능한 단자 커패시턴스로 변환하는 데 사용된 공식을 설명하라.

14.4 다단 증폭기(Multistage Amplifiers)

동일한 f_{C2}를 가진 증폭기를 여러 단으로 종속 접속시킨 경우 f_{C2}의 전체 크기는 식 (14-44)처럼 표시된다.

$$f_{C2(T)} = f_2 \sqrt{2^{1/n} - 1} \tag{14-44}$$

여기서 $f_{C2(T)}$ = 회로에 대한 f_{C2}의 전체 값
f_{C2} = 한 증폭단에 대한 상측차단 주파수
n = 증폭단의 전체 개수

를 의미한다. 식 (14-42)의 유도는 부록 D에 포함되어 있다. 몇 개의 증폭 단을 종속 접속시킬 때, f_{C2}의 전체 값은 한 단에 대한 f_{C2}의 값보다 더 낮게 된다. 이 사항은 【예제 14-22】에 나타내었다.

【예제 14.22】 각각 $f_{C2} = 500\text{kHz}$의 크기를 갖는 두 개의 증폭기가 종속 접속되어 있다. 2단으로 연결된 증폭기의 전체 f_{C2} 값을 구하시오.

풀이 f_{C2}의 전체 값은 322kHz로 구해진다.

$$f_{C2(T)} = f_{C2} \sqrt{2^{1/n} - 1} = (500\text{kHz}) \sqrt{2^{1/2} - 1} = 322\text{kHz}$$

(실전 연습문제 14-22)
각각 $f_{C2} = 800\text{kHz}$의 상한 차단주파수를 가지는 네 개의 증폭기가 종속 접속되어 있다고 가정하고 증폭기의 f_{C2} 전체 값을 구하시오.
▶▶ 348kHz

대부분의 BJT와 FET 증폭기는 이 장에서 살펴본 것처럼 f_{C1} 값을 가진다. 삭삭 f_{C1}의 크기를 가진 동일한 증폭기가 종속 접속된 경우 f_{C1}의 전체 값은 식 (14-43)처럼 표시된다.

$$f_{C1(T)} = \frac{f_{C1}}{\sqrt{2^{1/n} - 1}} \tag{14-45}$$

이 식의 유도는 부록 D에 포함되어 있다.

f_{C1}의 값을 가진 몇 개의 증폭 단을 종속 접속시킬 때, f_{C1}의 전체값은 한 단에 대한 f_{C1}의 값보다 더 높게 된다. 이 사항은 【예제 14-23】에 나타내었다.

【예제 14.23】 각각 $f_{C1}=5\text{kHz}$의 크기를 가지는 두 개의 증폭기가 종속 접속되어 있다. 2단으로 연결된 증폭기의 f_{C1}의 전체 값을 구하시오.

풀이 f_{C1}의 전체 값은 7.76kHz로 구해진다.

$$f_{C1(T)}=\frac{f_{C1}}{\sqrt{2^{1/n}-1}}=\frac{5\text{kHz}}{\sqrt{2^{1/2}-1}}=7.76\text{kHz}$$

(실전 연습문제 14-23)

각각 $f_{C1}=800\text{Hz}$를 가지는 세 개의 증폭기가 종속 접속되어 있다. 3단으로 구성된 증폭기의 전체 f_{C1} 값을 구하시오.

▶▶ 1.57kHz

어떠한 다단 증폭기에 대해서 전체 대역폭은 다음과 같이 주어진다.

$$\text{BW}_T=f_{C2(T)}-f_{C1(T)} \tag{14-46}$$

동일하지 않은 증폭기를 두 개 이상 종속 접속시킬 때 전체 회로 해석은 BJT 증폭기의 f_{1B}, f_{1C} f_{1E}의 결합된 효과를 분석하는데 사용된 방법을 적용 하면 된다. 예를 들어서 [그림 14-30]에 표시된 보드 선도를 생각해 보자. 이 선도는 다음 특성을 가진 2단 증폭기 전체 응답을 나타낸다.

증폭단	f_{C1}	f_{C2}
1	1kHz	100kHz
2	10kHz	1MHz

하한 부분에서는 2단 증폭기는 두 번째 단의 f_{C1} 값인 10kHz에서 차단된다. 증폭기의 이득은 첫 번째 단의 f_{C1} 값인 1kHz에 도달할 때까지 20dB/decade의 비율로 감소한다. 이 점부터는 전체 이득이 40dB/decade의 비율로 감소한다. 같은 원리가 고주파 동작에서도 적용된다. 그림에서 보는 바와 같이 2단 증폭기의 이득은 첫 번째 단의 차단 주파수인 10kHz에서 3dB 감소한다. 두 번째 단의 f_{C2} 값인 1MHz에 도달할 때까지 20dB/decade의 비율로 감소한다. 이 점부터는 감쇠율이 40dB/decade로 증가한다. 전체 증폭기의 대역폭은 가장 높은 f_{C1} 값과 가장 낮은 f_{C2} 값에 의해서 결정됨을 주목하라.

또한, 이들 원리가 2단 이상을 가진 증폭기에 적용된다. 각 증폭기가 차단됨에 따라 이득 감소는 또다시 20dB/decade로 증가한다.

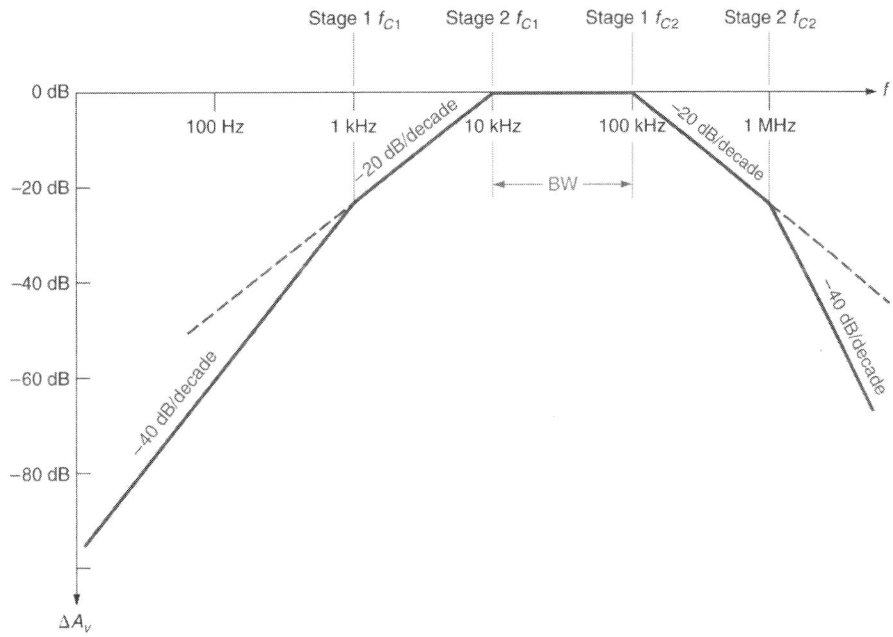

[그림 14-30] 전반적인 증폭기의 주파수 응답

기초 확인문제 14.4

1. 동일한 증폭기를 다단 종속 접속시킬 경우, 전체 f_{C2} 값은 어떻게 되는가?
2. 동일한 증폭기를 다단 종속 접속시킬 경우, 전체 f_{C1} 값은 어떻게 되는가?
3. 동일한 증폭기를 다단 종속 접속시킬 경우, 전체 BW 값은 어떻게 되는가?
4. 동일하지 않은 증폭기를 다단 종속 접속시킬 경우, 종속 증폭기의 주파수 응답은 어떻게 구성되는가?

중요 용어(Key Term)

대역폭(BW), 데케이드(decade), 보드 선도(Bode Plot), 전류이득-대역폭 적(current gain-bandwidth product), 차단주파수(cutoff frequency), 중심주파수(geometric center frequency), 감쇠율(rolloff rate), 옥타브(octave)

연습문제

14-1. 어떤 증폭기의 차단주파수가 각각 1.2kHz와 640kHz라고 가정하고 대역폭과 중심주파수를 계산하시오.

14-2. 어떤 증폭기의 차단주파수가 각각 3.4kHz와 748kHz라고 가정하고 대역폭과 중심주파수를 계산하시오.

14-3. 어떤 증폭기의 차단주파수가 각각 5.2kHz와 489.6kHz라고 가정하고 대역폭과 중심주파수를 계산하시오.

14-4. 어떤 증폭기의 차단주파수가 각각 1.4kHz와 822.7kHz라고 가정하고 대역폭과 중심주파수를 계산하시오.

14-5. 어떤 증폭기의 차단주파수가 각각 2.6kHz와 483.6kHz라고 가정하고 f_{C1}에 대한 f_0의 비가 f_0에 대한 f_{C2}의 비와 동일함을 보이시오.

14-6. 어떤 증폭기의 차단주파수가 각각 1kHz와 345kHz라고 가정하고 f_{C1}에 대한 f_0의 비가 f_0에 대한 f_{C2}의 비와 동일함을 보이시오.

14-7. 어떤 증폭기의 f_0와 f_{C2}가 각각 72kHz와 548kHz로 측정되었다고 가정하고 f_{C1}과 대역폭을 계산하시오.

14-8. 어떤 증폭기의 f_0와 f_{C2}가 각각 22.8kHz와 321kHz로 측정되었다고 가정하고 f_{C1}과 대역폭을 계산하시오.

14-9. 어떤 증폭기의 f_0와 f_{C1} 이 각각 48kHz와 2kHz로 측정되었다고 가정하고 f_{C2}와 대역폭을 계산하시오.

14-10. 어떤 증폭기의 f_0와 f_{C1}이 각각 36kHz와 4.3kHz로 측정되었다고 가정하고 f_{C2}와 대역폭을 계산하시오.

14-11. [그림 14-31]에 표시된 증폭기회로의 f_{1B} 값을 계산하시오.

14-12. [그림 14-32]에 표시된 증폭기회로의 f_{1B} 값을 계산하시오.

14-13. [그림 14-31]에 표시된 증폭기회로의 f_{1C} 값을 계산하시오.

14-14. [그림 14-32]에 표시된 증폭기회로의 f_{1C} 값을 계산하시오.

14-15. [그림 14-31]에 표시된 증폭기회로의 f_{1E} 값을 계산하시오.

14-16. [그림 14-32]에 표시된 증폭기회로의 f_{1E} 값을 계산하시오.

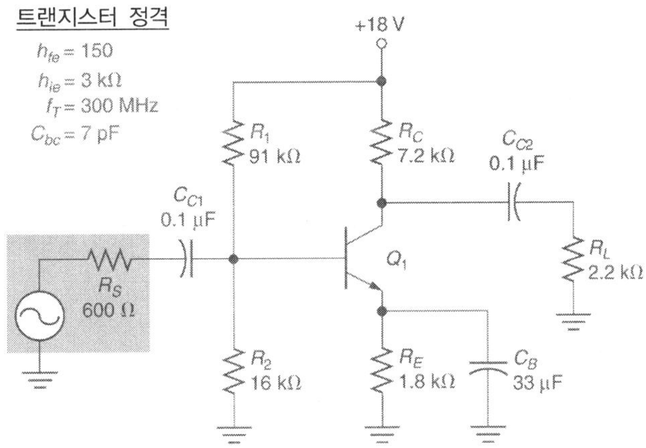

[그림 14-31]

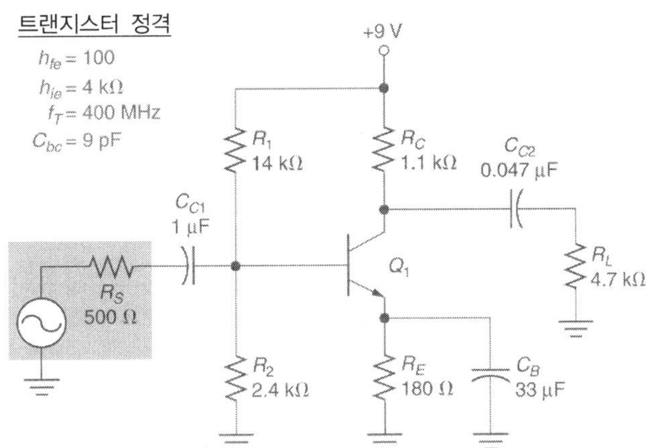

[그림 14-32]

14-17. 주어진 증폭기가 $A_{v(\text{mid})} = 32\text{dB}$, $f_{C1} = 8\text{kHz}$의 값을 가진다고 가정하고 7kHz, 5kHz, 4kHz,1kHz의 동작 주파수에서 증폭기의 dB 전압이득을 계산하시오.

14-18. 주어진 증폭기가 $A_{v(\text{mid})} = 16\text{dB}$, $f_{C1} = 12\text{kHz}$의 값을 가진다고 가정하고 18kHz, 12kHz, 10kHz, 2kHz의 동작 주파수에서 증폭기의 dB 전압이득을 계산하시오.

14-19. 문제 11, 13, 15의 결과를 비교하고 이들 세 가지 문제에서 기술 된 증폭기에 대해 f_{C1}의 근사 값은 얼마인지 구하시오.

14-20. 문제 12, 14, 16의 결과를 비교하고 이들 세 가지 문제에서 기술 된 증폭기에 대해 f_{C1}의 근사 값은 얼마인지 구하시오.

14-21. $I_C = 10\text{mA}$에서 $f_T = 200\text{MHz}$의 크기를 갖는 트랜지스터가 있다. 이런 전류에서 C_{be}의 값을 결정하시오.

14-22. $I_C = 1\text{mA}$에서 $f_T = 400\text{MHz}$의 크기를 갖는 트랜지스터가 있다. 이런 전류에서 C_{be}의 값을 결정하시오.

14-23. 반전 증폭기가 $C_{bc} = 7\text{pF}$, $A_v = 100$의 값을 가진다면 이런 회로의 밀러 입·출력 커패시턴스 값은 어떻게 구해지는가?

14-24. 반전 증폭기가 $C_{bc} = 3\text{pF}$, $A_v = 4$의 값을 가진다면 이런 회로의 밀러 입·출력 커패시턴스 값은 어떻게 구해지는가?

14-25. [그림 14-31]에 표시된 증폭기 회로의 f_{2B}의 값을 계산하시오.

14-26. [그림 14-32]에 표시된 증폭기 회로의 f_{2B}의 값을 계산하시오.

14-27. [그림 14-31]에 표시된 증폭기 회로의 f_{2C}의 값을 계산하시오.

14-28. [그림 14-32]에 표시된 증폭기 회로의 f_{2C}의 값을 계산하시오.

14-29. [그림 14-33]에 표시된 증폭기 회로의 f_{C1}과 f_{C2}의 전체적인 값을 계산하시오.

14-30. [그림 14-34]에 표시된 증폭기 회로의 f_{C1}과 f_{C2}의 전체적인 값을 계산하시오.

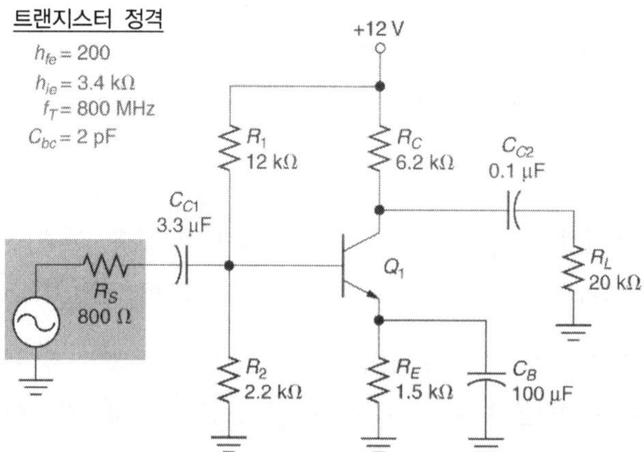

[그림 14-33]

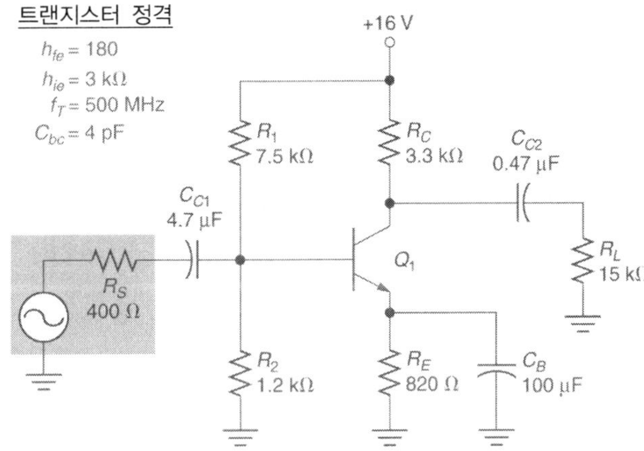

[그림 14-34]

14-31. [그림 14-35]에 표시된 증폭기회로의 f_{1G} 값을 계산하시오.

14-32. [그림 14-36]에 표시된 증폭기회로의 f_{1G} 값을 계산하시오.

14-33. [그림 14-35]에 표시된 증폭기회로의 f_{1D} 값을 계산하시오.

14-34. [그림 14-36]에 표시된 증폭기회로의 f_{1D} 값을 계산하시오.

14-35. [그림 14-35]에 표시된 증폭기회로의 f_{2G} 와 f_{2D} 값을 계산하시오.

14-36. [그림 14-36]에 표시된 증폭기회로의 f_{2G} 와 f_{2D} 값을 계산하시오.

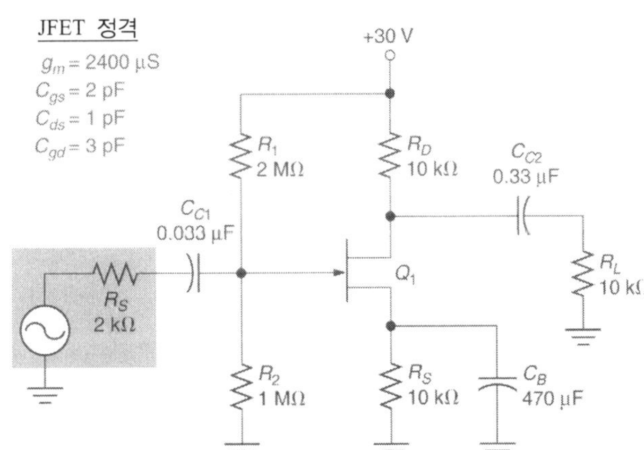

[그림 14-35]

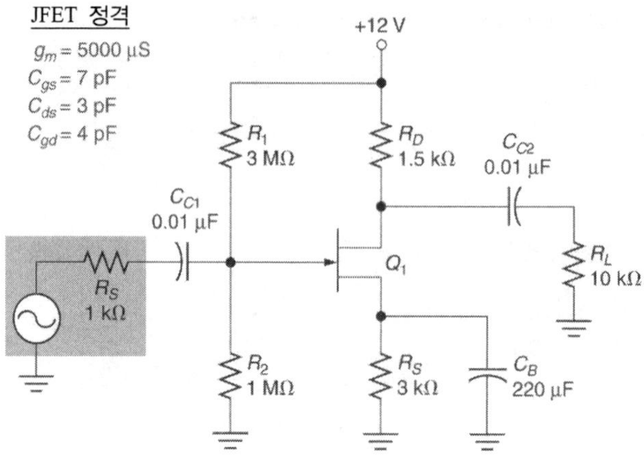

[그림 14-36]

14-37. 어떤 FET가 $C_{iss}=14\text{pF}$, $C_{rss}=9\text{pF}$ 및 $C_{oss}=10\text{pF}$의 값을 가진다고 가정하고 C_{gd}, C_{gs}, C_{ds}의 값을 구하시오.

14-38. 어떤 FET가 $C_{oss}=16\text{pF}$, $C_{rss}=9\text{pF}$, $C_{iss}=12\text{pF}$의 값을 가진다고 가정하고 C_{ga}, C_{gs}, C_{ds}의 값을 구하시오.

14-39. [그림 14-37]에 표시된 증폭기회로의 전체 f_{C1}과 f_{C2} 값을 계산하시오.

14-40. [그림 14-38]에 표시된 증폭기회로의 전체 f_{C1}과 f_{C2} 값을 계산하시오.

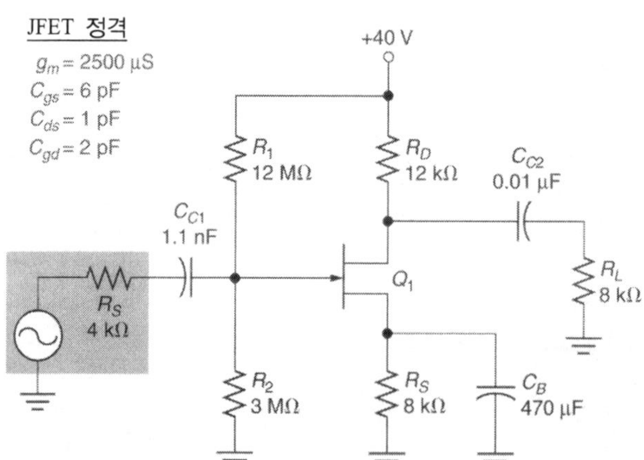

[그림 14-37]

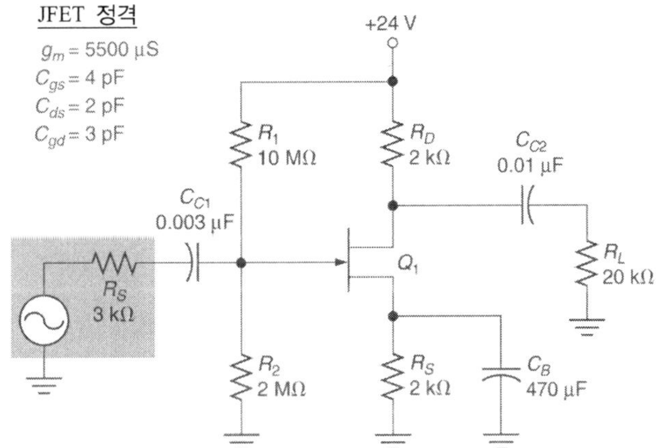

[그림 14-38]

14-41. 각각 f_{C2}가 120kHz인 두 개의 증폭기가 종속 접속되어 있다고 가정하고 이 회로의 전체 f_{C2} 값을 계산하시오.

14-42. 각각 f_{C1}이 3kHz인 두 개의 증폭기가 종속 접속되어 있다고 가정하고 이 회로의 전체 f_{C1} 값을 계산하시오.

14-43. 각각 $f_{C1}=2\text{kHz}$, $f_{C2}=840\text{kHz}$인 두 개의 증폭기가 종속 접속되어 있다고 가정하고 이 회로의 대역폭을 계산하시오.

14-44. 각각 $f_{C1}=1.5\text{kHz}$, $f_{C2}=620\text{kHz}$인 두 개의 증폭기가 종속 접속되어 있다고 가정하고 이 회로의 대역폭을 계산하시오.

14-45. 두 개의 증폭기가 있는데, 첫 번째 증폭기는 $f_{1B}=2\text{kHz}$, $f_{1C}=16\text{kHz}$, $f_{1E}=32\text{kHz}$의 값을 가진다. 두 번째 증폭기는 $f_{1B}=8\text{kHz}$, $f_{1C}=12\text{kHz}$ 및 $f_{1E}=4\text{kHz}$의 값을 가진다. 이들 증폭기에 대해서 다음 물음에 답하시오.

(a) 저절한 감쇠율을 포함하여 보드 선도를 그리시오. 보드 선도는 옥타브 눈금으로 하고 2kHz에서 32kHz까지 나타내시오.

(b) 보드 선도상에 주파수 응답곡선을 그리시오. 주파수 응답곡선은 주요 구간에서 f_{1B}, f_{1G}, f_{1E}의 결합된 효과를 고려하시오. 다시 말해서 주요 구간에서 단자 회로의 각각에 대해 ΔA_v의 값을 계산하고 전체 ΔA_v의 값을 결정하시오. 또한 전체 ΔA_v의 값에 대응하는 점을 표시하시오. 두 그래프를 완성한 후, 어느 주파수 응답곡선이 자신의 보드 선도와 유사한 지를 비교하시오.

14-46. [그림 14-39]에 표시된 회로에서 부하저항이 개방된 경우 발생되는 f_0의 변화를

계산하시오.

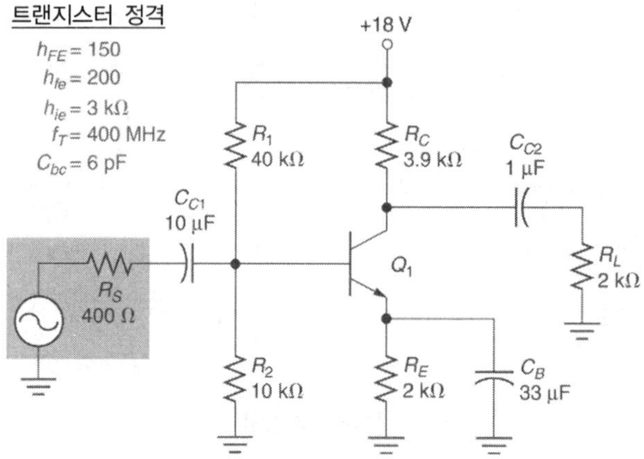

[그림 14-39]

Chapter 15

▸ 연산증폭기 ◂
(Op-Amp)

학습목표

이 장을 학습하고 나면 여러분은 다음과 같은 내용을 이해하고 설명할 수 있다.

1. 연산증폭기(Op-amp)에 대해서 설명할 수 있다.
2. 차동증폭기의 특성에 대해서 설명할 수 있다.
3. 개 루프(open loop) 전압이득을 정의하고 이 값의 범위에 대해서 설명할 수 있다.
4. 개별소자로 구성된 차동증폭기의 동작특성에 대해서 설명할 수 있다.
5. Op-amp에 대한 다양한 오프셋 전압과 전류 값에 대해서 설명할 수 있다.
6. Op-amp 동작에서 동상제거비의 효과에 대해서 설명할 수 있다.
7. 슬루율(slew rate)과 Op-amp 동작주파수 사이의 관계에 대해서 설명할 수 있다.
8. 슬루율 왜곡과 이의 감소 방안에 대해서 설명할 수 있다.
9. 반전증폭기의 동작을 분석하고 기술할 수 있다.
10. 반전증폭기의 동작을 분석하고 기술할 수 있다.
11. 반전증폭기와 비 반전증폭기의 동작 특성을 비교 설명할 수 있다.
12. 일반적인 Op-amp 고장과 각각의 징후를 설명할 수 있다.
13. 이득-대역폭 곱을 정의하고 그 중요성을 설명할 수 있다.
14. 여러 귀환 형태를 비교 설명할 수 있다.
15. 반전증폭기의 이득과 대역폭의 관점에서 부 귀환의 효과를 설명할 수 있다.
16. 주어진 귀환증폭기의 감쇠요소 및 귀환요소의 계산방법에 대해서 설명할 수 있다.
17. 발진 및 비 반전증폭기의 입출력 임피던스 값 계산방법에 대해서 설명할 수 있다.

2N3904 BJT와 2N5469 FET 같은 개별 소자는 이산소자(discrete component)로 분류된다. 개별이라는 용어는 물리적인 패키지에는 단지 한 개의 소자만 포함되는 것을 의미한다. 예를 들면 2N3904를 구입할 때 자신의 케이스에 봉합된 한 개의 소자를 구매하는 것이다. 여러 해를 거듭하여 제조기술이 발전함에 따라 전체 회로를 한 개의 반도체에 실장하여 생산하는 것이 가능해졌다. 한 개의 케이스에 봉합된 이런 형태의 회로를 집적회로(IC)라고 부른다. IC는 그 복잡도로 보아 단지 몇 개의 능동소자와 수동소자를 가지는 것으로부터 수 십 만개의 소자를 가지는 것으로 분류된다. IC의 내부회로가 더 복잡하면 할수록 그 기능도 더 복잡해진다.

IC의 출현으로 인한 충격은 이들의 내부 동작 및 저가로 제조할 수 있다는데 관련이 있다. 수백 개의 개별소자로 어떤 기능을 하는 회로를 단 한 개의 IC로 이런 기능을 수행 가능하게 한다. 이렇게 함으로써 설계나 고장진단을 보다 쉽게 하도록 하며 IC의 가격이 개별소자로 구성된 회로의 가격보다 더 낮게 한다.

더 저렴한 가격으로 복잡한 기능을 수행하는 능력을 갖추기 위해서 대부분의 저 전력 응용회로에서 이산회로를 집적회로가 대체하게 되었다. 이 장에서는 가장 많이 사용되는 선형 IC인 연산증폭기(Op-amp)에 대해서 집중적으로 살펴보기로 한다.

15.1 Op-Amp의 개관(Op-Amp : An Overview)

Op-amp는 높은 입력 임피던스와 낮은 출력 임피던스를 갖는 높은 이득을 가진 직류 증폭기이다. 일반적으로 사용되는 741 연산증폭기의 내부회로, 회로 심벌, 단자번호가 [그림 15-1]에 표시되어 있다.

Op-amp의 신호 입력은 반전(inverting) 및 비반전(noninverting) 단자로 표시되어 있다. 항상 증폭기의 입력은 이들 두 단자중의 한 단자에 가해진다. 다른 입력 단자는 항상 소자의 동작특성을 조정하기 위해서 연결되기 때문에 어느 입력 단자가 실제 입력으로 사용되었는가에 따라서 회로의 동작이 결정된다.

Op-amp는 $+V$와 $-V$로 표시된 두 개의 직류 전원공급 단자를 가진다. 이들 두 공급단자는 [그림 15-2]에 표시된 것처럼 두 가지 방법 중 한 가지로 연결된다. 한 가지 방법은 [그림 15-2 (a)]에 표시된 것처럼 서로 다른 극성을 가진 동일한 크기의 전압인 $+V$와 $-V$를 사용하는 것이다. 다른 방법은 [그림 15-2 (b)]에 표시된 것처럼 한 개의 단자는 접지시키고 다른 단자는 한 개의 공급전원을 사용하는 것이다. 이들 두 단자의 연결 방법은 어떠한 응용에 사용되는가에 따라서 결정된다. 신호 입력 핀의 경우처럼 공급 전원이 연결되는 핀의 배선은 응용분야에 의해서 결정된다.

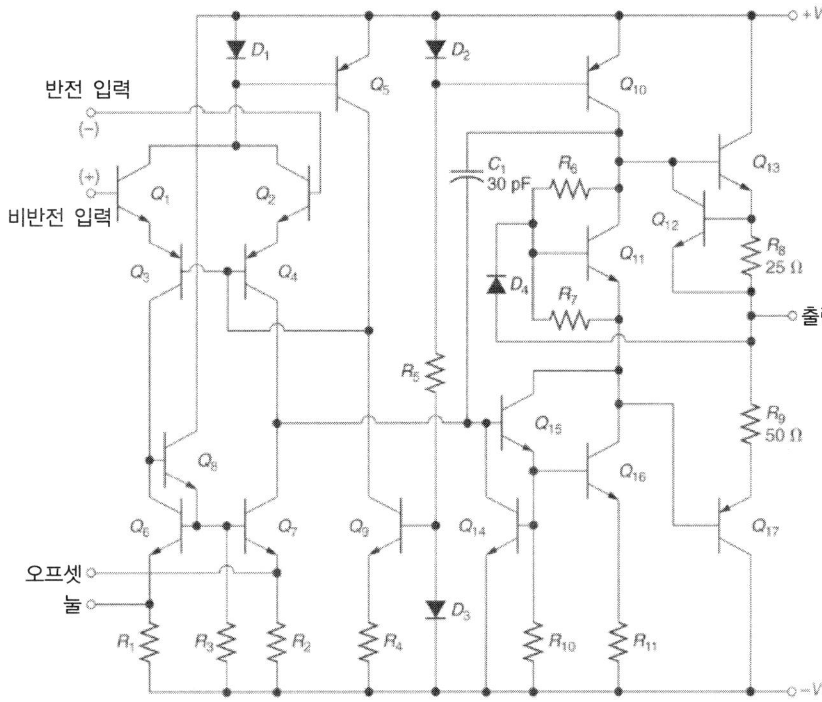

(a) 741의 회로도

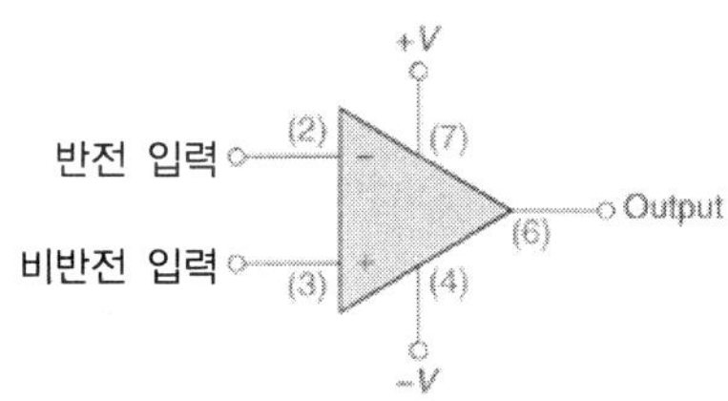

(b) 연산증폭기의 회로기호

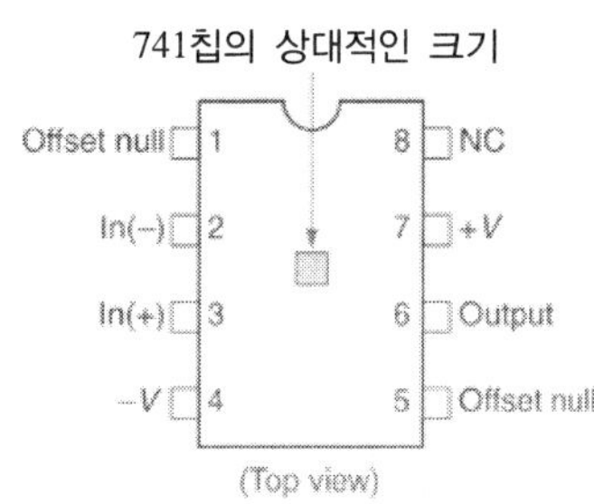

(c) 8핀 DIP에 패키징된 741칩

[그림 15-1] 741 연산증폭기

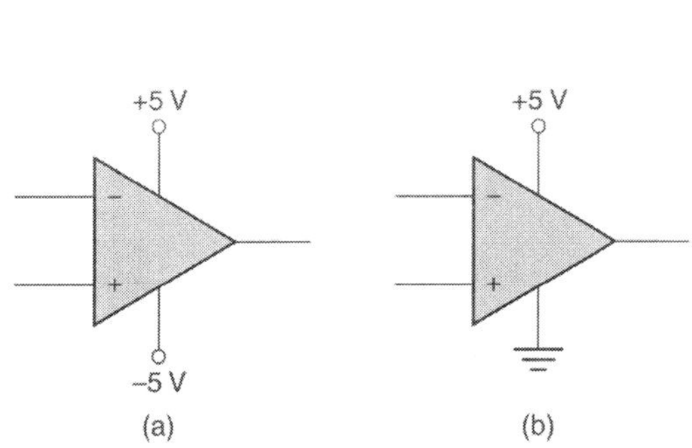

[그림 15-2] 연산증폭기의 공급 전압

15.1.1 IC 식별(IC Identification)

많은 Op-amp들은 [그림 15-3]에 표시된 것처럼 7개의 문자 ID 코드를 사용해서 식별된다. 접두(prefix) 문자는 제조회사를 나타낸다. 지시문자(designator)는 특수한 Op-amp 종류를 표시하는 수자와 동작온도 범위를 표시하는 문자로 구성된다. 마지막으로 접미(suffix) 문자는 패키지의 형태를 구분하는데 이용된다. 표 15-1에는 제조업체, 온도 범위, 패키지 코드를 표시하는 일반적인 형태의 Op-amp 코드가 표시되어 있다.

접두문자 지시문자 접미문자

MC 741C N

[그림 15-3] 연산증폭기 식별코드

표 15-1 제조업체 표시 접두 문자

제조업체 코드		온도 코드		패키지 코드	
Prefix	Manufacture	Code	Range(℃)	Suffix	Package
AD/OP	Analog Devices	C	0에서70	D,V,D	SMP
CA/HA	Harris	I	−25에서 85	J	Ceramic DIP
KA	Fairchild	M	−55에서125	N,P,VP	Plastic DIP
LM	National Semiconductor			DM	Micro SMP
MC	On Semiconductor	C=상업용 I=산업용 M=군사용		SMP=표면실장 패키지 DIP=듀얼-인-라인 패키지	
NE/SE	Signetics				
OPA	Burr-Brown				
RC/RM	Raytheon				
SG	Silicon General				
TI	Texas Instrument				

15.1.2 Op-Amp 패키지(Op Amp Package)

Op-amp는 듀얼-인-라인(DIP) 패키지, 금속 캔, 표면 실장 패키지의 형태로 제조된다. [그림 15-4]에는 이런 패키지들의 일반적인 핀 구조를 표시했다. 패키지 형태는 Op-amp를 다른 것으로 대치할 수 있는 지를 판단할 때 상당히 중요한 요소임을 주목하라. [그림 15-4]에 표시된 Op-amp 패키지 중 DIP가 가장 많이 사용된다. DIP의 1번 핀은 다음의 두 가지 방법 중 하나에 의해서 구분된다. 경우에 따라서는 [그림 15-4 (b)]에 표시된 것처럼 패키지에 점이 표시된 단자가 1번 핀이다. 다른 경우에는 1번 핀과 8번 핀 사이의 패키지의 측면에 약간의 홈을 파서 표시하는 것이다. 이런 형태의 홈은 [그림 15-73]을 참조하기 바란다.

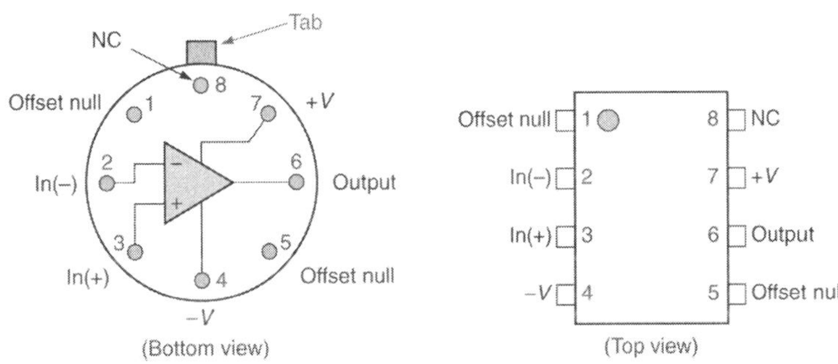

(a) 금속 캔(TO-5) (b) 8-pin DIP 혹은 SMP

[그림 15-4] 연산증폭기 패키지

기초 확인문제 15.1

1. 이산 소자란 무엇인가?
2. 집적회로란 무엇인가?
3. 연산증폭기란 무엇인가?
4. op amp의 심벌을 도시하고 신호와 전원공급단자를 표시하라.
5. op amp 식별 코드의 세 가지 부분은 무엇인가? 각 부분이 의미하는 바가 무엇인가?
6. op amp 패키지의 세 가지 형태는 무엇인가?

15.2 동작의 개요(Opertation Overview)

Op-amp의 입력 단은 차동증폭기(differential amplifier)로 구성된다. 이런 회로는 입력 V_1과 V_2 사이의 차에 해당되는 전위차를 증폭한다. [그림 15-5]에 표시된 것처럼 입력 단자 양단에서 전위차 V_{diff}로 나타나는 V_1과 V_2 사이의 차에 해당되는 크기는 식 (15-1)처럼 표시된다.

$$V_{diff} = V_2 - V_1 \tag{15-1}$$

여기서 V_{diff} = 증폭되어질 차동전압
V_1 = 반전 입력 단자에 인가되는 전압
V_2 = 비반전 입력 단자에 인가되는 전압

을 의미한다.

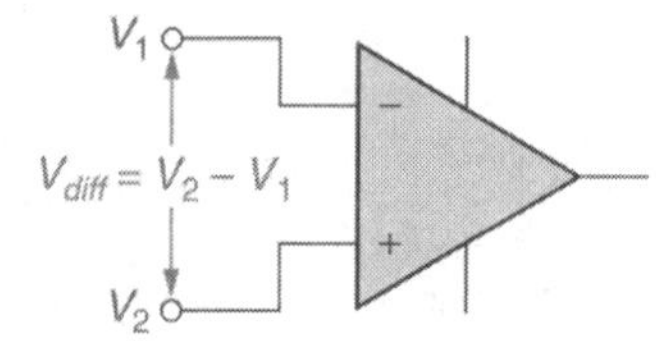

[그림 15-5] 연산증폭기의 신호 입력

이런 관계식은 회로가 자신의 두 입력 단자 사이의 차이 값을 증폭한다는 사실을 표시하고 있다. 입력 단자 쌍에 대한 증폭기로부터의 출력은 몇 가지 요소에 영향을 받는다.

1. 증폭기의 이득(gain)
2. V_1과 V_2 사이의 극성관계
3. 공급전압의 값 즉, $+V$ 및 $-V$
4. 부하저항

다음에서 이런 네 가지 요소에 대해 상세히 알아본다.

15.2.1 Op-amp 이득(Op-amp Gain)

주어진 Op-amp의 최대한 가능한 이득을 자신의 개 루프(open loop) 전압이득 A_{OL}이라고 정의한다. A_{OL}의 크기는 일반적으로 10,000보다 크다. 예를 들면, Fairchild사의 kA741은 전형적으로 200,000크기의 개 루프 전압이득을 가진다. 개 루프라는 용어는 회로가 출력에서부터 입력으로 귀환경로가 없는 상태를 의미한다. 귀환경로는 출력신호의 일부분을 거꾸로 입력에 공급하는데 사용되는 통로를 의미한다.

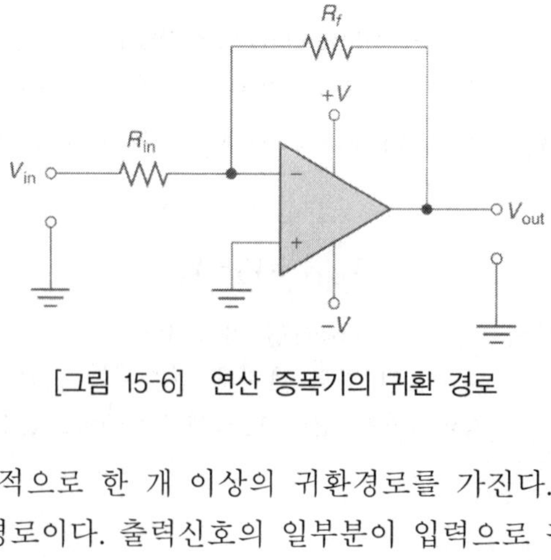

[그림 15-6] 연산 증폭기의 귀환 경로

Op-amp 회로는 일반적으로 한 개 이상의 귀환경로를 가진다. [그림 15-6]에서 R_f를 포함하는 회로가 귀환경로이다. 출력신호의 일부분이 입력으로 귀환될 때 Op-amp의 이득은 감소한다. 특정회로들을 망라함으로써 각 회로의 이득이 어떻게 결정되는지를 알 수 있다. 당분간은 다음 사항을 숙지해야 한다.

1. 주어진 Op-amp의 최대 이득은 A_{OL}이다(일반적으로 10,000보다 크다).
2. 특정 Op-amp의 실제 이득은 소자 입력과 출력 사이에 부 귀환경로가 부가될 때 감소한다.

Op-amp의 높은 이득은 BJT와 FET에 비해서 또 다른 장점을 가진다. 200,000으로 표시되는 A_v 값은 개별소자로는 실제적으로 불가능하다.

15.2.2 입력/출력 극성(Input/Output Polarity)

Op amp 입력 V_1과 V_2 사이의 극성관계는 Op-amp 출력 전압이 $+V$ 혹은 $-V$로 스윙되는 진폭을 결정한다. 비 반전 입력 V_2가 두 입력 전압보다 더 positive 값이라면, Op-amp 출력은 [그림 15-7 (a)]에 표시된 것처럼 $+V$ 방향으로 스윙한다. 만약 반전입력 V_1이 두 입력전압보다 더 positive 값이라면 Op-amp 출력은 [그림 15-7 (b)]에 표시된 것처럼 $-V$ 방향으로 스윙한다. 이런 내용을 회로도를 이용해서 표시한다면 다음과 같이 표시할 수 있다.

- 비 반전(+) 입력전압이 두 전압 중 더욱 positive로 된다면 출력은 $+V$쪽으로 스윙한다.
- 반전(−) 입력전압이 두 전압 중 더욱 positive로 된다면 출력은 $-V$쪽으로 스윙한다.

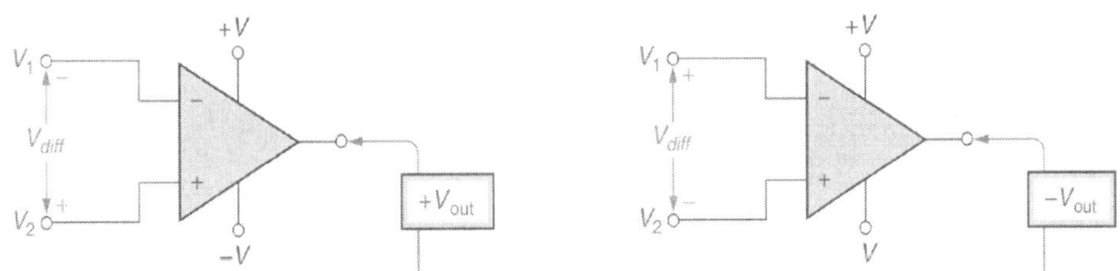

(a) V_2가 V_1보다 positive일 때 V_{out}은 positive이다. (b) V_2가 V_1보다 negative일 때 V_{out}은 negative이다.

[그림 15-7] 연산 증폭기의 입력 극성

[그림 15-8]은 몇 가지 입력의 조합 예를 통해서 이런 관계식에 대해서 더 상세하게 표시했다. 예를 들면 [그림 15-8 (a)]에서 (+)입력이 두 값 중에서 더 positive로 되기 때문에 출력이 positive이다. [그림 15-8 (b)]에서는 (−)입력이 두 값 중에서 더 positive로 되기 때문에 출력이 negative로 나타난다. [그림 15-8 (c)]에서 (+)입력이 두 값 중에서 더 positive(적은 negative)로 되기 때문에 출력이 positive이다. [그림 15-8 (d)]에서 (−)입

력이 두 값 중에서 더 positive(적은 negative)로 되기 때문에 출력이 negative로 나타난다.

이런 관계식에서 설명되는 것처럼 출력의 극성은 접지에 대한 극성에 관계되는 것이 아니라 V_1과 V_2 자신들의 극성에 의해서 결정된다.

회로 15-8 (e)는 비 반전 (+)입력이 접지되고 신호가 (−)입력에 인가되는 것을 보여준다. V_1이 접지보다 더 positive 값이면 (−)입력전압이 두 전압보다 더욱 positive로 되고 출력은 negative로 나타난다. V_1이 접지보다 더 negative 값이면 (+)입력전압이 두 전압 보다 더욱 positive로 되고 출력은 positive로 된다. Op-amp 입력과 출력 신호 간에 발생하는 180°위상 변화를 주목하라. 이런 이유로 반전 입력이라는 용어를 사용한다. 회로 15-8 (f)에 대해서 동일한 추론을 해보면 왜 (+)입력이 비 반전 입력인지를 알 수가 있다.

주어진 입력 전압에 대해서 Op-amp 출력전압의 극성을 결정하는데 사용되는 다른 방법이 있다. 입력 차이전압을 정의한 식 (15-1)을 상기해보면

$$V_{diff} = V_2 - V_1$$

과 같다.

이 식의 결과가 positive 값일 때 Op-amp의 출력전압은 positive 값이 된다. 이 식의 결과가 negative 값일 때 Op-amp의 출력전압은 negative 값이 된다. 【예제 15-1】은 이런 사항을 다루고 있다.

【예제 15.1】 식 (15-1)을 사용하고 [그림 15-8 (a)]와 (b)에 표시된 회로의 출력 전압 극성을 결정하시오.

풀이 회로(a)에서 출력 전압은 2V이다.

$$V_{\text{diff}} = V_2 - V_1 = 4\text{V} - 2\text{V} = 2\text{V}$$

V_{diff}가 positive 값이므로 op amp의 출력전압은 positive 값이 된다.

회로(b)에서 출력 전압은 −2V이다.

$$V_{\text{diff}} = V_2 - V_1 = 0\text{V} - 2\text{V} = -2\text{V}$$

V_{diff}가 negative 값이므로 op amp의 출력전압은 negative 값이 된다.

(실전 연습문제 15-1)

식 (15-1)을 사용하여 [그림 15-8 (c)]와 (d)에 표시된 회로의 출력 전압 극성을 결정하시오.

▶▶ 2V, −3V

15−8(*c*) : $V_{\text{diff}} = +2\text{V}$(positive), 15−8(*d*) : $V_{\text{diff}} = -32\text{V}$(negative)

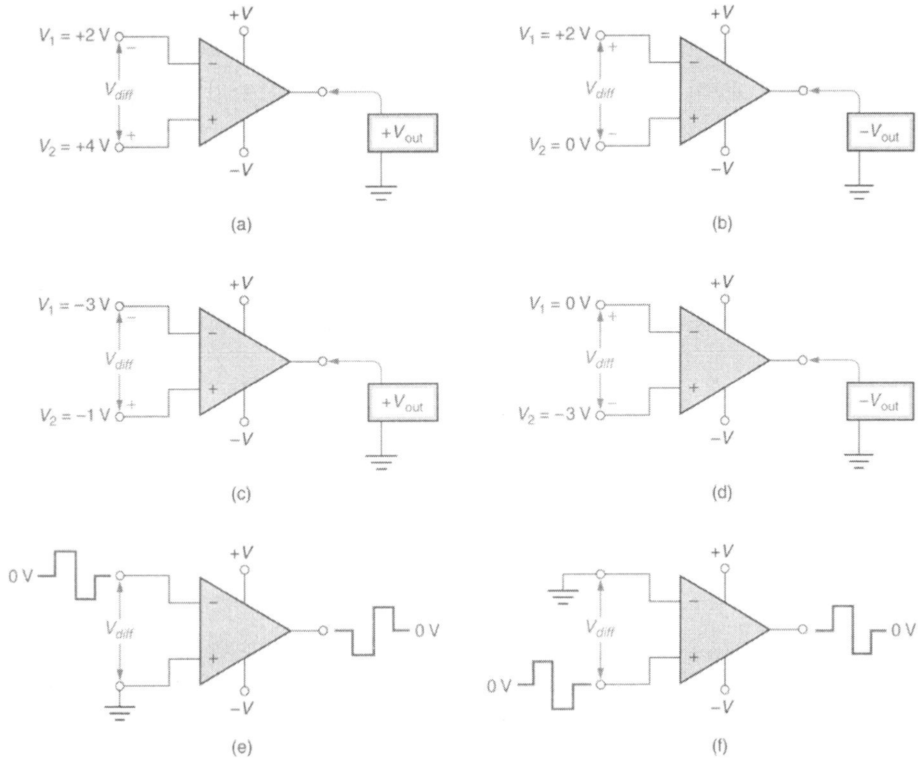

[그림 15-8] 입출력 극성 관계

설명한 바와 같이 예제에서 얻은 극성을 비교하면 양쪽 경우에서 공히 동일한 결론에 도달했음을 알 수 있다.

식 (15-1)을 사용하여 해석을 하는 경우인 수학적인 방법이 더 간단해 보이는데 관측법(기호에서의 극성과 전압 극성을 비교)을 이용하여 어렵게 분석한 이유가 무엇인가? 하고 의아해 할 수 도 있다. 두 가지 해석법을 모두 언급한 이유는 각각의 방법이 각각 다른 환경에서는 더 간단하기 때문이다.

Op-amp와 관련된 회로나 시스템이 회로 기호도를 분석할 때는 관측법이 사용하기 더 쉬운데 그 이유는 정확한 전압 값을 결정할 필요가 없기 때문이다. 단지 입력전압들 사이의 극성 관계만 빨리 알 필요가 있으며 이를 이용해 출력 전압 극성을 예측하거나 관측할 수 있다. 이제까지 Op-amp의 출력 상에 $+V$ 및 $-V$의 효과를 고려하지 않고 문제를 단순화 하였다. 이미 앞에서 언급한 것처럼 이들 공급 단자는 다른 값으로 정해질 수 있다. 이제는 Op-amp로부터 출력전압에서의 $+V$ 및 $-V$의 효과를 고려하기로 한다.

15.2.3 공급전압(Supply Voltage)

공급전압($+V$와 $-V$)은 출력전압에서의 진폭의 한계를 결정한다. 이득과 입력 신호의 크기가 어떻게 되든지 간에 출력은 $+V$ 혹은 $-V$보다 약간 작은 어떤 값을 초과할 수 없다. 예를 들어서 [그림 15-9]에 표시된 회로를 고찰해 보자. 회로(a)는 ±5V의 공급전압을 가진다. 출력은 $+V$와 $-V$ 사이에 최대로 변화할 수 있다고 가정하면 출력은 +5V보다 더 큰 positive 전압 혹은 −5V보다 낮은 negative 전압으로는 될 수가 없다. 회로(b)는 출력은 positive 변화에서 +5V로 제한되고, negative의 변화에서 0V에서 제한된다.

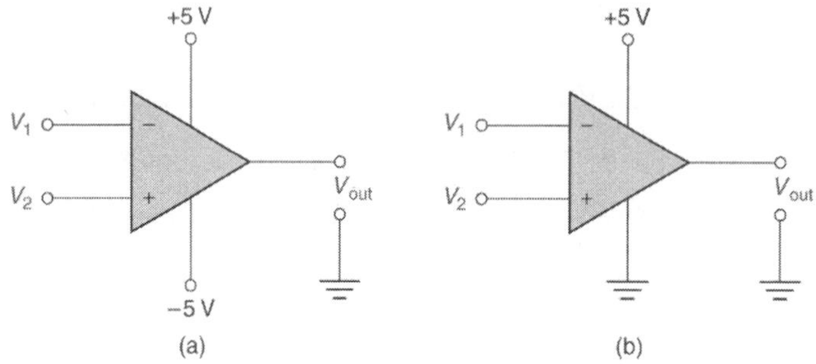

[그림 15-9] 연산증폭기의 공급전압

실제로 출력의 최대 값은 $+V$ 혹은 $-V$에 도달할 수 없다. 그 이유는 Op-amp 출력회로([그림 15-1 (a)]를 참조)에서의 소자 양단에 얼마간의 전압이 강하되기 때문이다. V_{out} 실제 제한 값은 사용된 Op-amp와 부하저항의 값에 영향을 받는다. 예를 들면 kA741 Op-amp에 대한 스펙에는 다음 값이 표시되어 있다.

변수	조건	전형적인 값
출력전압의 진폭	$R_L \geq 10\text{k}\Omega$	±14V
	$R_L \geq 2\text{k}\Omega$	±13V

부하저항이 2kΩ 이하가 되면 [그림 15-10]에 표시된 그래프가 출력 전압을 제한하는 크기를 결정하기 위해서 사용된다. 특성곡선에서 출력전압은 피크-피크 값으로 주어진다. 예를 들면, 부하저항이 200Ω이면 ±5V 혹은 피크-피크 전압으로는 10V 출력 값으로 제한된다. [그림 15-10]에 표시된 그래프가 ±15V인 공급 전압을 갖는다고 가정할 수 있다. 만약 공급전원 전압이 ±15V가 아닌 경우의 최대 출력전압 진폭은 [그림 15-11]에 표시된 그래프를 사용해서 출력 전압을 제한할 수 있다. 일반적으로 다음과 같은 특성곡선은 kA741 Op-amp에 적용된다.

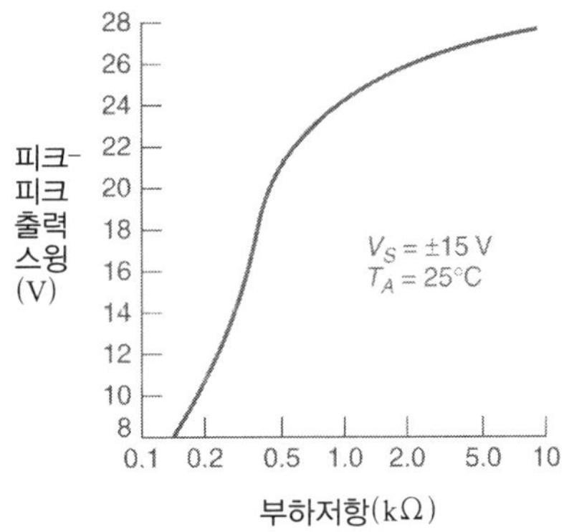

[그림 15-10]

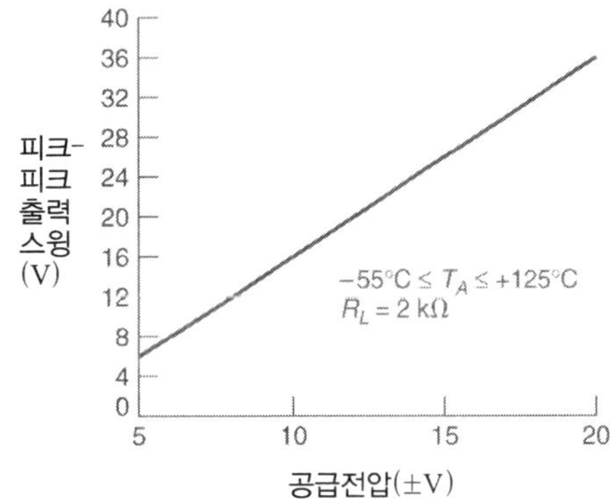

[그림 15-11]

예를 들어서 [그림 15-12]에 표시된 회로를 해석해 보자. 공급 전압 값은 +10V와 접지이다. R_L의 크기가 10kΩ 이상이면 최대 출력 변화는 +9V에서 +1V이다. 부하저항이 2kΩ에서 10kΩ 사이의 크기이면 최대 출력 변화는 +8V에서 +2V이다.

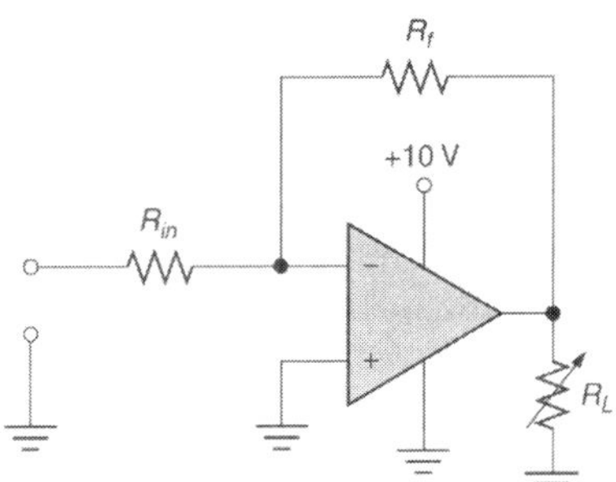

[그림 15-12]

15.2.4 종합(Putting It All Together)

Op-amp의 동작에서 이득, 입력 극성의 관계, 부하 저항, 공급 전압 등의 제반 요소에 관해서 고찰한바 있다. 이 절에서는 이들 요소를 종합하는 일련의 예제를 다루어보기로 한다. 각 예제에서 이득 값은 문제를 단순화하도록 가정하였다. 이 장의 뒷부분에서 이들 회로의 각각의 이득을 어떻게 결정할 것인가를 설명한다.

【예제 15.2】 [그림 15-13]에 표시된 회로에서 피크-피크 출력전압을 결정하시오. 또한 증폭기에서 가능한 최대 출력 크기를 결정하시오. 증폭기의 이득은 150이라고 가정한다.

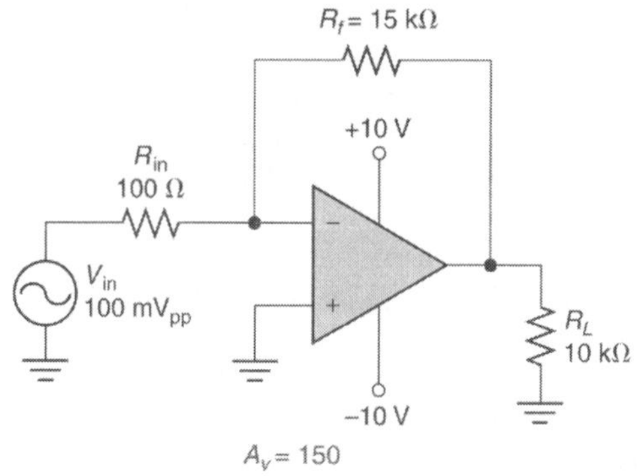

[그림 15-13]

풀이 증폭기회로의 비 반전 입력이 접지되어 있기 때문에 차이 전압 V_{in}과 등가인 100m V_{pp}이다. 이런 값이 증폭기의 전압이득으로 증폭된다.

$$V_{out} = A_v V_{in} = (150)(100mV_{pp}) = 15V_{pp}$$

부하저항이 10kΩ이므로 이 장의 앞에서 언급한 741 지침에 의해서 최대 가능한 출력 피크-피크 값을 결정할 수 있다. 따라서 최대의 positive 값과 negative 값은 다음과 같이 구할 수 있다.

$$V_{pk(+)} = (+V) - 1V = +9V(\text{최대 값})$$
$$V_{pk(+)} = (-V) - 1V = -9V(\text{최소 값})$$

(실전 연습문제 15-2)

어떤 Op-amp가 $+V = 12V$, $-V = -12V$, $V_{in} = 40mV_{PP}$, $V_2 = 0V$, $Av = 140$의 크기를 가진다고 가정하고 회로의 V_{out}을 결정하시오.

▶▶ $5.6V_{PP}$

【예제 15.3】 [그림 15-14]에 표시된 회로에서 대해 최대 허용 가능한 V_{in}을 결정하시오. 증폭기의 이득은 200으로 가정하시오.

풀이 첫 번째 단계는 최대 허용 가능한 피크 출력 전압 값을 구하는 것이다. 부하저항이 2kΩ에서 10kΩ 사이의 크기이므로 피크 출력 값은 다음과 같이 구해진다.

$$V_{pk(+)} = (+V) - 2V = +4V(\text{최대 값})$$
$$V_{pk(+)} = (-V) - 2V = -4V(\text{최소 값})$$

피크-피크 출력 전압의 최대 값은 이들 두 값의 차이이므로 8V이다. 이런 값을 증폭기의 이득으로 나누면 최대 허용 가능한 피크-피크 V_{in}을 다음과 같이 구할 수 있다.

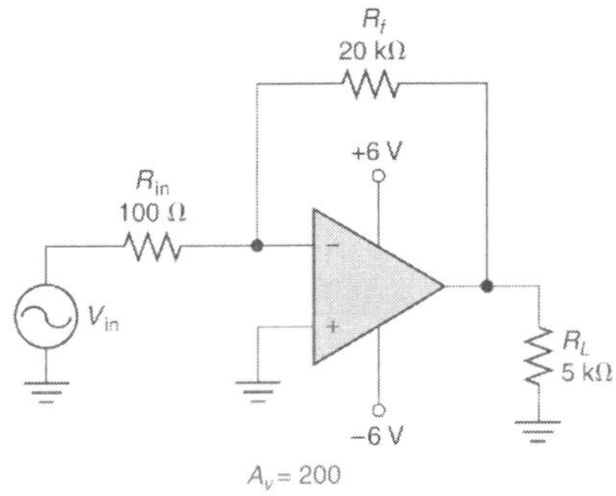

[그림 15-14]

$$V_{in} = \frac{V_{out}}{A_v} = \frac{8V_{pp}}{200} = 40mV_{pp}$$

(실전 연습문제 15-3)

실전 연습문제 15-2에 기술된 증폭기에 대해서 허용 가능한 피크-피크 입력 값을 구하시오. 부하저항은 20kΩ으로 가정하시오.

▶▶ $157mV_{PP}$

【예제 15.4】 [그림 15-15]에 표시된 회로에서 최대 입력 전압과 출력전압을 구하시오. 연산증폭기는 [그림 15-10]에 표시된 것처럼 출력 제한을 갖는다고 가정하시오.

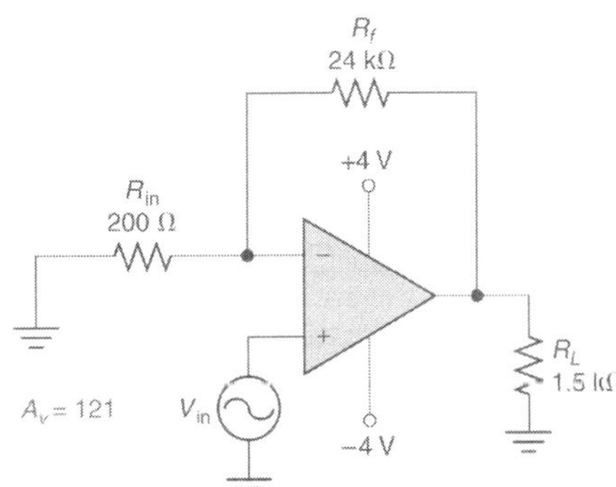

[그림 15-15]

풀이 부하 저항이 $2k\Omega$ 이하의 값이므로 출력 전압 진폭은 부하에 의해 제한받지 않는다. [그림 15-10]에 표시된 그래프를 검토해 보면 부하 1.5kΩ을 가진 최대 가능한 출력 진폭은 $\pm 13V_{Pk}$ 즉, $26V_{PP}$이다. 공급전압이 이 값보다 작기 때문에 부하는 출력전압의 진폭에 영향을 미치지 않는다고 생각할 수 있다. 따라서 부하가 10kΩ 이하인 조건에 관련된 지침을 이용하여 최대 출력 값을 결정할 수 있다.

$$V_{pk(+)} = (+V) - 2V = +2V(\text{최대 값})$$
$$V_{pk(+)} = (-V) - 2V = -2V(\text{최소 값})$$

이 회로의 최대 출력은 $4V_{PP}$p이다 이 값을 사용하여 입력 최대 V_{PP}는 $22.06mV_{PP}$로 구해진다.

$$V_{in} = \frac{V_{out}}{A_v} = \frac{4V_{PP}}{121} = 33.1mV_{PP}$$

(실전 연습문제 15-4)

실전 연습문제(15-2)에서 기술된 증폭기에 허용 가능한 피크-피크 입력 값을 구하시오. 부하저항은 1kΩ으로 가정하고 [그림 15-10]에 표시된 그래프를 이용하여 Op-amp 출력전압 한계 값 상에서 부하저항의 효과를 결정하시오.

▶▶ $143mV_{PP}$

[그림 15-15]에 표시된 회로는 비 반전단자에 입력이 가해진 반면 [그림 15-13]과 [그림 15-14]에 표시된 회로는 입력이 반전단자에 인가된다. [그림 15-15]와 방금 언급한 다른 두 회로 사이의 중요한 차이는 입력과 출력 사이에 전압의 위상 변화가 없다는 점이다. [그림 15-13]과 [그림 15-14]에 표시된 회로는 입력과 출력 사이에 180° 위상차가 존재한다. 또 다른 차이점은 [그림 15-13]과 [그림 15-14]에 표시된 회로의 형태는 공통 이미터 증폭기와 동일하다. 이들 회로를 전압분배기로 바이어스된 증폭기와 비교하면 연산증폭기 회로가 보다 적은 소자를 가짐을 알 수 있다. 이 점은 개별소자로 구성된 회로에 비해서 연산증폭기 회로가 가지는 또 다른 장점이다. 연산증폭기 회로는 원하는 동작을 위해 보다 적은 외부소자로 회로 구성이 가능케 한다.

기초 확인문제 15.2

1. 차동증폭기란 무엇인가?
2. 무엇에 의해서 연산증폭기의 출력이 결정되는가?
3. 개방회로 전압이득(A_{OL})이란 무엇인가?
4. 연산증폭기가 갖는 A_{OL}의 전형적인 값은 얼마인가?
5. 연산증폭기 출력전압의 극성 결정을 위한 관측법에 대해서 설명하라.
6. 연산증폭기의 출력전압 극성 결정을 위한 수학적인 기법에 대해 기술하라.
7. 연산증폭기의 최대 피크-피크 출력전압과 공급전압 사이의 관계는 무엇인가?
8. 연산증폭기의 최대 피크-피크 출력전압과 부하저항 사이의 관계는 무엇인가?
9. [그림 15-1 (a)]를 참조하고 표시된 회로도를 사용하라. Op-amp의 출력전압이 부하저항의 감소에 따라서 감소하는 이유를 설명하라.

15.3 차동증폭기와 연산증폭기의 규격 (Differential Amplifier and Op-amp Specification)

다이오드, BJT, FET는 이들의 동작에 영향을 미치는 파라미터(parameter)와 전기적인 특성을 가진다. 연산증폭기도 예외는 아니다. 이 절에서는 일반적인 Op-amp의 파라미터와 전기적인 특성에 대해서 고찰하기로 한다. 이미 앞에서 언급한 것처럼 Op-amp는 반전 및 비 반전 입력으로 구동되는 차동증폭기 회로이다. 이 절에서는 다양한 형태의 Op-amp 회로가 갖는 전기적인 특성에 대해서 알아보기로 한다.

15.3.1 기본적인 차동증폭기(The Basic Differential Amplifier)

차동증폭기는 두 개의 입력 값을 받아서 한 개의 출력을 발생시키는 회로로 출력은 이들 입력 사이의 차이에 비례한다. [그림 15-16]에 기본적인 차동증폭기를 나타내었다. Q_2의 입력은 비 반전 입력(noninverting input : NI)으로 식별되고, Q_1의 입력은 반전입력(inverting input : I)으로 식별된다.

이상적으로 Q_1과 Q_2 회로는 동일한 특성을 가진다. 이들 회로는 동일한 특성을 가지기 때문에 정지 전류 값인 I_E도 동일하다. [그림 15-6]에 표시된 것처럼 두 개의 입력이 접지되면 식 (15-2)가 성립된다.

그림에서 표시된 접지연결이 고찰의 혼동을 줄 수도 있다.
트랜지스터의 베이스는 접지에 연결될 수도 있고 연결되지 않을 수도 있다.

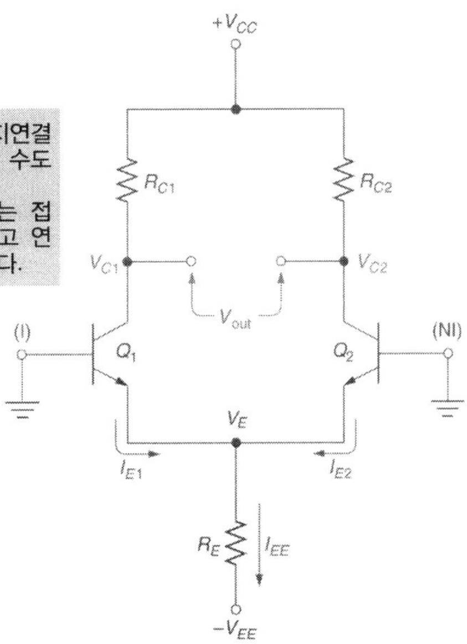

[그림 15-16] 기본적인 차동 증폭기

$$I_{E1} = I_{E2} \tag{15-2}$$

양쪽 이미터 전류는 R_E를 통과하기 때문에 식 (15-3)처럼 표시할 수 있다.

$$I_{E1} = I_{E2} = \frac{I_{EE}}{2} \tag{15-3}$$

여기서 I_{EE}는 식 (15-4)처럼 구해진다.

$$I_{EE} = \frac{V_E - V_{EE}}{R_E} \tag{15-4}$$

베이스 전류는 무시한다고 가정하면

$I_C \cong I_E$, $I_{C1} + I_{C2} = I_{EE}$이고 양쪽 컬렉터 전류와 저항 값이 동일하다고 가정하면 식 (15-5)를 유도할 수 있다.

$$V_{C1} = V_{C2} = V_{CC} - I_C R_C \tag{15-5}$$

$$V_{\text{out}} = V_{C1} - V_{C2} = 0\text{V}$$

[그림 15-17 (a)]에 표시된 것처럼 반전 입력에 신호를 인가하면 어떤 일이 발생되는지를 알아보자. 입력신호의 positive 반주기 동안, Q_1을 통하는 전류는 증가한다. I_{EE}의 값이 상대적으로 일정하다고 가정하면 I_{E1}의 증가는 I_{E2}를 감소시킨다. I_{E1}이 증가하면 R_{C1} 양단의 전압강하도 증가하게 되고 V_{C1}은 감소한다.

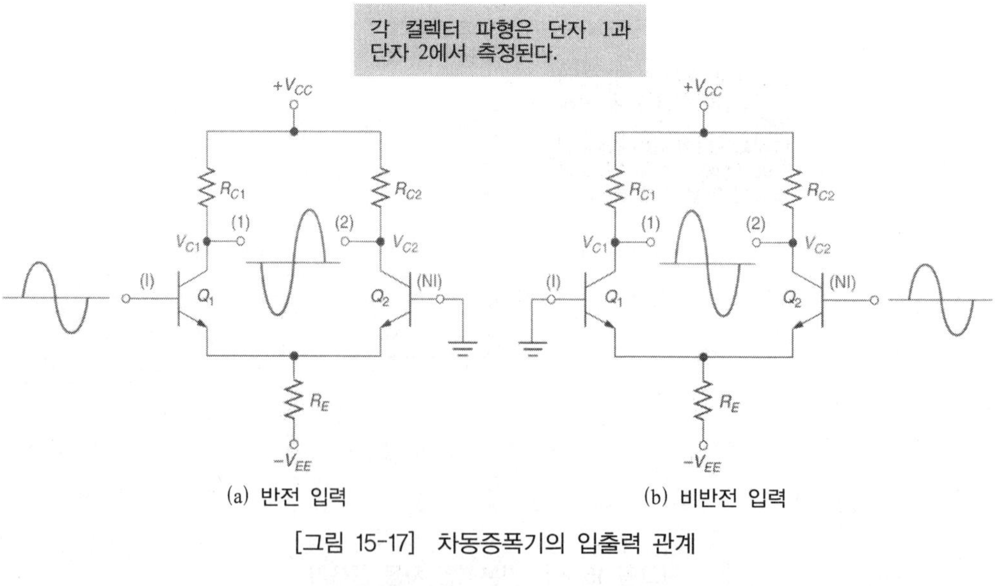

(a) 반전 입력 (b) 비반전 입력

[그림 15-17] 차동증폭기의 입출력 관계

동시에 I_{E2}의 감소는 R_{C2} 양단의 전압강하를 감소시키고 V_{C2}는 증가한다. 출력신호(V_{out})를 출력단자 1로부터 얻는다고 가정하면(출력단자 2가 기준) 그림에 표시된 것처럼 negative 반주기를 출력한다.

[그림 15-17 (a)]에의 입력이 negative로 되면 I_{E1}은 감소하고 I_{E2}는 증가한다. 이때의 전류 변화는 V_{Cl}은 증가시키고 V_{C2}는 감소시킨다. 이들의 변화는 그림에서 보는 바와 같이 V_{out}를 증가시킨다. 따라서 출력전압은 입력전압과 180°의 위상차를 가지게 된다.

[그림 15-17 (b)]에서의 입력이 positive이면 I_{E1}은 증가하고 I_{E2}는 감소한다. 이들의 변화는 출력 1에서의 전압을 positive 값으로 만든다. negative 반주기동안 I_{E2}는 감소하고 I_{E1}은 증가한다. 이들의 변화는 출력 1에서의 출력을 negative 값으로 만든다. 따라서 입력과 출력의 위상은 동위상이다.

15.3.2 동작 모드(Mode of Operation)

차동증폭기는 기본적으로 세 가지의 동작 모드가 있다.

1. **단일 입력 모드(single-ended mode).** [그림 15-17]에 표시된 것처럼 실제 동작신호가 입력의 한 단자에만 가해질 때 차동증폭기가 동작하는 모드이다. 실제 신호가 인가되지 않는 단자는 접지(혹은 저항을 통해)로 바로 연결된다. 어느 입력에 실제 입력신호가 인가되느냐에 따라 반전증폭기([그림 15-17 (a)]) 혹은 비 반전증폭기([그림 15-17 (b)])로 구분될 수 있다.
2. **차동 모드(differential mode).** 차동 모드에서는 두 입력 신호가 증폭기에 인가된다. 이 장의 앞부분에서 언급한 바와 같이 두 입력사이의 관계를 반영하여 출력의 크기와 극성이 결정된다.
3. **동상 모드(common-mode).** 동상 모드는 동일한 진폭, 주파수, 위상을 가지는 두 개의 신호가 차동증폭기의 반전단자와 비반전 단자에 인가될 때 발생된다. 이 모드에서는 증폭기의 출력은 출력 단자 1과 2사이에서 측정했을 때 이상적으로는 0이다. Q_1과 Q_2에서의 출력은 Q_1의 반전 동작과 Q_2의 비 반전 동작에 의해서 서로 상쇄된다. 이런 동작 모드의 장점은 차동증폭기 양쪽 입력에서 나타나는 잡음이나 신호의 왜곡을 유발하는 원하지 않은 신호를 상쇄시켜서 출력에서는 이들 신호가 나타나지 않게 한다. (이 점은 이 절에서 상세하게 설명한다.)

15.3.3 입력 오프셋 전압(Input Offset Voltage)

차동증폭기에서의 트랜지스터들은 매우 유사할지라도 전기적인 특성에서 약간의 차이가 존재한다. 이들 차이점 중의 하나는 두 트랜지스터에 대한 V_{BE} 값들이다. $V_{BE1} \neq V_{BE2}$일 때 차동증폭기에서는 출력 오프셋 전압으로 알려진 불균형이 발생된다. 이런 조건이 [그림 15-18]에 표시되어 있다. Op-amp 입력 두 단자를 접지시킴으로 해서 출력에는 측정 가능한 전압이 나타난다. 이런 전압은 차동증폭기에서의 불균형의 결과인데, 이것은 트랜지스터 둘 중의 어느 하나를 다른 것보다 더 동작되기 어렵게 만든다.

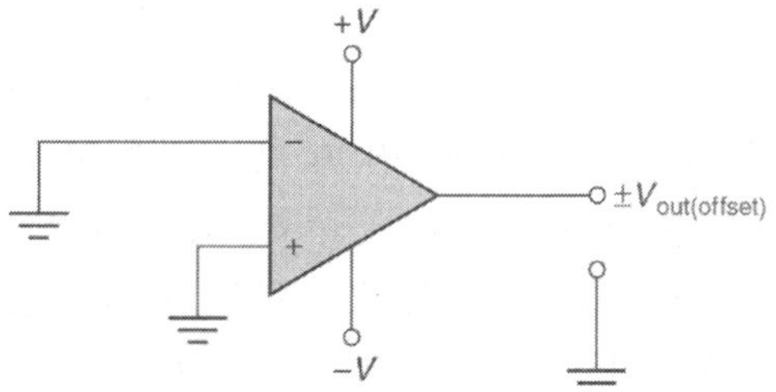

[그림 15-18] 출력 offset 전압

차동증폭기에서 베이스-이미터 전압 사이의 차는 [그림 15-19]에 표시된 것처럼 입력 오프셋 전압(V_{io})으로 간주된다. 전지 V_{io}는 V_{BE1}과 V_{BE2} 사이의 차를 표시한다.

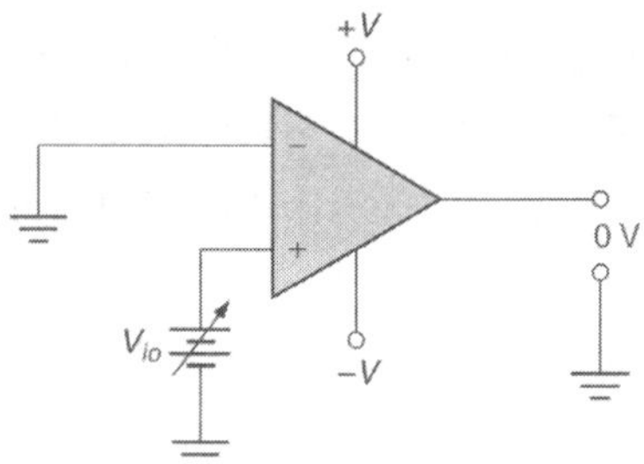

[그림 15-19] 입력 offset 전압을 표시하는 배터리

출력 offset 전압을 제거시키는 다른 방법은 [그림 15-20]에 표시된 것처럼 Op-amp의 offset 영(offset null) 단자를 사용한다. 오프셋 null이 사용 될 때는 회로의 공급전력을 전위차계(potentiometer)에 연결시켜서 출력 offset이 제거되도록 조정한다.

[그림 15-1]은 offset null 단자가 입력 차동증폭기에 간접적으로 연결된 모양을 보여 주고 있다. 적절하게 조정된 경우, offset null 회로는 차동증폭기에서의 불균형을 바로잡아 Op-amp의 출력이 0이 되게 한다. 이 장의 후반에서 볼 수 있듯이, offset null 단자는 거의 사용되지 않는다. 어떤 응용의 경우 Op-amp의 정밀한 동작이 요구되지 않는다. 또 다른 응용에서는, 출력 offset 전압을 제거시키는데 사용될 수 있는 더 간단한 방법이 있다.

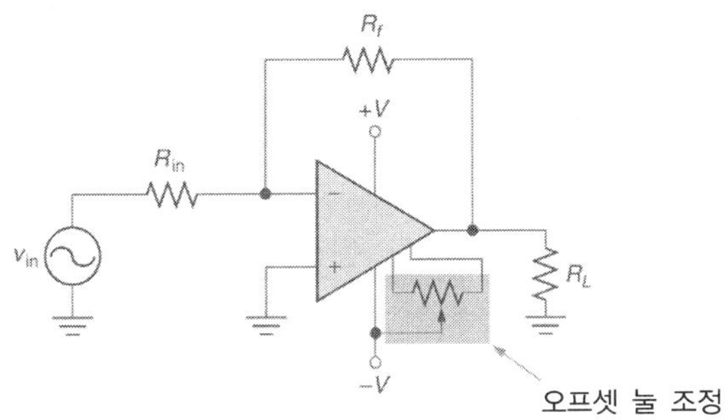

(a) offset null 입력 핀을 사용한다.

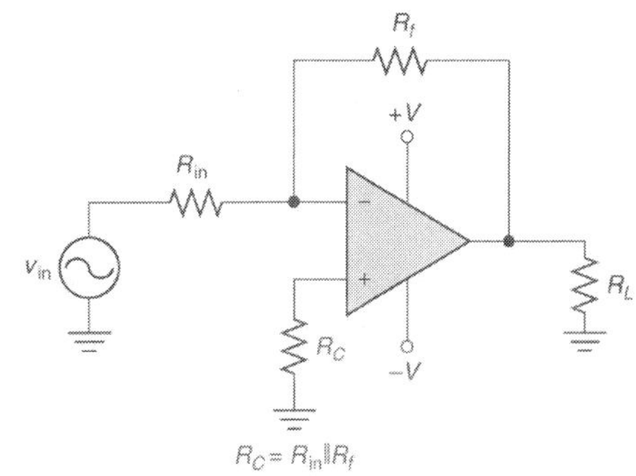

(b) 보상 저항을 사용한다.

[그림 15-20] 출력 offset 전압의 제거

15.3.4 입력 offset 전류(Input Offset Current)

Op-amp가 [그림 15-18]에 표시된 것처럼 연결되면 반전전류와 비 반전전류 사이에 약간의 차이가 발생할 수도 있다. 차동증폭기의 트랜지스터 사이의 부정합에 의해서 발생되는 입력 전류에서의 이런 작은 차이를 입력 offset 전류라고 부른다. 검사하지 않는 상태로 놓인다면 입력 offset 전류는 다른 출력 offset 전압으로 분배된다.

비 반전 입력 단자와 접지 사이에 보상용 저항을 배치시킴으로써 신호 입력 전류 사이의 어떤 차이도 효과적으로 감소시키는 방법이 가장 일반적으로 사용된다. 예를 들면 [그림 15-20 (b)]는 보상용 저항 R_C가 연결된 연산증폭기를 표시하고 있다. R_C는 R_{in}과 R_f의 병렬 합성저항이다. 이것이 간단한 이유이다. 비 반전 입력에 연결된 회로는 입력이 $R_{in} \| R_f$로 구성된다. $R_C = R_{in} \| R_f$로 설정되기 때문에 두 입력은 동일한 저항을 가지게 된다. R_C가 사용되어지면 입력 전류 사이의 차는 차분 입력에 비례하게 된다. 이런 차분 입력이 출력 offset 전압을 최소화시키기 위해서 고정시키도록 도움을 주는 입력전류의 차에 의해서 발생되는 불균형을 offset 시키는데 도움이 된다.

15.3.5 입력 바이어스 전류(Input Bias Current)

Op-amp의 입력은 차동증폭기내의 BJT의 동작을 위해서 어떤 크기의 직류 바이어스 전류가 필요하다. Op-amp의 신호 입력에 의해서 끌어낸 직류 바이어스 전류의 평균 정지 전류를 증폭기의 입력 바이어스 전류 정격이라고 부른다. KA741에서 이런 크기는 80nA(전형적인 값)에서 500nA(최대값) 사이이다. 이것은 Op-amp 신호 입력이 실제 신호가 소자에 가해지지 않을 때 외부 회로로부터 80nA에서 500nA사이의 전류를 끌어낸다는 의미이다.

차동증폭기의 양쪽 트랜지스터가 입력 바이어스 전류를 필요로 한다는 사실은 다음과 같은 동작에 제한이 따른다는 사실을 의미한다. 입력중의 어느 한 단자가 개방되면 Op-amp는 기대된 출력 값을 내지 못한다. 예를 들면 [그림 15-21]에 표시된 회로를 살펴보자. 비 반전 입력단자는 Op-amp와 접지 사이에서 개방되어 있다. 이런 개방회로는 차동증폭기의 동작을 위해서 필요한 직류 바이어스 전류가 흐르지 못하도록 한다. (반전 입력과 관계된 트랜지스터는 동작하지만, 비 반전 입력과 관계된 것은 동작하지 않는다.) 차동증폭기는 동작하지 않기 때문에 전체 Op-amp 회로 또한 동작하지 않는다. 따라서 입력 바이어스 전류의 통로는 Op-amp 입력 두 단자에 항상 제공되어져야만 한다.

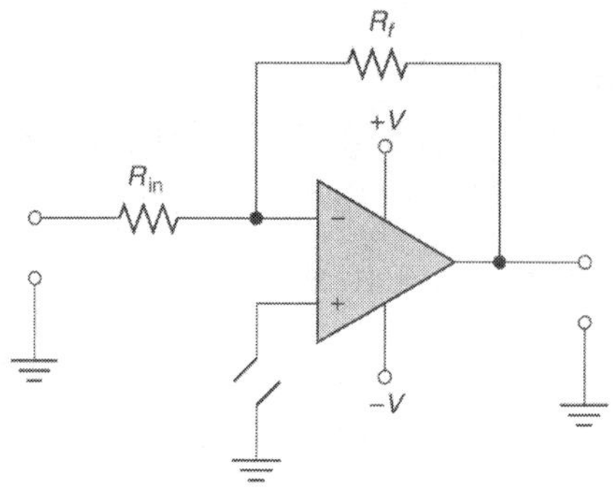

[그림 15-21] 개방 입력이 연산증폭기의 동작을 방해한다.

15.3.6 동상 제거비(Common Mode Rejection Ratio : CMRR)

동상 모드 신호는 Op-amp의 두 입력 단에서 동시에 나타나는 동일한 신호이다. 예를 들면 [그림 15-22]에 표시된 두 신호는 동상 모드 신호이다.

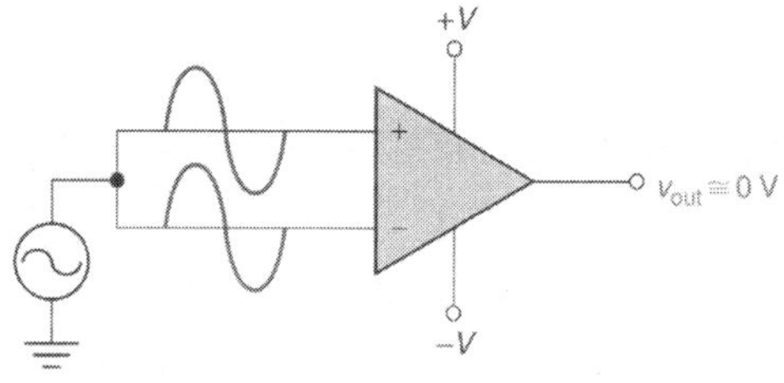

[그림 15-22] 동상 모드 신호

만약 두 신호가 동일한 시간에 동일 진폭을 가진다면 이상적인 Op-amp는 이 들 신호에 응답을 하지 않는다. Op-amp는 입력 신호 사이의 차이 신호에 응답함을 다시 한번 기억해야한다. 만약 입력 사이에 차이가 없으면 Op-amp는 출력을 발생시키지 않는다. Op-amp가 동상 모드 신호를 무시하는 정도를 나타내는 측도가 동상 제거비(common-mode rejection ratio(CMRR))이다. 기술적으로는 차동 모드 이득과 동상모드 이득 사이의 비율이다. 예를 들면 [그림 15-22]에서 Op-amp가 1,500의 차동 모드 이득을 가지고 있다. 또한 0.01의 동상 모드 이득을 가진다고 가정하자. 이런 Op-amp의 대한 동상 제거비는 다음과 같이 구해진다.

$$\text{CMRR} = \frac{A_v\ (\text{differential})}{A_v\ (\text{commonmode})} = \frac{1500}{0.01} = 150,000$$

이런 결과는 입력 사이의 차이에 해당하는 이득이 두 동상 신호에 해당되는 이득보다 150,000배 크다는 의미이다. Op-amp가 동상 신호를 제거하는 능력은 Op-amp가 가지는 강점 중의 하나이다. 동상 신호는 외부 간섭에 의해서 발생된 원하지 않는 신호다. 예를 들면 Op-amp 입력에 포착된 RF 신호는 원하지 않는 신호가 된다. 동상 제거비는 이러한 원하지 않는 신호를 제거하는 능력을 의미한다. 주어진 Op-amp의 동상 제거비는 보통 dB로 측정된다. 예를 들면, KA741 Op-amp는 70dB의 동상 제거비를 가진다. 이것의 의미는 차동 입력 신호는 동상 신호의 이득에 비해 적어도 3,162배 높은 이득을 가짐을 의미한다.

15.3.7 전원 공급 제거 비(Power Supply Rejection Ratio)

전원 공급 제거 비는 공급전압이 변화함에 따라 Op-amp의 출력이 얼마만큼 변하는지를 나타내는 정격이다. 예를 들면 KA741 Op-amp는 77dB(최소)의 전원 공급 제거 비를 가진다. 이런 정격은 전원 공급 전압의 임의의 변화는 출력전압의 결과적인 변화보다 적어도 77dB 크다는 것을 의미한다. 이것은 전원 공급 전압이 1V 변함에 따라 KA741 Op-amp의 직류 출력은 최대 141μV 정도 변한다는 것을 의미한다.

15.3.8 출력 단락회로 전류(Output Short Circuit Current)

Op-amp는 부하가 단락됨으로써 발생하는 과도전류로부터 내부적으로 보호된다. Op-amp의 출력 단락회로 전류 정격은 부하가 단락되는 경우에 측정된 출력전류의 최대 값을 의미한다. KA741에서 이런 정격은 25mA이다. 따라서 부하가 0Ω이기 때문에 Op-amp의 출력전류는 25mA를 넘지 않는다. 단락회로 전류 정격은 Op-amp의 출력 전압이 부하저항이 감소함에 따라 왜 줄어드는지를 설명하는데 도움을 준다.

[그림 15-23]에 표시된 회로에서 부하저항은 50Ω으로 표시되어져 있다. Op-amp가 25mA의 최대 출력 전류를 낸다고 가정하면 최대 부하전압은 다음과 같이 1.25V로 구해진다.

$$V_L = I_{\text{out}} R_L = (25\text{mA})(50\Omega) = 1.25\text{V}$$

이 값은 일반적으로 출력전압을 제한하는 ±10V의 공급전압보다 훨씬 작다. Op-amp의 출력 저항보다 작은 부하저항을 사용할 때 단락회로 전류 값은 최대 출력전압을 매우 작은 값으로 떨어지게 한다.

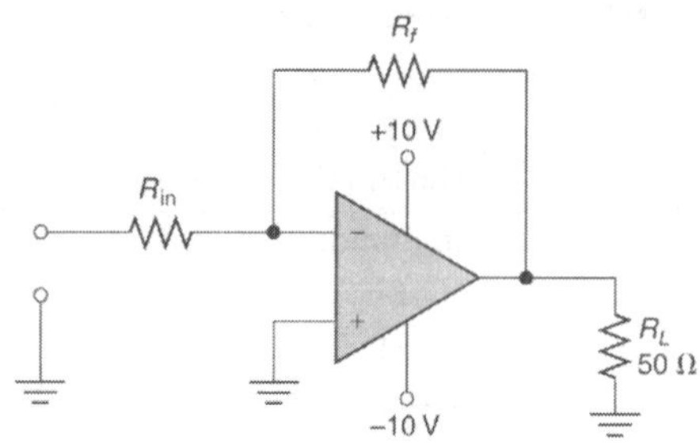

[그림 15-23]

15.3.9 슬루 율(Slew Rate)

Op-amp의 슬루 율은 출력전압이 입력신호에 응답하여 얼마나 빨리 변화할 수 있는지를 나타내는 측도이다. KA741에서 이런 정격은 0.5V/μs(전형적으로)이다. 이것은 증폭기로부터의 출력은 매 μs마다 0.5V 변화할 수 있다는 것을 의미한다. 주파수는 시간과 관계가 있으므로 슬루 율은 식 (15-7)에 표시된 것처럼 Op-amp의 최대 동작 주파수를 결정하는데 사용될 수 있다.

$$f_{\max} = \frac{\text{슬루율}}{2\pi V_{\text{pk}}} \qquad (15\text{-}6)$$

【예제 15.5】 [그림 15-24]에 표시된 회로에서 최대 동작주파수를 결정하시오.

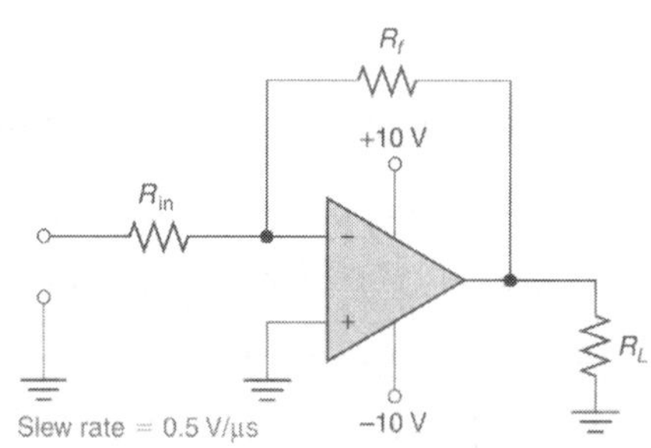

[그림 15-24]

풀이 이런 회로의 최대 피크 출력 전압은 약 8V이다. 식 (15-7)에서 V_{Pk} 대신에 이런 값을 사용하면 증폭기의 최대 동작주파수는 다음과 같이 결정된다.

$$f_{\max} = \frac{\text{슬루율}}{2\pi V_{\text{pk}}} = \frac{0.5\text{V}/\mu\text{s}}{2\pi(8\text{V})} = \frac{500\text{kHz}}{50.3} = 9.94\text{kHz}$$

(실전 연습문제 15-5)

0.4V/μs의 슬루 율을 가진 Op-amp가 $10V_{Pk}$를 가진다. 이런 소자의 최대 동작주파수

를 결정하시오.

▶▶ 6.37kHz

【예제 15.6】 [그림 15-24]에 표시된 증폭기는 입력 신호를 100mV의 피크 출력 전압으로 증폭하는데 사용된다. 이 증폭기의 최대 동작 주파수는 얼마인가?

풀이 피크 출력 전압으로 100mV를 사용하면 $f_{\max}$는 다음과 같이 결정된다.

$$f_{\max} = \frac{\text{슬루율}}{2\pi V_{pk}} = \frac{0.5\text{V}/\mu\text{s}}{2\pi(100\text{mV})} = \frac{500\text{kHz}}{0.628} = 796\text{kHz}$$

(실전 연습문제 15-6)

실전 연습문제(15-5)에서 Op-amp의 출력 피크 전압이 2Vpk로 감소된다고 가정하고 소자의 새로운 최대 동작주파수를 결정하시오.

▶▶ 31.8kHz

【예제 15-5】와 【예제 15-6】은 Op-amp가 소 신호 증폭기로 사용할 때가 대 신호 증폭기로 사용할 때보다 훨씬 높은 주파수에서 동작될 수 있음을 보여준다.

$f_{\max}$보다 높은 주파수에서 Op-amp 회로를 동작시키는 경우 발생되는 효과를 [그림 15-25]에 표시했다. 그림에는 두 개의 입력 파형과 왜곡된 출력 파형을 표시되어 있다. 양쪽 경우 모두 Op-amp가 처리할 수 있는 것보다 높은 비율로 입력이 변화하고 있다. 이런 경우 Op-amp로부터의 출력은 입력신호보다 더 느리게 변화하고 있고 그 결과 왜곡이 발생된다. 입력주파수를 감소시키거나 높은 주파수를 처리할 수 있는 Op-amp로 대체 하면 이런 왜곡을 감소시킬 수 있다. 이런 문제점은 다음과 같이 교정될 수 있다.

1. 입력 파형의 주파수를 감소시킨다.
2. 낮은 피크 출력전압에서의 결과로 Op-amp의 전압이득을 감소시킨다.
3. 높은 슬루 율을 갖는 Op-amp를 사용한다.

(a) 사인파의 슬루율 왜곡효과 (b) 구형파의 슬루율 왜곡효과

[그림 15-25] 슬루 율 왜곡

15.3.10 입력/출력 저항(Input/Output Resistance)

이 장에서 언급한 바와 같이 Op-amp는 전형적으로 높은 입력저항과 낮은 출력 저항 정격을 가지고 있다. KA741에서 이들 정격은 각각 2MΩ과 75Ω이다. Op-amp의 높은 입력 저항과 낮은 출력 저항은 이상적인 증폭기의 특성인 무한대의 입력저항과 0의 출력 저항과 아주 유사함을 알 수 있다.

15.3.11 종합(Putting It All Together)

여러분은 이 절에서 많은 Op-amp의 동작 특성에 관해서 살펴보았다. 이제는 이들이 서로 어떤 관계가 있는지를 살펴보기로 하자. [그림 15-26]에 표시된 그래프가 예시하듯이 기본적인 Op-amp의 특성은 서로 독립적이지 않다. 표 15-4는 [그림 15-26]에 표시된 그래프를 사용하여 만들어졌다. 각 특성상의 내용을 파악할 경우 독자적으로 소자를 검정하기 위해 지시된 그래프를 참조하라. 참조될 그래프는 각 내용의 끝에 괄호로 표시되어 있다. 다음의 일련의 내용은 741 그래프로부터 인과관계의 관점에서 이루어진 정보를 제공한다.

1. 공급전압을 증가시키면
   (a) 개방회로 전압이득이 증가한다.
   (b) 가능한 출력전압 진폭이 커진다.
   (c) 소자 전력 소모가 증가한다.
   (d) 입력 오프셋 전류가 약간 변한다.
2. 동작주파수를 증가시키면
   (a) 최대 출력 전압 진폭이 감소한다($f > 10$kHz).
   (b) 개방회로 전압이득이 감소한다.
   (c) 입력저항이 감소한다($f > 10$kHz).
   (d) 출력저항이 증가한다($f > 100$kHz).
3. 주변 온도가 증가하면
   (a) 입력 바이어스 전류가 감소한다.
   (b) 입력저항이 증가한다.
   (c) 출력 단락회로 전류가 감소한다.

여러분도 보다시피 인과관계 내용은 연구실에서 회로를 꾸밀 때나, 주어진 Op-amp의 고장 진단을 하는 경우에 매우 손쉽게 이용할 수 있다.

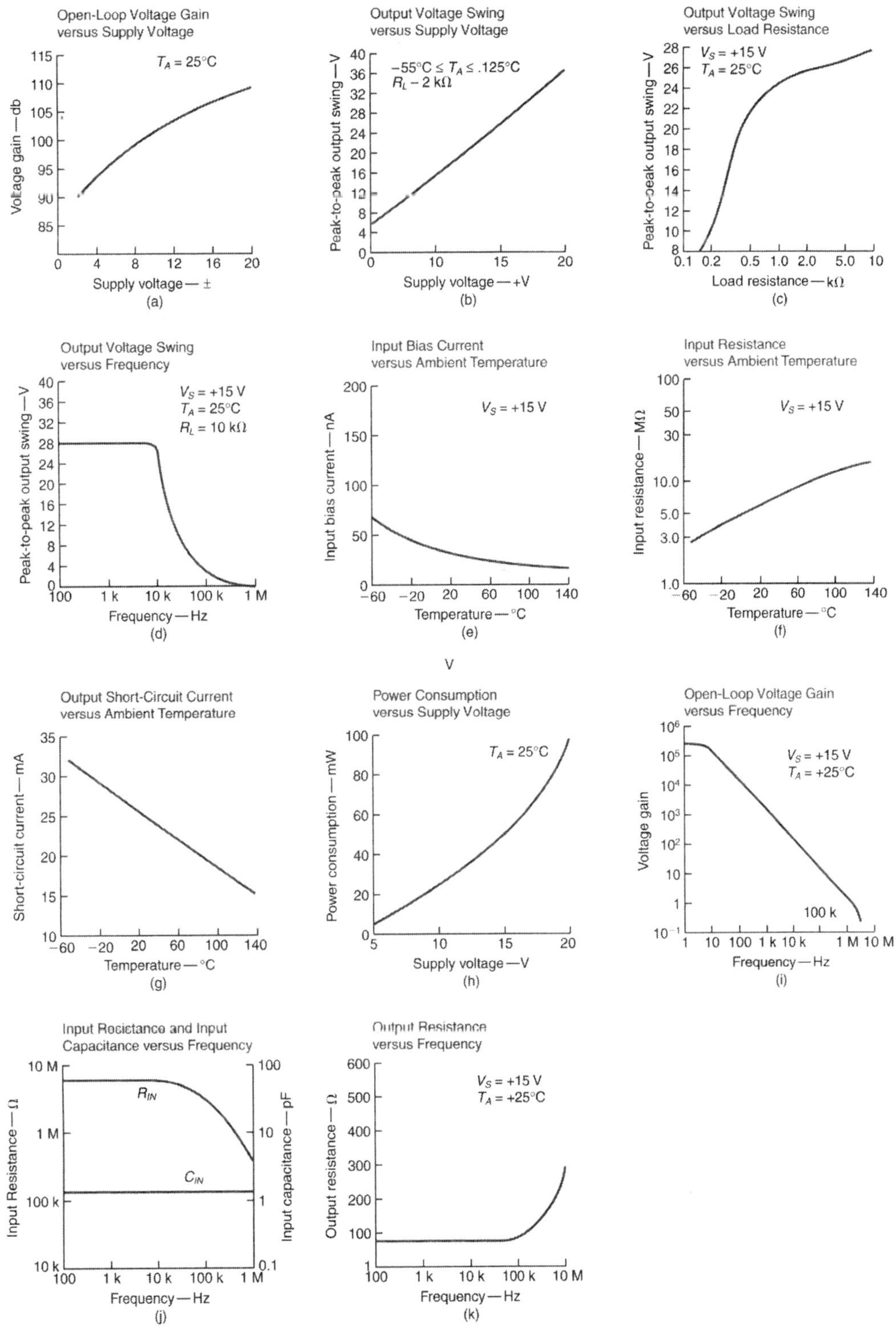

[그림 15-26] 일반적인 741 연산증폭기의 특성곡선

표 15-2 Op-amp 특성

특 성	내 용
개방회로 전압 이득	공급전압에서의 변화에 비례 (a) : 주파수가 10Hz로부터 1MHz로 증가함에 따라 선형적으로 감소
출력 전압 진폭	R_L에서의 변화에 비례 : R_L<500Ω의 값에서 감쇠율은 크게 증가(c) : 공급전압에서의 변화에 비례(b) : 10kHz까지는 일정 이후 급속히 감소
입력저항	주변 온도에 직접 비례(f) : 10kHz까지는 일정, 이후 감소하기 시작(i)
입력 바이어스 전류	온도증가에 반비례(e) : 입력 저항의 증가에 기인
출력 단락 회로	20°C에서 정격 : 이런 온도 이하에서 증가, 이런 온도 이상에서 감소(g)
전력 소모	소자에 의해서 사용된 전력은 공급전압에 비례(h)
출력저항	100kHz까지의 주파수에 대해 일정, 이후 급격히 증가(m)

15.3.12 그 외의 Op-amp 특성(Other Op-amp Characteristic)

[그림 15-27]에는 KA741 Op-amp의 스펙에서 전기적인 특성 부분을 표시하고 있다. 여러분도 보다시피 이 절에서 설명한 모든 전기적인 특성을 포함하고 있다. 이제 스펙에 기재된 4가지의 부가적인 전기적 특성을 잠시 살펴보기로 하자. 입력전압의 범위는 내부의 차동증폭기에 손상을 입히지 않는 범위 내에서 Op-amp가 받아들일 수 있는 최대값을 지시한다. KA741에서 이런 값의 최소치는 ±12V이다. 어느 입력이든 이런 크기 이상으로 주어지면 증폭기에 손상을 초래한다.

대 신호 전압 이득은 Op-amp에 대한 개방회로 전압이득이다. [그림 15-27]에 표시된 스펙에서 *Gv* 정격은 전형적으로 200V/mV이다. 이것은 1mV의 차분입력에서 200V의 출력을 제공한다는 의미이다. 이런 정격을 표준형태로 변환하면 다음과 같이 표시된다.

$$A_{OL} = \frac{200\text{V}}{1\text{mV}} = \frac{200\text{V}}{1 \times 10^{-3}\text{V}} = 200,000$$

공급전류 정격은 전원 공급 장치로부터 끌어낸 정지전류를 지시한다. KA741이 입력신호를 가지지 않을 때 $+V$ 및 $-V$로부터 최대 2.8mA를 끌어낸다. 전력 소비 정격은 Op-amp가 정지 상태에서 동작될 때 소비되는 전력의 크기를 지시한다. KA741의 전력소비 정격은 최대 85mW의 크기를 가진다. 다루지 않은 두 가지의 정격이 더 있는데, 대역폭과 과도응답이다. 대역 폭은 이미 14장에서 다루었고, 과도응답은 19장에서 다룬다. 다음 절에서는 두 가지의 기본적인 Op-amp 회로인 반전 증폭기와 비 반전 증폭기의 동작에 대해서 설명한다.

FAIRCHILD
SEMICONDUCTOR ™

www.fairchildsemi.com

KA741/KA741E

Single Operational Amplifier

Electrical Characteristics

(V_{CC} = 15V, V_{EE} = −15V, T_A = 25°C, unless otherwise specified)

Parameter	Symbol	Conditions	KA741E Min.	KA741E Typ.	KA741E Max.	KA741 Min.	KA741 Typ.	KA741 Max.	Unit
Input Offset Voltage	V_{IO}	R_S≤10kΩ	–	–	–	–	2.0	6.0	mV
		R_S≤50Ω		0.8	3.0	–	–	–	
Input Offset Voltage Adjustment Range	$V_{IO(R)}$	V_{CC} = ±20V	±10	–	–	–	±15	–	mV
Input Offset Current	I_{IO}	–	–	3.0	30	–	20	200	nA
Input Bias Current	I_{BIAS}	–	–	30	80	–	80	500	nA
Input Resistance	R_I	V_{CC} = ±20V	1.0	6.0	–	0.3	2.0	–	MΩ
Input Voltage Range	$V_{I(R)}$	–	±12	±13	–	±12	±13	–	V
Large Signal Voltage Gain	G_V	R_L ≥ 2KΩ, V_{CC} = ±20V, $V_{O(P-P)}$ = ±15V	50	–	–	–	–	–	V/mV
		R_L ≥ 2KΩ, V_{CC} = ±15V, $V_{O(P-P)}$ = ±10V	–	–	–	20	200	–	
Output Short Circuit Current	I_{SC}	–	10	25	35	–	25	–	mA
Output Voltage Swing	$V_{O(P-P)}$	V_{CC} = ±20V, R_L ≥ 10KΩ	±16	–	–	–	–	–	V
		V_{CC} = ±20V, R_L ≥ 2KΩ	±15	–	–	–	–	–	
		V_{CC} = ±15V, R_L ≥ 10KΩ	–	–	–	±12	±14	–	
		V_{CC} = ±15V, R_L ≥ 2KΩ	–	–	–	±10	±13	–	
Common Mode Rejection Ratio	CMRR	R_S ≤10KΩ, V_{CM} = ±12V	–	–	–	70	90	–	dB
		R_S ≤50KΩ, V_{CM} = ±12V	80	95	–	–	–	–	
Power Supply Rejection Ratio	PSRR	V_{CC} = ±15V to V_{CC} = ±15V, R_S≤50Ω	86	96	–	–	–	–	dB
		V_{CC} = ±15V to V_{CC} = ±15V, R_S≤10KΩ	–	–	–	77	96	–	
Transient Response: Rise Time	t_R	Unity Gain	–	0.25	0.8	–	0.3	–	μs
Transient Response: Overshoot	OS	Unity Gain	–	6.0	20	–	10	–	%
Bandwidth	BW		0.43	1.5	–	–	–	–	MHz
Slew Rate	SR	Unity Gain	0.3	0.7	–	–	0.5	–	V/μs
Supply Current	I_{CC}	R_L = ∞Ω	–	–	–	–	1.5	2.8	mA
Power Consumption	P_C	V_{CC} = ±20V	–	80	150	–	–	–	mW
		V_{CC} = ±15V	–	–	–	–	50	85	

[그림 15-27] KA741의 스펙

15.3.13 Op Amp의 분류(Op Amp Classification)

KA741은 범용 Op-amp로 분류되는데 이것은 가장 일반인 응용 분야에서 대부분 적합하다는 것을 의미한다. 대부분의 Op-amp는 이런 범주에 포함되는데 일부는 특별한 응용 범위에서 사용되도록 설계된다. 고 전류 Op-amp는 고 전류 출력을 발생시키도록 설계된다. 예를 들면 TCA032는 1A의 출력을 제공한다. 고 전류 Op-amp는 amp에 비해서 높은 슬루 율을 가지기 때문에 고주파에서 동작한다. 이들은 또한 비교적 낮은 부하 저항일지라도 비교적 높은 전압 이득을 제공할 수 있다. 고속 Op-amp는 높은 슬루 율을 가지도록 설계된다.

예를 들면 MC33071은 13V/μs의 슬루 율을 가진다. 이런 값을 [그림 15-27]에 표시된 슬루 율과 비교하면 MC33071이 KA741보다 약 26배 크다는 것을 알 수 있다. 고속 Op-amp는 범용 Op-amp보다 낮은 A_{OL} 정격을 갖는다. 저 전력 Op-amp는 활성 신호가 인가되지 않는 경우 아주 작은 전원공급 전류가 유출되도록 설계된다. 예를 들면 MC33171은 자신의 정지 상태에서 오직 180μA만 흐르게 한다. 이와 대조적으로 [그림 15-27]에서 KA741은 자신의 직류 공급전압에서 1.5mA를 흐르게 한다.

따라서 저 전력 Op-amp는 배터리 전원 공급 시스템에서 범용 Op-amp보다 적합하게 된다. 저 전력 Op-amp는 범용 Op-amp보다 낮은 출력전류 정격을 가진다는 점이 중요하다. 그 결과 부하전하에서 요구되는 변화에 의해서 더 많이 영향을 받게 된다. 대부분의 Op-amp에서 입력 전압 정격과 최대 출력은 전원 공급 전압보다 낮은 크기로 제한된다. 예를 들면 [그림 15-27]에 표시된 스펙에서 ±15V의 공급전압이 인가될 때 다음과 같이 제한된다.

- 입력 전압 정격 : $V_{I(R)} = \pm 13\text{V}$
- 출력 전압 스윙 : $V_{O(P-P)} = \pm 14\text{V}$

이런 값들이 보여주는 것처럼 입력 전압은 공급 전압 (±15V)보다 낮게 제한된다. rail to rail Op-amp는 rail to rail 동작이 허용되도록 설계된다. rail이란 용어는 Op-amp 공급 전원으로 기준 전압이 사용된다는 것을 의미한다. rail to rail 동작의 의미는 입력과 출력 전압이 $+V$와 $-V$에 더 가까워지는 것을 의미한다. 예를 들면 MC33204는 다음과 같은 능력을 가진다.

1. 입력은 각 rail을 200mV 넘어서 높게 구동된다.
2. 출력은 rail의 50mV 이내에서 스윙된다.

그 결과 소자는 $+V$와 $-V$ 사이의 정격의 충분한 사용을 만드는 능력을 가지게 된다.

기초 확인문제 15.3

1. 자신의 반전 입력단자에 입력신호가 인가된 경우의 차동증폭기의 응답을 기술하라.
2. 자신의 비 반전 입력단자에 입력신호가 인가된 경우의 차등증폭기의 응답을 기술하라.
3. 입력 offset 전압이란 무엇인가?

4. 출력 offset 전압이란 무엇인가?
5. offset null을 조정하면, 입력 offset 전압 및 출력 offset 전압에 어떤 영향을 주는지 설명하라.
6. 입력 offset 전류란 무엇인가?
7. 입력 바이어스 전류란 무엇인가? Op-amp 결선 상에서 입력 바이어스 전류에 어떤 제한을 두어야 하는가?
8. 동상신호란 무엇인가?
9. 동상 제거비(CMRR)란 무엇인가? 왜 높은 CMRR이 바람직한가?
10. 공급전압 제거비란 무엇인가?
11. 출력 단락회로 전류 정격이란 무엇인가?
12. 출력 단락회로 전류 정격에 의해 부하저항과 최대 출력 전압 진폭간의 관계를 설명하라.
13. 슬루 율이란 무엇인가? Op-amp 슬루 율에 의해 어떤 회로 정수가 영향을 받는가?
14. 슬루 율 제한치 이상에서 Op-amp를 동작시키면 어떤 결과가 발생하는가?
15. 다음 Op-amp 특성의 각각을 정의하라.
    (a) 입력전압 정격
    (b) 대 신호 전압 정격
    (c) 공급전류 정격
    (d) 소비전력 정격
16. Op-amp의 특성을 설명하라.
    (a) 고 전류용
    (b) 고속용
    (c) 저 전력용
    (d) rail to rail용

15.4 반전 증폭기(Inverting Amplifier)

대부분의 예에서 한 개의 입력 저항 R_{in}과 한 개의 귀환저항 R_f를 포함하는 Op-amp 회로를 사용했다. 이런 증폭기는 기본적인 반전 증폭기로서 공통-이미터와 공통-소스 회로와 등가인 Op-amp이다. [그림 15-28]에 반전 증폭기의 동작을 표시했다.

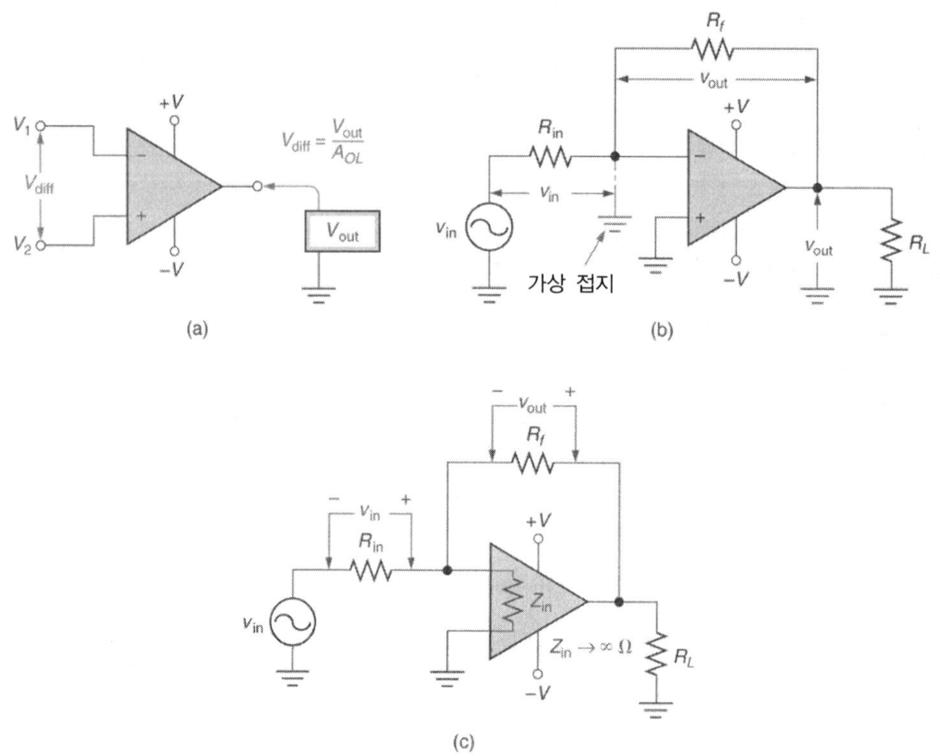

[그림 15-28] 반전 증폭기 동작

Op-amp의 차동 입력 회로가 반전 증폭기 동작의 열쇠를 쥐고 있다. 두 트랜지스터는 완벽하게 동일하다고 가정하면 V_1과 V_2의 크기는 항상 근사적으로 서로 동일하게 된다. 이들은 약 수 mV만 차이가 날 뿐이다. 당분간 차동 회로를 이상적인 경우로 생각하자. 설명을 위해서 V_1과 V_2는 정확하게 등가라고 가정하자. 이런 사항을 숙지하고서 [그림 15-28 (b)]에 표시된 회로를 살펴보자.

만약 두 입력에서 전압이 등가이고 비 반전 입력이 접지된다면 Op-amp의 반전 입력도 역시 접지된다. 이런 가상 접지(virtual ground)는 V_1과 V_2가 근사적으로 동일하고 비 반전 입력이 접지된 사실에 기인한다. Op-amp의 반전 입력의 접지로, 전체 입력 전압은 R_i 양단에서 측정되어질 수 있다. 또한 전체 출력 전압은 R_f 양단에서 측정되어 질 수 있다. 이들의 관계가 [그림 15-28 (b)]에 표시되어 있다.

v_{out}은 귀환저항 양단에서 나타나므로 식 (15-7)처럼 구할 수 있다.

$$v_{out} = i_f R_f \tag{15-7}$$

v_{in}은 입력 저항에서 나타나므로 식 (15-8)처럼 표시할 수 있다.

$$v_{in} = i_{in} R_{in} \tag{15-8}$$

Op-amp는 상당히 큰 입력 임피던스를 가지므로 [그림 15-28 (c)]에 표시된 것처럼 거의 0 입력 전류를 가진다. 따라서 $i_{in} \cong i_f$이므로 식 (15-7)을 식 (15-9)처럼 다시 쓸 수 있다.

$$v_{out} = i_{in} R_f \tag{15-9}$$

여러분도 알다시피 전압 이득 A_v는 출력 전압과 입력 전압의 비로 구해지므로 다음과 같이 표시할 수 있다.

$$A_v = \frac{v_{out}}{v_{in}}$$

$v_{out} = i_{in} R_f$, $v_{in} = i_{in} R_{in}$이므로 위 식은 식 (15-10)처럼 다시 쓸 수 있다.

$$A_v = \frac{i_{in} R_f}{i_{in} R_{in}} \quad \text{혹은} \quad A_v = \frac{R_f}{R_{in}} \tag{15-10}$$

반전 증폭기인 경우는 증폭기의 근사 이득을 구하기 위해서 R_f를 R_{in}로 나누면 된다. 사실 이 장의 전반부 예제를 다시 생각해 보면 전압 이득의 가정된 값이 어디에서 나왔는지를 알 수 있다. 모든 경우 A_v의 값은 근사적으로 R_f/R_{in}의 크기와 동일하다.

기본적인 Op-amp회로를 설명했기 때문에 몇 개의 용어에 대한 실제적인 의미를 생각해 볼 수 있다. Op-amp의 개방회로 전압이득 A_{OL}은 회로의 입·출력사이에 어떠한 귀환(물리적인 연결)이 없을 때 측정된 이득이다. 반전 증폭기에서의 R_f 연결과 같은 귀환경로가 존재할 때의 회로 이득은 폐 루프 전압이득 A_{CL}로 나타낼 수 있다.

15.4.1 증폭기 입력 임피던스(Amplifier Input Impedance)

Op-amp는 상당히 높은 입력 임피던스를 가지는 반면 반전 증폭기는 그렇지 못하다. 이런 이유는 [그림 15-28 (b)]를 생각해 보면 알 수 있다. 그림에 표시된 것처럼 전압원은 가상 접지로 되는 입력 저항 R_{in}를 본다. 따라서 반전 증폭기에 대한 입력 임피던스는 식 (15-11)처럼 표시할 수 있다.

$$Z_{in} \cong R_{in} \tag{15-11}$$

R_{in}의 크기는 항상 Op-amp의 입력 임피던스보다 작다. 따라서 반전 증폭기의 전체 입력 임피던스는 Op-amp 입력 임피던스보다 아주 낮게 된다.

15.4.2 증폭기 출력 임피던스(Amplifier Output Impedance)

[그림 15-29]에 표시된 회로를 살펴보면 반전 증폭기의 출력 임피던스는 R_f와 Op-amp 자체의 출력 임피던스와의 병렬 합성 저항이다. 일반적인 R_f는 Op-amp의 Z_{out}보다 상당히 크기 때문에 회로의 출력 임피던스는 보통 Op-amp의 Z_{out} 정격과 동일하다고 가정한다.

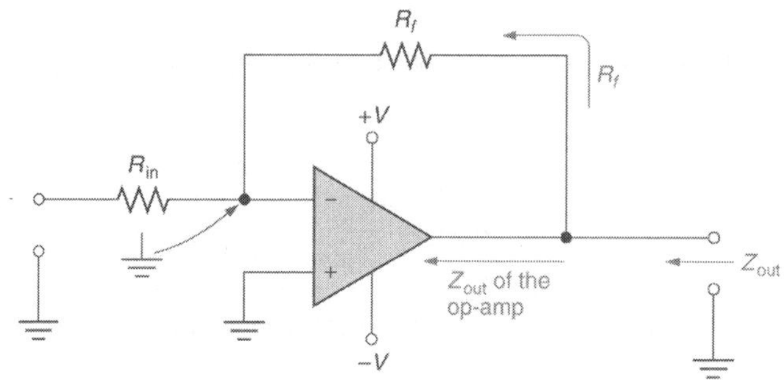

[그림 15-29] 출력임피던스

15.4.3 증폭기 CMRR(Ampifier CMRR)

이전 절에서 Op-amp의 동상 제거비(CMRR)는 차분이득과 동상이득(A_{CM})의 비율로써 정의했다. 반전 증폭기의 차분이득 A_{CL}은 Op-amp자체의 CMRR보다 훨씬 낮다. 반전 증폭기의 CMRR은 페 루프 이득과 동상이득의 비로 식 (15-12)처럼 표시된다.

$$\text{CMRR}=\frac{A_{CL}}{A_{CM}} \tag{15-12}$$

여기서 A_{CL}=반전증폭기의 페 루프 전압이득
A_{CM}=Op-amp의 동상이득이다.

반전증폭기의 CMRR이 Op-amp의 자체의 CMRR보다 낮을지라도, 대부분의 경우 아주 높다. 이 점도 다음 예제에서 다룬다.

15.4.4 반전증폭기 해석(Inverting Amplifier Analysis)

반전증폭기의 완벽한 해석을 위해서는 A_{CL}, Z_{in}, Z_{out}, CMRR, f_{max}를 구하면 된다. 비반전 증폭기의 완벽한 해석을 【예제 15-7】에서 다룬다.

【예제 15.7】 [그림 15-30]에 표시된 회로에 대해 전체 해석을 수행하시오.

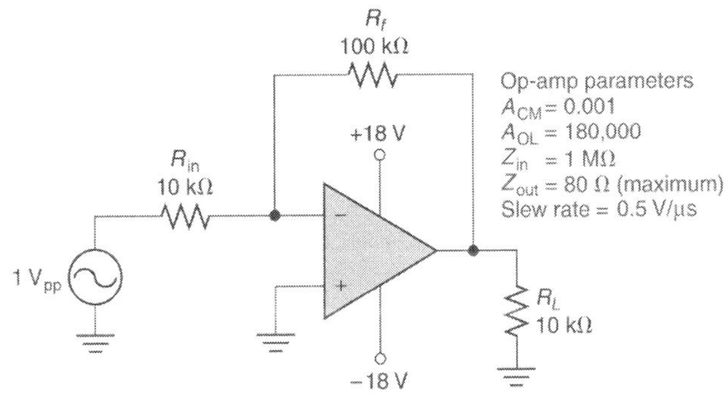

[그림 15-30]

풀이 먼저 회로의 폐 루프 전압이득 A_{CL}은 10으로 구해진다.

$$A_{CL} = \frac{R_f}{R_{in}} = \frac{100k\Omega}{10k\Omega} = 10$$

회로의 입력 임피던스는 다음과 같이 구할 수 있다.

$$Z_{in} \cong R_{in} = 10k\Omega$$

회로 출력 임피던스는 Op-amp의 출력 임피던스보다 약간 작은 80Ω(최대)으로 구해진다. 회로의 CMRR은 10,000으로 구해진다.

$$\text{CMRR} = \frac{A_{CL}}{A_{CM}} = \frac{10}{0.001} = 10,000$$

반전 증폭기의 최대 동작 주파수를 계산하기 위해서 자신의 피크 출력 전압을 구할 필요가 있다. $v_{in} = 1V_{pp}$와 $A_{CL} = 10$이므로 피크-피크 출력전압은 $10V_{PP}$로 구해진다.

$$v_{out} = A_{CL}v_{in} = (10)(1V_{pp}) = 10V_{PP}$$

따라서 피크 출력 전압은 $5V_{pk}$이고 최대 동작 주파수는 15.9kHz로 구해진다.

$$f_{max} = \frac{\text{슬루율}}{2\pi V_{pk}} = \frac{0.5V/\mu s}{31.4V} = \frac{500kHz}{31.4} = 15.9kHz$$

(실전 연습문제 15-7)

Op-amp는 다음 변수를 가지고 있다: $A_{CM} = 0.02$, $A_{OL} = 150,000$, $Z_{in} = 1.5M\Omega$, $Z_{out} = 50\Omega$, 슬루율$= 0.75V/\mu s$. Op-amp는 $\pm 12V$의 공급전압과 $v_{in} = 50mV_{pp}$, $R_f = 250k\Omega$, $R_{in} = 1k\Omega$을 가지는 반전증폭기에서 사용되고 있다고 가정하고 회로의 전체 해석을 수행하시오.

▶▶ $A_{CL} = 250$, $Z_{in} \cong 1k\Omega$, $Z_{out} < 50\Omega$, $\text{CMRR} = 12,500$, $f_{max} = 19.1kHz$

15.4.5 다른 반전 증폭기 형상(Other Inverting Amplifier Configuration)

이 절에서는 간단한 반전 증폭기를 다루었다. 이득, 입력 임피던스, 출력 임피던스의 계산은 회로 형상이 다르면 달라지는 반면, f_{max}와 CMRR의 계산은 변하지 않는다. 모든 다양한 반전 증폭기는 입력과 출력 사이에 180°의 전압 위상차가 발생되는 특성을 가진다.

기초 확인문제 15.4

1. 반전 증폭기의 전압 이득 A_{CL}이 R_f와 R_{in}의 비와 동일한지를 설명하라.
2. 반전 증폭기의 입력 임피던스가 Op-amp 자체의 입력 임피던스보다 낮은 이유는 무엇인가?
3. 반전 증폭기의 출력 임피던스 계산에서 R_f 값이 보통 고려되지 않는 이유는 무엇인가?
4. 반전 증폭기의 CMRR비가 Op-amp 자체의 CMRR보다 낮은 이유는 무엇인가?
5. 반전 증폭기의 전체 해석을 수행하는데 포함되는 단계를 순서대로 나열하라.
6. 식 (15-11)을 기억하고 반전 증폭기의 전압 이득을 증가시키기 위해서는 어떻게 해야 하는지 설명하라.
7. 【예제 15-7】을 참조하고 계산된 예제에서 R_{in}의 증가가 미치는 영향은 무엇인지에 대해서 설명하라.

15.5 비 반전 증폭기(Noninverting Amplifier)

비 반전 증폭기는 두 가지 예외를 제외하고는 반전 증폭기가 가지는 대부분의 특성을 지니고 있다.

1. 비 반전 증폭기는 아주 높은 회로 입력 임피던스를 가진다.
2. 비 반전 증폭기는 입력과 출력 사이에 180° 전압 위상차가 발생하지 않는다. 따라서 입력과 출력 신호는 동위상이다.

[그림 15-31]에 기본적인 비 반전 증폭기를 표시했다. 입력도 비 반전 Op-amp 입력단자에 인가되고 입력 저항 R_{in}은 접지에 연결되어 있다.

입력신호가 비 반전 단자에 인가되기 때문에 회로 이득을 다르게 계산해야 한다. $v_1 = v_2$, R_{in}과 R_f를 통해서 흐르는 전류는 동일하다고 가정하고 회로 이득을 구하는 방법을 설명한다. $v_1 = v_2$이고 $v_2 = v_{in}$이므로 식 (15-13)이 성립한다.

$$v_1 = v_{in} \tag{15-13}$$

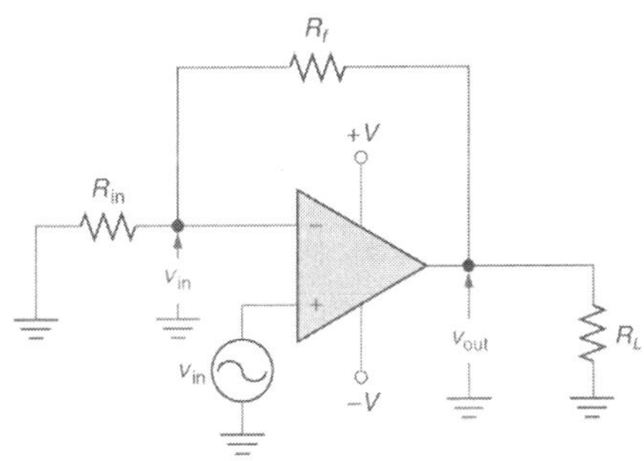

[그림 15-31] 비 반전 증폭기

이것은 (+)입력이 접지된 반전 증폭기에서 언급한 $v_1 = 0\text{V}$와는 다르다는 사실을 주목하라. 또한, v_{in}은 R_{in} 양단전압으로 측정되고 i_{in}은 다음과 같이 구해질 수 있다.

$$v_{in} = i_{in} R_{in}$$

R_f 양단 전압은 V_{in}과 V_{out} 사이의 차 전압과 동일하고 $i_f = i_{in}$이므로 저항을 통과하는 전류는 다음과 같이 구해진다.

$$i_f = \frac{v_{out} - v_{in}}{R_f}, \quad v_{out} = i_{in} R_f + v_{in}$$

A_{CL}을 정의하기 위해 사용된 식을 사용하면 식 (15-13)이 유도된다.

$$A_{CL} = \frac{v_{out}}{v_{in}} = \frac{i_{in} R_f + i_{in} R_{in}}{i_{in} R_{in}} = \frac{i_{in} R_f}{i_{in} R_{in}} + \frac{i_{in} R_{in}}{i_{in} R_{in}}$$

$$\text{혹은} \quad A_{CL} = \frac{R_f}{R_{in}} + 1 \tag{15-13}$$

여기서 A_{CL}은 증폭기의 폐 루프 전압이득이다. 따라서 비 반전 증폭기의 이득은 등가의 반전 증폭기 이득보다 항상 1이 크게 된다. 반전 증폭기가 150의 이득을 가지면 등가의 비 반전 증폭기는 151의 이득을 가진다.

15.5.1 증폭기의 입력 임피던스와 출력 임피던스(Amplifier Input and Output Impedance)

입력 신호가 Op-amp에 직접 인가되면 비 반전 증폭기는 상당히 큰 입력 임피던스를 가진다. 실제로 귀환 회로가 존재하면 증폭기의 입력 임피던스는 대부분의 경우 Op-amp의 입력 임피던스보다 훨씬 크게 된다. 비 반전 증폭기의 출력 임피던스는 반전 증폭기의 경우와 마찬가지로 Op-amp의 출력 임피던스보다 적다. 일반적으로 비 반전 증폭기의 입력 임피던스와 출력 임피던스는 $Z_{in} > 1M\Omega$, $Z_{out} < 100\Omega$ 크기를 갖는다.

비 반전 증폭기는 극히 높은 입력 임피던스와 극히 낮은 출력 임피던스의 특성을 가지므로 버퍼(buffer)로 사용된다. 여러분도 이미 잘 알고 있는 것처럼 버퍼는 이미터 활로워나 소스 활로워처럼 전압원을 저 임피던스 부하에 정합시키는데 사용된다. 비 반전 증폭기도 동일한 목적을 위해서 사용된다. 가장 기본적인 차이는 비 반전 증폭기는 높은 전압 이득 값을 가지는 반면 이미터 활로워와 소스 활로워는 1보다 작은 A_v 값을 가진다는 점이다.

15.5.2 비 반전 증폭기 해석(Noninverting Amplifier Analysis)

비 반전 증폭기의 전체 해석은 반전 증폭기의 해석과 거의 동일하다. Z_{out}, CMRR, f_{max}의 크기는 반전 증폭기에서 사용된 것과 동일한 식을 사용하여 구한다. A_{CL}, Z_{in}의 크기는 이 절에서 언급한 식과 원리를 사용하여 구한다. 【예제 15-8】에서 비 반전 증폭기의 전체 해석을 설명하였다.

【예제 15.8】 [그림 15-32]에 표시된 비 반전 증폭기에 대해 전체 해석을 수행하시오.

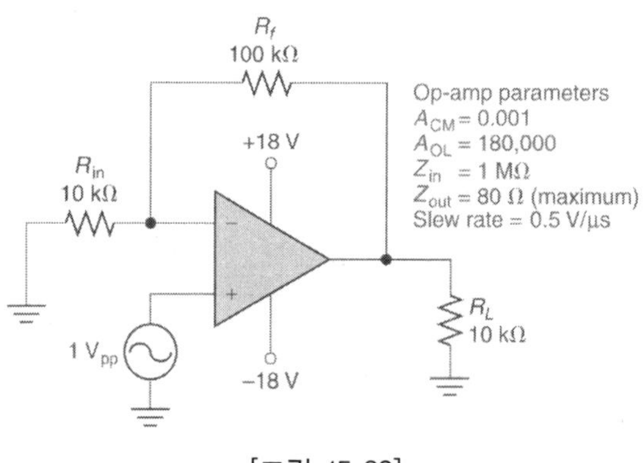

[그림 15-32]

풀이 회로의 폐 루프 전압이득 A_{CL}은 11로 구해진다.

$$A_{CL} = \frac{R_f}{R_{in}} + 1 = \frac{100k\Omega}{10k\Omega} + 1 = 11$$

Z_{in}과 Z_{out}은 연산 증폭기 정격에 의해서 결정된다. 그림에 표시된 정격을 사용하면 우리는 증폭기가 $Z_{in} \geq 1M\Omega$, $Z_{out} < 80M\Omega$이라고 가정할 수 있다.

회로의 CMRR은 11,000으로 구해진다.

$$\text{CMRR} = \frac{A_{CL}}{A_{CM}} = \frac{11}{0.001} = 11,000$$

반전 증폭기의 최대 동작 주파수를 계산하기 위해서 자신의 피크 출력 전압을 구할 필요가 있다. 피크-피크 출력전압은 $11V_{PP}$로 구해진다.

$$v_{out} = A_{CL}v_{in} = (11)(1\text{V}_{pp}) = 11\text{V}_{PP}$$

따라서 피크 출력 전압은 5.5V_{PK}이고 최대 동작 주파수는 14.5kHz로 구해진다.

$$f_{max} = \frac{\text{슬루율}}{2\pi V_{pk}} = \frac{0.5\text{V}/\mu\text{s}}{34.6\text{V}} = \frac{500\text{kHz}}{34.6} = 14.5\text{kHz}$$

(실전 연습문제 15-8)

실전 연습문제(15-7)에 언급된 회로를 비 반전 증폭기로 재구성하였다. 새로운 회로에 대해 전체 해석을 수행하라.

▶▶ $A_{CL} = 251$, $Z_{in} \cong 1.5\text{M}\Omega$, $Z_{out} < 50\Omega$, CMRR = 12,550, $f_{max} = 18.9\text{kHz}$

【예제 15-7】에 사용된 Op-amp 파라미터와 회로 값은 【예제 15-8】에서 반전 증폭기에 사용된 값들과 동일하다. 두 예제에서 구한 결과를 요약하면 아래와 같다.

값	반전 증폭기	비 반전 증폭기
A_{CL}	10	11
Z_{in}	1kΩ	1MΩ (최소)
Z_{out}	80Ω (최대)	80Ω (최대)
CMRR	10,000	11,000
f_{max}	15.9kHz	14.5kHz

표에서 볼 수 있듯이 비 반전 증폭기는 A_{CL}과 CMRR의 값이 반전 증폭기보다 조금 크다. 입력 임피던스 값은 훨씬 크고 동시에 비 반전 증폭기는 반전 증폭기보다 약간 큰 최대 동작 주파수를 가진다. 이는 대응되는 비 반전 증폭기의 최대치 출력 전압이 더 크기 때문이다. [그림 15-33]에 반전 증폭기와 비 반전 증폭기의 동작을 요약하였다.

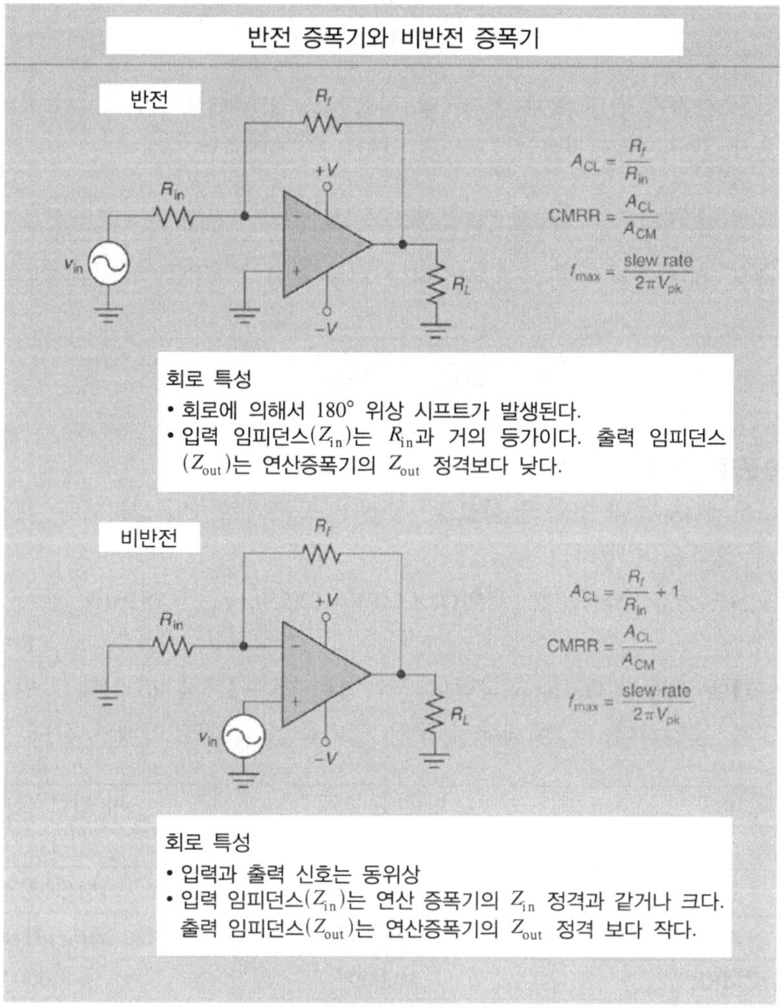

[그림 15-33]

15.5.3 전압 활로워(The Voltage Follower)

비 반전 증폭기로부터 R_{in}과 R_f를 제거하고 증폭기의 출력을 반전 입력 단자에 연결시키면 전압 활로워를 얻을 수 있다. [그림 15-34]에 이미터 활로워와 소스 활로워의 Op-amp 대응회로인 전압 활로워를 표시했다. 이미터 와 소스 활로워의 특성은 다음과 같음을 기억할 수 있다.

1. 높은 Z_{in}과 낮은 Z_{out}
2. A_v가 거의 1에 가깝다.
3. 입력 및 출력 신호가 동위상이다.

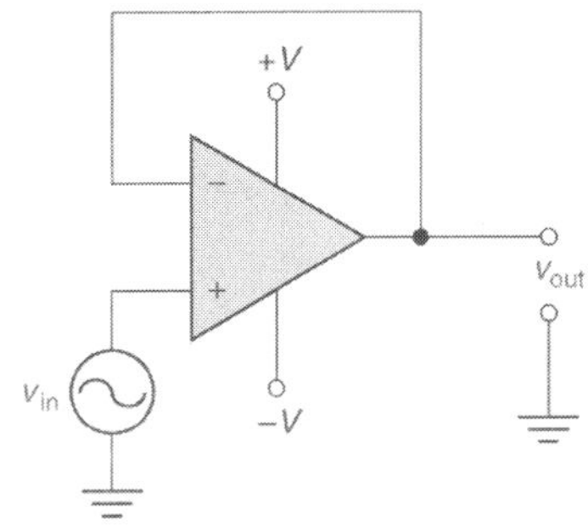

[그림 15-34] 전압 활로워

비 반전 회로 형상으로 Op-amp를 이용하면 특성 1과 3을 얻을 수 있다. 전압 활로워에 대한 전압 이득은 다음과 같이 계산된다.

$$A_{CL} = \frac{R_f}{R_{in}} + 1 = \frac{0\,\Omega}{R_{in}} + 1 = 1$$

전압 활로워에서 Z_{in}, Z_{out}, f_{max}의 크기는 기본적인 비 반전 증폭기에서 사용된 동일한 식을 사용해서 구할 수 있다. 전압 활로워는 $A_{CL}=1$이므로 회로의 CMRR은 식 (15-14)처럼 구해진다.

$$\text{CMRR} = \frac{1}{A_{CM}} \tag{15-14}$$

【예제 15.9】 [그림 15-35]에 표시된 전압 활로워의 전체 해석을 수행하시오.

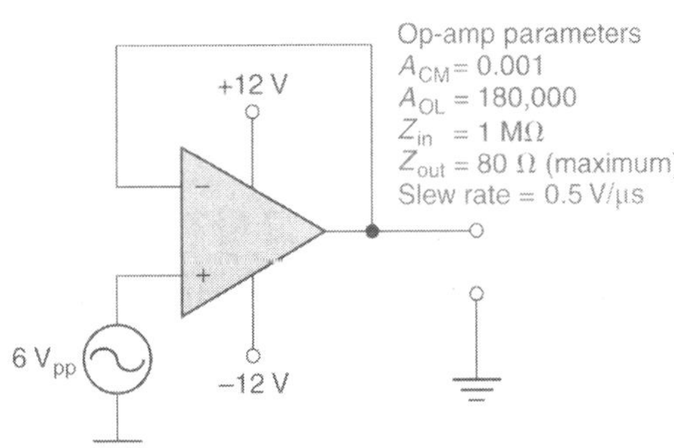

[그림 15-35]

풀이 전압 활로워인 경우 $A_{CL}=1$이다.

Z_{in}과 Z_{out}의 크기는 Op-amp의 정격 값과 동일하므로 각각 1MΩ과 80Ω(최대)이다.

회로의 CMRR은 1000으로 구해진다.

$$\text{CMRR} = \frac{1}{A_{CM}} = \frac{1}{0.001} = 1{,}000$$

회로의 $A_{CL} = 1$이므로 $V_{out} = V_{in}$이다. 따라서 피크 출력 전압은 6V_{PP}의 절반인 3V_{PP}이다. f_{max}는 26.53kHz로 구해진다.

$$f_{max} = \frac{\text{슬루율}}{2\pi V_{pk}} = \frac{0.5\text{V}/\mu\text{s}}{18.8\text{V}} = \frac{500\text{kHz}}{18.8} = 26.6\text{kHz}$$

(실전 연습문제 15-9)

실전 연습문제(15-7)에서 기술된 Op-amp는 ±14V 공급전압과 12V_{PP}입력을 가진다. 전압 활로워로 사용된다고 가정하고 증폭기의 전체 해석을 수행하시오.

▶▶ $A_{CL} = 1$, $Z_{in} = 1.5\text{M}\Omega$, $Z_{out} = 50\Omega$, CMRR = 50, $f_{max} = 19.9\text{kHz}$

여러분도 보다시피 전압 활로워는 대응되는 표준 비 반전 증폭기에 비해 상당히 낮은 A_{CL}과 CMRR을 가지며, 보다 높은 최대 동작 주파수를 가진다.

기초 확인문제 15.5

1. 비 반전 증폭기에서 A_{CL}은 어떻게 구하는가?
2. 비 반전 증폭기에서 Z_{in}과 Z_{out}은 어떻게 구하는가?
3. 비 반전 증폭기에서 CMRR과 f_{max}의 크기는 어떻게 구하는가?
4. 비 반전 증폭기와 반전 증폭기를 대비시키고 비교하라.
5. 전압 활로워의 이득과 임피던스의 특성을 설명하라.

15.6 기본 Op-amp 회로의 고장진단 (Troubleshooting Basic Op-amp Circuit)

기술자의 입장에서 보면 Op-amp 회로는 꿈을 실현하는 회로이다. 기본적인 Op-amp 회로는 고장이 발생될 수 있는 단지 3개 혹은 4개 소자로 구성되어 있고, 각각의 고장도 뚜렷한 징후를 가진다. [그림 15-36]에 표시된 회로를 살펴보자. 부하저항, 입력신호, 공급전압 모두 정상이라고 가정하면 3개의 소자(R_{in}, R_f, Op-amp자체)만이 주어진 고장을 발생시킬 수 있다. 이들 저항중의 하나가 고장일 때 어떤 일이 일어나는지를 살펴보자.

15.6.1 R_f 개방(R_f Open)

귀환저항이 개방될 때, 전체 귀환 루프는 회로로부터 효과적으로 제거된다. 이것은 증폭기의 이득을 A_{CL}에서 Op-amp 개방 회로 전압 이득인 A_{OL}로 높이는 결과를 초래한다. 만약 [그림 15-36]에 표시된 연산 증폭기가 $A_{OL}=200,000$의 크기를 갖는다면 개방 귀환 저항은 회로의 이득을 30에서 200,000으로 증가시키게 된다. 이득에서의 이런 증가의 결과는 [그림 15-37]에 표시되어 있다.

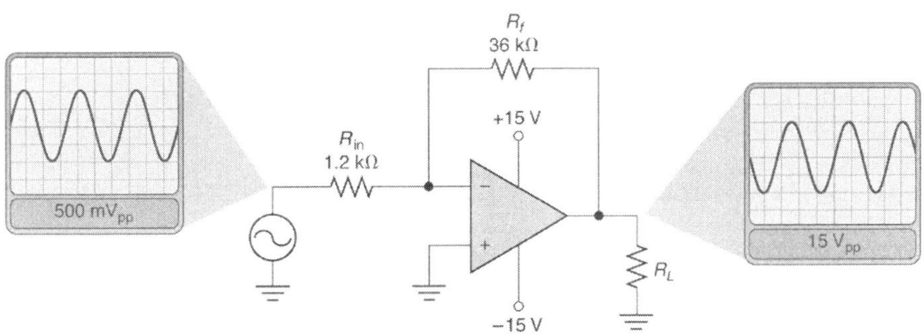

[그림 15-36]

(a) 그림 15-36에 표시된 회로의 정상적인 출력파형

(b) 그림 15-36에 표시된 회로에서 R_1이 개방된 경우의 출력파형

[그림 15-37] 반전 증폭기 출력에서 R_f의 개방 효과

[그림 15-37 (a)]는 [그림 15-36]에 표시된 회로의 정상 출력을 나타내고 있다. 그림에서 볼 수 있듯이 신호는 분명하고 잘려지지 않은 정현파이다. [그림 15-37 (b)]에 표시된 파형은 R_f가 개방된 결과이다. 증폭기의 이득은 아주 크게 되기 때문에 출력 파형은 positive 구간과 negative 구간 양쪽에서 잘려진다. 이런 출력 파형은 개방 귀환루프의 전형적인 형태이다.

15.6.2 R_{in} 개방(R_{in} Open)

R_{in}이 개방되면 입력 신호를 차단하고 출력은 OV로 된다고 생각할 수 있다. 하지만,

그렇게 되지 않을 경우도 있다. R_{in}이 개방될 때의 회로를 살펴보자. [그림 15-38]에 이런 회로를 표시했다.

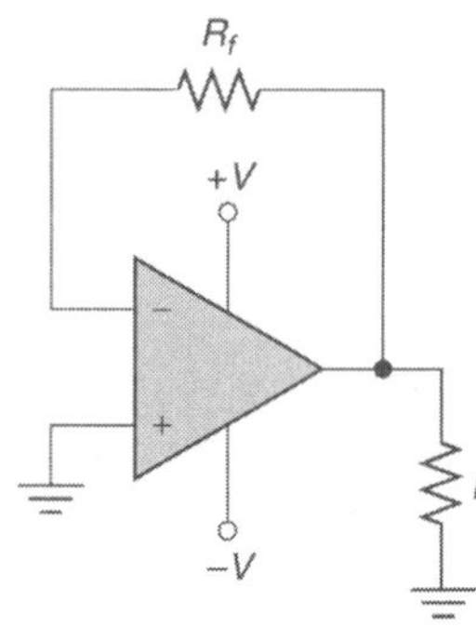

[그림 15-38]

이런 회로의 출력은 R_i가 개방 되는 순간 $+V$가 되는 것으로 가정할 수 있다. 어떤 일이 일어날 수 있는지를 다음에 나타내었다.

1. R_f를 경유해서 출력으로부터 positive 신호가 반전 입력에 귀환된다.
2. positive 반전 입력은 증폭기 출력이 $-V$의 값으로 되게 한다.
3. negative 신호는 출력으로부터 반전 입력에 귀환된다.
4. 반전 입력이 negative로 됨에 따라, 출력은 또 다시 positive로 된다. 증폭기는 단계 1로 되돌아간다.

상기 과정은 계속 반복해서 일어나고, 증폭기는 입력 신호가 없어도 교류 출력신호를 출력한다. 이런 신호는 낮은 수 mV 범위가 된다. 부가적으로 상기에 언급한 형태로 동작되게 설계된 회로도 있다. 이러한 회로를 발진기라 부르는데 18장에서 설명한다.

15.6.3 Op-amp가 불량이면 어떻게 되나?(What Happen if the Op-amp is Bad?)

이 질문의 답은 Op-amp에서 무엇이 잘못된 경우인가에 따라서 다르다. [그림 15-1]을 참조해 보면 불량의 소지가 있는 많은 수의 소자가 Op-amp에 내재되어 있다. 증폭기가 고장이라고 단정할 수 있는 가장 좋은 방법은 다른 모든 소자가 잘 동작하고 있다는 것을 알아보는 일이다. 다음과 같은 경우에는 Op-amp가 문제의 근원이며 교체해야 한다.

1. 증폭기에서의 모든 저항이 정상이다.
2. 모든 공급전압이 제대로 동작되고 있다.

3. IC 소켓에서의 문제는 없다.

15.6.4 IC 소켓(IC Socket)

IC는 그림 IC 소켓을 사용하여 회로에 장착된다. 이들 소켓을 사용하면 쉽게 IC들을 제거하거나 대체시킬 수 있다. IC 소켓을 사용할 때 어떤 문제가 발생될 수 있다. 가끔 IC는 자체 핀에 산화층을 만들 수 있다. 이런 산화가 아주 심하게 진전되면 회로는 이상한 출력을 발생시키게 된다. 회로는 일시적으로 동작할 수 있지만 계속되지는 않는다. 이런 현상이 발생되면 IC를 제거하고 핀과 소켓을 접촉 청결제로 청소하면 문제를 없앨 수 있다.

추가사항 : IC를 교체할 때 회로 내에 적절히 집어넣었는지를 확인하라. 주의를 기울이지 않으면 IC를 반대방향으로 넣어 회로에 전원을 인가하면 고장이 발생하여 새로운 IC를 교체해야 할 가능성이 발생된다.

기초 확인문제 15.6

1. 귀환 저항이 개방되면 나타나는 주요한 징후는 무엇인가?
2. 입력 저항이 개방되면 나타나는 주요한 징후는 무엇인가?
3. Op-amp가 고장인지를 어떻게 알 수 있는가?

15.7 Op-amp 주파수 응답(Op-amp Frequency Response)

Op-amp를 다루는 것과 관련하여 주파수에 관한 몇 가지 고려 사항을 이미 설명하였다. Op-amp의 주파수 응답과 관련해서 고려해야 할 몇 가지 중요한 점은 다음과 같다.

1. Op-amp의 슬루율은 출력전압이 얼마나 빠르게 변하는 지를 나타내는 측도로써 $V/\mu s$ 단위로 측정되어 진다.
2. Op-amp의 최대 동작 주파수는 다음과 같이 구해진다.

$$f_{\max} = \frac{\text{슬루율}}{2\pi V_{\text{pk}}}$$

   따라서 피크 출력 전압은 최대 동작 주파수를 제한한다.
3. Op-amp의 최대 출력 주파수를 초과할 때는 출력 파형이 왜곡된다.

4. 어떤 한계점 이상으로 Op-amp의 동작 주파수를 증가시키면:
   (a) 최대출력 전압 진폭이 감소한다.
   (b) 개방 회로 전압 이득이 감소한다.

이 절에서는 주파수가 Op-amp의 동작에 어떻게 영향을 미치는지를 보다 더 깊게 살펴본다.

15.7.1 주파수와 이득(Frequency Versus Gain)

Op-amp는 낮은 차단 주파수를 가지지 않기 때문에 직류 증폭기로 분류된다. 이것은 [그림 15-39]에 표시된 것처럼 소자의 이득은 0Hz 이하에서 비교적 일정하게 유지된다는 것을 의미한다. 주파수가 0Hz로부터 증가하면 전압 이득이 감소하기 시작하는 점에 도달하게 된다. 자신의 상측 차단 주파수 f_C는 연산 증폭기의 이득이 자신의 중간 대역(최대값) 값보다 3dB 낮게 된다. 연산 증폭기의 전압 이득은 f_C를 넘어서면 20dB/decade의 표준 감쇠율로 떨어진다는 점이다. 따라서 동작 주파수의 증가는 소자의 전압 이득을 감소시킨다. 주파수 대 이득의 관계를 다른 관점에서 살펴보면 ; Op-amp의 이득이 감소하면 최대 동작 주파수는 증가한다. 이 점은 [그림 15-40]에 표시된 연산증폭기의 주파수 응답 특성곡선을 검토해 보면 잘 알 수 있다.

최대 전압 이득은 소자의 개 루프 전압 이득 A_{OL}과 동일함을 알 수 있다. 이런 Op-amp의 A_{OL}은 근사적으로 106dB(200,000)로 나타나 있다. 만약 소자를 Av(dB)의 최대 가능한 값인 A_{OL}로 동작시킨다면 최대 동작 주파수는 대략 5Hz로 제한된다. 이런 주파수를 넘어서면 Op-amp의 최대 이득은 감소하기 시작한다.

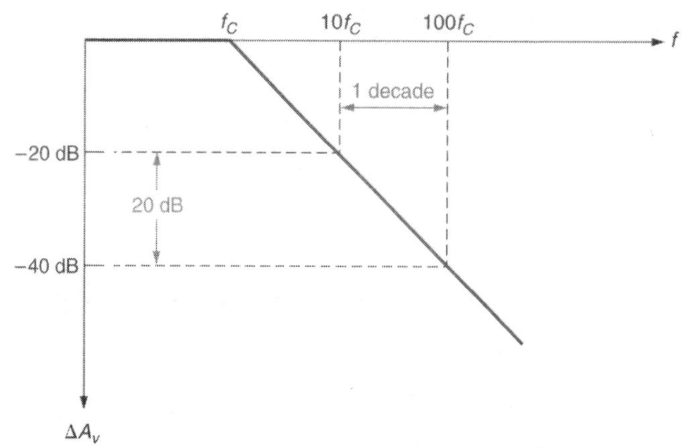

[그림 15-39] 연산증폭기의 주파수 응답

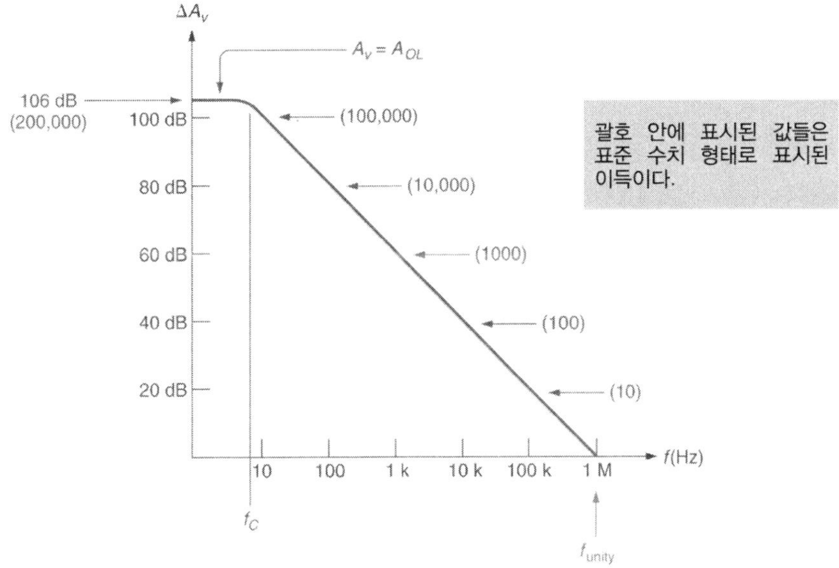

[그림 15-40] 연산증폭기의 주파수 응답 특성곡선

이제 만약 증폭기의 폐 루프 이득이 60dB가 되는 귀환경로를 사용한다면 최대 동작주파수는 어떻게 되겠는가? [그림 15-40]에는 $A_{CL}=60$dB의 경우 해당되는 주파수($f_C=1$kHz)를 나타내고 있다. 여러분도 알다시피 증폭기의 이득을 의도적으로 낮게 함으로써 f_{C2}의 값을 증가시키며 결과적으로 대역폭도 증가시켰다. 실제로 A_{CL}의 크기를 20dB 만큼 감소시킬 때마다 증폭기의 대역폭은 1 decade 증가한다. 결국 $A_{CL}=$OdB단위 이득으로 되는 점에 도달한다. 이런 A_{CL}에 대응하는 주파수를 단위이득 주파수 f_{unity}로 표시한다. Op-amp의 f_{unity}는 [그림 15-40]에 표시된 것처럼 약 1MHz가 된다.

이득과 대역폭은 반비례한다는 사실에 근거하면, 다음 사항을 알 수 있다.

1. Op-amp의 이득이 높으면 높을수록, 대역폭은 더 좁아진다.
2. Op-amp의 이득이 낮으면 낮을수록, 대역폭은 더 넓어진다.

따라서 이득-대역폭 사이에는 절충점(trade-off)이 생긴다. 넓은 대역폭을 원하면 이득을 작게 해야 하며 높은 이득을 원하면 좁은 대역폭을 정해야 한다.

15.7.2 이득 대역 적(Gain Bandwidth Product)

증폭기의 이득-대역적(積)은 주어진 Op-amp의 단위 이득 주파수와 등가로 일정하게 된다. 이득-대역폭 적은 다음 사항을 구하는데 사용할 수 있다.

1. 주어진 f_C에서 A_{CL}의 최대 값
2. 주어진 A_{CL}에 대한 f_C 값

주어진 증폭기의 A_{CL}, f_C, f_{unity} 사이의 관계식은 식 (15-15)처럼 주어진다.

$$A_{CL} f_C = f_{unity} \tag{15-15}$$

어떤 주파수에서 A_{CL}과 f_C의 곱은 Op-amp의 단위 이득 주파수와 동일해야 한다. 예를 들면 [그림 15-40]에 표시된 회로를 고찰해 보자. 이미 앞에서 언급한 바와 같이 $f_{unity} = 1\text{MHz}$이다.

$$10\text{Hz에서는 } A_{CL} f_C = (100{,}000)(10\text{Hz}) = 1\text{MHz}$$
$$100\text{Hz에서는 } A_{CL} f_C = (10{,}000)(100\text{Hz}) = 1\text{MHz}$$
$$1\text{kHz에서는 } A_{CL} f_C = (1{,}000)(1\text{kHz}) = 1\text{MHz}$$

등이다. 식 (15-15)를 다시 정리하면 식 (15-16)과 식 (15-17)을 유도할 수 있다.

$$A_{CL} = \frac{f_{unity}}{f_C} \tag{15-16}$$

$$f_C = \frac{f_{unity}}{A_{CL}} \tag{15-17}$$

【예제 15-10】과 【예제 15-11】은 이들 식의 유용성을 설명하고 있다.

【예제 15.10】 LM318 Op-amp는 15MHz의 이득-대역폭적을 가지고 있다. $A_{CL} = 500$일 때 LM318의 대역폭과 $f_C = 200\text{kHz}$일 때 A_{CL}의 최대 값을 결정하시오.

풀이 $A_{CL} = 500$일 때, f_C의 값은 30kHz이다.

$$f_C = \frac{f_{unity}}{A_{CL}} = \frac{15\text{MHz}}{5000} = 30\text{kHz}$$

Op-amp는 직류 증폭기로서 동작할 수 있기 때문에

$$\text{BW} = f_C = 30\text{kHz}$$

$f_C = 200\text{kHz}$일 때, A_{CL}의 최대 값은 75로 구해진다.

$$A_{CL} = \frac{f_{unity}}{f_C} = \frac{15\text{MHz}}{200\text{kHz}} = 75$$

(실전 연습문제 15-10)

어떤 Op-amp가 25MHz의 이득-대역폭 적을 가지고 있다. $A_{CL}=200$일 때 소자의 대역폭은 얼마인가?

▶▶ 125kHz

이득-대역폭 적을 사용함으로써 생기는 장점은 보드 선도를 사용하지 않고도 다양한 이득-대역폭 문제를 풀 수 있다는 것이다. 이득-대역폭 적을 사용하여 풀 수 있는 다른 형태의 문제가 있다.

【예제 15.11】 $A_{CL}=500$, BW=80kHz의 값을 가지는 증폭기를 설계하려고 한다. LM318이 이런 응용에 사용될 수 있는가?

풀이 LM318은 $f_{unity}=15\text{MHz}$의 값을 가지고 있다. 따라서 $A_{CL}f_C$의 값은 이런 값보다 작거나 동일해야만 한다. 다시 말해서 $A_{CL}f_C$가 f_{unity}보다 크면 Op-amp는 사용될 수 없다.

$$A_{CL}f_C=(500)(80\text{kHz})=40\text{MHz}$$

$A_{CL}f_C$의 크기가 LM318의 f_{unity} 정격보다 크기 때문에 LM318은 이런 응용회로에는 사용될 수 없다.

(실전 연습문제 15-11)

$A_{CL}=52\text{dB}$, BW=10kHz의 값을 가지는 증폭기를 설계하고자 한다. 5MHz의 이득-대역폭 적을 가지는 Op-amp를 가지고 있으면 이런 응용에서 Op-amp를 사용할 수 있는지를 결정하시오.

▶▶ $A_{CL}f_C=3.98\text{MHz}$ 사용할 수 있다.

15.7.3 Op-amp의 내부 커패시턴스(Op-amp Internal Capacitance)

만약 [그림 15-1]에 표시된 741 Op-amp의 내부 구성도를 참조한다면 여러분은 회로에 내부 보상 콘덴서인 C_1이 포함된 사실을 확인할 수 있다. 소자의 내부 주파수 응답을 증가시키는데 사용되는 이런 콘덴서는 소자의 고주파 동작을 제한한다. 주파수가 증가함에 따라 C_1의 리액턴스는 감소한다. 이런 리액턴스가 감소하면 할수록 콘덴서는 더욱 더 단락 회로처럼 동작한다. 결국 Op-amp 내부 회로의 일부분 단락 되는 점에 도달되어 증폭기의 이득은 1로 감소된다. 이런 현상이 발생되는 주파수를 소자의 단위-이득 주파수라고 정의한다.

15.7.4 f_{unity}의 크기 결정(Determining the Value of f_{unity})

Op-amp의 단위-이득 주파수는 여러 가지 방법으로 구할 수 있다. 일부 Op-amp 스펙에는 f_{unity} 정격이 기재되어 있다. 다른 스펙에는 대역폭 정격이 기재되어 있다. 예를 들면 [그림 15-27]에 표시된 KA741 Op-amp의 스펙에는 1MHz의 대역폭 정격이 표시되어 있다. 이런 소자는 1MHz의 단위-이득 주파수를 가진다.

Op-amp의 동작 특성곡선이 주어지면 전압 이득과 동작 주파수 f_{unity}의 크기를 결정하는데 사용될 수 있다. 예를 들면 [그림 15-40]에 표시된 주파수 특성곡선을 참조하자. 어떤 주파수 곡선은 선택해서 대응하는 전압 이득의 한계치를 곱하면 f_{unity}의 값을 구할 수 있다. Op-amp의 f_{unity}는 특성곡선상의 주어진 점에서의 이득 대역적과 같다.

$A_{OL} = 10$, $f = 100\text{kHz}$에서 f_{unity}는 1MHz이다.

$$f_{unity} = (100\text{kHz})(10) = 1\text{MHz}$$

Op-amp의 f_{unity}의 값은 다음 절차에 의해서 측정될 수 있다.

1. 반전 증폭기를 폐 루프 이득이 100이 되도록 조정하라.(이런 값을 사용한 이유는 $R_f = 100\text{k}\Omega$, $R_{in} = 1\text{k}\Omega$의 저항 값으로 쉽게 구성할 수 있기 때문이다.)
2. 증폭기에 입력 신호를 인가하고 f_C에 도달할 때까지(즉, 피크-피크 출력전압 이 중간대역 값의 0.707배로 떨어질 때까지) 동작 주파수를 증가시켜라.
3. 측정된 f_C를 다음 식에 대입하라.

$$f_{unity} = 100 f_C$$

이 식은 식 (15-15)의 다른 형태이며, 전압 이득은 100으로 가정했다.

15.7.5 요약(One Final Point)

여러분도 보다시피 Op-amp의 대한 대역폭 계산은 BJT나 FET 증폭기보다 늘 훨씬 간단하다. 이 점은 개별 증폭기에 대해서 Op-amp 회로가 가지는 장점 중의 하나다.

기초 확인문제 15.7

1. 슬루율과 최대 동작 주파수 사이의 관계로 무엇인가?
2. 피크 출력 전압과 출력 동작 주파수 사이의 관계는 무엇인가?
3. Op-amp의 동작 주파수와 전압 이득 사이의 관계는 무엇인가?
4. 이득-대역폭적은 무엇인가?
5. Op-amp의 전압 이득과 동작 주파수 특성곡선이 소자의 f_{unity} 값을 결정하기 위해서 어떻게 이용될 수 있는가?
6. Op-amp의 f_{unity} 값은 어떻게 측정할 수 있는가?

15.8 부귀환(Negative Feedback)

여러분도 알다시피 회로의 출력으로부터 거꾸로 입력에 신호 통로를 제공하는 과정을 귀환이라 한다. 그 예로 [그림 15-41]에 표시된 Op-amp회로를 살펴보자. 표시된 증폭기에서 사용된 귀환 저항 R_f는 Op-amp의 출력에서 거꾸로 입력에 신호 통로를 제공한다. 이 절에서 언급하겠지만, 귀환이 회로에 미치는 영향은 다수의 요소와 관계된다.

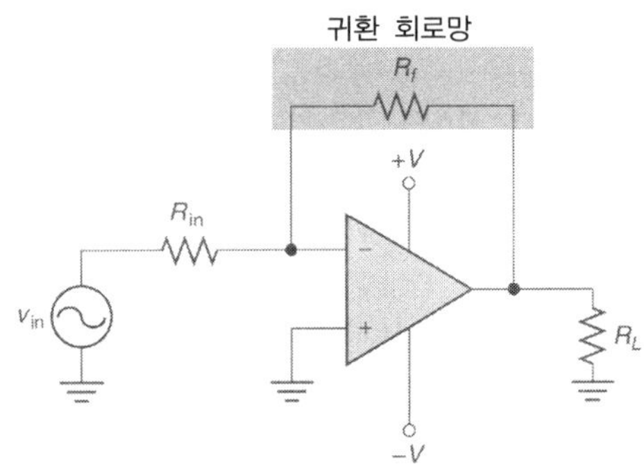

[그림 15-41] 연산증폭기 귀환 경로

15.8.1 부 귀환과 정 귀환(Negative Versus Positive Feedback)

일반적으로 귀환은 부 귀환(negative feedback) 혹은 정 귀환으로 대별된다. 부 귀환은 입력 신호와 위상이 180° 차이가 나는 귀환신호를 제공한다. [그림 15-42]에 부 귀환을 얻는 방법을 나타내었다. 표시된 회로에서 증폭기는 180° 전압 위상차를 유발시키지만 귀환회로는 그렇지 않다. 결과적으로 루프 내의 전체 전압의 위상차는 180°로 되고 귀환 신호는 입력 신호와 180°의 위상차가 발생된다. 증폭기는 0°의 위상차를 시프트 하고 귀환 회로가 180°의 위상차를 가지게 함으로써 동일한 결과를 얻을 수 있다.

정 귀환(positive feedback)은 회로 입력과 동상인 귀환 신호를 제공한다. [그림 15-43]에 정 귀환을 얻는 한 가지 방법을 나타내었다. 이런 경우 증폭기와 귀환회로는 루프 내에서 각각 180°의 전압 위상차를 가진다. 결과적으로 전체 전압 위상차는 360°(0°)가 되고 귀환신호는 회로의 입력 신호와 동위상이 된다. 증폭기와 귀환 회로망을 사용하면 0°의 위상 시프트를 갖는 동일한 결과가 구해진다. 어떤 경우라도 귀환 신호와 입력신호는 동위상이다. 정 귀환은 발진기라 불리는 특별한 형태의 증폭기에 사용된다. 발진기는 직류를 정현파(혹은 어떤 형태로 변하는)출력으로 변환하는 회로이다. 15장에서 발진기의 동작과 응용에 대해 설명하기로 한다.

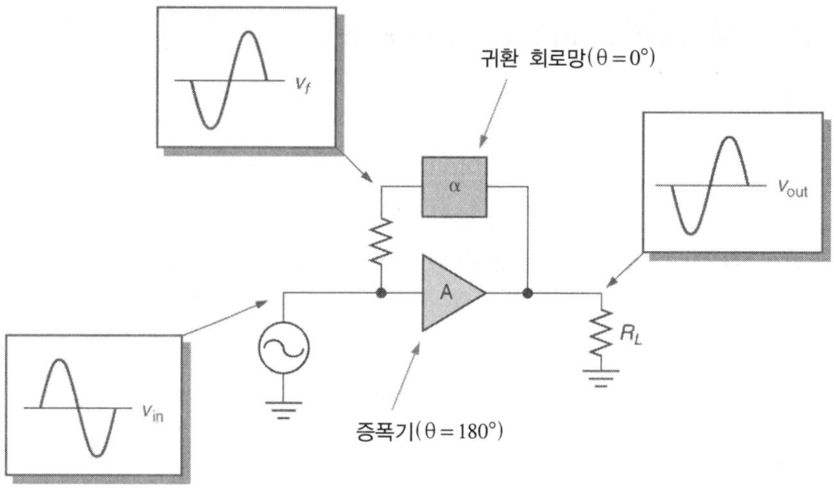

[그림 15-42] Negative 귀환을 구하는 방법

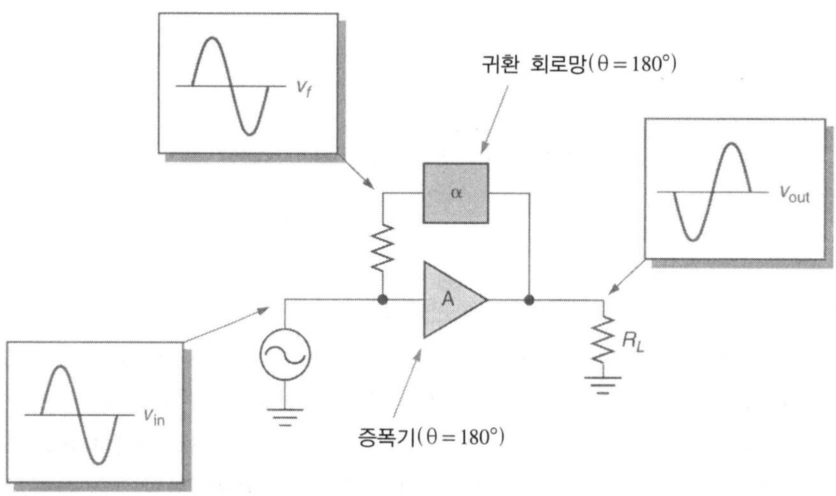

[그림 15-43] Positive 귀환을 구하는 방법

15.8.2 반전 증폭기 동작(Inverting Amplifier Operation)

반전 증폭기에서 귀환저항 R_f는 부 귀환(negative feedback)회로를 구성한다. 부귀환 회로가 Op-amp에 연결되면 전압 이득은 감소하고 동작 대역폭은 증가한다. [그림 15-44]에 이런 사항을 표시하였다.

[그림 15-44]는 귀환경로가 없는 반전 증폭기를 표시한다. 귀환경로가 없으면 회로의 전압이득은 Op-amp의 개 루프 이득 A_{OL}과 동일하다. 이런 경우 $A_v = A_{OL} = 200{,}000$이 된다. 단위 이득 주파수 정격이 3MHz이면 회로의 대역폭은 15Hz로 구해진다.

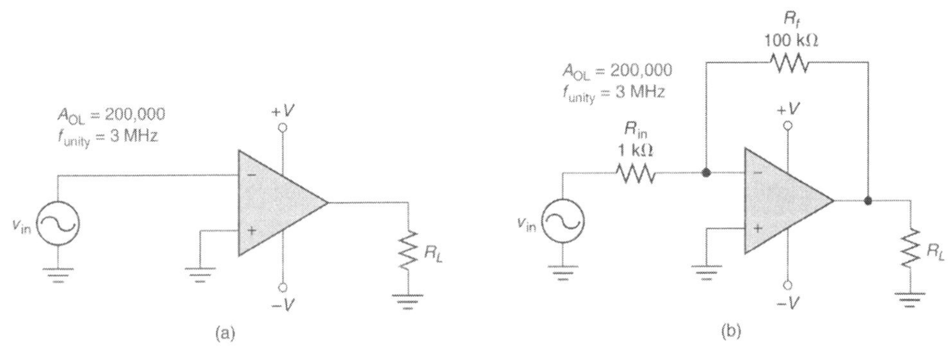

[그림 15-44]

$$BW = \frac{f_{unity}}{A_{OL}} = \frac{3MHz}{200,000} = 15Hz$$

[그림 15-48 (b)]에 표시된 것처럼 Op-amp 회로에 부 귀환 회로가 추가되면 회로의 전압 이득과 대역폭은 다음과 같다.

$$A_{CL} = \frac{R_f}{R_{in}} = \frac{100k\Omega}{1k\Omega} = 100$$

$$BW = \frac{f_{unity}}{A_{OL}} = \frac{3MHz}{100} = 30kHz$$

여러분도 보다시피 부귀환 회로가 추가되면 결과적으로

1. 전압 이득은 감소한다.
2. 대역폭은 감소한다.

이것은 부 귀환이 사용되는 경우 항상 적용된다.

15.8.3 비 반전 증폭기 동작(Noninverting Amplifier Operation)

전압 이득과 대역폭의 관점에서 부 귀환은 반전 증폭기와 마찬가지로 비 반전 증폭기에도 동일한 효과를 가진다. [그림 15-45]에 회로 계산 방법을 나타내었다. 여러분도 보다시피 [그림 15-45 (a)]에 표시된 회로의 개 루프 회로는 $A_v = 106dB$, $BW = 15Hz$의 크기를 갖는다. 귀환 경로가 추가된다면 회로 전압 이득은 $A_{CL} = 101$, 대역폭은 30kHz로 증가한다.

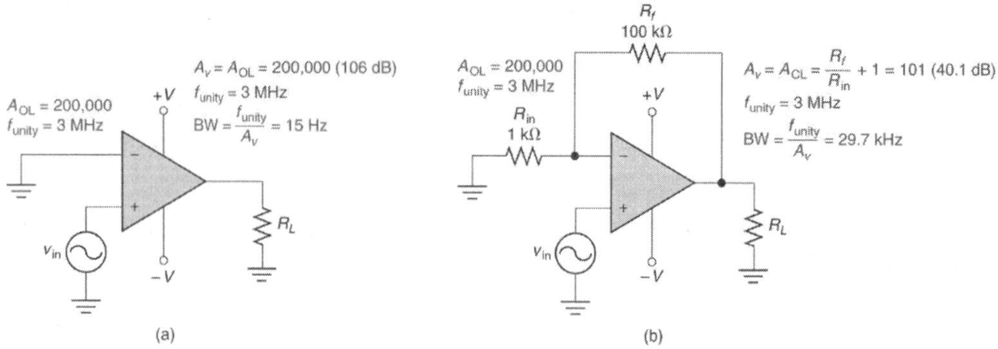

[그림 15-45]

15.8.4 수학적인 해석(Mathematic Analysis)

부 귀환이 Op-amp의 전압 이득과 동작 대역폭에 어떤 영향을 미치는지를 살펴보았기 때문에 이제는 수학적인 해석을 할 차례다. 이를 위해 [그림 15-46]에 표시된 회로를 참조하자. 먼저 귀환증폭기를 한 쌍의 이득 값으로 생각해 보자. 증폭기 자체는 식 (15-18) 처럼 정의된 전압 이득을 가진다.

$$A_{OL} = \frac{v_{out}}{v_{diff}} \tag{15-18}$$

여기서 v_{diff} = Op-amp의 반전 및 비 반전 입력에서의 전압 차이이다. A_{OL}은 Op-amp의 파라미터일 뿐 귀환 증폭기의 전체 이득과 반드시 동일하지는 않다. 귀환회로는 감쇠

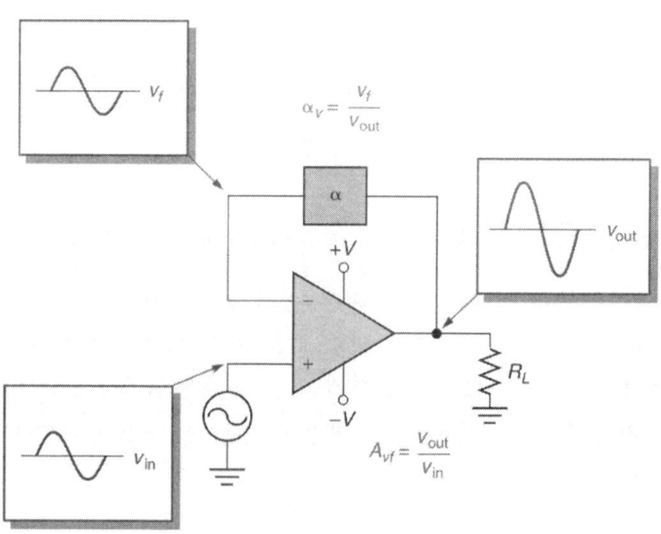

[그림 15-46]

(attenuation) α로 표시된다. 그리스 문자 α는 보통 전압 및 혹은 전력 손실을 나타내는데 사용된다. α를 컬렉터-이미터 전류비와 혼동하지 마라.

귀환회로망의 감쇠계수(attenuation factor) α_v는 식 (15-19)처럼 표시된다.

$$\alpha_v = \frac{v_f}{v_{\text{out}}} \tag{15-19}$$

v_f는 v_{out}보다 항상 작다. 이런 이유 때문에 α_v는 항상 1보다 작다. 일반 증폭기에서와 같이 귀환 증폭기의 실효이득(effective gain)은 식 (15-20)처럼 표시된다.

$$A_{vf} = \frac{v_{\text{out}}}{v_{\text{in}}} \tag{15-20}$$

부록 D에서 식 (15-18), (15-19), (15-20)을 사용하면 다음 식을 유도할 수 있다.

$$A_{vf} = \frac{A_v}{1+\alpha_v A_v} \tag{15-21}$$

여기서 A_{vf} = 전압귀환증폭기의 실효 이득

A_v = 증폭기의 개 루프 전압 이득(귀환회로가 존재하지 않을 때의 증폭기 전압 이득)

을 의미한다.

식 (15-21)은 Op-amp 뿐만 아니라 개별소자를 사용하는 귀환증폭기에도 적용된다. 반전(비 반전) 증폭기에 대해 식 (15-21)은 다음과 같이 표시할 수 있다.

$$A_{\text{CL}} = \frac{A_{\text{OL}}}{1+\alpha_v A_{\text{OL}}} \tag{15-22}$$

식 (15-22)의 분모항인 $1+\alpha_v A_{\text{OL}}$은 부귀한 증폭기에서 거의 모든 식에서 볼 수 있게 된다. 간략화 하기 위해서 이 항을 주어진 증폭기의 귀환율(feedback factor)이라고 부른다. 대부분의 경우 회로 이득과 임피던스 값(차단주파수와 대역폭도 마찬가지)은 그들 자체의 개 루프 값으로부터 회로의 귀환율 만큼 변한다. 다시 말하자면 회로 특성 값이 증가하거나 감소하는 비율이 회로의 귀환율과 동일하다. 【예제 15-12】에서는 반전 증폭기의 전압 이득이 귀환율에 어떤 영향을 받는지를 예시한다.

【예제 15.12】 [그림 15-47]에 표시된 반전 증폭기는 $A_{\text{OL}}=150{,}000$의 정격을 가진 Op-amp를 사용한다. 회로는 $\alpha_v=0.005$의 값을 가진다고 가정하고 A_{CL}의 값을 구하시오.

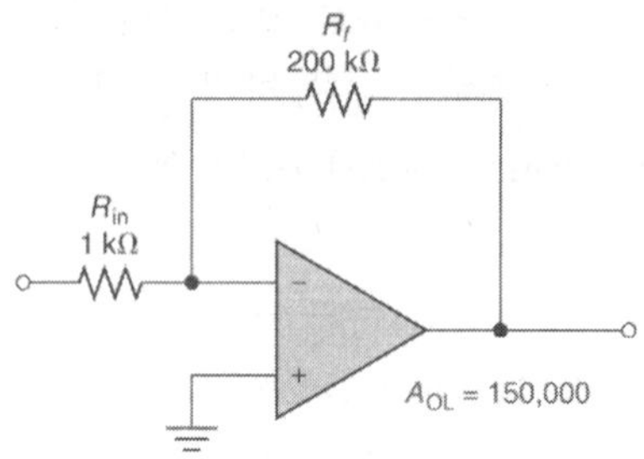

[그림 15-47]

풀이 A_{OL}과 α_v를 사용하면 회로의 폐 루프 전압 이득은 200으로 구해진다.

$$A_{CL} = \frac{A_{OL}}{1+\alpha_v A_{OL}} = \frac{150,000}{1+(0.005)(150,000)} = 200$$

(실전 연습문제 15-12)

[그림 15-47]에 표시된 것과 유사한 증폭기가 $A_{OL}=200,000$, $\alpha_v=0.01$의 값을 가진다고 가정하고 회로의 A_{CL}을 계산하시오.

▶▶ 100

식 (15-21)에서 $\alpha_v A_v$값은 항상 1보다 훨씬 크다. 이런 이유 때문에 귀환증폭기의 폐루프 전압 이득은 다음과 같이 근사화시킬 수 있다.

$$A_{vf} = \frac{A_v}{1+\alpha_v A_v} \cong \frac{A_v}{\alpha_v A_v} \text{ 혹은 } A_{vf} \cong \frac{1}{\alpha_v} \tag{15-23}$$

반전 증폭기(비 반전 증폭기)에서는 식 (15-24)처럼 표시된다.

$$A_{CL} \cong \frac{1}{\alpha_v} \tag{15-24}$$

식 (15-24)는 반전 혹은 비반전 증폭기에 대한 α_v 값을 어떻게 계산할 수 있는지를 알려 주기 때문에 중요하다. 먼저 이 장의 전반부에 설명한 식을 사용하여 A_{CL}의 값을 구한다. 그러면 α_v의 값은 식 (15-25)처럼 구해진다.

$$\alpha_v \cong \frac{1}{A_{CL}} \tag{15-25}$$

α_v의 크기를 구하고 나면 회로의 귀환율은 회로의 임피던스 계산에 사용된다. 【예제 15-13】은 비 반전 증폭기의 귀환율을 계산하는 절차를 설명한다.

【예제 15.13】 [그림 15-48]에 표시된 비 반전 증폭기의 귀환율의 값을 구하라.

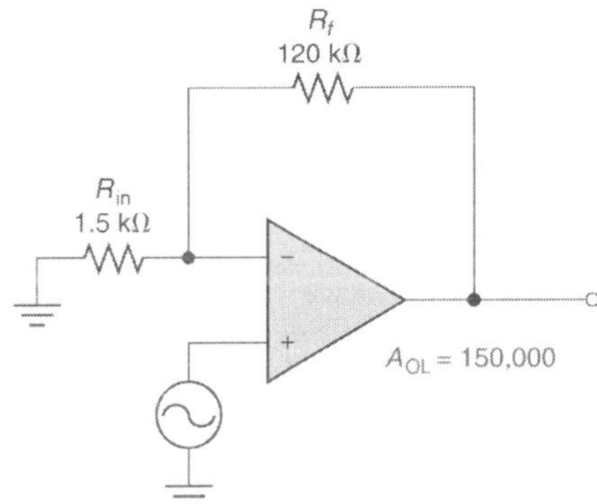

[그림 15-48]

풀이 이 장의 전반부에서 설명한 관계식을 사용하면 증폭기의 폐 루프 전압 이득은 81로 구해진다.

$$A_{CL} = \frac{R_f}{R_{in}} + 1 = \frac{120k\Omega}{1.5k\Omega} + 1 = 81$$

이제 $A_{CL} = 81$을 이용하면 회로의 감쇠율 α_v는 0.0124로 구해진다.

$$\alpha_v \cong \frac{1}{A_{CL}} = \frac{1}{81} = 0.0124$$

마지막으로, 회로의 귀환율은 1861로 구해진다.

$$1 + \alpha_v A_{OL} = 1 + (0.0124)(150,000) = 1861$$

(실전 연습문제 15-13)

반전 증폭기가 $R_f = 220k\Omega$, $R_{in} = 2k\Omega$의 값을 가진다. 회로의 Op-amp는 $A_{OL} = 180,000$의 정격을 가진다면 회로의 귀환율은 얼마인지 계산하시오.

▶▶ 1639

15.8.5 회로 임피던스와 부 귀환의 효과(The Effect of Negative Feedback on Circuit Impedance Value)

반전 및 비 반전 증폭기의 입력 및 출력 임피던스 값은 [그림 15-49]에 표시된 것처럼 계산된다. 반전 증폭기에서는 반전 입력의 가상 접지로 인해서 증폭기의 입력 임피던스는 자신의 입력 저항 R_{in}과 근사적으로 동일하다. 이 점은 이 장의 앞에서 설명한 바 있다. 비 반전 증폭기의 경우에는 반전 입력에서의 귀환신호로 인해서 입력 차동 전압 v_{diff}를 감소시킨다. 따라서 전류가 소스로부터 증폭기로 흐르게 된다.

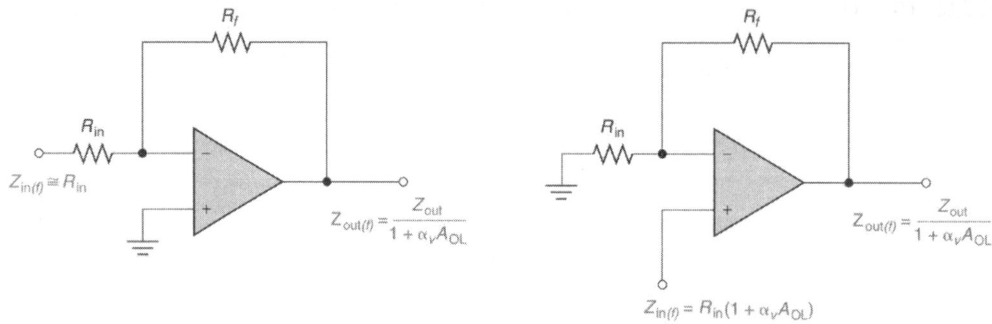

[그림 15-49] 증폭기의 입력 임피던스와 출력 임피던스

$Z_{\text{in}} = \frac{v_s}{i_s}$이므로 신호 전류의 감소는 증폭기의 입력 임피던스를 효과적으로 증가시키는 원인이 된다. 증가된 입력 임피던스의 크기는 회로의 귀환율과 동일하다. 식으로 표시하면 아래와 같다.

$$Z_{\text{in}(f)} = Z_{\text{in}}(1 + \alpha v A_{\text{OL}}) \tag{15-26}$$

여기서 $Z_{\text{in(f)}}$=비 반전 증폭기의 입력 임피던스
Z_{in}=op-amp 입력 임피던스이다.

다음에서 설명하는 바와 같이 비 반전 증폭기의 입력 임피던스는 op-amp 자체의 입력 임피던스보다 훨씬 크다.

【예제 15.14】 [그림 15-49 (b)]에 표시된 비 반전 증폭기를 참조한다. op-amp는 $Z_{\text{in}} = 5\text{M}\Omega$, $A_{OL} = 180{,}000$의 정격을 가진다고 가정하라. 만약 $R_{\text{in}} = 1.2\text{k}\Omega$, $R_f = 180\text{k}\Omega$이면 증폭기의 입력 임피던스는 얼마인가?

풀이 먼저 감쇠율의 크기를 계산해 보자. 이 책의 전반부에 언급한 방법을 사용하면 회로의 폐 루프 전압 이득은 151이다. 따라서

$$\alpha_v \cong \frac{1}{A_{\text{CL}}} = \frac{1}{151} = 0.0066$$

$\alpha_v = 0.0066$, $A_{\text{OL}} = 180{,}000$을 사용하면 귀환율은 1189로 구해진다.

$$1 + \alpha_v A_{\text{OL}} = 1 + (0.00666)(180{,}000) = 1189$$

마지막으로 증폭기 입력 임피던스는 $5.95\text{G}\Omega$으로 구해진다.

$$Z_{\text{in(f)}} = Z_{\text{in}}(1 + \alpha_v A_{\text{OL}}) = (5\text{M}\Omega)(1189) = 5.95\text{G}\Omega$$

(실전 연습문제 15-14)

주어진 Op-amp는 $Z_{in}=2\text{M}\Omega$, $A_{OL}=200{,}000$의 정격을 가진다. 이런 Op-amp는 $R_f=220\text{k}\Omega$을 가진 비 반전 증폭기로 사용된다면 증폭기의 입력 임피던스는 얼마인지 구하시오.

▶▶ 1.8GΩ

여러분도 보다시피 귀환회로망이 추가되면 비 반전 증폭기의 입력 임피던스는 상당히 커짐을 알 수 있다. 그 결과 증폭기의 입력 임피던스가 신호 회로에 거의 부하로 존재하기 않는다. 이것이 부 귀환을 사용하는 장점이 된다. 부 귀환이 Op-amp의 입력 임피던스를 효과적으로 증가시키듯이 Op-amp의 출력 임피던스는 감소시킨다. 감소된 Z_{out}의 크기는 회로의 귀환율에 의해서 결정된다.

$$Z_{out(f)}=\frac{Z_{out}}{1+\alpha_v A_{OL}} \tag{15-27}$$

여기서 $Z_{out(f)}$=증폭기의 출력 임피던스
Z_{out}=Op-amp 출력 임피던스이다.

다음 예제는 비 반전 증폭기의 출력 임피던스가 부 귀환에 의해 어떤 영향을 받는지를 설명한다.

【예제 15.15】 【예제 15-14】를 참조하여 Op-amp가 $Z_{out}=80\Omega$의 정격을 가지는 경우 증폭기의 출력 임피던스를 구하시오.

풀이 【예제 15-14】에서 귀환율은 1,189로 구해졌다. 이 값과 Op-amp의 정격 출력 임피던스를 이용하면 비 반전 증폭기의 출력 임피던스는 6.73mΩ으로 구해진다.

$$Z_{out(f)}=\frac{Z_{out}}{1+\alpha_v A_{OL}}=\frac{80\Omega}{1189}=67.3\text{m}\Omega$$

(실전 연습문제 15-15)

실전 연습문제(15-14)를 참고하여 Op-amp가 $Z_{out}=75\Omega$의 정격을 가지는 경우 증폭기의 출력 임피던스를 구하시오.

▶▶ 83.2mΩ

여러분도 보다시피 귀환회로는 Op-amp 출력 임피던스를 크게 감소시켰다. 이것은 부 귀환을 사용하는 또 다른 이점이다. 보다 낮은 출력 임피던스로 인해서 이런 회로는 낮은 임피던스 부하를 구동시키기에 더 적합하다. [그림 15-49]를 참조하면 부 귀환의 사용은 비 반전 증폭기의 경우와 마찬가지로 반전 증폭기에도 동일한 효과를 가짐을 알 수 있다.

기초 확인문제 15.8

1. 전압 부 귀환은 어떻게 증폭기의 실제 전압 이득을 감소시키는가?
2. 일반적으로 사용되는 귀환의 종류를 나열하고 설명하라.
3. 귀환회로의 감쇠율이란 무엇인가?
4. 부 귀환 증폭기의 귀환율이란 무엇인가?
5. 부 귀환은 반전 증폭기 혹은 비 반전 증폭기의 입력 임피던스에 어떤 영향을 미치는가?
6. 부 귀환은 반전 증폭기 혹은 비 반전 증폭기의 출력 임피던스에 어떤 영향을 미치는가?

중요 용어(Key Term)

감쇠(attenuation), 감쇠율(attenuation factor), 폐 루프 전압이득(closed loop voltage gain), 공통 모드 이득(common mode gain), 공통 모드 제거비(common mode rejection ratio), 보상용 저항(compensating resistor), 전류귀환(current feedback), 직류증폭기(dc amplifier), 차동증폭기(differential amplifier), 표시코드(designator code), 이산소자(discrete component), 귀환율(feedback factor), 이득 대역폭적(gain-bandwidth product), 입력바이어스전류(input bias current), 입력 offset 전류(input offset current), 입력 offset 전압(input offset voltage), 입력 전압 범위(input voltage range),집적회로(integrated circuit), 반전증폭기(inverting amplifier), 반전입력(inverting input), 대 신호 전압이득(large signal voltage gain), 부귀환(negative feedback), 비 반전 증폭기(noninverting amplifier), 비 반전 입력(noninverting input), offset 0(offset null), 개루프 전압이득(open loop voltage gain), 연산증폭기(operational amplifier), 발진기(oscillator), 출력 offset 전압(output offset voltage), 출력단락회로전류(output short circuit current), 정 귀환(positive feedback), 전력 소비(power consumption), 전원공급제거비(power supply rejection ratio), 슬루 율(slew rate), 공급전류(supply current), 단위이득 주파수(unity gain frequency), 전압 활로워(voltage follower)

연습문제

15-1. [그림 15-50]에 표시된 각각의 Op-amp에 대한 출력 극성을 결정하시오.

15-2. [그림 15-51]에 표시된 각각의 Op-amp에 대한 출력 극성을 결정하시오.

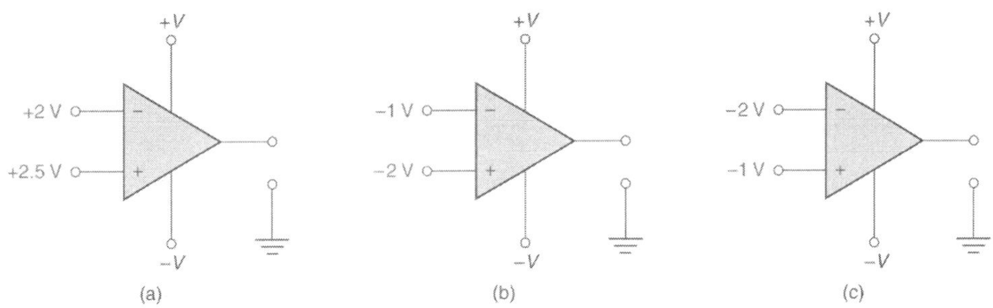

[그림 15-50]

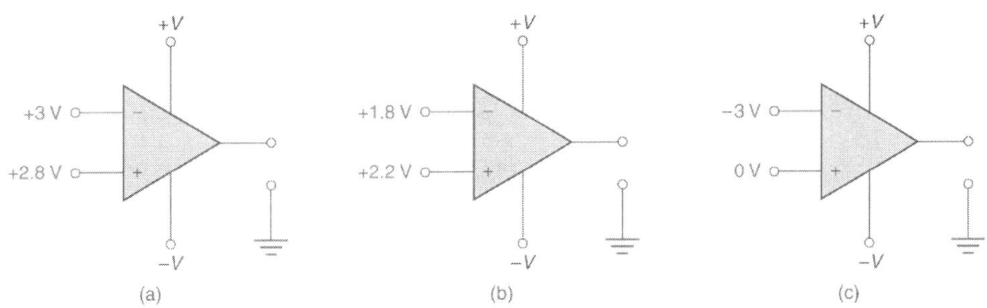

[그림 15-51]

15-3. [그림 15-52]에 표시된 증폭기의 최대 피크-피크 출력 전압을 구하시오.

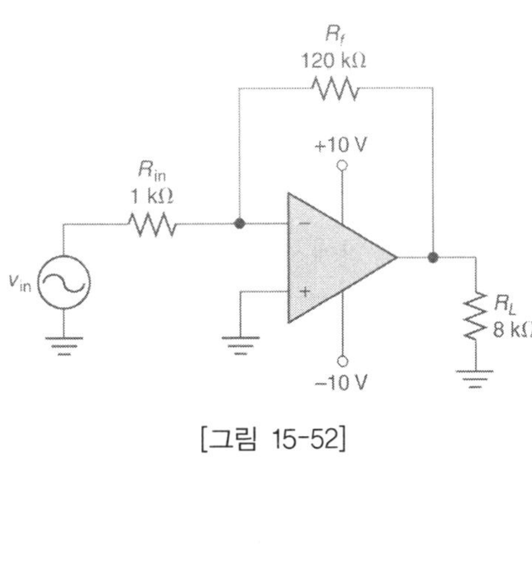

[그림 15-52]

15-4. [그림 15-53]에 표시된 증폭기의 최대 피크-피크 출력 전압을 구하시오.

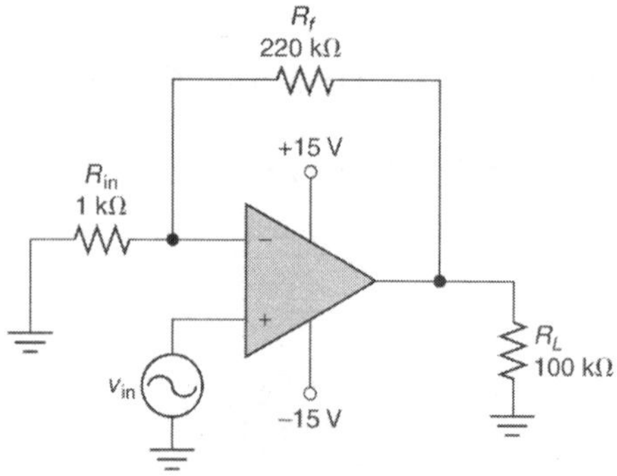

[그림 15-53]

15-5. 연습문제 15-3에서 증폭기는 120의 전압 이득을 가진다고 가정하고 이 회로에서 최대 허용 가능한 피크-피크 입력 전압을 구하시오.

15-6. 연습문제 15-4에서 증폭기는 220의 전압 이득을 가진다고 가정하고 이 회로에서 최대 허용 가능한 피크-피크 입력 전압을 구하시오.

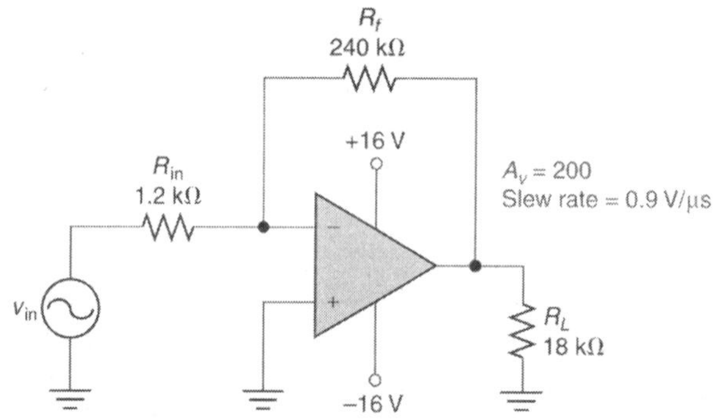

[그림 15-54]

15-7. [그림 15-54]에 표시된 증폭기에서 최대 허용 가능한 피크-피크 입력 전압을 구하시오.

15-8. [그림 15-55]에 표시된 증폭기에서 최대 허용 가능한 피크-피크 입력 전압을 구하시오.

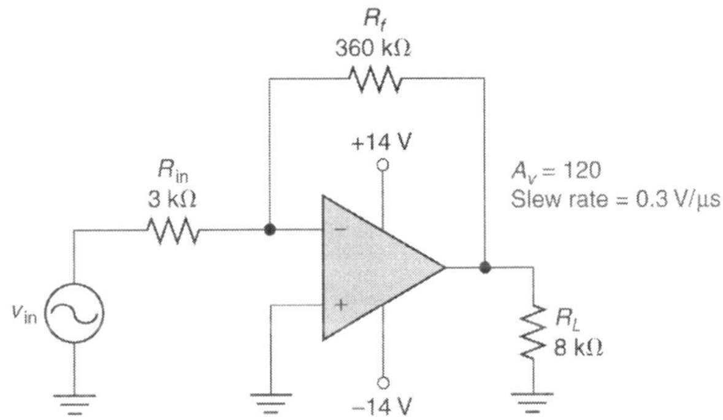

[그림 15-55]

15-9. [그림 15-54]에 표시된 증폭기 회로는 2.4V의 출력 오프셋 전압을 가진다고 가정하고 회로의 입력 오프셋 전압을 구하시오.

15-10. [그림 15-55]에 표시된 증폭기 회로는 960mV의 출력 오프셋 전압을 가진다고 가정하고 회로의 입력 오프셋 전압을 구하시오.

15-11. [그림 15-54]에 표시된 증폭기회로의 최대 동작 주파수를 결정하시오. 단. 이 회로는 $10mV_{PP}$의 입력 신호를 가진다고 가정하시오.

15-12. [그림 15-55]에 표시된 증폭기회로의 최대 동작 주파수를 결정하시오. 단. 이 회로는 $40mV_{PP}$의 입력 신호를 가진다고 가정하시오.

15-13. [그림 15-56 (a)]에 표시된 증폭기 회로의 최대 동작 주파수를 결정하시오.

15-14. [그림 15-56 (b)]에 표시된 증폭기 회로의 대해 최대 동작 주파수를 결정하시오.

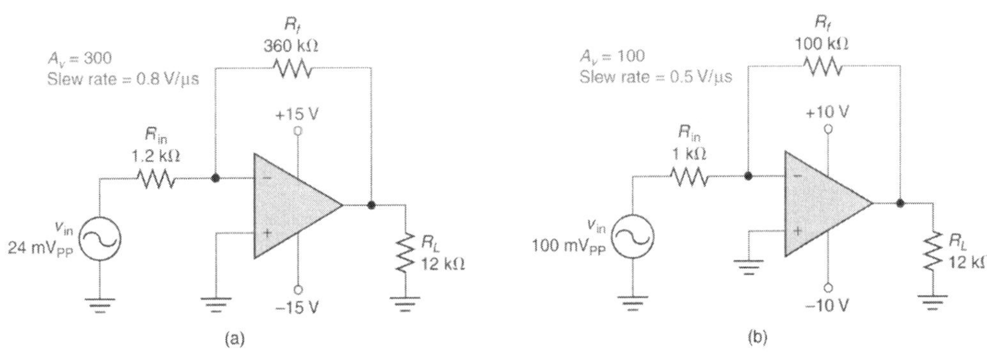

[그림 15-56]

15-15. [그림 15-57]에 표시된 증폭기 회로의 전체 해석을 수행하시오.

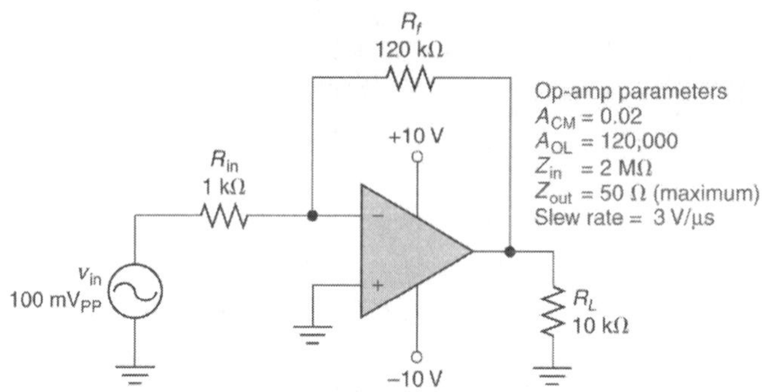

[그림 15-57]

15-16. [그림 15-58]에 표시된 증폭기 회로의 전체 해석을 수행하시오.

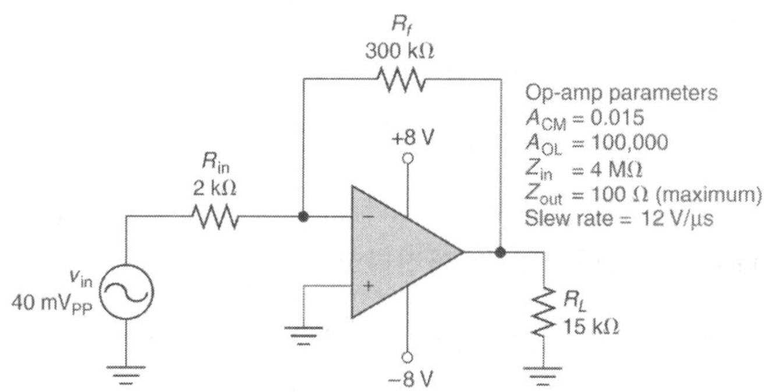

[그림 15-58]

15-17. [그림 15-59]에 표시된 증폭기 회로의 전체 해석을 수행하시오.

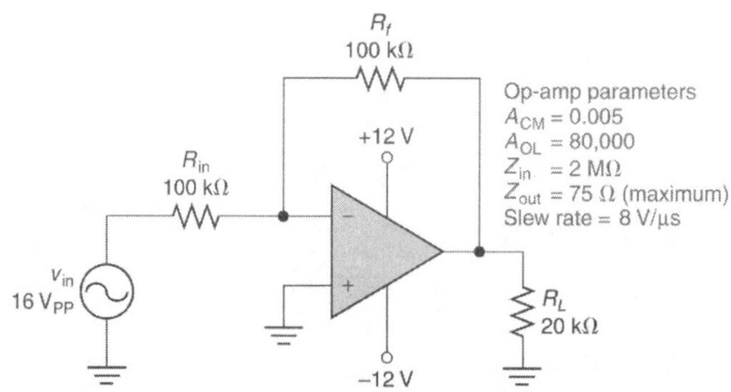

[그림 15-59]

15-18. [그림 15-60]에 표시된 증폭기 회로의 전체 해석을 수행하시오.

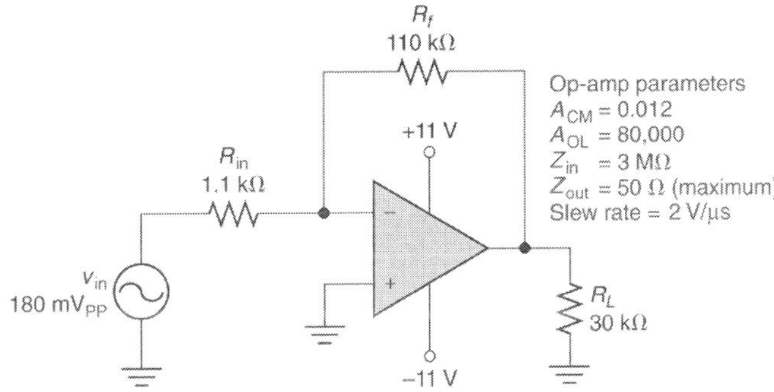

[그림 15-60]

15-19. [그림 15-61]에 표시된 증폭기 회로의 전체 해석을 수행하시오.

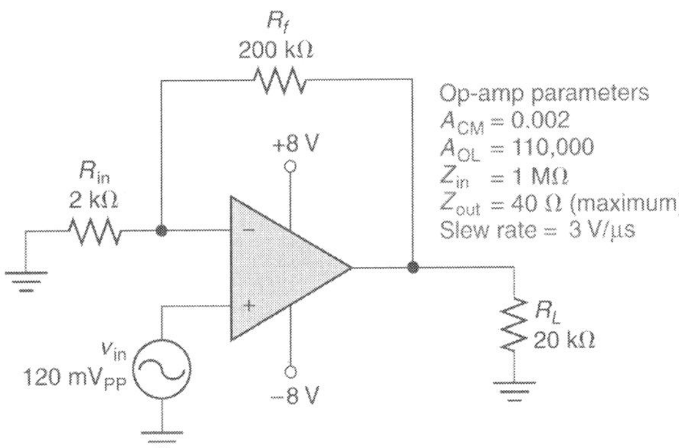

[그림 15-61]

15-20. [그림 15-62]에 표시된 증폭기 회로의 전체 해석을 수행하시오.

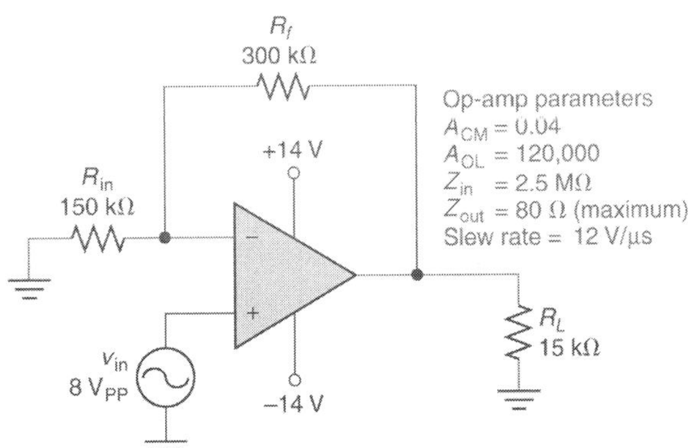

[그림 15-62]

15-21. [그림 15-63]에 표시된 증폭기 회로의 전체 해석을 수행하시오.

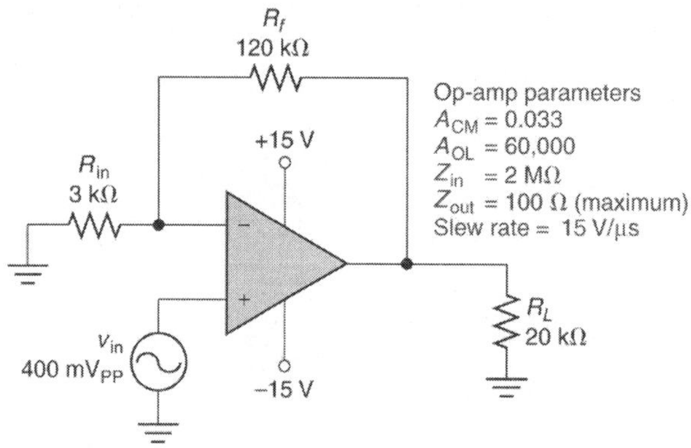

[그림 15-63]

15-22. [그림 15-64]에 표시된 증폭기 회로의 전체 해석을 수행하시오.

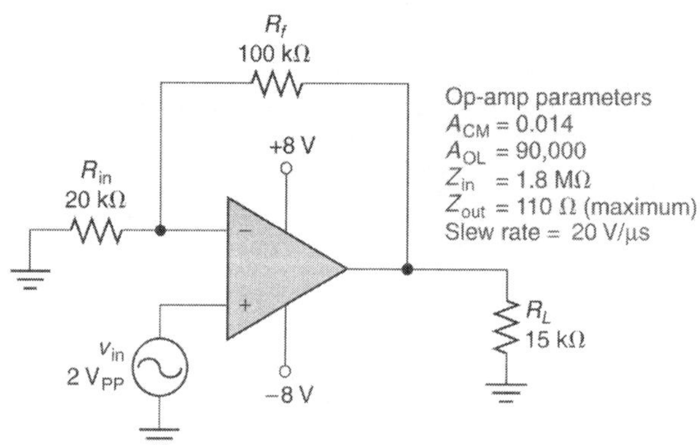

[그림 15-64]

15-23. [그림 15-65]에 표시된 전압활로워의 전체 해석을 수행하시오.

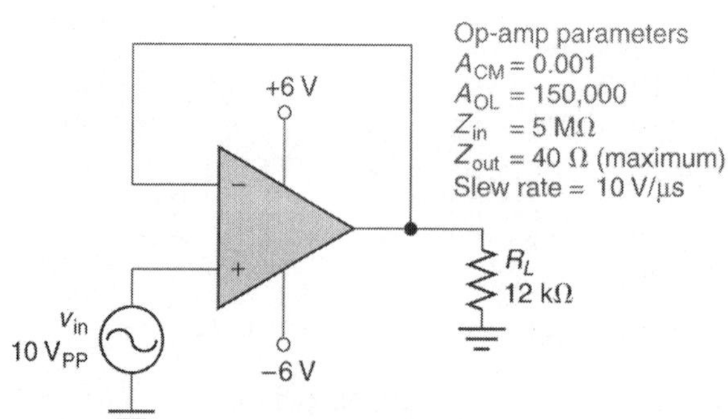

[그림 15-65]

15-24. [그림 15-66]에 표시된 전압활로워의 전체 해석을 수행하시오.

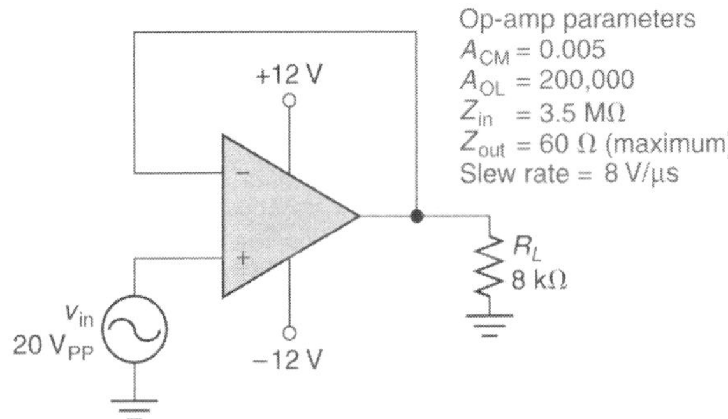

[그림 15-66]

15-25. 어떤 Op-amp가 12MHz의 이득-대역폭적을 가진다고 가정하고 $A_{CL}=400$일 때의 소자의 대역폭을 구하시오.

15-26. 어떤 Op-amp가 14MHz의 이득-대역폭적을 가진다고 가정하고 $A_{CL}=320$일 때의 소자의 대역폭을 구하시오.

15-27. 어떤 Op-amp가 12MHz의 이득-대역폭적을 가진다고 가정하고 $A_{CL}=42$dB일 때의 소자의 대역폭을 구하시오.

15-28. 어떤 Op-amp가 1MHz의 이득-대역폭적을 가진다고 가정하고 $A_{CL}=20$dB일 때의 소자의 대역폭을 구하시오.

15-29. $A_{CL}=200$ $f_C=120$kHz인 증폭기를 구성하고자 한다. 이를 위해 $f_{unity}=28$MHz인 Op-amp를 사용할 수 있는가?

15-30. $A_{CL}=24$dB $f_C=40$kHz인 증폭기를 구성하고자 한다. 이를 위해 $f_{unity}=1$MHz인 Op-amp을 사용하면 되는가?

15-31. $A_{CL}=120$이고 $f_C=100$kHz인 Op-amp의 이득-대역폭적은 얼마인가?

15-32. $A_{CL}=3000$이고 $f_C=88$kHz인 Op-amp의 이득-대역폭적은 얼마인가?

15-33. [그림 15-67]에 표시된 회로에서 f_C가 250kHz로 측정 되었다면 op-amp의 f_{unity}는 얼마인가?

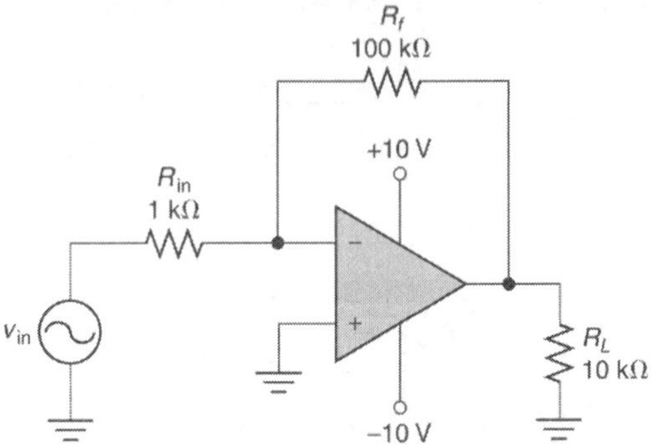

[그림 15-67]

15-34. [그림 15-68]에 표시된 회로에서 f_C가 100kHz로 측정 되었다면 op-amp의 f_{unity}는 얼마인가?

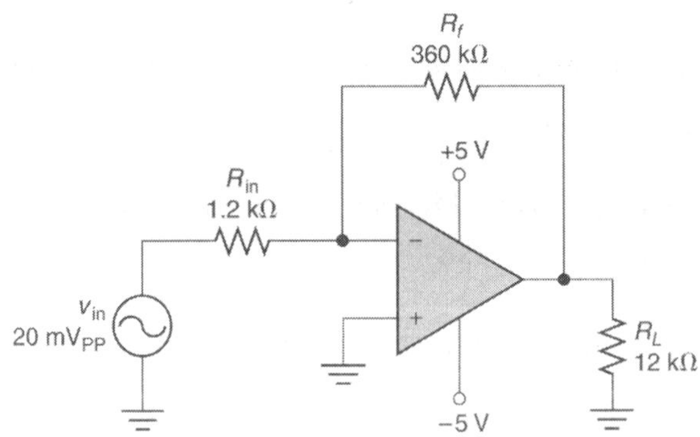

[그림 15-68]

15-35. 반전 증폭기가 $A_{OL}=1000$, $\alpha_v=0.22$의 크기를 갖는다고 가정하고 회로의 A_{CL}을 구하시오.

15-36. 반전 증폭기가 $A_{OL}=588$, $\alpha_v=0.092$의 크기를 갖는다고 가정하고 회로의 A_{CL}을 구하시오.

15-37. 반전 증폭기가 $A_{OL}=150{,}000$, $\alpha_v=0.008$의 크기를 갖는다고 가정하고 회로의 A_{CL}을 구하시오.

15-38. 반전 증폭기가 $A_{OL}=200{,}000$, $\alpha_v=0.015$의 크기를 갖는다고 가정하고 회로의 A_{CL}을 구하시오.

15-39. 연습문제 15-35에서 증폭기는 $Z_{in}=48\text{k}\Omega$, $Z_{out}=200\Omega$의 크기를 갖는다고 가

정하고 회로의 $Z_{in(f)}$와 $Z_{out(f)}$를 구하시오.

15-40. 연습문제 15-37에서 증폭기는 $Z_{in} = 2\text{M}\Omega$, $Z_{out} = 80\,\Omega$의 크기를 갖는다고 가정하고 회로의 $Z_{in(f)}$와 $Z_{out(f)}$를 구하시오.

15-41. [그림 15-67]에 표시된 회로에서 A_{CL}, $Z_{in(f)}$, $Z_{out(f)}$를 계산하시오. 단, 증폭기는 $A_{OL} = 200{,}000$, $Z_{in} = 5\text{M}\Omega$, $Z_{out} = 100\,\Omega$을 가진다고 가정한다.

15-42. [그림 15-68]에 표시된 회로에서 A_{CL}, $Z_{in(f)}$, $Z_{out(f)}$를 계산하시오. 단, 증폭기는 $A_{OL} = 180{,}000$, $Z_{in} = 3\text{M}\Omega$, $Z_{out} = 75\,\Omega$을 가진다고 가정한다.

15-43. [그림 15-69]에 표시된 회로에서 각 부분의 파형이 그림과 같이 관측되었다고 가정하고 문제 발생의 가능한 원인을 설명하시오.

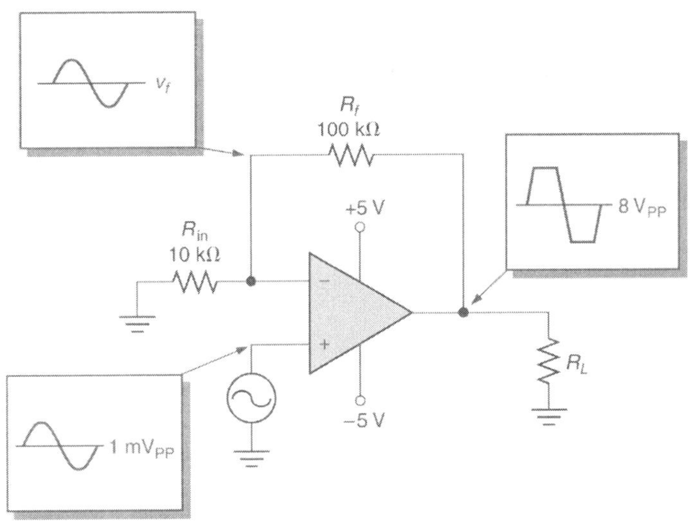

[그림 15-69]

15-44. [그림 15-70]에 표시된 회로에서 각 부분의 파형이 그림과 같이 관측되었다고 가정하고 문제 발생의 가능한 원인을 설명하시오.

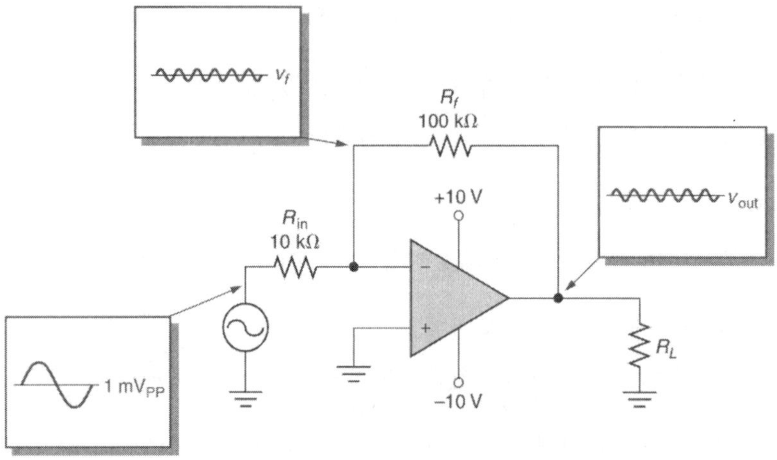

[그림 15-70]

15-45. [그림 15-71]에 표시된 회로에서 TP−1 = +10mV, TP−2 = +20mV, TP−3 = +120mV, TP−4 = 0V, TP−5 = −240mV로 측정되었다고 가정하고 문제 발생의 가능한 원인을 설명하시오.

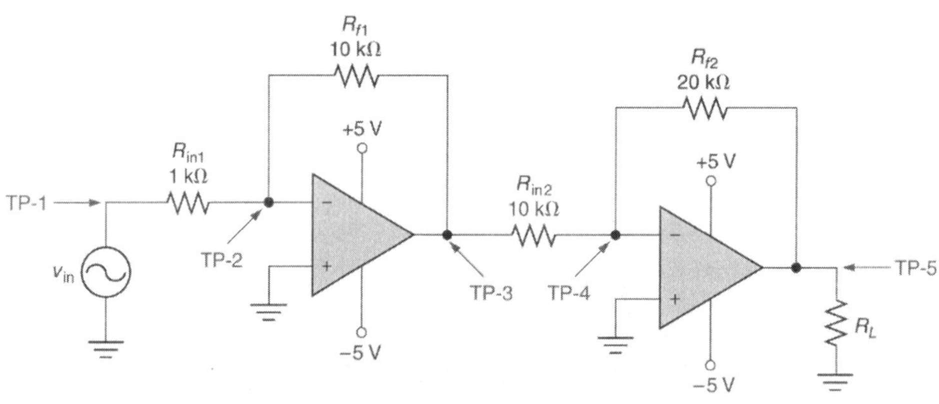

[그림 15-71]

15-46. [그림 15-71] 표시된 회로에서 TP−1 = −5mV, TP−2 = 0V, TP−3 = +500mV, TP−4 = 0V, TP−5 = −1V로 측정되었다고 가정하고 문제 발생의 가능한 원인을 설명하시오.

15-47. [그림 15-71]에 표시된 회로에서 TP−1 = +20mV, TP−2 = 0V, TP−3 = −4V, TP−4 = 0V, TP −5 = +4V로 측정되었다고 가정하고 문제 발생의 가능한 원인을 설명하시오.

15-48. [그림 15-71]에 표시된 회로에서 TP－1＝－1V, TP－2＝0V, TP－3＝0V, TP－4＝0V, TP －5＝0V로 측정되었다고 가정하고 문제 발생의 가능한 원인을 설명하시오.

15-49. [그림 15-72]에 표시된 회로에서 연산증폭기의 입력과 출력이 그림에 표시된 것과 같이 측정된다면 소자의 CMRR은 얼마인지 구하시오.

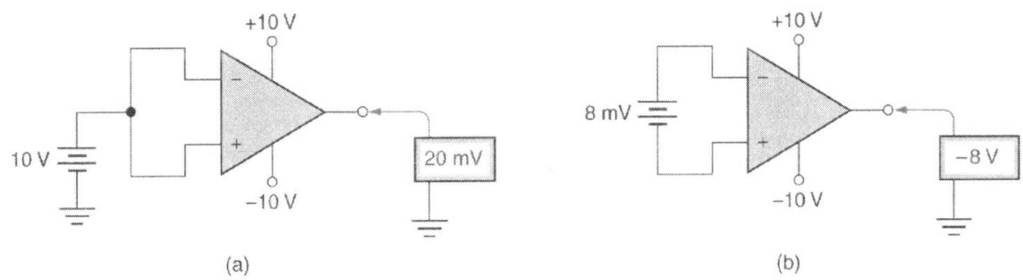

[그림 15-72]

15-50. KA741을 사용해서 설계된 비 반전증폭기가 100mV_{pk}의 입력신호와 20kΩ의 부하저항에서 25VPP 출력을 제공하도록 설계하시오. 공급전원의 크기는 ±18V_{dc}이다. 8핀DIP의 핀 번호를 기억하라.

15-51. [그림 15-73]은 Op-amp 회로의 일부분을 표시한 것이다. 회로를 해석하고 회로도를 구하시오. 또한 A_{CL}과 Z_{in}의 크기를 구하시오.

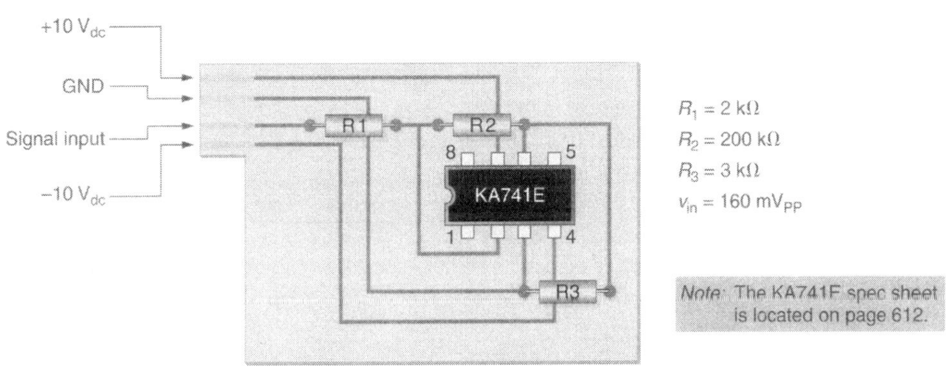

[그림 15-73]

15-52. LM301의 공통 모드 제거비를 구하시오.

15-53. LM833을 이용하고 [그림 15-70]에 표시된 것과 유사한 반전증폭기 회로를 구성하시오. 출력을 1번 핀에서 구하시오. 사용되는 IC의 다른 핀 번호에 대해서도 구분하시오.

Chapter 16

▸ 부가적인 OP 앰프 응용 ◂
(Additional Op-Amp Application)

학습목표

이 장을 학습하고 나면 여러분은 다음과 같은 내용을 이해하고 설명할 수 있다.

1. 비교기(comparator)의 용도에 관한 사항을 설명할 수 있다.
2. 기본적인 비교기의 동작에 관한 사항을 설명할 수 있다.
3. 전형적인 비교기의 고장 징후와 그 원인에 대해서 설명할 수 있다.
4. 적분기(integrator)의 사용목적 및 동작특성에 대해서 설명할 수 있다.
5. 미분기(differentiator)의 사용목적 및 동작특성에 대해서 설명할 수 있다.
6. 가산기(summing amplifier)의 사용목적 및 동작특성에 대해서 설명할 수 있다.
7. 디지털/아날로그 변환기에서의 가산기 사용에 대해서 설명할 수 있다.
8. 평균 증폭기(averaging amplifier)와 감산기(subtractor)의 동작 특성에 대해서 설명할 수 있다.
9. 계측용 증폭기(instrumentation amplifier)의 응용과 동작특성에 대해서 설명할 수 있다.
10. 오디오 증폭기에서 Op 앰프의 사용에 대해서 설명할 수 있다.
11. 전압 제어전류원(voltage controlled current source)의 동작특성에 대해서 설명할 수 있다.
12. 정밀 정류기(precision rectifier)의 동작과 구성에 대해서 설명할 수 있다.

이 장에서는 다양한 응용에 사용되고 있는 몇 가지 op 앰프 회로에 대해서 살펴보기로 한다. 이런 회로들은 모두 한 개 혹은 그 이상의 op 앰프로 구성되었다는 점을 제외하고는 서로 관계를 지을 필요는 없다. 이 장의 대부분은 5개의 일반적인 회로인 비교기, 적분기, 미분기, 가산기, 계측용 증폭기 등에 대한 사항이 다루어진다. 이런 회로들의 각각은 광범위한 범위까지 언급되며, 이후 몇 가지의 다른 op 앰프 회로에 대해서 간단히 살펴보기로 한다. 이 장을 학습하면서 이런 회로들은 한 개 혹은 두 개 이상의 op 앰프로 구성된다는 점을 제외하고는 서로 별 관계가 없다는 점을 기억하기 바란다. 각 절은 독립된 방식으로 접근해야 한다.

16.1 비교기(Comparator)

비교기는 두 개의 전압 값을 비교하는데 사용되는 비교적 간단한 회로이며, 두 전압 사이의 관계를 나타내는 어떤 출력을 제공한다. 일반적으로 비교기는 다음 중 어느 한 경우로 사용된다.

1. 서로 변하는 두 개의 전압 비교(예를 들면 두 개의 정현파 비교)
2. 직류 기준 전압 값과 변하는 전압과의 비교

이 절에서는 두 번째 형태의 비교기에 대해 살펴보기로 한다. 먼저 구체적인 회로에 들어가기 전에 비교기의 응용에 관해 잠깐 살펴보기로 한다.

16.1.1 응용(Application)

비교기는 디지털 응용에서 가장 일반적으로 사용된다. 디지털 회로는 정현파 파형이라기보다는 극성이 교번되는 직류전압 레벨에 응답하는 회로이다. [그림 16-1]에 표시된 파형은 high와 low의 직류 레벨로 구성되고 그들 사이에서 전환된다. 여러분은 개인용 컴퓨터와 같은 디지털 시스템에 관한 학습을 하는데 대부분의 시간을 투자하게 될 것이다. 디지털 시스템은 단지 교번 직류레벨에만 응답한다는 사실을 주목할 필요가 있다. 이들 교번 레벨은 항상 구형파(rectangular wave or square wave)의 형태를 취한다.

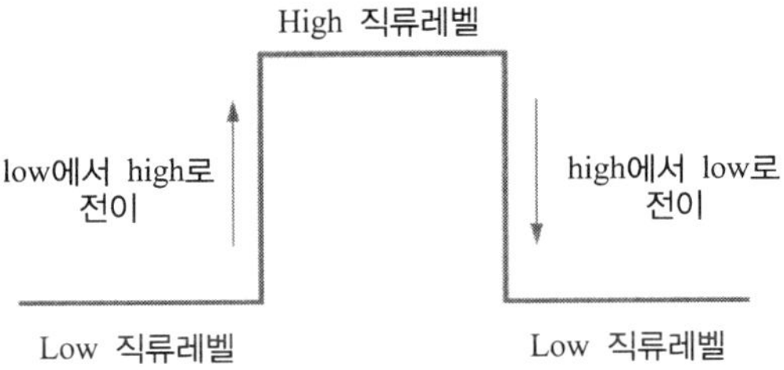

[그림 16-1] 디지털 파형의 특성

이제 [그림 16-2 (a)]에 표시된 회로를 고찰해 보기로 하자. 가변 전압원이 정현파 출력을 발생시키고 사인파가 +10V를 초과하는 경우 디지털 회로가 일정한 기능을 수행하기 위해서 관여한다고 가정해 보자. 여기서 수행 기능의 성격은 그리 중요하지 않다. 비교기는 가변 전압원과 디지털회로를 결합시키기 위해서 사용된다.

회로의 동작은 다음과 같이 이루어진다.

- 비교기의 반전 입력은 기준 전위인 +10V에 연결되어 있다.
- 가변전압원의 출력이 +10V보다 작다면 비교기의 출력은 low로 된다. 비교기의 출력은 사인파가 기준 전압을 초과할 때까지 low로 유지된다.
- 가변전압원의 출력이 +10V보다 크다면 비교기의 출력은 high로 된다. 비교기의 출력은 사인파가 기준 전압을 이하로 떨어질 때까지 high로 유지된다.

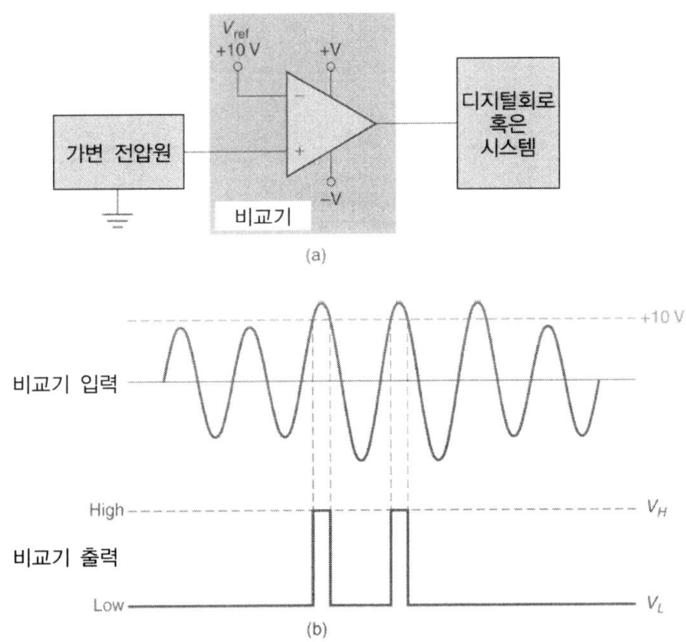

[그림 16-2] 기본적인 비교기의 동작

이런 회로의 동작은 [그림 16-2 (b)]에 표시된 전압파형에 의해서 설명된다. 디지털 시스템은 high 및 low의 직류 레벨에 응답하도록 설계되어 있으므로, 정현파에 관한 정보를 디지털 시스템이 취급할 수 있는 형태로 변환하였다. 이것은 비교기가 제공하는 중요한 기능이다.

먼저 몇 가지 사항에 관해 언급을 하면 :

1. 비교기 출력은 보통 직류전압으로 표시되는데, 두 입력 전압간의 극성관계 (혹은 크기)를 나타낸다.
2. 비교기는 일반적으로 정현파를 구형파로 변환하기 위해서 사용되지는 않는다. 이런 기능은 19장에서 설명될 슈미트 트리거(Schmitt trigger)라고 부르는 회로에 의해서 수행된다.
3. 비교기가 [그림 16-2]에 표시된 것처럼 고정된 직류 레벨과 어떤 신호크기를 비교하는데 사용될 때 레벨검지기(level detector)라고 부른다.

비교기가 어떤 목적에 사용될 것인가를 대한 기본 개념을 설명했기 때문에 이제 일반적인 회로 구성에 관해서 살펴보기로 하자.

16.1.2 비교기 회로(Comparator Circuits)

비교기의 가장 뚜렷한 회로 특징은 회로 내에 귀환경로(feedback path)가 없다는 것이다. 전형적인 비교기 회로는 [그림 16-3]에 표시되어 있다. 귀환 경로가 없으면, 회로의 전압이득은 op 앰프의 개방 루프 이득 A_{OL}과 동일하다.

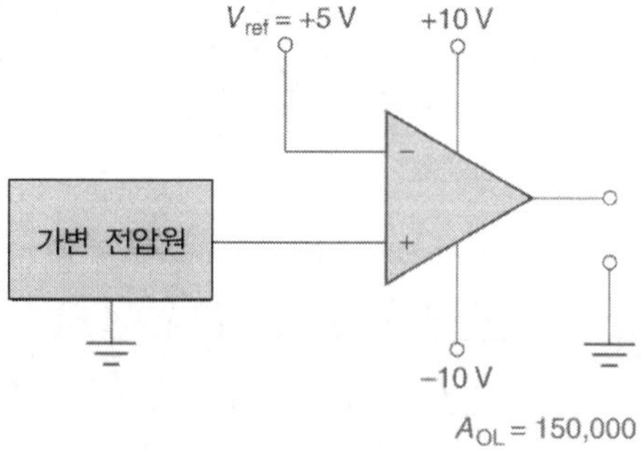

[그림 16-3] 간단한 비교기 회로

비교기의 이득이 A_{OL}과 등가이기 때문에 입력에서의 임의의 전압 차(difference voltage)로 인해서 출력은 지극히 높은 전압 값을 나타내며, 이런 전압차가 제거될 때까지 이 상태를 유지한다. 차분 입력 전압의 극성은 비교기의 출력이 positive로 될것인지 negative로 될것인지를 결정한다. 이 점에 대해서 【예제 16-1】을 통해서 확인해 보기로 하자.

【예제 16.1】 [그림 16-3]에서 op 앰프의 반전 입력에 +4.999V와 +5.001V가 연결된다고 가정하고 주어진 값을 이용해서 비교기의 출력 전압을 구하시오.

풀이 비 반전 입력 전압이 +4.999V인 경우 op 앰프의 입력은 다음과 같이 구해진다.

$$V_{diff} = V_{in} - V_{ref} = 4.999V - 5V = -1mV$$

op 앰프의 출력전압은 −150V로 구해진다.

$$V_{out} = A_{OL}V_{diff} = (150,000)(-1mV) = -150V$$

이 값은 명백하게 회로의 출력 한계치를 넘어서기 때문에, 출력전압은 −9V로 된다.

$$V_{out} \cong -V + 1V = -9V$$

이런 계산은 $R_L \geq 10k\Omega$이라고 가정한 것이다.
비반전 입력이 +5.0001V라면 op 앰프의 입력은 1mV로 된다.

$$V_{diff} = V_{in} - V_{ref} = 5.001V - 5V = 1mV$$

op 앰프의 출력전압은 150V로 구해진다.

$$V_{out} = A_{OL}V_{diff} = (150,000)(1mV) = 150V$$

이 값은 명백하게 회로의 출력 한계치를 넘어서기 때문에, 출력전압은 9V로 된다.

$$V_{out} \cong +V - 1V = +9V$$

V_{out} 계산에서 역시 $R_L \geq 10k\Omega$이라고 가정한다.

(실전 연습문제 16-1)

[그림 16-3]과 유사한 비교기의 반전 입력에 +2V의 기준전위가 연결되어 있다. op 앰프는 ±12V 전원에 연결되어 있고, $A_{OL} = 70,000$의 값을 가진다. 입력전압이 +2.001V 및 +1.999V인 경우의 출력 전압을 구하라.

▶▶ $V_{out} = \pm 11V$

【예제 16-1】에서 알 수 있듯이, 비교기 출력전압은 두 입력 사이에 매우 적은 전압 차이가 있을 때 비교기의 출력으로 극단 값 중의 한 값을 가지게 된다. 실제로 9V의 최대

출력전압을 A_{OL}로 나누면 단지 60μV의 차 전압에 의해서 출력은 +9V 혹은 −9V로 구동된다는 사실을 알 수 있다. 입력의 극성에 의해서 출력의 극한 값이 결정된다.

16.1.3 기준전위의 설정(Setting the Reference Level)

대부분 전압 분배기 회로가 주어진 레벨 검출기의 기준 전압을 설정하는데 사용된다. 이런 회로는 [그림 16-4]에 표시되어 있다. 그림에 표시된 회로에서 기준 전압은 식 16-1에 표시된 것처럼 표준 전압 분배기 공식을 사용한다.

$$V_{ref} = +V\frac{R_2}{R_1 + R_2} \tag{16-1}$$

【예제 16-2】는 실제 경우에서 이런 공식을 어떻게 이용할 것인지를 설명해 주고 있다.

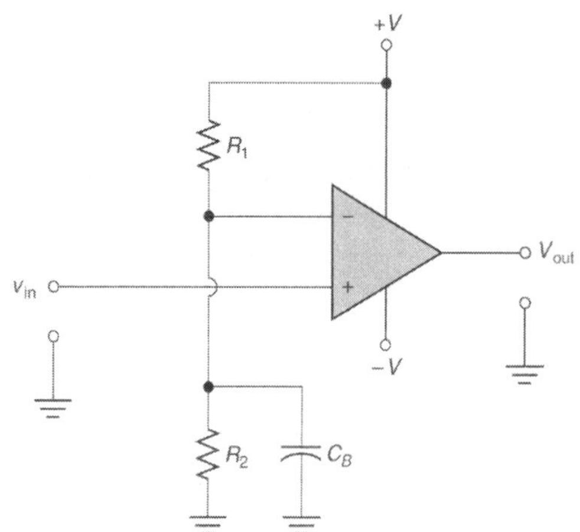

[그림 16-4] 기준전위 설정회로를 갖는 비교기

【예제 16.2】 [그림 16-5]에 표시된 회로에서 기준전압을 구하시오.

풀이 기준 전위는 전압 분배기 회로에 의해서 결정된다.

$$V_{ref} = +V\frac{R_2}{R_1 + R_2} = (+5\text{V})\frac{30\text{k}\Omega}{150\text{k}\Omega} = +1\text{V}$$

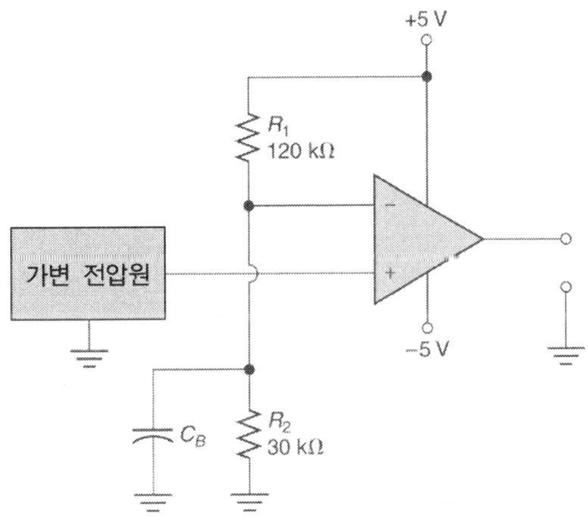

[그림 16-5]

(실전 연습문제 16-2)

[그림 16-5]에 표시된 회로와 유사한 비교기에 ±8V의 전압이 공급되고 $R_1 = 3\text{k}\Omega$, $R_2 = 1.8\text{k}\Omega$의 크기를 가진다고 가정하고 회로의 입력 기준 전압의 크기를 결정하시오.

▶▶ +3V

[그림 16-4]와 [그림 16-5]에 표시된 회로는 전압 분배기 회로에 측로(bypass) 커패시터를 가지고 있다. 이런 측로 커패시터는 v_{in}에서의 변화가 op 앰프를 통해서 전압 분배기 회로와 결합되지 못하도록 삽입된 것이다. 이렇게 함으로써 회로의 출력이 상당히 신뢰할 수 있게 된다. 이제 다른 형태의 비교기 회로를 살펴보기로 한다. 각각의 비교기 회로구성을 통해서 특별한 응용분야에 사용될 수 있지만, 이들 모두는 동일한 기본원리에 의해서 동작된다.

16.1.4 회로 변형(Circuit Variation)

이제까지, 비교기는 입력전압이 positive 기준 전위보다 더 positive의 값을 가질 때 positive 출력을 제공하기 위해서 사용된다고 가정하였다. 그러나 모든 경우가 다 그런 것은 아니다. 사실 "positive" 및 "negative"의 조합에 의해서 다음의 문장을 구성해도 그 문장은 옳다.

비교기는 입력전압이 어떤 ( ) 기준전위보다 ( )일 때 ( ) 출력을 제공하기 위해서 사용되는 회로이다.

예를 들면, [그림 16-6]에 표시된 회로를 살펴보자. 회로의 입력과 출력관계는 다음과 같이 나타난다.

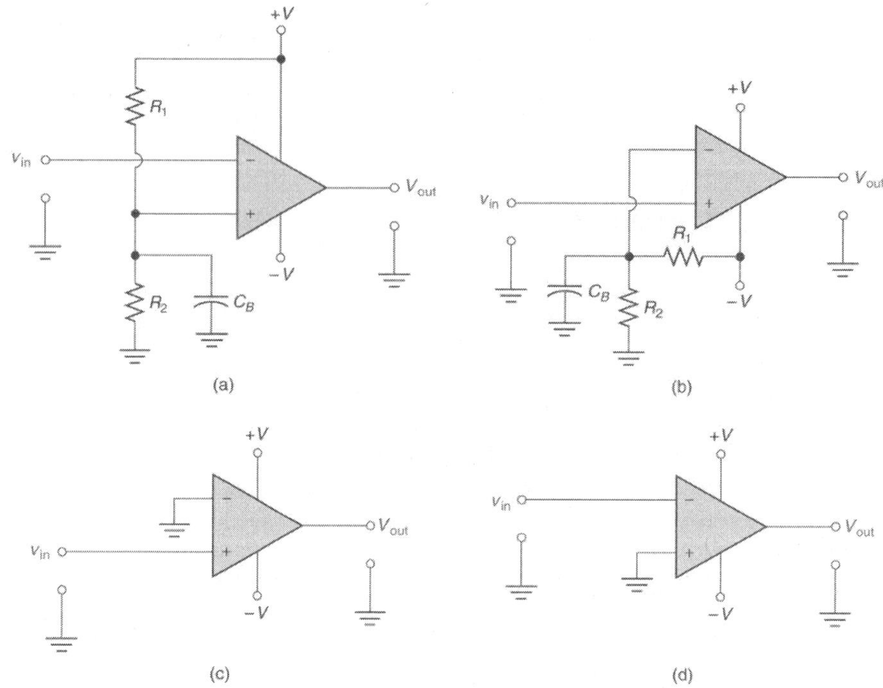

[그림 16-6] 비교기의 가변회로

- [그림 16-6 (a)]에서 회로는 입력전압이 어떤 positive의 기준전위보다 더 negative 값을 가질 때 positive 출력을 가진다.
- [그림 16-6 (b)]에서 회로는 입력전압이 negative 기준전위보다 더 positive일 때마다 positive의 출력을 가진다.
- [그림 16-6 (c)]에서 회로는 입력전압이 positive인 경우 positive 출력을 가지며, 그렇지 않으면 negative의 출력을 가진다.
- [그림 16-6 (d)]에서 회로는 입력전압이 negative이면 positive의 출력전압을 가지며 그렇지 않은 경우 negative의 출력을 가진다.

op 앰프의 입력들과 출력 사이의 관계식을 이해한다면 위에서 기술한 내용을 시각화하기가 쉽다.

또 다른 회로의 변형은 가변 비교기이다. 가변 비교기는 직류 기준 전위 값이 변할 수 있게 만든 회로이다. [그림 16-7]에 이런 회로를 표시하였다. 회로에서 R_2의 값을 조정하면 기준 전위 값이 원하는 값에 설정될 수 있다. [그림 16-6]에서의 접지 기준 비교기를 제외한 다른 비교기들도 동일한 방법으로 가변될 수 있게 구성할 수 있다.

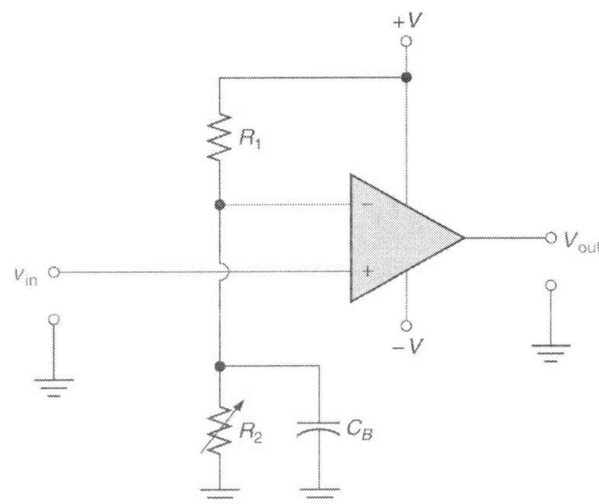

[그림 16-7] 가변 기준전위를 갖는 비교기

16.1.5 비교기의 고장 진단 및 수리(Troubleshooting Comparator)

비교기에 관한 좋은 점 중의 하나는 고장진단이 상당히 쉽다는 점이다. 예를 들어서 [그림 16-7]에 표시된 회로를 다시 한번 고찰해 보자. 잘못될 수 있는 것은 실제로 없어 보인다. 그러나 사실 발생될 수 있는 3가지의 일반적인 고장이 있다. 이런 고장과 발생 가능한 원인을 〈표 16-1〉에 나열하였다. 실제의 경우에 이 표를 어떻게 적용할 것인지를 살펴보기 위해서 고장 진단 문제로 들어가 보자.

표 16-1 비교기 고장진단

고 장	발생 가능 원인
1. 출력 아무것도 나타나지 않음	입력 신호가 없음 한쪽 혹은 양쪽 전위 공급기 고장 op-앰프불량
2. 출력이 입력 전압 값에 따라 너무 높게 변함	R_2가 조정 범위밖에 있음 R_1이 단락(잘 일어나지 않음)
3. 출력이 입력 전압 값에 따라 너무 낮게 변함	R_1 개방 R_2가 조정 범위밖에 있음 C_B가 단락(잘 일어나지 않음)

【예제 16.3】 [그림 16-8]에 표시된 회로에서 고장이 발생되는 원인을 설명하시오.

풀이 첫 번째 단계는 어떤 고장이 존재하는 지를 결정하는 것이다. 전압 분배기 회로를 살펴보면 $R_1 = R_2$임을 알 수 있다. 따라서 기준 전위 값은 $+V$의 절반인 +5V이다. 입력이 +5V라기보다는 접지에 있을 때 출력이 변화하기 때문에 고장이 존재한다.

〈표 16-1〉을 살펴보면 이런 고장의 문제는 R_1이 개방, R_2가 단락, C_B가 단락된 경우일 수 있다. R_1이 개방일 경우가 제일 그럴듯하기 때문에 이런 저항 부품을 점검하여 아주 높은 저항 값이 측정되는지를 살펴본다. 이런 부품을 대체하면 고장의 문제는 없어진다.

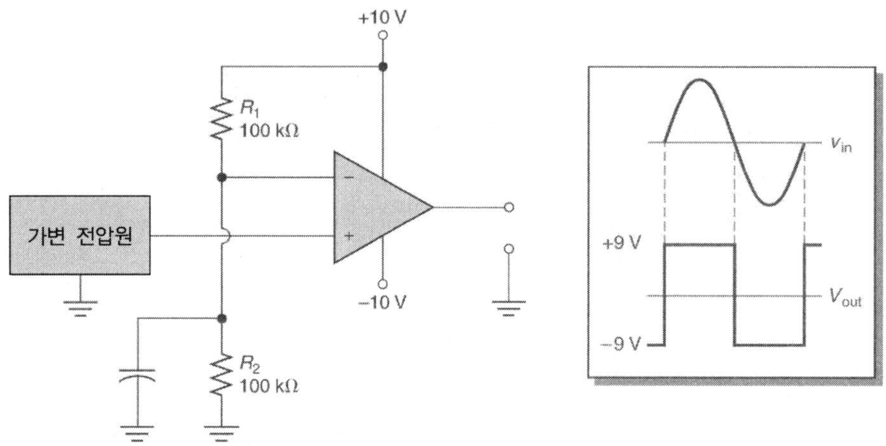

[그림 16-8]

(실전 문제연습문제 16-3)

[그림 16-9]에 표시된 회로에서 고장 발생 원인을 설명하시오.

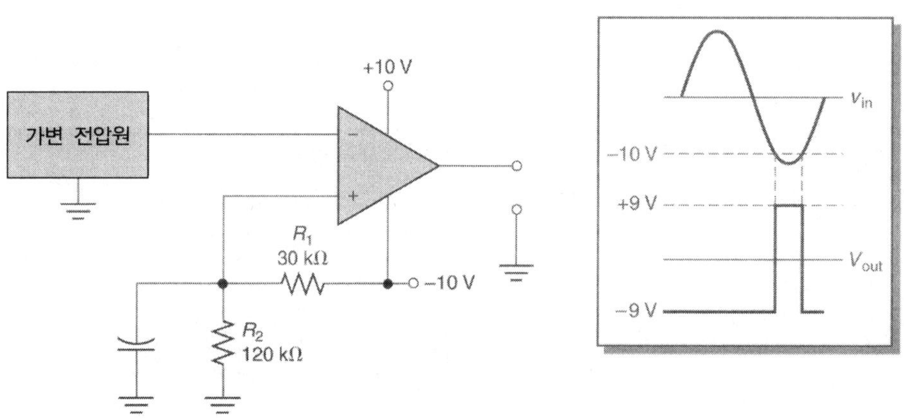

[그림 16-9]

▶▶ R_1이 단락, R_2가 개방

여러분이 확인한 것처럼 비교기는 해석하거나 고장 진단하기에 쉬운 회로이다. 이떠한 회로 구성이던지 비교기의 기본적인 동작원리를 기억하고 있으면 회로를 다루는데 문제는 없다. [그림 16-10]에 비교기의 특성을 요약하였다.

16.1.6 연기 검출기 : 비교기 응용(Smoke Detector : A Comparator Application)

일반적인 비교기 응용에는 일반적인 전자 소자가 사용된다. [그림 16-10]은 연기 감지기의 간략화된 회로도를 표시하고 있다. 회로에는 [그림 16-10 (a)]에 표시된 것처럼 휘이스톤 브리지(Wheatstone bridge)가 포함된다. 중요한 점은 브리지가 두 개의 광전도성 전지(photoconductive cell)와 두 개의 저항(R_1과 R_2)으로 구성된다는 사실이다. 기준과 센서 전지는 연기 감지기의 두 개의 방(chamber)에 위치된다. 경보 트리거(alarm trigger) 회로에는 비교기(입력 회로)와 오디오 구동기(출력회로)로 구성된다. 환기용 방(vented chamber)의 공기가 청결(clear)하다면 브리지는 평형(balance)을 유지하고 경보 트리거 회로의 차분 입력은 0V로 된다. 이런 경우에는 경보가 울리지 않는다. 만약 연기가 연기 감지기의 환기용 방으로 입력된다면 감지용 전지의 저항이 증가하고 브리지 출력이 불평형(imbalance)으로 된다. 이런 불평형은 경보 트리거 회로에서 비교기로 차분 입력을 발생시키게 된다. 비교기는 오디오 구동기의 트리거에 의해서 응답하고 경보를 울리게 된다.

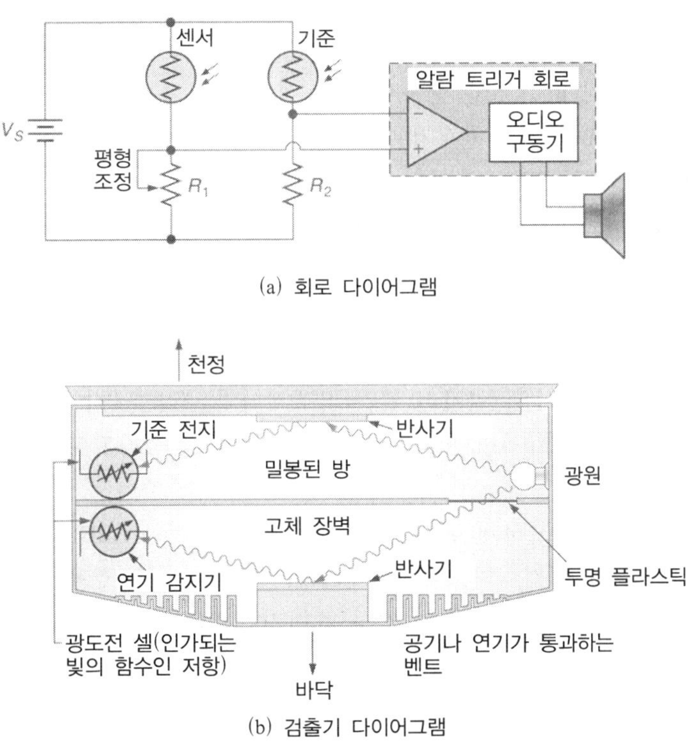

[그림 16-10] 연기 검출기

16.1.7 막대 그래프 표시기 : 비교기 응용(Bar Graph Display : A Comparator Application)

막대그래프 표시기는 신호의 크기를 표시하기 위해서 가장 널리 사용되는 소자이다. 예를 들면 [그림 16-11]에 표시된 오디오 레벨 표시기는 각각 특정 주파수에서 오디오 레벨을 표시하는 8개의 막대그래프 표시기로 구성된다. 막대그래프 표시기는 전력 메터, 직류 표시기와 피크 표시기, RF 신호 강도 메터 등에서 사용된다.

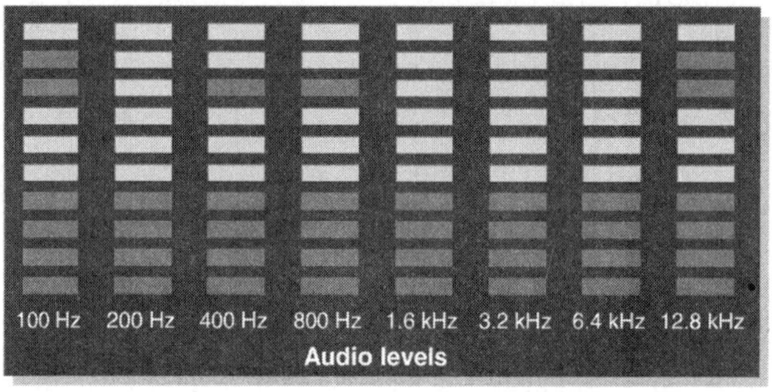

[그림 6-11] 오디오 레벨 표시기

LED 막대 그래프는 일반적으로 LM3915와 같은 디스플레이 구동기에 의해서 제어된다. LM3915를 기본으로 하는 디스플레이 회로의 간략화된 블록도가 [그림 16-12]에 표시되어 있다. 구동기 IC는 5번 핀에서 입력 신호의 크기를 표시하는 LED를 발광시키기 위해서 $C1$에서 $C10$까지의 비교기 스트링(strig)을 사용한다. R_1에서 R_{10}까지의 저항성 래더(resistive ladder)는 각 비교기의 비 반전 입력에 기준 전압을 제공한다.

예를 들면 $C1$의 기준 전압은 R_1 양단의 전압과 등가이고 $C2$의 기준 전압은 $R_1 + R_2$ 양단의 전압과 등가이다. 전압이 기준전압을 초과하는 반전 입력이 되면 주어진 비교기의 출력은 low(LED 발광)로 된다. 예를 들면 (−)입력에서의 전압 $C1$이 자신의 기준전압 V_{R1}을 초과한다면 $C1$으로부터의 출력이 low로 되고 LED가 발광된다. 디스플레이 구동기의 입력신호는 버퍼로 인가된다. 버퍼로부터의 출력은 각각의 비교기로 인가된다. 입력 신호의 크기가 증가하면 버퍼로부터 출력이 역시 증가된다. 이것이 비교기의 기준전압을 초과하면 출력은 low로 되고 LED가 발광된다. 따라서 발광되는 LED의 개수가 회로 입력의 크기를 표시하게 된다. 회로에서 중요한 것은 LED 전류는 조정 저항(R_{ADJ})에 의해서 결정된다는 점이다. 따라서 LED는 직렬 전류 제한용 저항의 사용을 필요로 하지 않는다. LM3915와 같은 IC는 액정 표시기인 LCD를 구동하는 경우에도 사용된다.

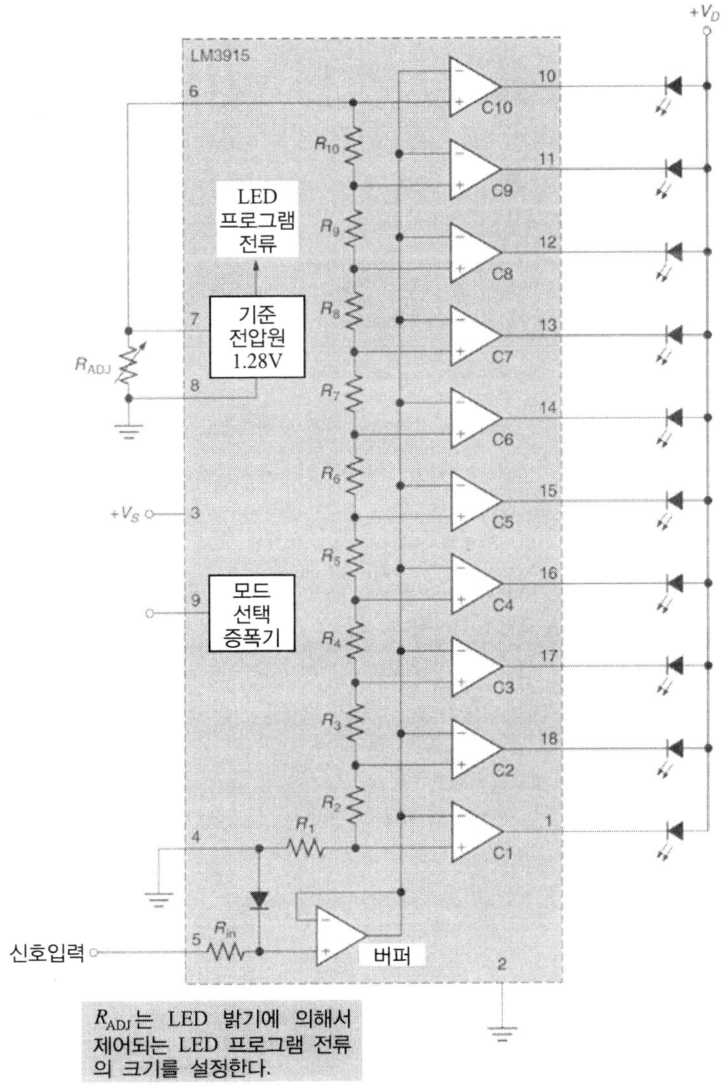

[그림 16-12] LM3915로 구성되는 구동기

16.1.8 요약(One Final Note)

이 절에서는 비교기와 몇 가지 일반적인 비교기의 응용에서의 동작과 고장진단에 대해서 소개하였다. 만약 여러분이 이 절에서 소개한 회로 동작의 기본 원리를 이해한다면 회로의 구성이 어떻게 이루어지는가와 비교기를 어떻게 취급할 것인가에 대해서는 아무런 문제가 없다. 비교기의 특성은 [그림 16-13]에 요약해서 표시하였다.

비교기 특성	
회로도	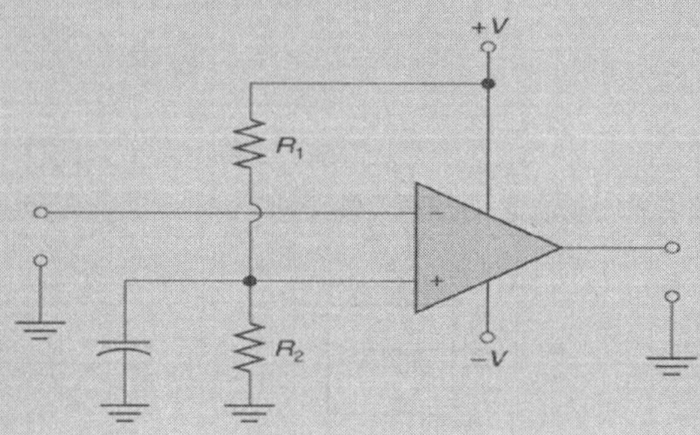
회로 구성 특성	전압이득을 제한하기 위해서 귀환경로가 없다.
기본 응용	전압레벨 검출기~활성신호의 순서값을 기준 직류전압과 비교한다.
입력/출력 관계식	활성신호가 반전입력에 인가될 때 V_{in}이 V_{ref}보다 Negative라면 출력은 Positive로 된다. 만약 활성신호가 비반전입력에 인가될 때 V_{in}이 V_{ref}보다 Positive로 되면 출력은 Positive로 된다.
기준 전압	전압 분배기 회로에 의해서 결정된다. 만약 op 앰프의 비활성 입력이 직접 접지에 연결된다면 0V로 된다.

*Many configurations are possible. The circuit recognition feature for all configurations is the lack of a feedback path.

[그림 16-13]

기초 확인문제 16.1

1. 비교기란 무엇인가?
2. 디지털 시스템에서 비교기의 역할에 대해 설명하라.
3. 비교기의 회로 특성은 무엇인가?
4. 비교기의 전압이득은 무엇과 동일한가?
5. 비교기의 기준전위와 입/출력 위상관계는 어떻게 결정되는가?
6. 가변 비교기란 무엇인가?
7. 일반적인 비교기의 고장과 원인에 대해서 나열하라.
8. [그림 16-10]에 표시된 연기 검지기회로의 동작에 대해서 설명하라.
9. [그림 16-12]에서 막대 그래프 구동기의 동작을 설명하라.

16.2 적분기와 미분기(Integrator and differentiator)

이 절에서는 op 앰프 적분기와 미분기의 동작에 관해 살펴보기로 한다. [그림 16-11]에는 이런 두 종류의 회로가 표시되어 있다. 그림에서 확인한 것처럼 두 회로는 그들의 구성에 있어서 거의 동일하다. 각 회로는 한 개의 op 앰프와 *RC* 회로를 포함하고 있다 하지만, 두 회로에서 저항과 커패시터의 설정 위치가 다르기 때문에 정확히 반대되는 입·출력 관계를 가진다. 적분기는 [그림 16-11]에 표시된 것처럼 구형파를 삼각파로 변환시킨다. 동시에 미분기는 삼각파를 구형파로 변환시킨다.

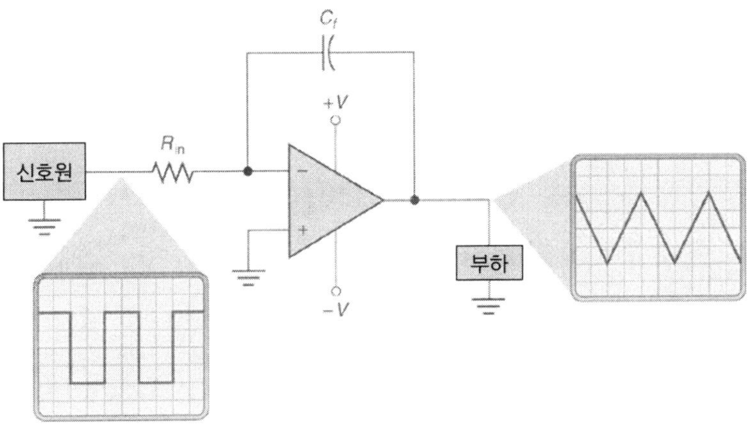

(a) 적분기는 구형파를 심각파로 변환시킨다.

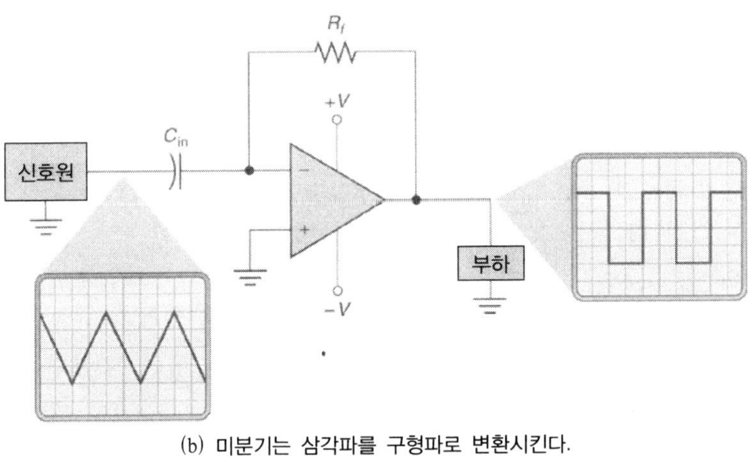

(b) 미분기는 삼각파를 구형파로 변환시킨다.

[그림 16-14] Op-amp 적분기와 미분기

16.2.1 적분기(Integrator)

적분기는 입력 파형의 면적에 비례하는 출력을 내는 회로이다. [그림 16-15 (a)]에 파형의 면적개념을 도식적으로 표시하였다. 기하학적으로는 직사각형의 면적은 길이와 높이를 곱하면 된다. [그림 16-15 (a)]에 표시된 파형에 대해서, 길이는 펄스 폭(시간 단위로 측정)이 되고, 높이는 진폭(전압으로 측정)이 된다.

따라서, 나타난 파형에 대해 면적은 다음과 같다.

$$A = Vt$$

여기서 A = 파형의 면적
V = 파형의 피크 전압
t = 파형의 펄스폭이다.

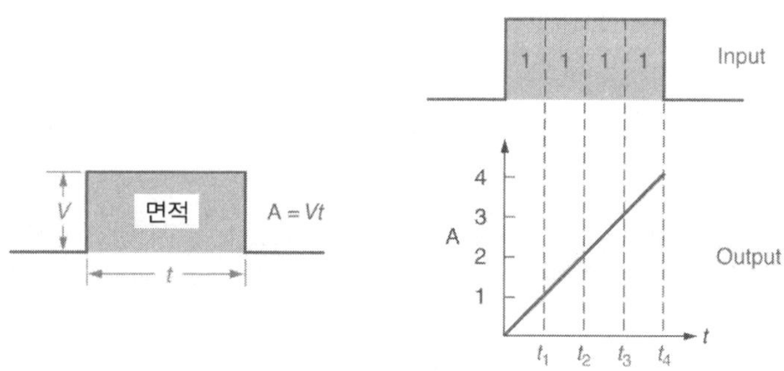

(a) 파형면적

(b) 적분기 출력은 시간과 입력면적의 함수이다.

[그림 16-15]

[그림 16-15 (b)]는 적분기의 출력이 입력파형의 면적에 따라 어떻게 변화하는지를 표시하고 있다. 그림에서 알 수 있듯이 구형파 입력은 4개의 동일한 구간으로 분배된다. 설명의 편이를 위해서 각 영역의 면적을 단위면적으로 간주한다. t_0에서 t_1까지가 단위면적이 된다. 이런 입력조건 응답에서 적분기의 출력파형은 1로 된다. t_2에 도달될 때, 파형의 면적은 단위가 2인 면적이 되고 적분기 출력은 2로 되며, 이와 같은 과정이 반복된다.

그림에서 알 수 있듯이, 적분기의 출력은 입력파형의 어떠한 지점에서 전체 수에 해당하는 면적을 나타내고 있다. 입력파형의 계속되는 사이클에 대해서는 적분기 출력은 [그림 16-14 (a)]에 표시된 것처럼 대응하는 출력파형을 내고 있다. 중요한 것은 적분기의 입력 신호가 op 앰프의 반전 입력에 인가되기 때문에 파형의 위상이 180°시프트 된다는 점이다. 적분기는 구형파를 삼각파로 변환하는 회로로 동작한다.

16.2.2 적분기 동작(Integrator Operation)

가장 간단한 적분기는 [그림 16-16]에 표시된 것과 같은 *RC* 회로이다. 구형파 입력에 대해서 *RC* 적분기는 이상적으로는 선형 삼각파를 출력한다. 이상적인 출력파형은 그림에 표시되어 있다. 한 가지 문제점은 콘덴서가 선형적으로 충전/방전을 하지 못하고 지수 함수적으로 이런 기능을 수행한다는 점이다. 이런 과정에 의한 실제적인 파형은 그림에 표시되어 있다.

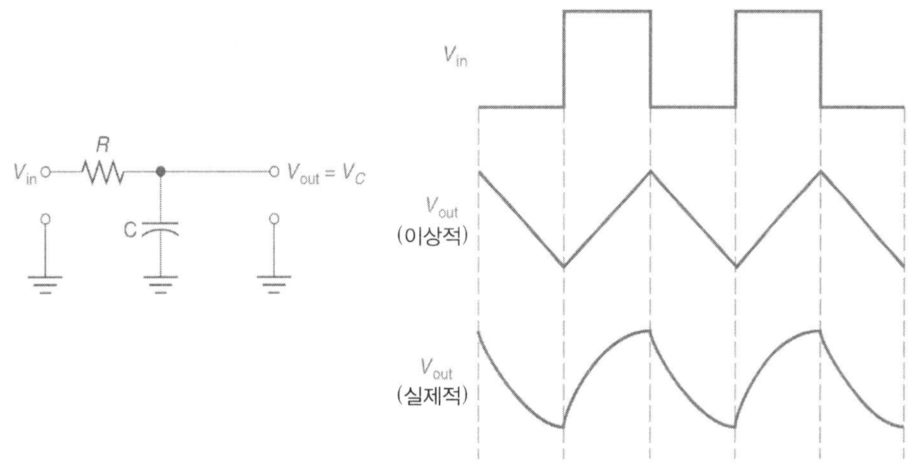

[그림 16-16] *RC* 적분기

3장에서 이미 여러분은 *RC* 회로에서의 콘덴서는 최대 전압의 충전에 도달하기 위해 5배의 시상수를 요구한다는 사실에 대해서 학습한 바 있다. 여기서 시상수는 다음과 같이 주어지는 시간주기이다.

$$\tau = RC$$

따라서 콘덴서가 최대 전위로 충전하는데 필요한 시간은 다음과 같이 계산될 수 있다.

$$T_c = 5RC$$

T_c 값이 입력 펄스폭과 동일할 때 *RC* 적분기는 [그림 16-16]에 표시된 것처럼 비선형적인 출력을 발생시킨다. 불행하게도 *RC* 적분기의 비선형적인 출력은 대부분의 응용을 위해 이상적인 적분기 출력과는 거리가 멀다. 하지만, 회로에 op 앰프를 추가시키면 이상적인 경우에 근접한 선형적인 출력을 얻을 수 있는 적분기가 된다.

적분기로부터 비선형적인 출력을 없애는 열쇠는 커패시터에 정 전류 전하 통로를 제공하면 된다. 다시 말하자면, 커패시터가 일정한 전류를 충전시키도록 하면, 소자의 충전율이 일정하게 되어 출력은 선형적으로 된다. 이런 사실을 명심하고 [그림 16-17]에 표시된 회로를 살펴보자. 이런 회로의 정 전류 특성을 두 가지의 잘 알려진 점에 근거하고 있다.

1. op 앰프의 반전 입력은 소자의 입력 회로에서의 차동증폭기에 의해 가상 접지를 이루고 있다.
2. op 앰프의 입력 임피던스는 상당히 높기 때문에 I_{in}의 모든 값은 저항을 통해 흐른다.

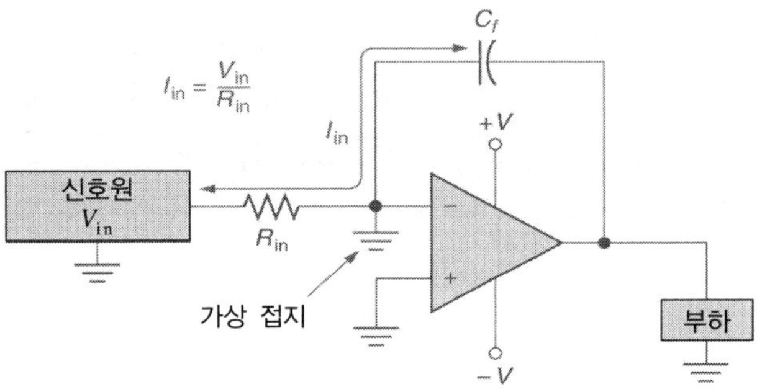

[그림 16-17] op 앰프 적분기의 정전류 특성

반전 입력은 가상 접지를 이루기 때문에 입력 전류 값(I_{in})은 다음과 같이 표시된다.

$$I_{in} = \frac{V_{in}}{R_{in}}$$

주어진 시간 주기에 대해 V_{in}은 일정하고 R_{in}은 고정값이라고 가정하면 I_{in}은 일정값으로 간주할 수 있다.

I_{in}의 대부분은 커패시터로 흐르기 때문에 C는 일정한 비율로 충전된다. 오랜 기간동안 V_{in}이 일정하게 유지되기 때문에 커패시터는 선형 비로 충 방전된다. 이것이 [그림 16-16]에 표시된 것처럼 램프 파형을 출력한다.

적분기의 입력은 반전입력에 가해지기 때문에 회로의 출력은 입력과 180°의 위상차를 가지게 된다. 따라서 입력이 positive 값으로 될 때 출력은 negative의 램프 파형이 된다. 입력이 negative의 값을 가질 때, 출력은 positive의 램프 파형이 된다. [그림 16-18]에 이런 관계를 나타내었다.

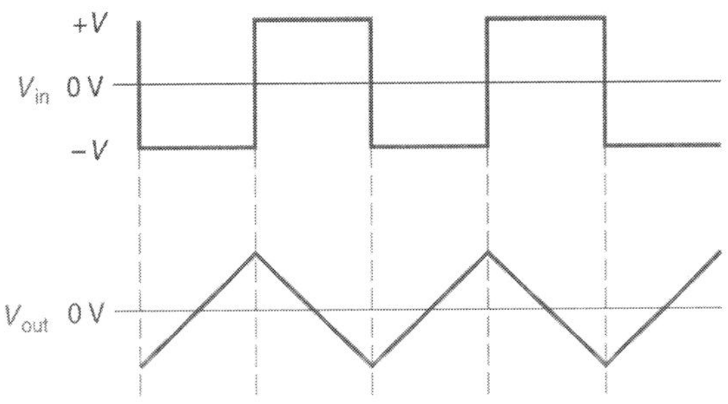

[그림 16-18] op 앰프 적분기의 위상관계

[그림 16-18]에서 출력 파형은 0V를 중심으로 분포되어 있음을 주목하라. 실제로는 그렇지 않을 수도 있다. 만약 op 앰프가 입력 오프셋 전압으로 잘 보상되어 있지 않으면 출력은 0V라기보다는 출력 오프셋 전압을 중심으로 분포되지 않을 수도 있다. 이런 문제는 회로의 동작 주파수처럼 보다 명백하게 함으로써 감소시킬 수 있다. 회로의 동작 주파수가 감소되면 C_f의 리액턴스가 증가하고 전압 이득을 증가시키는 원인이 된다. 회로의 전압 이득이 증가하면 Op-amp에 의해서 발생되는 출력 오-셋 전압이 증가하게 된다.

V_{out}이 0V 근처에서 중심으로 되도록 만족하는 한 가지 방법은 [그림 16-19]에 표시된 것처럼 귀환 저항 R_f를 포함시키는 것이다. 귀환 저항이 기본적인 적분기에 추가되면

- 회로에 의해서 발생되는 출력 오프셋 전압이 감소되거나 제거된다.
- 회로의 저주파 이득이 A_{OL}보다 대단히 작은 예상 크기로 제한된다. 이것이 낮은 동작 주파수에서 회로에 커진 입력 전압이 인가되는 것을 허용하게 된다.

R_f의 크기는 일반적으로 $10R_{in}$보다는 크다. 이것이 R_f가 회로주파수 응답을 가지는 효과를 제한하게 된다.

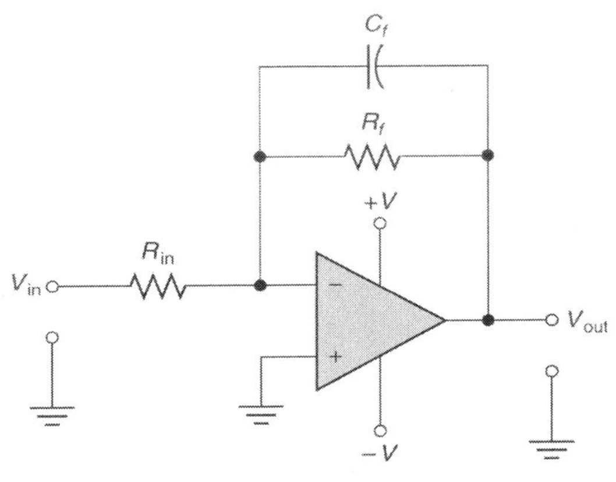

[그림 16-19]

16.2.3 적분기 고장 진단 및 수리(Integrator Troubleshooting)

적분기는 비교적 고장진단이 쉬운 또 다른 회로이다. 이 절에서는 〈표 16-2〉에 표시된 것과 같은 각 징후에서 발생될 수 있는 잠재적인 문제를 살펴본다. R_1, IC 소켓, Op-amp의 문제점은 15장 6절에서 언급한 것과 동일한 방법으로 접근하면 된다.

표 16-2 적분기 고장진단 및 수리

고장	징후
R_f 개방	만약 R_f가 개방되면 저항은 회로로부터 효과적으로 제거된 상태이다. 이런 저항은 출력을 0V로 유지되게 하기 위한 기준으로 사용되었기 때문에, 주요한 징후는 출력 기준을 상실하게 된다. 또한, 회로의 차단 주파수가 거의 '0'으로 떨어지게 만든다.
R_f 단락	여러분도 알다시피 저항은 항상 단락되지는 않는다. 하지만, 어떤 일로 인해서 R_f가 단락되면 회로 이득이 없어져 적분이 일어나지 않는다. 다시 말하자면 회로는 거의 출력신호를 내지 못한다.
C_f 개방	여러분도 알다시피 커패시터는 원래가 개방회로이다. 여하튼 소자가 개방되면 결합을 방해하기 때문에 회로는 일반적으로 비반전 증폭기로 동작하게 된다. 회로의 이득은 $A_{CL}=\dfrac{R_f}{R_{in}}$로 되고, 출력은 구형파로 변환된다.
C_f 단락	이는 R_f가 단락된 것과 동일한 효과를 낸다. 사실 이런 소자들 중의 어느 하나가 단락되면, 다른 소자가 단락된 것과 같은 결과를 낸다. 따라서 여러분들은 어떤 소자가 단락되었는지를 확인하기 위해서 C_f와 R_f를 개별적으로 시험해야 한다.

16.2.4 미분기(The Differentiator)

만약 적분기 귀환 커패시터 C_f와 입력 저항 R_{in}의 위치를 역으로 연결하면 미분기가 구성된다. 미분기는 입력 신호의 변화율에 비례하는 출력 신호를 내는 회로이다. 기본적인 미분기의 입력/출력 관계가 [그림 16-20]에 표시되어 있다. 미분기의 입력 신호는 삼각 파형으로써 시간 t_0와 t_2 구간에서 입력의 변화율은 일정하다. 변화가 양의 방향이므로 변화율은 양(positive)의 상수가 된다. 따라서 Op-amp의 반전 동작의 결과 회로는 일정한 negative 출력전압을 제공하게 된다. 시간 t_2와 t_4 구간에서는 입력신호의 변화율은 음(negative)의 상수가 되고 미분기 회로의 출력 스위치는 일정한 positive 전압을 제공하게 된다. 다시 극성은 Op-amp의 반전 동작에 따라서 결정된다. 따라서 삼각 파형이 입력되면 구형파 출력을 얻는다.

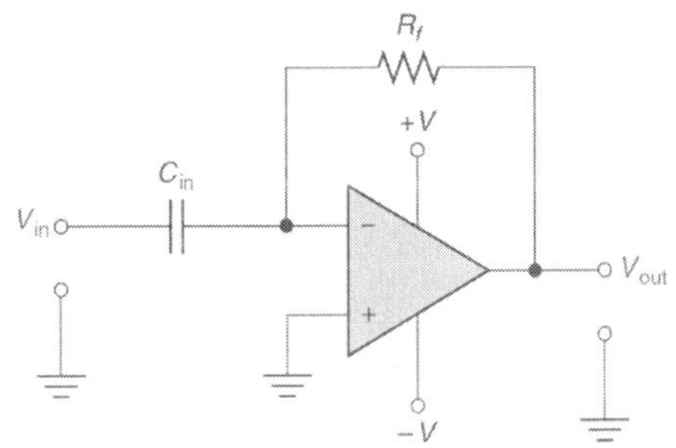

(a) 회로 구성도

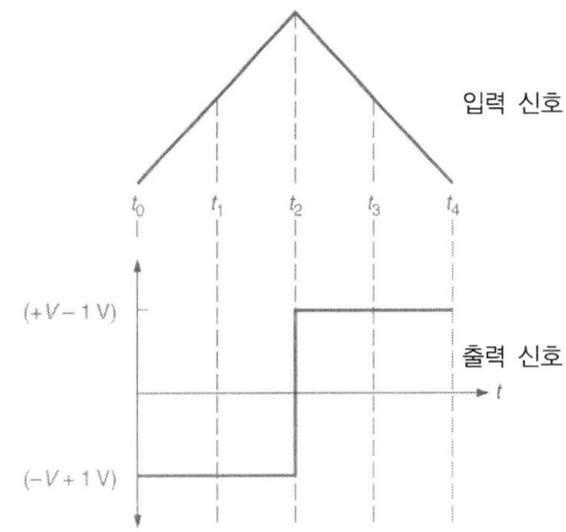

(b) 회로 입력과 출력 파형

[그림 16-20] 미분기 회로도와 전압 파형

[그림 16-20]에 표시된 출력파형은 $(+V-1\text{V})$와 $(-V+1\text{V})$의 제한을 갖는다. 이런 제한은 회로 전압 이득이 입력 파형의 크기와 결합되고 자신의 제한된 크기로 출력을 구동하는 것을 만족시킨다고 가정한다. 동시에 [그림 16-20]에 표시된 것보다 낮은 출력피크값을 가져야 할 경우도 존재한다. 이런 경우에는 기본적인 미분기 회로가 [그림 16-21]에 표시된 것처럼 수정된다. 입력 저항(R_{in})이 미분기에 부가되면 회로의 전체적인 전압이득이 감소된다. 정상적인 환경이라면 전압 이득은 커패시터 C_{in}의 리액턴스와 R_f값에 의해서 결정된다. R_{in}이 부가되면 회로의 전체적인 이득이 감소된다. 소자는 역시 높은 주파수(커패시터의 리액턴스가 지극히 작은 경우)에서 회로 전압 이득을 예측하는 크기로 제한하게 된다.

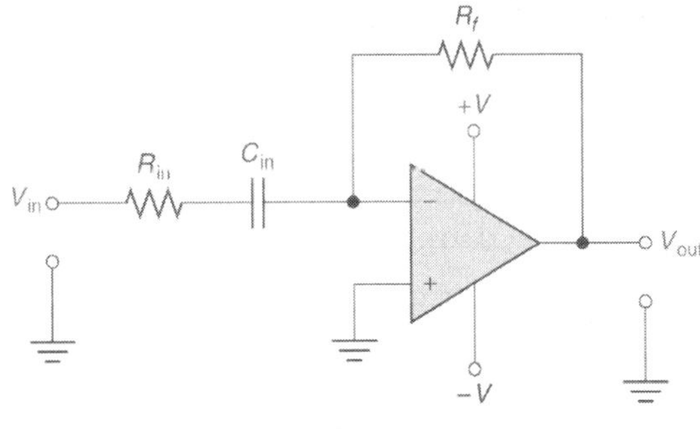

[그림 16-21] 미분기 이득을 감소시키는 회로

16.2.5 미분기 고장 진단 및 수리(Differentiator Troubleshooting)

적분기와 마찬가지로 미분기는 상대적으로 고장진단이 쉽다. 발생될 수 있는 주요한 고장 사항을 각각의 징후와 함께 <표 16-3>에 표시했다. 미분기가 동작에 실패하고 〈표 16-3〉에 표시된 어떠한 징후도 나타나지 않는다면 op-amp가 고장의 원인이다.

표 16-3 미분기 고장진단 및 수리

고 장	징 후
C_{in} 개방	입력이 Op-amp로부터 제거되어 회로의 출력이 0으로 유지된다.
C_{in} 단락	무엇인가에 대해 C_{in}이 단락되면 회로의 이득은 크게 증가되어 회로가 미분동작을 상실한다.
R_f 개방	회로의 이득이 Op-amp의 A_{OL}이 동일하게 된다. 또한 미분동작을 상실한다.
R_f 단락	회로 이득이 0으로 되고 출력 신호가 거의 없다.

기초 확인문제 16.2

1. 적분기란 무엇인가?
2. Op-amp 적분기의 회로 동작을 기술하라.
3. 램프(ramp)란 무엇인가?
4. Op-amp 적분기에서 발생되는 일반적인 고장과 이들 각각의 징후를 열거하라.
5. 미분기란 무엇인가?
6. 미분기의 회로 동작을 기술하라.
7. 미분기의 일반적인 고장과 이들 각각의 징후를 열거하라.

16.3 가산 증폭기(Summing Amplifiers)

가산 증폭기는 여러 개의 입력 신호를 받아 이들의 합에 비례한 출력을 제공하는 Op-amp 회로이다. [그림 16-22]에 기본적인 가산 증폭기 회로를 표시하였다.

이 회로를 이해하는 데 필요한 주안점은 각 입력을 하나의 독립적인 회로로 생각하는 것이다. 만약 V_1에만 입력 전압이 있다면 출력은 다음과 같다.

$$V_{out} = -V_1 \frac{R_f}{R_1}$$

동일한 방법으로 V_2에만 입력이 있다고 가정하면 출력은 다음과 같다.

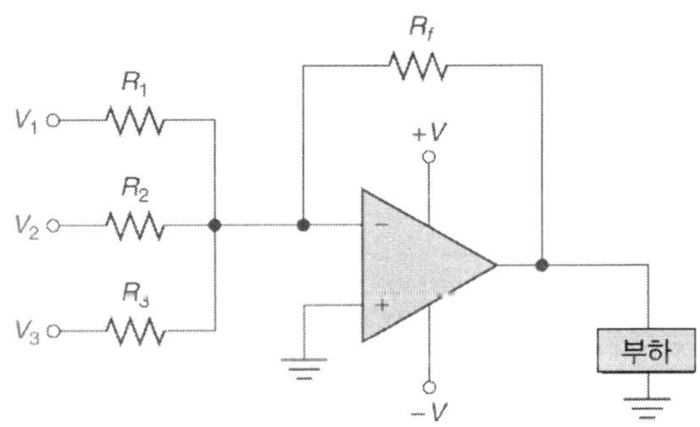

[그림 16-22] 가산 증폭기

$$V_{out} = -V_2\frac{R_f}{R_2}$$

또한, V_3에만 입력이 있다고 가정하면 출력은 다음과 같이 표시할 수 있다.

$$V_{out} = -V_3\frac{R_f}{R_3}$$

세 개의 단자 모두에 입력 전압이 있으면, 상기 각각의 식을 합한 형태가 된다.

$$V_{out} = \frac{-V_1R_f}{R_1} + \frac{-V_2R_f}{R_2} + \frac{-V_3R_f}{R_3}$$

$-R_f$ 를 공통 인수로 하여 정리하면 식 (16-2)를 유도할 수 있다.

$$V_{out} = -R_f\left(\frac{V_1}{R_1} + \frac{V_2}{R_2} + \frac{V_3}{R_3}\right) \tag{16-2}$$

【예제 16-4】는 가산증폭기로부터 출력을 결정하는 절차에 대해서 설명한다.

【예제 16.4】 [그림 16-23]에 표시된 가산 증폭기의 출력 전압을 구하시오.

풀이 회로에 표시된 소자 값과 식 (16-2)를 사용하면, 출력은 −13V로 계산된다.

$$V_{out} = -R_f\left(\frac{V_1}{R_1} + \frac{V_2}{R_2} + \frac{V_3}{R_3}\right) = (-10\text{k}\Omega)\left(\frac{+3\text{V}}{10\text{k}\Omega} + \frac{+6\text{V}}{10\text{k}\Omega} + \frac{+4\text{V}}{10\text{k}\Omega}\right) = -13\text{V}$$

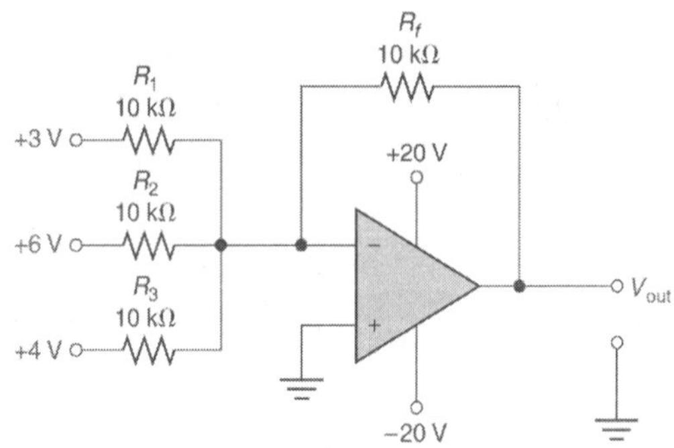

[그림 16-23]

(실전 연습문제 16-4)

[그림 16-23]에 표시된 가산 증폭기와 유사한 회로가 $R_f = 2\text{k}\Omega$, $R_1 = R_2 = R_3 = 1\text{k}\Omega$, $V_1 = 1\text{V}$, $V_2 = 500\text{mV}$, V3 = 1.5V, 회로의 공급 전압은 ±18V의 크기를 갖는다고 가정하고 V_{out}을 구하시오.

▶▶ −6V

만약 【예제 16-4】의 결과와 원래의 입력 값을 비교하면, 증폭기 출력은 입력 전압의 합과 동일함을 알 수 있다. 따라서 가산증폭기란 이름이 이 회로에 적합하다. 실제로, 입력 전압의 합과 동일한 출력을 내는 것이 항상 가능하지는 않다. 예를 들면, [그림 16-23]에서 입력이 +10V, +8V, +7V이면 어떻게 되겠는가? 분명히, 이들 전압의 합은 +25V이다. 여하튼 회로의 최대 가능 출력은 ±19V이다. 따라서 −25V의 출력은 불가능하다. 이런 문제를 해결하기 위해서 가산 증폭기의 출력이 입력의 합에 비례하도록 R_f를 선택하게 된다. 【예제 16-5】에서 이 점에 대해서 설명한다.

【예제 16.5】 [그림 16-24]에 표시된 회로에서 출력 전압을 구하시오.

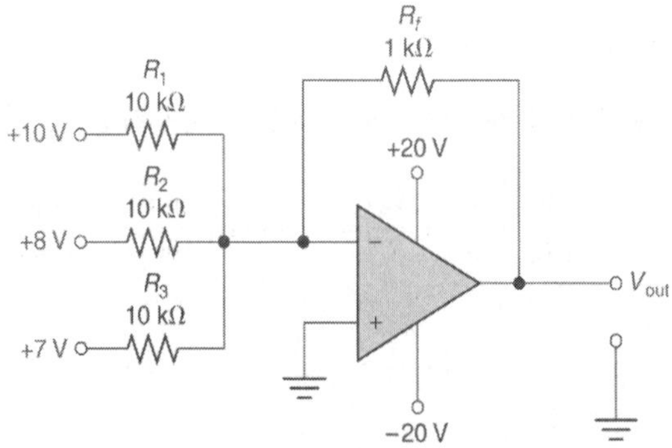

[그림 16-24]

풀이 회로에 표시된 값과 식 (16-2)를 사용하면 출력 전압은 -2.5V로 계산된다.

$$V_{\text{out}} = -R_f\left(\frac{V_1}{R_1}+\frac{V_2}{R_2}+\frac{V_3}{R_3}\right) = (-1\text{k}\Omega)\left(\frac{+10\text{V}}{10\text{k}\Omega}+\frac{+8\text{V}}{10\text{k}\Omega}+\frac{+7\text{V}}{10\text{k}\Omega}\right) = -2.5\text{V}$$

(실전 연습문제 16-5)

[그림 16-24]에 표시된 가산 증폭기와 유사한 회로가 $R_f = 1\text{k}\Omega$, $R_1 = R_2 = R_3 = 3\text{k}\Omega$, $V_1 = 2\text{V}$, $V_2 = 1\text{V}$ 및 $V_3 = 6\text{V}$의 크기를 갖는다고 가정한다. 회로의 직류 전압은 $\pm 12\text{V}$이다. 이 회로에 V_{out}의 크기를 구하시오.

▶▶ -3V

【예제 16-5】에서 R_f의 값을 감소시킴으로써 $+10\text{V}$, $+8\text{V}$, $+7\text{V}$의 입력을 다루는 문제를 해결했다. 이제 증폭기의 출력은 입력의 합과 동일하지 않고 입력 값의 합에 비례한다. 이런 경우 입력 합의 1/10과 동일하다. 임의의 V_1, V_2, V_3 값과 식 (16-2)를 사용하면 이런 회로는 입력 값들을 더한 값의 1/10에 해당하는 출력을 제공한다. 물론 이 식에 의해서 얻는 값은 $\pm 19\text{V}$를 초과할 수 없다고 가정한다.

이때 가산 증폭기에 대해서 언급할 몇 가지 점은 다음과 같다.

1. 더해지는 입력의 수에는 실제적인 한계가 없다. 증폭기가 올바른 출력 전압을 제공할 능력이 있는 한, 이런 회로는 임의의 개수의 입력을 가질 수 있다. 이런 경우 식 (16-2)는 모든 증폭기 입력을 포함시키기 위해 확장(축소)될 수 있다.
2. 가산 증폭기 입력에 사용된 저항 값들은 반드시 동일한 값일 필요는 없다. 다시 말하자면 입력 값들 중에서 어떤 입력들은 출력에 더 많은 효과를 내도록 가중치로 계산될 수 있다.

두 번째 사항은 이 절의 후반부에서 가산 증폭기의 일반적인 응용에 대해서 고찰할 때 상세히 설명될 것이다. 먼저 회로 해석이 쉽게 될 수 있도록 임의의 가산 증폭기에 대한 일반적인 공식을 어떻게 할 것인지에 대해 살펴보기로 하자.

16.3.1 회로해석(Circuit Analysis)

간혹 다양한 입력 값의 조합아래에서 가산 증폭기로부터의 출력을 빠르게 예측할 필요가 있다. 증폭기의 일반적인 형태의 출력 식을 유도하면 이 일은 보다 쉽게 된다.

주어진 가산 증폭기의 일반식은 다음과 같이 유도된다.

1. 각 입력 지로에 대한 R_f/R의 비를 구한다.

2. 저항비와 입력 값을 곱한 값으로 각 지로를 표시한다.
3. 단계 2에서 구한 값을 더한다.

[그림 16-25]에 표시된 회로의 해석에 이런 과정을 적용시켜 보자. 이 회로에서 첫 번째 지로에 대한 저항 비는 $\frac{R_f}{R_1}=1$이다. 이런 지로는 저항비와 입력 값 V_1을 곱한 값인 V_1으로 표시될 수 있다. 두 번째 지로에 대한 저항 비는 $\frac{R_f}{R_2}=0.2$이므로 이런 지로는 $0.2V_2$로 나타낼 수 있다. 이런 과정을 세 번째, 네 번째 지로에 적용하면, 저항 비는 각각 0.1과 0.05가 된다. 따라서 이런 회로의 출력은 다음과 같이 표시될 수 있다.

$$-V_{out}=V_1+0.2V_2+0.1V_3+0.05V_4$$

위 식은 이런 회로에 대한 일반적인 형태의 식으로 【예제 16-6】에 설명된 것처럼 입력 전압들의 조합에 의한 출력전압을 구하는데 사용될 수 있다.

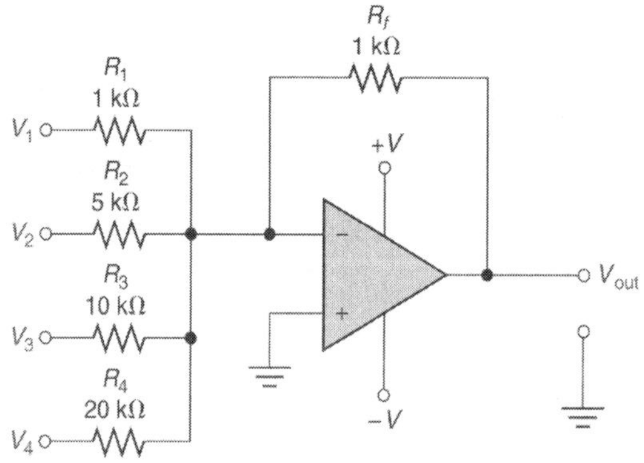

[그림 16-25]

【예제 16.6】 다음에 표시된 각각의 입력 조합 값들이 [그림 16-26]에 표시된 회로에 인가된다고 가정하고 출력 값을 구하시오.

V_1(V)	V_2(V)	V_3(V)
+10	0	+10
0	+10	+10
+10	+10	+10

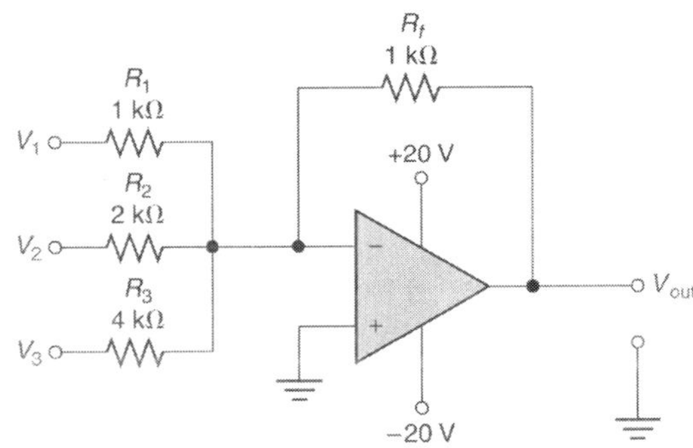

[그림 16-26]

풀이 먼저 회로는 일반형태의 식으로 표시될 수 있다. 이런 회로에 대한 일반식은 다음과 같이 유도된다.

$$-V_{out} = \frac{R_f}{R_1}V_1 + \frac{R_f}{R_2}V_2 + \frac{R_f}{R_3}V_3 = V_1 + 0.5V_2 + 0.25V_3$$

이제, 이런 식을 사용하면, 첫 번째의 입력 조합 값에 대한 출력을 결정할 수 있다.

$$-V_{out} = 10V + (0.5)(0V) + (0.25)(10V) = 12.5V$$

두 번째 입력 조합에 대한 출력은 다음과 같다.

$$-V_{out} = 0V + (0.5)(10V) + (0.25)(10V) = 7.5V$$

세 번째 입력 조합에 대한 출력은 다음과 같다.

$$-V_{out} = 10V + 0.5(10V) + 0.25(10V) = 17.5V$$

(실전 연습문제 16-6)

[그림 16-26]에 표시된 회로와 유사한 가산증폭기가 $R_f = 2k\Omega$, $R_1 = 200\Omega$, $R_2 = 400\Omega$, $R_3 = 2k\Omega$의 크기를 갖는다고 가정하고 회로에 적용가능한 일반식을 유도하시오. 또한 $V_1 = V_2 = V_3 = 1V$라고 가정 하는 경우의 V_{out} 값을 구하시오.

▶▶ $-V_{out} = 10V_1 + 5V_2 + V_3$, $V_{out} = -16V$

여러분도 보다시피 몇 개의 다른 입력 조건하에서 출력을 구하는 경우 주어진 가산 증폭기에서 일반적인 형태의 식을 유도함으로써 회로 해석을 보다 간단하게 할 수 있다.

16.3.2 가산증폭기의 응용(Summing Amplifier Applications)

가산 증폭기가 가장 일반적으로 사용되는 경우는 [그림 16-27]에 표시된 것과 같은 디지털/아날로그(D/A)변환기이다. 먼저 디지털 회로는 단지 두 개의 가능한 출력만을 가진다. 이런 회로들은 0과 15 사이의 임의의 수를 표시하기 위해서 결합되는 8, 4, 2, 1로 표시된 가중치를 갖는 출력을 가진다. 간단한 예로 디지털 회로의 가중치를 갖는 출력은 항상 +5V이거나 0V이다. 디지털회로는 다음에 주어지는 조합에 의해서 제공되는 출력 전압에 의해서 십진수 10을 표시하게 된다.

$V_1(8)$	$V_2(4)$	$V_3(2)$	$V_4(1)$
+5V	0V	+5V	0V

8과 2의 선에서 +5V 출력을 가지게 되면 디지털 회로는 8+2=10의 값을 표시하게 된다. 디지털 회로가 5의 값을 출력하고 싶으면, 출력전압은 $V_1=0V$, $V_2=+5V$, $V_3=0V$, $V_4=+5V$의 조합을 제공하게 된다. D/A 변환기는 디지털회로로부터의 출력 값을 회로의 계수출력에 비례하는 한 개의 전압레벨로 변환하는데 사용된다. 이러한 동작이 어떻게 이루어지는지를 확인하기 위해서 회로의 일반적인 식을 유도하는 것에서부터 시작한다.

$$-V_{\text{out}} = V_1 + 0.5V_2 + 0.25V_3 + 0.125V_4$$

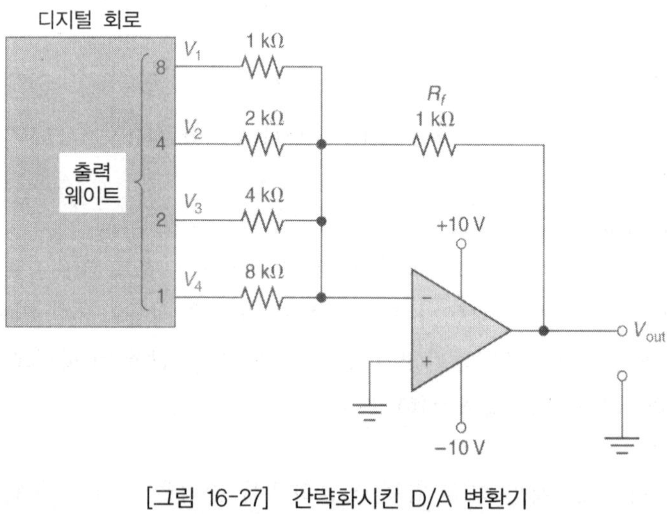

[그림 16-27] 간략화시킨 D/A 변환기

이런 공식을 사용하면 다음 도표에 표시된 출력 값이 유도된다.

10진수	$V_1(8)$	$V_2(4)$	$V_3(2)$	$V_4(1)$	V_{out}
0	0V	0V	0V	0V	−0V
1	0V	0V	0V	+5V	−0.625V
2	0V	0V	+5V	0V	−1.25V
3	0V	0V	+5V	+5V	−1.875V
4	0V	+5V	0V	0V	−2.5V
5	0V	+5V	0V	+5V	−3.125V
.					
.					
15	+5V	+5V	+5V	+5V	−9.375V

디지털 회로의 출력이 정확히 어떻게 동작하는지는 중요치 않다. 회로로부터 +5V 출력의 형태를 관찰했으면 만족한다. 중요한 점은 디지털 회로는 10진수 값을 나타내기 위해 2개의 전압 값으로 입력과 출력을 표시하는데 디지털 출력 값 들을 하나의 전압으로 변환할 필요가 있다. 이것은 D/A 변환이라고 부르는 과정을 사용하면 된다. 이런 변환은 가산 증폭기를 사용하면 되는데, 가산 증폭기 입력은 디지털 출력의 가중치에 비례해서 증가된다. 따라서 디지털 회로의 출력 값이 증가함에 따라 D/A 변환기 출력전압은 증가한다.

16.3.3 회로 고장 진단 및 수리(Circuit Troubleshooting)

가산증폭기의 고장 진단과 관계된 가장 큰 문제는 입력 저항들 중의 하나가 불량인 경우가 있어도 다른 입력 값에 대해서는 회로가 아직 동작한다는 점이다. 예로 [그림 16-27]에 표시된 회로를 살펴보기로 하자. 디지털회로 출력의 4번 선상의 저항이 개방되면 가산 증폭기의 나머지 입력 선은 그대로 동작하며 증폭기는 계속적으로 출력을 제공할 수 있다. 당연히 이런 출력은 주어진 디지털 입력 값에 대해서 정확하지 못할 뿐만 아니라, 오실로스코프로도 쉽게 찾을 수가 없다.

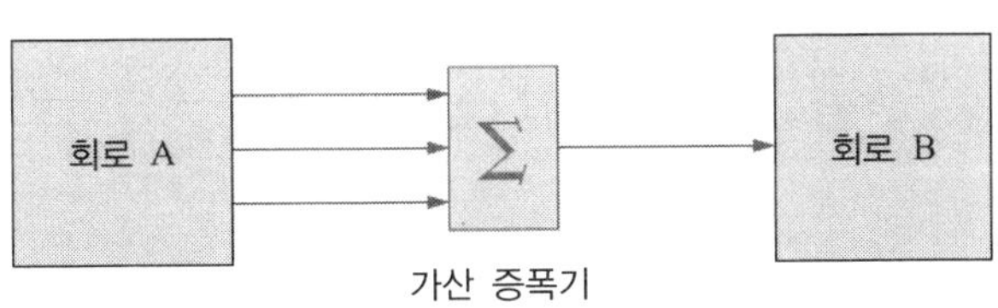

[그림 16-28]

만약 주어진 회로에서 가산 증폭기로 제한시켜 문제를 분리하면 최상의 방법은 단순하게 회로에서 각 부품의 저항 값을 측정하는 것이다. 회로에 포함된 유일한 소자는 저항들이므로(그 외는 Op-amp자체) 저항을 순서대로 점검하는 것이 문제를 해결하는 가장 빠른 방법이다. 모든 저항이 양호하다면 Op-amp를 새것으로 대체시키면 된다.

주어진 가산증폭기가 고장 상태인지를 어떻게 알 수 있는가? 이 질문에 대답하기 위해서 [그림 16-28]에 표시한 블록도를 살펴보자. 그림에서의 회로 B가 잘 동작되지 않는다고 가정하자. 점검을 해보니 적절한 입력을 받지 못하고 있다고 판단된다. 시험회로 A는 정상적으로 잘 동작되고 있다. 이들 조건으로부터 문제는 가산증폭기에 있어야만 한다. 다시 말하자면 이런 경우 다른 어떤 곳에도 문제가 없으므로 가산증폭기에 문제가 생겼다고 본다. 가산증폭기는 다소 복잡한 디지털 회로에 사용되는 경우가 있으므로 이런 경우가 종종 있다.

16.3.4 회로 변형(Circuit Variations)

적절한 입력과 귀환 저항 값을 사용함으로써 가산 증폭기는 다수의 입력을 평균한 값을 출력하도록 설계할 수 있다. 이런 예로는 [그림 16-29]에 표시된 평균증폭기(averaging amplifier)를 생각해 보자.

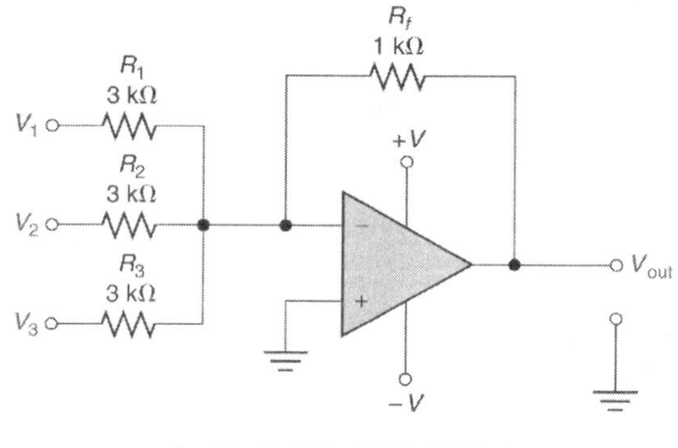

[그림 16-29] 평균 증폭기

[그림 16-29]에 표시된 회로에서 일반형태의 식을 유도하면 다음과 같이 구해진다.

$$-V_{\text{out}} = \frac{V_1}{3} + \frac{V_2}{3} + \frac{V_3}{3}$$

혹은

$$-V_{\text{out}} = \frac{V_1 + V_2 + V_3}{3}$$

정의에 의하면 이 값은 3개의 입력 전압의 평균값이다. 가산 증폭기는 다음 조건이 모두 성립되면 평균 증폭기로 동작한다.

1. 모든 입력 저항(R_1, R_2, …) 값이 동일하다.
2. 입력저항과 귀환저항의 비가 회로의 입력 개수와 동일하다.

예를 들면, [그림 16-29]에서 모든 저항들은 3kΩ의 크기를 가진다. 입력저항과 귀환저항의 비를 계산해 보면 $3k\Omega/1k\Omega = 3$이 된다. 이것은 회로의 입력 개수와 동일하다. 또 다른 가산 증폭기의 변형회로를 [그림 16-30]에 표시하였다. 감산기(차분증폭기) 회로는 자신의 입력 사이의 차에 비례하는 출력을 제공하게 된다. 예를 들면 [그림 16-30]에 표시된 차분 증폭기는 $(V_2 - V_1)$에 해당하는 출력을 제공한다.

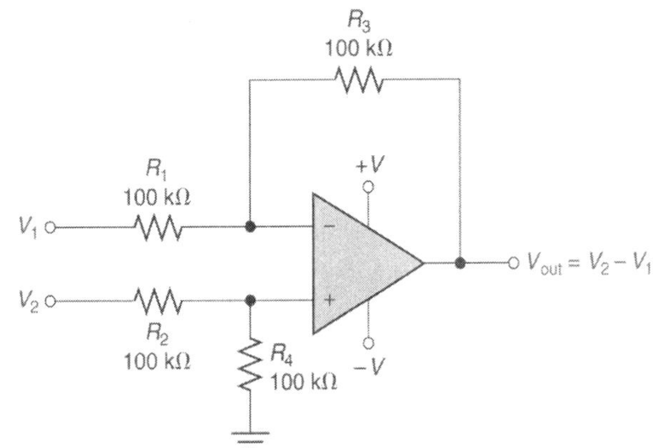

[그림 16-30] 감산기

적절하게 동작하기 위해서는 차분 증폭기는 반드시 $R_1 = R_2$와 $R_3 = R_4$의 크기를 가져야 한다. 모든 저항들이 등가의 크기를 갖는다면 출력은 [그림 16-30]에 표시된 것처럼 입력 전압 사이의 차와 등가로 된다. 차분 증폭기의 저항 값은 자신의 입력 전압의 차에 비례하는 출력을 제공하기 위해서 가변되어야 한다. $R_1 = R_2$와 $R_3 = R_4$의 가이드 라인을 따르면 차분 증폭기의 출력은 식 (16-3)처럼 구해진다.

$$V_{out} = \frac{R_3}{R_1}(V_2 - V_1) \tag{16-3}$$

예를 들어서 [그림 16-30]에 표시된 R_1과 R_2가 200kΩ으로 변화된다면 회로의 입출력 관계는 다음과 같이 표시된다.

$$V_{out} = \frac{100k\Omega}{200k\Omega}(V_2 - V_1) = \frac{1}{2}(V_2 - V_1)$$

따라서 저항의 변화는 회로의 출력 전압을 자신의 입력 전압사이의 차의 절반에 해당하는 크기를 제공하게 한다.

16.3.5 요점정리(Summary)

가산 증폭기는 다수의 입력 전압 값의 합과 동일한 출력전압을 제공하도록 설계된다. 기본적 인 가산 증폭기의 두 가지 변형 형태가 평균 증폭기 및 감산 증폭기이다. 기본적인 가산 증폭기의 특성은 [그림 16-31]에 요약되어 있다.

가산 증폭기

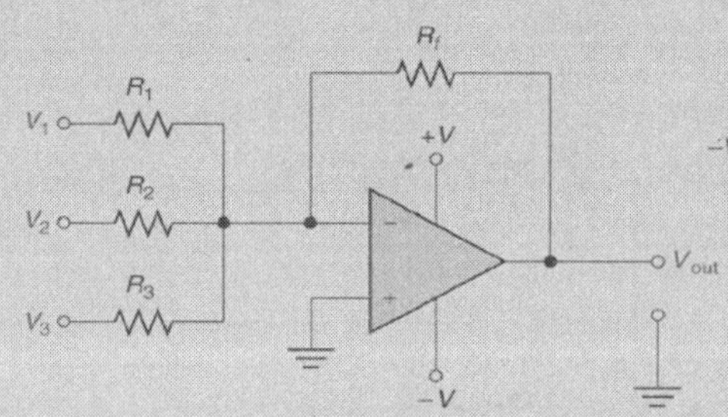

$$-V_{out} = \frac{R_f}{R_1}V_1 + \frac{R_f}{R_2}V_2 + \ldots + \frac{R_f}{R_n}V_n$$

기본 응용	디지털/아날로그 변환
입력 제한	활성입력의 수에는 제한이 없다. 연산증폭기 공급전원에 의해서 제한적으로 설정되는 크기를 결코 초과하지 않는 V_{out}을 만족시키는 저항비를 갖는다.
회로 변형	평균 증폭기 차분 증폭기(감산기)
회로 인식	다중 입력이 연산 증폭기의 반전 입력에 연결된다. 입력들은 단일 전원이거나 다양한 형태의 전원일 수 있다.

[그림 16-31]

기초 확인문제 16.3

1. 가산 증폭기란 무엇인가?
2. 가산 증폭기로부터의 출력이 입력 전압의 합에 비례한(동일한 값이 아닌) 값을 출력하는 이유는 무엇인가?
3. 가산 증폭기에 연결되는 입력의 개수에 제한이 있는가? 있다면 이유를 설명하라.
4. 가산 증폭기의 일반식은 어떻게 표시되는가?
5. 가산 증폭기의 일반식을 유도하는데 사용된 고정을 설명하라.
6. D/A 변환기란 무엇인가?
7. 가산 증폭기가 D/A 변환기로 사용된 경우를 설명하라.

8. 가산 증폭기의 고장진단이 어려운 이유를 설명하라.
9. 보통 가산 증폭기가 고장이라고 어떻게 판단할 수 있는가?
10. 평균 증폭기란 무엇인가?
11. 평균 증폭기가 되기 위한 저항 값의 요구조건은 무엇인가?
12. 감산 증폭기란 무엇인가?
13. 16장 3절에 표시된 D/A 변환기 출력표를 참조하고 10진수 15를 표시하는데 −9.375V 가 필요한 이유를 설명하라.

16.4 계측 증폭기(Instrumentation Amplifiers)

지금까지는 디지털 응용에 널리 사용되는 Op-amp 회로에 관해 집중적으로 살펴보았다. 지금부터는 계측 증폭기라 부르는 공정제어 및 계측에 주로 사용되는 Op-amp회로에 관해서 살펴보기로 하자. 계측 증폭기는 낮은 레벨 신호를 감지하여 증폭하는데 사용되며 높은 이득과 높은 CMRR을 가진다. 계측 증폭기에 입력되는 전압 범위는 보통 μV, 혹은 낮은 mV 정도이다. 이들은 증폭기의 입력에서 임의의 잡음에 의해서 영향을 미치게 된다. 증폭기의 입력에서 발생되는 잡음은 공통모드로 나타나기 때문에 계측 증폭기의 높은 CMRR은 임의의 신호 입력을 증폭하는 동안 잡음을 무시하는 능력을 제공하게 된다. [그림 16-32]에 계측 증폭기가 표시되어 있다.

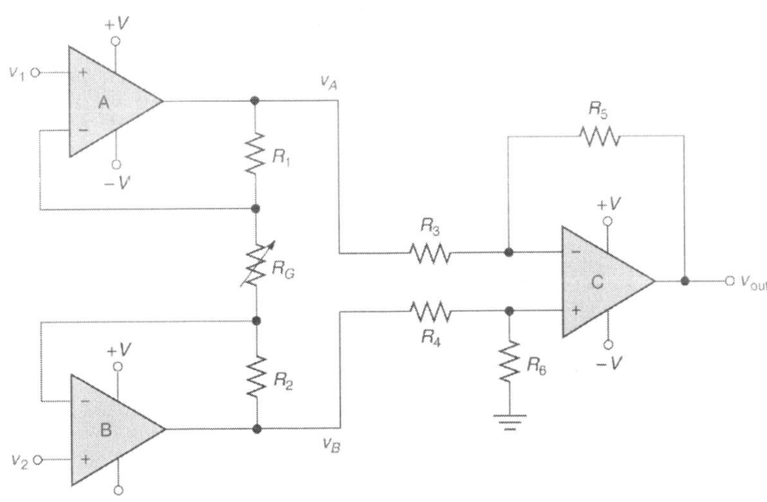

[그림 16-32] 계측 증폭기

회로 A와 B는 비 반전 증폭기이고 회로 C는 차동 증폭기로 동작한다. 회로 A의 출력을 정의함으로써 회로의 동작의 해석을 시작하기로 하자. 회로 A는 비 반전 증폭기이므로 v_1은 $(1+R_1/R_C)$의 크기로 증폭된다. 회로 A에서의 반전 입력 신호는 회로 B의 출력에 의해서 제공된다. 반전 입력에서의 이런 신호의 진폭은

$$\frac{R_2}{R_G}v_2$$

와 같다. 회로의 출력은 입력 전압간의 차와 동일하므로 $v_{A(\text{out})}$는 다음과 같이 표시할 수 있다.

$$v_{A(\text{out})}=\left(1+\frac{R_1}{R_G}\right)v_1-\frac{R_2}{R_G}v_2$$

회로 B는 회로 A와 동일하므로 Op-amp B의 출력은 다음과 같다.

$$v_{B(\text{out})}=\left(1+\frac{R_2}{R_G}\right)v_2-\frac{R_1}{R_G}v_1$$

$R_3=R_4$라고 가정하면 C에서의 차분입력전압은 상기 출력사이의 차와 동일하다. 이런 차분 입력은 다음과 같이 구해진다.

$$v_{B(\text{out})}-v_{A(\text{out})}=\left[\left(1+\frac{R}{R_G}\right)v_2-\frac{R}{R_G}v_1\right]-\left[\left(1+\frac{R}{R_G}\right)v_1-\frac{R}{R_G}v_2\right]$$

$R_1=R_2$로 설계하면 위에 표시된 두 식은 차이가 없다. 이 식을 간단히 하면

$$v_{B(\text{out})}-v_{A(\text{out})}=\left(1+\frac{2R}{R_G}\right)\times(v_2-v_1)$$

를 얻는다. 차동 증폭기는 단위이득을 가지도록 설계된다. 따라서 최종회로 출력은 다음과 같다.

$$v_{(\text{out})}=\left(1+\frac{2R}{R_G}\right)(v_2-v_1) \tag{16-4}$$

Op-amp 회로로부터 이런 출력은 전압 이득을 차분 입력 값으로 곱하기한 값과 동일하므로 회로의 페 루프 전압이득은 다음과 같이 정의할 수 있다.

$$A_{\text{CL}}=1+\frac{2R}{R_G} \tag{16-5}$$

여기서 $R=R_1=R_2$이다.

만약 R_G가 [그림 16-32]에 표시된 것처럼 전위차계라면 소자는 A_{CL}이 특정 값을 가지도록 설정하기 위해서 조정된다. A_{CL}이 식 (16-5)의 변환식을 통해서 구해지므로 주어진 값을 구하기 위해서는 식 (16-6)처럼 표시되는 R_G가 필요하게 된다.

$$R_G = \frac{2R}{A_{CL} - 1} \tag{16-6}$$

여기서 $R = R_1 = R_2$이다.

기초 확인문제 16.4

1. 계측용 증폭기에 의해서 수행되는 목적은 무엇인가?
2. 계측 증폭기로 되기 위해서 아주 높은 이득과 CMRR 값이 요구되는 이유는 무엇인가?

16.5 기타 연산 증폭기 회로(Other Op-amp Circuits)

이 절에서는 기타의 다른 Op-amp 회로에 대해서 간단히 살펴보기로 한다. Op-amp의 광범위한 응용을 위한 단순한 개념을 주기 위해 이들 회로가 제시되었다.

16.5.1 오디오 증폭기(Audio Amplifier)

대부분 통신 수신기의 최종 출력 단은 오디오 증폭기로 구성된다. 오디오 증폭기는 시스템 스피커를 구동하는 회로로 이상적인 오디오 증폭기는 다음과 같은 특성을 가져야 한다.

1. 높은 이득
2. 가청주파수 영역(대개 20Hz ~ 20kHz)에서 최소의 왜곡
3. 높은 입력 임피던스
4. 아주 낮은 출력 임피던스(스피커와 최대의 결합을 위해)

저 출력 오디오 시스템에서 Op-amp 오디오 증폭기는 위에서 제시된 조건을 만족시킨다. [그림 16-33]에 Op-amp 오디오 증폭기를 표시하였다. 이 회로에 대해서 먼저 주목할 점은 Op-amp의 $-V$ 입력이 접지에 연결되어 있다는 것이다. 이것은 Op-amp 출력은 항상 positive 값을 출력함을 의미한다. Op-amp의 출력과 스피커 사이의 결합 커패시터는

스피커 전압이 0V의 기준 전위가 되도록 하는데 사용된다.

다시 말하자면 Op-amp 출력으로부터의 positive 직류 기준 값을 제거한다. 또한. C_5를 V_{CC} 연결선에 포함시키는데 Op-amp의 동작에 의해 야기된 과도전류가 전원공급기를 통해 Q_1에 역으로 결합되는 것을 막기 위함이다.

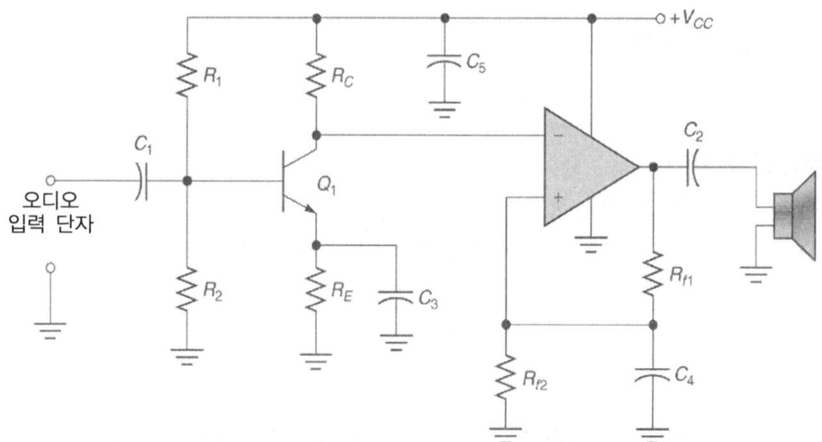

[그림 16-33] 저 전력 오디오 증폭기

높은 이득에 관한 조건은 2개의 증폭 단을 조합함으로써 만족시킬 수 있다. 오디오 증폭기의 낮은 출력 임피던스와 낮은 왜곡 특성은 Op-amp 자체 특성으로 달성할 수 있다.

16.5.2 전압제어 전류원(Voltage Controlled Current Source)

여러분도 알다시피 일정한 출력 전류를 발생시키는 회로를 전류원이라고 정의한다. 전압제어 전류원은 자신의 출력 전류 값을 설정하기 위해서 입력전압을 사용한다. [그림 16-34]에 전류원 회로를 표시하였다.

회로가 어떻게 동작하는지를 알아보기 위해 제너 다이오드의 양쪽 단자를 (a)와 (b)로 표시하자. 다이오드의 (b)쪽은 R_2의 위쪽과 $+V$로 공통인 점이므로 이 점을 (b)로 표시한다. 제너 다이오드의 아래쪽과 Op-amp의 입력은 서로 공통 단자이므로 (a)로 표시된다. 가상 접지 원리를 적용하면 Op-amp의 반전 단자도 (a)로 표시할 수 있다. 이 과정을 계속하면 R_2의 아래쪽 역시 (a)로 표시할 수 있다.

제너 다이오드와 R_2는 동일한 (a)와 (b)의 표시를 가지므로 두 소자의 양단 전압은 항상 동일하다. 제너 전압은 일정(소자의 V_Z 정격과 동일)하며 R_2 양단전압과 동일하다. 따라서 R_2에 흐르는 전류는 일정하다. 이 전류는 *pnp* 트랜지스터의 이미터 전류이므로 Q_1의 컬렉터 전류는 일정하고 또한 부하 전류도 일정하다. $I_C R_L$이 트랜지스터를 포화시키지 않는 한 부하 전류는 일정하게 됨을 주목하라. 만약 트랜지스터가 포화가 되면 전

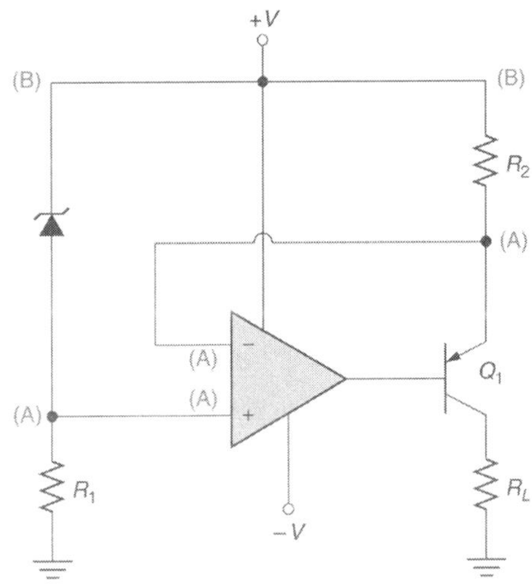

[그림 16-34] 전압제어 전류원회로

류의 안정화는 이루어질 수 없다.

16.5.3 정밀 정류기(Precision Rectifier)

정밀 정류기는 지극히 낮은 다이오드 순방향 전압에서 동작되도록 만든 Op-amp/다이오드 회로이다. 상대적으로 간단한 이 회로는 클리퍼 응용에 사용될 수 있다. 예를 들면, [그림 16-35 (a)]에 표시된 positive 클리퍼 회로를 살펴보자. 이런 회로는 입력 신호 중에서 positive의 어떤 부분을 제거하는데 사용되는 회로로 알려져 있다. 이런 회로는 한 가지 문제점이 있다. 그림에 표시된 것처럼 입력 신호는 약 700mV에서 잘린다. 만약 1000mV의 입력신호를 0V에서 자르고 싶으면 어떻게 해야 하나? 표준 다이오드 클리퍼는 다이오드의 순방향 전압크기 때문에 이런 응용에는 사용될 수 없다.

[그림 16-35 (b)]에 표시된 정밀 다이오드 회로가 낮은 레벨의 신호를 자르는데 사용될 수 있다. 회로에서 V_{in}이 수 mV 정도로 0V보다 큰 positive 값이 되면, Op-amp 출력은 positive가 되어 D_1을 차단시킨다. 입력이 negative가 되면 출력도 negative로 되어 D_1을 도통시킨다. 귀환경로에 전압분배기가 없기 때문에 회로는 전압 활로워로 동작되어 출력은 입력과 동일하게 된다. D_1 양단이 0.7V 전압강하는 Op-amp에 의해서 상쇄된다. D_1의 방향을 반대로 하면 negative 클리퍼가 된다. 회로 동작은 위에서 설명한 바와 같다. 한 가지 차이점은 입력 중에 negative 부분이 잘린다는 점이다.

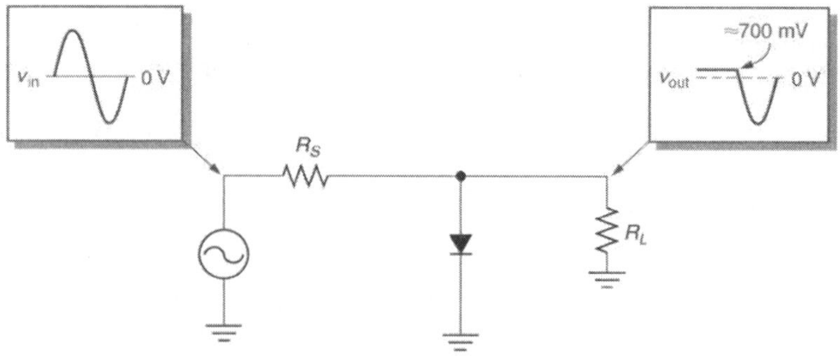

(a) 병렬 정류기 입력과 출력 신호

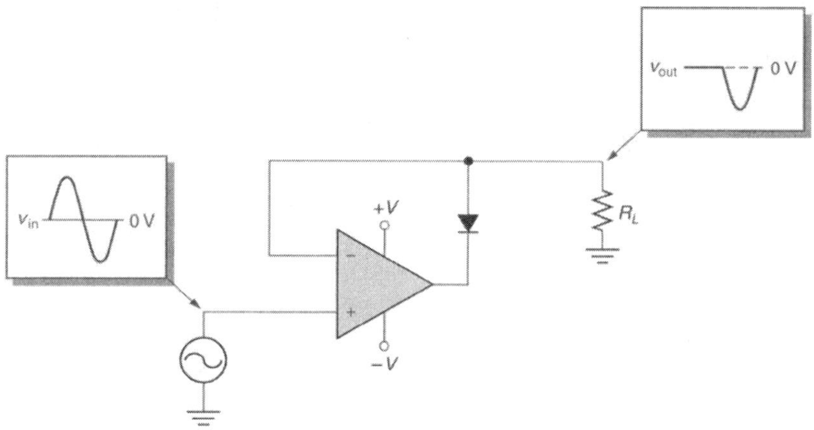

(b) 정밀 정류기 입력과 출력 신호

[그림 16-35] 정밀 정류기 회로

16.5.4 요점정리(Summary)

분명히 Op-amp에 대한 응용은 무수히 많지만 이 장에서 모두 다루지 못한 점이 아쉽다. 다음 장에서 능동 여파기, 파형 발생기 등의 몇 개의 op-amp회로에 대해 살펴보기로 한다.

기초 확인문제 16.5

1. 오디오 증폭기란 무엇인가?
2. Op-amp를 오디오 증폭기 응용에서 사용하기 위해서 요구되는 이상적인 특성은 무엇인가?
3. 전압계의 입력 회로로 사용되는 이상적인 op-amp의 특성은 무엇인가?
4. 전압제어 전류원의 동작을 설명하라.
5. 정밀 정류기의 동작을 설명하라.

중요 용어(Key Term)

오디오 증폭기(audio amplifier), 디지털/아날로그 변환기(digital to analog converter), 램프(ramp), 평균 증폭기(average amplifier), 일반식(general class equation), 감산증폭기(subtractor), 정밀 정류기(precision rectifier), 계측용 증폭기(instrumentation amplifier), 가산 증폭기(summing amplifier), 비교기(comparator), 적분기(integrator), 가변 비교기(variable comparator), 미분기(differentiator), 레벨 검지기(level detector), 전압 제어 전류원(voltagecontrolled current source)

연습문제

16-1. [그림 16-36]에 표시된 비교기의 V_{ref}를 구하시오.

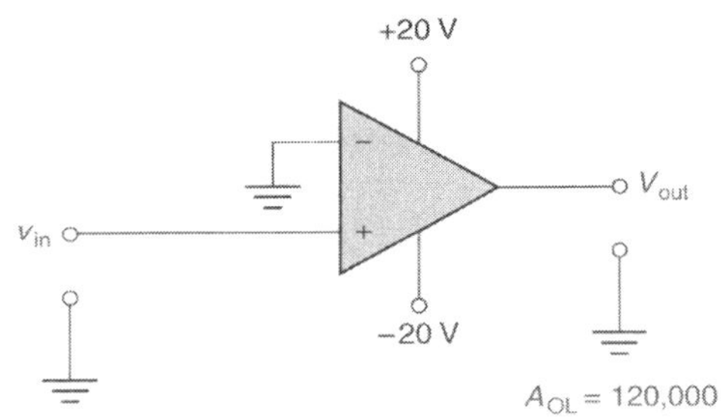

[그림 16-36]

16-2. [그림 16-37]에 표시된 비교기의 V_{ref}를 구하시오.

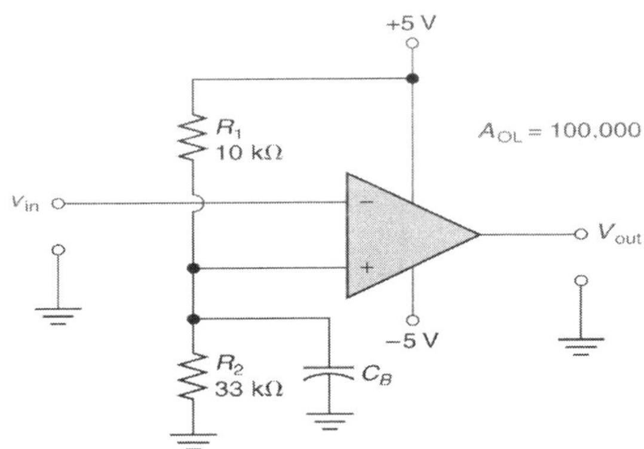

[그림 16-37]

16-3. [그림 16-38]에 표시된 비교기의 V_{ref}를 구하시오.

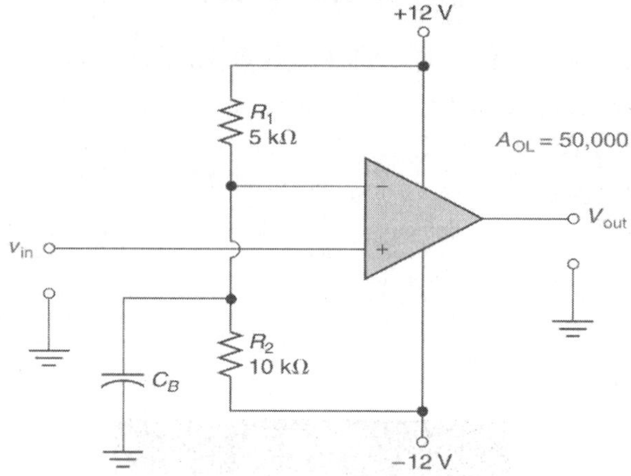

[그림 16-38]

16-4. [그림 16-39]에 표시된 비교기의 V_{ref}를 구하시오.

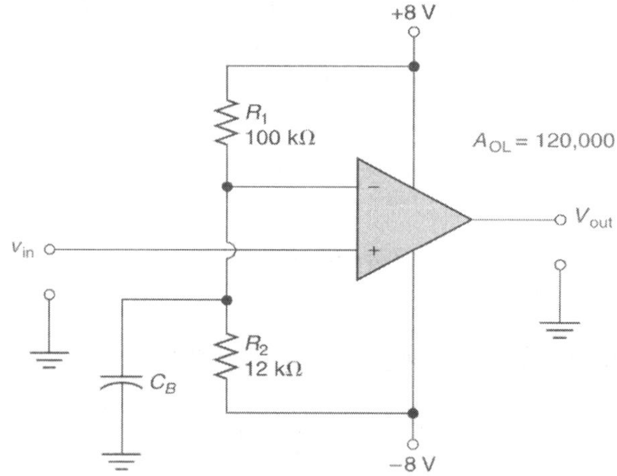

[그림 16-39]

16-5. [그림 16-40]에 표시된 회로에 의해서 제공되는 전압 이득의 상한을 구하시오.

16-6. [그림 16-41]에 표시된 회로에 의해서 제공되는 전압 이득의 상한을 구하시오.

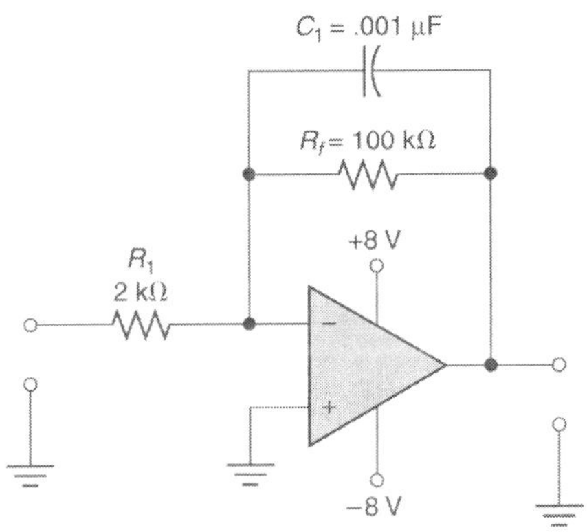

[그림 16-40]

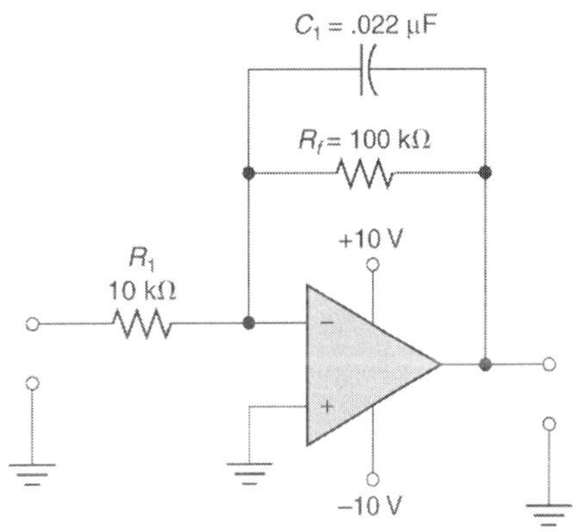

[그림 16-41]

16-7. [그림 16-42 (a)]에 표시된 가산 증폭기의 일반식을 유도하고 이 식을 사용하여 출력 전압을 구하시오.

16-8. [그림 16-42 (b)]에 표시된 가산 증폭기의 일반식을 유도하고 이 식을 사용하여 출력 전압을 구하시오.

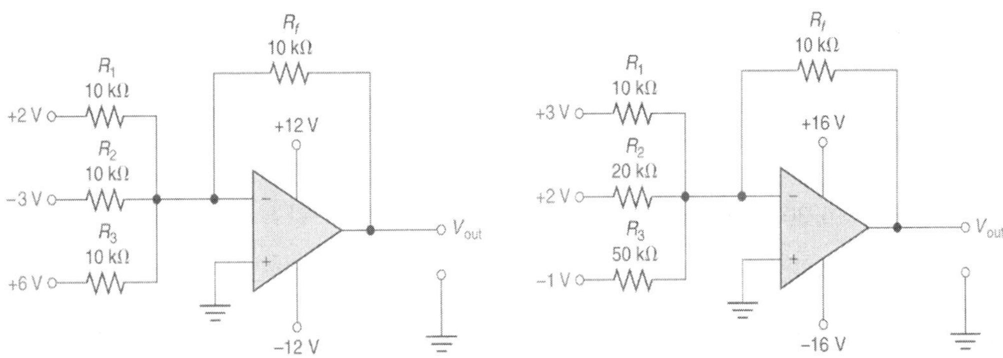

(a) (b)

[그림 16-42]

16-9. [그림 16-43]에 표시된 가산 증폭기의 일반식을 유도하고 이 식을 사용하여 출력 전압을 구하시오.

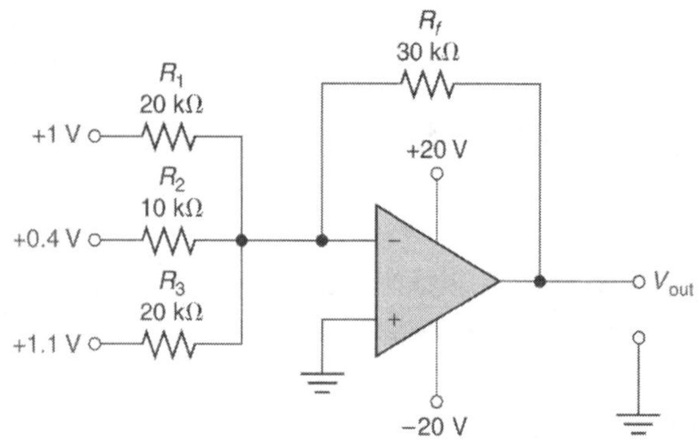

[그림 16-43]

16-10. [그림 16-43]에서 귀환 저항이 24kΩ으로 변경되었다고 가정하고 이 회로에 대한 새로운 일반식을 유도하고 이 식을 사용하여 출력 전압을 구하시오.

16-11. 5개의 입력을 가지는 가산 증폭기가 $R_1 = R_2 = R_3 = R_4 = R_5 = 15\text{k}\Omega$의 값을 가진다. 평균 증폭기로 동작하기 위한 귀환 저항의 크기는 얼마인가?

16-12. 4개의 입력을 가지는 가산 증폭기가 $R_1 = R_2 = R_3 = R_4 = 20\text{k}\Omega$의 값을 가진다. 평균 증폭기로 동작하기 위한 귀환 저항의 크기는 얼마인가?

16-13. [그림 16-30]에 표시된 회로에서 $V_1 = 4\text{V}$, $V_2 = 6\text{V}$로 가정하고 회로의 출력 전압을 구하시오.

16-14. [그림 16-30]에 표시된 회로에서 $R_3 = R_4 = 150\text{k}\Omega$의 값을 가진다고 가정한다. 또한 입력 전압은 $V_1 = 1\text{V}$, $V_2 = 3\text{V}$로 가정하고 회로의 출력 전압을 구하시오.

16-15. [그림 16-44]에 표시된 회로에 대한 측정값은 그림에 표시된 것과 같다면 문제가 발생할 가능성에 대해서 그 이유를 설명하시오.

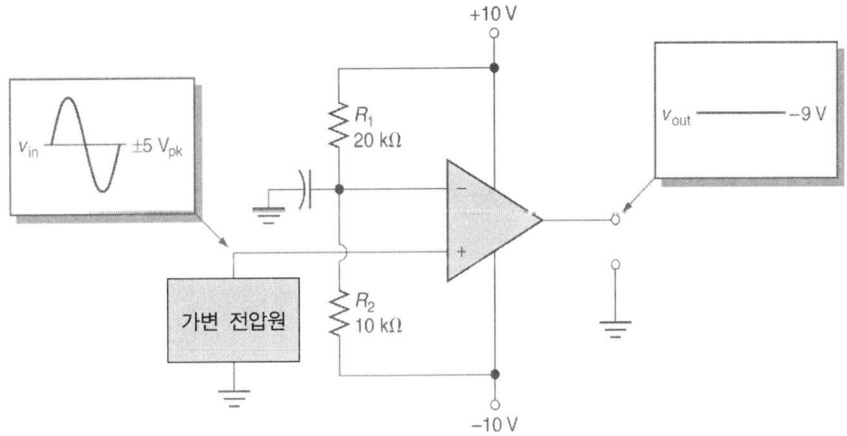

[그림 16-44]

16-16. [그림 16-45]에 표시된 회로에 대한 측정값은 그림에 표시된 것과 같다면 문제가 발생할 가능성에 대해서 그 이유를 설명하시오.

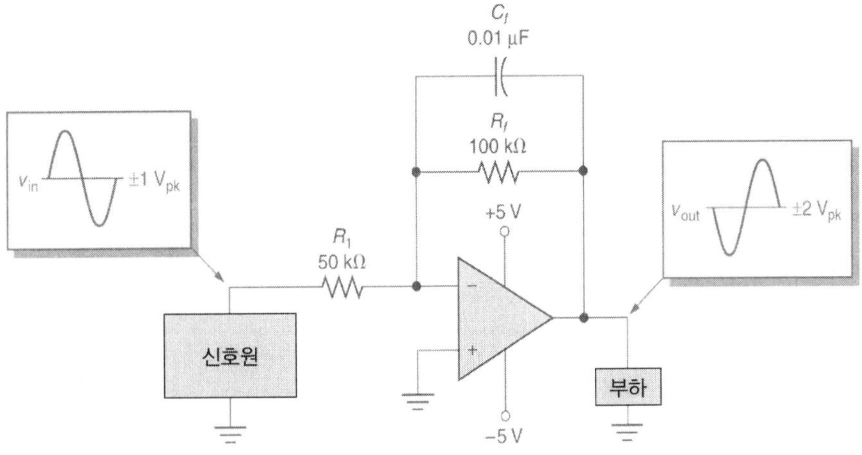

[그림 16-45]

16-17. [그림 16-46]에 표시된 회로에 대한 측정값은 그림에 표시된 것과 같다면 문제가 발생할 가능성에 대해서 그 이유를 설명하시오.

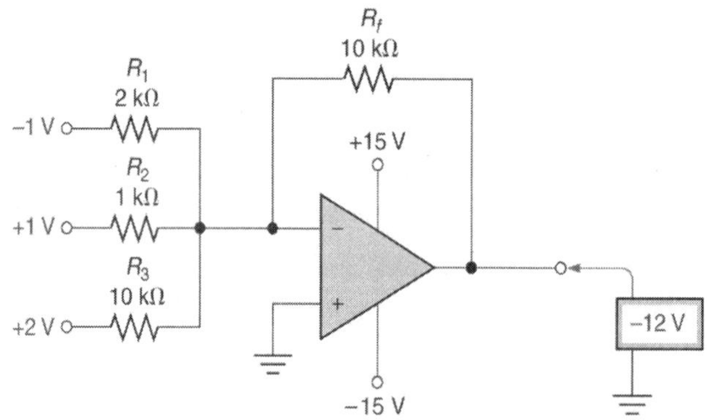

[그림 16-46]

16-18. [그림 16-47]에 표시된 오디오 증폭기의 전압 이득을 계산하시오.

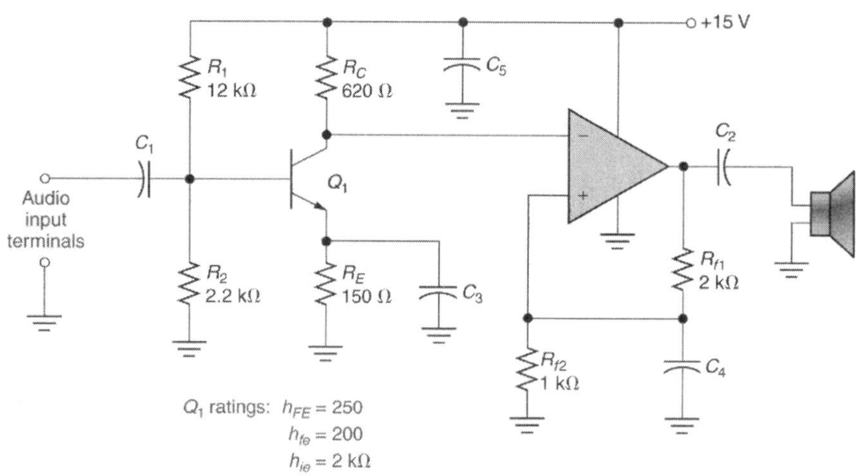

[그림 16-47]

16-19. [그림 16-48]에 표시된 회로는 그림에 표시된 것과 같은 소자 값을 가진다. $R_L = 1\text{k}\Omega$, $R_L = 3\text{k}\Omega$인 경우의 V_{CE}의 값을 구하시오.

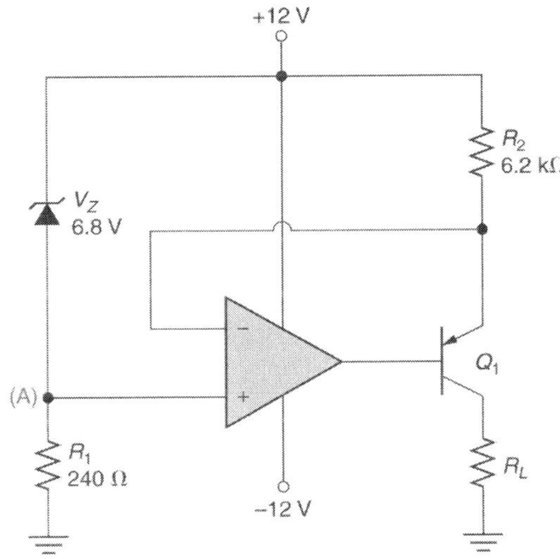

[그림 16-48]

16-20. 다음 식을 풀기 위한 회로를 설계하시오. 단, 회로에는 2개의 op-amp만을 가진다.

$$V_{\text{out}} = \frac{V_1 - V_2}{2} + \frac{V_3}{3}$$

16-21. [그림 16-32]에 표시된 계측용 증폭기가 단일 LM324 quad op-amp를 사용해서 구성된다고 가정하고 회로도를 그리시오(op-amp 1과 2는 입력으로 사용하고 op-amp 3과 4는 출력으로 사용하시오).

Chapter 17

▸ 동조용 증폭기 ◂
(Tuned Amplifier)

학습목표

이 장을 학습하고 나면 여러분은 다음과 같은 내용을 이해하고 설명할 수 있다.

1. 이상적인 동조용 증폭기와 실제적인 동조용 증폭기의 주파수 응답특성을 대조하고 비교할 수 있다.
2. 동조용 증폭기의 선택도 Q에 대해서 고찰하고 증폭기의 대역폭과의 관계에 미치는 영향을 설명할 수 있다.
3. 저역 통과 필터, 고역 통과 필터, 대역통과 필터, 대역 저지(노치)필터의 주파수 응답 특성곡선에 대해서 설명할 수 있다.
4. Butterworth 필터, Chebyshev 필터, Bessel 필터의 주파수 응답특성을 대조하고 비교할 수 있다.
5. 저역 통과 능동 필터와 고역통과 능동 필터의 이득과 주파수 해석에 대해서 설명할 수 있다.
6. 2단 대역 통과 필터, 다중 귀환 대역 통과 필터, 노치 필터의 이득과 주파수 해석에 대해서 설명할 수 있다.
7. 능동 필터의 고장 증상과 고장 진단 및 수리 기술에 대해서 설명할 수 있다.
8. 이산 동조용 증폭기의 주파수 응답 특성에 대해서 설명할 수 있다.
9. 이산 동조용 증폭기의 완전한 주파수 해석에 대해서 설명할 수 있다.
10. 일반적인 이산 동조용 증폭기의 동조용과 고장 진단 및 수리에 대해서 설명할 수 있다.
11. 기본적인 C급 증폭기의 동작에 대해서 설명할 수 있다.

통신 시스템의 핵심은 동조용 증폭기이다. 동조용 증폭기는 특정 대역폭에 대해서 설계된 것이다. 예를 들면, 주어진 동조용 증폭기는 1000kHz에서 ±20kHz 이내의 주파수에 대해서만 증폭할 수 있다. 다시 말하자면 980kHz에서 1020kHz 사이의 주파수이다. 이런 주파수 내에 입력신호가 있다면 입력 신호는 증폭되고, 이런 주파수 범위를 벗어나면 증폭은 급격히 감소된다.

제14장에서 여러분은 이미 대역폭의 개념에 대해서 알아본 바 있다. 증폭기의 저항과 정전용량 값들이 증폭기의 주파수 응답을 어떻게 제한하는가를 살펴본 바 있다. 여러분은 동조용 증폭기를 다른 형태의 증폭기와 어떻게 구별하는가에 대해서 의문을 가질 수도 있다. 모든 증폭기가 주파수의 제한 대역 이상의 이득을 제공하지는 않는다. 차이점은 동조용 증폭기가 특정한 대역폭을 가지도록 설계된다는 것이다. 표준형 증폭기의 대역폭은 제한되는 것으로 보여진다. 동조용 증폭기인 경우에는 회로설계에서 특정 대역폭만이 선택되는 특성을 가지게 된다. 대부분의 경우 동조용 증폭기의 대역폭은 동일한 주파수 대역에서 표준 증폭기가 가지고 있는 대역폭에 대해서 아주 좁게 나타난다. 이 점이 [그림 17-1]에 표시되어 있다. 이 장에서는 이산회로와 동조용 연산 증폭(op-amp) 회로의 특성에 대해서도 고찰한다. 또한 몇 가지 동조용 증폭기에 대해서도 살펴보기로 한다.

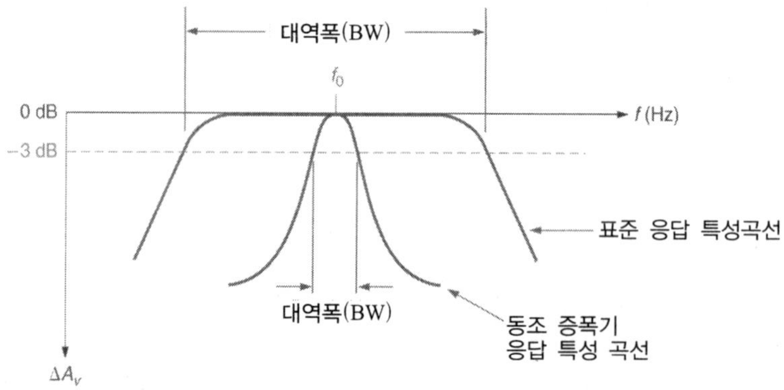

[그림 17-1] 동조용 증폭기의 주파수 응답

17.1 동조용 증폭기의 특징(Tuned Amplifier Characteristic)

어떤 특정회로를 살펴보기 전에, 동조용 증폭기의 대역폭 특성 몇 가지를 알아보도록 하자. [그림 17-2]는 동조용 증폭기의 이상적인 특성을 보여준다.

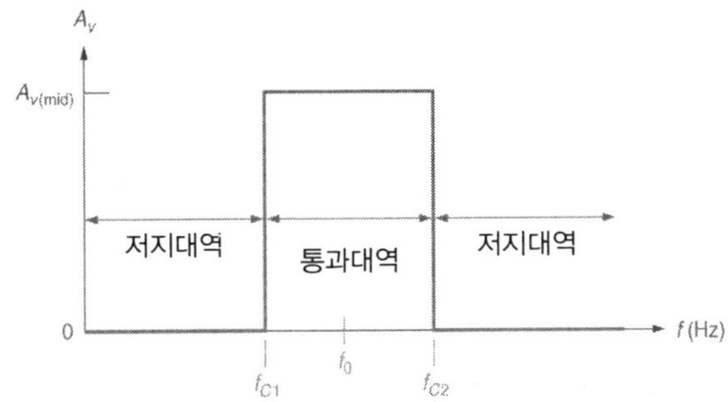

[그림 17-2] 동조용 증폭기의 이상적인 특성

이상적인 동조용 증폭기는 0Hz에서 하측 차단 주파수 f_{C1} 사이의 모든 주파수에서 0(−∞dB)이득을 가진다. f_{C1}과 상측 차단 주파수 f_{C2} 사이의 주파수에서 회로 이득은 자신의 설계 값인 $A_{v(\text{mid})}$와 같아지게 된다. 만약 동작 주파수가 f_{C2}를 넘어선다면 이득은 다시 0으로 떨어진다. 따라서 증폭기 대역폭 이내의 모든 주파수는 효과적으로 회로를 통과하고 대역폭 이외의 나머지 주파수들은 효과적으로 저지된다. 이것이 통과대역과 저지대역으로 표시된다.

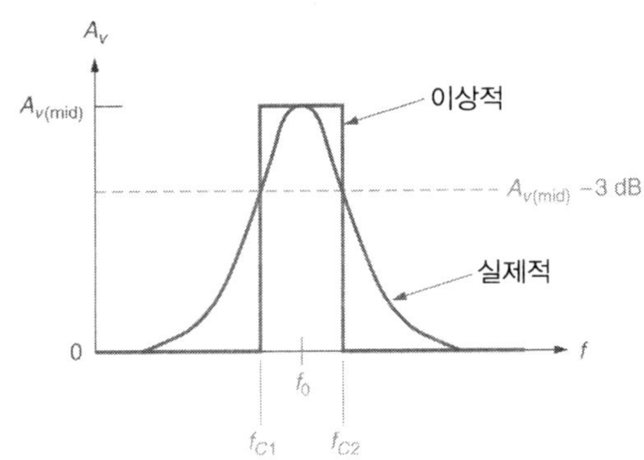

[그림 17-3] 이상적인 통과 대역과 실제적인 통과대역의 특성비교

여러분도 보아온 것처럼 실제에서 동조용 증폭기의 이상적인 특성은 얻을 수 없다. [그림 17-3]은 이상적인 동조용 증폭기의 특성과 실제적인 동조 증폭기 회로의 특성을 비교한 것이다. 실제적인 회로의 특성 곡선의 이득 경사도(roll-off)는 이상적인 경우보다 점진적으로 떨어진다. 여러분도 알다시피 동조용 증폭기 이득의 roll off 비는 중요한 특성이다.

17.1.1 roll off 비 대 대역폭(Roll-Off Rate Versus Bandwidth)

이미 앞에서 언급한 것처럼 동조용 증폭기는 특별한 대역폭을 가지도록 설계된다. 설계에 의해서 동조용 증폭기의 대역폭은 주파수의 특정 대역이 통과되기 위해서 필요로 되는 좁은 폭을 가지게 된다.

그 예로 [그림 17-4]를 살펴보자.

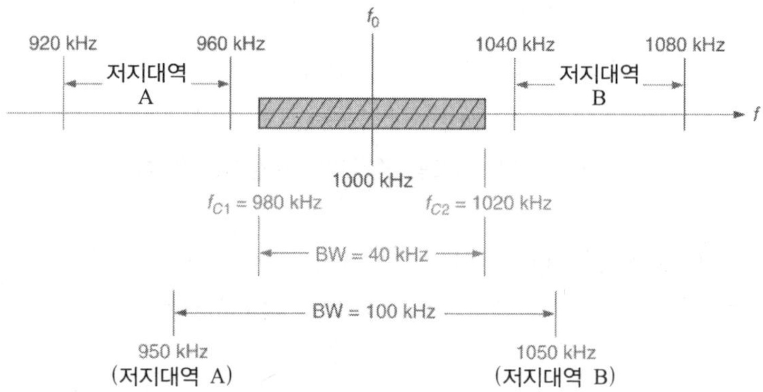

[그림 17-4] 주파수 대역

여기서 하나의 통과대역(빗금 친 부분)과 두 개의 저지대역 A, B를 볼 수 있다. 동조용 증폭기가 1000kHz의 중심주파수와 40kHz의 대역폭을 가진다면 증폭기는 통과대역 내의 모든 주파수를 통과할 수 있는 반면에 양쪽 저지대역의 모든 주파수를 차단한다. 그러나 동일한 중심 주파수와 100kHz의 대역폭을 가진 동조용 증폭기를 사용하면 증폭기는 양쪽 저지대역에 있는 일부분의 주파수를 통과시킬 수 있다. 이런 경우는 받아들일 수 없다. 동조용 증폭기는 통과대역의 모든 주파수를 통과시켜야 하며 다른 모든 주파수는 모두 차단하여야 한다. 따라서 주어진 동조용 증폭기는 항상 좁고 특정한 대역폭을 원한다. 이것을 염두에 두고 roll off 비와 대역폭 사이의 관계를 고찰하기로 하자.

증폭기의 roll off 비를 낮추게 되면 대역폭을 증가시킬 수 있다. [그림 17-5]에 이런 관계가 설명되어 있다. 그림에서 두 개의 동조용 증폭기 회로의 주파수 응답 곡선을 볼 수 있다. 모든 회로는 동일한 기하학적 중심 주파수 f_0를 가지며 회로의 roll off 비를 낮추게 되면 대역폭이 증가된다. 만약 이런 원리를 [그림 17-4]에 적용한다면 동조용 증폭기를 특정한 응용에 사용하기 위해서는 동조용 증폭기의 roll off 비를 제한해야 한다는 것을 쉽게 이해할 수 있다. 증폭기의 roll off 비는 이른바 회로의 Q에 의해서 제어된다.

동조용 증폭기의 선택도 Q는 성능지수(figure of merit)인데, 이것은 중심 주파수 f_0와 대역폭 BW와의 비이다.

$$Q = \frac{f_0}{\text{BW}} \tag{17-1}$$

여기서 f_0는 증폭기의 기하학적인 중심 주파수이다. 【예제 17.1】에서 이들의 관계가 설명된다.

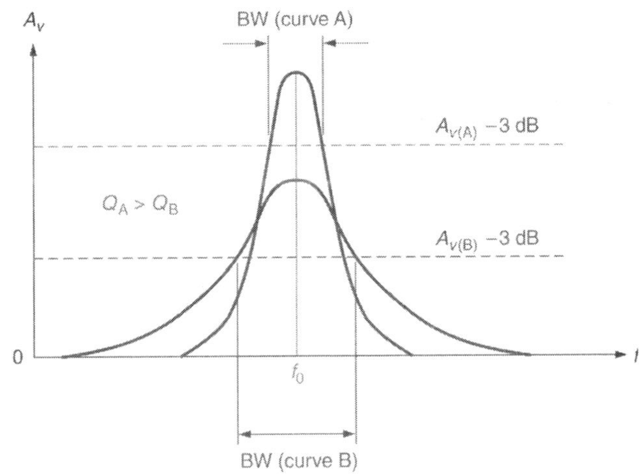

[그림 17-5] 대역폭과 roll off 비의 관계

【예제 17.1】 [그림 17-6]에 표시된 응용에서 사용되는 동조용 증폭기의 Q는 얼마인가?

풀이 [그림 17-4]에 표시된 통과대역의 중심주파수는 1000kHz이고 대역폭은 40kHz이다. 두 값을 사용하면 다음과 같은 Q 값을 얻을 수 있다.

$$Q = \frac{f_0}{\text{BW}} = \frac{1000\text{kHz}}{40\text{kHz}} = 25$$

따라서 이런 응용에 사용된 동조용 증폭기는 대략 25정도의 Q가 요구된다.

(실전 연습문제 17-1)

통과대역의 중심주파수는 1200kHz이고 대역폭은 20kHz이다. 동조용 증폭기의 Q 값은 얼마인가?

▶▶ 60

식 (17-1)은 증폭기의 Q가 회로의 기하학적인 중심 주파수와 대역폭에 의존하는 것처럼 암시하기 때문에 무엇인가 그르치기 쉽다. 동조용 증폭기의 Q는 실제적으로 f_0와 같은 회로내의 소자 값들에 의존하게 된다. 이런 값들은 계산을 통해서 구해지는데 식 (17-2)를 이용하면 대역폭 BW를 구할 수 있다.

$$\text{BW} = \frac{f_0}{Q} \tag{17-2}$$

다음 예제는 이 점을 설명한다.

【예제 17.2】 주어진 증폭기의 Q는 60이고 중심 주파수가 1860kHz일 때 대역폭 BW는 얼마인가?

풀이 중심 주파수가 1860kHz이고 Q 값이 60이므로 증폭기의 대역폭은 31kHz로 구해진다.

$$\mathrm{BW} = \frac{f_0}{Q} = \frac{1860\mathrm{kHz}}{60} = 31\mathrm{kHz}$$

(실전 연습문제 17-2)

증폭기의 Q는 25이고 중심 주파수가 1400kHz라면 대역폭 BW는 얼마인가?

▶▶ 56kHz

다양한 동조용 회로로부터 각 회로의 Q 값이 어떻게 정해지는가를 논의하게 되는데 일단 증폭기의 Q 값을 알면 증폭기의 대역폭은 쉽게 결정된다.

17.1.2 기하학적인 중심 주파수(Geometric Center Frequency)

여러분도 기억하겠지만 중심 주파수 f_0는 f_{C1}과 f_{C2}의 기하학적 평균으로 얻어진다.

$$f_0 = \sqrt{f_{C1} f_{C2}} \tag{17-3}$$

증폭기의 Q가 2보다 크면(혹은 같으면) f_0의 값은 f_{C1}과 f_{C2}의 대수적 평균값에 근접하게 된다.

다시 말하자면 f_0는 정확하게 f_{C1}과 f_{C2}의 절반 값으로 된다.

$$f_0 \cong f_{\mathrm{ave}} \quad (Q \geq 2\text{일 때})$$

여기서 f_{ave}는 f_{C1}과 f_{C2}의 대수적 평균이며 식 (17-4)처럼 표시된다.

$$f_{\mathrm{ave}} = \frac{f_{C1} + f_{C2}}{2} \tag{17-4}$$

【예제 17.3】은 $Q \geq 2$일 때 f_0와 f_{ave}의 관계를 설명한다.

【예제 17.3】 동조용 증폭기의 차단 주파수는 $f_{C1} = 960\mathrm{kHz}$, $f_{C2} = 1440\mathrm{kHz}$이다. 식 (17-3)과 식 (17-4)를 사용하여 f_0와 f_{ave} 값을 구하시오. 그리고 회로의 Q 값이 2보다 크다는 것을 증명하시오.

풀이 식 (17-3)을 사용하면 f_0의 값은 1176kHz로 구해진다.

$$f_0 = \sqrt{f_{C1} f_{C2}} = \sqrt{(960\text{kHz})(1440\text{kHz})} = 1176\text{kHz}$$

식 (17-4)를 사용하면 f_{ave}는 1200kHz로 구해진다.

$$f_{ave} = \frac{f_{C1} + f_{C2}}{2} = \frac{960\text{kHz} + 1440\text{kHz}}{2} = 1200\text{kHz}$$

따라서 회로의 Q 값은 2.45로 구해진다.

$$Q = \frac{f_0}{\text{BW}} = \frac{1176\text{kHz}}{480\text{kHz}} = 2.45$$

여러분도 보다시피 증폭기의 Q 값이 2보다 클 때(혹은 2일 때) f_0의 값은 f_{ave} 값에 근접한다.(이 경우에는 f_0와 f_{ave} 차이가 대략 2% 정도이다.)

(실전 연습문제 17-3)

동조용 증폭기의 차단 주파수는 980kHz와 1080kHz로 측정된다. 증폭기의 Q 값이 2보다 클 때(혹은 2일 때) $f_0 \cong f_{ave}$임을 증명하라.

▶▶ $f_0 = 1029\text{kHz}$, $f_{ave} = 1030\text{kHz}$, $Q = 10.3$

증폭기의 Q 값이 2보다 클 때를 어떻게 설명해야 할까? 의문일 수도 있다. 회로의 f_0 값이 적어도 대역폭의 2배일 때를 Q 값이 2 이상(혹 동일)이라고 가정할 수 있다. 이런 조건을 만족하는 한 증폭기의 Q는 2 이상(혹은 동일)이고 f_0는 근사적으로 f_{ave}와 거의 같게 된다. 여러분이 이와 같은 사실을 이해한다면 많은 동조용 증폭기의 주파수 해석을 간단히 구할 수 있다.

기초 확인문제 17.1

1. 이상적인 동조용 증폭기의 특성은 무엇인가?
2. 이상적인 동조용 증폭기이 주파수 응답으로부터 어떻게 실제적인 동조용 증폭기의 주파수 응답으로 변화시키는가?
3. 동조용 증폭기의 roll off 비와 대역폭 사이의 관계는 무엇인가?
4. 동조용 증폭기의 선택도 Q는 무엇인가?
5. 동조용 증폭기의 Q와 BW 값의 관계는 무엇인가?
6. 동조용 증폭기의 Q 값을 결정하는 것은 무엇인가?
7. 동조용 증폭기의 Q와 f_0 값 사이의 관계는 무엇인가?
8. [그림 17-5]에 표시된 특성곡선을 기초로 해서 증폭기의 Q와 전압 이득 사이의 관계에 대해서 설명하라.

17.2 능동 필터의 개요(Active Filter Overview)

일반적으로 동조용 op 앰프 회로는 능동필터이다. 네 가지 유형의 기본적인 능동 필터가 사용되는데 각각 자체의 회로 구성도와 주파수 응답 곡선을 가진다.

17.2.1 개요(Overview)

[그림 17-6]은 네 가지 유형의 능동 필터의 주파수 응답 특성곡선을 표시하고 있다. [그림 17-6 (a)]에 표시된 저역통과 필터는 직류(0Hz)에서 상측 차단 주파수 f_C까지의 모든 주파수를 통과시킨다. [그림 17-6 (b)]에 표시된 고역 통과 필터는 하측 차단주파수 f_C 이상의 모든 주파수를 통과시킨다. [그림 17-6 (b)]에 표시된 고역통과 필터 특성곡선에는 상측 차단 주파수를 가지지 않는다. 물론 op 앰프는 단일 이득 주파수를 가지므로 회로는 당연히 상측 차단 주파수를 가져야한다. 그렇지만 이런 주파수는 필터의 동작 주파수 아래에서 항상 1이기 때문에 중요하지 않다.

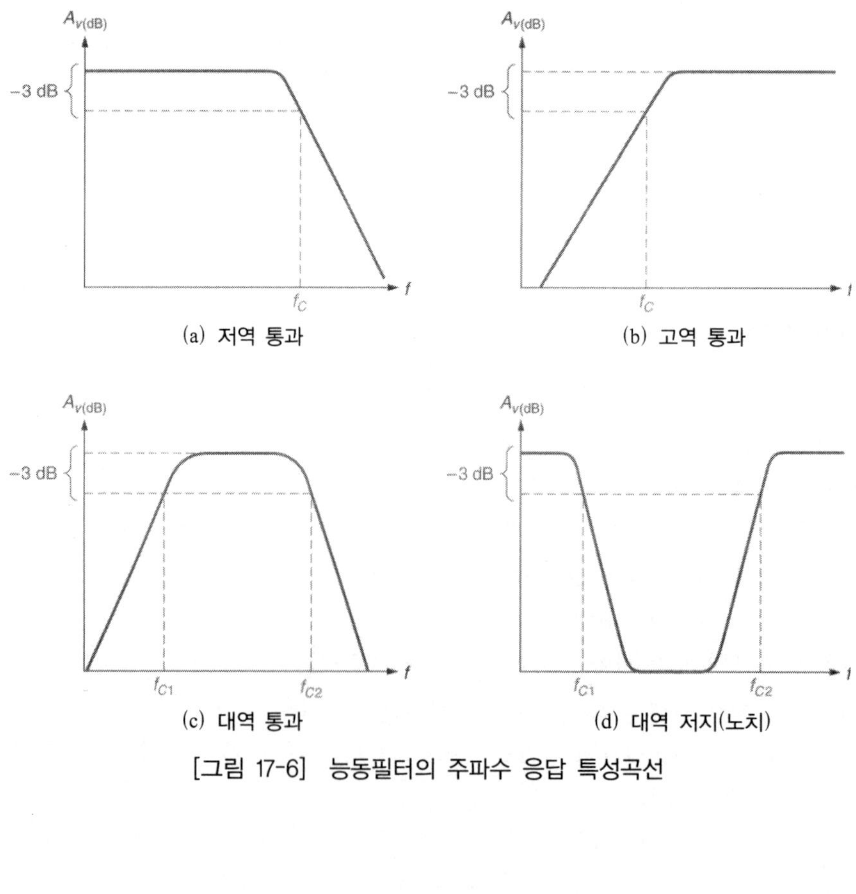

(a) 저역 통과 (b) 고역 통과 (c) 대역 통과 (d) 대역 저지(노치)

[그림 17-6] 능동필터의 주파수 응답 특성곡선

[그림 17-6 (c)]에 표시된 특성곡선을 가진 대역 통과 필터는 주파수 f_{C1}과 f_{C2} 사이의 주파수를 통과시키는 반면에 대역 저지필터 혹은 노치(notch)필터는 대역 내(f_{C1}과 f_{C2} 사이)의 모든 주파수 신호는 제거하고 대역 외부의 모든 주파수는 통과시킨다. [그림 17-6 (d)]는 노치 필터의 주파수 특성 곡선이며 노치 필터의 함수는 대역 통과필터의 함수와는 반대이다.

이때 하나의 임계점이 필요하다. Q의 개념, 중심 주파수와 대역폭의 개념은 주로 대역 통과와 노치 필터에 관계된다. 일반적으로 대역 통과필터와 노치 필터를 다룰 때 Q와 f_0의 값과 더불어 증폭기의 대역폭에 관심이 있다. 그러나 저역 통과와 고역 통과필터인 경우에는 차단 주파수에만 관심을 가지게 된다. 이런 회로에서는 Q의 개념과 중심 주파수는 적용되지 않는다.

17.2.2 일반적인 용어(General Terminology)

특정한 회로를 해석하기 전에 능동 필터를 표현하는 일반적인 용어의 정의가 필요하다. 이들 중 가장 먼저 극점(pole)이라는 용어가 사용된다. 극점은 RC 회로이다. 따라서 RC 회로는 1극점 필터이며 2극점 필터는 2개의 RC 회로를 가진다. 예를 들면 능동 필터 회로의 차수(order)는 RC 회로의 개수를 구분하기 위해서 사용된다. 예를 들면 1차 능동 필터회로에는 1개의 극점을 가지고 있고 2차 능동필터회로에는 2개의 극점이 포함된다. 왜 극점의 숫자를 강조하는가? 여러분도 이미 14장에서 학습한 바 있지만 이득의 roll off 비는 부가적이다. 능동필터회로에서 더 많은 극점을 가지게 되면 회로가 자신의 통과 대역이외에서 동작할 때 높은 이득의 roll off 비를 가지게 된다. 예를 들자면 버터워쓰(Butterworth) 필터라고 부르는 능동필터는 극점당 20dB/decade의 roll off 비를 가진다. 다음의 도표는 버터워쓰 필터회로의 차수와 극점, 이득의 roll off와의 관계를 표시하고 있다.

필터의 종류	극점의 개수	전체적인 이득의 roll off
1차	1	20dB/decade
2차	2	40dB/decade
3차	3	60dB/decade

17.2.3 버터워쓰 필터, 체비세프 필터, 베셀필터 (Butterworth, Chebyshev, Bessel Filters)

다음 절에서 여러분은 다양한 형태의 능동필터에 대해서 학습하게 된다. 소자 값에 따라서 이런 회로들은 버터워쓰, 체비세프, 베셀 응답 특성곡선이라고 부르는 세 가지 형태의 주파수 응답 특성곡선으로 표시된다.

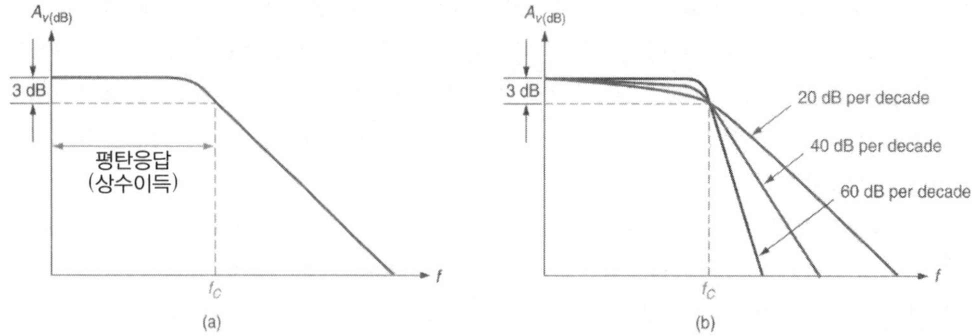

[그림 17-7] 버터워쓰 저역통과 응답 특성곡선

버터워쓰 필터는 [그림 17-7 (a)]에 표시된 것처럼 비교적 통과대역에서 일정한 이득을 가진다. 평탄 응답(flat response)이란 용어는 상수 이득 특성을 나타내기 위해서 사용된다. 평탄 응답이란 $A_{v(\mathrm{dB})}$의 값이 회로의 통과 대역에 걸쳐서 비교적 일정하다는 것이다. 버터워쓰 필터가 최상의 평탄 응답 특성을 가지기 때문에 이를 최대 평탄 혹은 평탄-평탄 필터라고 부른다. [그림 17-7 (b)]는 1차, 2차, 3차 버터워쓰 저역통과필터의 응답 특성곡선이 어떤 차이를 가지는가를 표시하고 있다.

능동 필터의 다른 형태인 체비세프(Chebyshev)필터는 극점 수가 같은 버터워쓰 필터보다 높은 초기 roll off 비를 가진다. 그러나 체비세프 필터는 다음과 같은 고유의(inherent) 문제점 두 가지를 가지고 있다.

1. 체비세프 필터의 이득은 자신의 통과대역에 걸쳐서 일정(평탄)하지 않다.
2. 체비세프 필터는 통과대역 바깥쪽의 주파수 대역에서만 대단히 큰 roll off 비를 갖는다.

동작 주파수가 통과 대역의 바깥쪽으로 멀어지도록 진행 할수록 버터워쓰 필터와 체비세프 필터는 동일한 roll off 비를 갖는다.

이런 두 가지 특성은 [그림 17-8]에 표시되어 있다. [그림 17-8 (a)]는 1차 체비세프 필터의 주파수 응답특성곡선을 표시하고 있다. 여러분도 보다시피 체비세프 필터의 이득은 통과 대역에 걸쳐서 가변된다. 필터의 리플 폭은 dB로 표시되는 필터 이득의 최대 변화량이다. [그림 17-8 (a)]에 표시된 특성곡선에서 리플의 폭은 3dB이다. 자신의 높은 초기 roll off 비의 손실에도 불구하고 체비세프 필터의 리플 폭은 설계에 의해서 감소시킬 수 있다는 점에 주의해야 한다. 다시 말하자면 체비세프 필터는 자신의 roll off 비 특성이 버터워쓰 필터에 근접하도록 리플 주파수를 낮추도록 설계된다.

[그림 17-8 (b)]는 체비세프 필터와 버터워쓰 필터의 주파수 응답 곡선을 비교하여 표

시한 것이다. 체비세프 필터가 버터워쓰 필터에 비해서 높은 초기 roll off 비를 가진다는 사실에 주목해야 한다. 여하튼 회로 동작 주파수가 통과 대역의 바깥쪽으로 멀어지도록 진행 할수록 두 회로는 거의 동일한 roll off 비에 도달하게 된다.

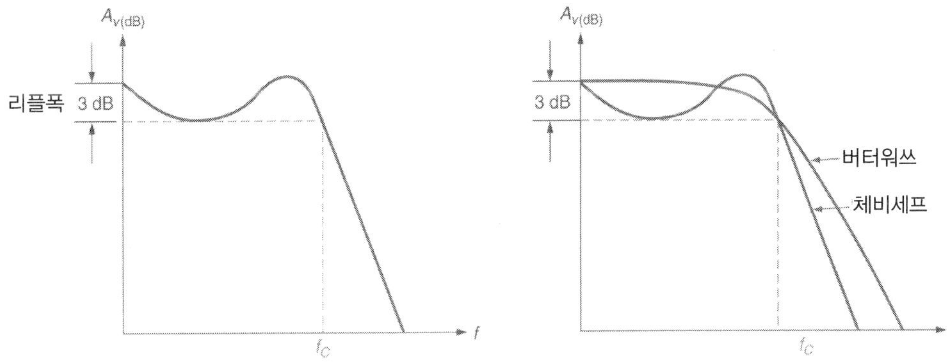

(a) 체비세프 응답곡선

(b) 체비세프 필터와 버터워쓰 필터의 주파수 응답곡선 비교

[그림 17-8] 체비세프 필터의 주파수 응답

비록 체비세프 필터가 높은 초기 roll off 비를 갖지만 버터워쓰 필터는 자신의 통과 대역에 걸쳐서 일정한 이득을 제공한다. 그 결과 버터워쓰 필터가 두 개의 필터 중 더욱더 일반적으로 사용된다. 그러나 버터워쓰 필터도 버터워쓰 필터에 의해서 발생되는 입력과 출력으로부터의 시간지연은 자신의 통과 대역에 걸쳐서 일정하지 않은 자신만의 단점을 가지고 있다. 이것은 두 개 이상의 주파수가 버터워쓰 필터에 인가되면 입력으로부터 출력에 동일한 위상 이동이 이루어지지 않는다는 것을 의미한다. 필터의 이득은 일정하지만 위상이동은 일정하지 않다. 이것이 입력에서부터 출력 사이의 신호 왜곡을 발생시키게 된다.

베셀 필터는 자신의 통과 대역에서 일정한 위상 이동을 제공하기 위해서 설계된다. 베셀필터의 일정한 위상이동의 결과는 체비세프 필터나 버터워쓰 필터 어느 것보다도 정확한 파형을 재생하는 능력이 아주 충실(fidelity)하다. 그러나 [그림 17-9]에 표시된 것처럼 낮은 초기 roll off 비를 갖는다는 점이 단점이다. 주어진 필터의 주파수 응답 특성곡선은 자신의 소자 값에 의해서 결정된다는 점이 중요하다. 이것은 주어진 능동필터가 변화되는 소자의 크기에 따라서 버터워쓰, 체비세프, 베셀 필터의 주파수 특성곡선을 발생시키기 위해서 사용될 수 있다는 것을 의미한다.

이 절에서 소개된 세 가지 형태의 필터 가운데 버터워쓰 필터가 가장 일반적이다. 이런 이유 때문에 우리는 버터워쓰 필터의 특성에 대해서 관심을 가지게 되는 것이다. 버터워쓰 필터가 훨씬 더 일반적인 능동필터이다. 그러므로 여기서는 버터워쓰 형태에 대해 관심을 가질 것이다.

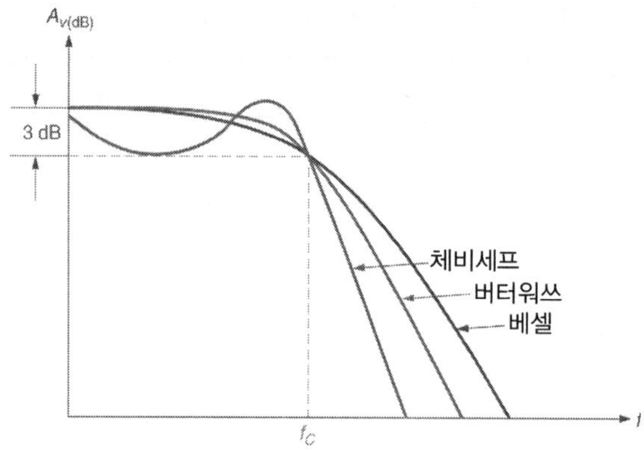

[그림 17-9] 체비세프 필터, 버터워쓰 필터, 베셀필터의 주파수 응답곡선 비교

기초 확인문제 17.2

1. 능동 필터(active filter)란 무엇인가?
2. 저역통과필터, 고역통과필터, 대역통과필터, 노치필터의 주파수 응답특성에 대해서 설명하라.
3. 극점이란 무엇인가?
4. 필터의 차수(order)와 극점(pole) 사이의 관계를 설명하라.
5. 능동필터에서 극점의 개수가 중요한 이유는 무엇인가?
6. 버터워쓰 필터의 주파수 응답특성은 무엇인가?
7. 버터워쓰 필터와 체비세프 필터의 주파수 응답 특성곡선을 비교하라.
8. 리플 폭은 무엇을는미하는가? 리플 폭은 이득 roll off 비와 어떤 관계인가?
9. 버터워쓰 필터가 가지고 있는 고유한 단점은 무엇인가? 이런 단점을 어떻게 해결할 수 있는가?
10. 베셀 필터란 무엇인가? 자신의 기복적인 강점과 약점은 무엇인가?
11. 체비세프 필터, 버터워쓰 필터, 베셀필터의 주파수 응답 특성에 대해서 설명하라.

17.3 고역 통과 필터와 저역 통과 필터 (Low-Pass and High-Pass Filter)

17.3.1 단 극점 저역통과 필터(The Single-pole Low-Pass Filter)

단 극점 저역 통과 버터워쓰 필터는 고 이득(High-gain)회로 혹은 전압 활로워(Voltage follower) 중 하나로 구성된다. [그림 17-10]은 고 이득 회로를 표시하고 있다. 여러분도 보다시피 이런 회로는 단순하게 *RC* 회로를 갖는 비 반전 증폭기가 능동 입력에 부가된다. 주파수가 증가함에 따라 커패시터의 리액턴스가 감소함으로써 *RC* 회로는 회로의 고 주파 응답을 제한한다. 이러한 유형의 회로에서 차단 주파수는 식 (17-5)처럼 구해진다.

$$f_C = \frac{1}{2\pi RC} \tag{17.5}$$

이것은 14장에서 이미 언급된 것처럼 f_C를 구하는 기본적인 관계식과 동일하다. 【예제 17.4】는 단극점 저역 통과 필터의 대역폭을 결정하는 과정을 보여준다.

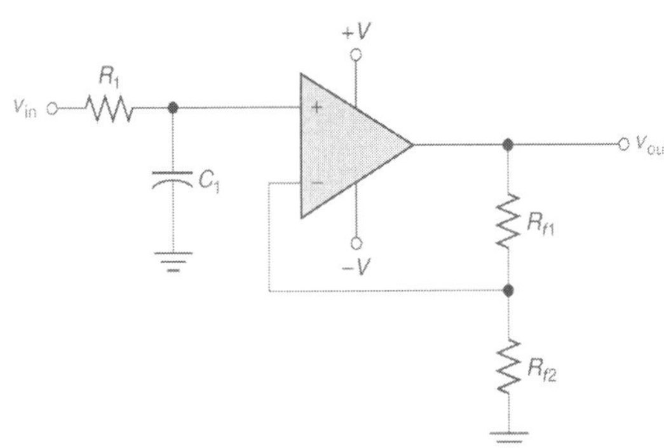

[그림 17-10] 단 극점 저역 통과 능동필터

【예제 17.4】 [그림 17-11]에 표시된 단 극점 저역 통과 필터의 대역폭을 구하시오. 또한 회로의 A_{CL}의 최대 값도 구하시오.

풀이 R_1과 C_1의 회로 값을 사용하여 구한 상한 차단주파수는 48.2Hz이다.

$$f_C = \frac{1}{2\pi R_1 C_1} = \frac{1}{2\pi(33\text{k}\Omega)(0.1\mu\text{F})} = 48.2\text{Hz}$$

증폭기는 직류 증폭기(0Hz)로 동작하기 때문에 이 회로의 하한 차단 주파수는 없다. 따라서 대역폭은 f_C와 같다. 회로가 비 반전 증폭기이므로 A_{CL}은 식 (15-16)에 표시된 것처럼 1.52로 구해진다.

$$A_{CL} = \frac{R_{f1}}{R_{f2}} + 1 = \frac{4.7\text{k}\Omega}{9.1\text{k}\Omega} + 1 = 1.52$$

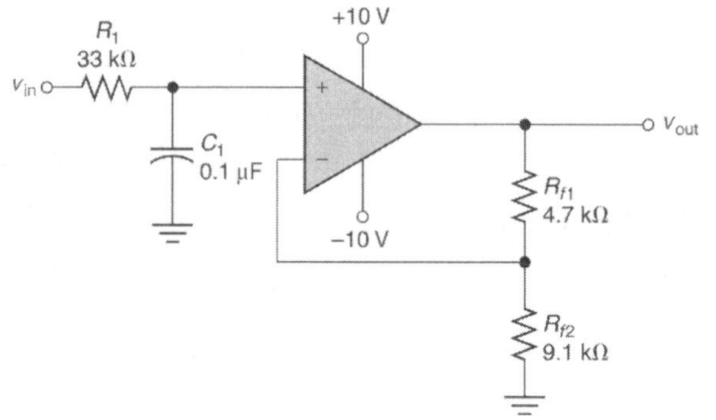

[그림 17-11]

(실전 연습문제 17-4)

[그림 17-11]에 표시된 단 극점 저역통과 필터가 $R_1 = 47\text{k}\Omega$, $C_1 = 0.033\mu\text{F}$, $R_{f1} = 10\text{k}\Omega$, $R_{f2} = 10\text{k}\Omega$을 가진다고 가정하고 f_C와 A_{CL}의 크기를 구하시오.

▶▶ $f_C = 103\text{Hz}$, $A_{CL} = 2$

【예제 17.4】에서 주어진 회로의 주파수 응답은 [그림 17-12]에 표시되어 있다. 그림에 표시된 것처럼 중간 대역 이득은 1.52(3.64dB)이다.

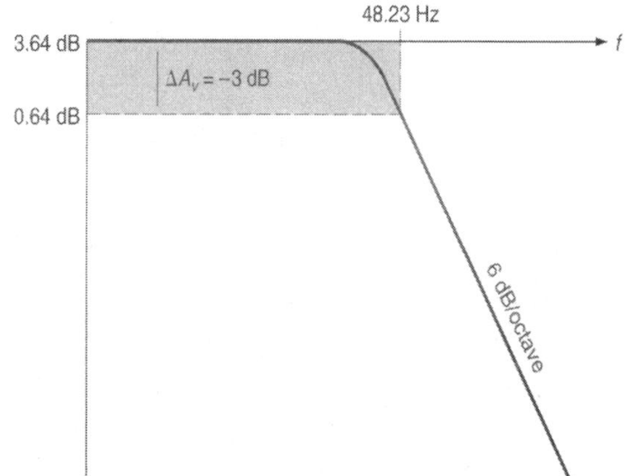

[그림 17-12] 【예제 17.4】에 주어진 회로의 주파수 응답

$$A_{CL}(\mathrm{dB}) = 20\log A_{CL} = 20\log(1.52) = 3.637\mathrm{dB}$$

48.2Hz에서 증폭기의 이득은 1.08(0.64dB)로 감소한다. 만약 동작주파수가 차단 주파수보다 한 옥타브 증가한 96.4Hz로 되면 회로의 이득은 −5.36dB로 감소한다.

$$A_{CL} = 0.64\mathrm{dB} - 6\mathrm{dB} = -5.36\mathrm{dB}(96.4\mathrm{Hz}\text{에서})$$

이것은 필터가 실질적으로 입력 신호를 감소시킬 수 있다는 것을 의미한다. 다시 말하자면 어떤 점에서 출력 전압의 진폭이 실제적으로 입력 전압의 진폭보다 적게 된다. 단위(0dB)이득이 필요한 경우에는 [그림 17-13]에 표시된 단위이득 회로를 사용하게 된다. 이런 회로의 대역폭은 이전에 설명된 것과 동일한 방법으로 구하게 된다. 여러분도 보다시피 이 회로는 전압 활로워이다. 따라서 회로의 전압 이득은 근사적으로 0dB이다. op-amp 보상에는 R_f가 포함되어지고 이 값은 회로 계산에는 영향을 미치지 않는다는 점이 중요하다. R_f의 값은 입력 저항 R_1과 동일하게 선택된다.

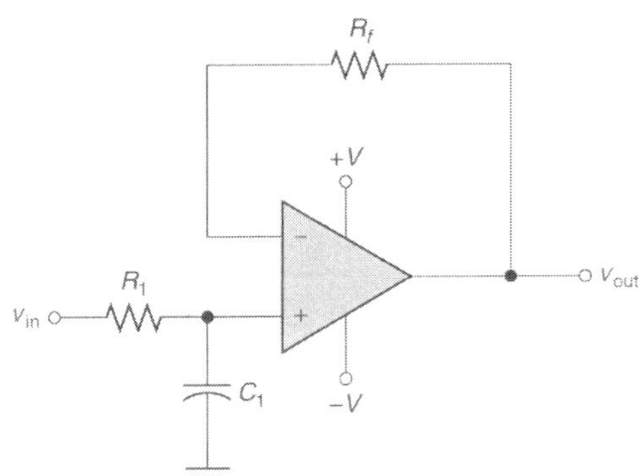

[그림 17-13] 단위 이득회로

17.3.2 2극 저역통과 필터(The two-Pole Low-Pass Filter)

앞에서 언급한 바와 같이 2극 저역통과 필터는 40dB/decade의 roll off 비를 가진다. [그림 17-14]는은 가장 일반적으로 사용되는 두 가지 형태의 2극 저역 통과필터의 구성도를 표시하고 있다. 여러분도 보다시피 각 회로는 두 개의 RC 회로, $R_1 - C_1$과 $R_2 - C_2$를 가진다. 동작주파수가 f_C 이상 증가함에 따라 각 RC 회로는 20dB/decade로 인해 A_{CL}이 감소하고 f_C 이상에서 동작할 때 총 40dB/decade는 roll off 비로 주어진다. [그림 17-14]에서 각 회로의 차단 주파수는 식 (17-6)처럼 구해진다.

$$f_C = \frac{1}{2\pi\sqrt{R_1 R_2 C_1 C_2}} \tag{17-6}$$

[그림 17-14]에 표시된 2극 저역통과필터는 회로 이득이 1.586(4dB)일 때 버터워쓰 응답특성곡선을 발생시킨다. 만약 A_{CL}이 4dB보다 크다면 회로는 체비세프 응답특성곡선을 발생시키는 경향이 있다.

이것은 회로가 높은 초기 roll off 비를 가지게 되고 전압 이득은 주파수 통과 대역 양단에서 변하게 된다. 만약 A_{CL}이 4dB보다 작다면 회로는 베셀 응답특성곡선을 발생시키는 경향이 있다. 이것은 회로가 낮은 초기 roll off 비를 가지게 되고 자신의 주파수 통과 대역 양단에서 일정한 위상 시프트를 가지게 된다. [그림 17-14]에 표시된 필터가 다음의 설계조건을 만족하도록 설계되었다면 버터워쓰 주파수 응답을 특성곡선을 가지기 위해서는 4dB의 전압 이득을 필요로 한다.

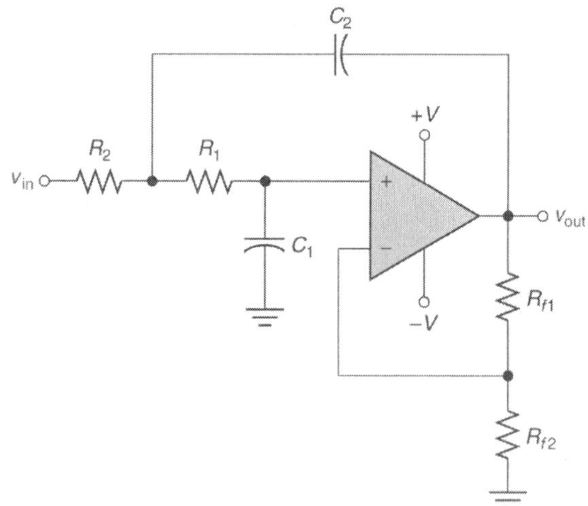

[그림 17-14] 셀렌 키(Sallen Key) 저역통과 필터

1. $R_2 = R_1$
2. $C_2 = 2C_1$
3. $R_{f1} \leq 0.586 R_{f2}$

【예제 17.5】는 셀렌 키 저역통과 필터의 대역폭을 결정하기 위한 과정의 관계식을 설명하고 있다.

【예제 17.5】 [그림 17-15 (a)]에 표시된 회로에서 2극 버터워쓰 필터의 적용한 소자 값 사이의 관계를 증명하시오. 그리고 필터의 대역폭을 결정하고 주파수 응답 곡선을 그려보시오.

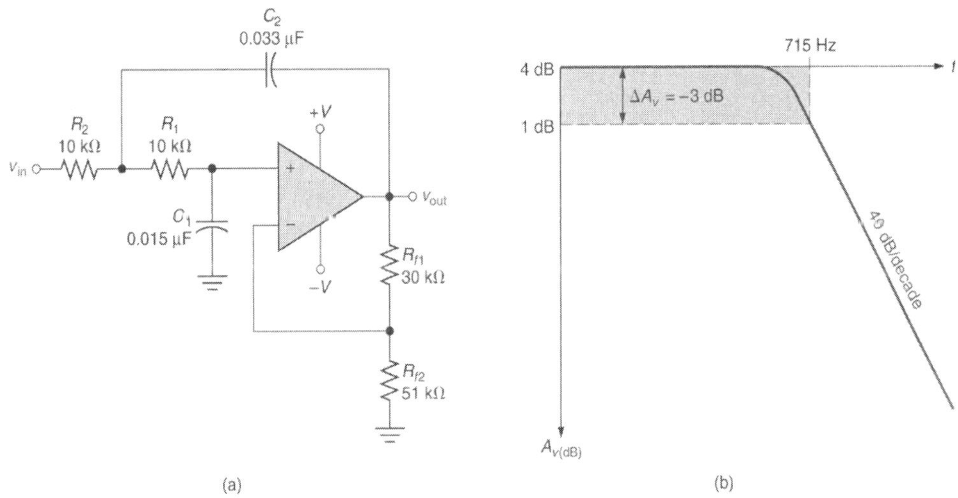

[그림 17-15]

풀이 먼저 앞에서 나열한 관계를 증명한다. R_1과 R_2의 값은 동일하지만 C_2의 값은 C_1의 두 배이다. 또한 R_{f1}은 근사적으로 $0.586R_{f2}$이다. 필터의 차단 주파수(그리고 대역폭)는 715Hz이다.

$$f_C = \frac{1}{2\pi\sqrt{R_1R_2C_1C_2}} = \frac{1}{2\pi\sqrt{(10\text{k}\Omega)(10\text{k}\Omega)(0.015\mu\text{F})(0.033\mu\text{F})}} = 715\text{Hz}$$

[그림 17-15 (b)]는 회로의 f_C 값을 사용하여 표현한 주파수 응답 곡선이다.

(실전 연습문제 17-5)

[그림 17-15]에서 사용된 필터회로와 유사한 회로가 $C_1 = 10\text{nF}$, $C_2 = 22\text{nF}$, $R_1 = R_2 = 12\text{k}\Omega$을 가진다고 가정하고 회로의 f_C 값을 계산하시오.

▶▶ 894Hz

앞에서 언급한 것처럼 2극 저역통과필터의 주파수 응답은 전압이득에 의해서 제어된다. 보다 엄밀하게 말하자면 필터의 주파수 응답은 자신의 감쇠계수(damping factor)에 의해서 제어된다. 주어진 필터의 감쇠계수는 자신의 차단 주파수 근처에서 동작될 때 이득에서 변화시키기 위한 자신의 면제로 측정된다. 예를 들면 자신의 차단주파수에서 3dB와 같이 높은 이득의 변화를 가지는 체비세프 필터의 경우는 낮은 감쇠계수를 가진다. 그 반면 베셀 필터인 경우는 자신의 초기 이득 roll off 비에 의해서 입증되는 높은 감쇠계수를 가진다.

버터워쓰, 체비세프, 베셀 필터들은 결국에는 극 당 20dB/decade의 roll off 비를 가진다. 동시에 [그림 17-9]에 표시된 것처럼 한 가지 형태에서 다른 형태로 초기의 roll off

비가 변하게 된다. 주어진 필터의 낮은 감쇠계수는 높은 자신의 초기 이득 roll off 비를 가진다.

RC 회로에서 소자 값이 적절하게 선택되었다면 감쇠계수는 식 (17-7)처럼 표시되는 귀환 회로의 함수로 된다.

$$\mathrm{DF} = 2 - \frac{R_{f1}}{R_{f2}} \tag{17-7}$$

버터워쓰 응답 특성곡선을 제공하기 위해서는 [그림 17-14]에 표시된 2극 필터는 당연히 1.414. 크기의 감쇠계수를 가져야한다. *RC* 회로에서 소자 값이 적절하게 선택되었다고 가정하면 DF=1.414는 0.586의 크기를 가지는 귀환 저항의 비에 의해서 성취된다.

$$\frac{R_{f1}}{R_{f2}} = 2 - DF = 2 - 1.414 = 0.586$$

소자 값이 이런 관계식을 만족한다면 [그림 17-14]에 표시된 2극 필터는 1.586 크기의 전압이득을 가진다.

$$A_{\mathrm{CL}} = \frac{R_{f1}}{R_{f2}} + 1 = 1.586$$

이것은 2극 버터워쓰 필터의 이극 값과 정합된다. 중요한 것은 2극 체비세프 필터와 베셀 필터의 감쇠계수가 0.767과 1.732라는 것이다. [그림 17-16]은 단위 이득 2극 저역통과필터를 표시하고 있다. 단위(0dB) 이득을 가지면 주어진 주파수 응답에서 필요로 되는 감쇠계수는 *RC* 회로에서의 소자 값의 조정에 의해서 구해진다. 2극 단위이득 필터의 감쇠계수는 식 (17-8)처럼 구해진다.

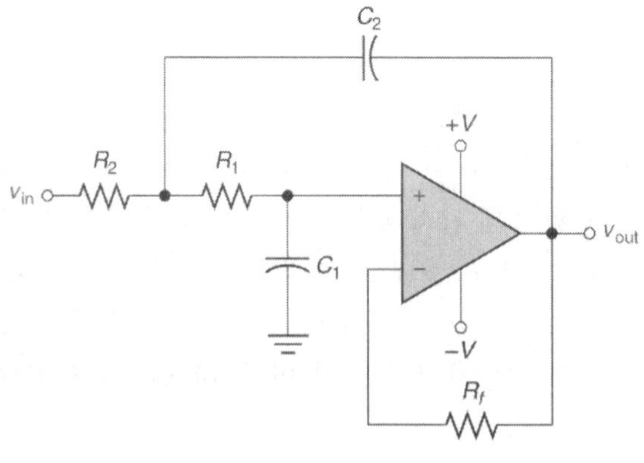

[그림 17-16] 단위이득 Sallen Key 필터

$$DF = 2\sqrt{\frac{C_1}{C_2}} \tag{17-8}$$

$R_1 = R_2$일 때 이런 관계식은 단위이득회로의 감쇠계수가 RC 회로에서 소자 값에 의해서 결정된다는 사실을 보여준다.

17.3.3 3극 저역통과 필터(The Three-Pole Low-Pass Filter)

14장에서 증폭기의 전체 roll off 비를 구하기 위해서 종속단의 dB roll off 비를 더하였다. 단극 필터와 2극 필터들을 종속 연결한 3극 필터는 60dB/decade의 roll off 비를 가진다. 이런 회로들은 20dB + 40dB = 60dB의 roll off 비를 가진다. [그림 17-17]은 3극 저역통과필터를 표시하고 있다.

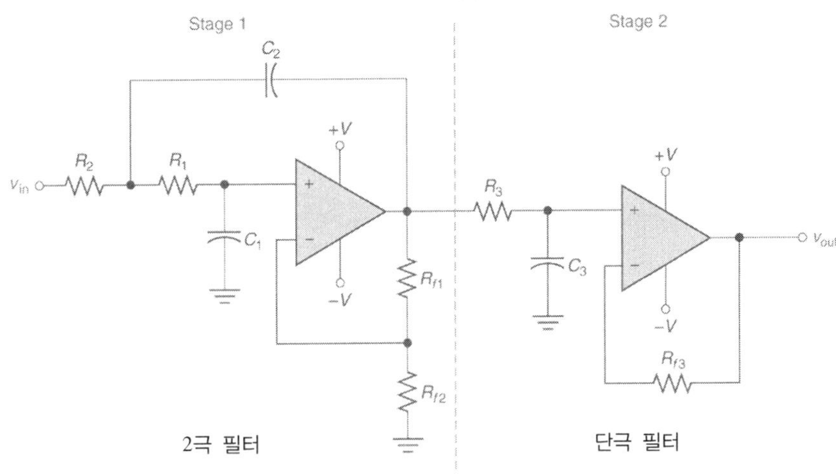

[그림 17-17] 3극 저역통과필터

능동필터는 3극 이상 가질 수 있을까? 그렇다. 만약 능동 필터가 3극 이상을 가진다면 궁극적으로 극 당 20dB/decade의 roll off 비를 가지게 된다는 점을 기억하면 된다. 예를 들어서 능동 필터가 6극을 가진다면 최종 roll off 비는 120(6×20)dB/decade의 크기를 가진다.

17.3.4 고역통과 필터(High-Pass Filter)

[그림 17-18]은 여러 유형의 고역통과 필터를 표시하고 있다. 고역통과 필터는 두 가지 면에서 저역통과 필터와 다르다. 첫째로 저항과 커패시터의 위치가 바뀐 것이다. 둘째로 다중 극(multipole) 회로는 다음과 같은 조건을 만족한다.

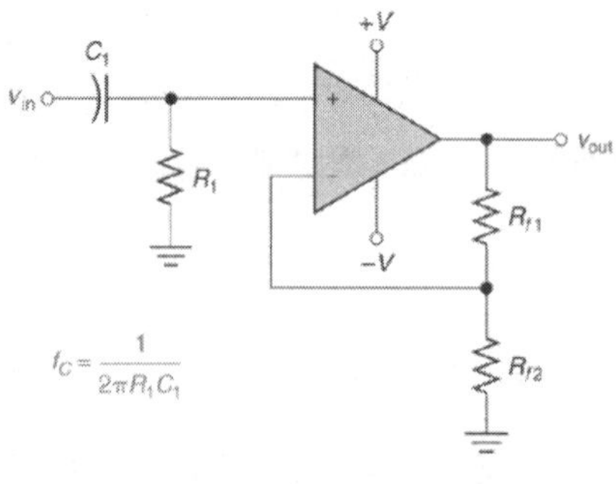

(a) 단극

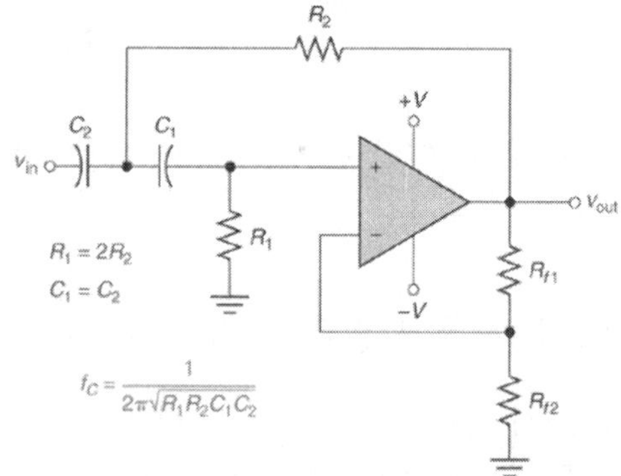

(b) 2극

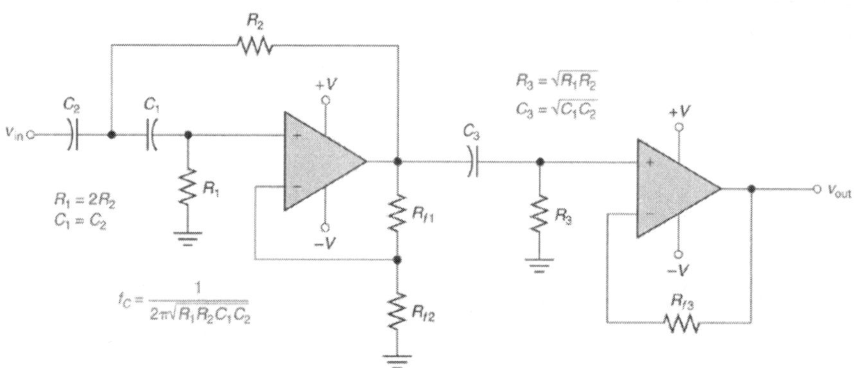

(c) 3극

[그림 17-18] 일반적인 고역 능동필터

1. $C_1 = C_2$
2. $R_1 = 2R_2$

커패시터가 증폭기 입력에 직렬로 연결되므로 회로의 저주파 동작이 제한된다. 각 회로의 f_C 값은 등가 저역 통과필터에서의 f_C 값을 얻는 방법과 동일하다. 주파수가 감소함에 따라 직렬 커패시터의 리액턴스가 증가한다. 따라서 입력 신호의 많은 부분이 커패시터 양단에서 강하된다. 동작 주파수가 f_C로 감소되면 직렬 커패시터는 증폭기의 이득을 3dB로 감소시킨다. 동작 원리가 저역 통과필터와 유사하므로 이런 회로의 분석에 시간을 소비하지는 않을 것이다. 이런 회로는 지금까지의 모든 규칙에 따르는 점을 기억하면 된다. 차이점은 차단주파수 이상의 주파수만을 통과시키는 것이다.

17.3.5 필터 이득 조건(Filter Gain Requirements)

이 절에서는 이미 2극 버터워쓰 필터의 전압 이득이 1.586(4dB)라는 사실을 언급한 바 있다. 〈표 17-1〉에는 몇 종류의 저역통과 버터워쓰 필터, 고역 통과 버터워쓰 필터의 roll off 비와 이득이 표시되어 있다. 〈표 17-1〉에는 2극 종속 단을 구성하는 적절한 수자를 사용해서 구성되는 다양한 형태의 필터들이 표시되어 있다. 예를 들면 6극회로는 세 개의 2극회로가 종속으로 연결된다. 적절한 주파수 응답 특성을 구하기 위해서는 모든 증폭 단이 동일한 차단 주파수를 가지기 때문에 저항과 커패시터의 크기가 선택되어져야 한다. 단극과 2극 버터워쓰 저역 통과 필터와 고역 통과 필터의 차단 주파수와 이득의 관계가 [그림 17-19]와 [그림 17-20]에 표시되어 있다.

표 17-1 버터워쓰 필터의 이득 조건

극 수	최대 허용 전압 이득					전압이득 roll off 비 (dB/decade)
	1단	2단	3단	4단	전체	
2	1.586				1.586(4dB)	40
4	1.152	2.235			2.57(8dB)	80
6	1.068	1.586	2.483		4.21(12dB)	120
8	1.038	1.337	1.889	2.610	6.84(17dB)	160

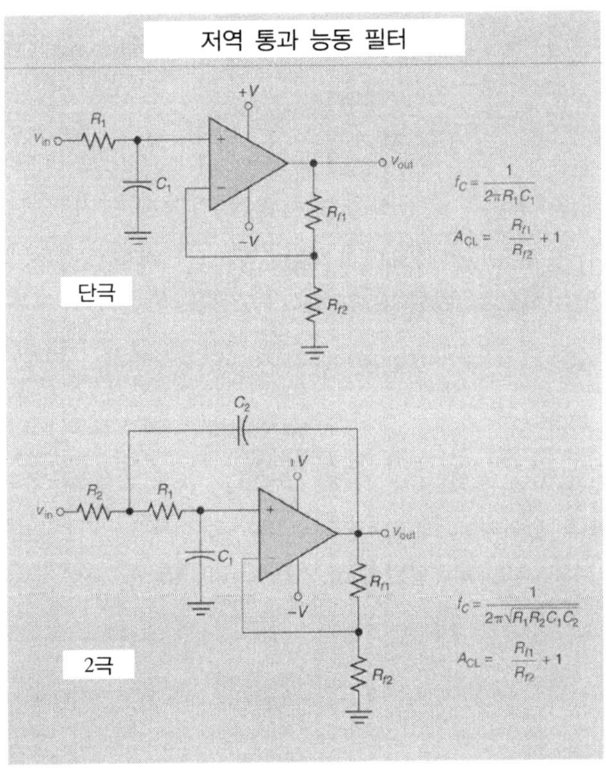

[그림 17-19]

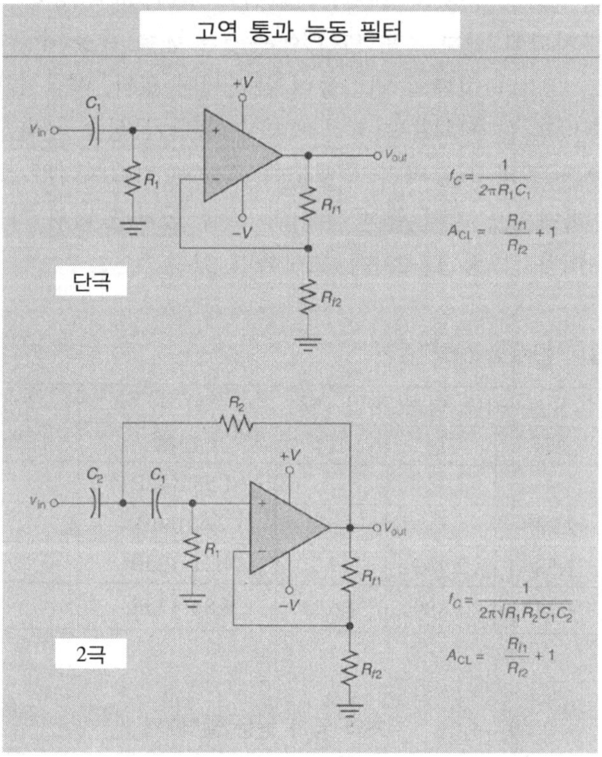

[그림 17-20]

R과 C의 값들이 $f_C = \dfrac{1}{2\pi RC}$ 공식을 만족하는 적절한 크기로 선택된다면 차단 주파수를 구할 수 있다. 또한 귀환 경로에서 작은(접지된) 저항 R_{f2}를 제거함으로써 어떠한 회로도 단위이득(0dB)회로로 변환할 수 있다는 것을 주목하라.

기초 확인문제 17.3

1. 단극, 2극, 3극 저역 통과 능동필터를 분석하는 단계는 무엇인가?
2. 능동 저역 통과 필터와 고역 통과필터의 차이점은 무엇인가?
3. 저역 통과필터와 고역 통과필터의 dB이득과 roll off 비 특성을 설명하라.

17.4 대역 통과필터회로와 노치 회로 (Band-Pass and Notch Circuits)

여러분은 대역통과 필터는 대역폭 내의 모든 주파수를 통과시키도록 설계되는데 비해서 노치필터(대역 차단필터)는 대역폭 내의 모든 주파수를 차단시키도록 설계된다는 점을 기억해야 한다. 이 절에서는 여러 개의 대역 통과필터와 노치 필터에 대해서 살펴보기로 한다.

17.4.1 2단 대역통과 필터(The Two-Stage Band-Pass Filter)

대역통과 필터는 고역 통과필터와 저역 통과를 종속 연결함으로써 구성된다. [그림 17-21 (a)]는 대역 통과 필터회로를 표시하고 있다. 증폭기의 첫 번째 단은 자신의 차단주파수보다 낮은 모든 주파수를 통과시킨다. 첫 번째 단을 통과하는 모든 주파수는 두 번째 단과 결합되어 자신의 차단주파수보다 높은 모든 주파수를 통과시킨다. [그림 17-21 (b)]

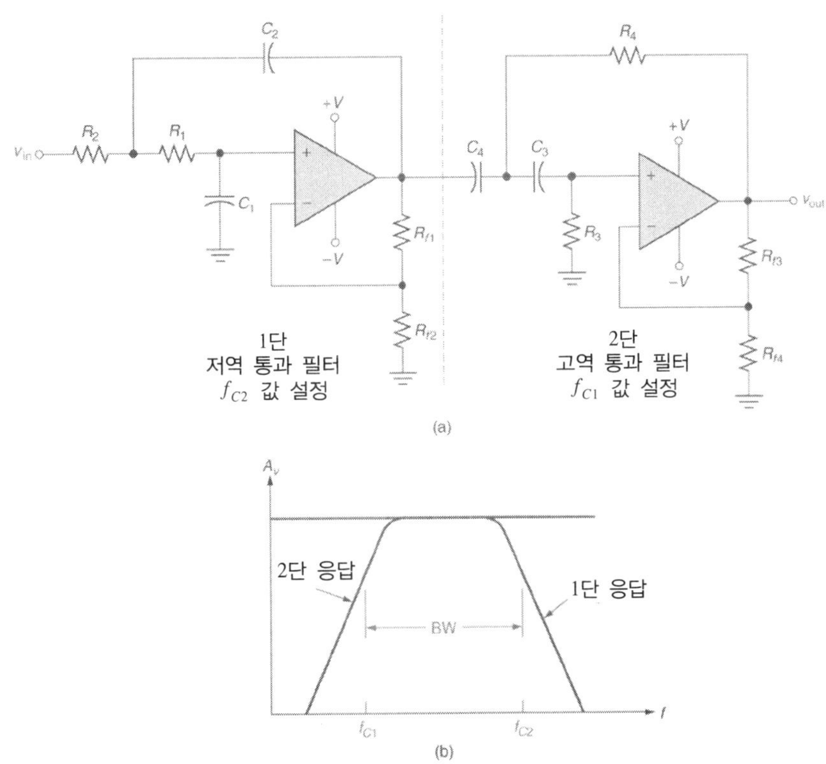

[그림 17-21] 2단 대역 통과필터와 주파수 응답곡선

는 이런 회로 동작의 결과를 표시하고 있다. 증폭기를 통과하는 주파수만이 양쪽 증폭기의 통과대역 안에 있는 주파수이다.

[그림 17-21 (a)]에 표시된 회로의 주파수 해석은 비교적 간단하다. 17장 3절에서의 설명되었던 방법으로 f_{C1}과 f_{C2}의 값을 구하고 이 값을 이용해서 대역폭, 중심주파수, Q 값을 아래와 같은 공식을 사용하여 구한다.

$$\mathrm{BW} = f_{C2} - f_{C1}$$

$$f_0 = \sqrt{f_{C1} f_{C2}}$$

$$Q = \frac{f_0}{\mathrm{BW}}$$

【예제 17.6】에서는 2단 대역 통과필터의 완전한 주파수 해석을 보여준다.

【예제 17.6】 [그림 17-22]에 표시된 증폭기의 완전한 주파수 해석을 구하시오.

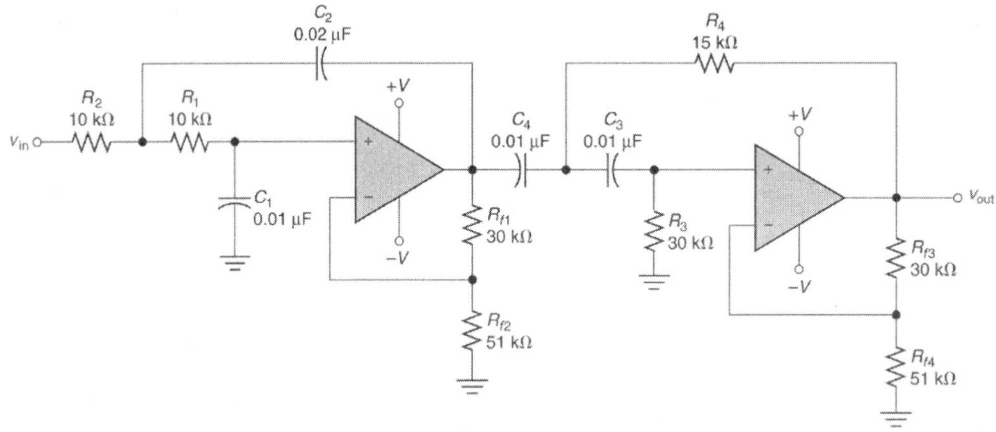

[그림 17-22]

풀이 f_{C2} 값은 다음과 같이 회로의 첫 번째 단을 구성하고 있는 저역 통과필터에 의해서 결정된다.

$$f_{C2} = \frac{1}{2\pi\sqrt{R_1 R_2 C_1 C_2}} = \frac{1}{2\pi\sqrt{(10\mathrm{k}\Omega)(10\mathrm{k}\Omega)(0.01\mu\mathrm{F})(0.02\mu\mathrm{F})}} = 1.13\mathrm{kHz}$$

f_{C1} 값은 다음과 같이 회로의 두 번째 단을 구성하고 있는 고역 통과필터에 의해서 결정된다.

$$f_{C1} = \frac{1}{2\pi\sqrt{R_3 R_4 C_3 C_3}} = \frac{1}{2\pi\sqrt{(30\mathrm{k}\Omega)(15\mathrm{k}\Omega)(0.01\mu\mathrm{F})(0.01\mu\mathrm{F})}} = 750\mathrm{Hz}$$

따라서 750Hz와 1.13kHz 사이의 모든 주파수는 통과되는 반면에 다른 주파수들은 대역통과 필터에 의해서 효과적으로 차단된다. 이제 f_{C1}과 f_{C2}의 값을 알면 증폭기의 대역폭은 380Hz로 구해진다.

$$\mathrm{BW} = f_{C1} - f_{C2} = 1.13\mathrm{kHz} - 750\mathrm{Hz} = 380\mathrm{Hz}$$

기하학적인 중심 주파수는 921Hz이고 Q는 2.42로 계산된다.

$$f_0 = \sqrt{f_{C1} f_{C2}} = \sqrt{(750\mathrm{Hz})(1.13\mathrm{kHz})} = 921\mathrm{Hz}$$

$$Q = \frac{f_0}{\mathrm{BW}} = \frac{921\mathrm{Hz}}{380\mathrm{Hz}} = 2.42$$

(실전 연습문제 17-6)

[그림 17-22]에 표시된 회로와 유사한 필터가 $R_1 = R_2 = 12\mathrm{k}\Omega$, $C_1 = C_3 = C_4 = 0.01\mu\mathrm{F}$, $C_2 = 0.02\mu\mathrm{F}$, $R_3 = 39\mathrm{k}\Omega$, $R_4 = 20\mathrm{k}\Omega$을 가진다고 가정하고 필터의 주파수 해석을 수행하시오.

▶▶ $f_{C1} = 570\mathrm{Hz}$, $f_{C2} = 938\mathrm{Hz}$, $\mathrm{BW} = 368\mathrm{Hz}$, $f_0 = 731\mathrm{Hz}$, $Q = 1.99$

2단 대역 통과필터는 대역 통과필터의 종류 중 가장 해석하기 쉬운 경우이다. 여하튼 두 개의 op-amp와 비교적 많은 수의 저항과 커패시터가 필요하다는 점이 단점이 있다. 앞으로 여러분이 살펴보게 될 다중 귀환 대역 통과필터의 구성은 2단 필터의 구성보다 훨씬 간단하다. 동시에 다중 귀환 대역 통과필터의 주파수 해석은 2단 필터의 주파수 해석보다 어렵다.

17.4.2 다중 귀환 대역통과 필터(Multiple-Feedback Band-Pass Filters)

[그림 17-23]은 두 개의 귀환 루프와 한 개의 커패시터와 한 개의 저항을 가진 다중 귀환 대역통과 필터회로이다. 이런 필터에는 입력 직렬 커패시터 C_1과 입력 병렬 커패시터 C_2가 존재한다는 점에 주의해야 한다. 직렬 커패시터는 필터의 저주파 응답에 영향을 미치는 반면에 병렬 커패시터는 필터의 고주파 응답에 영향을 주게 된다. [그림 17-23]은 이러한 점을 설명하고 있다.

기본이 되는 규칙을 만들어 회로 동작에 대해서 논의하기로 하자. 논의를 간단히 하기 위해서 아래와 같이 가정한다.

1. $C_2 < C_1$
2. 단락 회로 주파수가 될 때까지 커패시터는 개방회로로 동작한다. 이 시점에 커패시터는 단락회로로 표현할 수 있다.

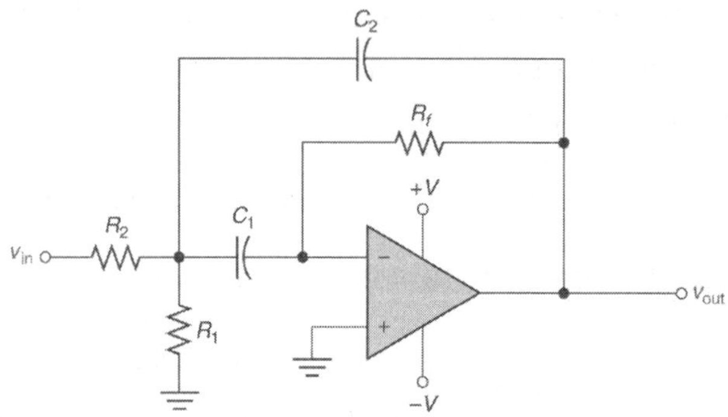

[그림 17-23] 다중귀환 대역통과필터

사실, 커패시터의 동작이 다소 복잡하더라도 회로가 어떻게 동작하는가 하는 전체적인 회로도가 필요하다. 입력 주파수가 C_1의 단락 주파수 이하이면 양쪽 커패시터는 모두 개방회로로 동작한다. $C_1 > C_2$이므로 C_1의 단락 주파수는 C_2의 단락 주파수보다 작다. 따라서 C_1이 개방되어 있는 한 C_2 역시 개방이다. [그림 17-24 (a)]는 두 개의 커패시터가 모두 개방상태인 등가 회로이다. 그림에서 보는 바와 같이 입력 신호는 완전히 op-amp와 분리되어 있다. 따라서 회로의 출력은 없다.

필터의 하한 차단 주파수 f_{C1}이 C_1의 단락 주파수와 같다고 가정하자. f_{C1}에 도달하면 C_1은 단락 회로가 되지만 C_2는 개방 상태를 유지한다. 등가회로는 [그림 17-24 (b)]에 표시되어 있다. 이 회로에서 v_{in}은 op-amp의 입력이며 필터는 반전 증폭기로 동작한다. 따라서 f_{C1} 이상의 주파수에서 필터는 출력을 가진다.

이번에는 주파수 f_{C2}를 C_2의 단락주파수와 동일하다고 가정하자. [그림 17-24 (c)]는 f_{C2}에 도달할 때의 등가 회로이다. 커패시터가 모두 단락 회로로 동작한다. op-amp에 입력 신호가 가해지면 출력은 입력으로 귀환된다. 반전 증폭기의 이득은 $A_{CL} = \frac{R_f}{R_{in}}$으로 구해진다.

R_f가 효과적으로 단락된다면 f_{C2} 이상의 주파수에서 회로의 폐 루프 전압 이득은 0이다. 이러한 세 개의 등가회로를 조합하면 f_{C1} 아래의 주파수에서 0 전압이득 f_{C1}과 f_{C2} 사이의 주파수에서는 비교적 고전압이득 그리고 f_{C2} 이상의 주파수에서는 0 전압이득을 가진다. 정의에 의하면 이런 회로는 대역 통과필터이다.

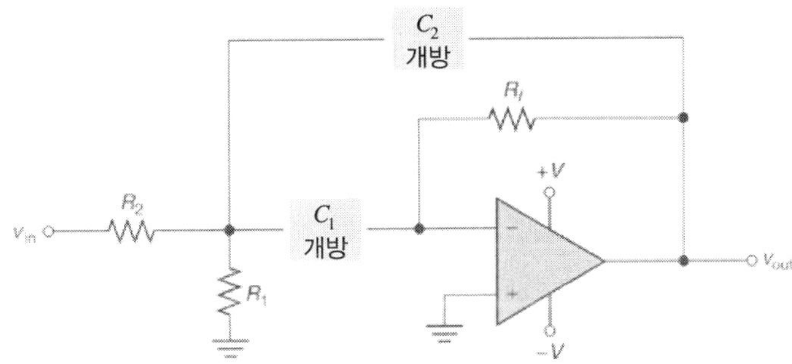

(a) $f_{in} < f_{C1}$일 때 대역 통과 필터의 이상적인 등가회로

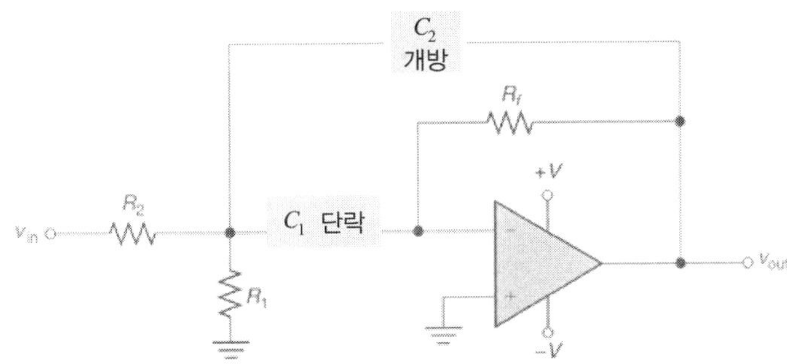

(b) $f_{C1} < f_{in} < f_{C2}$일 때 대역 통과 필터의 이상적인 등가회로

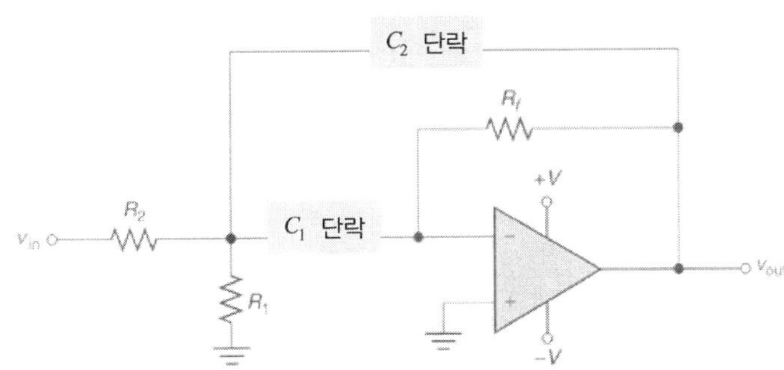

(c) $f_{in} > f_{C2}$일 때 대역 통과 필터의 이상적인 등가회로

[그림 17-24] 이상적인 대역통과 능동회로의 동작

17.4.3 회로 주파수 해석(Circuit frequency analysis)

여러분도 알다시피 능동 저역 통과 필터 혹은 대역 통과필터의 차단 주파수는 다음과 같이 구해진다.

$$f_C = \frac{1}{2\pi\sqrt{R_1 R_2 C_1 C_2}}$$

다중 귀환 대역 통과필터의 중심 주파수는 위 식을 변형하면 식 (17-9)처럼 표시된다.

$$f_0 = \frac{1}{2\pi\sqrt{(R_1 \| R_2) R_f C_1 C_2}} \tag{17-9}$$

【예제 17.7】은 다중 귀환 필터의 기하학적인 중심 주파수를 얻는데 이런 방정식을 사용한 예이다.

【예제 17.7】 [그림 17-25]에 표시된 필터회로의 f_0 값을 결정하시오.

풀이 회로의 중심 주파수는 137Hz이다.

$$f_0 = \frac{1}{2\pi\sqrt{(R_1 \| R_2) R_f C_1 C_2}} = \frac{1}{2\pi\sqrt{((10\text{k}\Omega)\|(10\text{k}\Omega))(40\text{k}\Omega)(0.1\mu\text{F})(0.068\mu\text{F})}}$$

$$= \frac{1}{2\pi(0.001166)} = 137\text{Hz}$$

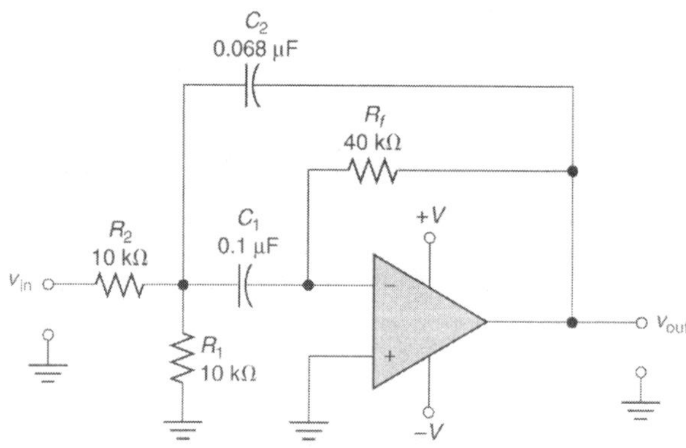

[그림 17-25]

(실전 연습문제 17-7)

다중 귀환 필터는 $R_1 = R_2 = 30\text{k}\Omega$, $R_f = 68\text{k}\Omega$, $C_1 = 0.22\mu\text{F}$, $C_2 = 0.1\mu\text{F}$의 크기를 가진다고 가정하고 회로의 중심 주파수를 구하시오.

▶▶ 33.6Hz

일단 다중 귀환 필터의 중심 주파수를 알고 있다면 회로의 Q 값은 식 (17-10)과 (17-11)을 사용하여 계산할 수 있다.

$$C = \sqrt{C_1 C_2} \tag{17-10}$$

$$Q = \pi f_0 R_f C \tag{17-11}$$

【예제 17.8】은 다중귀환 필터의 Q를 계산하기 위해서 식 (17-10)과 식 (17-11)을 사용

한 예를 표시하고 있다.

【예제 17.8】 [그림 17-25]에 표시된 필터회로의 Q 값과 대역폭을 결정하시오.

풀이 【예제 17.7】에서 필터의 중심 주파수는 137Hz로 구한 바 있다. 이 값을 이용하면 회로의 Q는 1.41로 계산된다.

$$C=\sqrt{C_1C_2}=\sqrt{(0.1\mu F)(0.068\mu F)}=0.082\mu F$$
$$Q=\pi f_0 R_f C=\pi(137Hz)(40k\Omega)(0.082\mu F)=1.41$$

또한 대역폭은 97.2Hz이다.

$$BW=\frac{f_0}{Q}=\frac{137Hz}{1.41}=97.2Hz$$

(실전 연습문제 17-8)

실전 연습문제 17-7에서 설명된 필터회로의 Q와 대역폭을 결정하시오.

▶▶ $Q=1.08$, $BW=31.1Hz$

일단 중심 주파수 Q와 대역폭을 알고 있다면 다중 귀환 필터의 f_{C1}과 f_{C2}의 크기를 결정할 수 있다. 필터의 차단주파수를 결정하는데 이용하는 방정식은 Q에 의해서 변화한다. 다시 말하자면 $Q \geq 2$인 경우 f_{C1}과 f_{C2}를 구하는 식과 $Q<2$인 경우 f_{C1}과 f_{C2}를 구하는 방정식이 있다.

$Q \geq 2$인 경우 f_0의 크기는 17장 1절에서 논의한 f_{C1}과 f_{C2}의 대수적 평균인 f_{ave}로 접근하게 된다. f_{ave}는 차단주파수 사이의 중간점이므로 $Q \geq 2$인 경우의 f_{C1}과 f_{C2}의 근사값은 식 (17-10)을 사용하여 구할 수 있다.

$$f_{C1} \cong f_0 - \frac{BW}{2} \quad (Q \geq 2\text{인 경우}) \tag{17-12}$$

$$f_{C2} \cong f_0 + \frac{BW}{2} \quad (Q \geq 2\text{인 경우}) \tag{17-13}$$

위에 표시된 방정식은 Q가 2이거나 2보다 클 경우에만 사용할 수 있다. Q가 2보다 작은 경우라면 식 (17-12)와 (17-13)보다는 다소 복잡한 공식을 사용하게 된다.

f_{ave}와 f_0의 실직적인 관계는 식 (17-14)처럼 표시된다.

$$f_{ave}=f_0\sqrt{1+\left(\frac{1}{2Q}\right)^2} \tag{17-14}$$

다중 귀환 필터의 Q가 2보다 작을 때 식 (17-12)와 식 (17-13)은 f_{ave}와 f_0의 차이점

을 고려하여 다음과 같이 수정되어야 한다.

$$f_{C1}=f_0\sqrt{1+\left(\frac{1}{2Q}\right)^2}-\frac{\text{BW}}{2}\quad (Q<2\text{인 경우}) \tag{17-15}$$

$$f_{C2}=f_0\sqrt{1+\left(\frac{1}{2Q}\right)^2}+\frac{\text{BW}}{2}\quad (Q<2\text{인 경우}) \tag{17-16}$$

【예제 17.9】는 Q가 2 이상(혹은 같은)인 경우의 f_{C1}과 f_{C2}의 근사 값을 구하기 위해서 식 (17-12)와 식 (17-13)을 사용하는 예를 표시하고 있다.

【예제 17.9】 다중 귀환 필터는 $f_0=12\text{kHz}$, $\text{BW}=6\text{kHz}$의 크기를 갖는다고 가정하고 f_{C1}과 f_{C2}의 근사 값을 구하시오. 또한 근사 값의 오차 백분율을 결정하시오.

풀이 주어진 f_0와 BW를 이용하면 Q 값은 2이다. 따라서 f_{C1}과 f_{C2}의 근사치는 9kHz와 15kHz로 구해진다.

$$f_{C1}\cong f_0-\frac{\text{BW}}{2}=12\text{kHz}-3\text{kHz}=9\text{kHz}$$

$$f_{C2}\cong f_0+\frac{\text{BW}}{2}=12\text{kHz}+3\text{kHz}=15\text{kHz}$$

식 (17-15)와 식 (17-16)을 사용하게 되면 f_{C1}과 f_{C2}의 근사 값은 9.36kHz와 15.4kHz로 구해진다.

$$\begin{aligned}f_{C1}&=f_0\sqrt{1+\left(\frac{1}{2Q}\right)^2}-\frac{\text{BW}}{2}=(12\text{kHz})\sqrt{1+\left(\frac{1}{4}\right)^2}-3\text{kHz}\\&=(12\text{kHz})\times(1.03)-3\text{kHz}=9.36\text{kHz}\\f_{C2}&=f_0\sqrt{1+\left(\frac{1}{2Q}\right)^2}+\frac{\text{BW}}{2}=(12\text{kHz})\sqrt{1+\left(\frac{1}{4}\right)^2}+3\text{kHz}\\&=(12\text{kHz})\times(1.03)+3\text{kHz}=15.4\text{kHz}\end{aligned}$$

f_{C1}과 f_{C2}의 근사 값의 오차 백분율은 3.85%와 2.6%로 구해진다.

$$f_{C1}:\%\text{오차}=\frac{|9.36\text{kHz}-9\text{kHz}|}{9.36\text{kHz}}\times100=3.85\%$$

$$f_{C2}:\%\text{오차}=\frac{|15.4\text{kHz}-15\text{kHz}|}{15.4\text{kHz}}\times100=2.6\%$$

이런 오차 백분율은 제한 허용치인 10%의 이하이므로 이런 근사 값을 사용할 수 있다.

(실전 연습문제 17-9)

다중 귀환 필터는 $f_0=20\text{kHz}$, $\text{BW}=5\text{kHz}$ 값을 갖는다고 가정하고 f_{C1}과 f_{C2}의 근사값과 근사 값의 오차 백분율을 결정하시오.

▶▶ 17.5kHz, 22.5kHz, 오류%$(f_{C1})=0.91\%$, 오류%$(f_{C2})=0.71\%$

보다 정확한 값을 구하면

$$f_{C1}=f_0\sqrt{1+\left(\frac{1}{2Q}\right)^2}-\frac{\text{BW}}{2}=20\text{kHz}\sqrt{1+\left(\frac{1}{8}\right)^2}-\frac{5\text{kHz}}{2}=17.66\text{kHz},$$

$$f_{C2}=f_0\sqrt{1+\left(\frac{1}{2Q}\right)^2}+\frac{\text{BW}}{2}=20\text{kHz}\sqrt{1+\left(\frac{1}{8}\right)^2}+\frac{5\text{kHz}}{2}=22.66\text{kHz}$$

f_{C1}과 f_{C2}의 근사 값의 오차 백분율은 0.91%와 0.71%로 구해진다.

$$f_{C1}:\%\text{오차}=\frac{|17.66\text{kHz}-17.5\text{kHz}|}{17.66\text{kHz}}\times 100=0.91\%,$$

$$f_{C2}:\%\text{오차}=\frac{|22.66\text{kHz}-22.5\text{kHz}|}{22.66\text{kHz}}\times 100=0.71\%$$

대부분의 능동 필터의 Q 값은 2보다 크다. 그러나 $Q<2$인 경우 f_{C1}과 f_{C2}의 근사 값이 아주 부정확할 수 있다. 【예제 17.10】에서 이 점에 대해서 알아보도록 한다.

【예제 17.10】 능동 필터의 $f_0=100\text{Hz}$, $Q=1.02$라고 가정하고 f_{C1}과 f_{C2}의 근사 값을 구하시오. 또한 근사 값의 오차 백분율도 구하시오.

풀이 먼저 필터의 대역폭을 구한다.

$$\text{BW}=\frac{f_0}{Q}=\frac{100\text{Hz}}{1.02}\cong 98\text{Hz}$$

f_{C1}과 f_{C2}의 크기는 51Hz와 149Hz로 근사화 된다.

$$f_{C1}\cong f_0-\frac{\text{BW}}{2}=100\text{Hz}-49\text{Hz}=51\text{Hz}$$

$$f_{C2}\cong f_0+\frac{\text{BW}}{2}=100\text{Hz}+49\text{Hz}=149\text{Hz}$$

식 (17-15)와 식 (17-16)을 사용하면 차단주파수는 62Hz와 160Hz로 구해진다.

$$f_{C1}=f_0\sqrt{1+\left(\frac{1}{2Q}\right)^2}-\frac{\text{BW}}{2}=(100\text{Hz})\sqrt{1+\left(\frac{1}{2.04}\right)^2}-49\text{Hz}$$

$$=(100\text{Hz})(1.11)-49\text{Hz}=62\text{Hz}$$

$$f_{C2}=f_0\sqrt{1+\left(\frac{1}{2Q}\right)^2}+\frac{\text{BW}}{2}=(100\text{Hz})\sqrt{1+\left(\frac{1}{2.04}\right)^2}+49\text{Hz}$$

$$=(100\text{Hz})(1.11)+49\text{Hz}=160\text{Hz}$$

오차 백분율은 17.74%와 6.88%이다.

$$f_{C1}: \%\text{오차}=\frac{|62\text{Hz}-51\text{Hz}|}{62\text{Hz}}\times 100=17.74\%$$

$$f_{C2}: \%\text{오차}=\frac{|160\text{Hz}-149\text{Hz}|}{160\text{Hz}}\times 100=6.88\%$$

예제에서 f_{C2} 근사 값의 오차 백분율은 허용되는 반면에 f_{C1} 근사 값의 오차 백분율은 허용되지 않는다. 따라서 2보다 작은 Q를 가진 필터의 차단 주파수는 얻을 수 없다.

17.4.4 필터 이득(Filter Gain)

대부분의 경우 다중 귀환 필터의 해석은 주파수 응답을 계산하는 것이 시작과 끝이다. 그러나 회로의 폐 루프 전압 이득을 예측하는 것이 유용한 고장 진단 방법이다. 이것은 능동 필터의 고장 진단 부분에서 논의하게 된다. 식 (17-15)는 다중 귀환 필터의 폐 루프 전압 이득을 얻는데 사용한다.

$$A_{CL}=\frac{R_f}{2R_{in}} \tag{17-17}$$

여기서 R_{in}은 회로의 직렬 입력 저항이다. 【예제 17.11】은 다중 귀환 필터의 A_{CL}을 계산하는 과정을 보여주는 예제이다.

【예제 17.11】 [그림 17-25]에 표시된 필터회로의 폐 루프 전압이득을 결정하시오.

풀이 이런 회로에서는 R_2가 직렬 입력 저항이다. R_f와 R_2의 값을 이용해서 A_{CL}을 계산하면 크기는 2로 구해진다.

$$A_{CL}=\frac{R_f}{2R_2}=\frac{40\text{k}\Omega}{20\text{k}\Omega}=2$$

(실전 연습문제 17-11)

실전 연습문제 17-7에서 설명된 필터회로의 폐 루프 전압이득을 결정구하시오. R_1이 직렬 입력저항이라 가정하시오.

▶▶ 1.13

이것으로 다중 귀환 대역 통과필터의 해석을 마치고 지금부터는 두 개의 노치 필터의 동작에 대해 논의하기로 한다. 먼저 앞에서 제시한 2단 대역통과 필터의 경우와 마찬가지로 노치 필터를 종속 접속한다. 그리고 다중 귀환 노치 필터에 대해서도 간단히 살펴보기로 하겠다.

17.4.5 노치 필터(Notch Filters)

이 절 앞에서 언급한 바와 같이 노치 필터는 대역폭 내의 모든 주파수를 차단하는 것이다. [그림 17-26]은 다단 노치 필터의 블록선도와 주파수 응답특성곡선을 표시하고 있다. 그림에서 보는 바와 같이 회로는 고역 통과필터, 저역 통과필터와 가산 증폭기로 구성된다. 다단 노치필터에서 가산 증폭기의 출력은 자신의 입력 전압의 합과 동일하다. 다단 노치 필터는 f_{C1}(저역 통과필터로 얻어지는)이 f_{C2}(고역 통과필터로 얻어지는)보다 낮게 설계된다. f_{C1}과 f_{C2} 사이의 차이는 필터의 대역폭이다. 이 점은 [그림 17-26 (b)]에 표시된 주파수 응답곡선에서 확인할 수 있다.

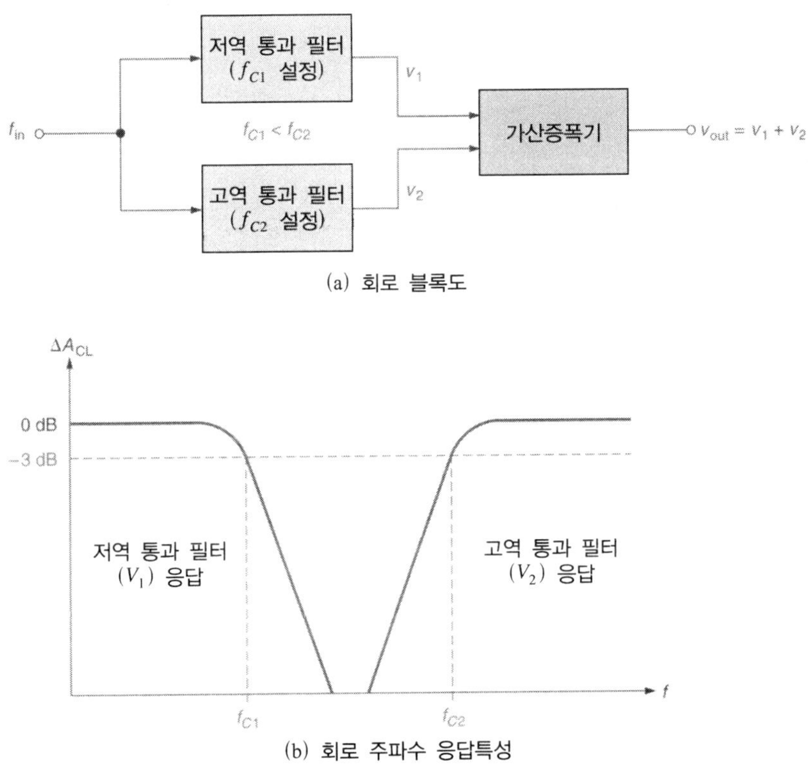

[그림 17-26] 다단 노치 필터회로의 블록도와 주파수 응답곡선

입력 주파수 f_{in}이 f_{C1}보다 낮으면 입력 신호는 저역 통과필터를 통해서 가산 증폭기로 간다. 입력 주파수가 고역 통과필터의 차단 주파수 f_{C2}보다 낮으므로 고역통과필터의 출력은 0이다. 따라서 가산 증폭기의 출력은 저역 통과필터의 출력과 동일하다.

입력 주파수 f_{in}이 f_{C2}보다 높으면 입력 신호는 고역 통과필터를 통해서 가산 증폭기로 간다. 입력 주파수가 저역 통과필터의 차단 주파수보다 높으므로 저역 통과필터의 출력은 0이다. 따라서 가산 증폭기의 출력은 고역 통과 필터의 출력과 동일하다. 노치 필터는 f_{C1}보다 낮고 f_{C2}보다 높은 주파수를 통과시킨다.

입력 주파수가 f_{C1}과 f_{C2} 사이에 있을 때 어느 필터도 출력을 얻을 수 없다.(이상적으로) 따라서 f_{C1}과 f_{C2}는 모두 0이고 가산 증폭기의 출력 역시 0이다. 물론 실질적으로는 노치 필터의 정확한 출력은 입력 주파수가 f_{C1}이나 f_{C2}에 얼마나 근접하는가이다. 그러나 어떤 경우에 노치 필터의 출력은 대역폭 내에서 동작할 때 상당히 감소된다.

[그림 17-26]에 표시된 회로는 [그림 17-27]처럼 구성된다. 언뜻 보기에 회로가 복잡한 것 같으나 자세히 살펴보면 이전에 언급한 회로 요소로 구성되어 있다. 저역 통과필터는 IC1로 표시된 op-amp와 첨자 *L*로 표시되는 모든 요소로 구성된다. 지금까지 본 것과는 다를지라도 저역 통과필터는 [그림 17-21]에 표시된 대역 통과필터의 저역 통과 입력단과 동일하다. 대역 통과필터는 IC2로 표시된 op-amp와 첨자H로 표시되는 모든 요소로 구성된다. 이런 회로는 [그림 17-21]에 표시된 대역 통과필터의 고역 통과출력단과 동일하다.

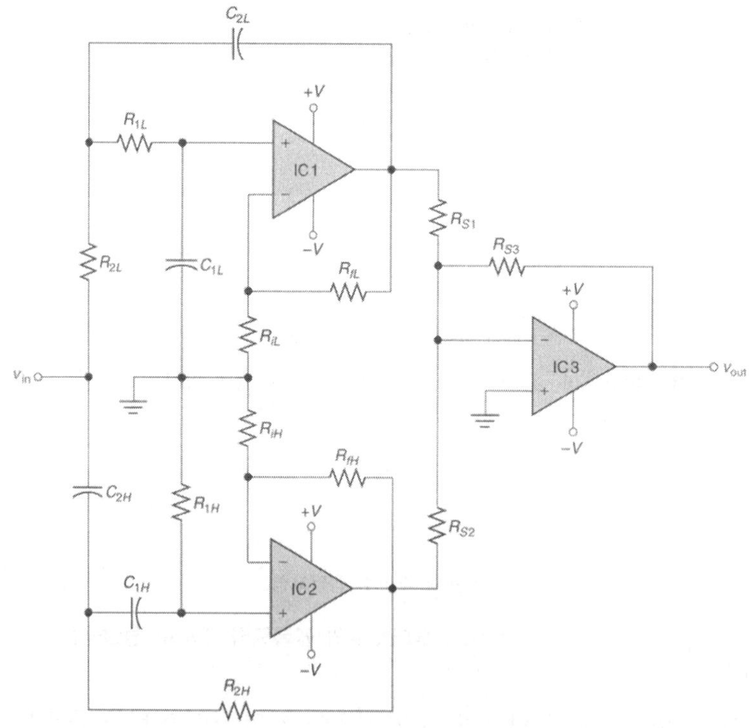

[그림 17-27] 다단 노치필터

마지막으로 가산 증폭기는 IC3로 표시된 op-amp와 첨자 S로 표시되는 모든 요소로 구성된다. 회로가 복잡해 보일지라도 노치 필터 블록선도에서 논의한 방식대로 동작한다. [그림 17-27]에 표시된 노치 필터 주파수 해석은 2단 대역 통과필터의 주파수 해석과 동일하다. 먼저 저역통과와 고역 통과필터의 차단 주파수를 결정하고 이런 차단 주파수로 대역폭, 중심 주파수, Q 값을 계산한다.

17.4.6 다중 귀환 노치필터(The Multiple-Feedback Notch Filter)

[그림 17-28]에 표시된 다중 귀환 노치필터는 대역 필터와 아주 유사하다. 노치 필터의 커패시터(C_1과 C_2)는 다중 귀환 대역 통과필터와 마찬가지로 주파수 변화에 정확하게 대응한다. 그러나 op-amp(R_2-R_3 전압 분배기를 통해서)의 비 반전 입력에 v_{in}의 연결은 완전히 전체 회로응답을 아래와 같이 변화시킨다.

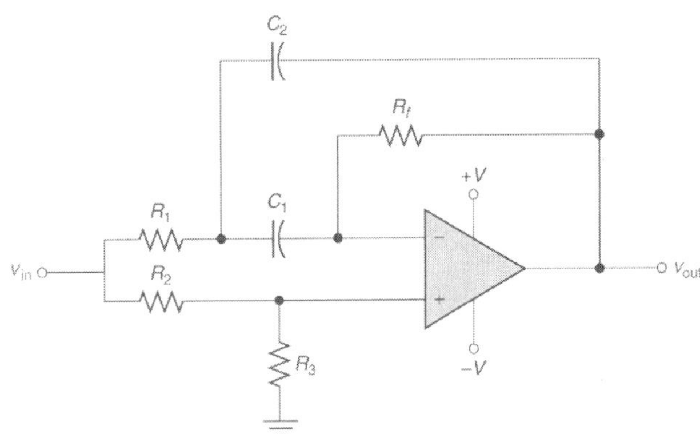

[그림 17-28] 다중귀환 노치필터

1. $f_{in} < f_{C1}$일 때 C_1은 입력 전압을 op-amp의 반전 입력에 전달되지 못하게 한다. 그러나 신호는 여전히 비 반전 입력에 전달되고 비 반전 출력을 얻는다.
2. $f_{in} > f_{C1}$일 때 입력 신호를 op-amp의 반전, 비 반전 입력에 모두 적용한다. 다시 말하자면 v_{in}을 공통 신호로 사용한다. 일반적으로 op-amp는 공통 신호를 제거한다. 따라서 입력 신호가 op-amp의 대역폭 내에 있을 때 필터의 출력은 거의 없다.
3. $f_{in} > f_{C2}$일 때 커패시터는 모두 단락회로로 동작한다. C_2가 부분적으로 op-amp 반전 입력의 신호를 단락하는(신호 진폭을 감소)동안 v_{in}은 여전히 op-amp 비 반전 입력에 인가된다. 이런 경우 op-amp는 입력 신호의 차를 증폭한다. 회로는 측정 가능한 출력을 가지게 된다.

요약하면 회로는 입력 주파수가 f_{C1}보다 작거나 f_{C2}보다 클 경우 비 반전 증폭기로 동작한다. 입력 주파수가 필터의 대역폭 내에 있을 때 op-amp은 공동 신호로 v_{in}을 가지며 공통 신호를 제거한다. 노치 필터의 주파수 해석은 대역 통과필터의 주파수 해석과 매우 비슷하다. 공식은 식 (17-18)처럼 수정된다.

$$f_0 = \frac{1}{2\pi\sqrt{R_1 R_f C_1 C_2}} \tag{17-18}$$

궁극적인 차이는 A_{CL}특성이다. f_{C2} 이상에서 C_2는 단락회로로 동작하며 필터는 전압 활로워로 동작한다. 저지 대역폭 (즉 f_{C1} 이하 f_{C2} 이상) 양쪽에서 동일한 이득 값을 갖기 위해서 R_f와 R_1의 값은 저주파 이득이 가능한 단위(1)에 가깝도록 선택한다. 따라서 폐 루프 전압이득은 식 (17-19)처럼 근사화 된다.

$$A_{CL} \cong 1 \ \ (0\text{dB}) \tag{17-19}$$

17.4.7 요점정리(One Final Note)

이런 유형의 책에는 많은 형태의 능동 필터가 있다. 이 장에서는 여러 유형의 능동 필터를 제시하였다. 실제로 수백 개의 능동 필터 구조가 있다는 것은 놀랄만한 사실이 아니다. 그러나 가장 널리 사용하는 것은 버터워쓰 필터이다. 비록 능동 필터에 관한 문제를 완전히 다루지 못하였지만 앞으로 더 연구할 필요가 있다.

기초 확인문제 17.4

1. 저역 통과필터와 고역 통과필터의 종속 접속을 이용한 대역 통과필터의 구성 방법에 대해 설명하라.
2. 2단 대역 통과필터의 주파수 해석을 순서대로 설명하라.
3. 회로 구성과 해석에 있어, 2단 대역 통과필터와 다중 귀환 통과필터를 비교 설명하라.
4. 다중 귀환 대역 통과필터에서 고주파 응답을 제어하는 커패시터는 어느 것인가? 저주파 응답을 제어하는 커패시터는 어느 것인가?
5. 다중 귀환 대역 통과필터의 동작을 간단히 설명하라.
6. 다중 귀환 대역 통과필터의 응답 해석을 순서대로 나열하라.
7. 다중 귀환 대역 통과필터에서 $Q<2$인 경우의 해석과 $Q \geq 2$ 경우의 해석의 차이점은 무엇인가?
8. [그림 17-27]에 표시된 노치필터의 동작을 설명하라.
9. [그림 17-27]에 표시된 노치필터의 주파수 응답을 어떻게 해석할 것인지 설명하라.
10. 다중 귀환 노치필터의 동작을 간단히 설명하라.
11. [그림 17-21]을 참조하고 f_{C2}가 f_{C1}보다 아래로 떨어지도록 고장이 발생한다면 회로 전체의 주파수 응답에 어떤 효과를 미치는가?

17.5 능동 필터 응용과 고장진단 및 수리 (Active Filter Application and Troubleshooting)

이장의 서론에서 언급한 것처럼 동조용 회로는 주로 통신 전자공학에서 사용된다. 오디오와 비디오 회로는 동조회로를 확장한 것이다. 동시에 동조용 회로는 의학적 검사와 치료 장비를 취급하는 전자공학의 영역인 의용 전자공학과 같은 전자공학의 다른 영역에서도 사용된다. 이 절에서는 능동 필터의 여러 가지 오디오 응용과 기본적인 능동 필터의 고장진단 및 수리에 대해서 알아보기로 한다.

17.5.1 오디오 교차 회로망(An Audio Crossover Network)

교차회로망은 스테레오(입체음향), 텔레비전, 혹은 오디오의 고주파 부분은 작은 고주파 스피커(트위터)로 저주파 부분은 비교적 큰 저주파 스피커(우퍼)로 보내기 위한 통신 시스템에서 오디오 신호를 분리하는 회로이다. [그림 17-29]에 표시된 것처럼 교차회로망은 오디오 시스템에서 구성할 수 있다.

블록선도에서 스테레오 출력을 의미한다고 가정한다. 이런 스테레오에서 오디오 신호는 자신의 신호 전력 레벨을 올리기 위해서 프리앰프 전력증폭기에 인가된 후 고주파 신호와 저주파 신호로 분리된 전력 신호는 교차회로망에 가해진다. 이런 회로망은 오디오를 분리하여 오디오의 고주파 부분은 트위터(tweeter)로 오디오의 저주파 부분은 우퍼(woofer)로 보낸다.

[그림 17-29]에 표시된 교차회로망은 [그림 17-30]에 표시된 회로와 유사하다. 이런 교차 회로망은 입력버퍼와 뒤이어 2극 저역 통과필터와 2극 고역 통과필터로 구성된다.

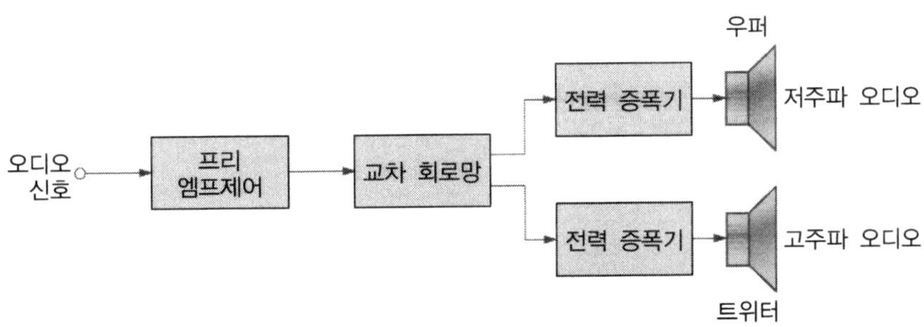

[그림 17-29] 오디오 시스템에 적용되는 교차회로망

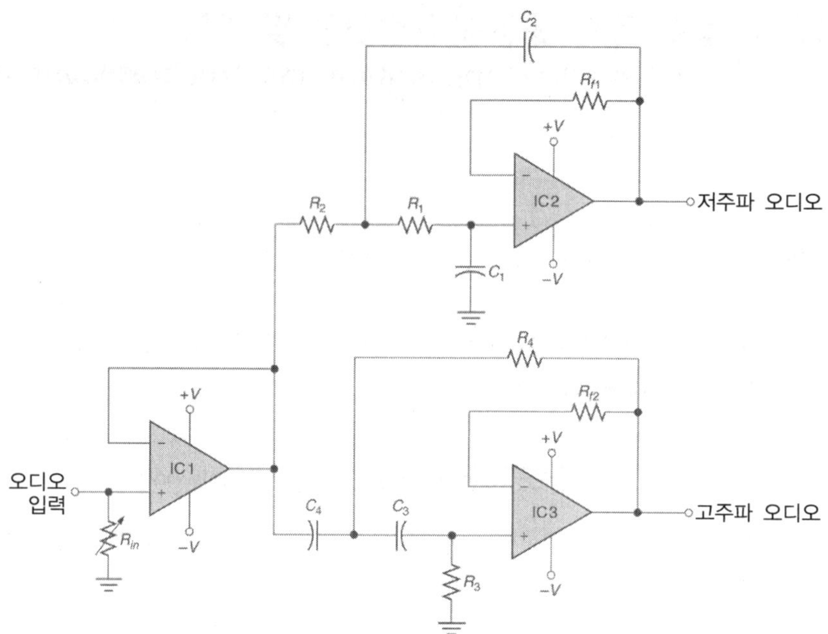

[그림 17-30] 교차회로망

입력버퍼는 IC1과 R_{in}으로 구성된 전압 활로워이다. R_{in}은 교차회로망의 입력 임피던스와 프리앰프 출력 임피던스를 정합하기 위해서 사용된다. 버퍼의 출력 신호는 두 개의 능동필터에 인가된다. IC2와 이것과 관련된 회로소자는 저주파 오디오를 우퍼 전력증폭기로 통과시키는 반면에 고주파 오디오를 차단한다. IC3과 관련된 회로는 고주파 오디오를 트위터 전력 증폭기로 통과시키는 반면에 저주파 오디오를 차단한다.

17.5.2 단순 그래픽 이퀄라이저(A Simple Graphic Equalizer)

그래픽 이퀄라이저는 서로 다른 범위의 진폭을 제어하는 회로 혹은 시스템이다. [그림 17-31]은 간략한 그래픽 이퀄라이저 블록선도이다. 이런 그래픽 이퀄라이저는 낮은 Q를 갖는 능동필터와 가산증폭기가 직렬로 구성되어 있다. 능동필터의 수는 시스템의 정교화를 증가시키는데 사용된다. 가산증폭기는 op-amp와 R로 표시된 저항으로 구성되어 있다. 가산증폭기의 오디오 출력은 입력 제어 전위차계를 통해 대역 통과필터로 귀환된다.

주어진 필터의 전위차계가 오디오 출력 쪽으로 조종되면 필터 입력의 신호강도는 증가한다. 이것은 특정 주파수를 증폭시키는 효과를 가진다. 주어진 필터의 전위차계가 오디오 입력 쪽으로 조종되면 필터 입력의 신호레벨은 감소한다. 이것은 특정 주파수를 감쇠시키는 효과를 가진다. 입력 제어는 여러 가지의 능동 필터에 맞춤으로써 다른 주파수를 감쇠시키는 반면에 듣고자 하는 주파수를 증대시킬 수 있다.

17.5.3 다른 능동 필터 응용(Some Other Active Filter Applications)

고역 통과필터는 많은 오디오 시스템에서 생겨날 수 있는 저주파 잡음을 제거하는데 사용할 수 있다. 예를 들면 고역 통과필터는 60Hz 전력선의 잡음을 제거하는데 사용할 수 있다. 60Hz 이상의 하한 차단 주파수를 갖기 위해서 고역 통과필터를 동조시키면 전력선의 잡음은 제거된다. 여기서 제시할 수 있는 것보다 훨씬 더 많은 능동 필터의 응용이 있지만 이러한 회로들을 어떻게 하면 다양하게 할 수 있을지를 생각해야 한다.

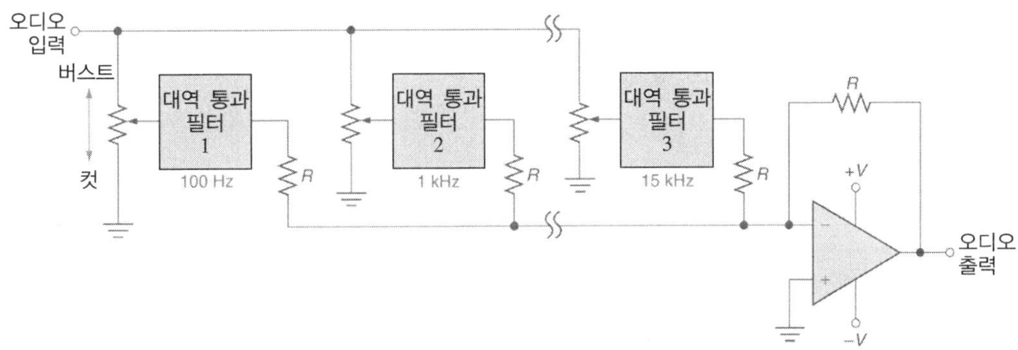

[그림 17-31] 간단한 그래픽 이퀄라이저

17.5.4 능동 필터의 고장증상(Active Filter Fault Symptoms)

회로 소자의 일부는 회로의 주파수 특성을 결정하는데 사용하고 또 다른 소자는 회로의 이득 특성을 결정하는데 사용한다는 사실을 기억하면 능동 소자 고장진단은 비교적 단순하다. 예를 들어서 [그림 17-32 (a)]에 표시된 2극 저역 통과필터를 고려하자. 회로의 주파수 응답은 R_1, R_2, C_1, C_2의 조합에 의해서 제어된다. 회로의 이득은 주로 R_{f1}과 R_{f2}에 의해서 제어된다.

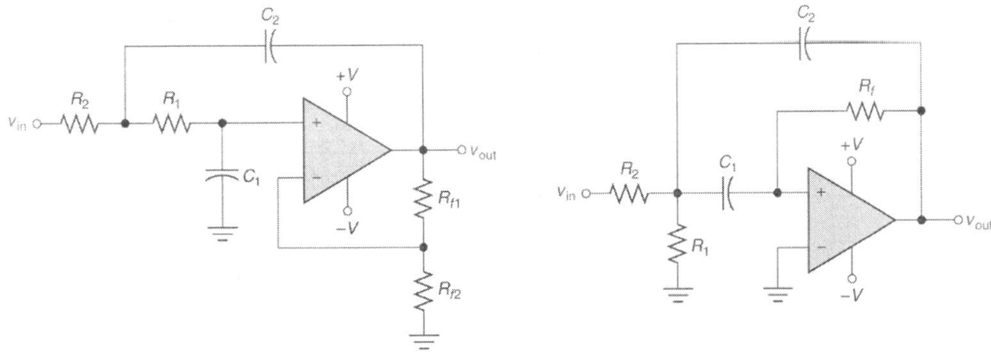

(a) 2극 저역 통과 필터 (b) 다중 귀환 대역 통과 필터

[그림 17-32]

이득 소자의 어느 것이든 개방된다면 필터 출력의 진폭은 변하게 된다. 한 가지 예로 R_{f2}가 개방이라고 가정하면 회로 구성은 전압 활로워로 변하게 되고 회로의 A_{CL}은 1(0dB)로 강하된다. 만약 R_{f1}이 개방된다고 가정하면 A_{CL}의 값은 op-amp의 개방 루프 전압이득으로 증가하게 되고 출력 신호는 제한된다. R_1과 R_2가 주파수 응답 회로의 부분이고 이런 소자들 중 하나가 개방상태이면 필터의 출력은 0으로 떨어지게 된다. 이것은 입력 신호가 op-amp 자체에서 분리되기 때문이다. C_1이 단락되는 경우에도 동일한 현상이 발생된다. C_1 혹은 C_2 중 하나가 개방상태이면 다음과 같은 두 가지 결과가 발생된다.

1. 회로의 roll off 비가 감소하게 된다.
2. 회로의 차단 주파수가 시프트 된다.

C_2가 개방되는 경우를 고려하면 첫 번째 점은 이해하기 쉽다. 만약 이런 커패시터가 개방되면 2극점 필터가 단 극점 필터로 된다. 여러분의 기억을 되살리면 필터는 극점당 20dB/decade의 roll off 비를 가진다. 따라서 필터의 roll off 비는 40dB/decade에서 20dB/decade(12dB/octave에서 6dB/octave)로 감소하게 된다. 만약 필터의 커패시터 중에서 어느 하나가 개방된다면 회로의 차단 주파수는 증가하게 된다. 여러분도 보다시피 op-amp의 관점에서 볼 때 C_1과 C_2는 모두 분로(shunt) 커패시터이다. 만약 커패시터 중 하나가 개방이 된다면 션트 커패시턴스는 감소하게 되고 회로의 차단 주파수를 증가시키는 원인이 된다.

〈표 17-2〉는 2극점 저역통과 필터에서 발생될 수 있는 고장과 각 증상에 대해서 요약한 것이다. 2극점 고역통과 필터에서 발생될 수 있는 고장증상은 저역통과 필터에서 발생되는 증상과 아주 유사하다. 〈표 17-2〉와 〈표 17-3〉을 비교하면 이해할 수 있다.

표 17-2 저역통과 필터의 고장증상과 원인

증상	원인
A_L이 1로 떨어진다.	R_{f2} 개방, R_{f1} 단락
$A_{CL}=A_{OL}$	R_{f1} 개방
$A_{CL}=0$ (출력없음)	R_1 개방, R_2 개방, C_2 단락
높은 f_C와 낮은 roll off 비	C_1 혹은 C_2 개방

표 17-3 고역통과 필터의 고장증상과 원인

증상	원인
A_L이 1로 떨어진다.	R_{f2} 개방, R_{f1} 단락
$A_{CL}=A_{OL}$	R_{f1} 개방
$A_{CL}=0$ (출력없음)	R_1 단락, C_1 개방, C_2 개방
낮은 f_C와 roll off 비	C_1 혹은 C_2 단락, R_1 개방

[그림 17-21]에 표시된 2단 대역통과 필터는 2단 중 어느 하나에서 고장이 발생할 수 있다. 2단 중 하나에서 이득의 손실은 적절한 소자를 조작하게 만든다. 만약 f_{C1}이 낮고 저주파 roll off 비가 낮다면 고장이 고역통과 필터 단에서 존재하게 된다. 만약 f_{C2}가 낮고 고주파 roll off 비가 낮다면 고장은 저역통과 필터에서 발생된다. 만약 여러분이 다음과 같은 방정식의 관계를 기억하고 있다면 다중 귀환 대역통과 필터 회로의 고장진단이 비교적 쉽게 이루어진다.

$$f_0 = \frac{1}{2\pi\sqrt{(R_1 \| R_2)R_f C_1 C_2}}$$

$$A_{CL} = \frac{R_f}{2R_{in}}$$

$$Q = \pi f_0 R_f C$$

[그림 17-32 (b)]에 표시된 회로에서 R_2는 직렬 입력 저항이다. 만약 이런 저항이 개방된다면 필터의 출력은 0으로 감소된다. 만약 R_1이 개방된다면 회로의 전압이득은 효과적으로 증가하게 된다. 그 이유는 다단 귀환 증폭기는 $R_1=R_2$로 설계되기 때문이다. 이런 저항들은 동일한 크기를 가지기 때문에 전압 분배기를 구성하고 회로가 정상적으로 동작할 때 연산증폭기에 v_{in}의 절반에 해당하는 전압을 인가하게 된다. 만약 R_1이 개방된다면 전압분배기는 기능을 상실하고 연산증폭기의 입력은 v_{in}으로 된다. 이것이 필터의 출력이 2배로 증가하는 원인이 된다. 따라서 v_{in}의 크기가 실제로 변화하지 않아도 회로의 실효전압은 증가하게 된다. 회로의 기하학적인 중심 수파수 역시 감소하게 된다는 점을 기억해야 한다. 이것은 f_0의 방정식에서 살펴볼 수 있다.

만약 R_f가 개방되면 회로 출력은 0으로 감소한다. 위식에 표시된 것처럼 개방귀환 저항은 f_0를 감소시키게 되고 회로의 Q는 증가시킨다. 그 결과 회로의 대역폭은 거의 0으로 되고 출력은 0으로 떨어지게 된다. 만약 C_1이 단락되면 회로는 단 극점 저역 통과필터로 동작하게 된다. 이것은 C_1이 회로의 하한 차단 주파수를 결정하기 때문이다. 만약 C_2가 단락되면 op-amp의 출력은 입력으로 단락되고 출력은 갖지 않는다. 만약 C_1이 개방되면 입력신호는 필터와 분리되고 출력은 영으로 떨어지게 된다. 만약 C_2가 개방되면 C_2가 f_{C2}의 값을 제어하므로 회로는 단 극점 저역 통과필터로 동작하게 된다. 〈표 17-

4>는 다중 귀환 필터에 대한 고장증상을 표시하고 있다.

표 17-4 대역통과 필터의 고장 증상과 원인

증상	원인
A_{CL}이 효과적으로 2배로 된다.	R_1 개방
$A_{CL}=0$	R_f 개방, R_2 개방, R_1 단락, C_1 개방, C_2 단락, R_f 단락
회로는 저역통과필터로 동작	C_1 단락
회로는 고역통과필터로 동작	C_2 개방

17.5.5 능동 필터의 고장진단 및 수리(Active Filter Troubleshooting)

일단 능동 필터의 일반적인 고장증상들을 알면 이런 회로의 고장진단 및 수리 과정은 쉽다.

1. 취급하는 필터의 유형을 결정한다.
2. 필터가 입력 신호를 가지고 있는지를 확인한다.
3. 부하로부터 필터 출력을 분리시킴으로써 문제의 원인이 부하가 아님을 증명한다.
4. 필터에 주어지는 입력 모두 다 적절하게 동작하는지를 확인한다.
5. 〈표 17-2〉에서 〈표 17-4〉를 이용하고 증상 및 결과를 비교하여 필터의 고장 원인을 결정한다.
6. 수동 소자들 중 어느 것도 고장이 아니라면 op-amp를 교환한다.

기초 확인문제 17.5

1. 교차회로망이란 무엇인지 설명하라.
2. [그림 17-30]에 표시된 교차회로망의 동작에 대해서 설명하라.
3. 그래픽 이퀄라이저란 무엇인지 설명하라.
4. [그림 17-31]에 표시된 그래픽 이퀄라이저의 동작에 대해서 설명하라.
5. 오디오 시스템에서 저주파 잡음을 제거하기 위해 고역 통과필터를 어떻게 사용할 것인가를 설명하라.
6. 능동 필터(교과서에 제시한)에서 발생할 수 있는 고장증상과 각각의 가능한 원인을 설명하라.
7. 능동 필터의 고장진단 및 수리과정에 대해서 설명하라.

17.6 이산 동조용 증폭기(Discrete Tuned Amplifiers)

대부분의 동조용 회로응용은 능동 필터로 채워지는데 능동필터의 전력조종과 주파수 제한을 초과하는 응용이 있다. 이러한 응용 중에는 아직까지 이산 동조용 증폭기가 가장 일반적으로 사용된다. 이산 소자 회로는 컬렉터(드레인)저항 대신에 병렬 LC(유도성-용량성)을 사용하여 동조시킨다. [그림 17-33]은 전형적인 BJT 동조용 증폭기이다. 트랜지스터의 컬렉터는 병렬 LC 회로를 통해 V_{CC}와 연결된다. 병렬 LC 회로는 증폭기의 주파수 응답특성을 결정한다. 따라서 병렬 LC 회로의 동작특성을 간단하게 복습함으로써 회로에 대한 논의를 시작하겠다.

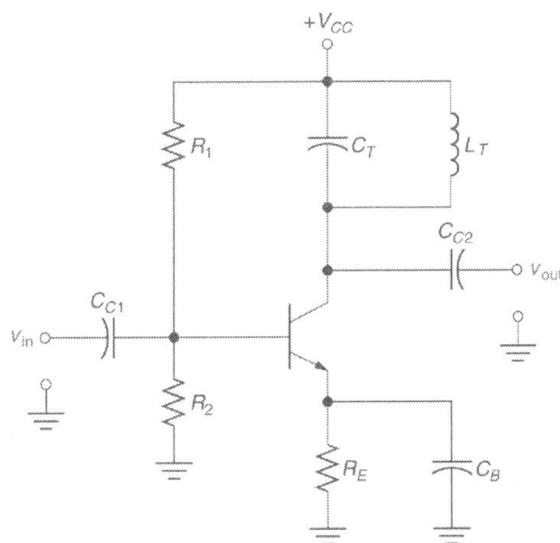

[그림 17-33] 일반적인 BJT 이산 동조 증폭기

17.6.1 병렬 LC 회로(Parallel LC Circuits)

커패시터와 인덕터의 리액턴스 대 주파수 특성을 동일한 도표에 그리면 [그림 17-34]처럼 표시된다. 그림의 원점은 y축의 0과 x축의 0Hz일 때 인덕터의 임피던스는 0이고 X_C 값은 $\infty\,\Omega$으로 접근한다. 주파수가 증가하면 X_L 값은 증가하는 반면에 X_C 값은 감소한다. 일부 주파수에서 X_C와 X_L의 값은 주어진 커패시터-인덕터 쌍에 대해서 동일하게 되는데 이런 주파수는 식 (17-18)처럼 표시되는 공진주파수이다.

$$f_r = \frac{1}{2\pi\sqrt{LC}} \tag{17-20}$$

기본적인 전자공학을 연구하면 다음과 같은 사항을 기억하게 될 수도 있다.

1. 커패시턴스 회로에서 전류의 위상은 전압의 위상보다 90° 앞선다.

2. 인덕턴스 회로에서 전류의 위상은 전압의 위상보다 90° 뒤진다.

병렬 LC 회로에서 커패시터 전압과 인덕터 전압은 같다. 이와 같은 사실과 위의 내용을 조합하면 I_C와 I_L은 병렬 LC 회로(tank)에서 위상차가 180°인 것을 쉽게 알 수 있다.

$$I_{\text{net}} = |I_C - I_L| \tag{17-21}$$

여기서 I_{net}는 탱크 회로에 유입(그리고 유출)하는 순 전류이다.

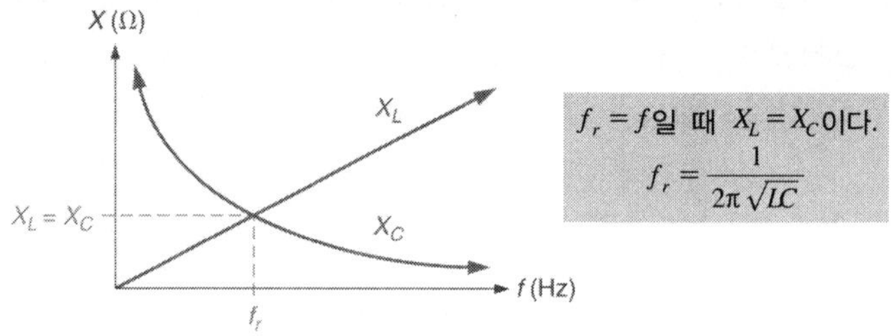

[그림 17-34] 리액턴스 대 주파수 특성곡선

공진인 경우 X_C와 X_L의 값은 같다. 병렬 소자 양단의 전압은 동일하므로 I_C와 I_L은 이상적으로 같다. 따라서 공진 시 $I_{\text{net}} = |I_C - I_L| = 0\text{A}$이다.

공진 시 LC 탱크 회로에 흐르는 순 전류가 0A이므로 탱크 회로의 전체적인 임피던스는 실제적으로 무한대이다. 공진 주파수보다 낮은 주파수에서는 $X_L < X_C$이다. 따라서 $I_L > I_C$이고 회로는 유도성으로 동작한다. 공진 주파수보다 높은 주파수에서는 $X_C < X_L$이다. 따라서 $I_C > I_L$이고 회로는 용량성으로 동작한다. [그림 17-35]는 이러한 점을 설명한다. 이제 이러한 원칙을 [그림 17-33]에 표시된 동조용 증폭기에 적용해보자.

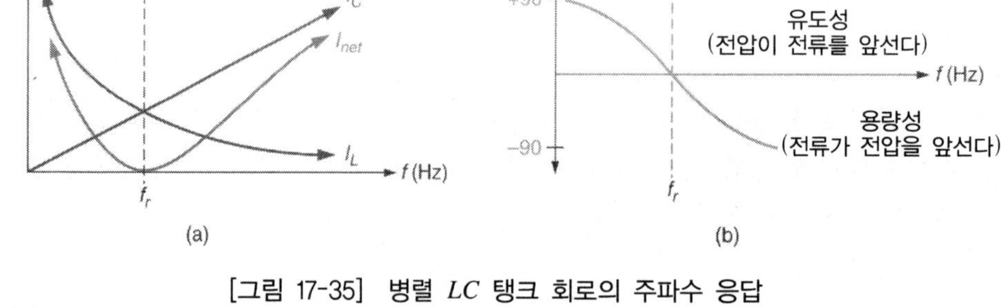

[그림 17-35] 병렬 LC 탱크 회로의 주파수 응답

17.6.2 교류회로 조건(AC Circuit Conditions)

[그림 17-33]의 교류 등가는 일반적인 방법으로 유도된다. 예외는 탱크 회로 소자는 단락되지 않는다는 사실이다. [그림 17-36]은 교류 등가회로이다. 여기서는 부하저항을 포함한다. 회로를 완전하게 이해하기 위해 세 개의 주파수 조건에 대해 주의할 필요가 있다.

1. $f_{in} = f_r$
2. $f_{in} < f_r$
3. $f_{in} > f_r$

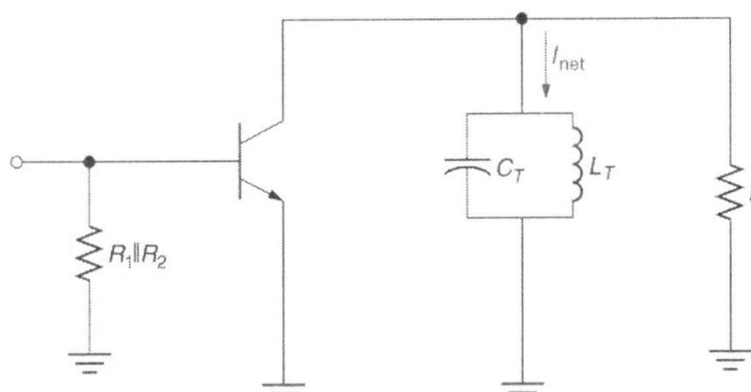

[그림 17-36] 이산 동조 증폭기의 등가회로

$f_{in} = f_r$인 경우에는 이 절의 앞에서 논의한 바와 같이 탱크 회로는 개방회로로 동작한다. 컬렉터 회로에서 R_L은 접지로 가는 통로이며 교류 출력전류의 유일한 통로이다. 따라서 $f_{in} = f_r$일 때 교류 부하전류와 증폭기의 효율은 가능한 최대 값에 도달한다.

f_{in}이 f_r 값 아래로 떨어지기 시작하면 인덕터 전류 I_L은 증가하고 커패시터 전류 I_C는 감소한다. 따라서 두 전류의 조합에 의한 순 전류인 I_{net}는 증가한다. 입력주파수가 감소함에 따라 I_{net} 역시 증가한다. 이점에서 I_{net} 증가로 인한 트랜지스터의 부담은 부하전압을 3dB 떨어뜨린다. 이런 일이 발생되는 시점에서의 주파수는 f_{C1}이다.

f_{in}이 f_r 이상으로 증가하기 시작하면 I_C가 증가하고 I_L이 감소한다. 이런 결과에서는 I_{net}가 증가한다. 입력 주파수가 증가하면 3dB 강하되는 부하 전압에서 I_{net}가 증가하는 또 다른 트랜지스터의 부하 점에 도달된다. 이때의 주파수는 f_{C2}이다.

지금까지 살펴본 바에 의하면 탱크 회로의 공진 주파수는 동조용 증폭기의 중심 주파수이다. 따라서 식 (17-22)와 (17-23)을 구할 수 있다.

$$f_0 = f_r \tag{17-22}$$

$$f_0 = \frac{1}{2\pi\sqrt{LC}} \tag{17-23}$$

【예제 17.12】 [그림 17-37]에 표시된 동조용 증폭기의 f_0를 구하시오.

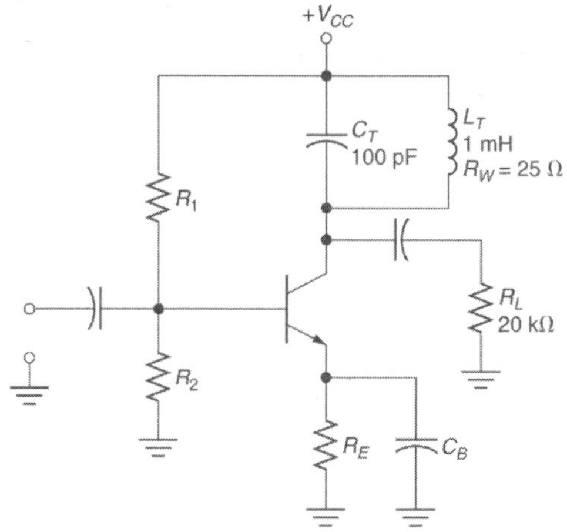

[그림 17-37]

풀이 중심 주파수는 LC 탱크 회로의 공진 주파수와 같다. 식 (17-23)을 사용하면 f_0는 503kHz로 구해진다.

$$f_0 = \frac{1}{2\pi\sqrt{LC}} = \frac{1}{2\pi\sqrt{(1\text{mH})(100\text{pF})}} = \frac{1}{1.987\times10^{-6}}\text{Hz} = 503\text{kHz}$$

(실전 연습문제 17-12)

동조용 BJT 증폭기가 $L = 33$mH와 $C = 0.1\mu$F의 크기를 갖는다고 가정하고 회로의 f_0 값을 계산하시오.

▶▶ 2.77kHz

일단 동조용 증폭기의 f_0 값을 결정한 후 다음 단계는 회로의 Q 값을 찾는 것이다. 이제 Q를 계산하는 과정을 알아보도록 하자.

17.6.3 선택도 Q(The Figure of Merit, Q)

이 장의 전반부에서 동조용 증폭기의 Q는 중심 주파수와 대역폭의 비와 동일하다고 언급한 바 있다. 대역폭을 계산하는데 이런 사항이 Q 사용의 타당성을 설명해 주지만 Q가 무엇이고 어디서 유추되었는가는 말할 수 없다. 이산 동조용 증폭기의 Q는 탱크 회로의 특징이며 더욱더 분명한 것은 인덕터의 특성이다. 다시 말하자면 탱크 회로의 Q는 저장된 에너지와 회로에서 사이클 당 소비되는 에너지의 비다.

$$Q = \frac{\text{저장된 에너지}}{\text{에너지 손실}}$$

다시 설명하자면 $Q = \frac{\text{무효전력}}{\text{유효전력}}$으로 표시할 수 있다.

만약 인덕터 양단에 걸리는 전압과 소자를 통해서 흐르는 전류를 곱하면 피상전력을 얻을 수 있다. 작은 양의 전력 값이 소자에 의해서 소비되므로 피상이라고 한다. 이것의 대부분은 소자를 둘러싸는 전자장에 저장된다. 피상전력은 무효전력과 저항(혹은 "유효")전력으로 구성된다. 소자에 의해서 에너지가 축적되는 무효전력은 $P_X = (I_L^2)(X_L)$으로 구해진다.

대부분의 피상전력이 전자장에 축적되는데 일부 전력은 적은 양의 코일의 권선저항에서 소비된다. 이런 저항성 전력 혹은 에너지 손실은 $P_{RW} = (I_L^2)(R_W)$로 표시된다. 이제 코일의 Q는 피상(무효)전력과 유효전력의 비로 표시된다.

$$Q = \frac{P_X}{P_{RW}} = \frac{(I_L^2)(X_L)}{(I_L^2)(R_W)}$$

$$Q = \frac{X_L}{R_W} \tag{17-24}$$

여기서 Q는 기하학적인 중심 주파수에서 측정되는 코일의 품질(성능)이고 X_L은 기하학적인 중심 주파수에서 측정되는 코일의 리액턴스를 의미한다. 또한 R_W는 권선 저항을 의미한다. 다음의 예제를 통해서 탱크 회로의 Q 값을 구해보도록 하자.

【예제 17.13】 [그림 17-37]에 표시된 탱크 회로의 Q를 결정하시오.

풀이 【예제 17.12】에서 구한 증폭기의 중심 주파수는 503.29kHz이다. 이 값을 이용하면 X_L은 3.16kΩ으로 구해진다.

$$X_L = 2\pi f L = 2\pi(503\text{kHz})(1\text{mH}) = 3.16\text{k}\Omega$$

X_L 값과 $R_W = 25\Omega$을 이용하면 탱크 회로의 Q 값 126로 구해진다.

$$Q = \frac{X_L}{R_W} = \frac{3.16\text{k}\Omega}{25\Omega} = 126$$

(실전 연습문제 17-13)

실전 연습문제 17-12에서 인덕터는 $R_W = 18\Omega$의 크기를 가진다고 가정하고 탱크 회로의 Q 값을 결정하시오.

▶▶ 31.9

【예제 17.13】에서 얻은 Q 값은 탱크 회로에서 정확하다. 그러나 대역폭 계산에서 이 값을 사용하기 전에 부하 효과를 고려해 주어야 한다. 다시 말하자면 R_L 값은 탱크 회로의 Q 값에 영향을 준다.

17.6.4 부하를 갖는 Q(Loaded-Q)

회로 Q의 부하효과(loading effect)를 이해하기 위해서는 컬렉터 회로의 교류 등가회로를 다르게 고찰해야 한다. [그림 17-38 (a)]는 교류 등가회로이다. 이 그림에는 탱크 회로 커패시터 C_T가 포함된다. 그러나 이 논의에서는 큰 의미가 없으므로 언급하지 않을 것이다.

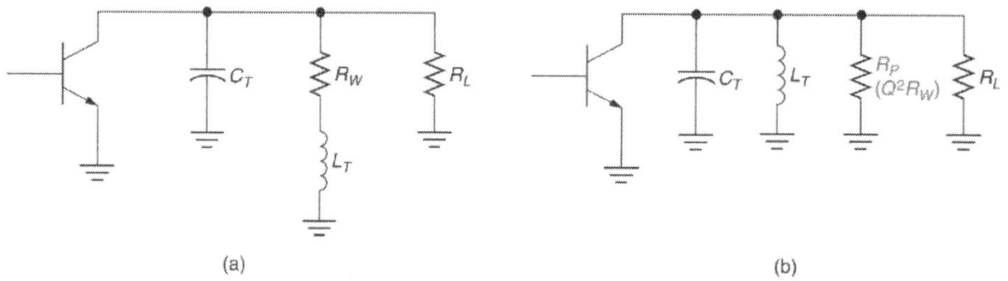

[그림 17-38] 회로 Q에서의 부하효과

[그림 17-38 (a)]를 자세히 보면 부하저항은 인덕터와 권선저항(R_W)과 병렬연결이다. 따라서 정확한 Q 값을 얻기 위해서 계산상 부하저항을 반드시 포함시켜야 한다. 회로의 부하를 가진 Q를 결정하는 첫 번째 단계는 R_W를 병렬저항 R_P로 대체시킨다. [그림 17-38 (b)]는 이런 저항을 보여주며 R_P의 값은 X_L과 R_W의 값을 결정하고 등가 병렬 저항 값을 얻음으로써 추론한다. 이렇게 하면 식 (17-25)를 얻을 수 있다.

$$R_P = Q^2 R_W \tag{17-25}$$

식 (17-25)의 유도과정은 부록 D에 표시되어 있다. 컬렉터의 전체 교류저항은 다음과 같이 결정할 수 있다.

$$r_C = R_P \| R_L \tag{17-25}$$

그리고 부하가 인가된 경우의 Q는 식 (17-26)처럼 구해진다.

$$Q_L = \frac{r_C}{X_L} \tag{17-26}$$

식 (17-26)의 유도과정 역시 부록 D에 표시되어 있다. 다음 예제는 동조용 증폭기의 부하가 고려된 경우의 Q 값을 결정하는 과정을 설명하고 있다.

【예제 17.14】 [그림 17-37]에 표시된 회로에서 부하효과를 고려한 Q를 구하시오.

풀이 【예제 17.13】에서 구한 탱크 회로의 Q 값은 126.4이다. 이 Q 값과 $R_w = 25\Omega$을 사용하여 R_P의 값을 구한다.

$$R_P = Q^2 R_W = (126)^2 (25\Omega) \cong 397\text{k}\Omega$$

$R_P \gg R_L$이므로 두 저항의 병렬 조합 r_C는 $20\text{k}\Omega$으로 R_L과 등가이다. 식 (17-24)에 이 값과 $X_L = 3.16\text{k}\Omega$을 대입하면 Q_L은 6.33으로 구해진다.

$$Q_L = \frac{r_C}{X_L} \cong \frac{20\text{k}\Omega}{3.16\text{k}\Omega} = 6.33$$

(실전 연습문제 17-14)

실전 연습문제 17-12에서 사용된 회로는 $10\text{k}\Omega$의 부하저항을 가진다고 가정하고 회로의 Q_L 값을 결정하시오.

▶▶ 11.3

여러분도 보다시피 회로의 Q 값은 탱크 회로에서 얻은 Q보다 상당히 작다. 이제 회로가 부하효과를 고려하는 경우의 Q 값을 결정하였고 증폭기의 대역폭은 【예제 17.15】처럼 얻을 수 있다.

【예제 17.15】 [그림 17-37]에서 증폭기의 대역폭을 결정하시오.

풀이 $f_0 = 503\text{kHz}$, $Q_L = 6.33$을 이용하면 증폭기의 대역폭은 79.5Hz로 구해진다.

$$BW = \frac{f_0}{Q_L} = \frac{503\text{kHz}}{6.33} = 79.5\text{kHz}$$

(실전 연습문제 17-15)

실전 연습문제 17-14에서 설명된 증폭기의 대역폭을 구하시오.

▶▶ 245kHz

일단 f_0와 대역폭을 알고 있다면 능동 필터에서 언급한 것과 동일한 방법으로 차단 주파수를 구할 수 있다. $Q_L \geq 2$인 회로에서 차단 주파수는 다음과 같이 표시된다.

$$f_{C1} \cong f_0 - \frac{BW}{2}, \quad f_{C2} \cong f_0 + \frac{BW}{2}$$

$Q_L < 2$인 회로에서 차단 주파수는 다음과 같이 표시된다.

$$f_{C1} = f_0\sqrt{1+\left(\frac{1}{2Q_L}\right)^2} - \frac{BW}{2}, \quad f_{C2} = f_0\sqrt{1+\left(\frac{1}{2Q_L}\right)^2} + \frac{BW}{2}$$

오직 이들 사이의 차이점은 부하효과를 고려하는 경우의 $Q(Q_L)$를 사용하는 것 뿐이다.

기초 확인문제 17.6

1. 이산 동조 증폭기의 특이할 만한 사항은 무엇인가?
2. 병렬 공진회로의 순 전류가 근사적으로 0인 이유는 무엇인가?
3. f_r보다 적거나, 같거나, 큰 주파수에 대해서 이산 동조증폭기의 응답은 어떻게 나타나는지를 비교 설명하라.
4. 탱크 회로의 Q를 설명하라.
5. 부하가 탱크 회로의 Q에 미치는 영향은 무엇인지 설명하라.

17.7 이산 동조 증폭기 실제적인 고려사항과 고장진단 및 수리 (Discrete Tuned Amplifiers : Practical Considerations and Troubleshooting)

여기서 주관심사는 다음과 같다. 동조용 증폭기를 구성하고 중심 주파수가 예상했던 값이 아니라는 점을 찾는 것이다. 이것에는 여러 가지 이유가 있다.

1. 커패시터와 인덕터는 항상 큰 오차를 가진다. 따라서 인덕터(혹은 커패시터)의 정격과 실제 값 사이에는 상당한 오차가 있을 수 있다. 이러한 상당한 차이로 인해 계산이 틀릴 수 있다.
2. 증폭기는 중심 주파수 식에서 설명되지 않은 많은 "자연" 용량을 가졌다. 이산 증폭기에는 표유 용량(Stray capacitance)과 접합 용량(Junction Capacitance)(예를 들어)의 값이 항상 존재한다. 탱크 회로에서 사용하는 커패시터가 pF 범위에 있다면 다른 회로 용량은 회로의 실질 중심 주파수에 강하게 영향을 미친다.

이러한 문제점을 극복하기 위해 이산 동조 증폭기는 항상 가변 커패시터 혹은 가변 인덕터를 사용하여 구성한다. 가변 소자를 조정함으로써 f_0의 값을 원하는 크기로 조정한다. 가변 인덕터가 가변 콘덴서보다 일반적으로 사용되는데 그 이유는 값이 저렴하기 때문이다.

공진회로를 조정하는데 사용되는 또 다른 방식이 [그림 17-39]에 표시되어 있다. 이런 동조 형태는 전자동조(electronic tuning)이다. 이것은 증폭기의 동조가 전압 제어라는 사실로부터 유래되었다. 각 바렉터 다이오드(D_1, D_2)의 역방향 바이어스는 소자의 용량을 원하는 값으로 고정되도록 조정한다. 5장의 기억을 되살리면 바렉터는 역방향 바이어스일 때 전자적 가변 용량으로 사용한다는 것을 이미 이해하고 있을 것이다. [그림 17-39]의 회로는 정확하게 이런 소자에 대한 형태의 응용을 보여준다.

D_1의 바이어스가 조정될 때 D_1의 접합용량은 변한다. 이것은 전체 용량을 변화시킨다. 동조 회로에서 전체 용량의 변화는 회로의 공진 주파수를 변화시킨다. 따라서 증폭기의 동조는 바렉터에 인가되는 역방향 바이어스를 가변함으로써 변한다.

[그림 17-39]의 모두를 해석하려고 하지 마라. 이런 회로 혹은 유사한 통신 전자공학을 배울 때 자세히 알게 될 것이다. 단지 여기서는 전자동조의 개념만을 제시하고자 한다.

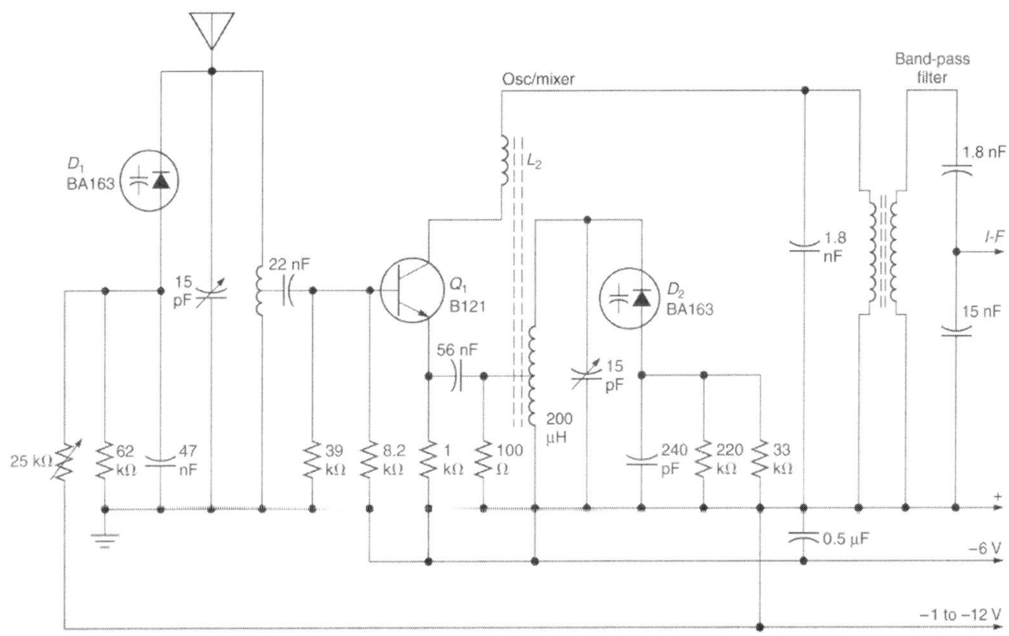

전자동조를 갖는 방송용 AM 수신기의 전단부

[그림 17-39] 전자동조

17.7.1 회로의 고장진단 및 수리(Circuit Troubleshooting)

동조 증폭기에서 발생되는 문제 가운데 대부분은 주파수 드리프트이다. 수명이 다한 소자는 증폭기의 동조를 변화시킬 수 있다. 이러한 상황이 되면 증폭기는 차단되어야 할 주파수를 통과시킨다. 이러한 문제의 단순한 해결점은 증폭기를 재 동조시키는 것이다. 이것이 문제를 해결하지 못하면 탱크 회로의 소자 혹은 모두를 교환하여야 할 것이다. (결합 변압기(coupling transformer)가 드리프트를 일으킬 수 있음을 간과하지 말라.)

커패시터 혹은 인덕터 중 하나가 고장이 나면(개방 혹은 단락), 영향은 드리프트 문제보다 더 심각하다. 탱크 회로에서 일어날 수 있는 "치명적인" 고장과 각각의 증상에 대해 〈표 17-5〉에 표시하였다.

표 17-5 동조 증폭기의 고장진단 및 수리

고장	증상
L_T 개방	V_{CC}는 트랜지스터의 컬렉터 회로에서 효과적으로 제거된다.(커패시터는 직류전압을 차단시킨다.) 따라서 I_C와 V_C는 모두 0으로 떨어진다.
L_T 단락	증폭기의 교류 출력은 탱크 회로에 연결된다. L_T의 단락은 회로로부터 택크회로를 분리한다. 따라서 회로는 이미터 활로워로 동작한다. V_C는 V_{CC}이다.
C_T 개방	커패시터는 원래 개방회로이다. 그러나 회로로부터 커패시터를 효과적으로 분리함으로써 커패시터 연결을 제거시킬 수 있다. 이런일이 발생되면 증폭기는 이득은 감소하고 주파수에 직접 가변된다.
C_T 단락	이런 조건의 상태는 L_T 단락인 경우와 동일하다.

어느 소자의 단락은 동일한 증상을 나타내므로 V_C가 V_{CC}일 때 검사가 요구된다. 가장 단순한 검사는 커패시터의 저항을 측정하는 것이다. 커패시터가 충전되면 문제는 인덕터이다. 커패시터의 저항이 작은 값을 가지며 커패시터는 문제를 야기한다. 어떤 회로의 고장진단에 있어 먼저 동조 증폭기가 문제의 원인이라고 생각하여야 한다. 일단 주어진 동조 증폭기로 문제를 좁히면 이장의 표는 탱크 회로의 고장인지 아닌지를 판단하는데 도움을 준다. 앞의 경우가 아니라면 나머지 회로소자의 고장 진단은 이 책 앞에서 제시한 방법을 사용한다.

17.7.2 요점정리(Summary)

이산 동조 증폭기는 증폭기 동조를 위해서 LC 회로를 사용한다. BJT 동조 증폭기의 특성은 [그림 17-40]에 요약되어 있다.

이산 동조 증폭기

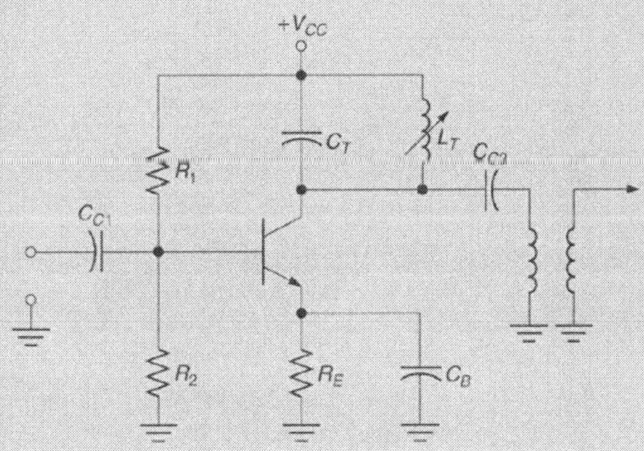

Q 값의 범위	항상 2 보다 크다.
기하학적 중간 주파수	$f_0 = \dfrac{1}{2\pi\sqrt{LC}}$
실제적인 고찰	• Q 부하를 감소시키기 위해서 회로는 변압기 결합을 사용한다. • 가변소자들이 회로 중간 주파수의 조정을 허용하도록 유도된다. • 낮은 G 값은 계산값과 회로의 부동 효과에 기인하는 측정된 중심 주파수 사이에서 중요한 에러의 원인이 된다. • 많은 다른 회로구성이 가능하다. 그들에 포함되는 공통 요소는 적어도 한 개의 병렬 LC 회로에 • 중심주파수 드리프트를 방해한다. • 이런 일이 발생되면 동조의 재조정이 필요하다.

[그림 17-40]

기초 확인문제 17.7

1. 증폭기 동조가 필요한 이유는 무엇인가?
2. 전자 동조란 무엇인가?
3. 증폭기의 동조를 조정하기 위해서 일반적으로 사용하는 방법을 설명하라.
4. 드리프트란 무엇인가?
5. 드리프트를 조정하는 방법은 무엇인가?
6. 동조 증폭기의 탱크 회로에서 주요한 고장증상은 무엇인가?

17.8 C급 증폭기(Class C Amplifiers)

이 책의 전반부에서 이미 A급 증폭기, B급 증폭기, AB급 증폭기에 대해서 언급한 바 있다. 이 절에서는 C급 증폭기에 대해 간단히 설명하고자 한다. 11장에서 동조 증폭기로 C급 증폭기를 간단하게 설명한 바 있다. C급 증폭기는 입력 사이클의 180° 미만에서 도통되는 트랜지스터를 포함하는 회로이다. [그림 17-41]은 기본적인 C급 증폭기 회로이다.

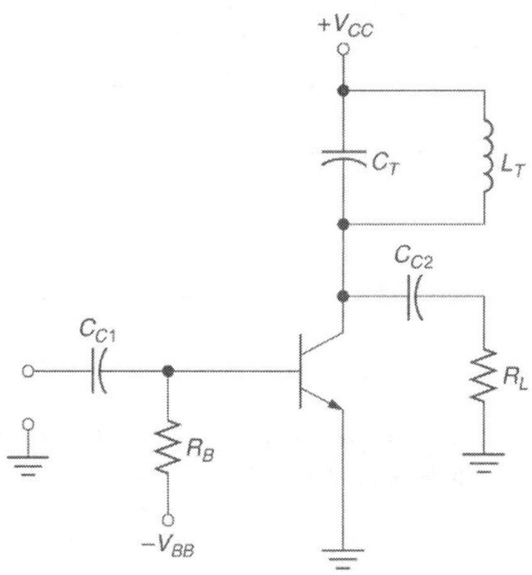

[그림 17-41] C급 증폭기

17.8.1 직류 동작(DC Operation)

C급 증폭기에서 트랜지스터는 차단점(cutoff)에 놓이게 된다. 이것은 [그림 17-41]에 표시된 것처럼 *npn*형 회로인 경우 베이스 저항을 negative 공급전원에 연결함으로써 얻을 수 있다. C급 증폭기는 차단점에 놓이게 되어 V_{CEQ}는 근사적으로 V_{CC}와 동일하다. [그림 17-42]는 증폭기의 직류 부하 선을 보여준다. 이런 직류 부하 선은 다소 불완전하다. 여러분도 보다시피 증폭기가 차단점에 바이어스되기 때문에 $I_C \cong 0\text{A}$이다.

회로의 직류 부하 선은 $V_{CEQ}=V_{CC}$이면 I_C가 변할 수 있다는 것을 보여준다. 그러나 이런 경우는 아니다. 트랜지스터의 입력이 없는 한 $V_{CEQ}=V_{CC}$이고 $I_{CQ}=0\text{A}$이다. 아마도 직류 부하선이라기보다는 회로의 직류부하라는 것이 적절하다. 그러나 회로의 직류동작은 보통 부하 선으로 나타낸다.

negative 공급전원이 V_{BB}로 사용되는 경우 다음과 같은 식을 만족하는 값이 고정된다.

$$V_{\text{in(pk)}}+(-V_{BB})=1\text{V}$$

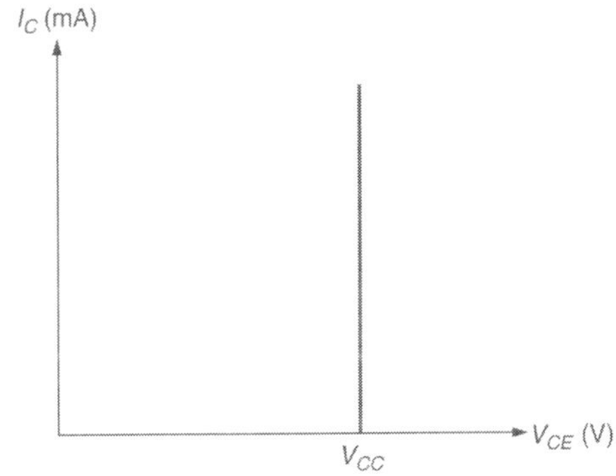

[그림 17-42] C급 증폭기의 직류 부하선

혹은

$$-V_{BB} = 1\text{V} - V_{\text{in(pk)}} \tag{17-28}$$

따라서 [그림 17-41]에 표시된 증폭기가 4V의 입력 피크 값을 가지며 베이스 바이어스 전압 V_{BB}가 근사적으로 -3V로 고정된다. 이것은 트랜지스터가 입력 사이클의 positive 피크에서만 도통되는 것을 만족하게 된다. 이러한 형태에 의해 얻어지는 내용은 이 절 마지막에서 논의하게 된다.

17.8.2 교류 동작(AC Operation)

C급 증폭기 회로의 교류동작은 병렬 LC 회로의 특성을 근거로 한다. 병렬 LC 회로와 스위치 SW_1이 직렬로 연결된 [그림 17-43]에서 이러한 특성이 설명된다. 스위치 SW_1이 순간적으로 닫히면 전류가 탱크 회로에서 발생된다. 이런 전류는 커패시터와 인덕터 사이에서 앞뒤로 흐르게 되는 충전과 방전 사이클을 초기화시킨다. 이런 충전과 방전 동작은 [그림 17-43 (b)]에 표시된 것과 같은 파형을 발생시킨다. 중요한점은 탱크 회로는 각 사이클이 진행되는 동안 약간의 전력손실을 갖는다는 점이다. 따라서 파형이 결국은 소멸하게 된다.

여기서 표현한 충전/방전 사이클은 플라이휠 효과(flywheel effect)라고 부른다. 중요한 것은 플라이휠 효과에 의해서 얻은 파형은 탱크 회로의 공진주파수와 같은 주파수를 가진다는 점이다. 만약 소멸하는 것으로부터 플라이휠 효과를 유지하기 원한다면 [그림 17-43 (c)]에 표시된 것처럼 각 positive 피크에서 스위치 SW_1을 순간적으로 닫는 것이다. 스위치가 닫힐 때 마다 전력이 직류 전원 공급 장치로부터 회로로 귀환된다. 스위치가 닫히는 순간의 주기마다 부가적인 전력이 탱크 회로에 공급되고 파형의 진폭이 유지된다. 이것을 마음속에 기억하게 된다면 우리는 C급 증폭기가 가지고 있는 원래의 또 다른 면을 살필 수 있다. 이런 동작은 [그림 17-44]에 표시되어 있다.

(a) 병렬 *LC* 회로

(b) 단일 스위치 닫힌 후 *LC* 회로에 의해서 전류파형이 발생된다.

(c) 각 전류 피크에서 스위치가 닫힐 때 *LC* 회로에 의해서 전류파형이 발생된다.

[그림 17-43] *LC* 탱크 회로의 동작

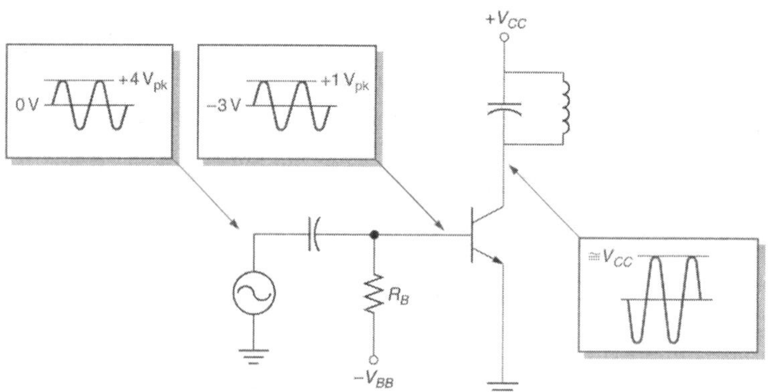

[그림 17-44] C급 증폭기 회로의 동작

이제 앞에서 설명했던 것처럼 트랜지스터가 스위치로 사용된다고 가정하자. 입력신호의 positive 피크는 트랜지스터를 포화시키는 반면에 나머지 시간동안에 트랜지스터는 차단점에 있다. 트랜지스터가 도통될 때 [그림 17-43]에서 스위치는 닫혀진 상태와 같다. 다시 말하자면 입력의 각 positive 피크에서 트랜지스터는 닫힌 스위치로 되고 탱크 회로는 출력 파형을 연속적으로 생성할 수 있는 전류 펄스를 얻는다. 또 다른 중요한 점은 다음과 같다. : C급 증폭기를 적절히 동작하기 위해서는 탱크 회로는 v_{in} 주파수나 혹은 일정한 고조파(harmonics)에 동조하여야 한다. 고조파는 주어진 주파수의 정수배이다. 예를 들어, 2kHz 신호는 4kHz, 6kHz, 8kHz 등의 고조파를 가질 수 있다.

C급 증폭기가 v_{in}의 고조파에서 동조할 때 회로의 주파수는 그 고조파와 동일하게 된다. 예를 들어서 3kHz의 입력 주파수를 갖는 C급 증폭기는 6kHz 출력을 발생시키는 6kHz로 동조된다. 따라서 C급 증폭기는 주파수 체배기로 사용할 수 있다. C급 증폭기의 대역폭, Q, Q_L의 특성은 이장 초기에 제시한 것과 동일하므로 더 이상 논의하지 않는다.

기초 확인문제 17.8

1. C급 증폭기의 트랜지스터 전도 특성이란 무엇인가?
2. C급 증폭기의 직류부하선이 불완전한 이유는 무엇인가?
3. 플라이휠 효과를 설명하라.
4. C급 증폭기에서 플라이휠 효과를 유지하기 위해서 트랜지스터를 어떻게 사용해야 하는가?
5. 적절한 C급 동작의 입력 주파수 조건은 무엇인가?

중요 용어(Key Term)

능동 필터(active filter), 전자 동조(electronic tuning), 통과 대역(pass band), 순간 전력, 플라이휠 효과(flywheel effect), 극점(pole), 대역 통과필터(bandpass filter), 그래픽 이퀄라이저(graphic equalizer), Q(탱크 회로), 대역 차단(노치)필터(bandstop (notch) filter), 고조파(harmonic wave), 선택도 Q(quality Q), 생체의학 전자공학(biomedical electronic), 고역 통과필터(highpass filter), 차단 대역(stop band), 버터워스 필터(Butterworth filter), 저역 통과필터(lowpass filter), 동조 증폭기(tuned amplifier), 체비세프 필터(Chebyshev filter), 다중 귀환 대역 통과필터(multiple feedback bandpass filter), 교차 회로망(crossover network), 드리프트(drift)

연습문제

17-1. 증폭기가 $f_0 = 14\text{kHz}$, BW = 2kHz의 크기를 갖는다고 가정하고 회로의 Q 값을 구하시오.

17-2. 증폭기가 $f_0 = 1200\text{kHz}$, BW = 300kHz의 크기를 갖는다고 가정하고 회로의 Q 값을 구하시오.

17-3. 중심 주파수가 800kHz인 증폭기의 Q가 6.2라고 가정하고 회로의 대역폭을 계산하시오.

17-4. 중심 주파수가 1100kHz인 증폭기의 Q가 25라고 가정하고 회로의 대역폭을 계산하시오.

17-5. 다음의 표를 완성하시오.

f_0(kHz)	BW	Q
740		2.4
388	40kHz	
1050		5.6
920	600kHz	

17-6. 증폭기의 차단주파수는 1180과 1300kHz이다. $f_0 = f_{ave}$임을 보이고 회로의 Q를 결정하시오.

17-7. [그림 17-45]에 표시된 회로에서 필터의 대역폭과 폐 루프 전압 이득을 구하시오.

17-8. [그림 17-45]에 표시된 회로와 유사한 필터가 $R_1 = 82\text{k}\Omega$, $C_1 = 0.015\mu\text{F}$, $R_{f1} = 150\text{k}\Omega$, $R_{f2} = 20\text{k}\Omega$의 값을 가진다고 가정하고 회로의 대역폭과 폐 루프 전압이득을 구하시오.

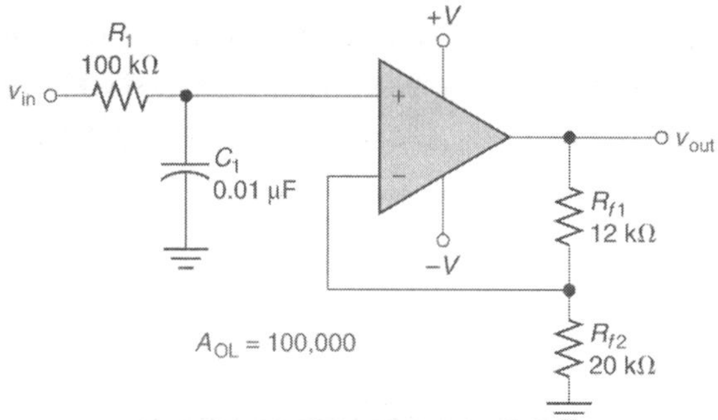

[그림 17-45]

17-9. [그림 17-46]에 표시된 필터회로의 대역폭과 폐 루프 전압이득을 계산하시오.

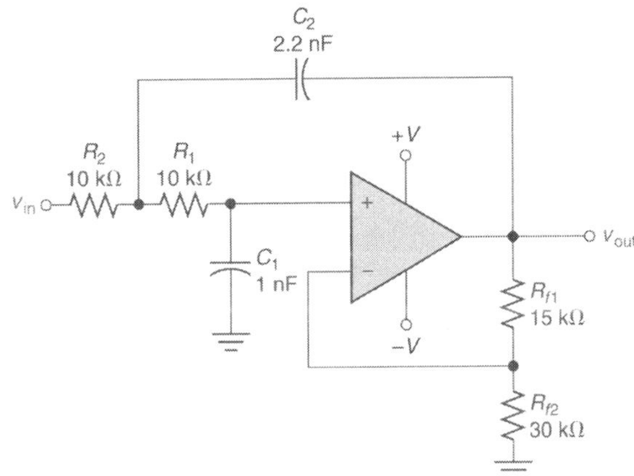

[그림 17-46]

17-10. [그림 17-14 (a)]에 표시된 것과 유사한 필터가 $R_1 = R_2 = 33\text{k}\Omega$, $C_1 = 100\text{pF}$, $C_2 = 200\text{pF}$, $R_f = 220\text{k}\Omega$의 크기를 갖는다고 가정하고 회로의 대역폭과 폐 루프 전압이득을 계산하시오.

17-11. [그림 17-47]에 표시된 필터회로의 대역폭과 폐 루프 전압 이득을 구하시오.

17-12. [그림 17-48]에 표시된 필터회로의 대역폭과 폐 루프 전압 이득을 구하시오.

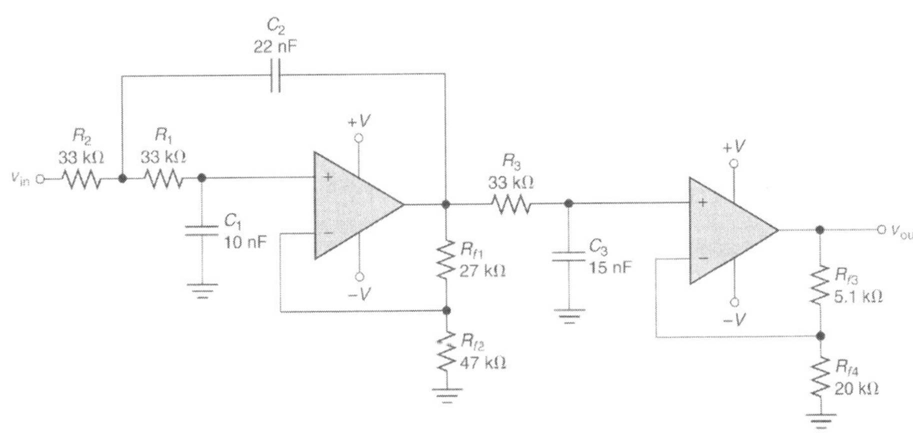

[그림 17-47]

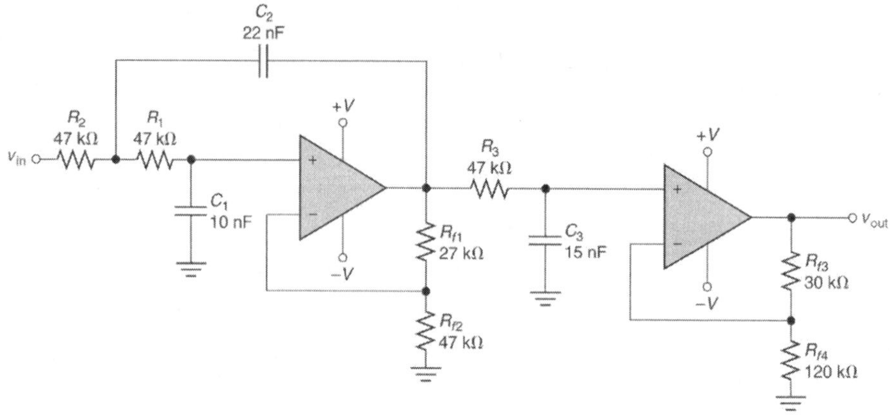

[그림 17-48]

17-13. [그림 17-49]에 표시된 필터회로의 차단 주파수와 페 루프 전압 이득을 구하시오.

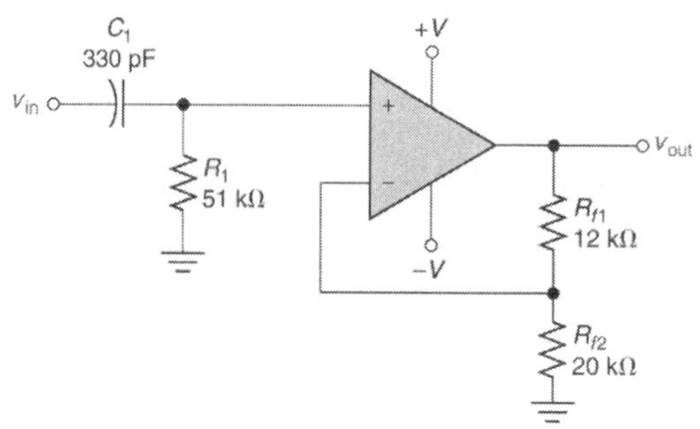

[그림 17-49]

17-14. [그림 17-50]에 표시된 필터회로의 차단 주파수와 페 루프 전압 이득을 구하시오.

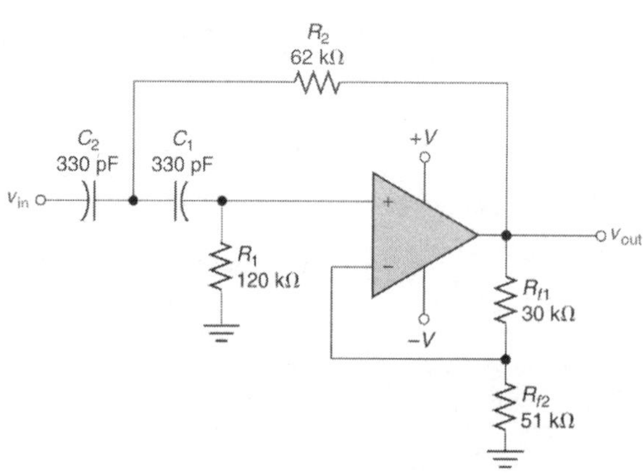

[그림 17-50]

17-15. [그림 17-51]에 표시된 대역통과 필터의 Q와 기하학적인 차단 주파수, 대역폭, f_{C1}, f_{C2}를 구하시오.

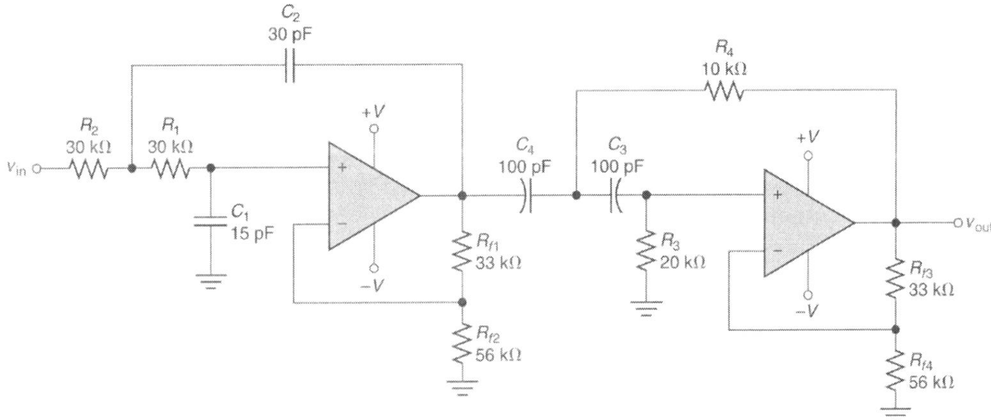

[그림 17-51]

17-16. [그림 17-52]에 표시된 대역통과 필터의 Q와 기하학적인 중심 주파수, 대역폭, f_{C1}, f_{C2}를 구하시오.

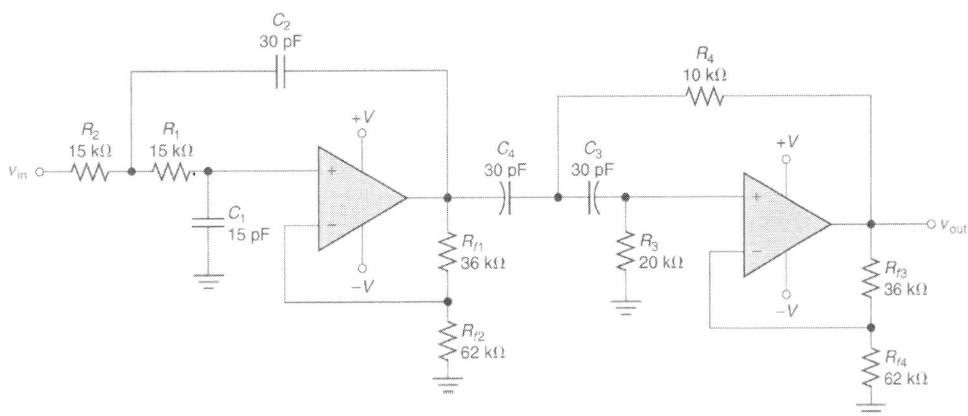

[그림 17-52]

17-17. [그림 17-53]에 표시된 대역통과 필터의 Q와 기하학적인 중심 주파수, 대역폭, f_{C1}, f_{C2}를 구하시오.

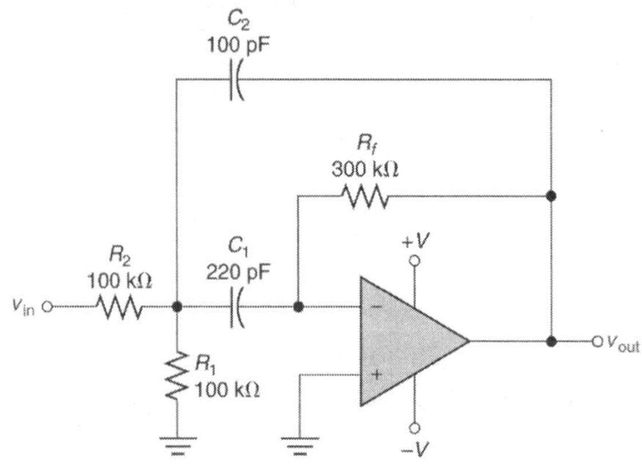

[그림 17-53]

17-18. [그림 17-54]에 표시된 대역통과 필터의 Q와 기하학적인 중심 주파수, 대역폭, f_{C1}, f_{C2}를 구하시오.

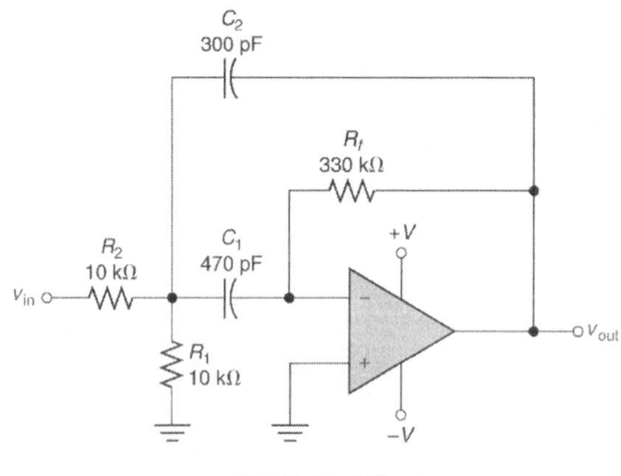

[그림 17-54]

17-19. 다중 귀환 필터는 f_0=62kHz, BW=40kHz의 값을 가진다고 가정하고 회로의 f_{C1}과 f_{C2}의 값을 근사화 하고 이 값의 오차 백분율을 결정하시오.

17-20. 다중 귀환 필터는 f_0=482kHz, BW=200kHz의 값을 가진다고 가정하고 회로의 f_{C1}과 f_{C2}의 값을 근사화 하고 이 값의 오차 백분율을 결정하시오.

17-21. [그림 17-53]에 표시된 필터의 A_{CL}을 계산하시오.

17-22. [그림 17-54]에 표시된 필터의 A_{CL}을 계산하시오.

17-23. [그림 17-55]에 표시된 노치 필터의 Q와 기하학적인 중심 주파수, 대역폭, f_{C1},

f_{C2}를 구하시오.

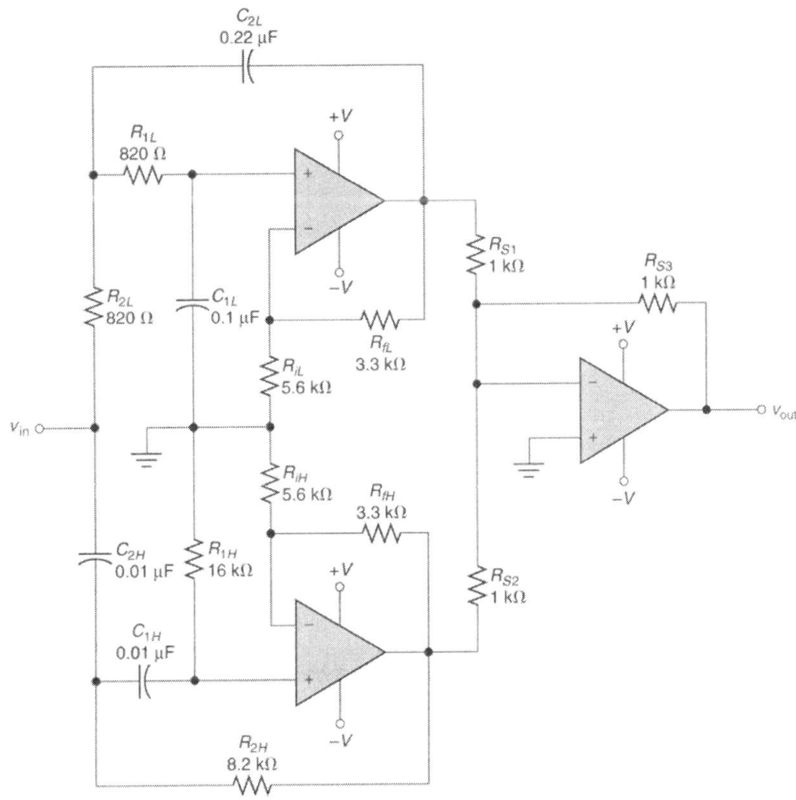

[그림 17-55]

17-24. [그림 17-56]에 표시된 노치 필터의 Q와 기하학적인 중심 주파수, 대역폭, f_{C1}, f_{C2}를 구하시오.

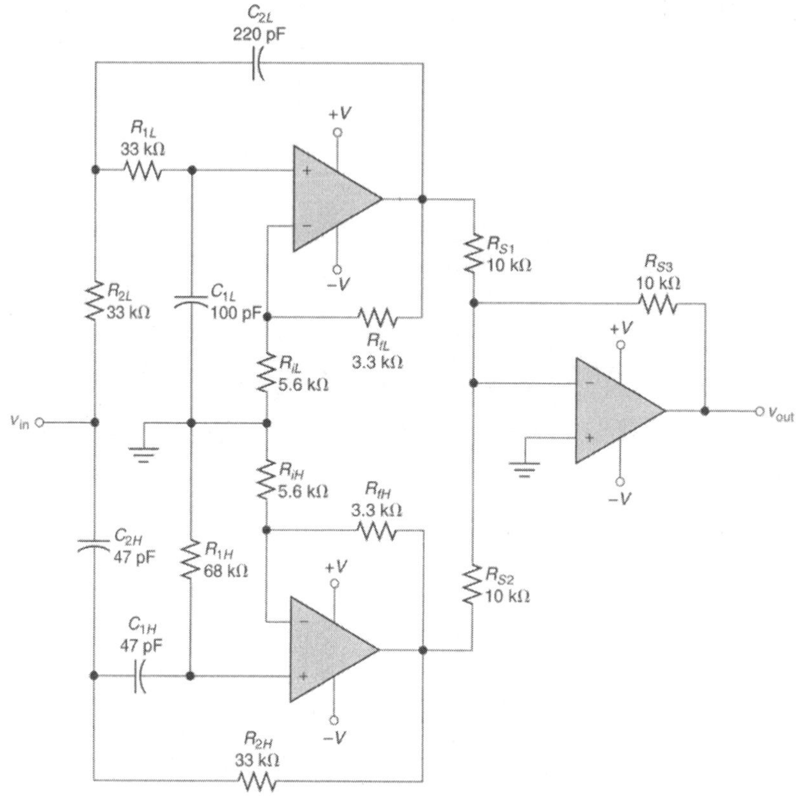

[그림 17-56]

17-25. [그림 17-57]에 표시된 노치 필터의 Q와 기하학적인 중심 주파수, 대역폭, f_{C1}, f_{C2}를 구하시오.

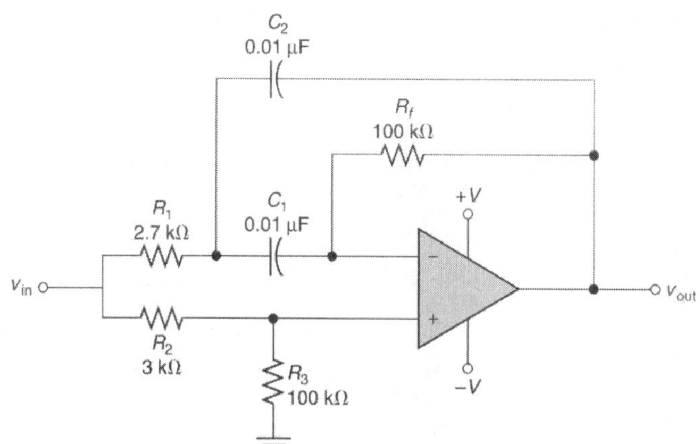

[그림 17-57]

17-26. [그림 17-58]에 표시된 노치 필터의 Q와 기하학적인 중심 주파수, 대역폭, f_{C1}, f_{C2}를 구하시오.

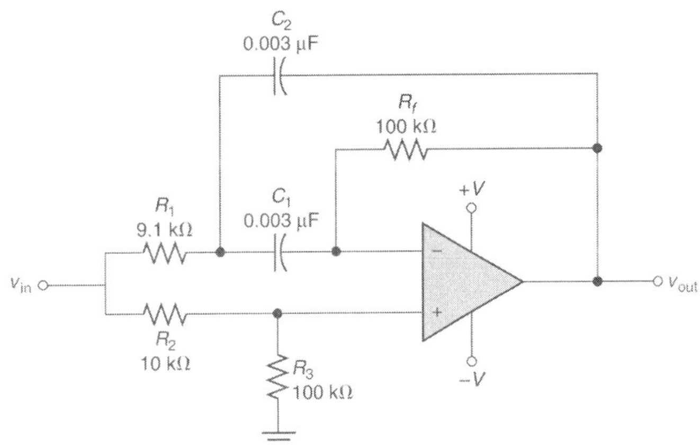

[그림 17-58]

17-27. [그림 17-59 (a)]에 표시된 회로의 Q와 Q_L, 기하학적인 중심 주파수, 대역폭, f_{C1}, f_{C2}를 구하시오.

17-28. [그림 17-59 (b)]에 표시된 회로의 Q와 Q_L, 기하학적인 중심 주파수, 대역폭, f_{C1}, f_{C2}를 구하시오.

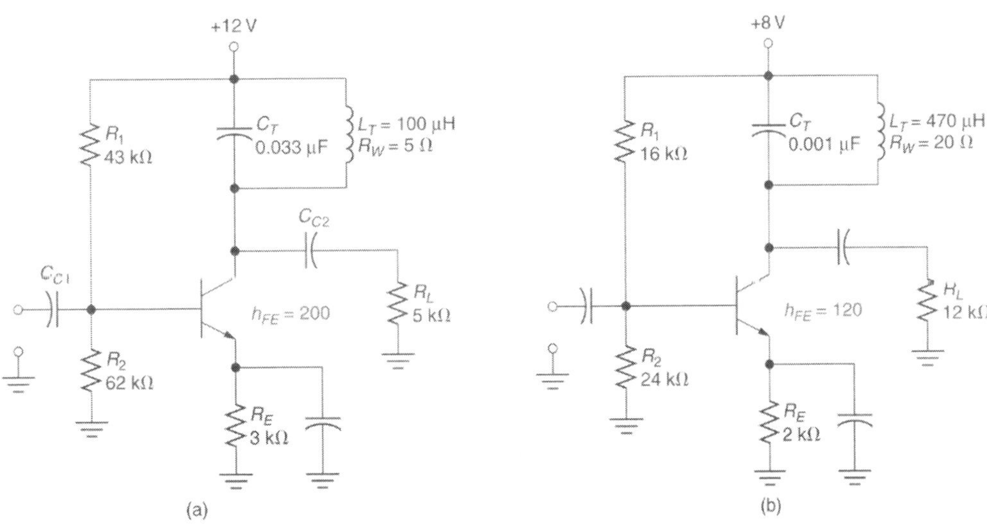

[그림 17-59]

17-29. [그림 17-60]에 표시된 C급 증폭기에서 V_{CEQ}와 I_{CQ}를 구하시오.

17-30. [그림 17-61]에 표시된 C급 증폭기에서 V_{CEQ}와 I_{CQ}를 구하시오.

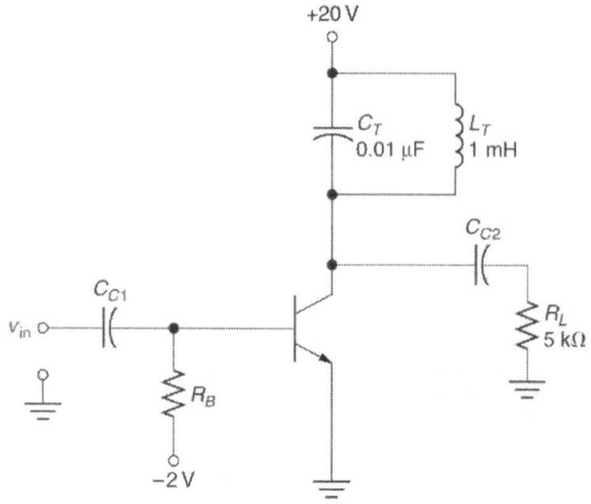

[그림 17-60]

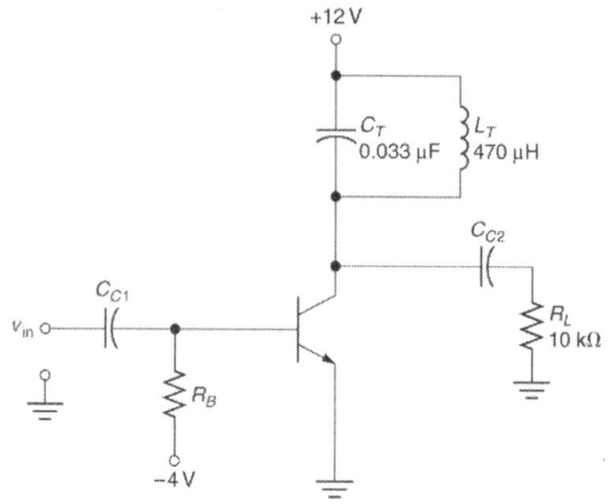

[그림 17-61]

17-31. [그림 17-60]에 표시된 증폭기의 최소 허용 피크 입력 전압을 구하시오.

17-32. [그림 17-61]에 표시된 증폭기의 최소 허용 피크 입력 전압을 구하시오.

17-33. [그림 17-62]에 표시된 측정 값을 참조하고 회로의 고장 원인은 무엇인지 판단하시오.

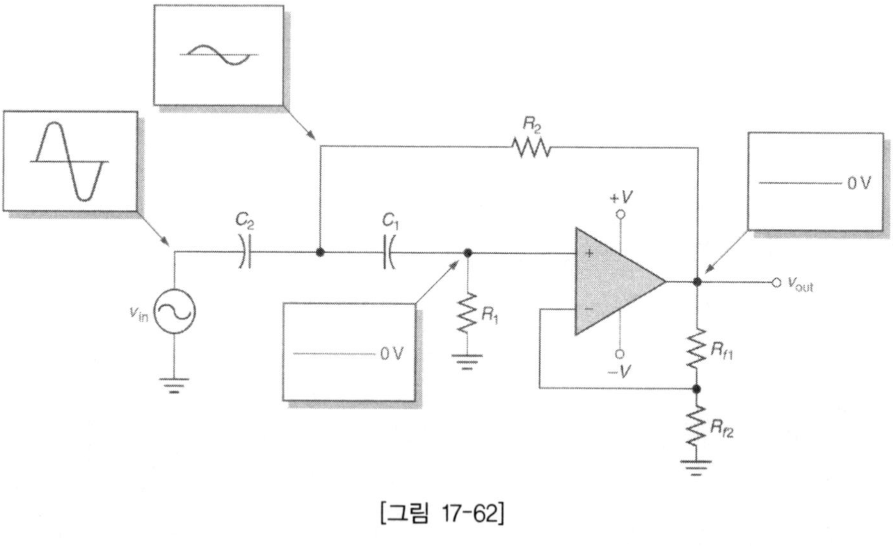

[그림 17-62]

17-34. [그림 17-63]에 표시된 측정 값을 참조하고 회로의 고장 원인은 무엇인지 판단하시오.

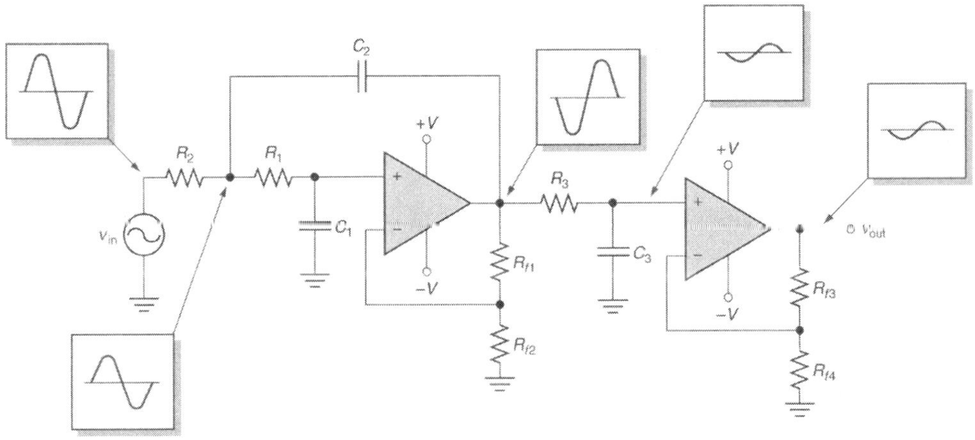

[그림 17-63]

17-35. [그림 17-64]에서 인덕터가 17Ω 크기를 갖는 권선 지항으로 교체되었다면 이런 변화의 결과 차단 주파수에서 발생되는 이동은 얼마인지 구하시오.

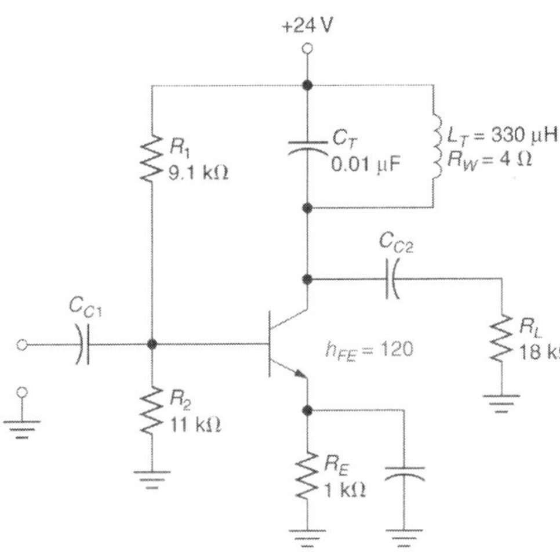

[그림 17 64]

17-36. [그림 17-65]는 가산 증폭기와 다중 귀환 대역통과 필터로 구성되는 노치필터이다. 이런 회로의 지식을 이용해서 대역폭 이내, 위, 아래의 주파수에 대한 필터의 응답을 설명하시오.

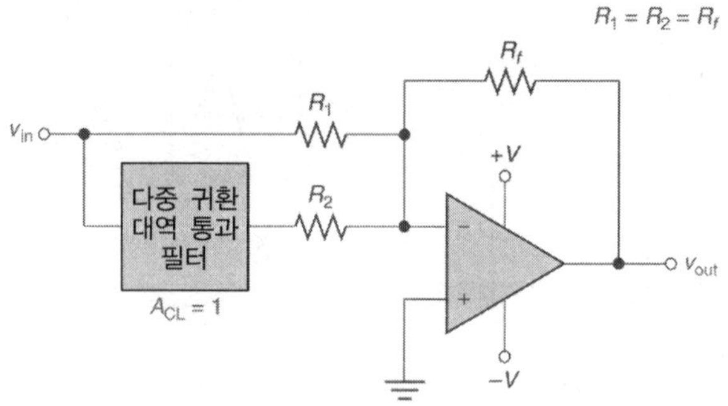

[그림 17-65]

Chapter 18

▸발 진 기◂
(Oscillator)

학습목표

이 장을 학습하고 나면 여러분은 다음과 같은 내용을 이해하고 설명할 수 있다.

1. 발진기의 기능에 대해서 설명할 수 있다.
2. positive 귀환이 어떻게 발생되는지와 발진기가 트리거된 이후에 발진 상태를 유지하는 방법에 대해서 설명할 수 있다.
3. 바크하우젠 판정기준(Barkhausen criterion)과 발진기 동작에 미치는 영향에 대해서 설명할 수 있다.
4. 적절한 발진기 동조에 필요한 세 가지 조건에 대해서 설명할 수 있다.
5. 위상시프트(phase shift) 발진기와 빈 브리지(Wien bridge) RC 발진기의 동작 특성에 대해서 설명할 수 있다.
6. 콜피츠(Colpitts) 발진기의 동작을 설명하고 완전 주파수 해석에 대해서 설명할 수 있다.
7. 하틀리(Hartly) 발진기, 클랩(Clapp)발진기, 암스트롱(Armstrong) LC 발진기의 동작을 비교 설명할 수 있다.
8. 수정(crystal) 발진기와 수정 제어 발진기의 동작 원리에 대해서 설명할 수 있다.
9. 발진기 고장진단에 대한 전반적인 접근법에 대해서 설명할 수 있다.

발진기는 외부 신호원 없이 출력 파형을 발생시키는 회로이다. 발진기의 입력은 오직 직류 전원뿐이다. 따라서 발진기는 신호발생기(signal generator)로 간주된다. 발진기는 발생되는 출력파형의 형태에 따라서 몇 종류로 분류된다. 이 장에서는 정현파 출력을 가지는 정현파 발진기의 동작을 다루고 19장에서는(여러 회로와 더불어) 구형파 발진기의 동작에 대해서 고찰하기로 한다.

18.1 개요(Introduction)

15장에서 언급된 바 있는 positive 귀환이 발진기 동작의 핵심이다. [그림 18-1]에 표시된 것처럼 positive 귀환 회로망이 증폭기의 입력 신호와 동 위상을 갖는 귀환 전압 v_f를 발생시킨다. 여기서는 이런 회로의 동작에 대해서 설명한다.

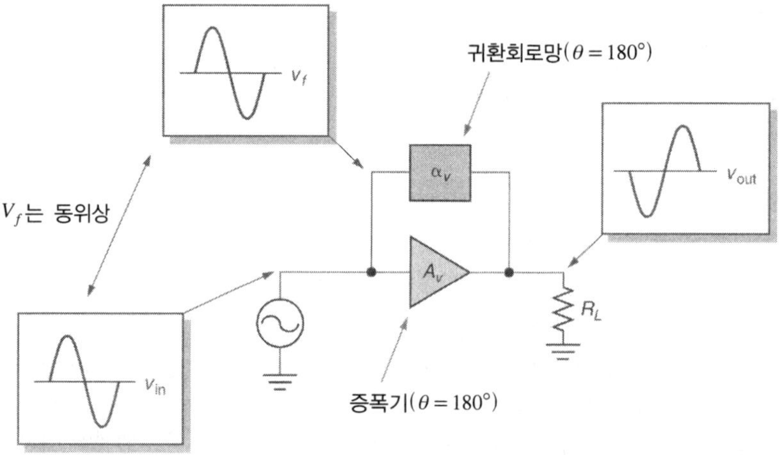

[그림 18-1] positive 귀환

입력 신호 v_{in}이 위상을 180° 시프트시키는 증폭기에 인가된다. 출력신호는 위상을 180° 시프트시키는 또 다른 귀환 회로망의 입력으로 인가된다. 그 결과 신호는 루프를 따라서 돌게되고 위상이 360° 시프트 된다. 여러분도 알다시피 360° 위상이 시프트 된다는 의미는 위상이 0°만큼 시프트 된 것과 동일하다. 따라서 귀환 신호와 입력 신호는 동위상을 가지게 된다. (물론 각각 0° 위상 시프트를 발생시키는 귀환 회로망과 증폭기를 사용해도 동일한 결과를 얻을 수 있다.)

18.1.1 발진기 : 기본개념(Oscillators : The Basic Idea)

[그림 18-1]에 표시된 회로는 positive 귀환을 설명하는데는 유용하지만 발진기를 정의하는 데는 불일치하는 입력신호를 갖는다. 따라서 발진기의 기본적인 동작원리를 설명하기 위해서는 [그림 18-1]에 표시된 회로를 약간 수정해야 한다. [그림 18-2]는 수정된 회로를 표시하고 있다. [그림 18-2]에서 증폭기의 입력에 스위치가 직렬로 연결된다. 스위치가 닫히면 회로파형은 그림에 표시된 것처럼 나타난다. 이제 회로가 동작하는 동안 스위치가 개방된다고 가정해 보자.

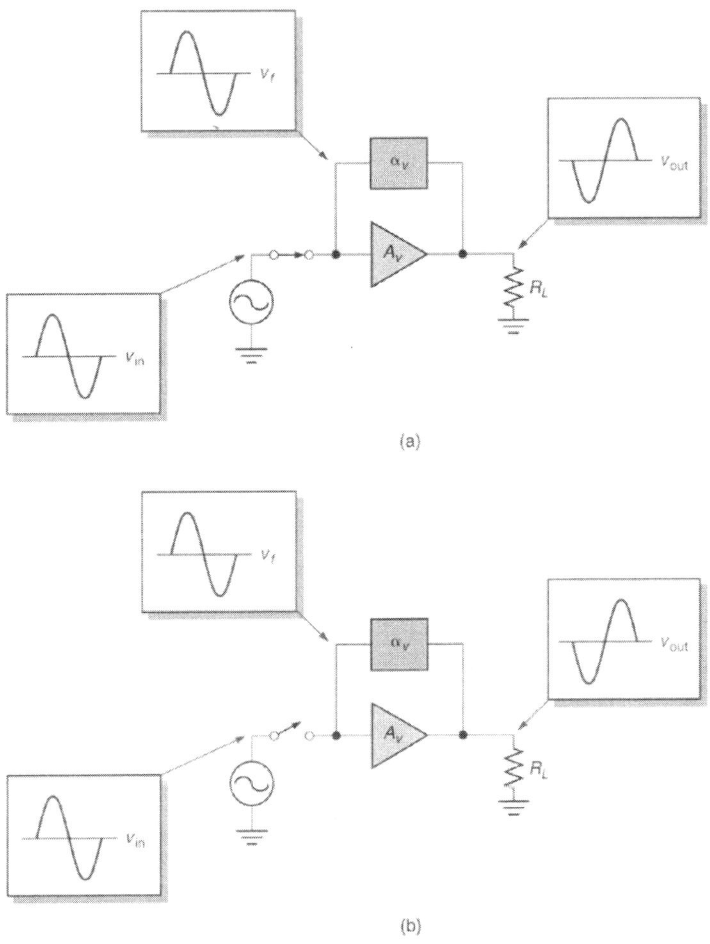

[그림 18-2]

만약 이런 일이 발생되면 v_{in}이 회로에서 분리된다. 여하튼 원래의 입력과 동위상인 v_f는 아직도 증폭기의 입력으로 인가된다. 증폭기는 이런 신호가 마치 v_{in}인 것처럼 동일한 방법으로 응답하게 된다. 다시 말하자면 v_f가 증폭되고 출력으로 전송된다. 귀환 회로망은 출력의 일부만을 입력으로 귀환시키기 때문에 증폭기는 또 다른 입력 사이클을 수신하게 되고 새로운 출력 사이클을 발생시킨다. 이런 과정은 증폭기가 턴 on 되고 증폭기가 외부의 신호원 없이 정현파 출력을 발생시킬 때까지 계속된다.

발진기에서는 귀환 회로망이 증폭기의 입력을 발생시키기 위해서 사용되기도 한다. 그리고 이것이 귀환 회로망의 입력이 된다. positive 귀환이 이런 회로 동작을 발생시키기 때문에 간혹 재생 귀환(regenerative feedback)이라고 부른다. 재생 귀환은 모든 발진기 동작의 기본이 된다. 발진기는 발진 회로의 동작을 기동시키기 위해서 아주 빠른 트리거만을 필요로 한다. 다시 말하자면 발진기를 기동시키는 회로의 임의의 점에서 아주 작은 신호의 변화도 필요치 않다. 이것이 외부 전원으로부터 완전한 입력 사이클을 제공받을 필요가 없는 이유가 된다. 사실 대부분의 발진들은 자신의 내부에서 트리거 신호를 제공한다. 이런 트리거 신호원에 대해서는 다음 절에서 자세히 설명하기로 한다. 발진기를 동작시키기 위해서는 다음과 같은 두 가지 조건이 필요하게 된다.

1. 회로는 반드시 positive 귀환 루프를 가져야 한다. 이것은 증폭기와 귀환 회로가 360°(혹은 0°)의 전압 위상 시프트를 발생시키도록 결합되어야 한다는 의미이다.
2. 회로는 반드시 발진기의 동작을 발생시키기 위해서 내부전원이거나 외부 전원이거나에 관계없이 트리거를 수신 받아야 한다.

발진기를 동작시키는데 충족해야 하는 또 다른 조건이 있다. 회로는 바크하우젠 판정기준(Barkhausen criterion)이라고 부르는 조건을 반드시 충족시켜야 한다.

18.1.2 바크하우젠 판정기준(The Barkhausen Criterion)

16장에서 살펴본 것처럼 귀환 증폭기의 능동소자는 전압 이득을 제공하는 반면 귀환 회로망은 자신의 전압 손실을 제공한다. 다시 말하자면 귀환 증폭기의 A_v는 1보다 크지만 귀환 계수 α_v는 1보다 작다. 발진기가 적절하게 동작하기 위해서는 식 (18-1)의 조건을 만족해야 한다.

$$\alpha_v A_v = 1 \tag{18-1}$$

이런 조건식을 바크하우젠 판단 조건식이라고 부른다. 이런 조건을 만족하지 않는 경우는 다음과 같은 결과가 초래된다.

1. 만약 $\alpha_v A_v < 1$이라면 발진은 수 사이클 이내에 끝난다.
2. 만약 $\alpha_v A_v > 1$이라면 발진기는 포화 클리핑과 차단 클리핑을 발생시킨다.

판정기준을 서로 다른 A_v와 α_v의 조합을 사용하는 몇 개의 회로에 적용하면 이런 점들은 쉽게 이해된다. 기준으로 사용하는 회로가 [그림 18-3]에 표시되어 있다.

[그림 18-3 (a)]에서 출력전압은 증폭기이득 A_v와 입력전압 v_f의 곱으로 표시된다.

$$v_{\text{out}} = A_v v_f$$

v_f 값은 α_v와 v_{out}의 크기에 의해서 결정된다.

$$v_f = \alpha_v v_{out}$$

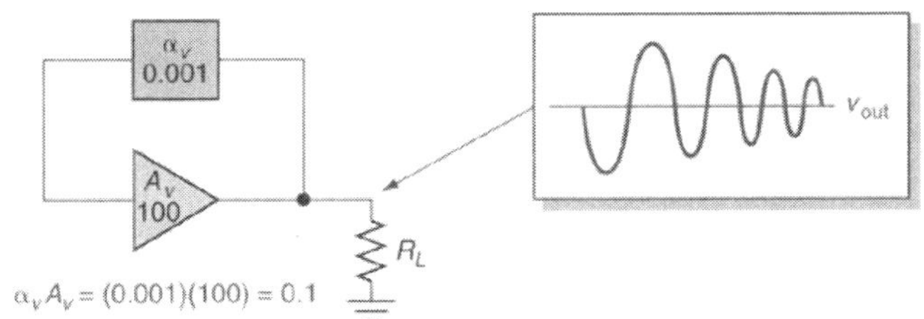

(a) $\alpha_v A_v < 1$일 때 출력이 감쇠된다.

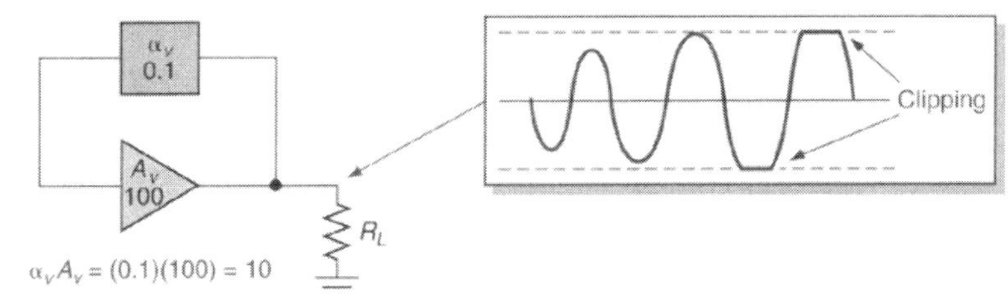

(b) $\alpha_v A_v > 1$일 때 출력이 클리핑으로 구동된다.

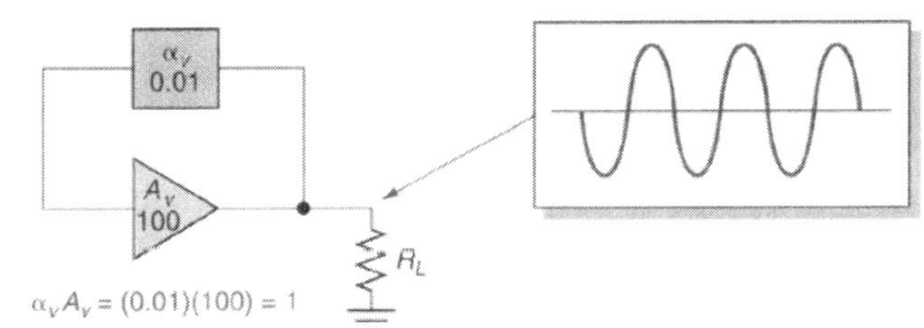

(c) $\alpha_v A_v = 1$일 때 진폭이 일정한 출력이 발생된다.

[그림 18-3] 발진기 동작에서의 $\alpha_v A_v$의 효과

회로가 여러 가지 동작 사이클을 진행할 때 [그림 18-3 (a)]에서 어떤 일이 발생되는지를 살펴보기 위해서 이런 관계식을 사용한다. 초기에 100mV_{pk} 신호가 인가된다고 가정하면 그림에 표시된 것처럼 A_v와 α_v의 값을 사용하면 다음과 같은 결과를 가지게 된다.

사이클	v_{in}	v_{out}	v_f
1	$100mV_{pk}$	$10V_{pk}$	$10mV_{pk}$
2	$10mV_{pk}$	$1V_{pk}$	$1mV_{pk}$
3	$1mV_{pk}$	$100mV_{pk}$	$0.1mV_{pk}$

각 사이클에 의해서 발생되는 v_f가 다음 번 v_{in}으로 어떻게 사용되는지를 알아보자. 이것이 발진의 기본적인 동작원리와 일치된다. 이제 v_{out} 열(column)에서의 진행을 알아보자. 여러분도 보다시피 v_{out}은 각 사이클에서 다음 사이클까지 감소된다. 만약 이런 진행이 계속 진행된다면 결국은 v_{out}은 0으로 된다. [그림 18-3 (a)]는 이런 출력 감소가 설명되어 있다. 이런 경우는 $\alpha_v A_v < 1$인 조건을 만족한다는 점을 주목해야 한다. 발진은 시간이 지나면 진폭이 감소하고 결국은 소멸되는데 이런 신호의 손실을 댐핑(damping)이라고 부른다. $\alpha_v A_v > 1$인 경우는 반대의 현상이 발생된다. 이런 문제는 [그림 18-3 (b)]에 표시되어 있다. 앞에서와 동일한 $0.1V_{pk}$ 입력을 사용하면 [그림 18-3 (b)]에 표시된 경우는 다음과 같은 결과를 발생시킨다.

사이클	v_{in}	v_{out}	v_f
1	$100mV_{pk}$	$10V_{pk}$	$1V_{pk}$
2	$1V_{pk}$	$100V_{pk}$	$10V_{pk}$
3	$10V_{pk}$	$1000V_{pk}$	$100V_{pk}$

이 회로에서는 두 사이클만 임의의 v_{out}으로 시작한다. 중요한 점은 v_{out}이 각 사이클에서 다음 사이클까지 증가하는 것이다. 결국에 출력은 포화되기시작하고 차단 클리핑이 발생될 것이다. 따라서 $\alpha_v A_v$는 1보다 클 수가 없다. 발진기가 일정한 정현파 출력을 발생시키는 유일한 조건은 $\alpha_v A_v = 1$이다. [그림 18-3 (c)]는 이런 조건을 보여준다. 이제 $0.1V_{pk}$ 입력을 사용하면 [그림 18-3 (c)]의 도표는 다음과 같이 표시할 수 있다.

사이클	v_{in}	v_{out}	v_f
1	$100mV_{pk}$	$10V_{pk}$	$100mV_{pk}$
2	$100mV_{pk}$	$10V_{pk}$	$100mV_{pk}$
3	$100mV_{pk}$	$10V_{pk}$	$100mV_{pk}$

사이클은 계속적으로 반복할 것이다. 따라서 $\alpha_v A_v = 1$의 곱은 발진기가 일정한 정현파 출력을 발생시키는 것이다.

발진기의 세 가지 조건을 정리하면 다음과 같다.

1. 재생 귀환
2. 발진을 시작하는 초기 입력 트리거
3. $\alpha_v A_v = 1$ (바크하우젠 판정 기준 만족)

이런 모든 조건을 충족하면 발진한다. 이제 이러한 조건들이 어떻게 만족되는가를 알기 위해서 다양한 회로를 고찰해 보기로 하자.

기초 확인문제 18.1

1. 발진기란 무엇인가?
2. positive 귀환이란 무엇인가?
3. 위상 시프트의 의미에서 positive 귀환이 항상 일어나는 이유는 무엇인가?
4. 트리거로 시작된 발진을 positive 귀환이 유지하는 방법은 무엇인가?
5. 바크하우젠 판정 기준이란 무엇인가?
6. $\alpha_v A_v > 1$일 때 발생되는 현상은 무엇인가?
7. $\alpha_v A_v < 1$일 때 발생되는 현상은 무엇인가?
8. 제동이란 무엇인가?
9. 발진기 동작 조건 세 가지를 설명하라.

18.2 위상 시프트 발진기(Phase-Shift Oscillators)

가장 이해하기가 쉬운 발진기는 위상 시프트 발진기(Phase-Shift Oscillators)이다. [그림 18-4]에 표시된 것처럼 귀환회로망은 세 개의 *RC* 회로로 구성되어 있다.

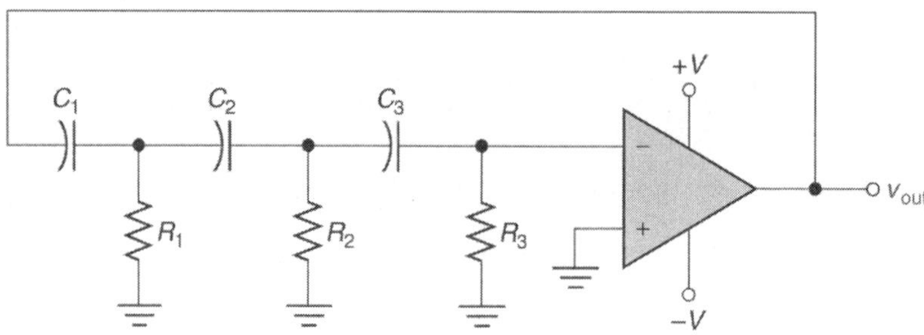

[그림 18-4] 기본적인 위상 시프트 발진기

기본 전자공학의 학습에서 임의의 주파수가 주어질 때 *RC* 회로에 의해서 얻을 수 있는 위상 시프트의 개념에 대해서 배웠다. 생각해보면 *RC* 회로의 위상 시프트는 식 (18-2)처럼 구해진다.

$$\theta = \tan^{-1}\frac{-X_C}{R} \tag{18-2}$$

여기서 θ는 회로의 위상각, $\tan^{-1}$은 역 탄젠트이다. 이 시점에서는 정확한 θ 값에 관심이 없고 X_C와 주파수에 의해서 변화하는 θ에 관심이 있다. 다시 말하자면 *RC* 회로는 특정 주파수에서 특정의 위상 시프트가 발생되도록 구성할 수 있다. 이제 공진 주파수 f_r에서 180° 결합된 위상 시프트가 되도록 하기 위해서 위상 시프트 발진기는 세 개의 *RC* 회로로 구성된다고 가정한다.

바크하우젠 판정기준을 만족한다면 공진주파수에서 발진하게 될 것이다. 예를 들면 [그림 18-4]에 표시된 귀환 회로망이 바크하우젠 판정 기준인 $\alpha_v A_v = 1$을 만족하는 주파수인 10kHz에서 180° 위상 시프트가 발생되도록 설계되었다고 가정하자. 그 결과 회로는 발진하고 정현파 출력 파형을 발생시킨다.

세 개의 60° 시프트를 조합하면 재생 귀환에서 180° 시프트 되기 때문에 위상 시프트 발진기의 각 *RC* 회로는 60° 위상 시프트라고 생각할 수 있다. 그러나 사실은 그렇지 않다. 위상 시프트 발진기의 각 *RC* 회로는 앞단의 *RC* 회로의 부하로써 동작한다. 이것은 증폭기의 부하 시 *Q*가 무부하시 *Q*와 차이가 있는 것과 마찬가지로 부하 시 *RC* 회로의 위상 시프트는 무부하시 *RC* 회로의 위상 시프트에 의해서 변화한다. 따라서 위상 시프트 발진기의 각 *RC* 회로의 정확한 위상 시프트는 다음의 위상 시프트와 다르게 된다. 그러나 세 개의 전체 위상 시프트는 여전히 180°이다.

18.2.1 실제적 고려사항(Practical Consideration)

위상 시프트 발진기는 매우 불안정하므로 거의 사용하지 않는다. 발진기의 안정도는 주파수와 진폭에서 일정한 출력을 유지하는 발진기의 능력 척도이다. 위상 시프트 발진기는 주파수의 견지에서 보면 안정화시키기가 매우 어렵다. 따라서 위상 시프트 발진기는 임계점을 가지는 응용에 사용할 수 없다.

위상 시프트 발진기가 거의 사용되지 않지만 여기에서 언급되는 이유가 두 가지 있다. 첫 번째는 이미 앞에서 언급한 것처럼 위상 시프트 발진기는 이해하기가 쉽다. 따라서 유용한 학습 자료이다. 두 번째 이유는 부수적으로 위상 시프트 발진기를 구성하기가 매우 쉽다. [그림 18-5]에 표시된 회로를 고찰해보기로 하자.

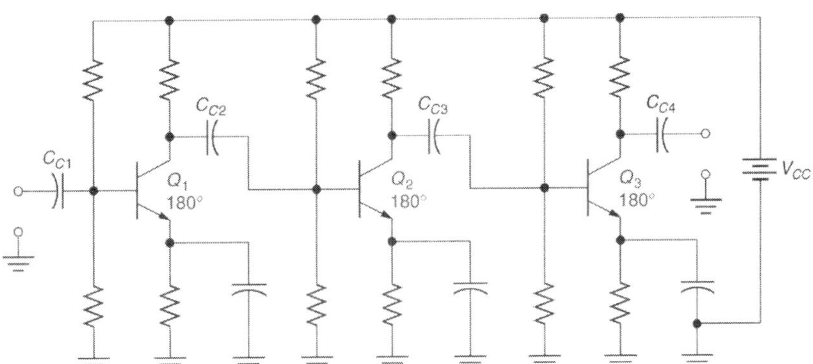

[그림 18-5]

이런 회로에서 세 개의 *RC* 회로망을 가지고 있다. 각 *RC* 회로는 다음단의 입력저항과 결합용 커패시터로 구성된다. 첫 번째 *RC* 회로는 첫 번째 단의 입력 저항과 C_{C1}으로 구성된다. 두 번째는 둘째 단의 입력 저항과 C_{C2}로 구성된다. 세 번째는 셋째 단의 입력 저항과 C_{C3}로 구성된다. 이런 3개의 *RC* 회로는 위상 시프트를 발생시키기 위해서 결합된다. 이런 위상 시프트는 180°의 위상 시프트를 (첫째, 둘째 180° 시프트는 소멸된다.) 갖는 트랜지스터에 결합되도록 부가된다.

귀환 경로는 직류 전원 공급 장치 V_{CC}를 통해서 제공된다. V_{CC}는 회로의 High 부분과 모든 접지 사이에 연결된 단순 직류전원이라는 점을 기억해야 한다. 만약 직류 전원 공급 장치의 내부 임피던스가 충분히 높다면 전원 공급 장치로 결합되는 교류 전류는 저항 양단에서 발생되는 교류전압에 중대한 영향을 미치게 된다. 이런 전압은 자신의 바이어스 회로를 통해서 첫째 단으로 귀환되고 우연한(unintentional) 발진기로 회로를 변환시킨다. 그러면 이런 문제의 해결책은 무엇인가? 조정된 직류 전원공급 장치를 사용하는 것이다. 여러분도 10장에서 이미 학습한 것처럼 조정된 전원 공급장치는 매우 낮은 내부 임피던스를 가진다. 이렇게 낮은 임피던스는 전류의 변화에 의해서 발생되는 전압을 최소로 유지한다. 따라서 전압의 변화는 직류 공급 전압에서 작은 리플로 존재하게 된다.

또 다른 해결책은 전원 장치의 내부 저항 주변의 여러 교류전류를 단락시키기 위해 직류 전원에 작은 크기의 바이패스 커패시터를 연결하는 것이다. 이런 목적으로 바이패스 커패시터를 사용하는 것은 이미 10장에서 논의한 바 있다. 여러 가지의 다른 원치 않는 발진원이 있다. 증폭기의 첫째 단과 마지막 단 사이의 표유 용량(Stray Capacitance)이 출력에서 고주파 발진을 발생시킨다. 표유 용량으로 발생되는 발진은 단 사이의 거리를 증가하거나 각 단에 금속 차폐(metal shielding)를 설치함으로써 제거할 수 있다. 루프 발진이라고 부르는 고주파 발진은 증폭단들 사이의 부적절한 접지연결로 인하여 발생될 수 있다. 루프 발진은 모든 단을 공통접지(가능하다면)로 연결하거나 접지연결 선의 길이를 가능한 짧게 함으로써 방지할 수 있다.

다른 실제적인 고려는 바크하우젠 판정 기준이다. $\alpha_v A_v = 1$의 관계는 이상적인 회로에서만 가능하다. 실제적인 회로에서는 $\alpha_v A_v$는 1보다 약간 커야만 한다. 발진기의 각 저항소자는 적은 양의 전력을 소비하므로 전체 회로에서 전력 손실이 있다. $\alpha_v A_v$를 1보다 약간 크게 함으로써 각 사이클 동안의 전력 손실은 회로에서 보상된다. 1보다 얼마만큼 커야 하나? 발진을 유지할 수 있을 정도이다. 마지막으로 발진기를 어떻게 시동할 것인가를 알아야 한다. 먼저 [그림 18-4]에 표시된 회로에 전원을 인가했을 때 발생되는 상황을 고려하자. 출력이 반전 입력에 귀환되기 때문에 귀환 회로망의 두 끝점 사이에는 180° 위상 시프트가 존재해야 한다. 전원을 인가하면 회로는 두 가지 중 한 가지 방법으로 위상 시프트를 이룬다.

1. 입력은 안정하게 유지하며 출력은 반대 극성으로 변하게 된다.
2. 출력은 안정하게 유지하며 입력 offset 전압은 적절한 반대 극성 전압으로 변하게 된다.

여기서 발생되는 상황은 전혀 대수롭지 않다. 사실은 어느 방법이든 출력과 입력 사이에서 변이(transition)가 일어난다. 이런 변이는 발진 프로세서를 트리거 하기에 충분하다.

기초 확인문제 18.2

1. 이상 발진기란 무엇인가?
2. 이상 발진기로 어떻게 재생 귀환을 생성하는가?
3. 발진기 안정도란 무엇인가?

4. 위상 시프트 발진기가 거의 사용되지 않는 이유는 무엇인가?
5. 3단 BJT 증폭기가 위상 시프트 발진기로 구성될 수 있는 이유를 설명하라.
6. 기초 확인문제 5에서 발생되는 문제를 방지하는 방법을 설명하라.
7. 실제적인 발진기에서 $\alpha_v A_v$가 1보다 약간 커야만 하는 이유는 무엇인가?
8. 실제 발진기에서 트리거를 발생시키는 방법은 무엇인가?

18.3 빈-브리지 발진기(The Wien-Bridge Oscillator)

빈-브리지 발진기는 가장 일반적으로 사용되는 저주파 *RC* 발진기이다. 이런 회로는 공진 주파수에서 위상 시프트가 없는 새생 귀환을 가진다. 다시 말하자면 증폭기도 귀환 회로망도 위상 시프트를 발생시키지 않는다. 이것은 발진을 일으키기 위해서 두 개의 180°위상 시프트 회로를 사용하는 것과 동일한 효과를 가지는 것이다. [그림 18-6]은 기본적인 빈-브리지 발진기회로를 표시하고 있다. 빈-브리지 발진기는 positive 귀환 경로(비 반전 입력으로)와 negative 귀환 경로(반전 입력으로)인 두 개의 귀환 경로를 가진다. positive 귀환 경로는 발진을 발생시키는데 사용하는 반면에 negative 귀환 경로는 회로의 A_{CL}을 조절하는데 사용한다.

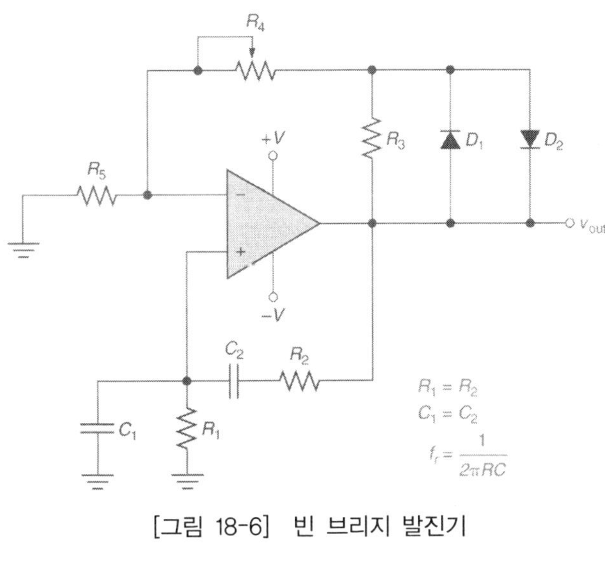

[그림 18-6] 빈 브리지 발진기

18.3.1 positive 귀환 경로(The Positive Feedback Path)

positive 귀환 경로는 두 개의 RC 회로로 구성된다. R_1C_1은 저역 통과 필터를 구성하고 R_2C_2는 고역 통과 필터를 구성한다. 이미 17장에서 학습한 것처럼 저역통과 필터와 고역통과 필터의 직렬연결은 대역통과 필터를 구성한다. 이런 대역통과 필터의 공진 주파수는 회로의 발진 주파수를 결정한다. 일반적인 빈-브리지 발진기는 $R_1C_1 = R_2C_2$이다. 그 결과 [그림 18-7]에 표시된 것처럼 두 개의 회로가 동일한 차단주파수를 가진다는 것을 의미한다. 각 회로의 차단 주파수 f_C에서 주파수 응답곡선들이 교차하는 것을 주목하라. 회로는 이런 주파수에서 발진한다.

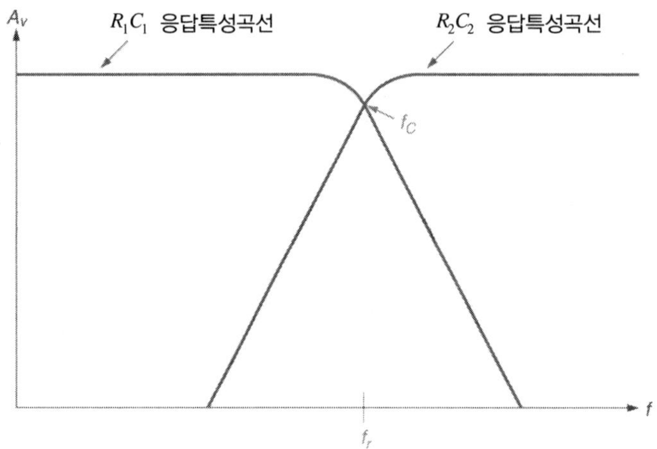

[그림 18-7] positive 귀환 경로의 주파수 응답

여러분도 알다시피 대역통과 필터는 공진 주파수에서 동작할 때 위상 시프트를 갖지 않는다. 또한 op-amp의 비 반전 입력과 소자 출력 단자 사이에 위상 시프트가 없다. 따라서 출력과 입력 신호들은 동상이고 귀환은 재생이다. 이 회로에 대한 결론으로 여러분은 간혹 R_1과 R_2에 직렬로 부가된 트리머 전위차계(trimmer Potentiometer)를 볼 수 있을 것이다. 이런 트리머는 귀환 회로(따라서 공진 주파수)를 미세 동조(fine-tuned)시키는 것이 허용된다.

[그림 18-8]에 표시된 회로는 부가된 트리머 전위차계이다. 전위차계는 발진 주파수를 원하는 정확한 값에 고정되도록 조정하는 것이다. 전위차계를 두 개 부가하는 이유는? 정확하게 R_1과 R_2 전위차계를 만들고 여분의 소자를 저장하지 않을까? 이러한 의문점에 대한 해답은 R_1과 R_2가 보통 10kΩ에서 200kΩ 근처에서 선택한다는 사실에 근거를 둔다. 미세 동조되는 회로에서 전위차계가 대략 총 직렬저항의 10%이거나 보다 적은 범위를 가지도록 한다. 예를 들면 $R_2 = R_1 = 100\text{k}\Omega$이라면 10kΩ의 최대 범위이거나 보다 적은 전위차계를 원한다. 이것은 전위차계가 1kΩ 만큼 작은 범위를 가지는 것이며 비교적

작은 주파수 범위에서 쉽게 f_C를 변화시킬 수 있다는 것이다.

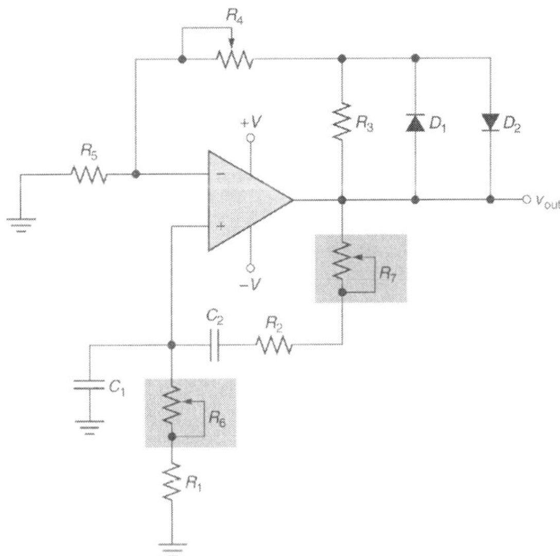

[그림 18-8] 발진기 동조에 사용되는 트리머 전위차계

18.3.2 negative 귀환 회로(The Negative Feedback Circuit)

negative 귀환 회로는 폐 루프 전압이득 A_{CL}을 조정하기 위해서 사용된다. 여러분도 앞에서 학습한 내용을 참조하면 일반적으로 전압분배기는 이런 목적으로 사용된다는 것을 기억하게 될 것이다. 이런 귀환 경로와 지금까지 알려진 다른 negative 귀환 회로의 차이점은 다음과 같다.

1. 전위차계 R_4 부가
2. 다이오드와 R_3 병렬연결

전위차계는 다음과 같이 폐 루프 전압 이득을 조정하기 위해서 부가된다. 여러분도 알다시피 비 반전 증폭기의 폐 루프 전압 이득은 다음과 같이 구해진다.

$$A_{CL} = \frac{R_f}{R_{\text{in}}} + 1$$

[그림 18-8]에 표시된 회로에서 $R_{\text{in}} = R_5$이고 다이오드가 off될 때 $R_f = (R_3 + R_4)$이다. 이런 값을 위 식에 대입하면 다음과 같은 식을 유도할 수 있다.

$$A_{\text{CL}} = \frac{R_3 + R_4}{R_5} + 1$$

이 식이 표시하는 것처럼 R_3의 조정은 회로의 A_{CL}을 증가시키거나 감소시키는 효과를 갖는다. 귀환 회로망에서 다이오드는 회로의 출력이 예상되는 크기를 초과하는 것을 방지하기 위해서 포함된다. 만약 발진기의 출력이 0.7 이상 $(V_{R4}+V_{R5})$으로 초과하려면 다이오드 중 하나가 턴 on 되고 R_3가 단락된다. 이것이 효과적으로 폐 루프 전압 이득을 대략적으로 다음과 같이 감소시킨다.

$$A_{CL}=\frac{R_4}{R_5}+1$$

이런 응용에서는 다이오드가 클리퍼(Clippers)로 동작한다는 점이 중요하다.

18.3.3 주파수 제한(Frequency Limit)

op-amp의 동작 주파수가 증가하면 궁극적으로 비 반전 입력단자와 출력단자 사이에서 발생되기 시작하는 위상 시프트 점에 도달된다. 이런 위상 시프트는 op-amp의 전파지연(propagation delay)을 일으킨다. 전파지연은 신호가 소자(Component) 속을 통과하는데 필요한 시간이다. op-amp의 위상 시프트가 시작되면 회로의 발진 동작은 안정성을 감소시키게 된다. 회로의 동작은 주로 입력과 출력 사이의 위상 관계에 좌우된다는 것을 기억하라.

입출력 사이의 위상 관계가 변화하면 발진기의 동작에 영향을 미친다. 대부분의 빈-브리지 발진기에서 상한주파수 제한은 1MHz 범위 이내이다. 1MHz 이상의 주파수는 발진기의 안정성을 떨어뜨릴 것이다. 어느 발진기 응용에서도 이 점은 허용할 수 있는 상황이 아니다. 따라서 고주파 응용에서는 *LC* 발진기를 사용하여야 한다. 다음 두 장에서 *LC* 발진기가 고주파 동작에 매우 적절하다는 것을 알게 될 것이다.

18.3.4 요약(Summary)

빈-브리지 발진기는 op-amp와 두 개의 귀환회로망을 포함하고 있다. positive 회로망은 회로의 동작 주파수를 조절하는 반면에 negative 귀환 회로망은 이득을 조절하는데 사용된다. positive 귀환 회로망과 negative 귀환 회로망에 가변소자가 포함되어 있으므로 회로 동작의 이득과 주파수를 조정할 수 있다. op-amp의 전파지연으로 인하여 빈-브리지 발진기는 항상 1MHz 혹은 이보다 작은 동작 주파수에서 제한된다. [그림 18-9]는 빈-브리지 발진기의 특징을 요약한 것이다.

빈 브리지 발진기의 특성

회로도

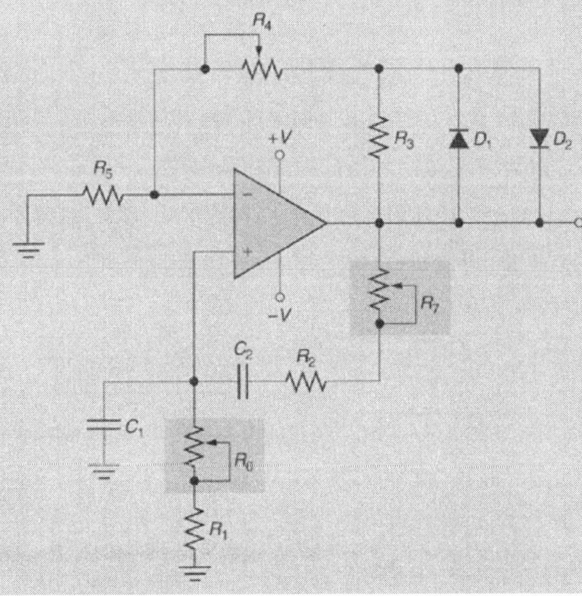

회로 구분	positive 귀환 회로망에서 대역통과 필터를 갖는 이중 귀환회로망이다.
이득	negative 귀환 회로망에 의해서 제어된다. 전위차계 R_4는 조정을 허용하기 위해서 유도된다.
동작 주파수	• positive 귀환 회로망에서 대역통과 필터에 의해서 제어된다. 출력 주파수의 미세 동조를 위해서 전위차계 R_6과 R_7이 부가된다. • 동작주파수는 op 앰프의 전파지연에 의해서 제한된다. 1MHz 아래의 주파수에 의해서 제한된다.
응용	발진기 주파수가 안정적인 비교적 저주파 시스템은 임계적이 아니다. 주파수 드리프트의 일정량이 허용된다.

[그림 18-9]

기초 확인문제 18.3

1. 빈-브리지 발진기의 구조에 대해 설명하라.
2. 빈-브리지 발진기의 positive 귀환 회로망은 동작 주파수를 어떻게 조절하는가?
3. 빈-브리지 발진기의 positive 귀환 회로망에 전위차계가 포함되는 이유를 설명하라.
4. 전위차계가 보통 빈-브리지의 negative 귀환 회로망에 포함되는 이유를 설명하라.
5. 전파지연이란 무엇인가?
6. 전파지연이 빈-브리지 발진기의 동작 주파수를 어떻게 제한하는가?

18.4 콜피츠 발진기(The Colpitts Oscillator)

콜피츠 발진기는 발진에 필요한 재생 귀환을 발생시키기 위해서 탭 커패시터 쌍과 인덕터를 사용하는 이산 LC 증폭기이다. [그림 18-10]에 콜피츠 발진기 회로가 표시되어 있다. 여러분도 보다시피 트랜지스터는 공통 이미터 구조를 갖는다. 트랜지스터의 베이스에서 컬렉터까지 180° 위상 시프트가 발생한다. 이것은 귀환이 재생이면 귀환 회로망은 180° 위상 시프트를 발생시킨다는 것을 의미한다.

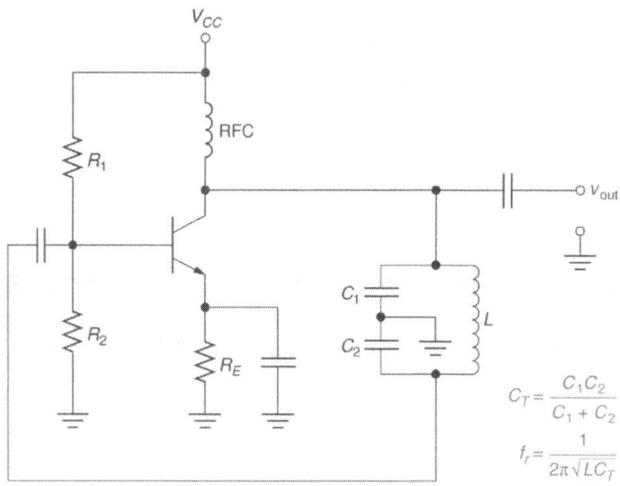

[그림 18-10] 콜피츠 발진기

18.4.1 귀환 회로망(The Feedback Network)

콜피츠 발진기의 핵심은 귀환 회로망이 어떻게 180° 위상 시프트를 발생시키는가이다. [그림 18-10]에서 귀환 회로망은 C_1, C_2, L로 구성된다. 귀환 회로망의 동작은 다음과 같은 몇 가지 핵심점이 기본이다.

- 증폭기의 출력 전압은 C_1 양단에서 나타난다.
- 귀환 전압은 C_2 양단에서 나타난다.
- C_2 양단의 전압은 C_1 양단에 나타난 전압과 위상이 180° 다르다. 따라서 귀환 전압은 출력 전압과 위상이 180° 차이가 난다.

요점 1과 2는 [그림 18-11]과 같이 회로를 단순화하면 쉽게 이해된다. [그림 18-11 (a)]는 회로에서 인덕터 L을 제거시킨다. 따라서 [그림 18-11 (b)]에 표시된 것처럼 접지에서 커패시터를 분리할 수 있다. 여러분도 보다시피 증폭기의 입력 전압은 C_2 양단에서 나타난다. 따라서 C_2는 귀환 전압원이어야 한다. C_1 양단에는 증폭기의 출력이 나타난다. 따라서 v_{out}은 소자 양단에서 측정된다. 여기서 언급하고 싶은 것은 두 소자 양단에 나타나는 전압이 어떻게 해서 항상 180° 위상 차이가 있는가를 알아내는 것이다.

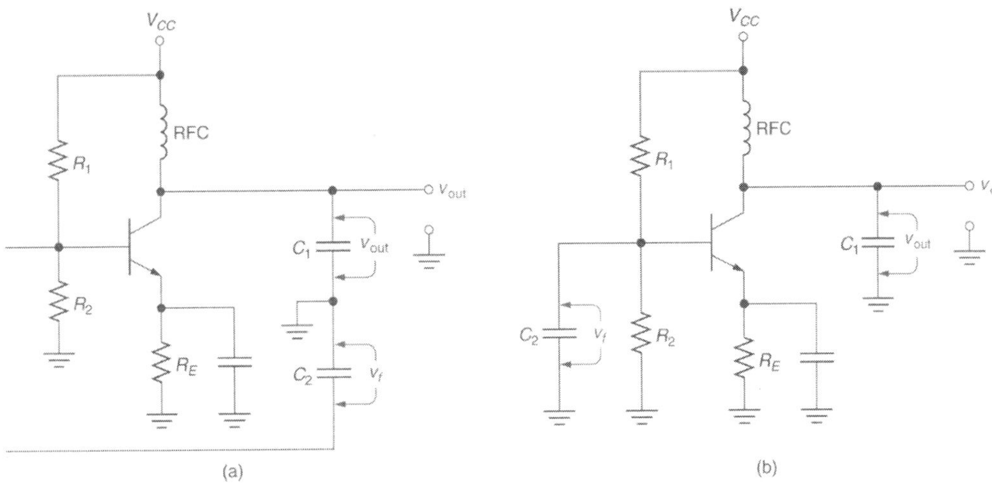

[그림 18-11]

v_{out}과 v_f의 위상관계는 귀환 회로망의 전류 동작에 의해서 발생된다. 이런 동작은 [그림 18-12]에 표시된 것처럼 귀환 회로망을 다시 그리면 쉽게 이해할 수 있다. [그림 18-12]에 표시된 회로와 [그림 18-10]에 표시된 귀환 회로망을 비교하면 된다. 여러분도 보다시피 두 회로는 동일하다. 이제 L이 [그림 18-12]에서 제시한 극성의 전압을 가진다고 가정하자. L을 전압원의 관점에서 바라본다면 회로에서 전류를 발생시키는 것을 쉽게 이해할 수 있다. 이런 전류로 인해서 전압은 그림에 제시한 극성으로 C_1, C_2 양단에서 발생한다. 여러분도 보다시피 이런 전압들은 위상이 180° 다르다. L 양단의 전압 극성을 반대로 한다면 모든 극성 부호와 전류 방향이 거꾸로 되지만 C_1과 C_2 양단의 전압은 여전히 위상이 180° 차이가 난다.

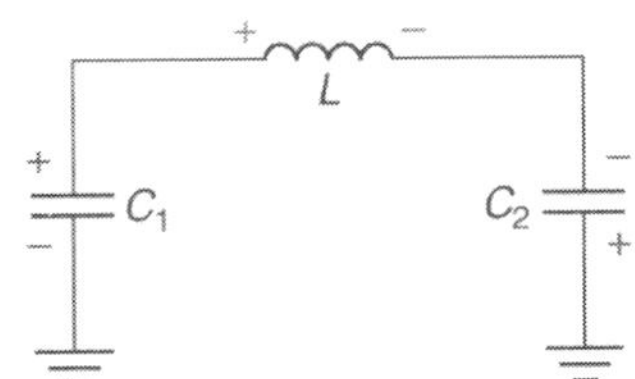

[그림 18-12]

콜피츠 발진기의 귀환 전압은 α_v에 관계된다. 이런 발진기의 α_v는 X_{C2}와 X_{C1}의 비이다.

$$\alpha_v = \frac{X_{C2}}{X_{C1}} \tag{18-3}$$

주어진 주파수에서 X_{C2}와 X_{C1}은 C_2와 C_1의 크기에 반비례하므로 식 (18-3)은 식 (18-4)처럼 표시할 수 있다.

$$\alpha_v = \frac{C_1}{C_2} \tag{18-4}$$

【예제 18.1】 식 (18-3)과 (18-4)를 이용하고 [그림 18-13]에 표시된 회로의 α_v 값을 결정하시오.

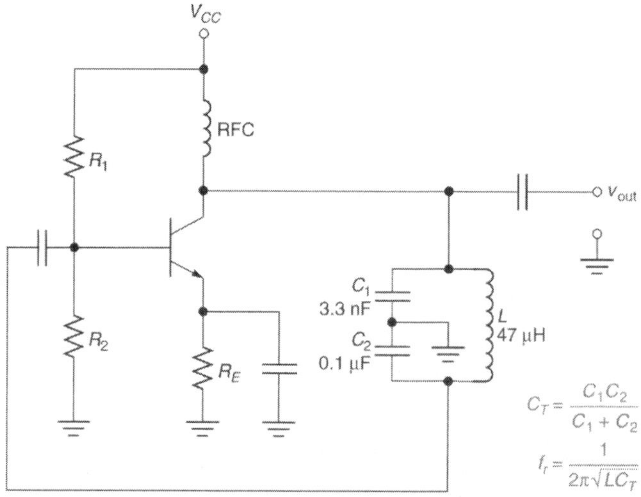

[그림 18-13]

풀이 식 (18-3)으로 α_v를 결정하기 전에 두 커패시터의 리액턴스를 결정해야 한다. 또한 X_{C2}와 X_{C1}을 결정하기 전에 동작 주파수를 결정해야 한다. 동작 주파수는 귀환 회로망의 공진 주파수와 동일하다. f_r을 찾기 위해서는 C_1-C_2-L 회로에서 전체 커패시턴스를 결정해야 한다. [그림 18-11]에서 C_1과 C_2가 직렬연결이라는 것을 알 수 있다.

$$C_T = \frac{C_1C_2}{C_1+C_2} = \frac{(3.3\text{nF})(0.1\mu\text{F})}{0.3\text{nF}+0.1\mu\text{F}} = 3.19\text{nF}$$

f_r을 구하기 위해서 이 값을 사용하면 공진 주파수는 411kHz로 구해진다.

$$f_r = \frac{1}{2\pi\sqrt{LC_T}} = \frac{1}{2\pi\sqrt{(47\mu\text{F})(3.19\text{nF})}} = 411\text{kHz}$$

f_r를 사용하면 $X_{C1}=117.3\Omega$, $X_{C2}=3.87\Omega$으로 계산된다.
식 (18-3)에 이 값들을 대입하면 α_v는 0.033으로 구해진다.

$$\alpha_v=\frac{X_{C2}}{X_{C1}}=\frac{3.87\Omega}{117\Omega}=0.033$$

또한 식 (18-4)를 이용하는 경우에도 α_v는 0.033으로 구해진다.

$$\alpha_v=\frac{C_1}{C_2}=\frac{3.3\text{nF}}{0.1\mu}=0.033$$

(실전 연습문제 18-1)

[그림 18-13]에 표시된 콜피츠 발진기 회로와 유사한 회로가 $C_1=10\text{nF}$, $C_2=1.5\mu\text{F}$, $L=10\mu\text{H}$의 크기를 가진다고 가정하고 식 (18-3)과 (18-4)를 사용하고 α_v 값을 계산하시오.

▶▶ $\alpha_v=6.7\times10^{-3}$

α_v의 크기를 결정하는 데 식 (18-4)가 더 편리하다.

18.4.2 회로이득(Circuit Gain)

다른 발진기와 마찬가지로 콜피츠 발진기의 $\alpha_v A_v$는 1보다 약간 커야 한다. 이것은 증폭기 내의 전력 손실로 인한 발진의 감소를 막아 주는 동시에 포화와 차단 클리핑이 되는 것을 막아준다. 이미 앞에서 언급한 것처럼 v_{out}은 C_2 양단에서 나타나고 v_f는 C_1 양단에서 나타난다. 임의의 회로의 전압 이득은 출력 전압과 입력 전압의 비이다. $v_{\text{out}}=v_{\text{in}}$이므로 콜피츠 증폭기의 A_v 값은 다음과 같이 표시된다.

$$A_v=\frac{v_{\text{out}}}{v_f}\cong\frac{C_2}{C_1}$$

18.4.3 증폭기 결합(Amplifier Coupling)

병렬 공진 탱크 회로에서 부하가 줄어들면 귀환 회로망의 효율이 떨어진다. R_L의 부하효과를 감소시키기 위해서 콜피츠 발진기는 보통 부하에 변압기를 결합시킨다. [그림 18-14]는 변압기가 결합된 콜피츠 발진기이다.

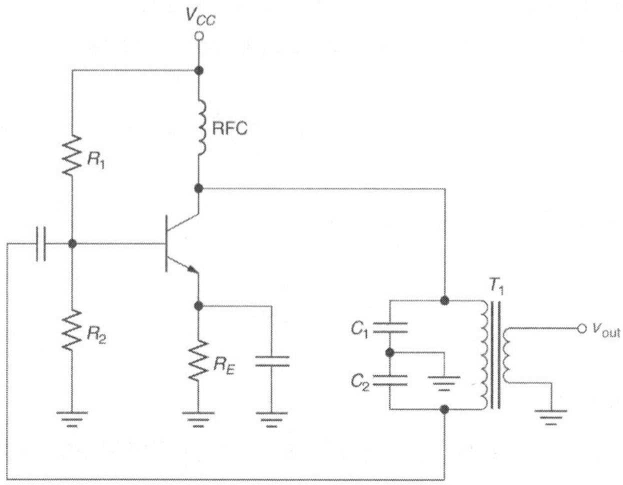

[그림 18-14] 변압기가 결합된 콜피츠 발진기

이런 회로에서 T_1의 일차 측 권선은 귀환 회로망 인덕턴스이다. 권수비가 환산 부하 임피던스에 영향을 미치므로 변압기가 부하를 감소시킨다는 것을 기억하라. 이 점은 17장에서 논의하였다. 또한 다음의 조건을 만족하면 콜피츠 발진기에 용량성 결합을 사용할 수 있다.

$$C_C \ll C_T \tag{18-5}$$

여기서 C_T는 귀환 회로망의 전체 직렬커패시턴스이다. 이런 조건을 만족하면 결합 커패시터의 리액턴스는 C_1과 C_2의 직렬 결합의 리액턴스보다 훨씬 크다. 이것은 변압기 결합과 마찬가지로 회로 부하를 막아준다. 동시에 결합용 커패시터의 비교적 높은 리액턴스는 부하 저항과 직렬로 연결된다. 이것이 부하 전압을 크게 감소시킨다.

18.4.4 요약(Summary)

콜피츠 발진기는 발진에 필요한 180° 귀환 위상 시프트를 발생시키기 위해서(모든 귀환 회로망에) 탭 커패시터 쌍과 인덕터를 사용한다. 회로의 동작 주파수는 거의 귀환 회로의 공진 주파수와 같다.

기초 확인문제 18.4

1. 콜피츠 발진기란 무엇인가?
2. 콜피츠 발진기의 귀환 회로망이 어떻게 180° 전압 위상 시프트를 발생시키는가를 설명하라.

3. 콜피츠 발진기 동작의 핵심점을 설명하라.
4. 콜피츠 발진기의 A_v는 어떻게 계산하는가?
5. 콜피츠 발진기에 변압기 결합을 사용하는 이유는 무엇인가?
6. [그림 18-13]에 표시된 귀환 회로망의 Q가 증가하면 발진기 출력 주파수가 더욱 안정해 지는가? 여러분의 답변은 무엇인가?

18.5 기타 *LC* 발진기(Other *LC* Oscillator)

콜피츠가 *LC* 발진기로 가장 널리 사용되지만 다른 종류의 발진기도 여기에서 언급할 가치가 있다. 이 장에서는 하틀리 발진기를 시작으로 세 개의 다른 *LC* 발진기에 대해서 간단히 설명한다.

18.5.1 하틀리 발진기(Hartley Oscillator)

하틀리 발진기는 콜피츠 발진기와 거의 동일하다. 차이점은 하틀리 발진기의 귀환회로망이 탭 인덕터와 단일 커패시터를 사용하는 것이다. [그림 18-15]에는 두 개의 하틀리 발진기가 표시되어 있다.

[그림 18-15 (a)]에 표시된 하틀리 발진기에서 귀환 전압은 L_2 양단에서 발생되고 출력 전압은 L_1 양단에서 발생된다. 따라서 귀환 회로망에 기인되는 감쇠 α_v는 식 (18-6)처럼

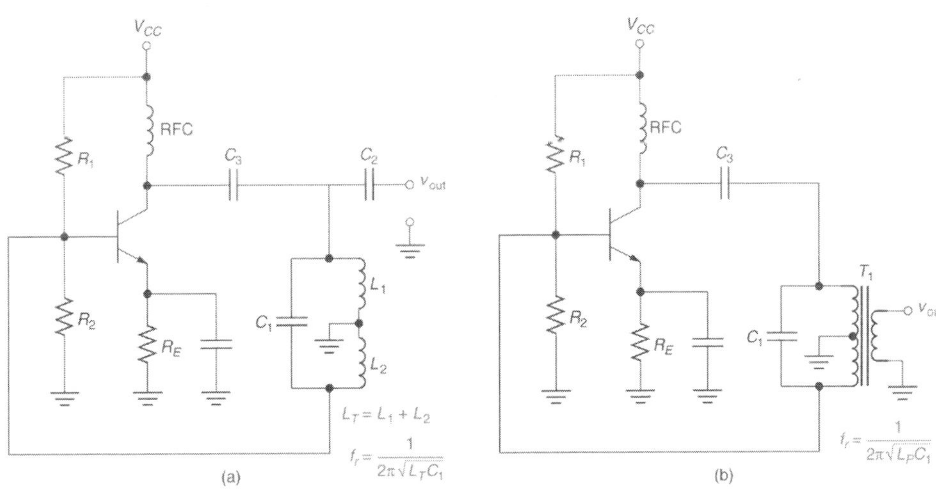

[그림 18-15] 하틀리 발진기

표시된다.

$$\alpha_v = \frac{X_{L2}}{X_{L1}} \tag{18-6}$$

혹은

$$\alpha_v = \frac{L_2}{L_1} \tag{18-7}$$

[그림 18-15 (a)]에서 인덕터는 직렬로 연결되기 때문에 전체 인덕턴스는 $L_T = L_1 + L_2$로 구해진다. L_T의 이런 값은 회로의 공진 주파수 f_r을 계산할 때마다 사용된다. 변압기 결합형 하틀리 발진기는 다음과 같은 두 가지를 실행하기 위해서 탭을 갖는 변압기를 사용한다.

1. 변압기는 회로로부터 부하로 결합을 제공한다.
2. 탭을 갖는 1차 측은 귀환 회로망의 인덕터 쌍을 구성한다.

이런 회로에서 1차 측의 전체 인덕턴스는 회로의 동작 주파수를 계산하는데 사용된다.

18.5.2 클랩 발진기(The Clapp Oscillator)

클랩 발진기는 자신의 귀환 회로망에 부가된 커패시터를 갖는 간략화된 하틀리 발진기이다. 이런 커패시터는 동작 주파수의 접합 커패시턴스의 영향을 제거시키거나 감소시키기 위해서 포함된다. [그림 18-16]에 표시된 것처럼 부가되는 커패시터 C_3는 인덕터와 직렬로 배치된다.

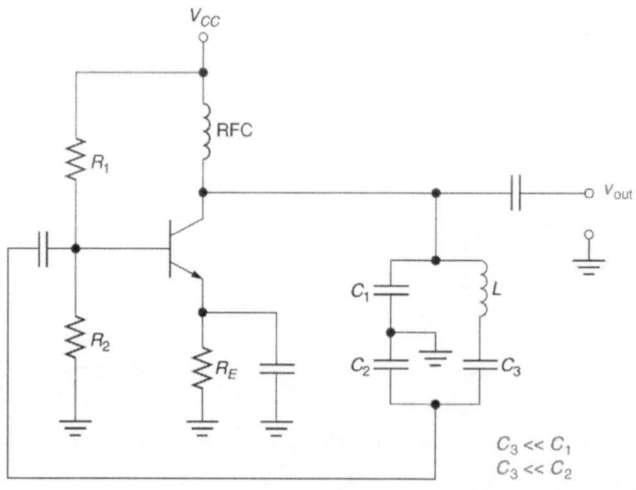

[그림 18-16]

[그림 18-17]에는 접합 커패시턴스의 전위 효과가 설명된다.

서와 같이 다른 커패시터를 첨가시킴으로써 가능하다. 그림에 표시된 것처럼

1. C_1은 베이스 이미터 접합 커패시턴스 C_{be}와 밀러 입력 커패시턴스 $C_{\text{in}(M)}$과 병렬연결이다.
2. C_2는 밀러 출력 커패시턴스 $C_{\text{out}(M)}$과 병렬연결이다.

이런 접합 커패시턴스가 발진기의 동작 주파수에 영향을 미치게 된다.

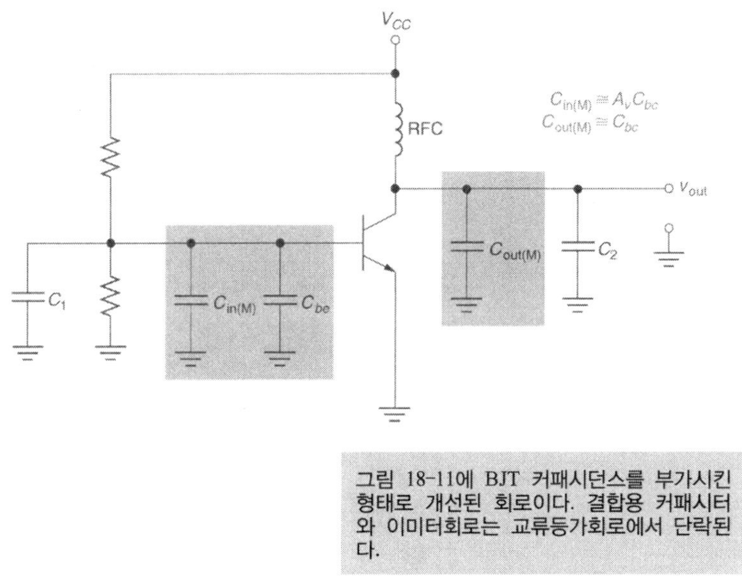

[그림 18-17] 콜피츠 발진기에서 접합 커패시턴스

클랩 발진기는 커패시터 C_3를 부가시킴으로써 트랜지스터의 커패시턴스 효과를 제거시킨다. 이런 커패시터는 항상 C_1이나 C_2보다 아주 낮게 된다. 이런 값이 아주 낮기 때문에 회로의 모든 주파수계산에서 C_3가 도미넌트(dominant) 소자이다. 클랩 발진기에서 공진주파수는 식 (18-8)처럼 구해진다.

$$f_r \cong \frac{1}{2\pi\sqrt{LC_3}} \tag{18-8}$$

만약 C_3가 기본(도미넌트) 소자라면 클랩 발진기에 C_1과 C_2가 포함되는 것에 대해서 의문을 가지게 될 것이다. 해답은 간단하다. 비록 동작 주파수가 C_3에 의해서 결정되지만 C_1과 C_2는 재생 귀환에 필요한 180° 위상 시프트를 발생시키기 위해서 여전히 필요하다. C_3는 C_1과 C_2로 대체할 수 없다. 그것이 동작주파수에서 그들의 크기에 의한 효과

는 소거된다. 사실상 f_r 공식을 제외하고 클랩 발진기의 다른 모든 계산은 정확하게 콜피츠 발진기와 동일하다.

18.5.3 암스트롱 발진기(The Armstrong Oscillator)

암스트롱 발진기는 단순하지만 발진을 위해서 필요로 하는 180°의 위상 시프트를 구하기 위해서 변압기를 사용하는 효과적인 발진기 회로이다. [그림 18-18]에 표시된 것처럼 트랜지스터로부터 출력이 변압기 T_1의 1차 측에 인가된다. 그리고 귀환 신호가 2차 측으로부터 구해진다.

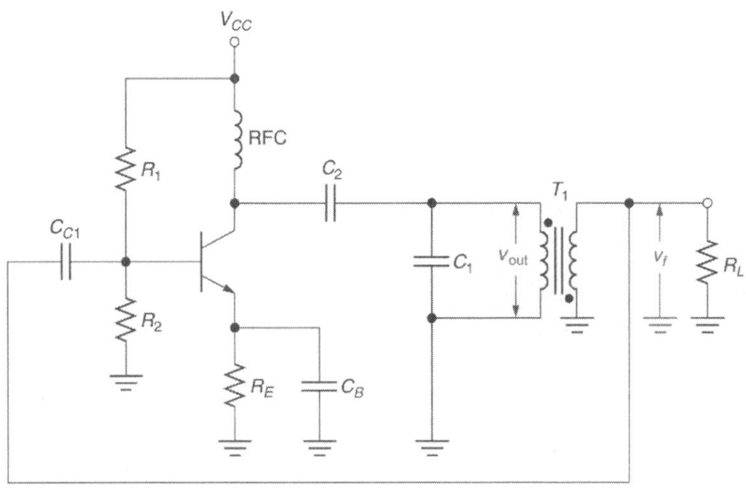

[그림 18-18] 암스트롱 발진기

변압기의 회로기호에 표시된 도트는 1차 측으로부터 2차 측으로 전압 위상이 180° 시프트 된 것을 표시하고 있다. 따라서 v_f는 v_{out}과 위상이 180° 시프트 된다. v_f의 크기는 v_{out}과 변압기의 권선 비에 의해서 결정된다. [그림 18-18]에 표시된 것처럼 부하전압은 v_f와 등가이다. 출력회로에서 커패시터 C_1은 발진기의 동조를 제공하게 된다. 회로의 공진 주파수는 C_1과 변압기 1차 측의 인덕턴스에 의해서 결정된다.

18.5.4 요약(One Final Note)

BJT가 포함되어진 몇 가지 *LC* 발진기에 대해서 언급한 바 있다. 앞에서 언급한 발진기는 FET 혹은 op-amp 중 하나를 사용하여 구성되었다. 한 가지 예로 [그림 18-19]에 표시된 회로를 고찰해보자. [그림 18-19 (a)]는 op-amp를 사용한 콜피츠 발진기를 표시하고 있고 [그림 18-19 (b)]는 FET 하틀리 발진기를 표시하고 있다. 이런 회로의 동작은 사용되어진 능동 소자의 변화에도 불구하고 이 절에서 소개된 동작원리에 따라서 이루어진다. 이 절에서 다루어지는 회로의 공통적인 변화는 다음과 같다.

1. 몇 종류의 2단 발진기 회로는 귀환 경로가 둘째 단의 출력과 첫째 단의 입력 사이에 연결된다. 이런 형태를 갖는 회로의 동작원리는 이 절에서 다루어진 것과 동일하다.
2. 이 절에서 다루어진 다양한 이산 증폭기들은 공통 베이스(혹은 공통 게이트) 구조로 구성된다. 이런 경우 귀환 회로망은 컬렉터(혹은 드레인)에서 이미터(혹은 소스)로 귀환된다. 귀환 회로망의 배선은 수정되기 때문에 0° 전압 위상 시프트를 발생시킨다. 이런 수정은 BJT 혹은 FET에 의해서 소개되는 재생 귀환의 결과인 0° 위상 시프트이다.

다양한 발진기로 취급되는 중요한 요점은 귀환 회로망의 회로 구성 특성에 대해서 이해하는 것이다. 예를 들면 콜피츠 발진기는 귀환 회로망에 중앙 탭 커패시터와 인덕터를 가진다. 이런 형태를 가진 발진기를 발견한다면 이것은 콜피츠 발진기이다. 실질적으로 귀환 회로망을 이루는 능동소자가 무엇인가는 관계가 없다. 귀환 회로망에 탭 커패시터와 인덕터로 구성된 발진기가 있다면 이것은 콜피츠 발진기이다. 다른 일반적인 LC 발진기의 식별 특징은 아래와 같다.

발진기 형태	식별 특징
하틀리	단일 병렬 커패시터를 가진 탭 인덕터 혹은 중앙 탭 변압기
클랩	인덕터와 직렬로 부가된 커패시터를 가진 콜피츠
암스트롱	병렬 커패시터를 가진 단일 변압기

일단 주어진 회로가 발진기이라면 표에 나열된 식별특징을 기억하라. 그것은 취급하고자 하는 회로의 형태를 제시할 것이다.

기초 확인문제 18.5

1. 하틀리 발진기의 귀환 회로망에서 측정할 귀환과 출력전압은 어디에 있나?
2. 콜피츠 발진기의 구성과 클랩 발진기 구성상 어떻게 다른가? 이 차이점을 고려하는 목적은 무엇인가?
3. 암스트롱 발진기의 귀환 회로망에서 필요한 180° 전압 위상 시프트를 어떻게 발생시키는가?
4. 이 절에서 제시한 LC 발진기의 식별특징을 열거하라.

18.6 수정 제어 발진기(Crystal Controlled Oscillators)

대부분의 통신과 디지털 응용에서는 매우 안정된 출력 신호를 가지는 발진기의 사용을 요구한다. 변할 수 있는 조건들을 많이 가지고 있는 "일반적인" 발진기의 출력은 신호의 안정성 문제를 제기할 수 있다. 예를 들어서 [그림 18-10]에 표시된 콜피츠 발진기 회로는 다음 중 어느 조건이 발생되면 주파수나 이득이 변화하게 된다.

1. 트랜지스터가 교체된다. 교체된 트랜지스터는 원래와 동일하지 않는 교류 이미터 저항 r_e'를 가지게 된다. 이것이 전압 이득 A_v를 변화시킨다. 따라서 $a_v A_v$가 변화된다.
2. 수동 소자가 교체된다. 인덕터나 커패시터 중 하나가 교체되면 한 가지 이상의 주파수 조정이 필요하다.
3. 회로의 온도가 증가한다. 이것이 저항 값을 변하게 하고 귀환 회로망의 부하를 변화시킬 수 있다. 이것이 주파수와 진폭 모두를 변화시키는 귀환 회로망의 부하에 영향을 미치게 된다.

발진기의 안정성이 중요한 시스템에서는 전술한 사항들은 문제가 된다. 이런 형태의 응용에서 수정 제어 발진기가 일반적으로 사용된다. 수정 제어 발진기는 동작 주파수를 제어하는데 사용하는 석영 수정(quartz crystal)을 가지고 있다. 수정의 중요성을 이해하기 위해서 수정이 무엇이고 어떻게 동작하는가를 간단히 기술할 것이다.

18.6.1 수정(Crystal)

수정의 동작 핵심은 압전기효과(piezoelectric effect)이다. 이것은 전계가 가해지면 수정이 일정한 비율로 진동한다는 것을 의미한다. 진동 주파수는 수정의 물리적 차원(dimension)에 관계된다. 따라서 단순히 우측면을 자름으로써 매우 정확한 주파수 정격을 가진 수정을 얻을 수 있다.

일반적으로 압전기효과를 나타내는 세 개의 수정이 사용된다. 이들 중 하나의 수정이 두 금속판 사이에 있을 때 전압이 인가되는 동안 공진 주파수에서 진동한다. 또한 임의의 주파수에서 신호를 인가함으로써 수정을 진동시킬 수 있다. 이것이 이루어지면 수정은 그 주파수에서 진동한다.

발진기에 사용하는 세 개의 수정은 로셸염(Rochelle salt), 석영(quartz), 투어멀린(tourmaline)이다. 세 개 중 가장 좋은 수정은 최상의 압전 효과력을 가진 로셸염이다. 그러나 가장 부서지기가 쉽다. 이들 수정 중에서 가장 단단한 것은 투어멀린이지만 매우 일정한 진동률을 가지지 않는다. 석영 수정은 중간 상태이다. 즉 좋은 압전효과를 가졌고 진동에도 견딜 수 있을 정도로 단단하다. 석영은 이들 중 가장 값싸게 얻을 수 있다.

18.6.2 석영 수정(Quartz Crystal)

석영 수정은 이산화규소(SiO_2)로 구성된다. 이것은 MOSFET의 게이트에서 절연 층으로 사용하는 화합물과 동일하다. 사실상 석영 수정은 가장 일반적이며 [그림 18-20]에 표시된 것처럼 6면체이다. 전자소자로 사용할 때 수정의 얇은 면은 커패시터와 같이 두 도체면 사이에 존재한다.

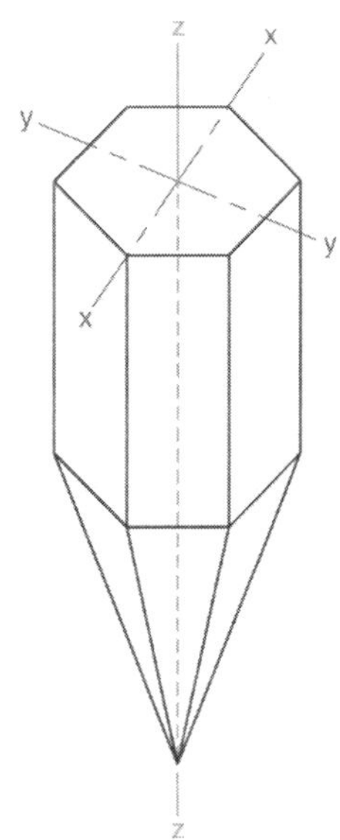

[그림 18-20]

앞에서 언급한 것처럼 수정의 물리적인 차원이 동작 주파수를 결정한다. 보통 수정의 물리적인 차원을 (동작 주파수)을 변화시킬 수 있는 요소는 온도이다. 그러나 수정의 온도를 일정하게 유지하는 냉각 방식의 사용은 온도의 영향을 제거시킨다. 수정의 전자적 동작은 기계적인 특성에 좌우된다. 그러나 기계적인 특정은 [그림 18-21]에 표시된 것처럼 등가회로로 수정을 표시할 수 있다. [그림 18-21 (a)]는 수정의 배선 기호이고 [그림 18-21 (b)]는 등가 회로이다. 수정의 특정한 특성을 나타내는 소자들은 다음과 같다.

C_C=수정 자체의 정전용량
C_M=고정(mounting) 정전용량(이것은 수정과 평행 도체판 사이의 정전용량)
L=수정의 인덕턴스

R=수정의 저항

을 의미한다.

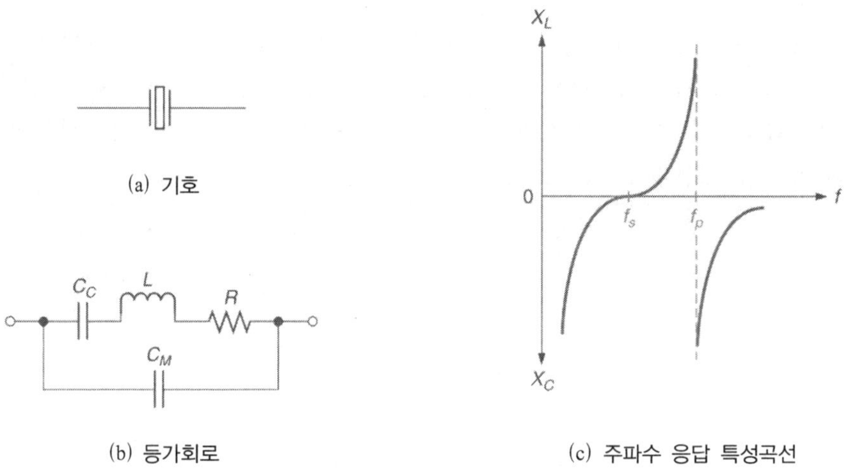

[그림 18-21] 수정 기호, 등가회로, 주파수 응답

[그림 18-21 (c)]에 표시된 그래프는 처음에는 이상하게 보이지만 수정에 관해서 아주 조금만 보여준다. 매우 낮은 주파수에서 수정의 임피던스는 극히 높은 C_M과 C_C의 리액턴스에 의해서 제어된다. 동작 주파수가 증가함에 따라 C_C와 L의 합성 회로는 공진 주파수에 근접한다. 수정의 직렬 공진 주파수 f_s에서 수정의 리액턴스는 0으로 강하되고 전체적인 수정 임피던스는 R과 등가이다. 주파수가 f_s를 넘어서면 순 리액턴스는 급격하게 증가한다. 동시에 C_M과 L의 조합은 공진에 접근한다. 병렬 공진 주파수 f_p에서 수정의 임피던스는 무한대로 된다. 주파수가 f_p 위에서 수정의 임피던스를 강하시키기 위해서 C_M의 리액턴스에서 지속적으로 강하된다. 이런 것들은 다음과 같이 제한된다.

1. f_s에서 수정은 직렬 공진회로로 동작한다.
2. f_p에서 수정은 병렬 공진회로로 동작한다.

이것은 직렬 LC 회로 혹은 병렬 LC 회로 대신에 수정을 사용할 수 있다는 것이다. 직렬 LC 회로 대신에 수정을 사용하면 발진기는 f_s에서 동작하고 병렬 LC 회로 대신에 수정을 사용하면 발진기는 f_p에서 동작하게 된다.

18.6.3 배음 모드(Overton Mode)

주어진 수정은 공진 주파수와 고조파에서 출력을 발생시킨다. 공진 주파수를 기본 주파수라고 부르는 반면에 고조파를 배음이라고 부른다.(C급 증폭기의 논의에서 고조파

개념을 처음 도입하였다.) 수정은 기본 주파수를 10MHz 이하로 제한한다. 그러나 회로를 배음으로 동조시킴으로써 보다 높은 주파수에서 유용한 신호를 발생시킬 수 있다. 예를 들면 회로를 10MHz의 기본 주파수를 갖는 수정의 10번째 고조파를 동조하여 비교적 안정한 100MHz 신호를 발생시킨다. 이런 동작의 배음 모드는 일반적으로 디지털 전자공학과 통신 전자공학에서 사용한다.

18.6.4 CCO 회로(CCO Circuit)

[그림 18-22]에 표시된 것처럼 콜피츠 발진기는 수정제어 발진기(CCO) 회로로 변형시킬 수 있다. 여러분들도 보다시피 증폭기의 입력과 *LC* 회로 사이에 수정이 직렬로 부가되는 것이다. 수정은 f_s에서 직렬 공진 회로로 동작하기 때문에 귀환 전압은 최소의 감쇠를 가지고 증폭기 입력으로 통과된다. 다시 말하자면 f_s에서 동작할 때 수정의 임피던스는 거의 0으로 감소되고 및 회로는 증폭기 입력으로 직접 결합된다.

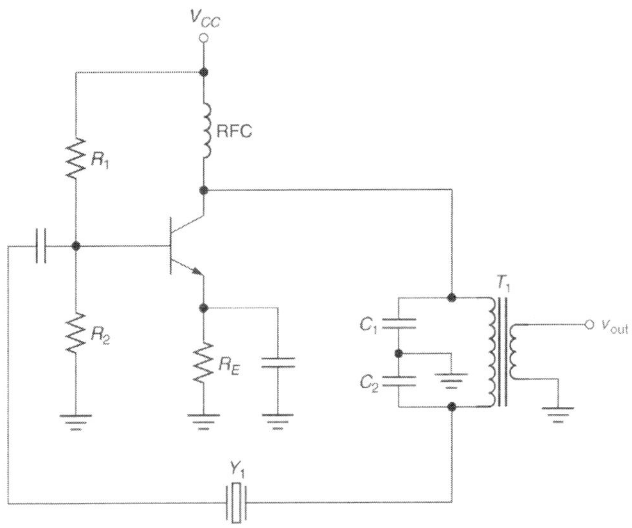

[그림 18-22] 수정 제어 콜피츠 발진기

CCO의 주파수 안정도는 일반적으로 1000의 크기를 갖는 수정의 지극히 높은 *Q*로부터 온다. 이렇게 높은 *Q* 때문에 소자는 주파수의 제한된 대역을 넘어서 직렬 공진회로로 동작한다. 따라서 회로는 f_s에서 발진하게 되고 회로의 출력 주파수는 지극히 안정해진다. 중요한 점은 하틀리 발진기나 클랩 발진기에서 동일한 상대적인 위치에 수정을 설치하면 동일한 결과를 얻는다는 점이다.

가장 단순한 수정 발진기는 [그림 18-23]에 표시된 피어스 발진기(Pierce Oscillator)이다. 이것은 오직 네 개의 소자와 수정만으로 구성된다. 이런 발진기는 높은 안정성을 가지지는 않지만 단순성은 수년 동안 유지해 왔으며, 앞으로도 유지해 갈 것 같다.

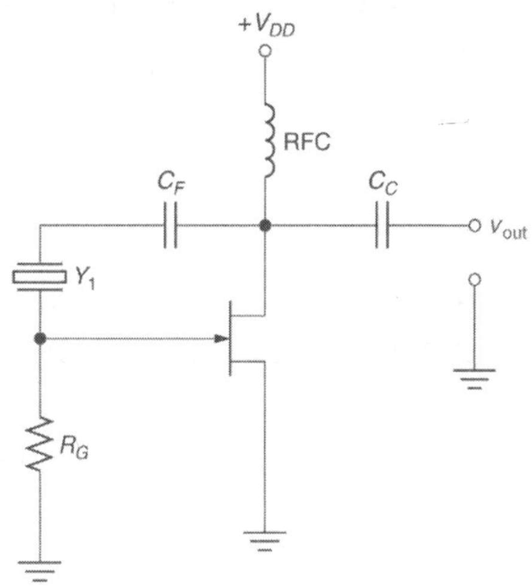

[그림 18-23] 피어스 발진기

기초 확인문제 18.6

1. 수정 제어 발진기란 무엇인가?
2. 압전기효과란 무엇인가?
3. 수정이 f_s에서 어떻게 직렬 공진회로로 동작하는지와 f_p에서 어떻게 병렬 공진회로로 동작하는 지에 대해서 설명하라.
4. LC 발진기가 회로의 동작 주파수에서 안정화 되도록 수정을 어떻게 부가시키는지 설명하라.
5. [그림 18-22]에 표시된 회로가 수정의 병렬 공진회로 f_p에서 동작이 어떻게 방지되는지를 설명하라.

18.7 발진기의 고장진단(Oscillator Troubleshooting)

이 책에서 논의한 모든 회로 중에서 발진기는 고장진단을 할 때 훨씬 많은 어려움이 있었다. 또한, 고장진단에 많은 시간이 필요로 하는 회로이다. 기본적은 문제는 다음과 같다. 바이어스 저항을 제외하고 발진기의 모든 소자들은 출력신호 발생에 관련되어 있다. 그들 중 어느 하나가 불량이면 동작하지 않는다. 그 예로 [그림 18-14]를 참조하자. 회로의 고장이 C_1, C_2, T_1 혹은 C_{C1}에 의해서 발생되든 간에 결과는 정확히 동일하다. 발진기는 출력을 갖지 못한다. 어떤 회로든 간에 발진기가 문제의 원천이라고 확신함으로써 고장진단을 시작하여야 한다. 회로가 출력을 갖지 못하면 전원 연결을 검사한다. 전원 연결에 문제가 없다면 발진기의 고장이다. (발진기의 신호원을 검사할 필요가 없다. –발진기는 신호원이 없다.)

발진기가 불량이라 입증될 때 고장진단 과정을 순조롭게 진행하기 위해 다음과 같은 사항을 기억하여야 한다.

1. 직류 해석 목적으로 발진기는 이미터, 소스 혹은 전압 활로워로 바이어스되어 있다는 점을 기억하라. 따라서 직류 고장진단 방법은 이들 형태의 회로에 대해 동일하여야 한다.
2. 발진기의 경우 가끔 빠르게(그리고 비용이 적게) 귀환 회로망의 리액턴스 소자를 대치하여야 한다.

귀환 회로망의 소자를 시험하여야 한다면 아날로스 VOM(저항 측정)로 테스터하고 아래의 사항을 기억하여야 한다.

1. 양질의 커패시터는 초기에 낮은 저항을 나타낸다. 따라서 커패시터가 저항계에 의해 측정할 때 저항 눈금표시는 ∞를 향해서 증가하게 된다.
2. 인덕터는 항상 낮은 저항 눈금표시를 가진다. [그림 18-14]와 같이 변압기를 사용할 때 두 개의 1차권선 연결 사이의 낮은 저항을 측정하여야 한다. 그러나 1차권선 연결에서 2차권선 연결까지 측정할 때 매우 높은 저항을 읽어야 한다.

만약 소자를 대체하고자 한다면 일단 수동 소자를 교환한다. 각 소자를 교환한 후 전원을 인가하고 동작을 재시험 한다. 회로가 적절한 주파수에서 동작하기 시작할 때 작업은 끝난다.

기초 확인문제 18.7

1. 발진기의 고장진단이 어려운 이유는 무엇인가?
2. 발진기를 고장 진단할 때 기억하여야 할 사항은 무엇인가?
3. 발진기에서 수동 소자를 시험할 때 기억하여야 할 사항은 무엇인가?

중요 용어(Key Term)

암스트롱 발진기(Armstrong oscillator), 제동(damping), 배음 모드(overtune mode), 바크하우젠 판정 기준(Barkhausen criterion), 기본 주파수(fundamental frequency), 재생귀환(regenerative feedback), 클랩 발진기(Clapp oscillator), 하틀리 발진기(Hartley oscillator), 위상 시프트 발진기(phase shift oscillator), 콜피츠 발진기(Colpitts oscillator), 발진기(oscillator), 압전기 효과(piezoelectric effect), 수정 제어 발진기(crystal controlled oscillator), 배음(overtune), positive 귀환(positive feedback)

연습문제

18-1. [그림 18-24]에 표시된 회로의 동작 주파수를 계산하시오.

18-2. [그림 18-25]에 표시된 회로의 동작 주파수를 계산하시오.

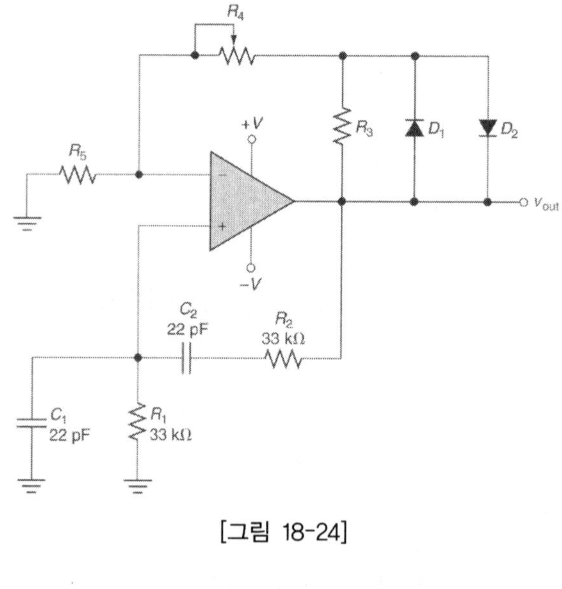

[그림 18-24]

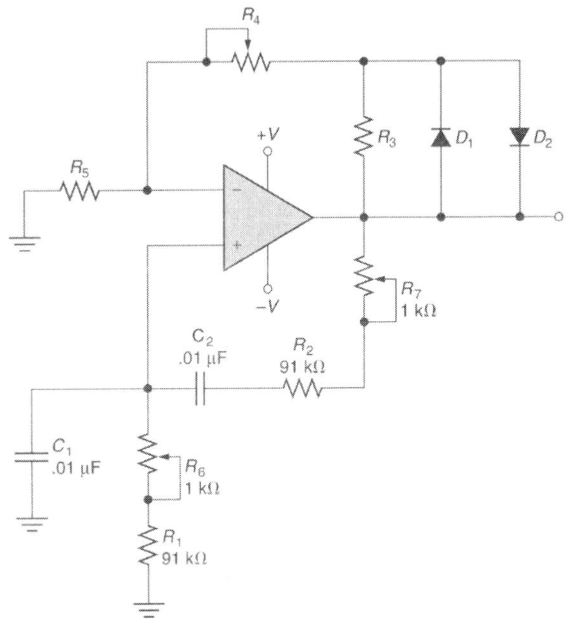

[그림 18-25]

18-3. [그림 18-26]에 표시된 회로의 동작 주파수를 계산하시오.

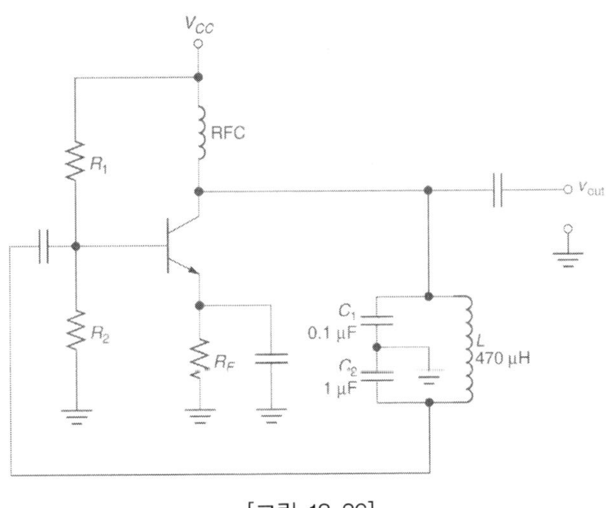

[그림 18-26]

18-4. [그림 18-27]에 표시된 회로의 α_v 값을 계산하시오.

18-5. [그림 18-26]에 표시된 회로와 유사한 회로가 $C_1 = 10\text{nF}$, $C_2 = 1\mu\text{F}$, $L_1 = 3.3\text{mH}$를 갖는다고 가정하고 회로의 동작 주파수, α_v, A_v 값을 계산하시오.

18-6. [그림 18-26]에 표시된 회로와 유사한 회로가 $C_1=1\mu F$, $C_2=10\mu F$, $L_1=3.3mH$를 갖는다고 가정하고 회로의 동작 주파수, α_v, A_v 값을 계산하시오.

18-7. [그림 18-26]에 표시된 회로와 유사한 회로가 $C_1=0.22\mu F$, $C_2=3.3\mu F$, $L_1=330\mu H$를 갖는다고 가정하고 회로의 동작 주파수, α_v, A_v 값을 계산하시오.

18-8. [그림 18-27]에 표시된 회로의 동작 주파수, α_v, A_v 값을 계산하시오.

18-9. [그림 18-27]에 표시된 회로와 유사한 회로가 $L_1=0.1H$, $L_2=1mH$, $C_1=22nF$의 크기를 갖는다고 가정하고 회로의 동작 주파수, α_v, A_v 값을 계산하시오.

18-10. [그림 18-28]에 표시된 회로의 동작 주파수, α_v, A_v 값을 계산하시오.

18-11. [그림 18-28]에 표시된 회로와 유사한 회로가 $C_1=0.1\mu F$, $C_2=1\mu F$, $C_3=100pF$의 크기를 갖는다고 가정하고 회로의 동작 주파수, α_v, A_v 값을 계산하시오.

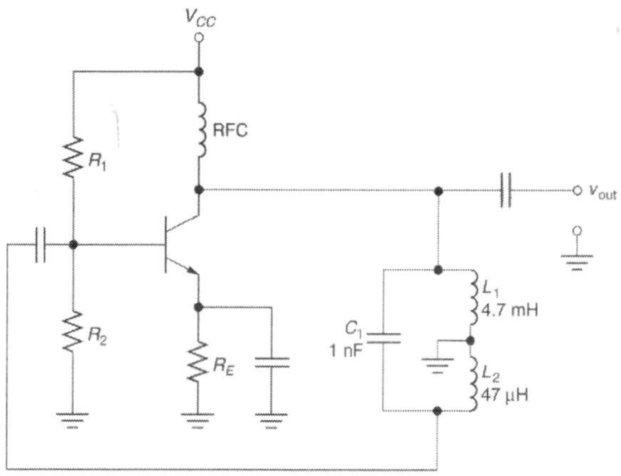

[그림 18-27]

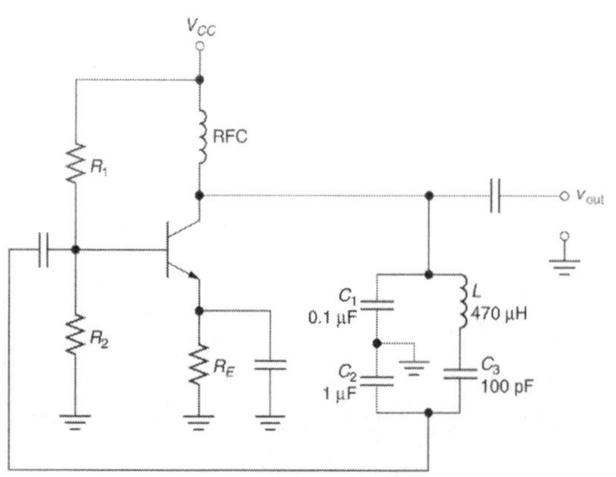

[그림 18-28]

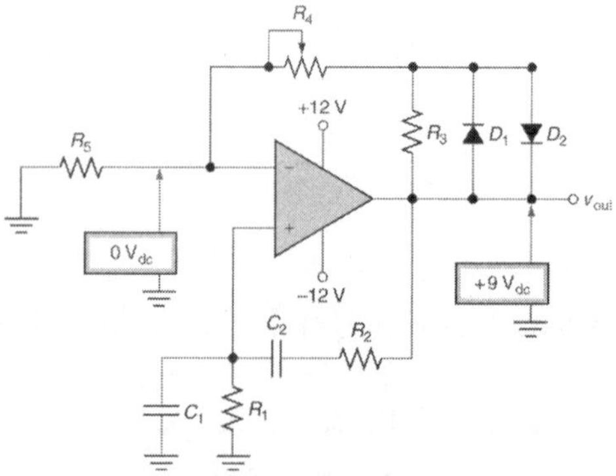

[그림 18-29]

18-12. [그림 18-29]에 표시된 회로는 발진하지 않는다. 화살표 부분의 직류전압을 측정하라. 문제가 발생하게 되는지 논의하시오.

18-13. [그림 18-30]에 표시된 회로는 발진하지 않는다. 화살표 부분의 직류전압을 측정하라. 문제가 발생하게 되는지 논의하시오.

18-14. [그림 18-31]에 표시된 회로는 발진하지 않는다. 화살표 부분의 직류전압을 측정하라. 문제가 발생하게 되는지 논의하시오.

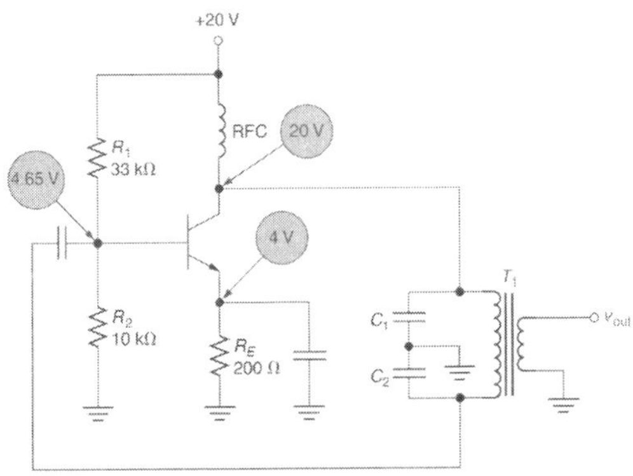

직류 전압은 측정점과 접지 사이의 전압을 표시한다.

[그림 18-30]

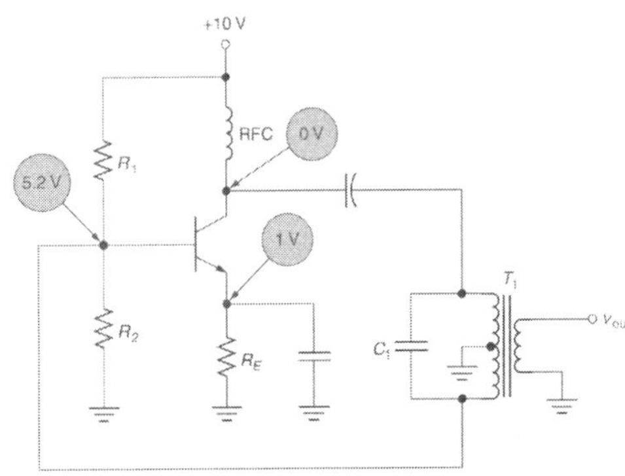

직류 전압은 측정점과 접지 사이의 전압을 표시한다.

[그림 18-31]

18-15. [그림 18-27]을 참조하고 회로가 바크하우젠 판정 기준을 만족하는지를 증명하시오.

18-16. 외관상 [그림 18-32]은 직류 바이어스 회로이다. 사용하는 바이어스 형태를 결정하고 발진기회로의 직류 해석을 하시오.

18-17. [그림 18-32]에서 귀환 인덕터는 가변 인덕터이다. 22KHz의 동작 주파수를 얻는데 필요한 L의 조정 값을 결정하시오.

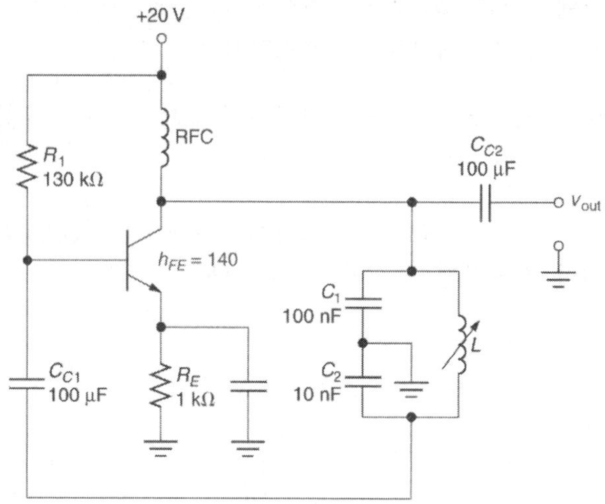
+20 V
RFC
R_1
130 kΩ
C_{C2}
100 μF
v_{out}
h_{FE} = 140
C_1
100 nF
L
C_{C1}
100 μF
R_E
1 kΩ
C_2
10 nF

[그림 18-32]

Chapter 19

▸ 반도체 스위칭 회로 ◂

(Solid State Switching Circuits)

학습목표

이 장을 학습하고 나면 여러분은 다음과 같은 내용을 이해하고 설명할 수 있다.

1. 기본적인 BJT, JFET, MOSFET 스위치의 동작을 해석하고 설명할 수 있다.
2. 구형파의 시간과 주파수 특성을 나열하고, 각각의 측정 방법을 설명할 수 있다.
3. BJT와 FET 스위칭 시간에 영향을 미치는 요소를 나열하고 설명할 수 있다.
4. 기본적인 BJT와 FET 회로의 스위칭 시간을 개선하기 위해서 사용되는 방법을 설명할 수 있다.
5. 인버터와 버퍼의 시간 측정기술을 비교 설명할 수 있다.
6. 반전 슈미트 트리거와 비 반전 슈미트 트리거의 동작을 분석할 수 있다.
7. 멀티바이브레이터의 세 가지 출력특성을 비교 설명할 수 있다.
8. 555 타이머 내부구조와 동작특성에 대해서 설명할 수 있다.
9. 555 타이머의 비 안정 멀티바이브레이터와 단 안정 멀티바이브레이터의 동작특성을 분석하고 고장 원인을 설명할 수 있다.
10. 555 타이머 전압 제어 발진기(VCO)의 동작특성을 정의할 수 있다.

지금까지 우리는 반도체 소자와 회로의 선형 동작에 대해서 집중적으로 설명하여왔다. 그렇지만 반도체 소자의 또 다른 중요 관점은 반도체 소자와 회로가 구형파(square wave)와 같은 비선형 파형(nonlinear waveform)에서의 응답특성이다. 비선형 파형에 응답하기 위해서 설계된 회로는 스위칭 회로로 언급된다. 이 장에서는 가장 기본적인 형태의 스위칭 회로에 대해서 고찰하게 된다. 여러분도 확인하겠지만 스위칭 회로들은 선형 회로와 상당한 차이가 있음을 알게 될 것이다. 이 장을 학습하고 나면 여러분은 스위칭 회로를 이해하고 고장진단을 하는데 더욱 용이해지게 될 것이다.

19.1 개념소개(Introductory Concepts)

더욱 더 복잡한 스위칭 회로를 이해하기 위해서는 여러분은 반드시 BJT, FET, MOSFET를 스위치로 사용하는 개념을 이해한다면 회로해석이 한결 편리하게 될 것이다. 이 절에서는 반도체 소자를 사용하는 기본적인 스위치 회로의 원리에 대해서 고찰하게 된다.

19.1.1 스위치로서의 BJT(The BJT as a Switch)

BJT는 단순히 포화(saturation) 영역과 차단(cutoff) 영역 사이에서 소자를 구동하는 스위치로 이용될 수 있다. 기본적인 트랜지스터의 스위칭 회로는 [그림 19-1]에 표시되어 있다. 그림에 표시된 것처럼 구형파 입력이 구형파 출력을 발생시킨다. 그림에 표시된 직류 부하 선을 참조한다면 구형파 출력을 얻는 방법을 더 쉽게 이해할 수 있다.

트랜지스터의 입력이 $-V_{pk}$인 경우에 트랜지스터의 이미터-베이스 접합은 off 상태로 바이어스된다. 트랜지스터가 off 상태로 바이어스되면 다음과 같은(이상적인)상태가 존재한다.

$$V_{CE} = V_{CC} \quad \text{그리고} \quad I_C = 0$$

[그림 19-2]에 표시된 것처럼 이러한 상태는 개방 스위치로 사용된다. 트랜지스터의 입력이 $+V_{pk}$인 경우 베이스 회로에서 전류가 생성된다. I_B가 트랜지스터를 포화시키기에 충분한 전류라고 가정한다. 트랜지스터가 포화상태일 때 다음과 같은(이상적인) 상태가 존재한다.

$$V_{CE} = 0V \quad \text{그리고} \quad I_C = \frac{V_{CC}}{R_C}$$

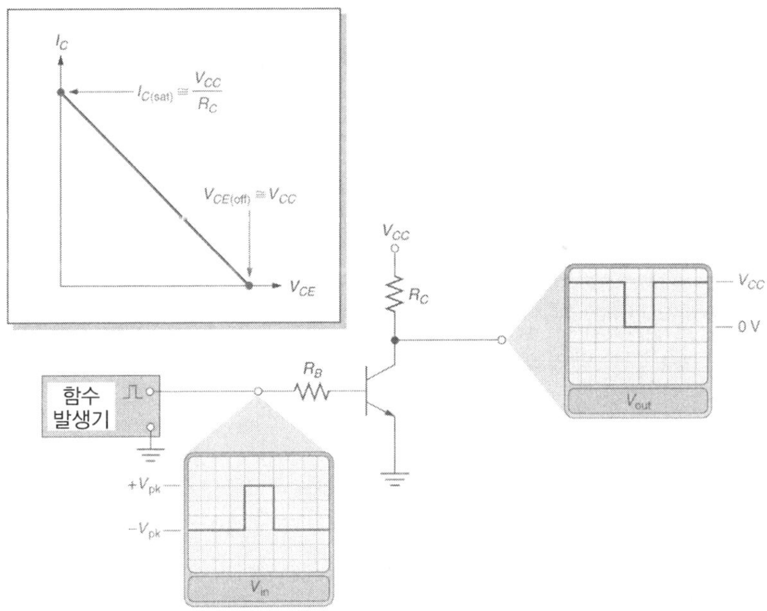

[그림 19-1] 기본적인 트랜지스터 스위치

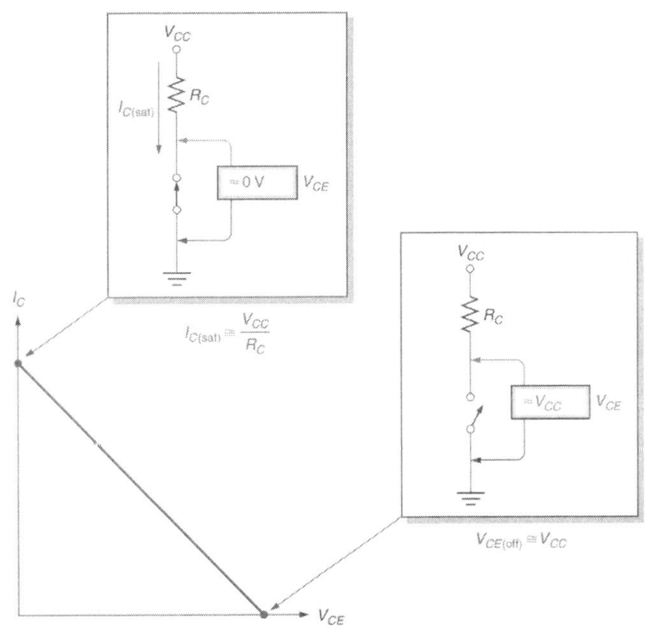

[그림 19-2] 트랜지스터의 개방 스위치와 단락 스위치

[그림 19-2]에 표시된 것처럼 이러한 상태는 단락된 스위치를 나타낸다. [그림 19-1]에 표시된 회로에서 논의를 쉽게 하기 위하여 다음과 같은 몇 가지 사항을 가정한다.

1. $-V_{pk}$는 Q_1을 차단상태로 구동하기에 충분할 정도로 작다.
2. $+V_{pk}$는 Q_1을 포화 상태로 구동하기에 충분할 정도의 베이스 전류를 발생시킨다.
3. 트랜지스터는 이상적인 소자이다.

실제의 트랜지스터 스위칭 회로에서 $-V_{pk}$는 Q_1을 차단상태로 구동하도록 만족시키는 이미터 공급 전압 V_{EE}와 같거나 더욱 negative로 되어야 한다. [그림 19-1]에서 V_{EE}는 접지에 귀환되기 때문에 0V이다. 따라서 $-V_{pk}$가 0V와 같거나 더욱 negative로 되기 때문에 트랜지스터를 차단 상태로 구동시키기에 충분하다.

높은 입력전압 $+V_{pk}$는 당연히 트랜지스터를 포화 상태로 구동시킨다. 실제의 트랜지스터 스위치는 다음의 두 가지 요소에 의해 실행된다.

1. $+V_{pk}=V_{CC}$로 회로를 설계한다.
2. R_B는 $I_B > \frac{I_{I_{C(\text{sat})}}}{h_{FE}}$를 만족시키기에 충분할 정도로 작은 값을 사용한다.

두 가지 요구를 만족하는 결과를 【예제 19.1】에서 설명한다. 여기에서 트랜지스터 스위치의 포화를 위해 요구된 $+V_{pk}$의 최소 값을 결정하기 위한 과정은 7장에서 설명된 관계식을 이용한다.

【예제 19.1】 [그림 19-3]에 표시된 트랜지스터 스위치를 포화시키기 위해서 필요한 입력 전압 $+V_{pk}$의 최소 값을 결정하시오.

풀이 트랜지스터는 이상적인(포화상태에서 $V_{CE}=0V$) 소자라고 가정하면 $I_{C(\text{sat})}$는 10mA로 구해진다.

$$I_{C(\text{sat})}=\frac{V_{CC}}{R_C}=\frac{12\text{V}}{1.2\text{k}\Omega}=10\text{mA}$$

그림에 표시된 것처럼 I_C가 10mA일 때 트랜지스터의 h_{FE}는 100이다. h_{FE}를 사용하면 $I_{C(\text{sat})}$가 10mA로 되기 위해서 필요한 베이스 전류는 100μA이다.

$$I_B=\frac{I_{C(\text{sat})}}{h_{FE}}=\frac{10\text{mA}}{100}=100\mu\text{A}$$

7장의 학습 내용을 참조하면 바이어스된 회로의 베이스 전류 식은 다음과 같이 표시된다.

$$I_B=\frac{V_{CC}-V_{BE}}{R_B}$$

[그림 19-3]에서 발생되는 베이스 전류는 위에 표시된 공식에서 V_{CC} 대신 $+V_{pk}$를 대입하면 다음과 같이 표시할 수 있다.

$$I_B = \frac{+V_{pk} - V_{BE}}{R_B}$$

이 식을 $+V_{pk}$에 대해서 다시 쓰면 다음과 같이 표시할 수 있다.

$$+V_{pk} = I_B R_B + V_{BE}$$

$I_B = 100\mu A$, $R_B = 47k\Omega$을 이용하면 트랜지스터 스위치가 포화되기 위한 최소 입력전압 $+V_{pk}$는 5.4V로 구해진다.

$$+V_{pk} = I_B R_B + V_{BE} = (100\mu A \times 47k\Omega) + 0.7V = 5.4V$$

트랜지스터를 포화시키기 위해서 $+V_{pk} = 5.4V$가 필요하므로 $+V_{pk} = V_{CC}$는 확실히 목적을 달성할 것이다.

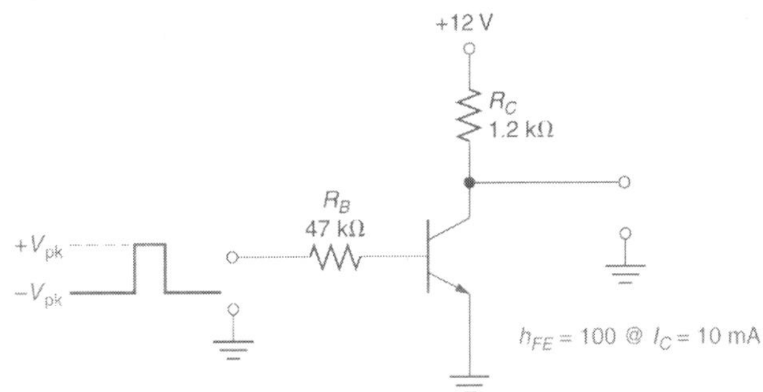

[그림 19-3]

(실전 연습문제 19-1)

[그림 19-3]에 표시된 것과 유사한 BJT 스위치가 $V_{CC} = +10V$, $R_C = 1k\Omega$, $R_B = 51k\Omega$과 $I_C = 10mA$에서 $h_{FE} = 70$의 크기를 갖는다고 가정하고 트랜지스터 스위치를 포화시키는 최소 입력전압 $+V_{pk}$의 크기를 구하시오.

▶▶ 7.99V

고찰한 바와 같이 트랜지스터는 이상적인 소자로 가정되었다. 따라서 트랜지스터가 차단영역에 있을 때 $V_{CE} = V_{CC}$이고 트랜지스터가 포화영역에 있을 때 $V_{CE} = 0V$이다. 실제로, 트랜지스터 스위치 출력은 다음과 같은 범위에 있다.

상태	출력전압의 범위
차단	V_{CC}의 1V 이내
포화	0.2V와 0.4V 사이

트랜지스터가 차단영역에 있을 때, 트랜지스터에서 약간의 누설전류(leakage current)가 존재한다. 누설전류는 컬렉터 저항 양단에서 전압강하를 발생시킨다. 따라서 출력전압은 V_{CC}보다 작게 될 것이다. 트랜지스터가 포화될 때 트랜지스터의 내부저항에 의해서 약간의 전압이 형성된다. 따라서 출력은 실제적으로는 0V가 되지 않는다. 그러나 포화된 트랜지스터의 출력전압 범위는 매우 낮으므로 이상적인 상태에서 출력전압은 0V라고 할 수 있다.

19.1.2 스위치로서의 JFET(The JFET as a Switch)

기본적인 JFET 스위치는 결합 방법에서 BJT 스위치와 다르다.

1. 일반적인 JFET 스위치는 더 높은 입력 임피던스를 갖는다.
2. n채널 JFET에 대한 negative 구형파 (또는 펄스) 입력은 positive의 출력펄스를 생성한다.

[그림 19-4]에 표시된 기본적인 JFET 스위치를 고찰하면 이러한 두 가지 사항을 확인할 수 있다. JFET 스위치의 높은 입력 임피던스는 비교적 높은 값의 R_G(전형적으로 MΩ의 크기)와 JFET 게이트의 높은 입력임피던스에 기인한다. [그림 19-4]에 표시된 회로에서 스위치의 입력임피던스는 R_G 값과 같게 된다.

회로의 입력전압과 출력전압의 관계를 이해하기 위해서는 [그림 19-4]에 표시된 전달 컨덕턴스 특성곡선을 참조할 필요가 있다. I_{DSS}는 $V_{GS}=0$V인 경우의 I_D의 최대 값이다. 따라서 입력이 0V일 때 JFET는 포화되며 그 출력은 다음과 같이 구해진다.

$$V_{\text{out}} = V_{DD} - I_{DSS}R_D$$

R_D가 적절하게 선택되었다고 가정하면 입력이 0V일 때 JFET의 출력은 거의 0V로 된다. 입력이 $-V_{\text{pk}}$로 접근 할 때 $-V_{\text{pk}}$가 $V_{GS(\text{off})}$와 같거나 더욱 negative로 된다고 가정하면 JFET의 전류는 거의 0으로 감소된다. I_D가 거의 0에 근접하므로 R_D 양단에서 미소한 전압강하가 발생되고 출력전압은 V_{DD}와 거의 같다. V_{in}이 $V_{GS(\text{off})}$와 같거나 더욱 negative로 된다고 가정하면 다음식이 성립된다.

$$V_{\text{out}} \cong V_{DD}$$

V_{out}의 이러한 두 관계를 이용하면, [그림 19-4]의 입력펄스는 그림에 표시된 것과 같은 출력펄스를 발생시키게 된다. 【예제 19.2】는 기본적인 JFET 스위치의 해석과정을 설명하고 있다.

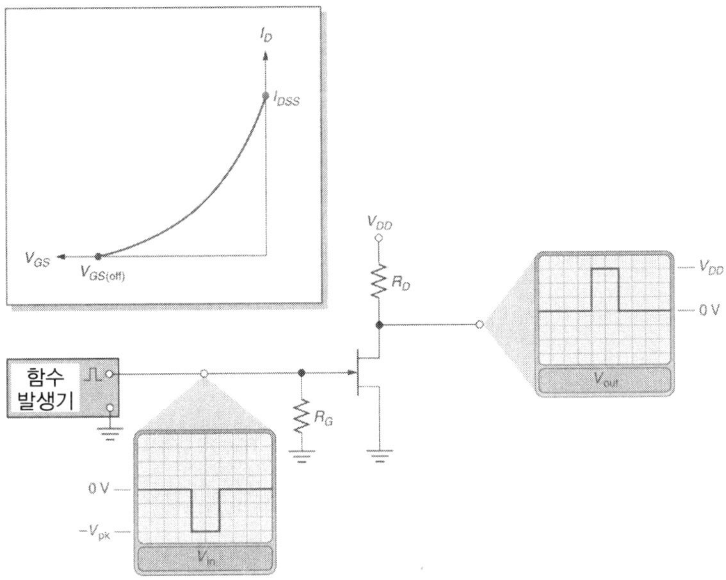

[그림 19-4]

【예제 19.2】 [그림 19-5]에 표시된 회로의 출력전압을 구하시오.

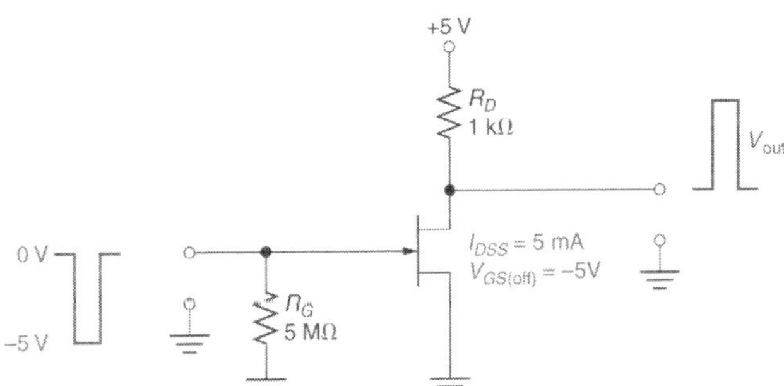

[그림 19-5]

풀이 입력이 0V일 때 JFET의 소스-드레인 사이의 저항은 최소크기를 가지기 때문에 $I_D = I_{DSS}$이다. 따라서 $V_{out} = 0V$이다.

$$V_{out} = V_{DD} - I_{DSS}R_D = 5V - (5mA)(1k\Omega) = 5V - 5V = 0V$$

입력이 $-5V$일 때 입력은 $V_{GS(off)}$와 같고 I_D는 0A이다. 위 식에서 I_{DSS}에 I_D를 대입하면

출력은 +5V로 구해진다.

$$V_{out} = V_{DD} - I_D R_D = +5V - 0V = +5V$$

(실전 연습문제 19-2)

[그림 19-5]에 표시된 것과 유사한 JFET 스위치 회로는 $V_{DD} = +10V$, $R_D = 1.8k\Omega$, $I_{DSS} = 5mA$, $V_{GS(off)} = -3V$의 크기를 갖는다. 회로의 입력신호는 −4V의 저 전압과 0V의 고 전압 상태를 갖는 구형파라고 가정하고 회로의 출력전압을 구하시오.

▶▶ $V_{GS} = 0V$일 때 $V_{out} = 1V$, $V_{GS} = -4V$일 때 $V_{out} = 10V$

【예제 19.2】에서 능동소자는 이상적이라고 다시 한번 가정한다. 실제적으로, 출력전압은 0V와 V_{DD}의 이상적인 값과 약간의 차이가 발생하는데 이런 차이는 JFET의 드레인 차단전류 $I_{D(off)}$와 온 상태의 드레인-소스전압 $V_{DS(on)}$에 기인한다.

19.1.3 스위치로서의 MOSFET(The MOSFET as a Switch)

MOSFET 스위치는 JFET 스위치의 입력 임피던스와 BJT 스위치의 입출력 극성 사이의 관계가 갖는 이점을 동시에 가지고 있다. 기본적인 MOSFET 스위치 회로는 [그림 19-6]에 표시되어 있다.

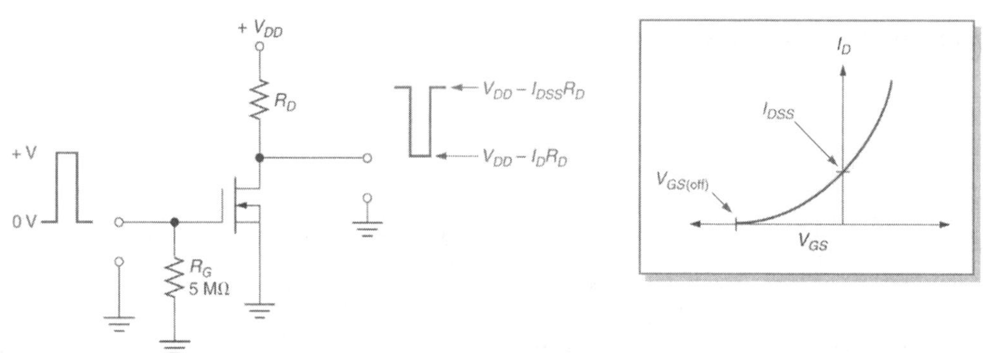

[그림 19-6]

D-MOSFET는 증가형 증가모드에서 동작되기 때문에 positive 입력신호에 대해서 positive 출력신호를 발생시키게 된다. 입력과 출력은 아직까지도 180°의 전압 위상이 시프트 되지만 두 신호 보두 0V와 약간의 positive 피크 전압 사이에서 변화하게 된다.(이와 대조적으로 JFET 스위치는 [그림 19-4]에 표시된 것처럼 positive 출력을 발생시키기 위해서 negative 입력을 사용한다.

[그림 19-6]에서 회로의 입력이 0V일 때 $I_D = I_{DSS}$이다. 따라서 출력은 $V_{out} = V_{DD} -$

I_DR_D이다.

그림에 표시된 MOSFET 스위치에서 R_D의 작은 값은 V_{DD}에 근접한 출력을 발생시킨다. 이러한 관계를 【예제 19.3】에서 설명한다.

【예제 19.3】 [그림 19-7]에 표시된 회로의 입력이 0V일 때 출력전압을 구하시오. $R_D = 100\Omega$을 사용하는 경우에 해석 과정을 반복하시오.

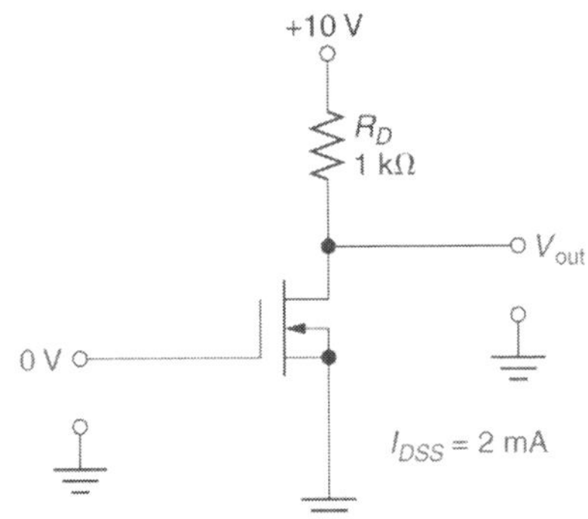

[그림 19-7]

풀이 입력이 0V일 때 MOSFET에 흐르는 전류는 I_{DSS}와 같다. 따라서 출력전압은 8V이다.

$$V_{out} = V_{DD} - I_{DSS}R_D = 10V - 2V = 8V$$

회로의 드레인 저항을 100Ω으로 대체한다면, 출력은 9.8V로 변화된다.

$$V_{out} = V_{DD} - I_{DSS}R_D = 10V - 200mV = 9.8V$$

따라서 R_D의 크기가 작을수록 출력전압은 이상적인 값 V_{DD}에 근접하게 된다.

(실전 연습문제 19-3)

[그림 19-7]에 표시된 것과 유사한 회로가 $V_{DD} = +8V$, $R_D = 2k\Omega$, $I_{DSS} = 500\mu A$의 크기를 갖는다고 가정하고 회로의 입력신호가 0V인 경우의 출력전압을 구하시오.

▶▶ 7V

드레인 저항 R_D가 작을수록 높은 출력전압은 V_{DD}에 근접하지만, 낮은 출력전압은 영전위로부터 더 멀리 떨어진다. 더 작은 R_D 값은 주어진 I_D 값에 의해서 I_DR_D의 값으로 더욱 작아지게 될 것이다. 이런 의미는 MOSFET가 최대용량으로 도통될 때 R_D는 거의 0V의 출력전압을 생성하기 위해서 전압강하를 발생시키지 않게된다. 따라서 절충(trade-off)이 가능해진다. V_{DD}에 근접한 출력을 얻는 것이 중요하다면, 작은 R_D 값이 필요하게 된다. 이것은 특별한 MOSFET의 전류용량에 의존하게 된다.

13장에서 논의했던 CMOS 스위치는 R_D에 의한 전위 절충 문제를 무시하였다. 앞에서 언급한 CMOS 스위치를 [그림 19-8]에 표시했다. 앞에서 논의된 바와 같이, 스위치로 나타낸 두 개의 MOSFET는 항상 상반된 동작상태를 유지한다. 따라서 Q_1이 on 상태일 때 Q_2는 off 상태로 동작하고 Q_1이 off 상태일 때 Q_2는 on 상태이다. 다음의 표는 Q_1과 Q_2의 동작상태를 나타낸다.

Q_1 상태	Q_2 상태	Q_1 저항	Q_2 저항
on	off	Low	High
off	on	High	Low

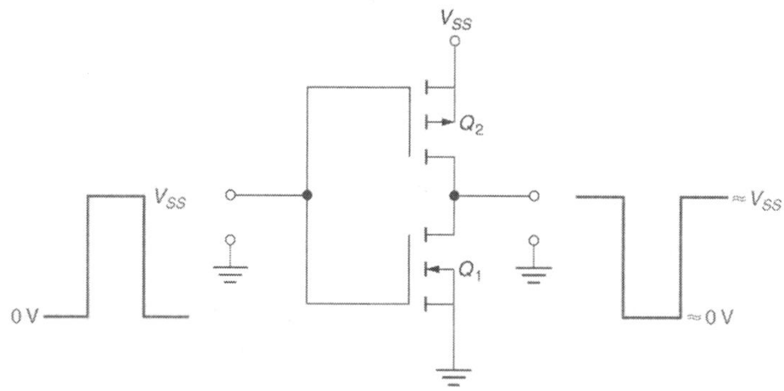

[그림 19-8] CMOS 스위치

Q_1이 on 상태일 때 Q_2는 off 상태이다. 이런 경우 Q_2의 높은 저항과 Q_1의 낮은 저항은 출력을 0V로 접근시키기 위해서 결합된다. Q_2가 on 상태일 때 Q_1은 off 상태이다. 이런 경우 Q_2의 낮은 저항과 Q_1의 높은 저항은 출력을 V_{SS}로 접근시키기 위해서 결합된다. 결과적으로 기본적인 MOSFET 인버터에서 R_D에 의한 절충이 제거된다. 이것이 CMOS 스위치가 다른 MOS 스위치보다 자주 사용되는 이유 중의 하나이다.

19.1.4 기본적인 스위칭 응용

BJT 스위치의 일반적인 응용회로가 [그림 19-9]에 표시되어 있다. BJT 스위치는 LED 구동기(driver)로 사용된다. 구동기는 낮은 전류 신호원을 비교적 높은 전류 소자와 결합시키기 위해서 사용되는 회로이다. 신호원으로부터 제공되는 출력 전류는 LED를 발광시키기에 불충분하다고 가정한다. 구동기는 LED를 발광시키기 위해서 필요로 하는 전류를 제공하기 위해서 필수적이다.

회로는 어떻게 구동될까? 신호원의 출력이 0V일 때 Q_1은 차단(개방 스위치로 작용)된다. 그 결과 $I_C \cong 0$mA이고 LED는 발광하지 않는다. 신호원의 출력이 +5V일 때 Q_1온 포화(단락된 스위치로 작용)되고 I_C는 LED를 발광시키기에 충분한 값으로 증가한다. I_C의 크기는 LED 양단의 순방향 전압강하와 전류제한용 저항인 R_C 값, 트랜지스터의 $V_{CE(sat)}$, V_{CC}에 의존한다.

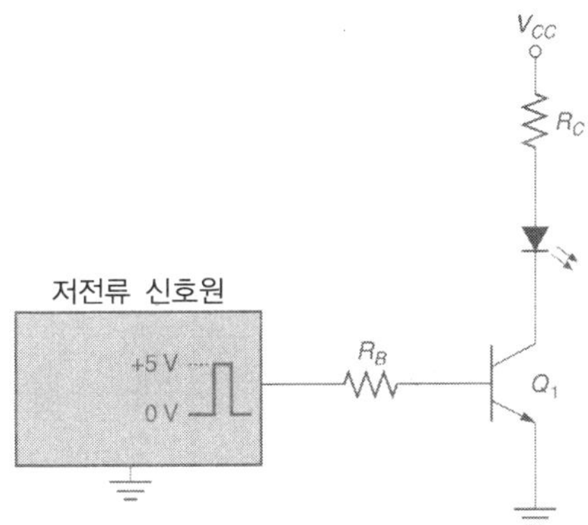

[그림 19-9] 간단한 BJT 스위치의 일반적인 응용

19.1.5 요약(Summary)

BJT, JFET, MOSFET 스위치들은 스위칭 응용회로에서 구동기로 널리 사용된다. 구동기는 저 전류 회로 출력과 LED와 같은 비교적 고 전류 소자를 결합하기 위하여 사용되는 회로이다. 스위칭 회로가 입력신호에 의해서 구동될 때 기본적인 스위칭 회로는 고 전압상태와 저 전압상태의 출력을 제공하기 위해서 사용된다. 고 전압상태의 출력은 회로의 공급전압에서 1V 이내(전형적으로)이다. 저 전압상태는 영(zero) 전위에서 1V 이내이다.

기초 확인문제 19.1

1. 스위칭 회로란 무엇인가?
2. 선형 회로와 스위칭 회로의 주요한 차이점은 무엇인가?
3. BJT 스위치의 동작을 설명하라.
4. JFET 스위치의 동작을 설명하라.
5. MOSFET 스위치의 동작을 설명하라.
6. 구동기란 무엇인가?
7. [그림 19-1]에서 트랜지스터가 가장 큰 전력을 소비하는 경우는 언제인가?
8. 오직 표시된 소자를 사용하고 [그림 19-9]에 표시된 회로가 신호원의 출력이 0V로 되는 경우에 LED의 발광이 어떻게 가변되는지를 설명하라.

19.2 기본적인 스위칭 회로(실제적인 고려사항) (Basic Switching Circuit : Practical Considerations)

이 절에서는 기본적인 스위칭 회로의 동작과 분석에 영향을 주는 몇 가지 요소를 고찰하게 된다. 이러한 요소들 중 대부분은 이상적인 시간과 주파수 측정 그리고 실제적인 시간과 주파수 측정의 차이점을 설명한다. 또한 스위칭 회로의 두 종류와 특별히 스위칭 응용을 위해서 설계되는 몇몇 소자에 대해서 살펴보기로 한다.

19.2.1 실제적인 측정(Practical Measurement)

실제적인 시간과 주파수 측정을 논의하기 전에 우리들은 반드시 구형파(rectangular waveform)를 설명하기 위해서 일반적으로 사용되는 용어를 먼저 정의해야 한다. [그림 19-10]을 이용해서 이런 용어를 정의하기로 하자.

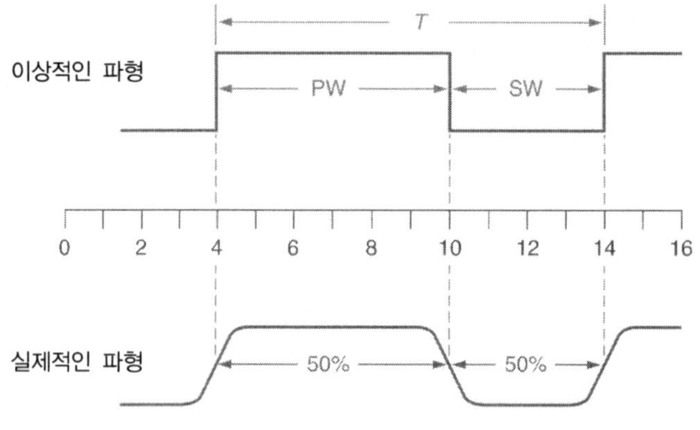

[그림 19-10] 펄스 폭, 공간 폭, 주기의 측정

교번(high와 low)하는 직류전압으로 구성된 파형을 일반적으로 구형파(rectangular wave)로 구분한다. 구형파에서 높은 전압상태의 시간을 일반적으로 파형의 펄스 폭(pulse width)이라고 부르고 낮은 전압상태의 시간은 일반적으로 파형의 공간 폭(SW)이라고 부른다. 펄스 폭과 공간 폭(space width)의 합은 파형의 주기(cycle time) T라고 부른다.

구형파(square wave)는 펄스 폭과 공간 폭이 동일한 구형파의 특별한 경우이다. 펄스 폭과 공간 폭이 같지 않을 경우, 파형은 간단하게 구형파로 언급된다.

이상적인 파형을 논의 할 때 펄스 폭, 공간 폭, 또는 주기의 값은 결정하기 쉽다. 그 예로 [그림 19-10]에 표시된 이상적인 파형을 관찰하자. 이상적인 파형과 실제의 파형 사이에 나타낸 간격은 시간단위로 사용된다. 이 간격을 μs 단위로 가정한다. 이상적인 파형에서 PW는 다음과 같이 쉽게 알 수 있다.

$$PW = 10\mu s - 4\mu s = 6\mu s$$

이와 유사하게 SW는 다음과 같이 표시된다.

$$SW = 14\mu s - 10\mu s = 4\mu s$$

그리고 주기는 10μs로 구해진다.

$$T = 14\mu s - 4\mu s = 10\mu s$$

[그림 19-10]에 표시된 것처럼 전이가 순간적으로 이루어지지 않기 때문에 실제로 구형파의 시간 측정은 약간 복잡하게 된다. 표준 PW, SW, T는 항상 파형의 50% 지점에서 측정된다. (높은 전압상태와 낮은 전압상태의 중앙이다.) 이런 점들은 【예제 19.4】에서 설명된다.

【예제 19.4】 [그림 19-11 (a)]는 오실로스코프 상에 나타난 인버터의 출력을 표시하고 있다. 오실로스코프의 수평눈금이 50μs/div로 고정되었다면 이런 파형의 PW와 T는 얼마인가?

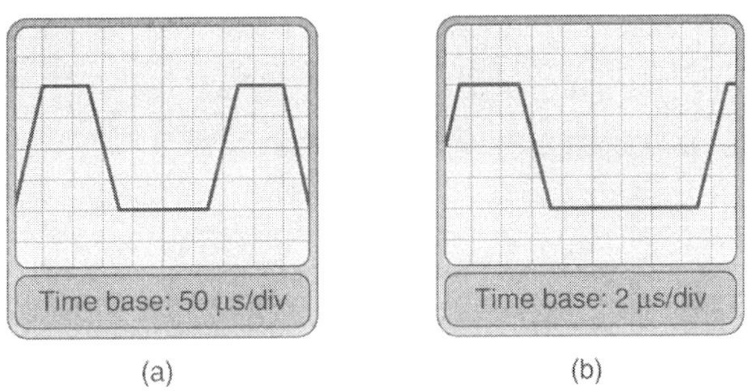

[그림 19-11]

풀이 파형이 그리드의 0V 기준선을 위 아래로 동일하게 진동하고 있다. 따라서 피크 사이의 중앙인 0V 지점에서 PW와 T를 측정할 수 있다.
PW는 positive 값을 갖는 시간 구간으로 측정되었다. 두 0V 지점 사이는 눈금은 대략 2.5칸이다. 각 눈금이 50μs로 고정되었으므로 PW는 125μs로 구해진다.

$$PW = 2.5 \times 50\mu s = 125\mu s$$

그림에서 상승 에지(edge)의 0V에서 다음 상승 에지의 0V 점까지의 눈금은 대략 6.5칸이다. 이 두 지점은 완전한 주기를 나타내므로 주기시간은 325μs로 구해진다.

$$T = 6.5 \times 50\mu s = 325\mu s$$

(실전 연습문제 19-4)

[그림 19-11 (b)]에 표시된 파형의 PW와 T를 구하시오.

▶▶ PW=6μs, T=18μs

스위칭 회로에서 시간에 관계된 또 다른 측정단위를 듀티 사이클(duty cycle)이라고 정의한다. 듀티 사이클은 식 (19-1)에 표시된 것처럼 전체 주기시간에 대한 펄스 폭의 비를 백분율로 나타낸다.

$$\text{듀티사이클} = \frac{\text{펄스 폭}}{\text{주기}} \times 100 \tag{19-1}$$

【예제 19.5】는 주어진 파형의 듀티 사이클을 결정하는 식 (19-1)의 사용법을 나타낸다.

【예제 19.5】 [그림 19-11 (a)]에 표시된 파형의 듀티 사이클을 구하시오.

풀이 【예제 19.4】에서 파형의 PW=125μs와 T=325μs의 값을 구한 바 있다. 이 값과 식 (19-1)을 이용하면 듀티 사이클은 38.5%로 구해진다.

$$\text{듀티사이클} = \frac{PW}{T_C} \times 100 = \frac{125\mu s}{325\mu s} \times 100 = 38.5\%$$

(실전 연습문제 19-5)

[그림 19-11 (b)]에 표시된 파형의 듀티 사이클을 구하시오.

▶▶ 33.3%

파형의 듀티 사이클은 펄스 폭이 차지하는 매 주기의 백분율을 나타낸다. 주어진 파형의 듀티 사이클이 35%라면 펄스 폭은 매 주기의 35%를 차지한다. 정의에 의하면 이상적인 구형파는 항상 50%의 듀티 사이클을 가지므로, 구형파에서 펄스 폭은 주기 시간의 절반을 차지한다. 지금까지는 기본적인 스위칭 회로의 측정법을 설명하였다. 이제 BJT와 FET의 개별적인 측정특성을 알아보기로 한다.

19.2.2 BJT 스위칭 시간(BJT Switching Time)

이상적인 BJT 스위치에서 출력변화는 입력이 변화하는 순간에 발생되고 출력은 [그림 19-10]에서 보았던 이상적인 파형을 닮게 된다. 실제로는 BJT 스위치의 출력은 [그림 19-12]에 표시된 파형을 닮게 된다. V_B 파형은 이상적인 입력과 T_0와 T_3에서 순간적인 변화의 상태를 표시한다. 이런 파형은 V_B이거나 I_B이거나 실제로는 항상 동위상이라는 점을 주의해야 한다. I_C와 V_C 파형은 몇 가지 면에서 이상적인 파형과 차이점을 가지고 있다.

- 입력변화와 출력변화가 시작될 때의 시간 사이에 지연이 일어난다.
- 출력변화는 수직적이지 않고 변화가 일어나기 위해서는 측정 가능한 양의 시간을 필요로 한다.

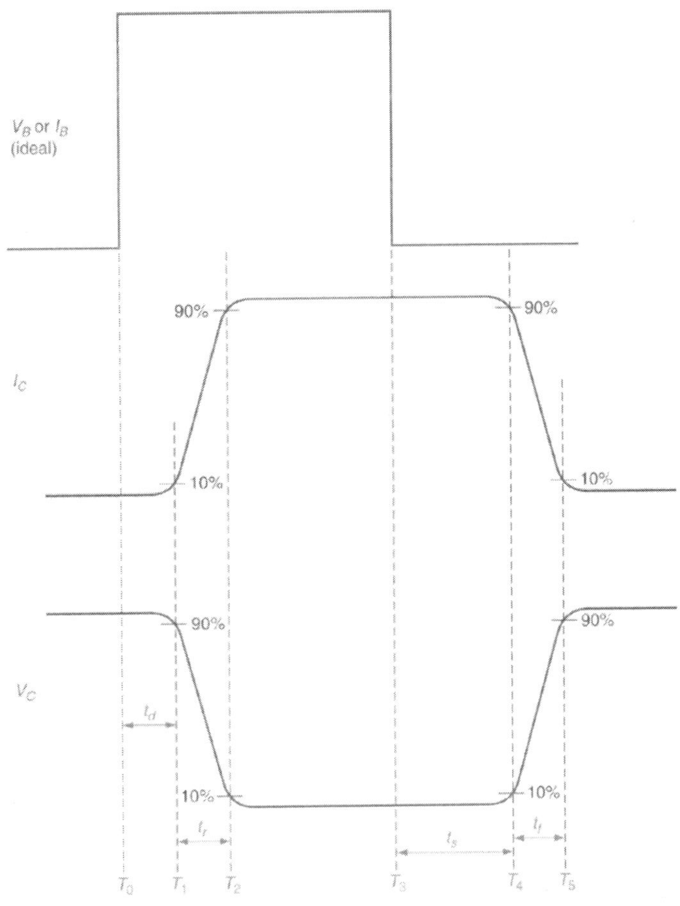

[그림 19-12] 전파지연의 원인

입력변화와 출력변화 사이의 전체지연(두 파형 내의 50% 되는 지점에서 측정된)은 전파지연(propagation delay)으로 나타낸다. BJT에 대한 서로 다른 4개의 전달지연 요소들이 존재한다. [그림 19-12]에 표시된 것처럼 각각의 요소들은 특정한 시간 사이에서 측정된다.

전파지연의 첫 번째 원인은 지연시간(delay time) t_d이다. 이것은 트랜지스터가 차단영역에서 벗어나는데 필요한 시간이다. [그림 19-12]에 표시된 것처럼 t_d는 출력파형상의 T_0와 T_1 사이에서 측정된 시간이다. I_C의 관점에서 보면 지연시간은 I_C가 자신의 최대값의 10%에 도달하기 위해서 필요한 시간을 나타낸다.

오실로스코프는 시간에 관계되는 전압을 표시하도록 설계된다. V_C의 항으로 지연시간을 정의할 수 있기 때문에 오실로스코프의 측정 개념을 적용할 수 있다. V_C의 관점에서 보면, 지연시간은 V_C가 최대 값의 90%까지 떨어지는데 필요한 시간을 나타낸다. (대부분의 경우 V_{CC}의 90%)

상승시간(rise time) t_r은 BJT가 차단영역에서 포화영역으로 전이하기 위해 필요한 시간을 나타낸다. T_1과 T_2 사이에서 측정되는 시간으로 I_C의 관점에서 보면 상승시간은 I_C가 최대 값의 10%에서 90%까지 상승하는데 필요한 시간을 나타낸다. V_C로 표현하면 V_C가 최대 값의 90%에서 10%까지 하강하는데 필요한 시간을 나타낸다.

축적시간(storage time) t_s는 BJT가 포화영역에서 벗어나기 위해 필요한 시간을 나타낸다. I_C의 관점에서 보면 I_C가 최대 값의 90%까지 하강하는데 필요한 시간으로 T_3와 T_4 사이에서 측정된다. V_C의 관점에서 보면 V_C가 최대 값의 10%까지 상승하는데 필요한 시간이다. 축적시간은(지연시간과 같이) 입력신호가 변화하는 점에서부터 시작한다.

마지막으로, 하강시간은(fall time) t_f는 BJT가 포화영역에서 차단영역으로 전이하기 위해 필요한 시간을 나타내며 T_4와 T_5 사이에서 측정된다. I_C의 관점에서 보면 I_C가 최대 값의 90%에서 10%까지 하강하는데 필요한 시간을 나타낸다.

시간의 정의가 위에서 가정한 것과 같기 위해서 필요로 하는 중요한 점은 다음과 같다.

1. 차단 상태의 트랜지스터는 $V_C \geq 0.9V_{CC}$의 크기를 갖는다.
2. 포화 상태의 트랜지스터는 $V_C \leq 0.1V_{CC}$의 크기를 갖는다.

이러한 범위들은 토론을 위해서 개방되어있고 절대적으로 받아들여지지는 않지만 표준으로 받아들여지는 다양한 시간들을 정의하기 위해서 %가 사용된다. 지연시간과 축적시간은 입력변화와 출력변화의 시작 사이의 지연을 나타낸다. 상승시간과 하강시간은 출력변화의 기울기를 나타낸다. 만약 t_r과 t_f가 제거된다면 BJT의 출력은 [그림 19-13]의 중간에 표시된 파형을 닮게 된다. 만약 t_d와 t_s가 제거된다면 BJT의 출력은 [그림 19-13]의 아래쪽에 표시된 파형을 닮게 된다. 이 절의 뒷부분에서 지연시간과 축적시간을 크게 감소시키기 위하여 외부의 소자가 어떻게 사용되는가를 살펴보게 된다. 여하튼 상승시간과 하강시간에는 작은 영향만을 미치게 된다. 그 결과 BJT 스위치의 출력파형은 [그림 19-13]의 아래쪽에 표시된 파형과 매우 유사하게 된다.

t_d, t_r, t_s, t_f의 값들은 주어진 BJT의 스펙에서 모두 제공된다. 예를 들자면 2N3904의 스펙(그림7-21)에는 다음과 같은 최대 값들이 스위칭 특성으로 표시된다.

$$t_d = 35\text{ns},\ t_r = 35\text{ns},\ t_s = 200\text{ns},\ t_f = 50\text{ns}$$

지연시간과 상승시간을 더한다면 2N3904가 낮은 출력상태에서 높은 출력상태로 전이하는데 필요한 최대시간 70ns로 구해진다. 축적시간과 하강시간을 더한다면 2N3904가

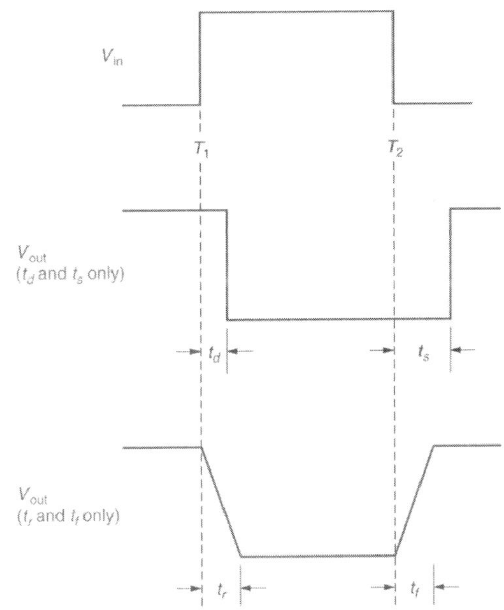

[그림 19-13] BJT 스위치의 출력에서 스위칭 시간에 미치는 영향

높은 출력상태에서 낮은 출력상태로 전이하는데 필요한 최대시간 250ns를 구할 수 있다. 여러분도 이미 알고 있는 바와 같이 소자가 낮은 전압상태에서 높은 전압상태로 전이하는 것보다 높은 전압상태에서 낮은 전압상태로 전이하는데 더 많은 시간을 필요로 한다. 이러한 이유는 이 절의 뒷부분에서 설명될 것이다.

만약 나열된 4개의 스위칭 시간을 모두 더한다면 2N3904의 최대 스위칭 시간은 320ns이다. 최대 스위칭 시간은 다음과 같이 그 소자의 이론적인 최대 스위칭 주파수를 결정하는 데 사용된다.

$$f_{max} = \frac{1}{t_d + t_r + t_s + t_f} = \frac{1}{320\text{ns}} = 3.13\text{MHz}$$

실제에서는 3.13MHz는 2N3904 스위칭 회로의 주파수 허용능력을 크게 벗어난 것이다. 그 이유는 BJT의 상위 차단주파수 f_C와 자신의 입력 파형의 상승 시간 사이의 관계에 의거한다. 부록 D에 스위칭 회로의 f_C를 계산하기 위하여 식이 유도되어 있다.

$$f_C = \frac{0.35}{t_r} \qquad (19\text{-}2)$$

여기서 t_r은 능동소자의 상승시간이다. 식 (19-2)를 사용하면 2N3904 스위칭 회로의 f_C는 다음과 같이 10MHz로 구해진다.

$$f_C = \frac{0.35}{35\text{ns}} = 10\text{MHz} \ (\text{2N 3904의 } t_r = 35\text{ns})$$

따라서 2N3904는 10MHz의 상위 차단주파수를 갖는다. 최소 왜곡을 갖는 구형파를 얻기 위해서 스위칭 회로의 상위 차단주파수는 입력 구형파 주파수의 100배 이상이 되어야 한다. 따라서 스위칭 회로의 입력주파수 한계는 회로에 대한 f_{in}의 1/100배가 될 것이다. 식으로 나타내면 다음과 같다.

$$f_{\max} = \frac{0.35}{100t_r} \ (\text{실제의 한계}) \tag{19-3}$$

2N3904 스위치의 경우 회로에 대한 f_{in}의 실제의 주파수 한계는 100kHz이다.

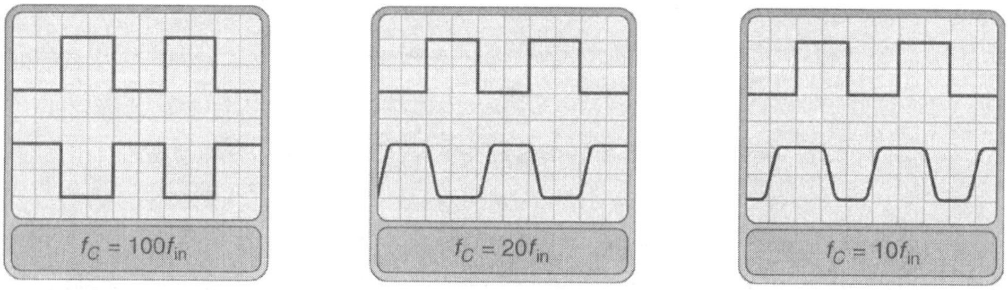

[그림 19-14] 동작주파수대의 파형

[그림 19-14]는 회로의 f_{in}이 실제의 한계를 초과할 때 발생되는 결과를 나타낸다. 출력의 상승 모서리(에지)와 하강 에지는 입력 주파수의 증가에 따라 더욱더 왜곡된 모양으로 나타난다. $f_{\text{in}} = f_C/100$일 때 구형파 모서리는 약간의 왜곡이 존재하지만 이런 작은 양의 왜곡은 무시할 수 있다.

1. 회로의 상승 에지와 하강 에지는 더욱더 둥글게 된다.
2. 입력과 출력전이 사이의 지연이 증가한다.
3. 펄스 폭과 공간 폭은 비대칭으로 되기 때문에 PW≠SW이다.

【예제 19.6】은 BJT 스위칭 회로의 주파수 해석을 나타낸다.

【예제 19.6】 트랜지스터가 자신의 스펙에서 시간 요소들이 다음과 같은 최대 값을 표시한다. ($t_d = 10\text{ns}$, $t_r = 40\text{ns}$, $t_s = 80\text{ns}$, $t_f = 30\text{ns}$) 트랜지스터의 f_C를 구하고 주파수의 이론적 한계와 실제의 한계를 결정하시오.

풀이 상승 시간이 40ns로 주어지므로 소자의 f_C는 8.75MHz로 구해진다.

$$f_C = \frac{0.35}{t_r} = \frac{0.35}{40\text{ns}} = 8.75\text{MHz}$$

출력파형에서의 왜곡을 피하기 위해서 소자의 입력 주파수는 대략 87.5kHz에서 제한되어야 한다.

$$f_{\max} = \frac{0.35}{100t_r} = \frac{0.35}{(100)(40\text{ns})} = 87.5\text{kHz}$$

(실전 연습문제 19-6)

임의의 트랜지스터가 자신의 스펙에서 $t_d = 20\text{ns}$, $t_r = 25\text{ns}$, $t_s = 120\text{ns}$, $t_f = 20\text{ns}$의 크기를 최대 값으로 표시한다고 가정하고 트랜지스터의 f_C를 구하고 주파수의 이론적 한계와 실제의 한계를 결정하시오.

▶▶ $f_C = 14\text{MHz}$, $f_{\max} = 140\text{kHz}$

19.2.3 BJT 스위칭 시간의 개선(Improving BJT Switching Time)

BJT스위칭 시간을 개선하는 방법을 이해하기 전에 스위칭 시간의 원인을 논의할 시간을 가질 필요가 있다. 여러 형태의 스위칭 시간은 앞에서 설명된 [그림 6-6]을 다시 나타낸 [그림 19-15]를 이용하면 쉽게 설명된다.

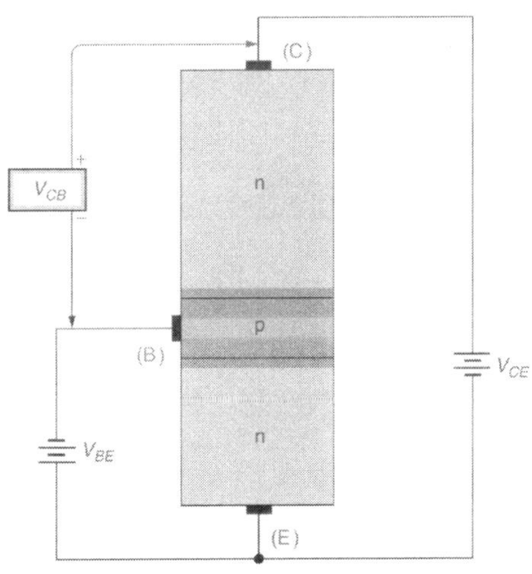

[그림 19-15] 차단 상태의 BJT

BJT가 차단상태일 때 베이스-이미터 공핍 층의 폭은 최대이고 I_C는 근본적으로 0이 된다. BJT의 입력이 positive로 될 때 공핍 층은 감소되기 시작하며 I_C는 증가한다. 지연 시간은 소자의 전류가 I_C 최대 값의 10%까지 흐를 수 있도록 공핍 층이 감소하는데 필요한 시간이다. 이런 시간의 주기는 얼마나 되는가? 이것은 다음의 3가지 요소에 의존한다.

1. 특별한 BJT의 물리적인 특성
2. 소자에 공급된 초기의 역방향 바이어스 양
3. 입력신호가 positive로 될 때 발생되는 I_B의 양

BJT의 물리적인 특성에 대해서 모든 것을 취급할 수는 없지만 t_d를 개선하기 위해서 몇 가지 사항을 처리할 수 있다. 초기의 역 방향 바이어스를 최소로 유지함으로써 공핍 층의 폭을 최소로 유지할 수 있다. 가장 좁은 공핍 층은 공핍 층을 감소시키기 위해서 필요로 하는 시간을 최소화시킨다. 또한 BJT는 전류제한 소자이므로 공핍 층의 폭은 I_B의 양에 의해서 결정된다. 따라서 초기의 I_B 값을 매우 높게 제공함으로써 지연시간을 더욱 감소시킬 수 있다. 이 절의 뒷부분에서 초기의 큰 I_B 값을 발생시켜서 t_d를 감소시키는 방법에 대해서 논의하기로 한다.

지연시간이 지난 후에 공핍 층은 계속 감소되며 I_C는 계속 증가하게 된다. 상승시간은 I_C가 최대 값의 90%에 도달하는 지점까지 공핍 층을 감소시키기 위해서 필요한 시간이다. 상승시간은 분명히 BJT의 물리적 특성의 함수이므로 그것은 개선시킬 수 없다. 전체의 지연시간 중에서 가장 큰 부분은 축적시간이다. 2N3904의 스펙에 표시된 것처럼 축적시간은 다른 스위칭 시간보다 적어도 4배 이상이다. 따라서 t_s의 감소는 주어진 BJT의 전체 스위칭 시간에 큰 영향을 미치게 된다.

트랜지스터가 포화상태일 때 베이스 영역은 전하로 가득 찬다. 입력전압이 낮아질 경우 베이스 영역의 많은 전하가 베이스 영역을 벗어나고 새로운 공핍 층이 형성되기 위해서는 많은 시간이 소요된다. 이때 발생되는 필요한 시간이 축적시간이다. 실질적인 축적시간은 다음과 같은 3가지 요소에 의존한다.

1. BJT의 물리적인 특성
2. I_C의 초기 값
3. 베이스에 제공된 역방향 바이어스의 초기 값

BJT의 물리적인 특성에 대한 어떠한 것도 취급할 수는 없지만 서로 다른 두 가지 변수에 대하여 무엇인가를 처리할 수 있다. 축적시간은 BJT가 결코 포화되지 않도록 충분히 낮은 I_C를 유지함으로서 크게 감소될 수 있다. 다시 말하자면 BJT를 포화상태 이하에서 동작시킨다면 BJT의 베이스 영역에서의 전하의 양은 크게 감소되며 축적시간도 감소하게 된다. 또한 역방향 바이어스의 초기 값을 매우 크게 제공한다면 전하는 더 빠른 비율로 베이스 영역을 이탈하고 또다시 축적 시간은 감소된다.

상승시간처럼 하강시간은 BJT의 물리적 특성의 함수이며 어떤 물리적 방법으로 감소

시킬 수 없다. 하강시간은 I_C가 최대 값의 10%로 하강하는 지점까지 공핍 층을 증가시키기 위해서 필요한 시간이다.

요약하면 주어진 BJT의 전체 스위칭 시간을 줄이기 위해 취해야 할 단계를 다시 나타낸다.

1. I_B의 높은 초기 값을 제공함으로써 지연시간은 감소된다.
2. BJT를 차단상태로 유지하기 위해 필요한 역방향 바이어스의 최소 값을 사용함으로서 지연시간은 더욱 감소된다.
3. BJT를 포화시키기 위해 필요한 것보다 더 낮은 값으로 I_B를 제한함으로서 축적시간은 감소된다.
4. 초기 역방향 바이어스를 매우 크게 제공함으로서 축적시간은 더욱 감소된다.

위의 1항과 3항을 살펴보자, 이들은 I_B의 매우 높은 초기 값(지연시간 감소)과 포화에 요구되는 레벨 이하의 낮은 I_B를(축적시간 감소) 원하는 것으로 나타난다. 2항과 4항은 연관성 있는 형태로 결합되었다. 역방향 바이어스의 매우 높은 초기 값(축적시간 감소)과 최소 역방향 바이어스(지연시간 감소)를 원한다.

요구되는 I_B와 앞에서 설명된 역방향 바이어스 특성은 가속(speed-up)커패시터를 사용하여 얻을 수 있다. 가속 커패시터가 부가된 기본적인 BJT 스위치 회로를 [그림 19-16]에 표시했다. 가속 커패시터는 적절한 값으로 선택되었을 때 요구되는 모든 기능을 수행할 것이다. [그림 19-17]에 표시된 파형을 관찰하면, 가속 커패시터의 기능을 쉽게 이해할 수 있다.

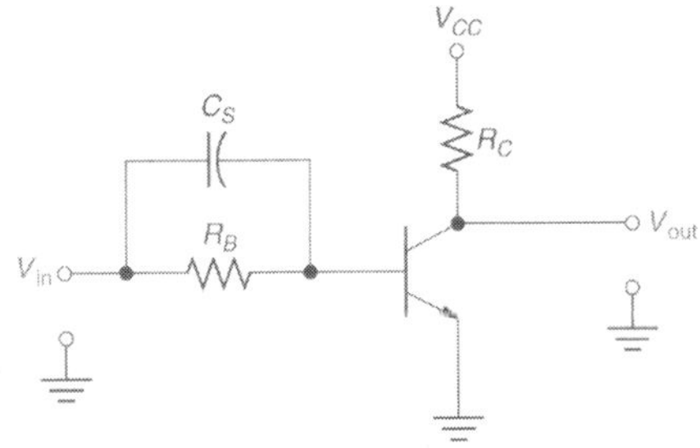

[그림 19-16] 스위칭 시간을 개선하는 가속 커패시터

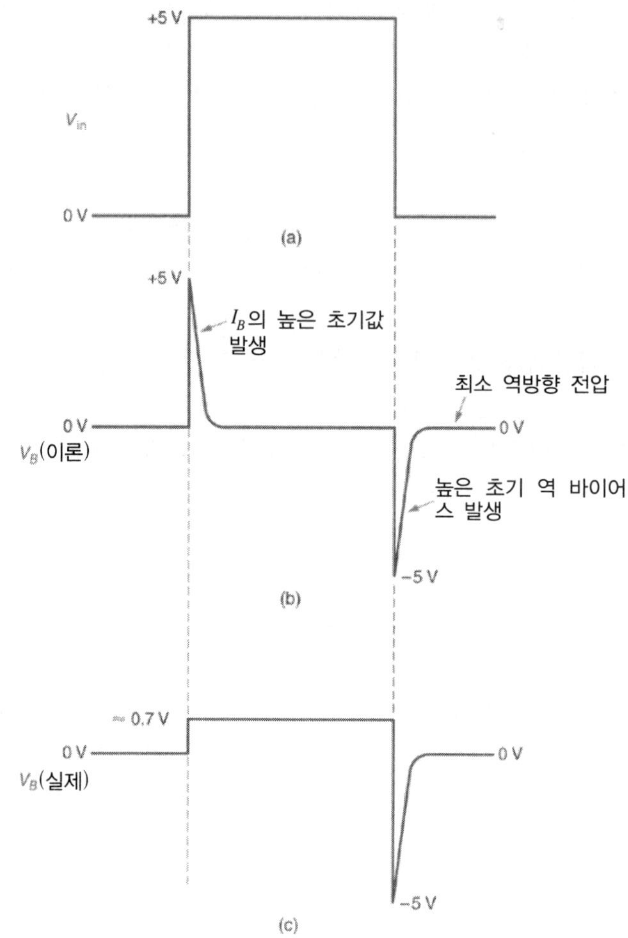

[그림 19-17] 가속 커패시터에 의한 파형

[그림 19-16]에서 가속 커패시터는 입력이 자신의 전이를 구성하는 동안 R_B를 단락시킨다. [그림 19-17]에 표시된 것처럼 V_{in}이 0V에서 +5V로 전이될 때 트랜지스터의 베이스는 positive 스파이크로 결합된다. 이런 스파이크(spike)가 I_B의 높은 초기 값을 발생시킨다. 커패시터가 충전되고 스파이크가 0V 레벨로 돌아가면 I_B는 트랜지스터를 완전하게 포화시키기 위해서 요구된 것보다 약간 작은 값으로 감소한다. 그 결과 I_B를 포화를 방지하기에 충분히 낮은 값으로 되돌리도록 만족시키는 동안 지연시간은 감소된다. 입력신호가 0V로 돌아갈 때 RC 회로 출력은 충전상태의 C_C에 의해서 −5V로 구동된다. 이것은 축적시간을 감소하기위해 필요한 역방향 바이어스의 높은 초기 값이다. 트랜지스터는 I_B에 의해서 포화상태로부터 보호되므로 커패시터에 의해서 축적시간을 감소할 수 있다. 또한 V_B는 negative 스파이크가 끝나는 지점에서 0V로 복원되므로, 역방향 바이어스의 최종 값은 최소가 된다. 이것은 초기의 높은 I_B 스파이크와 함께 지연시간을 최

소로 유지할 수 있게 한다.

C_S의 값은 일반적으로 최대 동작주파수에서 RC 회로의 시정수를 매우 작게 할 수 있도록 선택된다. C_S를 선택하기 위하여 식 (19-4)가 사용된다.

$$C_S < \frac{1}{20 R_B f_{\max}} \tag{19-4}$$

가속 커패시터가 식 (19-4)를 만족한다면 BJT의 t_d와 t_s는 매우 감소된다. [그림 19-17 (b)]에서 트랜지스터는 이미터-베이스 접합의 영향을 무시하기 위해서 간략화 하자. 트랜지스터의 베이스에서 발생되는 실제 파형은 [그림 19-17 (c)]에 표시되어 있다. positive 전이에서 베이스-이미터 접합은 턴 언(turn on) 되며 가속 커패시터에 의해서 발생된 positive 스파이크는 대부분 제거된다. 또한 트랜지스터는 입력의 전체 펄스 주기 동안 on 상태를 유지하므로 V_B는 실제적으로 0V로 돌아가지 않는다. 좀더 정확히 말하면 대략 0.7V의 V_{BE} 값을 유지한다.

19.2.4 JFET 스위칭 시간(JFET Switching Time)

JFET의 스펙은 일반적으로 t_d, t_r, t_s, t_f의 값을 나타낸다. JFET에서 이들 시간은 BJT의 t_d, t_r, t_s, t_f의 값과 거의 유사하다. t_r의 값을 JFET 스펙에 표시할 때 f_{in}의 실제 한계는 BJT와 같은 방법으로 결정할 수 있다. 어떤 JFET 스펙에는 턴-온 시간 t_{on}과 턴-오프 시간 t_{off}만이 표시된다. 턴-온 시간은 지연시간과 상승시간의 합이다. 턴-오프 시간은 축적시간과 하강시간의 합이다. JFET 스펙에 턴-온 시간과 턴-오프 시간 값만 표시되는 경우에는 이런 소자의 f_{in}의 정확한 한계를 결정하기 어렵다.

이것은 소자의 상승시간에 의한 턴-온 시간의 일부를 결정할 수 없기 때문이다. 다시 말하자면 턴-온 시간을 알고 있을 때 상승시간을 계산할 수 없다. 단지 t_{on}이 주어질 때 실제의 동작주파수 한계를 결정하기 위해서 식 (19-3)에 t_r 대신 t_{on} 값을 사용한다. f_{in}의 실제 한계가 계산 값보다 아주 크게 높아지는데 여러분은 자신의 최소 값에 근접하게 된다.

19.2.5 스위칭 소자(Switching Devices)

BJT와 JFET 그룹은 스위칭 응용을 위하여 특별히 개발되고 있다. 스위칭 트랜지스터로 불리는 이러한 소자들은 매우 작은 t_d, t_r, t_s, t_f의 값을 가지도록 설계된다. 예를 들자면 2N2369의 스펙에는 다음과 같은 최대 값이 표시된다.

$$t_d = 5\text{ns},\ t_r = 18\text{ns},\ t_s = 13\text{ns},\ t_f = 15\text{ns}$$

매우 작은 지연시간과 축적시간을 가지기 때문에 2N2369 스위칭 회로는 가속 커패시터를 필요로 하지 않는다. 또한 주어진 18ns의 상승시간으로 소자에 대한 f_{in}의 한계는 다음과 같이 구해진다.

$$f_{max} = \frac{0.35}{100t_r} = \frac{0.35}{(100)(18ns)} = 194kHz$$

이것은 2N3904에 대한 f_{in} 한계의 거의 두 배이다. 따라서 2N2369는 2N3904보다 더 높은 스위칭 주파수에서 사용될 수 있다.

19.2.6 인버터와 버퍼(Inverter and Buffer)

기본적인 스위칭 회로에 대한 논의는 인버터(inverter)라는 특별한 형태의 스위칭 회로로 제한되었었다. 인버터는 입력과 출력전압이 180° 위상차를 나타낸다. BJT와 FET 회로의 다양한 살펴보면 모든 회로는 입력전압이 낮을 때 높은 출력 전압을 가지며, 입력전압이 높을 때 낮은 출력전압을 나타낸다.

또 다른 기본적인 스위칭 회로는 버퍼 (buffer)이다. 버퍼는 180°의 위상차를 발생시키지 않는 스위칭 회로이다. BJT와 FET 버퍼를 [그림 19-18]에 표시했다.

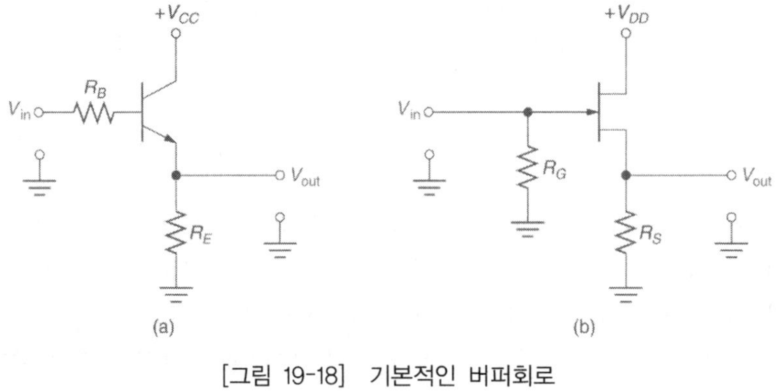

[그림 19-18] 기본적인 버퍼회로

여러분도 이미 알고 있는 바와 같이 이들 회로는 간단한 이미터 활로워와 소스 활로워이다. 이들 회로에 구형파가 입력될 때 출력신호는 입력신호와 동위상인 구형파가 나타난다. 이것 때문에 V_{out}은 t_d, t_r, t_s, t_f에 의해서 다시 정의되어야 한다. 버퍼에서 :

1. t_d는 V_{out}이 최대 값의 10%에 도달하기 위해 필요한 시간이다.
2. t_r은 V_{out}이 최대 값의 10%에서 90%까지 상승하기 위해 필요한 시간이다.
3. t_s는 V_{out}이 최대 값의 90%까지 하강하기 위해 필요한 시간이다.
4. t_f는 V_{out}이 최대 값의 90%에서 10%까지 하강하기 위해 필요한 시간이다.

버퍼는 180°의 전압 위상차를 발생시키지 않기 때문에 버퍼에서 V_{out}에서 변화의 정의가 필요하다. 이런 차이점을 제외하면, 버퍼와 인버터 회로의 동작은 거의 동일하다.

19.2.7 요약(Summary)

높은 전압상태와 낮은 전압상태로 교번하는 직류전압으로 구성된 파형은 구형파로 분류된다. 구형파는 펄스 폭과 공간 폭이 동일한 특별한 형태의 구형파이다. 이상적인 구형파는 높은 전압상태에서 낮은 전압상태로 그리고 낮은 전압상태에서 높은 전압상태로의 전이가 순간적으로 일어난다. 그러나 이러한 전이는 실제로 완전한 수직 상태는 아니다. 펄스 폭, 공간 폭 그리고 주기시간 측정의 일관성을 위하여 이들 값은 항상 구형파의 50% 지점 다시 말하자면 파형의 진폭이 높은 전압상태와 낮은 전압상태의 정 중앙인 지점에서 측정된다. 구형파의 듀티 비는 파형의 펄스 폭 비를 백분율로 나타낸다. 구형파의 펄스 폭과 공간 폭은 항상 같으므로, 구형파의 듀티 비는 항상 50%이다.

스위칭 회로의 입력변화와 출력변화 사이의 시간은 전파 지연으로 언급된다. 이산 소자에서 서로 다른 4개의 스위칭 시간이 전파지연에 관계된다.

1. 지연시간(t_d) : 소자가 차단영역에서 벗어나기 위해 필요한 시간
2. 상승시간(t_r) : 소자가 차단영역에서 포화영역으로 전이하기 위해 필요한 시간
3. 축적시간(t_s) : 소자가 포화영역에서 벗어나기 위해 필요한 시간
4. 하강시간(t_f) : 소자가 포화영역에서 차단영역으로 전이하기 위해 필요한 시간

열거된 시간들은 오실로스코프를 사용하여 측정하였다. [그림 19-19]는 이러한 시간들을 요약하고 인버터와 버퍼의 출력전압 파형을 표시한다. 여러분도 보다시피 인버터는 입력전압과 출력전압이 180° 위상차를 갖지만 버퍼는 입력전압과 출력전압이 동위상이다.

이산 스위치의 전달지연은 가속 커패시터의 사용으로 감소될 수 있다. 가속 커패시터는 BJT 스위치에서는 지연과 축적 시간을 감소시키며, FET 스위치에서는 단지 축적시간을 줄일 수 있다. 디바이스의 상승시간은 스위칭 회로의 최대 동작주파수를 결정한다. 가속 커패시터는 상승시간에 영향을 미치지 않으므로, 가속 커패시터를 부가하여도 f_{in}의 실제한계는 증가되지 않는다.

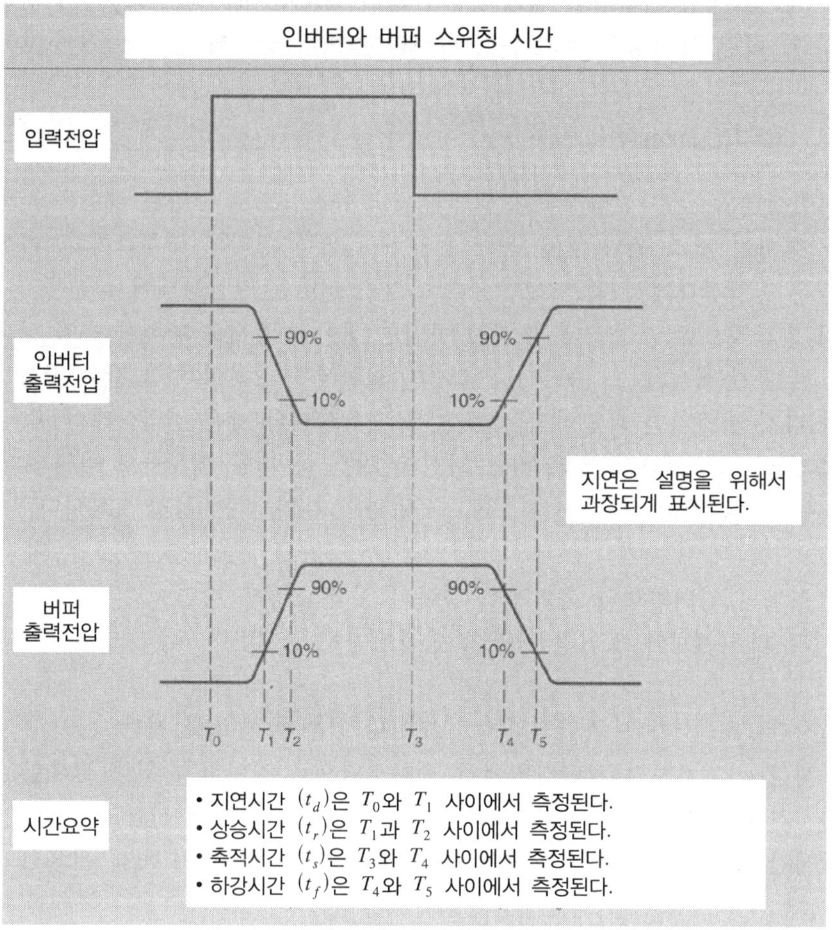

[그림 19-19]

기초 확인문제 19.2

1. 구형파(rectangular wave)란 무엇인가?
2. 다음의 한계에 대하여 각각 설명하라 : 펄스 폭, 공간 폭, 주기시간.
3. 방형파(square wave)란 무엇인가?
4. 문제 2에서 각각의 값들은 구형파의 어느 지점에서 측정되는가?
5. 구형파형의 시간 측정에 대한 기준을 필요로 하는 이유는 무엇인가?
6. 듀티 사이클이란 무엇인가?
7. 구형파가 같은 듀티 사이클을 갖는 이유는 무엇인가? 듀티 사이클은 무엇을 의미하는가?
8. 전파지연(propagation delay)이란 무엇인가?

9. 지연시간은 무엇인가? I_C와 V_C에 대해서 지연시간을 설명하라.
10. 상승시간이란 무엇인가? I_C와 V_C에 대해서 축적시간을 설명하라.
11. 축적시간이란 무엇인가? I_C와 V_C에 대해서 축적시간을 설명하라.
12. 하강시간이란 무엇인가? I_C와 V_C에 대해서 하강시간을 설명하라.
13. 스위칭 시간은 소자에 대한 f_{in}의 실제 한계를 어떻게 결정하는가?
14. 가속 커패시터를 사용하여 어떻게 t_d와 t_s를 감소시킬 수 있는가?
15. 가속 커패시터는 BJT의 주파수 한계에 어떤 영향을 미치는가?
16. 턴-온 시간 t_{on}과 턴-오프 시간 t_{off}를 정의하라.
17. 스위칭 트랜지스터란 무엇인가?
18. 인버터와 버퍼의 중요한 차이점은 무엇인가?
19. 인버터의 출력전압에서 t_d, t_r, t_s, t_f가 측정되는 지점을 설명하라.

19.3 슈미트 트리거(Schmitt Triggers)

17장에서 전압 레벨 검지기로 사용되는 비교기 회로에 대해서 설명한 바 있다. 슈미트 트리거는 비교기와 유사한 전압 레벨 검지기회로이다. 슈미트 트리거와 비교기의 동작은 약간의 차이가 존재하지만 이런 두 회로의 차이점은 서로 다른 환경에서 사용되기 때문에 발생된다. [그림 19-20]은 슈미트 트리거의 일반적인 입출력 조합을 표시하고 있다. 회로의 입력에 대한 개관적인 응답은 다음과 같다.

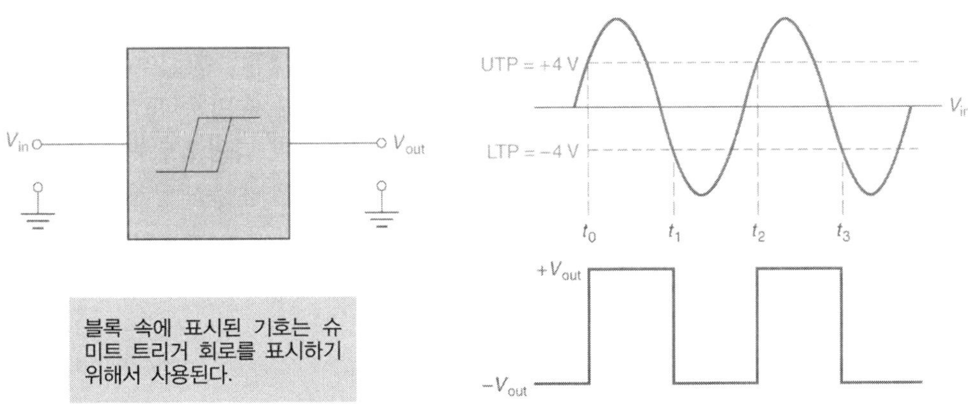

[그림 19-20] 슈미트 트리거의 입출력 파형

1. 입력이 특정한 레벨을 지나서 positive로 가면 슈미트 트리거의 출력은 $-V_{out}$에서 $+V_{out}$으로 변화된다. 이런 변화가 발생되는 전압을 상측 트리거점 UTP(upper trigger point)라고 부른다.
2. 입력이 특정한 레벨을 지나서 negative로 가면 슈미트 트리거의 출력은 $+V_{out}$에서 $-V_{out}$으로 변화된다. 이런 변화가 발생되는 전압을 하측 트리거점 LTP(lower trigger point)라고 부른다.

슈미트 트리거의 UTP와 LTP 값은 회로 소자 값에 의해서 결정된다. 회로 설계에 의존하는 UTP와 LTP는 서로 같을 수도 있고 다를 수도 있다. 그렇지만 LTP는 결코 UTP보다 큰 값을 가질 수 없다. 여러분도 보다시피 [그림 19-20]에 표시된 UTP와 LTP 전압의 크기는 동일하다.

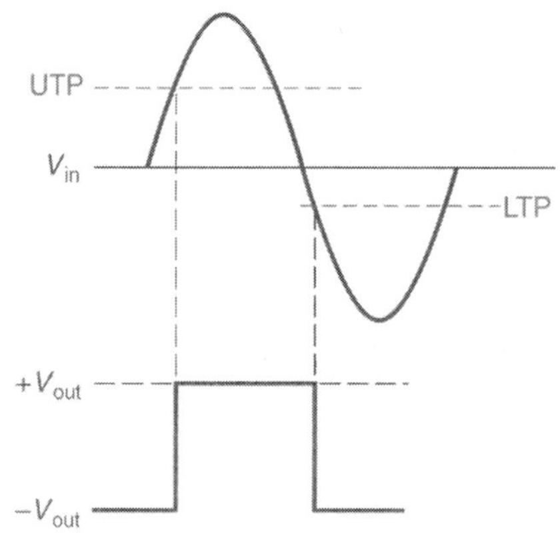

[그림 19-21] UTP와 LTP 서로 다른 경우

서로 다른 UTP와 LTP 값을 갖는 슈미트 트리거의 입출력 관계를 [그림 19-21]에 표시하였다. positive로 되는 전이가 UTP(+4V)를 통과하면 출력은 $-V_{out}$에서 $+V_{out}$으로 변화된다. negative로 전이되는 신호가 LTP(+2V)를 통과하면 슈미트 트리거의 출력은 $-V_{out}$으로 되돌아간다. [그림 19-20]과 [그림 19-21]에 표시된 파형으로부터 분명한 것은 UTP와 LTP 사이의 어떤 전압에도 슈미트 트리거의 출력은 영향을 받지 않는다는 점이다. 이런 사실은 [그림 19-22]에 더 자세히 표시되어 있다. 비록 입력이 어떤 현저한 변화가 있다고 할지라도 그 출력은 단지 다음과 같을 때 변화한다.

- positive로의 변환에 의해서 UTP에 도달된다.
- negative로의 변환에 의해서 LTP에 도달된다.

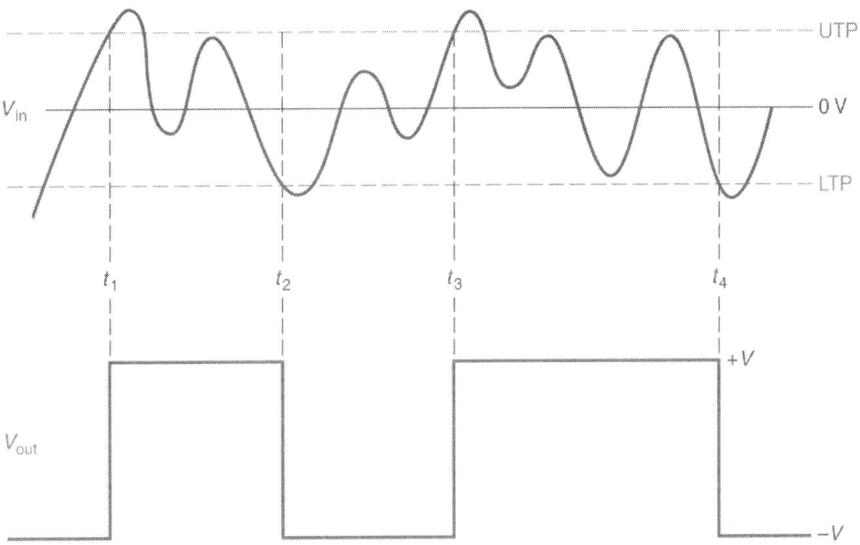

[그림 19-22] 슈미트 트리거의 히스테리시스

UTP와 LTP 사이에서의 입력전압은 회로의 출력에 어떤 영향도 주지 않는다. 출력에 영향을 주지 않는 UTP와 LTP 사이의 입력전압 범위는 히스테리시스(hysteresis)로 간주된다. 예를 들면 [그림 19-22]에서 UTP = +5V이고 LTP = −5V일 때 이 회로의 히스테리시스는 $-5\text{V} < V_{in} < +5\text{V}$의 입력전압 범위가 될 것이다. 이런 범위의 입력전압은 회로의 출력상태 변화를 발생시키지 않는다. 슈미트 트리거가 UTP와 LTP가 차이를 가지는 경우는 이런 회로와 공통 비교기와의 차이점이다. 비교기는 자신의 입력 파형을 비교되는 기준전압으로 사용한다. 여하튼 슈미트 트리거는 두 개의 이산기준 전압과 입력 파형을 비교하게 된다.

19.3.1 비반전 슈미트 트리거(Noninverting Schmitt Triggers)

비 반전 슈미트 트리거는 [그림 19-23 (a)]에 표시된 것처럼 간단한 귀환저항을 사용한다. 이 회로와 앞에서 설명된 선형 반전증폭기는 매우 유사하다. 차이점은 입력신호가 단지 비 반전 op-amp에 인가된다는 점이다.

[그림 19-23 (a)]에 표시된 것처럼 회로의 소자 값이 주어지면 비 반전 슈미트 트리거 회로의 동작을 이해하기 쉽다. $R_{in} = R_f = 10\text{k}\Omega$이다. 여러분도 알다시피 op 앰프의 입력 임피던스는 높기 때문에 두 저항을 통해서 흐르는 전류는 같다. 따라서 소자 양단에 걸리는 전압 강하 역시 등가이다. 이것이 회로해석의 핵심이다.

회로의 동작을 해석하기 위한 시작은 자신의 negative 제한인 V_{out}이 −4V라고 가정하는 것이다. [그림 19-23 (b)]에 표시된 파형은 t_0에서 V_{in}이 +4V에 도달되는 것을 보여준다. 이런 일이 발생되면 회로에서 각 저항 양단에서의 전압강하는 4V이므로 op-amp의

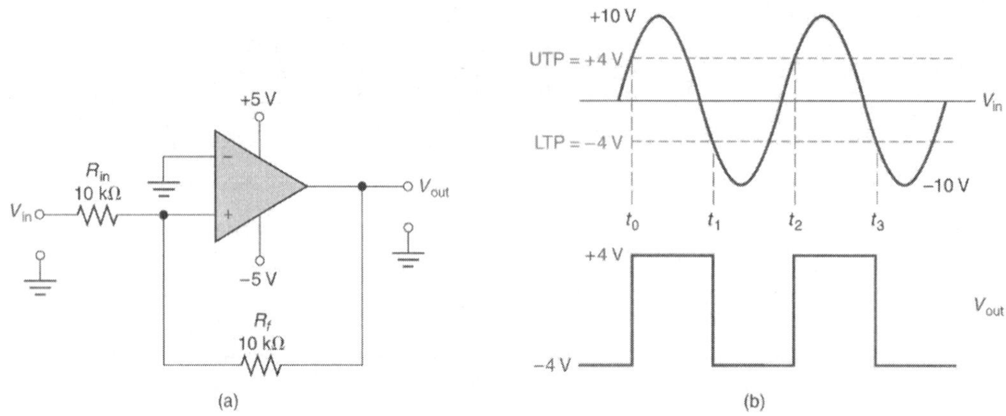

[그림 19-23] 비 반전 슈미트 트리거의 동작

비 반전 입력은 0V가 된다. 입력이 +4V보다 더욱 positive로 되면, op-amp의 비 반전 입력은 반전 입력보다 더욱더 positive로 되며 출력은 +4V로 된다.(최대 출력은 공급 전압의 1V 이내라는 점을 기억하라.)

동일한 원리가 입력 사이클의 negative 변화에서 적용된다. 오직 차이점은 극성이 반전된다는 점이다. 회로의 출력이 +4V일 때 비 반전 입력이 반전 입력보다 더욱 더 negative로 되기 전에 입력은 −4V가 될 것이다. 입력이 −4V가 될 때 출력은 −4V로 되며 주기는 반복된다.

그림에 표시된 것처럼 [그림 19-23 (a)]에서 슈미트 트리거는 (+V −1V)의 UTP 값과 (−V+1V)의 LTP 값을 갖는다. R_{in}과 R_f의 비율 변화에 의해서 회로의 트리거 점을 변경할 수 있다. 일반적으로 UTP와 LTP는 식 (19-5)에 의해서 결정될 수 있다.

$$\mathrm{UTP} = -\frac{R_{in}}{R_f}(-V_{out}) \tag{19-5}$$

$$\mathrm{LTP} = -\frac{R_{in}}{R_f}(+V_{out}) \tag{19-6}$$

【예제 19.7】 [그림 19-24]에 표시된 회로의 UTP와 LTP를 결정하시오. 또한 입력신호가 UTP와 LTP를 초과할 때 출력변화 상태를 검증하시오.

풀이 식 (19-5)를 사용하면 UTP는 2.4V로 구해진다.

$$\mathrm{UTP} = -\frac{R_{in}}{R_f}(-V_{out}) = (-0.2)(-12\mathrm{V}) = 2.4\mathrm{V}$$

LTP는 식 (19-6)을 사용하여 −2.4V로 구해진다.

$$LTP = -\frac{R_{in}}{R_f}(+V_{out}) = (-0.2)(+12V) = -2.4V$$

UTP는 다음과 같이 검증할 수 있다. 입력이 +2.4V일 때 출력은 −12V에 머물러 있다. 표준 전압분배기 공식을 사용하면 R_1 양단에서의 전압 강하를 구할 수 있다. 이런 전압 강하는 2.4V로 구해진다.

$$V_{Rin} = (V_{in} - V_{out})\frac{R_{in}}{R_{in} + R_f} = (14.4V)(0.167) = 2.4V$$

회로에 2.4V가 인가되면 R_{in} 양단에서 2.4V의 전압강하가 발생된다. 이런 이유로 op-amp의 입력전압이 0V가 된다. 따라서 입력이 +2.4V보다 더 증가한다면 op-amp의 비반전 입력은 반전 입력보다 더욱 큰 positive 값을 갖게 되며 출력은 +12V가 된다. LTP = −2.4V를 확인하기 위해서 동일 한 방법이 사용될 수 있다. 계산된 UTP와 LTP, 그리고 입력신호를 [그림 19-24 (b)]에 표시했다.

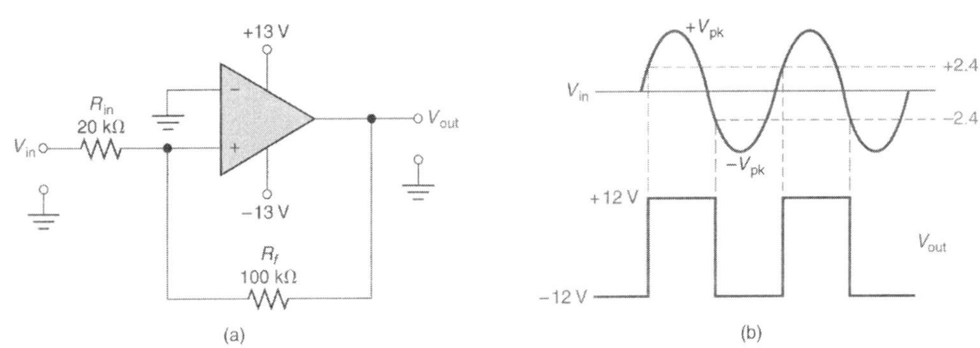

[그림 19-24]

(실전 연습문제 19-7)

[그림 19-24]에 표시된 것과 유사한 비 반전 슈미트 트리거가는 $R_f = 33k\Omega$, $R_{in} = 11k\Omega$의 크기를 갖는다고 가정하고 회로의 UTP와 LTP를 결정하시오.

▶▶ UTP = +4V, LTP = −4V

[그림 19-24]에 표시된 비 반전 슈미트 트리거는 UTP와 LTP의 크기를 동일하게 제한하였다. 예를 들어서 UTP가 +2.4V이면, LTP는 −2.4V가 된다. 또한 UTP가 +4V이면, LTP는 −4V가 되어야만 한다. 그러나 비 반전 슈미트 트리거는 UTP와 LTP의 크기를 같지 않게 변형할 수도 있다. 이렇게 변형된 회로가 [그림 19-25]에 표시되어 있다.

이 회로의 동작 요소는 D_1과 D_2가 출력변화와 반대로 도통된다는 것이다. 슈미트 트리거의 출력이 negative일 때 D_1이 도통되고 D_2는 차단된다. 이것은 R_{f2}가 회로로부터 효과적으로 제거된다는 의미이다. UTP는 식 (19-7)처럼 구해진다.

$$\text{UTP} = -\frac{R_{in}}{R_{f1}}(-V_{out} + 0.7\text{V}) \tag{19-7}$$

출력이 positive일 때 D_1은 차단되고 D_2는 도통된다. 이것은 R_{f1}이 회로로부터 효과적으로 제거된다는 의미이다. LTP는 식 (19-8)처럼 표시된다.

$$\text{LTP} = -\frac{R_{in}}{R_{f2}}(+V_{out} - 0.7\text{V}) \tag{19-8}$$

UTP와 LTP는 분리된 귀환저항에 의해서 결정되므로 이들 값은 완전히 독립적이다. 이러한 사항을 【예제 19.8】에서 설명했다.

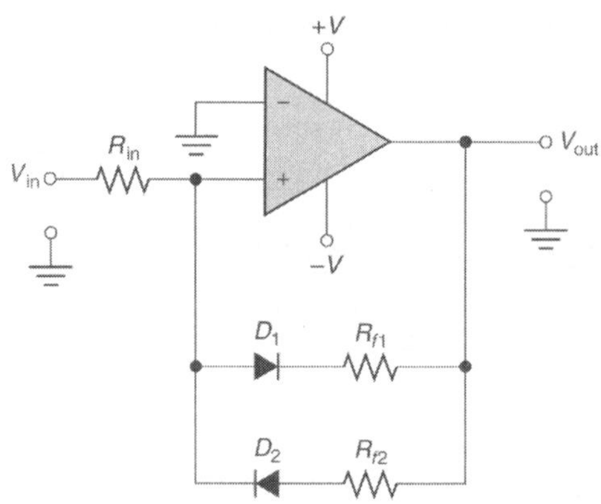

[그림 19-25] UTP와 LTP가 서로 다르게 설계된 비 반전 슈미트 트리거

【예제 19.8】 [그림 19-26 (a)]에 표시된 비 반전 슈미트 트리거의 UTP와 LTP를 구하시오.

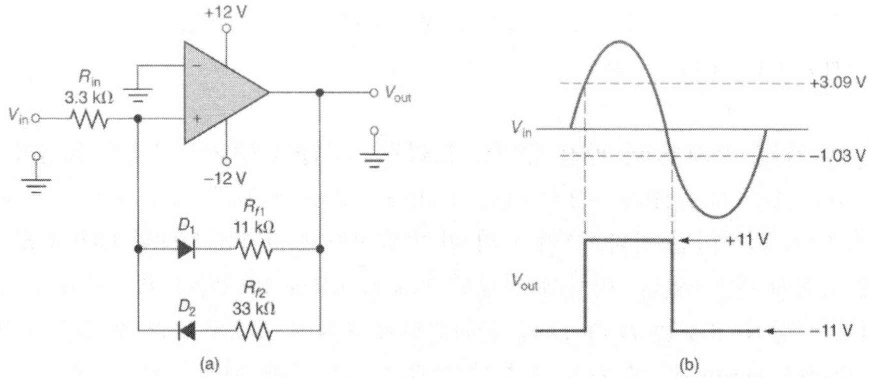

[그림 19-26]

풀이 회로의 출력은 11V이다. 따라서 UTP는 3.09V로 계산된다.

$$\text{UTP} = -\frac{R_{\text{in}}}{R_{f1}}(-V_{\text{out}} + 0.7\text{V}) = -\frac{3.3\text{k}\Omega}{11\text{k}\Omega}(-10.3\text{V}) = 3.09\text{V}$$

LTP는 −1.03V로 구해진다.

$$\text{LTP} = -\frac{R_{\text{in}}}{R_{f2}}(+V_{\text{out}} - 0.7\text{V}) = -\frac{3.3\text{k}\Omega}{33\text{k}\Omega}(10.3\text{V}) = -1.03\text{V}$$

이러한 UTP와 LTP에 의해서 [그림 19-26 (a)]에 표시된 회로는 [그림 19-26 (b)]와 같은 입력/출력 관계를 나타낸다.

(실전 연습문제 19-8)

[그림 19-26]에 표시된 것과 유사한 비 반전 슈미트 트리거는 ±15V 공급전압과 $R_{\text{in}} = 2\text{k}\Omega$, $R_{f1} = 20\text{k}\Omega$, $R_{f2} = 14\text{k}\Omega$의 크기를 갖는다고 가정하고 회로의 UTP와 LTP를 결정하시오.

▶▶ UTP = +1.33V, LTP = −1.9V

이 절에서 나타낸 회로는 모두 비 반전 회로이다. 다시 말하자면 positive로 진행하는 입력신호가 UTP를 통과할 때 회로의 출력은 높은 전압상태이며 negative로 진행하는 입력신호가 LTP를 통과할 때 회로의 출력은 낮은 전압상태이다. 여기에서 설명된 회로와 반대의 입력/출력 관계를 나타내는 반전 슈미트 트리거를 op-amp로 구성할 수 있다. 이런 경우에는 UTP에서 회로의 출력은 낮은 전압상태이며 LTP에서 회로의 출력은 높은 전압상태가 된다. 다음 절에서 반전 슈미트 트리거 회로의 동작을 자세히 살펴보기로 한다.

19.3.2 반전 슈미트 트리거(Inverting Schmitt Triggers)

기본적인 반전 슈미트 트리거 회로가 [그림 19-27]에 표시되어 있다. 이런 회로에서 입력 V_{in}이 반전 단자로 인가된다. 귀환신호는 R_{f1}과 R_{f2}의 접합으로부터 비 반전 단자로 인가된다.

이런 회로의 동작을 이해하기 위해서는 먼저 UTP와 LTP에 대한 식을 설정하여야 한다. [그림 19-27]에 표시된 회로에서 UTP는 식 (19-9)처럼 표시된다.

$$\text{UTP} = \frac{R_{f2}}{R_{f1} + R_{f2}}(+V_{\text{out}}) \tag{19-9}$$

LTP는 식 (19-10)처럼 표시된다.

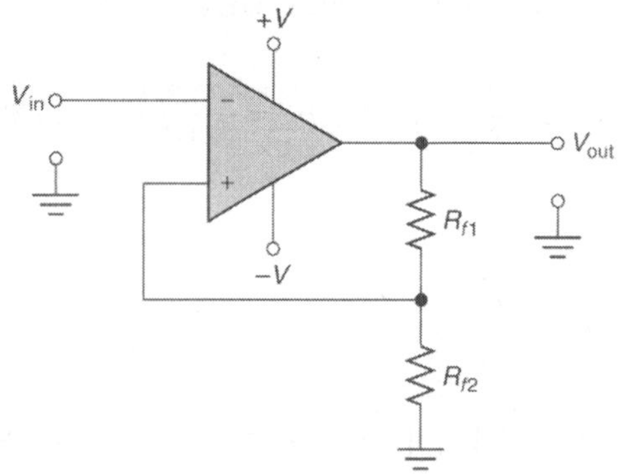

[그림 19-27] 반전 연산증폭기 슈미트 트리거

$$\mathrm{LTP} = \frac{R_{f2}}{R_{f1} + R_{f2}}(-V_{out}) \tag{19-10}$$

【예제 19.9】는 반전 슈미트 트리거 회로의 UTP와 LTP를 결정하는 과정을 나타낸다.

【예제 19.9】 [그림 19-28]에 표시된 회로의 UTP와 LTP를 결정하시오.

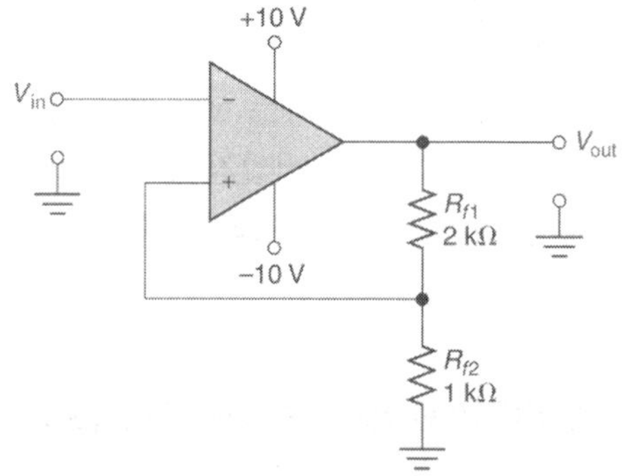

[그림 19-28]

풀이 빠른 접근방법은 먼저 회로의 저항 비를 결정하는 것이다. 저항 비는 다음과 같다.

$$\frac{R_{f2}}{R_{f1}+R_{f2}} \cong 0.33$$

UTP는 3V로 구해진다.

$$\mathrm{UTP} = (0.333)(9\mathrm{V}) = 3\mathrm{V}$$

LTP는 −3V로 구해진다.

$$LTP = (0.333)(-9V) = -3V$$

(실전 연습문제 19-9)

반전 슈미트 트리거는 ±10V의 공급전압과 $R_{f1} = 3k\Omega$, $R_{f2} = 1k\Omega$의 크기를 갖는다고 가정하고 회로의 UTP와 LTP를 결정하시오. ($R_L > 10k\Omega$이라고 가정한다.)

▶▶ UTP = +2.25V, LTP = −2.25V

회로의 동작을 설명하기 위해서 【예제 19.9】에서 구한 값을 사용한다. 우선 반전 슈미트 트리거를 취급한다는 점을 기억해야 한다. 따라서 입력이 UTP를 지날 때 출력은 낮은 전압상태가 되고 LTP를 지날 때 높은 전압상태가 된다. 이러한 사항을 [그림 19-29]에 표시되어 있다. 여기에서 표시된 파형은 [그림 19-28]에 표시된 회로에 대한 입력과 출력파형이다. 여러분도 알다시피 입력과 출력파형은 180° 위상차를 갖는다.

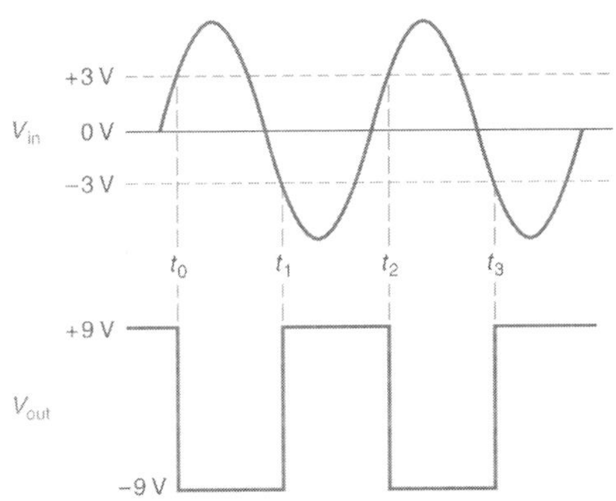

[그림 19-29] 반전 슈미트 트리거의 입출력 파형

회로의 출력이 +9V일 때 R_{f2} 양단의 전압은 +3V이다. 입력전압이 +3V(t_0에서)에 도달되면 출력은 −9V로 전환된다. 이제 R_{f2} 양단의 전압은 −3V이다. op-amp의 비 반전 입력 단자에 3V가 입력됨으로서 입력전압이 −3V(t_1에서)가 될 때까지 출력전압은 전환되지 않는다.

기본적인 반전 슈미트 트리거는 하나의 한계를 가지고 있다. [그림 19-28]을 살펴보면 회로에서 UTP와 LTP는 항상 같은 값이므로 UTP와 LTP를 계산하기에 별로 어렵지 않다. 이것은 일정한 저항비와 두 출력전압의 크기가 동일하기 때문이다. [그림 19-30]에 표시된 것처럼 반전 슈미트 트리거는 서로 다른 UTP와 LTP의 값을 갖도록 변형될 수 있다. 이런 회로에서 UTP는 D_1, R_{f1}, R_{f3}에 의해서 결정된다. LTP는 D_2, R_{f2}, R_{f3}에 의해서 결정된다. 예를 들어서 연산증폭기 출력이 positive로 되면 D_1이 순방향으로 바이어스되고 UTP는 식 (19-11)처럼 구해진다.

$$\mathrm{UTP} = \frac{R_{f3}}{R_{f1} + R_{f3}}(+V_{\mathrm{out}} - 0.7\mathrm{V}) \tag{19-11}$$

연산증폭기 출력이 negative로 되면 D_2가 순방향으로 바이어스되고 LTP는 식 (19-12)처럼 구해진다.

$$\mathrm{UTP} = \frac{R_{f3}}{R_{f2} + R_{f3}}(-V_{\mathrm{out}} + 0.7\mathrm{V}) \tag{19-12}$$

다른 귀환 저항을 사용하면 두 트리거점은 비대칭으로 된다.

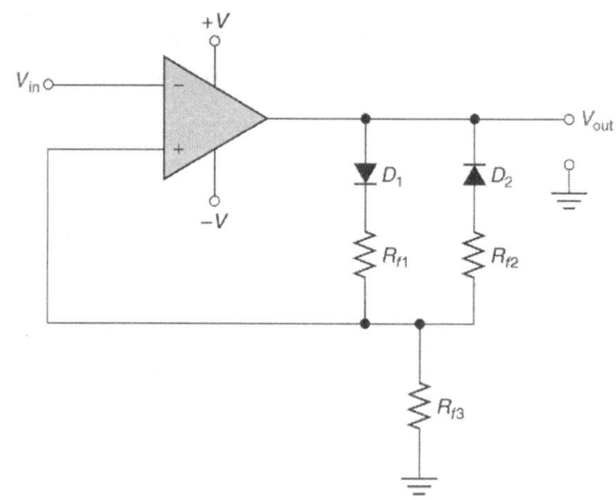

[그림 19-30] 비대칭의 UTP와 LTP를 가지도록 설계된 반전 슈미트 트리거

19.3.3 요점정리(One Final Note)

슈미트 트리거는 반전과 비 반전 형태로 구성될 수 있는 전압레벨 검지기이다. 슈미트 트리거 입력신호가 positive 방향으로 UTP에 도달할 때 회로의 출력은 하나의 직류전압으로 나타난다. 입력신호가 negative 방향으로 LTP에 도달할 때까지 출력은 그 직류전압을 유지하게 된다. 입력신호가 negative 방향으로 LTP에 도달될 때 출력은 또 다른 직류전압으로 전환된다. 특별한 입력상태에 대한 직류 출력전압은 반전 슈미트 트리거 또는 비 반전 슈미트 트리거 회로에 의존한다.

기초 확인문제 19.3

1. 슈미트 트리거란 무엇인가?
2. 상측 트리거점(UTP)이란 무엇인가?

3. 하측 트리거점(LTP)이란 무엇인가?
4. 히스테리시스란 무엇인가?
5. [그림 19-23]에 표시된 비 반전 슈미트 트리거의 동작을 설명하라.
6. [그림 19-25]에 표시된 비 반전 슈미트 트리거의 동작을 설명하라.
7. [그림 19-27]에 표시된 반전 슈미트 트리거의 동작을 설명하라.
8. [그림 19-30]에 표시된 반전 슈미트 트리거의 동작을 설명하라
9. 슈미트 트리거와 비교기를 비교하라.

19.4 멀티바이브레이터 : 555타이머 (Multivibrators : 555 Timer)

멀티바이브레이터(multivibrator)는 출력상태에 따라 비 안정, 단 안정, 또는 쌍 안정 출력상태를 갖도록 설계된 회로이다. 안정된 출력상태의 개념을 [그림 19-31]에 표시하였다.

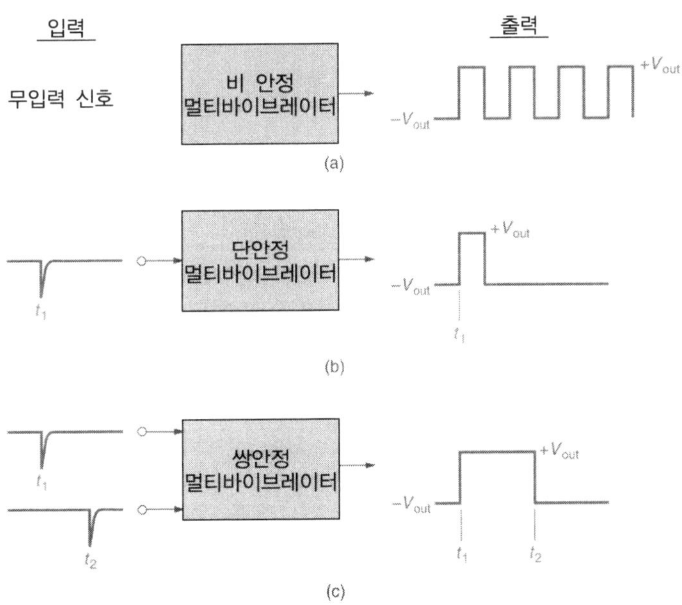

[그림 19-31] 멀티바이브레이터의 입출력 관계

비 안정 멀티바이브레이터(astable multivibrator)는 안정되지 않은 출력상태를 가진 스위칭 회로이다. 이러한 회로는 출력 스위치가 직류 공급 전압 입력을 갖는 두 개의 직류

레벨 사이를 앞뒤로 일정하게 유지시키는 구형파 발생기로 나타낼 수 있다. 이런 회로는 단지 일정한 구형파 출력을 발생시키기 때문에 비 안정 멀티바이브레이터를 프리-런닝 멀티바이브레이터(free-running multivibrator)라고도 부른다.

단 안정 멀티바이브레이터(monostable multivibrator)는 하나의 안정된 출력상태를 갖는다. [그림 19-31]에 표시된 것처럼 $-V_{out}$이 안정한 출력상태이다. 이 회로가 입력펄스나 트리거를 받는다면 시간의 예측 가능한 주기에서 $+V_{out}$ 상태로 스위치 된다. 그리고 자동으로 자신의 안정 상태인 $-V_{out}$ 상태로 되돌아간다. $+V_{out}$의 지속시간은 회로에서 사용되는 소자에 의해서 결정된다. 따라서 단 안정 멀티바이브레이터는 각각의 입력 트리거에 대해서 단일 출력펄스를 발생시키기 때문에 일반적으로 단발(one-shot)이라고 언급된다.

쌍 안정 멀티바이브레이터(bistable multivibrator)는 두 개의 안정된 출력상태를 갖는다. 적당한 트리거가 입력될 때 쌍 안정 멀티바이브레이터는 또 다른 출력상태로 전환된다. 또 다른 트리거가 입력될 때까지 현재의 출력상태를 유지하고 또 다른 트리거가 입력될 때 출력은 원래 출력상태로 되돌아간다. 이런 쌍 안정 멀티바이브레이터는 일반적으로 플립플롭(flip-flop)으로 언급된다.

지금까지 나타낸 바와 같이, 비안정의 의미는 안정된 상태가 아니고, 단안정은 하나의 안정된 상태를 의미하며, 쌍안정은 두 개의 안정된 상태를 의미한다. [그림 19-31]을 좀 더 자세히 살펴보면 이들의 이름에서 무엇인가를 인지할 수 있을 것이다. 비 안정 멀티바이브레이터는 입력신호를 갖지 않는다. 단발은 하나의 입력신호를 갖는다. 플립플롭은 두 개의 입력신호를 가진다. 비록 이것에 대한 예외가 있지만 일반적으로 입력 관계는 변함이 없다.

플립플롭은 디지털 전자공학 분야에서 광범위하게 취급되지만 여기서는 자세히 취급하지 않았다. 비안정과 단 안정 멀티바이브레이터 또한 디지털 전자공학 분야에서 취급되므로 이러한 회로의 개념적인 동작원리만을 소개하기로 한다.

예전에는, 멀티바이브레이터는 일반적으로 이산 소자로 구성되었다. 그러나 멀티바이브레이터는 더 이상 이산 소자로 구성되지 않는다. 지금까지 논의되었던 어떤 형태의 회로보다 더 빈번하게, 멀티바이브레이터는 IC 형태로 구성된다. 이러한 IC 중의 하나가 다양한 형태의 스위칭 응용에 사용할 수 있는 555 타이머 IC이다. 그 많은 응용들은 단 안정과 비 안정 멀티바이브레이터이다.

555 타이머를 사용하는 장점은 멀티바이브레이터를 구성하기 위해 필요한 모든 능동소자가 단일 칩 내에 존재한다는 것이다. IC에 적당한 수동소자를 부가함으로서 555 타이머를 프리-런닝 멀티바이브레이터 또는 단발로써 사용된다. 이 절에서는 555 타이머의 내부회로 구성과 555 타이머가 프리-런닝 또는 단발로 사용되는 점에 대해서 고찰하기로 한다.

19.4.1 555 타이머(The 555 Timer)

555 타이머는 8핀 IC에 포함된 스위칭 회로이다. 이런 IC는 두 개의 비교기, 플립플롭, 인버터, 그리고 몇 개의 저항과 트랜지스터로 구성된다. 555 타이머의 블록 다이어그램을 [그림 19-32]에 표시했다.

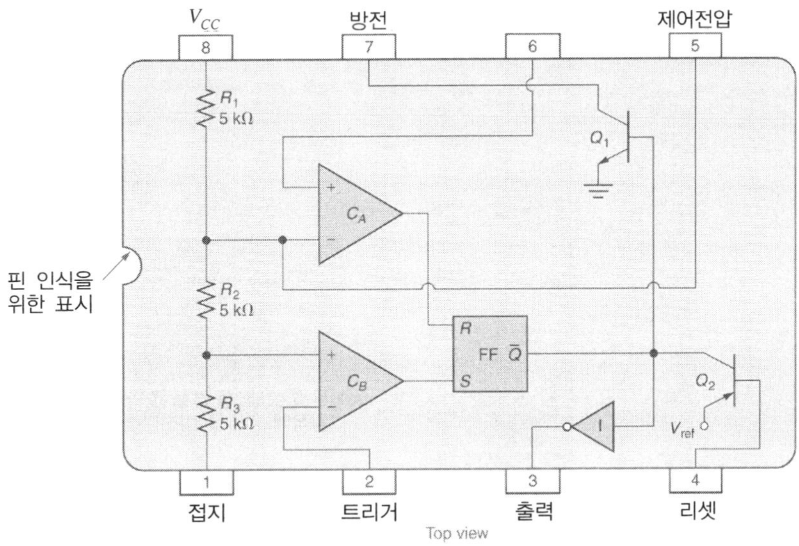

[그림 19-32] 555 타이머

지금까지는 이러한 형태의 IC를 취급하지 않았으므로 알아두어야 할 몇 가지 사항이 있다. [그림 19-32]의 블록 다이어그램은 IC 내부를 나타낸다. 케이스 외부에 위치한 블록 내부의 작은 숫자는 IC의 핀 번호이다. 케이스 왼쪽에는 작은 표식을 나타냈다. 이 표식은 1번 핀을 표시하기 위해서 사용된다. 555 타이머를 취급할 때, 표식이 왼쪽에 위치하도록 IC를 유지하라. 왼쪽 아래 핀이 1번 핀이다. 나머지 핀들은 반시계방향으로 1번 핀에서부터 순서대로 정해진다. 핀 번호는 741 OP-AMP의 핀 번호와 동일하다.

칩 내부에는 두 개의 비교기 C_A와 C_B, 한 개의 플립플롭(FF), 한 개의 인버터(I), 두 개의 트랜지스터와 전압 분배기(R_1에서 R_3까지)가 존재한다. 전압 분배기는 비교기의 기준전압들을 결정하기 위해서 사용된다. $R_1 = R_2 = R_3$이므로 C_A와 C_B의 기준전압은 각각 $\frac{2}{3}V_{CC}$와 $\frac{1}{3}V_{CC}$로 된다.

타이머(5번 핀)에 제어전압이 입력되었을 때 이런 기준전압에 변화가 발생한다. 이러한 사항에 대해서는 이 절의 뒷부분에서 설명된다. 만약 6번 핀의 입력이 C_A의 기준 전압보다 크다면, 비교기의 출력은 high 상태가 된다. 반대의 경우, 비교기의 출력은 low 상태가 된다. 만약 2번 핀의 입력이 C_B의 기준 전압보다 크다면 비교기의 출력은 low 상태가 되고 반대의 경우라면 비교기의 출력은 high 상태가 된다.

정상동작 상태에서 비교기는 세 가지의 입력/출력상태 중의 하나로 동작된다. 이들의 상태를 [그림 19-33]에 표시했다. 각 비교기의 출력상태 조합은 타이머의 2번 핀과 6번 핀의 입력에 의존한다. 두 비교기의 출력을 동시에 high 상태로 구동하는 것은 가능하지만 플립플럽의 결과 때문에 두 비교기의 high 출력상태는 일반적으로 수행되지 않는다.

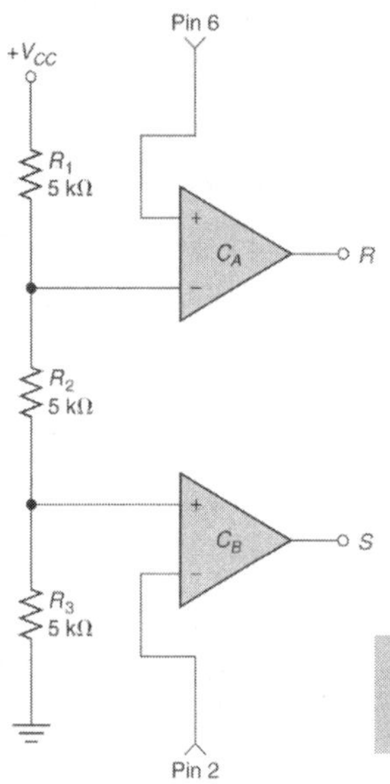

Inputs		Outputs	
Pin 6	Pin 2	R	S
High	High	High	Low
Low	Low	Low	High
* High	Low	High	High
Low	High	Low	Low

* 무효상태(플립플롭의 동작에 영향을 미친다.)

각 비교기의 입력들은 기준전압에 대해서 high 혹은 low로 표시된다.

[그림 19-33] 비교기의 입출력 조합

입력에 대한 플립플롭의 응답을 [그림 19-34]에 표시했다. 여러분도 이미 알고 있는 것처럼 플립플롭에 두 개의 높은 전압상태가 입력된다면 "무효"(invalid) 상태로 취급된다. 이와 같은 상태의 플립플롭 응답은 예상할 수 없기 때문이다. 두 개의 높은 전압상태가 입력된다면, 플립플롭($\overline{Q}$로 표시된) 출력은 high, low 또는 둘 중의 하나가 된다. 따라서 6번 핀이 high 상태이고 2번 핀이 low 상태인 입력 조합은 결코 허용될 수 없다. 허용되지 않는 입력 조합에 의해서 플립플롭에는 동시에 두 개의 high 상태가 입력될 수 없다.

몇 가지 사항을 더 명확히 하기 위해서 몇 가지의 회로를 고찰하기로 하자. 우선, 플립플롭 출력은 *npn* 트랜지스터를 통해서 방전 출력(7번 핀)과 연결되어 있다. 이런 트랜지스터는 전류조절 스위치로 동작한다. 플립플롭의 출력이 high 상태일 때, 7번 핀은 트랜지스터를 통해서 접지와 연결된다. 플립플롭의 출력이 low 상태일 때 7번 핀은 임의의 외부회로와 개방으로 나타난다. 7번 핀의 기능은 기본적인 555 타이머 회로를 논의할 때 더욱 명확해질 것이다. 인버터(3번 핀)와 트랜지스터(7번 핀)는 플립플롭의 출력을 반전시킨다. 두 회로가 서로 다른 기호로 사용된 이유는, 인버터는 플립플롭 출력의 이득을 제공하기 위하여 사용되며, 트랜지스터는 단지 스위치로 사용되기 때문이다.

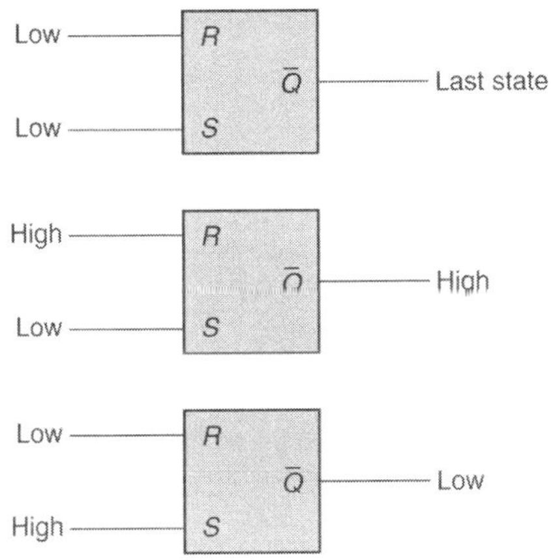

S	R	$\bar{Q}$
Low	Low	L.S.*
Low	High	High
High	Low	Low
High	High	Invalid

* Last state. The $\bar{Q}$ output remains in the state it was in before the input combination occurred.

[그림 19-34] 플립플롭의 입출력 조합

리셋 입력(4번 핀)은 555 타이머를 일시 중지하기 위하여 사용된다. 타이머가 정상적으로 동작할지라도 4번 핀이 접지된다면 출력(3번 핀)은 low 상태를 유지하게 된다. 이런 입력은 특별한 응용에 사용되며 일반적으로 V_{CC}와 연결된 상태로 비활성 레벨을 유지하게 된다. 4번 핀이 V_{CC}에 연결되었을 때, *pnp* 트랜지스터는 off 상태로 바이어스되고 555타이머의 출력은 정상적으로 동작한다. 리셋 입력이 low 상태일 때, *pnp* 트랜지스터는 on 상태로 바이어스되며 플립플롭의 출력은 인버터에 도달되기 전에 단락 된다. 모든 555 타이머 회로에서 4번 핀은 V_{CC}에 연결된다. 따라서 리셋 회로는 동작되지 않는다.

19.4.2 단안정 멀티바이브레이터(The Monostable Multivibrator)

555 타이머는 [그림 19-35]에 표시된 것처럼 한 개의 저항과 커패시터를 부가시키면 단발(one-shot)로 변환될 수 있다. 회로의 동작을 설명하기 전에 몇 가지 실질적인 관찰이 필요하다.

- 555 타이머의 리셋 입력(4번 핀)은 V_{CC}에 연결된다. 이것은 리셋 회로를 정지시킨다.
- IC를 동작시키기 위해서는 8번 핀은 1번 핀은 각각 V_{CC}와 접지에 연결되어야 한다.
- 제어전압 입력(5번 핀)은 연결되지 않는다(NC). 이 핀에는 아무것도 연결되지 않는 것을 의미한다. 제어전압 입력이 사용되지 않을 때 허용된다.
- 6번 핀과 7번 핀은 *R*과 C 사이에 함께 연결된다. 따라서 이런 두 핀의 전압은 항상 커패시터 양단의 전압 V_C와 같다.

이제 회로의 동작을 살펴보자. 적당한 파형을 [그림 19-36]에 표시했다. 시작과 함께 가설을 세워야 한다. t_0 전에 플립플롭의 출력은 high 상태로 가정한다. 잠시 후에 이러한 상태가 유발된 것을 알 수 있을 것이다. 따라서 t_0에서의 파형을 이해하기 위해서 플립플롭의 출력은 high 상태라고 가정할 필요가 있다.

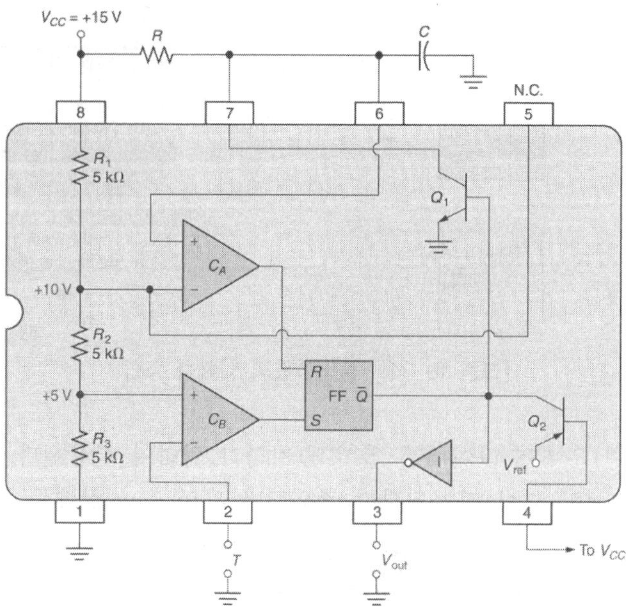

[그림 19-35] 555 타이머 단발(단 안정 멀티바이브레이터)

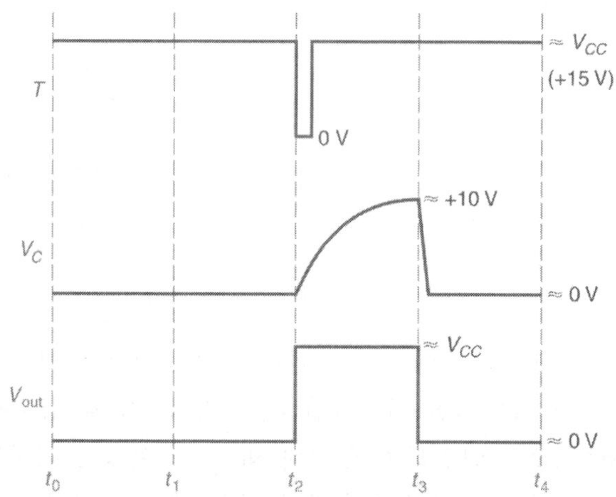

[그림 19-36] 555 타이머 단발 파형

t_0와 t_2 사이는 비활성 회로의 전압을 나타낸다. 정상적으로 트리거 입력(T)는 자신의 비활성 상태에 있을 때 V_{CC}와 거의 같게 된다. 이것은 C_B의 출력을 low 상태로 보장한다. 플립플롭의 출력을 high 상태라고 가정하면 3번 핀과 7번 핀은 모두 low 상태로 결합된다는 것을 알 수 있다. 7번 핀의 low 상태 출력은 [그림 19-36]에 표시된 것처럼 커패

시터 양단에 걸리는 V_C 전압을 0V로 되게 한다. 이런 low 상태는 6번 핀을 통하여 C_A의 출력 또한 low 상태이다. 플립플롭의 입력이 모두 low 상태이므로 플립플롭의 출력은 high 상태를 유지한다. 회로 내의 전압은 그 상태를 변화시킬 어떤 것이 발생할 때까지 그림에 표시된 것과 같은 상태를 유지하게 된다.

t_2에서 트리거(T) 입력은 low 상태로 구동된다. 이런 경우에는 다음과 같은 연속적인 현상이 발생된다.

1. C_B의 low 상태의 입력은 비교기의 출력을 high 상태로 구동한다.
2. 플립플롭의 입력상태는 현재 동일하지 않으며 $\overline{Q}$는 low 상태인 R의 입력과 같은 레벨로 된다.
3. 플립플롭의 low 상태 출력은 반전되며 [그림 19-36]에 표시된 것처럼 3번 핀은 high 상태가 된다.
4. 플립플롭의 low 상태 출력은 *npn* 트랜지스터를 off 상태로 바이어스시킨다. 따라서 커패시터는 V_{CC}로 충전되기 시작한다. 커패시터의 충전시간은 R과 C 값에 의존한다.
5. 결국 커패시터는 $V_C > +10$V인 지점까지 충전된다. 이러한 관점에서 6번 핀의 입력은 high 상태이다.
6. C_A의 high 상태 입력은 비교기의 출력을 high 상태로 초래한다. 트리거 신호는 더 이상 존재하지 않으므로 C_B의 출력은 low 상태로 되돌아간다.
7. 플립플롭의 입력이 또 다시 같지 않으므로 $\overline{Q}$는 높은 전압상태인 R의 레벨로 전환된다.
8. 플립플롭의 high 상태 출력은 3번 핀을 다시 low 상태(t_3에 표시된)로 가게 된다.
9. high 상태의 플립플롭 출력은 커패시터가 방전됨으로서 *npn* 트랜지스터를 다시 on 상태로 바이어스시킨다. 이것이 회로의 모든 전위를 원래의 값으로(t_4에 표시된) 복귀시킨다.

여러분도 보다시피 $\overline{Q}$=high의 초기 가정은 플립플롭이 항상 트리거 사이클 끝의 값으로 결정된다는 사실에 근거한다. 이 때 여러분은 회로가 매우 복잡하다고 생각될 것이다. 그러나 보다 더 실질적인 의미에서는 어느 정도 간략화 된다. 이번 논의에서 트리거 입력에 대한 555 타이머 내부의 모든 상세한 응답을 고려하였다. 이런 회로를 실제로 이용한다면 타이머의 입력/출력 기능을 고려하여야 한다. 실제로, [그림 19-37]에 표시된 블록 다이어그램을 살펴보자. 지금까지 논의된 회로를 동작시키려고 한다면 [그림 19-37]을 이용할 수 있다. 이런 회로는 한 개의 IC 저항 그리고 커패시터를 필요로 한다.

이런 회로가 동작하지 않는다면 몇 가지 기본적인 측정이 필요하다. 수동소자가 확인되었다면 555타이머를 교체한다. 간단히 하기 위해서 어떻게 해야 하는가?(이 장의 뒷부분에서 고장점검 과정에 대해 설명하였다.)

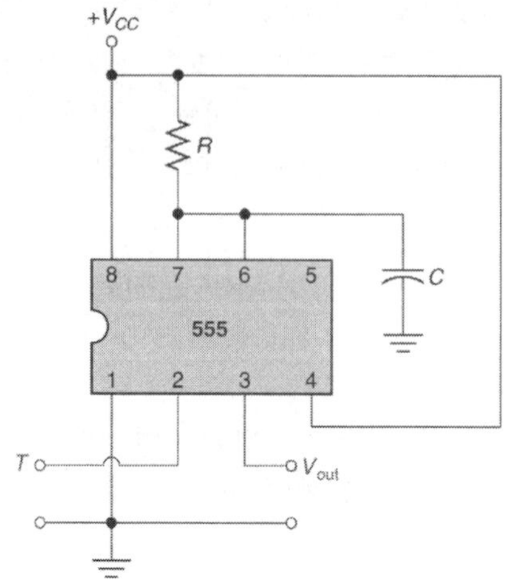

[그림 19-37]

555 타이머 단발의 펄스 폭은 회로에 사용된 R과 C의 값에 의해서 결정된다. RC 회로의 커패시터 충전시간은 식 (19-13)처럼 구해진다.

$$t = RC\left[\ln\frac{V_S - V_I}{V_S - V_C}\right] \tag{19-13}$$

여기서, t=커패시터가 V_C로 충전되기 위한 시간
V_S=커패시터를 충전하기 위해 사용되는 전압
V_I=커패시터의 초기 충전전압, 보통 0V
V_C=커패시터 전압

ln은 자연 대수를 의미한다. 555 타이머 단발에서, 커패시터 충전 전압 V_S는 V_{CC}이고 커패시터의 초기 충전 전압 V_I는 0V이다. 펄스 폭은 커패시터가 $\frac{2}{3}V_{CC}$로 충전되기 위해서 필요한 시간에 의해서 결정되므로 충전시간 공식에서 V_C는 $\frac{2}{3}V_{CC}$ 값을 사용한다. 이러한 값으로 주어진 R과 C에서 단발의 펄스 폭을 결정하기 위해 사용되는 유용한 공식은 식 (19-14)처럼 유도할 수 있다.

$$t = RC\left[\ln\frac{V_S - V_I}{V_S - V_C}\right] = RC\left[\ln\frac{V_{CC} - 0\text{V}}{V_{CC} - \frac{2}{3}V_{CC}}\right]$$

$$= RC\left[\ln\frac{V_{CC}}{\frac{1}{3}V_{CC}}\right] = RC\left[\ln(3)\right]$$

혹은

$$\text{PW} = 1.1RC \tag{19-14}$$

【예제 19.10】은 이 식의 사용법에 대해서 설명한다.

【예제 19.10】 [그림 19-37]에 표시된 것과 같은 단발은 $R=1.2\text{k}\Omega$, $C=0.1\mu\text{F}$의 크기를 가진다고 가정하고 출력의 펄스 폭을 결정하시오.

풀이 펄스 폭은 132μs로 구해진다.

$$\text{PW}=1.1RC=(1.1)(1.2\text{k}\Omega)(0.1\mu\text{F})=132\mu\text{s}$$

(실전 연습문제 19-10)

[그림 19-37]에 표시된 것과 유사한 단발은 $R=18\text{k}\Omega$, $C=1.5\mu\text{F}$의 크기를 가진다고 가정하고 출력의 펄스 폭을 결정하시오.

▶▶ 29.7ms

19.4.3 회로의 고장진단 및 수리(Circuit Troubleshooting)

[그림 19-37]에서 단발의 고장진단 및 수리는 매우 간단하다. 고장진단 과정은 다음과 같다.

- V_{CC}와 접지는 바르게 연결되어 있는가?
- 리셋 입력은 비활성 레벨에 있는가?
- 유효한 트리거 신호가 회로에 입력되는가?
- 저항은 바르게 연결되어 있는가?
- 커패시터는 바르게 연결되어 있는가?

만약 여러분의 대답이 모두 yes라면 555 타이머를 교체해야 한다. 만약 여러분의 대답이 no라면 문제점을 발견하게 될 것이다. 고장진단 절차는 유효한 트리거 신호의 점검도 포함된다. 이 점에서의 문제는 : 유효한 트리거 신호란 무엇인가? 유효한 트리거 신호는 C_B가 high 상태의 출력을 갖도록 2번 핀으로 입력되는 충분히 low 상태이다. 이런 입력 전압의 값은 제어전압 입력의 사용여부에 의존한다. 제어전압 입력이 사용되지 않을 때, 최대 트리거 입력은 식 (19-15)처럼 표시된다.

$$V_T<\frac{1}{3}V_{CC} \tag{19-15}$$

이 식은 제어전압 입력이 사용되지 않을 때 C_B의 (+)입력이 $\frac{1}{3}V_{CC}$라는 것에 근거한다. 따라서 입력(T)은 C_B가 high 상태의 출력을 갖도록 하기 위하여 $\frac{1}{3}V_{CC}$보다 작아야 한다. 제어전압 입력이 사용될 때 R_2와 R_3 양단에서 동일하게 전압강하가 일어난다. 따라서 C_B의 (+)입력에서 전압은 제어전압의 $\frac{1}{2}$이 되며 최대 트리거 전압은 식 (19-16) 처럼 표시된다.

$$V_T < \frac{1}{2}V_{con} \tag{19-16}$$

V_{con}은 제어전압이다. 【예제 19.11】은 주어진 단발회로의 최대 트리거 입력전압을 결정하는 과정을 나타낸다.

【예제 19.11】 [그림 19-38]에 표시된 단발회로의 V_T를 결정하시오.

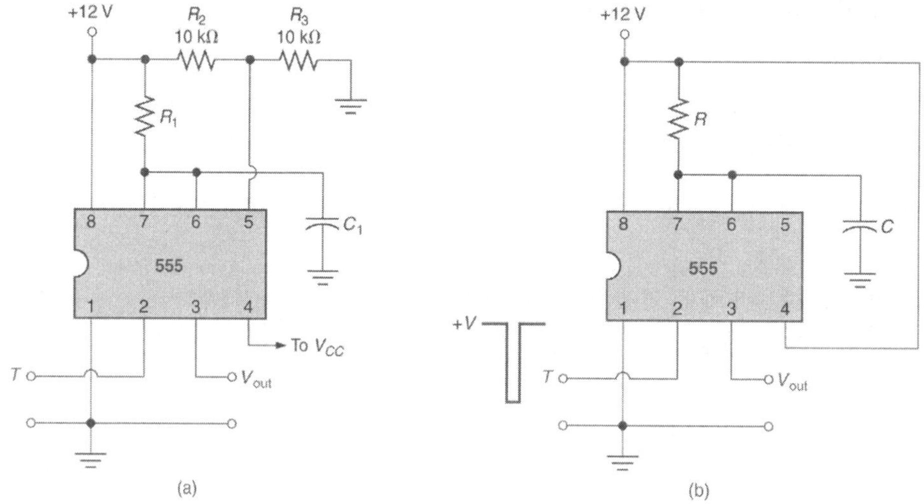

[그림 19-38]

풀이 [그림 19-38 (a)]에 표시된 회로는 제어전압 입력을 제공하기 위해서 전압분배기를 사용한다. 전압분배기 공식을 사용하면 제어전압 $V_{con} = +6V$이다. 따라서 low 상태의 트리거 입력에 대한 최대 허용 값은 +3V이다.

$$V_T < \frac{1}{2}V_{con} = +3V$$

[그림 19-38 (a)]에 표시된 회로에서 low 상태의 트리거 전압은 회로를 적절하게 트리거하기 위하여 +3V 이하로 된다. [그림 19-38 (b)]에 표시된 회로는 제어전압 입력이 개방되어 있으므로 식 (19-15)가 유효한 트리거 전압을 구하기 위해서 사용된다.

$$V_T < \frac{1}{3}V_{CC} = +4V$$

(실전 연습문제 19-11)

[그림 19-38 (a)]와 유사한 회로가 $R_1 = 2\text{k}\Omega$, $R_2 = 10\text{k}\Omega$, $R_3 = 30\text{k}\Omega$ 값을 갖는다면 회로의 V_{CC}가 +15V일 때 회로의 V_T 값은 얼마인가?

▶▶ $V_T < 5.65\text{V}$

【예제 19.11】에서 사용된 회로는 555 타이머의 제어전압 입력 사용의 장점을 나타낸다. 두 회로에서, 출력은 대략 0V와 +12V의 피크전압을 갖는 펄스이다. 그러나 [그림 19-38 (a)]에 표시된 회로는 [그림 19-38 (b)]에 표시된 회로보다 더 low 전압에 의해서 트리거 된다. 제어전압 입력을 사용하지 않고 +3V 트리거를 원한다면 +9V 공급전원을 사용하여야 한다. 바꾸어 말하면 제어전압 입력을 사용하여 회로의 V_{CC}를 변화시키지 않고 임의의 트리거 신호 레벨과 타이머의 최대 피크출력 값을 선택할 수 있다.

【예제 19.11】에서 얻어진 값을 사용하여 트리거 신호가 유효한지 또는 유효하지 않은지를 결정할 수 있다. 예를 들어서 [그림 19-39]에 표시된 나타낸 트리거 신호를 고려하자. [그림 19-39 (a)]에 표시된 세 가지 트리거 신호는 [그림 19-38]에 표시된 회로에서 유효하다. 이런 신호들은 V_T보다 작거나 같으므로 [그림 19-38]의 두 회로를 적절히 트리거되게 할 것이다.

[그림 19-39 (b)]에 표시된 첫 번째 트리거 신호 [$V_T = +3.2\text{V}$]는 [그림 19-38 (b)]에 표시된 회로를 동작시키고 두 번째 트리거 신호 [$V_T = +3.5\text{V}$]도 마찬가지다. 그러나 두 트리거 신호 중 어느 것도 low 레벨이 회로의 V_T보다 더 크기 때문에 [그림 19-38 (a)]에 표시된 회로를 구동시킬 수 없다. 세 번째 파형도 [그림 19-38]에 표시된 두 회로들을 동작시키지 못한다.

특별한 사항은 다음과 같다. [그림 19-39 (b)]에 표시된 세 번째 파형은 [그림 19-38 (b)]에 표시된 회로를 간헐적으로 동작시키게 된다. 이것의 의미는 [그림 19-39 (b)]에 표시된 세 번째 파형의 low 레벨이 회로의 V_T에 매우 근접하여 회로를 임의의 시간에 간

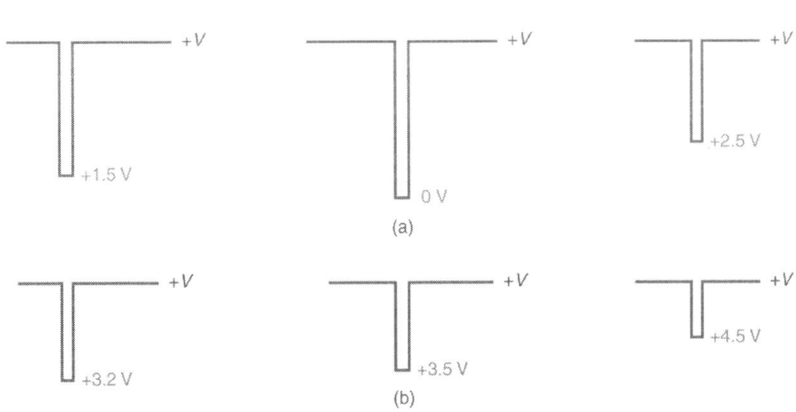

[그림 19-39] 단발 트리거 신호

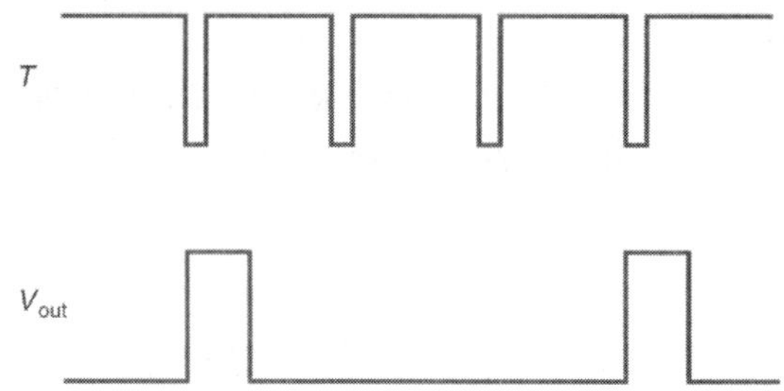

[그림 19-40] 단발 간헐동작

헐적으로 동작시킨다는 것이다. 간헐적인 동작의 예를 [그림 19-40]에 표시했다. 출력은 두 개의 입력신호에 트리거 되지만 다른 두 개의 입력신호에서는 트리거 되지 않는다. 스위칭 회로에서 간헐적인 문제가 발생할 때는 언제든지 트리거 신호를의심하여야 한다. 대부분의 경우, 간헐적인 동작은 충분히 low가 아니거나 high가 아닌 트리거 신호에 의해서 초래된다.

때때로 간헐적인(intermittent) 문제는 단발이 비교적 높은 주파수에서 동작할 때 발생될 수 있다. 이러한 경우에 555 타이머의 스위칭 율이 문제가 되며 트리거 신호의 문제는 아니다. 555 타이머가 하나의 출력상태에서 또 다른 상태로 전환될 때 V_{CC}와 접지 핀 사이의 칩 내부는 일시적인 단락회로가 된다. 이런 단락의 원인은 능동소자가 능동영역을 통해서 전환되기 때문이다. 이런 문제점의 해결 방법은 [그림 19-41]에 표시된 것처럼 칩의 V_{CC}와 접지 핀 사이에 측로 커패시터를 사용하는 것이다.

단발 회로가 주파수와 관계된 간헐적인 문제를 가지고 있다면, 측로 커패시터(bypass capacitor)는 스위칭 시간 동안 비교적 일정한 공급전류(I_{CC})를 유지함으로서 이 문제를

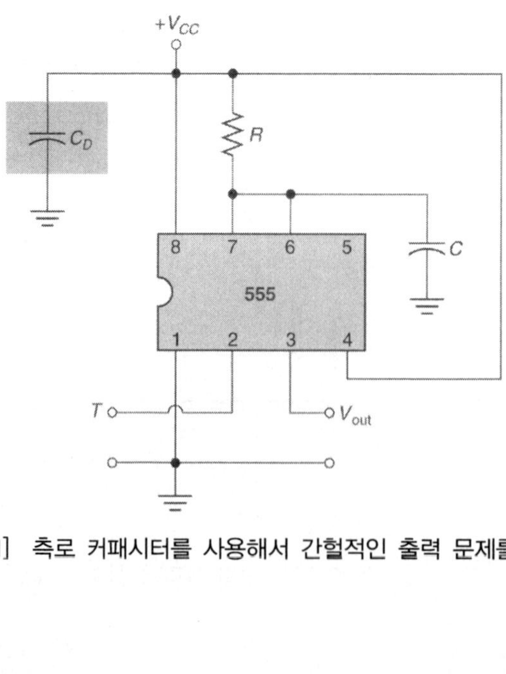

[그림 19-41] 측로 커패시터를 사용해서 간헐적인 출력 문제를 제거한다.

제거할 수 있다. C_D는 전형적으로 0.1μF 정도가 된다. f_{in}에 의해서 간헐적인 문제가 초래되었을 때 어떻게 알 수 있는가? 트리거 신호를 조사한다. 트리거 신호가 분명히 유효하다면, 나머지는 회로의 입력 주파수와 관계된 문제이다.

19.4.4 비안정 멀티바이브레이터(The Astable Multivibrator)

555 타이머는 [그림 19-42]에 표시된 것처럼 프리-런닝 동작을 위해 배선될 수 있다. 이런 회로는 두 개의 저항과 한 개의 커패시터를 포함하고 있으며 어떤 다른 회로로부터의 입력 트리거를 가지고 있지 않는다. 외부로부터의 트리거 신호가 없다는 것은 프리-런닝 멀티바이브레이터의 회로를 식별할 수 있는 특징이다.

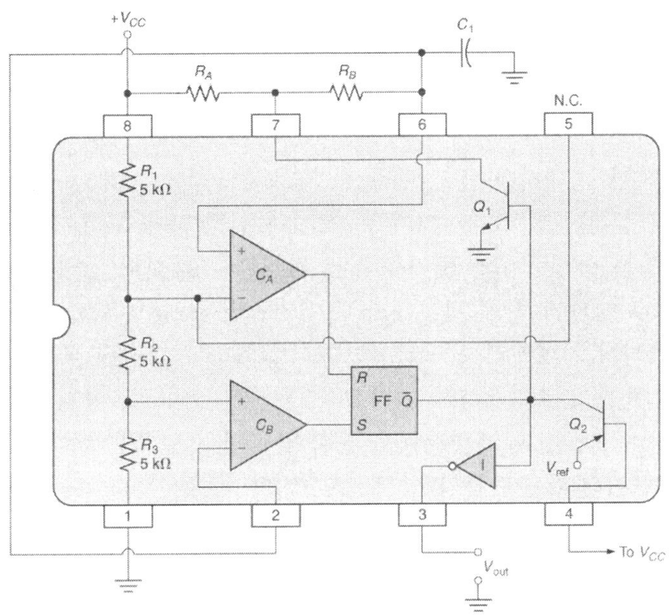

[그림 19-42] 555 타이머 비안정(프리 런닝) 멀티바이브레이터

이런 회로 동작의 요지는 커패시터가 트리거 입력(2번 핀)과 문턱 입력(6번 핀)에 연결된다는 것이다. 따라서 커패시터가 문턱전압(2/3 V_{CC})과 트리거 전압(1/3 V_{CC}) 사이에서 충전과 방전을 일으킨다면 출력은 안정된 펄스열이 된다. 이러한 사항을 [그림 19-43]에 표시했다. 2번 핀과 6번 핀이 함께 연결되어 있으므로 전압은 항상 같다. V_C가 2/3 V_{CC}로 충전되면 두 입력은 high 상태가 되며 타이머의 출력은 low 상태가 된다. V_C가 1/3 V_{CC}로 방전되면, 두 입력은 low 상태가 되고 타이머의 출력은 high 상태가 된다.

C_1의 충전-방전작용은 555 타이머 내부회로에 기인한다. 이것이 수행되는 것을 알기 위하여, 몇 가지 가정으로부터 시작한다.

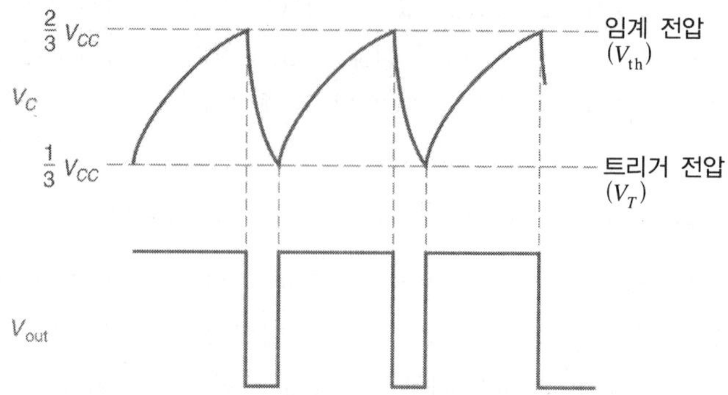

[그림 19-43] 비안정(프리 런닝) 멀티바이브레이터의 파형

- 커패시터는 문턱전압 V_{th}까지 충전된다.
- 플립플롭의 출력은 low 상태이므로 3번 핀은 high 상태이고 7번 핀은 개방상태가 된다.

7번 핀이 개방되면 커패시터는 R_A와 R_B를 경유한 V_{CC}에 의해서 충전된다. 마침내 커패시터는 V_{th}까지 충전된다. 커패시터가 V_{th}까지 충전될 때 555 타이머의 두 입력은 high 상태가 된다. 이것은 플립플롭의 출력을 high 상태로 초래한다. 플립플롭의 high 상태는 출력(3번 핀)을 low 상태가 되게 하고 *npn* 트랜지스터를 on 상태로 바이어스시킨다. 7번 핀은 접지와 단락되어 커패시터를 방전시킨다. V_T 이하로 방전될 때 두 입력은 다시 low 상태로 되고 플립플롭의 출력을 low 상태로 구동한다. 차례로, 이것은 또다시 high 상태의 출력을 초래하며 7번 핀을 개방상태로 돌아가게 하며 주기는 또다시 시작된다. 프리-런닝 멀티바이브레이터의 출력주기는 식 (19-17)처럼 표시된다.

$$T = 0.693[(R_A + 2R_B)C_1] \tag{19-17}$$

식 (19-17)의 주파수 변환 식은 식 (19-18)에 표시된 것처럼 회로의 동작주파수를 나타낸다.

$$f_0 = \frac{1}{0.693[(R_A + 2R_B)C_1]}$$

혹은

$$f_0 = \frac{1.44}{(R_A + 2R_B)C_1} \tag{19-18}$$

프리-런닝 멀티바이브레이터의 듀티 사이클은 주기에 대한 펄스 폭의 비율이다. [그림 19-43]에 표시된 파형을 관찰하면 회로의 펄스 폭과 주기는 C_1의 충전과 방전시간에 의해 결정됨을 알 수 있다. 식 (19-15)로 부터 주기시간 $T = 0.693[(R_A + 2R_B)C_1]$와 같다는 것을 알고 있다. 회로의 펄스 폭은 식 (19-19)처럼 표시된다.

$$\text{PW} = 0.693[(R_A + R_B)C_1] \tag{19-19}$$

듀티 사이클 식에서 펄스 폭과 주기시간 대신 충전/방전 식을 사용하면 식 (19-20)과 같은 유용한 식을 얻을 수 있다.

$$\text{듀티사이클} = \frac{0.693[(R_A + R_B)C_1]}{0.693[(R_A + 2R_B)C_1]} \times 100$$

혹은

$$\text{듀티사이클} = \frac{R_A + R_B}{R_A + 2R_B} \times 100 \tag{19-20}$$

【예제 19.12】는 프리-런닝 멀티바이브레이터의 기본적인 분석과정을 나타낸다.

【예제 19.12】 [그림 19-44]에 표시된 회로의 f_0와 듀티 사이클을 결정하시오. 또한 회로의 펄스 폭도 결정하시오.

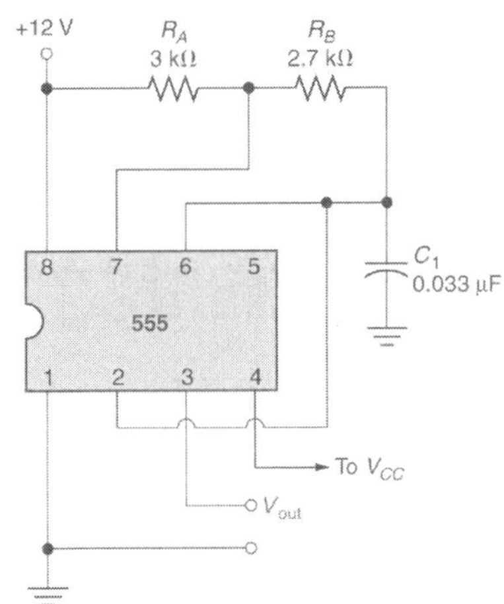

[그림 19-44]

풀이 회로의 f_0는 5.19kHz로 구해진다.

$$f_0 = \frac{1.44}{(R_A + 2R_B)C_1} = \frac{1.44}{(3\text{k}\Omega + 5.4\text{k}\Omega)(0.033\mu\text{F})} = 5.19\text{kHz}$$

회로의 듀티 사이클은 67.9%이다.

$$\text{듀티사이클} = \frac{R_A + R_B}{R_A + 2R_B} \times 100 = \frac{5.7\text{k}\Omega}{8.4\text{k}\Omega} \times 100 = 67.9\%$$

마지막으로 회로의 펄스 폭은 130μs로 구해진다.

$$PW = 0.693[(R_A + R_B)C_1] = 0.693(5.7k\Omega)(0.033\mu F) = 130\mu s$$

(실전 연습문제 19-12)

[그림 19-44]와 유사한 회로가 $V_{CC} = +10V$, $R_A = 5.1k\Omega$, $R_B = 2.2k\Omega$, $C_1 = 0.022\mu F$의 크기를 갖는다고 가정하고 회로의 f_0, 듀티 사이클, 출력 펄스 폭을 결정하시오.

▶▶ $f_0 = 6.89kHz$, 듀티 사이클 $= 76.8\%$, $PW = 111\mu s$

여기서, 프리-런닝 멀티바이브레이터 RC 회로에 두 개의 저항이 사용된 것을 고려하여야 한다. 하지만, 단발에서는 단지 하나의 저항이 요구되었다. 이러한 문제를 해결하기 위해서 R_A와 R_B가 단락되었을 때 발생되는 현상을 관찰하자.

만약 R_A가 단락된다면 6번 핀과 7번 핀 사이에 한 개의 저항 R_B만 남게 된다. 555 타이머는 7번 핀이 low 상태일 때 전압공급기 회로를 단락시키기 때문에 이러한 상황은 만족스럽지 못하다. 7번 핀은 매 방전주기 동안 low 상태가 된다는 것을 기억하라. 만약 R_A가 단락되었다면 이러한 low 출력은V_{CC}와 직접적으로 연결된다. 555 타이머는 잘 동작하게 된다. 따라서 7번 핀과 V_{CC} 사이에 저항이 연결되어야만 한다.

만약 R_B가 단락 된다면 C_1의 방전주기 동안 RC 회로는 구성되지 않는다. 여러분도 이미 알고 있는 바와 같이 C_1은 $(R_A + R_B)$를 통해서 충전되고 R_B를 통해서 방전된다. 만약 R_B가 단락회로로 대체된다면 방전주기 시간은 0이 된다. 듀티 사이클은 100%가 되고 만족스럽지 못한 상황이 발생한다. 따라서 R_B는 적절한 동작을 위해서 사용되어야 한다.

19.4.5 회로의 고장진단 및 수리(Circuit Troubleshooting)

프리-런닝 회로의 고장진단 및 수리 방법은 단발에서 사용된 절차와 유사하다. 차이점은 잘 검증된 두 개 저항을 가지고 있다는 것이다. 모든 다른 검사는 동일하다.

19.4.6 전압제어 발진기(Voltage Controlled Oscillators)

555는 전압제어 발진기(VCO)회로 형태로 변형될 수 있다. [그림 19-45]에 표시된 VCO는 출력 주파수가 주어진 입력 제어전압 V_{con}에 의존하는 프리-런닝 발진기이다. 타이머의 5번 핀이 이용되었을 때 V_{con}은 C_A의 기준전압(V_{ref})이 된다. C_B의 V_{ref}는 V_{con}의 $\frac{1}{2}$과 같다. 전위차계는 V_{con}의 high 값을 제공하기 위하여 설정되었을 때, 555의 출력주파수는 비교적 낮다. V_{con} 값이 low일 때 출력주파수는 증가한다. 이것은 V_{con} 값이 V_{th}와 V_T에 직접적으로 영향을 주기 때문이다. 예를 들어서 V_{con} 값이 $+10V$로 결정되면 V_{th} 값 또한 $+10V$가 되며 V_T 값은 $\frac{1}{2}V_{con}(+5V)$이 된다. 커패시터 C_1은 비교기 C_A의 출력을 변화시키기 위해서 $V_{con}(+10V)$으로 충전되어야 하고 C_B의 출력을 변화시키기

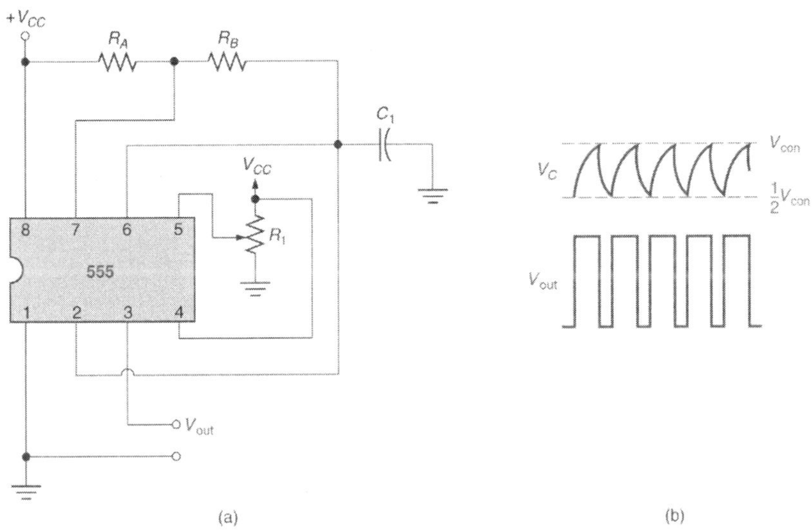

[그림 19-45] 전압제어발진기

위해서 $V_T(+5\text{V})$로 방전된다.

V_{con} 값이 변화되었을 때 V_{th}와 V_T의 값도 변화한다. 만약 V_{con} 값이 +7V로 변화된다면 C_1은 단지 +7V로 변화하기 위해서 필요하며 출력주기를 발생하기 위해 +3.5V로 방전된다.

이것은 커패시터의 충전과 방전에 필요한 시간을 감소시키며, 따라서 두 비교기의 출력상태를 더 빠른 비율로 전환시킨다. 비교기의 전환 비율이 빠르면 빠를수록, 회로의 출력주파수는 더 높아진다.

19.4.7 요점정리(One Final Note)

이 장에서, 전반적인 스위칭 회로를 간단히 나타냈다. 디지털 전자공학의 연구는 스위칭 회로의 완전한 적용 범위를 제공한다. 따라서 이 장은 독자 스스로가 디지털 전자공학의 계속적인 연구를 할 수 있도록 스위칭 회로의 기본적인 원리를 제공한다.

기초 확인문제 19.4

1. 멀티바이브레이터란 무엇인가?
2. 다음과 같은 각 회로의 출력특성을 설명하라.
   (a) 비 안정 멀티바이브레이터(프리-런닝 멀티바이브레이터)
   (b) 단 안정 멀티바이브레이터(단발)
   (c) 쌍 안정 멀티바이브레이터(플립플롭)

3. 555 타이머란 무엇인가?
4. 555 타이머의 입/출력 관계를 나열하라.
5. 단 안정 멀티바이브레이터(단발)의 동작원리를 설명하라.
6. 단발의 고장진단 및 수리시 무엇을 검사하여야 하는가?
7. 비 안정 멀티바이브레이터(프리 런닝)의 동작원리를 설명하라.
8. 전압제어 발진기의 동작원리를 설명하라.

중요 용어(Key Term)

555 타이머(555 timer), 상승시간(rise time), 지연시간(delay time), 공간 폭(space width), 상측 트리거점(UTP), 축적시간(storage time), 구동기(driver), 슈미트 트리거(Schmitter trigger), 턴-오프 시간(turn off times), 구형파(square wave), 스위칭 트랜지스터(switching transistor), 턴-온 시간(turn on time), 단발(one shot), 스위칭 회로(switching circuit), 히스테리시스(hysteresis), 펄스 폭(pulse width), 단 안정 멀티바이브레이터(monostable multivibrator), 전파지연(propagation delay), 듀티 사이클(duty cycle), 쌍 안정 멀티바이브레이터(bistable multivibrator), 인버터(inverter), 멀티바이브레이터(multivibrator), 스피드-업 커패시터(speed up capacitor), 하강시간(falling time), 구형파(rectangular waveform), 전압제어 발진기(VCO), 하측 트리거점(LTP), 버퍼(buffer), 비안정 멀티바이브레이터(astable multivibrator), 주기시간(cycle time), 플립-플럽(flip flop), 프리-런닝 멀티바이브레이터(free running multivibrator)

연습문제

19-1. [그림 19-46]에 표시된 트랜지스터를 포화시키기 위해서 필요한 최소 입력전압을 구하시오.

19-2. [그림 19-46]에 표시된 것과 유사한 스위치 회로가 $V_{CC}=+12\text{V}$, $h_{fe}=150$, $R_C=1.1\text{k}\Omega$, $R_B=4.7\text{k}\Omega$의 크기를 갖는다고 가정하고 트랜지스터를 포화시키기 위해서 필요한 최소 입력전압을 구하시오.

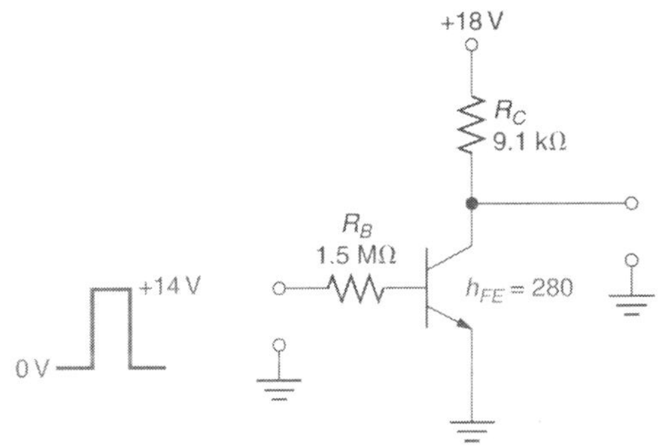

[그림 19-46]

19-3. [그림 19-47]에 표시된 트랜지스터를 포화시키기 위해서 필요한 최소 입력전압을 구하시오.

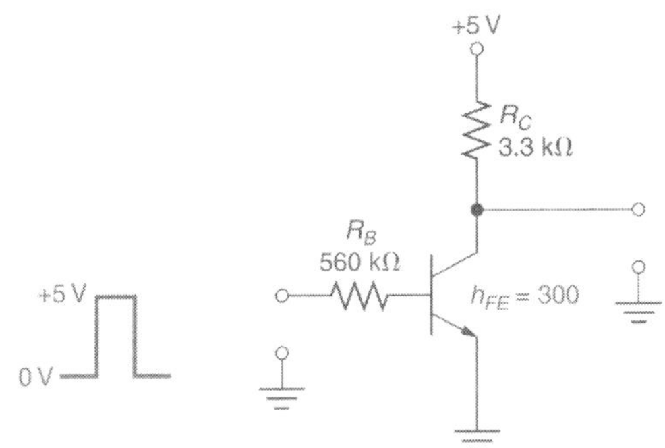

[그림 19-47]

19-4. [그림 19-48]에 표시된 트랜지스터를 포화시키기 위해서 필요한 최소 입력전압을 구하시오.

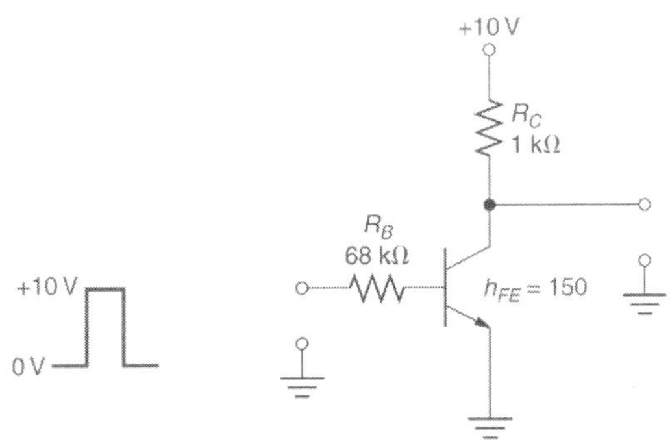

[그림 19-48]

19-5. [그림 19-49]에 표시된 회로에서 low와 high 출력 전압을 구하시오.

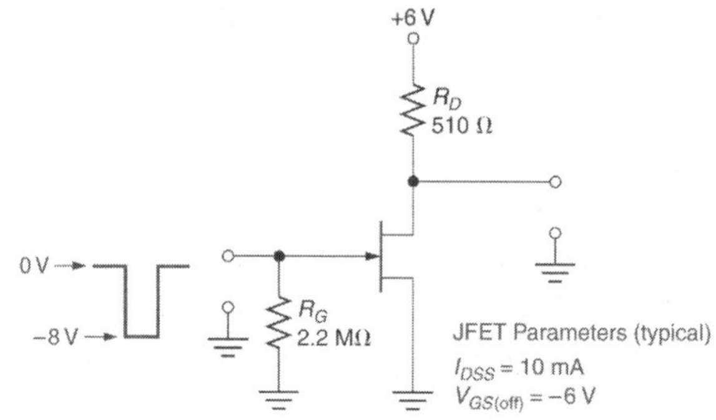

[그림 19-49]

19-6. [그림 19-50]에 표시된 회로에서 low와 high 출력 전압을 구하시오.

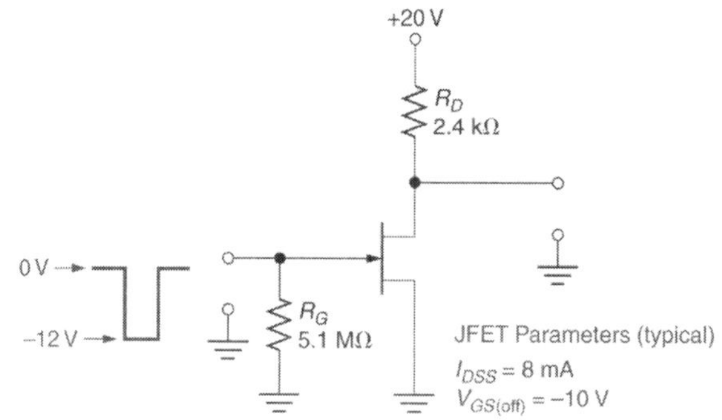

[그림 19-50]

19-7. [그림 19-51]에 표시된 파형의 PW와 T 값을 구하시오.

19-8. [그림 19-52]에 표시된 파형의 PW와 T 값을 구하시오.

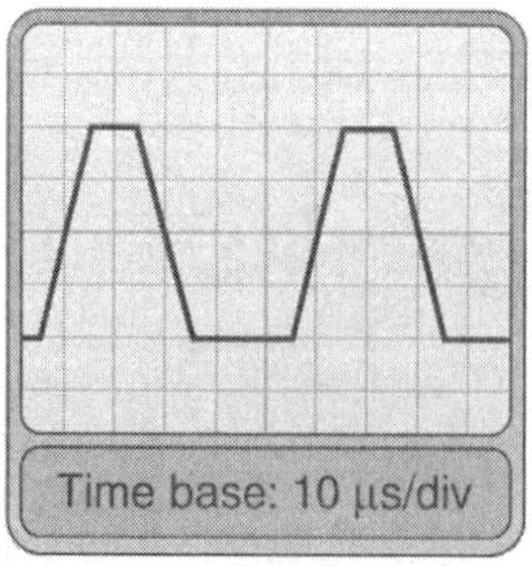

[그림 19-51]

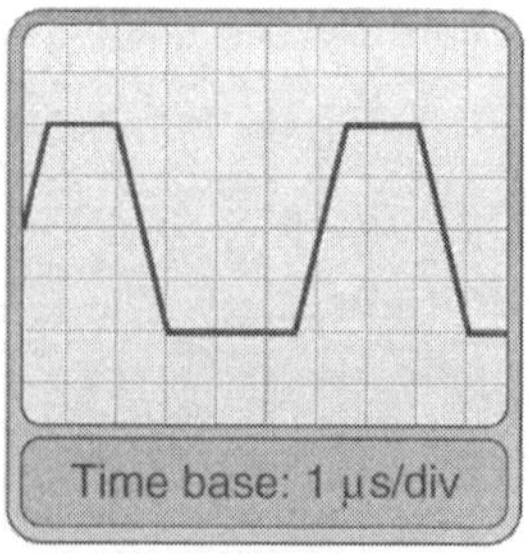

[그림 19-52]

19-9. [그림 19-51]에 표시된 파형의 듀티 사이클을 계산하시오.

19-10. [그림 19-52]에 표시된 파형의 듀티 사이클을 계산하시오.

19-11. 2N4264 BJT가 $t_d = 8\text{ns}$, $t_r = 15\text{ns}$, $t_s = 20\text{ns}$, $t_f = 15\text{ns}$의 파라미터 값을 갖는다고 가정하고 이 소자에 대한 f_{in}의 이론적 한계와 실질적 한계를 구하시오.

19-12. 2N4404 BJT가 $t_d = 15\text{ns}$, $t_r = 20\text{ns}$, $t_s = 225\text{ns}$, $t_f = 30\text{ns}$의 파라미터 값을 갖는다고 가정하고 이 소자에 대한 f_{in}의 이론적 한계와 실질적 한계를 구하시오.

19-13. BCX587 BJT가 $t_d = 16\text{ns}$, $t_r = 29\text{ns}$, $t_s = 475\text{ns}$, $t_f = 40\text{ns}$의 파라미터 값을 갖는다고 가정하고 이 소자에 대한 f_{in}의 이론적 한계와 실질적 한계를 구하시오.

19-14. MPS2222 BJT가 $t_d = 10\text{ns}$, $t_r = 25\text{ns}$, $t_s = 225\text{ns}$, $t_f = 60\text{ns}$의 파라미터 값을 갖는다고 가정하고 이 소자에 대한 f_{in}의 이론적 한계와 실질적 한계를 구하시오.

19-15. 2N3971 BJT가 $t_d = 15\text{ns}$, $t_r = 15\text{ns}$, $t_{\text{off}} = 60\text{ns}$의 파라미터 값을 갖는다고 가정하고 이 소자에 대한 f_{in}의 이론적 한계와 실질적 한계를 구하시오.

19-16. 2N4093 BJT가 $t_d = 20\text{ns}$, $t_r = 40\text{ns}$, $t_{\text{off}} = 80\text{ns}$의 파라미터 값을 갖는다고 가정하고 이 소자에 대한 f_{in}의 이론적 한계와 실질적 한계를 구하시오.

19-17. 2N4351 MOSFET가 $t_d = 45\text{ns}$, $t_r = 65\text{ns}$, $t_s = 60\text{ns}$, $t_f = 100\text{ns}$의 파라미터 값을 갖는다고 가정하고 이 소자에 대한 f_{in}의 이론적 한계와 실질적 한계를 구하시오.

19-18. 2N4393 JFET가 $t_{\text{on}} = 15\text{ns}$, $t_{\text{off}} = 50\text{ns}$의 파라미터 값을 갖는다고 가정하고 이 소자에 대한 f_{in}의 이론적 한계와 실질적 한계를 구하시오.

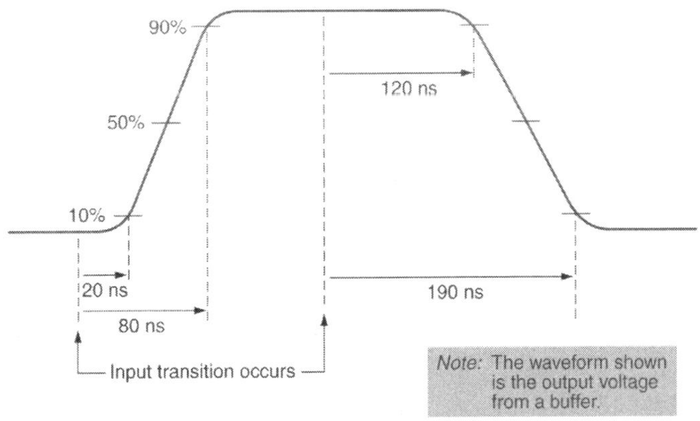

[그림 19-53]

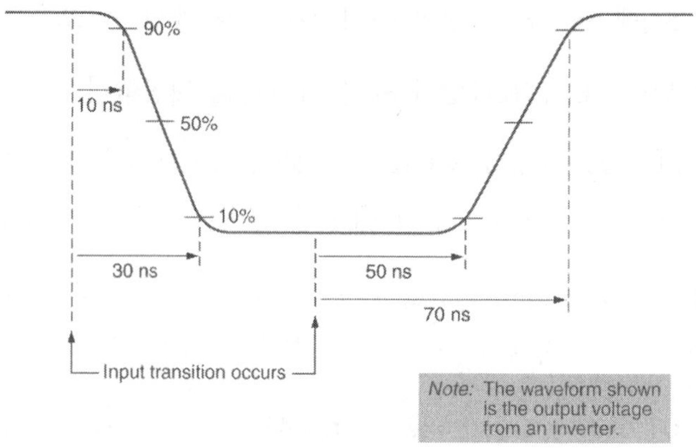

[그림 19-54]

19-19. [그림 19-53]에 표시된 파형에서 t_d, t_r, t_s, t_f의 값을 구하시오.

19-20. [그림 19-54]에 표시된 파형에서 t_d, t_r, t_s, t_f의 값을 구하시오.

19-21. [그림 19-55]에 표시된 슈미트 트리거 회로에서 UTP와 LTP 값을 구하시오.

19-22. [그림 19-56]에 표시된 슈미트 트리거 회로에서 UTP와 LTP 값을 구하시오.

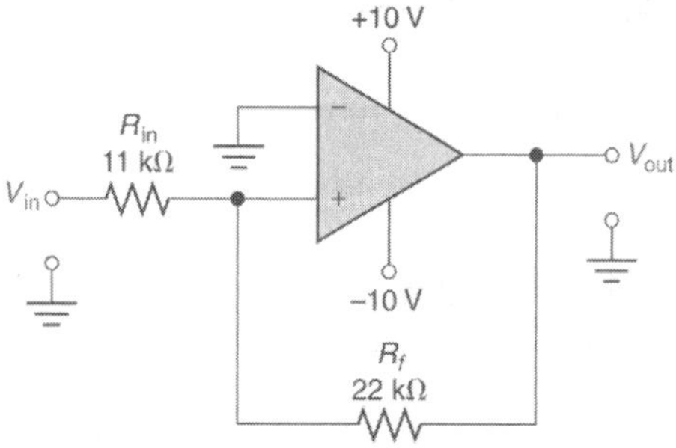

[그림 19-55]

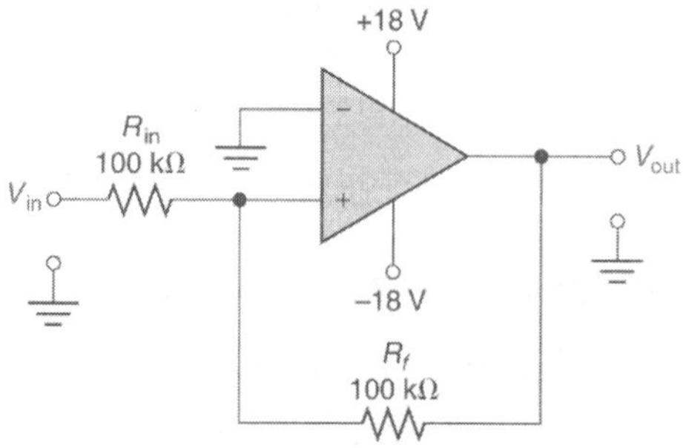

[그림 19-56]

19-23. [그림 19-57]에 표시된 슈미트 트리거 회로에서 UTP와 LTP 값을 구하시오.

19-24. [그림 19-58]에 표시된 슈미트 트리거 회로에서 UTP와 LTP 값을 구하시오.

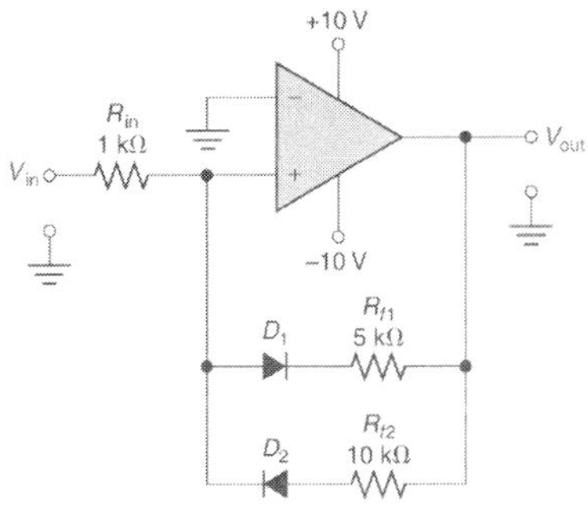

[그림 19-57]

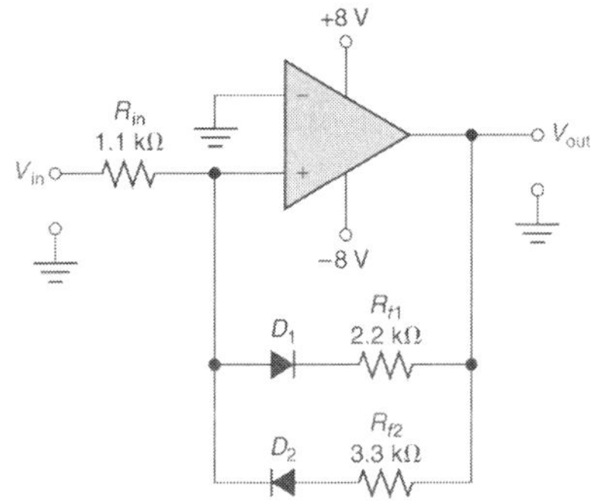

[그림 19-58]

19-25. [그림 19-59]에 표시된 슈미트 트리거 회로에서 UTP와 LTP 값을 구하시오.

19-26. [그림 19-60]에 표시된 슈미트 트리거 회로에서 UTP와 LTP 값을 구하시오.

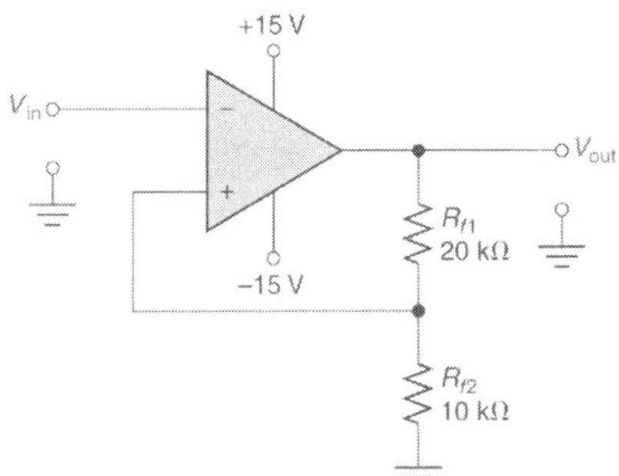

[그림 19-59]

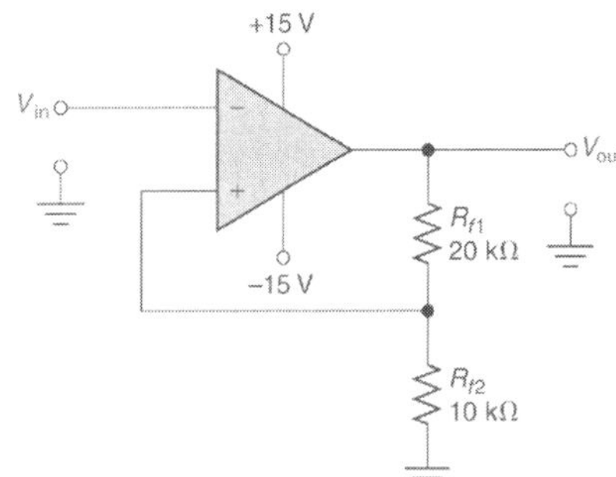

[그림 19-60]

19-27. [그림 19-61]에 표시된 슈미트 트리거 회로에서 UTP와 LTP 값을 구하시오.

19-28. [그림 19-62]에 표시된 슈미트 트리거 회로에서 UTP와 LTP 값을 구하시오.

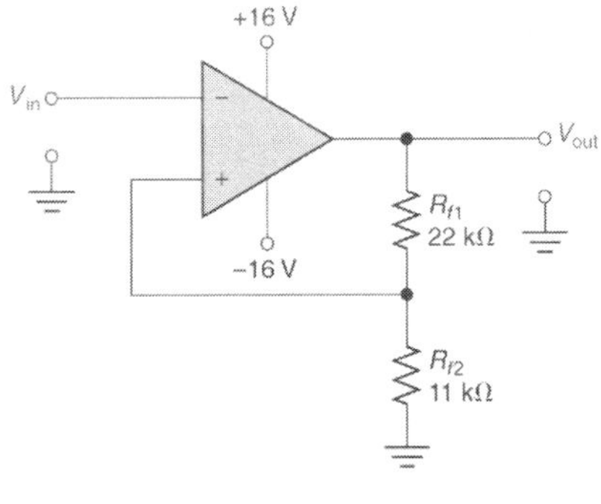

[그림 19-61]

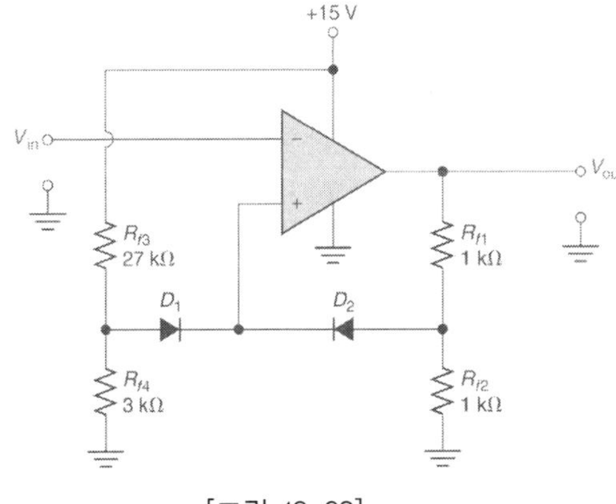

[그림 19-62]

19-29. [그림 19-63]에 표시된 단발 회로의 출력 펄스 폭을 계산하시오.

19-30. [그림 19-64]에 표시된 단발 회로의 출력 펄스 폭을 계산하시오.

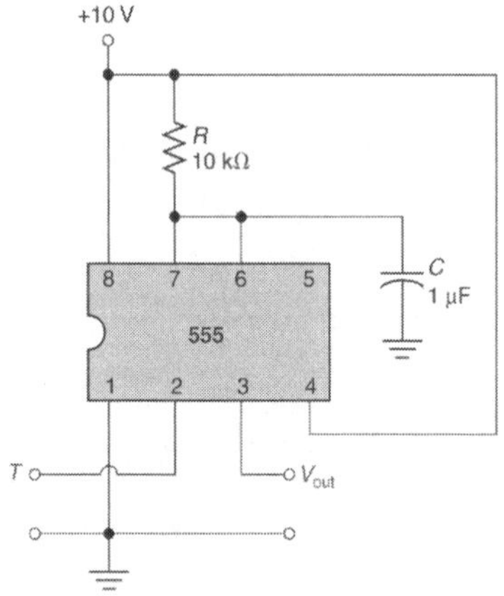

[그림 19-63]

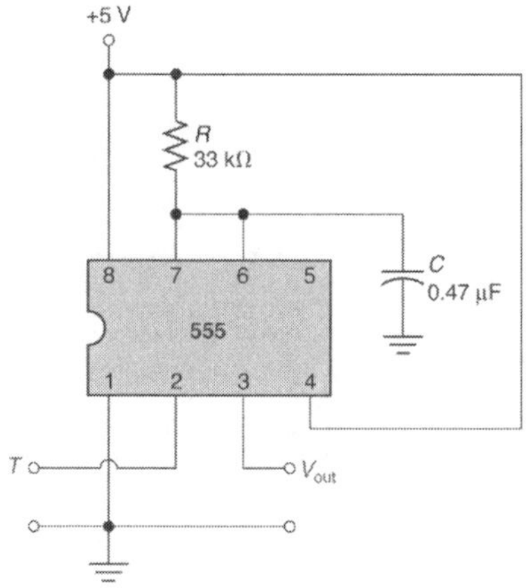

[그림 19-64]

19-31. [그림 19-65]에 표시된 스위치 회로에서 $V_{T(\max)}$ 값을 계산하시오.

19-32. [그림 19-65]에 표시된 회로에서 저항 값이 $R_1 = 33\text{k}\Omega$, $R_2 = 11\text{k}\Omega$으로 교체되었다고 가정하고 $V_{T(\max)}$ 값을 계산하시오.

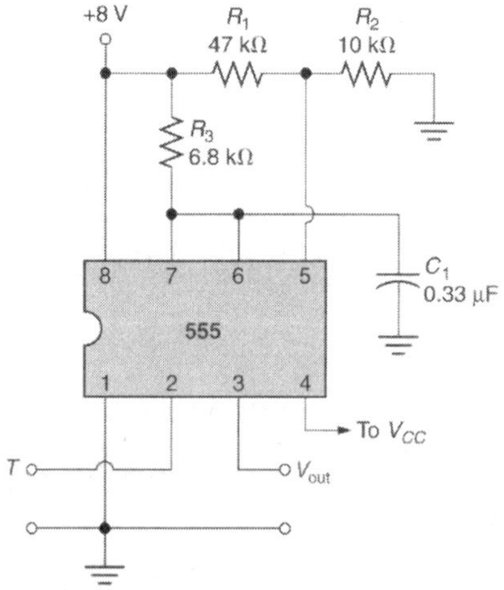

[그림 19-65]

19-33. [그림 19-66]에 표시된 프리-런닝 멀티바이브레이터회로에 대한 동작 주파수, 듀티 사이클, 펄스 폭을 계산하시오.

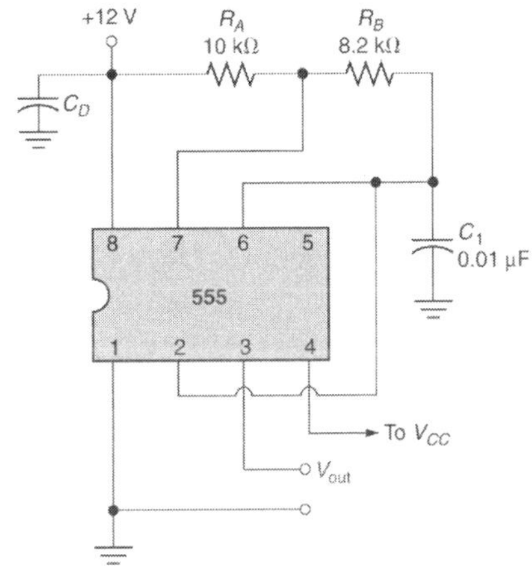

[그림 19-66]

19-34. [그림 19-67]에 표시된 프리-런닝 멀티바이브레이터회로에 대한 동작 주파수, 듀티 사이클, 펄스 폭을 계산하시오.

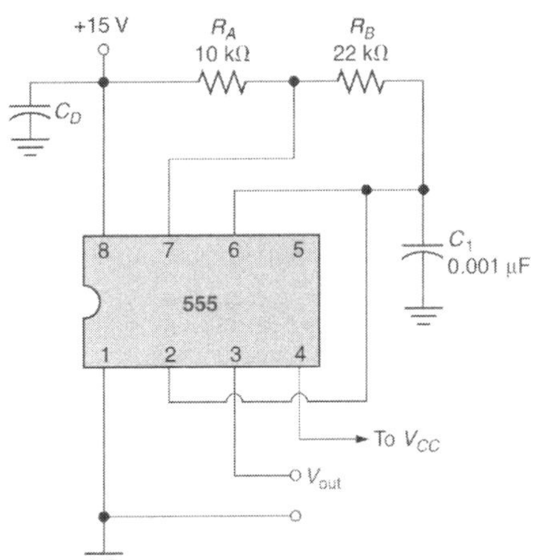

[그림 19-67]

19-35. [그림 19-66]에서 R_B 값이 10kΩ으로 증가되었다고 가정하고 동작 주파수, 듀티 사이클, 펄스 폭을 계산하시오.

19-36. [그림 19-67]에서 C_1 값이 0.033μF으로 증가되었다고 가정하고 동작 주파수, 듀티 사이클, 펄스 폭을 계산하시오.

19-37. [그림 19-68]에 표시된 프리-런닝 멀티바이브레이터는 전력이 공급되었을 때 그림에 나타낸 직류 값을 갖는다면 고장의 발생 요인은 무엇인지 고찰하시오.

19-38. [그림 19-69]에 표시된 프리-런닝 멀티바이브레이터는 전력이 공급되었을 때 그림에 나타낸 직류 값을 갖는다면 고장의 발생 요인은 무엇인지 고찰하시오.

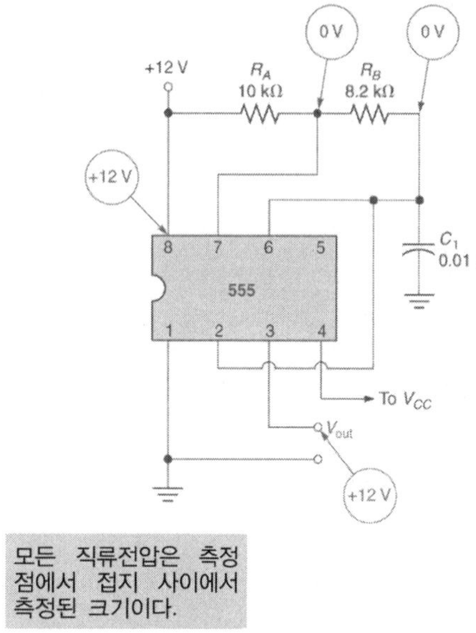

[그림 19-68]

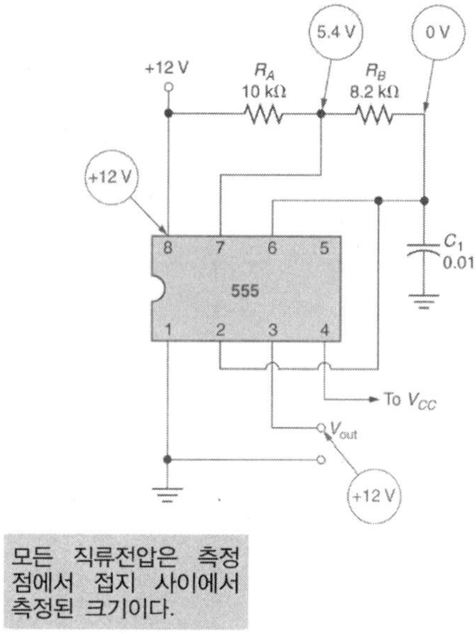

[그림 19-69]

19-39. [그림 19-70 (a)]에 표시된 BJT는 불완전하다. 스펙에 나열된 어느 트랜지스터가 대체 소자로 사용될 수 있는지 결정하시오.

19-40. 555 타이머를 이용하여, 60%의 듀티 사이클을 갖는 50kHz 출력의 프리-런닝 멀티바이브레이터를 설계하시오. 타이머의 공급전압은 +10V이며, 비활성 리셋 입력 핀을 가지고 있다.

19-41. [그림 19-71] 참조하라. 이런 회로는 다음의 요구 조건을 실행시키고자 한다.

(a) positive 입력신호가 +1.7V의 UTP를 통과할 때 LED를 점등한다.

(b) negative 입력신호가 −1.7V의 LTP를 통과할 때 LED를 소등한다.

회로설계에 결함이 있다. 결함을 발견하고 회로가 정확하게 동작할 수 있도록 수정하라.

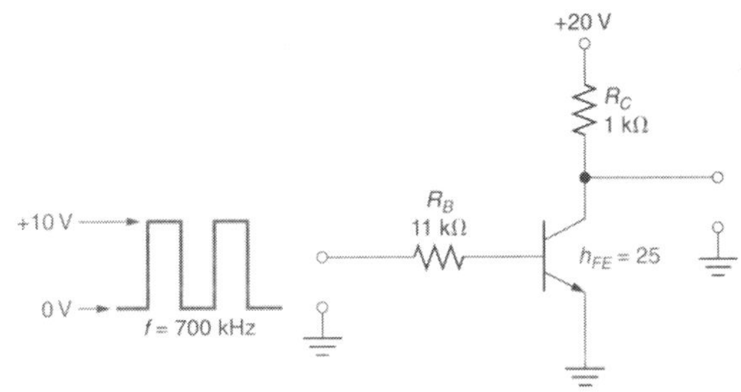

(a)

Device	Marking	Switching Time (ns) t_{on}	Switching Time (ns) t_{off}	$V_{(BR)CEO}$	h_{FE} Min	h_{FE} Max	h_{FE} @$I_{C\,(mA)}$	f_T Min (MHz)
NPN								
MMBT2369	1J	12	18	15	20	—	100	—
BSV52	B2	12	18	12	40	120	10	400
MMBT2222	1B	35	385	30	30	—	500	250
MMBT2222A	1P	35	385	40	40	—	500	200
MMBT4401	2X	35	255	40	40	—	500	250
MMBT3903	1Y	70	225	40	15	—	100	250
MMBT3904	1A	70	250	40	30	—	100	200
PNP								
MMBT3638A	BN	75	170	25	20	—	300	—
MMBT3638	AM	75	170	25	20	—	300	—
MMBT3640	2J	25	35	12	20	—	50	500
MMBT4403	2T	35	225	40	90	180	1	150
MMBT2907	2B	45	100	40	30	—	500	200
MMBT2907A	2F	45	100	60	50	—	500	200
MMBT3906	2A	70	300	40	100	300	10	250

(b)

[그림 19-70]

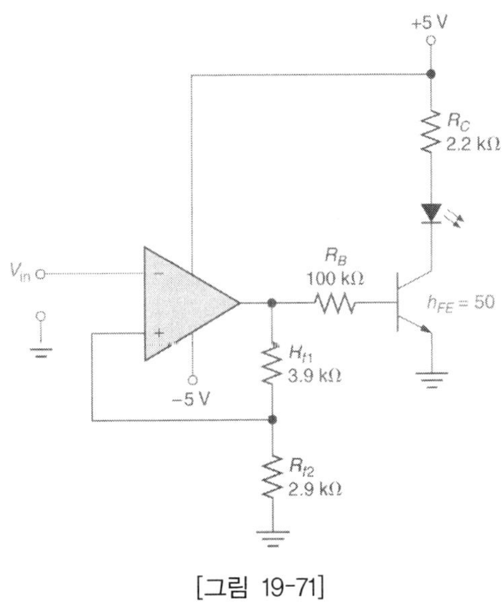

[그림 19-71]

19-42. LM555 타이머의 8번핀에 인가되는 최대 전압을 결정하시오.

19-43. [그림 19-71]에 표시된 회로는 LM258N으로 구성된다. 회로의 IC 핀 다이어그램을 다시 그리시오. 1번 핀을 출력으로 사용한다고 가정하고 회로도에 핀 번호를 명기하시오.

Chapter 20

▶ 사이리스터와 광전자소자 ◀

(Thyristors and Optoelectronic Devices)

학습목표

이 장을 학습하고 나면 여러분은 다음과 같은 내용을 이해하고 설명할 수 있다.

1. SUS(silicon unilateral switch)의 동작을 설명할 수 있다.
2. SUS를 차단영역에서 구동하기 위해서 사용되는 일반적인 방법을 나열하고 설명할 수 있다.
3. SCR(silicon controlled rectifier)의 구조와 소자를 전도 상태로 트리거 시키기 위해서 사용되는 방법에 대해서 설명할 수 있다.
4. SCR의 잘못된 트리거링 문제에 대해서 고찰하고 해결 방안에 대해서 설명할 수 있다.
5. 크로우바(crowbar) 회로와 위상 제어기로서 사용되는 SCR의 응용회로에 대해서 설명할 수 있다.
6. 다이악(diac)과 트라이악(triac)의 유사성과 차이점에 대해서 설명할 수 있다.
7. 트라이악의 트리거를 제어하기 위해서 일반적으로 사용되는 회로들을 열거하고 각각의 특성을 설명할 수 있다.
8. 단 접합 트랜지스터(UJT)의 구조와 동작을 설명할 수 있다.
9. 발광기(light emitter)와 수광기(light detectors)를 비교 설명할 수 있다.
10. 파장과 빛의 강도에 관계에 대해서 설명할 수 있다.
11. 기본적인 이산 광 검출기(phtodectector)의 동작과 임계 파라미터에 대해서 설명할 수 있다.
12. 광 아이솔레이터(optoisolator)와 광 인터럽터(optointerrupter)의 동작과 응용에 대해서 설명할 수 있다.

이 장에서는 두 가지 형태의 독립된 전자소자의 부류에 대해서 고찰하기로 한다. 첫 번째는 사이리스터(thyristor)라고 부르는 소자에 대해서 살펴보기로 한다. 사이리스터는 고 전력 스위칭 응용분야에 사용하기 위해서 특별하게 설계된 소자이다. 흔히 스위치로 사용되는 BJT, FET, OP-AMP와는 달리 대부분의 사이리스터는 선형 증폭소자로 사용되기 위해서 설계되지는 않았다.

두 번째로는 광전소자(optoelectronic device)로 알려진 소자에 대해서 논의를 하게 된다. 이런 소자들은 빛의 발광이나 생성에 의해서 제어된다. 2장에서 이미 발광 다이오드(LED)와 같은 가장 기본적인 광전소자에 대해서 논의한 바 있다. 이 장에서는 광전소자의 그룹에 속하는 다른 소자들에 대해서도 살펴보기로 한다. 사이리스터와 광전소자를 함께 연결시킬 중도의 주제가 없다지만 편리성을 고려하여 두 소자의 그룹에 대해서 함께 설명하기로 한다.

20.1 사이리스터의 소개 : SUS (Introduction to Thyristor : The Silicon Unilateral Switch)

가장 간단한 형태의 사이리스터는 실리콘 일면 스위치(SUS)이다. SUS는 2개의 단자를 가지며 단자 양단의 특별한 순방향 전압에 의하여 전도 상태로 트리거 될 수 있는 4개의 층으로 구성된 소자이다. SUS의 구조와 회로기호가 [그림 20-1]에 표시되어 있다. 여러분도 보다시피 사이리스터는 2개의 *n*형 영역과 2개의 *p*형 영역을 포함하고 있다.

사이리스터는 자신의 이런 구조 때문에 간혹 pnpn 다이오드 또는 4층 다이오드로 간주된다. 다이오드란 용어는 사이리스터가 *n*형 캐소드(*n* type cathode) K와 *p*형 애노드 A와 같은 2개의 단자를 가지고 있기 때문에 적절하게 고려된 것이다.

SUS는 실제로 다양한 형태의 이름으로 알려져 있다. 위에서 나열된 것들 이외에도 쇼

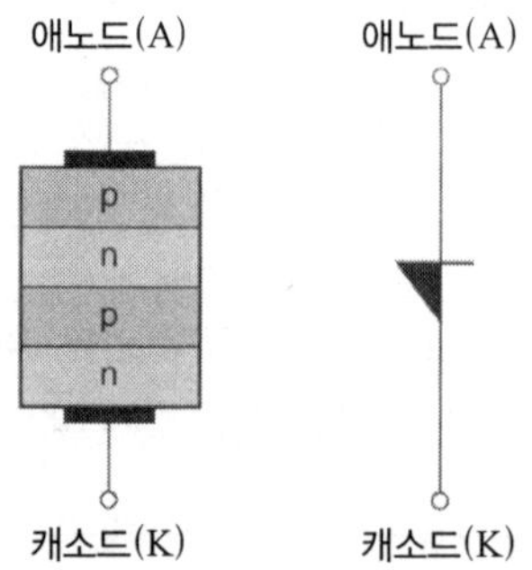

[그림 20-1] SUS 구조와 회로기호

클리 다이오드(Schokley diode), 전류 래치(current latch), 역방향저지 다이오드 사이리스터(reverse blocking diode thyristor)로 부른다.

20.1.1 SUS 동작(SUS Operation)

SUS의 전반적인 동작은 두 개의 트랜지스터 등가회로로 논의한다면 이해하기 쉽다. 등가회로는 [그림 20-2]에 표시되어 있다. [그림 20-2 (a)]에 표시된 것처럼 SUS를 분리시키면 사이리스터는 결과적으로 두 개의 트랜지스터(하나의 *pnp* 트랜지스터 Q_1과 또 다른 *npn* 트랜지스터 Q_2)가 효과적으로 구성된 것을 알 수 있다. 각 트랜지스터의 컬렉터는 다른 트랜지스터의 베이스에 연결되어 있다.

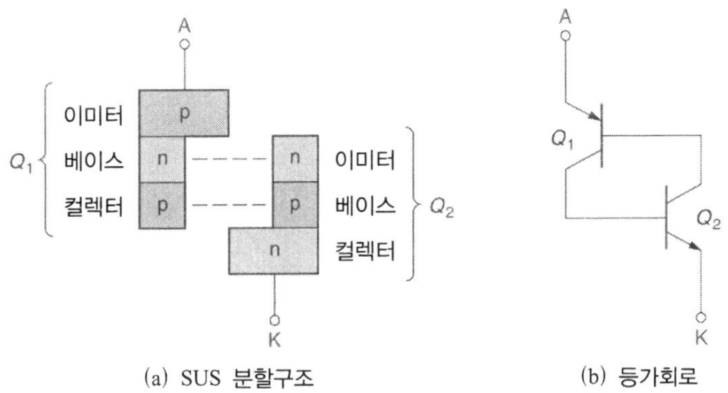

[그림 20-2] SUS의 구조와 등가회로

[그림 20-3 (a)]는 공급전압 증가에 의한 SUS의 off(비전도) 응답을 나타낸다. 두 트랜지스터가 모두 차단영역에 존재한다고 가정하면 소자를 통해서 흐르는 전체 순방향 전류 I_F는 거의 0이다. 따라서 회로내의 전체 전류도 0이다. 직렬저항 R_S를 통해서 흐르는 전류가 없기 때문에 $V_{RS}=0V$이다. 이런 회로상태는 V_{AK}가 SUS의 순방향 항복극복전압 정격 $V_{BR(F)}$보다 작은 동안은 유지된다. 이런 정격은 소자를 도통시키는 순방향 전압의 크기를 표시한다.

[그림 20-3 (b)]는 V_{AK}가 소자의 순방향 항복극복전압에 도달할 때 어떤 현상이 발생되는지를 나타낸다. 이런 일이 발생되면 항복상태에 있던 두 트랜지스터는 전도되기 시작한다. 전도가 시작되면 SUS 등가회로의 두 트랜지스터는 포화영역에서 구동된다. 두 트랜지스터의 전도는 동작특성곡선에 표시된 것처럼 SUS 양단의 전압강하를 발생시킨다. 따라서 전도 상태에서 SUS에 전압이 인가될 때 다음과 같은 두 가지 현상이 발생한다.

1. 소자가 포화영역으로 구동된 것처럼 소자전류 I_F는 빠르게 증가된다.
2. V_{AK}의 값은 포화된 소자의 낮은 저항성분 때문에 빠르게 감소된다.(V_{AK}의 비교적

낮은 값은 동작 특성 곡선에서 V_F로 확인된다.)

여러분도 보다시피 SUS는 $V_{BR(F)}$에 도달될 때까지 인가전압을 강하시키는 개방회로로 동작한다. 이때 소자는 저 저항체가 되고 항복된다.

SUS가 전도되면서(점화) SUS 등가회로의 두 트랜지스터가 포화영역으로 들어가는 이유가 의문일 것이다. 그 해답은 간단하다. SUS의 등가회로를 주의 깊게 살펴보면, 두 가지 상태가 존재하는 것을 알 수 있다.

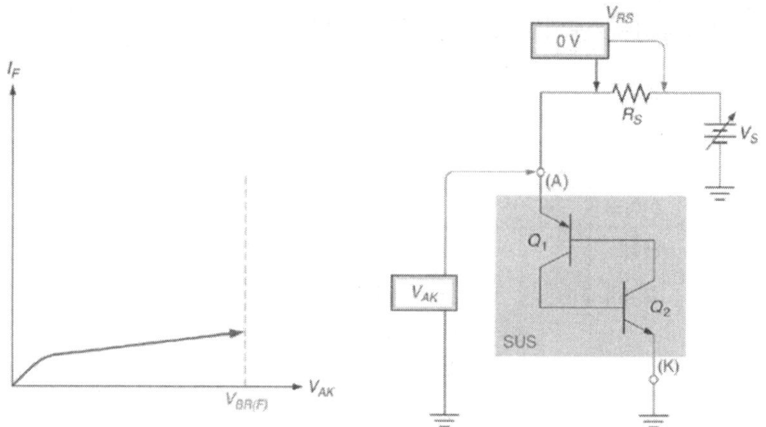

(a) V_S가 증가하면 V_{AK}가 0V에서 SUS 항복을 극복하고 완전히 도통되는 $V_{BR(F)}$에 도달될 때까지 증가한다.

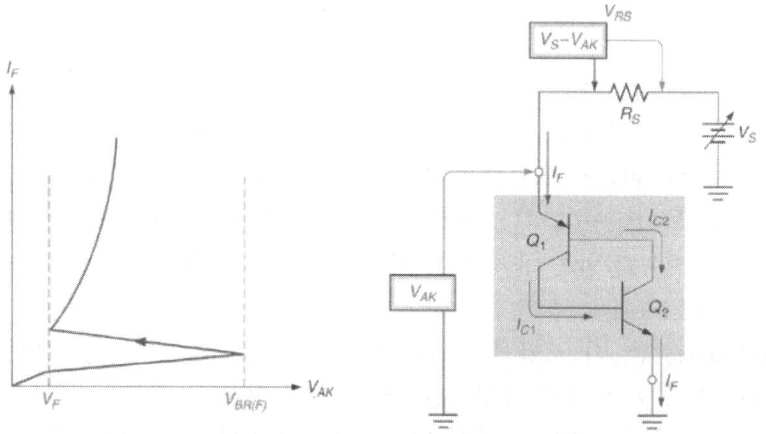

(b) V_{AK}가 $V_{BR(F)}$에 도달될 때

[그림 20-3] 공급전압 증가에 따른 SUS의 off 응답

1. Q_2의 컬렉터는 Q_1의 베이스에 연결된다. 따라서 $I_{B1} = I_{C2}$이다.
2. Q_2의 베이스는 Q_1의 컬렉터에 연결된다. 따라서 $I_{B2} = I_{C1}$이다.

V_{AK}가 증가할 때 어떤 일이 발생되는지를 고려해보자. V_{AK}가 증가하면 [그림 20-3 (a)]에 표시된 것처럼 SUS를 통해서 누설전류가 증가한다. V_{AK}가 거의 $V_{BR(F)}$와 같아지면 Q_1을 턴on시키기에 충분한 전류가 Q_2를 통해서 흐르게 된다. Q_1이 도통하기 시작하면 Q_2를 통해서 흐르는 전류가 증가하게 되고 결국 Q_1의 전류가 증가하게 된다. 이런 사이클이 빠르게 소자를 전도 상태로 보내게 된다.

SUS가 스스로 포화영역으로 들어산나는 것은 매우 중요한 사실이다. 소자에 흐르는 전류는 외부 저항과 전압에 의해 제어된다는 것을 기억하여야 한다. 따라서 [그림 20-3 (b)]에 표시된 것처럼 포화된 SUS에 흐르는 순방향 전류는 식 (20-1)처럼 표시할 수 있다.

$$I_F = \frac{V_S - V_{AK}}{R_S} \tag{20-1}$$

V_{AK}는 포화된 SUS 양단의 순방향 전압강하 V_F이다. 식 (20-1)은 몇 가지 이유로 매우 중요하다. 이 식은 포화된 SUS에 흐르는 순방향 전류의 크기를 결정하는 방법을 제공한다. 또한 이 식은 직렬 전류제한용 저항 R_S의 필요성을 나타낸다. 소자의 전류를 제한하는 것이 없기 때문에 전류제한용 저항을 사용하지 않는다면 SUS는 대부분 파괴된다.

20.1.2 SUS의 차단영역 구동(Driving the SUS into Cutoff)

SUS가 전도영역에서 구동되었다면 I_F가 유지전류(holding current) I_H라는 특별한 값보다 더 클 경우 소자는 계속해서 전도 상태를 유지한다. SUS의 유지전류 정격은 전도 상태를 유지하기 위해서 필요한 최소 순방향 전류를 나타낸다. I_F가 I_H 이하로 떨어지면 소자는 차단영역에서 구동되고 V_{AK}가 $V_{BR(F)}$에 도달할 때까지 차단영역에 존재한다.

I_H 값 이하로 I_F를 구동하기 위해서 사용되는 몇 가지 방법이 있다. 애노드 전류저지(anode current interruption)라고 부르는 첫 번째 방법이 [그림 20-4]에 설명되어 있다. [그림 20-4 (a)]에서 직렬 스위치는 I_F의 경로를 저지하기 위하여 개방되고 소자의 전류를 0으로 떨어뜨린다. [그림 20-4 (b)]에서 측로 스위치는 SUS 회로 전류 I_T를 우회시키기 위해서 단락된다. 두 경우에서 I_F는 SUS의 I_H 정격보다 더 낮은 값으로 가해시며, 소자는 차단영역에서 구동된다.

실제로 직렬저지는 일반적으로 퓨즈의 개방에 의해서 발생된다. 이 장의 후반부에서 사이리스터는 과전압 상태로부터 전압 감지 부하를 보호하기 위해서 간혹 사용된다. 과전압 보호회로가 동작될 때 사이리스터는 트리거 되고 퓨즈가 녹아서 개방될 때까지 충분한 시간동안 부하를 보호한다. 퓨즈가 끊어지면 [그림 20-4 (a)]에 표시된 것처럼 개방 스위치처럼 동작한다. 분류저지 또한 부하보호를 위해 사용된다. 그러나 분류저지 회로의 스위치는 일반적으로 과전압이 통과할 때 눌러지는 리셋 스위치이다. 리셋 스위치가 닫히면 SUS는 차단상태에서 구동되고 회로는 정상적으로 복구된다.

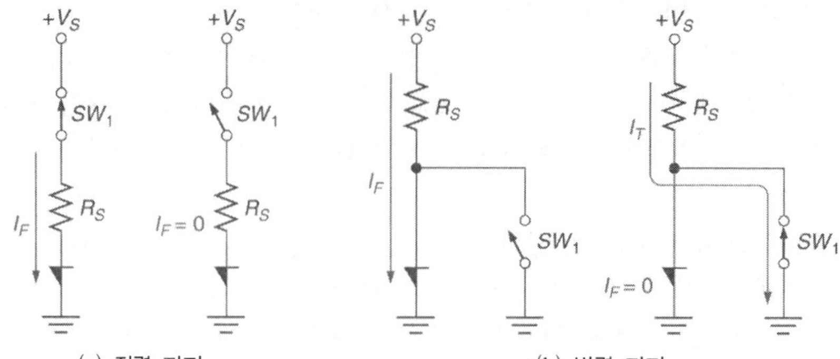

[그림 20-4] 애노드 전류 저지

차단영역에서 SUS를 구동하기 위한 또 다른 방법은 강제정류(force commutation)이다. 이런 방법은 [그림 20-5]에 표시된 것처럼 소자에 역방향 전압이 공급된다. 이런 경우 positive 펄스가 소자의 캐소드에 공급된다. 역방향 전압은 소자 전류를 감소시킨다. $I_F < I_H$일 때 SUS는 턴 오프(turn off) 된다.

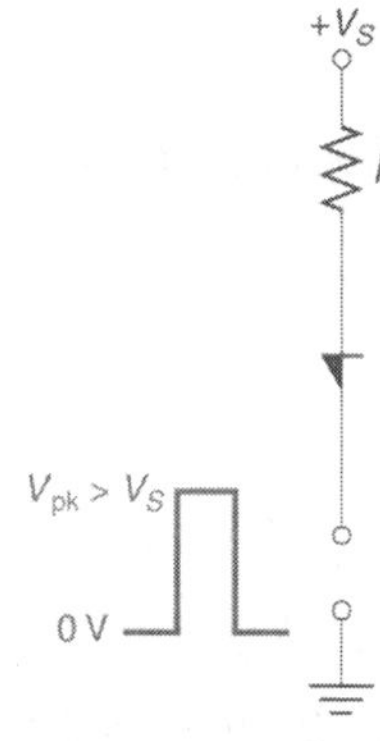

[그림 20-5] 강제 정류

20.1.3 SUS 스펙(SUS Specification)

[그림 20-6]은 SUS의 동작특성곡선을 표시하고 있다. 여러분도 보다시피 동작특성 곡선의 역방향 영역은 *pn* 접합 다이오드와 제너 다이오드의 특성과 거의 일치된다. 0V와 역방향 항복전압 $V_{BR(R)}$ 사이에서 강하되는 특성곡선은 역방향 차단영역이라고 부른다. SUS가 이런 영역에서 동작할 때 역방향으로 바이어스된 *pn* 접합과 동일한 특성을 갖는다. 따라서 역방향 전류 I_R은 수 μA정도로 작고 소자 양단의 역방향 전압 V_R은 공급전압과 같다. 역방향 전압 V_R이 $V_{BR(R)}$을 초과한다면 이런 소자는 항복현상이 일어나며 역방향으로 전도된다. *pn* 접합 다이오드처럼 SUS는 역방향 전도에 의해서 일반적으로 손상을 입거나 파괴된다.

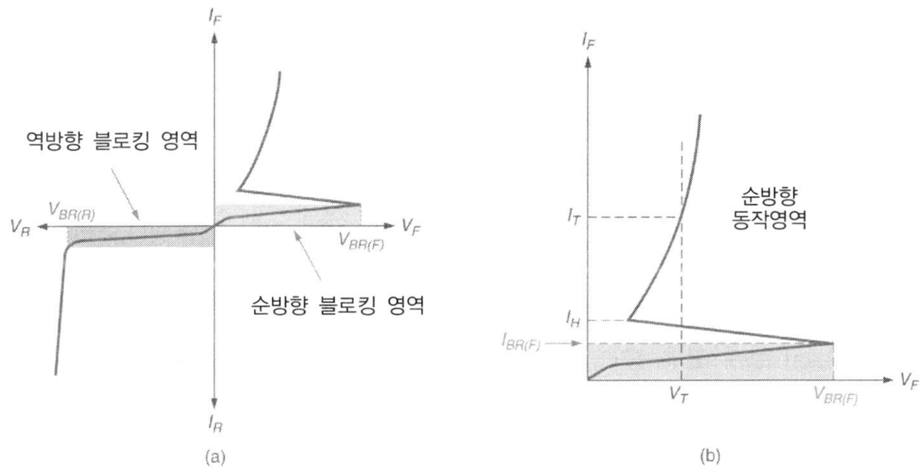

[그림 20-6] SUS 동작 특성곡선

SUS의 순방향 동작곡선을 [그림 20-6 (b)]에 확대 표시하였다. 순방향 동작은 두 영역으로 나뉘어 진다. 순방향 차단영역은 소자의 off 상태(비전도) 동작을 나타내는 영역이다. 순방향 동작영역은 소자의 on 상태(전도) 동작을 나타내는 영역이다.

순방향 차단영역은 두 개의 파라미터 $V_{BR(F)}$와 $I_{BR(F)}$에 의해서 정의된다. 여러분도 알다시피 $V_{BR(F)}$는 순방향에서 SUS가 항복과 전도를 일으키는 순방향 전압 값이다. SUS의 순방향 breakover 전류 $I_{BR(F)}$ 정격은 브레이크오버(breakover)가 발생되는 지점의 I_F 값이다. 예를 들자면 ECG6404는 $V_{BR(F)} = 10\text{V}$(최대)와 $I_{BR(F)} = 500\mu\text{A}$의 정격을 갖는다. 이것은 V_F가 10V의 breakover 정격에 도달될 때 소자에 대략 500μA의 순방향 전류가 흐른다는 것을 의미한다.

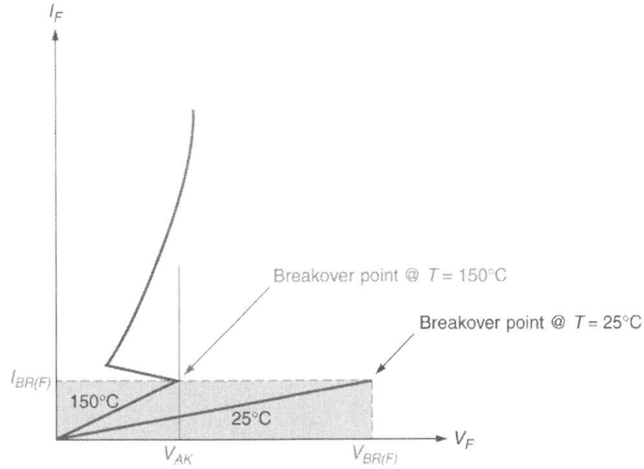

[그림 20-7] SUS 순방향 동작에 대한 온도효과

$I_{BR(F)}$ 정격의 중요성은 [그림 20-7]에 표시되어 있다. 특성곡선은 SUS의 애노드-캐소드 전압 V_{AK}가 소자의 순방향 breakover 정격보다 작다는 것을 나타낸다. 온도가 증가함에 따라 소자에 흐르는 누설전류 또한 증가한다.

온도가 150℃에 도달될 때 누설 전류는 $I_{BR(F)}$ 값에 도달되고 소자는 $V_{AK} < V_{BR(F)}$임에도 불고하고 on 상태로 트리거 된다. 따라서 SUS는 동작온도 증가에 의해서 전도 상태로 트리거 된다는 사실이 중요하다. SUS가 한 번 on 되면 소자는 특성곡선의 순방향 동작영역으로 들어간다. 유지전류 I_H는 on 상태를 유지하기 위해서 필요한 최소크기의 순방향 전류이다. I_F가 I_H 이하로 떨어질 때 앞에서 설명한 것처럼 소자는 off 상태로 되돌아간다. 평균 on 상태 전류 I_T는 SUS의 최대 평균 순방향 전류(average on-state current)이다. SUS의 직렬 전류제한용 저항은 소자의 순방향 직류전류가 on 상태 전류 이하로 유지되도록 선택된다. 평균 on 상태 전압 V_T 정격은 $I_F = I_T$일 때의 V_F 값이다. 여기에서 논의된 정격 외에 SUS는 표준 최대 소비전력정격과 전압정격을 갖는다. 다른 소자들의 이러한 파라미터들은 취급되지 않았으므로 그러한 것들을 여기에서는 다루지 않았다.

20.1.4 요약(Summary)

SUS는 소자 양단의 순방향 전압이 특정한 순방향 브레이크오버전압 $V_{BR(F)}$에 도달할 때 전도되는 사이리스터이다. 트리거 되면 이런 소자는 낮은 임피던스의 전도체가 된다. 이런 소자는 순방향 전류 I_F가 유지전류 I_H 이하로 떨어질 때 소자는 off 상태의 동작영역으로 되돌아간다.

SUS는 다음의 두 가지 방법 중 어느 한 가지 방법에 의해서 on 상태에서 off 상태로 구동된다. 애노드 전류저지 법은 다이오드 전류를 차단 또는 우회시킴으로서 I_F를 I_H 이하로 떨어뜨린다. 강제정류 법은 I_F 값이 I_H 이하로 떨어뜨리기 위해서 소자에 역방향 전류를 흐르게 한다. 두 경우 모두 소자는 off 상태로 구동되며 다시 트리거 될 때까지 유지된다. SUS는 현재의 회로설계에는 좀처럼 사용되지 않는다. 그러나 일반적으로 많이 사용되는 사이리스터가 기본적인 SUS와 유사하다는 것을 다음 절에 나타낸다. 이러한 때문에 SUS의 동작원리와 정격을 이해하는 것이 매우 중요하다.

기초 확인문제 20.1

1. 사이리스터란 무엇인가?
2. BJT, FET, OP-AMP와 같은 스위칭 소자와 사이리스터가 구별되는 이유는 무엇인가?
3. 광전소자란 무엇인가?
4. SUS란 무엇인가?
5. SUS의 구조를 설명하라.
6. 순방향 breakover 전압 $V_{BR(F)}$란 무엇인가?

7. SUS에 공급된 전압이 소자의 $V_{BR(F)}$에 도달될 때 발생되는 현상을 설명하라.
8. 애노드 전류저지 방법을 두 가지 설명하라.
9. SUS의 순방향 차단영역에서 SUS를 어떻게 구동하는지 설명하라.
10. SUS의 순방향 차단영역이란 무엇인가?
11. 순방향 동작 영역에서 어떻게 온도가 SUS를 구동하는지 설명하라.

20.2 실리콘 제어 정류기(SCR : Silicon Controlled Rectifier)

실리콘 제어 정류기(SCR)는 동작과 구조가 SUS와 매우 유사한 3단자 소자이다. SCR의 구조와 회로기호가 [그림 20-8]에 표시되어 있다. 여러분도 보다시피 SCR의 구조는 게이트라는 부가적인 3번째 단자를 제외하면 SUS의 구조와 거의 일치된다. 게이트는 소자를 on 상태로 트리거 시키는 부가적인 방법을 제공한다. 앞에서 설명된 것을 제외하면 SCR의 동작은 SUS의 동작과 거의 유사하다.

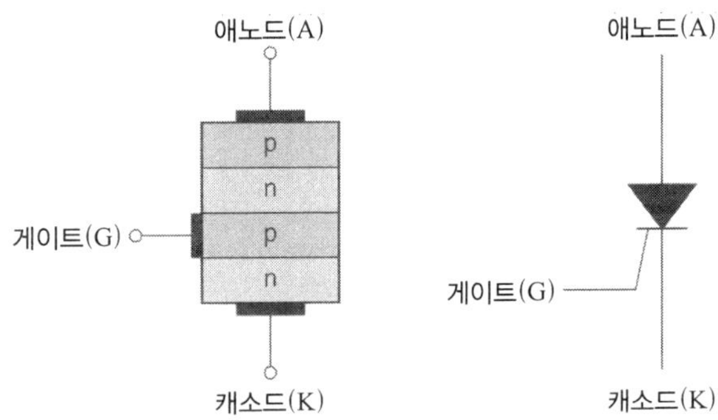

[그림 20-8] SCR의 구조와 회로기호

20.2.1 SCR 트리거링(SCR Triggering)

[그림 20-9 (a)]는 SCR을 두 개의 트랜지스터 등가회로로 표시하고 있다. SCR과 SUS 사이의 유사성을 주목하라. SUS의 경우처럼 SCR은 소자의 $V_{BR(F)}$ 정격과 동일한 애노드-캐소드 전압 V_{AK}를 공급함으로서 전도 상태로 트리거 될 수 있다.

게이트 단자의 부가는 [그림 20-9 (b)]에 나타낸 것처럼 소자를 트리거 하는 부가적인 방법을 제공한다. positive 펄스를 게이트 단자에 인가한다. 게이트 펄스가 t_1에서 positive로 될 때 트랜지스터 Q_2는 전도 상태가 된다. 이때, 소자는 SUS와 같이 스스로 포화영역

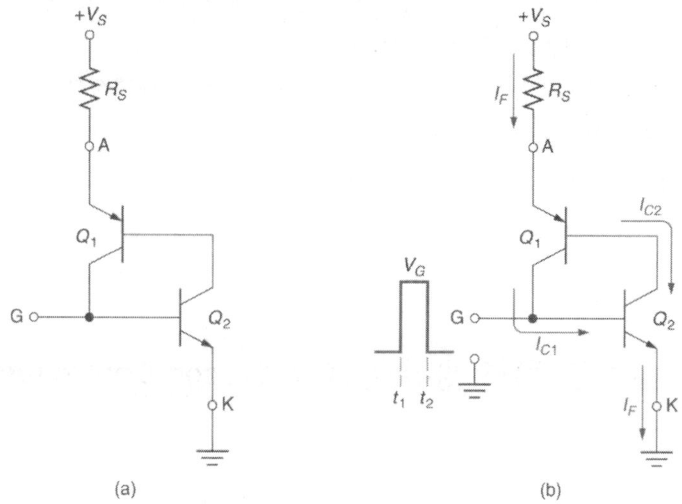

[그림 20-9]

으로 들어간다. 게이트 펄스가 t_2에서 제거될 때 소자는 순방향 전도 상태를 유지한다. 순방향 전도 상태는 순방향 전류 I_F가 소자의 유지전류 I_H 정격 이하로 떨어질 때까지 계속된다. SCR은 SUS에서 사용한 것과 동일한 두 가지 방법(애노드 전류저지와 강제 정류)을 사용하면 off 상태로 구동된다.

20.2.2 SCR 동작특성 곡선(SCR Operating Curve)

[그림 20-10 (a)]는 SCR의 동작특성 곡선을 나타낸다. 이런 동작 특성곡선은 [그림 20-6 (a)]에 표시된 SUS의 동작특성곡선과 동일하다. [그림 20-10 (b)]에 표시된 확대된 순

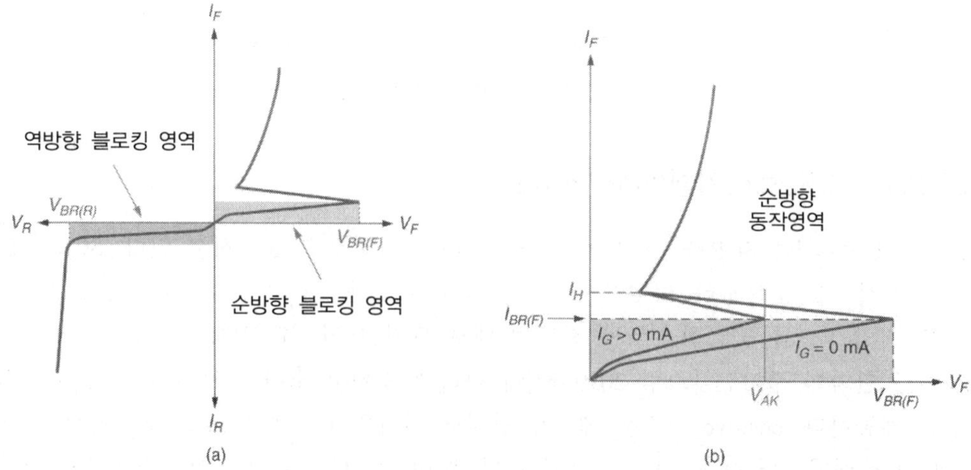

[그림 20-10]

방향 동작특성곡선은 순방향 전도 상태에 대한 게이트 전류의 효과를 나타낸다. $I_G = 0\text{mA}$일 때 소자는 $V_{AK} = V_{BR(F)}$에서 breakover 된다. $I_G > 0\text{mA}$일 때 소자는 $V_{BR(F)}$보다 작은 V_{AK}에서 breakover 된다.

I_G가 커질수록 소자를 전도 상태로 브레이크 오버시키기 위해서 소자가 필요로 하는 V_{AK}가 낮아진다는 점이 중요하다. 한번 순방향으로 전도되면 소자가 자신의 off 상태로 되돌아가기 위한 순방향 전류 I_F는 SCR의 I_H 정격 이하로 구동되어야 한다.

20.2.3 SCR의 스펙(SCR Specification)

SCR의 스펙에 표시된 정격 중 대부분은 SUS의 스펙과 거의 유사하다. [그림 20-11]에 표시된 2N6400 시리즈 SCR에 대한 스펙을 살펴보자. 〈표 20-1〉은 소개된 스펙에 포함된 정격을 표시한 것이다. 중요한 점은 〈표 20-1〉에 표시된 것처럼 순방향과 역방향 차단 전압과 전류는 그 크기가 같다. SUS에서도 동일하다.

2N6400 Series

Preferred Device

Silicon Controlled Rectifiers

Reverse Blocking Thyristors

Designed primarily for half-wave ac control applications, such as motor controls, heating controls, and power supplies; or wherever half-wave silicon gate-controlled, solid-state devices are needed.

- Glass Passivated Junctions with Center Gate Geometry for Greater Parameter Uniformity and Stability
- Small, Rugged Thermowatt Construction for Low Thermal Resistance, High Heat Dissipation, and Duribility
- Blocking Voltage to 800 Volts
- Device Marketing: Logo, Device type, e.g., 2N6400, Date Code

MAXIMUM RATINGS ($T_J = 25°C$ unless otherwise noted)

Rating	Symbol	Value	Unit
*Peak Repetitive Off-State Voltage (Note 1.) ($T_J = -40$ to 125°C, Sine Wave 50 to 60 Hz; Gate Open)	V_{DRM}, V_{RRM}		Volts
2N6400		50	
2N6401		100	
2N6402		200	
2N6403		400	
2N6404		600	
2N6405		800	
On-State RMS Current (180° Conduction Angles; $T_C = 100°C$)	$I_{T(RMS)}$	16	A
Average On-State Current (180° Conduction Angles; $T_C = 100°C$)	$I_{T(AV)}$	10	A
Peak Non-Repetitive Surge Current (1/2 Cycle, Sine Wave 60 Hz, $T_J = 90°C$)	ITSM	160	A
Circuit Fusing (t = 8.3 ms)	I^2t	145	A^2s
Forward Peak Gate Power (Pulse Width ≤ 1.0 μs, $T_C = 100°C$)	P_{GM}	20	Watts
Forward Average Gate Power (t = 8.3 ms, $T_C = 100°C$)	$P_{G(AV)}$	0.5	Watts
Forward Peak Gate Current (Pulse Width ≤ 1.0 μs, $T_C = 100°C$)	I_{GM}	2.0	A
Operating Junction Temperature Range	T_J	−40 to +125	°C
Storage Temperature Range	T_{stg}	−40 to +150	°C

*Indicates JEDEC Registered Data

1. V_{DRM} and V_{RRM} for all types can be applied on a continuous basis. Ratings apply for zero or negative gate voltage; however, positive gate voltage shall not be applied concurrent with negative potential on the anode. Blocking voltages shall not be tested with a constant current source such that the voltage ratings of the devices are exceeded.

ON Semiconductor™

http://onsemi.com

SCRs
16 AMPERES RMs
50 thru 800 VOLTS

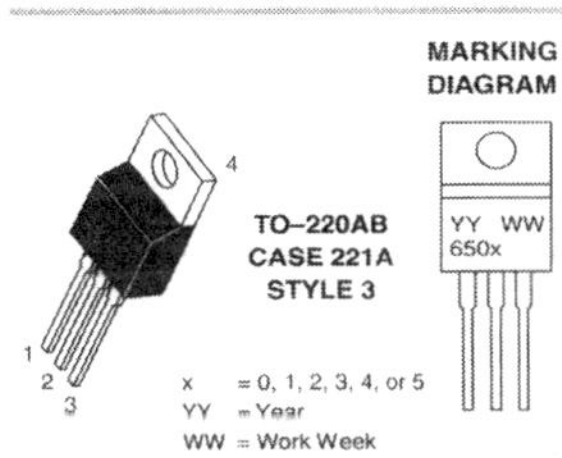

PIN ASSIGNMENT	
1	Cathode
2	Anode
3	Gate
4	Anode

(a)

THERMAL CHARACTERISTICS

Characteristic	Symbol	Max	Unit
Thermal Resistance, Junction to Case	$R_{\theta JC}$	1.5	°C/W
Maximum Lead Temperature for Soldering Purposes 1/8" from Case for 10 Seconds	T_L	260	°C

ELECTRICAL CHARACTERISTICS (T_J = 25°C unless otherwise noted.)

Characteristic		Symbol	Min	Typ	Max	Unit
OFF CHARACTERISTICS						
*Peak Repetitive Forward or Reverse Blocking Current (V_{AK} = Rated V_{DRM} or V_{RRM}, Gate Open)	T_J = 25°C T_J = 125°C	I_{DRM}, I_{RRM}	— —	— —	10 2.0	μA mA
ON CHARACTERISTICS						
*Peak Forward On-State Voltage (I_{TM} = 32 A Peak, Pulse Width ≤ 1 ms, Duty Cycle ≤ 2%)		V_{TM}	—	—	1.7	Volts
*Gate Trigger Current (Continuous dc) (V_{AK} = 12 Vdc, R_L = 100 Ohms)	T_C = 25°C T_C = −40°C	I_{GT}	— —	9.0 —	30 60	mA
*Gate Trigger Voltage (Continuous dc) (V_D = 12 Vdc, R_L = 100 Ohms, T_C = −40°C)	T_C = 25°C T_C = −40°C	V_{GT}	— —	0.7 —	1.5 2.5	Volts
Gate Non-Trigger Voltage (V_D = 12 Vdc, R_L = 100 Ohms)	T_C = +125°C	V_{GD}	0.2	—	—	Volts
*Holding Current (V_D = 12 Vdc, Initiating Current = 200 mA, Gate Open)	T_C = 25°C *T_C = −40°C	I_H	— —	18 —	40 60	mA
Turn-On Time (I_{TM} = 16 A, I_{GT} = 40 mAdc, V_D = Rated V_{DRM})		t_{gt}	—	1.0	—	μs
Turn-Off Time (I_{TM} = 16 A, I_R = 16 A, V_D = Rated V_{DRM})	T_C = 25°C T_J = +125°C	t_q	— —	15 35	— —	μs
DYNAMIC CHARACTERISTICS						
Critical Rate-of-Rise of Off-State Voltage (V_D = Rated V_{DRM}, Exponential Waveform)		dv/dt	—	50	—	V/μs

*Indicates JEDEC Registered Data

(b)

[그림 20-11] 2N6400시리즈의 스펙

표 20-1

스펙	기호	정의
피크반복 off 상태 차단 전압	V_{DRM} 혹은 V_{RRM}	최대 순방향 혹은 최대 역방향 차단전압. $V_{BR(F)}$와 $V_{BR(R)}$는 같다.
피크 순방향 혹은 역방향 차단전류	I_{DRM} 혹은 I_{RRM}	최대 순방향 혹은 최대 역방향 차단전류. $I_{BR(F)}$와 $I_{BR(R)}$는 같다.
유지전류	I_H	전도를 유지하는데 필요한 최소 순방향 전류

【예제 20.1】 주어진 회로에서, 2N6400에 50A의 전류 서지가 18ms 동안 지속되었다면 이런 서지에서 소자의 파괴 여부를 결정하시오.

풀이 회로의 I^2t의 값은 다음과 같다.

$$I^2t=(50\text{A})^2(18\text{ms})=(2500\text{A}^2)(18\text{ms})=45\text{A}^2\text{s}$$

이런 값은 최대정격 $145\text{A}^2\text{s}$ 이하이므로 소자는 파괴되지 않는다.

(실전 연습문제 20-1)

SCR의 퓨즈정격은 $40\text{A}^2\text{s}$을 갖는다면 소자에 60A 서지가 15ms 동안 지속될 때 파괴되는지 여부를 결정하시오.

▶▶ 파괴된다.

SCR의 회로 퓨즈 정격이 주어졌을 때 알고 있는 전류 값으로 서지의 허용할 수 있는 최대 지속기간을 다음과 같이 결정할 수 있다.

$$t_{\max}=\sqrt{\frac{I^2t(\text{휴즈정격})}{I_S^2}} \tag{20-2}$$

여기서 I_S는 서지전류의 알려진 값을 의미한다. 【예제 20.2】는 서지의 최대 허용 지속시간을 결정하는 식 (20-2)의 사용을 나타낸다.

【예제 20.2】 2N1843A는 $60\text{A}^2\text{s}$ 크기의 회로 퓨즈정격을 갖는다. 이 소자가 100A 서지가 흐르는 회로에 사용되었다고 가정하고 서지 지속시간의 한계를 결정하시오.

풀이 서지의 최대 허용 지속시간은 6ms이다.

$$t_{\max}=\frac{I^2t(\text{휴즈정격})}{I_S^2}=\frac{60\text{A}^2\text{s}}{(100\text{A})^2}=6\text{ms}$$

따라서 100A 서지가 6ms 이상 지속된다면 2N1843A에는 전류가 흐를 수 없다.

(실전 연습문제 20-2)

C35 시리즈 SCR들은 $75\text{A}^2\text{s}$ 크기의 회로 퓨즈정격을 갖는다. 소자에 흐르는 150A 서지의 최대 허용 지속시간을 결정하시오.

▶▶ 3.3ms

식 (20-2)를 변형하면 주어진 지속시간 동안 최대 허용 서지전류를 다음과 같이 결정할 수 있다.

$$I_{S(\max)}=\frac{\sqrt{I^2t(\text{rated})}}{t_S} \tag{20-3}$$

여기서 t_S는 서지전류의 지속시간. 【예제 20.3】은 서지전류의 최대 허용 값을 결정하기 위하여 식 (20-3)의 사용을 나타낸다.

【예제 20.3】 2N1843A가 220ms의 지속시간 동안 견딜 수 있는 최대 서지 전류를 결정하시오.

풀이 서지의 최대 값은 54.8A이다.

$$I_{S(\max)} = \frac{\sqrt{I^2t(\text{rated})}}{t_S} = \sqrt{\frac{60\text{A}^2\text{s}}{20\text{ms}}} = 54.8\text{A}$$

따라서 20ms 동안의 54.8A 크기의 서지 전류가 소자를 통과하면 2N1843A는 손상될 것이다.

(실전 연습문제 20-3)

실전 연습문제 20-2를 참조하고 C35 시리즈 SCR이 50ms 지속시간 동안 견딜 수 있는 최대 서지전류 값을 결정하시오.

▶▶ 38.7A

이 절의 뒷부분에서 SCR의 몇 가지 응용회로를 살펴보게 된다. 이러한 응용회로 중의 하나는 SCR이 서지 보호 소자로 사용되는 경우이다. SCR이 서지보호 응용에 사용될 때 회로 퓨즈정격은 임계 값이 된다. SCR은 비 반복 서지전류(nonrepetitive surge current)라는 또 다른 최대 전류정격 I_{TSM}을 갖는다. 이것은 소자에 흐르는 서지전류의 절대적 한계이다. 임의의 시간동안 이런 규정된 값을 초과한다면 소자는 파괴된다. [그림 20-11]에서 전기적 특성을 살펴보면 게이트 비 트리거 전압 V_{GD} 정격을 찾아볼 수 있다. 이런 정격은 트리거 없이 SCR을 전도 상태로 적용할 수 있는 최대 게이트 전압을 나타낸다. 만약 V_G가 정격을 초과 한다면 SCR은 on 상태로 트리거 된다.

V_{GD} 정격은 SCR을 잘못 트리거 하는 전위 원인 중의 하나를 나타내기 때문에 중요하다. 잘못된 트리거링은 일반적으로 어떤 형태의 노이즈에 의해 SCR이 전도 상태로 뜻하지 않게 트리거 되는 상태를 의미한다. 예를 들자면 SCR 2N6400 시리즈는 200mV의 V_{GD} 정격을 갖는다. 만약 200mV보다 더 큰 최고 값을 갖는 노이즈 신호가 게이트에 발생한다면 소자는 전도 상태로 트리거 된다.

잘못 트리거 되는 또 다른 일반적인 원인은 애노드 전압의 증가가 SCR의 임계증가율 정격을 초과하는 경우이다. 이런 정격은 SCR이 잘못된 트리거링 없이 취급할 수 있는 애노드-캐소드 전압의 최대 증가율을 나타낸다. 예로 2N6400시리즈 SCR의 dv/dt 정격은 50V/μs이다. 이것의 의미는 50V/μs의 증가율을 갖는 V_{AK}의 노이즈 신호는 잘못된 트리거를 일으킨다는 것이다. 명백하게, 50V의 노이즈는 정상적인 환경에서는 결코 발생되지 않는다. 그러나 비교적 작은 양의 노이즈일지라도 잘못된 트리거링을 일으키기에 충분한 증가율을 갖는다. 주어진 노이즈 신호의 증가율을 V/μs로 결정하기 위하여, 다음과 같은 변환 공식이 사용된다.

$$\Delta V = \frac{dv}{dt}\Delta t \tag{20-4}$$

여기서 $\frac{dv}{dt}$ = 소자의 증가율
$\Delta t = V_{AK}$의 증가에 대한 상승시간
$\Delta v = V_{AK}$의 변화량

을 의미한다.

【예제 20.4】에 나타낸 것처럼 노이즈 신호의 상승시간이 충분히 작다면 노이즈의 양이 작아도 잘못된 트리거를 발생시킨다.

【예제 20.4】 2N6400 SCR은 2ns(상승시간)의 노이즈 신호가 불규칙적으로 발생하는 회로에 사용된다. 잘못된 트리거링을 발생시키는 노이즈의 크기를 결정하시오.

풀이 50V/μs의 증가율에서 잘못된 트리거를 방생시키는 노이즈의 크기는 100mV이다.

$$\Delta V = \frac{dv}{dt}\Delta t = (50\text{V}/\mu\text{s})(2\text{ns}) = 100\text{mV}$$

여러분도 보다시피 2ns 상승시간에 의해서 단지 100mV의 노이즈가 잘못된 트리거를 일으키기 위해서 요구된다.

(실전 연습문제 20-4)

C35D SCR은 25V/μs의 증가율을 갖는다. 노이즈 신호 상승시간이 100ps일 때 잘못된 트리거를 일으키는 노이즈의 크기를 결정하시오.

▶▶ 2.5mV

여러분도 보다시피 대부분의 SCR 파라미터들은 전류제한과 소자의 잘못된 트리거링의 한계와 관계 된다. 이러한 관점에서, 잘못된 트리거를 보호하기 위하여 사용된 일반적인 방법을 고찰하기로 하자.

20.2.4 잘못된 트리거링의 예방(Preventing False Triggering)

잘못된 트리거링은 일반적으로 다음과 같은 두 가지 상태 중 하나에 의해서 발생된다.

1. 게이트 단자에서의 노이즈 신호
2. V_{AK}에서 짧은 상승시간의 노이즈 신호

게이트 신호원의 잡음은 일반적으로 [그림 20-12]에 표시된 두 가지 방법 중의 하나를 사용하여 감소된다. [그림 20-12 (a)]에서 게이트는 게이트 저항을 경유해서 negative 전원 공급장치와 연결되어 있다.

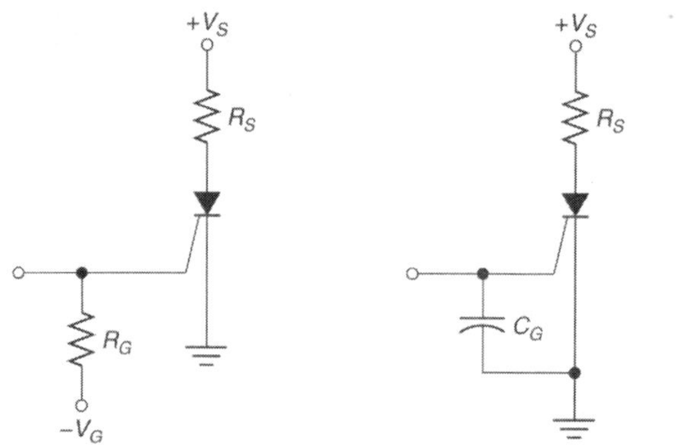

(a) 게이트 바이어스 전압 (b) 게이트 바이패스 커패시터

[그림 20-12] 잘못된 트리거의 예방

논의를 위해서 게이트 공급전압을 -2V라고 가정하자. 이런 경우에 잘못된 트리거를 일으키기 위해서는 게이트의 잡음은$(2\text{V} + V_{GD})$보다는 커야 한다. 이러한 상황은 어떠한 정상적인 환경에서도 발생되지 않는 것처럼 보인다. [그림 20-12 (b)]에 표시된 회로는 게이트 단자와 접지 사이에 측로 커패시터를 사용한다. 임의의 게이트 잡음 신호를 접지와 단락시키는 이런 커패시터는 일반적으로 0.1μF과 0.01μF 사이의 크기로 선택된다. [그림 20-12]에 표시된 두 가지 방법 중에서, [그림 20-12 (b)]의 측로 커패시터가 더 보편적으로 사용된다. 이것은 커패시터가 게이트 잡음문제에 대해 매우 저렴한 해결책을 제공하기 때문이다.

V_{AK}의 잡음은 일반적으로 스너버 회로(snubber netwoke)의 사용으로 제거된다. 스너버는 SCR의 애노드와 캐소드 사이에 연결된 *RC* 회로이다. 스너버 회로를 [그림 20-13]에 표시했다. 커패시터 C_S는 V_{AK}에서의 어떠한 잡음도 효과적으로 접지에 단락시킨다. 저항 *R*는 SCR이 on 되었을 때 커패시터의 방전전류를 제한하기 위해 사용되었다. [그림 20-13]에서 V_{AK}의 잡음은 직류 전압원 V_S에 의해서 발생된다. V_S는 일반적인 전원 공급 장치로부터 제공되었다고 가정하면 전원 공급 장치로부터 발생되는 임의의 잡음은 SCR 회로에 제공된다. 스너버에 의해서 이 잡음은 잘못된 트리거링이 일어나지 못하는 레벨로 감소된다.

증가율(dv/dt)의 초과는 가장 일반적인 잘못된 트리거를 발생시키므로 스너버는 대부분의 SCR 회로에 사용된다. 이런 이유 때문에 스너버는 사이리스터가 포함되는 회로에서 대부분 사용된다.

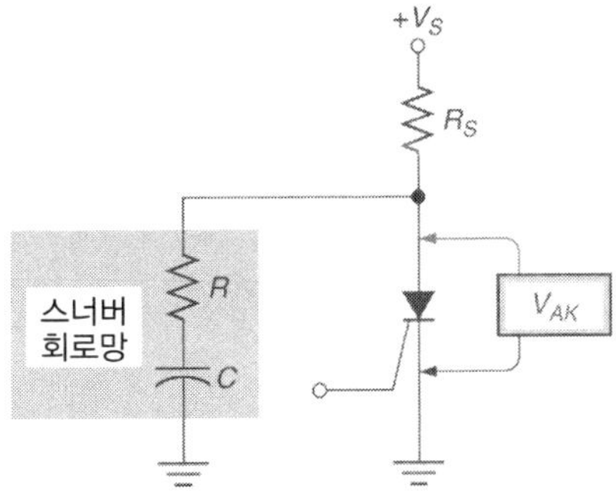

[그림 20-13] RC 스너버 회로망

20.2.5 SCR의 응용(SCR Application)

SCR은 가장 일반적으로 사용되는 사이리스터이다. 대부분의 SCR 응용은 소자, 회로, 시스템을 취급하는 산업전자 영역에서 나타난다. SCR의 모든 응용 부분을 취급할 수 없기 때문에 이 절에서 몇 개의 응용 분야에 대해서만 간단하게 설명한다.

20.2.6 SCR 크로우바(SCR Crowbar)

SCR 응용회로의 가장 일반적인 형태를 크로우바(crowbar)라고 부른다. 크로우바는 전원 공급장치의 초과 출력전압으로부터 전압 감지 부하를 보호하기 위해서 사용되는 회로이다. [그림 20-14]에 표시된 크로우바 회로는 제너 다이오드, 게이트저항 R_G, SCR로 구성된다. 이런 회로 역시 잘못된 트리거를 방지하기 위해서 스너버를 사용한다. 그림에 표시된 크로우바에서, 제너 다이오드와 SCR은 항상 off 상태이다. 제너다이오드가 차단 상태이므로, R_G에는 전류가 흐르지 않으며 저항 양단의 전압강하는 없다. R_G 양단의 전

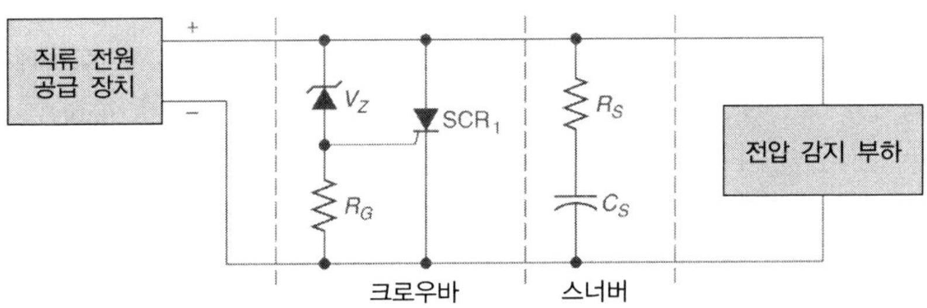

[그림 20-14] SCR 크로우바

위차가 0V이므로 SCR의 게이트전압은 0V이고 차단 상태를 유지한다. 따라서 제너 다이오드가 off 상태이면 SCR은 개방상태로 동작되고 전원 공급장치와 부하에 아무런 영향을 미치지 않는다.

전원 공급 장치의 출력전압이 일정한 값 이상으로 증가한다면 제너 다이오드는 전도된다. 제너 다이오드에 흐르는 전류는 R_G 양단의 전압강하를 발생시킨다. 이런 전압은 SCR을 전도시킨다. SCR이 전도되면 전원 공급 장치의 출력은 소자에 의해서 단락되고 부하는 보호된다.

이런 회로에서 고려해야 하는 몇 가지 중요한 사항은 다음과 같다.

- SCR은 전원 공급장치의 출력전압이 급격히 증가하는 주요 결점(major fault)에 의해서 활성화된다. 일단 활성화되면, SCR은 전원 공급 장치의 퓨즈가 개방될 때까지 도통 상태를 유지한다.
- 전원 공급장치의 퓨즈가 끊어지기 전에 SCR을 보호하기 위하여 SCR은 회로 퓨즈의 I^2t 정격은 충분히 높아야 한다. 전원 공급 장치의 퓨즈가 끊어지기 전에 SCR이 고장난다면, 전원 공급 장치는 계속해서 동작되며 결국 부하는 손상을 입게 된다.
- 크로우바 내의 SCR은 소모품으로 고려되었다. 이것이 회로 내의 직렬 전류제한용 저항이 없는 이유이다. 크로우바 회로의 목적은 부하를 보호하는 것이지 SCR을 보호하는 것은 아니다.
- 대부분의 크로우바 회로는 높은 전압을 일으킨 후에 자기-리셋(seif-resetting)된다. 그러나 자기-리셋이 되지 않는다면 내부손상에 의해서 발생될 수 있는 소자의 고장에 대한 예방책으로서 회로의 활성화 후에 크로우바의 SCR은 교환되어야 한다.

SCR의 응용은 단지 회로보호만은 아니다. 완전히 다른 형태의 응용은 SCR 위상 제어기에서 나타난다.

20.2.7 SCR 위상 제어기(The SCR Phase Controller)

위상 제어기는 부하의 전도 각(conduction angle)을 조절하여 평균 부하전압을 제어하기 위해서 사용되는 회로이다. 예를 들자면 [그림 20-15 (a)]에 표시된 회로에서 위상 제어기의 전위차계 R_2를 가변시키면 [그림 20-15 (b)]에 표시된 것처럼 부하의 전도각 θ를 가변시킬 수 있다. 평균(직류 등가) 부하전압은 전도 각에 따라서 가변되므로 R_2의 조절에 의해서 평균 부하전압은 가변된다. 위상제어기의 저도각은 부하에 연결되는 입력파형의 일부를 표시하게 된다. 예를 들면 [그림 20-15 (b)]에 표시된 부하전압 v_L의 파형은 음영이 표시된 것처럼 3가지의 전도각으로 표시된다. 전도각 θ가 180°라면 교번신호의 전체가 부하에 연결된다. 전도각 θ가 90°라면 교번신호의 절반이 부하에 연결된다. 이때

SCR이 트리거 되는 (부하가 도통되기 시작하는)점을 점화각 (firing angle)이라고도 부른다. 예를 들어서 중간 v_L 파형의 경우는 위상 제어기가 45°에서 도통을 허용한다는 것을 의미한다. 이런 경우에 점화각은 45°이고 전도각은 135°($\theta = 180° - 45° = 135°$)로 구해진다.

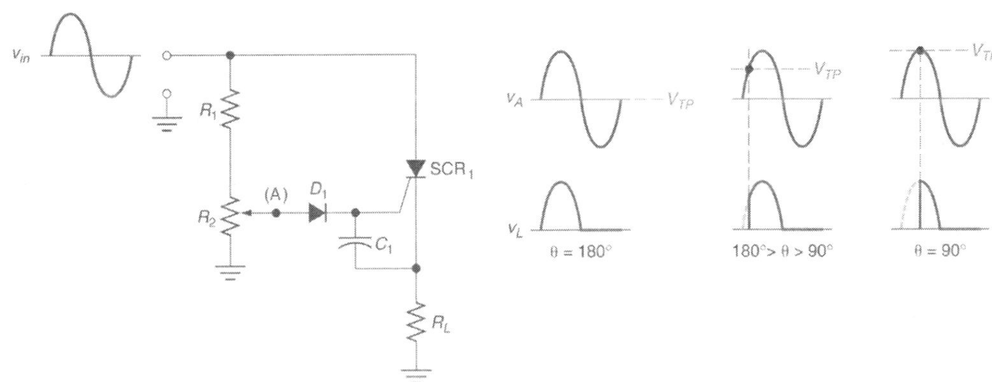

(a) (b) V_{TP}와 부하도통

[그림 20-15] SCR 위상제어기

[그림 20-15 (a)]에서 부하를 통한 전도는 SCR에 의해서 제어된다. v_{in}이 A 지점의 전압을 트리거 전압 V_{TP}라고 부르는 특정한 레벨에 도달하게 할 때 SCR은 전도 상태로 트리거 된다. 일단 트리거 되면, SCR은 부하에 v_{in}을 공급한다. 그리고 나서 SCR은 v_{in}의 positive 주기 동안 전도를 지속한다. A 지점의 전압, V_{TF}, 부하의 전도 상태의 관계를 [그림 20-15 (b)]에서 3개의 파형으로 나타냈다.

SCR을 전도 상태로 트리거 하기 위해서 A 지점에서 사인파는 다음 식과 같은 특정한 레벨에 도달하여야 한다.

$$V_{TP} = V_F + V_{GT}$$

여기서 V_F = 게이트 다이오드(D_1) 양단의 순방향 전압강하
V_{GT} = SCR의 게이트 트리거 전압 정격

을 의미한다.

SCR의 게이트 트리거 전압은 SCR을 전도상태로 트리거 시키기 위하여 충분히 큰 I_G를 발생시키는 V_{GK}의 값이다.

A 지점에서 전압이 V_{TP}에 도달할 때 그 전압은 D_1 양단의 순방향 전압강하와 SCR의 V_{GT}를 극복하기에 충분하다. 따라서 이런 트리거 전압은 v_{in}의 positive 주기 동안 SCR을 전도상태로 트리거시킨다. v_{in}이 negative로 될 때 SCR의 애노드 전압 역시 negative로 된

다. 이것은 SCR의 전류를 소자의 유지전류 I_H 이하로 떨어뜨리며 SCR은 차단 상태가 된다. [그림 20-15]에 표시된 회로와 파형에서 몇 가지 중요한 점은 다음과 같다. 그림에 표시된 파형은 다소 잘못 표현되었다. 여러분도 보다시피 주어진 위상 조절기의 V_{TP} 값은 고정된 값이며 A 점에서의 사인파의 크기는 가변적이다. 예를 들어서 [그림 20-15 (a)]에 표시된 것처럼 SCR의 V_{GT} 값이 1.5V라고 가정하면 회로의 트리거 점 전압은 2.2V로 구해진다.

$$V_{TP} = V_F + V_{GT} = 0.7\text{V} + 1.5\text{V} = 2.2\text{V}$$

이런 전압이 SCR을 전도 상태로 트리거하기 위해 A 지점에서 필요로 하는 전압이다. 전압 분배기 (R_1과 R_2)는 v_{in}에 비례하는 정현파를 A 지점에 제공한다. R_2를 증가시킨다면 A 지점의 사인파의 크기 또한 증가된다. 따라서 R_2를 증가시킴으로서 A 지점의 전압이 V_{TP}에 도달하기 위해 필요한 v_{in}의 크기를 감소시킨다. 동일한 방법으로 R_2의 감소는 A 지점의 전압이 V_{TP}에 도달하기 위해 필요한 v_{in}의 크기를 증가시킨다. 이와 같은 논의로부터 R_2의 조절은 회로의 V_{TP} 값을 변화시키는 것이 아니라 V_A의 크기를 변화시킨다는 것을 알 수 있다.

[그림 20-15 (a)]에 표시된 회로에서 주목해야할 몇 가지 사항은 다음과 같다.

- SCR의 게이트와 캐소드 단자 사이의 커패시터는 잘못된 트리거를 막기 위해서 사용된다.
- SCR은 전형적으로 10V 이하의 낮은 게이트 항복전압 정격을 갖는다. 이런 이유로 D_1은 SCR의 게이트-캐소드 접합에 적용되는 v_{in}의 negative 주기를 방지하기 위한 회로에서 사용된다.
- 부하저항은 SCR과 직렬 연결되기 때문에 소자의 직렬 전류제한용 저항으로 동작한다.
- 부하의 전도각(θ)과 평균부하전압(V_{ave}) 사이의 수학적인 관계는 적분식으로 정의되며 여기서는 설명되지 않지만 파형의 V_{ave} 값은 파형의 면적에 의해서 가변된다. 파형의 음영 영역 면적이 감소함에 따라, V_{ave} 값은 감소한다. 따라서 [그림 20-15 (a)]의 R_2를 감소시킴으로서 부하의 전도각 θ와 V_{ave}의 값은 감소하게 된다.

점화각을 넘어서는 부가적인 제어를 위해서 위상제어기는 [그림 20-16]에 표시된 거서처럼 수정된다. 이런 회로에서는 R_1, R_2와 함께 지연회로를 구성하기 위해서 커패시터가 부가된다. R_2의 조정에 의해서 점화각은 입력파형의 90° 이내로 설정된다.

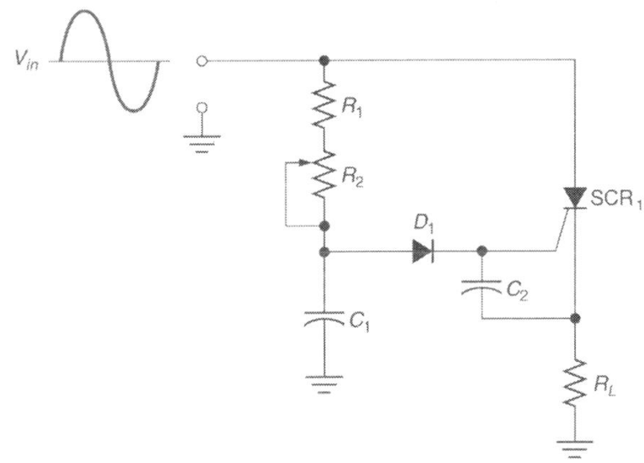

[그림 20-16] 수정된 위상각 제어기

20.2.8 SCR 시험(SCR Testing)

회로에서 SCR 시험은 항상 실행가능하다. 개방된 SCR은 트리거 되었을 때 비전도 상태를 유지하게 된다. 단락된 SCR은 애노드-캐소드 전압 V_{AK}의 극성에 무관하게 항상 전도된다. 어떤 경우라도 전압계 또는 오실로스코프를 사용하여 소자의 게이트, 애노드, 캐소드전압을 체크함으로서 SCR의 결함이 진단될 수 있다.

어떤 회로에서(크로우바 같은), 회로에서의 SCR 시험은 비실용적이다. 이러한 경우에는 소자가 [그림 20-17]에 표시된 것과 같은 회로를 사용하여 시험되어야 한다.

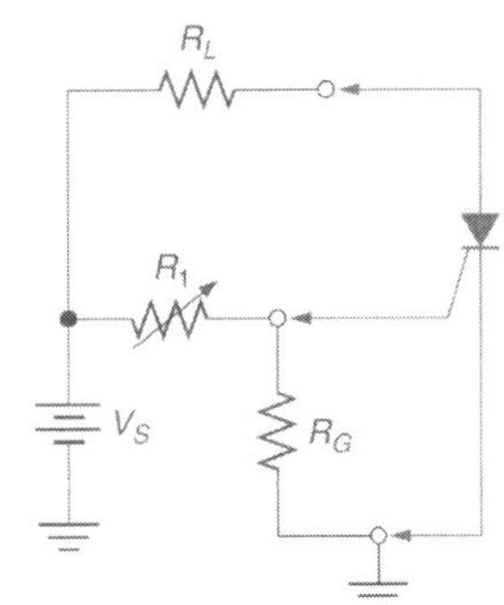

[그림 20-17] SCR 시험회로

이런 회로는 초기에 V_{GK}를 거의 0V가 되도록 설정된다. R_L의 크기는 소자의 스펙에 표시되는 V_{GT}에서 사용된 값과 같게 선택된다. 예를 들어서 2N6400 시리즈 SCR([그림 20-11]에 표시된 스펙 참조)은 V_{GT} 시험을 위하여 $R_L = 100\Omega$으로 명시된다. 따라서 이러한 SCR 중의 하나를 시험할 때 R_L은 100Ω 저항이 된다. V_S의 크기는 그림에 표시된 것처럼 $V_{BR(F)}$와 $I_H R_L$의 합과 같다.

SCR을 시험하기 위해서 R_1은 V_G가 V_{GT}의 크기와 같아질 때까지 감소시킨다. 이때 SCR은 트리거 되고 V_{AK}는 비교적 낮은 값으로 강하된다. 이런 소자가 트리거 되지 않는다면 R_1은 자신의 전체의 범위 양단에서 가변된다. 만약 이런 소자가 비전도 상태로 지속된다면 소자는 반드시 교체되어야 한다.

20.2.9 요약(Summary)

SCR은 게이트가 부가된 SUS처럼 동작하는 3단자 소자이다. 이런 소자는 특정한 레벨의 게이트 전류 I_G를 발생시키는 게이트-캐소드전압(V_{GK})를 입력시킴으로서 전도 상태로 트리거 된다. 이런 게이트 전류는 소자를 전도 상태로 트리거 한다.

SUS처럼 SCR은 애노드 전류저지 또는 강제정류에 의해서 비전도 상태로 돌아간다. 턴 off 될 때 이런 소자는 다시 트리거 될 때까지 비전도 상태를 유지한다.

SUS의 임계 파라미터들은 회로 퓨즈정격과 증가율이다. 회로 퓨즈정격 I^2t가 초과된다면 소자는 과전력 소모에 의해서 파괴된다. 애노드전압의 노이즈에 의해서 증가율(dv/dt)이 초과되었다면 이런 소자는 잘못 트리거 된다. 소자가 우연히 전도 상태로 트리거된 상태의 잘못된 트리거는 게이트 바이어스 전압의 과도한 노이즈에 의해서 발생된다. 잘못된 트리거는 일반적으로 스너버 회로와 게이트 측로 커패시터의 사용으로 방지된다. SUS의 응용은 일반적으로 부하의 과전압보호와 부하의 전도 상태 제한과 같은 두 종류 중의 하나에 적용된다. SCR의 특성을 [그림 20-18]에 요약하였다.

실리콘 제어 정류기(SCR)

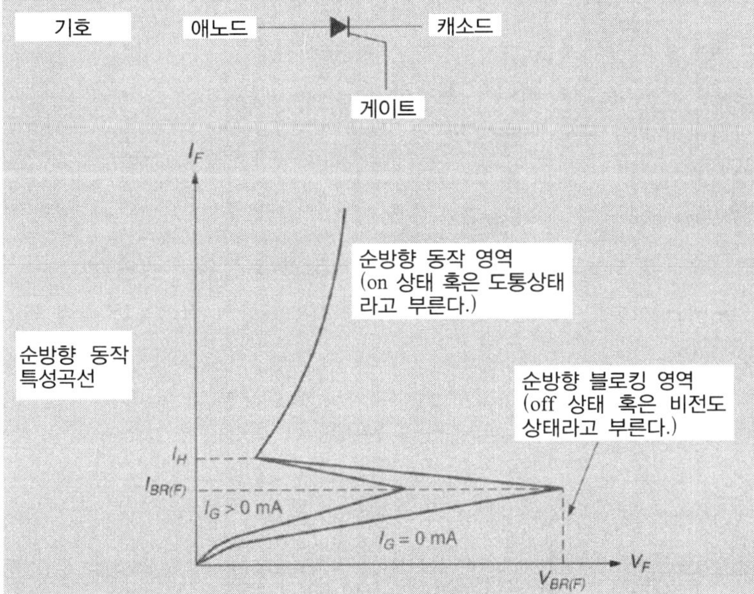

정상 트리거링	• V_{AK} 일정하게 유지시킨다. 게이트 트리거 선호인가. • V_{GK} 일정하게 유지시킨다. V_{AK} 증가시킨다.
임계정격	• 회로 퓨징(I^2t) • 임계 상승(dv/dt)
응용	• 부하보호(크로우바) • 제어되는 부하도통(위상제어기)

[그림 20-18]

기초 확인문제 20.2

1. SCR의 구조를 설명하라.
2. SCR의 순방향 차단영역이란 무엇인가?
3. SCR의 순방향 동작영역이란 무엇인가?
4. SCR을 트리거 하기 위하여 사용되는 방법들을 설명하라.
5. SCR을 차단영역으로 들어가게 하는 방법을 설명하라.
6. [그림 20-10]에 주어진 동작특성곡선을 사용해서 SCR의 순방향 동작에 대해서 설명하라.
7. SCR의 회로 퓨즈정격 I^2t가 중요한 이유에 대해서 설명하라.

8. 잘못된 트리거한 무엇인지 설명하라.
9. SCR의 어떤 정격이 잘못된 트리거링의 문제와 직접 관계를 가지는가?
10. 게이트 바이패스 커패시터는 잘못된 트리거를 어떻게 방지하는가?
11. 스너버 회로망이란 무엇인가? 어떻게 사용되는가?
12. SCR 크로우바의 동작에 대해서 설명하라.
13. SCR 크로우바의 기능은 무엇인가?
14. SCR 위상제어기의 기능은 무엇인가?
15. SCR 위상 제어기의 동작에 대해서 설명하라.
16. 회로에서 개방된 SCR과 단락된 SCR의 일반적인 증상은 무엇인가?
17. [그림 20-14]에서보다 값비싼 크로우바 회로보다 부하에 직렬로 퓨즈를 연결하는 이유는 무엇인가?
18. 크로우바 회로에서 SCR의 회로시험이 불가능한 이유는 무엇인가?

20.3 다이악과 트라이악(Diac and Triac)

다이악(diac)과 트라이악(triac)은 쌍방향성 사이리스터로 분류되는 소자이다. 여기서 쌍방향의 의미는 전류가 두 방향으로 도통된다는 의미이다. 다이악은 쌍방향성 SUS이고 트라이악은 쌍방향성 SCR이다. 이런 소자들의 동작 특성은 이미 언급한 바 있는 사이리스터의 동작과 아주 유사하기 때문에 이절의 내용은 새로운 것이기 보다는 앞에서 고찰한 내용의 재검토라고 생각해도 좋다.

20.3.1 다이악(Diacs)

다이악은 SUS의 순방향 특성과 동일한 순방향특성과 역방향 특성을 갖는 2단자 3층 소자이다. [그림 20-19]는 다이악의 구조와 회로기호를 표시하고 있다. 그림에 표시된 것처럼 다이악은 *pnp*형 혹은 *npn*형 트랜지스터와 유사하다. 그렇지만 다음과 같은 몇 가지 차이점을 갖는다.

1. 베이스에 아무런 연결이 없다.
2. 세 개의 도핑 영역이 거의 유사하다.
3. 세 영역의 도핑 농도가 거의 유사하다.

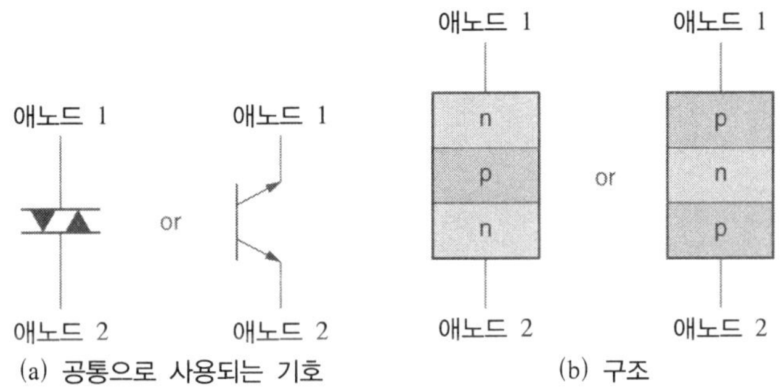

[그림 20-19] 다이악의 구조와 회로기호

이와는 대조적으로 6장에서 이미 고찰한 바 있는 쌍극성 트랜지스터의 경우에는 베이스 영역이 아주 좁고 약하게 도핑된다. 다이악은 *pnp*나 *npn* 형태로 구성된다. *pnp*형 다이악이나 *npn*형 다이악의 동작 원리는 동일하다. [그림 20-20]은 다이악의 동작 특성곡선을 표시하고 있다.

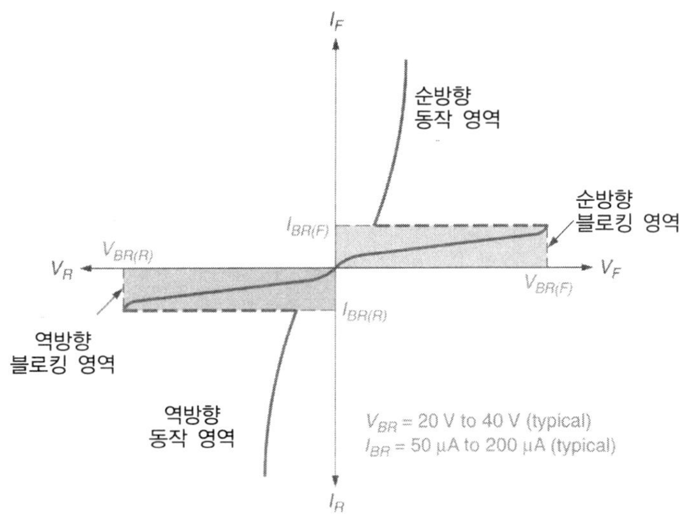

[그림 20-20] 다이악의 동작특성곡선

여러분도 보다시피 순방향 특성과 역방향 특성은 SUS의 순방향 특성과 일치된다. 어떤 방향을 사용하던 간에 소자는 breakover 전압 V_{BR}에 도달될 때까지 개방상태를 유지한다. 이때 다이악은 트리거 되고 적절한 방향으로 도통된다. 다이악 전류가 유지전류 I_H 이하로 감소될 때까지 계속 유지된다. 중요한 점은 breakover 전압과 유지전류의 크기가 순방향 동작과 역방향 동작에서 일치된다는 점이다. 다이악은 온도가 증가하면 도통되도록 트리거 된다는 점이다. 이런 점에 대해서는 뒷장에서 다시 설명하기로 한다.

20.3.2 트라이악(Triac)

트라이악은 순방향 특성과 역방향 특성이 SCR의 순방향 특성과 일치되는 3단자를 갖는 4층 소자이다. 트라이악의 구조와 회로기호는 [그림 20-21]에 표시되어 있다.

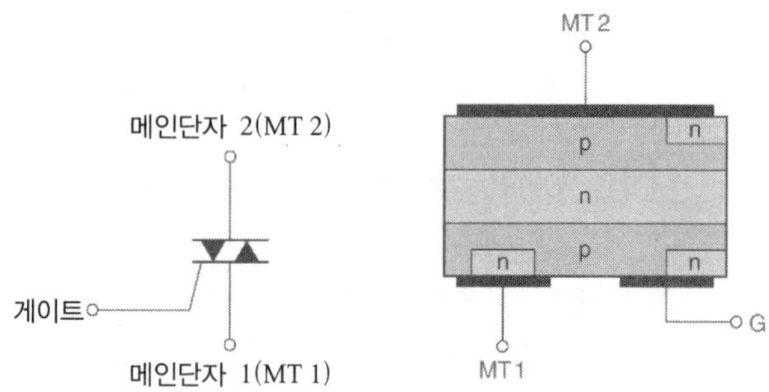

(a) 기호 (b) 구조

[그림 20-21]

도통 단자는 메인단자 MT1, MT2로 표시된다. 주의할 점은 MT1은 게이트와 동일한 면에 있다는 점이다. 만약 [그림 20-22]에 표시된 것처럼 트리악을 분리한다면, SCR이 상보형으로 병렬 연결된 것을 쉽게 이해할 수 있다. MT2가 positive이고 MT2이 negative일 때, 트리거 된 트라이악은 [그림 20-22 (b)]의 왼편에 나타낸 도통 상태가 된다. MT2가 negative이고, MT1이 positive일 때 트리거 된 트라이악은 오른편에 나타낸 도통 상태가 된다. 소자에 흐르는 전류가 유지전류 I_H 정격보다 더 크기만 하면 트리거 된 트라이악은 적당한 방향으로 전도될 것이다.

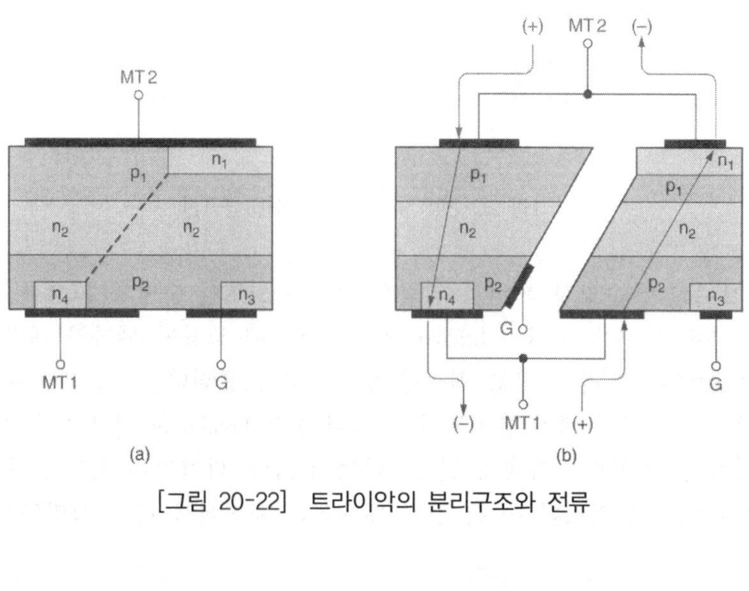

(a) (b)

[그림 20-22] 트라이악의 분리구조와 전류

트라이악의 유일한 구조 때문에 트라이악의 동작특성곡선은 지금까지 나타낸 어느 특성 곡선보다 복잡하다. 트라이악의 동작곡선을 [그림 20-23]에 표시했다. [그림 20-23]에 표시된 그래프는 Ⅰ, Ⅱ, Ⅲ, Ⅳ로 분류된 4개의 분면으로 나뉘어진다. 각사분면은 MT2와 G(게이트)의 극성을 나타낸다. 예를 들어서 Ⅰ 사분면은 MT2가 positive이고(MT1에 대해서) 게이트에 positive 전위가 적용 되었을 때의 소자의 동작을 나타낸다. Ⅱ 사분면은 MT2가 positive이고(MT1에 대해서) 게이트에 negative 전위가 적용되었을 때의 소자의 동작을 나타낸다.

Ⅰ 사분면에서의 동작은 SCR의 동작과 동일하다. SCR의 모든 특성은 Ⅰ 사분면에서 동작된 트라이악에 적용된다. 예를 들면 :

- 입력전압이 $V_{BR(F)}$에 도달되거나 또는 positive 게이트 트리거 전압(V_{GT})이 소자를 트리거하기에 충분한 게이트 전류(I_G)를 발생시킬 때까지 소자는 off 상태를 유지한다.
- 소자는 온도, 게이트잡음, 또는 애노드(MT2) 잡음의 증가에 의해서 잘못 트리거 될 수도 있다.
- 일단 트리거 되면 소자는 순방향 전류가 유지전류 (I_H)정격 이하로 떨어질 때까지 전도 상태를 유지한다.

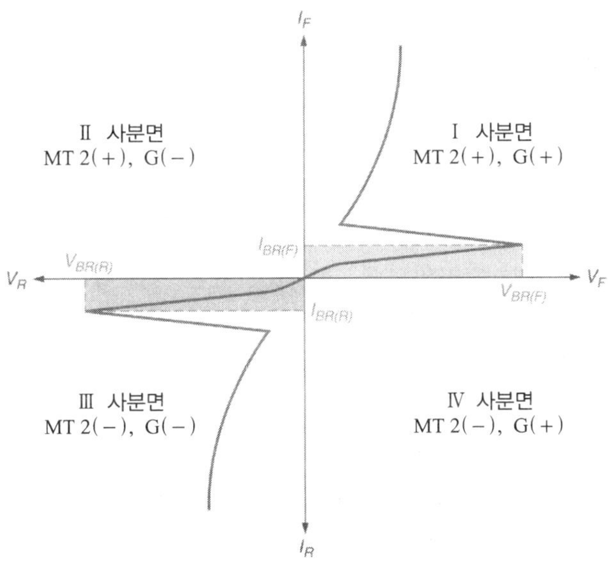

[그림 20-23] 트라이악의 동작특성곡선

Ⅰ 사분면에서 동작될 때 트라이악에 흐르는 전류는 [그림 20-22 (b)]의 왼편에 나타낸 방향과 동일하다.

Ⅲ 사분면의 동작은 간단하게 Ⅰ 사분면 동작과 대칭이다. 다시 말하자면 MT2가 MT1에 대해서 negative이고 negative 게이트 트리거 전압이 트라이악에 입력될 때 [그림 20-22 (b)]의 오른편에 나타낸 것과 같이 역으로 트리거 된다. 모든 SCR 특성은 트라이악에 적용된다. 전도 상태의 방향은 간단하게 반전된다.

Ⅱ 사분면과 Ⅳ 사분면은 트라이악의 유일한 트리거링 조합을 나타낸다. 트라이악은 다음과 같은 조건에 의해 전도 상태로 트리거 될 수 있다.

1. MT2가 positive인 동안 negative 게이트 트리거가 인가된다(Ⅱ 사분면)
2. MT2가 negative인 동안 positive 게이트 트리거를 인가한다. (Ⅳ 사분면)

이런 트리거 조합은 [그림 20-22 (a)]에 표시된 것처럼 게이트가 p_2와 n_3 영역에 물리적으로 연결되어 있기 때문에 가능하다. Ⅱ 사분면 트리거가 발생될 때 소자에 흐르는 전류는 [그림 20-22 (b)]의 왼편에 나타낸 방향으로 흐르게 된다. Ⅳ 사분면 트리거가 발생될 때 소자에 흐르는 전류는 [그림 20-22 (b)]의 오른편에 나타낸 방향이 된다. MT2의 극성이 트라이악에 흐르는 전류의 방향을 결정하므로 Ⅱ 사분면 트리거와 Ⅳ 사분면 트리거에 대해서도 동일하다. 전형적인 트라이악의 V_{GT} 파라미터를 살펴보자. 부록A에 표시된 2N6344 시리즈 트라이악의 스펙에는 다음과 같은 값들이 표시되어 있다.

V_{GT}(최대 값)	조건	사분면
2V	MT2(+), G(+)	Ⅰ
2.5V	MT2(+), G(−)	Ⅱ
2V	MT2(−), G(−)	Ⅲ
2.5V	MT2(−), G(+)	Ⅳ

이런 V_{GT}는 소자의 메인 단자양단에 12V가 인가된 경우에 측정된 것이다. 스펙에서 제공된 값들을 [그림 20-24]에 표시된 트라이악에 적용시켜 보자. [그림 20-24]에 표시된 트라이악은 각 사분면에서 트리거링을 위해서 필요로 하는 극성을 표시하고 있다.

- Ⅰ 사분면에서 트라이악은 MT2 = +12V, V_{GT} = +2V일 때 트리거 된다.
- Ⅱ 사분면에서 트라이악은 MT2 = +12V, V_{GT} = −2.5V일 때 트리거 된다.
- Ⅲ 사분면에서 트라이악은 MT2 = −12V, V_{GT} = −2V일 때 트리거 된다.
- Ⅳ 사분면에서 트라이악은 MT2 = −12V, V_{GT} = +2.5V일 때 트리거 된다.

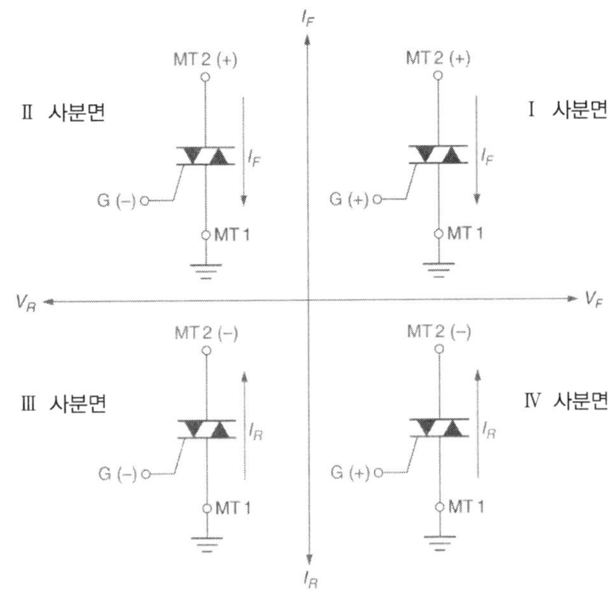

[그림 20-24] 트라이악의 트리거링

위에 표시된 V_{GT}는 최대 값이고 일반적인 V_{GT}는 1V보다 작다는 점이 중요하다. 또한 각 동작되는 사분면에서 트라이악의 전류 방향도 중요하다. 이때는 다음과 같은 두 가지 점에 유의해야 한다.

1. 사용된 트리거 방법에 무관하게 트라이악은 SCR과 동일한 방법으로 차단영역에 들어간다. 소자 전류저지 또는 강제정류 방법은 소자 전류를 유지전류 I_H 정격 이하로 감소시키기 위해서 사용되어야 한다. 소자 전류를 유지전류 I_H 정격 이하로 감소시킬 때 소자는 비전도 상태로 들어가며 또 다른 트리거가 제공될 때까지 차단영역에 남아 있게 된다.
2. 네 가지 트리거 조건을 제외하면 트라이악의 스펙은 SCR의 스펙과 거의 동일하다. 부록 A에 표시된 트라이악의 스펙과 [그림 20-11]에 표시된 SCR의 스펙을 비교하면 쉽게 알 수 있다.

20.3.3 트라이악의 트리거링 제어(Controlling Triac Triggering)

트라이악을 트리거 시키기 위해서 필요한 낮은 게이트 전압은 많은 응용회로에서 문제를 일으킬 수 있다. 예를 들어서 [그림 20-25 (a)]에 표시된 트라이악은 2N6344라고 가정한다. 스펙에 따르자면 2N6344는 $V_{GT} = \pm 0.9\text{V}$에서 Ⅰ 사분면 혹은 Ⅱ 사분면에서 트리거 된다. 이런 게이트 트리거 전압을 고려할 때 다음과 같은 세 가지 의문점이 생긴다.

1. 만약 positive 게이트 전압에 의해서만 2N6344가 트리거 되기를 원한다면 어떻게 될까?
2. 만약 negative 게이트 전압에 의해서만 2N6344가 트리거 되기를 원한다면 어떻게 될까?
3. 만약 더 큰 positive 게이트 전압과 negative 게이트 전압으로 트리거 되기를 원한다면 어떻게 될까?

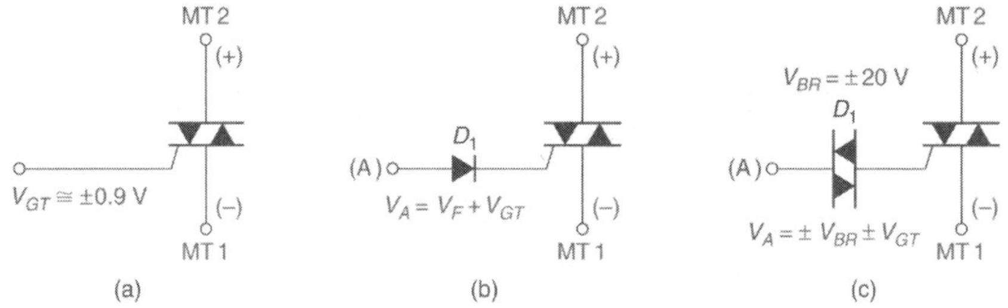

[그림 20-25] 트라이악 트리거의 제어

[그림 20-25 (b)]에 표시된 회로는 단극성(single polarity) 트리거에 일반적으로 사용되는 방법을 나타낸다. 그림에 표시된 회로에서 V_{GT}가 positive일 때 D_1은 순방향으로 바이어스되고 V_{GT}가 negative일 때 D_1은 역방향으로 바이어스된다. D_1은 오직 V_{GT}가 positive일 때 전도되므로 트라이악은 오직 positive 게이트 신호에 의해서 트리거 된다. 이런 소자를 트리거하기 위해서 필요한 전위는 D_1의 V_F와 V_{GT} 전압의 합이다. 다이오드의 방향을 역으로 전환함으로써 트라이악의 트리거를 negative 게이트전압으로 제한한다.

대부분의 응용에서 트라이악의 쌍극성 트리거 특성이 바람직하지만 이런 소자의 V_{GT} 정격은 아주 낮다. 이런 경우에 [그림 20-25 (c)]에 표시된 것처럼 게이트 회로에 다이악을 사용하여 트리거 레벨을 상승시킬 수 있다. 다이악이 존재하면 트라이악은 positive와 negative 게이트 전압에 의해서 트리거 될 수 있다. 그러나 게이트 단자(트리거하기 위해 필요한)에서 전도하기 위해서 게이트 트리거 신호는 다이악의 V_{BR} 값을 반드시 넘어서야 한다. 예를 들어서 [그림 20-25 (c)]에서 트라이악의 게이트 회로에 ±20V의 V_{BR} 값을 갖는 다이악으로 대체되었다면 2N6344를 전도 상태로 트리거하기 위해서 V_A는 다음 값에 도달하게 될 것이다.

$$V_A = \pm V_{BR} \pm V_{GT} \cong \pm 21\text{V}$$

원하는 쌍극 트리거를 얻을 수 있지만 게이트 트리거 신호 V_A는 트라이악이 전도 상태로 트리거 되기 전에 ±21V에 도달하여야 한다. 사이리스터의 트리거 제어는 다이악의 주요한 응용이다. 이것은 또한 다음 절에서 논의될 UJT(단일접합 트랜지스터)의 응용 중의 하나이다.

20.3.4 트라이악의 응용(Triac Application)

일반적인 트라이악의 응용은 [그림 20-26]에 표시된 위상 제어기에서 볼 수 있다. 트라이악 위상 제어기와 SCR 위상 제어기의 주요한 차이점은 트라이악이 입력신호의 두 반주기 사이에 전도될 수 있다는 것이다.

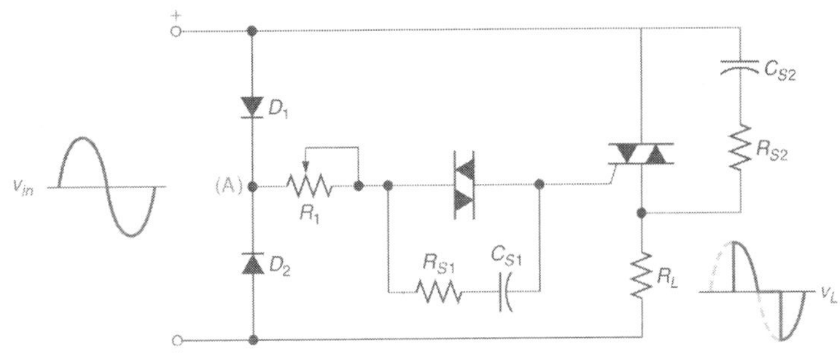

[그림 20-26] 트라이악 위상제어기

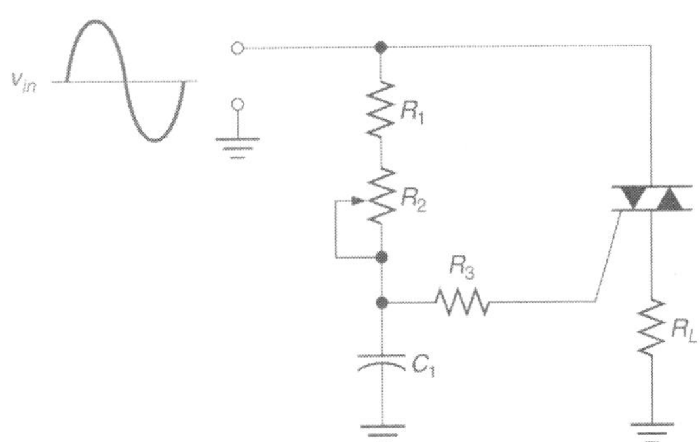

[그림 20-27] 큰 위상각을 가지는 트라이악 위상제어기

[그림 20-26]에 표시된 입력 극성이 인가될 때 D_1은 순방향으로 바이어스되고 D_2는 역방향으로 바이어스된다. 이것은 회로에서 A 점에 positive 전압을 제공한다. V_A가 다이악의 V_{BR} 정격과 트라이악의 V_{GT} 정격을 극복할 만큼 충분히 높을 때 트라이악은 전도상태로 트리거 되고 그림에 표시된 positive 출력 주기를 제공한다. 입력 극성이 반전될 때 D_1은 역방향으로 바이어스되고 D_2는 순방향으로 바이어스된다. 이런 경우에 A 점은 positive 아직 positive 이지만 MT2는 이제 negative이다. 트라이악이 트리거 될 때 부하에 흐르는 전류의 방향은 반전되고 negative의 출력 주기가 발생된다. [그림 20-27]에서 트라이악은 positive 반주기 입력 동안 I 사분면에서 트리거 되고 negative 반주기 입력 동안 Ⅳ 사분면에서 트리거 된다. 또한 다이악과 트라이악에 스너버 회로가 존재한다. 스너버 회로는 다이악과 트라이악이 SCR과 같은 잘못된 트리거링 문제를 일으키기 쉽기

때문에 사용된다.

[그림 20-27]은 90° 이상의 위상 제어를 할 수 있는 개선된 회로를 나타낸다. 이런 회로는 다이오드와 다이악을 대체하기 위하여 가변 *RC* 회로망을 사용한다. 커패시터는 또한 잘못된 트리거를 제거 한다. R_3는 트라이악의 게이트를 파괴하는 서지전류를 보호하기 위해 사용된다. 이런 제어회로는 대략 30°에서 320°의 위상 제어에 사용될 수 있다는 것을 제외하면 [그림 20-16]에 표시된 SCR 회로와 동작과 구조가 거의 같다.

20.3.5 소자 시험(Component Testing)

다이악과 트라이악은 항상 회로 상에서 시험된다. 오실로스코프는 각 소자들의 동작을 점검하는데 사용될 수 있다. 단락될 때 두 소자들은 낮은 저항 값으로 동작한다. 개방 될 때 트리거 입력의 존재와는 무관하게 소자들은 전도되지 않는다.

20.3.6 요약(Summary)

다이악은 양방향 SCR로 동작한다. 이런 소자는 단자 전압이 소자의 breakover 전위에 도달될 때 두 방향(애노드 1에서 애노드 2로, 또는 애노드 2에서 애노드1로)으로 전도된다. 그리고 이런 소자는 애노드 전류저지 또는 강제정류 방법에 의해서 소자의 전류가 유지전류 I_H 정격 이하로 구동될 때까지 전도상태를 유지한다. 트라이악은 양방향 SCR로 동작한다. 트라이악은 4개의 바이어스 조건 중 어느 한 방법에 의해서 전도 상태로 트리거 될 수 있다. 트라이악은 쉽게 트리거 되기 때문에 트라이악 회로는 트리거 발생 조건을 제한하기 위해서 외부 소자를 필요로 한다. 지금까지 취급된 모든 소자들처럼 다이악과 트라이악은 온도증가, 게이트잡음, 애노드(또는 주 단자)잡음에 의해서 잘못 트리거 되기 쉽다. 다이악과 트라이악의 특성을 [그림 20-28]에 요약하였다.

다이악과 트라이악

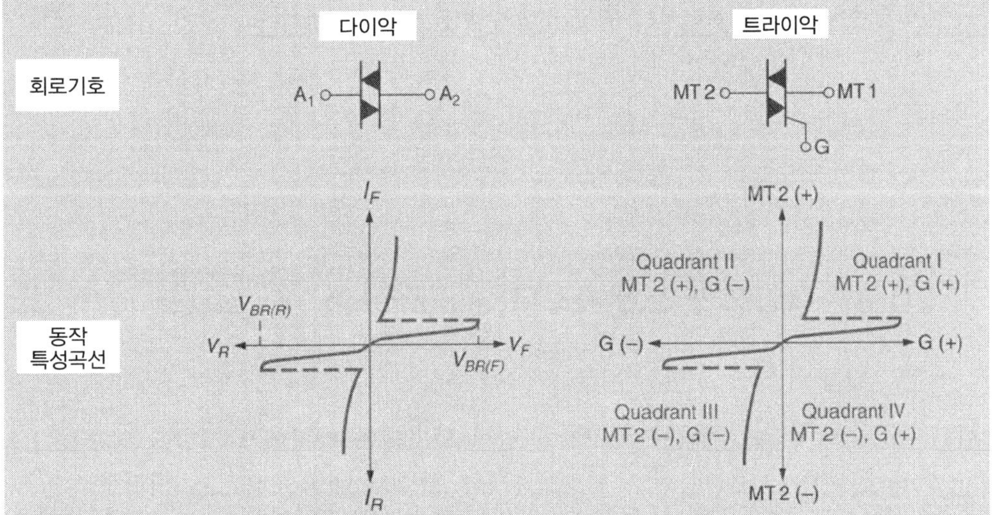

	다이악	트라이악
트리거링법	소자 양단에 걸리는 전압은 $V_{BR(F)}$ 혹은 $V_{BR(R)}$이다.	그림에 표시된 것처럼 MT 2(±)와 G(±)에 인가요
차단법	애노드 전류저지 혹은 강제 정류	MT 전류저지 혹은 강제 정류
주의	온도 증가와 잡음의 증가로 인한 잘못된 트리거의 원인	온도 증가와 잡음 증가로 인한 잘못된 트리거의 원인

[그림 20-28]

기초 확인문제 20.3

1. 양방향 사이리스터란 무엇인가?
2. 다이악이란 무엇인가?
3. 다이악 두 단자는 무엇이라 부르는가?
4. 다이악은 어떻게 전도 상태로 트리거되는가?
5. 다이악은 어떻게 차단 상태로 구동되는가?
6. 다이악의 가장 일반적인 응용은 무엇인가?
7. 트라이악이란 무엇인가?
8. 트라이악의 회로 기호를 그리고 소자의 단자를 확인하라.
9. 트라이악의 Ⅳ 사분면 트리거 특성을 설명하라.

10. 트라이악을 차단상태로 구동하기 위하여 사용된 방법은 무엇인가?
11. [그림 20-25]에서 각각의 트리거 조절회로의 동작을 설명하라.
12. [그림 20-26]에서 트라이악 위상 조절기의 동작을 설명하라.
13. 단락된 다이악과 트라이악의 증상은 어떠한가?
14. 개방된 다이악과 트라이악의 증상은 어떠한가?

20.4 단일접합 트랜지스터(Unijunction Transistor : UJT)

단일접합 트랜지스터(UJT)는 트리거 전압이 인가되는 바이어스 전압에 비례하는 3단자 스위칭 소자이다. UJT의 회로 기호를 [그림 20-29 (a)]에 표시된다. 여러분도 보다시피 UJT의 단자들은 이미터(E), 베이스1(B1), 베이스 2(B2)라고 부른다. UJT의 스위칭 작용은 [그림 20-29 (b)]에 표시된 회로를 이용해서 설명된다. 바이어스 전압 V_{BB}는 두 베이스 단자의 양단에 인가된다. 이미터-베이스1 접합은 단자단자 양단의 전압 V_{EB1}이 V_F로 표시되는 특정한 피크 전압에 도달될 때까지 개방회로로 동작한다.

$V_{EB1} = V_P$일 때 이미터-베이스1 접합은 전도 상태로 트리거 되고 이미터 전류가 특정한 피크전류 I_P 이하로 떨어질 때까지 전도는 계속 된다. 이미터 전류가 피크전류 이하로 떨어질 때 이런 소자는 비전도 상태로 된다. 피크전압 (이미터-베이스1 트리거 전압)은 V_{BB}에 비례한다. 따라서 V_{BB}를 변화시키면 소자를 트리거하기 위해 필요한 V_{EB1} 값도 변화시켜야 한다.

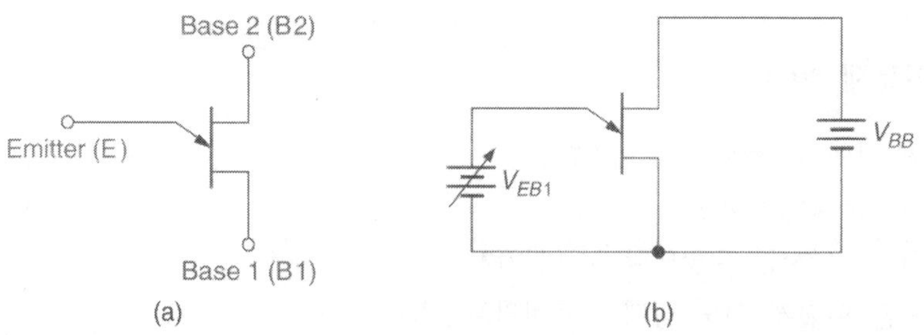

[그림 20-29] UJT의 구조와 회로기호

20.4.1 UJT 구조와 동작(UJT Construction and Operation)

[그림 20-30]은 UJT의 구조와 등가회로를 표시하고 있다. 여러분도 보다시피 UJT의 구조는 n채널 JFET와 매우 유사하다. 사실 두 소자의 차이점은 12장에서 표시된 것처럼

JFET의 p형(gate) 물질이 n형(채널) 물질로 둘러싸여 있다는 것이다. UJT와 n채널 JFET 구조의 유사성 때문에 회로 기호는 비슷하다.

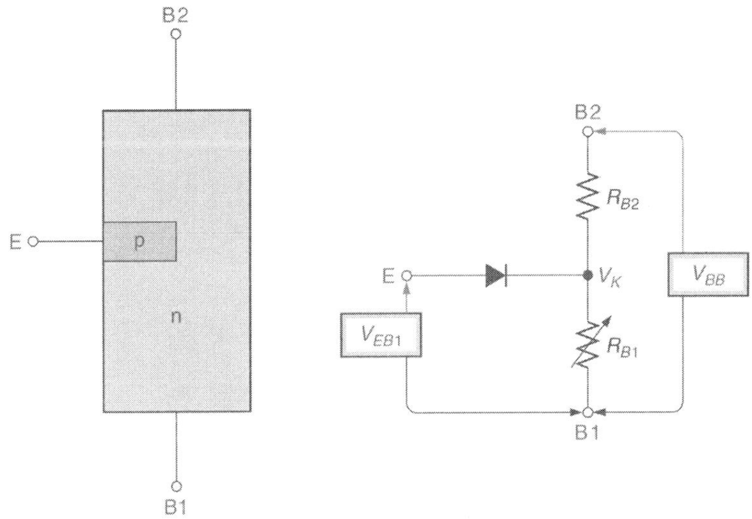

(a) 구조 (b) 등가회로

[그림 20-30] UJT의 구조와 등가회로

[그림 20-30 (b)]에 표시된 UJT의 등가회로 전압분배기에 다이오드가 연결된다. 다이오드는 이미터 (P형 물질)와 베이스(n형 물질)에 의해서 접합이 형성된다. 전압 분배기 R_{B1}과 R_{B2}는 이미터 접합과 각 베이스 단자 사이의 n형 물질의 저항을 나타낸다. 전체의 동작원리는 간단하다. 이미터-베이스 다이오드를 도통시키기 위해서 애노드 전압은 캐소드 전압보다 대략 0.7V 이상 positive로 되어야 한다. 다이오드의 캐소드 전위 V_K는 R_{BB}, R_{B1}, R_{B2}의 조합으로 결정된다. 전압분배기 공식을 사용하면 V_K는 식 (20-5)처럼 구할 수 있다.

$$V_K - V_{BB}\frac{R_{B1}}{R_{B1}+R_{B2}} \tag{20-5}$$

식 (20-5)의 저항비는 UJT의 진성 개방비(intrinsic standoff ratio)라고 부르고 η로 표시한다. 따라서

$$\eta = \frac{R_{B1}}{R_{B1}+R_{B2}}$$

이므로 식 (20-5)는 식 (20-6)처럼 표시할 수 있다.

$$V_K = \eta V_{BB} \tag{20-6}$$

식 (20-6)에 0.7V를 더하면 UJT의 트리거 전압 V_P는 식 (20-7)처럼 구할 수 있다.

$$V_P = \eta V_{BB} + 0.7\text{V} \tag{20-7}$$

주어진 UJT의 진성 개방비는 스펙에 표시된다. 예를 들자면 2N5431 UJT의 스펙에는 $\eta = 0.8$(최대)의 진성 개방비가 표시되어 있다. 【예제 20.5】는 주어진 R_{BB} 값으로 2N5431의 피크전압을 계산하기 위하여 진성 개방비가 사용되는 것을 나타낸다.

【예제 20.5】 [그림 20-31]에 표시된 2N5431 UJT의 피크전압 V_P를 결정하시오.

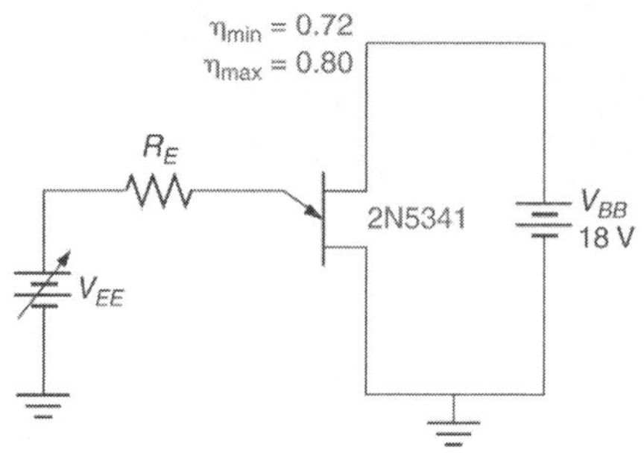

[그림 20-31]

풀이 $\eta_{max} = 0.8$, $V_{BB} = +18\text{V}$일 때 회로의 피크전압은 15.1V로 구해진다.

$$V_P = \eta V_{BB} + 0.7\text{V} = (0.8)(+18\text{V}) + 0.7\text{V} = 15.1\text{V}$$

(실전 연습문제 20-5)

2N4870 UJT는 $\eta_{max} = 0.75$의 정격을 갖는다. $V_{BB} = +12\text{V}$인 회로에 사용된다고 가정하고 이런 소자의 V_P를 결정하시오.

▶▶ 9.7V

피크전압은 이미터-베이스1 단자 양단에 인가된다. 따라서 [그림 20-32]에 표시된 것처럼 소자가 트리거 될 때 I_E의 대부분은 R_{B1}을 통해서 흐른다. I_E가 R_{B1}을 통해서 흐르기 때문에 I_E가 증가함에 따라 이런 저항 값은 감소하게 된다. R_{B2}는 값은 I_E에 의해서 많은 영향을 받지 않는다. 이런 소자의 동작 결과가 [그림 20-33]에 표시된 UJT 특성곡선에서 설명된다.

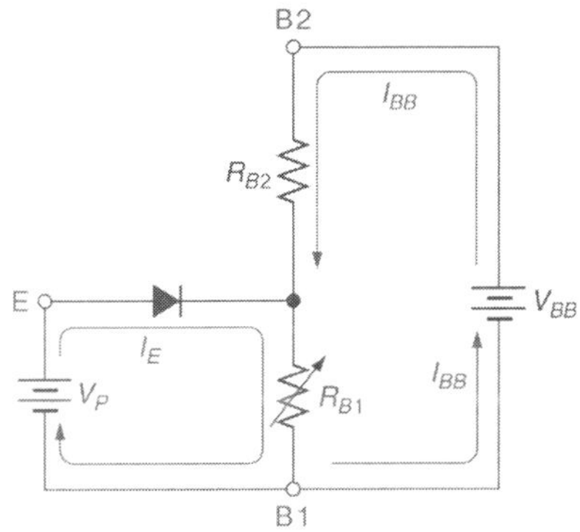

[그림 20-32] UJT 전류

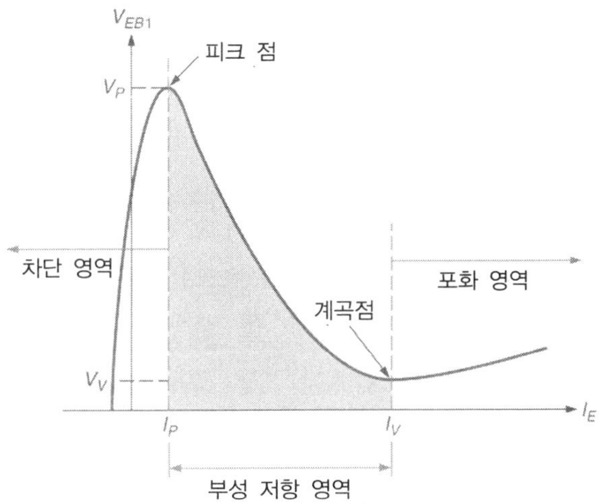

[그림 20-33] UJT 동작특성곡선

여러분도 보다시피 V_{EB1}은 피크 점에 도달될 때까지 증가될 수 있다. 피크 점에 도달되었을 때 $V_{EB1}=V_P$이고 이미터 다이오드는 도통되기 시작한다. I_E의 초기 값은 피크 이미터 선류 I_P로 간주된다. 이 용어는 피크 전류를 최대 값으로 생각될 수 있으므로 혼돈될 수도 있다. 그러나 UJT의 피크전류 I_P는 전도 상태에서 첫 번째 지점과 관련되기 때문에 최소 정격이다. $I_E<I_P$일 때 UJT는 차단영역에 존재한다. I_E가 I_P 이상으로 증가할 때 R_{B1}은 급격하게 감소된다. 결과적으로 I_E가 증가함으로써 V_{EB1}은 실제로 감소한다. V_{EB1}의 감소는 I_E가 UJT의 골짜기 전류 I_V 정격에 도달될 때까지 계속된다. I_E가 I_V보다 더 크게 증가될 때 이런 소자는 포화영역으로 들어간다.

[그림 20-33]에 표시된 특성곡선은 V_{EB1}과 I_E는 곡선의 피크 점과 골짜기 점 사이의 반비례 관계를 나타낸다. 두 지점 사이의 동작영역을 부성저항영역(negative resistance region)이라고 부른다. 부성저항이라는 용어는 전류와 전압이 반비례하는 소자를 설명하

기 위해서 사용된다. 일단 UJT가 트리거 되고 I_E가 I_P보다 크다면 소자는 계속해서 도통된다. I_E가 I_P 이하로 떨어지면 이런 소자는 차단영역으로 되돌아가고 또 다른 트리거가 제공될 때까지 차단상태를 유지한다.

20.4.2 UJT의 응용(UJT Application)

UJT는 대부분 사이리스터의 트리거 소자로 사용된다. 이러한 응용 예를 [그림 20-34]에 나타냈다. [그림 20-34 (a)]에 표시된 회로는 이완 발진기(relaxation oscillator)라고 부른다. 이완 발진기는 출력펄스를 발생시키기 위해서 커패시터나 인덕터의 충/방전 특성을 사용하는 회로이다. 이런 출력펄스는 SCR 또는 트라이악과 같이 사이리스터의 트리거 신호로 사용된다. 실질적인 이완 발진기에서 직류공급전압 V_S는 발진기의 타이밍을 조절하기 위해서 SCR 애노드 전압으로부터 제공된다.

이런 회로의 교류입력은 브리지 정류기에 인가된다. 전파 정류된 신호는 회로의 나머지 부분에 입력된다. 제너 다이오드 D_1은 [그림 20-35 (b)]에 표시된 V_S 파형을 발생시키기 위해서 정류된 신호를 클리핑 한다. V_S는 UJT와 트리거 회로(R_T와 C_T)의 바이어스 전압이다.

t_0에서 t_1까지 C_T는 R_T를 통해서 충전된다. UJT의 이미터 전압 V_E가 V_P에 도달될 때 UJT는 점화되고 R_B를 통해서 도통시킨다. R_B에 흐르는 전류는 SCR을 도통 상태로 트리거하기 위해서 필요한 게이트 트리거 펄스 V_G를 발생시킨다.

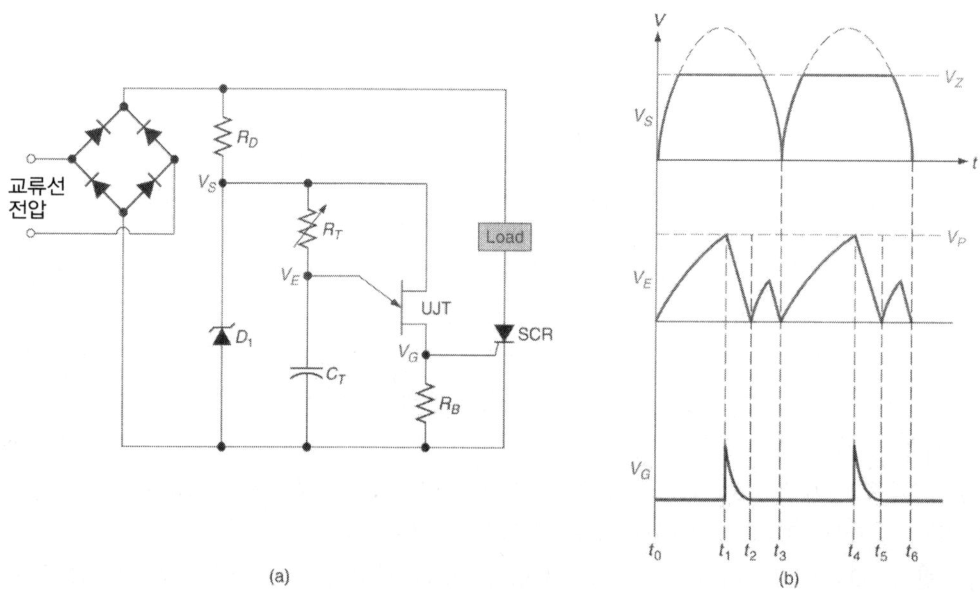

[그림 20-34] UJT 이완 발진기

t_1부터 t_2까지 C_T는 방전된다. UJT가 t_2에서 자신의 차단상태로 되돌아갈 때 커패시터는 R_T를 통해 다시 충전되기 시작한다. 그러나 이 시간에 커패시터는 V_F까지 충전되지 못한다. V_E가 두 번째 주기에서 증가함에 따라 V_S는 감소된다. V_E가 원래의 V_P에 도달하기 전에 공급전압은 UJT로부터 효과적으로 제거된다. 따라서 C_T의 2차 충전주기는 짧게 차단되고 그림에 표시된 것과 같은 V_E 파형을 발생시킨다.

C_T의 초기 충전주기는 V_S의 주기에 의해서 조절되며 이완 발진기는 교류 부하주기에 동기 된다. 발진기를 교류 부하주기에 동기시키는 방법은 실제로 광범위하게 사용된다.

20.4.3 요점정리(One Final Note)

UJT는 사이리스터 트리거 소자로 기술적으로 분류된다. SCR과 트라이악처럼 사이리스터의 트리거는 UJT의 일반적인 응용이므로 이런 소자는 사이리스터와 함께 취급된다. 또한 사이리스터와 동일한 부품 스펙의 영역에서 UJT의 스펙을 찾을 수 있다. 일반적으로 사용된 또 다른 사이리스터 트리거는 프로그램 가능한 단일 접합 트랜지스터 PUT이다. 이런 소자에 대해서 간단히 소개하며 이 절을 마치려고 한다.

20.4.4 프로그램 가능한 UJT(PUT)

PUT는 SCR과 매우 유사한 4층 소자이다. 그러나 게이트는 트리거링 단자보다는 기준단자로 사용된다. [그림 20-35]에 PUT의 기호와 응용회로를 함께 표시했다. PUT의 기호와 SCR의 기호의 유사성을 주목하라. 두 소자의 기호가 유사하다는 것은 동작의 유사성을 나타낸다.

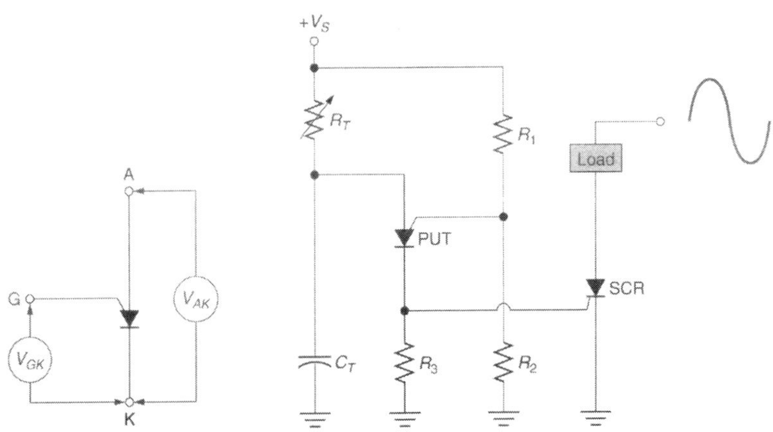

[그림 20-35] 간단한 PUT 이완 발진기

V_{AK}가 V_{GK}에 도달될 때까지 PUT는 애노드 전류를 차단한다. 예를 들면 V_{GK}가 +5V이면 이런 소자는 V_{AK}가 +5V에 도달될 때까지 애노드의 전도를 방지한다. V_{AK}가 +5V에 도달될 때 소자는 트리거 되고 애노드 전류는 빠르게 증가한다. 일단 트리거 되면 애노드 전류가 소자의 I_P 정격 이하로 떨어질 때까지 PUT는 계속해서 전도된다. 애노드 전류가 소자의 I_P 정격 이하로 떨어질 때 소자는 차단상태로 되돌아가며 다시 트리거 될 때까지 애노드 전류를 차단시킨다.

[그림 20-35 (b)]에 표시된 회로는 PUT를 사용한 이완 발진기를 나타낸다. R_1과 R_2는 이소자의 V_{GK} 값을 설정하기 위해서 사용된다. C_T는 R_T를 통해서 충전되고 V_{AK}는 V_{GK}의 값에 도달된다. V_{AK}가 V_{GK}에 도달될 때 PUT는 트리거 되고 R_3를 통한 전도가 발생된다. R_3를 통한 전도는 [그림 20-35 (c)]에 표시된 전압파형을 생성한다. 이런 펄스는 SCR을 전도 상태로 트리거시킨다.

PUT가 트리거 되었을 때 C_T는 소자를 통해서 방전된다. 커패시터에 의해서 공급된 전류가 PUT의 I_P 정격 이하로 떨어질 때 소자는 차단상태로 되돌아가고 충전주기는 다시 시작된다. PUT 이완 발진기는 UJT 이완 발진기의 경우처럼 SCR의 애노드 신호에 동기 된다. 따라서 실질적인 PUT 발진기는 [그림 20-35 (b)]에 표시된 회로보다 더욱 복잡하다.

20.4.5 요약(Summary)

UJT와 PUT는 사이리스터로써 분류되지 않고 사이리스터 트리거로 분류되는 소자이다. 이런 소자들은 일반적으로 SCR과 트라이악의 트리거를 제어하기 위하여 사용된다. 가장 일반적인 UJT와 PUT의 트리거 회로는 이완 발진기이다. 이런 발진기는 적절한 위상 제어가 제공된 사이리스터(SCR 또는 트라이악)회로에 인가된 교류신호에 동기 된다. UJT와 PUT의 특성은 [그림 20-36]에 요약되어 있다.

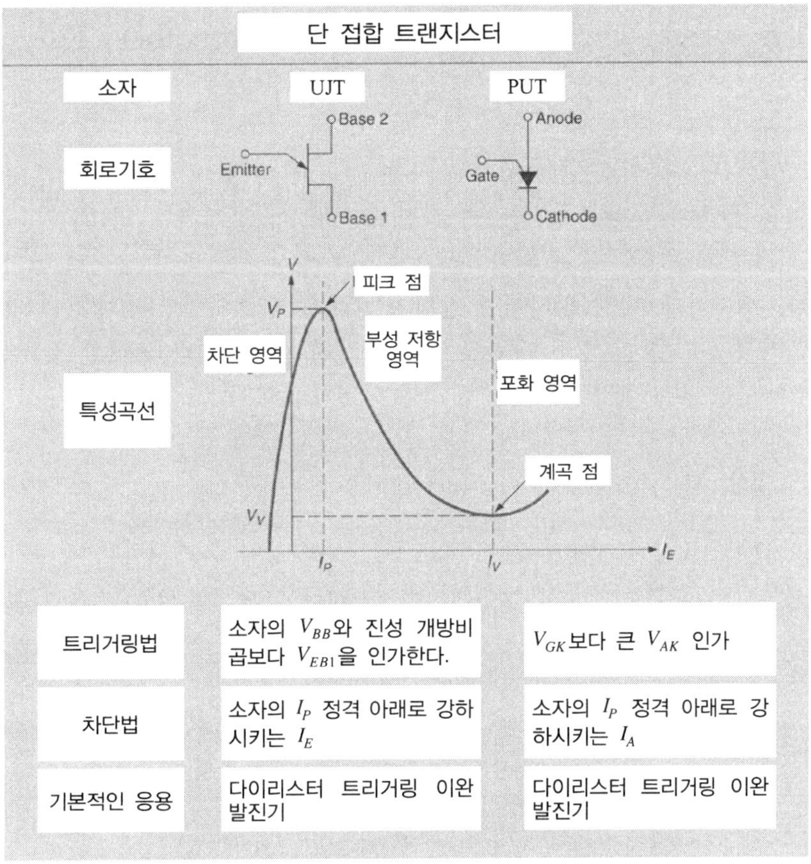

[그림 20-36]

기초 확인문제 20.4

1. 단일접합 트랜지스터(UJT)란 무엇인가?
2. UJT의 피크전압 V_p는 무엇인가?
3. UJT이 피크전류 I_P란 무엇인가?
4. UJT의 진성 개방비 η는 무엇인가?
5. UJT의 η 값은 V_P와 어떻게 관련되는가?
6. 부성저항의 의미는 무엇인가?
7. UJT의 부성저항 영역의 한계를 정의하는 전류와 전압은 무엇인가?
8. UJT의 부성저항 영역에서 I_E와 V_{EB1} 사이의 관계는 무엇인가?
9. [그림 20-34]에 표시된 이완 발진기의 동작을 설명하라.
10. [그림 20-35]에 표시된 이완 발진기 동작을 설명하라.
11. PUT와 SCR 사이의 주요한 차이점은 무엇인가?

20.5 이산 광 검출기(Discrete Photodetector)

2장에서 이미 발광다이오드(LED)의 동작을 논의한 바 있다. LED는 적절하게 바이어스될 때 빛을 방출하기 때문에 발광기로 분류된다. 이 절에서는 몇 가지의 광 검출기(light detector) 동작을 살펴보게 된다. 광 검출기는 수신되는 빛의 양으로 전기적인 출력을 제어하는 소자이다. 다시 말하자면 발광기는 빛을 방출하지만 검출기는 빛에 반응한다. 광 검출기를 논의할 때 빛에 관련된 여러 종류의 파라미터를 고려할 필요가 있다. 따라서 이 절에서는 빛에 대한 특성을 간단히 설명하고자 한다.

20.5.1 빛의 특성(Characteristic of Light)

[그림 20-37]에 표시된 것처럼 빛은 특정한 주파수영역에 존재하는 전자기 에너지이다. 광 스펙트럼은 30THz에서 3PHz 범위 내에 있으며 〈표 20-2〉에 표시된 것처럼 세분화된다.

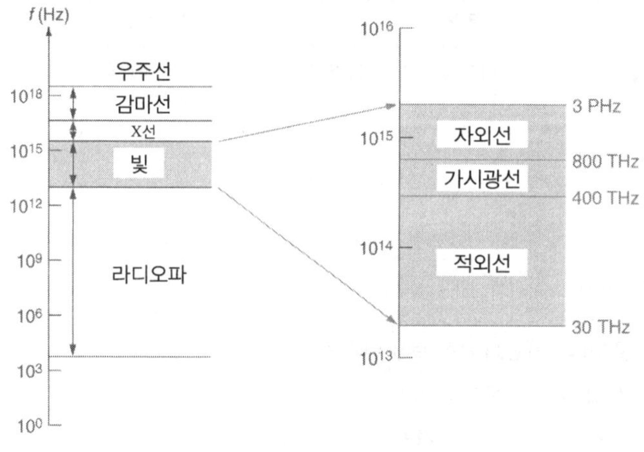

[그림 20-37] 빛의 스펙트럼

표 20-2 빛의 주파수 영역

빛의 형태	주파수 영역
적외선(Infrared)	30THz에서 400THz
가시광선(Visible)	400THz에서 800THz
자외선(Ultraviolet)	800THz에서 3PHz

빛을 묘사하기 위해서 두 가지 파라미터가 사용된다. 첫 번째는 파장 λ이다. 파장은 방출된 전자기파의 한 주기에 대한 물리적인 길이이다. 파장에 대한 개념을 [그림 20-38]에 표시했다. 주어진 주파수에서 신호의 파장은 식 (20-8)처럼 표시된다.

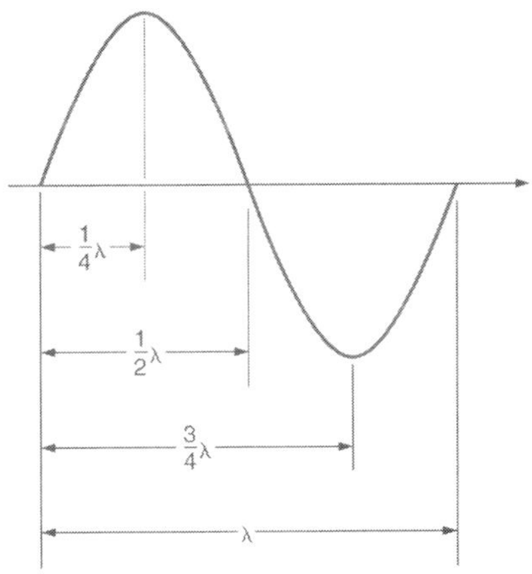

[그림 20-38] 파장

$$\lambda = \frac{c}{f} \tag{20-8}$$

여기서, λ = 신호의 파장
c = 광속도, 3×10^{17}nm/s
f = 신호의 주파수

를 의미한다.

다음 예제는 주어진 신호에 대한 파장의 계산방법을 나타낸다.

【예제 20.6】 150 THz의 주파수를 갖는 광신호의 파장을 구하시오.

풀이 신호의 파장은 2000nm로 구해진다.

$$\lambda = \frac{c}{f} = \frac{3 \times 10^{17}\text{nm/s}}{150 \times 10^{12}\text{Hz}} = 2000\text{nm}$$

따라서 150THz 신호에 대한 한 주기의 물리적인 길이는 2000nm 또는 2μm이다.

(실전 연습문제 20-6)

적외선의 주파수 스펙트럼은 30THz와 400THz 사이에 존재한다. 이런 주파수 영역의 파장 범위를 결정하시오.

▶▶ 750mm에서 10,000nm(10μm)

발광기와 광 검출기가 특별한 파장의 정격을 가지기 때문에 파장은 중요한 개념이다. 발광기는 여러 종류의 광 검출기를 구동하기 위해서 사용된다. 주어진 발광기가 주어진 광 검출기에 사용되기 위해서는 두 소자가 거의 같은 파장의 정격을 가져야 한다. 이러한 사항은 이 절의 뒷부분에서 논의될 것이다. 두 번째 중요한 파라미터는 빛의 세기이다. 빛의 세기는 주어진 광 검출기에 의해서 수신되는 단위 면적당 빛의 양이다. 예를 들어서 [그림 20-39]에 표시된 발광기와 광 검출기의 조합을 고려해보기로하자. 빛의 세기는 광 검출기에서 측정되는 빛의 양의 단위이다. 발광기와 광 검출기의 거리 d가 증가하면 빛의 세기(light intensity)는 감소한다. 대부분의 광 검출기 출력 특성은 입력파장뿐만 아니라 입력에서의 빛의 세기에 의해서 조정된다.

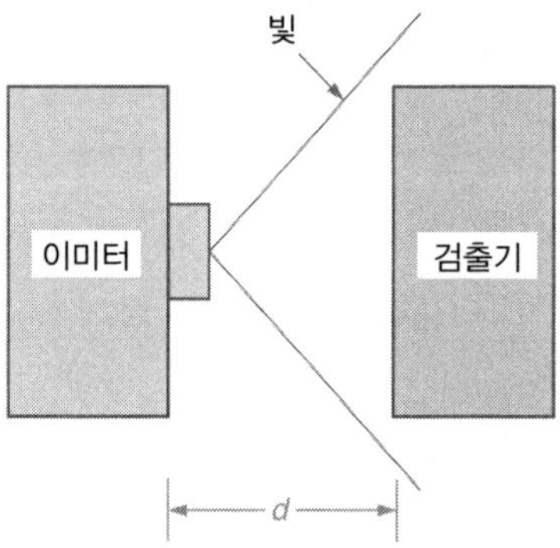

[그림 20-39] 발광기와 검출기의 조합

20.5.2 포토 다이오드(The Photodiode)

포토 다이오드(photodiode)는 역방향 전도 상태가 빛의 세기에 의해서 조절되는 다이오드이다. 포토 다이오드의 입력 단에 인가되는 빛의 세기가 증가할 때 소자에 흐르는 역방향 전류 또한 증가한다. 이러한 사항은 [그림 20-40]에 표시되어 있다.

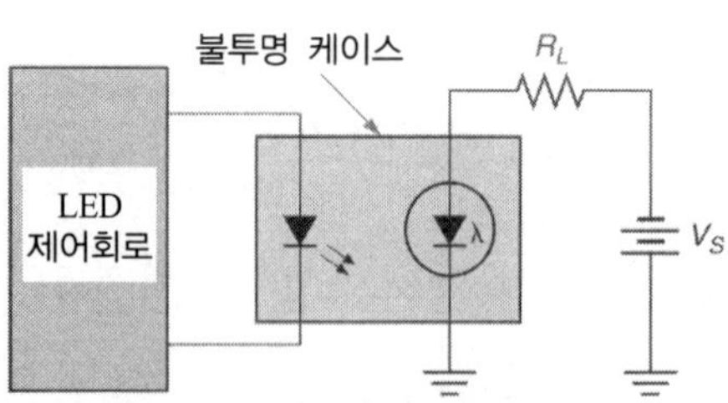

LED	Photodiode reverse current
Off	I_D = 10 nA (dark current)
On	I_L = 50 μA (light current)

[그림 20-40]

[그림 20-40]에서 포토 다이오드는 LED와 함께 불투명한 케이스로 둘러싸여 있다. 불투명하다는 말은 빛을 차단하는 물체를 묘사하기 위해서 사용된다. 불투명한 케이스 내에서 포토 다이오드는 LED가 자신의 제어회로에 의해서 턴 on될 때 광 신호를 수신하게 된다. LED가 off될 때 포토 다이오드의 역방향 전류는 10nA로 나타난다. LED가 빛을 발할 때 포토 다이오드의 역방향 전류는 50μA로 증가한다.

SEMICONDUCTOR
TECHNICAL DATA

Photo Detectors
Diode Output

MRD500
MRD510

PHOTO DETECTORS
DIODE OUTPUT
PIN SILICON
250 MILLIWATTS
100 VOLTS

. . . designed for application in laser detection, light demodulation, detection of visible and near infrared light-emitting diodes, shaft or position encoders, switching and logic circuits, or any design requiring radiation sensitivity, ultra high-speed, and stable characteristics.

- Ultra Fast Response — (<1 ns Typ)
- High Sensitivity — MRD500 (1.2 μA/mW/cm² Min)
  MRD510 (0.3 μA/mW/cm² Min)
- Available With Convex Lens (MRD500) or Flat Glass (MRD510) for Design Flexibility
- Popular TO-18 Type Package for Easy Handling and Mounting
- Sensitive Throughout Visible and Near Infrared Spectral Range for Wide Application
- Annular Passivated Structure for Stability and Reliability

CASE 209-01
MRD500
(CONVEX LENS)

CASE 210-01
MRD510
(FLAT GLASS)

MAXIMUM RATINGS (T_A = 25°C unless otherwise noted)

Rating	Symbol	Value	Unit
Reverse Voltage	V_R	100	Volts
Total Power Dissipation @ T_A = 25°C Derate above 25°C	P_D	250 2.27	mW mW/°C
Operating Temperature Range	T_A	−55 to +125	°C
Storage Temperature Range	T_{stg}	−65 to +150	°C

STATIC ELECTRICAL CHARACTERISTICS (T_A = 25°C unless otherwise noted)

Characteristic	Fig. No.	Symbol	Min	Typ	Max	Unit
Dark Current (V_R = 20 V, R_L = 1 megohm) Note 2 T_A = 25°C T_A = 100°C	2 and 3	I_D	 — —	 — 14	 2 —	nA
Reverse Breakdown Voltage (I_R = 10 μA)	—	$V_{(BR)R}$	100	200	—	Volts
Forward Voltage (I_F = 50 mA)	—	V_F	—	—	1.1	Volts
Series Resistance (I_F = 50 mA)	—	R_s	—	—	10	Ohms
Total Capacitance (V_R = 20 V, f = 1 MHz)	5	C_T	—	—	4	pF

OPTICAL CHARACTERISTICS (T_A = 25°C unless otherwise noted)

Characteristic	Fig. No.	Symbol	Min	Typ	Max	Unit
Light Current MRD500 (V_R = 20 V) Note 1 MRD510	1	I_L	6 1.5	9 2.1	— —	μA
Sensitivity at 0.8 μm MRD500 (V_R = 20 V) Note 3 MRD510	—	$S_{(\lambda = 0.8\ \mu m)}$	— —	6.6 1.5	— —	μA/mW/cm²
Response Time (V_R = 20 V, R_L = 50 Ohms)	—	$t_{(resp)}$	—	1	—	ns
Wavelength of Peak Spectral Response	5	λ_s	—	0.8	—	μm

NOTES: 1. Radiation Flux Density (H) equal to 5 mW/cm² emitted from a tungsten source at a color temperature of 2870 K.
2. Measured under dark conditions. (H ≈ 0).
3. Radiation Flux Density (H) equal to 0.5 mW/cm² at 0.8 μm.

(a)

TYPICAL CHARACTERISTICS

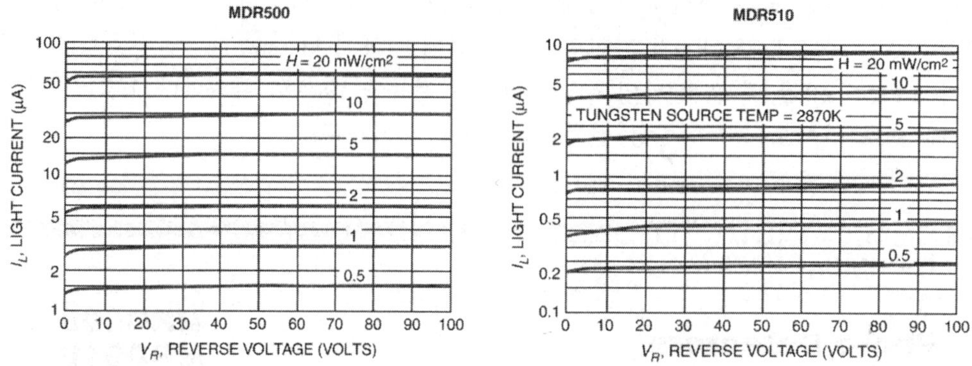

Figure 1. Irradiated Voltage — Current Characteristic

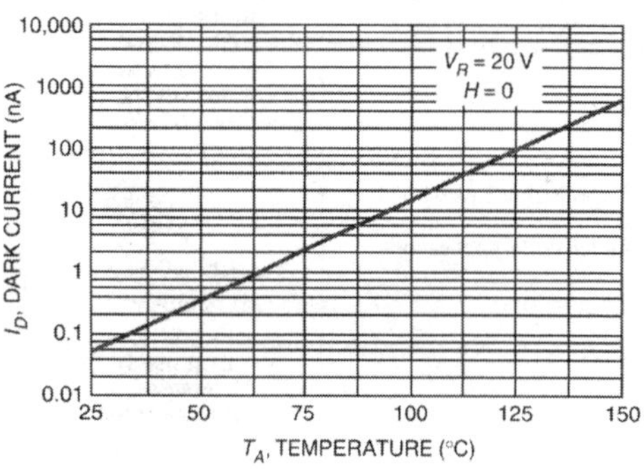

Figure 2. Dark Current versus Temperature

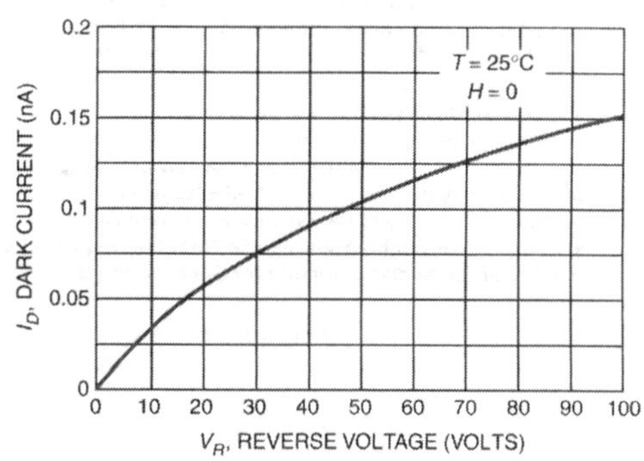

Figure 3. Dark Current versus Reverse Voltage

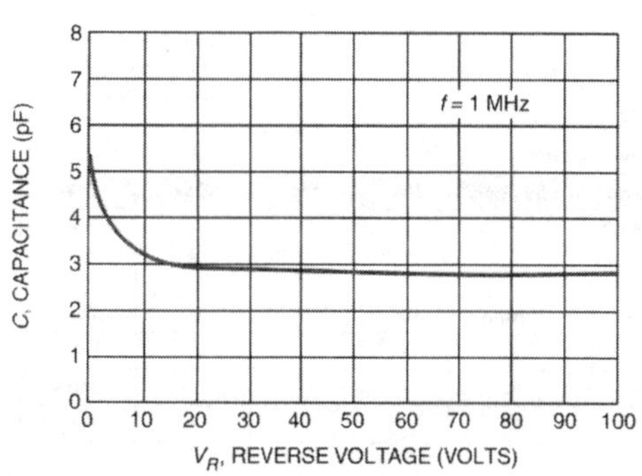

Figure 4. Capacitance versus Voltage

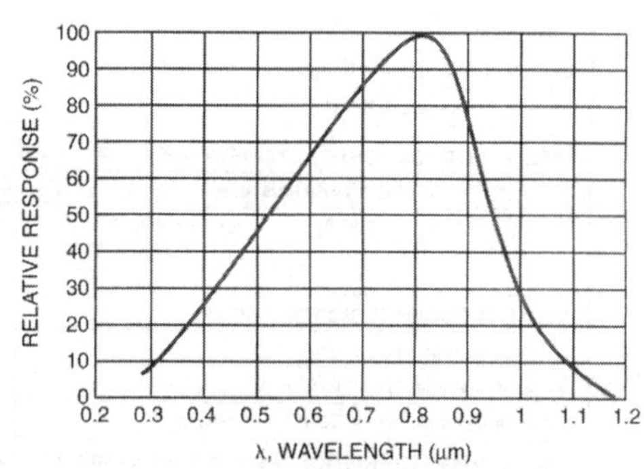

Figure 5. Relative Spectral Response

(b)

[그림 20-41] MRD500-510 광검출기의 스펙

광전류(light current) I_L은 암 전류(dark current) I_D보다 대략 5,000배 정도의 큰 값을 갖는다. 광전류에 대한 암 전류의 비는 무시할 만 하다. [그림 20-42]에 표시된 것처럼 포

토 다이오드의 스펙에 I_L과 I_D 값으로 표시된다. MRD500 포토 다이오드의 I_D 값은 2nA(최대)이고 I_L 값은 6μA(최소)이다. 두 값은 소자의 광 전류대 암 전류의 최소 비율을 3,000으로 나타낸다.

광 특성에 나열된 포토 다이오드의 또 다른 몇 가지 정격은 매우 중요하다. 첫 번째는 피크 스펙트럼 응답 파장(λ_s)이다. 이런 정격은 포토 다이오드에서 가장 강한 응답을 일으키는 파장을 나타낸다. MRD500에서 최적의 입력파장은 0.8μm(800nm)이다. 【예제 20.7】에서 설명된 것처럼 이런 값은 소자의 최적 동작 주파수를 결정하기 위해서 사용된다.

【예제 20.7】 MRD500 포토 다이오드의 최적 동작주파수를 결정하시오.

풀이 식 (20-8)을 주파수에 대한 식으로 정리하면 다음과 같이 표시된다.

$$f = \frac{c}{\lambda}$$

주어진 800nm의 최적 파장을 사용하면 MRD500의 최적 동작주파수는 375THz로 구해진다.

$$f = \frac{3 \times 10^{17}\text{nm/s}}{800\text{nm}} = 375\text{THz}$$

375THz는 적외선 주파수 스펙트럼 영역에 존재하므로 MRD500은 적외선 검출기로 분류된다.

(실전 연습문제 20-7)

모토로라의 MRD821 포토 다이오드는 940nm의 최적 파장을 갖는다. 이런 소자의 최적 동작주파수를 결정하시오.

▶▶ 19THz

포토 다이오드의 광 민감성(Sensitivity) 정격은 특정한 빛의 세기에 대한 소자의 응답을 나타낸다. MRD500에 대해서 감도정격은(광 특성에 나열된) 6.6μA/mW/cm^{2}로 주어진다. 이런 정격은 소자에 입사된 빛 1mW/cm^2 당 6.6μA의 역방향전류가 증가되는 것을 의미한다. 예를 들어서 [그림 20-41]을 다시 언급한다. 포토 다이오드의 빛의 세기가 1mW/cm^{2}이라면 소자의 I_R 값은 대략 6.6μA이다. 입사되는 빛의 세기가 1mW/cm^{2}로 증가한다면 I_R은 13.2μA로 증가된다. 포토 다이오드의 스펙트럼 응답은 입력 파장의 변화에 대한 소자의 반응 척도를 나타낸다. MRD500의 스펙트럼 응답을 [그림 20-41]의 상대적인 스펙트럼 응답곡선으로 나타냈다.

여러분도 보다시피 포토 다이오드의 응답은 800nm에서 피크이고 그 값은 스펙에 주어진다. 입력파장이 520nm보다 낮거나 950nm보다 높다면 소자의 감도는 정격의 50%로 떨어지게 된다. 따라서 두 주파수에 대한 소자의 감도는 약 3.3μA/mW/cm^2로 떨어진다. [그림 20-41]에 조사된 전압-전류 특성곡선은 이런 소자의 광전류 I_L이 다이오드 양단의 역방향 바이어스의 양과 무관하다는 것을 나타낸다.

암전류 I_D 특성곡선은 암 전류의 양이 V_R 값보다 온도에 더욱 의존하는 것을 나타낸다. 이것은 온도에 의존하는 pn-접합형 다이오드의 역방향 전류와 유사하다. 포토 다이오드에 관련된 몇 가지 주요한 사항은 다음과 같다.

- [그림 20-40]에서 사용된 기호는 일반적으로 사용되는 두 가지 기호중 하나이다. 또 다른 기호를 [그림 20-42]에 표시하였다. 기호에서 화살표의 방향을 주목하라.
- 포토 다이오드는 역방향 동작영역에서 동작된다. 빛은 소자의 역 전도 상태에 영향을 미치므로 빛은 순방향 동작영역에서 소자를 동작시키지 못한다.
- 지금까지 논의된 포토 다이오드 파라미터와 정격은 많은 다른 광 검출기에 적용된다. 이러한 점은 광 소자의 적용범위를 연장함으로서 좀더 명확해질 것이다.

포토 다이오드		
회로기호	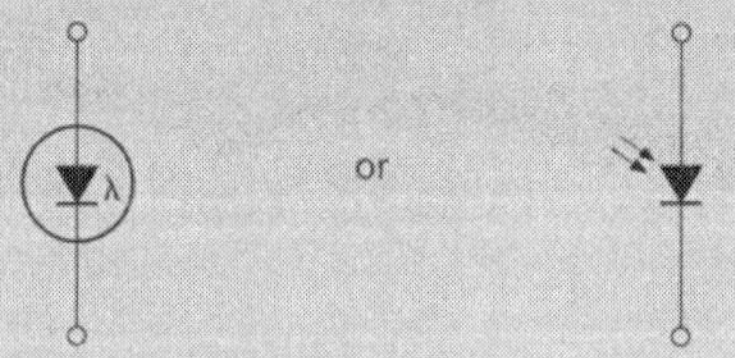	
동작개요		
기본정격	정격 암전류(I_D)	수신되는 빛이 없을 때 역전류는 소자를 통해서 흐른다. 일반적으로 nA 이하이다.
	광전류(I_L)	일정한 양의 빛이 수신될 때 소자를 통해서 역전류가 흐른다. 중간 μA 영역이다.
	감도(S_λ)	일정량 이상의 빛에서 역전류가 증가한다. 예를 들어 5μA/mW/cm^2의 감도정격은 빛의 강도가 1mW/cm^2 증가할 때 I_R은 5μA 증가한다.
	스펙트럼 응답	입력되는 빛의 파장과 소자의 감도 사이의 관계를 표시한다. 피크 스펙트럼 응답의 파장에서 이런 피크값은 스펙에 표시된다.
일반적인 응용	포토 다이오드는 일반적으로 LED와 함께 불투명한 케이스로 둘러싸여 있다. 포토 다이오드의 역방향 도통 특성은 제어하는데 LED가 사용된다.	

[그림 20-42]

20.5.3 포토 트랜지스터(The Phtotransistor)

포토 트랜지스터(Phototransistor)는 광 입력 단(base)에 조사되는 빛의 세기에 의해서 컬렉터 전류가 조절되는 3단자 광 검출기이다. [그림 20-43]에 표시된 포토 트랜지스터는 LED와 함께 불투명한 케이스로 둘러싸여 있다. LED 제어회로에 의해서 LED가 발광할 때 빛의 세기 변화는 포토 트랜지스터의 베이스 전류의 비례적인 변화를 발생시킨다. 베이스 전류의 변화는 이미터(그리고 컬렉터) 전류의 변화를 초래하고 R_E 양단에서 비례적인 전압을 발생시킨다. 이런 전압은 반전 증폭기에 입력된다.

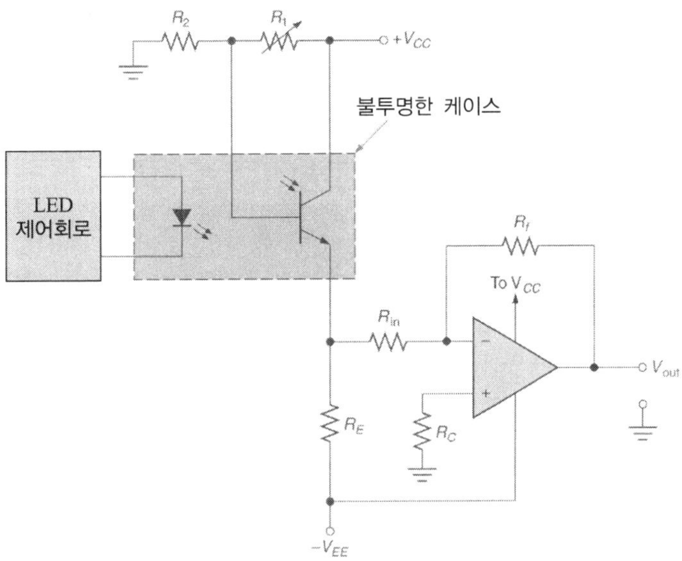

[그림 20-43] 광 결합

포토 트랜지스터의 컬렉터 전류가 빛의 세기로 제어된다는 사실을 제외하면 포토 트랜지스터는 모든 관점에서 일반적인 BJT와 동일하다. 따라서 [그림 20-43]에서 포토 트랜지스터는 LED 제어회로의 출력에 의존하는 선형증폭기 또는 스위치로 된다. 바이어스 회로(R_1과 R_2)는 포토 트랜지스터의 암(정적인)동작을 조절하기 위해서 사용된다. R_1이 변화될 때 포토 트랜지스터의 이미터에 흐르는 암 전류는 변화한다.

따라서 R_1의 조정에 의해서 op-amp의 출력을 0 전위로 조절하는 op-amp의 입력전압은 변화된다. 이런 회로의 R_1은 최종회로의 출력을 0 전위로 조절하기 위해서 사용되므로 영점조정이라고 부른다. LED 제어회로의 출력이 빛에 의해서 포토 트랜지스터/op-amp 회로에 결합되기 때문에 [그림 20-43]의 배열은 광 결합으로 언급된다. 광 결합의 장점은 소스 신호(LED 제어회로)와 부하(포토 트랜지스터/op-amp 회로) 사이에 완전한 절연을 제공한다는 것이다.

포토 트랜지스터에 관한 몇 가지 주요한 점은 다음과 같다. 첫 번째는 포토 트랜지스터의 스펙에는 포토 다이오드의 스펙에 나타낸 것과 동일한 기본적인 파라미터와 정격을 포함한다. 포토 트랜지스터는 포토 다이오드와 동일한 파장과 감도특성을 갖는다. 차이점은 포토 트랜지스터의 광 특성은 입력되는 빛이 컬렉터 전류(다이오드의 역전류 보다)에 관련된다는 것이다. 두 번째는 포토 트랜지스터의 베이스 단자는 [그림 20-43]에 표시된 것처럼 바이어스 회로를 통해서 접지와 연결된다. 바이어스 회로는 소자의 출력을 조절할 뿐만 아니라 회로의 온도 안정화도 부가한다. 여러분이 이미 알고 있는 것처럼 트랜지스터는 다른 소자들과 마찬가지로 누설전류를 갖는다.

베이스에서 접지로 되돌아가는 통로가 없다면, 베이스 누설전류는 소자의 이미터 단자로 흐르게 된다. 이것은 온도변화에 의해 포토 트랜지스터를 강제로 도통 시킬 수 있음을 의미한다. 베이스 단자에서 접지까지 저항성 통로를 제어하여, 베이스 누설전류가 소자의 이미터 회로에 영향을 미치는 것을 방지한다.

20.5.4 포토 달링톤(The Photo-Darlington)

포토 달링톤(Photo-darlington)은 [그림 20-44]에 표시된 것처럼 달링턴 형태의 포토 트랜지스터로 구성된다. 증가된 출력전류 용량(달링턴의 경우와 마찬가지로)을 제외하면 이런 소자의 동작과 특성은 일반적인 포토 트랜지스터와 동일하다.

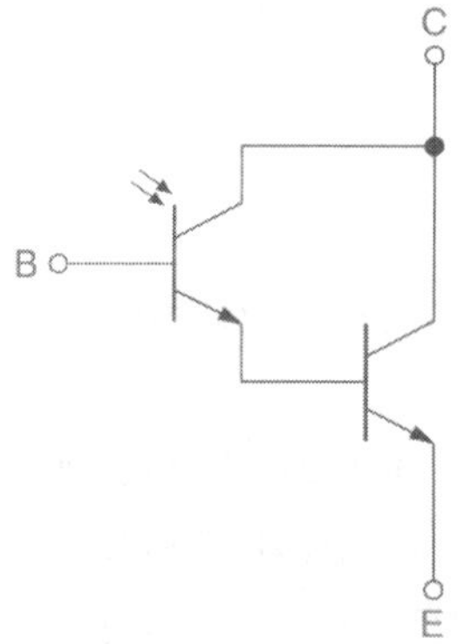

[그림 20-44] 포토 달링톤의 회로기호

20.5.5 광활성 SCR(The LASCR)

광 활성 SCR(LASCR) 또는 광-SCR은 3단자 소자이다. LASCR의 기호를 [그림 20-45]에 표시했다. 또한 포토 다이오드의 모든 성질은 LASCR에서 찾아볼 수 있다. 그러나 이런 경우에 SCR은 소자에 입력되는 빛에 의해서 전도 상태로 트리거 된다. 따라서 LASCR은 광학적으로 결합된 위상 제어회로에 사용된다.

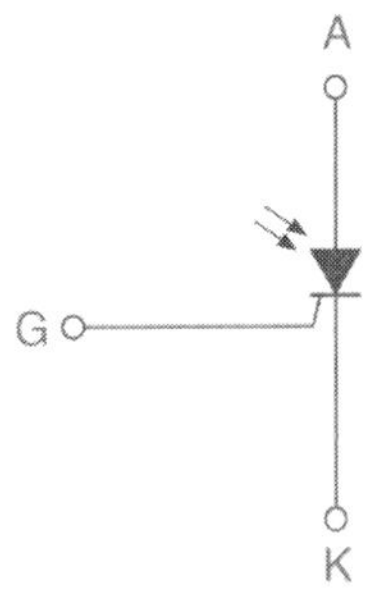

[그림 20-45] LASCR의 회로기호

20.5.6 요약(Summary)

대부분의 이산 소자는 광 검출기 형태로 얻을 수 있다. 광 검출기 소자는 전류제어 쌍과 매우 유사한 동작을 한다. 그렇지만 광 검출기 소자는 빛에 의해서 제어되는 소자이다. 광 검출기를 사용할 때 소자의 파장과 광 민감성(세기) 특성을 알고 있어야 한다. 발광기와 광 검출기의 파장과 광 민감성이 조화를 이루지 못한다면 광 결합 회로는 감소된 효율로 동작하거나 전혀 동작하지 않게 된다. 이산 포토 트랜지스터 회로의 파장과 광 민감성 문제는 광 아이솔레이터와 광 인터럽터를 사용으로 제거할 수 있다. 이러한 집적회로들은 발광기와 광 검출기를 수용한다. 다음 절에 나타낸 바와 같이 이러한 IC들은 이산 소자 쌍보다 취급이 용이하다.

기초 확인문제 20.5

1. 발광기와 광 검출기 사이의 차이점은 무엇인가?
2. 파장이란 무엇인가?
3. 광전소자를 사용할 때 파장의 개념이 왜 중요한가?
4. 빛의 세기란 무엇인가?
5. 포도 디이오드란 무엇인가?
6. 포토 다이오드에서 암 전류란 무엇인가? 광 전류란 무엇인가?
7. 포토 다이오드 광 전류와 암 전류 사이에는 어떤 관계가 있는가?
8. 포토 다이오드에 대한 파장의 피크 스펙트럼 응답이란 무엇인가?
9. 광 민감성이란 무엇인가?
10. 광 민감성 측정단위 $\mu A/mW/cm^2$을 설명하라.
11. 스펙트럼 응답이란 무엇인가? 스펙트럼 응답의 영향을 받는 포토 다이오드의 측정단위는 무엇인가?
12. 포토 트랜지스터란 무엇인가?

13. 포토 트랜지스터에 입력되는 빛과 컬렉터 전류 사이의 관계는 무엇인가?
14. 포토 트랜지스터와 포토 다이오드의 광학적인 정격의 차이점은 무엇인가?
15. 광 달링턴과 일반적인 포토 트랜지스터의 차이점은 무엇인가?
16. LASCR이란 무엇인가? 일반적인 SCR과 다른 점은 무엇인가?
17. 이산 광 검출기를 사용할 때 항상 고려되어야 할 특성을 열거하라.

20.6 포토 아이솔레이터와 포토 인터럽터 (Optoisolator and Optointerrupter)

포토 아이솔레이터(Optoisolator)와 포토 인터럽터(Optointerrupter)는 발광기와 광 검출기를 포함하는 IC이다. 발광기는 항상 LED이지만 광 검출기는 앞에서 논의된 이산 광 검출기중의 어느 하나이다.

20.6.1 포토아이솔레이터(Optoisolator)

포토 아이솔레이터는 소자의 입력(발광기) 신호를 출력(광 검출기)에 연결하기 위해서 빛을 사용하는 간단한 광 결합기 소자이다. 예를 들자면 트랜지스터 출력을 갖는 포토 아이솔레이터는 [그림 20-43]에 표시된 불투명한 케이스 안에 나타낸 회로를 포함하게 된다.

ELECTRICAL CHARACTERISTICS (T_A = 25°C unless otherwise noted)

Characteristic		Symbol	Min	Typ	Max	Unit
COUPLED						
Output Collector Current (I_F = 10 mA, V_{CE} = 10 V)	T_A = 25°C T_A = −55°C T_A = 100°C	I_C	10 4 4	30 — —	— — —	mA
Collector-Emitter Saturation Voltage (I_C = 0.5 mA, I_F = 10 mA)		$V_{CE(sat)}$	—	0.14	0.3	V
Turn-On Time	(I_C = 2 mA, V_{CC} = 10 V, R_L = 100 Ω, Figure 11)	t_{on}	—	7.5	10	μs
Turn-Off Time		t_{off}	—	5.7	10	
Rise Time		t_r	—	3.2	—	
Fall Time		t_f	—	4.7	—	
Isolation Voltage (f = 60 Hz, t = 1 sec)		V_{ISO}	7500	—	—	Vac(pk)
Isolation Current (V_{I-O} = 3550 Vpk) (V_{I-O} = 2500 Vpk) (V_{I-O} = 1500 Vpk)	4N35 4N36 4N37	I_{ISO}	— — —	— — 8	100 100 100	μA
Isolation Resistance (V = 500 V)		R_{ISO}	10^{11}	—	—	Ω
Isolation Capacitance (V = 0 V, f = 1 MHz)		C_{ISO}	—	0.2	2	pF

(b)

[그림 20-46] 4N35-7 포토아이솔레이터의 스펙

[그림 20-46]에 표시된 스펙에 설명된 것처럼 전형적인 포토 아이솔레이터는 6-핀 DIP 형태로 구성된다. 회로 구성도에서 트랜지스터 출력 포토 아이솔레이터는 LED와 포토 트랜지스터로 구성된다. 따라서 4N35-37 시리즈의 포토 아이솔레이터는 [그림 20-43]에 표시된 회로에 사용될 수 있다.

대부분의 포토 아이솔레이터 파라미터와 정격은 일반적인 LED와 포토 트랜지스터의 스펙에 나열된 사항들이다. 그러나 몇 가지 새로운 정격은 다음과 같이 정의된다.

절연전압 정격 V_{ISO}는 포토 아이솔레이터의 항복과 전도를 발생시키는 입력과 출력 사이의 전압을 나타낸다. 다시 말하자면 이런 절연전압이 입력과 출력 핀 양단에 입력된다면 소자는 파괴된다. 4N35-37 시리즈 IC의 V_{ISO}는 7,500V_{pk}이다.

납땜온도는 IC의 내부손상 없이 임의의 핀에 가할 수 있는 최고온도이다. 4N35의 어느 핀에 10초 동안 260℃의 열이 가해진다면 IC는 내부손상을 입게 될 것이다. 절연전류 정격 I_{ISO}는 정격전압에 대해서 입력과 출력 사이에 가해질 수 있는 전류량을 나타낸다. 예를 들면 4N35 양단에 3,550V_{pk}가 입력되면 소자의 입력과 출력 핀 사이에 100μA의 전류가 발생하게 된다. 4N36은 2,500V_{pk} 입력에서 100μA의 전류가 생성된다.

절연저항 정격 R_{ISO}는 소자의 입력 핀과 출력 핀 사이의 전체 저항을 나타낸다. 4N35-37 시리즈의 정격은 $10^{11}\Omega$(100GΩ)이다. 마지막으로 절연 커패시터 정격 C_{ISO}는 입력과 출력 핀 사이의 전체 커패시턴스를 나타낸다. 4N35-37 시리즈의 정격은 2pF이다.

여기에 나열된 정격을 제외하면 포토 아이솔레이터의 모든 파라미터와 정격들은 상당히 일반적인 것들이다. 이러한 정격들은 스펙에서 쉽게 찾아볼 수 있다. 스펙에서 가장 일반적인 두 가지 파라미터인 파장과 광 민감성을 주의하여야 한다. 그러나 발광기와 광 검출기는 같은 칩 안에 포함되어지므로 이런 소자의 파장과 광 민감성은 그다지 중요하지 않다.

앞에서 설명된 바와 같이 포토 아이솔레이터는 다양한 출력소자로 구성된다. 트랜지스터 출력, 달링턴 출력, 트라이액 출력, SCR 출력 등이 사용된다. 각 소자들의 입/출력 파라미터와 정격은 사용된 광 검출기의 특성에 따라 변화된다. 그 외에 광 검출기는 20-5 전과 여기에서 설명된 것처럼 동작한다.

20.6.2 포토 아이솔레이터의 응용 : 반도체 릴레이 (An Optoisolator Application : The Solid State Relay)

반도체 릴레이(SSR)는 직류 입력전압을 사용하여 교류 입력신호를 통과 또는 차단하는 회로이다. [그림 20-47 (a)]에 표시된 다이어그램은 SSR의 입/출력 관계를 나타낸다. 직류입력이 그림에 표시된 극성을 가질 때 입력(ac1)파형은 출력(ac2)과 연결된 부하에 전달된다. 직류전위가 남아 있는 한 교류신호는 부하에 연결된다. 직류전위가 제거된다면 출력 단은 개방회로가 되고 교류신호는 부하와 차단된다. SSR의 회로를 [그림 20-47

(b)]에 표시했다. 직류회로는 트라이악-출력의 포토 아이솔레이터를 통해서 교류회로와 연결된다. 직류 입력 전압이 그림에 표시된 극성을 갖는 한 포토 아이솔레이터의 LED는 순방향으로 바이어스되고 빛을 방출한다. 이런 빛은 트라이악 광 검출기의 전도 상태를 유지한다. 트라이악 광 검출기가 전도되고 있는 동안 교류회로의 트라이악은 계속해서 전도되고 입력단자(ac1)에서 출력단자(ac2)로 교류신호가 전달된다.

만약 직류 입력전압이 제거된다면 LED가 턴 off 되고 다이악 광 검출기도 차단된다. 이것은 R_3 양단에 게이트 트리거 전압이 형성되는 것을 방지한다. 따라서 출력단의 트라이악은 off 된다. 출력단의 트라이악이 off될 때 교류입력은 교류 출력단자와 차단된다. SSR은 모터의 동작(on 또는 off)을 제어하는 디지털 회로에 사용된다. [그림 20-47 (a)]의 입력을 디지털 시스템으로 그리고 부하를 모터로 상상한다면 이런 응용은 쉽게 이해될 것이다. SSR은 집적된 형태로 이용할 수 있다. SSR의 집적된 회로가 [그림 20-47 (b)]에 나타낸 회로를 약간 벗어날지라도 전체의 동작원리는 동일하다.

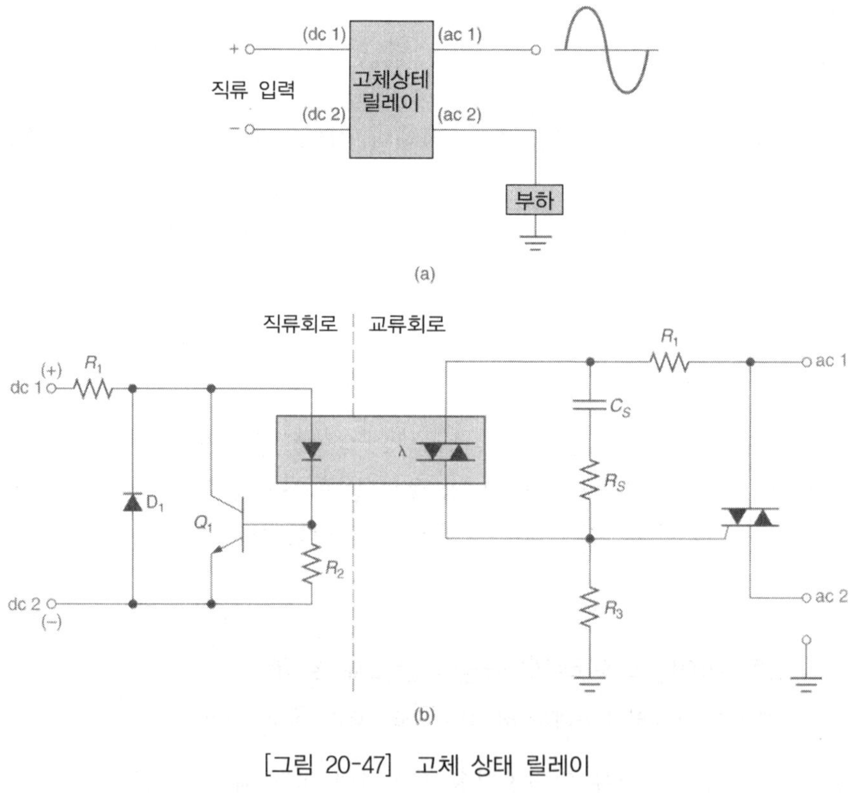

[그림 20-47] 고체 상태 릴레이

20.6.3 포토 인터럽터(Optointerrupter)

포토 인터럽터 또는 광 스위치는 외부에서 발광기와 광 검출기 사이의 빛 통로를 차단할 수 있도록 설계된 IC 광 결합기이다. 두 개의 일반적인 포토 인터럽터 구조가 [그림

20-48]에 표시된 스펙에 기록되어 있다. 발광기는 홈의 한쪽 면에 위치하고 다른 한쪽 면에는 광 검출기가 위치한다. 발광기와 광 검출기 사이의 개방된 공간은 포토 인터럽터와 포토 아이솔레이터 사이의 주요한 차이점이다. 이런 공간은 종이와 같은 외부물체에 의해 포토 인터럽터가 활성화될 수 있도록 한다.

예를 들면 [그림 20-48]에 표시된 포토 인터럽터가 복사기에 사용되며 종이가 복사기를 통해 통과할 때 종이의 모서리가 그 소자의 홈을 통과할 수 있도록 배치된다. 포토 인터럽터에 종이가 없을 때 발광기의 빛은 포토 트랜지스터에 도달하여 트랜지스터의 포화를 발생시킨다. 따라서 포토 트랜지스터의 출력은 낮은 전압상태가 된다. 종이 한 장이 홈을 통과할 때 발광기의 빛은 포토 트랜지스터와 종이에 의해서 차단된다. 따라서 포토 트랜지스터는 off 되고 컬렉터 전압은 높은 전압상태가 된다. 포토 트랜지스터의 낮은 출력전압과 높은 출력전압은 포토 인터럽터가 위치한 지점의 종이 존재여부를 기계에 알려주기 위해서 사용된다.

여기서 논의된 응용의 형태는 포토 인터럽터의 기본적인 응용이다. 포토 커플링 응용의 또 다른 형태는 일반적으로 이산 포토 커플링 또는 포토 아이솔레이터에 의해서 실행된다.

SEMICONDUCTOR
TECHNICAL DATA

Slotted Optical Switches
Transistor Output

H21A1
H21A2
H21A3
H22A1
H22A2
H22A3

Each device consists of a gallium arsenide infrared emitting diode facing a silicon NPN phototransistor in a molded plastic housing. A slot in the housing between the emitter and the detector provides the means for mechanically interrupting the infrared beam. These devices are widely used as position sensors in a variety of applications.

- Single Unit for Easy PCB Mounting
- Non-Contact Electrical Switching
- Long-Life Liquid Phase Epi Emitter
- 1 mm Detector Aperture Width

SLOTTED
OPTICAL SWITCHES
TRANSISTOR OUTPUT

MAXIMUM RATINGS

Rating	Symbol	Value	Unit
INPUT LED			
Reverse Voltage	V_R	6	Volts
Forward Current — Continuous	I_F	60	mA
Input LED Power Dissipation @ T_A = 25°C Derate above 25°C	P_D	150 2	mW mW/°C
OUTPUT TRANSISTOR			
Collector-Emitter Voltage	V_{CEO}	30	Volts
Output Current — Continuous	I_C	100	mA
Output Transistor Power Dissipation @ T_A = 25°C Derate above 25°C	P_D	150 2	mW mW/°C
TOTAL DEVICE			
Ambient Operating Temperature Range	T_A	−55 to +100	°C
Storage Temperature	T_{stg}	−55 to +100	°C
Lead Soldering Temperature (5 seconds max)	—	260	°C
Total Device Power Dissipation @ T_A = 25°C Derate above 25°C	P_D	300 4	mW mW/°C

H21A1, 2 AND 3
CASE 354A-01

H22A1, 2 AND 3
CASE 354-02

[그림 20-48] H21-2 시리즈 포토 인터럽터의 스펙

기초 확인문제 20.6

1. 포토 아이솔레이터란 무엇인가?
2. 포토 아이솔레이터의 일반적인 절연 파라미터와 정격을 나열하고 정의하라.
3. 반도체 릴레이(SSR)의 동작을 설명하라.
4. 포토 인터럽터와 포토 아이솔레이터를 비교 설명하라.

중요 용어(Key Term)

광 민감성(sensitivity), 강제정류(forced commutation), 게이트 트리거전압(gate trigger voltage), 점화각(firing angle), 크로우바(crowbar), 전도각(conduction angle), 암전류(dark current), 광결합(optocoupling), 광 검출기(light detector), 광 아이솔레이터(optoisolator), 광 인터럽터(optointerrupter), 광전소자(optoelectronic device), 광활성 SCR(light activated SCR), 납땜 온도, 다이악(diac), 피크 전압(peak voltage), 반도체 릴레이(solid state relay), 발광기(light emitter), 베이스간 저항(interbase resistance), 부성저항(negative resistance), 부성저항 영역(negative resistance region), 비반복 서지전류(nonrepetitive surge current), 빛(light), 빛의 세기(light intensity), 광전류(light current), 사이리스터(thyristor), 산업전자(industrial electronic), 순방향 브레이크오버 전류(forward breakover current), 순방향 브레이크오버 전압(forward breakover voltage), 순방향 차단 영역(forward blocking region), 스너버 회로(snubber network), 파장의 피크 스펙트럼 응답(wavelength of peak spectral response), 실리콘 일면 정류기(SUS), 실리콘 제어 정류기(SCR), 양방향 사이리스터(bidirectional thyristor), 애노드 전류저지(anode current interruption), 프로그램 가능 단일접합(programmable unijuction transistor), 유지전류(holding current), 이완 발진기(relaxation oscillator), 잘못된 트리거(false triggering), 단일접합 트랜지스터(UJT), 절연저항(isolation resistance), 절연전압(isolation voltage), 절연 커패시터(isolation capacitor), 순방향 동작 영역(forward operation region), 진성 개방비(intrinsic standoff ratio), 트라이악(triac), 트리거점 전압(trigger voltage), 파장(λ), 스펙트럼 응답(spectrum response), 평균 온 상태 전류(average on state current), 평균 온 상태 전압(average on state voltage), 포토 다이오드(photo diode), 포토-달링턴(photo darlington), 위상 제어(phase controller), 포토 트랜지스터(photo transistor), 피크전류(peak current), 절연전류(isolation current), 회로 휴즈정격(circuit fuse rating)

연습문제

20-1. 2N6237 SCR은 2.6 A^2s 크기의 회로 퓨즈정격을 갖는다. 120ms 동안 지속되는 25A 크기의 서지전류에 이런 소자가 견딜 수 있는지를 결정하시오.

20-2. 2N6342 SCR은 40 A^2s 크기의 회로 퓨즈정격을 갖는다. 8ms 동안 지속되는 80A 크기의 서지전류에 이런 소자가 견딜 수 있는지를 결정하시오.

20-3. 2N6237 SCR은 2.6 A^2s 크기의 회로 퓨즈정격을 갖는다. 이런 소자에 50A 크기의 서지전류가 흐를 수 있는 최대 허용시간을 결정하시오.

20-4. 2N6342 SCR은 40 A^2s 크기의 회로 퓨즈정격을 갖는다. 이런 소자에 95A 크기의 서지전류가 흐를 수 있는 최대 허용시간을 결정하시오.

20-5. 2N6237 SCR은 2.6 A^2s 크기의 회로 퓨즈정격을 갖는다. 소자가 50ms 동안 견딜 수 있는 최대 크기의 서지전류를 결정하시오.

20-6. 2N6342 SCR은 40 A^2s 크기의 회로 퓨즈정격을 갖는다. 소자가 100ms 동안 견딜 수 있는 최대 크기의 서지전류를 결정하시오.

20-7. 2N6237은 $dv/dt = 10\text{V}/\mu\text{s}$의 증가율을 갖는다. 노이즈 신호의 상승시간이 $t_r = 10\text{ns}$일 때 잘못된 트리거를 발생시키는 노이즈의 크기를 결정하시오.

20-8. 2N6342는 $dv/dt = 5\text{V}/\mu\text{s}$의 증가율을 갖는다. 노이즈 신호의 상승시간이 $t_r = 25\text{ns}$일 때 잘못된 트리거를 발생시키는 노이즈의 크기를 결정하시오.

20-9. 2N2646은 $\eta = 0.56$에서 0.75의 영역을 갖는다. $V_{BB} = +14$일 때 소자의 V_P 영역을 구하시오.

20-10. 2N4871 UJT는 $\eta = 0.7$에서 0.85의 영역을 갖는다. $V_{BB} = +12$일 때 소자의 V_P 영역을 구하시오.

20-11. 2N4871 UJT는 $\eta = 0.55$에서 0.82의 영역을 갖는다. $V_{BB} = +16$일 때 소자의 V_P 영역을 구하시오.

20-12. 2N4871 UJT는 $\eta = 0.74$에서 0.86의 영역을 갖는다. $V_{BB} = +26$일 때 소자의 V_P 영역을 구하시오.

20-13. 650 THz 신호의 파장(nm)을 결정하시오.

20-14. 220 THz 신호의 파장(nm)을 결정하시오.

20-15. 180 THz 신호의 파장(nm)을 결정하시오.

20-16. 가시광선의 스펙트럼은 대략 400 THz와 800 THz 사이의 모든 주파수 성분을 포함한다. 이 주파수 벤드의 파장영역을 구하시오.

20-17. 광검출기의 $\lambda_S = 0.94\text{nm}$이다. 이런 소자의 최적 동작주파수를 결정하시오.

20-18. 광검출기의 $\lambda_S = 0.84\text{nm}$이다. 이런 소자의 최적 동작주파수를 결정하시오.

20-19. [그림 20-49]에 표시된 SCR의 스펙이 [그림 20-11]에 주어진다. 전원 공급장치의 출력단락회로 전류는 4A이며 전원 공급 장치의 퓨즈가 끊어질 때까지 그 레벨을 유지할 것이다. 이런 회로에서, 다음을 결정하시오.

(a) SCR을 트리거하기 위해서 필요한 V_{dc}의 최대 값.

(b) SCR이 트리거되는 순간의 최대 제너전류 값.

(c) 퓨즈와 SCR 중 먼저 개방되는 것은 무엇인가?

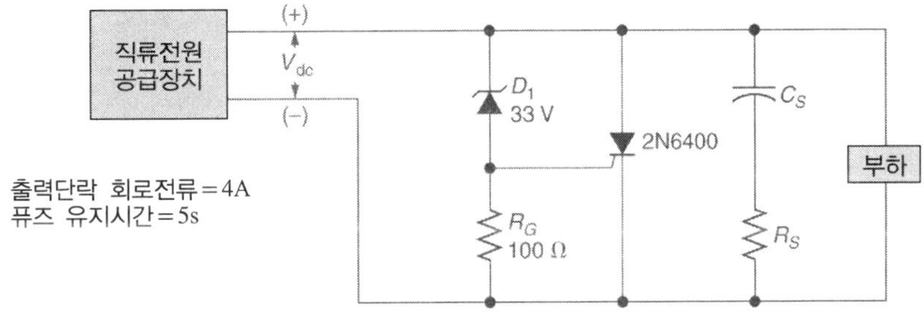

[그림 20-49]

20-20. [그림 20-50]을 참조하시오. 회로의 R_2는 표시된 값으로 조정된다. 2N682의 스펙은 [그림 20-11]에 주어진다. 부하의 전도각을 결정하시오.(Hint : SCR을 트리거하기 위하여 필요한 v_{in}의 최대 값을 먼저 구하시오.)

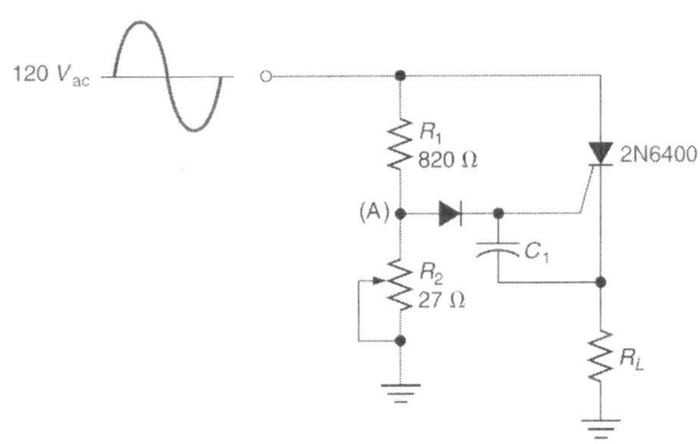

[그림 20-50]

20-21. [그림 20-34]를 참조하시오. 그림에 표시된 이완 발진기는 51V의 제너 다이오드를 포함한다. UJT는 η=0.7에서 0.82의 영역을 갖는다. UJT를 트리거하기 위하여 필요한 V_E 값을 결정하시오.

20-22. 2N5060 SCR이 7A의 서지전류에서 8ms 동안 견딜수 있는지를 결정하시오.

20-23. LED가 470nm의 주된 파장을 발생시킨다. 이런 LED 의해서 발생되는 출력에 반응하는 포토 다이오드를 구하시오. 다음의 조건을 여러분의 해답에 포함시키시오.

(a) 포토 다이오드의 번호를 기록하시오.

(b) 제조업체를 표시하시오.

(c) 소자의 피크 스펙트럴 응답 정격에 해당하는 파장을 기록하시오.

Chapter 21

▸ 이산전압 조정기와 집적전압 조정기 ◂

(Discrete and Integrated Voltage Regulator)

학습목표

이 장을 학습하고 나면 여러분은 다음과 같은 내용을 이해하고 설명할 수 있다.

1. 전압조정기에 의해서 수행되는 목적에 대해서 설명할 수 있다.
2. 입력 변동률(line regulation)에 대해서 정의하고 가장 보편적으로 사용되는 측정의 단위에 대해서 설명할 수 있다.
3. 부하 변동률(load regulation)에 대해서 정의하고 가장 보편적으로 사용되는 측정의 단위에 대해서 설명할 수 있다.
4. 패스 트랜지스터 조정기의 동작을 해석하고 특성을 설명할 수 있다.
5. 패스 트랜지스터 조정기에서 제공되는 단락회로 보호의 의미를 설명할 수 있다.
6. 션트 귀환조정기의 동작을 해석하고 특성을 설명할 수 있다.
7. 션트 귀환 조정기에서 제공되는 과전압 보호의 필요성과 그 의미에 대해서 설명할 수 있다.
8. 직렬 조정기가 션트 조정기보다 선호되는 이유에 대해서 설명할 수 있다.
9. 다양한 형태의 선형 IC 조정기에 대해서 설명할 수 있다.
10. 가장 일반적으로 사용되는 선형 IC 조정기의 파라미터와 정격에 대해서 설명할 수 있다.
11. 선형 조정기와 스위칭 조정기 사이의 차이점에 대해서 설명할 수 있다.
12. 기본적인 스위칭 조정기를 네 부분으로 분류하고 각각의 기능에 대해서 설명할 수 있다.
13. 부하에서 요구되는 변화에 대한 스위칭 조정기의 응답을 설명할 수 있다.
14. 전력 스위치 전도를 제어하는 가장 일반적인 두 가지 방법을 설명할 수 있다.
15. 일반적인 스위칭 조정기의 구조와 각 부분의 특성을 설명할 수 있다.
16. 일반적인 스위칭 조정기 IC의 기능을 설명할 수 있다.
17. 선형 조정기와 스위칭 조정기의 장/단점과 응용분야를 비교 설명할 수 있다.

3장에서 이미 시스템을 동작시키기 위해서 필요로 하는 한 가지 이상의 직류 전압을 공급하기 위해서 교류 입력을 변환시키는 전원 공급 장치를 소개한 바 있다. [그림 21-1]에 표시된 것처럼 기본적인 전원 공급 장치는 다음에 설명되는 세 가지 형태의 회로로 구성된다.

- 정류기(rectifier)는 교류 입력을 맥류성 직류(pulsating dc)로 변환시킨다.
- 필터(filter)는 정류기 출력에서 변화량의 크기를 감소시킨다.
- 전압조정기(voltage regulator)는 필터 출력전압에서 리플(변화량)을 감소시킨다.

설계가 적합하다면 전압 조정기는 항상 선 전압과 부하의 요구에서 예상되는 변화에도 불구하고 일정한 부하 전압을 유지시킨다. 이 장에서는 실제적인 전압 조정기의 다양성에 대해서 고찰하게 된다.

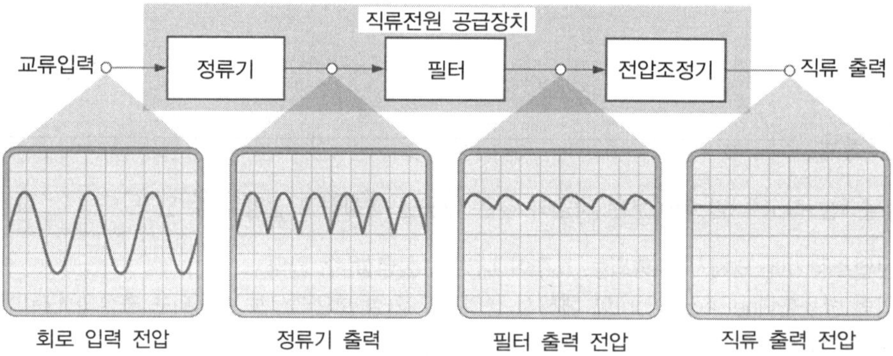

[그림 21-1] 기본적인 블록다이어그램과 파형

21.1 전압 조정기의 개요(Overview of Voltage Regulator)

이상적인 전압 조정기는 입력전압의 변화 혹은 부하 전류의 변화에 무관하게 일정한 직류 출력전압을 제공한다. 예를 들어서 [그림 21-2]에 표시된 $+10V_{dc}$ 전압 조정기를 고려하자. [그림 21-2 (a)]에 표시된 것처럼 조정기의 입력전압 변화 ΔV_{in}은 조정기의 출력에 영향을 미치지 않는다. ΔV_{in}은 V_{in}의 정상 상태의 직류 값의 변위이거나 약간의 리플전압을 의미한다. 두 경우에 모두 이상적인 조정기의 V_{out}에서의 변화는 0V가 된다. 물론 V_{in}은 조정기의 동작을 유지하기 위해서 요구되는 값 이하로 감소하지 않는다고 가정한다.

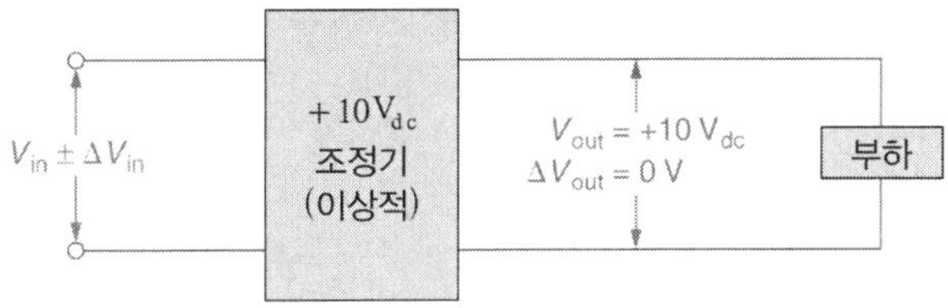

(a)

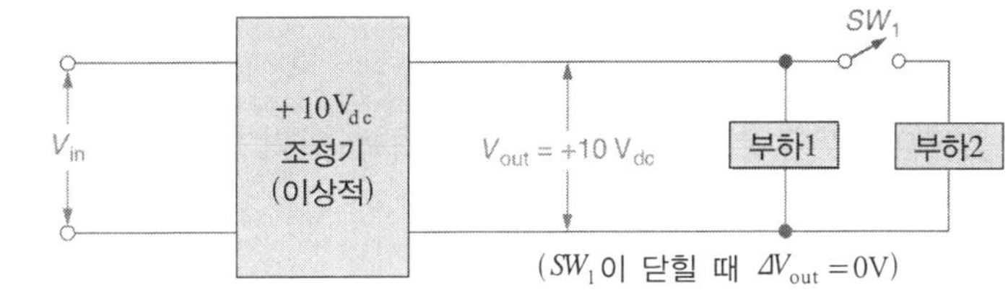

(b)

[그림 21-2] $+10V_{dc}$ 조정기

[그림 21-2 (b)]는 이상적인 전압 조정기가 부하전류의 변화에 어떻게 응답하는지를 보여준다. 부하 1과 부하 2는 동일한 크기의 저항을 갖는다고 가정한다. SW_1이 닫힐 때 부가된 부하는 조정기에 두 배의 전류를 흐르게 한다. 이상적인 전압 조정기는 부하전류 변화에도 일정한 출력전압($\Delta V_{out} = 0V$)을 유지한다.

21.1.1 입력 변동률(Line Regulation)

실제로 조정기의 입력전압 변동은 조정기의 출력전압 변동을 초래한다. 전압 조정기의 입력 변동률 정격은 입력전압 변화량에 대한 출력전압의 변화량으로 표시된다.

$$\text{입력 변동률} = \frac{\Delta V_{out}}{\Delta V_{in}} \tag{21-1}$$

여기서 ΔV_{out} = 출력전압의 변화량(일반적으로 μV 또는 mV)
ΔV_{in} = 입력전압의 변화량(일반적으로 V)

을 의미한다. 【예제 21.1】은 전압 조정기의 입력전압 변동률의 계산을 나타낸다.

【예제 21.1】 전압 조정기의 입력전압 변화량이 5V일 때 출력전압 변화량은 10μV이다. 회로의 입력전압 변동률은 얼마인지 구하시오.

풀이 회로의 입력전압 변동률은 2μV/V이다.

$$\text{입력 변동율} = \frac{\Delta V_{out}}{\Delta V_{in}} = \frac{10\mu V}{5V} = 2\mu V/V$$

2μV/V 정격은 조정기의 입력전압이 1V 변할 때마다 출력전압은 2μV씩 변화한다는 것을 의미한다.

(실전 연습문제 21-1)

입력전압이 4V 변할 때 전압 조정기의 출력전압 변화량은 100μV로 측정되었다면 이런 조정기의 입력전압 변동은 얼마인지 계산하시오.

▶▶ 25μV/V

앞에서 설명한 바와 같이 이상적인 전압 조정기는 입력전압이 변화할 때 0V의 ΔV_{out}을 나타낼 것이다. 따라서 이상적인 전압 조정기에서 입력전압 변동률은 다음과 같이 표시된다.

$$\text{입력 변동률} = \frac{\Delta V_{\text{out}}}{\Delta V_{\text{in}}} = \frac{0\text{V}}{\Delta V_{\text{in}}} = 0$$

이상적인 입력 변동률 정격은 0이라는 사실에 근거하여 다음과 같이 설명할 수 있다. 전압 조정기의 입력 변동률 정격이 낮으면 낮을수록 회로의 우수성은 더욱 더 커진다. 입력 변동률은 일반적으로 여러 종류의 단위로 표현된다. 【예제 21.1】에서 사용된 μV/V 정격은 다양한 단위 중의 하나이다. 일반적으로 사용된 선 조정 정격의 단위와 그 의미가 〈표 21-1〉에 표시되어 있다.

표 21-1 입력 변동률에서 가장 일반적으로 사용되는 단위

단위	의미
μV/V	입력전압에서 1V 변화당 출력에서의 변화량
ppm/V	V당 mV(part per million per volt)
%/V	입력전압에서 1V 변화당 발생할 수 있는 출력에서의 변화량의 %
%	입력전압에서 정격의 범위를 초과하는 출력전압에서 변화량의 전체 %
mV(μV)	입력전압에서 정격의 범위를 초과하는 출력전압에서 실제적인 변화량

21.1.2 부하 변동률(Load Regulation)

실제의 전압 조정기는 부하전류의 변화에 대해서 약간의 출력전압이 변화한다. 부하 변동률은 부하전류 변화량에 대한 조정기 출력전압의 변화량을 나타낸다. 전압 조정기의 부하 변동률은 식 (21-2)와 같이 표시된다.

$$\text{부하변동률} = \frac{V_{NL} - V_{FL}}{\Delta I_L} \tag{21-2}$$

여기서 V_{NL} = 무 부하 출력전압(부하 개방시의 출력전압)
V_{FL} = 전부하 출력전압(부하전류가 최대일 때의 출력전압)
ΔI_L = 부하전류의 변화량

을 의미한다. 또 다른 표현 방법은 다음과 같다.

$$\text{부하변동률} = \frac{\Delta V_{\text{out}}}{\Delta I_L}$$

【예제 21.2】는 주어진 전압 조정기에서 부하 변동률의 계산을 나타낸다.

【예제 21.2】 전압 조정기는 $I_L = 0$에서 20mA의 출력전류로 조정되었다. 무 부하 상태에서 회로의 출력전압은 5V이고 전 부하 상태에서 회로의 출력전압은 4.9998V 라면 회로의 부하 변동률은 얼마인지 결정하시오.

풀이 조정기의 부하 변동률은 10μV/mA이다.

$$\text{부하 변동률} = \frac{V_{NL} - V_{FL}}{\Delta I_L} = \frac{5\text{V} - 4.9998\text{V}}{20\text{mA}} = 10\mu\text{V/mA}$$

10μV/mA의 정격은 부하전류가 1mA 변할 때 출력전압이 10μV의 변화를 나타낸다.

(실전 연습문제 21-2)

전압 조정기가 $I_L = 0$에서 40mA의 출력전류로 조정되었다. 무 부하 상태에서 회로의 출력전압은 8V이고 전 부하 상태에서 회로의 출력전압은 7.996V이라면 회로의 부하 변동률은 얼마인지 구하시오.

▶▶ 100μV/mA

입력 변동률 정격처럼 부하 변동률은 일반적으로 다양한 형태의 단위로 표현된다. 일반적으로 사용되는 부하 변동률의 단위와 그 의미를 〈표 21-2〉에 표시하였다.

이상적인 전압 조정기는 부하전류가 증가해도 출력전압은 변화하지 않는다. 따라서 이상적인 조정기에서 $V_{NL} = V_{FL}$이고 부하 변동률은 0이다. 이러한 사실에 근거하여 전압 조정기의 부하 변동률이 낮으면 낮을수록 그 회로의 특성은 더 좋아진다.

표 21-2 부하 변동률에서 가장 일반적으로 사용되는 단위

단위	의미
μV/mA	부하전류에서 1mA 변화당 출력전압에서의 변화량
%/mA	부하전류에서 1mA당 출력전압에서의 변화량의 %
%	부하전류에서 정격의 범위를 넘어서는 출력전압에서의 전체 변화량의 %
mV(μV)	부하전류에서 정격의 범위를 초과하는 출력전압에서 실제적인 변화량
Ω	V/mA로 표시되는 저항 값 조정기의 ΔV_L에 해당하는 값을 제공하는 ΔI_L의 값을 곱한 정격

21.1.3 입력 변동률과 부하 변동률의 실제적인 고려사항 (Line and Load Regulation : Some Practical Consideration)

몇몇 제조업자들은 입력 변동률과 부하 변동률을 하나의 조정 정격으로 결합시킨다. 이런 정격은 입력전압과 부하전류가 규정된 영역에서 변화되었을 때 발생할 수 있는 조정기 출력전압의 최대 변화량을 나타낸다. 예를 들면 주어진 전압 조정기는 다음과 같은 정격을 갖는다.

$$V_{\text{in}} = 12\text{V}_{\text{dc}} \text{에서 } 24\text{V}_{\text{dc}}$$
$$I_L = 40\text{mA(최대)}$$
$$\text{변동률} = 0.33\%$$

이런 정격은 V_{in}이 12V에서 24V 사이에 존재하고 부하전류가 40mA를 초과하지 않는다면 조정기의 출력전압은 0.33% 이상 변화하지 않음을 나타낸다. 변동률 정격은 항상 백분율, mA 또는 μV로 주어진다.

21.1.4 조정기의 형태(Type of Regulator)

이상 전압 조정기는 두 가지 기본적인 형태인 직렬 조정기(series regulator)와 병렬 조정기(shunt regulator)로 구분된다. 두 가지 형태의 조정기를 [그림 21-3]에 표시된 것처럼 블록 다이어그램으로 표현하였다. 직렬 조정기는 [그림 21-3 (a)]에 표시된 것처럼 부하와 직렬로 배치된다. 병렬 조정기는 [그림 21-3 (b)]에 표시된 것처럼 부하와 병렬로 위치한다. 직렬 조정기와 병렬 조정기는 각각 장점과 단점을 가지고 있다.

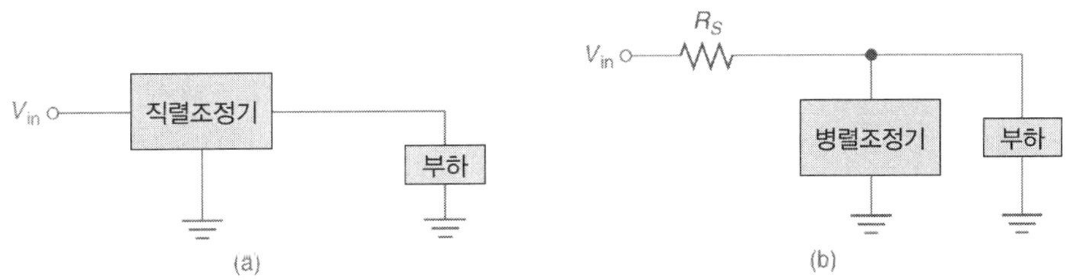

[그림 21-3] 직렬 조정기와 병렬 조정기

기초 확인문제 21.1

1. 전압 조정기에 의해서 수행되는 두 가지 목적은 무엇인가?
2. 입력전압 변화에 대응하는 이상적인 전압 조정기의 응답은 무엇인가?
3. 부하전류 변화에 대응하는 이상적인 전압 조정기의 응답은 무엇인가?
4. 입력 변동률이란 무엇인가?
5. 이상적인 전압 조정기의 입력 변동률이란 무엇인가?
6. 전압 조정기의 성능과 입력 변동률 사이의 관계는 무엇인가?
7. 일반적으로 사용되는 입력 변동률 정격을 정의하고 비교 설명하라.
8. 부하 변동률이란 무엇인가?
9. 일반적으로 사용되는 부하 변동률 정격을 정의하고 비교설명시오.
10. 이상적인 전압 조정기의 부하 변동률이란 무엇인가?
11. 조정기의 성능과 부하 변동률 사이의 관계는 무엇인가?
12. 단일 변동률 정격에 대해서 설명하라.
13. 직렬 조정기란 무엇인가?
14. 병렬 조정기란 무엇인가?

21.2 직렬전압 조정기(Series Voltage Regulator)

직렬 전압 조정기는 다양한 형태로 구성되지만 반드시 부하와 직렬로 배치되는 하나 이상의 능동소자를 갖는다. 이 절에서는 일반적으로 사용되는 몇 가지의 직렬 전압 조정기에 대해서 고찰하기로 한다.

21.2.1 패스 트랜지스터 조정기(Pass Transistor Regulator)

패스 트랜지스터 조정기는 부하전압을 조정하기 위하여 패스 트랜지스터라고 부르는 직렬 트랜지스터를 사용한다. 패스-트랜지스터라는 용어는 [그림 21-4]에 표시된 것처럼 직렬 트랜지스터 Q_1을 통해서 부하 전류가 통과하기 때문에 사용된다.

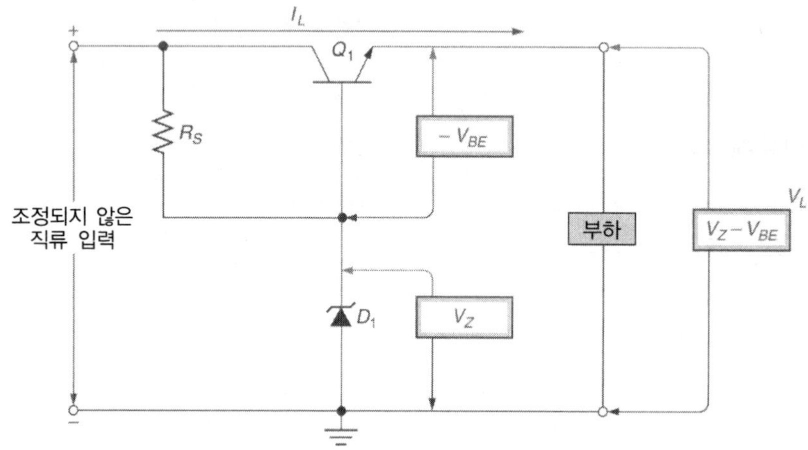

[그림 21-4] 패스 트랜지스터 조정기

패스 트랜지스터 조정기 동작의 요점은 제너 다이오드 양단에 걸리는 일정한 전압이 베이스 전압으로 유지된다는 것이다. 예를 들어서 9.1V 제너 다이오드가 사용된다면 Q_1의 베이스 전압은 대략 9.1V로 유지된다. Q_1이 *npn* 트랜지스터이므로 V_L은 식 (21-3)처럼 표시된다.

$$V_L = V_Z - V_{BE} \tag{21-3}$$

위식을 다시 정리하면 식 (21-4)가 구해진다.

$$V_{BE} = V_Z - V_L \tag{21-4}$$

식 (21-4)는 부하저항의 변화에 대한 패스트랜지스터 조정기의 응답을 설명하기 위해서 사용된다. 만약 부하저항이 증가한다면 부하전압도 증가한다. 제너 전압이 일정하기 때문에 주어진 식 (21-4)에서 부하전압의 증가는 V_{BE}를 감소시킨다. V_{BE}의 감소는 패스트랜지스터의 전도를 감소시키고 부하전류를 감소시킨다. 이것이 부하저항의 증가를 offset시키고 비교적 일정한 부하전압이 유지된다.

이와 유사하게 부하저항의 감소는 V_L을 감소시킨다. V_L의 감소는 V_{BE}의 증가 원인이 되고 패스 트랜지스터의 전도를 증가시킨다. 결국 부하전류가 증가한다. 이것이 부하저항을 감소시키고 비교적 일정한 부하전압이 유지된다.

[그림 21-4]에 표시된 패스 트랜지스터 조정기는 비교적 우수한 입력 변동률과 부하 변동률 특성을 나타내지만 회로에 문제점을 가지고 있다. 만약 입력전압이나 부하전류가 증가한다면 제너 다이오드는 비교적 많은 양의 전력을 소비하여야 한다. 여러분도 보다시피 V_{in} 또는 I_L의 증가는 제너 다이오드의 전도를 증가시킨다. 증가된 제너의 전도는 소자에서 높은 소비전력을 발생시킨다. 그러나 이런 문제점은 달링턴 패스 트랜지스터 조정기의 사용으로 감소된다.

21.2.2 달링턴 패스-트랜지스터 조정기(Darlington Pass Transistor Regulator)

달링턴 패스 트랜지스터 조정기는 [그림 21-5]에 표시된 것처럼 패스 트랜지스터 대신에 Q_1과 Q_2로 구성되는 달링턴 쌍을 사용한다. 달링턴 회로의 부하전압은 식 (21-5)처럼 표시된다.

$$V_L = V_Z - 2V_{BE} \tag{21.4}$$

달링턴 쌍의 전체 전류이득은 $h_{FE1}h_{FE2}$와 같고 부하전류의 증가는 매우 작은 양의 제너 전류 증가를 초래한다. 따라서 [그림 21-5]에 표시된 조정기는 [그림 21-4]에 표시된 조정기의 전력 관계와는 무관하다. 제너 전류는 고 전류이득 달링턴 쌍에 인가되고 제너 다이오드의 전도는 온도의 영향을 받기 때문에 달링턴 패스 트랜지스터 조정기의 부하전류는 동작 온도 증가에 의해서 심하게 영향을 받는다. 이런 이유 때문에 달링턴 패스 트랜지스터 조정기는 비교적 일정한 온도에서 유지되어야 한다.

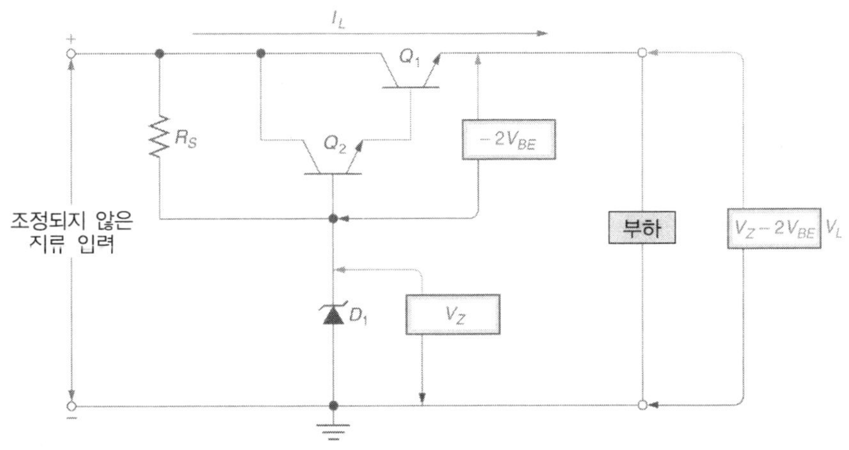

[그림 21-5] 달링턴 패스 트랜지스터 조정기

21.2.3 직렬귀환 조정기(Series Feedback Regulator)

직렬귀환 조정기는 다른 패스 트랜지스터 조정기의 입력 변동률과 부하 변동률 특성을 개선하기 위하여 에러검출기(error detector)를 사용한다. [그림 21-6]에 직렬귀환 조정기의 블록 다이어그램을 표시했다.

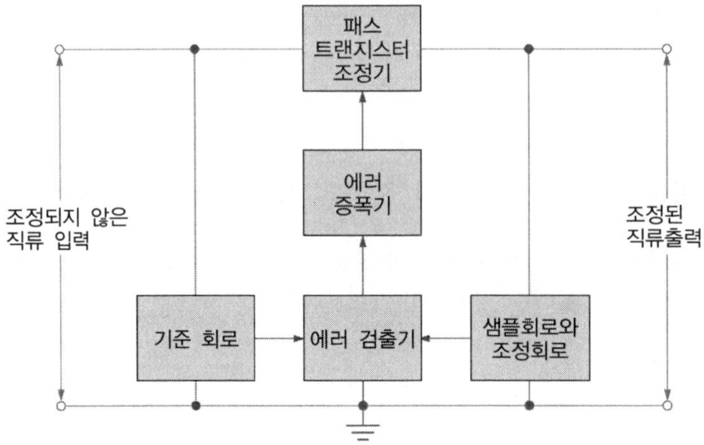

[그림 21-6] 직렬 귀환조정기의 블록다이어그램

에러검출기는 정류되지 않은 직류 입력전압의 기준전압과 정류된 출력전압의 샘플전압인 두 개의 입력을 제공받는다. 에러검출기는 기준전압과 샘플전압을 비교하고 두 전압의 차에 비례하는 출력전압을 제공한다. 이런 출력전압은 증폭되고 패스-트랜지스터 조정기를 구동하기 위해서 사용된다.

직렬귀환 조정기는 샘플전압과 기준전압의 차에 대해서 매우 빠르게 응답하는 능력을 가진다. 이런 응답능력이 이 절에서 논의된 다른 회로보다 더 안정된 입력 변동률과 부하 변동률 특성을 제공한다. [그림 21-7]에는 직렬귀환 조정기의 회로도가 표시되어 있다.

샘플회로와 조정회로는 R_3, R_4, R_5로 구성된 전압분배기이다. 기준전압은 제너 다이오드에 의해서 고정된다. Q_2는 기준전압과 샘플전압의 차를 검출하고 증폭시켜서 패스 트랜지스터의 전도를 적절히 조정한다. [그림 21-7]에 표시된 회로의 동작은 부하저항의 변화에 대한응답을 가장 잘 설명하고 있다.

만약 귀환 조정기의 부하저항이 증가한다면 V_L은 증가하기 시작한다. 전압분배기는 부하와 병렬로 연결되고 Q_2의 베이스전압을 증가시킨다. $V_{B(Q2)}$의 증가는 트랜지스터와 자신의 컬렉터 저항 R_1을 통한 전도를 증가시킨다. 증가된 전도는 $V_{C(Q2)}$를 감소시키고 $V_{B(Q1)}$의 감소를 초래한다. $V_{B(Q1)}$의 감소는 패스 트랜지스터를 통한 전도를 감소시키고 부하전류를 감소시킨다. 부하전류의 감소는 부하저항에서의 초기 증가를 offset시킨다.

만약 조정기의 부하저항이 감소한다면 V_L은 감소하기 시작한다. V_L의 감소는 $V_{B(Q2)}$의 감소 원인이 되고 트랜지스터를 통한 전도를 감소시킨다. Q_2를 통한 감소된 전도는 $V_{C(Q2)}$를 증가시키는 원인이 되고 $V_{B(Q1)}$을 증가시킨다. $V_{B(Q1)}$의 증가는 패스 트랜지스터의 전도를 증가시킨다. 이것은 부하전류를 증가시키고 부하저항에서의 초기 감소를

offset시킨다. 다시 부하 변동률이 유지된다.

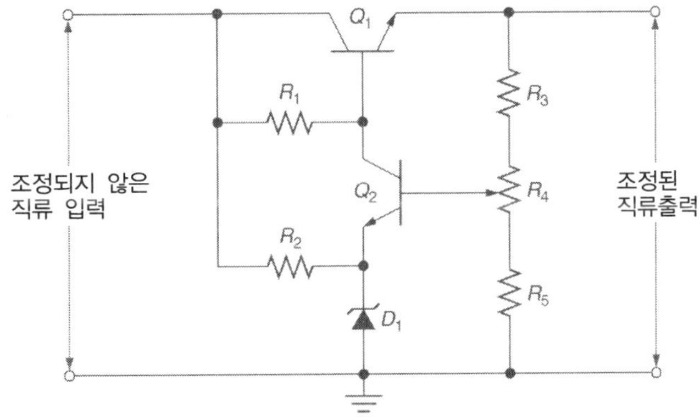

[그림 21-7] 기본적인 직렬 귀환조정기의 회로도

21.2.4 단락회로 보호(Short Circuit Protection)

표준 직렬 조정기의 중요한 결점은 만약 부하가 단락된다면 과부하전류에 의해서 패스 트랜지스터가 파괴될 가능성이 있다는 것이다. 단락 된 부하로부터 패스 트랜지스터의 파괴를 막기 위해서 [그림 21-8]과 같은 전류제한 회로가 조정기에 부가된다.

전류제한 회로는 Q_1의 베이스와 이미터 단자 사이에 연결된 트랜지스터 Q_3와 직렬저항 R_S로 구성된다. Q_3의 전도를 위해서 R_S 양단의 전압은 대략 0.7V에 도달되어야 한다. 이런 조건은 다음과 같을 때 발생한다.

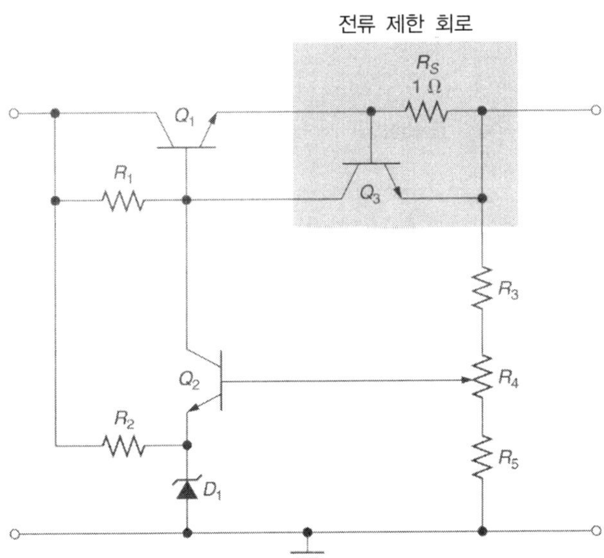

[그림 21-8] 직렬 조정기의 전류제한 회로

$$I_L = \frac{0.7\text{V}}{1\,\Omega} = 700\text{mA}$$

따라서 부하전류가 700mA보다 작다면 Q_3는 차단되고 회로는 앞에서 설명된 것과 같이 동작된다. 부하전류가 700mA 이상 증가한다면 Q_3는 전도되고 Q_1의 베이스 전압은 감소된다. 감소된 $V_{B(Q1)}$은 패스 트랜지스터의 전도를 감소시키고 부하전류가 더욱 증가되는 것을 방지한다. 따라서 회로의 부하전류는 거의 700mA로 제한된다. 실제로 앞에서 나타낸 전류제한 된 조정기의 최대 부하전류는 식 (21-6)처럼 표시할 수 있다.

$$I_{L(\max)} \cong \frac{V_{BE(Q3)}}{R_S} \tag{21-6}$$

따라서 조정기의 최대허용 부하전류는 R_S의 적절한 값으로 조정될 수 있다. 패스 트랜지스터를 보호하기 위해서 간단하게 하나의 전류제한 저항을 사용하지 않는 이유를 생각해야 한다. 전류제한 저항을 사용했다면 패스 트랜지스터를 보호하기 위해서 매우 정확한 저항 값을 결정하여야 한다. 전류제한 저항 양단의 전압강하는 1Ω 저항에 의한 전압강하보다 더욱 크게 된다. 전류제한 회로는 조정기의 큰 출력전압의 강하 없이 단락회로 보호를 제공하기 위해서 사용되었다.

21.2.5 요약(One Final Note)

단락 된 부하가 패스 트랜지스터에 손상을 준다는 것이 직렬 조정기의 유일한 결점은 아니다. 첫 번째는 패스 트랜지스터를 통해서 I_L이 흐르기 때문에 트랜지스터가 많은 양의 전력을 소비한다는 것을 의미한다. 또한 패스 트랜지스터 양단에서 전압 강하가 발생된다. 이런 전압강하는 최대 출력전압을 감소시킨다. 전력손실과 단락회로보호 문제에도 불구하고 직렬 조정기가 병렬 조정기보다 더욱 일반적으로 사용된다. 병렬 조정기의 몇 가지 문제점으로 인해서 직렬 조정기가 더욱 바람직하다는 것을 다음 절에서 설명하기로 한다.

기초 확인문제 21.2

1. 기본적인 패스 트랜지스터 조정기를 설명하라.
2. [그림 21-4]에서 패스-트랜지스터 조정기가 부하저항 변화에 대해서 어떻게 응답하는지 설명하라.
3. 달링턴 패스 트랜지스터 조정기가 제너 다이오드의 과도한 전력 소비를 어떻게 감소시키는지 설명하라.
4. 부하저항의 변화에 대한 직렬 귀환 조정기의 응답을 설명하라.

5. [그림 21-8]에 표시된 전류제한 회로의 동작을 설명하라.
6. 직렬 전압 조정기의 단점을 설명하라.
7. 입력 전압이 약간 변화할 때 [그림 21-4]에 표시된 회로는 어떻게 응답 하는지 설명하라.
8. 입력 전압이 약간 변화할 때 [그림 21-7]에 표시된 회로는 어떻게 응답 하는지 설명하라.

21.3 병렬 전압 조정기(Shunt Voltage Regulator)

가장 기본적인 병렬 조정기는 3장에서 고찰한 바 있는 간단한 제너 조정기이다. 여러분도 알다시피 제너 조정기는 대부분의 응용에서 너무 많은 전력을 낭비하기 때문에 거의 사용되지 않는다. 이 절에서 병렬귀환 조정기에 대해서 고찰하게 된다. 병렬귀환 조정기는 앞에서 설명한 직렬귀환 조정기와 대단히 유사하다.

21.3.1 병렬귀환 조정기(Shunt Feedback Regulator)

병렬귀환 조정기는 병렬 트랜지스터의 전도를 제어하기 위해서 에러 검출기를 사용한다. 병렬 트랜지스터는 [그림 21-9]에 표시된 병렬귀환 조정기에서 Q_1으로 표시된다.

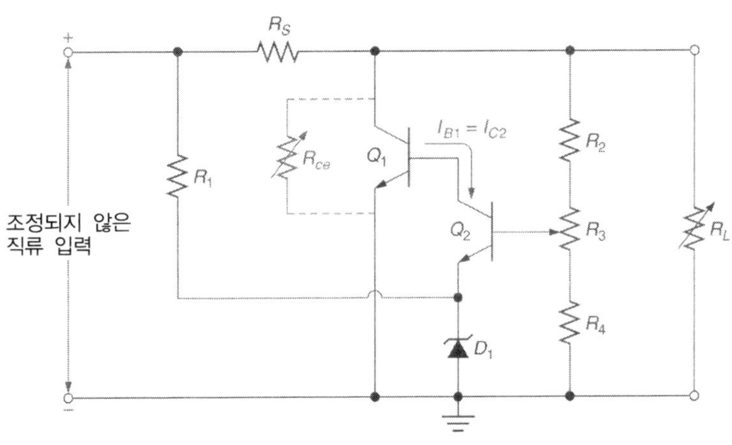

[그림 21-9] 병렬귀환 조정기에서의 병렬 트랜지스터

샘플회로는 간단한 전압분배기이다. 기준회로는 D_1과 R_1으로 구성된다. 샘플회로와 기준회로의 출력전압은 에러검출기, Q_2에 인가된다. Q_2의 출력전압은 병렬 트랜지스터 Q_1의 전도를 조절하기 위해서 사용된다. 병렬귀환 조정기의 동작은 병렬 트랜지스터 Q_1

을 가변저항 R_{ce}로 간주함으로써 쉽게 이해할 수 있다. Q_1이 전도되지 않았을 때 R_{ce}는 최대 값이다. Q_1이 포화될 때 R_{ce}는 최소 값이 된다.

따라서 R_{ce}의 크기는 Q_1의 전도 상태에 반비례 한다. 정상적인 환경아래에서 Q_2가 전도 되도록 R_3가 결정된다. $I_{B1}=I_{C2}$이므로 Q_1은 자신의 동작 영역 중 활성영역에서 바이어스된다. 두 트랜지스터 회로의 전도는 R_{ce} 값이 최대 값과 최소 값 사이의 중간정도로 설정되도록 결정된다. 만약 부하저항이 감소된다면 V_L 또한 감소하기 시작한다. V_L의 감소는 역시 $V_{B(Q2)}$를 감소시킨다. $V_{B(Q2)}$의 감소는 Q_2를 통해서 흐르는 전도를 감소시키기 때문에 소자를 통해서 흐르는 $I_{B(Q1)}$ 전류를 감소시킨다. 자신의 베이스 전류의 감소는 R_{ce}를 증가시키고 Q_1의 컬렉터에서의 전압을 증가시킨다. $V_L=V_{C(Q1)}$이므로 $V_{C(Q1)}$의 증가는 V_L의 초기 감소를 offset시킨다.

만약 R_L이 증가된다면 V_L은 증가하기 시작한다. V_L의 증가는 $V_{B(Q2)}$를 증가시킨다. 이것은 Q_2의 전도를 증가시키고 $I_{B(Q1)}$을 증가시킨다. $I_{B(Q1)}$의 증가는 병렬 트랜지스터의 전도를 증가시키고 R_{ce}를 감소시킨다. R_{ce}가 감소되면 $V_{C(Q1)}$은 감소되고 V_L의 초기 증가를 offset시킨다.

직렬저항 R_S는 R_{ce}와 전압분배기 형태로 연결되고 조정기 조정을 제공한다. 부가적으로 R_S는 단락된 부하로부터 전원 공급 장치 회로를 보호한다. 항상 조정기 전류와 I_L이 반드시 통과하기 때문에 이런 저항은 대 전력용 저항이어야만 된다.

21.3.2 과전압 보호(Overvoltage Protection)

직렬 조정기가 단락 된 부하상태에 대해서 보호되었던 것처럼 병렬 조정기는 입력의 과전압 상태로부터 보호되어야 한다. 만약 조정기에 정류되지 않은 직류 입력전압이 증가된다면 일정한 출력전압을 유지하기 위해서 병렬 트랜지스터의 전도는 증가된다. Q_1의 V_{CE}가 비교적 일정하게 유지된다고 가정하면 트랜지스터의 증가된 전도는 소비전력의 증가를 초래하게 된다.

정류되지 않은 직류 입력전압의 증가로부터 병렬 트랜지스터를 보호하기 위해서 몇 가지 작업이 수행된다. 첫 번째로 $P_{D(\max)}$ 정격이 그 회로에서 요구되는 전력손실보다 더 큰 트랜지스터를 사용할 수 있다. 예를 들어서 [그림 21-9]에 표시된 조정기의 입력은 20V 이상이 될 수 있고 조정기는 정류된 $10V_{dc}$ 출력을 제공하기 위해 설계되었다고 가정하자. 최악의 경우 트랜지스터 전류 값은 다음과 같이 근사화 할 수 있다.

$$I_{C(\max)}=\frac{V_{\text{in}}-V_{\text{dc}}}{R_S}$$

100Ω 저항이 사용되었다고 가정하면 $I_{C(\max)}$는 100mA로 구해진다.

$$I_{C(\max)}=\frac{20\text{V}-10\text{V}}{100\Omega}=100\text{mA}$$

트랜지스터의 컬렉터-이미터 단자 양단에서 10V의 전압강하가 발생되므로 최대 소비전력은 다음과 같이 구해진다.

$$P_D = V_{CE} I_{C(\max)} = (10\text{V})(100\text{mA}) = 1\text{W}$$

따라서 위에서 설명된 회로에서 1W보다 더 큰 $P_{D(\max)}$ 정격을 가지는 트랜지스터가 사용될 수 있다. 물론 정류되지 않은 직류 입력전압이 트랜지스터의 최대정격 값을 초과하는 상황은 항상 존재한다. 그러한 환경으로부터 회로를 보호하기 위해서 조정기의 입력 단에 크로우바(crowbar) 회로가 부가될 수 있다. 크로우바는 과전압 상태로부터 부하를 보호하기 위해서 SCR을 사용하는 회로임을 기억하라. 만약 조정기 입력에 크로우바가 부가된다면 회로는 발생할 수 있는 극한 과도한 입력전압 상태로부터 보호된다.

또 다른 실질적인 고려사항은 전위차계 R_S를 포함하는 것이다. 이런 전위차계는 직류 출력전압을 조정하기 위한 회로를 포함한다. R_3의 조정은 Q_1의 상태를 변화시키고 R_{ce} 값을 변화시킨다. 이런 저항은 R_S와 전압분배기를 구성하고 R_3의 변화는 조정된 직류출력전압을 결정한다.

21.3.3 요약(One Final Note)

몇 가지 이유로 인해서 병렬 조정기보다 직렬 전압 조정기가 선호된다. 병렬 조정기의 중요한 문제는 R_S를 통해서 흐르는 전체 전류의 상당한 부분이 부하보다는 병렬 트랜지스터를 통해서 흐른다는 사실이다. 또 다른 문제는 R_S 양단의 전압강하에 의한 전력손실의 결과를 포함한다. 마지막으로 과도한 입력전압 상태는 직렬 조정기의 부하단락 상태보다 더욱 발생되기 쉽다는 것을 알아야 한다. 따라서 병렬 조정기에 손상을 주는 결점이 직렬 조정기에 손상을 주는 결점보다 더 빈번하다. 이런 모든 단점을 고려한다면 병렬 조정기보다 직렬 조정기가 선호되는 이유를 이해할 수 있다.

기초 확인문제 21.3

1. 부하저항의 감소에 대한 병렬귀환 조정기의 응답을 설명하라.
2. 부하저항의 증가에 대한 병렬귀환 조정기의 응답을 설명하라.
3. 입력 과전압 상태가 어떻게 병렬귀환 조정기의 병렬 트랜지스터를 파괴시킬 수 있는지 설명하라.
4. 병렬 조정기가 과도한 입력전압 문제로부터 보호될 수 있는 의미를 논하라.
5. 병렬 조정기보다 직렬 조정기가 선호되는 이유를 설명하라.
6. [그림 21-9]에 표시된 트랜지스터가 대 전력 소비전력 정격을 가져야 하는 이유를 설명하라.

21.4 선형 IC 전압 조정기(Linear IC Voltage Regulator)

선형 IC 전압 조정기는 입력과 부하변동의 넓은 영역에서 직류 전원 공급장치로부터 비교적 일정한 출력전압을 얻기 위해서 사용되는 소자이다. 일반적으로 사용된 대부분의 IC 전압 조정기는 3단자 소자이지만 어떤 형태는 3개 이상의 단자가 요구된다. 3단자 조정기에 대한 도식적인 기호를 [그림 21-10]에 표시했다.

IC 전압 조정기는 기본적으로 네 가지 유형이 있다. positive 고정출력(fixed-positive), negative 고정출력(fixed-negative), 가변출력(adjustable), 이중출력 (dual tracking). positive 고정출력과 negative 고정출력 IC 전압 조정기는 특별한 출력전압을 제공하기 위해서 선택된다. 예를 들면 LM309(positive 고정출력)는 조정기의 입력전압과 부하 요구가 특별한 영역에 존재하는 동안 +5V의 출력을 제공한다. 가변 출력 조정기는 두 가지 특정한 제한 내에서 임의의 직류출력 전압을 제공하기 위해서 조정될 수 있다.

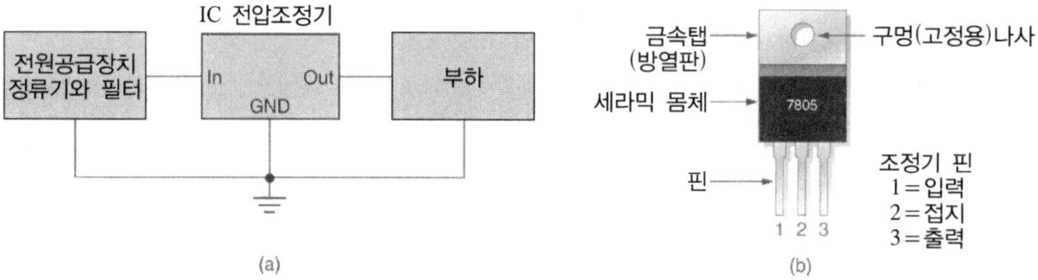

[그림 21-10] 3단자 조정기의 회로기호도

예를 들면 LM317 출력은 +1.2V에서 +32V로 제한된 두 값 사이에서 어느 값으로 조정될 수 있다. 이중 출력 조정기는 동일한 positive와 negative의 출력전압을 제공한다. 예를 들면 RC4195는 +15V와 −15V의 출력을 제공한다.

가변-이중출력 전압 조정기는 유용하게 사용된다. 이런 조정기는 두 정격화된 제한 사이에서 변화될 수 있는 출력을 갖는다. 단일 조절은 두 출력을 항상 같은 값으로 조정한다. 예를 들어서 가변-이중출력 출력 조정기가 +2V의 정류된 전압으로 조정된다면 negative 출력은 자동적으로 −2V로 조정된다.

사용된 조정기의 형태와 상관없이 조정기 입력전압 극성은 소자의 정해진 출력극성에 정합 되어야 한다. 따라서 positive 출력 조정기는 positive 입력전압을 가져야 하고 negative 출력 조정기는 negative 전압을 가져야 한다. 이중 출력 조정기는 positive와 negative의 두 입력 전압을 필요로 한다.

IC 전압 조정기는 직렬 조정기이다. IC 전압 조정기는 내부 패스 트랜지스터와 트랜지스터 조절요소를 포함하고 있다. 일반적으로 IC 전압 조정기의 내부회로는 직렬귀환 조정기와 유사하다.

21.4.1 IC 조정기의 스펙(IC Regulator Specification)

일반적인 IC 조정기의 스펙에 대한 고찰을 위해서 MC7805 전압 조정기에 대한 스펙을 사용하기로 한다. 이미 앞에서 언급한 것처럼 MC7805는 $+5V_{dc}$의 정격 출력을 갖는 고정 positive 전압 조정기소자이다. MC7805의 스펙 중 일부가 [그림 21-11]에 표시되어 있다.

[그림 21-11]에 표시된 스펙의 정격을 고찰하기 전에 이런 전압조정기 그룹의 특성에 대한 몇 가지 기본 상식을 이해하는 것이 필요하다. 78XX 시리즈의 조정기는 모두 고정된 positive 전압을 제공하는 조정기이다. 마지막의 두 자리를 표시하는 XX는 출력전압 정격을 표시한다. 예를 들자면 7805는 +5V 정격을 가지게 되고 7806은 +6V의 정격을 가지게 된다. 이런 78XX 시리즈 소자의 나머지 정격들은 7808, 7809, 7812, 7815, 7818, 7824 등이 있다. 79XX 시리즈는 78XX 시리즈와는 반대로 고정된 negative 전압정격을 나타낸다. 강하전압(dropout voltage : $V_I - V_O$)은 입력과 출력정격전압 사이의 최소로 허용되는 전압을 의미한다. MC7805가 가지는 이런 정격은 2V이다. +5V의 정격 출력을 가지고 강하전압 정격이 +2V라고 가정하면 최소 허용 입력 전압의 크기는 7V가 된다.

$$V_{\text{in}} = 5\text{V} + 2\text{V} = 7\text{V}$$

만약 조정기의 입력이 7V 이하로 떨어진다면 출력 조정 기능을 상실하게 된다.(이것은 소자의 출력이 조정되지 않는다는 것을 의미한다.) 중요한 것은 스펙에 표시된 것처럼 MC7805의 최대 허용 입력전압의 크기는 +35V라는 점이다. MC7805의 선 조정 정격은 최대 100mV이다. 이런 정격은 입력 전압이 입력 전압이 $7.5V_{dc}$에서 $20V_{dc}$ 크기의 특정 정격에 걸쳐서 변화할 때 출력은 100mV 이상 변화하지 않는다는 것을 의미한다. 일반적인 정격은 5.0mV로 최대 정격보다는 훨씬 아래이다.

MC7805의 선 조정 정격은 최대 100mV이다. 이런 정격은 부하 전류가 5.0mA에서 1A 사이의 특정 정격에 걸쳐서 변화할 때 출력은 100mV 이상 변화하지 않는다는 것을 의미한다. 일반적인 정격은 1.3mV로 최대 정격보다는 훨씬 아래이다.

정지전류(quiescent current) 전류 I_B 정격은 부하에 전달되지 않는 조정기 입력 전류의 일부를 의미한다. 다시 말하자면 조정기 입력전류의 일부분은 조정기 자체가 사용하게 된다. [그림 21-11]에 표시된 것처럼 MC7805의 I_B 정격은 최대 8mA이다.

리플 제거(ripple rejection : RR) 정격은 조정기의 입력 리플과 출력 리플의 비를 의미한다. 다시 말하자면 리플의 감쇠는 조정기에 의해서 제공된다. [그림 21-11]에 표시된 것처럼 MC7805는 일반적으로 68dB의 RR 비를 가진다. 이것은 임의의 출력 리플은 조정기 입력의 리플보다 68dB 아래라는 것을 의미한다.

MC7800, MC7800A, LM340, LM340A Series, NCV7805

1.0 A Positive Voltage Regulators

These voltage regulators are monolithic integrated circuits designed as fixed-voltage regulators for a wide variety of applications including local on-card regulation. These regulators employ internal current limiting, thermal shutdown, and safe-area compensation. With adequate heatsinking they can deliver output currents in excess of 1.0 A. Although designed primarily as a fixed voltage regulator, these devices can be used with external components to obtain adjustable voltages and currents.

- Output Current in Excess of 1.0 A
- No External Componants Required
- Internal Thermal Overload Protection
- Internal Short Circuit Current Limiting
- Output Transistor Safe-Area Compensation
- Output voltage Offered in 2% and 4% Tolerance
- Available in Surface Mount D²PAK, DPAK and Standard 3–Lead Transistor Packages

ON Semiconductor™

http://onsemi.com

TO–220
T SUFFIX
CASE 221A

Heatsink surface connected to pin 2.

D²PAK
D2T SUFFIX
CASE 936

Pin 1. Input
2. Ground
3. Output

Heatsink surface (shown as terminal 4 in case outline drawing) is connected to pin 2.

ELECTRICAL CHARACTERISTICS (V_{in} = 10 V, I_O = 500mA, $T_J = T_{low}$ to T_{high} (Note 1), unless otherwise noted.)

Characteristic	yp Symbol	MC7805B, NCV7805 Min	T	Max	Unit
Output Voltage (T_J = 25°C)	V_O	4.8	5.0	5.2	Vdc
Output Voltage (5.0 mA ≤ IO ≤ 1.0 A, PD ≤ 15 W) 7.0 Vdc ≤ V_{in} ≤ 20 Vdc 8.0 Vdc ≤ V_{in} ≤ 20 Vdc	V_O	— 4.75	— 5.0	— 5.25	Vdc
Line Regulation (Note 2) 7.5 Vdc ≤ V_{in} ≤ 20 Vdc, 1.0 A 8.0 Vdc ≤ V_{in} ≤ 12 Vdc	Reg_{line}	— —	5.0 1.3	100 50	mV
Load Regulation (Note 2) 5.0 mA ≤ I_O ≤ 1.0 A 5.0 mA ≤ I_O ≤ 1.5 A (T_A = 25°C)	Reg_{load}	— —	1.3 0.15	100 50	mV
Quiescent Current	I_B	—	3.2	8.0	mA
Quiescent Current Change 7.0 Vdc ≤ V_{in} ≤ 25 Vdc 5.0 mA ≤ I_O ≤ 1.0 A (T_A = 25°C)	ΔI_B	— —	— —	— 0.5	mA
Ripple Rejection 8.0 Vdc ≤ V_{in} ≤ 18 Vdc, f = 120 Hz	RR	—	68	—	dB
Dropout Voltage (I_O = 1.0 A, T_J = 25°C)	$V_I–V_O$	—	2.0	—	Vdc
Output Noise Voltage (T_A = 25°C) 10 Hz ≤ f ≤ 100 kHz	V_n	—	10	—	μV/V_O
Output Resistance f = 1.0 kHz	r_O	—	0.9	—	mΩ
Output Circuit Current Limit (T_A = 25°C) V_{in} = 35 Vdc	I_{SC}	—	0.2	—	A
Peak Output Current (T_A = 25°C)	I_{max}	—	2.2	—	A
Average Temperature Coefficient of Output Voltage	TCV_O	—	–0.3	—	mV/°C

[그림 21-11] LM317L의 스펙

21.4.2 조정 가능한 조정기(Adjustable Regulator)

가장 일반적으로 사용되는 조정 가능한 조정기는 LM317이다. 이런 조정기의 출력은 [그림 21-12]에 표시된 것처럼 연결될 때 +1.2V와 +37V 사이에서 가변된다. 여러분도 보다시피 전압 조정기에서 조정(adjust) 핀은 전압 분배기(R_1과 R_2)에 연결되어 있다. 조정기의 출력전압은 R_2의 조정에 의해서 설정된다.

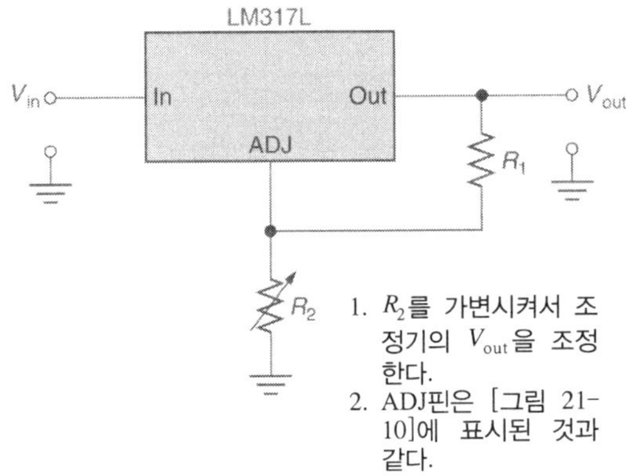

[그림 21-12] LM317l 전압 조정회로

LM317과 같은 조정 가능한 전압 조정기는 소자에 손상을 주지 않는 V_{in}과 V_{out} 사이의 최대 차(difference)를 표시하는 입력/출력전압차 정격을 가진다. LM317의 경우 이런 정격의 크기는 40V이다. 차 전압 정격은 식 (21-7)에 표시된 것처럼 V_{in}의 최대 허용 크기를 결정하는데 사용된다.

$$V_{in(max)} = V_{out(adj)} + V_d \tag{21-7}$$

여기서 $V_{in(max)}$는 정류되지 않은 직류 입력 전압의 최대 허용치를 의미하고 $V_{out(adj)}$는 조정된 조정기의 출력을 의미한다. V_d는 조정기의 입력/출력 전압차정격을 의미한다.

이런 관계식의 사용 예가 【예제 21.3】에서 설명된다.

【예제 21.3】 LM317은 +8V의 출력전압을 제공하기 위해서 조정되었다면 소자의 최대 허용 입력전압은 얼마인지 구하시오.

풀이 40V의 V_d 정격을 가지기 때문에 V_{in}의 최대 허용 크기는 +48V이다.

$$V_{in(max)} = V_{out(adj)} + V_d = 8V + 40V = 48V$$

(실전 연습문제 21-3)

가변 IC 전압 조정기는 32V의 V_d정격을 갖는다면 +6V로 조정되는 경우 소자의 최대 허용 입력전압의 크기는 얼마인지 구하시오.

▶▶ 38V

21.4.3 출력전압 조정(Out Voltage Adjustment)

이미 앞에서 언급한 것처럼 LM317 조정기 회로에서 전위차계는 출력전압의 크기를 설정하기 위해서 사용된다. LM317 스펙에는 회로의 직류 출력전압을 결정하는 다음식이 포함된다.

$$V_{dc} = V_{ref}\left(\frac{R_2}{R_1}+1\right)+I_{ADJ}R_2 \tag{21-8}$$

여기서 V_{ref}는 소자의 기준전압 정격을 의미한다. 중요한 것은 V_{ref}가 조정기의 ADJ 핀과 출력 사이에서 발생되는 전위차로 1.25V의 크기를 갖는다는 점이다. 또한 $I_{ADJ}R_2$의 크기는 보통 무시된다는 점이다. 그 결과 소자의 출력전압은 식 (21-9)처럼 계산된다는 점이다.

$$V_{dc} = (1.25\text{V})\left(\frac{R_2}{R_1}+1\right) \tag{21-9}$$

이런 관계식을 사용하는 예를 【예제 21.4】를 통해서 알아보기로 한다.

【예제 21.4】 [그림 21-13]에서 R_2는 2.4KΩ으로 고정되었다고 가정하고 회로의 조정된 직류 출력전압을 결정하시오.

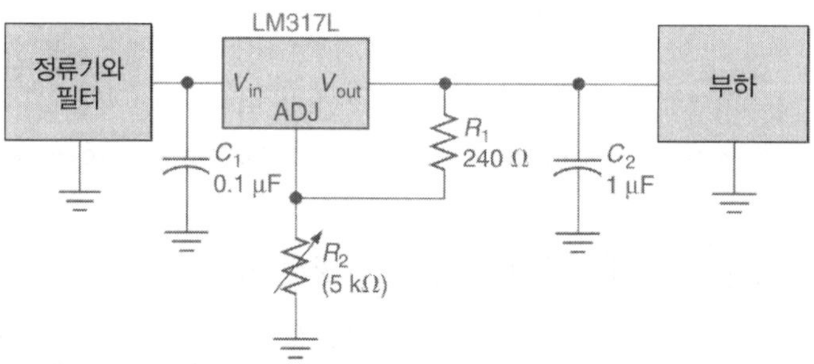

[그림 21-13] LM317L 회로 연결

풀이 조정된 직류 출력 전압은 13.8V이다.

$$V_{dc} = (1.25\text{V})\left(\frac{R_2}{R_1}+1\right) = (1.25\text{V})\left(\frac{2.4\text{k}\Omega}{240\Omega}+1\right) = (1.25\text{V})(11) = 13.8\text{V}$$

(실전 연습문제 21-4)

[그림 21-13]에서 R_2는 1.68KΩ으로 고정되었다. LM317의 조정된 직류 출력전압은 얼마인가?

▶▶ 10V

주어진 가변출력 조정기에 대한 출력전압 공식은 스펙에 항상 주어진다. [그림 21-13]에서 두 병렬 커패시터는 조정기의 입력과 출력단자에 연결된다. 입력 병렬 커패시터는 입력리플이 자기발진으로 조정기가 구동되는 것을 보호하기 위해서 사용된다. 출력 병렬 커패시터는 조정기의 리플 감소를 개선하기 위해서 사용된다.

21.4.4 선형 IC조정기 응용 : 완전한 쌍극성 전원 공급장치 (Linear IC Regulator Application : A Complete Dual Polarity Power Supply)

[그림 21-14]는 완전한 쌍극성 전원 공급 장치를 나타낸다. 이런 회로는 동일한 $+V_{dc}$와 $-V_{dc}$ 출력을 제공하기 위해서 정합된 positive 고정출력 조정기와 고정된 negative 고정출력 조정기를 사용한다. [그림 21-14]에 표시된 것처럼 브리지 정류기가 중간 탭 변압기에 연결된다. 이런 형태로 연결되면 브리지는 두 개의 분리된 전파정류기로 동작한다. 왼쪽 다이오드는 negative 전파정류기이고 오른쪽 다이오드는 positive 전파정류기를 구성한다. 정류기는 부하가 각각으로부터 차이가 발생할 때 기인되는 불균형을 방지하기 위해서 이런 형태로 연결된다. 예를 들어서 만약 positive 조정기에서 부하의 요구가 증가한다면 중간 탭 변압기가 이런 전류의 경로를 제공한다.(다른 경우에는 전류는 negative 조정기의 접지 연결을 통해서 흐르게 되고 전원 공급 장치에서 불균형을 유발시킨다.)

커패시터 C_1과 C_2는 필터 커패시터이다. 이런 커패시터는 μF 영역의 큰 값을 갖는다. 커패시터 C_3와 C_4는 조정기 입력 병렬 커패시터로 1μF 이하의 값을 갖는다. 커패시터 C_5와 C_6는 출력리플 감소 커패시터로 동작하고 1μF 근처의 값을 갖는다.

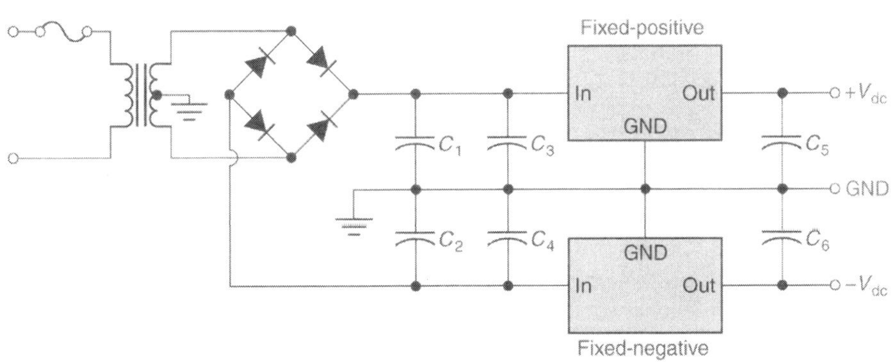

[그림 21-14] 완전한 쌍극성 전원 공급장치

21.4.5 회로변형(Circuit Variation)

[그림 21-15]는 최대 출력전류를 증가시키기 위하여 패스 트랜지스터가 IC 전압 조정기에 병렬로 연결될 수 있음을 나타낸다. 회로에서 R_S의 크기는 식 (21-9)에 표시된 것

처럼 Q_1을 on 상태로 바이어스하기 위해 선택된다.

$$R_S = \frac{V_{BE(Q1)}}{I_{\text{in}}} \tag{21-10}$$

여기서 I_{in}은 조정기 입력전류이다. Q_1이 on 됨에 따라 부하전류 증가(조정기 출력 용량 이상으로)는 Q_1의 전도 증가를 초래한다. 이것은 필요한 부하전류를 공급한다.

[그림 21-15]에서 패스트랜지스터와 같은 직렬 조정기를 갖는 경우에는 부하가 소자의 전류 능력을 초과하는 것이 요구된다면 파괴되거나 손상을 받을 수 있다. 패스 트랜지스터가 과도한 부하전류의 요구로부터 보호되기 위해서는 [그림 21-16]에 표시된 것처럼 전류제한 회로 (Q_2와 R_{S2})를 추가함으로서 최소화된다.

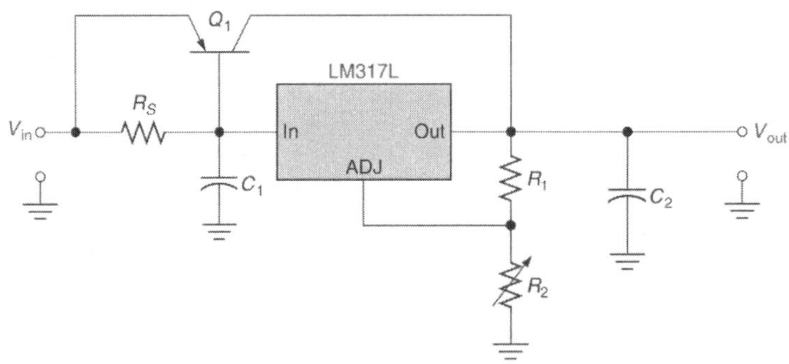

[그림 21-15]

이런 전류제한 회로는 [그림 21-8에] 표시된 직렬 귀환 조정기에서 논의된 것과 같이 동작한다. R_{S2}의 값이 정확하게 선택되었다면 회로의 입력에 임의의 초과 리플전류가 부하에 도달하는 것을 효과적으로 방지한다.

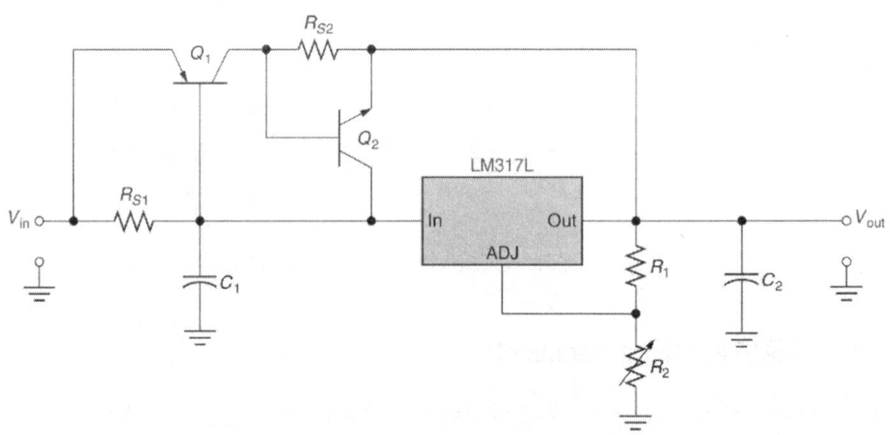

[그림 21-16] 완전한 선형 IC 전압조정기

IC 전압조정기		
회로 기호	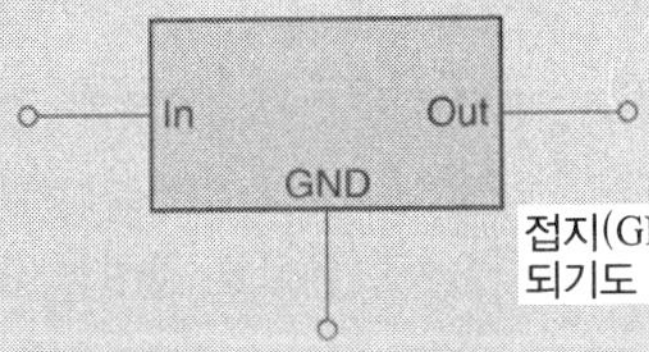	접지(GND)핀 ADJ로 표시되기도 한다.
형태	Positive 고정	Positive 직류 출력 전압 제공
	Negative 고정	Negative 직류 출력 전압 제공
	조정	자신의 제한 정격 이내로 직류 출력 전압을 제공한다. V_{dc} 값은 [그림 21-12]에 표시된 것과 같은 전압분배기 회로를 사용한다.
	이중 트래킹	설정된 정격 이내에서 항상 조정가능한 $+V_{dc}$와 $-V_{dc}$ 출력을 제공한다.
소자 제한	• V_{in} 극성은 조정기의 정격 출력 극성과 반드시 정합되어야 한다. • 발진을 방지하기 위해서 입력 션트 캐패시터가 필요하다. • 리플 제거를 개선하기 위해서 출력 션트 캐패시터가 사용될 수 있다. • 입력 전압과 부하 전류값은 조정기 스펙시트에서 제공되는 제한값 이내에서 유지된다. [그림 21-15]와 [그림 21-16]에 표시된 회로를 사용하면 부하전류능력을 증가시킬 수 있다.	

[그림 21-17]

21.4.6 요약(Summary)

선형 IC 전압 조정기는 가장 널리 사용된다. IC 전압 조정기의 모든 형태의 동작을 망라하는 것은 불가능하지만 IC 전압 조정기를 취급 하는 데는 문제가 없다. IC 전압 조정기의 특성을 [그림 21-17]에 요약하였다.

기초 확인문제 21.4

1. IC 전압 조정기란 무엇인가?
2. IC 전압 조정기의 4가지 형태를 열거하고 설명하라.
3. 전압 조정기의 각각의 형태에 대하여 요구되는 입력극성은 무엇인가?
4. 입력/출력 차동전압 정격은 무엇인가?
5. 최소 부하전류 정격은 무엇인가?

6. 리플 제거비란 무엇인가?
7. 가변출력 조정기로부터 직류 출력전압 조절을 제공하기 위해 일반적으로 사용되는 회로는 어떤 형태인가?
8. 주어진 가변출력 조정기에 대한 V_{dc} 공식은 어디에서 찾을 수 있는가?
9. [그림 21-15]의 표시된 회로가 제공된 목적은 무엇인가?
10. [그림 21-15]에 표시된 회로가 [그림 21-16]에 표시된 것처럼 변경된 이유는 무엇인가?

21.5 스위칭 조정기(Switching Regulator)

전압 조정기는 두 가지 기본적인 형태인 선형 조정기와 스위칭 조정기로 분류된다. 선형 조정기와 스위칭 조정기의 블록 다이어그램을 [그림 21-18]에 표시했다.

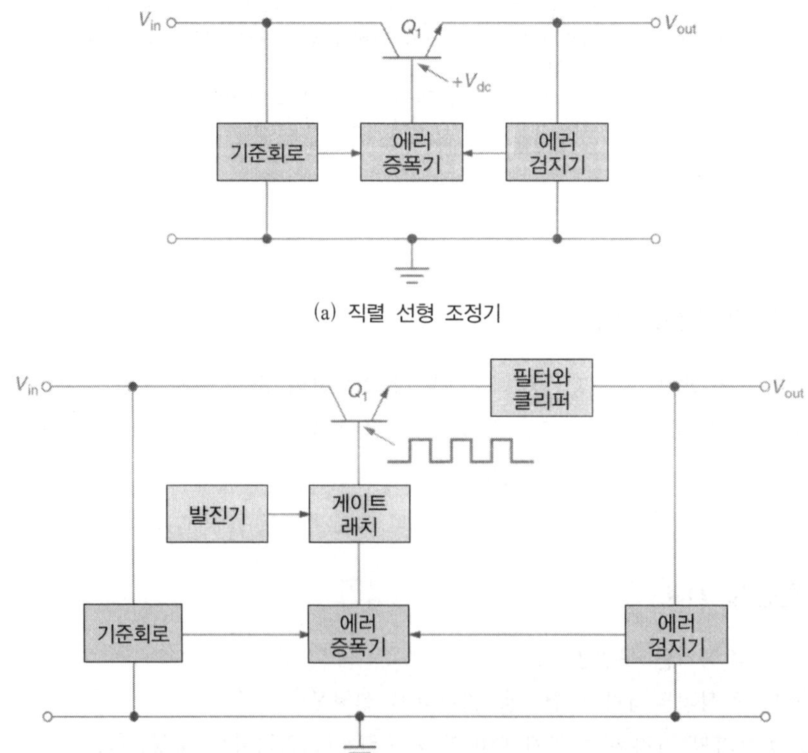

(a) 직렬 선형 조정기

(b) 직렬 스위칭 조정기

[그림 21-18] 선형 조정기와 스위칭 조정기

선형 조정기는 조정기 입력과 부하 사이에 연속적인 전류통로를 제공하기 위하여 설계되었다. 예를 들면 [그림 21-18 (a)]에 표시된 선형 조정기는 항상 전도 상태인 패스-트랜지스터 Q_1을 포함한다. 이러한 관점에서 학습했던 모든 조정기가 선형 조정기이다. 스위칭 조정기는 조정기 입력과 부하 사이의 전류통로가 불연속적으로 설계되었다. 예를 들면 [그림 21-18 (b)]에 표시된 스위칭 전압 조정기는 포화영역과 차단영역 사이에서 빠르게 스위칭 되는 패스 트랜지스터 Q_1을 포함한다. 직렬 스위칭 조정기에서 패스 트랜지스터는 전력 스위치로 언급되기도 한다.

포화상태일 때 전력 스위치는 조정기의 입력과 출력 사이에서 전류통로를 제공한다. 차단 상태일 때 전력 스위치는 입력과 부하 사이에서 전류통로를 차단한다. 이 절에서 회로의 동작은 다음과 같은 결과를 가져옴을 알 수 있다.

1. 더 높은 조정기 효율
2. 더 높은 전력 조정 능력

21.5.1 스위칭 조정기 동작(Switching Regulator Operation)

[그림 21-19]에 표시된 것처럼 기본적인 조정기는 전력 스위치, 필터와 클리퍼, 제어회로, 스위치 구동부로 구분되는 네 부분의 회로로 구성된다.

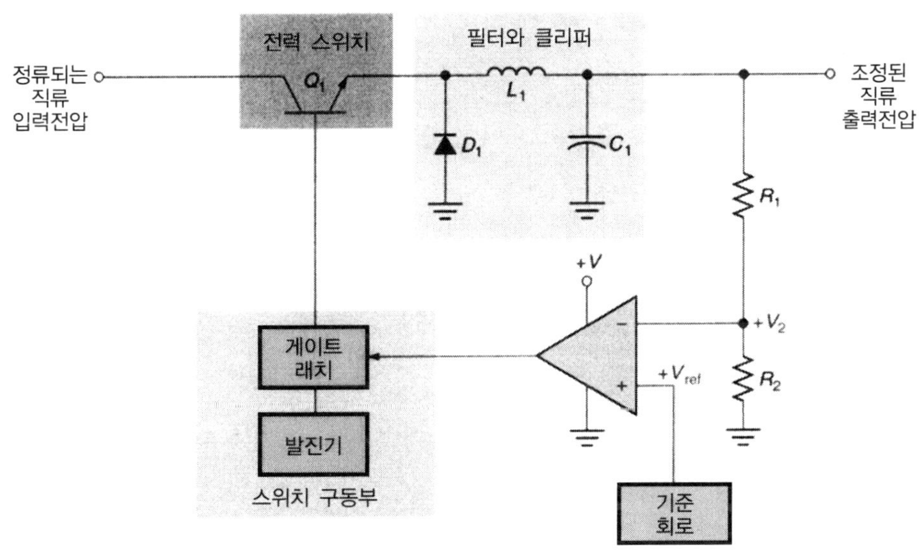

[그림 21-19] 스위칭 조정기

- 스위치 드라이버는 발진기와 게이트 래치로 구성된다.
- 전력 스위치는 패스 트랜지스터와 직렬로 연결된다.
- 클리퍼와 필터는 D_1, L_1, C_1으로 구성된다.
- 제어회로에는 기준회로, 비교기, R_1, R_2로 구성된다.

제어회로는 스위치 드라이버로부터 출력을 제어하기 위해서 사용된다. 제어회로가 조정기 출력 전압 변화를 감지하면 제어회로는 스위치 구동부에 신호를 전달한다. 이런 신호는 스위치 구동부의 출력 변화를 가져온다. 예를 들어서 제어회로는 전력 스위치를 통해서 전도를 증가시키기 위해서 직접 스위치 드라이버에 의해서 부하전압을 감소시키기 위해서 응답한다. 이와 유사하게 전원 스위치를 통해서 전도를 감소시키면 스위치 드라이버에서 부하전압을 증가시키게 된다. 어떤 경우이던 간에 부하전압은 조정기 본래의 값으로 복원된다.

스위치 드라이버는 발진기와 래치로 구성된다. 발진기의 출력은 고정되고 일정하게 유지된다. 래치는 발진기와 제어회로로부터 입력을 받아들인다. 두 입력은 전력 스위치의 전도를 증가 또는 감소시키기 위한 스위치 구동신호를 생성하기 위해서 결합된다.(구동신호를 생성하기 위하여 사용된 방법을 이 절의 끝에서 더욱 상세히 언급할 것이다.)

전력 스위치는 출력상태가 계속적으로 변화되므로 자신의 이미터의 전압은 구형파이다. 필터와 클리퍼 회로는 이런 파형에 반응하기 위해서 다음과 같이 설계된다.

1. 커패시터는 임의의 전압변화에 대응하므로 부하전압을 비교적 일정하게 유지시킨다.
2. 인덕터는 임의의 전류변화에 대응하므로 부하전류를 비교적 일정하게 유지시킨다.
3. 다이오드는 구형파 입력에 대한 *LC* 회로 응답에 의해서 생성된 역기전력을 제거한다. 따라서 다이오드는 과도전류 보호를 제공한다.(4장에서 이러한 응용이 소개되었다.)

이제 부하의 변화에 대한 조정기의 전체응답을 고찰하자. 회로에 부하가 증가된 순간을 가정하자. 조정기의 부하가 증가될 때 V_{out}은 감소하기 시작한다. V_{out}의 감소는 제어회로에서 $+V_2$ 지점의 전압감소를 초래한다. 차례로 전압감소는 비교기 출력을 감소시킨다. 제어회로의 감소된 출력은 스위치 드라이버에 전력 스위치의 전도를 증가시키기 위한 신호를 전달한다. 전력 스위치 전도 증가는 V_{out}을 정상적인 값으로 증가시킨다.

회로의 부하가 감소되면 그 결과는 앞에서 설명한 것과 반대로 동작한다. 증가된 부하전압은 제어회로의 $+V_2$ 지점의 전압 증가를 초래한다. 이런 전압의 증가는 제어회로의 출력을 증가시킨다. 제어회로의 증가된 출력은 스위치 구동부에 전력 스위치의 전도를 감소시키기 위한 신호를 전달한다. 전력 스위치의 전도 감소는 V_{out}을 정상적인 값으로 복원시킨다.

이런 관점에서 [그림 21-19]에 표시된 동작에서 스위칭 조정기가 우수하다는 것을 알 수 있다. 이런 사실을 완성하기 위해서 스위치 구동부의 동작과 스위치 구동부가 전력 스위치의 전도를 제어하는 의미를 면밀히 검토하여야 한다.

21.5.2 전원 스위치 제어(Controlling Power Switch Condition)

여러분도 알다시피 전원 스위치는 포화영역과 차단영역 사이에서 일정하게 구동된다. 포화될 때 트랜지스터는 부하와 V_{in}을 연결시킨다. 차단 상태에서 트랜지스터는 입력과 부하를 분리시킨다.

전원 스위치의 이미터에서 형성된 파형의 평균 직류 값은 식 (21-11)처럼 구해진다.

$$V_{ave} = V_{in}\left(\frac{T_{on}}{T_{on}+T_{off}}\right) \tag{21-11}$$

여기서 T_{on} = 트랜지스터가 포화상태일 때의 시간
T_{off} = 트랜지스터가 차단상태일 때의 시간

을 의미한다. 【예제 21.5】는 평균 직류 값을 구하는 공식의 이용에 대해서 설명한다.

【예제 21.5】 [그림 21-19]에 표시된 조정기가 $V_{in}=24\text{V}$, $T_{on}=5\mu\text{s}$, $T_{off}=10\mu\text{s}$의 크기를 갖는다고 가정하고 평균 부하전압을 계산하시오.

풀이 주어진 값을 이용하면, 평균 부하 직류전압은 8V로 구해진다.

$$V_{ave} = V_{in}\left(\frac{T_{on}}{T_{on}+T_{off}}\right) = (24\text{V})\left(\frac{5\mu\text{s}}{15\mu\text{s}}\right) = 8\text{V}$$

(실전 연습문제 21-5)

[그림 21-19]에 표시된 조정기가 $V_{in}=36\text{V}$, $T_{on}=6\mu\text{s}$, $T_{off}=9\mu\text{s}$의 크기를 갖는다고 가정하고 평균 부하전압을 계산하시오.

▶▶ 14.4Vdc

식 (21-10)은 스위칭 조정기의 평균 출력전압이 전원 스위치의 전도 변화에 의해서 제어될 수 있다는 것을 설명하는 매우 중요한 공식이다. 이런 관점에서 전원 스위치의 전도를 제어하기 위해서 일반적으로 사용되는 두 가지 방법과 스위칭 조정기의 출력에 대해서 면밀히 검토하도록 한다.

21.5.3 펄스 폭 변조(PWM)(Pulse Width Modulation)

전원 스위치의 전도를 제어(따라서, 평균 이미터 전압)하기 위해서 일반적으로 사용되는 한 가지 방법은 펄스 폭 변조 또는 PWM으로 언급된다. PWM 시스템에서 신호는 전체 주기시간에는 영향을 미치지 않고 구형파의 펄스 폭을 변화시키기 위해서 사용된다. [그림 21-20 (a)]에 표시된 제어회로는 전원 스위치에 PWM을 제공하도록 설계되었다. 이런 회로에서 발진기는 삼각파 V_o를 발생시킨다.

에러전압 V_{error}은 전적으로 제어회로의 입력에 의해서 변화되는 직류 전압이다. 래치(실질적으로 변조를 수행)는 다음에 주어지는 관계를 만족할 때 출력을 발생시킨다.

$$V_o \geq V_{error}$$

예를 들어서 [그림 21-20 (b)]에 표시된 첫 번째 파형인 Set1을 관찰하자. 여러분도 보다시피 V_{error}의 값보다 V_o가 증가할 때 제어전압 V_C는 높은 전압 상태로 된다. 그리고 V_o가 V_{error} 이하로 감소하면 제어전압 V_c는 0V로 강하된다. 그림에 표시된 제어전압은 완전한 구형파임을 주목하라.

이제 그림에 표시된 두 번째 파형인 Set2를 관찰하자. 만약 여러분이 두 파형을 비교한다면 다음의 사항을 확인할 수 있다.

1. 에러 전압이 증가하는 크기
2. 제어 전압의 펄스 폭이 급격하게 감소된다는 사실
3. 전체 주기($T_{on}+T_{off}$)가 변화되지 않는 사실

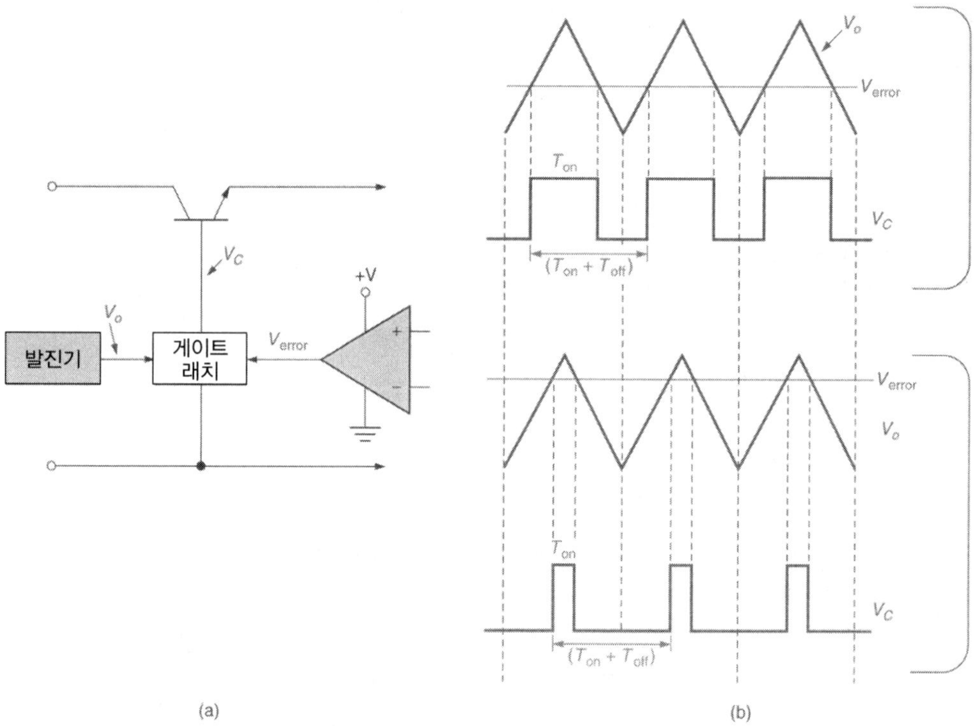

[그림 21-20] 펄스 폭 변조

T_{on}의 감소는 V_c의 평균값을 감소시킨다. 에러전압의 감소 또한 V_c의 값을 증가시킨다. 이것이 PWM(스위칭 조정기에 적용되는)의 동작이다.

21.5.4 가변 off 시간 변조(Variable Off Time Modulation)

전원 스위치의 전도를 제어하기 위해서 일반적으로 사용되는 또 다른 방법은 [그림 21-21]에 표시되어 있다. 회로에서 제어전압의 펄스 폭은 고정되어 있고 전체 주기시간이

변화된다. 이 회로에서 래치는 단발이고 발진기는 비 안정 멀티바이브레터이다. 에러전압이 높은 전압 상태이면 발진기의 구형파 출력은 전원 스위치에 입력된다. 에러 전압이 낮은 전압 상태일 때 발진기 출력은 차단된다.

에러전압이 V_C의 주기시간을 결정하는 결과를 그림에 표시했다. 펄스 폭(T_{on})은 강조된 첫 번째 파형에서 두 번째 파형까지 변화되지 않는다. 그러나 두 번째 파형의 전체 주기시간 ($T_{on}+T_{off}$)은 V_{error} 입력에 의해서 변화된다. 전체 주기시간이 변화함에 따라 전원 스위치의 평균 출력이 변하게 되고 이를 토대로 하여 조정기의 평균 출력 전압을 제어하게 된다.

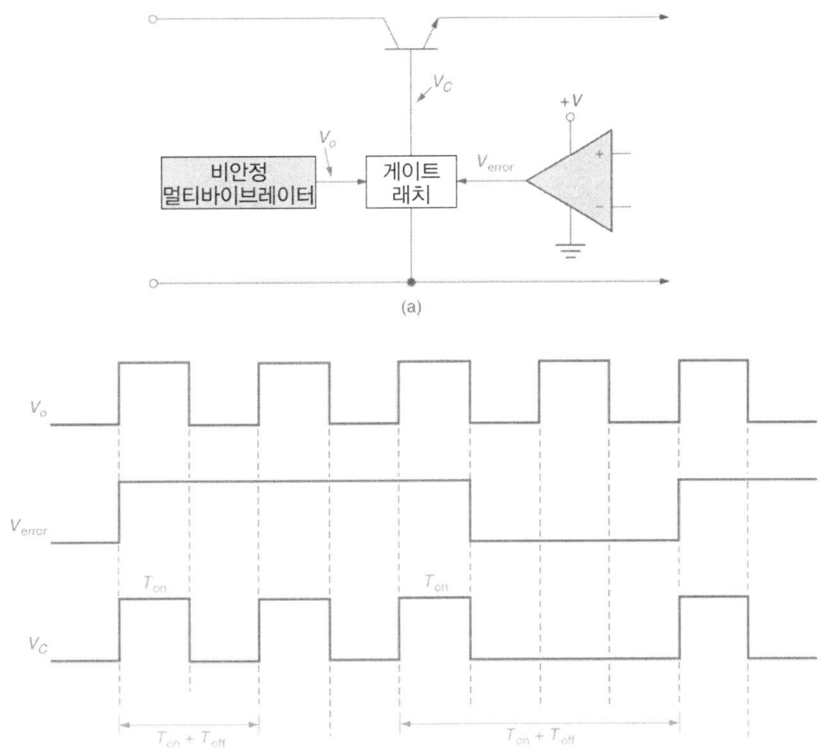

[그림 21-21] 가변 off 시간 변조

21.5.5 스위칭 조정기의 구조(Switching Regulator Configuration)

스위칭 조정기를 사용하는 장점중의 하나는 구조를 변경하여 설계할 수 있다는 것이다. 지금까지는, 단지 스탭-다운 조정기(Step-down regulator)에 대해서만 논의하였다. [그림 21-22 (a)]에 표시된 구조는 정류된 입력전압 이하의 직류 부하전압을 발생시킨다. [그림 21-22 (b)]에 표시된 것처럼 기본적인 구조를 변형하여 스탭-업 조정기 (Step-up regulator)를 구성할 수 있다. 그림에 표시된 것처럼 전원 스위치는 병렬 요소이고 인덕터는 입력 V_{in}과 직접적으로 직렬로 놓여져 있다.

스탭-업 스위칭 조정기는 정류된 V_{in}보다 더 큰 출력전압을 제공할 수 있다. 이것은 인덕터 L_1의 위치를 결정함으로써 가능해진다. 따라서 트랜지스터의 on 시간 동안 L_1을 통해서 흐르는 전류는 L_1 양단에 유도전압을 발생시킨다. 이런 전압은 V_{in}에 부가되어 입력전압보다 더 큰 출력전압을 형성하게 된다.

[그림 21-22 (c)]에 표시된 전압반전 조정기는 조정된 입력전압의 극성을 역으로 전환시킨다. 예를 들면 [그림 21-22 (c)]에 표시된 +7V의 정류된 입력전압을 갖는 조정기는 −7V(제한 내에서)보다 작거나 그 이상의 negative 값으로 설계된다. 이런 구조의 직결 전원 스위치와 병렬 인덕터의 연결 특성을 주목하라.

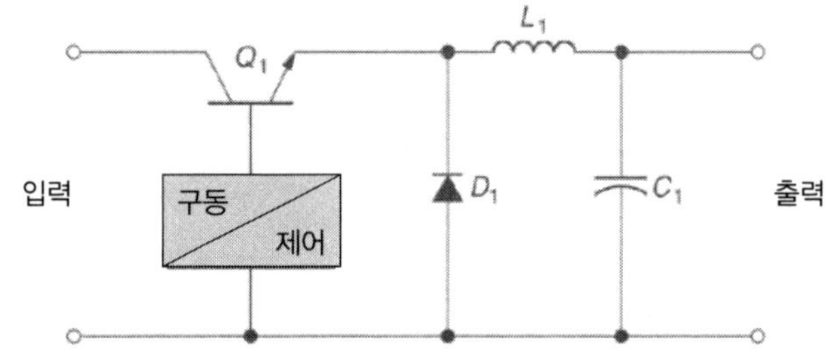

감압용 조정기
(a)

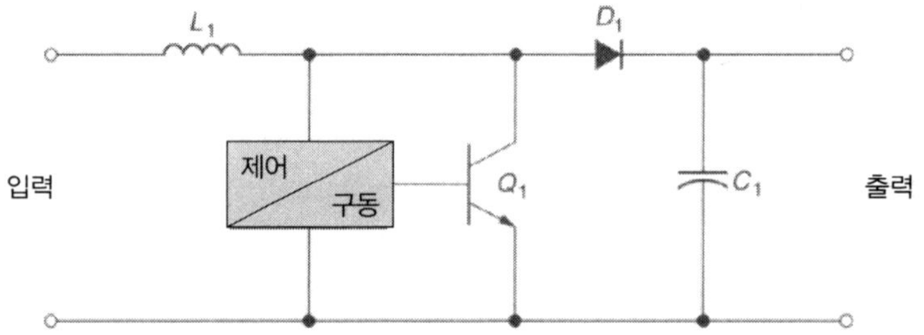

승압용 조정기
(b)

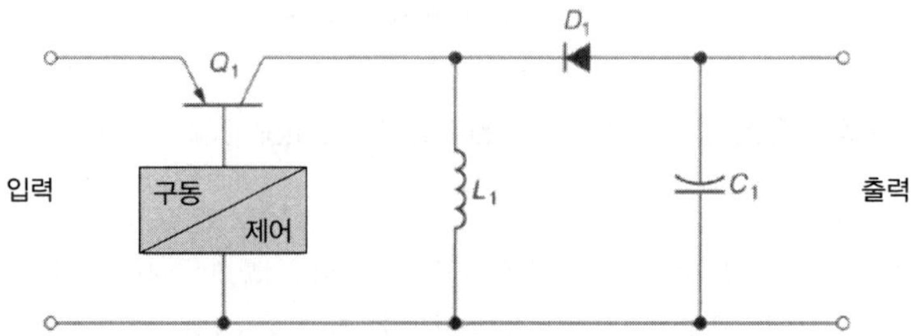

전압 반전 조정기
(c)

[그림 21-22] 기본적인 스위칭 조정기의 구조

[그림 21-22]에 표시된 회로구조에서 관심을 가져야 할 몇 가지 중요한 사항이 있다. 첫째 제어회로와 스위치 구동회로는 간략화를 위해서 하나의 블록으로 일괄하여 취급된다. 제어회로와 스위치 구동회로는 스위칭 조정기에 따라 변화되지만 다음과 같이 전원 스위치의 위치를 주의하여 처리함으로써 조정기의 형태를 결정할 수 있다.

1. 만약 전원 스위치가 입력과 인덕터에 직렬로 연결된다면 스탭-다운 조정기이다.
2. 만약 전원 스위치가 인덕터 다음에 놓여진 병렬소자이면 스탭-업 조정기이다.
3. 만약 전원 스위치가 입력과 직렬로 연결되고 인덕터가 병렬소자이면 전압반전 조정기이다.

또 다른 중요한 점은 스위칭 조정기 회로의 해석을 도와줄 "설명서" 방정식이 없다는 것이다. 스위칭 조정기는 매우 복잡한 원리에 의하여 동작하는 복합회로이다. 단지 부품 배치로서 스위칭 조정기를 또다른 조정기로 변화 시킬 수 있으며 회로해석에 사용된 대부분의 방정식도 변화된다. 표준 스위칭 조정기는 몇몇 다른 입/출력전압 관계로 설계되므로, DC-DC 컨버터로 언급되기도 한다. 이름이 의미하는 것처럼 스위칭 조정기는 효과적으로 임의의 직류 전압을 또 다른 직류 전압으로 변환할 수 있다.

21.5.6 IC 스위칭 조정기(IC Switching Regulator)

대부분, 스위칭 조정기의 제어기능과 전원 스위치는 하나의 IC에 의해서 통제된다. 예를 들면 MC34063은 전체의 제어회로, 스위치 구동회로, 그리고 전원 스위치 회로를 포함하는 IC이다. MC34063을 [그림 21-23]에 표시했다. IC에서 트랜지스터로 표시된 Q_1은 전원 스위치를 나타낸다.

만약 여러분이 MC34063A의 내부회로와 [그림 21-19]에 표시된 블록 다이어그램을 비교한다면 IC가 제어회로, 구동회로, 전원 스위치 회로를 포함되고 있다는 것을 쉽게 이해할 수 있다. 제어회로는 1.25V의 기준 조정기와 비교기로 구성된다. 이런 IC의 제어회로는 가변 off 시간 변조의 발진기 출력을 제공한다.

MC34063A는 모든 표준 스위칭 조정기 구성에 사용될 수 있다. 예를 들면 [그림 21-24]에 표시된 회로는 IC를 기반으로 한 스탭-다운 조정기이다. 이런 특별한 회로는 정류된 25V 입력으로 5V/500mA 출력을 제공하기 위해서 설계되었다. 전원 스위치와 인덕터의 위치를 주목하라. 이것이 스탭-다운 조정기의 특성이다. 또한 이런 회로의 우수한 효율정격을 주목하라.

MC34063A, MC33063A, NCV33063A

1.5 A, Step-Up/Down/ Inverting Switching Regulators

ON Semiconductor™

http://onsemi.com

The MC34063A Series is a monolithic control circuit containing the primary functions required for DC–to–DC convertors. These devices consist of an internal temperature conpensated reference, comparator, controlled duty cycle oscillator with an active current limit circuit, driver and high current output switch. This series was specifically designed to be incorporated in Step–Down and Step–Up and Voltage–Inverting applications with a minimum number of external components. Refer to Application Notes An920A/D and AN954/D for additional design information.

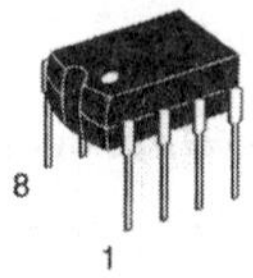

PDIP–8
P, P1 SUFFIX
CASE 626

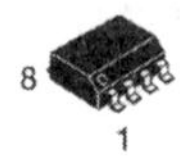

SO–8
D SUFFIX
CASE 751

- Operation from 3.0 V to 40 V Input
- Low Standby Current
- Current Limiting
- Output Switch Current to 1.5 A
- Output Voltage Adjustable
- Frequency Operation to 100 kHz
- Precision 2% Reference

PIN CONNECTIONS

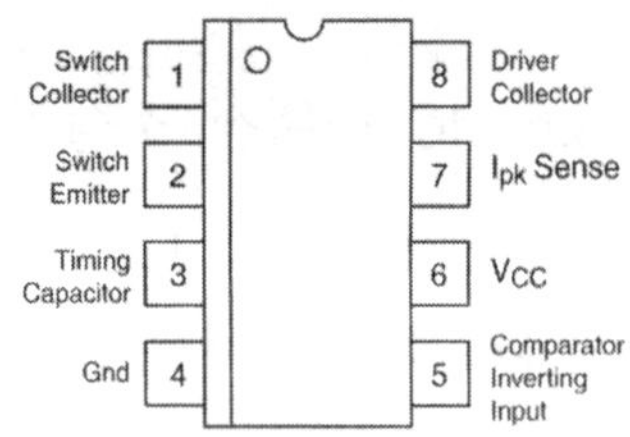

(Top View)

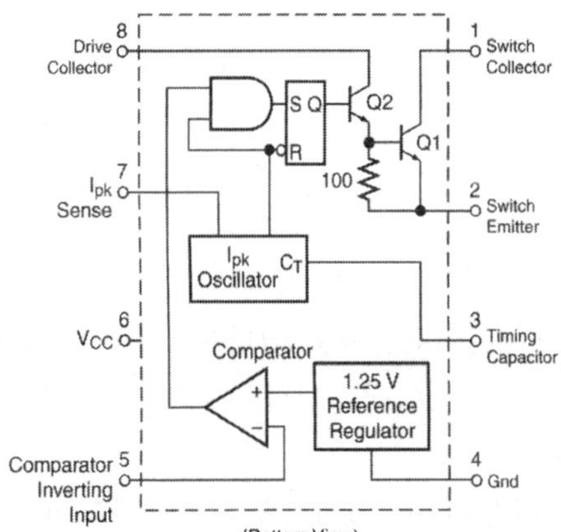

(Bottom View)

[그림 21-23] MC34063A 스위칭 조정기

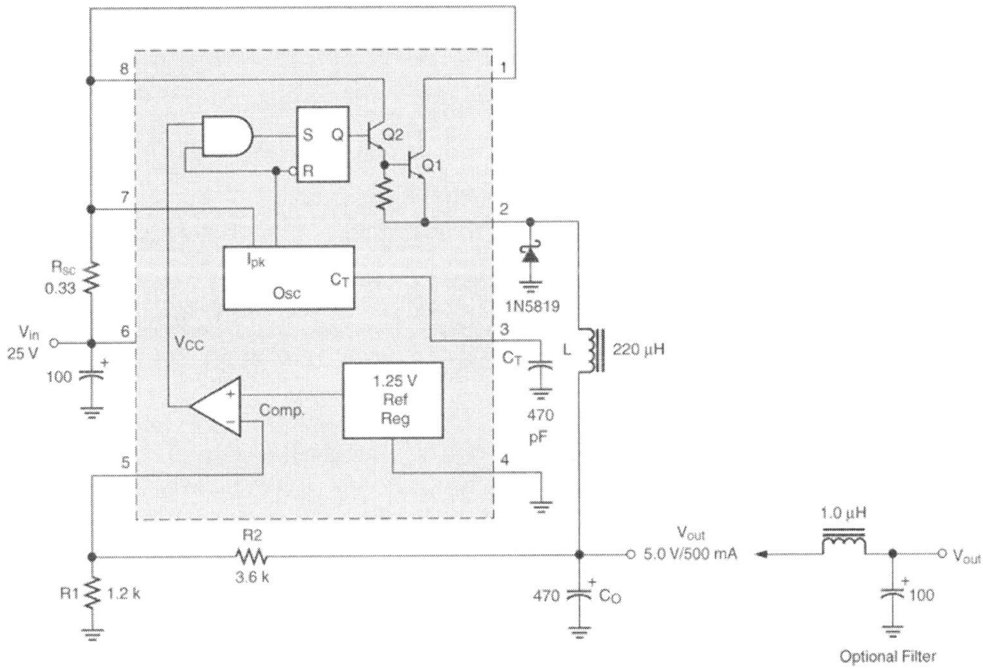

검사	상태	결과
입력선 조정	V_{in} = 15V to 25V, I_O = 500mA	12mV = ±0.12%
부하 조정	V_{in} = 25V, I_O = 500mA to 500mA	12mV = ±0.12%
출력 리플	V_{in} = 25V, I_O = 500mA	120mVpp
단락회로 전류	V_{in} = 25V, R_L = 0.1Ω	1.1A
효율	V_{in} = 25V, I_O = 500mA	83.7%
부가적 필터를 갖는 출력 리플	V_{in} = 25V, I_O = 500mA	40mVpp

[그림 21-24] MC34063A 기반 스텝 다운 조정기

21.5.7 스위칭 조정기 : 장/단점 (Switching Regulator : Advantage and Disadvantage)

[그림 21-24]에 표시된 것처럼 스위칭 조정기의 중요한 장점 중의 하나는 선형 조정기보다 높은 효율을 갖는다는 점이다. 선형 조정기는 일반적으로 60% 이하의 효율 정격으로 제한되지만 스위칭 조정기는 90% 이상의 효율정격을 쉽게 얻을 수 있다. 스위칭 조정기의 높은 효율은 전원 스위치가 일반적으로 포화 또는 차단 영역에 존재하기 때문이다. 이런 동작상태에서 각 부품은 매우 적은 전력을 소비한다. 대조적으로 선형 조정기에서 패스-트랜지스터는 일반적으로 트랜지스터의 활성영역에서 동작한다. 이런 활성영역에서의 동작은 트랜지스터가 비교적 많은 양의 전력을 소비하게 함으로서 효율정격을 저하시킨다.

스위칭 조정기의 전력특성은 또 다른 장점을 이끌어낸다. 전원 스위치가 매우 적은 전력을 소비하므로 스위칭 조정기는 전원 스위치의 최대 전력정격보다 더 큰 출력 전력 값으로 설계된다. 예를 들면 트랜지스터가 많은 양의 전력 소비를 요구하지 않기 때문에 2W의 트랜지스터는 쉽게 20W 스위칭 조정기에서 동작할 수 있다. 선형 조정기에서는 앞에서 설명한 스위칭 조정기처럼 동작하지 않는다.

마지막으로 스위칭 조정기는 다양한 구조(이 절의 앞에서 언급한 바와 같이)로 구성할 수 있다. 이에 반해서 선형 조정기는 단지 스텝-다운 조정기로만 설계된다. 이와 같은 장점에도 불구하고 스위칭 조정기는 다른 특별한 단점도 가지고 있다. 첫째, 전원 스위치와 필터의 동작은 주변 환경에 전달될 수 있는 매우 많은 양의 잡음을 발생시킨다. 따라서 스위칭 조정기는 적절한 차폐가 제공되지 않는다면 저 잡음 응용에서 사용할 수 없다.

또 다른 단점은 선형 조정기보다 더 긴 과도응답 시간을 갖는다는 점이다. 스위칭 조정기가 부하변화에 대한 응답이 더 늦다. 이것은 에러 검출회로에서 변화에 응답하기 위한 귀환루프(제어회로와 구동회로)에서 소요되는 시간 때문이다. 마지막으로 스위칭 조정기의 설계는 유사한 선형 조정기의 설계보다 더욱 복잡하고 많은 설계시간이 소요된다. 이러한 것이 스위칭 조정기의 생산비용을 증가시킨다.

21.5.8 조정기의 응용(Regulator Application)

선형 조정기는 일반적으로 저 전력 응용에 사용된다. 예를 들면 대부분의 디지털시스템은 각각의 회로기판에서 요구된 전압을 공급하기 위해서 적어도 하나의 선형 조정기를 필요로 한다. 이러한 공급 전압은 일반적으로 많은 양의 전력을 필요로 하지 않는다. 스위칭 조정기는 일반적으로 고 전력(10W 이상)응용에 사용된다. 스위칭 조정기는 소형 경량 장치, 배터리에 의해서 동작되는 장치에도 사용된다. 이것은 장치의 소형화 요구와 DC-DC 변환 능력 때문이다.

기초 확인문제 21.5

1. 전도특성에서 선형 조정기와 스위칭 조정기의 중요한 차이점은 무엇인가?
2. 기본적인 스위칭 조정기의 구성 회로를 열거하고 각 기능을 설명하라.
3. [그림 21-19]에 표시된 스위칭 조정기가 부하의 변화에 어떻게 응답하는지 설명하라.
4. 전원 스위치의 듀티 비와 평균 출력전압 사이의 관계를 설명하라.
5. 펄스 폭 변조와 가변 off 시간 변조의 특성을 비교 설명하라.
6. [그림 21-22]에 표시된 스위칭 조정기에서 각각의 회로 특징을 설명하라.
7. 스위칭 조정기가 DC-DC 컨버터로 언급되는 이유는 무엇인가?
8. 선형 조정기와 스위칭 조정기의 장단점과 응용에 대해서 설명하라.

중요 용어(Key Term)

가변 조정기(adjustable regulator), 달링턴 패스트랜지스터 조정기(Darlington pass transistor regulator), dc-dc 변환기(dc-dc converter), 이중 트래킹 조정기(dual tracking regulator), 고정 negative 조정기(fixed negative regulator), 고정 positive 조정기(fixed positive regulator), 입출력 전위차(input output voltage differential), 선형 IC 전압 조정기(linear IC voltage regulator), 입력 변동률(line regulation), 부하변동률(load regulation), 최소부하전류(minimum load current), 패스 트랜지스터 조정기(pass transistor regulator), 전원 스위치(power switch), 펄스 폭변조(pulse width modulation), 변동률(regulation), 리플제거비(ripple rejection ratio), 직렬 귀환 조정기(series feedback regulator), 직렬 조정기(series regulator), 병렬 귀환 조정기(shunt feedback regulator), 병렬 조정기(shunt regulator), 스텝 다운 조정기(step down regulator), 스텝 업 조정기(step up regulator), 전압 반전 조정기(voltage inverting regulator), 가변 off 시간 변조(variable off time modulation)

연습문제

21-1. 전압 조정기의 입력전압이 4V 변화할 때 출력전압이 20μV 변화하였다고 가정하고 회로의 입력전압 변동률 정격을 구하시오.

21-2. 전압 조정기의 입력전압이 10V 변화할 때 출력전압이 14μV 변화하였다고 가정하고 회로의 입력전압 변동률 정격을 구하시오.

21-3. 전압 조정기의 입력전압이 5V 변화할 때 출력전압이 15μV 변화하였다고 가정하고 회로의 입력전압 변동률을 구하시오.

21-4. 전압 조정기의 입력전압이 12V 변화할 때 출력전압이 12mV 변화하였다고 가정하고 회로의 입력전압 변동률을 구하시오.

21-5. 전압 조정기는 0에서 150mA의 출력전류로 조정되었다. 무 부하 상태에서 회로의 출력전압은 6V이다. 전 부하상태에서, 회로의 출력전압은 5.98V이다. 회로의 부하변동률 정격을 구하시오.

21-6. 전압 조정기의 부하전류가 0에서 50mA로 증가할 때 출력전압은 20mV 변화한다고 가정하고 회로의 부하 변동률 정격을 구하시오.

21-7. 전압 조정기의 부하전류가 0에서 20mA로 증가할 때 출력전압은 1.5mV 변화한

다고 가정하고 회로의 부하 변동률 정격을 구하시오.

21-8. 전압 조정기의 부하전류가 0에서 100mA로 증가할 때 출력전압은 14mV 변화한다고 가정하고 회로의 부하 변동률 정격을 구하시오.

21-9. [그림 21-25]에 표시된 회로에서 V_L의 근사 값을 구하시오.

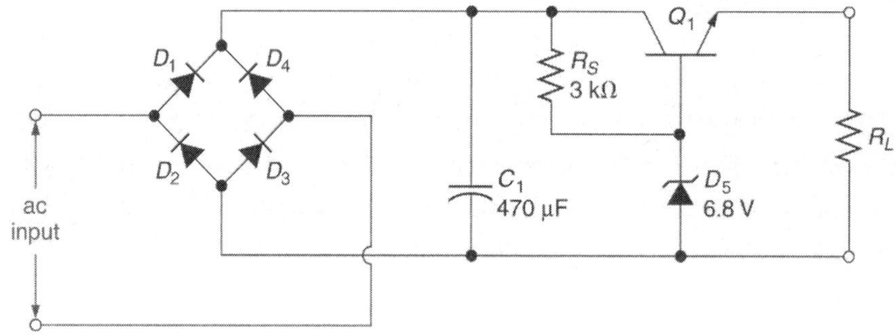

[그림 21-25]

21-10. [그림 21-26]에 표시된 회로에서 V_L의 근사 값을 구하시오.

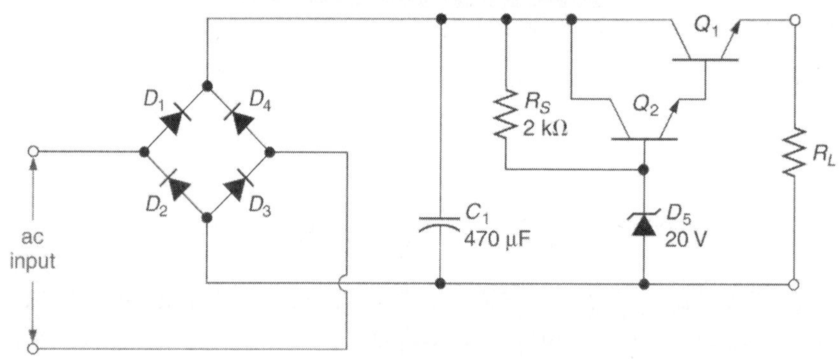

[그림 21-26]

21-11. [그림 21-27]에 표시된 회로에서 최대 부하전류를 구하시오.

21-12. [그림 21-27]에서 R_S는 1.2Ω로 변경되었다고 가정하고 회로의 최대 부하전류를 구하시오.

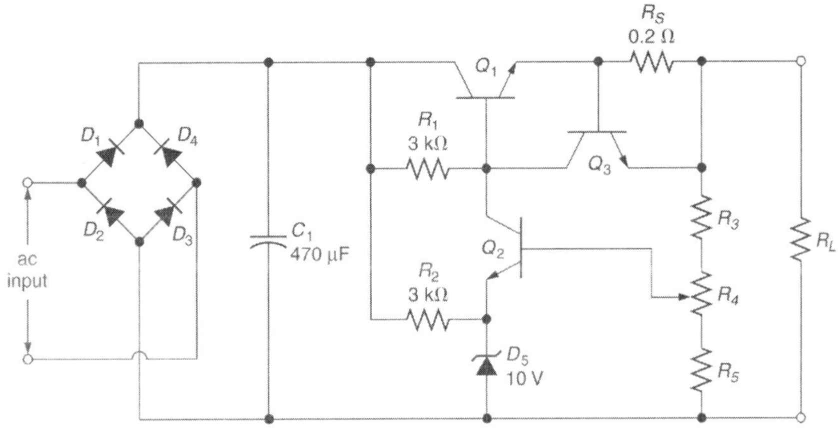

[그림 21-27]

21-13. 가변 IC 전압 조정기는 $+3V_{dc}$ 출력으로 고정되었다. 이런 소자의 V_d 정격은 32V이다. 소자의 최대허용 입력전압을 구하시오.

21-14. 가변 IC 전압 조정기는 $+6V_{dc}$ 출력으로 고정되었다. 이런 소자의 V_d 정격은 24V이다. 소자의 최대허용 입력전압을 구하시오.

21-15. LM317이 $R_1 = 330\Omega$, $R_2 = 2.848\text{K}\Omega$의 저항 값을 갖는 회로에 사용되었다고 가정하고 회로의 출력전압을 구하시오.

21-16. LM317이 $R_1 = 510\Omega$, $R_2 = 6.834\text{K}\Omega$의 저항 값을 갖는 회로에 사용되었다고 가정하고 회로의 출력전압을 구하시오.

21-17. [그림 21-19]에 표시된 것과 유사한 전원 스위치 회로가 $V_{in} = 36V$, $T_{on} = 12\mu s$, $T_{off} = 48\mu s$의 크기를 갖는다고 가정하고 전원 스위치의 평균 출력 전압을 구하시오.

21-18. [그림 21-19]에 표시된 것과 유사한 전원 스위치 회로가 $V_{in} = 24V$, $T_{on} = 10\mu s$, $T_{off} = 40\mu s$의 크기를 갖는다고 가정하고 전원 스위치의 평균 출력 전압을 구하시오.

21-19. $+12V_{dc}$ 조정기는 420ppm/V의 입력전압 변동률 정격을 갖는다. V_{in}이 10V 증가할 때 회로의 출력전압을 구하시오.

21-20. 전압 조정기는 다음과 같은 측정된 값을 갖는다. $V_{in} = +30V$(허용 가능한 최대 입력)일 때 $V_{out} = 12.002V_{dc}$, 그리고 $V_{in} = +20V$(허용 가능한 최소입력)일 때

$V_{out}=12V_{dc}$. 이런 회로의 입력전압 변동률 정격을 mV, %, 그리고 %/V로 구하시오.

21-21. +5V 조정기는 $I_L=0$에서 100mA(최대)의 영역에서 2Ω의 부하 변동률 정격을 갖는다. 이런 회로의 부하 변동률 정격을 V/mA, %, 그리고 %/mA로 표현하시오.

21-22. +15VV$_{dc}$ 조정기는 $I_L=0$에서 50mA(최대)의 영역에서 0.02%/mA의 부하 변동률 정격을 갖는다. 부하전류가 그 제한 내에 존재한다고 가정하자, 조정기의 최대 부하전력을 구하시오. I_L이 증가하면 V_{out}도 증가한다고 가정한다.)

부록

부록 A

2N3906

Preferred Device

General Purpose Transistors

PNP Silicon

ON Semiconductor™

http://onsemi.com

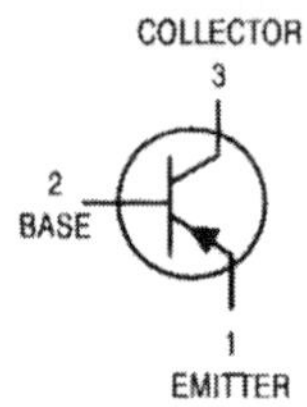

STYLE 1

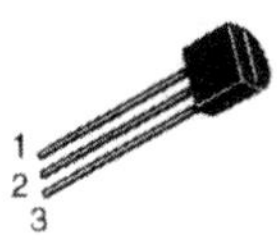

TO–92
CASE 29
STYLE 1

MARKING DIAGRAMS

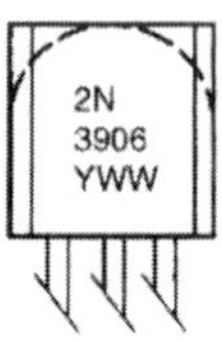

Y = Year
WW = Work Week

MAXIMUM RATINGS

Rating	Symbol	Value	Unit
Collector–Emitter Voltage	V_{CEO}	40	Vdc
Collector–Base Voltage	V_{CBO}	40	Vdc
Emitter–Base Voltage	V_{EBO}	5.0	Vdc
Collector Current – Continuous	I_C	200	mAdc
Total Device Dissipation @ T_A = 25°C Derate above 25°C	P_D	 625 5.0	 mW mW/°C
Total Power Dissipation @ T_A = 60°C	P_D	250	mW
Total Device Dissipation @ T_C = 25°C Derate above 25°C	P_D	 1.5 12	 Watts mW/°C
Operating and Storage Junction Temperature Range	T_J, T_{stg}	–55 to +150	°C

THERMAL CHARACTERISTICS (Note 1.)

Characteristic	Symbol	Max	Unit
Thermal Resistance, Junction to Ambient	$R_{\theta JA}$	200	°C/W
Thermal Resistance, Junction to Case	$R_{\theta JC}$	83.3	°C/W

1. Indicates Data in addition to JEDEC Requirements.

ELECTRICAL CHARACTERISTICS (T_A = 25°C unless otherwise noted)

Characteristic	Symbol	Min	Max	Unit
OFF CHARACTERISTICS				
Collector–Emitter Breakdown Voltage (Note 2.) (I_C = 1.0 mAdc, I_B = 0)	$V_{(BR)CEO}$	40	–	Vdc
Collector–Base Breakdown Voltage (I_C = 10 μAdc, I_E = 0)	$V_{(BR)CBO}$	40	–	Vdc
Emitter–Base Breakdown Voltage (I_E = 10 μAdc, I_C = 0)	$V_{(BR)EBO}$	5.0	–	Vdc
Base Cutoff Current (V_{CE} = 30 Vdc, V_{EB} = 3.0 Vdc)	I_{BL}	–	50	nAdc
Collector Cutoff Current (V_{CE} = 30 Vdc, V_{EB} = 3.0 Vdc)	I_{CEX}	–	50	nAdc

2N3906

ON CHARACTERISTICS (Note 2.)

DC Current Gain (I_C = 0.1 mAdc, V_{CE} = 1.0 Vdc) (I_C = 1.0 mAdc, V_{CE} = 1.0 Vdc) (I_C = 10 mAdc, V_{CE} = 1.0 Vdc) (I_C = 50 mAdc, V_{CE} = 1.0 Vdc) (I_C = 100 mAdc, V_{CE} = 1.0 Vdc)	h_{FE}	 60 80 100 60 30	 – – 300 – –	–
Collector–Emitter Saturation Voltage (I_C = 10 mAdc, I_B = 1.0 mAdc) (I_C = 50 mAdc, I_B = 5.0 mAdc	$V_{CE(sat)}$	 – –	 0.25 0.4	Vdc
Base–Emitter Saturation Voltage (I_C = 10 mAdc, I_B = 1.0 mAdc) (I_C = 50 mAdc, I_B = 5.0 mAdc)	$V_{BE(sat)}$	 0.65 –	 0.85 0.95	Vdc

SMALL-SIGNAL CHARACTERISTICS

Current–Gain – Bandwidth Product (I_C = 10 mAdc, V_{CE} = 20 Vdc, f = 100 MHz)	f_T	250	–	MHz
Output Capacitance (V_{CB} = 5.0 Vdc, I_E = 0, f = 1.0 MHz)	C_{obo}	–	4.5	pF
Input Capacitance (V_{EB} = 0.5 Vdc, I_C = 0, f = 1.0 MHz)	C_{ibo}	–	10	pF
Input Impedance (I_C = 1.0 mAdc, V_{CE} = 10 Vdc, f = 1.0 kHz)	h_{ie}	2.0	12	kΩ
Voltage Feedback Ratio (I_C = 1.0 mAdc, V_{CE} = 10 Vdc, f = 1.0 kHz)	h_{re}	0.1	10	$X 10^{-4}$
Small–Signal Current Gain (I_C = 1.0 mAdc, V_{CE} = 10 Vdc, f = 1.0 kHz)	h_{fe}	100	400	–
Output Admittance (I_C = 1.0 mAdc, V_{CE} = 10 Vdc, f = 1.0 kHz)	h_{oe}	3.0	60	μmhos
Noise Figure (I_C = 100 μAdc, V_{CE} = 5.0 Vdc, R_S = 1.0 kΩ, f = 1.0 kHz)	NF	–	4.0	dB

SWITCHING CHARACTERISTICS

Delay Time	(V_{CC} = 3.0 Vdc, V_{BE} = 0.5 Vdc, I_C = 10 mAdc, I_{B1} = 1.0 mAdc)	t_d	–	35	ns
Rise Time		t_r	–	35	ns
Storage Time	(V_{CC} = 3.0 Vdc, I_C = 10 mAdc, I_{B1} = I_{B2} = 1.0 mAdc)	t_s	–	225	ns
Fall Time	(V_{CC} = 3.0 Vdc, I_C = 10 mAdc, I_{B1} = I_{B2} = 1.0 mAdc)	t_f	–	75	ns

2. Pulse Test: Pulse Width ≤ 300 μs; Duty Cycle ≤ 2%.

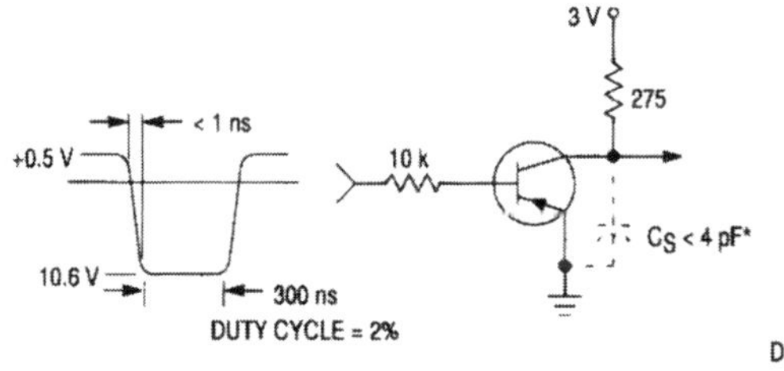

Figure 1. Delay and Rise Time Equivalent Test Circuit

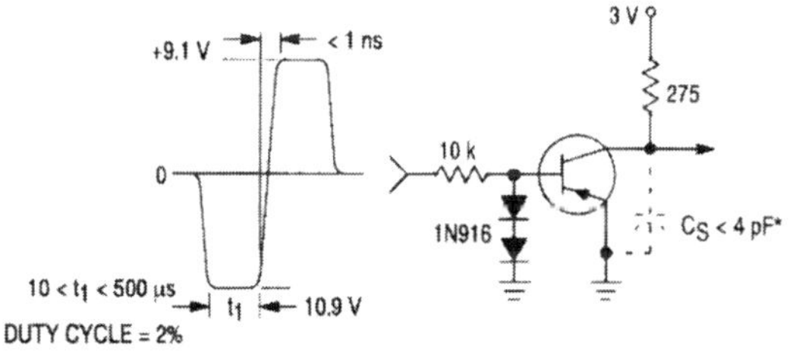

Figure 2. Storage and Fall Time Equivalent Test Circuit

* Total shunt capacitance of test jig and connectors

2N4013

Preferred Device

Switching Transistors

PNP Silicon

ON Semiconductor™

http://onsemi.com

CASE 22-03, STYLE 1
TO-18 (TO-206AA)

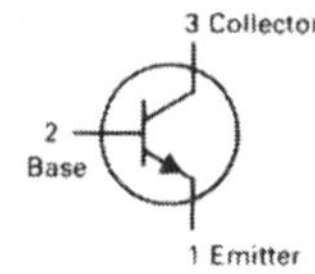

MAXIMUM RATINGS

Rating	Symbol	2N4013	2N4014	Unit
Collector-Emitter Voltage	V_{CEO}	30	50	Vdc
Collector-Base Voltage	V_{CBO}	50	80	Vdc
Emitter-Base Voltage	V_{EBO}	6.0		Vdc
Collector Current — Continuous — Peak	I_C	1.0 2.0		Adc
Total Device Dissipation @ T_A = 25°C Derate above 25°C	P_D	0.5 28.6		Watt mW/°C
Total Device Dissipation @ T_C = 25°C Derate above 25°C	P_D	1.4 6.8		Watts mW/°C
Operating and Storage Junction Temperature Range	T_J, T_{stg}	−65 to +200		°C

ELECTRICAL CHARACTERISTICS (T_A = 25°C unless otherwise noted)

Characteristic		Symbol	Min	Typ	Max	Unit
OFF CHARACTERISTICS						
Collector-Emitter Breakdown Voltage(1) (I_C = 10 mAdc, I_B = 0)	2N4014	$V_{(BR)CEO}$	50	—	—	Vdc
	2N4013		30	—	—	
Collector-Emitter Breakdown Voltage (I_C = 10 μAdc, V_{BE} = 0)	2N4014	$V_{(BR)CES}$	80	—	—	Vdc
	2N4013		50	—	—	
Collector-Base Breakdown Voltage (I_C = 10 μAdc, I_E = 0)	2N4014	$V_{(BR)CBO}$	80	—	—	Vdc
	2N4013		50	—	—	
Emitter-Base Breakdown Voltage (I_E = 10 μAdc, I_C = 0)		$V_{(BR)EBO}$	6.0	—	—	Vdc
Collector Cutoff Current (V_{CB} = 60 Vdc, I_E = 0)	2N4014	I_{CBO}	—	0.12	1.7	μAdc
(V_{CB} = 40 Vdc, I_E = 0)	2N4013		—	0.12	1.7	
(V_{CB} = 60 Vdc, I_E = 0, T_A = 100°C)	2N4014		—	—	120	
(V_{CB} = 40 Vdc, I_E = 0, T_A = 100°C)	2N4013		—	—	120	
Collector Cutoff Current (V_{CE} = 80 Vdc, V_{EB} = 0)	2N4014	I_{CES}	—	0.15	10	μAdc
(V_{CE} = 50 Vdc, V_{EB} = 0)	2N4013		—	0.15	10	
ON CHARACTERISTICS						
DC Current Gain (I_C = 10 mAdc, V_{CE} = 1.0 Vdc)		h_{FE}	30	—	—	—
(I_C = 100 mAdc, V_{CE} = 1.0 Vdc)			60	—	150	
(I_C = 100 mAdc, V_{CE} = 1.0 Vdc, T_A = −55°C)			30	—	—	
(I_C = 300 mAdc, V_{CE} = 1.0 Vdc)			40	—	—	
(I_C = 500 mAdc, V_{CE} = 1.0 Vdc)			35	—	—	
(I_C = 500 mAdc, V_{CE} = 1.0 Vdc, T_A = −55°C)			20	—	—	
(I_C = 800 mAdc, V_{CE} = 2.0 Vdc)	2N4014		20			
	2N4013		25	—	—	
(I_C = 1.0 Adc, V_{CE} = 5.0 Vdc)	2N4014		25			
	2N4013		30	—	—	

2N5457, 2N5458

Preferred Device

JFETs – General Purpose

N–Channel – Depletion

ON Semiconductor™

http://onsemi.com

N–Channel Junction Field Effect Transistors, depletion mode (Type A) designed for audio and switching applications.

- N–Channel for Higher Gain
- Drain and Source Interchangeable
- High AC Input Impedance
- High DC Input Resistance
- Low Transfer and Input Capacitance
- Low Cross–Modulation and Intermodulation Distortion
- Unibloc Plastic Encapsulated Package

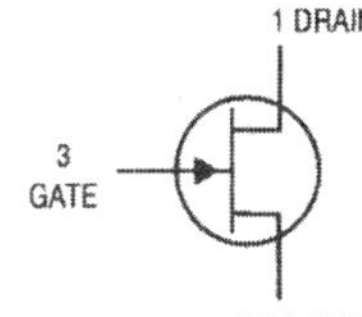

TO–92
CASE 29
STYLE 5

MARKING DIAGRAMS

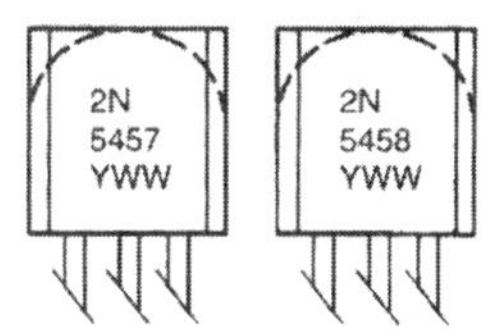

Y = Year
WW = Work Week

MAXIMUM RATINGS

Rating	Symbol	Value	Unit
Drain–Source Voltage	V_{DS}	25	Vdc
Drain–Gate Voltage	V_{DG}	25	Vdc
Reverse Gate–Source Voltage	V_{GSR}	–25	Vdc
Gate Current	I_G	10	mAdc
Total Device Dissipation @ T_A = 25°C Derate above 25°C	P_D	 310 2.82	 mW mW/°C
Operating Junction Temperature	T_J	135	°C
Storage Temperature Range	T_{stg}	–65 to +150	°C

ELECTRICAL CHARACTERISTICS (T_A = 25°C unless otherwise noted)

Characteristic		Symbol	Min	Min	Max	Unit
OFF CHARACTERISTICS						
Gate–Source Breakdown Voltage	(I_G = –10 μAdc, V_{DS} = 0)	$V_{(BR)GSS}$	–25	–25	–	Vdc
Gate Reverse Current	(V_{GS} = –15 Vdc, V_{DS} = 0) (V_{GS} = –15 Vdc, V_{DS} = 0, T_A = 100°C)	I_{GSS}	– –	– –	1.0 –200	nAdc
Gate–Source Cutoff Voltage (V_{DS} = 15 Vdc, I_D = 1 nAdc)	2N5457 2N5458	$V_{GS(off)}$	–1.0 –2.0	– –	–6.0 –7.0	Vdc
Gate–Source Voltage (V_{DS} = 15 Vdc, I_D = 100 μAdc) (V_{DS} = 15 Vdc, I_D = 200 μAdc)	 2N5457 2N5458	V_{GS}	– –	–2.5 –3.5	–6.0 –7.0	Vdc
ON CHARACTERISTICS						
Zero–Gate–Voltage Drain Current (Note 1.) (V_{DS} = 20 Vdc, V_{GS} = 0)	2N5638 2N5639	I_{DSS}	1.0 2.0	3.0 6.0	5.0 9.0	mAdc
DYNAMIC CHARACTERISTICS						
Forward Transfer Admittance (Note 1.) (V_{DS} = 15 Vdc, V_{GS} = 0, f = 1 kHz)	2N5638 2N5639	$\lvert Y_{fs} \rvert$	1000 1500	3000 4000	5000 5500	μmhos
Forward Transfer Admittance (Note 1.)	(V_{DS} = 15 Vdc, V_{GS} = 0, f = 1 kHz)	$\lvert Y_{os} \rvert$	–	10	50	μmhos
Input Capacitance	(V_{DS} = 15 Vdc, V_{GS} = 0, f = 1 kHz)	C_{iss}	–	4.5	7.0	pF
Reverse Transfer Capacitance	(V_{DS} = 15 Vdc, V_{GS} = 0, f = 1 kHz)	C_{rss}	–	1.5	3.0	pF

1. Pulse Width ≤ 630 ms, Duty Cycle ≤ 10%.

2N6344, 2N6349

Preferred Device

Triacs

Silicon Bidirectional Thyristors

Designed primarily for full-wave ac control applications, such as light dimmers, motor controls, heating controls, and power supplies; or wherever full-wave silicon gate controlled solid-state devices are needed. Triac type thyristors switch from a blocking to a conducting state for either polarity of applied main terminal voltage with positive or negative gate triggering.

- Blocking Voltage to 800 Volts
- All Diffused and Glass Passivated Junctions for Greater Parameter Uniformity and Stability
- Small, Rugged, Thermowatt Construction for Low Thermal Resistance, High Heat Dissipation and Durability
- Gate Triggering Guaranteed in all Four Quadrants
- For 400 Hz Operation, Consult Factory
- Device Marking: Logo, Device Type, e.g., 2N6344, Date Code

MAXIMUM RATINGS (T_J = 25°C unless otherwise noted)

Rating	Symbol	Value	Unit
*Peak Repetitive Off-State Voltage (1) (T_J = −40 to +110 °C, Sine Wave 50 to 60 Hz, Gate Open) 2N6344 2N6349	V_{DRM}, V_{RRM}	that the 600 800	volts
*On-State RMS Current (T_C = +80°C) Full Cycle Sine Wave 50 to 60 Hz (T_C = +90°C)	$I_{T(RMS)}$	8.0 4.0	Amps
*Peak Non-Repetive Surge Current (One Full Cycle, Sine Wave 60 Hz, T_C = +25°C) Preceded and followed by rated current	I_{TSM}	100	Amps
Circuit Fusing Consideration (t = 8.3 ms)	I^2t	40	A^2s
*Peak Gate Power (T_C = +80°C, Pulse Width = 2.0 μs)	P_{GM}	20	Watts
*Average Gate Power (T_C = +80°C, t = 8.3 ms)	$P_{G(AV)}$	0.5	Watts
*Peak Gate Current (T_C = +80°C, Pulse Width = 2.0 μs)	I_{GM}	2.0	Amps
*Peak Gate Voltage (T_C = +80°C, Pulse Width = 2.0 μs)	V_{GM}	10	Volts
*Operating Junction Temperature Range	T_J	−40 to +125	°C
*Storage Temperature Range	T_{stg}	−40 to +150	°C

1. V_{DRM} and V_{RRM} for all types can be applied on a continuous basis. Blocking voltages shall not be tested with a constant current source such voltage ratings of the devices are exceeded.

ON Semiconductor™

http://onsemi.com

TRIACS
8 AMPERES RMS
600 thru 800 VOLTS

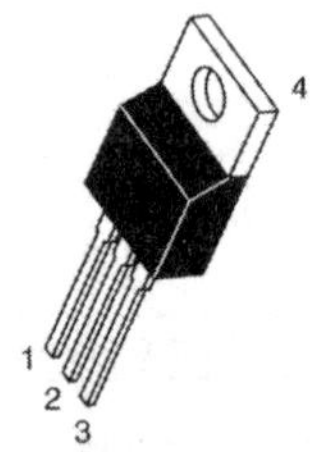

TO–220AB
CASE 221A
STYLE 4

PIN ASSIGNMENT	
1	Main Terminal 1
2	Main Terminal 2
3	Gate
4	Main Terminal 2

THERMAL CHARACTERISTICS

Characteristic	Symbol	Max	Unit
*Thermal Resistance, Junction to Case	$R_{\theta JC}$	2.2	°C/W
Maximum Lead Temperature for Soldering Purposes 1/8" from Case for 10 Seconds	T_L	260	°C

ELECTRICAL CHARACTERISTICS (T_J = 25°C unless otherwise noted; Electricals apply in both directions)

Characteristic	Symbol	Min	Typ	Max	Unit
OFF CHARACTERISTICS					
*Peak Repetitive Blocking Current (V_D = Rated V_{DRM}, V_{RRM}, Gate Open) T_J = 25°C T_J = 100°C	I_{DRM} I_{RRM}	— —	— —	10 2.0	μA mA
ON CHARACTERISTICS					
*Peak On-State Voltage (I_{TM} = ± 11 A Peak; Pulse Width = 1 to 2 ms, Duty Cycle ≤ 2%)	V_{TM}	—	1.3	1.55	Volts
Gate Trigger Current (Continuous dc) (V_D = 12 Vdc, R_L = 100 Ohms) MT2(+), G(+) MT2(+), G(−) MT2(−), G(−) MT2(−), G(+) *MT2(+), G(+); MT2(−), G(−) T_C = −40°C *MT2(+), G(−); MT2(−), G(+) T_C = −40°C	I_{GT}	 — — — — — —	 12 12 20 35 — —	 50 75 50 75 100 125	mA
Gate Trigger Voltage (Continuous dc) (V_D = 12 Vdc, R_L = 100 Ohms) MT2(+), G(+) MT2(+), G(−) MT2(−), G(−) MT2(−), G(+) *MT2(+), G(+); MT2(−), G(−) T_C = −40°C *MT2(+), G(−); MT2(−), G(+) T_C = −40°C	V_{GT}	 — — — — — —	 0.9 0.9 1.1 1.4 — —	 2.0 2.5 2.0 2.5 2.5 3.0	Volts
Gate Non-Trigger Voltage (Continous dc) (V_D = Rated V_{DRM}, R_L = 100 k Ohms, T_J = 100°C) *MT2(+), G(+); MT2(−), G(−); MT2(+), G(−); MT2(−), G(−)	V_{GT}	0.2	—	—	Volts
*Holding Current (V_D = 12 Vdc, Gate Open) T_C = 25°C (Initiating Current = ± 200 mA) *T_C = −40°C	I_H	— —	6.0 —	40 75	mA
*Turn-On Time (V_D = Rated V_{DRM}, I_{TM} = 11 A, I_{GT} = 120 mA, Rise Time = 0.1 μs, Pulse Width = 2 μs)	t_{gt}	—	1.5	2.0	μs
DYNAMIC CHARACTERISTICS					
Critical Rate of Rise of Commutation Voltage V_D = Rated V_{DRM}, I_{TM} = 11 A, Commutating di/dt = 4.0 A/ms (Gate Unenergized, T_C = 80°C)	dv/dt(c)	—	5.0	—	V/μs

*Indicates JEDEC Registered Data

2N6426, 2N6427

Preferred Device

Darlington Transistors

NPN Silicon

ON Semiconductor™

http://onsemi.com

2N6426*
2N6427

CASE 29-04, STYLE 1
TO-92 (TO-226AA)

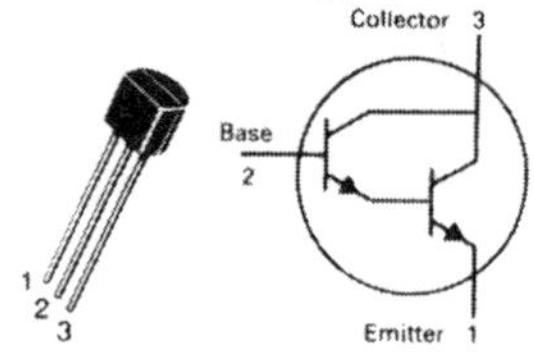

DARLINGTON TRANSISTORS

NPN SILICON

MAXIMUM RATINGS

Rating	Symbol	Value	Unit
Collector-Emitter Voltage	V_{CEO}	40	Vdc
Collector-Base Voltage	V_{CBO}	40	Vdc
Emitter-Base Voltage	V_{EBO}	12	Vdc
Collector Current — Continuous	I_C	500	mAdc
Total Device Dissipation @ T_A = 25°C Derate above 25°C	P_D	625 5.0	mW mW/°C
Total Device Dissipation @ T_C = 25°C Derate above 25°C	P_D	1.5 12	Watts mW/°C
Operating and Storage Junction Temperature Range	T_J, T_{stg}	−55 to +150	°C

THERMAL CHARACTERISTICS

Characteristic	Symbol	Max	Unit
Thermal Resistance, Junction to Case	$R_{\theta JC}$	83.3	°C/W
Thermal Resistance, Junction to Ambient	$R_{\theta JA}$(1)	200	°C/W

(1) $R_{\theta JA}$ is measured with the device soldered into a typical printed circuit board.

ELECTRICAL CHARACTERISTICS (T_A = 25°C unless otherwise noted.)

Characteristic		Symbol	Min	Typ	Max	Unit
OFF CHARACTERISTICS						
Collector-Emitter Breakdown Voltage(2) (I_C = 10 mAdc, V_{BE} = 0)		$V_{(BR)CES}$	40	—	—	Vdc
Collector-Base Breakdown Voltage (I_C = 100 μAdc, I_E = 0)		$V_{(BR)CBO}$	40	—	—	Vdc
Emitter-Base Breakdown Voltage (I_E = 10 μAdc, I_C = 0)		$V_{(BR)EBO}$	12	—	—	Vdc
Collector Cutoff Current (V_{CE} = 25 Vdc, I_B = 0)		I_{CEO}	—	—	1.0	μAdc
Collector Cutoff Current (V_{CB} = 30 Vdc, I_E = 0)		I_{CBO}	—	—	50	nAdc
Emitter Cutoff Current (V_{BE} = 10 Vdc, I_C = 0)		I_{EBO}	—	—	50	nAdc
ON CHARACTERISTICS						
DC Current Gain(2) (I_C = 10 mAdc, V_{CE} = 5.0 Vdc)	2N6426 2N6427	h_{FE}	20,000 10,000	— —	200,000 100,000	—
(I_C = 100 mAdc, V_{CE} = 5.0 Vdc)	2N6426 2N6427		30,000 20,000	— —	300,000 200,000	
(I_C = 500 mAdc, V_{CE} = 5.0 Vdc)	2N6426 2N6427		20,000 14,000	— —	200,000 140,000	
Collector-Emitter Saturation Voltage (I_C = 50 mAdc, I_B = 0.5 mAdc) (I_C = 500 mAdc, I_B = 0.5 mAdc)		$V_{CE(sat)}$	— —	0.71 0.9	1.2 1.5	Vdc
Base-Emitter Saturation Voltage (I_C = 500 mAdc, I_B = 0.5 mAdc)		$V_{BE(sat)}$	—	1.52	2.0	Vdc
Base-Emitter On Voltage (I_C = 50 mAdc, V_{CE} = 5.0 Vdc)		$V_{BE(on)}$	—	1.24	1.75	Vdc
SMALL-SIGNAL CHARACTERISTICS						
Output Capacitance (V_{CB} = 10 Vdc, I_E = 0, f = 1.0 MHz)		C_{obo}	—	5.4	7.0	pF
Input Capacitance (V_{BE} = 1.0 Vdc, I_C = 0, f = 1.0 MHz)		C_{ibo}	—	10	15	pF

2N6426, 2N6427

ELECTRICAL CHARACTERISTICS (continued) (T_A = 25°C unless otherwise noted.)

Input Impedance (I_C = 10 mAdc, V_{CE} = 5.0 Vdc, f = 1.0 kHz) 2N6426 2N6427	h_{ie}	100 50	— —	2000 1000	k Ω
Small-Signal Current Gain (I_C = 10 mAdc, V_{CE} = 5.0 Vdc, f = 1.0 kHz) 2N6426 2N6427	h_{fe}	20,000 10,000	— —	— —	—
Current Gain — High Frequency (I_C = 10 mAdc, V_{CE} = 5.0 Vdc, f = 100 MHz) 2N6426 2N6427	$\|h_{fe}\|$	1.5 1.3	2.4 2.4	— —	—
Output Admittance (I_C = 10 mAdc, V_{CE} = 5.0 Vdc, f = 1.0 kHz)	h_{oe}	—	—	1000	μmhos
Noise Figure (I_C = 1.0 mAdc, V_{CE} = 5.0 Vdc, R_S = 100 kΩ, f = 1.0 kHz)	NF	—	3.0	10	dB

(2) Pulse Test: Pulse Width ≤ 300 μs, Duty Cycle ≤ 2.0%.

FIGURE A.5 *(continued)*

Standard Resistor Values

10% Tolerance

Ω				kΩ			MΩ	
0.10	1.0	10	100	1.0	10	100	1.0	10.0
0.12	1.2	12	120	1.2	12	120	1.2	12.0
0.15	1.5	15	150	1.5	15	150	1.5	15.0
0.18	1.8	18	180	1.8	18	180	1.8	18.0
0.22	2.2	22	220	2.2	22	220	2.2	22.0
0.27	2.7	27	270	2.7	27	270	2.7	
0.33	3.3	33	330	3.3	33	330	3.3	
0.39	3.9	39	390	3.9	39	390	3.9	
0.47	4.7	47	470	4.7	47	470	4.7	
0.56	5.6	56	560	5.6	56	560	5.6	
0.68	6.8	68	680	6.8	68	680	6.8	
0.82	8.2	82	820	8.2	82	820	8.2	

In addition to the values listed in the table, multiples of the following values are available with 2% and 5% tolerance only:

1.1	2.4	5.1
1.3	3.0	6.2
1.6	3.6	7.5
2.0	4.3	9.1

Precision Resistor Values

Precision resistors are commonly available in 0.1%, 0.25%, 0.5%, and 1% tolerances. The values listed below are the standard digit combinations for the resistors in this tolerance range. Resistors with 1% tolerance are available only in the magnitudes shown in **bold**.

100	101	**102**	104	**105**	106	**107**	109	**110**	111	**113**	114
115	117	**118**	120	**121**	126	**127**	129	**130**	132	**133**	135
137	138	**140**	142	**143**	145	**147**	149	**150**	152	**154**	156
158	160	**162**	164	**165**	167	**169**	172	**174**	176	**178**	180
182	184	**187**	189	**191**	193	**196**	198				
200	203	**205**	208	**210**	213	**215**	218	**221**	223	**226**	229
232	234	**237**	240	**243**	246	**249**	252	**255**	258	**261**	264
267	271	**274**	277	**280**	284	**287**	291	**294**	298		
301	305	**309**	312	**316**	320	**324**	328	**332**	336	**340**	344
348	352	**357**	361	**365**	370	**374**	379	**383**	388	**392**	397
402	407	**412**	417	**422**	427	**432**	437	**442**	448	**453**	459
464	470	**475**	481	**487**	493	**499**					
505	**511**	517	**523**	530	**536**	542	**549**	562	**566**	569	**576**
583	**590**	599									
604	612	**619**	626	**634**	642	**649**	657	**665**	673	**681**	690
698											
706	**715**	723	**732**	741	**750**	759	**768**	777	**787**	796	
806	816	**825**	835	**845**	856	**866**	876	**887**	898		
909	920	**931**	942	**953**	965	**976**	988				

부록 B

회로 파라미터의 근사화

주어진 회로의 해석을 위해서 간혹 자신의 저항이나 전류를 근사화 시킬 필요가 있다. 부록 B에서는 회로 정수 값을 어떻게 근사화 시킬 수 있는지와 회로 근사화가 정당화 되는지에 대한 방법에 대해서 알아보기로 한다.

회로 정수의 근사화가 가지는 의미는 무엇인가?

회로 정수를 근사화 할 때 주어진 회로 해석에 미치는 영향이 작은 경우에는 저항이나 전류 값을 무시하는 경향도 있다. 그 예로 [그림 B-1 (a)]에 표시된 회로를 살펴보기로 하자. 회로의 전체 저항은 얼마인가? 분명하게 10,000,010Ω이다. 그렇지만 실제적인 모든 응용회로에서는 대략 10MΩ이라고 표시한다. 이런 회로에서 R_1 저항은 R_T, I_T, V_{R2}에 거의 영향을 미치지 않는다. 따라서 R_1 저항은 회로의 계산의 정확도에 거의 영향을 미치지 않기 때문에 회로에서 제거시켜도 무방하다.

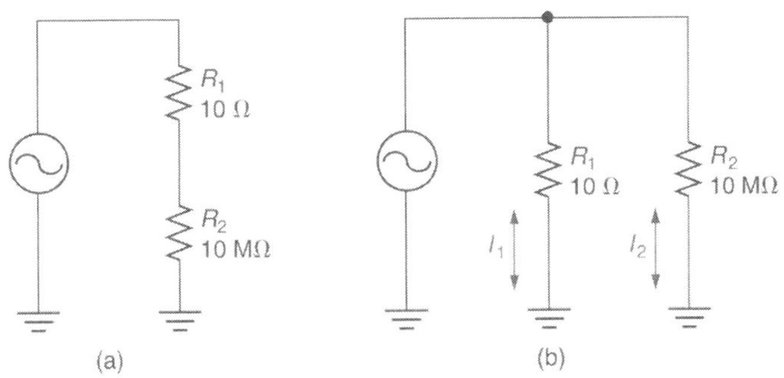

[그림 B-1]

이번에는 [그림 B-1 (b)]에 표시된 회로를 살펴보자. 회로 전류에서 어느 소자에 흐르는 전류가 무시되어질 수 있는가? 이런 경우에는 R_2에 흐르는 전류가 아주 작기 때문에 무시되는 것이 타당하다. 전압원의 크기가 10V라고 가정하면 옴의 법칙에 의해서 $I_1 = 1A$, $I_2 = 1\mu A$의 크기를 가지게 된다. 이런 경우에는 I_2가 전체 회로 전류에 미치는 영향이 거의 없기 때문에 회로 전류 계산에서 무시되어진다. 이런 것들을 회로 정수의 근사 화에서 지침으로 사용하게 된다. 회로 소자의 근사 화가 타당성을 갖는 경우를 살펴보기로 하자.

회로 근사화를 언제 사용할 수 있는가?

주어진 회로의 고장 진단 시에 근사화된 크기가 정확하다고 가정한다. 일반적으로 고장진단을 하는 경우에는 전압, 전류, 저항의 정격이 관심을 가지게 된다. 예를 들어서 [그림 B-2]에 표시된 회로를 살펴보자. 고장진단을 한다고 가정하자. 그림에 표시된 것처럼 V_B는 $1V_{PP}$의 정현파이고 V_E도 $1V_{PP}$의 정현파이다. V_C는 다른 두 전압 파형과 180° 위상차를 가지는 $8V_{PP}$의 정현파이다. 이런 회로를 오실로스코프로 검사한다면 V_{PP}의 주어진 크기가 0.001V off 된다고 해도 관심을 갖지 않는다. 우리의 관심은 오직 V_{PP}가 주어진 정격에 근접하는가 하는 점과 위상이 정확한가에만 관심을 가지게 된다. 따라서 회로의 V_{PP} 근사화는 완전하게 받아들여진다.

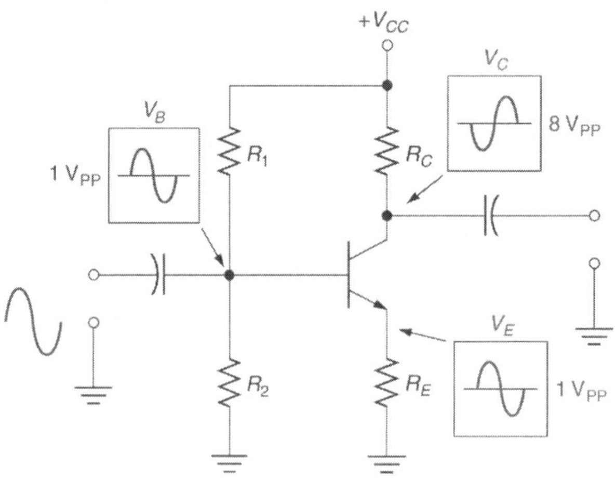

[그림 B-2]

여러분들이 회로의 근사화를 사용하지 않는 경우는 두 가지가 있다. 하나는 *h* 파라미터가 포함된 정확한 회로 해석을 하는 경우이다. 트랜지스터의 전류 이득, 전압 이득, 입출력 임피던스를 아주 정확하게 제공하는 *h* 파라미터 공식은 부록 C에 표시되어 있다. 이런 정확한 공식을 사용하게 않게 되면 트랜지스터의 모든 외부 값은 근사화된다. 두 번째는 회로를 특정한 응용회로로 설계하는 경우로 이런 경우에는 근사화를 사용하지 않는다. 요약하면 회로의 근사화 기술은 일반적인 회로 해석이나 고장진단에서 사용된다. 정확한 회로 해석이나 특정한 회로 응용에 사용되도록 설계되는 경우에는 근사화가 사용되지 않는다.

근사화된 회로 저항 값

일반적으로 직렬 회로에서 저항의 크기가 무시되는 경우에는 소자가 다음번 가장 작은 소자의 10%가 되는 경우이다. [그림 B-3 (a)]에서 R_2는 $0.1R_1$이다. 따라서 회로의 전체 저항은 4.7kΩ이라고 근사화시킬 수 있다. [그림 B-3 (b)]에서 회로에서 다음번으로 가장 작은 저항이 R_1이고 R_3는 $0.1R_1$보다 작기 때문에 무시된다. R_2는 무시되지 않는데 그 이유는 R_2가 R_1보다 크기 때문이다. [그림 B-3 (c)]에서는 어떤 저항도 무시되지 않는다. 왜 그런가? 비록 R_1이 0.1 R_2보다 작지만 $0.1R_3$보다 작지 않기 때문이다. 따라서 소자가 다음번 가장 작은 소자의 10%보다 작지 않은 경우에는 회로에서 유지된다.

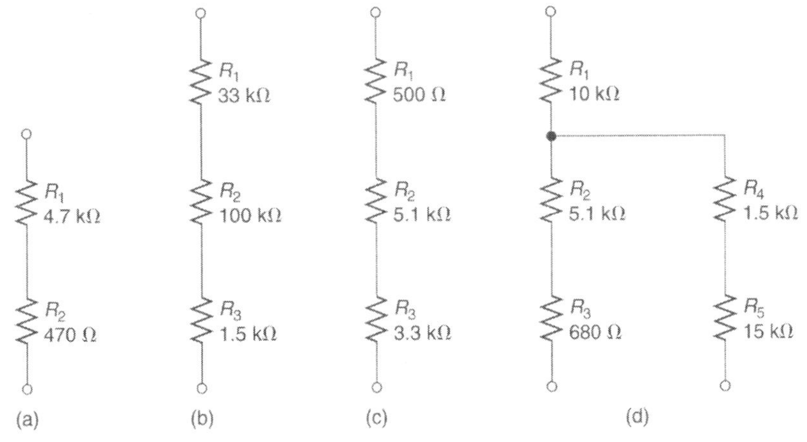

[그림 B-3]

[그림 B-3 (d)]에서 어느 저항이 제거되는가? 만약 R_4를 선택했다면 정확하다. R_4는 R_5의 10%이기 때문에 회로에서 제거된다. R_1(10kΩ)이 R_4의 제거를 방해하지 않는 이유는 무엇인가? [그림 B-3 (d)]에 표시된 회로는 직병렬 회로이다. R_1이 R_2, R_3, R_4, R_5의 조합과 직렬로 연결되지만 R_4와 직접 직렬 연결된다고 생각하지는 않는다. 이것이 R_1을 통해서 흐르는 전류가 R_4를 통해서 흐르는 전류와 필연적으로 같을 이유가 없기 때문이다. 정의에 의하면 두 개의 소자가 직렬로 연결되면 반드시 두 소자를 통해서 흐르는 전류가 같아야 한다. 병렬연결인 경우에는 10% 규칙이 유보된다. 이런 경우에는 가장 큰 저항이 제거된다. 이런 이유는 [그림 B-1 (b)]를 참조하면 알 수 있다. 회로에 표시된 것처럼 가장 큰 전류는 전체 회로 전류의 10%보다 작은 전류를 제공하게 된다. 따라서 무시할 수 있다.

부록 C

h 파라미터 공식 유도

9장에서 4가지 트랜지스터 h 파라미터와 그들이 기본적인 회로 해석에서 어떻게 사용되는지를 알아본 바 있다. 부록 C에서는 h 파라미터 공식과 트랜지스터 하이브리드 등가회로에 대해서 깊이 있게 살펴보기로 한다.

트랜지스터 하이브리드 등가회로

9장에서 설명된 h 파라미터 값을 이용하면 트랜지스터의 하이브리드 등가회로를 구할 수 있다. 이런 교류 등가회로를 이해하기 위해서 트랜지스터는 4단자 소자로 간주되어져야만 한다. 트랜지스터의 이런 표현이 [그림 C-1]에 표시되어 있다. 트랜지스터의 이미터 단자가 공통이미터 증폭기의 입력과 출력회로에서 공통 단자로 사용되기 때문에 두 개의 단자망으로 분리된다. 이런 단자들은 단일 트랜지스터를 표시한다. 입력과 출력 전압은 v_1과 v_2으로 표시된다.

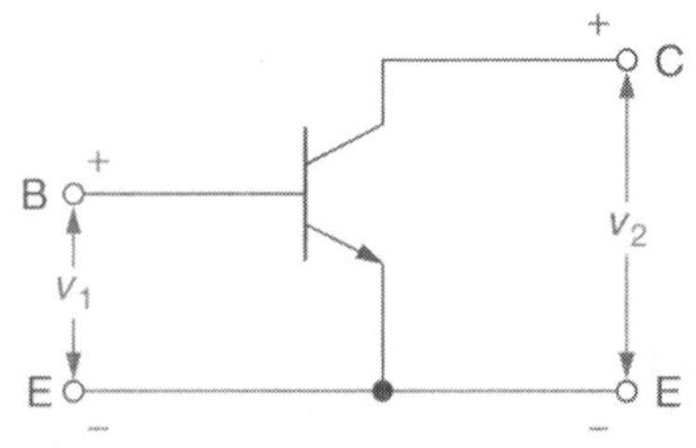

[그림 C-1]

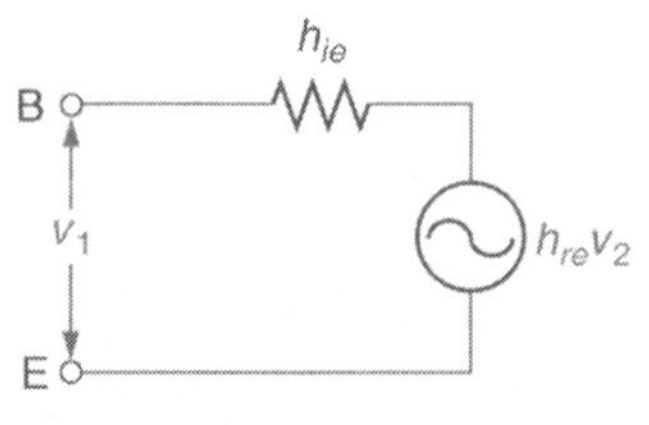

[그림 C-2]

입력회로

입력회로의 교류 등가회로는 테브닌의 정리를 사용해서 유도된다. 테브닌의 정리는 단일 전압원과 단일 저항이 직렬로 연결되는 회로를 나타낸다. 트랜지스터 입력의 하이브리드 등가회로는 [그림 C-2]에 표시된 것처럼 유도된다. 입력의 테브닌 전압은 베이스 개방 상태의 v_1과 같다. [그림 C-2]는 식 (C-1)로 표시되는 전압을 표시하고 있다.

$$v_1 \cong h_{ie} v_2 \tag{C-2}$$

이런 공식은 식 (9-30)을 간략화시킨 것이다. $v_{be}=v_1$, $v_{ce}=v_2$이므로 식 (9-30)은 식 (C-2)처럼 표시할 수 있다. 트랜지스터 입력의 테브닌 저항은 h_{ie}와 등가이나. 이런 값은

9장에서 구한 바 있다. 입력이 테브닌의 등가회로로 표시되는 이유는 무엇인가? 베이스-이미터 접합 양단에 걸리는 전압이 거의 일정하게 유지되기 때문이다. 입력 회로를 이런 전압으로 표시하는 것이 편리하다.

출력 회로

출력 회로의 테브닌 등가회로는 노턴의 정리로 유도된다. 노턴의 정리는 단일 전류원이 단일 저항과 병렬로 연결되는 회로를 설명한다. 출력의 교류 등가회로는 [그림 C-3]에 표시되어 있다.

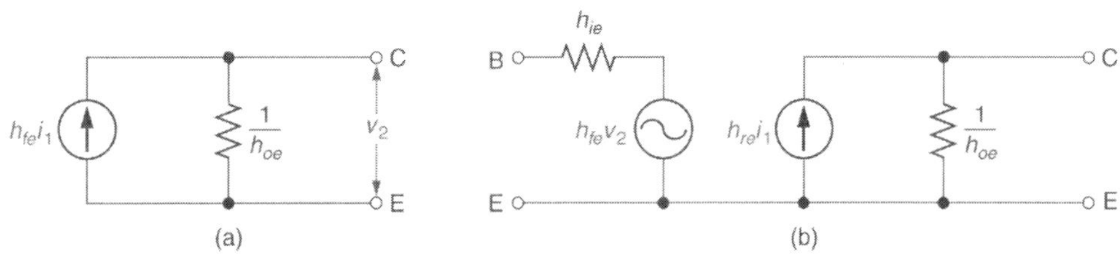

[그림 C-3]

노턴 전류원의 크기는 트랜지스터의 전류이득 h_{fe}와 베이스 입력 전류 i_1의 곱으로 표시된다. 이런 전류원은 9장에서 사용된 $h_{fe}i_b$와 일치된다. 노턴 저항은 트랜지스터 출력 어드미턴스 h_{oe}의 역수와 등가이다. i_c가 정상적인 조건에서 컬렉터-이미터 회로 외부의 계수에 독립적이므로 출력회로가 노턴의 등가회로로 표시된다. 예를 들면 R_C의 변화가 i_c를 크게 변화시키지 않는다. 여하튼 I_b는 변화된다. 트랜지스터의 출력 전류는 외부 소자 값에 독립적이기 때문에 출력 계산에서 기준이 된다. 트랜지스터의 완전한 하이브리드 등가회로는 [그림 C-3 (b)]에 표시되어 있다. 이런 회로가 h 파라미터 계산에서 사용되어진다.

h 파라미터가 포함되는 계산

트랜지스터 전류 이득 A_i, 전압 이득 A_v, 입력 임피던스 Z_{base}, 출력 임피던스 Z_{out}의 정확한 값은 h 파라미터를 사용해서 구해진다. A_i, A_v, Z_{in}, Z_{out}은 I_C의 특정 값에서 계산된다는 사실을 주목해야 한다. 만약 h 파라미터가 변화된다면 A_i, A_v, Z_{base}, Z_{out}도 변화된다.

전류 이득(A_i)

트랜지스터의 전류 이득은 입력 전류와 출력 전류의 비이다.

$$A_i = \frac{i_2}{i_1} \tag{C-2}$$

이제 [그림 C-4]에 표시된 회로에 이런 공식을 적용해 보자. 이런 회로는 전압 분배기로 바이어스 된 증폭기의 소신호 등가회로이다. 이런 회로와 앞에서 해석한 회로의 차이점은 하이브리드 등가회로로 대체되었다는 것뿐이다. 트랜지스터의 영역은 음영으로 표시된 부분이다.

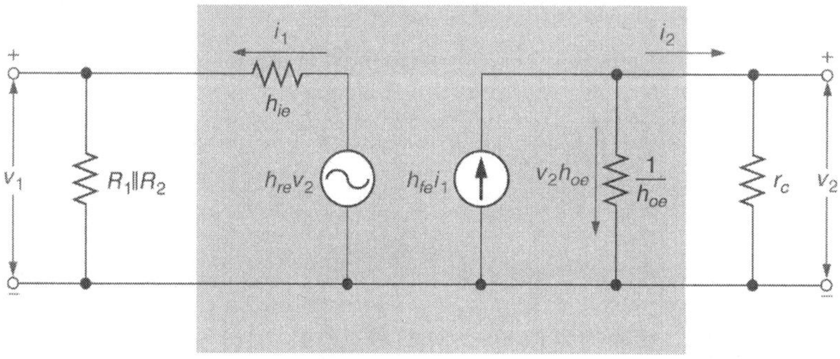

[그림 C-4]

출력전류는 노턴 병렬 저항을 통해서 흐르는 전류와 $h_{fe}i_1$ 사이의 차와 등가이다. 옴의 법칙을 사용하면 이런 저항을 통해서 흐르는 전류는 다음과 같이 구해진다.

$$i = \frac{v_2}{1/h_{oe}} = v_2 h_{oe}$$

$h_{fe}i_1$에서 이런 전류를 빼주면 식 (C-3)을 구할 수 있다.

$$i_2 = h_{fe}i_1 - v_2 h_{oe} \tag{C-3}$$

식 (C-2)에서 i_2 대신 위 식을 대입하면 다음 식을 구할 수 있다.

$$A_i = \frac{h_{fe}i_1 - v_2 h_{oe}}{i_1}$$

이 식을 다시 쓰면 $A_i = \frac{h_{fe}i_1}{i_1} - \frac{v_2 h_{oe}}{i_1}$ 또는 $A_i = h_{fe} - \frac{v_2 h_{oe}}{i_1}$가 구해진다.

$v_2 = i_2 r_C$이므로 $A_i = h_{fe} - \dfrac{i_2 r_C h_{oe}}{i_1}$로 표시할 수 있다. 이 식을 다시 쓰면 $A_i = h_{fe} - \left(\dfrac{i_2}{i_1}\right) r_C h_{oe}$로 표시된다. 이 식을 다시 정리하면 $A_i = h_{fe} - A_i r_C h_{oe}$가 구해진다.

이 식의 양변을 A_i로 나누면 $\dfrac{A_i}{A_i} = \dfrac{h_{fe}}{A_i} - \dfrac{A_i r_C h_{oe}}{A_i}$ 또는 $1 = \dfrac{h_{fe}}{A_i} - r_C h_{oe}$가 구해진다.

위 식을 변환하면 식 (C-4)가 유도된다.

$$1 + r_C h_{oe} = \frac{h_{fe}}{A_i} \quad \text{또는} \quad A_i = \frac{h_{fe}}{1 + r_C h_{oe}} \tag{C-4}$$

식 (C-4)가 우리의 목표이다. 트랜지스터의 h 파라미터와 컬렉터 회로의 교류 저항을 사용하는 A_i로 정의된다. 다음 예제를 통해서 식 (C-4)의 사용법에 대해서 알아보기로 한다.

【예제 C.1】 [그림 C-5]에 표시된 트랜지스터 회로의 A_i를 결정하시오. 트랜지스터의 h 파라미터는 다음과 같다고 가정하시오.($h_{ie} = 1\text{k}\Omega$, $h_{re} = 2.5 \times 10^{-4}$, $h_{fe} = 50$, $h_{oe} = 25\mu\text{S}$)

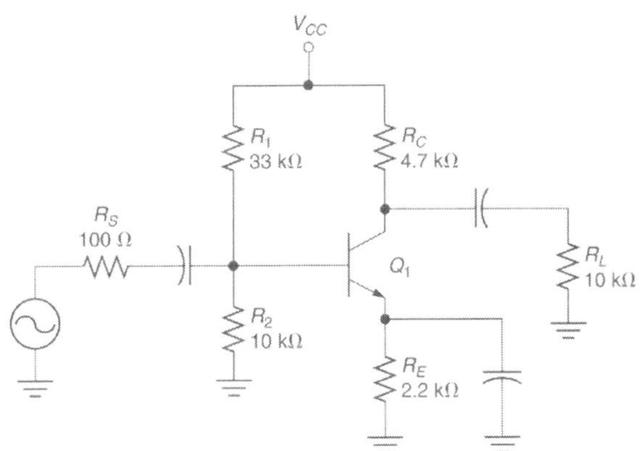

[그림 C-5]

풀이 A_i를 결정하기 위해서는 r_C를 먼저 구해야 한다. 회로에서 r_C는 $3.2\text{k}\Omega$으로 구해진다.

$$r_C = R_C || R_L = 4.7\text{k}\Omega || 10\text{k}\Omega = 3.2\text{k}\Omega$$

A_i는 46.3으로 구해진다.

$$A_i = \frac{h_{fe}}{1 + r_C h_{oe}} = \frac{50}{1 + (3.2\text{k}\Omega)(25\mu\text{S})} = 46.3$$

만약 예제 C.1의 결과를 구하게 된다면 여러분들은 이 값이 h_{fe}와 아주 근사하다는 사실에 놀라게 될 것이다. 이런 이유는 $r_C h_{oe} \ll 1$이기 때문이다. 이런 정상적인 경우는 식 (C-5)처럼 근사화시킬 수 있다.

$$A_i \cong h_{fe} \tag{C-5}$$

전압이득(A_v)

전압이득은 입력 전압과 출력 전압의 비이다.

$$A_v = \frac{v_2}{v_1} \tag{C-6}$$

[그림 C-6]에 표시된 회로를 살펴보자.

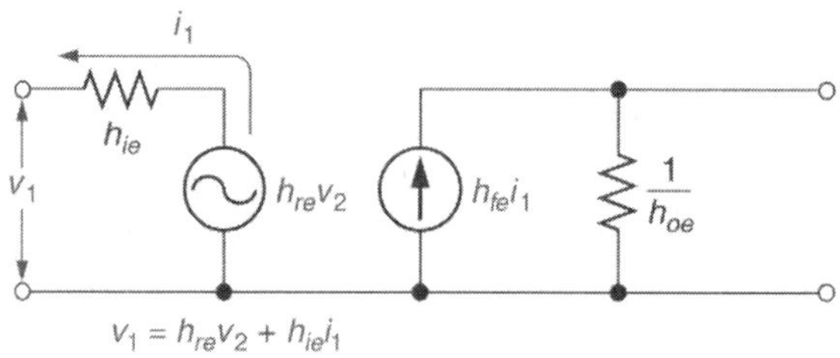

[그림 C-6]

그림에 표시된 것처럼 v_1은 $h_{re}v_2$와 h_{ie} 양단에 걸리는 전압의 합이다. h_{ie} 양단에 걸리는 전압은 $h_{ie}i_1$이다.

$$v_1 = h_{re}v_2 + h_{ie}i_1 \tag{C-7}$$

이미 $v_2 = i_2 r_C$라는 사실을 알고 있다. 따라서 이 식을 식 (C-6)에 대입하면 다음 식을 구할 수 있다.

$$A_v = \frac{v_2}{v_1} = \frac{i_2 r_C}{h_{re}v_2 + h_{ie}i_1}$$

만약 분수의 분모와 분자를 모두 i_2로 나눈다면 식 (C-8)을 구할 수 있다.

$$A_v = \frac{r_C}{h_{re}rc + h_{ie}/A_i} \tag{C-8}$$

혼란스러운가? 분자를 i_2로 나눈다면 $\frac{i_2 r_C}{i_2} = r_C$를 구할 수 있다.

$h_{re}v_2$를 i_2로 나눈다면 $\frac{h_{re}v_2}{i_2} = h_{re}\left(\frac{v_2}{i_2}\right) = h_{re}r_C$를 구할 수 있다.

마지막으로 $h_{ie}i_1$을 i_2로 나눈다면 $\frac{h_{ie}i_1}{i_2} = h_{ie}\left(\frac{i_1}{i_2}\right) = h_{ie}\left(\frac{1}{A_i}\right) = \frac{h_{ie}}{A_i}$가 구해진다.

이런 값들을 식 (C-8)에 대입하면 A_v의 최종 공식은 A_i 공식 (C-4)를 식 (C-8)에 대입하면 식 (C-9)처럼 표시가 가능해진다.

$$A_v = \frac{h_{fe}r_C}{h_{ie} + (h_{ie}h_{oe} - h_{ie}h_{fe})r_C} \tag{C-9}$$

전압 이득 역시 h 파라미터와 교류 컬렉터 저항으로 표시가 가능하다는 것을 확인할 수 있다. 다음 예제를 통해서 이런 식의 활용법을 설명하기로 한다.

【예제 C.2】 [그림 C-5]에 표시된 회로의 전압 이득을 구하시오.

풀이 예제 C.1에서 사용된 h 파라미터를 이용한다.

$$A_v = \frac{h_{fe}r_C}{h_{ie} + (h_{ie}h_{oe} - h_{re}h_{fe})r_C}$$
$$= \frac{(50)(3.2\text{k}\Omega)}{1\text{k}\Omega + [(1\text{k}\Omega)(25\mu\text{S}) - (2.5\times10^{-4})(50)](3.2\text{k}\Omega)} = \frac{1.6\times10^5\Omega}{1.04\text{k}\Omega} = 153.9$$

아스피린이 필요한가? 포기하지 마시오, 점점 좋아질 것이다. 트랜지스터의 입력 임피던스는 h_{ie}와 등가이다. 9장에서 Z_{base}는 $h_{re}r_e'$와 등가라고 정의했다. 이런 관계식을 이용하면 r_e'는 식 (C-10)처럼 표시된다.

$$r_e' = \frac{h_{ie}}{h_{fe}} \tag{C-10}$$

예제 C.2의 문제를 다른 각도로 접근해 보자.

【예제 C.3】 [그림 C-5]에 표시된 회로의 전압 이득을 구하시오.

풀이 예제 C.1에서는 제시된 h 파라미터를 이용하면 r_e'는 20Ω으로 구해진다.

$$r_e' = \frac{h_{ie}}{h_{fe}} = \frac{1\text{k}\Omega}{50} = 20\Omega$$

전압 이득은 160으로 계산된다.

$$A_v = \frac{r_C}{r_e{}'} = \frac{3.2\text{k}\Omega}{20\Omega} = 160$$

여러분도 발견했겠지만 예제 C.3에서 사용된 A_v는 정확한 결과와 10% 이내의 오차를 가지게 된다. 대부분의 문제 해석에서 이런 값을 구하는 작업은 정당하다.

입력 임피던스($Z_{(\text{base})}$)

트랜지스터의 입력 임피던스는 입력 전압 v_1과 입력 전류 i_1의 비이다.

$$Z_{\text{base}} = \frac{v_1}{i_1} \tag{C-11}$$

만약 [그림 C-6]을 참조한다면 $v_1 = h_{re}v_2 + h_{ie}i_1$이라는 점을 기억하게 될 것이다. 이런 v_1을 식 (C-11)에 대입하면 Z_{base}는 다음과 같이 표시된다.

$$Z_{\text{base}} = \frac{h_{re}v_2 + h_{ie}i_1}{i_1}$$

이 식을 간략화 하면 $Z_{\text{base}} = h_{ie} + \dfrac{h_{re}v_2}{i_1}$로 표시된다.

이 식을 다시 정리하면 $Z_{\text{base}} = h_{ie} + h_{re}\left(\dfrac{v_2}{i_1}\right)$ 또는 $Z_{\text{base}} = h_{ie} + h_{re}\left(\dfrac{i_2 r_C}{i_1}\right)$로 표시할 수 있다.

$\dfrac{i_2}{i_1} = A_i$이므로 위 식을 다음과 같이 다시 쓸 수 있다.

$$Z_{\text{base}} = h_{ie} + h_{re}A_i r_C$$

(C-4) 식을 위 식에 대입하면 식 (C-12)가 유도된다.

$$Z_{\text{base}} = h_{ie} + \frac{h_{re}h_{fe}r_C}{1 + r_C h_{oe}} \tag{C-12}$$

앞에서 $Z_{\text{base}} \cong h_{ie}$로 가정한 것을 기억하는가? 다음의 예제를 살펴보면 타당성을 확인할 수 있다.

【예제 C.4】 예제 C.1에서 표시된 증폭기의 정확한 Z_{base} 값을 구하시오.

풀이 예제 C.1에서 구한 h 파라미터를 사용하면 $Z_{\text{in(base)}}$는 1037Ω으로 구해진다.

$$Z_{\text{base}} = h_{ie} + \frac{h_{re}h_{fe}r_C}{1+r_C h_{oe}} = 1\text{k}\Omega + \frac{(2.5\times10^{-4})(50)(3.2\text{k}\Omega)}{1+(3.2\text{k}\Omega)(25\mu\text{S})} = 1\text{k}\Omega + \frac{40}{1.08}\Omega = 1037\Omega$$

여러분들도 보다시피 예제 C.4에서 Z_{base}와 h_{ie} 사이에는 오직 37Ω의 차이만 존재하게 된다.

출력 임피던스 Z_{out}(Output Impedance Z_{out})

트랜지스터의 출력 임피던스는 출력 전류 i_2와 출력전압 v_2의 비로 정의된다.

$$Z_{\text{out}} = \frac{v_2}{i_2} \tag{C-13}$$

i_2에 식 (C-5)를 대입하면 식 (C-14)가 구해진다.

$$Z_{\text{out}} = \frac{v_2}{h_{fe}i_1 - v_2 h_{oe}} \tag{C-14}$$

[그림 C-7]에 표시된 회로를 살펴보자.

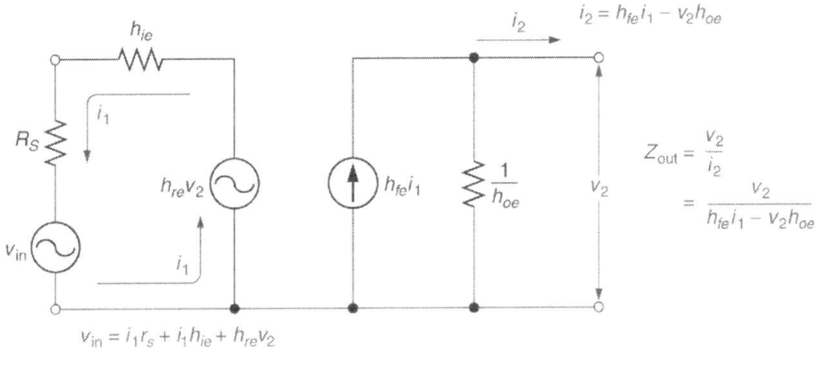

[그림 C-7]

입력에서 키르히호프의 전압 방정식은 다음과 같이 표시된다.

$$v_{\text{in}} = i_1R_s + i_1h_{ie} + h_{re}v_2$$

만약 전압원을 단락시켜서 제거시킨다고 가정하면 $h_{re}v_2 = i_1(R_s + h_{ie})$이므로 식 (C-15)를 유도할 수 있다.

$$i_1 = \frac{h_{re}v_2}{R_s + h_{ie}} \tag{C-15}$$

만약 (C-14)식에서 i_1 대신 식 (C-15)를 대입하면 식 (C-16)과 (C-17)을 구할 수 있다.

$$Z_{out} = \frac{r_s - h_{ie}}{(R_s + h_{ie})h_{oe} - h_{re}h_{fe}} \tag{C-16}$$

$$Z_{out} = \frac{1}{h_{oe} - \left(\dfrac{h_{fe}h_{re}}{h_{ie} + R_s}\right)} \tag{C-17}$$

【예제 C.5】 예제 C.1에서 사용된 트랜지스터의 출력 임피던스를 구하시오.

풀이 소스 저항이 100Ω으로 표시되어 있다. 이런 값과 예제 C.1에서 주어진 파라미터를 사용하면 Z_{out}은 73.3kΩ으로 구해진다.

$$Z_{out} = \frac{1}{h_{oe} - \left(\dfrac{h_{fe}h_{re}}{h_{ie} + R_s}\right)} = \frac{1}{(25\mu S) - \dfrac{(50)(2.5\times 10^{-4})}{(1k\Omega) + (100\Omega)}} = 73.3k\Omega$$

h 파라미터의 근사화

이 절에서 다루어지는 대부분의 h 파라미터 공식은 취급하기가 쉬운 형태를 구성하기 위해서 근사화 된다. 이런 공식들의 근사화는 대부분의 응용회로에 적용되는 원래의 공식처럼 정확하지는 않은 결과를 가질 수도 있다. 식 (C-4)는 트랜지스터의 전류 이득 A_i는 다음과 같이 표시된다.

$$A_i = \frac{h_{fe}}{1 + r_C h_{oe}}$$

$r_C h_{oe} \ll 1$이므로 식의 분모는 1로 간략화 될 수 있다. 따라서 식 (C-18)을 표시할 수 있다.

$$A_i \cong h_{fe} \tag{C-18}$$

이런 간략화 된 공식의 타당성은 예제 C.1에서 증명되었다. 예제 C.1에서 구한 정확한 A_i의 크기는 46.3이다. 주어진 트랜지스터의 h_{fe}는 50이다. 이런 두 이득 사이의 차이는 3.7로 7.4%이다. 증폭기의 전압이득 A_v는 식 (C-9)로 구해진다.

$$A_v = \frac{h_{fe}r_C}{h_{ie} + (h_{ie}h_{oe} - h_{ie}h_{fe})r_C}$$

이 식의 근사화는 여러 요소에서 이루어지는데 가장 먼저 원래의 A_v는 $A_v = \frac{r_C}{r_e'}$로 정의된다.

이 식은 $A_v = r_C\left(\frac{1}{r_e'}\right)$로 쓸 수 있고 식 (C-10)에서 r_e'는 $r_e' = \frac{h_{ie}}{h_{fe}}$로 정의되기 때문에 $\frac{1}{r_e'} = \frac{h_{fe}}{h_{ie}}$로 표시할 수 있다. 따라서 A_v는 식 (C-19)처럼 근사화된다.

$$A_v \cong \frac{h_{re} r_e'}{h_{ie}} \tag{C-19}$$

이런 공식의 타당성은 예제 C.2와 C.3에서 증명되었다. 예제 C.2에서 제공되는 A_v는 153.85이고 예제 C.3에서 주어지는 A_v는 160이다. 오차의 %는 단지 4%크기를 갖는다. 예제 C.4에서 주어지는 트랜지스터 증폭기의 Z_{base}는 1037Ω이다. 트랜지스터의 h_{ie}는 1kΩ이다. 따라서 Z_{base}는 식 (C-20)처럼 근사화시킬 수 있다.

$$Z_{\text{base}} \cong h_{ie} \tag{C-20}$$

불행하게도 트랜지스터의 출력 임피던스는 빠르게 근사화시킬 수 없다. 이런 값을 구하기를 원한다면 식 (C-17)을 사용해야 한다. 여하튼 좋은 소식은 아니다. 대부분의 경우에는 트랜지스터의 출력 임피던스를 계산할 이유가 없다. 이것은 공통 이미터 회로 계산에서는 거의 드문 일이다. 주어진 트랜지스터에서 얼마나 큰 Z_{out}이 일반적으로 필요한가 생각하는 경우에는 정확한 크기는 아니지만 식 (C-21)을 사용하면 대략적인 크기를 설명할 수 있다.

$$Z_{\text{out}} > \frac{1}{h_{oe}} \tag{C-21}$$

다른 트랜지스터의 구성(Other Transistor Configuration)

h 파라미터는 오직 공통 이미터 회로에만 사용되는 것이 아니고 공통 베이스와 공통 컬렉터 회로에서도 사용된다. 여하튼 여러분들은 각각의 트랜지스터 구성에 따른 A_i, A_v, Z_{in}, Z_{out}을 계산하기 위해서 필요한 변환 값을 사용하게 된다. 이 절에서는 공통 이미터회로의 h 파라미터를 공통 베이스 회로와 공통 컬렉터 회로에서도 사용할 수 있도록 변환과정을 설명하고자 한다. 앞으로 여러분들이 참조해야 할 사항을 표로 작성하였다. 공통 이미터 회로인 경우에는 h 파라미터에 첨자 e를 사용하고 공통 베이스 회로인 경우에는 첨자 b를 사용한다. 물론 공통 컬렉터 회로에서는 첨자 c를 사용하게 된다.

파라미터	공통 이미터	공통 베이스
트랜지스터 전류이득	h_{fe}	h_{fb}
전압 귀환율	h_{re}	h_{rb}
입력 임피던스	h_{ie}	h_{ib}
출력 어드미턴스	h_{oe}	h_{ob}

공통 이미터 증폭기의 파라미터를 공통 베이스 증폭기의 파라미터로 변환하기 위해서는 다음과 같은 변환 공식이 사용된다.

$$h_{fb} = \frac{h_{fe}(1-h_{re})-h_{ie}h_{oe}}{(1+h_{fe})(1-h_{re})+h_{ie}h_{oe}} \cong \frac{h_{fe}}{h_{fe}+1} \tag{C-22}$$

$$h_{rb} = \frac{h_{ie}h_{oe}-h_{re}(1+h_{oe})}{(1+h_{fe})(1-h_{re})+h_{ie}h_{oe}} \cong \frac{h_{ie}h_{oe}}{h_{fe}+1}-h_{re} \tag{C-23}$$

$$h_{ib} = \frac{h_{ie}}{(1+h_{fe})(1-h_{re})+h_{ie}h_{oe}} \cong \frac{h_{ie}}{h_{fe}+1} \tag{C-24}$$

$$h_{ob} = \frac{h_{oe}}{(1+h_{fe})(1-h_{re})+h_{ie}h_{oe}} \cong \frac{h_{oe}}{h_{fe}+1} \tag{C-25}$$

한번 파라미터의 변환이 완전하게 이루어지면 회로 이득과 임피던스 값은 다음과 같이 표시된다.

$$A_i = \frac{h_{fb}}{1+h_{ob}r_C} \tag{C-26}$$

$$A_v = \frac{h_{fb}r_C}{h_{ib}+(h_{ib}h_{ob}-h_{fb}h_{rb})r_C} \tag{C-27}$$

$$Z_{\text{in}} = h_{ib}-\frac{h_{rb}h_{fb}r_C}{1+h_{ob}r_C} \tag{C-28}$$

$$Z_{\text{out}} = \frac{1}{h_{ob}-\dfrac{h_{fb}h_{rb}}{h_{ib}+R_s}} \tag{C-29}$$

공통 이미터 증폭기의 파라미터를 공통 컬렉터 증폭기의 파라미터로 변환하기 위해서는 다음과 같은 변환 공식이 사용된다.

$$h_{fc} = h_{fe}+1 \tag{C-30}$$

$$h_{rc} = 1-h_{re} \tag{C-31}$$

$$h_{ic} = h_{ie} \tag{C-32}$$

$$h_{oc} = h_{oe} \tag{C-33}$$

변환된 파라미터를 사용하면 공통 컬렉터 회로의 이득과 임피던스 값은 다음과 같이 표시된다.

$$*A_i = \frac{h_{fc}}{1 + h_{oc} r_E} \tag{C-34}$$

$$A_v = \frac{h_{fc} r_E}{h_{ic} + (h_{ic} h_{oc} - h_{fc} h_{rc}) r_E} \tag{C-35}$$

$$Z_{\text{in}} = h_{ic} - \frac{h_{rc} h_{fc} r_E}{1 + h_{oc} r_E} \tag{C-36}$$

$$Z_{\text{out}} = \frac{1}{h_{oe} + \dfrac{h_{fc} h_{rc}}{h_{ic} + R_s}} \tag{C-37}$$

이 절에서 표시된 실제적인 이득과 임피던스는 공통 이미터 회로에서 사용된 것과 등가이다. 여러분들이 회로의 형태가 변환되면 파라미터 공식도 변환된 공식을 사용해야 된다는 점을 기억해야 한다.

부록 D

선택된 공식의 유도

식 (3-1)

임의의 곡선의 평균값은 곡선내의 면적을 자신의 길이로 나눈 것과 같다. 예를 들면 [그림 D-1]에 표시된 것처럼 사인파의 평균값은 $V_{\text{ave}} = \dfrac{A}{l}$로 표시된다. 여기서 A는 곡선 아래의 음영으로 표시된 면적을 의미하고 l은 0 점과 곡선 사이의 차를 나타낸다.

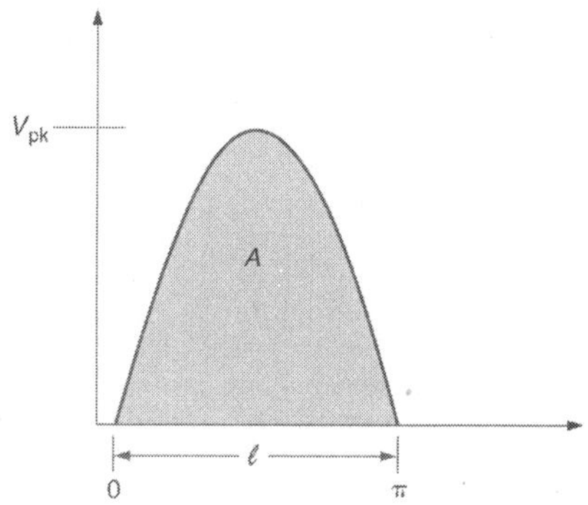

[그림 D-1]

곡선 아래의 면적을 구하기 위해서 곡선의 방정식을 먼저 구해야 한다. [그림 D-1]에 표시된 곡선의 방정식은 식 (D-1)로 주어진다.

$$v = V_{\text{pk}} \sin wt \tag{D-1}$$

여기서 ωt는 위상각을 의미하며 각속도 ω와 시간 t의 곱으로 표시된다. 대수를 이용하면 곡선아래의 면적은 식 (D-1)의 적분을 통해서 구할 수 있다.

$$A = \int_0^{\pi} V_{\text{pk}} \sin wt \, d(wt) \tag{D-2}$$

식 (D-2)를 풀면 다음의 해를 구할 수 있다.

$$A = \int_0^{\pi} V_{\text{pk}} \sin wt \, d(\omega t) = -V_{\text{pk}}[-\cos wt]_0^{\pi}$$
$$= -V_{\text{pk}}[-\cos \pi - \cos 0] = -V_{\text{pk}}[-1-1] = 2V_{\text{pk}}$$

이제 곡선 아래의 면적이 $2V_{pk}$라는 것을 알게 되었다. [그림 D-1]에 표시된 것처럼 0에서 파형의 교차점 사이의 차는 π(라디안)와 같다. 식 (D-1)에서 이런 두 값을 사용하면 식 (D-3)이 구해진다.

$$V_{ave} = \frac{A}{l} = \frac{2V_{pk}}{\pi} \tag{D-3}$$

식 (D-3)은 반파 정류기의 positive 반주기에서 발생되는 평균값이다. positive 변화에서는 오직 1 사이클의 절반동안 구성되기 때문에 나머지 반주기 동안은 0V의 크기를 갖는다. 따라서 완전한 출력 사이클의 평균값은 위에 표시된 값의 절반이다.

식 (3-11)은 $V_{ave} = \frac{V_{pk}}{\pi}$로 표시된다.

식 (7-12)

[그림 D-2]를 참조한다. 옴의 법칙에 따르면 전압원 V_B에 의해서 발생되는 베이스 전류 I_B는 다음과 같이 표시된다.

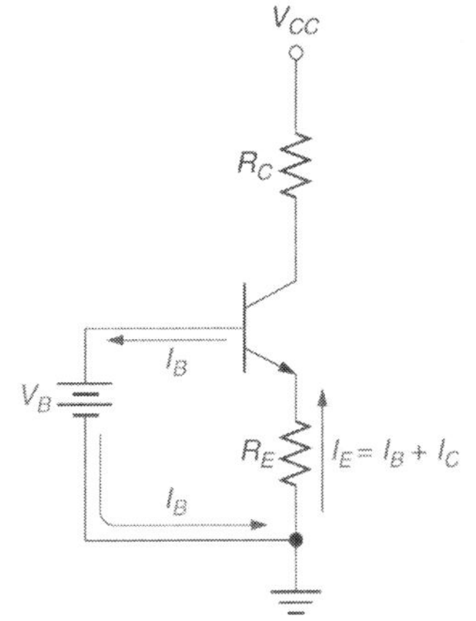

[그림 D-2]

$$I_B = \frac{V_B}{R_{base} + R_E}$$

여기서 R_{base}는 트랜지스터의 베이스 입력저항이다.

$R_{base} \gg R_E$일 때 I_B는 $I_B = \frac{V_B}{R_{base}}$로 가정한다. 따라서 식 (D-4)가 구해진다.

$$V_B = I_B R_{\text{base}} \tag{D-4}$$

식 (7-9)를 대입하고 [그림 D-2]에 표시된 이미터 전압을 구하면 식 (D-5)가 구해진다.

$$V_E = I_E R_E \tag{D-5}$$

만약 트랜지스터의 베이스-이미터 접합 양단에 걸리는 순방향 전압이 무시된다면 [그림 D-2]에 표시된 회로는 $V_B = V_E$라고 가정할 수 있다. 식 (D-4)와 (D-5)를 이 식에 대입하면 식 (D-6)을 구할 수 있다.

$$I_E R_{\text{base}} = I_B R_E \tag{D-6}$$

식 (6-5)에서 $I_E = (h_{FE}+1)I_B$로 주어지기 때문에 이런 관계식을 식 (D-6)에 대입하면 다음식이 구해진다.

$$I_B R_{\text{base}} = (h_{FE}+1) I_B R_E$$

$h_{FE} \gg 1$이므로 위 식은 $I_B R_{\text{base}} = h_{FE} I_B R_E$로 표시할 수 있다. 양변에서 I_B를 제거하면 식 (7-15)가 구해진다.

$$R_{\text{base}} = h_{FE} R_E$$

식 (9-2)

pn 접합을 통해서 흐르는 전체 전류를 구하는 쇼클리 방정식은 식 (D-7)처럼 표시된다.

$$I_T = I_S(e^{VQ/kT} - 1) \tag{D-7}$$

I_S = 다이오드를 통해서 흐르는 역 포화전류
e = 지수 함수 : 약 2.781828
V = 공핍층 양단의 전압
q = 전자의 전하 : 1.6×10^{-19}V
k = 볼쯔만 상수 : 1.38×10^{-23}J/°K
T = 소자의 온도 : 켈빈온도 (°K= ℃+273)

실온에서 q/kT는 다음과 같이 40으로 표시된다.

$$q/kT = \frac{1.6\times10^{-19} J}{(1.38\times10^{-23}\text{J/°K})(294\text{°K})} = 40$$

이런 값을 사용하면 I_T는 식 (D-8)처럼 표시할 수 있다.

$$I_T = I_S(e^{40\text{V}} - 1) \tag{D-8}$$

위 식을 미분하면 식 (D-9)가 유도된다.

$$\frac{dI}{dV} = 40I_S e^{40V} \qquad \text{(D-9)}$$

식 (D-8)을 다시 정리하면 $I_S e^{40V} = (I_T + I_S)$로 주어진다.
이 식을 이용해서 식 (D-9)를 다시 쓰면 식 (D-10)을 구할 수 있다.

$$\frac{dI}{dV} = 40(I_T + I_S) \qquad \text{(D-10)}$$

만약 식 (D-10)의 역수를 구하면 접합의 교류 저항 r_e'는 다음과 같이 구해진다.

$$\frac{dV}{dI} = \frac{1\text{V}}{40(I_T + I_S)} = \frac{1\text{V}}{40} \times \frac{1}{I_T + I_S} = 25\text{mV}\frac{1}{I_T + I_S} = \frac{25\text{mV}}{I_T + I_S}$$

이런 경우에 $(I_T + I_S)$는 트랜지스터의 이미터 베이스 접합을 통해서 흐르는 전류인 I_E이다. 따라서 위 식은 다음과 같이 다시 쓸 수 있다.

$$r_e' = \frac{25\text{mV}}{I_E}$$

식 (9-21)

옴의 법칙에 따르자면 공통 이미터 증폭기의 입력 전류는 $i_{\text{in}} = \frac{v_{\text{in}}}{Z_{\text{in}}}$으로 구해진다.

[그림 D-3]에 표시된 것처럼 공통 이미터 증폭기의 입력 전류는 트랜지스터의 베이스와 바이어스 회로망 사이에서 분배된다. 전류 분배기 공식을 사용하면 i_b는 식 (D-11)처럼 표시된다.

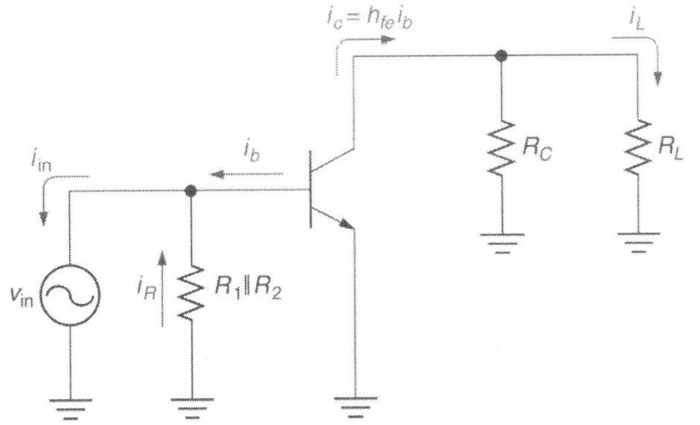

[그림 D-3]

$$i_b = i_{\text{in}}\left(\frac{Z_{\text{in}}}{Z_{\text{base}}}\right) \tag{D-11}$$

여기서 Z_{in}은 베이스 입력 임피던스 Z_{base}와 바이어스 저항의 병렬 합성저항이다.

[그림 D-3]에 표시된 것처럼 트랜지스터의 출력전류 i_c는 트랜지스터의 교류 전류 이득 h_{fe}와 교류 베이스 전류의 곱으로 구해진다.

$$i_c = h_{fe} i_b$$

위 식의 i_b를 식 (D-11)를 대입하면 식 (D-12)를 구할 수 있다.

$$i_c = h_{fe} i_{\text{in}}\left(\frac{Z_{\text{in}}}{Z_{\text{base}}}\right) \tag{D-12}$$

입력 회로와 출력 회로는 전류 분배기를 구성한다. 출력 전류 분배기는 부하와 컬렉터 저항 R_C로 구성된다. 주어진 공통 이미터 증폭기의 i_c가 주어지면 교류 부하 전류는 식 (D-13)처럼 표시된다.

$$I_L = i_c\left(\frac{r_C}{R_L}\right) \tag{D-13}$$

여기서 r_C는 컬렉터 저항과 부하저항의 병렬 합성 저항이다. 증폭기의 유효 전류 이득은 교류 부하전류와 교류 입력 전류의 비이다.

$$A_i = \frac{i_L}{i_{\text{in}}}$$

i_L과 i_{in}을 이용하면 다음과 같은 관계식을 유도할 수 있다.

$$A_i = \frac{i_c \dfrac{r_C}{R_L}}{\dfrac{v_{\text{in}}}{Z_{\text{in}}}} \quad \text{혹은} \quad A_i = h_{fe} i_b\left(\frac{r_C}{R_L}\right)\left(\frac{Z_{\text{in}}}{v_{\text{in}}}\right)$$

$\dfrac{Z_{\text{in}}}{v_{\text{in}}} = \dfrac{1}{i_{\text{in}}}$이므로 위 식은 식 (D-14)처럼 다시 쓸 수 있다.

$$A_i = h_{fe}\left(\frac{i_b}{i_{\text{in}}}\right)\left(\frac{r_C}{R_L}\right) \tag{D-14}$$

식 (D-11)에 따르자면 $\dfrac{i_b}{i_{\text{in}}} = \dfrac{Z_{\text{in}}}{Z_{\text{base}}}$이다. 이런 식을 식 (D-14)에 대입하면 다음 식이 구해진다. $A_i = h_{fe}\left(\dfrac{Z_{\text{in}} r_C}{Z_{\text{base}} R_L}\right)$ 이 식이 식 (9-21)이다.

식 (10-15)

식 (10-15)의 유도는 [그림 D-4]에 표시된 회로를 살펴보면 이해할 수 있다. [그림 D-4 (a)]는 이미터 활로워의 교류 등가회로이다. 입력 회로는 소스 저항 R_S와 R_1과 R_2의 병렬 합성 저항과 병렬연결이다. 따라서 베이스 회로의 전체 저항은 다음과 같이 주어진다.

$$R_{th} = R_1 \| R_2 \| R_S$$

이런 저항은 [그림 D-4 (b)]에서 단일 저항으로 표시된다.

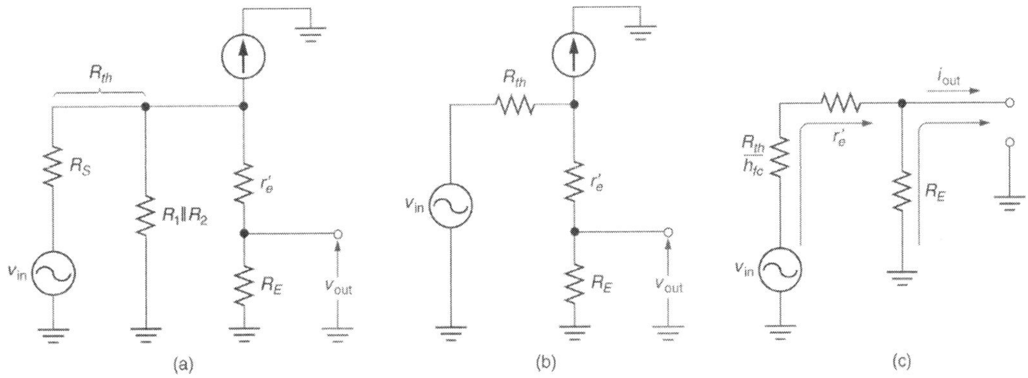

[그림 D-4]

Z_{out}을 구하기 위해서 i_e를 구하는 방정식의 해를 구하고 회로에 키르히호프의 전압 법칙을 적용하는 것으로부터 시작한다. 전압 방정식은 $v_{\text{in}} = i_b R_{th}' + i_e (r_e' + R_E)$로 표시된다. $i_b = \dfrac{i_e}{h_{fc}}$이므로 전압 방정식은 다음과 같이 다시 쓸 수 있다.

$$v_{\text{in}} = \frac{i_e R_{th}}{h_{fc}} + i_e (r_e' + R_E)$$

이 식을 i_e에 대해서 정리하면 $i_e = \dfrac{v_{\text{in}}}{r_e' + R_E + \dfrac{R_{th}}{h_{fc}}}$로 표시된다. 이 식은 [그림 D-4 (c)]에서 표시된 것처럼 이미터에서 바라다본 세 개의 저항 회로 방정식이다. 만약 회로를 테브닌화 시킨다면 부하저항은 다른 두 저항의 직렬합성 저항과 R_E가 병렬연결인 것처럼 보이게 된다. 따라서 Z_{out}은 식 (10-15)처럼 표시할 수 있다.

$$Z_{\text{out}} = R_E \left\| \left(r_e' + \frac{R_{th}}{h_{fc}} \right) \right.$$

식 (10-21)

식 (10-13)은 베이스 입력 임피던스로 $Z_{\text{base}} = h_{fc}(r_e' + r_E)$로 표시된다. 여기서 r_E는 R_E와 R_L의 병렬 합성저항이다.

식의 우변을 확장시키면 $Z_{\text{base}} = h_{fc}r_e' + h_{fc}r_E$로 표시할 수 있다.

$h_{ic} = h_{fc}r_e'$이므로 위 식을 다시 정리하면 $Z_{\text{base}} = h_{ic} + h_{fc}r_E$로 표시할 수 있다.

따라서 [그림 D-5]에 표시된 달링턴 증폭기에서 Q_2의 Z_{base}는 $Z_{\text{base2}} = h_{ic2} + h_{fc}r_{E2}$로 표시되고 Q_1의 Z_{base}는 $Z_{\text{base1}} = h_{ic1} + h_{fc1}r_{E1}$으로 표시할 수 있다.

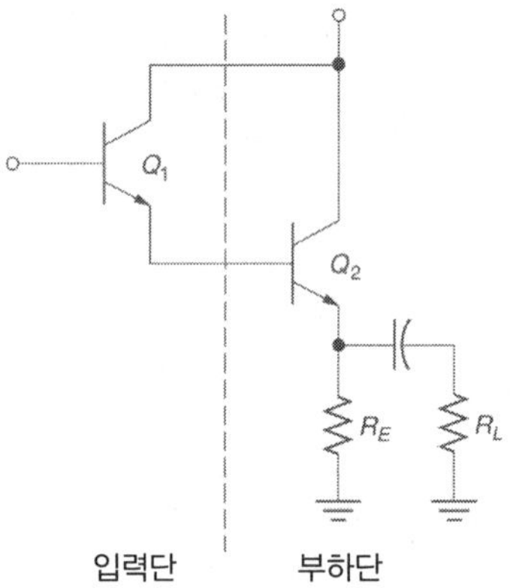

[그림 D-5]

[그림 D-5]에 표시된 것처럼 Q_2는 Q_1의 교류부하이다. 따라서 $r_{E1} = Z_{\text{base2}}$이다. 따라서 $Z_{\text{base1}} = h_{ic1} + h_{fc1}r_{E1} = h_{ic1} + h_{fc1}(h_{ic2} + h_{fc}r_{E2})$

혹은 $Z_{\text{base}} = h_{ic1} + h_{fc1}(h_{ic2} + h_{fc}r_E)$로 표시할 수 있다.

여기서 Z_{base}는 Q_1의 입력 임피던스이고 r_E는 R_E와 R_L의 병렬 합성저항이다.

RC 결합형 A급 증폭기의 효율

이상적인 A급 증폭기는 다음과 같은 특성을 가진다.

1. $V_{CEQ} = \dfrac{V_{CC}}{2}$
2. $V_{\text{PP}} = V_{CC}$
3. $I_{CQ} = \dfrac{I_{C(\text{sat})}}{2}$
4. $I_{\text{PP}} = I_{C(\text{sat})}$

이상적인 특성을 이용하면 증폭기의 효율은 25%로 유도된다. 식 (11-10)은 $P_L = \frac{V_{PP}^2}{8R_L}$로 표시되는 부하전력공식이다. $R_L = V_{PP}/I_{PP}$이므로 이 식을 다시 쓰면 식 (D-15)가 구해진다.

$$P_L = \left(\frac{V_{PP}^2}{8}\right)\left(\frac{1}{R_L}\right) = \left(\frac{V_{PP}^2}{8}\right)\left(\frac{I_{PP}}{V_{PP}}\right) = \frac{V_{PP}I_{PP}}{8} \tag{D-15}$$

이제 이상적인 최대 부하 전력을 구하기 위해서 식 (D-15)와 11장에서 기술된 특성을 상요하면 다음 식이 구해진다.

$$P_L = \left(\frac{V_{PP}I_{PP}}{8} = \frac{V_{CC}I_{C(\mathrm{sat})}}{8} = \frac{(2V_{CEQ})(2I_{CQ})}{8}\right) = \frac{4(V_{CEQ}I_{CQ})}{8} = \frac{V_{CEQ}I_{CQ}}{2} \text{(최대, 이상적)}$$

이제 증폭기의 공급 전원으로부터 공급되는 전력을 살펴보면 $P_S = V_{CC}I_{CC}$이고 여기서 $I_{CC} = I_{CQ} + I_1$이다. I_{CQ}는 항상 1보다 크기 때문에 위 식을 $P_S \cong V_{CC}I_{CQ}$로 근사화 시킬 수 있다. 이 식은 대부분의 증폭기 전력 해석에서 타당하다. 따라서 이상적인 증폭기의 경우에는 $P_S = 2V_{CEQ}I_{CQ}$로 표시할 수 있다.

이번에는 효율의 이상적인 최대 크기를 구하기 위해서 P_S와 P_L을 유도해 보자.

$$\begin{aligned}\eta &= \frac{P_L}{P_S} \times 100 = P_L \frac{1}{P_S} \times 100 = \frac{V_{CEQ}I_{CQ}}{2} \frac{1}{2V_{CEQ}I_{CQ}} \times 100 \\ &= \frac{V_{CEQ}I_{CQ}}{4V_{CEQ}I_{CQ}} \times 100 = \frac{1}{4} \times 100 = 25\%\end{aligned}$$

변압기 결합형 A급 증폭기 효율

이상적인 변압기 결합형 A급 증폭기 효율을 살펴보기로 하자. 이런 증폭기는 $V_{CEQ} = V_{CC}$와 $V_{CE(\mathrm{off})} = 2V_{CC}$의 특성을 가진다. 이런 특성은 증폭기의 이미터 저항 양단에 걸리는 일부 전압상하를 무시한다. 이제 A급 증폭기의 부하로부터 유도되는 최대 전력은 $P_{L(\max)} = \frac{V_{CC}I_{CQ}}{2}$로 구해진다. 이런 공식은 A급 증폭기의 초기 고찰에서 유도된다. 이상적인 변압기 결합형 A급 증폭기인 경우 $V_{CEQ} = V_{CC}$이므로 공식은 $P_{L(\max)} = \frac{V_{CC}I_{CQ}}{2}$로 다시 쓸 수 있다. 증폭기의 공급 전원으로부터 공급되는 전력은 $P_S = V_{CC}I_{CQ}$로 근사화 시킬 수 있다. 따라서 이런 두 공식을 사용하면 이상적인 변압기 결합형 A급 증폭기의 최대 효율은 다음과 같이 50%로 구해진다.

$$\eta = \frac{P_L}{P_S} \times 100 = P_L \frac{1}{P_S} \times 100 = \frac{V_{CC}I_{CQ}}{2} \frac{1}{V_{CC}I_{CQ}} \times 100 = \frac{1}{2} \times 100 = 50\%$$

B급 증폭기 효율

식 (11-31)에서 $I_{C(\text{ave})}$가 $I_{C(\text{ave})}=\dfrac{V_{CC}}{2\pi R_L}$로 정의된다.

이 식은 $I_{C(\text{ave})}=\dfrac{I_{\text{pk}}}{\pi}$의 관계식을 기초로 한다. B급 증폭기에서 $I_{C(\text{ave})}\gg I_1$이다. 따라서 이상적인 B급 증폭기에서 $I_{CC}=I_{C(\text{ave})}$이다. 이런 관점에서 이상적인 B급 증폭기의 최대 효율은 다음과 같이 78.54%로 구해진다.

$$\eta=\frac{P_L}{P_S}\times 100=P_L\left(\frac{1}{P_S}\right)\times 100=\left(\frac{V_{CC}^2}{8R_L}\right)\left(\frac{1}{V_{CC}I_{C1(\text{ave})}}\right)\times 100$$
$$=\left(\frac{V_{CC}^2}{8R_L}\right)\left(\frac{2\pi R_L}{V_{CC}^2}\right)\times 100=\frac{2\pi}{8}\times 100=78.54\%$$

최종 결과는 물론 78.5%라고 가정한다. 이런 최대 정격 효율이 이상적이다. B급 증폭기의 실제적인 효율은 이런 값보다는 항상 작다.

식 (11-37)

B급 증폭기의 순시 소비전력은 식 (D-16)처럼 주어진다.

$$P=V_{CEQ}(1-k\sin\theta)I_{C(\text{sat})}(k\sin\theta) \tag{D-16}$$

여기서 V_{CEQ}는 증폭기의 V_{CE}의 정지 값을 나타낸다. $I_{C(\text{sat})}$는 증폭기의 포화전류로 회로의 교류 부하 선을 구하는데 사용된다. θ는 순시 p가 측정되는 출력의 위상각을 의미한다. k는 상수로 회로에 의해서 사용되는 실제적인 부하선의 %를 표시한다. k는 0과 1 사이의 10진 수 크기를 갖는다.

평균 소비전력은 반주기에 대해서 식 (D-16)을 적분하면 구해진다. 반주기는 적분에서 0과 π라디안 사이를 표시한다.

$$P_{\text{ave}}=\frac{1}{2\pi}\int_0^{\pi}p\,d\theta \tag{D-17}$$

적분을 수행하면 식 (D-18)이 구해진다.

$$P_{\text{ave}}=\left(\frac{V_{CEQ}I_{C(\text{sat})}}{2\pi}\right)\left(2k-\frac{\pi k^2}{2}\right) \tag{D-18}$$

식 (D-18)에서 k를 구하기 위해서 다음 단계를 수행한다. 이런 k 값을 찾는 첫 번째 단계는 식 (D-19)에 표시된 것처럼 P_{ave}를 미분하는 것이다.

$$\frac{dP_{\text{ave}}}{dk} = \left(\frac{V_{CEQ}I_{C(\text{sat})}}{2}\right)(2-\pi k) \tag{D-19}$$

이번에는 식 (D-19)의 우변을 정리하면 다음과 같은 식을 구할 수 있다.

$$\frac{V_{CEQ}I_{C(\text{sat})}}{2} = 0,\ 2-\pi k = 0$$

이제 최대 값을 구하기 위해서 우변의 식을 풀면 식 (D-20)이 구해진다.

$$k = \frac{2}{\pi} \tag{D-20}$$

이때 식 (D-20)에서 구해지는 k 값을 원한다면 식 (D-17)에 대입해야 한다. 이 식은 식 (D-21)처럼 다시 쓸 수 있다.

$$P_{\text{ave}} = 0.1V_{CEQ}I_{C(\text{sat})} \tag{D-21}$$

끝으로 식 (D-21)에서 V_{CEQ}와 $I_{C(\text{sat})}$를 다시 배치하면 다음의 관계식을 구할 수 있다.

$$V_{CEQ} = \frac{\text{PP}}{2},\quad I_{C(\text{sat})} = \frac{V_{CEQ}}{R_L}$$

이 식은 $P_D = 0.1\left(\frac{V_{CEQ}\text{PP}}{2R_L}\right)$ 혹은 $P_D = \left(\frac{V_{CEQ}\text{PP}}{20R_L}\right)$로 표시된다.

$V_{CEQ} = \frac{\text{PP}}{2}$이므로 위 식을 다시 쓰면 $P_D = (V_{CEQ})\left(\frac{\text{PP}}{20R_L}\right) = \left(\frac{\text{PP}}{2}\right)\left(\frac{\text{PP}}{20R_L}\right)$ 혹은 $P_D = \frac{\text{PP}^2}{40R_L}$로 표시된다. 이것이 식 (11-37)이다.

식 (14-17)

이 식의 증명은 [그림 D-6]에 표시된 *RC* 회로를 살펴보는 것으로부터 시작한다. 직렬 회로를 통해서 흐르는 전류는 일정하기 때문에 v_{out}과 v_{in}의 비는 식 (D-22)에 표시된 것처럼 X_C와 회로의 전체 임피던스의 비와 같다.

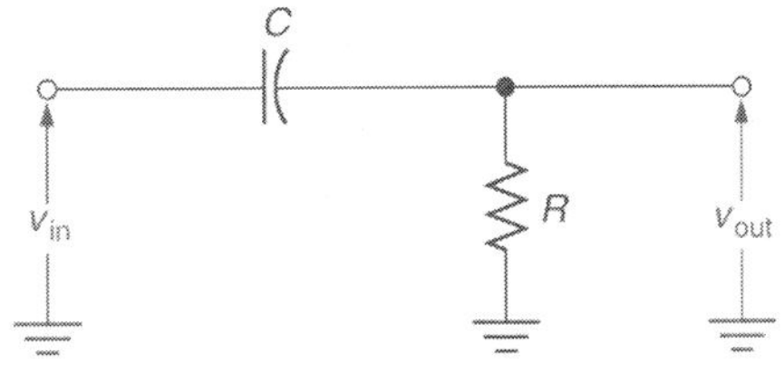

[그림 D-6]

$$\frac{v_{out}}{v_{in}}=\frac{R}{Z_T} \tag{D-22}$$

$$\frac{v_{out}}{v_{in}}=\frac{R}{R-jX_C} \tag{D-23}$$

식 (D-23)은 식 (D-24)처럼 다시 쓸 수 있다.

$$\frac{v_{\text{out}}}{v_{\text{in}}}=\frac{R}{R-jX_C}=\frac{R}{R-j\dfrac{1}{\omega C}}$$

$$\frac{v_{\text{out}}}{v_{\text{in}}}=\frac{1}{1-j(1/\omega RC)} \tag{D-24}$$

$X_C=\dfrac{1}{\omega C}$, $f_C=\dfrac{1}{2\pi RC}$, $\omega=2\pi f$이므로 식 (D-24)는 식 (D-25)처럼 표시할 수 있다.

$$\frac{v_{\text{out}}}{v_{\text{in}}}=\frac{1}{1+j(f_C/f)} \tag{D-25}$$

끝으로 이런 관계식을 이용하면 $A_v=\dfrac{v_{\text{out}}}{v_{\text{in}}}$, $1+jX=\sqrt{1+X^2}$으로 표시할 수 있다. 식 (D-25)는 식 (D-26)처럼 다시 쓸 수 있다.

$$\Delta A_v=\frac{1}{\sqrt{1+j(f_{C1}/f)^2}} \tag{D-26}$$

식 (D-26)을 dB로 표시하면 식 (14-17)이 구해진다.

$$\Delta A_v=20\log\left(\frac{1}{\sqrt{1+j(f_{C1}/f)^2}}\right)$$

식 (14-44)와 식 (14-45)

이번 유도에서는 다단 증폭기의 저주파 응답에 대해서 강조하게 된다. 주어진 다단 증폭기의 고주파 응답을 포함시키기 위해서는 식을 확장해야 한다.

혼란을 최소화하기 위해서 이런 유도식에 포함되는 두 개의 변수를 정의하기로 한다. $A_{v(\text{mid})}$는 증폭기의 중간대역이득이고 A_v는 특정 주파수에서의 증폭기의 이득을 의미한다. 증폭기가 f_{C1} 이상에서 동작하면 $A_{v(\text{mid})}=A_v$이고 f_{C1} 아래에서 동작하면 $A_v<A_{v(\text{mid})}$이다.

이미 앞에서 증폭기의 중간 대역 이득은 식 (D-27)처럼 표시된다는 점에 대해서 언급한 바 있다.

$$A_v' = \frac{A_v}{A_{v(\mathrm{mid})}} = \frac{1}{\sqrt{1+(f_{C1}/f)^2}} \tag{D-27}$$

만약 증폭기의 두 개의 증폭단이 f_{C1}이 일치되고 동시에 f에서 동작한다면 A_v'는 등가이다.

$$A_{v1}' = A_{v2}$$

두 회로가 동일한 차단주파수를 갖는다면 그들은 동일한 주파수에서 동작한다. n개의 증폭단이 종속으로 연결된 다단 증폭기의 경우에는 전체 이득은 각 개별 증폭단의 이득을 곱한 크기와 같다.

$$(A_{vT}) = (A_{v1})(A_{v2}) \cdots (A_{vn})$$

개별적인 증폭단의 이득의 비도 동일한 관계식이 성립된다.

$$A_{vT}' = (A_{v1}')(A_{v2}') \cdots (A_{vn}') \tag{D-28}$$

여기서 n개 증폭단의 이득의 비가 모두 같다면 식 (D-29)를 사용할 수 있다.

$$A_{vT}' = (A_v')^n \tag{D-29}$$

여기서 각 개별 증폭단의 이득 비는 A_v'이다. 식 (D-27)을 식 (D-28)에 대입하면 식 (D-30)이 구해진다.

$$A_{vT}' = (A_v')^n = \left(\frac{1}{\sqrt{1+(f_{C1}/f)^2}}\right)^2 \tag{D-30}$$

혹은
$$A_{vT}' = \left(\frac{1}{\sqrt{1+(f_{C1}/f)^2}}\right)^n \tag{D-31}$$

만약 $f = f_{C1}$이라면 식 (D-31)은 다음과 같이 간략화 된다.

$$\left(\frac{1}{\sqrt{1+(f_{C1}/f)^2}}\right)^n = \left(\frac{1}{\sqrt{1+1}}\right) = \left(\frac{1}{\sqrt{2}}\right) = 2^{-1/2}$$

만약 A_{vT}'가 $2^{1/2}$이라고 가정하면 식 (D-31)은 다음과 같이 다시 쓸 수 있다.

$$2^{1/2} = \left\{[1+(f_{C1}/f)^2]^{1/2}\right\}^n$$

이런 방정식이 양변에서 지수의 $(-1/2)$이 나타나므로 생략하면 식 (D-32)가 구해진다.

$$2 = [1+(f_{C1}/f)^2]^n \quad \text{혹은} \quad 2^{1/n} = 1+(f_{C1}/f)^2 \tag{D-32}$$

마지막으로 식 (D-32)를 f에 대해서 정리하면 식 (D-33)이 구해진다.

$$f=\frac{f_{C1}}{\sqrt{2^{1/n}-1}} \quad \text{혹은} \quad f_{C1(T)}=\frac{f_{C1}}{\sqrt{2^{1/n}-1}} \tag{D-33}$$

이 식이 식 (14-43)이다. 식 (14-42)는 동일한 과정을 통해서 유도된다.

식 (15-6)

사인파가 주어진 점에서의 순시전압은 $v=V_{pn}\sin wt$로 표시된다. 여기서 V_{pk}는 피크 입력 전압, $w=2\pi f$, t는 v가 나타나는 순가의 사이클을 시작하는 시간을 나타낸다. 만약 v를 t에 대해서 미분하면 $\frac{dv}{dt}=wV_{pk}(\cos wt)$가 구해진다. 슬루율이 주어진 op 앰프의 최대 정격이고 사인파에서 변화율이므로 사인파가 자신의 최대 값을 가지는 경우에 사인파에서의 변화율을 결정하는 것이 필요하다. 사인파가 기준 전압 0V를 지날 때 이런 점이 나타난다. $t=0$에서 $\frac{dv}{dt}$ 값은 다음과 같이 연산증폭기의 최대 동작 주파수를 결정한다.

$\frac{dv}{dt}=w_{max}V_{pk}$ 혹은 슬루율 $=2\pi f_{max}V_{pk}$ 이 식을 다시 정리하면 식 (15-7)이 유도된다.

$$f_{max}=\frac{\text{슬루율}}{2\pi V_{pk}}$$

식 (15-21)

귀환을 갖는 증폭기의 v_{in}은 $v_{in}=v_s-v_f$로 표시된다. 식 (15-22)에 따르자면 $v_f=\alpha v_{out}$이다. 이 식을 v_{in}에 대입하면 식 (D-34)가 구해진다.

$$v_{in}=v_s-\alpha_v v_{out} \tag{D-34}$$

v_s를 구하기 위해서는 식 (D-34)가 식 (D-35)처럼 정리되어야 한다.

$$v_s=v_{in}+\alpha_v v_{out} \tag{D-35}$$

$v_{out}=A_vV_{in}$이므로 식 (D-35)는 식 (D-36)처럼 유도된다.

$$v_s=v_{in}+\alpha_v A_v v_{in} \quad \text{혹은} \quad v_s=v_{in}(1+\alpha_v A_v) \tag{D-36}$$

전원으로부터 부하까지의 귀환 증폭기의 전체 이득 A_v는 식 (D-37)처럼 표시된다.

$$A_{vf}=\frac{v_{out}}{v_s} \tag{D-37}$$

식 (D-36)을 식 (D-37)에 대입하면 $A_{vf} = \dfrac{v_{\text{out}}}{v_{\text{in}}(1+\alpha_v A_v)}$ 혹은 $A_{vf} = \dfrac{A_v}{1+\alpha_v A_v}$로 표시된다.

식 (17-25)와 식 (17-27)

이런 증명을 위해서는 직관적으로 보는 것이 필요하게 된다. 다시 말하자면 직렬 리액티브-저항 회로는 등가의 병렬 리액티브-저항 회로로 존재하게 된다. 이런 두 가지 회로가 [그림 D-7]에 표시되어 있다. 이런 가정은 병렬 등가회로를 직렬 등가회로로 구동하기 위해서 가능하게 된다.

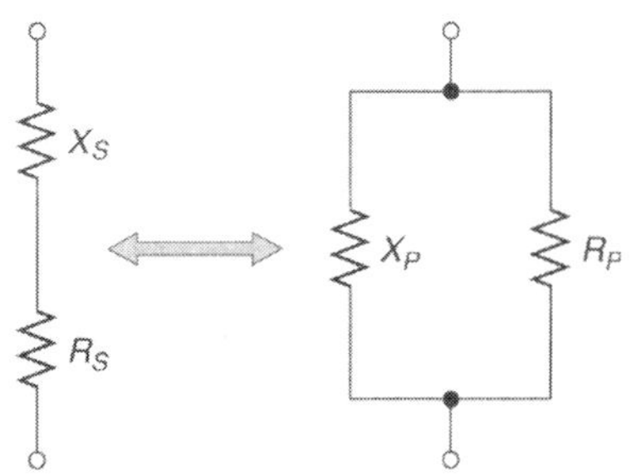

[그림 D-7]

[그림 D-7]에서 표시된 직렬 회로는 식 (D-38)로 표시된다.

$$Q = \frac{X_S}{R_S} \tag{D-38}$$

$$Z_S = R_S \pm jX_S \tag{D-39}$$

[그림 D-7]에 표시된 병렬 회로에서 전체적인 임피던스 Z_P는 식 (D-40)처럼 표시된다.

$$Z_P = \frac{(R_P)(+jX_P)}{R_P \pm jX_P} \tag{D-40}$$

식 (D-40)의 우변에 $\dfrac{R_P \pm jX_P}{R_P \pm jX_P}$를 곱한다면 식 (D-41)이 구해진다.

$$Z_P = \frac{R_P X_P^2}{R_P^2 + X_P^2} \pm j\frac{X_P R_P^2}{R_P^2 + X_P^2} \tag{D-41}$$

[그림 D-7]에 표시된 두 회로에 원래의 가정을 적용해 보자. 만약 이런 두 회로가 등가회로라면 두 회로의 전체 임피던스는 당연히 등가이다.

$$Z_S = Z_P$$

이런 관계식을 식 (D-41)에 대입하면 식 (D-42)가 구해진다.

$$Z_S = \frac{R_P X_P^2}{R_P^2 + X_P^2} \pm j \frac{X_P R_P^2}{R_P^2 + X_P^2} \tag{D-42}$$

이제 식 (D-39)를 식 (D-42)에 표시된 Z_S에 대입하면 식 (D-43)이 구해진다.

$$R_S \pm jX_S = \frac{R_P X_P^2}{R_P^2 + X_P^2} \pm j \frac{X_P R_P^2}{R_P^2 + X_P^2} \tag{D-43}$$

식 (D-43)의 양변은 등가이므로 양변의 실수 항은 등가이고 허수 항 역시 등가이어야 한다.

$$R_S = \frac{R_P X_P^2}{R_P^2 + X_P^2} \tag{D-44}$$

$$X_S = \frac{X_P R_P^2}{R_P^2 + X_P^2} \tag{D-45}$$

이런 두 식을 사용하면 식 (D-38)은 식 (D-46)처럼 다시 쓸 수 있다.

$$Q = \frac{\dfrac{X_P R_P^2}{R_P^2 + X_P^2}}{\dfrac{R_P X_P^2}{R_P^2 + X_P^2}} = \frac{X_P R_P^2}{R_P X_P^2}$$

$$Q = \frac{R_P}{X_P} \tag{D-46}$$

식 (D-46)은 식 (17-25)를 증명하기 위해서 사용된다. 이제 식 (D-45)를 강조하기로 한다. $Q = \dfrac{R_P}{X_P}$를 이용하면 식 (D-45)는 식 (D-47)처럼 다시 쓸 수 있다.

$$X_S = \frac{X_P}{1 + (1/Q)^2} \tag{D-47}$$

동조용 증폭기는 높은 Q를 가지기 때문에 $(1/Q)^2 \ll 1$이라고 가정할 수 있다. 이런 가정을 기초로 해서 식 (D-47)을 식 (D-48)처럼 간략화시킬 수 있다.

$$X_S = X_P \tag{D-48}$$

이제 식 (D-46)을 $R_P = QX_P$로 표시할 수 있다.

혹은 식 (D-48)을 사용하면 $R_P = QX_S$로 표시할 수 있다. 식 (D-38)로부터 $X_S = QR_S$이므로 위 식을 풀면 식 (D-49)가 구해진다.

$$R_P = Q(QR_S) \quad 혹은 \quad R_P = Q^2 R_S \tag{D-49}$$

식 (D-46)과 식 (D-49)를 LC 동조회로에 적용해보자. LC 동조회로에서 직렬 리액턴스는 X_L이고 직렬 저항은 R_W이다. 식 (D-49)에서 R_S 대신에 R_W를 사용하면 $R_P = Q^2 R_W$로 표시된다. 식 (D-46)에서 X_P 대신 X_L을 사용하면 $Q = \dfrac{R_P}{X_L}$로 표시된다.

부하가 등가회로에 병렬로 연결되면 $Q_L = \dfrac{R_P \| R_L}{X_L}$로 표시된다. 이 식이 식 (17-25)이다.

식 (19-2)

커패시터가 주어진 값으로 충전하는데 필요한 시간은 식 (D-50)처럼 표시된다.

$$t = RC\left[\ln \frac{V - V_O}{V - V_C}\right] \tag{D-50}$$

여기서 V는 충전 전압, V_O는 커패시터의 초기 전하, V_C는 충전되는 전하, ln은 연산자로 자연대수를 표시한다.

0.1V에 도달되는 V_C를 필요로 하는 시간을 구하기 위해서 다음과 같이 식 (D-50)을 사용한다.

$$t = RC\left[\ln \frac{V - 0\text{V}}{V - 0.1\text{V}}\right] = \text{RC}\left[\ln \frac{V}{0.9V}\right] = \text{RC}[\ln(1.11)] = 0.1RC$$

0.9V에 도달되는 V_C를 필요로 하는 시간을 구하기 위해서 다음과 같이 식 (D-50)을 사용한다.

$$t = RC\left[\ln \frac{V - 0\text{V}}{V - 0.9V}\right] = \text{RC}\left[\ln \frac{V}{0.1V}\right] = \text{RC}[\ln(10)] = 2.3RC$$

상승 시간은 V_C가 자신의 최대 값의 90%에 도달되는 시간을 나타낸다.

$$t_r = 2.3RC - 0.1RC = 2.2RC \tag{D-51}$$

주어진 RC 회로의 상측 차단 주파수는 $f_C = \dfrac{1}{2\pi RC}$로 표시된다.

f_C 공식을 다시 쓰면 $RC = \dfrac{1}{2\pi f_C}$를 구할 수 있다.

이 식을 식 (D-51)에 대입하면

$$t_r = 2.2RC = 2.2\left(\frac{1}{2\pi f_C}\right) = \frac{2.2}{2\pi f_C} = \frac{0.35}{f_C}$$

$f_C = \dfrac{0.35}{t_r}$이 구해진다.

부록 E

트랜지스터 증폭기 설계

공통 이미터 증폭기 설계 과정은 증폭기에 필요한 요구사항과 동작에 필요한 값들을 알고 있는 경우에 가능하다. 보통은 다음과 같은 특성이 주어진다.

- 공급 가능한 전원의 크기와 교류 입력 전압
- 부하 저항이나 임피던스
- 필요로 하는 출력 전압이나 A_v
- 사용되는 트랜지스터의 스펙

공통 이미터 증폭기 회로를 설계한 과정은 다음과 같다.

1. 필요로 하는 출력 전압의 스윙은 증폭기의 최소 컴플라이언스이다. V_{CEQ}의 최소 허용 가능한 크기를 구하기 위해서 이런 값과 식 (11-6)을 사용한다. 가능하면 V_{CEQ}를 V_{CC}의 정반이 되도록 설정한다.
2. 원하는 I_{CQ}를 결정한다. 입력과 출력의 항으로 항상 정확한 값이 임계적이지는 않다. 여하튼 I_{CQ}가 낮다는 것은 전력 소비가 작다는 것을 의미한다. 일반적으로 I_{CQ}가 1mA에서 10mA 사이이면 소 신호 증폭기이다.
3. 사용되어지는 I_{CQ}를 이용하고 h_{FE}를 결정하기 위해서 스펙을 검토한다.
4. 적절한 h_{FE}가 결정되면 I_E를 구하기 위해서 식 (E-1)을 사용한다.

$$I_E = I_{CQ}\left(1 + \frac{1}{h_{FE}}\right) \tag{E-1}$$

5. V_E를 $0.1V_{CC}$로 설정한다.
6. 단계 4와 5를 이용해서 R_E를 구한다.

$$R_E = \frac{V_E}{I_E}$$

7. V_{RC}를 결정한다. $V_{RC} = V_{CC} - (V_{CEQ} + V_E)$
8. R_C를 구한다. $R_C = \dfrac{V_{RC}}{I_C}$
9. V_B를 구한다. $V_B = V_E + V_{BE}$
10. I_B를 구한다. $I_B = \dfrac{I_{CQ}}{h_{FE(\min)}}$
11. I_2를 설정한다. $I_2 \geq 10(I_B)$

12. R_2를 선택한다. $R_2 = \dfrac{V_B}{I_2}$

13. R_1을 통해서 흐르는 전류를 구한다. $I_1 = I_2 + I_B$

14. R_1 양단에 걸리는 전압을 결정한다. $V_1 = V_{CC} - V_B$

15. R_1을 구한다. $R_1 = \dfrac{V_1}{I_1}$

이때 직류 해석이 완성된다. 이번에는 회로의 교류 동작을 해석하기로 한다. I_{CQ}를 사용하고 트랜지스터의 h 파라미터를 구한다.

16. r_C를 구한다.
17. 식 (9-32)를 사용해서 r_e'를 구한다.
18. 회로의 A_v를 구한다. 만약 A_v가 아주 낮다면 큰 I_{CQ}를 사용해서 회로를 다시 설계해야 한다. 만약 너무 높다면 이득을 감소시키기 위해서 스웜핑이 고려된 이미터 회로를 사용한다.

【예제 1】 다음의 스펙을 참조하고 증폭기를 설계하시오. 40mV 입력을 사용하는 증폭기의 전압 이득은 50이다. 공급 전원은 +10V이다. 트랜지스터는 2N3904가 사용된다. I_{CQ}는 1mA이고 R_L은 12kΩ이다.

풀이 이런 예제의 설계모델이 [그림 E-1]에 표시되어 있다. 회로는 I_C=1mA에서 2N3904의 h 파라미터가 사용된다. 첫 번째로 증폭기로부터 구해지는 출력 컴플라이언스는 v_{out}을 피크-피크 값으로 변환하면 구해진다.

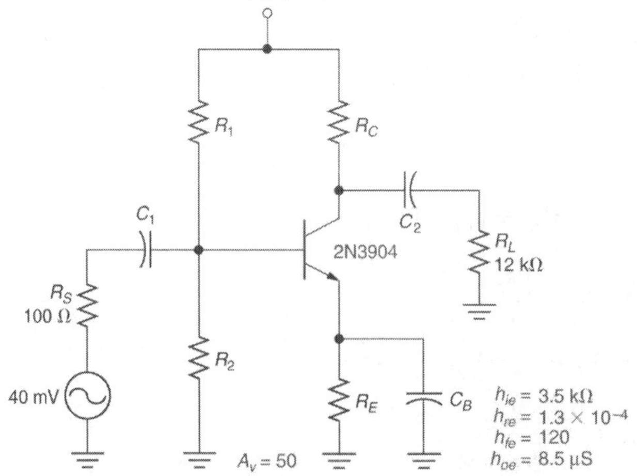

[그림 E-1]

$$v_{\text{out}} = A_v v_{\text{in}}$$

피크-피크 출력전압은 5.66V로 구해진다.

$$V_{\text{PP}} = 2.828 v_{\text{out}} = 5.66\text{V}$$

따라서 V_{CEQ}의 최소 값은 2.83V이다.

$$V_{CEQ} = \frac{V_{\text{PP}}}{2} = 2.83\text{V}$$

$2.83\text{V} < 1/2V_{CC}$이므로 $V_{CEQ} = 5\text{V}$를 사용한다. $I_{CQ} = 1\text{mA}$에서 2N3904는 $h_{FE(\text{min})} = 70$을 갖는다. 이런 값을 사용하면 I_E는 1.01mA로 구해진다.

$$I_E = I_{CQ}\left(1 + \frac{1}{h_{FE}}\right) = 1.01\text{mA}$$

V_E는 1V로 구해진다.

$$V_E = 0.1V_{CC} = 1\text{V}$$

R_E는 990Ω으로 구해진다.

$$R_E = \frac{V_E}{I_E} = 990\,\Omega$$

$R_E = 990\,\Omega$을 사용하면 V_E는 920mV로 구해진다.

$$V_E = I_E R_E = 920\text{mV}$$

여기서 V_{RC}는 4V로 구해진다.

$$V_{RC} = V_{CC} - (V_{CEQ} + V_E) = 4V$$

R_C는 4kΩ으로 구해진다.

$$R_C = \frac{V_{RC}}{I_C} = 4\text{k}\,\Omega$$

이것으로 이미터 컬렉터 회로의 해석이 완료되었다. 베이스 회로 설계의 첫 단계로 V_B를 구해보자.

$$V_B = V_E + V_{BE} = 1.62\text{V}$$

I_B를 구해보자.

$$I_B = \frac{I_{CQ}}{h_{FE(\min)}} = 14.3\mu A$$

I_2를 143μA로 설정한다. $I_2 = 10I_B = 143\mu A$

R_2를 선택한다. $R_2 = \frac{V_B}{I_2} = 11.3k\Omega$

$R_2 = 11k\Omega$이 사용된다면 I_2는 147.3 μA로 계산된다.

$$I_2 = \frac{V_B}{R_2} = 147.3\mu A$$

I_1은 161.6μA로 구해진다. $I_1 = I_2 + I_B = 161.6\mu A$

V_1은 8.4V로 구해진다. $V_1 = V_{CC} - V_B = 8.4V$

끝으로 R_1은 51.9kΩ으로 구해진다. $R_1 = \frac{V_1}{I_1} = 51.9k\Omega$

이번에는 회로의 교류 동작을 해석하기로 한다. 컬렉터 회로에서 전체적인 교류 저항을 구한다. r_C는 3kΩ으로 구해진다. $r_C = R_C \| R_L = 3k\Omega$

스펙으로부터 r_e'는 29Ω으로 구해진다.

$$r_e' = \frac{h_{ie}}{h_{fe}} = 29\Omega$$

회로의 A_v는 103으로 구해진다.

$$A_v = \frac{h_{fc} r_C}{h_{ie}} = 103$$

필요한 전압 이득은 50이다. 이득을 원하는 크기로 감소시키기 위해서 이미터 회로를 스웜핑시킨다. $A_v = \frac{r_C}{r_e' + r_E}$ 공식을 사용한다.

이 식을 다시 정리하면 $r_E = \frac{r_C - r_e' A_v}{A_v}$가 구해진다.

이 식은 원하는 A_v와 정확한 r_e'가 사용되는 경우의 r_E를 구하는 방법을 제시하고 있다. 이런 회로에서 $r_E = 31\Omega$이다.

마지막 회로가 [그림 E-2]에 표시되어 있다. 중요한 것은 R_E가 940Ω으로 증가되었다는 점이다. 이것은 이미터 회로에서 직류 저항을 원래 계산된 990Ω에 가깝게 된다는 것을 보여준다.

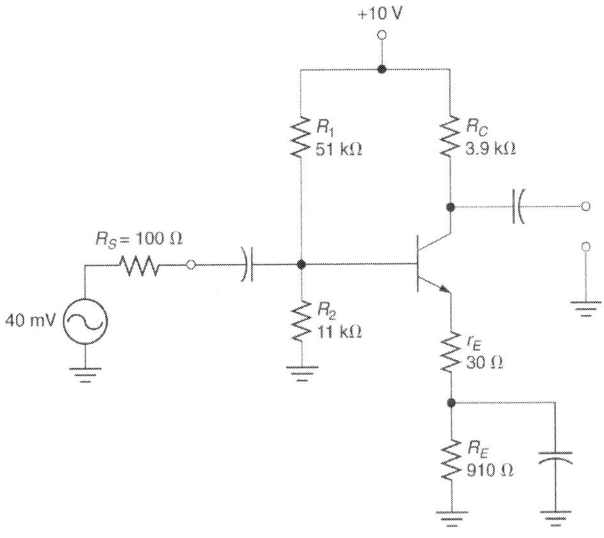

[그림 E-2]

찾아보기

ㅂ

ㅅ

ㅇ

ㅈ

전자회로공학

2008년 2월 25일 1판 1쇄 발행
2023년 3월 02일 1판 3쇄 발행

저　자 / Robert T. Paynter
역　자 / 최성재
발행자 / 오판근
발행처 / 교우사

주　소 / 서울 동대문구 제기2동 148-19
전　화 / 925-2861(代), 편집부 / 925-2825
팩　스 / 925-2860
E-mail / kyowoo@kyowoo.co.kr
http: // www.kyowoo.co.kr
등록 / 1994. 3. 24 제6-0256호

ISBN 978-89-8172-715-4 (93560)

값 **43,000**원